火电厂节能减排
手 册

节能监督部分

李 青 刘学冰 张兴营 何国亮 编著

中国电力出版社
CHINA ELECTRIC POWER PRESS

内 容 提 要

本书是《火电厂节能减排手册》中的节能监督部分，全书以节能技术监督为主线，详细阐述了火力发电厂节能技术监督的基础管理、指标监督；阐述了节能诊断分析方法、节能评价方法和能量平衡方法；介绍了火力发电厂主要的综合经济技术指标，包括煤耗率、厂用电率、热电联产指标、单位发电量取水量、节煤量（燃料监督）、节油量，以及锅炉热效率和汽轮机热耗率等指标的影响因素、管理措施、评价考核方法和控制措施；介绍了各项汽轮机指标的技术监督内容、技术监督方法、技术监督标准、耗差分析方法、耗差分析结果、技术监督质量要求等；介绍了各项锅炉指标的技术监督内容、技术监督方法、技术监督标准、耗差分析方法、耗差分析结果、技术监督质量要求等。

本书内容叙述简单直接、易懂，举例针对性和实用性强，将技术应用与理论知识紧密结合在一起，是火力发电厂节能技术监督工作的指南。

本书可供电厂运行人员、检修人员、统计人员、工程技术人员、生产管理人员参考。

图书在版编目（CIP）数据

火电厂节能减排手册. 节能监督部分/李青等编著. —北京：中国电力出版社，2014.8
ISBN 978-7-5123-5529-3

Ⅰ.①火⋯ Ⅱ.①李⋯ Ⅲ.①火电厂-节能-技术手册 Ⅳ.①TM621-62

中国版本图书馆 CIP 数据核字（2014）第 024418 号

中国电力出版社出版、发行
（北京市东城区北京站西街 19 号 100005 http://www.cepp.sgcc.com.cn）
航远印刷有限公司印刷
各地新华书店经售

*

2014 年 8 月第一版 2014 年 8 月北京第一次印刷
787 毫米×1092 毫米 16 开本 39.75 印张 983 千字
印数 0001—3000 册 定价 100.00 元

敬 告 读 者

■ 前　言

随着我国工农业的高速发展和资源的过度开发，能源资源已成为制约我国国民经济持续发展的一个瓶颈。我国政府充分认识到这一问题的重要性和紧迫性，2005 年 7 月国务院发布了《关于做好建设节约型社会近期重点工作的通知》，2006 年 4 月国家发展和改革委员会等部委联合下发了《关于印发千家企业节能行动实施方案的通知》，要求"十一五"期末（2010 年）单位国内生产总值（GDP）能耗要比"十五"期末（2005 年）降低 20％左右，即单位国内生产总值（GDP）能耗由 2005 年 1.22t（标准煤），下降到 2010 年 0.98t（标准煤）。"十一五"期间，国家通过采取强化目标责任、调整产业结构、实施重点工程、推动技术进步、强化政策激励、开展全民行动等一系列强有力的政策措施，节能减排取得显著成效，全国单位 GDP 能耗下降 19.1％；同时，"十一五"期间是我国发电企业进行节能技术改造的高潮，成熟的节能技术得到广泛推广应用，世界上现有的节能改造技术基本上在我国发电企业都得到了广泛推广应用，发电企业供电煤耗从 2005 年的 370g/kWh 降低到 2010 年底的 333g/kWh。

进入"十二五"规划，2011 年 3 月 14 日，第十一届全国人大四次会议表决通过了《中华人民共和国国民经济和社会发展第十二个五年规划纲要》（简称"纲要"）。"纲要"提出"十二五"时期要努力实现以下经济社会发展的主要目标：国内生产总值年均增长 7％；单位国内生产总值能源消耗降低 16％左右。2011 年 12 月 7 日，国家发展和改革委员会等 12 部委联合发布了《关于印发万家企业节能低碳行动实施方案的通知》（发改环资〔2011〕2873 号），提出了 16 078 家企业节能量在"十二五"时期为 25 512.3 万 t 标准煤的节能目标。2012 年 7 月国家发展和改革委员会又下发了《关于印发万家企业节能目标责任考核实施方案的通知》（发改环资〔2012〕1923 号），并提出了"万家企业节能目标责任评价考核指标及评分标准"，通过定量考核与工作评价相结合，开展节能评价考核，形成倒逼机制，促进万家企业落实各项节能政策措施，提高节能管理水平，建立节能长效管理机制，确保实现"十二五"节能目标。在这种新的形势下，政府如何加强对火电企业能源利用状况的宏观监督管理，企业如何加强对单位内部进行节能挖潜和指标评价，成为我国节能工作深入开展迫切需要解决的重要课题。

特别是发电企业,在"十一五"期间投入了大量资金进行节能技术改造,到"十二五"期间,节能改造潜力剩余不大,必须从节能技术监督工作寻找突破口,分析节能管理工作中存在的问题,有针对性地提出节能管理措施,提高能源利用率,以实现"十二五"节能目标。

为了适应新形势下节能技术监督工作的需要,提高节能技术监督理论水平和工作效率,笔者编写了本手册。

本书编者全是从事节能工作多年的同志,因此叙述简单直接、通俗易懂,举例针对性强、实用性强,将应用与理论紧密结合在一起,读者读后一定会在节能技术监督方面提高很快。

随着技术的发展,我国近几年越来越多大容量、高参数、低能耗机组投产,因此编者在编写中兼顾了超高压机组、亚临界机组和超(超)临界机组三个方面;并且对热电联产机组也有专章论述。以期望本书能够成为火力发电厂通用的节能技术监督工作指南。

本书第一章、第四章、第五章、第十三章、第十四章由李青同志编写,第二章、第三章第三节、第十章、第十二章和第十六章由刘学冰同志编写。第三章第一节和第二节、第七章、第八章和第九章由张兴营同志编写,第六章、第十一章、第十五章和第十七章由何国亮同志编写。全书由李青同志统稿。

在本书编写过程中,得到了华能国际电力股份有限公司安全生产部、山东华聚能源股份有限公司、华能沾化热电有限公司和西安热工研究院有限公司技术监督所的协助。华能南通电厂方超高级工程师审核了第四篇,并且本书引用了华能集团公司在节能技术监督中许多好的方法,在此谨致谢意。

由于编者水平所限,书中错误在所难免,敬请读者批评指正。

编 者

2013 年 12 月

火电厂节能减排手册
节能监督部分

目 录

第一篇

节能管理监督

技术监督的内容包括质量、标准和计量三个方面。在发电企业生产过程中，强调把三者有机结合、协调一致、形成整体，构成质量、标准和计量三位一体的监督体系。在三位一体的监督体系中，标准是技术监督的依据和尺度（考虑到篇幅所限，只在附录中列出了所有有关节能标准的目录），计量是技术监督中保证质量的手段，而质量则是技术监督的目的。各项技术监督规章制度是落实技术监督标准的重要保证，行业或企业要根据电力企业的技术水平和实际运行状况不断补充、完善和细化技术监督的标准和规章制度，形成有效可行的技术监督标准体系和制度体系，使技术监督工作有章可循。准确计量是企业实行技术监督的重要环节，是分析决策的依据，只有准确、可靠的监测手段，才能对被监督对象的参数、性能、指标和状态做到心中有数，并且据此做出对设备状态的正确判断。质量是反映设备满足标准规定和隐含需要能力的特性总和，是企业技术水平和管理水平的综合反映。简单地说，质量就是确保技术设备运行状态参数或检修质量指标是否满足行业或上级规定要求。

第一章 节能技术监督日常工作

第一节 节能技术监督概论

一、电力技术监督的发展与内容

电力技术监督开始于 20 世纪 50 年代初，源于前苏联，最初只对水、汽、油品质的化学监督。20 世纪 50 年代后期，随着高温、高压机组的发展，又增加了金属监督。明确把电力设备技术监督作为电力生产技术管理的一项具体管理内容，是 1963 年 10 月水利电力部在西安召开的"电力生产技术管理经验交流会"的决议。当时称为四项监督，即化学监督（主要是水汽品质监督和油务监督）、绝缘监督（电气设备绝缘检查）、仪表监督（热工仪表及自动装置的检查）、金属监督（主要是高温高压管道与部件的金属检查）。这四项监督都是预防性检查，主要是为了扭转当时技术管理混乱及对设备检查监督不力，加强生产检修管理工作而提出来的。

1992 年 6 月原能源部在扬州市召开全国电力生产工作会议，会议文件《关于加强技术监督若干意见》中明确提出实行全过程技术监督的问题。提出："各电力生产和建设基层单位要建立总工程师领导下的技术监督网，进行日常电力生产和建设的技术监督"，"必须执行部颁技术监督的各项规程、标准、导则、条例、制度等，狠抓落实。要从设备设计选型、制造、安装、调试、试生产、日常运行、停用、检修及技术改造全过程进行技术监督，明确责任，分段负责"。这次会议提出了实行全过程技术监督的意见，而且明确了在实行全过程技术监督中，对组织领导、监督范围和工作内容的具体要求。

随着电力事业的不断发展和电力技术水平的日益提高，对电力设备技术监督的范围、内容和工作要求越来越多、越来越高。1996 年 7 月，原电力工业部以电安生〔1996〕430 号颁布了《电力工业技术监督工作规定》，规定了 9 项监督：电能质量监督、金属监督、化学监督、绝缘监督、电测监督、热工监督、环保监督、节能监督和继电保护监督。根据电网技术发展水平和运行状况的实际，一些省级技术监督监察部门又陆续把励磁技术监督、锅炉技术监督和汽轮机技术监督加了进来，形成了现在比较规范的 12 项技术监督。1997—1998 年又陆续发布了单项技术监督规定，如 1997 年发布的《电力工业节能技术监督规定》（电安生〔1997〕399 号），它定义了节能技术监督，即对影响发电、输变电设备经济运行的重要参数、性能和指标进行监督、检查、调整及评价，阐述了节能技术监督的目的。通过对电力企业耗能设备及系统在设计、安装、调试、运行、检修、技术改造等阶段的节能技术监督，使其电、煤、油、汽、水等消耗达到最佳水平。

《电力工业技术监督工作规定》规定了技术监督工作的原则：技术监督工作贯彻"安全第一、预防为主"的方针，实行技术责任制，按照依法监督、分级管理、行业归口的原则，对电力建设和生产全过程实施技术监督。同时提出：技术监督工作以质量为中心、以标准为依据、以计量为手段，建立质量、标准、计量三位一体的技术监督体系。在三位一体的技术监督体系中，标准是技术监督的依据和尺度，计量是技术监督中保证质量的手段，而质量则是技术基础工作命脉。

2003 年 4 月，国家电网公司下发了《关于加强电力生产技术监督工作的意见》指出：为了适应电力体制改革、电网快速发展的新形势，电力企业要在继续执行原电力工业部《电力工业技术监督工作规定》的基础上，不断研究、制订新的监督专业、监督技术标准和方法。

2007年7月，中华人民共和国国家发展和改革委员会颁布了DL/T 1051—2007《电力技术监督导则》，提出了12项技术监督，与火力发电厂有关的是11项技术监督：绝缘监督（电气一次设备绝缘性能、防污闪、过电压保护及接地）、电测监督（各类电测量仪表、装置、变换设备及回路计量性能，电能计量装置计量性能）、继电保护及安全自动装置监督（电力系统继电保护、安全自动装置及其投入率、动作正确率）、励磁监督（发电机励磁系统性能及指标、整定参数和运行可靠性）、节能监督（发电设备及辅助系统的效率、能耗）、环保监督（污染物排放、环境噪声、环保设施）、金属监督（高温金属部件、承压容器和管道及部件）、化学监督（水、汽、油、燃料质量，化学仪表、热力设备腐蚀保护）、热工监督（各类热工测量仪表、装置、变换设备及回路计量性能，热工自动调节系统，热工保护装置）、电能质量监督（频率和电压质量）、汽（水）轮机监督（轴系振动特性，叶片特性，调节保安系统特性）。从此，电力技术监督进入高潮期。

二、电力技术监督与安全生产的关系

电力工业是技术密集型的装备性行业，电力产品的生产与消耗过程，是发电、供电、用电同时完成的过程。电能在一般情况下很难储存，所以要保证连续、可靠地向广大社会用户供应电力，保证发供电设备健康、安全、经济地运行和计量的完整准确，没有科学的管理，没有一套完整可靠的技术监督手段，是不可能顺利完成的。而且随着科学技术的发展，设备的运行状态、生产过程和质量监测，几乎都是以相应的参数和指标来表达的，如果离开技术监督，要维持正常的发供电也是无法想象的，因此长期以来技术监督一直是电力生产中一项非常重要的工作。

技术监督是预防性的工作，通过技术监督手段发现和提出的问题是预见性的。而存在于设备内部的缺陷或隐患，它的发展都有一个"潜伏期"，如果放松警惕，思想麻痹，往往出于某些主客观原因而违反监督规程、条例、标准的规定，放松或降低某些监督控制指标的要求，其后果是很难设想的，这方面的惨痛教训非常深刻，要引以为戒。

三、电力技术监督管理模式

2002年国家电力体制改革以前，省局（公司）级技术监督工作实行的是二级管理，即省局（公司）级和基层单位级（电厂或供电局）。全网技术监督的日常管理工作由设在省电力试验研究所内的省局（公司）技术监督办公室归口管理。

各发电厂、地（市）供电局和建设、安装、调试单位，以及发电检修公司等构成省级电网技术监督管理的基层级。各单位内的技术监督工作原则上实行三级管理，在厂（局）长（经理）的领导下，由总工程师负责组建技术监督领导小组并兼任组长；各专业监督分别建立相应的监督网络，落实分级管理技术责任制；在生产（运行）技术管理部门设有关专业监督工程师，归口专业监督管理；在有关场队、车间、部门设监督专责人；在班组、变电站设监督员。

电力体制改革以后，电力的技术监督工作分两条腿走路：一条是各省经济贸易（信息化）委员会成为全省电力行业技术监督工作的领导部门，电力行业技术监督工作的开展由省经济贸易委员会授权成立的省电力技术监督办公室（仍依靠原来的省电力试验研究所）负责归口管理。另一条是各大发电公司均成立了技术研究院，集团公司通过各自的技术研究院或西安热工研究院进行三级管理：集团公司→区域公司→各基层单位。这两条路互不交叉，各自独立行使监督权，前者为省经济贸易委员会负责，后者为集团公司负责。

电力的技术监督工作，正是通过上述管理模式，形成了一个纵向到底、横向到边的技术监督网络，从而使得技术监督工作指令和信息得以上下贯通，使得技术监督工作逐步渗透到电力生产、建设的各个角落。

四、电力技术监督目前存在的问题

（1）各发电集团公司的技术监督管理水平参差不齐，有的没有建立集团公司层面的技术监督管理组织机构，没有统一组织开展公司系统的技术监督管理工作，如技术监督报表的上报、动态检查、预警管理等工作。因此，无法及时反映各区域公司、发电企业技术监督管理方面存在的问题。

（2）各发电企业基本上还是沿用厂网分开前的属地管理模式，造成了集团公司内各发电企业有不尽相同甚至相差甚远的技术监督模式和管理标准。同时集团公司系统没有统一的技术监督管理支持服务单位，对技术监督服务单位和发电企业的技术监督工作不能进行及时有效的监督和指导。

（3）近几年新投产的大量超（超）临界机组、大型流化床锅炉发电机组和燃气轮机发电机组、水电机组，大量新材料、新装备的应用，原有相关技术监督方法和标准已经滞后，无法有效进行监督和预防重大隐患、事故的发生。集团公司缺乏全面、统一、新的对发电设备设计、制造、安装、运行、检修、改造全过程的监督技术标准。而近期大批标准得以制订或修订，增加或修改了检测方法和指标控制限额，但是专业监督人员不清楚，仍执行老标准。

（4）基层单位缺乏完善的技术监督测试手段。进行技术监督工作，除了严格按规程、制度、标准办事外，很重要的一点还是有准确、可靠的监测手段，这样才能对被监测对象的参数、性能、指标和状态做到心中有数，并且据此作出对设备状态的正确判断。故准确的测量是实行技术监督的重要环节，是分析决策的根据。特别是随着大机组、大电网、大电厂、高参数、高电压、高度自动化的电力装备的出现，对设备技术性能、参数和状态监测的复杂性和技术难度亦随之增大，要求也有所提高，且对技术指标的控制又越来越严，有时还要求监测快速及时，故监督的测试技术必须相应跟上。但是现实情况是某些电厂取消了热试组、金相组等，缺少必要的测试设备，造成基本测试工作都需要外援。

（5）技术监督队伍的素质相差较大。要做好技术监督工作，充分发挥技术监督的作用，归根到底，最根本、最关键的因素还是监督队伍的素质，包括思想政治素质和业务技术素质。因为从事监督工作首先要有高度的责任心，对工作一丝不苟，严格认真，同时又要求对本专业和相关专业有较扎实的理论基础和实践经验，以及丰富的现场实际工作经验，这样才能担当起监督工作的重任。因为监督人员所面对的生产技术问题经常带有综合性，涉及不同的专业和不同的生产部门，需要综合研究，协调处理，工作上有一定的难度。一个熟悉技术监督业务而又称职的监督人员的培养，不是朝夕之间就能完成的。而且技术监督工作本身有很大的连贯性，故保持监督的相对稳定是必须注意的问题。但是，目前有些电厂技术监督人员很少参加行业的技能培训，技术监督队伍经常变化，导致监督水平下降。

第二节 节能技术监督网络的构成

为更好促进节能活动的开展，进一步降低机组消耗性指标，保证全年节能指标完成，应根据厂内机构调整和人员变动情况，成立节能监督三级网络（由厂级、部门级、班组级组成），以期在全厂形成"事事有人管、人人都管事"的良好氛围，达到"千斤重担人人挑、人人肩上有指标"的目的，确保该厂机组各项经济技术处于全国同类型机组先进水平。

一、厂级节能领导小组（一级网）

1. 节能监督领导小组

第一级网是厂节能监督领导小组。节能领导小组以厂长为组长、生产副厂长（或总工程师）

为副组长，各部室（车间，包括服务部门）主任及能源管理负责人等为成员，能源管理负责人负责全厂的节能监督日常工作。

节能领导小组的职责是：

（1）执行国家能源政策、法令和上级部门的节能工作方针政策。

（2）审批厂节能监督管理标准、节能奖励办法、能耗定额、节能规划。

（3）负责节能工作方案、资金、项目和年度节能项目计划的审批。

（4）组织落实下达能耗指标，检查节能工作小组的日常工作，对节能工作有突出贡献的集体和个人进行奖励。

（5）在节能领导小组组长或副组长的主持下，每月召开一次例会。定期听取各部门节能工作情况汇报，协调各部门的节能工作，努力降低能耗，全面完成全厂节能任务。

（6）作为节能领导小组成员，各部门主要负责人对各自部门的节能工作负责。

2. 能源管理负责人的职责

能源管理负责人一般是由生产技术部主任或副主任担任，根据《中华人民共和国节约能源法》（2007年10月修订），重点用能单位应当设立能源管理岗位，在具有节能专业知识、实际经验及中级以上技术职称的人员中聘任能源管理负责人，并报管理节能工作的部门和有关部门（如地方节能办公室和节能监察支队）备案（备案登记表见表1-1）。

表 1-1　　　　　重点用能单位能源管理岗位和人员设立情况备案表

重点用能单位名称：（盖章）

重点用能单位名称			单位性质		单位法人代码	
单位法人代表姓名		联系电话		主管节能厂级负责人姓名	联系电话	
单位地址					邮政编码	
负责能源管理工作的部门名称（能源管理岗位）			部门负责人姓名		联系电话	

聘任的能源管理人员情况（包括能源管理负责人）

姓　　名	受聘岗位名称	本人技术职称	在本岗位工作年限	接受节能培训情况	联系电话

填报人：　　　　　　　　　　联系电话：

注 聘任的能源管理负责人情况不够填报的，可增加报表张数。

能源管理负责人的职责如下：

（1）能源管理负责人负责组织对本单位用能状况进行分析、评价，组织编写本单位能源利用状况报告。

（2）提出本单位节能工作的改进措施并组织实施。

（3）能源管理负责人应当接受节能培训。

除此之外，能源管理负责人还具有以下职责：

（1）贯彻执行国家、行业、集团公司及厂部颁发的有关节能技术监督的方针、政策、规章制度等。

（2）定期检查全厂节能技术监督台账，按时组织本单位节能降耗分析例会。

（3）对全厂影响经济运行的重大耗能设备，及时提出改进措施并组织解决。

（4）参加节能改造工程的设计审查，并对安装调试、运行、检修进行全过程节能技术监督。

（5）及时下达月、季、年度的各项指标计划及节能改造项目计划，并组织、监督、考核节能改造项目计划的实施。

（6）负责生产和非生产用能的管理。对全厂用煤、用油、用水的情况进行监督、分析。

（7）积极参加和组织开展节能降耗的科技攻关、新技术推广和人员培训工作。

（8）编写、审查全厂设备系统改造、设计、性能试验技术措施和方案，并监督落实。

（9）对入厂、入炉煤的计量、取样、制样、化验进行监督，对煤场管理进行监督。

（10）对节能工作有突出贡献的部门和个人的奖励申请进行审核。

二、节能工作小组（二级网）

1. 节能工作小组

第二级网是部门级，工作小组组长由生产副厂长担任；副组长由能源管理负责人或生产技术部主任担任，成员为生产技术部（策划部）各专业专工。第二级网下设几个专业组，专业组由部门（车间）组成。各部门主任为专业组组长，部门专工为副组长，各部门所辖班组技术员为专业组成员。厂级节能专职工程师负责节能工作小组的日常管理工作。

工作小组组长的职责是：

（1）负责贯彻国家、行业和上级的节能政策、法规、标准和规定，检查、监督各有关部门执行。

（2）参加本单位事故的调查分析工作，督促落实反事故措施，及时向上级公司有关部门、技术监督主管部门和执行部门报告，努力消除设备隐患。

（3）主持召开厂节能监督网会议，评价节能技术指标完成情况，布置节能工作任务。

（4）审定本厂节能技术监督实施细则、岗位职责、考核细则、节能规划、年度节能监督工作计划、主设备检修节能监督工作计划、重大节能监督项目工作计划、能耗指标计划、各种管理标准、制度和技术措施，检查、监督各有关部门执行。

（5）参加本单位新建工程的设计审查、设备选型、监造、安装、调试、试生产阶段的节能技术监督管理和质量验收工作。

（6）落实上级公司下达的能耗指标，按期完成节约环保型企业创建工作。

（7）协调生产各部门间的节能工作。

（8）坚持贯彻"以节能为重点的技术改造"方针，结合技术改造和机组检修，综合平衡，安排好节能技改所需资金，做好技改、检修工作后评估，确保项目取得预期效果。

（9）组织节能工作的基础管理、运行管理、检修管理、燃料管理、节水管理、节油管理、热力试验管理、基本建设管理，使各项运行经济指标向设计值或历史最佳值、同类型机组最好水平靠拢。

节能工作小组的职责是：

（1）在工作小组组长和能源管理负责人领导下，具体负责各自部门的节能技术监督工作。

（2）监督检查本部门能源使用情况，对出现的异常现象要及时汇报，对违反能源管理制度的现象及时进行制止。

（3）根据领导小组下达的指标定额，结合本部门生产过程和管理业务的实际情况，分解各项指标。

（4）对本部门主、辅设备加强管理，按经济运行方式操作，提高设备效率，保证设备在经济状况下运行。

（5）负责本专业设备、系统大小修后各项考核指标的汇总，检查各项考核指标是否达到考核标准，并向同级和上级主管如实报告。

（6）负责本部门年度节能项目计划的提出、汇总，并按规定时间上报工作小组。

（7）根据厂节能更改计划，制订节能项目措施，对竣工的节能项目进行总结和分析，及时报送专责人和工作小组。

（8）每半年对本专业节能技术进行总结，指出问题，提出措施，并上报工作小组。

2. 厂级节能专工

厂级节能专职工程师的主要职责是：

（1）贯彻执行国家、地方、行业、上级主管部门有关节能技术监督的方针政策、法规、标准、制度、导则。

（2）按照上级公司下达的节能任务和年度考核指标，编制企业年度节能计划和目标，将能耗指标分解下达给相关部门，并督促执行。

（3）编制全厂节能技术监督的实施细则、岗位职责、各项管理制度及技术措施、中长期节能规划、节能计划、生产经济指标考核办法、各项能耗指标定额，并组织、监督实施，定期检查节能规划和计划的执行情况，并向节能领导小组提出报告。

（4）参加新建、扩建、技术改造工程的设计审查，并对设计、安装、调试、运行、检修进行全过程节能技术监督。

（5）按时向上级公司、技术监督服务单位上报能耗报表和技术监督分析报告、节能监督工作总结，确保监督数据真实、可靠。做好半年、年度节能工作总结。

（6）负责本单位节能方面的科研、技术改造等项目的规划、计划，项目的可行性研究及其项目管理。

（7）每月参加或组织召开厂级节能降耗分析例会，提出本厂节能技术指标完成情况的分析报告、节能工作存在的问题，组织制订改进措施，并按计划实施，做好总结和考核工作。

（8）建立健全本单位的各项技术监督档案，如机组主辅设备设计资料、技改可研报告、各类试验报告、主辅设备缺陷及检修台账和总结等。针对能源消耗存在的问题，应向领导小组提出节能改进意见和措施。

（9）督促热工、电测专业做好能源计量装置和仪器仪表的检定工作。

（10）组织开展节能宣传教育，提高广大职工节能意识，组织节能培训，推广新技术，积极参加和组织开展节能降耗的科技攻关。

（11）负责与电力研究院的技术交流，负责与外单位相关的技术监督工作。

（12）有权对节能工作有突出贡献的部门和个人提出奖励申请。

3. 检修工作组职责

(1) 负责机组及附属系统设备的检修、维护工作。

(2) 负责实施管辖范围内的节能技术改造项目。

(3) 负责电测、热控范围内能源计量装置的校验及检修维护工作。

(4) 及时消除"七漏"(汽、水、油、煤、风、粉、灰),及时解决浪费能源的设备缺陷,尽可能充分利用和回收热力设备的排汽和疏水。

(5) 针对设备和能源消耗方面存在的问题,可向工作小组提出整改建议和措施。

(6) 经常开展技术练兵活动,培训职工提高检修工艺质量,改善设备健康水平,减少机组的临修次数。

4. 运行工作组职责

(1) 负责机组及附属系统设备的运行管理工作,落实有关运行节能措施。

(2) 负责机组及附属系统设备影响能源消耗参数或状态、方式的监督,发现异常及时调整或报告,并向工作小组提出改进建议。

(3) 负责管辖范围内系统设备转换、输送、分配、消耗能源量以及表征能量的有关参数的初级记录和统计工作。

(4) 通过小指标竞赛活动,充分挖掘现有的设备潜力,搞好节能降耗工作。

(5) 协助进行热力试验工作。

(6) 及时与调度沟通协商,尽量多发电量,提高负荷系数。

5. 燃料工作组职责

(1) 负责全厂采购煤炭的供应和统计管理工作,禁止不合格煤炭入厂。

(2) 负责燃油的采购入厂、储存、盘点。负责煤场的管理、煤场的盘点。

(3) 负责燃料接卸、输送和计量系统设备的检修、维护、运行管理工作,落实有关节能措施。

(4) 负责实施管辖范围内的节能技术改造项目。

(5) 负责管辖范围内系统设备影响能源消耗参数或状态、方式的监督,发现异常及时调整或报告,并向工作小组提出改进建议。

(6) 负责管辖范围内能源储存、输送、消耗量的初级记录和统计工作。

三、三级节能网

第三级节能网是班组,班长是组长,技术员是副组长,成员由所辖班组人员组成。节能三级管理网络见图 1-1。

1. 各部门节能专业工程师(专业主管)职责

各部门各部室技术专工为部门兼职节能专业工程师,其职责是:

(1) 贯彻执行国家、行业、集团公司及厂部颁发的有关节能技术监督的方针、政策、规章制度等。

(2) 根据实际情况编制本部门的节能计划,并监督实施。

(3) 接受专业组的领导,组织本部门的节能小组进行节能分析活动,并对所属班组的节能员工作进行指导、检查。

(4) 对本专业(部门)影响经济运行的重大耗能设备,及时提出改进建议。

(5) 积极组织本专业(部门)开展节能降耗的科技攻关、新技术推广和人员培训工作。

(6) 建立能源计量统计台账,督促责任部门有计划地对能源计量表计进行校验,补充完善,对能源计量器具的配备率负责。

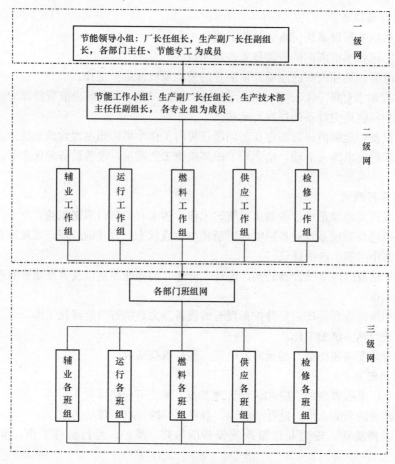

图 1-1　节能三级管理网络

（7）在节能项目完成后 2 周内向工作小组提交节能项目结题报告。每年 12 月底务必向厂级节能工程师提交本年度所有节能项目的结题报告。

2. 班组节能员的职责

各班组技术员为班组兼职节能员。班组节能员的职责是：

（1）严格执行国家、行业、集团公司及厂部颁发的有关节能技术监督的方针、政策、规章制度等。

（2）认真执行全厂节能管理办法的规定内容与要求；组织本班组成员实施本部门的节能计划和措施，完成各项经济、能耗指标定额。

（3）建立节能技术监督台账，分析节能技术指标完成情况，针对节能工作存在的问题，提出改进措施，指导班组成员开展节能工作。

（4）熟悉所辖设备的能耗指标，了解影响这些指标的设备原因，分析节能技术指标完成情况。

（5）积极开展生产指标异常分析，针对节能工作存在的问题，提出改进措施，不能解决的问题及时向部门领导汇报。

（6）按时、按质、按量完成厂、车间下达的数据统计、定期报表、节能总结，建立健全节能技术档案。

（7）审查能源计量表计工作情况，对工作异常表计及未按期校验表计进行缺陷登记，督促责任部门整改。

（8）填好各项能源消耗的原始记录；巡查能源计量表计工作情况，对工作异常的表计及未按期校验的表计进行缺陷登记。

（9）协助二级节能网对班组成员进行节能教育和培训，结合班组设备情况提出合理化建议。

（10）做好本班组节能工作，做好班组节能活动记录，促进本部门节能工作的开展。

第三节 节能技术监督内容

一、节能技术监督目的

节能技术监督是指采用技术手段或措施，对发电企业在规划、设计、制造、建设、运行、检修和技术改造中有关能耗的重要性能参数与指标实行监督、检查、评价和调整。

节能技术监督目的：落实我国"资源开发和节约并举，把节约放在首位"的能源方针，力求使全国电力行业节能技术监督工作规范化，保证电网及发供电设备安全、可靠和经济运行，建立健全以质量为中心、以标准为依据、以计量为手段的节能技术监督体系，对影响电网和发电设备经济运行的重要参数、性能和指标进行监测、检查、分析、评价和调整，对发电设备的效率、能耗进行监督，做到合理优化用能，降低资源消耗。

发电企业节能技术监督目的：通过建立高效、通畅、快速反应的技术监督管理网络，确保国家及行业有关技术法规的贯彻实施，确保上级有关技术监督管理指令畅通，通过有效的手段，及时发现问题，采取相应措施尽快解决问题，使电厂的煤、电、油、汽、水等消耗指标达到最佳水平，保证发电企业高效、经济、环保运行。

二、节能技术监督范围

节能技术监督涉及企业耗能设备及系统的可研、设计、安装、调试、运行、检修和技术改造等环节。

火力发电厂节能技术监督，主要是对锅炉、汽轮机及其附属设备、系统的各项技术经济指标、设备经济性能进行全面、全员、全过程的管理和监督，并做好全面管理工作。针对影响运行经济性的发电设备、系统问题提出技术措施、解决方案，不断改进操作，做好设备、系统的检修和维护工作，使各项技术经济指标达到最佳水平。

按照监督的设备划分，节能技术监督范围包括火电厂锅炉、汽轮机及其辅机设备和系统。

按照监督过程划分，从火电厂主辅设备选型及配套方案、设计审查，到制造、监造验收、安装、调试、试生产以及运行、检修和技术改造等全过程，都要进行监督。

按照监督的指标划分，节能技术监督范围包括发电煤耗率、供电煤耗率（生产和综合）、厂用电率（生产和综合）、发电水耗等能耗指标、汽轮机、锅炉的经济性小指标，如主蒸汽及再热蒸汽温度和压力、锅炉排烟温度、飞灰和大渣含碳量、空气预热器漏风率、锅炉效率、再热器减温水流量、给水温度、加热器端差、真空严密性、真空、汽轮机热耗率、各汽缸效率、辅机耗电率等。

三、技术监督内容

根据《电力技术监督导则》（DL/T 1051—2007），火力发电企业的技术监督主要内容是：电能质量监督、绝缘监督、电测监督、继电保护及安全自动装置监督、节能监督、环保监督、化学监督、热工监督、金属监督、励磁监督、汽轮机监督11项技术监督。对于水力发电企业，还包括水工监督和水轮机监督。

节能技术监督内容包括：设计与基建、运行、维护和检修、技术改造、燃料、节水、节油、基础管理、热力试验、宣传培训 10 个方面。

1. 设计与基建阶段节能监督内容

（1）火电厂基本建设规划必须贯彻国家的节约能源政策和经济高效、可持续发展的方针，积极采用大容量、高参数、高效率、高调节性、节水型，以 600～1000MW 级容量为主的设备；大力采用清洁煤燃烧技术，适当发展高效的超临界、超超临界机组和燃气—蒸汽联合循环电站；对原有的 125、200MW 级和早期投产的 300MW 燃煤机组进行全面改造（包括发电设备辅机及调节控制系统）。

（2）进行节能经济技术方案比较，确定先进合理的煤耗率、电耗、取水量定额等设计指标。电厂的规划和设计应把节约用水作为一项重要的技术原则，水资源贫乏地区可选择直接或间接空冷系统。新建或扩建的凝汽式火电厂装机取水量应满足 GB/T 18916.1《取水定额 第一部分：火力发电》的要求。禁止使用已公布淘汰的用能产品。

（3）设计阶段或规划中的机组，其汽轮机、锅炉及其主要辅机的性能指标和参数应以同类型同容量正在设计和已投产机组的最优值为标杆，优化工程设计。辅助设备容量应与主机配套，避免容量选择过大而造成资源浪费。

（4）汽轮机的选型执行《电站汽轮机技术条件》（DL/T 892），应充分考虑电网调峰需要。新建机组的调峰能力不应低于额定负荷的 35%～40%，各有关辅助设备的选择和系统设计应满足相应的要求。汽轮机应能在保证寿命期内，满足夏季运行、机组老化以及考虑设计、制造公差等因素后，仍能带额定负荷安全连续运行。汽轮机设计时应优先考虑选用结构型式先进、密封效果较好的汽封。

（5）汽轮机安装应执行《电力建设施工质量验收及评价规程 第 3 部分：汽轮发电机组》（DL/T 5210.3—2009）。在保证汽轮机通流部分动静不发生碰磨、振动优良的情况下，汽封间隙应尽量取下限值，减少汽轮机级间漏汽。汽轮机疏水系统设计除按 DL/T 834 执行外，还应结合机组的具体情况和运行、启动方式，做出最优处理。汽轮机的保温应按《汽轮机保温技术条件》（GB 7520）执行。

（6）锅炉安装应执行标准《电力建设施工质量验收及评价规程 第 2 部分：锅炉机组》（DL/T 5210.2—2009）。应重视对空气预热器密封间隙的调整和控制。对炉膛本体、烟风管道、制粉系统、除尘器、脱硫装置等部位的漏风点，特别是各种烟风门、人孔门、膨胀节进行检查，发现缺陷及时整改，以减少锅炉漏风。

（7）在设备制造过程中，发电企业可委托第三方按照 DL/T 586《电力设备监造技术导则》进行设备的现场监造。停工待检项目（H 点）必须有用户代表参加，现场检验并签证后，才能转入下道工序。现场见证项目（W 点）应有用户代表在场。文字见证项目（R 点）由用户代表查阅制造厂的检验、试验记录。对重要技术环节，应派遣有经验、有资质的人员进行现场监督。对发现的重大问题，技术监督人员（包括携带必要的检测设备）应到达制造厂，根据技术方案、设计资料和技术指标等，协作对问题进行检测、分析和确定处理方案。监造结束后，及时提供出厂验收报告和监造总结。

（8）机组在设计及安装时，应设必要的热力试验测点，以保证机组热力性能试验数据的完整、可靠。为满足日常节能检测的要求，应在尾部竖井且烟气流动比较稳定的烟道上安装自抽式飞灰取样器，取样器的设计、安装、运行使用和维护符合 DL/T 926《自抽式飞灰取样方法》的要求。配合设计、试验单位完成主蒸汽管道、再热冷段蒸汽管道、再热热段蒸汽管道、高压给水管道等测点位置的设计、安装。配合设计、试验单位完成中压缸排汽测点、低压缸进汽测点和低压缸排汽测点位置的设计、安装。

（9）新投产火电机组，在试生产期结束前需按合同和《火力发电厂基本建设工程启动及竣工验收规程》（2000年版）规定的主要性能试验项目和规定的要求进行测试，并编写热力性能试验报告和技术经济性能评价报告。主要的性能试验项目包括：锅炉热效率试验、锅炉最大和额定出力试验、锅炉不投油最低出力试验、漏风试验、制粉系统出力和制粉单耗试验、额定工况和部分负荷时机组热耗率试验、汽轮机最大连续和额定出力试验、供电煤耗率测试和辅机运行特性试验等。

（10）火电机组要实现节能减排达标投产，要以未修正的性能试验数据评价新机组的投产质量，投产后主要能耗指标要达到上级或标准规定要求。新投产汽轮机经各类修正后的试验热耗率高于保证值时，应通过汽轮机揭缸检查，对通流部分存在的缺陷和汽封间隙过大等不合理情况进行整改。试验的一、二类修正量较大时，应对回热系统进行检查消缺，并通过汽轮机和锅炉等主辅设备的运行调整使初始参数达到设计值。空气预热器漏风率大于设计保证值时，应利用检修进行密封间隙调整或者密封改造和更换。

2. 运行阶段节能监督内容

（1）运行人员应树立整体节能意识，不断总结操作经验，并根据机组优化运行试验得出的最佳控制方式和参数对主辅设备和系统进行调节，使机组各项运行参数达到额定值或不同负荷对应的最佳值，最大限度地降低各项可控损失，使机组的供电煤耗率在各负荷下相对较低，以提高全厂经济性。主辅机经过重大节能技术改造后，应及时进行性能试验，确定主、辅机的优化运行方式。

（2）应按照各台机组及主、辅机的热力特性，确定主、辅机的优化运行方式，进行电、热负荷的合理分配，运用等微增调度，制订相应的负荷调度方案，积极取得调度部门的理解和支持，对机组的启停和负荷分配进行科学的调度。

（3）应建立健全供电煤耗率、厂用电率等主要综合经济技术指标月度记录（见表1-2），应每月进行比较分析，召开运行分析会，从而发现问题，并提出解决措施。分析时，既要与上月、上年同期比，也要与设计值、历史最好，以及国内外同类型机组最好水平进行比较，以找出差距，明确努力方向。

（4）定期开展机组对标管理分析工作，确定机组资源消耗指标的目标值和标杆值。分析实际值与先进值、设计值、标杆值之间的差距和影响因素。制订年度改进措施。

（5）应建立健全能耗小指标及辅机系统月度记录（见表1-3）、统计制度，完善统计台账，为能耗指标分析提供可靠依据。日煤耗率计算应按原电力部颁发的《火力发电厂按入炉煤量正平衡计算发供电煤耗率的方法（试行）》执行。月煤耗率计算应在日煤耗率计算的基础上，根据月末盘煤结果进行调整，以确保数据的准确。

（6）运行人员应加强巡检和对参数的监视，要及时进行分析、判断和调整；发现缺陷应按规定填写缺陷单或做好记录，及时联系检修处理，确保机组安全经济运行。

（7）对锅炉燃烧更应特别重视，值班人员应随时掌握入炉煤的变化情况，根据煤质分析报告、机组负荷及炉膛燃烧工况，及时进行燃烧调整，减少飞灰可燃物、排烟等可控损失。

（8）每班应对每台锅炉的飞灰可燃物进行取样和化验，并将化验结果及时通知运行人员，加强燃烧调整以降低飞灰含碳量，提高锅炉运行效率。

（9）制订科学的暖风器运行规定，做好锅炉炉膛、烟道和空气预热器的吹灰工作，加强对锅炉受热面积灰、腐蚀情况的监督。

（10）要制订"锅炉吹灰制度"，按照规程规定及时做好锅炉炉膛、烟道和空气预热器的吹灰工作，加强对锅炉受热面的积灰情况进行监督，以使锅炉经常处于最佳工况下运行。

表1-2

××公司火电机组主要综合经济技术指标月度报表

电厂名称：×××电厂　部门负责人：　填报人：　联系电话：　填报日期：

序号	机组指标	单位	1号 额定值（设计值）	1号 本月	1号 去年本月	1号 1~本月累计 2012年	1号 2011年	2号 额定值（设计值）	2号 本月	2号 去年本月	2号 2012年	2号 2011年	3号 额定值（设计值）	3号 本月	3号 去年本月	3号 1~本月累计 2012年	3号 2011年	4号 额定值（设计值）	4号 本月	4号 去年本月	4号 1~本月累计 2012年	4号 2011年
1	机组运行小时	h	720.0	302.70	720.00	2574.60	3904.07						720.0	358.60	720.00	3157.80	3367.06					
2	机组利用小时	h	—	232.80	454.39	1957.71	2735.41						—	268.75	586.49	2538.56	2552.87					
3	机组负荷系数	%	75.0	76.91	63.11	76.04	70.07						75.0	74.94	81.46	80.39	75.82					
4	发电补水率	%	1.5	0.63	0.88	0.80	1.08						1.0	0.25	0.58	0.76	1.10					
5	锅炉效率	%	92.2	92.37	92.34	92.65	92.72						93.9	93.58	93.29	93.77	94.25					
6	锅炉主蒸汽温度	℃	541.00	539.00	538.68	537.32	539.28						605.00	597.70	602.34	595.83	595.50					
7	锅炉主蒸汽压力	MPa	17.25	16.05	15.02	16.45	15.92						26.15	21.14	22.80	22.35	21.49					
8	再热蒸汽温度（炉侧）	℃	541.00	532.83	529.51	530.44	528.81						603.00	593.43	595.62	592.91	585.04					
9	再热蒸汽压力（炉侧）	MPa	3.62	2.80	2.31	2.70	2.52						5.87	4.18	4.56	4.42	4.18					
10	锅炉氧量	%	4.20	3.74	4.43	3.95	4.35						2.74	3.70	2.93	3.63	4.02					
11	送风温度	℃	20.00	25.04	23.90	13.82	12.72						24.00	26.09	23.91	12.71	11.99					
12	排烟温度	℃	134.40	140.24	130.09	133.11	125.06						122.00	127.84	142.54	126.18	130.71					
13	空气预热器漏风率	%	8.00	6.70	6.70	6.70	6.70						7.0	5.44	5.44	5.44	5.44					
14	飞灰含碳量	%	2.0	1.54	1.52	1.54	1.64						2.0	1.92	1.29	1.44	0.29					
15	炉渣含碳量	%	2.50	2.30	2.01	2.31	1.55						2.50	2.22	0.00	2.02	0.00					
16	制粉系统单耗	kWh/t	32	31.06	30.50	31.09	30.22						—	8.31	8.62	8.25	8.41					
17	制粉系统耗电率	%	1.5	1.45	1.47	1.48	1.41							0.37	0.38	0.36	0.36					
18	引风机单耗	kWh/t	2.0	1.97	1.25	1.49	1.28						—	2.62	3.18	2.86	3.38					

续表

序号	机组指标	单位	1号 额定值(设计值)	1号 本月	1号 去年本月	1号 1~本月累计 2012年	1号 1~本月累计 2011年	2号 额定值(设计值)	2号 本月	2号 去年本月	2号 2012年	2号 2011年	3号 额定值(设计值)	3号 本月	3号 去年本月	3号 2012年	3号 2011年	4号 额定值(设计值)	4号 本月	4号 去年本月	4号 2012年	4号 2011年
19	引风机耗电率	%	0.7	0.62	0.32	0.43	0.38						—	0.73	0.33	0.78	0.97					
20	送风机单耗	kWh/t	1.1	1.05	1.16	1.07	1.03						—	0.66	0.62	0.56	0.55					
21	送风机耗电率	%	0.35	0.33	0.34	0.31	0.30						—	0.18	0.17	0.15	0.16					
22	一次风机/排粉机单耗	kWh/t	16																			
23	一次风机/排粉机耗电率	%	0.8																			
24	磨煤机单耗	kWh/t	16	15.36	15.85	15.54	15.25						7.31	8.31	8.62	8.25	8.41					
25	耗用燃油量	t	—	1.98	0.00	197.46	126.05							8.99	0.00	13.19	0.00					
26	吹灰器投入率	%	100.0	100.00	100.00	100.00	100.00						100.0	100.00	100.00	100.00	100.00					
27	除灰系统单耗	kWh/t	7.5	7.35	6.83	7.54	6.38							2.15	2.50	1.72	1.24					
28	除灰系统耗电率	%	0.25	0.23	0.21	0.23	0.20							0.06	0.07	0.05	0.04					
29	除尘系统单耗	kWh/t	7.5	8.38	5.71	6.08	5.59							4.84	3.42	4.04	5.06					
30	除尘系统耗电率	%	0.25	0.26	0.18	0.19	0.17						0.20	0.14	0.10	0.11	0.15					
31	除灰、除尘系统单耗	kWh/t	15	15.73	12.54	13.62	11.97						—	6.99	5.92	5.76	6.30					
32	除灰、除尘系统耗电率	%	0.5	0.49	0.39	0.42	0.37							0.20	0.17	0.16	0.19					
33	高压缸效率	%	86.17	77.11	74.20	77.42	74.23						90.20	83.26	84.50	84.55	83.68					
34	中压缸效率	%	92.24	92.49	93.40	92.73	93.32						93.40	93.51	91.90	92.82	91.72					
35	低压缸效率	%	88.79										88.38									
36	汽轮机热耗率	kJ/kWh	7921.00	8607.12	8387.99	8608.14	8318.36						7376.00	7634.05	7381.94	7526.44	7741.30					
37	汽轮机汽耗率	kg/kWh	3.023	3.13	2.95	3.17	2.95						2.72	2.77	2.78	2.81	2.85					

续表

序号	机组指标	单位	1号 额定值(设计值)	1号 本月	1号 去年本月	1号 1~本月累计 2012年	1号 1~本月累计 2011年	2号 额定值(设计值)	2号 本月	2号 去年本月	2号 1~本月累计 2012年	2号 1~本月累计 2011年	3号 额定值(设计值)	3号 本月	3号 去年本月	3号 1~本月累计 2012年	3号 1~本月累计 2011年	4号 额定值(设计值)	4号 本月	4号 去年本月	4号 1~本月累计 2012年	4号 1~本月累计 2011年
38	汽轮机主蒸汽温度	℃	538.00	538.41	537.91	537.39	538.67						600.00	593.24	600.16	593.42	596.55					
39	汽轮机主蒸汽压力	MPa	16.70	15.89	14.90	16.28	15.77						25.00	20.86	22.47	22.04	21.30					
40	再热蒸汽温度（机侧）	℃	538.00	529.66	526.62	527.84	526.70						600.00	593.33	594.92	592.68	587.71					
41	再热蒸汽压力（机侧）	MPa	3.21	2.80	2.31	2.72	2.51						5.13	4.11	4.48	4.35	4.12					
42	凝汽器真空度	%	95.16	96.09	96.18	97.34	97.47						95.45	96.47	96.05	96.98	96.49					
43	凝汽器端差	℃	7	2.64	3.39	5.26	3.69						7	2.38	1.97	7.45	5.73					
44	排汽温度	℃	32.55	28.78	28.39	22.03	20.67						31.4	26.47	27.02	22.55	24.80					
45	凝结水过冷却度	℃	1.0										1.0									
46	给水温度	℃	273.80	244.26	254.80	259.82	257.54						290.00	279.87	285.66	283.12	280.04					
47	电动给水泵单耗	kWh/t	0	0.00	0.00	0.02	0.03						0	0.00	0.00	0.00	0.00					
48	电动给水泵耗电率	%	0	0.00	0.00	0.01	0.01						0—	0.00	0.00	0.00	0.00					
49	凝结水泵耗电率	%	0.25	0.22	0.15	0.28	0.16						0.20	0.15	0.16	0.16	0.20					
50	循环水泵耗电率	%	0.6	1.17	0.30	0.69	0.32						—	0.68	0.43	0.52	0.44					
51	空冷塔耗电率	%	—	0.00	0.00	0.00	0.00						—	0.00	0.00	0.00	0.00					
52	循环水温升	℃	—	9.60	8.34	8.83	8.53						—0	7.77	8.45	8.62	9.02					
53	冷却水温降	℃	—										—									
54	冷却塔冷却幅高	℃	—										—									
55	高压加热器投入率	%	100.0	91.30	100.00	98.07	98.03						100.0	100.00	100.00	100.00	99.32					
56	真空系统严密性	Pa/min	270.0	230.00	290.00	220.00	210.00						270.0	170.00	140.00	150.00	150.00					
57	主蒸汽减温水量	t/h	20	10.34	8.85	10.27							—	42.46	51.97	50.91						

16

续表

序号	机组指标	单位	1号 额定值(设计值)	1号 本月	1号 去年本月	1号 1~本月累计 2012年	1号 1~本月累计 2011年	2号 额定值(设计值)	2号 本月	2号 去年本月	2号 1~本月累计 2012年	2号 1~本月累计 2011年	3号 额定值(设计值)	3号 本月	3号 去年本月	3号 1~本月累计 2012年	3号 1~本月累计 2011年	4号 额定值(设计值)	4号 本月	4号 去年本月	4号 1~本月累计 2012年	4号 1~本月累计 2011年
58	再热器减温水量	t/h	0	1.30	5.88	3.09	5.52						0	2.61	1.55	4.27	3.23					
59	空气预热器阻力(烟气侧)	Pa	900	912.00	916.70		858.21						1250	810.00	810.30		797.93					
60	凝汽器入口循环水温	℃	20	16.54	16.66	7.89	7.98						18	16.33	16.59	6.44	8.31					
61	凝汽器出口循环水温	℃	29	26.14	25.00	16.77	16.55						—	24.09	25.04	15.10	17.37					
62	胶球投入率	%	98.0										100.0									
63	1号高压加热器上端差	℃	−1.70	1.41	1.45	1.98	1.46						−1.70	−2.88	−3.30	−2.57	−3.72					
64	1号高压加热器下端差	℃	5.60	5.72	5.30	4.78	5.22						5.60	5.36	6.80	5.70	6.90					
65	2号高压加热器上端差	℃	0.00	−0.62	−0.46	−0.14	−0.50						0.00	−2.06	−1.35	−1.34	−1.40					
66	2号高压加热器下端差	℃	5.60	6.70	6.02	5.62	6.18						5.60	4.87	6.85	5.33	7.26					
67	3号高压加热器上端差	℃	0.00	−0.06	−1.15	−0.32	−1.12						0.00	−2.94	−2.70	−2.24	−2.56					
68	3号高压加热器下端差	℃	5.60	10.70	8.60	9.47	8.55						5.60	3.82	6.10	4.40	6.32					
69	1号低压加热器上端差	℃	2.80	3.38	3.20	3.20	3.09						2.80	2.46	1.82	2.27	2.04					
70	1号低压加热器下端差	℃	5.60	9.20	8.90	9.25	9.42						5.60	5.62	6.50	6.43	6.77					
71	2号低压加热器上端差	℃	2.80	2.30	1.60	1.63	1.55						2.80	5.62	4.50	5.46	4.86					
72	2号低压加热器下端差	℃	5.60	9.02	9.20	8.14	8.95						0.0									
73	3号低压加热器上端差	℃	2.80										2.80									
74	3号低压加热器下端差	℃	0.0										0.0									
75	4号低压加热器上端差	℃	2.80										2.80									
76	4号低压加热器下端差	℃	0.0										0.0									
77	当地大气压力	kPa	101.325										101.325									

表 1-3

能耗小指标及辅机系统月度报表

机组编号 机组容量(MW)	汽轮机热耗率(kJ/kWh) 当月	汽轮机热耗率 设计值	锅炉效率(%) 当月	锅炉效率 设计值	凝结水泵耗电量(万kWh) 当月	年累	循环水泵耗电量(万kWh) 当月	年累	一次风(排粉风机)耗电量(万kWh) 当月	年累	送风机耗电量(万kWh) 当月	年累	引风机耗电量(万kWh) 当月	年累	磨煤机耗电量(万kWh) 当月	年累	除尘系统耗电量(万kWh) 当月	年累	脱硫系统耗电量(万kWh) 当月	年累	发电量(万kWh) 当月	年累
全厂 1920																					
机组1 300		7921		92.5																	
机组2 300		7921		92.5																	
机组3 660		7342		93.9																	
机组4 660		7342		93.9																	

机组编号 机组容量(MW)	供电煤耗率(g/kWh) 当月	年累	(综合)供电煤耗率(g/kWh) 当月	年累	凝结水泵耗电率(%) 当月	年累	循环水泵耗电率(%) 当月	年累	一次风(排粉风机)耗电率(%) 当月	年累	送风机耗电率(%) 当月	年累	引风机耗电率(%) 当月	年累	磨煤机耗电率(%) 当月	年累	除尘系统耗电率(%) 当月	年累	脱硫系统耗电率(%) 当月	年累	发电厂用电率(%) 当月	年累
全厂 1920																					
机组1 300																					
机组2 300																					
机组3 660																					
机组4 660																					

机组编号 机组容量(MW)	机组补水率(%) 当月	设计值	主蒸汽压力(MPa) 当月	设计值	主蒸汽温度(℃) 当月	设计值	凝汽器真空(kPa) 当月	设计值	凝汽器端差(℃) 当月	设计值	给水温度(℃) 当月	设计值	真空严密性(Pa/min) 当月	优良值	再热器减温水量(t/h) 当月	月累 设计值	过热器减温水量(t/h) 当月	设计值	飞灰含碳量(%) 当月	设计值	排烟温度(℃) 当月	设计值
全厂 1920																						
机组1 300		3		16.7		538		96.4		7		273.8		270		1.00		3		3		134
机组2 300		3		16.7		538		96.4		7		273.8		270		1.00		3		3		134
机组3 660		3		25		600		96.4		6.9		290		270		0.00		3		3		126
机组4 660		3		25		600		96.4		6.9		290		270		0.00		3		3		126

火电厂节能减排手册　节能监督部分

18

(11) 应保持汽轮机在最佳背压下运行，且凝汽系统和循环冷却系统应按优化方式运行。设计条件下凝汽器背压的运行值与设计值偏差大于 0.8kPa 时，应进行凝汽机组"冷端"系统经济性诊断试验。

(12) 制订"凝汽器胶球清洗制度"，加强凝汽器的清洗，保持凝汽器的胶球清洗装置（包括二次滤网）处于良好状态。根据循环水质情况和凝汽器端差确定每天的投入次数和持续时间，胶球回收率不低于 95%；胶球清洗装置投入率不低于 98%。应保证空冷机组空冷换热器和真空泵冷却器的清洁度，根据其脏污情况及时进行清洗。清洗前后应记录机组真空值。

(13) 加热器水位应按照加热器下端差设计值进行调整。监视各加热器的上、下端差变化，经常进行比较分析，发现异常要查明原因并及时解决。

(14) 按照定期工作制度，每月进行真空严密性试验。当机组真空下降速度大于 270Pa/min（湿冷）、100Pa/min（空冷）时，应检查泄漏原因，及时消除。在凝汽器冷却管清洁状态和凝汽器真空严密性良好的状况下，绘制不同循环水温度时出力与端差关系曲线，作为运行监视的依据。

(15) 重视热力及疏放水系统阀门严密性对机组安全性和经济性的影响。应选购质量优良的阀门，并对其进行正确开关操作，阀门泄漏时应及时联系检修人员进行检修或更换。

(16) 积极采用、开发计算机应用程序，进行有关参数、指标的统计、计算指导运行方式的优化，不断保持提高机组的运行水平。应充分发挥计算机在线监测及其性能计算的作用，应密切监视与机组经济性有关的运行参数和指标，重点对锅炉设备效率、过热蒸汽压力、过热蒸汽温度、再热蒸汽温度、减温水流量、排污率、排烟温度、氧量、飞灰可燃物、灰渣可燃物、煤粉细度、锅炉漏风、空气预热器漏风率等锅炉指标，汽轮机热耗率、凝汽器真空度、端差、给水温度、循环水温升、高压加热器投入率、加热器端差、凝结水过冷度、胶球清洗装置投入率及收球率等汽轮机指标，入厂煤和入炉煤热值差、入炉煤皮带秤及采样装置投入率、检质率、配煤合格率、场损率、点火及助燃用油量等燃料指标，单位发电量取水量、补水率、水的重复利用率、汽水品质合格率、供热回水率等化学指标，以及给水泵、循环水泵、凝结水泵、送风机、引风机、一次风机、脱硫系统、除尘系统、除灰系统和制粉系统等辅机耗电率等参数和指标进行监督。

(17) 应积极开展值际小指标竞赛活动，按照节能监督奖惩和考核制度对能耗指标优秀的班组及个人进行表彰奖励，对落后的集体和个人进行通报和惩罚。奖惩和考核制度制订应科学，对影响供电煤耗率较大的小指标的奖惩和考核力度要加大。奖惩和考核制度应根据各指标对供电煤耗率影响大小不同随时进行调整，以促进运行人员参与节能的积极性。

3. 维护和检修阶段节能监督内容

(1) 坚持"应修必修，修必修好"的原则，科学、适时安排机组检修，避免机组欠修、失修，通过检修机会开展节能项目，恢复机组性能。

(2) 建立健全设备维护、检修管理制度，从计划、方案、措施、备品备件、工艺、质量、过程检查、验收、评价、考核、总结等各个方面进行规范，建立完整、有效的检修质量监督体系，使相应工作实现标准化，确保维护、检修工作能够顺利、按时完成，并且工艺水平高、质量好，为设备的安全、经济运行打好基础。设备技术档案和检修台账应根据检修情况进行动态维护。

(3) 做好制粉系统的维护工作，保证制粉系统在经济状态下运行。根据煤质变化情况，及时进行试验，确定钢球磨煤机的最佳钢球装载量、补加钢球的周期和每次补加钢球的数量。对中速磨煤机和风扇磨煤机的耐磨部件应及时修复或更换，以确保其能够安全、经济运行。

(4) 应建立定期检查阀门泄漏的制度，特别是加强对主蒸汽、再热蒸汽、高低压旁路、抽汽管道上的疏水阀门、汽轮机本体疏水门、高压加热器危急疏水阀门、加热器旁路门、高压加热器大旁路门、给水泵再循环阀门、除氧器事故放水和溢流门、锅炉定排门等的严密性状况的检查，发现问题要做好记录，并根据情况及时消除。

（5）应做好机组保温工作，保持热力设备、管道及阀门的保温完好，采用新材料、新工艺，努力降低散热损失。保温效果检测应列入新机组移交生产及大修竣工验收项目，当年没有大修任务的设备也必须检测一次。机组保温层表面与周围环境温差应不超过 25℃。

（6）要制订"冷水塔运行维护管理制度"，做好冷却塔运行工况的定时表单记录，加强对进、出水温差的监督。结合大修对冷却塔进行彻底清理和整修，并采用高效淋水填料和新型喷溅装置，使得淋水密度均匀，提高冷却效率。

（7）做好锅炉本体及空气预热器维护，必要时根据实际情况增加吹灰器或改造更换原有吹灰器，保证吹灰器程控投运正常，定期吹灰，保持受热面清洁，提高换热效率。

（8）按照计量管理制度，做好电气、热工测量设备的校验工作，确保测量结果准确。发现不准的测量设备应及时校验，或根据需要进行更换。

（9）利用检修机会，彻底清理锅炉受热面、空气预热器传热元件、暖风器、汽轮机通流部分、凝汽器、加热器、二次滤网、高压变频器滤网、真空泵冷却器设备，以提高热效率。

（10）为了减少回转式空气预热器的漏风，锅炉设备检修时，应认真调整空气预热器各部件之间的间隙，检查更换密封片，使之达到最佳状态。空气预热器漏风率接近厂家设计要求（一个大修期内，管式小于 4%，回转式小于 8%）。

（11）利用计划检修机会，实施各种有效的节能措施，确保 A 级检修后，锅炉效率比检修前提高 0.5 个百分点以上，汽轮机热耗比检修前降低值超过 100kJ/kWh，空气预热器漏风率（90%以上负荷）≤8%；除尘器效率（额定负荷）达到设计值。B 级检修后，应考核的指标和标准为（可根据情况确定全部或部分考核）：

1）湿冷机组真空严密性≤270Pa/min，空冷机组真空严密性≤100Pa/min；

2）全厂综合渗漏率≤0.03%（一般每台机组漏点≤1、渗漏点≤3）；

3）锅炉效率比检修前提高 0.2 个百分点以上；

4）汽轮机热耗比检修前降低值超过 60kJ/kWh。

（12）机组主要能耗指标偏离设计值较多时，要认真分析原因，必要时应组织专业技术人员会同有关科研单位进行技术协作攻关，积极寻求有效的解决办法。对热耗高于性能保证值的机组，要安排利用检修机会揭缸进行间隙调整和汽封改造，热耗值要达到或接近性能保证值。同时对主要辅机的性能进行监测，有计划地改造低效的主要辅机，大力推广电动机改变频、改双速等节能先进技术。

4. 节能技术改造监督内容

（1）应高度重视技术进步，加强国内外相关节能新工艺的信息收集，采用先进理念、先进工艺、先进方法、新技术、新设备、新材料进行系统优化和设备更新改造，是提高机组设备经济性的重要途径。对实践证明节能效果明显的系统优化、设备更新应优先安排所需资金。对重大节能改造项目要进行经济技术可行性研究，认真制订改造方案，落实施工措施，有计划地结合设备检修进行施工，对改造的效果做出后评估，上级主管部门要及时相应调整能耗指标计划。

（2）应定期分析评价全厂生产系统、设备的运行状况，根据设备状况、现场条件、改造费用、预期效果、投入产出比等确定节能技改项目，编制中长期节能技术改造项目规划和年度节能项目计划，按年度计划实施节能技术改造项目。

（3）对于主要监视参数（如主蒸汽温度、再热蒸汽温度、减温水量、受热面管壁温度等）异常的锅炉，应结合常用煤种特性，对照锅炉设计加以校核，以发现存在的设计或运行问题，通过全面的燃烧调整试验，必要时采取相应的技术改造措施加以解决。

（4）对于最低不投油稳燃负荷较高的锅炉，应根据燃煤品种、炉型结构，选用成熟技术进行喷燃器改造，以提高锅炉低负荷时的燃烧稳定性，增加调峰能力，减少助燃和点火用油。积极实施锅炉燃烧器改造，提高锅炉稳燃能力，进行小油枪改造，降低发电耗油量。

（5）加强空气预热器维护和运行管理，对结构不合理、通过检修仍不能解决漏风大等问题的空气预热器，应结合计划检修进行密封改造或更换。

（6）对炉顶及炉墙严密性差的锅炉，应采用新材料、新工艺或改造原有结构的措施予以解决。

（7）维持锅炉炉膛及尾部受热面吹灰器可靠性，能方便投入退出，提高投入率和清灰效率。必要时根据实际情况增加吹灰器或改造更换原有吹灰器。

（8）对与制粉系统运行参数不相匹配的粗、细粉分离器进行改造，以充分发挥磨煤机的潜力，降低制粉单耗。中速磨煤机和风扇磨煤机的耐磨部件应推广应用特殊耐磨合金钢铸造，以延长其使用寿命。

（9）对冷却效果较差和冬季结冰严重的冷却塔，应通过采取增加喷头、采用新型喷溅装置、更换新型填料、进行配水槽改造等措施进行技术改造，以提高其冷却效果，减轻或消除冬季结冰现象。

（10）对效率低的抽气器或真空泵，应采取更换新型高效抽气器或真空泵、增加或改造冷却装置等措施，进行有针对性的技术改造，以提高其运行效率。

（11）改造效率低的引风机、送风机、循环水泵和给水泵；积极采取先进调速技术，消灭"大马拉小车"的现象，降低辅机单耗。

（12）对投产较早、效率较低的125、200、300MW汽轮机，要更换为新型叶轮、新型隔板、新型结构汽封、新型流道主汽门和调门等措施进行通流部分改造，提高流道圆滑性，减少节流损失，降低汽轮机热耗，提高整个机组效率。

（13）对影响机组和设备经济性能的问题要制订消缺方案，结合大小修进行消缺。同时要注重检修工艺，结合对热力系统和设备的优化分析，落实节能技术改造项目。比如要积极采用先进的汽封技术，调整好发电机组动静部分间隙；简化汽轮机疏放水系统，安装疏放水阀门温度测点，消除热力系统内、外部泄漏；通过干式除灰改造、提高循环水浓缩倍率等手段，降低发电水耗；做好热力系统管道及设备保温等。

（14）城市居民区附近的电厂100～300MW凝汽机组，如有较稳定的热负荷时，应改造为热电联产机组。

5. 燃料监督内容

（1）各电厂对燃料管理应建立有效的监督机制，做好燃料采购和燃料品种的监测工作，必须对入厂煤的发热量、挥发分和含硫量进行监督考核，采购的燃煤库存储量一般控制在不低于机组额定工况运行7～15天的耗用量，而且要适合火电厂锅炉燃烧。

（2）燃料采购驻港（或驻矿）人员要尽职尽责，船到港装煤炭时（或火车装煤炭时），必须到港口或现场会同有关人员（取样）监督，把好质量关，制止自燃煤装船、装车。

（3）抓好燃料检斤、检质工作，对亏吨、亏卡要查找原因，并会同有关部门按购货合同规定扣罚相应的煤款。

（4）火车运输的煤样采取方法按标准进行，汽车、船舶运输的煤样采取方法可以按《汽车、船舶运输煤样的人工采取方法》（DL/T 569）或《煤炭机械化采样 第1部分 采样方法》（GB/T 19494.1)进行。入厂煤的采、制、化均应满足《商品煤质量抽查和验收方法》（GB/T 18666—

2002）中的 4.3.2～4.3.4 条等规定要求。

（5）新建和在运电厂必须配备入厂和入炉煤计量装置。火车来煤的电厂，以动态轨道衡计量为准；汽车来煤的电厂，以静态（动态）汽车衡计量为准。船舶来煤的电厂，以入厂煤皮带秤检测为准，或以卸煤前后船舶吃水深度检测为准。

（6）煤损规定：铁路运输损耗为不超过 1.2%，公路运输损耗为不超过 1%，水路运输损耗不超过 1.5%，每换装一次的损耗标准暂定为 1%。水陆联运的煤炭如经过二次铁路或二次水路运输，损耗仍按一次计算，换装损耗按换装次数累加。

（7）加强内部监督机制，制订严格的入厂煤及入炉煤采样、制样、化验制度。应配置符合标准要求的入厂煤及入炉煤机械取样装置，其投入率应达 90% 以上，并能按规定进行定期校验。入厂煤取样工作由化验人员、燃料部、燃料供应部门和燃料监督部门共同负责，取样后均应立即进行制样化验。燃料监督部门人员应参加制样工作的全过程，煤样制好后应另留样一份并对留样进行编码，化验人员和燃料监督专责应在留样的封签上签字，留样应保存一个月以上。用于入炉煤煤质化验的煤样，应保证取样的代表性。入炉煤的制样和化验应按照 GB 474、GB/T 212、GB/T 211 等标准执行。应及时提供给生产部门准确的入炉煤化验报告，使化验结果能及时用于指导燃烧调整。

（8）凡燃烧非单一煤种的电厂，要落实配煤责任制，应有专人负责，根据不同煤种及锅炉设备特性，确定掺烧方式和掺烧配比，配煤比例要恰当、均匀，并通知有关岗位认真执行。为保证锅炉燃烧的安全性和经济性，必要时应进行不同煤种的掺烧方式和最佳掺烧配比试验。

（9）加强储煤场的管理，合理分类堆放，并将煤场堆放示意图按数字化煤场的管理要求输入计算机。对储存的烟煤、褐煤，采取烧旧存新、定期测温、煤场喷淋等措施，防止煤堆自燃和发热量损失，减少煤尘飞扬。

（10）煤场应做好防雨、排水工作，防止存煤损失。多雨地区的燃煤电厂应备足一定数量的干煤，防止潮湿的原煤直接进入原煤仓（尤其是直吹式制粉系统）。

（11）维护好燃料接卸装置，做到按规定的时间和要求将燃料卸完、卸净。

（12）要采取各种措施防止煤中四块（大块、石块、铁块、木块）进入煤仓，除大块、碎煤机、磁铁分离器等装置应正常投入使用。

（13）场损率应控制在 0.5% 以内；入厂煤与入炉煤的热值差应小于 418kJ/kg（或 502kJ/kg），水分差控制在 1% 以内。以上指标超过规定时或发生较大的煤场盈亏，必须找出原因，提出整改措施，及时报告主管部门。

（14）燃料消耗量采取正平衡为主、反平衡为辅的计算办法。入炉煤量以入炉煤皮带秤计量为准，应实现分炉计量燃料量。正、反平衡供电煤耗率相差超过 2g/kWh 时，应认真查找原因并逐渐消除差距。

（15）燃料盘点应由燃料部、生产技术部、财经部、燃料供应部、监审等部门相关人员共同参加，每月对燃料进行清查盘点。

（16）单元制机组的入炉煤应有分炉计量装置，入炉煤应采用机械采样装置，机械采样装置投入率在 95% 以上，机械采样装置应每半年进行一次采样精密度核对。

（17）入炉煤样制备按《入炉煤、入炉煤粉、飞灰和炉渣样品的制备》（DL/T 567.4）进行。

（18）应每月测量燃煤堆积密度和燃油比重，采用先进仪器如激光盘煤仪（如 CCD 线阵位置传感器的激光三角法测量装置、HYLS 型煤场煤量激光盘点系统）等进行燃料盘点，没有盘煤仪的电厂应进行煤堆整形、测量计算。盘点结果形成燃料盘点报告，列明账面数和实盘数的差异及其原因，并由燃料部、生产技术部、财经部、燃料供应部、监审签字确认后，上报分管副厂长审批。年度盘点报告需报公司主管部门审批。盘点结果出现差异，需调整财务账面数的，应由燃料部编制燃料盘点调整报告，说明原因，经分管副厂长批准后，转财务做账务处理。年末差异调整，需报公司主管部门审批。

6. 节水监督管理内容

（1）各单位要根据国家有关政策和集团公司的有关要求做好节水工作，发电水耗率指标执行 DL/T 783—2001《火力发电厂节水导则》和 GB/T 18916.1—2012《取水定额　第 1 部分：火力发电》的有关规定。

（2）发电企业要实行水的分级、分类利用，提高全厂复用水率。充分利用废水处理回收设施，提高生活污水、工业废水回收利用率。

（3）严格控制机组补水率，超（超）临界机组的补水率小于或等于 1.0％，亚临界机组的补水率小于或等于 1.5％。

（4）新机组半年考核期内，要进行全厂水耗指标测试，把水耗指标达到设计要求作为新机组达标投产的一个考核条件。

（5）采用闭式循环冷却的火电企业，应研究应用提高循环倍率的循环水处理技术，保持合理、较高的浓缩倍率。

（6）采用水力除灰的火电机组应保持合理较高的灰浆浓度，逐步扩大干灰收集量，提高粉煤灰综合利用率。尽可能回收灰场澄清水，实现灰水闭式循环，减少除灰系统耗水。

（7）热电企业要加强供热管理，采取积极措施减少供热管网的疏放水及泄漏损失。

（8）每 5 年进行一次全厂水平衡测试，并建立测试档案。根据测试结果，制订节水改造方案、措施。各单位要积极推广使用节水型设施，研究应用湿渣干排、灰渣干除等技术，减少发电新鲜水消耗。发电企业每月应统计取水量、用水量、排水量。水量不平衡时应认真查找原因，消除泄漏点。

7. 节油监督管理

（1）各单位要根据国家及集团公司的有关要求做好节油工作，制订切实可行的燃油管理考核办法，减少燃油消耗量。

（2）火电企业要加强设备维护消缺，提高设备健康水平，降低非计划停运和非计划降出力次数，减少燃油消耗量。

（3）火电企业应根据季节特性、负荷特性以及机组特性制订配煤掺烧方案，以保证锅炉稳定燃烧，减少因煤质差或波动大等原因产生的稳燃用油。

（4）加大火电企业节油技术改造力度，根据燃用煤质和锅炉容量情况，积极推广应用成熟、适用的微（少）油点火技术。

（5）火电企业应积极采用成熟、可靠的燃烧器及其他稳燃技术，提高锅炉的稳燃能力，锅炉不投油最低稳燃负荷应达到设计标准。

8. 计量与统计监督内容

（1）加强能源计量监督。能源计量监督是节能监督的基础，各电厂必须配齐各系统及设备的生产和非生产用的煤、油、汽、水、电计量表计，并按规定进行校验，使能源计量器具配备率和周期受检率达到 100％，计量人员必须持证上岗。

（2）能源计量器具的配备必须实行生产和非生产、外销和自用分开的原则，非生产用能要与生产用能严格分开，加强管理，节约使用。

（3）做好全厂的综合统计工作，建立和保存各种统计资料和台账，按时完成生产日报、月报、季报、年报，对有关能耗经济指标进行分析，提供给有关人员，并按规定上报。

（4）要对主要综合经济技术指标进行月度分析或对标分析，火电厂能耗监督主要综合经济技术指标为发电量、供热量、供电煤耗率、供热煤耗率、厂用电率、发电水耗及锅炉效率、汽轮发电机组热耗率等。

9. 档案和台账管理

（1）建立健全电力生产建设全过程的节能技术监督档案和资料管理，机组主辅设备原始设计资料、检修台账、各类试验报告、更新改造报告、能耗和小指标统计台账及有关原始记录的准确、完整、连续和实效是进行设备管理和节能监督的基础，应重视收集并进行计算机归档管理。

（2）电厂的档案室应能查找到电子版节能监督技术资料，重要的技术资料应另行再制作纸版资料。防止发生人员调离电厂或岗位时，人走资料丢失的情况。

（3）电厂档案室和节能专工应有如下纸版资料：

1）机炉主辅设备的重要设计资料：汽轮机说明书、汽轮机热力特性书（热平衡图，含修正曲线）、凝汽器设计使用说明书和特性曲线、空冷岛特性曲线、锅炉热力计算书、泵与风机的热力性能曲线及电机设计参数等。

2）运行规程、检修规程、系统图。

3）各类报告/试验报告：汽轮机、锅炉和发电机及主要辅助设备（各类泵与风机、给水泵、凝汽器、冷却塔等）的性能考核试验报告，大修前后机炉试验报告（含机组发、供电煤耗率试验、厂用电率测试报告），机组优化运行试验（含汽轮机定滑压试验、冷端优化运行试验、锅炉燃烧调整试验、制粉系统优化试验）报告，定期试验（真空严密性、空气预热器漏风试验、全厂水平衡测试、全厂燃料平衡测试、全厂热平衡测试、全厂电平衡测试报告），主辅设备技改前后性能对比试验报告（如汽轮机通流改造前后试验报告）、冷炉空气动力场试验、炉膛温度场测定试验、布风板阻力试验（流化床锅炉）、平料试验（流化床锅炉），技改可研报告，历次检修总结（交底）报告，节能对标工作报告等。

4）能源计量装置的配置图、网络图、流程图及计量装置周检校验资料：燃料计量监督（入厂煤及入炉煤和油的计量装置检定报告、证书）；盘煤报告；电能计量表计校验记录（关口电能计量表、发电机出口、主变压器二次侧电能计量表、高低压厂用变压器电能计量表、100kW及以上电动机电能计量表、非生产用电总表）；热计量校验记录（对外供热表计、厂用供热表计、非生产用热表计）；水计量校验记录（厂内供水总表、对外供水总表、化学用水总表、锅炉补水总表、非生产用水总表）。

5）入厂煤、入炉煤、飞灰、大渣、石子煤、煤粉细度化验报告。

6）设备缺陷记录及消缺记录。

7）疏放水阀门泄漏统计，散热测试。

8）运行日志（表单），经济性指标报表，月度、季度、年度节能报表及年度节能监督工作总结和节能分析。

9）节能中长期规划和年度计划。

10）技术监督月报、节能分析会议纪要。

（4）重视设备台账管理，设备台账应包含如下内容：

1）设备技术规范（设计信息）；

2）设备在生命历程中的所有重大缺陷、故障、改造及检修信息；

3）主要零部件名称、规格；

4）备品数量。

（5）设备台账管理要求如下：

1) 全厂各专业的设备台账应统一，汽轮机设备台账与其他专业台账一致；

2) 机炉设备台账应全面，不允许存在设备无台账的现象；

3) 设备台账应实现动态维护，除了设备的技术规范和参数、备品备件、安装位置外，要重点记录设备的重大缺陷、故障、改造、变更信息，可附以数据图表、曲线、照片说明；

4) 设备台账应实行电子化管理（电子台账）；

5) 台账要求专人管理，管理人离岗时应移交台账。

10. 节能基础管理

(1) 根据国家、地方、公司的规定、要求以及厂发展规划、机组检修规划等，定期编制厂节能规划，落实到年度节能计划、月度节能计划中，分解到各个部门、班组，并及时下达。

(2) 每月召开一次节能分析例会，分析月度节能计划的执行情况，能耗指标和有关小指标的完成情况，对完成情况进行考核，并提出有关的改进建议或措施。

(3) 不定期召开节能专题会议，对影响能耗指标较大的问题开展专题讨论，探讨解决。

(4) 每年至少进行一次节能总结，总结分析半年或全年节能计划的执行情况，能耗指标和有关小指标的完成情况，并提出下半年或下年有关的改进建议或措施，重要问题要专题报告。

(5) 各单位节能技术监督工作总结报告、监督指标和月度、季度、年度报表和总结按规定格式和内容及时上报给上级公司和技术监控管理服务单位。

(6) 定期邀请电力研究院（所）进厂开展节能诊断分析。

(7) 建立与健全节能监督的厂级规章制度，是做好节能技术监督管理的一项重要的基础工作。节能监督工作应按照厂级制度进行规范化管理。节能监督应建立健全的规章制度有节能监督实施细则（机构及职责加 8 项具体制度）和节能监督考核制度（对应细则的具体奖惩制度）。

节能监督实施细则中应包含但不局限于以下 8 项具体制度：①计量管理制度；②非生产用能管理规定；③节油管理制度；④节水管理制度；⑤燃料管理制度；⑥统计管理制度；⑦经济指标计算及管理制度；⑧定期试验管理制度。

11. 热力试验

(1) 热力试验是了解设备经济性能，对设备进行评价和考核，提出改进措施的基础工作。电厂应特别重视并加强热力试验工作，要立足自身条件进行一般性试验，更好地为生产运行服务。热力试验必须严格执行有关标准和规程对试验方法、试验数据处理方法、测点数量、仪表精度、试验持续时间、试验次数等的规定，确保试验结果的精度。对试验数据及结果，要在认真分析的基础上，对设备的性能进行评价，必要时提出改进措施建议，并形成报告。

(2) 在役机组 A、B 级检修前后要进行相应的效率试验，主要有：锅炉效率、汽轮机热耗、空气预热器漏风率、汽轮机真空严密性、锅炉检修后一次风量调平试验及保温效果测试等。

(3) 电厂应定期进行机组或全厂燃料、汽水、电量、热量等能量平衡的测试工作，并进行煤耗率、厂用电率及其影响因素分析，提出相应的节能改进技术措施。能量平衡测试工作至少应每五年或一个大修期进行一次。

(4) 对大型节能技改项目，应进行改进前后的性能对比试验，并提出书面报告，为设备改进提供依据，并为设备改进后的效果作出鉴定和评价。

(5) 当锅炉燃煤或相关燃烧设备发生较大变化后，应及时进行锅炉燃烧及制粉系统优化调整试验，以确定最佳煤粉细度、一次风粉分配特性、风量配比、磨煤机投运方式等，提出针对不同煤质、不同负荷的优化运行方案。

(6) 汽轮机通流部分改造后，要进行定滑压试验，以确定机组在不同季节运行的定滑压曲线。

（7）电厂应根据情况进行煤耗率的微增调度曲线试验和辅机性能测试，为机组间负荷分配和辅机的经济调度提供依据。

（8）空气预热器漏风率测试应每季度（至少 A、B 修前后各一次）进行一次，真空严密性每月测试一次。

（9）通过试验确定凝汽器的最有利，确定循环水泵最佳运行方式，循环水温升年平均值应小于设计值。

（10）绘制磨煤机通风量与磨煤机出力、单位电耗关系曲线；试验并绘制磨煤机钢球装载量与制粉系统出力、单位电耗关系曲线。确定磨煤机通风量和磨煤机钢球装载量。

12. 宣传培训

（1）为了深入持久地做好节能工作，应制订节能培训制度和计划，并严格执行。

（2）广泛开展节能宣传和培训工作，通过宣传培训，进一步提高广大职工的资源忧患意识和节能意识，增强紧迫感和责任感，提高职工节能减排的自觉性和主动性。

（3）突出宣传我国建设节约型社会的目标、要求和主要措施，宣传我国发展循环经济、清洁生产、建设节约型社会的重要性和紧迫性。使人人讲节约、事事讲节约、处处讲节约、时时讲节约成为全体公民的自觉行动。

（4）集中宣传发展循环经济、清洁生产、建设节约型社会的先进典型，曝光那些浪费资源的行为和现象，大力弘扬"节约光荣，浪费可耻"的社会风尚，为构建节约型社会的经济增长方式、产业结构和消费方式，树立节约型社会观念，创造良好的舆论氛围。

（5）在夏季、冬季用电高峰期，突出节约用电的宣传；在枯水季节和缺水地区，加强节约用水的宣传，促进全社会节电、节水，为缓解资源瓶颈约束做出积极贡献。

（6）根据国家有关部委的安排每年办好"节能周（6月）"、"全国土地日（6月）"、"世界水日（3月）"和"全国城市节水周（5月）"活动，利用电视、广播、报刊、互联网、墙报和报栏等媒体，深入持久地开展多种形式的资源节约宣传活动，营造强大的舆论宣传声势，提高全民节能意识。

（7）利用一切可用媒体以及国家节能减排的法律法规宣传节能意识。

（8）普及节能基础知识，推广节能新技术等。

第四节 节能技术监督工作计划

一、节能监督年度工作计划

依据上级公司节能监督技术标准要求和行业标准要求，结合电厂各台机组能耗现状和生产计划，制订电厂的年度节能监督工作计划。电厂每年12月初应完成次年度技术监督工作计划的制订工作，并将计划报送上级公司。节能监督年度工作计划的内容应包括：

（1）年度指标考核值：电厂应根据上级公司下发的节能监督指标考核值制订本厂的年度指标考核值，节能监督指标的考核应与监督管理指标、检修质量指标、运行可靠性指标的要求相一致。

（2）季度目标值：应将年度指标考核值按季度进行分解，以便于执行计划和考核。

（3）节能监督年度工作计划正文应包括以下内容：

1）节能监督网络调整和健全计划。

2）厂级节能监督制度的修订计划。

3）运行规程、检修规程及系统图修编计划。

4）人员培训计划，主要包括内部培训、外出培训和收资计划。

5）检修期间节能技术监督（包括节能技改项目）工作计划。

6）技术管理（包括月度技术监督报告、节能月度分析会议、年度总结和技术监督定期工作会议计划）。

7）技术监督服务单位合同项目（包含外委试验）。

8）上级公司动态检查或节能诊断报告提出问题的整改计划。对提出的问题应及时制订计划进行整改，整改结果应符合相关标准、规程的要求。

9）技术监督预警问题及整改计划。

10）保障措施。

二、节能监督年度计划表

技术监督工作计划表是节能监督年度工作计划中最主要的一项内容。技术监督工作计划表内容和格式见表1-4，供参考。计划表中必须明确完成时间、主要工作内容、投资额和责任人。

表 1-4 电厂____年节能技术监督工作计划

序号	项目	计划完成时间	主要内容	投资额	责任人
一	发电企业节能监督				
（一）	节能管理				
1	节能监督网络调整	每年12月			
2	厂级节能制度修编	每年12月			
3	规程及系统图修编	必要时			
4	人员培训	每年6月			
5	能效对标	每季度			
（二）	技术监督				
1	节能技术监督工作会议	根据各厂情况每年至少1次			
2	节能技术监督月报	次月3日前			
3	节能监督工作年度总结	每年1月10日前			
4	节能监督年度工作计划	每年11月30日前完成下年度计划			
5	煤场盘点	每月一次			
6	节能监督周报	每周五出版一次			
7	召开节能（运行）分析例会	次月10号左右			
⋮					
（三）	检修管理				
1	A/B/C/D级检修主要节能项目				
2	节能技改项目				
3	阀门治理清单				
4	保温测试、阀门内外漏巡检	每日每班			
5	给煤机计量标定	A、B、C级检修			
6	粗粉分离器出口挡板调节	A、B级检修			
（四）	运行管理				

序号	项　　　目	计划完成时间	主要内容	投资额	责任人
1	监督检查滑压曲线执行情况，严格执行修改后的滑压曲线				
2	制订燃烧调整卡，根据负荷和煤质进行调整				
3	主要辅机（给水泵、送风机、引风机等）经济调度				
4	按真空严密性试验结果，进行真空查漏				
5	检查胶球清洗运行情况，合理配置胶球清洗时的循环水泵运行方式，保证循环水流速，防止胶球堵塞铜管	根据水质和端差大小确定每日投入次数、间隔、持续时间			
6	及时跟踪检查高低压加热器端差变化情况，及时进行调整				
7	合理调整7、8号低压加热器水位，降低加热器端差				
8	空冷岛清洗系统投运	根据脏污程度确定清洗时间和次数			
9	吹灰投运	根据锅炉燃烧情况			
⋮					
（五）	计量管理				
1	入炉煤机械采样装置维护				
2	轨道衡/汽车衡/入厂皮带秤校验和检定	校验每旬一次，检定每年一次			
3	入炉煤皮带秤校验				
4	实物标定装置校验				
5	煤场盘煤（12次/年）				
6	煤质、飞灰、大渣、石子煤的定期分析				
7	电能计量表计校验和检定	按送检周期执行			
8	重要监视表计的校验（排烟温度、氧量、排汽压力等）				
9	排烟温度、氧量标定	每次A、B级检修后标定			
⋮					
二	试验和化验管理				
1	A修后排烟温度场和冷风温度场标定				
2	A修后锅炉炉膛出口氧量标定				
3	A、B修前后热力试验				

序号	项　目	计划完成时间	主要内容	投资额	责任人
4	煤质、飞灰、大渣、石子煤、煤粉细度分析化验	每日（煤粉细度除外，当制粉系统改造或煤质变化大时，对煤粉细度进行分析化验和调整）			
5	真空严密性测试	每月一次			
6	空气预热器漏风率测试	每季一次			
7	除尘器漏风率测试	检修前后			
8	机组主辅设备性能考核试验	新机组投产或设备重大技术改造后			
9	主辅设备优化调整试验或工作	必要时			
10	制粉系统优化试验或工作	煤质变化大或制粉系统改造后			
11	燃烧调整试验或工作	必要时，最好一个大修期一次			
12	汽轮机定滑压试验或工作	必要时，最好一个大修期一次			
13	冷端优化调整试验或工作	必要时，最好一个大修期一次			
14	能量（燃料、热、电、水）平衡试验	5年一次，若有扩建、大型改造，正常运行后要补做一次			
15	冷却塔冷却能力试验	A、B级检修			
⋮					
三	上级公司动态检查（节能诊断）提出问题的整改计划				
1					
2					
⋮					

三、计划检修的节能技术监督计划

对于机组检修，应在计划检修前一个月另行下达节能技术监督计划，格式见表1-5，计划检修主要节能监督项目包括：

1. 锅炉专业

（1）锅炉辅助换热设备（空气预热器传热元件、暖风器等）的清理或清洗。

（2）空气预热器密封片检查更换、间隙调整。

表 1-5　　　　　　　　　某电厂某机组 A 级检修节能技术监督计划

序号	检修项目或设备名称	技术监督内容	质量标准和要求	责任部门	W 点	H 点
1	空气预热器检查、清洗	1. 用高压冲洗水对换热元件进行冲洗，提高换热效果；2. 空气预热器三向密封片检查调整更换	1. 查看受热面没有积灰，手电照射透光率98%以上，无堵塞。2. 密封间隙调整符合标准。3. 更换变形和磨损严重的密封片	锅炉检修		√
2	炉风烟系统漏灰、漏风治理	1. 消除预热器人孔门、膨胀节和锅炉其他位置人孔门、观火孔漏风漏灰现象；2. 尾部烟道风道查漏；3. 非金属膨胀节检查	1. 拆除外部铁皮保温，检查漏风点并消除漏风；就地观察无缝隙、裂纹。2. 烟风道焊缝无漏焊、裂纹和砂眼等缺陷，对口应平齐光滑。3. 烟道人孔门应齐全，关闭后应严密不漏。4. 膨胀节活动灵活无卡涩；膨胀节不得有裂纹、泄漏等缺陷	锅炉检修		
3	暖风器检查	1. 暖风器清理；2. 暖风器查漏	1. 暖风器的磨损腐蚀均不得超过原度的1/3。2. 暖风器无堵灰现象；通流面积不得低于设计面积的90%。3. 辅汽通汽控制压力检查无泄漏	锅炉检修	√	
4	锅炉本体受热面清灰	对锅炉受热面进行清灰检查	1. 管子表面和管排间的烟气通道无积灰。2. 管子无结焦	锅炉检修		
5	燃烧器摆动机构检修	1. 燃烧器连杆检查、调整；2. 执行机构检查	1. 连杆完整，无断裂变形；摆动机构转动灵活，无卡涩。2. 执行机构完整；无脱落，安全销齐全无断裂	锅炉检修	√	
6	吹灰器检查	1. 枪管盘根更换；2. 枪管垂直度测量、记录、调整；3. 进行伸缩试验	1. 更换盘根，新盘根密封严密，无卡涩。2. 枪管垂直度检查不得大于检修规程，并做好记录。3. 吹灰器进退灵活，声音、振动正常。4. 动作灵活、正确，信号输送正常。5. 应无泄漏	锅炉检修		
7	炉顶大包检查	包内清灰检查，穿墙管密封检查	1. 清理包内所有积灰、异物。2. 穿顶棚密封严密无漏风点。3. 顶棚管与其他受热面管穿顶处无漏风现象	锅炉检修		

序号	检修项目或设备名称	技术监督内容	质量标准和要求	责任部门	质量监督点	
					W 点	H 点
8	磨煤机检查维护	1. 检查更换磨辊辊套； 2. 磨辊磨损检查焊补或更换； 3. 磨煤机衬板检查、更换磨损严重的衬板； 4. 筛出磨损后的无规则小球，按比例添加各种球	1. 测量磨辊套与轴承座的配合间隙时，过盈量为 0.05～0.2mm。 2. 磨辊无磨损，无锈蚀、卡涩、斑点、麻痕等缺陷，轴承转动灵活。 3. 衬板无严重磨损处，固定可靠。 4. 大小球比例符合优化调整结果	锅炉检修		
9	一次风管及附属设备检查	1. 一次风管管道、卡箍及浓淡分离器的泄漏检查； 2. 可调缩孔的检查； 3. 煤粉取样装置检查	1. 管道、卡箍及浓淡分离器完好，无泄漏。 2. 无磨损，无泄漏，法兰密封严密，螺栓紧固；无卡涩。 3. 取样装置无泄漏，无堵塞，开关灵活	锅炉检修		
10	凝结水泵最小流量阀内漏治理	凝结水泵最小流量阀和旁路电动门重新定位，检修期间解体检查、研磨	1. 阀杆光滑平整，弯曲度小于 0.1mm；螺纹部分无毛刺、滑牙、磨损不大于 10%。 2. 阀芯与阀座密封面无冲蚀沟槽。 3. 填料规格、材质正确，盘根邻圈切口之间应错开 90°～180°	汽轮机检修	✓	
11	高压加热器危急疏水内漏治理	1、2、3 号高压加热器危急疏水阀解体检修、研磨	1. 门杆弯曲度最大不得超过 2/1000，椭圆度不得超过 0.05mm。 2. 阀芯密封面、阀座衬套密封面应无凹痕和汽蚀等现象。 3. 上下门座结合面应无沟槽、麻点等缺陷，配合无松动。 4. 阀芯表面粗糙度 Ra 为 0.1 以下	汽轮机检修	✓	
12	机侧疏水系统阀门检修	1. 主、再热蒸汽管道疏水门解体检修； 2. 本体疏水系统内漏阀门解体检修或更换	1. 阀芯密封面、阀座衬套密封面无凹痕和汽蚀等现象。 2. 上下门座结合面应无沟槽、麻点等缺陷，配合无松动。 3. 投运后无泄漏	汽轮机检修		
13	汽轮机旁路阀门解体检修	1. 高压旁路减压阀解体检修； 2. 低压旁路减压阀解体检修	1. 门杆弯曲度最大不得超过 1/1000，椭圆度不得超过 0.03mm。 2. 阀芯密封面、阀座衬套密封面清洁，无凹痕和汽蚀等现象。 3. 阀杆表面粗糙度 Ra 为 1.6 以下。 4. 阀芯表面粗糙度 Ra 为 0.1 以下	汽轮机检修	✓	

序号	检修项目或设备名称	技术监督内容	质量标准和要求	责任部门	质量监督点 W 点	质量监督点 H 点
14	真空严密性治理	机组真空系统注水查漏、堵漏	1. 注水至凝汽器喉部，钛管管束及胀口无泄漏。 2. 就地用氦普仪检查无漏点，真空严密性小于 270Pa/min	汽轮机检修		√
15	清理凝汽器冷却水管	1. 凝汽器水室清理； 2. 高压水清洗凝汽器冷却水管； 3. 人孔门、水室衬胶检查，风干	1. 钛管及管板用高压清洗机冲洗清洁，管道内壁无杂物、结垢。 2. 衬胶层严密，无开裂、鼓包、脱落。 3. 水室内部杂物、积水清理干净管内表面清洁	汽轮机检修		√
16	高压加热器检漏	1～3 号高压加热器汽侧充压缩空气至 0.5MPa 检漏，管板及管束无泄漏	1. 汽侧充压缩空气至 0.5MPa，管板及管束无泄漏。 2. 水室人孔门垫片无泄漏。 3. 焊缝检查，无冲蚀、砂眼	汽轮机检修		√
17	冷却水系统清理	1. 闭式水、闭式水冷却器清洗； 2. 闭式水、开式水系统滤网清理； 3. 凝汽器循环水一次、二次滤网清理	1. 现场检查滤网无损坏、没有附着物。 2. 冷却器板片清洁，无结垢。 3. 冷却器复装投运后，无漏水	汽轮机检修		
18	胶球清洗系统检查调整	1. 收球网栅焊补； 2. 检查牺牲阳极； 3. 收球网传动轴加填料	1. 收球网隔栅完整、无脱落，关闭到位、严密。 2. 收球网网板牺牲阳极检查，更换消耗过大的锌块。 3. 消除盘根泄漏。 4. 各设备动作正常，胶球回收率大于 95%	汽轮机检修	√	
19	汽轮机通流部分汽封间隙调整	汽轮机通流部分汽封间隙调整，更换损坏的弹簧片	取检修规程标准下限	汽轮机检修	√	
20	冷却塔检查整理	1. 冷却塔填料检查、整理； 2. 配水槽、配水管清理，更换损坏的配水管	填料黏结良好，间隙正常，排列整齐；配水槽、配水管完整，内无淤泥	汽轮机检修	√	
21	二次风、过燃风门挡板检查	二次风、过燃风门挡板检查、调整	挡板完整，能关闭严密，动作灵活，内外一致	锅炉检修		
22	粗粉分离器检查修复	粗粉分离器检查、修复，出口挡板调整	调节挡板内外一致，无漏风点，无卡涩	锅炉检修	√	

序号	检修项目或设备名称	技术监督内容	质量标准和要求	责任部门	质量监督点	
					W点	H点
23	保温恢复	保温外层温度超标及保温缺损管道保温恢复	保温层不缺失、平整,相比环境温升不超过25℃	锅炉检修		
24	给煤机称重校验	给煤机称重校验	1. 定度校验毛重变化率小于±0.2%。2. 定度校验皮带转速变化率小于±0.2%。3. 实物标定符合1.0级要求	热工检修	√	
25	飞灰在线装置维护	飞灰在线装置缺陷处理、管路疏通	管路畅通,取样顺利	锅炉检修		√
26	自动采制样装置维护	自动采制样装置缺陷处理		燃料检修		√
27	燃料皮带秤标定	燃料入厂、入炉皮带秤标定		燃料检修		√
28	热工仪表标定	温度、氧量、压力、流量等表计标定	准确度满足要求	热工检修		√
29	变频器系统检查	变频器系统检查、滤网清灰	干净、严密	电气检修		√
30	炉底水封检查	炉底水封检查、修复损坏部位	不漏风	锅炉检修		√

注 H(hold point)点为不可逾越的停工待检点,W(witness poin)点为现场见证点。在进行至H点时必须停工等待节能专工按质量标准要求检查认可签字后,才能转入下道工序的质量控制点。W点是需要节能专工参加的检验或试验的项目,如果节能专工不能按时参加,W点可不用停工,可以直接转入下道工序的质量控制点。

(3)吹灰系统检修。

(4)飞灰取样器的检修维护。

(5)保温治理。

(6)锅炉本体受热面清灰。

(7)锅炉专业改造项目。

2. 汽轮机专业

(1)汽轮机通流部分、凝汽器管、加热器、二次滤网、真空泵冷却器等设备的清理或清洗。

(2)汽轮机通流部分汽封换型,汽轮机通流部分汽封间隙调整。

(3)汽轮机叶片喷砂。

(4)真空系统查漏、堵漏。

(5)消除阀门内外漏。

(6)检查调整胶球清洗系统。

(7)检查并更换水塔填料,清理配水槽,检查并更换喷嘴。

(8)检修高压加热器水室分程隔板。

(9)汽轮机专业改造项目。

3. 电气专业

(1) 高压变频器滤网等设备的清理或清洗。

(2) 照明改造。

(3) 主要辅机节电改造等。

四、节能监督主要内容

1. 汽轮机主要监督指标和参数

汽轮机节能监督主要监督指标和参数包括：热耗率、主蒸汽压力、主蒸汽温度、再热蒸汽温度、再热蒸汽压力、最终给水温度、加热器端差、凝汽器真空度、真空系统严密性、凝汽器端差、胶球投入率和收球率、冷却塔的冷却幅高、凝结水过冷度和汽轮机通流效率等。汽轮机主要指标的监督内容见表1-6。

表1-6　　　　　　　　　　　汽轮机主要指标的监督内容

序号	运行参数名称	影响发电煤耗率值（g/kWh）	控 制 措 施
1	主蒸汽压力下降1MPa	1～1.5	运行时，对80%以上工况尽量向设计值靠近，80%以下工况目标值不一定是设计值，目标值的确定需要通过专门的滑参数优化试验确定
2	主蒸汽温度每下降10℃	0.8～1	主蒸汽温度偏低一般与过热器积灰、火焰中心偏低、给水温度偏高、燃烧过量空气系数低、饱和蒸汽带水、减温水阀门内漏等因素有关。运行时，应按规程要求吹灰，根据煤种变化调整风量和一、二次风配比
3	再热蒸汽温度每下降10℃	0.6～0.8	再热蒸汽温度偏低一般与再热器积灰、火焰中心偏低、冷再蒸汽温度低、燃烧过量空气系数低、减温水阀门内漏等因素有关。运行时，应按规程要求吹灰，根据煤种变化调整风量和一、二次风配比；低负荷时滑压运行提高再热器冷段蒸汽温度
4	再热器压力损失上升1%	0.28	再热压损与设计有关，运行中不可控
5	凝汽器真空下降1kPa	1.5～2.5（空冷机组约为1.1）	按规定投运胶球清洗装置；可根据循环水温度和机组真空情况决定循环水泵运行台数；定期检查冷却塔淋水填料、喷嘴、除水器等部件是否完好，淋水密度是否均匀
6	真空严密性上升100Pa/min	0.2～0.3	定期进行真空严密性试验；如果有停机机会，可以采用高位上水找漏堵漏；运行中重点检查轴封加热器水封是否破坏；适当提高低压轴封供汽压力。在机组运行中利用氦质谱检漏仪对凝汽器及其真空系统查漏
7	主蒸汽管道泄漏变化1t/h	0.31	做好无泄漏工作，对无防进水保护的主蒸汽疏水可人工关紧手动门
8	再热器冷段泄漏变化1t/h	0.23	做好无泄漏工作，对无防进水保护的再热器冷段疏水可人工关紧手动门
9	再热器热段泄漏变化1t/h	0.29	做好无泄漏工作，对无防进水保护的再热器热段疏水可人工关紧手动门

序号	运行参数名称	影响发电煤耗率值（g/kWh）	控制措施
10	给水管道泄漏变化 10t/h	0.25（最后高压加热器出口）	做好无泄漏工作
11	高、中、低压缸效率下降1%	0.55、0.64、1.41	调整汽封间隙，必要时进行改造
12	凝结水过冷度变化1℃	0.035~0.06	过冷度发生变化应检查真空严密性变化，加强凝汽器水位的监视和控制，控制好热井水位，对冷却水流量进行调节和控制，检查疏放水阀门泄漏情况
13	给水温度下降10℃	0.7~1.1	检查高压加热器旁路阀是否泄漏，加热器进汽阀是否节流运行，抽空气是否正常，维持高压加热器水位正常
14	凝汽器端差每增加1℃	0.5~0.7	主要影响凝汽器端差的因素是铜管结垢。如果铜管结垢，一是加强胶球清洗；二是在停机期间采用高压水射流冲洗。如果结垢严重，可采用化学酸洗
15	1号高压加热器上端差变化10℃	0.65	控制好水位，避免上游加热器温升不足；如加热器堵管严重，换热面积不足，可考虑更换
16	2号高压加热器上端差变化10℃	0.35	控制好水位，避免上游加热器温升不足；如加热器堵管严重，换热面积不足，可考虑更换
17	3号高压加热器上端差变化10℃	0.42	控制好水位，避免上游加热器温升不足；如加热器堵管严重，换热面积不足，可考虑更换
18	3号高压加热器切除	2.35	按规定控制好高压加热器启停过程中给水温度的变化率，减少热应力
	2号高压加热器切除	5.39	按规定控制好高压加热器启停过程中给水温度的变化率，减少热应力
	1号高压加热器切除	2.90	按规定控制好高压加热器启停过程中给水温度的变化率，减少热应力
19	高压加热器投入率		要规定和控制高压加热器启停中的温度变化率，防止温度急剧变化
20	胶球清洗装置投入率		设立凝汽器胶球装置设备专责人；维修人员应按规定定期巡视胶球清洗设备运行情况，发现设备缺陷应及时消除，做到设备缺陷不过天。必要时，确定胶球清洗时间间隔和清洗持续时间
21	阀门泄漏		采用红外线温度测试仪测量阀体温度、超声波阀门内漏检测仪以及手摸感知等方法定性确定阀门泄漏程度。重点检查锅炉侧定期排污系统和锅炉疏放水阀门；汽轮机侧各加热器旁路门，高压加热器危急放水门，疏水箱处疏放水阀门以及高、低压旁路门等
22	冷却幅高		检查溅水碟是否完整、有无脱落和堵塞；淋水填料外观是否整齐，有无缺损、变形和杂物；配水系统是否清洁，无漏水、溢水、阻碍水流动的现象；除水器安放是否平稳，有无缺损、漏装、变形现象；淋水密度是否均匀；冷却水是否干净

2. 锅炉主要监督指标和参数

锅炉节能监督的主要监督指标和参数包括：锅炉效率、锅炉蒸发量、过热蒸汽温度、过热蒸汽压力、再热蒸汽温度、再热蒸汽压力、给水温度、排污率、煤粉细度、排烟温度、氧量、飞灰可燃物、炉渣可燃物、空气预热器漏风率、除尘系统漏风率、燃油量等。锅炉主要指标的监督内容见表1-7。

表 1-7　　　　　　　　　　　　　　锅炉主要指标的监督内容

序号	运行参数名称	影响发电煤耗率值 (g/kWh)	控 制 措 施
1	定期排污泄漏量 10t/h	1.55	做好无泄漏工作，保证定期排污各阀门严密性
2	过热器减温水每增加 1%	0.06～0.08	尽量从燃烧调整方面做工作，少用减温水
3	再热器减温水每增加 1%	0.45～0.6	尽量从燃烧调整方面做工作，少用减温水
4	飞灰含碳量每上升 1%	0.9～1.2	飞灰含碳量上升一般与入炉煤煤质、制粉系统投运方式、煤粉细度、火焰中心偏高、炉膛漏风、燃烧过量空气系数低等因素有关。运行时，应根据煤种变化调整风量及一、二次风配比
5	炉渣含碳量每上升 1%	0.18	炉渣含碳量上升一般与入炉煤煤质、制粉系统投运方式、煤粉细度、火焰中心偏高、炉膛漏风、燃烧过量空气系数低等因素有关。运行时，应根据煤种变化调整风量及一、二次风配比
6	排烟温度变化 10℃	1.4～1.7	排烟温度上升一般与火焰中心偏高、受热面集灰、燃烧过量空气系数偏大、尾部烟道再燃烧等因素有关。运行时，应根据煤种变化调整燃烧，按规定进行吹灰
7	送风温度变化 10℃	0.55	运行中不可控
8	空气预热器漏风率上升 1%	0.14～0.17	调整扇形板，更换密封条，必要时进行密封系统改造
9	补充水每增加 1%	0.35～0.58	做好汽水系统无泄漏工作
10	锅炉过剩氧量每上升 1%	0.8～1.2	根据煤种调整燃烧，减少炉膛漏风，调整好空气预热器间隙
11	出力系数每下降 1% 在 100%～80% 范围 在 80%～50% 范围	0.21 0.51	出力系数对机组供电煤耗率影响程度较大，应尽量控制出力系数在较高水平
12	炉膛漏风率变化 1%	0.13	
13	燃料低位发热量变化 1000kJ/kg	0.8～1.0	根据入厂煤煤质情况，做好入炉煤配煤工作

五、节能监督计划流程

节能监督计划流程见图1-2，其关键控制点包括生产部审核、厂部审批、实施过程、检查监督、评价总结。

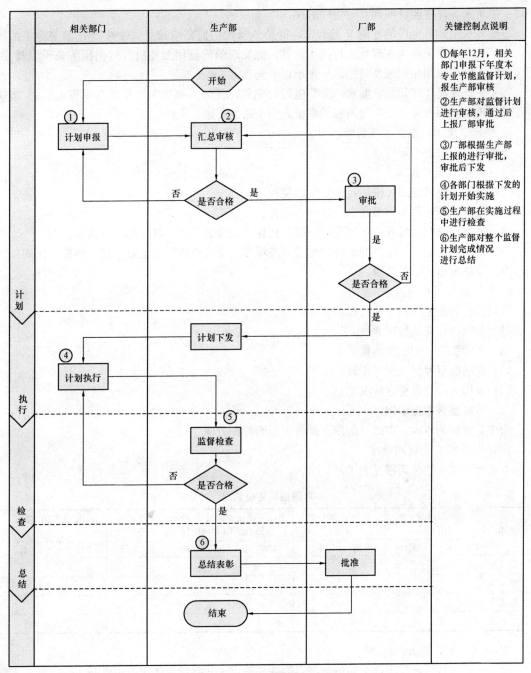

相关部门	生产部	厂部	关键控制点说明

①每年12月，相关部门申报下年度本专业节能监督计划，报生产部审核

②生产部对监督计划进行审核，通过后上报厂部审批

③厂部根据生产部上报的进行审批，审批后下发

④各部门根据下发的计划开始实施

⑤生产部在实施过程中进行检查

⑥生产部对整个监督计划完成情况进行总结

图 1-2 节能监督计划流程

第五节 节能监督周报

一、节能监督周报

1. 节能（现场）监督周报的定义

节能（现场）监督周报就是把一周之内的节能工作、现场监督情况记录下来，并加以少量点评形成的技术监督报告。节能现场监督周报是一种很好的节能技术监督形式，它可以把本周节能

事件汇总下来，并将监督问题及时得以解决。

节能专工虽然是全厂的专职节能工作，但是节能现场监督应该是每个生产技术部专工的职责。生产部专业专工应深入现场进行技术监督，把发现的问题用照相机及时拍摄下来予以曝光；把节能好人好事也用照相机及时拍摄下来予以表扬。

对于生产现场存在漏汽、漏水、浪费电能的现象，任何人都可实名举报（举报电话）。节能专工将到现场拍摄照片，对举报属实的举报人给予适当奖励。

2. 节能（现场）监督周报的特点

节能监督周报的主要特点：

（1）迅速。报道迅速。

（2）公正。用现场照片说话，不是空洞说教。

（3）公开。节能监督周报在全厂范围内公开。

（4）短小。没有大量的论述和分析，简要精悍，使读者尽快了解本周节能情况。

（5）跟踪。现场照片曝光的事件，通过"现场节能监督检查情况汇总"进行跟踪，让责任部门压力大，整改迅速，见效快。

3. 节能监督周报的内容

节能监督周报的内容一般可以包括 4 部分：

（1）本周指标完成情况通报。

（2）本周主要节能工作通报。

（3）现场监督照片（配有点评）。

（4）现场节能监督检查情况汇总。

二、节能监督周报示例

由于各方面的原因，在此只能用事例简单说明写作方法。

1. 本周指标完成情况通报

本周指标完成情况通报见表 1-8。

表 1-8 本周指标完成情况 时间：

机组	生产供电煤耗率 (g/kWh)		发电厂用电率 (%)		单位发电量取水量 (kg/kWh)		综合供电煤耗率 (g/kWh)		综合厂用电率 (%)	
	本周	累计	本周	累计	本周	累计	本周	累计	本周	累计
一期实际										
二期实际										
全厂实际										
全厂任务										

2. 本周主要节能工作通报

（1）×月×日生产技术部会同运行部、检修部确定 3 号锅炉本体照明正常开关灯方式，大幅减少本体照明用电。

（2）×月×日生产技术部组织人员对入炉煤采制化过程进行现场监督，并组织人员对采制化过程进行分析讨论。

（3）×月×日～×日，配合电力研究院完成 4 号锅炉效率测试、4 号汽轮机性能试验。

3. 现场监督照片

把一周内现场监督照片按类别制成 ppt 文件，尽量把照片和点评编辑成一页。这里只选用两张，见图 1-3 和图 1-4。

图 1-3　现场照明监督

注：一期循环水泵房白天长明灯太多。

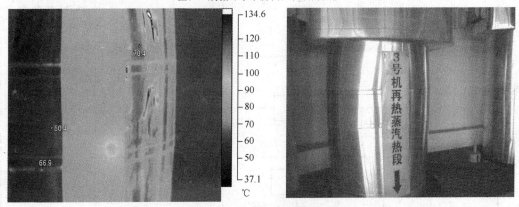

图 1-4　再热热段管道保温差

注：3 号机组再热蒸汽热段保温效果差，外表面平均温度 70℃，部分地方超过 100℃。

4. 现场节能监督检查情况汇总

现场节能监督检查情况汇总见表 1-9。

表 1-9　　　　　　　　　　现场节能监督检查情况汇总　　　　　　　　　　时间：

序号	检查发现问题	责任部门	发现时间	整改措施	整改现状	完成时间
1	一期循环水泵房白天长明灯太多	运行部				
2	3 号机组再热蒸汽热段保温效果差	检修部				
3	⋮					
4						
5						
6						
7						
8						
9						
10						

注　最后两列"整改现状"和"完成时间"是在下一次通报之前统计填写的，直至该项问题整改结束，才能删掉该项。

三、节能现场监督的整改

节能现场监督周报的主要作用是通报一周内主要指标完成情况、一周内主要节能工作，更重要的是监督整改。一方面可以在周报最后的"现场节能监督检查情况汇总"及时公布整改情况；另一方面也可以用现场照片的形式报道整改结果。节能现场监督整改流程见图1-5。

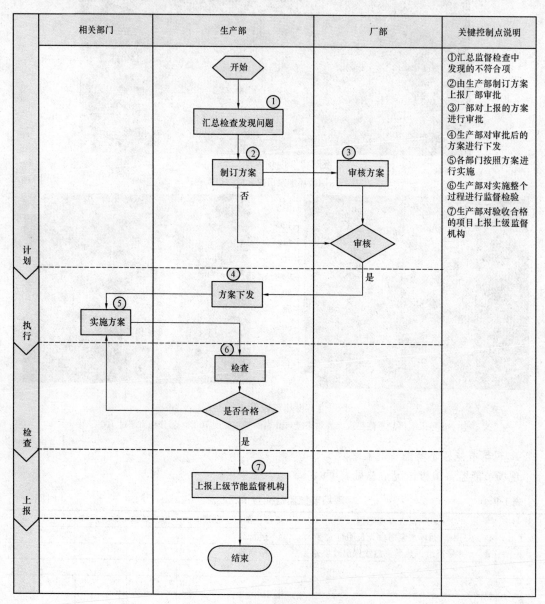

图1-5　节能现场监督整改流程图

第六节　节能技术监督月报

为了总结一个月的节能技术监督工作，并使上级主管部门了解企业一个月中的节能工作和成绩，次月 5 日内应编写并上报上月的节能技术监督月报，节能技术监督月报包括五大部分内容：

一、本月主要综合经济技术监督指标完成情况

主要综合经济指标见表 1-10，包括：技术发电量（万 kWh）、负荷系数（%）、发电厂用电率（%）、综合厂用电率（%）、发电煤耗率（g/kWh）、综合供电煤耗率（g/kWh）、入炉煤热值（kJ/kg）、发电耗燃油量（t）。

表 1-10 某电厂主要经济指标完成情况比较

指标	机组	当 月					累 计		
		当月	上月	去年同期	环比	同比	今年累计	去年累计	同比
发电量（万 kWh）	1 号								
	2 号								
	一期								
	3 号								
	4 号								
	二期								
	全厂								
负荷系数（%）	1 号								
	2 号								
	一期								
	3 号								
	4 号								
	二期								
	全厂								
发电厂用电率（%）	1 号								
	2 号								
	一期								
	3 号								
	4 号								
	二期								
	全厂								
综合厂用电率（%）	1 号								
	2 号								
	一期								
	3 号								
	4 号								
	二期								
	全厂								

指标	机组	当 月					累 计		
		当月	上月	去年同期	环比	同比	今年累计	去年累计	同比
发电煤耗率 (g/kWh)	1号								
	2号								
	一期								
	3号								
	4号								
	二期								
	全厂								
生产供电煤耗率 (g/kWh)	1号								
	2号								
	一期								
	3号								
	4号								
	二期								
	全厂								
综合供电煤耗率 (g/kWh)	1号								
	2号								
	一期								
	3号								
	4号								
	二期								
	全厂								
入炉煤热值 (kJ/kg)	1号								
	2号								
	一期								
	3号								
	4号								
	二期								
	全厂								
发电耗燃油量 (t)	1号								
	2号								
	一期								
	3号								
	4号								
	二期								
	全厂								

二、本月主要指标分析

1. 生产供电煤耗率分析

本月某台机组生产供电煤耗率完成 331.2 g/kWh，环比升高 2.91g/kWh，同比升高 3.07g/kWh。某台机组生产供电煤耗率月度比较见图 1-6。

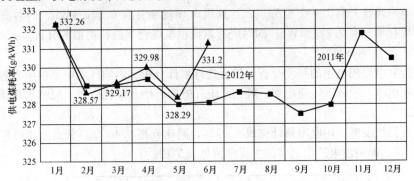

图 1-6 某台机组生产供电煤耗率月度比较曲线（图中数值为本月值）

分机组分析影响生产供电煤耗率的各项指标，影响供电煤耗率的各项指标包括：主蒸汽温度、再热蒸汽温度、再热器减温水量、给水温度、加热器端差、高压加热器投入率、凝汽器真空、真空严密性、凝汽器端差、凝结水过冷度、冷却塔出水温度、胶球清洗装置投入率及胶球回收率；排烟温度、氧量、飞灰及大渣可燃物、空气预热器漏风率、煤粉细度、机组补水率、点火及助燃用油（或天然气）量等，见表 1-11。

表 1-11　　　　　　　　　某台机组月度生产供电煤耗率耗差分析

序号	影响因素	单位	本月	上月	同期	环比	同比	环比影响煤耗率（g/kWh）	同比影响煤耗率（g/kWh）
1	发电量	万 kWh	7449.6	15 994.2	14 540.4	−8544.6	−7090.8	—	—
2	负荷系数	%	76.91	76.01	63.11	0.9	13.8	−0.22	−3.45
3	厂用电率	%	6.38	5.2	5.35	1.18	1.03	3.81	3.33
4	主蒸汽温度	℃	539	537.67	538.68	1.33	0.32	0.12	0.03
5	再热蒸汽温度	℃	536.83	534.79	533.51	1.04	3.32	0.07	0.24
6	排烟温度	℃	136.9	138.3	—	−1.4	—	−0.23	—
7	氧量	%	3.74	3.91	4.43	−0.17	−0.69	−0.17	−0.68
8	飞灰	%	1.43	1.53	1.52	−0.1	−0.09	−0.12	−0.10
9	真空度	%	96.09	96.64	96.18	−0.55	−0.09	0.82	0.14
10	高压加热器投入率	%	91.3	100	100	−8.7	−8.7	2.22	2.22
11	凝汽器端差	℃	2.64	3.72	3.39	−1.08	−0.75	−0.59	−0.41
12	凝结水过冷度	℃	−0.82	−0.81	−0.54	−0.01	−0.28	−0.59	−0.41
13	真空严密性	Pa/min	0.23	0.22	0.29	0.01	−0.06	−0.005	−0.013
14	供热比	%							

从表1-11看出，本月该机组负荷系数与上月基本持平，因厂用电率升高1.18个百分点，环比增加生产供电煤耗率3.81g/kWh；真空度降低，环比增加供电煤耗率0.82 g/kWh；因高压加热器泄漏、锅炉水冷壁泄漏增加供电煤耗率分别为2.22 g/kWh和1.13 g/kWh。

负荷系数同比增加13.8个百分点，但是因为机组停机备用417.3h，发电量大幅度减少，备用变压器用电率环比升高1.9个百分点，导致供电煤耗率升高6.12g/kWh，同时高压加热器泄漏引起供电煤耗率升高2.22g/kWh。同时应对累计供电煤耗率进行类似的分析。

2. 发电厂用电率分析

首先进行发电厂用电率的月度分析，然后进行累计分析。影响厂用电率的因素包括：风机耗电率、制粉耗电率、脱硫系统耗电率、脱硝系统耗电率、给水泵耗电率、凝结水泵耗电率和循环水泵耗电率等。

例如某台机组发电厂用电率累计完成5.57%，同比升高0.40个百分点。该机组累计厂用电率比较见图1-7，影响发电厂用电率的主要原因见表1-12。

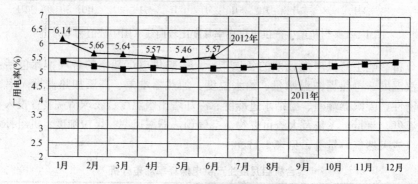

图1-7 某台机组累计厂用电率比较

表1-12　　　　　　　　　　　　　　　某台机组累计厂用电率结构分析

序号	影 响 因 素	单位	本年	去年	同比
1	发电厂用电率	%	5.57	5.17	0.40
2	负荷系数	%	75.46	69.89	5.57
	负荷系数影响	%			−0.150
3	备用变压器用电率	%	0.97	0.12	0.85
4	送风机耗电率	%	0.31	0.3	0.01
5	引风机耗电率	%	0.43	0.38	0.05
6	一次风机（排粉机）耗电率	%	0.74	0.7	0.04
7	磨煤机耗电率	%	0.77	0.69	0.08
8	循环泵耗电率	%	0.57	0.58	−0.01
9	凝结水泵耗电率	%	0.19	0.17	0.02
10	脱硫耗电率	%	0.87	1.22	−0.35
11	除尘耗电率	%	0.24	0.20	0.04
12	输煤耗电率	%	0.29	0.20	0.09
13	空冷塔耗电率	%			

某台机组累计发电厂用电率比同期高 0.40 个百分点，最主要原因是今年该机组停机 4 次，启动 4 次，去年同期仅启动一次。备用期间耗电率同比高 0.85 个百分点。同时脱硫耗电率降低 0.35 个百分点，其他重要辅机耗电率均有所上升。

3. 发电耗用燃油分析

累计发电用油分析比较见表 1-13。

表 1-13 发电用油分析比较

序号	影响因素	单位	今年	去年	同比
1	启动次数	次	13	14	−1
2	停机次数	次	13	14	−1
3	点火用油	t	246	195	51
4	助燃用油	t	61	48	13
5	合计用油	t	306	242	63.99

4. 煤质变化分析

本月入厂/入炉煤热值情况见表 1-14。本月入厂/入炉煤热值差完成 328.1kJ/kg，环比（125.06kJ/kg）降低 203.04kJ/kg，同比增加 1408.7kJ/kg。

表 1-14 入厂/入炉煤热值情况

入厂煤热值（kJ/kg）		入炉煤热值（kJ/kg）		入厂/入炉煤热值差（kJ/kg）			
当月	累计	当月	累计	当月差	去年同期	累计差	同期累计
19208	19099	18826.0	18875.1	328.1	−1080.59	223.9	206.41

累计热值差为 223.9kJ/kg，环比（201.74kJ/kg）增加 22.2kJ/kg，同比（206.41kJ/kg）降低 17.49kJ/kg，累计热值差优于控制指标 194.1kJ/kg。

5. 用水、汽分析（略）

三、本月主要专业技术监督重点工作开展情况

(1) 电气专业在 3 号机组 B 修中，完成了 3 号锅炉 A、B 引风机变频改造，变频器正式投入运行。3 号锅炉引风机变频器投运，初步测算在 80% 负荷降低厂用电率 0.23 个百分点。

(2) 为进一步优化锅炉本体照明，3 号锅炉 B 修后，运行部对锅炉本体照明开关列出清单，并进行现场落实，请其他部门参照做好节电措施的落实工作。

(3) 锅炉专业在 3 号锅炉 B 修中，更换预热器热端蓄热元件，排烟温度下降 8℃ 左右。

四、目前存在的问题或本月发现重大问题及处理措施

(1) 二期 3、4 号机组再热汽温偏低，特别是中低负荷容易偏低。查看 660MW 机组汽轮机热力特性书，高压缸排汽温度为 375.4℃，考虑高压缸排汽至再热器入口有 2～3℃ 的温降，再热器入口应为 372℃ 左右，而实际再热器入口蒸汽温度约为 365.0～366.0℃，比设计值低约 6.0～7.0℃，这是造成再热蒸汽温度偏低的主要原因。

(2) 一期每台 300MW 机组开式水系统由两台流量为 3168t/h 的离心泵（一运一备）将循环水升压提供给主机冷油器和闭式水冷却器。考虑到开式水泵设计裕量较大，电厂已对 4 台开式水泵进行了叶轮车削，开式泵运行电流下降约 10A，降至 30A 左右。冬季循环水温低，运行中已实现停开开式泵，开式冷却水由循环水泵直供。针对开式水系统，电厂已开展了大量的节能工作，也收到了较好的效果。但目前，开式水系统仍存在下面两个问题：

1）嘉祥电厂 300MW 机组开式泵设计流量为 1600t/h，辛店电厂 300MW 机组开式泵设计流量为 2400t/h，本厂的开式泵设计流量为 3168t/h，相比之下，本厂的开式泵即使车削了叶轮，仍有较大裕量，尤其是循环水温较低时。

2）冬季循环水温低时，开式冷却水由循环水泵直供，循环水直接通过开式泵。事实上，这样长期运行对该泵及电机容易造成一定的安全隐患。另外，循环水泵直供开式冷却水本身存在水压吃紧的情况，而循环水直接通过停运的开式泵后，冷却水压力损失较多，因此节能潜力仍然很大。

五、下月主要工作

（1）生产技术部联系电力研究院，进行 3 号机组 B 修后热力试验。

（2）请检修部在静电除尘器—电场灰斗的下灰短管上加装带有铜芯球阀的取灰管取样，尽可能提高所取飞灰样品的代表性，得到比较接近实际值的数据，以了解锅炉的实际燃烧情况。

（3）请生产技术部联系锅炉制造厂重新核算二期再热器受热面积，进行再热器受热面改造的可行性研究。

第七节　发电企业节能监督预警制度

根据《电力技术监督导则》（DL/T 1051—2007），发电企业应该建立节能技术监督预警制度。

对节能技术监督过程中发现的问题，按照问题或隐患的风险及危害程度，分为厂内预警和上级公司预警。厂内预警为一级管理，上级公司预警为两级管理，其中第一级为一般预警，第二级为严重预警。

一、节能监督预警项目

（一）厂内预警

以下参数超过下列标准要求，为厂内预警。

（1）新机组性能考核试验值：汽轮机热耗高于设计保证值 100kJ/kWh 以上；锅炉效率低于设计保证值 0.3 个百分点。机组 A/B 级检修后或改造后：汽轮机热耗高于设计保证值 100kJ/kWh 以上；锅炉效率低于设计保证值 0.3 个百分点。

（2）主蒸汽和再热蒸汽温度低于设计值 3℃以上。

（3）给水温度低于相应负荷设计值 3℃以上。

（4）真空比相应循环水进水温度或环境温度下的设计值低 0.8kPa。

（5）凝汽器端差超过考核值 2℃以上。

（6）对于湿冷机组，100MW 容量以上真空系统严密性超过 270Pa/min，100MW 容量以下湿冷机组真空严密性超过 400Pa/min；对于空冷机组，300MW 以上机组的真空严密性超过 100Pa/min，300MW 及以下机组真空严密性超过 130Pa/min。

（7）管式空气预热器漏风超过 5%，回转式空气预热器漏风超过 8%。

（8）锅炉排烟温度（修正值）高于设计值 3%以上。

（9）飞灰可燃物超过考核值 2 个百分点。

（10）锅炉烟气含氧量偏离优化控制值 0.5 个百分点。

（11）入厂与入炉煤热值差超过 512kJ/kg，水分差 1%。

（12）加热器端差大于设计值 2℃。

（13）再热器减温水流量大于 10t/h。

（14）场损率大于 0.5%。

（二）上级公司第一级预警项目

（1）以下参数超标：

1）新机组性能考核试验值：汽轮机热耗高于设计保证值 150kJ/kWh 以上，锅炉效率低于设计保证值 0.5 个百分点。机组 A/B 级检修后或改造后：汽轮机热耗高于 1.02/1.03 倍设计保证值，锅炉效率低于设计保证值 0.5 个百分点。

2）主蒸汽和再热蒸汽温度低于设计值 5℃以上。

3）给水温度低于相应负荷设计值 5℃以上。

4）对于湿冷机组，100MW 容量以上真空系统严密性超过 400Pa/min，100MW 容量以下湿冷机组真空严密性超过 500Pa/min；对于空冷机组，300MW 以上机组的真空严密性超过 200Pa/min，300MW 及以下机组真空严密性超过 300Pa/min。

5）凝汽器端差超过考核值 5℃。

6）入厂与入炉煤热值差超过 418kJ/kg。

7）锅炉排烟温度（修正值）高于设计值 5%以上。

8）管式空气预热器漏风率超过 6%，回转式空气预热器漏风率超过 10%。

9）飞灰可燃物超过考核值 3 个百分点。

10）供电煤耗率超过上级公司标准值 5g/kWh 以上，发电厂用电率超过上级公司标准值 0.2 个百分点。

（2）以下技术管理不到位：

1）没按要求开展性能试验，包括：新机组（汽轮机、锅炉）投产验收性能考核试验、汽轮机 A/B 级检修前/后性能试验、锅炉 A/B 级检修前/后效率试验、汽轮机本体改造后的汽轮机定滑压优化运行试验、冷端优化试验、锅炉设备改造后或煤种改变后的燃烧调整及制粉系统优化试验、配煤掺烧试验、风机改造前后的风机热态性能试验。

2）新机组考核及 A/B 级检修后的性能试验结果（汽轮机缸效率、修正后的汽轮机热耗率和锅炉效率）超过设计值而没有采取措施。

3）没有按照优化运行试验给出的参数和运行方式运行。

4）热力系统及疏水系统阀门泄漏严重，包括：主/再热蒸汽管道疏水门、抽汽管道疏水门、高压加热器事故疏水门、汽轮机本体疏水门、给水泵再循环门、锅炉排污系统门、高低压旁路门等。

5）主辅设备及管道、阀门散热超标，未进行治理。

6）检修项目中没有包含相应节能内容：汽轮机叶片喷砂，汽封间隙调整，汽封结构换型，高压加热器水室分程隔板检查修复，凝汽器管及其他各类换热器清洗，胶球清洗系统检查调整，空气预热器密封片间隙调整或更换以及换热面清洗，吹灰系统检修，真空系统查漏、堵漏，水塔填料检查更换，配水槽清理，喷嘴检查更换，阀门内外漏消除，厂用辅机节电改造等。

（三）上级公司第二级预警项目

（1）以下参数超标：

1）新机组性能考核试验值：锅炉效率低于设计保证值 1 个百分点，汽轮机热耗高于 1.035 倍设计保证值。机组 A/B 级检修后或改造后：锅炉效率低于设计保证值 1 个百分点，汽轮机热耗高于 1.03/1.035 倍设计保证值。

2）入厂与入炉煤热值差超过 800kJ/kg。

3）主蒸汽和再热蒸汽温度低于设计值 10℃以上。

4) 给水温度低于相应负荷设计值10℃以上。

5) 锅炉排烟温度（修正值）高于设计值10%以上。

6) 凝汽器端差超过考核值8℃以上。

7) 飞灰可燃物超过考核值5个百分点以上。

8) 供电煤耗率超过上级公司标准值10g/kWh以上，发电厂用电率超过上级公司标准值0.5个百分点的。

（2）技术管理不到位：对上级公司第一级预警项目连续两年内未收到显著整改效果的。

二、节能技术监督预警通知单

节能技术监督一般预警通知单和严重预警通知单基本相同，见表1-15。

表1-15　　　　　　　　　　　节能技术监督预警通知单

通知单编号：YJ－　　　　　　　　　　　　　　　　时间：年　　月　　日

提出单位		签发人	
责任单位（部门）名称			
设备（系统）名称及编号			
异常情况描述	时间： 事件：		
依据	□厂家技术资料 □技术管理法规 □集团公司标准规定 □国家行业标准 □其他 1. 具体依据的全称，其中的具体条文条款说明 2.		
后果评估	1. 可能会造成的后果 2. 已造成的后果		
整改建议			
整改时间要求			

注　1. 通知单编号：YJ预警类别编号-单位（部门）简称第一个大写字母-顺序号-年度。预警类别编号：厂内预警为0，一级预警为1，二级预警为2。例如对于锅炉专业2013第一个技术监督预警通知单编号：YJ0-GL-01-2013。

　　2. 责任单位：对于厂内预警，责任单位为电厂某责任部门；对于上级公司预警，责任单位为某电厂。

上级公司第一级预警通知单由上级技术监督服务单位提出，经区域公司（或产业公司）技术生产部签发，发送到发电企业、技术监督服务单位。第二级预警通知单由上级技术监督服务单位提出，经集团公司技术生产部签发，发送到发电企业、技术监督服务单位、区域公司（或产业公司）。

　　接到上级公司技术监督预警通知单的发电企业，应认真研究有关问题，制订整改计划，整改计划中应明确整改措施、责任人、完成日期。上级公司第一、二级预警问题应在接到通知单后1周内完成整改计划，并将整改计划上报上级公司签发部门和技术监督服务单位。

　　厂内预警通知单由电厂技术管理部门提出并发送责任部门，同时抄送厂领导。责任部门接到技术监督预警通知单，应认真研究有关问题，制订整改措施、责任人、完成日期，OA（办公自动化）并在节能技术监督预警反馈单（见表1-16）上签字，在接到通知单后3天内完成整改计划。

表1-16　　　　　　　　　　　　　　节能技术监督预警反馈单

通知单提出部门：　　　　　　　　　　　　　　　　　　　　　　责任部门/班组：

编　　号	与技术监督预警通知单编号必须完全相同
异常情况描述	与技术监督预警通知单编号必须完全相同
整改措施	整改措施： 　　　　　　　　制订人/日期：　　　　生产技术部门审核人/日期：
整改验收情况	整改自查验收评价： 　　　　　　责任部门整改人/日期：　　　　　自查验收人/日期：
复查验收评价	复查验收评价： 　　　　　　　　　　　　生产技术部门复查验收人/日期：
改进建议	对此类不符合项的改进建议： 　　　　　　　　　　　　　　建议提出人/日期：
预警项关闭	整改人：　　　自查验收人：　　　复查验收人：　　　签发人：

第二章 节能诊断分析

第一节 节能诊断分析的主要内容

一、节能诊断分析的定义

火电厂热力系统各设备，安装、调试后投入正常运行；经过长期连续运行后，各设备会慢慢出现一些缺陷，使运行工况逐渐偏离设计工况，运行参数逐渐偏离设计值，以致电厂效率下降，供电煤耗率增大。为了对火电厂热力系统的现状有一个全面的了解，就需要对其进行节能诊断分析。

火电机组能耗诊断分析工作是指通过对机组主要运行经济指标现状的分析，以及现场设备和系统运行状况的实地调研，发现设备运行中经济性方面存在的问题，提出影响机组运行经济性的主要因素。在此基础上定量计算这些因素对机组经济性指标的影响量，并有针对性地提出机组节能降耗的技术途径与实施方案。从而为运行优化调整、设备治理和节能改造提供依据和方向的一种节能管理方法。

二、节能诊断分析与标杆管理的联系与区别

从上述定义可以看出，节能诊断分析是采用内部标杆管理手段进行分析。同时，节能措施及建议一般又推荐标杆企业的节能最佳实践措施。

标杆管理中又经常结合实际情况，采用节能诊断分析方法，找出问题所在，然后再进行对标分析。因此节能诊断分析与标杆管理是我中有他，他中有我，互相掺插。

三、节能诊断分析与能耗指标分析的联系与区别

能耗指标分析是指通过对能耗指标的实际值与设计值或目标值的对比，分析能耗指标偏差，发现设备运行中经济性方面存在的问题的过程。

节能诊断分析是在能耗指标分析的基础上，根据机组实际情况，提出改进建议和措施。也就是说，能耗指标分析是机组节能诊断分析的基础工作，是节能诊断分析的主要部分。

四、节能诊断分析的目的

通过能耗诊断分析工作，对机组供电煤耗率、厂用电率、油耗、水耗实际水平进行诊断和评估，便于区域公司掌握所属电厂真实能耗水平和节能潜力；提出节能措施及建议，使电厂通过有针对性的运行优化调整和设备改造等措施，使机组供电煤耗率等指标达到或优于设计值，推动电厂节能降耗目标的实现；对机组改造后的能耗指标进行了科学预测。

五、能耗诊断分析的主要内容

能耗诊断分析的主要内容至少应包括以下四个方面：

1. 设备运行现状与能耗水平

（1）概述电厂基本情况，包括：主设备、投产、检修、最长运行时间、近几年技改等信息。

（2）摸清设备运行现状，包括：运行经济性指标（之前半年或者一年）、厂用电情况（辅机电耗）、水耗情况、可靠性指标、主要运行参数（额定工况、当前工况）、锅炉及辅机主要考核（或者试验）结果、汽轮机及辅机主要考核试验或者检修前后试验结果、供电煤耗率考核（或者

试验）结果、机组主要设计性能指标等数据。

  （3）摸清能耗水平，机组当前运行经济性与最佳水平的差距，即机组标杆值。

  2. 构建能效指标体系（详见本章第二节）

  能效指标主要包括：发电煤耗率、供电煤耗率、厂用电率等。而影响发电煤耗率、供电煤耗率指标的主要因素是锅炉效率、汽轮机热耗和机组热效率。因此构建能效指标体系，实际上就是构建锅炉效率、汽轮机热耗、机组热效率和厂用电率的能效指标体系。

  3. 开展能效指标分析（详见本章第三节）

  依据电厂生产运行数据报表、机组现场运行参数、性能考核试验报告、大修前后性能试验报告、专项节能诊断分析报告、相关技术改造项目的试验报告等，深入了解机组的运行状况，分设备或系统对机组的主要能效指标与设计值，或基准值的偏差及其影响因素，开展定量耗差分析。开展能效指标分析的依据包括：

  （1）设备、系统、机组经济性能设计值，热力性能说明书等。

  （2）运行规程、系统图。

  （3）机组运行参数设计值，统计报表，必要的有针对性的简单测试。

  （4）机组设计煤耗率、统计煤耗率、实际煤耗率、行业标杆煤耗率。

  （5）设备、系统，以及机组经济性能当前实测值。

  （6）以往修前修后试验报告，优化报告。

  （7）以往有关设备、系统、机组经济性能分析和诊断报告。

  （8）已经实施的节能改造项目，以及节能规划。

  （9）与技术人员的深入沟通。

  4. 节能潜力分析

  根据定量偏差分析结果，指出影响机组经济指标的主要因素，分析节能潜力。首先根据火电厂热力系统的热力试验，得到实际运行工况下热力系统各参数，然后进行平衡计算，所得结果作为比较基础。再将系统中某一参数作为研究对象，将其提高（或降低）到设计值在系统中其他参数均保持不变的情况下，对热力系统进行平衡计算；由此计算所得的结果与实际工况的计算结果进行比较，可以得出由于此参数未达设计值而引起的经济性下降、煤耗率增加。也就是说如果此参数经设备维修改造后达到设计值，可带来的节能效果，即节能潜力。用相同的方法，对系统中偏离设备工况的各设备、部件进行逐一分析，定量给出各设备、系统的节能潜力，就可以得到火电厂热力系统的总节能潜力。

  分析时，一般把设备和系统分成如下三大部分：

  （1）汽轮机部分。

  1）本体性能（汽轮机缸效率或通流效率、轴封漏汽、缸内蒸汽短路等）。

  2）主要辅机性能。

  3）运行参数（主蒸汽及再热蒸汽参数、排汽压力等）。

  4）热力系统（回热系统、减温水、汽水系统内外漏等）。

  5）冷端系统。

  6）运行方式。

  （2）锅炉部分。

  1）飞灰含碳量。

  2）排烟温度。

  3）运行方式。

（3）主要辅机及厂用电率。

1）风机及烟风系统。

2）循环水系统。

3）凝结水泵。

4）辅机冷却水系统。

5）制粉系统。

6）除灰系统。

7）浆液循环泵

在进行分析时，应注意以下三点：

a. 详细分析可控、部分可控因素通过哪些措施，可以降低煤耗率多少。b. 列出不可控因素（如负荷率、地理位置、启停机次数、蒸汽吹灰等），并分析其具体原因。c. 与节能潜力比较，差距多少；说明如何能够达到标准要求。

5. 节能措施及建议

根据节能潜力分析结果，提出改善机组运行经济性的节能管理、运行优化调整和检修等工作重点，以及可行的节能技术改造措施和建议。

（1）通过对影响机组经济性的因素全面分析，找出与先进机组之间的差距，分析差距的主要原因，提出进一步节能降耗措施。

（2）重点项目必须详细分析其影响产生的原因、解决的方法或者途径、处理后的效果、或者可借鉴的案例等。

（3）重点分析项目至少应有 3～5 项重大的节能改造项目。

6. 持续改进

针对节能诊断分析中提出的技术改造措施和建议，电厂应给予认真分析讨论，并一一形成整改意见上报上级主管部门和能耗诊断分析的实施单位，实施能耗诊断分析的单位应对电厂实施过程予以跟踪。

第二节　构建能效指标体系

节能诊断分析应首先构建能效指标体系，然后才能进行比较分析。

火电机组能效指标体系主要由锅炉、汽轮机，以及附属设备及其系统的各类能耗指标等组成。

（1）锅炉能耗指标主要是指锅炉效率，影响锅炉效率的有排烟热损失（q_2）、化学不完全燃烧热损失（q_3）、机械不完全燃烧热损失（q_4）、散热损失（q_5）、灰渣物理热损失（q_6）。其主要影响指标有排烟温度、飞灰含碳量、漏风率、氧量等，锅炉能耗指标体系见图 2-1。

（2）汽轮发电机组的能耗指标主要指汽轮机效率，影响汽轮机效率的主要是热端效率、冷端效率、通流效率、回热效率等。主要影响指标有主蒸汽参数、再热蒸汽参数、缸效率、真空度、回热加热系统参数等，汽轮机能耗指标体系见图 2-2。

（3）机组厂用电指标主要是指厂用电率。影响厂用电率的主要辅机指标有引风机、送风机、一次风机、排粉机、磨煤机、脱硫增压风机、脱硫循环泵、脱硫磨粉机、电除尘器、二次风机、流化风机、冷渣风机、循环水泵、（空冷机组）冷却风机、给水泵、凝结水泵、凝结水升压泵等耗电率，厂用电指标体系见图 2-3。

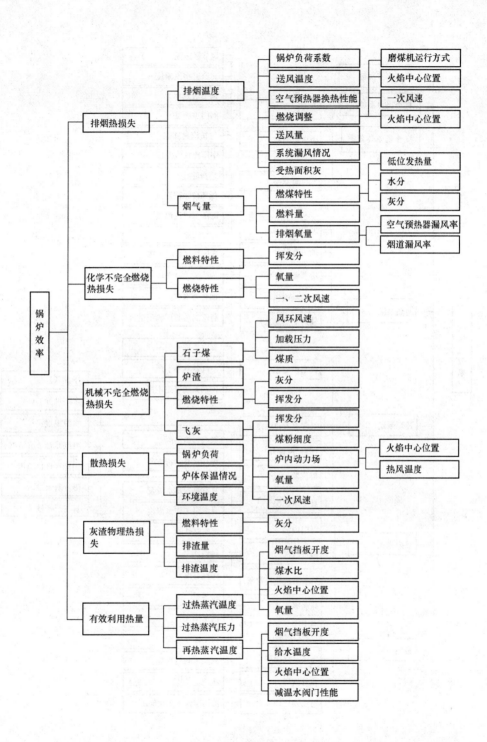

图 2-1 锅炉能耗指标体系

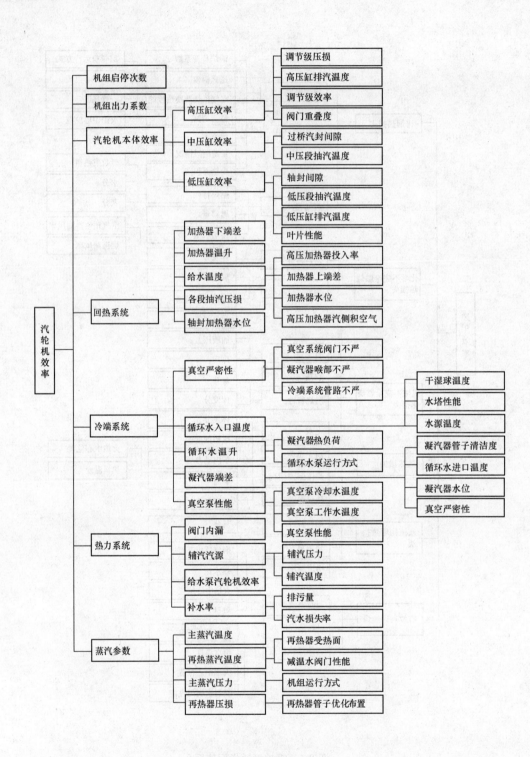

图 2-2 汽轮机能耗指标体系

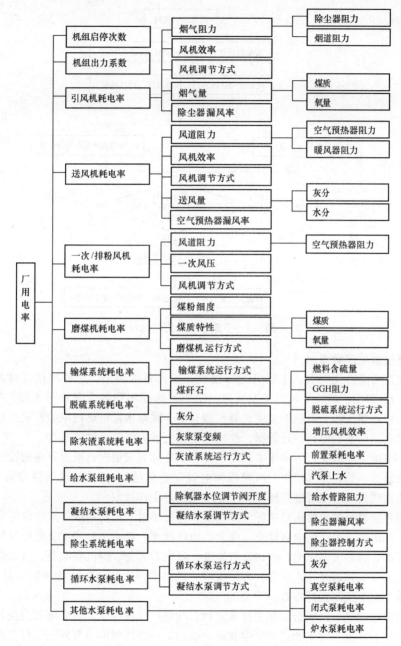

图 2-3 厂用电指标体系

第三节 节能诊断分析的步骤

节能诊断分析的流程见图 2-4。

一、编写节能诊断分析实施方案

诊断实施方案由节能诊断分析实施单位（以下简称节能公司）负责编写，明确组织机构（领导小组、电厂工作小组、专家小组）、工作职责、诊断时间、诊断范围、安全与技术措施等内容。

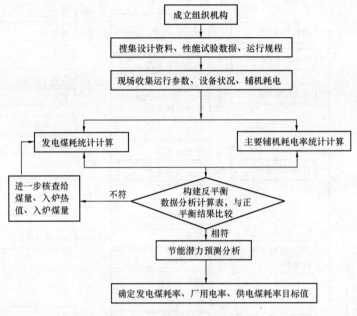

图 2-4　节能诊断分析的流程

二、现场搜集生产数据

(1) 搜集热力特性说明书、主辅机运行规程、主设备说明书、主要辅机设计规范；THA、TMCR、VWO、TRL、75％及50％工况流量、功率、热耗率和各工况热平衡图；主蒸汽温度、主蒸汽压力、再热器压损、再热器温度、凝汽器真空、减温水量对热耗率的影响关系。

(2) 机组制造厂家的原始设计数据、性能考核试验及大修前后试验报告。

(3) 全厂节能工作概况：近两年来机组主要经济指标完成情况；机组存在的设计和运行方面的问题；近两年大小修记录（锅炉、汽轮机和电气专业总结），相关技改项目方案或实施报告；近两年节能改造项目和节能管理措施；下一步节能减排工作计划。

(4) 近两年来机组的主要运行指标（发电量、运行小时、负荷系数、发电煤耗率、发电厂用电率、综合厂用电率、生产供电煤耗率、综合供电煤耗率、补水率）和主要运行参数（主蒸汽压力、主蒸汽温度、再热蒸汽压力、再热蒸汽温度、凝汽器真空、凝汽器端差、给水温度、排烟温度、运行氧量、飞灰含碳量、入厂煤、入炉煤质、机组启停次数等）统计数据（月报）；不同季节、典型负荷工况下机组运行参数。

节能公司通过现场，采取查阅相关技术资料、与电厂专业技术人员交流和设备状态现场巡查相结合的方式进行，重点对生产过程中存在影响机组运行经济性的主要问题进行交流分析，得到第一手资料。

三、初步定性分析影响因素

通过搜集整理的生产数据与设计值及同类型机组先进值进行对标分析，初步定性分析出影响经济性的主要因素。影响因素主要包括：汽轮机各缸效率、凝汽器真空、热力系统泄漏、给水温度、加热器端差、凝结水过冷度、凝结水泵焓升、给水泵焓升、减温水量、飞灰含碳量、排烟温度、主蒸汽和再热蒸汽参数、空气预热器漏风、循环水泵、凝结水泵、风机、制粉系统裕量、保温效果、环境温度、机组启停次数、出力系数等。

四、根据初步分析结果做相关试验

按照国家试验标准，对机组做相关的热力试验，掌握更加准确的指标数据。

主要测试内容包括（可以参考考核试验报告、大修前后试验报告、优化试验报告，如果全没有则可针对性选取几项进行）：机组热耗、煤耗率实际运行值试验；汽轮机高、中、低压缸效率试验；高、低压加热器性能试验；凝汽器性能试验；水塔换热性能试验；锅炉效率试验；空气预热器性能试验；引风机、送风机、一次风机单耗试验；全厂用电平衡试验；供热系统经济性试验等。

五、定量分析得出诊断结论

根据已经掌握的生产数据，应用耗差分析法定量分析计算得出运行指标对机组的热耗率、机组效率、煤耗率、厂用电率的影响程度，汇总每个影响因素对指标的影响量后，得出全厂诊断结论。

发电煤耗率影响量与设计发电煤耗率之和，与机组实际运行的发电煤耗率应基本一致，一般误差不超过 2g/kWh。

如果误差超过 2g/kWh 则应重点关注：煤量计量不准、燃煤热值测量有误差，厂用蒸汽（蒸汽吹灰、暖风器、冬季采暖）、除氧器排汽、锅炉排污和机组启停等因素的影响。

六、提出节能措施及分析节能潜力

通过对影响机组经济性的因素全面分析，找出与先进机组之间的差距，分析差距的主要原因，提出进一步节能降耗措施。详细分析可控、部分可控因素通过哪些措施，可以降低煤耗率多少；列出不可控因素，并分析其具体原因，量化节能潜力，为设备节能改造提供参考依据。

七、编写诊断分析报告

现场工作结束后，节能公司应在 1 天内提出初步分析报告，在与电厂专业技术人员沟通确认后，最终报告应在确认后的半个月内，向电厂提交正式节能诊断分析报告，并抄送电厂上级主管单位。

八、持续改进阶段

持续改进阶段的内容虽然不是节能诊断分析报告中的内容，但是节能诊断分析方法闭环管理的有效组成部分。电厂在收到正式节能诊断分析报告后一周内，必须针对报告中提到的问题和建议，逐条一一列出整改意见上报上级主管单位和节能公司。整改意见应写明整改完成时间、责任人、整改方案、投资额。

得到上级主管单位批准前，电厂应先行对不需要投资、简单的、或见效快的措施尽快实施。对于需要一定投资的技术改进措施，待上级主管单位批准后，电厂尽快实施，并将实施效果定期上报上级主管单位和节能公司。

第四节 节能诊断分析的方法

节能诊断分析主要是对影响锅炉效率、机组热效率和厂用电率的各项主要因素开展定量的能效分析。

一、锅炉诊断分析

（1）检查锅炉本体、空气预热器、燃烧器、制粉系统等设备运行状况。

（2）核查锅炉排烟温度、风压、风量、氧量、飞灰可燃物含量、煤粉细度等。重点分析影响锅炉效率的各项热损失。

1）排烟热损失是影响锅炉效率的各项热损失中最大的一项热损失，排烟温度是决定锅炉排烟热损失大小的重要指标之一。

影响锅炉排烟温度的主要因素包括：煤质差，受热面设计不合理（过热器、再热器、省煤器、空气预热器），燃烧调整不当（风粉配比、风量、煤粉细度、燃烧器摆角等），受热面脏污（空气预热器、省煤器等），空气预热器入口风温度高，锅炉本体及尾部烟道漏风量大，磨煤机出口温度设定不合理，制粉系统冷风漏入量大等。

2）锅炉实际运行氧量的大小，对锅炉运行的经济性和安全性均有影响。运行氧量主要影响锅炉排烟热损失 q_2、机械未完全燃烧热损失 q_4 和锅炉送风机、引风机电耗等。运行氧量高的主要原因包括：空气预热器漏风，炉本体漏风，负压制粉系统漏风，锅炉送风量大。

3）灰渣可燃物含量的主要因素是燃煤挥发分、煤粉细度和配风等。灰渣可燃物含量大的主要原因包括：燃煤挥发分降低、发热量下降，煤粉细度提高（变粗），炉膛出口过量空气系数下降或炉膛内局部缺风等。

（3）现场查看锅炉运行控制方式，查看主要运行参数、主蒸汽压力温度、再热蒸汽温度。

（4）统计分析燃煤热值、飞灰可燃物含量、大渣含量、运行氧量、排烟温度等，计算锅炉效率。

（5）现场核算空气预热器漏风率。空气预热器漏风率大的主要原因包括：一次风压力高，空气预热器设计、安装存在问题，密封间隙大。

（6）提出锅炉及辅助设备节能降耗措施，并预测节能潜力。

二、汽轮机诊断分析

（1）汽轮机热耗率是火力发电厂生产过程中对机组效率影响最大的一项指标。影响汽轮机热耗率的主要是高、中、低压缸效率。

1）根据试验热耗率和运行参数，修正计算 THA 工况下汽轮机实际的热耗率。修正包括：主蒸汽压力、温度，再热蒸汽温度，再热减温水流量，凝汽器压力，并进行合理的滤网修正。

2）分析计算各缸效率和平衡盘漏量对热耗率的修正计算，核算设计热耗率与实际热耗率的差别。

3）分析汽轮机热耗率随运行时间的变化特点。

（2）回热系统对提高热力循环效率有较大影响，各加热器相关参数的变化都直接影响到循环效率。要重点分析以下内容：

1）高、低压加热器及轴封加热器的水位控制不正常。

2）加热器水室隔板泄漏及冷却管泄漏。

3）各加热器上端差和下端差大。

4）汽轮机缸效率低，抽汽压力高。

5）各加热器的温升小，给水温度低。

6）高压加热器投入率低。

7）除氧器的运行温度、压力以及抽汽管路的压降等。

加热器端差及给水温度对机组经济性的影响通常采用热平衡方法或等效焓降法进行估算。

（3）全面检查热力及疏水系统，并提出相应的改进措施。根据阀门泄漏情况，并进行横向对比，估算泄漏对机组发电煤耗率的影响量。热力及疏水系统存在的主要问题如下：

1）热力系统设计不合理，冗余系统多（主蒸汽疏水、高压缸排汽管道通风阀、高压加热器危急疏水、低压旁路前疏水）。

2）自动疏水器质量差。

3）阀门质量较差，或使用不当引起阀门泄漏。采用红外温度计及热成像仪检查阀门泄漏情况，列出阀门泄漏清单。重点检查主蒸汽疏水、再热蒸汽疏水、导汽管疏水、高压缸排汽管道疏水、再热蒸汽疏水、通风阀、361 阀、旁路门、给水泵再循环门等。

4）辅助蒸汽偏多，等级高。要加强对辅助蒸汽使用情况的分析，全面了解和分析各辅汽用户的参数需求，在满足要求的前提下应尽量采用低品质的汽源（如炉膛吹灰汽源采用再热器冷段蒸汽），减少辅助用汽对汽轮机效率的影响。

（4）汽轮机冷端状态是对汽轮机运行效率影响较大的一个因素。运行中，要定期对凝汽器的端差、循环水温升、凝结水的过冷度、真空严密性、排汽压力、真空泵性能、水塔的冷却性能等进行分析。重点做好以下工作：

1）通过现场核查汽轮机排汽温度或自带绝压表测量凝汽器压力，以及凝汽器压力传压管走向等，确定凝汽器压力。

2）根据对负荷、循环水入口温度、温升、真空等指标的分析，进行循环水泵经济运行调度。

3）根据真空泵的各项参数值，分析真空泵的工作性能，选择合适的冷却水温度（尤其是夏季），提高真空泵的出力。

4）现场核查循环水泵、冷却塔、凝汽器、真空泵、闭式冷却水泵、胶球清洗装置的运行状况及相关参数，查看真空严密性试验结果。

5）经常检查胶球清洗装置是否定期投入，分析收球率是否正常。

6）分析循环水质指标，掌握循环水是否有结垢或腐蚀倾向。

7）通过分析水塔出口水温与湿球温度的差值，及时掌握水塔的冷却性能。

8）选择不同工况计算凝汽器热负荷，进而计算凝汽器性能和清洁系数。

9）统计分析计算循环水进水温度、出水温度、凝汽器压力等，并计算对机组发电煤耗率的影响量，核查冷端系统运行方式。

（5）给水泵组对给水系统的经济运行影响很大。运行中要重点分析给水泵组的出入口温度、压力以及中间抽头的参数，给水泵的入口滤网的压差，汽动给水泵的投入率，给水泵再循环系统的内漏等。给水泵耗汽量大的主要原因为：

1）给水流量大。

2）给水泵汽轮机排汽压力高。

3）给水泵汽轮机效率低。某电厂 $2\times300\mathrm{MW}$ 亚临界供热机组，设计为汽动给水泵。由于选择国内某工业汽轮机厂生产的给水泵汽轮机，在 THA 工况下给水泵汽轮机的效率仅有 70%，通常给水泵汽轮机进汽量为 33t/h，实际为 39.5t/h，导致发电煤耗率升高 1g/kWh。

4）给水泵再循环漏量大。600MW 超临界机组给水泵汽轮机进汽量的计算方法

$$G_{给水泵汽轮机进汽量}=2.03\times\frac{G_{给水流量}}{G_{设计给水流量}}\times G_{设计给水泵汽轮机进汽量}$$
$$+2.928\times(p_{给水泵汽轮机排汽压力}-p_{给水泵汽轮机设计排汽压力})$$

（6）环境温度及其他因素对发电煤耗率的附加影响量主要包括：

1）海水直流冷却环境温度影响发电煤耗率 0.7～0.8 g/kWh。

2）南方直流冷却和北方闭式循环冷却影响发电煤耗率 1.0～1.2 g/kWh。

3）南方闭式循环冷却影响发电煤耗率 1.2～1.4 g/kWh。

4）空冷机组影响发电煤耗率 3.0～10g/kWh（当地环境温度、冬夏季带负荷特性、空冷凝汽器面积、运行控制方式）。

（7）补水率是反映机组汽水损失大小的主要指标。影响补水率的主要参数有发电汽水损失率、锅炉排污率、发电自用蒸汽消耗量、对外供热（水）量、吹灰用汽量等。发电汽水损失主要是由于阀门、管道泄漏以及疏水不回收等造成的。锅炉排污率主要受汽水品质影响。

（8）机组运行中，要加强对锅炉主（再热）蒸汽温度、压力等参数的实时分析，如偏离目标

值，应及时进行调整，保证机组经济运行。不允许机组额定负荷下长期降压运行；滑压运行的机组，应按优化后的滑压曲线进行调整和控制，不能长期偏离滑压曲线运行。

（9）机组运行中，要加强对过（再）热蒸汽减温水流量的监督。

三、厂用电指标分析

厂用电指标要重点分析主要辅机的耗电率，分析内容包括引起主要辅机电耗升高的各类因素；电动机设计功率与设备出力是否匹配，是否存在较大裕度；辅机运行方式是否最优化；主要辅机是否选用高效能设备或进行了高效能改造；全厂厂用电量平衡计算是否相符等。

1. 烟风及脱硫系统统计分析

（1）现场检查一次风机、送风机、引风机、增压风机、浆液循环泵、GGH、除尘器运行状况。

（2）现场查看或测试各主要辅机功耗，分析主要辅机耗电率。

1）影响引风机耗电率的主要因素是烟道阻力、预热器及烟道漏风、引风机系统效率。要重点对烟道挡板运行情况，空气预热器漏风率和前后差压的变化，炉本体、烟道、电除尘漏风情况，脱硫系统烟气阻力以及与脱硫增压风机出力是否匹配等进行检查分析。部分引风机采用静叶可调轴流式风机，或者风机设计效率较低导致耗电率偏高。脱硫增压风机和引风机应合二为一，最好进行变频改造。

2）影响送风机耗电率的主要因素是氧量、漏风，以及送风机系统效率。运行中要分析氧量、空气预热器漏风率和前后差压是否在合格范围内，二次风系统如风箱等是否存在漏风，风箱差压是否在规程规定范围内等。风机选型参数与系统不匹配，或者风机（双速、降速）调节手段不够丰富也会导致送风机耗电率偏高。

3）影响一次风机（排粉机）耗电率的主要因素是煤质、漏风，以及一次风机（排粉机）系统效率。运行中要分析煤质变化情况，检查一次风系统（制粉系统）是否存在漏风。部分一次风机采用离心式风机，而且没有变速。或者一次风压力高、一次风量大，导致一次风机耗电率偏高。

4）影响电除尘耗电率的主要因素是机组负荷、烟尘浓度和粒度、燃煤特性以及电除尘自身节电性能等。要重点分析电除尘各电场硅整流变压器的运行电压和电流是否正常；电除尘电场灰量及出口粉尘浓度的变化情况；是否已经采用电除尘节能控制系统进行改造；是否优化除尘器出入口挡板走向，是否安装导流板，使各除尘器入口烟气量均匀、气流分布均匀。

5）脱硫厂用电率受入炉煤含硫量的影响较大，应加强入炉煤含硫量的控制。入炉煤硫分应控制在设计范围内，不能过高。在保证脱硫效率前提下，要分析制订浆液循环泵优化的运行措施。机组低负荷时或煤中含硫量低时，可以适当减少氧化风机运行时间。要定期进行GGH差压的分析，及时清洗，降低系统烟气阻力。取消单独的增压风机，将增压风机与引风机合二为一，改成动叶可调引风机，改造后厂用电率将下降0.16个百分点。

对于海水脱硫系统，应根据脱硫效率及pH值及时调整海水升压泵、浆液泵、氧化风机、曝气风机运行方式。对于石灰石脱硫系统，脱硫吸收系统运行优化的内容应在不同负荷、不同入口SO_2浓度时，确定最佳的浆液循环泵组合方式、最佳pH设定值、氧化风机的投运台数、吸收塔液位和石灰石粒径等，建立吸收系统最佳运行卡片，指导运行人员合理操作。使得脱硫装置在满足环保排放要求的情况下，脱硫运行成本最小。

（3）计算分析烟风系统阻力及不同工况下风机的运行效率。

2. 制粉耗电率统计分析

制粉耗电率对厂用电率的影响较大，其影响因素也较多。主要从以下几个方面分析：

（1）入炉煤质（低位发热量、哈氏可磨系数、挥发分、全水分含量等）的变化情况。

（2）中储式制粉系统是否保持额定出力运行；钢球磨的电流与出力的变化是否正常；钢球磨

的装球量是否合适；粗粉分离器的分离效果是否良好；回粉管是否畅通。

（3）直吹式制粉系统，相同负荷下磨煤机运行台数是否合理；旋转分离器的转速是否合适。

（4）煤粉细度是否结合煤质变化维持在最佳范围内。

（5）磨煤机通风量是否太大等。

3. 机侧主要辅机耗电率统计分析

（1）循环水泵耗电率与水泵效率、循环水入口拦污栅是否堵有杂物、凝汽器铜管是否脏污、循环水出口收球网是否堵有杂物，以及运行方式有关。循环水泵的优化运行对降低循环水泵耗电率影响最大。要根据季节特点和环境温度变化情况，合理调整循环水泵的运行方式；运行中，实时分析循环水压力变化情况，确定循环水系统管道、阀门和凝汽器阻力是否正常。

（2）凝结水泵耗电率受系统阀门内漏（如凝结水再循环阀）、凝结水系统阻力和水泵效率的影响较大，要加强对出口流量、压力的监视，检查系统阀门是否存在内漏情况。凝结水泵最好变频运行，并把上水门全部打开。

（3）给水泵耗电率受系统阀门内漏（如给水再循环阀）、给水系统阻力和水泵效率的影响较大，要加强对出口流量、压力的监视，检查系统阀门是否存在内漏情况。汽动给水泵组要保证运行稳定，减少电泵运行时间。给水系统最好采用液力耦合器变速运行。

（4）机力冷却塔耗电率主要与水塔风机设备的效率、水塔清洁程度、冷却通风系统阻力变化，以及水塔的淋水密度、均匀性等有关。

（5）空气冷却塔耗电率主要与空冷系统的清洁程度、系统阻力，以及空气冷却塔风机出力和效率等有关。

4. 其他指标分析

（1）机组启停对发电煤耗率的影响与机组启停方式、启停特性、年利用小时数有关。

启动是将一台设备从停止转为运行状态的过程，即锅炉自点火开始直到汽轮发电机组并网的过程。停运是将一台设备从运行转为停止状态的过程，即锅炉自降低负荷开始直到发电机与电网解列的过程。机组停机和启动的全过程计为启停一次。

300MW 机组不同状态下单次启动对发电煤耗率的影响量见表 2-1；300MW 机组单次停机对发电煤耗率的影响量见表 2-2。一般情况，年利用小时在 5500h 以上机组启停 1 次年平均发电煤耗率影响是为 0.08～0.27g/kWh。如果机组年利用小时小于 5500h，则按下式进行折算：

启停 1 次对发电煤耗率的影响量＝5500h 以上启停 1 次对发电煤耗率的影响量

（如 0.08～0.27g/kWh）×5500/实际利用小时（h）

表 2-1　　　　　300MW 机组不同状态下单次启动对发电煤耗率的影响量　　　　　g/kWh

项目	耗煤	耗油	耗汽	总计
冷态启动	1.899	0.277	0.3	2.476（0.206）
温态启动	0.863	0.1	0.12	1.083（0.090）
热态启动	0.388	0.04	0.02	0.448（0.037）

注　表中括号内数据为折算至当月，括号外数据为折算至全年，年利用小时 5500h。

表 2-2　　　　　　　300MW 机组单次停机对发电煤耗率的影响量　　　　　　　g/kWh

项目	耗煤	耗油	耗汽	总计
发电煤耗率	0.388	0.04	0.02	0.448（0.037）

注　表中数据为折算至当月，折算至全年时乘以 12。

（2）机组出力系数对机组的经济性影响较大（见表2-3），提高机组出力系数是降低机组能耗的关键因素。出力系数对发电煤耗率的影响量通常根据设计数据、试验结果、运行统计数据确定。

表2-3 机组出力系数对能效指标的附加量

项目	发电煤耗率（g/kWh）		发电厂用电率（%）	
出力系数	75%	50%	75%	50%
300MW 亚临界机组	4.0～4.2	16.0～16.5	0.5～0.55	1.7～1.8
600MW 超临界机组	4.2～4.8	15.0～16.5	0.45～0.5	1.55～1.65
600MW 超临界空冷机组	5.0～5.5	17.0～17.5	0.45～0.50	1.55～1.65
1000MW 超超临界机组	4.5～5.0	14.5～15.0	0.4～0.45	1.50～1.6

注 相对于额定负荷下能效指标绝对增加值。

（3）核查其他辅助蒸汽使用情况，如暖风器、厂区采暖供热等。

四、核查各项因素对发电煤耗率的影响量

（1）统计主蒸汽温度、再热蒸汽温度、再热减温水量，并计算对发电煤耗率的影响量。

（2）核查吹灰频次及吹灰汽源，统计补水率，估算吹灰、除氧器排汽、排污对发电煤耗率的影响量。

（3）分析计算出力系数对发电煤耗率和发电厂用电率的影响量。

五、预测节能潜力和提出节能措施

（1）分析计算各种改造或运行调整方案的节电率及投资情况，提出合理的改造或运行调整方案。

（2）预测各种措施的节电潜力。

（3）提出相应的节能降耗措施，并预测节能潜力。

第五节 节能诊断分析案例

一、基本概况

1. 设备概况

某电厂二期锅炉是哈尔滨锅炉厂引进日本三菱技术设计和制造的 HG-2001/26.15-YM3 型超超临界、一次中间再热、变压运行单炉膛燃煤直流炉，该锅炉采用 MPS 中速磨煤机，直吹式制粉系统。锅炉配置海水脱硫装置、50%脱硝装置。锅炉设计燃用大同混煤，实际燃用秦皇岛海运煤。锅炉主要热力参数及燃煤特性见表2-4、表2-5。

表2-4 锅炉主要热力参数

项目	单位	设计煤种		
		锅炉最大连续蒸发量工况（BMCR）	额定工况（TRL）	75%热耗率验收工况（THA）
		定压	定压	滑压
主蒸汽流量	t/h	2001.38	1906.07	1297.73
主蒸汽出口压力	MPa	26.15	26.04	19.09

项　　目	单位	设计煤种		
		锅炉最大连续蒸发量工况 (BMCR)	额定工况 (TRL)	75%热耗率验收工况 (THA)
		定压	定压	滑压
主蒸汽出口温度	℃	605	605	605
给水温度	℃	297.8	294	270.6
给水压力	MPa	29.75	29.39	21.25
再热蒸汽流量	t/h	1686.94	1601.77	1125.24
再热蒸汽出口压力	MPa	5.867	5.562	3.91
再热蒸汽出口温度	℃	603	603	603
再热蒸汽进口压力	MPa	6.067	5.751	4.044
再热蒸汽进口温度	℃	380.9	371.8	366.9
过热器喷水压力	MPa	30.57	30.06	22.19
过热器喷水温度	℃	323	319	300
过热器一级减温水	t/h	60	57.2	38.9
过热器二级减温水	t/h	20	19.1	13
过热器三级减温水	t/h	60	57.2	38.9
再热器减温水	t/h	0	0	0
效率（按低位发热值）	%	94.25	94.27	94.05
保证效率（按低位发热值）	%		93.9	

表 2-5　　　　　　　　　　　　　　锅炉设计燃煤特性

项　　目		单　位	设　计　煤	校　核　煤
工业分析	收到基低位发热值 $Q_{net.ar}$	kJ/kg	23 570	22 090
	收到基全水分 M_t	%	16.40	9.20
	空气干燥基水分 M_{ad}	%	3.28	1.75
	收到基灰分 A_{ar}	%	6.79	20.17
	干燥无灰基挥发分 V_{daf}	%	32.46	32.64
元素分析	收到基碳 C_{ar}	%	62.88	57.99
	收到基氢 H_{ar}	%	3.49	3.42
	收到基氧 O_{ar}	%	9.41	7.67
	收到基氮 N_{ar}	%	0.7	0.64
	收到基全硫 $S_{t.ar}$	%	0.33	0.91
可磨性系数 HGI		℃	60	56
灰软化温度 ST		℃	1100	1380

　　二期汽轮机是上海汽轮机厂采用西门子技术生产制造的 N660-25/600/600 型超超临界、一次中间再热、单轴、四缸四排汽、双背压、纯凝汽式汽轮机。汽轮机设计参数及主要技术规范见表2-6。

表 2-6   汽轮机设计参数及主要技术规范

制造厂	上海电气电站设备有限公司汽轮机厂
机组类型	超超临界、一次中间再热、单轴、四缸四排汽、双背压、纯凝汽式
机组型号	N660-25/600/600
额定功率	660MW
最大连续出力（T-MCR）	686.613MW
阀全开出力（T-VWO）	709.514MW
热耗率（THA）	7342.0kJ/kWh
额定主蒸汽流量（THA）	1793.1t/h
额定主蒸汽压力	25.0MPa
额定主蒸汽温度	600℃
额定再热蒸汽温度	600℃
额定排汽压力	4.6kPa
给水温度（THA）	290.0℃
低压缸末级叶片长度	914.4mm
高压缸效率（THA）	90.22%
中压缸效率（THA）	93.42%
低压缸效率（THA）	88.38%
给水泵型式	2×50%汽泵＋1×30%电泵
回热级数	8 级（三高、四低、一除氧）

2. 主要经济性指标现状

2011 年主要经济性指标见表 2-7。3 号机组实际完成发电煤耗率 286.24g/kWh，发电厂用电率 3.90%，负荷系数 0.793 2，生产供电煤耗率 297.86g/kWh；4 号机组实际完成发电煤耗率 287.70g/kWh，发电厂用电率 4.34%，负荷系数 0.775 7，生产供电煤耗率 300.82g/kWh。

表 2-7   某电厂 3、4 号机组 2011 年主要经济指标

项目	单位	3 号机组累计	4 号机组累计	平均
发电量	×10⁸kWh			
发电煤耗率	g/kWh	286.24	287.70	
发电厂用电率	%	3.90	4.34	
运行小时	h			
利用小时	h			
负荷系数	—	0.793 2	0.775 7	
生产供电煤耗率	g/kWh	297.86	300.82	

3. 机组性能试验结果

机组投产后，2011 年由西安热工研究院严格按照 ASME 标准对 3、4 号机组进行了性能考核试验，3 号机组汽轮机 THA 工况下试验热耗率 7421.3kJ/kWh，经二类修正和老化修正后热耗率为 7364.3kJ/kWh。4 号机组汽轮机 THA 工况下试验热耗率 7438.5kJ/kWh，经二类修正和老化修正后热耗率为 7365.8kJ/kWh，试验结果分别见表 2-8，3、4 号汽轮机热耗率均没有达到 THA 工况下 7342kJ/kWh 设计值。

机组编号	单位	3 号		4 号	
试验工况	—	THA（1）	THA（2）	THA（1）	THA（2）
1/2 号调门开度	%	100	100	100	100
补汽阀开度	%	0	0	0	0
主蒸汽压力	MPa	24.12	24.11	24.16	24.13
主蒸汽温度	℃	598.8	598.0	598.1	596.0
高排蒸汽压力	MPa	5.58	5.57	5.53	5.52
高排蒸汽温度	℃	367.2	366.6	365.9	364.3
热再热蒸汽压力	MPa	5.19	5.19	5.14	5.14
热再热蒸汽温度	℃	598.1	597.5	587.0	586.3
中压缸排汽压力	MPa	0.56	0.56	0.56	0.56
中压缸排汽温度	℃	278.5	277.9	271.2	270.5
低压缸排汽压力	kPa	4.81	4.80	5.21	5.11
再热减温水流量	t/h	0.00	0.00	0.00	0.00
主蒸汽流量	t/h	1807.75	1808.61	1821.14	1823.87
修正后主蒸汽流量	t/h	1876.43	1876.28	1885.56	1887.37
高压缸效率	%	89.6	89.5	89.1	89.2
中压缸效率	%	93.1	93.2	93.3	93.3
低压缸效率	%	87.2	87.2	88.0	87.3
电功率	kW	652 865.4	652 675.6	652 103.9	651 127.8
试验热耗率	kJ/kWh	7421.7	7420.9	7430.7	7446.2
一类修正后电功率	kW	652 771.7	652 593.7	650 839.4	649 689.2
一类修正后热耗率	kJ/kWh	7429.9	7429.8	7450.7	7465.8
二类修正后电功率	kW	673 967.6	674 549.4	679 089.2	679 761.4
二类修正后热耗率	kJ/kWh	7409.7	7407.2	7397.3	7409.7
老化修正后电功率	kW	676 901.8	677 486.2	680 835.3	681 509.2
老化修正后热耗率	kJ/kWh	7385.0	7382.5	7382.8	7395.1
修正后热耗率平均值	kJ/kWh	7364.3		7365.8	

表 2-8 　　　　　　　　　　　　**3、4 号汽轮机性能考核试验结果**

锅炉性能试验结果汇总略。

二、影响机组经济性因素分析

（一）锅炉方面

1. 锅炉本体

（1）锅炉效率。3、4 号锅炉 TRL 工况和 75％ THA 工况设计锅炉效率为 94.27％和 94.05％，TRL 工况保证的锅炉效率为 93.90％。锅炉性能考核试验结果表明：3 号锅炉两个 BRL 工况修正后的锅炉效率分别为 93.55％和 93.45％；4 号机组铭牌工况（BRL）负荷两个工况修正后的锅炉效率平均值为 93.70％。两台机组锅炉效率均未达到保证值。

根据日常运行入炉煤煤质数据（实际燃用煤质较设计煤种差）、运行氧量、排烟温度及飞灰可燃物等资料，2011 年对 3、4 号锅炉效率计算得到锅炉实际运行的效率分别为 92.96％、92.94％，较设计值偏低较多。

（2）飞灰可燃物。2011 年 3、4 号锅炉入炉煤煤质平均为干燥无灰基挥发分 $V_{daf}＝39.68％$，

收到基低位发热量 $Q_{net.ar}=18.76MJ/kg$。3、4 号锅炉飞灰可燃物统计结果分别为 1.31% 和 1.60%，大渣可燃物分别为 1.3192% 和 2.80%。

根据目前燃烧煤种，两台锅炉飞灰可燃物含量略显偏大，飞灰可燃物含量应不大于 1.0%。

（3）排烟温度。3、4 号锅炉 2011 年进风温度分别为 26.0℃ 和 26.1℃，排烟温度分别为 140.4℃ 和 131.2℃，两台锅炉排烟温度均偏高。

2011 年 10 月在 3、4 号机组分别带 679.2MW 和 681.2MW 负荷时，表盘排烟温度记录结果见表 2-9。

表 2-9　　　　　　　2011 年 10 月 3、4 号机组表盘排烟温度记录结果　　　　　　　℃

项　　目	设计值	3 号锅炉		4 号锅炉	
		A 侧	B 侧	A 侧	B 侧
空气预热器进口烟气温度	369.0	358.9	366.2	361.1	361.6
空气预热器出口烟气温度	—	136.7	144.0	134.8	133.0
排烟温度（修正后）	121.0	140.4	147.2	137.4	135.4
空气预热器一次风进口温度	26.0	25.2	25.8	27.7	28.2
空气预热器二次风进口温度	23.0	16.4	16.9	17.9	18.2

从表 2-9 可以看出，3 号锅炉 A 侧排烟温度比设计值高 19.4℃，B 侧排烟温度比设计值高 26.2℃；4 号锅炉 A 侧排烟温度比设计值高 16.4℃，B 侧排烟温度比设计值高 14.4℃。4 号锅炉空气预热器由于更换了换热面，排烟温度比 3 号锅炉有所改善。

从表 2-9 可以看出，3、4 号锅炉空气预热器进口烟气温度均比设计值低，但排烟温度比设计值高，因此可以说，3、4 号锅炉排烟温度高的原因为空气预热器换热面积不足。

（4）运行氧量。2011 年 3、4 号锅炉负荷系数分别为 79.2% 和 77.3%，表盘氧量分别为 3.78% 和 5.0%。3 号锅炉运行氧量控制值基本合适，4 号锅炉运行氧量偏大。

（5）机组保温。锅炉炉顶大包、再热热段管道、再热冷段管道、主蒸汽管道等保温结构外表面温度与环境温度的温差应均不大于 25℃。根据对比估算，机组由于保温不良导致煤耗率升高约 0.5 g/kWh。

2. 制粉系统

制粉系统为冷一次风正压直吹式，配置 6 台 MPS 磨煤机，运行方式为 5 运 1 备，每台磨煤机对应一层燃烧器。磨煤机型号 MPS190HP-Ⅱ，保证出力 52.4t/h，实际运行中，煤质较差时锅炉燃煤量接近 300t/h，故需要 6 台磨运行，若一台磨检修或煤质差存在无法带满出力问题。而且由于磨煤机选型小，造成磨煤机磨辊、磨瓦磨损严重，加载架导向板、辊支架护板磨损严重，每三个月需要对更换下的磨辊、磨盘瓦进行焊补修复。在同类型机组中，如果磨煤机型号选为 MPS200HP-Ⅱ，保证出力 54.8t/h，则 1 年时间内都不需要对磨辊、磨盘瓦焊补修复。

3. 脱硫系统

2×660MW 燃煤机组采用海水烟气脱硫技术，采用一炉一塔的布置方式。曝气风机为 2+1 台卧式离心风机，2 台大容量曝气风机额定流量为 $Q=14\,000m^2/h$，电机功率为 1800kW；1 台小容量曝气风机额定流量为 $Q=90\,000m^3/h$，电机功率为 1250kW。实际运行期间，为了保证排放海水 pH 值达到 6 以上，至少要保证一台曝气风机运行，导致海水脱硫系统高达 1% 以上。因此需要对其中一台曝气风机进行变频改造。

（二）汽轮机方面

1. 汽轮机本体

对 3、4 号机组进行的考核试验测得 3 号汽轮机的高、中、低压缸效率分别为 89.55%、93.14%、87.2%，测得 4 号汽轮机的高、中、低压缸效率分别为 89.16%、93.30%、87.65%，各缸效率设计值分别为 90.22%、93.42%、88.38%，通过对比分析表明各缸效率虽接近设计值，但也是汽轮机热耗率未达到设计值的主要影响因素之一，3 号机组高、中、低压缸效率低分别使机组发电煤耗增加 0.307、0.305、1.269g/kWh，合计使发电煤耗升高 1.88g/kWh；4 号机组高、中、低压缸效率低分别使机组发电煤耗增加 0.486、0.131、0.785g/kWh，合计使发电煤耗升高 1.40g/kWh。

2. 冷端性能

（1）机组的凝汽器为上海电气电站设备有限公司电站辅机厂生产的双背压、双壳体、单流程、表面冷却式、N-36000 型凝汽器，凝汽器冷却管束采用并列横向布置。凝汽器采用海水直流冷却方式。3 号机组 680MW 工况下的试验结果修正到设计冷却水进口温度 18℃ 条件下，凝汽器平均压力为 4.608kPa；修正到设计冷却水进口温度 18℃、冷却水流量 74 266m³/h 条件下，凝汽器平均压力为 4.288kPa（4 号机组差别不大），优于设计值（4.60kPa）。3、4 号机组在不同负荷工况下，凝结水过冷度为 −0.510～0.099℃，均在小于 0.5℃ 的范围内。

综上所述，660MW 机组配套的 N-36000 型凝汽器冷却面积、冷却能力充足，完全可以满足机组任何工况下的需求。

（2）3、4 号机组在不同循环水泵运行方式下的循环水泵流量、开式冷却水流量和凝汽器冷却水流量见表 2-10。单台机组两台循环水泵高速并联时凝汽器冷却水流量（约为 77 394m³/h）高于凝汽器设计冷却水流量 7426m³/h，表明循环水泵的出力完全能满足机组各工况下的冷却需求。

表 2-10　　　3、4 号机组循环水泵流量、开式冷却水流量和凝汽器冷却水流量

项目名称	单位	方式 1	方式 2	方式 3	方式 4	方式 5
循环水泵运行方式		两泵高速	一高一低	两机三高	两机，两高一低	单泵高速
3 号凝汽器冷却水流量	m³/h	77 394	72 350	66 323	66 739	48 652
4 号凝汽器冷却水流量	m³/h	—	—	67 464	62 296	—
3 号机组循环水泵耗功	kW	5732	4800	3716	3583	2203
3A 循环水泵耗功	kW	2819	2056	2506	1946	2203
3B 循环水泵耗功	kW	2913	2744	—	—	—
4A 循环水泵耗功	kW	—	—	2471	2570	—
4B 循环水泵耗功	kW	—	—	2520	2413	—
3 号机组开式水流量	m³/h	1046	977	896	902	657
4 号机组开式水流量	m³/h	—	—	858	792	—
3 号机组循环水泵总流量	m³/h	78 439	73 327	67 219	67 641	49 309
4 号机组循环水泵总流量	m³/h	—	—	68 322	63 088	—
两台机组循环水泵总耗功	kW	5732	4800	7497	6928	2203

（3）每台机组配 3 台真空泵。真空泵型号为 2BW4 353-0EL4，配套 Y355L-12 型电动机（132kW）。机组正常运行时两台真空泵并联运行，另一台真空泵备用。抽空气系统真空泵抽吸方式为串联方式。由于真空泵冷却水源为闭式水，闭式水的冷却水为海水，使得真空泵工作液温度较凝汽器冷却水进口温度高约 8℃，已经超过低压凝汽器冷却水出口温度（冷却水温升约为 4.5℃）。使得低压凝汽器压力受到真空泵抽吸压力的限制。建议对真空泵冷却水系统进行改造，更换低温的冷却水水源。

3. 热力系统和疏水

机组目前的热力系统存在一些安全隐患，如高压加热器连续排气至除氧器未设置止回门，在机组启动之初，由辅助蒸汽对除氧器水箱进行加热时，易造成蒸汽进入高压加热器，甚至有进入汽缸的可能性。此外，轴封系统存在不易调整和低压轴封超温的问题。

在现场节能诊断期间，对 3、4 号机组热力及疏水系统阀门泄漏情况进行了察看，机组热力及疏水系统存在一定程度的内漏，具体阀门泄漏清单见表 2-11，估算 3、4 号机组阀门泄漏分别影响发电煤耗率约为 2.5g/kWh、1.5g/kWh。

表 2-11　　　　　　　　　3、4 号机组热力及疏水系统阀门泄漏清单

序　号	3 号机组	4 号机组
1	乙侧主调门前疏水 236℃	乙侧主蒸汽管道疏水 236℃
2	乙侧主蒸汽管道疏水 246℃	热器冷段母管疏水 118℃
3	甲侧主蒸汽管道疏水 210℃	高排通风阀 162℃
4	低压旁路前疏水 60℃	1 段抽汽电动门后疏水 97℃
5	再热器冷段母管疏水 220℃	1 段抽汽止回门前疏水 191℃
6	高排通风阀 200℃	4 段抽汽止回门前疏水 98℃
7	1 段抽汽电动门后疏水 72℃	5 段抽汽止回门前疏水 88℃
8	1 段抽汽止回门前疏水 134℃	B 给水泵汽轮机低压主汽门前疏水 70
9	3 段抽汽止回门前疏水 125℃	辅助蒸汽至给水泵汽轮机供汽疏水 73℃
10	5 段抽汽止回门前疏水 97℃	辅助蒸汽联箱疏水 86℃
11	给水泵汽轮机高压调门后疏水 137℃	4 抽至辅汽疏水 66
12	辅助蒸汽至给水泵汽轮机供汽疏水 68℃	辅助蒸汽至除氧器疏水 81℃
13	辅助蒸汽联箱疏水 67℃	轴封进汽管道疏水 113
14	辅助蒸汽至 6 号机组疏水 71℃	辅助蒸汽至 5 号机组疏水 79℃
15	轴封至 5 号低压加热器暖管 180℃	辅助蒸汽供轴封（开）
16	辅助蒸汽供轴封 140℃	辅助蒸汽供汽总门
17	辅助蒸汽供汽总门	轴封溢流至凝汽器
18	轴封溢流至凝汽器 154℃	高压旁路减压阀

4. 汽动给水泵组

3、4 号机组 75％THA 工况以上范围内，两台汽动给水泵组并联运行，汽动给水泵效率为 81.4％～81.56％、给水泵汽轮机效率为 68.46％～73.32％、汽动给水泵组效率为 55.8％～59.8％。

汽动给水泵运行效率基本达到其设计效率；给水泵汽轮机的运行效率相对其设计效率偏低约10个百分点；汽动给水泵组效率相对正常水平（68%）偏低约8个百分点。

由于给水泵汽轮机的运行效率偏低，导致3、4号机组汽动给水泵组运行效率偏低。相同机组负荷下，给水泵汽轮机效率偏低直接导致给水泵汽轮机耗汽量增加。在机组680、510MW负荷下，3号机组给水泵汽轮机耗汽量增加约12.26、7.67t/h，增加汽轮机热耗约24.51、22.62kJ/kWh；4号机组给水泵汽轮机耗汽量增加约10.53、6.54t/h，增加汽轮机热耗率约21.06、19.28kJ/kWh。

5. 加热器

2×660MW 机组回热系统设 3 台高压加热器、1 台除氧器、4 台低压加热器，3 台高压加热器给水侧采用大旁路系统。根据 3 号机组性能考核试验报告的数据，对加热器性能进行评估，加热器性能评估结果见表 2-12。

表 2-12　　　　　　　　　　　　3 号机组加热器性能评估结果

项目名称	单位	3 号机组 660MW 负荷				
试验日期	—					
加热器编号	—	1 号高压加热器	2 号高压加热器	3 号高压加热器	5 号低压加热器	6 号低压加热器
加热器进汽压力	MPa	7.87	5.74	2.80	0.58	0.25
加热器进汽温度	℃	404.6	357.5	480.7	267.1	177.3
加热器进水温度	℃	272.1	230.3	196.3	124.1	73.5
加热器出水温度	℃	295.0	272.1	230.3	155.9	124.1
加热器疏水温度	℃	277.5	236.8	203.9	129.9	125.1
给水温升	℃	22.9	41.8	34.0	31.8	50.6
给水端差	℃	−1.1	0.6	−0.2	1.6	3.1
疏水端差	℃	5.4	6.5	7.6	5.8	0.0
设计给水端差	℃	−1.7	0	0	2.8	2.8
设计疏水端差	℃	5.6	5.6	5.6	5.6	0

从表 2-12 看出，3 号机组高压加热器、低压加热器给水端差基本达到了设计值，疏水端差也达到了设计水平。疏水端差与设计值的微小差异对机组运行经济性的影响几乎为零。

3 号机组加热器及回热系统运行状态良好，其性能基本达到了设计水平（4 号机组可参考）。

6. 凝结水系统

3 号机组汽轮机及冷端系统优化试验报告的内容见表 2-13（4 号机组可参考）。由表 2-13 看出：在机组 680MW 负荷工况，除氧器水位主调门开度为 29%，除氧器水位辅调门全开，凝结水泵出口到 6 号低压加热器凝结水进口总阻力（包含除氧器水位调门节流损失）为 0.87MPa。随着负荷的降低，除氧器水位调门的开度越来越小，在机组 340MW 负荷工况下，除氧器水位主调门关闭，除氧器水位辅调门开度为 73%，此时凝结水泵出口到 6 号低压加热器凝结水进口总阻力为 1.12MPa。

在现有变频运行方式下，3 号机组除氧器水位主调整门存在较大的节流损失。在保证凝结水泵出口母管压力不小于 1.8MPa 的条件下，通过开大除氧器水位调整门开度，预计可以降低凝结水泵厂用电率约 0.02 个百分点。

表 2-13　　　　　　　　　　3 号机组凝结水系统性能试验结果

项目名称	单位	680MW	610MW	540MW	480MW	410MW	340MW
机组负荷	MW	676.1	609.7	539.7	479.6	410.6	344.3
除氧器水位主调门开度	%	29	23	3	0	0	0
除氧器水位辅调门开度	%	100	100	100	99	83	73
凝结水泵出口流量	t/h	1254.1	1138.6	1008.5	885.6	772.9	658.0
凝结水泵出口压力	MPa	2.64	2.44	2.23	2.11	2.12	2.11
6 号低压加热器进口凝结水压力	MPa	1.77	1.61	1.45	1.30	1.14	0.99
除氧器压力	MPa	1.29	1.18	1.06	0.95	0.83	0.71
凝结水泵出口到 6 号低压加热器进口总阻力	MPa	0.87	0.83	0.78	0.81	0.97	1.12
凝结水泵效率	%	83.10	82.32	80.57	76.94	74.69	69.98

7. 汽轮机调节运行方式

采用西门子公司技术由上海汽轮机厂生产的 660MW 或 1000MW 超超临界汽轮机，均采用节流调节方式，正常运行时调节汽门全开，采用滑压运行方式。当电网负荷增加，要求机组快速升负荷时，打开补汽阀，向高压缸 5 级后通入一定的新蒸汽，机组负荷快速增加，以满足电网一次调频的需要。由于采用补汽阀方式，新蒸汽在高压缸前 5 级未做功，使机组热耗率升高，提高了机组能耗指标。此外，当补汽阀开启后轴系振动增大，影响机组安全运行，各电厂普遍采用强行关闭补汽阀，采用调节汽门进行一次调频。此时，调节汽门未全开，当电网负荷增加，要求机组快速升负荷时，采用开大调节汽门，以满足快速升负荷响应。这种运行方式导致调节汽门节流损失大，给水泵汽轮机耗汽量大，能耗指标高。目前，上海外高桥第三电厂和漕泾电厂 1000MW 超超临界机组通过调整凝结水，以满足快速升负荷响应，但升负荷相应速度将受影响。

2011 年 10 月 21 日，3 号机组 622.1MW，主蒸汽压力 24.7MPa，调节汽门开度 36.6%；4 号机组 623.0MW，主蒸汽压力 24.7MPa，调节汽门开度 36.8%。由于调节汽门开度小，对机组能耗指标有一定影响。初步估算，在现有的负荷系数条件下，调节汽门节流损失大，导致给水泵耗汽量增大而影响发电煤耗率约 0.93g/kWh。

建议根据负荷大小控制调节汽门的开度。在 100% 负荷调节汽门开度为 45%～50%，75% 负荷调节汽门开度为 40%～45%，50% 负荷调节汽门开度为 35%～40%，发电煤耗率可降低 0.5g/kWh。

8. 机组运行参数

（1）主蒸汽、再热蒸汽温度。2011 年 3 号机组负荷系数为 79.32%，4 号机组负荷系数为 77.57%，3、4 号机组的运行蒸汽参数见表 2-14。由于再热蒸汽低于额定值，使机组的热耗率平均升高约 9.93kJ/kWh，折合发电煤耗为 0.37g/kWh。

表 2-14　　　　　　　　2011 年 3、4 号机组主蒸汽、再热蒸汽参数

参数	主蒸汽压力 （MPa）	主蒸汽温度 （℃）	再热蒸汽压力 （MPa）	再热蒸汽温度 （℃）
设计值	25	600	5.13	600
3 号机组	21.94	599.78	4.30	595.51
4 号机组	21.45	598.76	4.12	591.36

2011 年 10 月，在 3、4 号机组分别带 679.2MW 和 681.2MW 负荷时，锅炉再热蒸汽温度记录结果见表 2-15。

表 2-15　　　　　　　2011 年 10 月 3、4 号锅炉再热蒸汽温度记录结果

项　目	单位	设计值	3 号锅炉		4 号锅炉	
			A 侧	B 侧	A 侧	B 侧
低温再热器进口蒸汽温度	℃	375.4 *	365.7	366.3	365.0	365.2
低温再热器出口蒸汽温度	℃	515.0	510.2	509.6	512.7	493.5
高温再热器出口蒸汽温度	℃	603.0	600.5	599.4	597.6	594.0

* 高压缸排汽温度。

对比表 2-15 中再热蒸汽温度记录值和设计值可以看出：3、4 号机组设计的高压缸排汽温度为 375.4℃，考虑高压缸至再热器进口温度差约为 2.0～3.0℃，锅炉再热器进口蒸汽温度应为 372.0℃以上，但实际再热器进口蒸汽温度约为 365.0～366.0℃，比设计值低约 6.0～7.0℃，这是造成再热蒸汽温度偏低的主要原因。

（2）过热器和再热器减温水量。电厂 660MW 机组过热器减温水由省煤器出口引出，对机组热耗率无影响，再热器减温水量较少。表 2-16 为 2010 年 9 月—2011 年 9 月，3、4 号机组再热器减温水量统计值以及对机组经济性的影响量。

表 2-16　　　　　　　3、4 号机组减温水流量对机组经济性的影响量

项　目	3 号机组	4 号机组
再热器减温水（t/h）	1.983	0.771
对发电煤耗率的影响量（g/kWh）	0.055	0.021

（三）厂用电方面

2010 年 9 月—2011 年 9 月期间，3、4 号机组主要辅机耗电率统计见表 2-17。

表 2-17　　　　　　　2011 年电厂 3、4 号机组主要辅机耗电率　　　　　　　%

名　称	3 号机组累计	4 号机组累计
负荷系数	0.793 2	0.775 7
凝结水泵	0.18	0.18
循环水泵	0.40	0.47
给水泵前置泵	0.16	0.16
送风机	0.20	0.20
一次风机	0.40	0.41
引风机	0.95	0.97
三大风机总计	1.55	1.58
磨煤机	0.38	0.40
电除尘器	0.11	0.12
除灰	0.07	0.07
脱硫系统	0.65	0.70

1. 三大风机

（1）三大风机规范。每台锅炉配有 2 台 AN30e6/KSE 型静叶调节轴流式引风机、2 台 ANN-2520/1400N 型动叶调节轴流式送风机和 2 台 ANT-1960/1400F 型动叶调节轴流式一次风机，引风机、送风机设计有 10％裕量，即单台引风机、送风机运行时，可带 60％的锅炉最大连续负荷。引风机电动机技术规范 5700kW，送风机电动机规范 1400kW，一次风机电动机规范 2500kW。

（2）耗电率统计。风机性能考核试验所得 2 台锅炉各风机耗电率分别见表 2-18 和表 2-19。节能诊断实测各风机耗电率见表 2-20。

表 2-18　　　　　　　　　2011 年 5 月 3 号锅炉性能试验时各风机耗电率

送风机						
发电负荷	MW	671.7		510.8		351.5	
电动机输入功率	kW	640.5	585.9	472.0	423.4	271.9	242.4
送风机厂用电率	％	0.183		0.175		0.146	

引风机						
发电负荷	MW	675.0		510.8		351.5	
电动机输入功率	kW	3613.2	3627.5	2627.5	2629.2	1818.5	1844.3
引风机厂用电率	％	1.073		1.029		1.042	

一次风机						
发电负荷	MW	669.1		510.8		351.5	
电动机输入功率	℃	1111.5	1194.2	1055.22	1111.6	838.14	876.76
一次风机厂用电率	％	0.345		0.424		0.488	
三大风机总厂用电率	％	1.601		1.628		1.676	

表 2-19　　　　　　　　　2011 年 4 月 4 号锅炉性能试验时各风机耗电率

送风机						
发电负荷	MW	671.3		510.0		339.8	
电动机输入功率	kW	780.6	652.3	505.8	479.2	318.7	303.6
送风机厂用电率	％	0.213		0.193		0.183	

引风机						
发电负荷	MW	655.0		510.0		339.8	
电动机输入功率	kW	3907.5	3824.2	2742.5	2663.2	2083.3	2021.1
引风机厂用电率	％	1.181		1.060		1.208	

一次风机						
发电负荷	MW	671.3		510.0		339.8	
电动机输入功率	℃	1270.6	1271.0	1210.8	1242.8	927.44	951.96
一次风机厂用电率	％	0.379		0.481		0.553	
三大风机总厂用电率	％	1.773		1.734		1.994	

表 2-20   2011 年 10 月实测 3、4 号锅炉各风机耗电率

项目名称	单位	3 号锅炉		4 号锅炉	
测量日期	M/d	10/24	10/26	10/24	10/26
机组负荷	MW	622.8	677.8	623.1	680.8
引风机（引、增压风机合一）	%	0.992	1.006	1.055	1.085
送风机	%	0.168	0.163	0.168	0.192
一次风机	%	0.409	0.397	0.443	0.394
三大风机总耗电率	%	1.570	1.567	1.666	1.671

由表 2-18～表 2-20 可得，3 号机组引风机、送风机、一次风机总耗电率在 1.6％以下，4 号机组引风机、送风机、一次风机总耗电率在 1.58％～1.77％。在有脱硝装置（目前投运一层催化剂）和无脱硫增压风机的条件下，3 号机组三大风机耗电率正常，而 4 号机组三大风机耗电率偏高，主要是引风机和一次风机耗电率偏高引起。

（3）存在问题。机组满负荷时，3 号锅炉引风机耗电率约 1.04％，4 号锅炉引风机耗电率约 1.14％。对于采用海水脱硫系统、SCR 脱硝装置的无脱硫增压风机的机组，此引风机耗电率偏高。通过考核性试验测试报告可知，引风机高负荷的最高效率仅 70％左右，低负荷时过低，不到 50％。本电厂引风机有较大节能潜力，其方向是对风机进行改造，提高风机运行效率，特别是提高低负荷时的运行效率；对 4 号锅炉，还应设法降低烟气系统阻力和流量。

两台炉送风机耗电率在 2.0％以下，处于同类机组正常水平。但通过考核性试验测试报告可知，3、4 号锅炉送风机实际运行效率在机组满负荷时约 82％，但低负荷时运行效率偏低，约 75％。对于动叶调节轴流式风机，此运行效率编低。

3、4 号锅炉一次风机高负荷的耗电率分别在 0.41％和 0.443％以下，处于同类机组较好水平，但有降低空间。通过考核性试验测试报告可知，机组高负荷时，一次风机出口压力，3 号锅炉约 12kPa，4 号锅炉约 13kPa。对于采用 MPS 中速磨煤机正压直吹式制粉系统的冷一次风机，该压力运行控制偏高。这与本电厂运行控制的热风门开度较小，造成热一次风母管压力偏高所致。据同类制粉系统运行经验，一般情况热一次风母管压力控制在 9kPa 左右为佳，目前本电厂两台锅炉平均在 11kPa 左右。

2. 三大水泵

（1）三大水泵规范。循环水系统采用扩大单元制海水直流供水冷却方式，每台机组循环水系统配套两台长沙水泵厂生产的 92LKXA-17.6 型立式斜流循环水泵（其中 A 泵为双速泵、B 泵为定速泵）。两台机组的循环水母管之间设有联络管，可以根据季节温度的变化，灵活安排循环水泵的运行方式。在一般情况下，循环水泵的运行方式有：一机两泵（高速）、一机两泵（一高一低）、两机三泵（两高一低）、一机一泵（高速）、一机一泵（低速）等方式。

每台机组配置两台 50％BMCR 容量的汽动给水泵组。汽动给水泵的前置泵由电动机驱动，给水泵汽轮机采用下排汽方式，排汽直接进入主凝汽器。给水泵型号为 MDG366；汽动给水泵前置泵型号为 QG400/300C，前置泵电动机规范 560kW。

每台机组配套两台 100％容量的 10LDTNB-5PJ 型、立式筒袋凝结水泵，每台凝结水泵配套 YSPKSL630-4 型电动机。为了节约厂用电，装设了高压变频器。机组正常运行时，一台凝结水泵变频工作，另一台凝结水泵工频备用。凝结水泵电动机规范 2000kW。

(2) 耗电率统计（略）。

(3) 存在问题（略）。

三、影响能耗指标分析汇总

电厂各种因素对机组能耗指标的影响量分析结果见表 2-21，在实际运行条件下，与额定负荷设计值相比，2011 年各种因素使 2×660MW 机组热耗率较保证值高 393.98kJ/kWh，锅炉效率较设计值低 0.95 个百分点，发电煤耗率升高 17.38/kWh，测算应完成发电煤耗率为 286.84g/kWh，2011 年发电煤耗率统计值为 286.95g/kWh，测算值与统计值基本一致，反映煤量计量与热值化验结果比较合理。通过查看 2×660MW 机组 2011 年各月日报数据，发电煤耗率波动较小，煤质变化比较正常，发电煤耗率数据较真实。

表 2-21　　　　2011 年各种因素对 2×660MW 机组能耗指标影响量分析汇总

参数名称	热耗率 （kJ/kWh）	锅炉效率 （百分点）	发电厂用电率 （百分点）	发电煤耗率 （g/kWh）	损失分类
设计值	7342	0.939		269.48	
汽轮机缸效率低	23.0			0.86	不可控
调节阀节流大	24.95			0.93	部分可控
凝汽器压力高	83.98			3.13	可控
再热蒸汽温度低	9.93			0.37	可控
热力及疏水系统内漏	47.22			1.75	部分可控
再热器冷端蒸汽供二期	14.22			0.53	可控
给水泵汽轮机效率低，汽耗量大	22.62			0.84	不可控
除氧器排汽和机组启停排污	18.78			0.70	不可控
蒸汽吹灰	8.4			0.30	不可控
启停机	5.37			0.20	部分可控
排烟温度高及锅炉效率低		−0.95		2.72	部分可控
机组保温差	13.42			0.5	
一次调频	13.42			0.5	不可控
昼夜峰谷差	13.42			0.5	不可控
负荷系数	95.25	核算到机侧		3.55	部分可控
影响量小计	393.98	−0.95		17.38	
累计	7735.98	0.929 5		286.84	

四、主要节能降耗措施

1. 进行运行优化并调整运行参数

电厂 2×660MW 机组设计为节流调节，由于机组经常在部分负荷下运行，采用滑压运行方式能够提高机组运行经济性。应对机组进行运行优化试验，提出了运行优化曲线。根据运行优化曲线指导机组的运行，调门开度应达到 40％以上，可降低发电煤耗率约 1.5g/kWh。

2. 热力及疏水系统改进与内漏治理

由于电网调度的需要，机组启停频繁，这样很难保证各阀门长期处于较好的工作状态，致使内漏量增大，且目前 660MW 机组的内漏量较大，系统不完善之处较多。建议对 3、4 号机组热力系统和疏水系统进行优化改造，部分技术措施如下：

(1) 优化主蒸汽疏水（需核算管径）。

(2) 优化再热主蒸汽门前疏水（需核算管径）。

(3) 在低压轴封供汽管道上设置减温水，并设疏水点，以保证低压轴封的供汽温度能够灵活调整。

(4) 1、2、3 号高压加热器连续排气至除氧器的管道上增设止回门。

(5) 考虑增设一路轴封溢流至 8 号低压加热器，提高蒸汽的利用率。

(6) 取消给水泵汽轮机低压进汽门前的止回门，减少压降以降低给水泵汽轮机用汽量。

(7) 根据目前的运行方式，可考虑取消再热器冷段供给水泵汽轮机系统。

在机组大修期间应对表 2-11 所列阀门进行检修更换，最好能采用进口阀门，确保阀门的严密性，减少内漏，完成以上工作后预计 3、4 号机组可降低发电煤耗率约 1.75g/kWh。

3. 保温改造

建议对 3、4 号机组保温进行改造，尤其应对锅炉炉顶保温进行改造，减少散热损失，提高机组运行的经济性，并改善运行、检修人员的工作环境。

4. 排烟温度治理

(1) 空气预热器。4 号锅炉空气预热器已更换换热面，但排烟温度仍然偏高，建议在大修时对两台锅炉预热器轴向密封情况进行检查，看是否存在烟气"短路"现象。

(2) 低压省煤器。由于锅炉排烟温度较设计值约高 20℃，目前无更合理、经济的手段降低锅炉排烟温度，可研究加装低压省煤器。加装低压省煤器，将全部或部分凝结水引入锅炉加热，这是有效降低排烟温度（节能）的手段之一，在德国大量应用于褐煤锅炉，国内也逐步开始使用。该系统对机组主要有以下影响：

1) 排挤汽轮机抽汽，汽轮机热耗率升高。

2) 由于排挤抽汽导致凝汽器热负荷增加，真空降低。

3) 凝结水泵和风机耗电率增加。初步核算，加装低压省煤器，若排烟温度降低 40℃，凝汽器真空降低约 0.1kPa，发电煤耗率降低约 2.6g/kWh，厂用电率将升高 0.15～0.2 个百分点，供电煤耗率约降低 1.8～2.0g/kWh。

5. 运行氧量监控

部分表盘运行氧量指示不准，导致锅炉氧量自动控制方式无法投运。锅炉性能考核试验和燃烧调整试验两次氧量标定结果均说明，空气预热器进口可作为表盘氧量取样的合适位置，但表盘运行氧量指示存在问题，因此建议检查和校准表盘氧量测量装置。

6. 热工控制系统优化调整

进一步开展热工控制系统的运行优化调整，以解决升降负荷过程中汽温波动问题和再热器壁温超温问题。

7. 引风机改造

现引风机与本电厂烟气系统不匹配，且实际运行性能未达设计性能，造成引风机运行效率低，建议对现引风机进行改造。经初步分析计算，有两个改造方案可供选择：一是将现静叶调节轴流式风机改为动叶调节轴流式风机，二是在原有风机上进行变频调速。

按现风机实测运行效率（低于设计曲线效率较多），经初步估算，现风机采用变频调速，风机运行效率（含变频器损失后）3 号锅炉可望提高 15～40 个百分点，引风机耗电率可降低约 0.17 个百分点；4 号锅炉可望提高 10～36 个百分点，引风机耗电率可降低约 0.14 个百分点。改成动叶调节轴流风机后，3 号锅炉引风机运行效率可望提高 20～26 个百分点，引风机耗电率可降低约 0.20

个百分点；4号锅炉可望提高15～20个百分点，引风机耗电率可降低约0.18个百分点。

8. 送风系统改造

目前送风系统运行参数正常，但现送风机与本电厂送风系统不匹配，运行效率偏低。可通过局部改造（如更换叶轮）提高风机运行效率，具体改造方案需进一步确定。经初步估算，送风机改造后，风机运行效率可提高4～8个百分点，但由于送风机总耗功较小，送风机耗电率仅可降低0.01个百分点，经济上不可行，故建议暂不对送风机进行改造。

9. 一次风系统节能措施

现一次风机与本电厂一次风系统匹配较好，无节能改造必要。但目前运行时，磨煤机入口热风门开度较小，造成一次风机出口压力过高。因此，一次风系统的节能措施是通过对制粉系统精心调整，适当降低一次风机运行的出口压力，以减小一次风机耗电。

经初步估算，一次风机出口压力3号锅炉至少可降低400Pa，4号锅炉至少可降低600Pa，则3号锅炉一次风机耗电率可降低约0.015个百分点，4号锅炉一次风机耗电率可降低约0.02个百分点。

此外，目前由于掺烧褐煤，各磨煤机出口温度控制在70℃以下，掺入冷风量较多。建议电厂考虑将炉前煤混改为炉内混烧，即根据褐煤掺烧比例，单独给1～2个煤仓上褐煤，其余煤仓上烟煤。以实现提升磨烟煤磨煤机的出口温度，少掺冷风，提高锅炉燃烧经济性。

五、节能潜力预测与结论

1. 节能潜力预测

节能潜力预测汇总结果见表2-22。通过全面实施以上技术改造与运行调整，可使2×660MW机组发电煤耗率降低6.08g/kWh，厂用电率降低0.238个百分点。

表 2-22　　　　　　　　　　2×660MW 机组节能潜力预测分析汇总

名　　称	5 号机组		6 号机组		平均	
	发电煤耗率(g/kWh)	发电厂用电率(百分点)	发电煤耗率(g/kWh)	发电厂用电率(百分点)	发电煤耗率(g/kWh)	发电厂用电率(百分点)
调节方式运行优化	1.5		1.5		1.5	
热力系统及疏水系统内漏治理、轴封系统改进	2		1.5		1.75	
前置泵改造						
除氧器水位调整方式优化		0.02		0.02		0.02
轴封蒸汽供一期扣除	0.53		0.53		0.53	
锅炉空气预热器增容	1.3		1.3		1.3	
控制系统优化调整	0.2		0.2		0.2	
提高再热蒸汽温度	0.3		0.3		0.3	
保温治理	0.5		0.5		0.5	
引风机变频改造		0.20		0.18		0.19
降低一次风压力		0.015		0.02		0.018
研究应用低压省煤器					(1.8)	
降低合计	6.33	0.235	5.83	0.22	6.08 (7.88)	0.238

2. 结论

（1）通过现场调研工作，搜集了大量设计资料和运行数据，结合电厂机组 2011 年实际运行及各项能耗指标完成情况，经诊断分析：2×660MW 机组在额定负荷下，与设计值相比，各种因素使机组热耗率升高 393.98kJ/kWh，发电煤耗率升高 17.38g/kWh。通过对各部分能耗损失的定量分析表明，电厂 2×660MW 机组实际运行煤耗率和厂用电率高的主要原因是：汽轮机缸效率略低，调节阀运行方式不合理，热力及疏水系统内漏，给水泵汽轮机效率低，循环水泵效率低，再热蒸汽温度低，锅炉排烟温度高及锅炉效率低，引风机耗电率高，负荷系数低。

（2）根据电厂机组实际运行情况，结合同类型机组设备及系统改造经验，针对 2×660MW 机组实施以下技术改造与运行调整：汽轮机调节方式运行优化，热力及疏水系统内漏治理，轴封系统改进，前置泵改造，除氧器水位调整方式优化，空气预热器换热面积增容，控制系统运行优化精细调整，提高再热蒸汽温度，保温治理，引风机改造。为有效降低锅炉排烟温度，可研究加装低压加热器的方案。

通过上述技术措施，可使 2×660MW 机组发电煤耗率降低 6.08g/kWh，厂用电率降低 0.238 个百分点。综合考虑机组启停、环境温度、负荷系数等，当所有措施落实到位后，在负荷系数为 0.75 条件下，发电煤耗率可达到 279.3 g/kWh，发电厂用电率为 3.90%，生产供电煤耗率可达到 290.63g/kWh。

第三章 火力发电厂节能评价

第一节 节能评价的方法与意义

2005 年 7 月国务院发布了《关于做好建设节约型社会近期重点工作的通知》，通知要求"坚持资源开发与节约并重，把节约放在首位的方针，紧紧围绕实现经济增长方式的根本性转变，以提高资源利用效率为核心，以节能、节水、节材、节地、资源综合利用和发展循环经济为重点，加快结构调整，推进技术进步，加强法制建设，完善政策措施，强化节约意识，尽快建立健全促进节约型社会建设的体制和机制，逐步形成节约型的增长方式和消费模式，以资源的高效和循环利用，促进经济社会可持续发展。"我国各发电集团为了挖掘节能潜力，降低生产成本，出台了一些节能方面的评价办法或标准，如中国华电集团公司制订了《火力发电厂节能评价体系》，中国华能集团公司制订了《节约环保型火力发电厂标准》和《火力发电厂节能评价体系》，中国电力设备管理协会制订了《燃煤发电企业节能指标评价体系》。但不同集团公司、不同火力发电厂开展节能工作的差异性很大，深度参差不齐，归其原因是国家对火力发电厂开展节能工作进行评价的方法或步骤没有统一规定。2012 年 4 月国家能源局发布了《燃煤电厂能耗状况评价技术规范》（DL/T 255—2012），规定了评价燃煤电厂生产过程能耗状况的基本要求。

1. 节能评价的意义

节能评价是指电力企业内部或上级主管部门通过召集内部节能专家和技术人员，依据国家和行业已有的相关标准、现场规程和实践经验等，针对燃煤发电企业的能耗指标及其影响因素进行全面查评，客观、准确地评价企业的能耗指标状况和节能管理水平的考核过程。

通过节能评价工作，查清燃煤发电企业各主要生产环节能源消耗情况和节能潜力所在，为确定节能工作方向、实施节能技术改造、优化运行调整方式、提高能源利用效率、实现节能降耗科学管理提供依据。火力发电厂节能评价的目的是：

（1）通过对标考核，使电厂了解企业的节能状况和国内先进水平，便于不同电厂之间的节能工作比较和经验交流。

（2）查找节能工作中存在的问题，并提出整改建议和节能措施，有针对性地促进火电厂节能工作。

（3）促进企业重视运行调整工作，使机组和设备达到最佳的经济运行状态。

（4）促使企业重视节能改造工作，淘汰落后设备，采用高效节能设备和工艺，为节能工作奠定基础。

（5）促使企业从粗放型节能管理向科学化、规范化管理转变。

（6）检查和督促电厂学习和贯彻国家和行业的有关节能法规和标准。

2. 评价方法

（1）评价包括全面评价和专项评价：

1）全面评价：对全厂的能耗管理、所有的能耗指标及影响因素进行评价。

2）专项评价：企业在生产过程中，部分指标出现了异常，对这些指标及相关要素进行有针对性的评价。

（2）评价的工作形式包括企业自评和专家查评。

1）企业自评：各企业应参照本标准的要求，定期组织能耗状况自评工作。企业全面自评价每年宜不少于1次，能耗指标出现异常后应及时开展相应的专项评价。

2）专家查评：火力发电企业的上级单位或相关主管部门应根据各企业能耗指标情况以及企业自评情况，定期组织行业专家，按照本标准的要求对所属企业实施专家查评。专家查评宜每3年不少于1次。

3. 节能评价的程序

为了保证节能评价顺利有效开展，各电厂要成立以厂长（总经理）为组长的节能评价活动领导小组，负责贯彻落实上级节能减排方针政策，负责制订节能评价活动方案，负责审定电厂节能规划和措施，定期听取节能评价活动工作小组的工作汇报，负责根据上级指示或工作需要确定评价对象。

电厂要成立以生产副厂长（总工）为组长的节能评价活动工作小组（即自我评价小组）。负责指导节能评价活动工作的具体实施，负责协调各部门在活动中的各种关系，解决各部门在活动中出现的本部门无法解决的问题，定期听取各部门在活动中的工作进展情况，负责通报节能评价活动的检查情况，审核各部门提出的节能整改措施和节能计划。

电厂各部门（车间）成立工作小组，认真学习节能评价标准，掌握评价内容和标准，负责对本部门所管辖的主机、辅机设备进行全面的检查摸底，通过核对考察、座谈询问、现场试验、资料查阅等多种途径收集有关资料和数据，并将所收集的资料和数据进行分类整理和分析。对照节能评价标准对燃料指标和管理、锅炉指标和管理、汽轮机指标和管理、用水指标和管理、计量指标和管理、单耗指标和管理等内容进行详细的一条一条的查评，对所有查出的问题进行汇总，负责提出各部门整改计划。对第一次评价暴露的问题进行有针对性的限期整改，对需要结合机组大小修才能整改的项目，要制订出切实可行的计划。对于单项评价，应从节能评价体系中选取适用部分，形成开展评价工作的节能评价体系。

节能评价活动工作小组在限期整改期满后，对第一次评价的真实性和整改效果进行复查，对没有按时完成的节能改造项目按规定责任制考核办法进行考核，并限期在上级部门组织的外部节能评价之前完成。

针对节能评价活动工作小组在第二次查出的问题，进行第二次整改。第二次整改结束、条件具备后，电厂向上级外部评价组提出节能评价验收申请。外部评价的主要工作程序是：现场听取节能自我评价工作汇报，查阅申报材料及有关的原始资料，现场随机抽取10%比例的指标项目进行核实，评价组成员提出独立的评价意见和评价结果，评价组汇总意见和评价结果，经集体讨论形成评价意见。火力发电厂根据上级外部评价意见进行第三次整改，并将整改计划和整改结果汇报节能评价活动领导小组和外部评价组。

火力发电厂开展节能评价工作应定期进行。评价方式可灵活采取多种方式和复合方式。火力发电厂节能评价包括以下三个要素：

（1）评价对象：节能管理要素、能耗指标以及影响各能耗指标的因素。节能管理要素主要包括节能管理、能源计量管理、燃料管理等。能耗指标主要包括煤耗率、厂用电率、水耗等全厂综合能耗指标及锅炉效率、汽轮机热耗等小指标。影响能耗指标因素主要包括与各能耗指标关联紧密的优化试验、运行调整、检修维护、节能潜力分析及技术改造等方面。

（2）评价体系：包括定性指标评价体系和定量指标评价体系。

（3）评价者：自我评价者或外部评价者。火力发电厂节能评价三个要素的关系可用图3-1

图3-1 火力发电厂节能评价三个要素的关系

表示。火力发电厂节能评价流程见图 3-2。

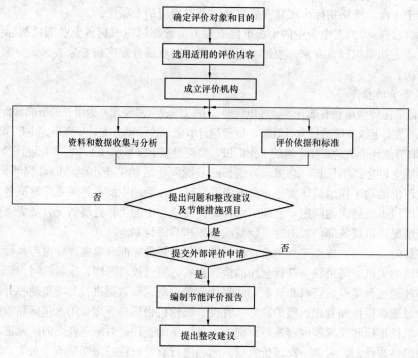

图 3-2　火力发电厂节能评价流程图

4. 火力发电厂节能总评分评定

节能评价共分两部分，第一部分为节能定量评价指标 2600 分，第二部分为节能定性评价指标 2400 分。考虑到不同火力发电企业设备、系统等的区别，用相对得分率来衡量企业的能源管理工作和能耗状况。相对得分率应按下列原则计算：

(1) 根据各企业实际设备及系统情况，确定该企业适用的评价项目及条款，相应确定应得的基础分 A 和 B。

(2) 根据表 3-1 和表 3-2 扣分标准进行考核打分，统计节能定量评价得分 P_1 和节能定性评价 P_2。为了综合考核火力发电厂节能工作的总体水平，在对该企业进行定量和定性评价考核评分的基础上，将这两类指标的考核得分合计。考核得分 $P = P_1 + P_2$。

(3) 实得分合计值与基础分合计值之比为评价相对得分率。

相对得分率 $\delta_P = P / (A + B) \times 100\%$

(4) 全厂性综合指标应以企业为单位进行评价、计算分数；除全厂性综合指标以外的设备指标应先以机组为单位分别进行评价、计算分数，最后根据各机组容量与发电量的乘积进行加权平均计算，得到全厂相应设备指标实得分。

第二节　节能定量评价指标体系与考核评分

1. 节能定量评价指标体系的构成

火力发电厂节能工作主要内容是节约煤、电、水、油等，而这些内容又集中体现在供电煤耗率这个大指标上。节能指标评价体系是把影响供电煤耗率的各项因素，分解成锅炉小指标、汽轮机小指标、燃料小指标等，通过层层分解影响因素，找出煤耗率升高或降低的原因，以便采取相应的措施，然后根据最后节能效果，依据节能指标评价标准进行评价。

按照系统观点，火力发电厂节能评价指标体系是通过设定能够反映电厂节能水平的有关指标，构建一个由生产和管理方面的相关指标组成的综合评价体系，并运用该综合评价体系对火力发电厂节能降耗工作进行分析和判断，来反映火力发电厂节能降耗综合水平的一项活动。

根据火力发电厂的特点和指标的可度量性，节能评价指标体系分为定量评价指标和定性评价指标两大部分。定量评价指标选取了有代表性的、能反映"节能"、"减排"等有关可以计算的最终目标的指标，建立评价模式。通过对各项指标的实际完成值、评价基准值和指标的权重值进行计算和评分，综合考评火力发电厂节能工作状况。

定性评价指标主要根据国家和行业有关节能减排的产业发展和技术进步政策、资源环境保护政策规定及行业发展规划选取，用于定性考核火力发电厂对有关政策法规的符合性及其节能减排工作实施情况。

定量评价指标和定性评价指标分为一级指标、二级指标和三级指标三个层次。一级指标为综合性、概括性的指标，包括发电煤耗率（供电煤耗率）、厂用电率、燃料量（燃煤量、燃油量）和单位发电量取水量等；二级指标为直接影响一级指标，而且影响显著的指标，包括锅炉效率、汽轮机热耗率、发电量、燃料数量、燃料质量、水重复利用率、机组补水率等指标。三级指标为直接影响二级指标的小指标。

火力发电厂节能定量评价指标共有 60 项，其中锅炉指标 13 项，汽轮机指标 16 项，燃料指标 6 项，水耗指标 6 项，耗电率指标 12 项，综合性指标 7 项（另有一项加分项）。火力发电厂定量评价指标体系结构见图 3-3。

2. 火力发电厂定量评价指标的评价基准值

在定量评价指标体系中，各指标的评价基准值是衡量该项指标是否符合节能减排基本要求的评价依据。定量评价基准值代表了火电行业节能减排的先进水平。指标的完成情况应以定额值、设计值、规定值、计划值为参照进行对比评价，参照值按下述顺序规定依次采用。

（1）定额值：上级单位或相关主管部门下达的年度指标考核值。

（2）设计值：合同规定的设备或系统的性能指标。

（3）规定值：国家、行业颁布的现行法规、标准、规范等相关管理制度中规定的应达值。

（4）基础值：发电集团公司或企业颁布的指标要求。

节能评价指标和评价基准值是一个相对概念，它将随着经济的发展和技术的更新而不断完善，达到新的更高、更先进水平，因此，节能评价指标及评价基准值将根据行业技术进步趋势进行不断地调整。

3. 节能定量评价指标权重

节能定量指标评价标准总分 2600 分。各部分指标所占权重反映了该指标在整个节能减排定量评价指标体系中所占的比重，是综合了节能指标在发电成本中所占的比例确定的。燃料占发电成本 65% 左右，因此，凡与发电煤耗率有关的小指标（锅炉指标、汽轮机指标和燃料指标）分值为 1733 分。取水费用约占发电成本的 4%～5%，因此凡与用水电量有关的指标分值为 119 分（其中单位发电量取水量 50 分）。由于厂用电量约占发电量的 6%，因此厂用电量成本约占发电成本的 6%，但是考虑到电厂在厂用电管理方面有潜力可挖，因此设备单耗指标放大到 10% 以上。

综合性指标虽然少，但它们综合各个方面因素，直接反映了电厂经济效益，是大指标，而且是政府主管部门的主要考核指标，因此确定综合性指标分值为 505 分，占 19%；另外另一综合性指标——企业节能量为加分项（10 分）。定量评价各类指标的权重分配见表 3-1。

81

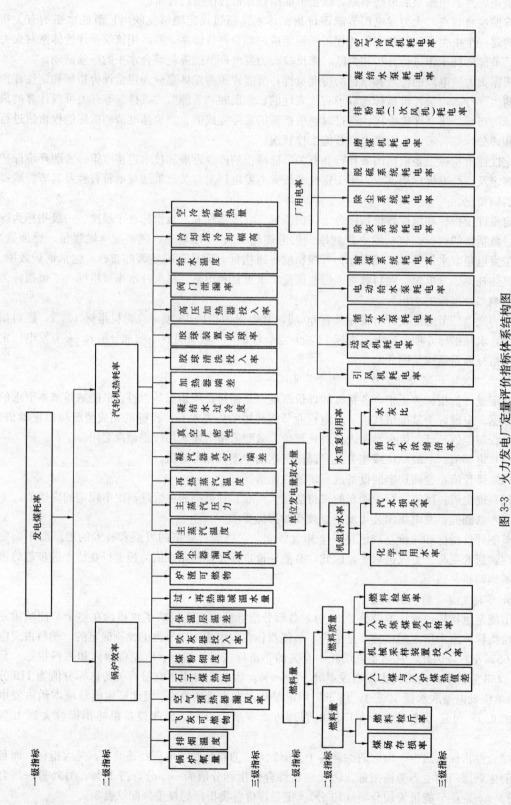

图 3-3　火力发电厂定量评价指标体系结构图

表 3-1   节能定量评价指标权重分配表

序号	节能评价指标	权重	序号	节能评价指标	权重
一	锅炉指标	670	13	汽轮机热耗率（二级指标）	280
1	锅炉氧量	45	14	冷却塔冷却幅高	35
2	排烟温度	90	15	空冷塔散热量	35
3	飞灰可燃物	90	16	阀门泄漏率	25
4	炉渣可燃物	20	三	燃料指标	180
5	石子煤热值	12	1	煤场存损率	45
6	煤粉细度	35	2	入厂煤与入炉煤热值差	100
7	吹灰器投入率	20	3	入炉煤煤质合格率	10
8	过热器减温水量	20	4	机械采样装置投入率	10
9	再热器减温水量	80	5	燃料检斤率	5
10	空气预热器漏风率	25	6	燃料检质率	10
11	锅炉效率（二级指标）	220	四	单耗指标	293
12	保温层温差	10	1	引风机耗电率	30
13	除尘器漏风率	3	2	送风机耗电率	20
二	汽轮机指标	883	3	循环水泵耗电率	30
1	主蒸汽温度	60	4	电动给水泵耗电率	50
2	主蒸汽压力	40	5	输煤系统耗电率	8
3	再热蒸汽温度	60	6	除灰系统耗电率	10
4	凝汽器真空	100	7	除尘系统耗电率	10
5	给水温度	50	8	脱硫系统耗电率	50
6	凝汽器端差	50	9	磨煤机耗电率	30
7	真空严密性	30	10	排粉机（一次风机）耗电率	20
8	凝结水过冷度	15	11	凝结水泵耗电率	10
9	加热器端差	70	12	空冷风机耗电率	25
10	胶球清洗装置投入率	4	五	用水指标	69
11	胶球装置收球率	4	1	机组补水率（二级指标）	20
12	高压加热器投入率	25	2	化学自用水率	4

序号	节能评价指标	权重	序号	节能评价指标	权重
3	循环水浓缩倍率	20	3	综合厂用电率	40
4	水灰比	6	4	发电厂厂用电率	70
5	水重复利用率（二级指标）	15	5	供热厂厂用电率	10
6	汽水损失率	4	6	单位发电量取水量	50
六	综合性指标	505	7	燃油量	25
1	供电煤耗率	300	七	加分项	10
2	供热煤耗率	10		企业节能量	10

注 合计 2600 分（另加 10 分）。

4. 定量评价指标的考核评分计算

火力发电厂节能定量评价指标的考核评分，以火力发电厂在考核年度（一般以一个生产年度为一个考核周期）各项指标实际达到的数据为基础进行计算，得出该企业定量评价指标的考核得分。

定量评价指标考核得分按下式计算

$$P_1 = A - \sum_{i=1}^{n} K_i$$

式中 P_1——定量评价考核得分；

n——参与考核的定量评价的指标项目总数，这里取 $n=60$；

A——定量评价实际基础分（如 2600 分）；

K_i——定量评价指标体系中的第 i 项指标的扣分结果（见表 3-2）。

由于企业因自身统计原因所造成的缺项，扣掉该项基础分，该项基础分值为零。但是对于本机组确实没有的指标项目（如湿冷机组没有空冷塔耗电率），该项不扣分，相应基础分也不计入，此时机组实际总基础分 $A=2575$ 分。

综合性指标以企业为单位进行评价、计算得分。其他设备指标分别以机组为单位进行评价、计算得分，最后根据各机组容量与发电量的乘积进行加权平均计算，得到全厂相应设备指标实得分。

进行节能定量指标评价时，根据节能指标扣分标准从基础分中扣分，各项基础分值扣完为止，不倒扣分。

定量评价指标相对得分率按下式计算

$$\delta_{P1} = \frac{P_1}{A} \times 100\%$$

式中 δ_{P1}——定量评价指标相对得分率，%；

P_1——定量评价考核得分。

表 3-2 火力发电厂节能定量指标评价标准

序号	一级指标	定量指标	定量评价依据	评价方法	基础分	扣分标准
1	锅炉指标				670	
1.1		锅炉热效率	《节能技术监督导则》(DL/T 1052—2007) 第 6.2.3.1 条（锅炉热效率以统计期间最近一次试验报告的结果作为考核依据）	检查锅炉大修后热效率试验报告和设计资料	220	《燃煤电厂能耗状况评价技术规范》(DL/T 255—2012) 规定锅炉热效率每低于设计值 0.1 个百分点扣 15 分
1.2		锅炉排烟温度	DL/T 1052—2007 第 6.2.3.5 条 [锅炉排烟温度的监督以统计计报表、现场检查或测试的数据作为依据。锅炉排烟温度（修正值）在统计期间平均值不大于规定值的 3%]		90	DL/T 255—2012 规定排烟温度每超过设计值 1℃ 扣 4 分
1.3		锅炉氧量	DL/T 1052—2007 第 6.2.3.7 条（排烟含氧量的监督以统计报表、现场检查或测试的数据作为依据。统计期间排烟含氧量为规定值的 ±0.5%）		45	DL/T 255—2012 规定锅炉氧量每超过设计值 ±0.1 个百分点扣 6 分
1.4		飞灰可燃物	DL/T 1052—2007 第 6.2.3.6 条（飞灰可燃物的监督以统计报表、现场检查或测试的数据作为依据。在锅炉额定出力下，煤粉燃烧方式的飞灰可燃物 C_{fa} 随燃煤干燥无灰基挥发分 V_{daf} 的变化: V_{daf}<6 时, C_{fa}=20%~10%; 6≤V_{daf}<10 时, C_{fa}=10%~4%; 10≤V_{daf}<15 时, C_{fa}=8%~2.5%; 15≤V_{daf}<20 时, C_{fa}=6%~2%; 20≤V_{daf}<30 时, C_{fa}=5%~1%; V_{daf}≥30 时, C_{fa}=3.5%~0.5%） 《大容量煤粉燃烧锅炉炉膛选型导则》(DL/T 831—2002) 10.4 条（无烟煤<8%、贫煤 6%、烟煤<3.5%、CFB 锅炉<8%）	查阅生产日报、运行月报和设计资料	90	DL/T255—2012 规定飞灰可燃物每超过规定值 0.1 个百分点扣 5 分
1.5		炉渣可燃物			20	DL/T 255—2012 规定炉渣可燃物每超过规定值 0.1 个百分点扣 1 分。

续表

序号	一级指标	定量指标	定量评价依据	评价方法	基础分	扣分标准
1.6		空气预热器漏风率	DL/T 1052—2007第6.2.3.8条（空预器漏风系数或漏风率应每月或每季度测量一次，以测试报告数据报告作为监督依据。管式预热器漏风系数不大于0.05，热管式预热器漏风率不大于0.01，回转式空气预热器漏风率不大于10%）《火力发电厂约能源规定（试行）》《能源节能〔1991〕98号》第35条（空气预热器：管式空气预热器5%，板式空气预热器7%，回转式空气预热器漏风率应不超过：蒸发量为670t/h及以下的锅炉为15%，蒸发量大于670t/h的锅炉为10%）	查阅锅炉大修前后空气预热器漏风试验报告和设计资料	25	DL/T 255—2012规定预热器漏风率比制造厂保证值每高0.1个百分点扣1分
1.7		煤粉细度	《300MW级锅炉运行导则》(DL/T 610—1996)第6.3.1条（锅炉良好燃烧应具备的条件：燃用煤种与设计煤种相称；供给燃料完全燃烧所必须的空气量；维持适当高的炉膛温度；合理的一、二、三次风配比及良好的炉内空气动力工况；合格的煤粉细度）DL/T 1052—2007第6.2.3.11条［对于燃用无烟煤、贫煤和烟煤时，煤粉细度 R_{90} 可按 $0.5nV_{daf}$（n 为煤粉均匀性指数）选取。对于中速磨煤机，煤粉细度 R_{90} 取30%～35%；对于风扇磨煤机，煤粉细度 R_{90} 取45%～55%］	查阅煤粉细度化验报告和设计资料	35	煤粉细度合格率低于规定值（95%）每1个百分点扣2分。DL/T 255—2012规定煤粉细度偏离规定值范围扣5～35分
1.8		吹灰器投入率	DL/T 1052—2007第6.2.3.10条（吹灰器投入率的监督以报表、现场检查或测试的数据作为依据。统计期间吹灰器投入率不低于98%）。DL/T 610—1996第6.8.1～6.8.2条（为了清除锅炉受热面的积灰、防止结渣，应根据实际情况定期对锅炉受热面进行吹灰。吹灰介质应根据运行参数情况，在现场规程中规定。锅炉受热面吹灰工作应在燃烧稳定的工况下进行，对故障吹灰器应及时修复投用）	检查每月吹灰器投运统计报表	20	DL/T 255—2012规定吹灰器投入率低于98%，每低1个百分点扣4分

续表

序号	一级指标	定量指标	定量评价依据	评价方法	基础分	扣分标准
1.9		石子煤热值	《塔式炉超临界机组运行导则》（DL/T 332.1—2010）第 9.3.2 条（正常时石子煤量应小于本磨煤机额定出力的 0.05%，或者其热值低于 6.27MJ/kg）	根据统计报表、化验报告计算并考评剪平均热值	12	DL/T 255—2012 规定石子煤热值比为 6.27MJ/kg，每超 0.1MJ/kg 扣 2 分，无统计数据扣 12 分
1.10		保温层温差	《火力发电厂热力设备耐火及保温检修导则》（DL/T 936—2005）第 7.3.2 条（当环境温度低于 27℃，设备与管道保温结构外表面温度不应超过 50℃；当环境温度高于 27℃，保温结构外表面温度允许比环境温度高于 25℃、管道及其附件的保温不应超过 25℃，保温结构外表面温度与环境温度的温差应不大于 50℃）《火力发电厂保温工程热态考核测试与评价规程》（DL/T 934—2005）第 9.1.1 条（当环境温度不高于 25℃时，热力设备、管道及其附件的保温结构外表面温度高于 25℃，保温结构外表面温度与环境温度的温差应不大于 50℃）	查阅保温测试报告，使用红外线测温仪现场检查	10	DL/T 255—2012 规定保温外壁温度超过规定值每处扣 2 分；新机组投产、大小修前后保温效果未检测扣 5 分
1.11		过热器减温水量	DL/T 1052—2007 第 6.4.2.3 条（运行中要掌握入炉煤质的变化，根据煤种、煤质分析报告及燃烧状况，及时进行燃烧调整，使机组蒸汽参数保持经济值，减少过热器减温水的投入量）。DL/T 332.1—2010 第 6.3.2 条（以减温水作为微调的辅助手段，其用量不宜超过总蒸发量的 3%~5%）	检查过热器减温水量统计数据	20	过热器减温水量每比 3% 增加 0.3 个百分点扣 10 分；DL/T 255—2012 规定过热器减温水量比设计值增加 10% 扣 10 分
1.12		再热器减温水量	DL/T 1052—2007 第 6.4.2.3 条（运行中要掌握入炉煤质的变化，根据煤种、煤质分析报告及燃烧状况，及时进行燃烧调整，使机组蒸汽参数保持经济值，减少过热器减温水的投入量）	检查再热器减温水量统计数据	80	DL/T 255—2012 规定再热器减温水量比设计值每增加 1t/h 扣 8 分
1.13		除尘器漏风率	《燃煤电厂电除尘器运行维护导则》（DL/T 461—2004）中的 C.4.4 条；DL/T 1052—2007 第 6.2.3.9 条，对于 300MW 小于 300MW 机组的电除尘器漏风率≥5%，300MW 及以上机组的电除尘器漏风率≥3%）	查看试验报告	3	比规定值每高 0.1 个分点扣 1 分

续表

序号	一级指标	定量指标	定量评价依据	评价方法	基础分	扣分标准
2	汽轮机指标				883	
2.1		机组热耗率	《发电企业设备检修导则》(DL/T 838—2003)第10.5.2条、附录G.3第(七)条（机组大修服役后20天内做机组效率试验，提交试验报告，作出效率评价）。DL/T 1052—2007第6.2.4.1条（热耗率以统计期最近一次试验报告的数据作为监督依据）	查阅大修前后汽轮机试验验报告和设计资料	280	DL/T 255—2012规定热耗率超过设计值每0.1个百分点扣10分
2.2		主蒸汽温度	DL/T 1052—2007第6.2.4.3条（主蒸汽温度的监督以统计报表、现场检查或实测试的数据作为依据。统计期平均值不低于规定值3℃，对于两条以上的进汽管道、各管温度偏差应小于3℃）《300MW级汽轮机运行导则》(DL/T 609—1996)第6.2.6条（运行中应控制蒸汽参数在允许范围内，当超限运行时，应进行调整并确记录超限量、超限时间及累计时间，同时进行相应处理）		60	DL/T 255—2012规定机侧主蒸温度比设计值每降低1℃，扣10分
2.3		主蒸汽压力	DL/T 1052—2007第6.2.4.2条（主蒸汽压力的监督以统计报表、现场检查或实测试的数据作为依据。统计期平均值不低于规定值0.2MPa，滑压运行应按设计或规定的滑压运行曲线或经济阀位对比考核）DL/T 609—1996第6.2.6条	查阅生产日报、运行月报和设计资料	40	DL/T 255—2012规定机侧主蒸压力与汽轮机滑压运行曲线规定值比较，每偏离0.1MPa，扣4分
2.4		再热蒸汽温度	DL/T 1052—2007第6.2.4.4条（再热蒸汽温度的监督以统计报表、现场检查或实测试的数据作为依据。统计期平均值不低于规定值3℃，对于两条以上的进汽管道、各管温度偏差应小于3℃）《300MW级汽轮机运行导则》(DL/T 609—1996)第6.2.6条（运行中应控制蒸汽参数在允许范围内，当超限运行时，应进行调整并确记录超限量、超限时间及累计时间，同时进行相应处理）		60	DL/T 255—2012规定机侧再热蒸汽温度比设计值每降低1℃，扣10分
2.5		给水温度	DL/T 1052—2007第6.2.4.5条（最终给水温度的监督以统计报表、现场检查或实测试的数据作为依据。统计期平均值应平对应设计负荷对应设计的给水温度）		50	DL/T 255—2012规定实际给水温度比相应设计值每降低1℃，扣10分

续表

序号	一级指标	定量指标	定量评价依据	评价方法	基础分	扣分标准
2.6		凝汽器端差	DL/T 1052—2007 第6.2.4.13条（凝汽器端差应以统计报表或实测数据制定的数据作为监督依据。凝汽器端差可依据循环水温度不同的考核值：当循环水入口温度小于14℃并小于30℃时，端差不大于9℃；当循环水入口温度大于等于14℃小于30℃时，端差不大于7℃；当循环水入口温度大于或等于30℃时，端差不大于5℃，背压机组不考核，循环水供热机组仅考核非供热期）	查阅生产日报，运行月报和设计资料，现场测量计算	50	DL/T 255—2012规定实际平均端差比设计端差每增加1℃，扣25分
2.7		凝汽器真空	DL/T 1052—2007 第6.2.4.11条（对于闭式循环水系统，统计期凝汽器真空度的平均值应不低于92%，对于开式循环水系统，统计期凝汽器真空度的平均值应不低于94%，循环水供热机组仅考核非供热期，背压机组不考核）		100	DL/T 255—2012规定实际真空比规定值每降低0.1kPa，扣10分
2.8		真空严密性	《凝汽器与真空系统运行维护导则》(DL/T 932—2005) 第5.2.5条（容量≤100MW机组、机组真空下降速度≤0.4kPa/min；容量>100MW机组、机组真空下降速度≤0.27kPa/min）。DL/T 1052—2007 第6.2.4.12条（真空系统严密性至少每月测试一次，以测试报告和现场实际测试数据作为监督依据。对于湿冷机组，100MW及以下机组的真空下降速度不高于400Pa/min，100MW以上机组的真空下降速度不高于270Pa/min；对于空冷机组，300MW及以下机组的真空下降速度不高于130Pa/min，300MW及以上机组的真空下降速度不高于100Pa/min，背压机组不考核，循环水供热机组仅考核非供热期）。	查阅生产日报，运行月报，现场进行机组真空严密性试验	30	DL/T 255—2012规定试验中真空下降速度平均值比标准值每升高0.1kPa/min，扣5分
2.9		凝结水过冷度	DL/T 1052—2007 第6.2.4.14条（凝结水过冷度应以统计报表或实测数据作为监督依据。统计期平均凝结水过冷度不大于2℃）。DL/T 932—2005 第4.1.5条（运行维护一般要求：凝结水过冷度合格）。	查阅月报，运行月报和设计资料，现场测量计算	15	DL/T 255—2012规定湿冷机组每超0.5℃扣5分；空冷机组每超1℃扣5分

续表

序号	一级指标	定量指标	定量评价依据	评价方法	基础分	扣分标准
2.10		胶球清洗装置投入率	DL/T 1052—2007 第 6.2.4.9 条（统计期胶球清洗装置投入率不低于 98%）。 DL/T 932—2005 第 4.3.8 条（胶球清洗装置能正常投入且工作有效，其胶球质量、投球量、清洗时间间应满足和清洗持续时间间应满足有关规定）	查阅运行记录、胶球清洗记录、设备台账、现场检查	4	DL/T 255—2012 规定胶球装置投入率设达到 98%，每降低 1 个百分点，扣 1 分
2.11		胶球清洗装置收球率	《凝汽器胶球清洗装置和循环水二次滤网装置》（DL/T 581—1995）第 5.6.5 条 a 款（收球率超过 90% 为合格，达到 94% 为良好，达到 97% 为优秀；胶球清洗装置收球率应不小于 90%） DL/T 1052—2007 第 6.2.4.10 条（胶球清洗装置收球率以统计期报表和现场测试数据作为监督依据。统计期胶球清洗装置收球率不低于 95%）	查阅运行记录、凝汽器胶球清洗记录	4	DL/T 255—2012 规定收球率未达到 95%，每降低 1 个百分点扣 1 分
2.12		高压加热器端差	《300MW 级汽轮机运行导则》（DL/T 609—1996）第 9.4.5 条（定期对加热器端差及疏水阀门开度变化进行分析）。 1983 年 5 月 16 日发布 [83] 水电电生字第 47 号）第 31 条（应经常监视和核对高压加热器端差，当端差增大时，应及时分析原因，加以处理）。 DL/T 1052—2007 第 6.2.4.7 条（加热器端差应在 A/B 级检修前后测量。统计期对加热器端差小于端差）。 《高压加热器技术条件》（JB/T 8190—1999）第 4.2 条（给水端差：设有内置式蒸汽冷却段的给水端差应不小于 -2℃，无蒸汽冷却段的给水端差应不小于 1℃。当给水端差要求小于 -2℃ 时，应采用外置蒸汽冷却器。末级高压加热器的出口给水温度不得低于设计值 4℃）。第 4.3 条（疏水端差：设有内置式疏水冷却段高压加热器的疏水端差不小于 5.5℃。当疏水端差要求小于 5.5℃ 时，应采用内置式疏水冷却器）	查阅生产日报、运行月报和设计资料，现场测量计算	70	DL/T 255—2012 规定每个加热器上端差比设计值增加 1℃，扣 5 分；每个加热器下端差比设计值增加 1℃，扣 3 分

续表

序号	一级指标	定量指标	定量评价依据	评价方法	基础分	扣分标准
2.13		高压加热器投入率	DL/T 1052—2007 第 6.2.4.8 条（高压加热器随机组启停时投入率不低于 98%；高压加热器定负荷停机时投入率不低于 95%，不考核开停调峰机组）。《火力发电厂节约能源规定（试行）》（能源节能〔1991〕98 号）第 22 条（保持高压加热器的投入率在 95%以上。要规定和搭配控制高压加热器启停中的温度变化速率，防止温度急剧变化。维持正常运行水位，保持高压加热器旁路阀门的严密性，使给水温度达到相应值）。	查阅运行记录、设备缺陷记录	25	DL/T 255—2012 规定投入率低于 98%，扣 25 分
2.14		冷却塔冷却幅高	DL/T 932—2005 第 4.3.2 条（闭式冷却水系统冷却塔的冷却能力在设计工况下不低于 95%）。DL/T 1052—2007 第 6.2.4.15 条（湿式冷却塔的冷却幅高应每月测量一次，以测试数据表和现场实际监督为依据。在冷却塔热负荷大于 90%的额定负荷，气象条件正常时，夏季测试的冷却塔出口水温度不高于大气湿球温度 7℃）	查阅运行记录、试验报告和设计资料	35	DL/T 255—2012 规定冷却幅高温度超 7℃扣 35 分
2.15		空冷塔散热量	《火力发电厂空冷塔及空冷凝汽器试验方法》（DL/T 552—1995）第 5.2.1 条（根据空冷塔散热量测试结果，评价空冷塔散热量 t_{a1} 是否达到保证值。可用实测大气温度 t_c、凝汽器排汽温度 p_c（或计算），从空冷系统性能曲线图上查得对应的额定空冷塔保证的散热量 Φ_g，与实测空冷塔散热量 Φ_w 相比较。如 $\Phi_g - \Phi_w \leqslant 0$，则说明实测的空冷塔散热量较保证热量达到设计要求。	检查试验报告	35	DL/T 255—2012 空冷塔性能还不到设计标准扣 35 分
2.16		阀门泄漏率	DL/T 1052—2007 第 6.2.4.16 条（疏放水阀门泄漏率不大于 3%）。《火力发电厂节约能源规定（试行）》（能源节能〔1991〕98 号）第 35 条〔通过检修消除七漏（漏汽、漏水、漏油、漏风、漏灰、漏煤、漏热）及结合面的泄漏率应低于 3‰〕	查阅运行记录	25	DL/T 255—2012 规定气动给水泵再循环泄漏扣 10 分；规定存在漏点扣 5～15 分

续表

序号	一级指标	定量指标	定量评价依据	评价方法	基础分	扣分标准
3	燃料指标				180	
3.1		煤场存损率	DL/T 1052—2007 第6.2.7.4条（煤场存损率不大于0.5%）		45	DL/T 255—2012 规定煤场存损率不大于0.5%，每超过0.1个百分点扣15分
3.2		入厂煤与入炉煤热值差	《国家电力公司一流火力发电厂考核标准（试行）》（国电发〔2000〕196号）附三第四项第4.D条（入炉煤、入厂煤煤质分析报表，及燃料运行分析报告）DL/T 1052—2007 第6.2.7.3条（入厂煤与入炉煤的热值差不大于502kJ/kg）	查阅入炉煤、入厂煤煤质分析报表，及燃料运行分析报告	100	DL/T 255—2012 规定热值差每高于规定值1kJ/kg扣2分
3.3		入炉煤煤质合格率	《火电厂节约用油管理办法（试行）》（国电发〔2001〕477号）第十二条（应采取以下措施，进一步加强燃料管理工作：保证购进的燃煤质基本符合各机组设计燃用煤种；燃用混合煤时，配煤比例要恰当，均匀，要按锅炉对煤质的设计要求合理掺配，入炉煤合格率考核基准值100%）。《国家电力公司一流火力发电厂考核标准（试行）》（国电发〔2000〕196号）附三第四项第4.D条（入炉煤合格率低于100%，每降低1个百分点扣1分）	查看配煤运行值班记录及煤质运行报表	10	DL/T 255—2012 规定入炉煤煤质原因造成锅炉灭火、限出力、严重结渣，机组经济性明显下降，投油助燃等每次扣5分
3.4		入厂煤检质率	《国家电力公司一流火力发电厂考核标准（试行）》（国电发〔2000〕196号）附三第四项第4.D条（检质率，检质率低于100%时，每降低2个百分点扣1分）。《节能技术监督导则》（DL/T 1052—2007）第6.2.7.2条（以统计报表数据作为监督依据。燃料检质率应为100%）	查阅入厂煤检验报表统计报表和燃料统计台账	10	入厂煤检质率低于100%扣10分
3.5		入厂煤检斤率	《国家电力公司一流火力发电厂考核标准（试行）》（国电发〔2000〕196号）附三第四项第4.D条（检斤率，检斤率低于100%时，每降低2个百分点扣1分）。《节能技术监督导则》（DL/T 1052—2007）第6.2.7.1条（以统计报表数据作为监督依据。燃料检斤率应为100%）		5	入厂煤检斤率低于100%扣5分

续表

序号	一级指标	定量指标	定量评价依据	评价方法	基础分	扣分标准
3.6		机械采制样装置投入率	DL/T 1052—2007 第6.2.7.1条（以统计报表数据作为监督依据。燃料检斤率应为100%）	查阅运行记录和燃料台账	10	DL/T 255—2012规定投运率不低于90%，每低1个百分点扣1分
4	单耗指标				293	
4.1		引风机耗电率	DL/T 1052—2007 第6.2.5.2条（辅助设备耗电率是指辅助设备消耗的电量与机组发电量的百分比）对6000V以上的辅助设备应每月统计一次耗电率	查阅试验报告、生产日报、单耗台账	30	DL/T 255—2012规定比上年度中电联大机组竞赛前20名平均值每升高10%扣7分
4.2		送风机耗电率			20	DL/T 255—2012规定比上年度中电联大机组竞赛前20名平均值每升高10%扣3分
4.3		排粉机（一次风机）耗电率			20	DL/T 255—2012规定比上年度中电联大机组竞赛前20名平均值每升高10%扣5分
4.4		磨煤机耗电率	《电站磨煤机及制粉系统选型导则》(DL/T 466—2004) 第6.4条（筒式磨煤机烟煤15~20kWh/t，无烟煤20~25kWh/t；中速磨煤机RP、HP磨8~11kWh/t，MPS磨6~8kWh/t，E磨8~12kWh/t；风扇磨煤机2.16~2.56kWh/t）		30	DL/T 255—2012规定比上年度中电联大机组竞赛前20名平均值每升高10%，钢球磨磨煤机扣10分，其他类型磨煤机扣6分
4.5		循环水泵电率			30	DL/T 255—2012规定比上年度中电联大机组竞赛前20名平均值每升高10%扣10分
4.6		电动给水泵耗电率	DL/T 1052—2007 第6.2.5.2条（辅助设备耗电率是指辅助设备消耗的电量与机组发电量的百分比）对6000V以上的辅助设备应每月统计一次耗电率		50	DL/T 255—2012规定比上年度中电联大机组竞赛前20名平均值每升高10%扣25分
4.7		凝结水泵耗电率			10	DL/T 255—2012规定比上年度中电联大机组竞赛前20名平均值每升高10%扣3分

续表

序号	一级指标	定量指标	定量评价依据	评价方法	基础分	扣分标准
4.8		除灰系统耗电率			10	DL/T 255—2012规定比上年度中电联大机组竞赛前20名平均值每升高10%扣5分
4.9		除尘系统耗电率	DL/T 1052—2007 第6.2.5.2条（辅助设备耗电率是指辅助设备消耗的电量与机组发电量的百分比。对6000V以上的辅助设备应每月统计一次耗电率）	查阅试验报告，生产日报、单耗台账	10	DL/T 255—2012规定比上年度中电联大机组竞赛前20名平均值每升高10%扣2分
4.10		输煤系统耗电率			8	
4.11		脱硫系统耗电率			50	DL/T 255—2012规定比设计值（对应硫分）每升高10%扣10分
4.12		空冷风机耗电率		检查统计报表	25	DL/T 255—2012规定比上一年中电联大机组竞赛前20名平均值每升高10%扣8分
5	用水指标				69	
5.1		机组补水率	《火电厂节约用水管理办法（试行）》（国电发〔2001〕476号）第二十一条（锅炉补水率应控制在规定范围内。单机容量300MW及以上机组补水率应小于1.5%，300MW以下机组补水率应小于2%）。DL/T 1052—2007 第6.2.6.2条（以统计报表为监督依据。单机容量大于300MW凝汽机组，其补水率低于锅炉实际蒸发量的1.5%，单机容量小于300MW凝汽机组，其补水率低于锅炉实际蒸发量的2%）	查阅生产日报、统计报表和用水台账	20	DL/T 255—2012规定大于基准值0.1个百分点扣5分

续表

序号	一级指标	定量指标	定量评价依据	评价方法	基础分	扣分标准
5.2		全厂重复利用率（复用水率）	DL/T 783—2001《火力发电厂节水导则》第6.2.5条（单机容量为125MW及以上新建或扩建的循环供水凝汽式电厂，全厂复用水率不宜低于95%，严重缺水地区单机容量为125MW及以上新建或扩建的凝汽式电厂复用水率不宜低于98%）。DL/T 1052—2007第6.2.2.6条国家发改委公告《火电行业清洁生产评价指标体系（试行）》（2007年4月第24号）（表1工业用水重复利用率：闭式循环95%，开式循环35%）	查阅水平衡测试报告和用水量统计报表	15	DL/T 255—2012规定每低于基准值1个百分点扣5分
5.3		循环水浓缩倍率	《火电厂节约用水管理办法（试行）》（国电发〔2001〕476号）第十一条（应根据不同水质、凝汽器管材、常年水的平衡性，通过试验确定循环水的浓缩倍率。各种循环水处理方案一般应达到以下指标：加防垢防腐药剂及加酸处理时，浓缩倍率可控制在3.0左右；采用石灰处理时，浓缩倍率可控制在5.0左右。采用弱酸树脂等处理方式处理时，浓缩倍率可控制在5.0左右）。《节能技术监督导则》（DL 1052—2007）第6.2.6.5条（自重）	查阅生产日报、运行记录和试验报告	20	DL/T 255—2012规定循环水浓缩倍率每低于基准值0.1（倍）扣2分
5.4		汽水损失率	DL/T 783—2001第4.3.2条（200MW及以上机组锅炉低于锅炉额定蒸发量的1.5%，100~200MW机组低于锅炉额定蒸发量的2.0%，100MW以下机组低于锅炉额定蒸发量的3.0%）。DL/T 1052—2007第6.2.6.3条（汽水损失率是指锅炉、汽轮机设备及其热力循环系统由于泄漏引起的汽、水损失量占锅炉实际蒸发量的百分比。以实际测试值作为监督依据。汽水损失率应低于锅炉实际蒸发量的0.5%）	查阅生产日报、统计报表	4	汽水损失率高于0.5%的规定值，每高于0.1个百分点扣2分

续表

序号	一级指标	定量指标	定量评价依据	评价方法	基础分	扣分标准
5.5		化学自用水率	DL/T 1052—2007 第6.2.6.1条（以统计报表为监督依据。地下取水：统计期化学自用水率不高于6%。江、河、湖取水：统计期化学自用水率不高于10%）	查阅化学运行日报和化学运行分析报告	4	DL/T 255—2012规定每高于标准1个百分点扣1分
5.6		水灰比	《火电厂节约用水管理办法（试行）》（国电发〔2001〕476号）第二十三条（采用水力除灰的火电厂要根据排灰量调整冲灰水量，在保证灰水流速的条件下，高浓度输灰系统稀浆输灰系统改造为浓度稀浆输灰系统）。DL/T 1052—2007 第6.2.6.4条（电厂应在除灰系统管路上设置测量点，并有专门的测量器具，每季度测量一次，以测量报告数据作为监督依据。高浓度的水灰比应为2.5~3；中浓度灰浆的水灰比应为5~6。不宜采用低浓度水力除灰）	查阅灰水比测试记录或现场实测	6	DL/T 255—2012规定灰水比每高出规定值1个单位扣3分
6	综合性指标				505	
6.1		供电煤耗率	《国家电力公司一流火力发电厂考核标准（试行）》（国电发〔2000〕196号）第1.6.1条（全厂供电煤耗率完成值小于或等于供电煤耗考核值，如超临界600MW一流值为305g/kWh，亚临界300MW一流值为336g/kWh，超高压200MW一流值为363g/kWh）。《中国节能技术政策大纲》（国家计委、经委1996年5月13日计交能〔1996〕905号）第12.1.1条（发展高参数、大容量发电机组，采用高效辅机及自动监控系统；新建燃煤式机组每千瓦时供电煤耗率不超过330g标准煤，供热机组不超过270~280g标准煤）。国家发展改革委《关于燃煤电站项目规划和建设有关要求的通知》（发改能源〔2004〕864号）第二条（机组单机容量原则上应为60万kW及以上，机组发电煤耗率控制在286g/kWh以下。在缺乏煤炭资源的东部沿海地区，机组发电煤耗不高于275g/kWh的燃煤电站，优先规划建设发电煤耗矿坑口或坑口电站，规划建设煤炭资源丰富的地区，机组发电煤耗要控制在295g/kWh以下，空冷机组发电煤耗要控制在305g/kWh以下）	查阅生产日报、运行月报和年度报表	300	DL/T 255—2012规定实际煤耗率每高于计划值1g/kWh扣50分

续表

序号	一级指标	定量指标	定量评价依据	评价方法	基础分	扣分标准
6.2		供热煤耗率	《国家电力公司一流火力发电厂考核标准（试行）》（国电发〔2000〕196号）第1.6.1条（全厂供电煤耗率完成值小于或等于供电煤耗率考核值，如超临界600MW—流值为305g/kWh，亚临界300MW—流值336g/kWh，超高压200MW—流值为363g/kWh。《中国节能技术政策大纲》（国家计委、经委1996年5月13日计交能〔1996〕905号）第12.1.1条（发展高参数、大容量发电机组，采用高效辅机及自动监控系统；新建凝汽式机组每千瓦时供电煤耗率不超过330g标准煤，供热机组不超过270~280g标准煤）		10	DL/T 255—2012规定实际煤耗率每高于计划值0.1kg/GJ扣2分
6.3		发电厂用电率	《中国节能技术政策大纲》（国家计委、经委1996年5月13日计交能〔1996〕905号）第12.1.4条（新建大电厂必须选用高效辅机和配套设备，厂用电率不得超过6%；现有电厂的低效辅机和配套设施，要逐步改造，更新）《节能技术监督导则》（DL/T 1052—2007）第6.2.4条（发电企业应对全厂和机组的综合厂用电率、发电厂用电率、供热厂用电率等技术经济指标进行统计、分析和考核）	查阅生产日报，运行月报和年度报表	70	DL/T 255—2012规定发电厂用电率每高于规定值0.1个百分点扣10分
6.4		综合厂用电率	《中国节能技术政策大纲》（国家计委、经委1996年5月13日计交能〔1996〕905号）12.1.4条（自查）《节能技术监督导则》（DL/T 1052—2007）第6.2.4条（发电企业应对全厂和机组的综合厂用电率、发电厂用电率、供热厂用电率等技术经济指标进行统计、分析和考核）		40	DL/T 255—2012规定发电厂用电率每高于规定值0.1个百分点扣8分
6.5		供热厂用电率	《节能技术监督导则》（DL/T 1052—2007）第6.2.4条（发电企业应对全厂和机组的综合厂用电率、发电厂用电率、供热厂用电率等技术经济指标进行统计、分析和考核）	查阅生产日报，运行月报和年度报表	10	DL/T 255—2012规定厂用电率每高于规定值10%扣3分

续表

序号	一级指标	定量指标	定量评价依据	评价方法	基础分	扣分标准
6.6		耗油量	《火力发电厂节约能源规定（试行）》《能源节能 [1991] 98号》第19条（改善操作技术，努力节约点火用油和助燃用油。燃油电厂应根据各种不同类型的锅炉和运行条件，制定耗油定额，并加强管理，认真考核）。各局和火电厂应注意保持燃油加热温度和雾化良好。 《火力发电厂节约能源规定（试行）》《能源节能 [1991] 98号》第46条（锅炉加装预热室燃室和采用新型燃烧器。应根据燃煤品种、炉型结构和负荷变化幅度，选用合适的预燃室和燃烧器，以提高锅炉低负荷时的燃烧稳定性，增加调峰能力，降低助燃和点火用油的消耗）。 《节能技术监督导则》(DL/T 1052—2007) 第6.2.2.7条（发电企业应对全厂点火、助燃用油指标进行统计、分析考核）	查阅上级主管部门提出燃油定额，及助燃用油统计台账	25	DL/T 255—2012 规定锅炉燃油每超出定额值 1% 扣 5 分
6.7		单位发电量取水量	GB/T 18916.1《取水定额　第1部分：火力发电》第5条 《节能技术监督导则》(DL/T 1052—2007) 第6.2.2.5条 [发电企业应对全厂的发电水耗率指标进行统计、分析和考核。单机容量 300MW 及以上机组的全厂发电水耗率不应超过 2.88 m³/MWh（循环冷却）和 0.432 m³/MWh（直流冷却）；单机容量 300MW 以下机组的全厂发电水耗率不应超过 3.24 m³/MWh（循环冷却）和 0.72 m³/MWh（直流冷却）]	查阅取水量统计计报表和用水量台账	50	DL/T 255—2012 规定以单位发电量取水量范围的下限为基准，每高出 10% 扣 25 分
7	加分项				10	
7.1		企业节能量	《企业节能量计算方法》(GB/T 13234—2009)（自查） 国家发改委《关于印发万家企业节能目标责任考核实施方案的通知》(发改环资 [2012] 1923号) 附件2工业企业节能考核评价指标及评分标准（自查）	查看能源审计报告或年度报表	10	完成任务目标加 10 分，完成任务目标的 90% 加 5 分，完成 80% 以下不加分，也不扣分
合计					2600+10	

注　括号中条文内容非此条的全文，仅摘录了针对该指标的定量评价。

第三节　节能定性评价指标体系与考核评分

一、节能定性评价指标体系的构成

火力发电厂节能工作涉及节能基础管理、煤耗率管理、汽轮机管理、锅炉管理、单耗管理、燃料管理、用水管理、能源计量管理和可靠性管理等诸多方面。这些方面构成节能定性评价指标体系的一级指标,定性评价指标体系把影响一级指标的各项因素,分解成诸多二级小指标,通过对二级指标考核与分析,找出节能管理的薄弱环节,以便采取相应的措施,进一步提高企业节能管理水平。

火力发电厂节能定性评价指标有 71 项,见图 3-4,其中基础管理指标 9 个、计量管理指标 4 项、燃料管理指标 5 项、煤耗率管理指标 5 项、锅炉管理指标 11 项、汽轮机管理指标 14 项、厂用电管理指标 16 项、用水管理指标 7 项。

定性评价指标主要根据国家和行业有关节能减排的产业发展和技术进步政策、资源环境保护政策规定以及行业标准选取,用于定性考核火力发电厂对有关政策法规的符合性及其节能减排工作实施情况。

二、节能定性评价指标权重

节能定性指标各部分所占权重反映了该指标在整个节能减排定性评价指标体系中所占的比重,是综合了定性评价指标对电厂节能水平的影响程度大小及其实施的难易程度来确定的。各类节能定性评价指标的权重分配见表 3-3。

三、定性评价指标的考核评分计算

节能定性评价指标总计 2400 分,其中节能基础管理 240 分,能源计量管理 60 分,煤耗率管理 100 分,燃料管理 280 分,锅炉管理 498 分,汽轮机管理 740 分,厂用电管理 384 分,用水管理 98 分。定性评价指标考核得分按下式计算

$$P_2 = B - \sum_{i=1}^{m} F_i$$

式中　P_2——定性评价指标的考核得分;

　　　F_i——定性评价指标体系中的第 i 项指标的扣分结果(见表 3-4);

　　　B——定性评价实际基础分(如 2400 分);

　　　m——参与考核的定性评价指标的项目总数,这里取 $m = 71$。

定性评价指标相对得分率按下式计算

$$\delta_{P2} = \frac{P_2}{B} \times 100\%$$

式中　δ_{P2}——定性评价指标相对得分率,%;

　　　P_2——定性评价考核得分。

进行节能管理评价时,根据节能管理扣分标准从标准分中扣分,各项分值扣完为止,不倒扣分。由于企业因自身统计原因所造成的缺项,该项考核分值为零。

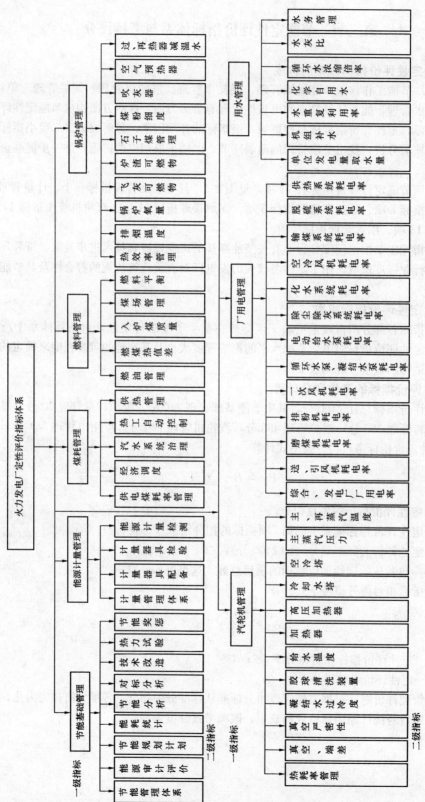

图 3-4　节能管理定性评价指标体系结构

表 3-3 节能管理定性评价指标权重分配表

序号	节能评价指标	权重	序号	节能评价指标	权重
一	节能基础管理	240	六	汽轮机管理	740
1	节能管理体系	28	1	热耗率管理	270
2	能源审计评价	8	2	凝汽器真空	28
3	节能规划计划	13	3	真空严密性	40
4	对标分析	16	4	凝汽器端差	30
5	能耗统计	5	5	凝结水过冷度	15
6	节能分析	55	6	冷却水塔	45
7	技术改造	60	7	空冷塔	45
8	热力试验	45	8	胶球清洗装置	22
9	节能奖惩	10	9	给水温度	65
二	能源计量管理	60	10	加热器	65
1	能源计量管理体系	10	11	高压加热器	35
2	计量器具配备	25	12	主蒸汽压力	25
3	计量器具检验	15	13	主蒸汽温度	25
4	能源计量检测	10	14	再热蒸汽温度	30
三	煤耗管理	100	七	厂用电管理	384
1	供电煤耗率管理	15	1	综合厂用电率	20
2	经济调度	10	2	发电厂厂用电率	10
3	汽水系统治理	45	3	磨煤机耗电率	35
4	热工自动控制	10	4	引风机耗电率	33
5	供热管理	20	5	送风机耗电率	35
四	燃料管理	280	6	排粉机耗电率	25
1	燃油管理	75	7	一次风机耗电率	25
2	燃煤热值差	90	8	循环水泵耗电率	30
3	入炉煤质量	65	9	凝结水泵耗电率	30
4	煤场管理	40	10	电动给水泵耗电率	25
5	燃料平衡	10	11	空冷风机耗电率	25
五	锅炉管理	498	12	除灰除尘系统耗电率	20
1	热效率管理	150	13	输煤系统耗电率	12
2	排烟温度	80	14	脱硫系统耗电率	35
3	锅炉氧量	35	15	供热系统耗电率	12
4	飞灰可燃物	50	16	化水系统耗电率	12
5	炉渣可燃物	20	八	用水管理	98
6	石子煤热值	18	1	单位发电量取水量	30
7	煤粉细度	40	2	机组补水	15
8	吹灰器	20	3	水重复利用率	12
9	空气预热器	40	4	化学自用水	6
10	过热器减温水	15	5	循环水浓缩倍率	10
11	再热器减温水	30	6	水灰比	9
			7	水务管理	16

注 合计 2400 分。

表 3-4　　火力发电厂节能定性指标评价标准

序号	评价指标	评价内容	定性评价依据	评价方法	基础分	扣分标准
1	节能管理				240	
1.1	管理体系				28	
		节能管理机构及节能责任制	《万家企业节能低碳行动实施方案》（发改环资〔2011〕2873号）第（三）条〔万家企业要按照《能源管理体系要求》（GB/T 23331），建立健全能源管理体系、逐步形成自觉贯彻节能法律法规与政策标准、主动采用先进节能管理方法与技术，实施能源利用全过程管理、注重节能文化建设的企业节能管理机制，做到节能工作持续优化、能效持续提高〕。	检查企业节能管理文件，检查各级各级节能人员职责落实情况	2	未成立节能领导小组扣 2 分；总经理（厂长）未担任节能领导小组组长扣 1 分；领导小组责任不明确扣 1 分
			《火力发电厂节约能源规定（试行）》（能源节能〔1991〕98号）第 4 条〔火电厂设立节能领导小组，由主管生产的副厂长主持，负责贯彻上级节能方针政策下达的能耗指标，审定并落实本厂节能规划和措施，协调各部门间的节能工作。		2	未建立三级节能网扣 2 分
			《火力发电厂节约能源规定（试行）》（能源节能〔1991〕98号）第 9 条〔火电厂依靠生产管理机构，充分发挥三级节能网的作用，开展全面的、全过程的节能管理。要逐项落实节能规划和计划，将项目指标依次分解到各有关部门、值、班组和岗位，认真开展各指标的考核和竞赛，以小指标保证大指标的完成〕。		4	未设立节能管理责任人扣 4 分
			《中华人民共和国节约能源法》（2008 年 4 月 1 日起施行）第 55 条（重点用能单位应当设立能源管理负责人）			
		企业内部节能管理制度	《工业企业能源管理导则》（GB/T 15587）9.1.1（为使节能技术措施顺利实施、达到预期效果，应制定和执行管理程序文件，规范调节节能技术措施实施过程中的各项工作。	检查企业《节约能源管理制度》、《节能技术监督实施细则》、《非生产用能管理办法》、《节能检测办法》、《节能考核办法》等	20	每项制度不符合实际情况扣 3 分；可操作性差扣 2 分
			《节能技术监督导则》（DL/T 1052—2007）第 6.6.1.2 条和第 6.6.2.1～6.6.2.4 条（自查）			

续表

序号	评价指标	评价内容	定性评价依据	评价方法	基础分	扣分标准
1.2	能源审计、评价	能源审计	《关于印发千家企业节能行动实施方案的通知》（发改环资〔2006〕571号）第（三）条《各企业要按照《企业能源审计技术通则》（GB/T 17166—1997）的要求，开展能源审计，完成审计报告》。《企业能源审计实施办法》（国家能源审计实施办法）（国家发展和改革委员会2006年11月1日起施行）第7条《国家发改委或地方节能主管部门对重点用能企业用能情况进行监管，开展国家能源审计；国家发改委或地方节能主管部门，也可针对用能单位的某种能源或主要用能设备和工艺等进行专项能源审计）	检查企业能源审计报告	8	未进行三年一次的能源审计扣4分
		节能评价	《燃煤电厂能源状况评价技术规范》（DL/T 255—2012）第6.1条《能源状况评价评价宜每三年不少于一次》	检查企业节能评价报告	4	未进行三年一次的节能评价扣4分
1.3	节能规划、计划	节能中长期规划	《节能技术监督导则》（DL/T 1052—2007）第6.2.1.1条《发电企业应根据实际情况确定综合经济技术指标，制定节约能源规划及年度实施计划》。DL/T 1052—2007第6.6.2.5条《应制定年度节能计划和中长期节能规划》。《万家企业节能低碳行动实施方案》（发改环资〔2011〕2873号）第（五）条《在能源审计的基础上，编制企业"十二五"节能规划并认真组织实施》	检查企业节能中长期规划	13	未制定企业节能中长期规划扣4分；制定节能规划前，未对企业能耗状况进行全面分析扣2分；未将能耗异常高的设备系统列入节能规划扣3分；节能规划没有逐年滚动完善或编制不规范扣3分
					4	
		节能年度计划	DL/T 1052—2007第6.6.2.5条《应制定年度节能计划和中长期节能规划》。《国家电力公司一流火力发电厂考核标准（试行）》（国电发〔2000〕196号）附三第四项第2.B条《制定了本企业中长期节能规划和年度节能计划，节能目标完成率达到90%以上）	检查企业、部门节能年度计划	9	未制定节能年度计划扣5分；企业、部门节能年度计划未按月度分解，下达小指标计划扣4分

续表

序号	评价指标	评价内容	定性评价依据	评价方法	基础分	扣分标准
1.4	对标分析	对标分析	国家发展改革委《关于印发重点耗能企业能效水平对标活动实施方案的通知》（发改环资〔2007〕2429号）第（二）条（企业根据确定的能效水平对标活动内容，在行业协会的指导与帮助下，初步选取若干个潜在标杆企业，组织人员对潜在标杆企业进行研究与分析，并结合企业自身实际，选定标杆企业，制定对标能效指标目标值。企业选择标杆要坚持国内外一流为导向，最终达到国内领先或国际先进水平）。DL/T 1052—2007 第6.2.1.3条（把实际完成的综合经济指标同设计值、历史最好水平以及国内外同类型机组最好水平进行比较和分析，找出差距，提出改进措施，如设备和运行条件发生变化，则要重新核定综合经济技术指标水平）。	检查半年对标分析报告等	16 / 14	未进行季度对标分析，缺一次报告扣4分；没有与标杆企业进行对标分析扣10分
		目标计划	《万家企业节能低碳行动实施方案》（发改环资〔2011〕2873号）第（八）条（要学习同行业能效水平先进单位的节能管理经验和做法，积极开展能效对标活动，制定详细的能效对标方案，认真组织实施，充分挖掘企业节能潜力，促进企业节能工作上水平，上台阶）。DL/T 1052—2007 第6.2.2.1条（发电企业应根据实际情况经全面准确核定分析后确定技术经济指标目标值）	检查对标管理实施方案等	2	对标管理实施方案中缺少目标体系扣2分
1.5	能耗统计	台账档案	《企业能量平衡统计方法》（GB/T 16614—1996）第5.4.1条（企业生产中消耗的各种能耗统计包括：主要生产系统、辅助生产系统、采暖（空调）、照明、运输和气体六个用能单元所使用各种能源和耗能工质的数量、企业总综合能耗、企业单位产值综合能耗、产品单位产量综合能耗。GB 15316—2009 第5.4.4条（能源统计记录台账、统计报表必须真实、完整，规范（应建立完善的能源统计技术档案）。DL/T 1052—2007 第6.6.1.3条（发电企业应建立与节能有关的设备档案）	检查能耗统计的相关原始档案等	5 / 3	未建立企业能耗指标统计台账扣3分；台账不全扣1分

续表

序号	评价指标	评价内容	定性评价依据	评价方法	基础分	扣分标准
		能耗统计上报	原电力工业部1994年8月14日第43条（各级燃料统计人员要对所填报的各种燃料报表的准确性、真实性负责，报表上报前需经主管领导审核，批准后可上报）。《节约能源法》（2008年4月1日起施行）第53条（重点用能单位应当每年向管理节能工作的部门报送上年度的能源利用状况报告）	查阅企业统计统计管理制度和报表	2	未制定统计管理制度扣1分；企业能耗指标未按上级有关部门要求进行规范统计、及时上报扣1分
1.6	节能分析				55	
		节能月度例会制度	《电力工业节能技术监督规定》电安生〔1997〕399号第2.4.3条（定期召开节能分析例会、总结监督经验、分析节能效果及存在的问题，提出改进措施）		5	企业未建立节能分析例会制度扣5分；分析内容不到位扣1~3分
		节能分析	DL/T 1052—2007第6.6.2.6条（节能技术监督会议应有完整的记录、每季、半年和年度有节能监督总结报告）	检查运行分析、节能分析等例会的纪要、报告等	25	节能分析例会纪要不齐全、缺一次扣5分；分析不全面、不深入、缺乏指导性扣5~15分
		节能技术监督	DL/T 1052—2007第6.6.2.6条（节能技术监督会议应有完整的记录、每季、半年和年度有节能技术监督总结报告） DL/T 1052—2007第6.6.2.7条（每月统计一次节能技术监督数据报表，并做好经济指标分析记录）		25	未针对当前影响能耗的主要因素进行治理或制定完善措施扣5分；每缺一项监督总结报告扣5分，每缺一项月度监督报表扣2分
1.7	节能技术改造				60	
		设备检修	DL/T 1052—2007第6.4.2.7条（加强维护、保证热力系统各阀门处于正确定位。通过检修消除阀门和管道泄漏、治理各阀门漏汽、漏水、漏油、漏灰、漏煤、漏风、漏热等问题）	检查设备检修情况、技改计划、可行性报告、改造方案、立项报告、效益分析及总结验收报告等	25	每泄漏一处扣5分；温度每超标一处扣2分

续表

序号	评价指标	评价内容	定性评价依据	评价方法	基础分	扣分标准
		技术改造	《火力发电厂节约能源规定（试行）》《能源节能〔1991〕98号》第43条（加强大机组的完善化，提高其等效可用系数；增强调峰能力，提高机组效率。对于重大节能改造项目，要进行技术可行性研究，认真制订设计方案，落实施工措施，有计划地结合设备检修进行施工，并及时对改造后的效果作出考核评价）。		20	未针对影响炉效、热耗、厂用电大的缺略或具有较大节能潜力的设备、系统制定治理或改造方案，每项扣10分
			DL/T 1052—2007 第6.4.3.1条（在保证设备、系统安全可靠运行的前提下，采用先进的节能技术、工艺、设备和材料，依靠科技进步，降低设备和系统的能量消耗。鼓励对技术成熟、效益显著的项目进行宜传和推广） DL/T 1052—2007 第6.4.3.2条（对改造项目，改造前要进行节能技术可行性研究，改造后应有经济性验收报告）		15	节能技术改造后未进行效益分析，每项扣5分；效益分析不准确每项扣3分
1.8	热力试验				45	
		热力试验管理制度	DL/T 1052—2007 第6.5.1.1条（发电厂应开展节能检测工作，掌握能源设备性能指标，并制定节能检测实施办法）	检查热力试验管理制度及标准、查阅试验报告、原始记录、仪器仪表校验记录等	5	企业未制定热力试验管理制度扣5分；制度不完善扣2~3分
		现场试验测点	DL/T 1052—2007 第6.5.3.1条（新建或扩建的电厂应在设计和基建阶段完成试验测点的安装，对投产后不完善的试验测点加以补装，对于常规的节能检测点测应）		5	现场试验测点不全，不能满足热力试验要求扣5分
		锅炉效率试验	DL/T 1052—2007 第6.5.4.1条（在机组A级检修前后应按标准GB/T 10184或DL/T 964进行锅炉热效率试验）。 DL/T 1052—2007 第6.5.4.3条（结合B/C级检修，宜开展锅炉热效率、汽轮机热耗试验）。 《发电企业设备检修导则》(DL/T 838—2003)第10.5.2条（机组复役后20天内做效率试验，提交试验报告，作出效率评价）		15	新机组投产后，A修前或每年度每台机组进行一次效率试验，未进行扣15分；试验方法不符合标准扣10分
		机组热耗率	DL/T 1052—2007 第6.5.4.2条（在机组A级检修前后应按标准GB/T 8117, GB/T 14100或DL/T 851进行热耗试验）		20	新机组投产后，A修前后进行热耗率试验，未进行扣20分；试验方法不符合标准扣10分

续表

序号	评价指标	评价内容	定性评价依据	评价方法	基础分	扣分标准
1.9	节能奖惩	节能奖惩制度	《中华人民共和国节约能源法》第23条（用能单位应当建立节能工作责任制，对节能工作取得成绩的集体、个人给予奖励）。《电力工业节能技术监督规定》[电安生 [1997] 399号]第2.2.7条（制定节能考核和奖惩办法，并监督执行情况）	检查节能奖惩制度、奖惩记录、现场了解奖惩情况	10 6	未制定节能奖惩制度或奖惩制度、不能充分调动员工积极性，扣6分；未按制度实施奖惩扣3分
		小指标竞赛	《火力发电厂节约能源规定（试行）》（能源节能 [1991] 98号）第9条（火电厂依靠生产管理机构、全员发挥三级节能网的作用，开展全面的、全过程的节能管理。要逐项落实节能规划和计划，将项目指标依次分解到各有关部门、值、班组和岗位，认真开展小指标竞赛，以小指标保证大指标的完成）	检查小指标竞赛管理办法、现场查看统计记录、小指标竞赛奖金分配记录等	4	未制定小指标竞赛管理办法扣4分；未按规定开展小指标竞赛扣2分
2	能源计量管理				60	
2.1	能源计量管理体系				10	
		能源计量管理制度	《用能单位能源计量器具配备和管理通则》（GB 17167—2006）第5.1.1条（企业应建立能源计量管理体系，形成文件，并保持和持续改进其有效性）。第5.2.3条（企业应通过国家相关部门的能源计量管理人员培训考核，持证上岗。企业应建立和保存能源计量管理人员的技术档案）	查阅计量管理制度及文件等	3	未建立能源计量管理体系扣1～3分；计量人员无证上岗扣1分
		能源计量器具档案管理	GB 17167—2006第5.3.1条〔企业应有完整的能源计量器具一览表。表中应列出计量器具的名称、型号编号、准确度等级、生产厂家、出厂编号、管理编号、安装使用地点、状态（指合格、准用、停用等）。主要次级用能单位应备有独立的能源计量器具一览表〕第5.3.3条（用能单位应建立能源计量器具档案）	查阅计量器具档案情况及计量器具使用情况	2	未建立能源计量器具档案扣1分；未建立计量器具一览表扣2分
		量值传递或溯源	GB 17167—2006第5.3.4条（企业应有明确的能源计量器具量值传递或溯源图，其中作为企业内部标准计量器具使用的，要明确其准确度等级、测量范围、可溯源的上级源的量值传递标准）	查阅量值传递或溯源图、检定计划、检定记录、报告、记录等	3	热工、电测计量标准装置每项未建标传递或溯源扣1分；无计量器具值传递或溯源扣1分；相关鉴定证书不完整扣1分

续表

序号	评价指标	评价内容	定性评价依据	评价方法	基础分	扣分标准
		计量器具维护、使用	GB 17167—2006 第5.3.6条 [能源计量器具应实行定期检定（校准），并有确定的检定（校准）周期。凡经检定（校准）不合格和超过检定（校准）周期的计量器具一律不准使用。属强制检定的计量器具，检定方式应遵守有关计量法律法规的规定]	抽查维护使用情况	2	计量器具使用过程中存在影响准确计量器具的缺陷，每项扣2分
2.2	能源计量器具配备	能源计量器具配备率	《火力发电企业能源计量器具配备和管理通则》（GB 21369—2008）第4.4.5条 [能源计量器具配备率应不低于表3（进出用能单位煤、电、水、天然气、油计量器具配备率100%）的要求]	检查计量器具情况	25	进出用能单位能源计量器具配备率，每降低1个百分点扣5分
			GB 21369—2008 第4.4.5条 [进出主要次级用能单位能源计量器具配备率应不低于表3（进出主要次级用能单位煤、电、天然气、油计量器具配备率95%，水计量器具配备率90%）的要求]	现场抽查配备情况	20	进出主要次级用能单位能源计量器具配备率，每降低1个百分点扣5分
			GB 21369—2008 第4.4.5条 [主要用能设备能源计量器具配备应不低于表3（主要用能设备电计量器具配备率95%，煤、天然气、油计量器具配备率90%，水计量器具配备率80%）的要求]			主要用能设备能源计量器具配备率，每降低1个百分点扣2分
		用能单位计量器具的选型	GB 21369—2008 第4.3.8条 (进出用能单位燃料的静态计量准确度等级要求0.1，进出用能单位有功交流电能计量准确度等级要求0.5，进出用能单位有功直流电能计量准确度要求0.5S)。工类用户准确度要求0.5S]	检查计量器具表、现场检查安装及使用等情况	5	用能单位能源计量装置的选型、精确度等级、测量范围不符合要求，每个计量点扣2～5分
			GB 21369—2008 第4.4.10条 [能源计量器具的性能和准确度等级应满足相应生产工艺和使用环境（如温度、温度变化率、湿度、照明、振动、噪声、粉尘、辐射、电磁干扰等）的要求]			

续表

序号	评价指标	评价内容	定性评价依据	评价方法	基础分	扣分标准
2.3	能源计量器具检验	计量器具受检率	《电力工业节能技术监督规定》电安生〔1997〕399号 第3.3.4项（综合能源计量器具配备率达到100%，计量检测率达到95%，在用计量器具周期受检率达到100%）。GB 17167—2006 第5.3.6条〔能源计量器具应实行定期检定（校准）。凡经检定（校准）不符合要求的或超过检定周期的计量器具一律不准使用。属于自校准的计量器具，其检定周期应遵守有关计量法律法规的规定〕	检查检定计划、抽检计划、证书、报告等相关资料	15	能源计量器具未按规定的检定周期进行强制检定，每项扣8分；属于自行校准的未校准，每项扣2～4分
		计量器具受检合格率	GB 17167—2006 第5.3.6条〔能源计量器具应实行定期检定（校准）。凡经检定（校准）不符合要求的或超过检定周期的计量器具一律不准使用。属于自校准方式应遵守有关计量法律法规的规定〕。《电力工业发供电企业计量工作管理规范》（能源部）1992年10月4日能源政法〔1992〕955号 第六章第2、4、5条（计量器具周期检合格率100%，在用能源计量器具抽检合格率不低于98%）	现场检查	12	计量装置或校验装置校验不合格及时更换主要在用计量标计显示不准确，每项扣1分
					3	
2.4	能源计量检测	综合能源计量检测率	《电力工业节能技术监督规定》电安生〔1997〕399号 第3.3.4项（综合能源计量器具配备率达到100%，计量检测率达到95%，在用计量器具周期受检率达到100%）	查阅综合能源检测率统计资料、计量记录、现场抽查	10	以100%为基准，每降低1个百分点扣2分
		进厂能源计量检测率	《电力工业节能技术监督规定》电安生〔1997〕399号 第3.3.3项（发电、供电、供热及厂内用电、用热必须100%检测，并依此要求配备监测计量仪表。发电厂的关口电能监测配备率、其不平衡率应符合有关部颁的有关规定）	检查各种能源检测率统计资料、计量记录、现场抽查	5	煤、电、油、汽、热、水未计量，每批项扣2分
					5	

序号	评价指标	评价内容	定性评价依据	评价方法	基础分	扣分标准
3	煤耗率管理				100	
3.1	供电煤耗率指标管理				15	
		供电煤耗率正反平衡计算	《节能技术监督导则》（DL/T 1052—2007）第6.2.2.2条（发电企业应对全厂和机组的发电量、发电煤耗率、供电煤耗率、供热量、供热煤耗率等综合技术经济指标进行统计、分析和考核。统计计算方法参照DL/T 904标准）。《火力发电厂按入炉煤计算发供电煤耗的方法（试行）》（电安生〔1993〕457号）1—2条（火电厂发供电煤耗率统一以入炉煤计量煤量和入炉煤正平衡计算的低位发热量按正平衡计算，并以此数据上报考核。《火力发电厂按入炉煤计算发供电煤耗的方法（试行）》（电安生〔1993〕457号）8—4项（各大、中型火电厂在实施单台机组正平衡计算煤耗后，在煤耗管理中应按月分析全厂机组和单台机组煤耗加权平均值之间的偏差部分，以便寻找经营管理中的漏洞）	检查相关统计报表、计算用原始记录	6	未按规定的标准和方法进行计算扣4分。没有分机组煤耗率统计扣2分
		供电煤耗率反平衡校核	《节能技术监督导则》（DL/T 1052—2007）第6.2.2.3条（发电企业应按照实际入炉煤量和入炉煤率，供电煤量计算，供电煤耗率。当以入厂煤、煤场盘煤计算的煤耗率和以入炉煤计算的煤耗率偏差达到1.0%时，应及时查找原因。发电企业的煤耗率应定期采用反平衡法校核）		4	未进行正反平衡煤耗率对照分析扣2分；偏差超过1%未分析扣2分
		能耗限额	《常规燃煤发电机组单位产品能源消耗限额》（GB 21258—2007）第4.1条〔企业现有机组单位产品能源消耗限额限定值。亚临界机组不应大于330×修正系数g/kWh，超临界不大于320×修正系数g/kWh〕，第4.2条（新建机组单位产品能源消耗限额限定值，新建机组的供电煤耗不应高于单位产品能源消耗限额准入值，一般地区不大于300g/kWh，坑口电站不大于309g/kWh）	检查新机组投产考核试验验收报告、运行日报、运行月报	5	企业现有机组供电煤耗率高于单位产品能耗消耗限额限定值扣5分；新建机组供电煤耗率高于单位产品能耗限额准入值扣5分

续表

序号	评价指标	评价内容	定性评价依据	评价方法	基础分	扣分标准
3.2	机组经济调度	经济调度	《火力发电厂节约能源规定（试行）》（能源节能〔1991〕98号）第60条（各火电厂要按发电网调增准则，确定本厂和机组运行方式，进行电、热负荷的合理分配，使全厂经济运行。 《节能技术监督导则》（DL/T 1052—2007）第6.4.2.11条（在满足电网调度要求的基础上，优化机组运行方式，进行电、热负荷的合理分配和主要辅机的优化组合，实现经济运行）	检查机组经济调度资料和可靠性数据	10	未制定机组经济调度方案扣3分
					2	
		机组启停	《国家电力公司一流火力发电厂考核标准》（国电发〔2000〕196号）第1.5.2.2条（机组大修后无非计划运停连续运行天数：单机容量300MW及以上机组应达到100天；单机容量300MW以下机组，考核年没有大修机组，则考核上年度大修情况）		4	无停机热备用过程中的节能方案扣2分；无机组启停节能优化措施扣2分
					4	年内每出现非计划停运一次扣2分
3.3	热工自动控制	自动调节装置	《发电厂热工仪表及控制系统技术监督导则》（DL/T 1056—2007）第8.2条（热控系统应随主设备准确可靠地投入运行）、第11.5.4条〔一个考核周期内热控技术监督指标的平均投入率应满足热控技术监督（附录A：热工保护投入率100%，控制系统投入率90%）的要求〕 《火力发电厂节约能源规定（试行）》（能源节能〔1991〕98号）第25条（对各种运行仪表必须加强管理，做到装设齐全、准确可靠。全厂热工自动调节装置的投入率要达到85%以上。对100MW及以上大机组的自动调节装置要求考核利用率）。 《节能技术监督导则》（DL/T 1052—2007）第6.4.2.10条（热控系统检测应随主设备自动燃烧和汽温自动调节装置要投入，做好汽温和燃烧的自动调节）		10	
					5	机组自动调节装置未投入，每套扣5分
		热工仪表	DL/T 1056—2007 第11.5.4条（热工检测仪表应随主设备投入维护，保证参数测试准确）。 《节能技术监督导则》（DL/T 1052—2007）第8.2条（对各种运行仪表应加强维护与检修〔一个考核周期内热控技术监督考核指标，热工检测仪表校前合格率96%，热工仪表校验合格率98%〕的要求〕 热控系统检测仪表的平均合格率应满足热控技术监督考核指标（附录A：热工检测仪表校准合格率96%，热工仪表校验合格前合格率98%）的要求〕		5	主要仪表未投入扣2～5分；显示不准确扣2～5分

续表

序号	评价指标	评价内容	定性评价依据	评价方法	基础分	扣分标准
3.4	汽水系统治理				45	
		定期执行制度	DL/T 1052—2007 第6.2.4.16条（疏放水阀门泄漏率。疏放水阀门泄漏率是指内漏和炉面疏放水阀门数量占全部疏放水阀门数量的百分数。对各疏放水阀门至少每月检查一次，以检查报告作为监督依据。疏放水阀门泄漏率不大于3%）	检查制度、现场检查	35	未建立定期检查漏制度扣10分；未定期开展查漏扣30分
		泄漏率试验	DL/T 1052—2007 第6.2.6.3条（以实际测试值作为监督依据。汽水损失率应低于实际蒸发量的0.5%）	检查试验报告	10	A修前后未进行机组不明泄漏率试验扣10分
3.5	供热管理				20	
		供热煤耗率计算	《火力发电厂按入炉煤量正平衡计算供电煤耗的方法（试行）》（电安生〔1993〕457号）第5—1项（供热与供电煤耗的计算时采用热量分摊法。《热电产系统技术条件》（GB/T 6423—1995）第3.6条（热电厂供电煤耗≤360g/kWh）	检查供热统计记录	5	供热与发电煤耗率未按标准规定进行分摊扣5分；热电机组的供电煤耗率超过标准规定扣5分
					5	抽汽参数与供热参数不匹配扣5分
		供热系统优化	《评价企业合理用热技术导则》（GB/T 3486—1993）第4.5.2条（多台热设备并列运行时，应根据单产热耗最低的原则，调整开动台数及各台负荷），第4.1.1条（对被加热或放冷却物体的温度，用于加热的蒸汽或其他载热体的温度、压力及能量，应根据工艺要求和节能制定合理的整制指标及有关的管理要求）。《热电联产项目可行性研究技术规定》（计基础〔2001〕26号）第3.2.7条（工业用汽、排汽供应要根据工业确定，采暖、空调制冷和热水供应要根据供水介质和参数，输送距离、热力网的压降和温降等因素确定），第3.3.3条（热电厂的机、炉容量应匹配，并适应不同热负荷工况的要求）。《热电联产系统技术条件》（GB/T 6423—1995）第4.10条（热电厂还应根据热负荷的特性采取灵活、适当的负荷调节措施）	检查运行记录、缺陷记录、现场检查	5	供热首站站热交换器运行参数及设备未进行优化扣5分

续表

序号	评价指标	评价内容	定性评价依据	评价方法	基础分	扣分标准
			GB/T 3486—1993 第5.3.1条（对热设备及其附件和保温、保冷结构定期进行检查与维修，避免由于设备和保温、保冷结构损坏而引起载热体流失及热损失的增加），第5.3.3条（对蒸汽疏水阀及热力管网进行检查与维修，保证蒸汽疏水阀及热力管网无明显的蒸汽泄漏现象）。GB/T 6423—1995 第5.5条（热网的保温应符合GB4272的规定）		5	供热管网存在保温损坏，未处理扣2分；供热管道有漏水、漏汽等热力损失现象，未处理扣1~3分
4	燃料管理				280	
4.1	燃油管理				75	
		节油管理制度	《火电厂节约用油管理办法（试行）》（国电发〔2001〕477号）第十四条（各单位应结合本地区实际情况，制定三年滚动节油规划及年度工作计划，提出具体节油目标和节油措施，并认真落实）、第十一条［有条件的机组启动时，应投入锅炉底部蒸汽加热，并利用邻炉蒸汽加热，以减少锅炉点火初期的用油；机组正常停止运行时，应尽量采用滑参数停机，以减少点火后，充分利用机组的最大连续出力（MCR）和最低稳定燃烧能力，减少机组停调峰次数，节约点火用油］	检查管理制度、节油措施、投油记录	10	没有节油管理制度、节油规划以及年度计划，每项扣5分；制度、规划、计划不完善每项扣5分
			《火电厂节约用油管理办法（试行）》（国电发〔2001〕477号）第六条（采用成熟、可靠的新型燃烧器及其他稳燃技术，对锅炉燃烧器等部件进行改造，提高锅炉在低负荷下的稳燃能力，减少助燃用油，力争使锅炉的稳燃性能达到要求）。		5	未制定节油措施扣5分；措施不完善扣2分；运行管理不善，没有积极采用有利于节油的机组启、停方式等措施，每次扣2分
		机组低负荷稳燃用油情况	《火电厂节约用油管理办法（试行）》（国电发〔2001〕477号）第十二条［应采取以下措施，进一步加强燃料管理工作：（一）保证燃用的燃煤煤质基本符合锅炉设计燃用煤种；（二）燃用混合煤种时，配煤比例应要恰当，均匀；（三）冷雨地区的燃煤直接进入原煤仓（尤其是直接吹制粉系统）防止超湿的原煤进入原煤仓］	检查机组低负荷稳燃不投油燃烧试验报告，检查运行记录	10	机组实际最低不投油稳燃负荷未达标扣10分；最低不投油稳燃负荷不能达标，未分析原因制定措施扣5分
					15	由于设备缺陷、燃烧调整、配煤不合理等设备缺陷、水质差或操作不当造成燃油增加，每次扣5分

续表

序号	评价指标	评价内容	定性评价依据	评价方法	基础分	扣分标准
		设备检修维护	《火电厂节约用油管理办法》(试行)(国电发〔2001〕477号)第五条(各单位应根据实际情况,积极采用小油枪点火技术对现有的点火燃油系统进行改造、减少锅炉点火用油)、第七条(积极鼓励开发、研制新型的无油或少油锅炉点火技术,如等离子点火技术等,并尽快推广使用)。《等离子体点火系统设计与运行导则》(DL/T 1127—2010)第5.3条(等离子点火系统应符合下列要求:相关设备应合理匹配,保证整个系统安全、可靠运行;应满足锅炉正常检修周期的要求)	检查设备台账、缺陷记录、维修记录、现场检查	10	等离子或微油点火系统故障而未投入、造成燃油增加,每次扣5分
					10	存在影响油耗的缺陷未及时消除、每项扣5分;有条件进行节油技术改造而未进行的扣5分
4.2	入厂煤与入炉煤热值差	燃煤管理制度	DL/T 1052—2007 第6.2.7.3条(入厂煤与入炉煤热量差不大于502kJ/kg)	检查相关制度、煤质化验报告、统计资料	90	
					10	未制定燃煤管理的相关制度每项扣5分;没有及时制定的修订每项扣3分;未严格按照制度进行管理工作的每项扣3分
					10	未制定防止入厂煤与入炉煤热量差高的措施扣10分;执行措施不到位的扣5分
		入厂煤采样、制样和化验	《煤样的制备方法》(GB474—2008)《商品煤样人工采取方法》(GB475—2008)《汽车、船舶运输煤样的人工采取方法》(GB/T 569—2007)《煤中全水分的测定方法》(GB/T 211—2007)《煤的发热量测定方法》(GB/T 213—2008)《煤的工业分析方法》(GB/T 212—2008)《煤中全硫的测定方法》(GB/T 214—2007)	检查制度及统计、仪器台账、分析报告以及持证人员情况、现场查看	15	没有及时按照国家最新标准进行修订的、采制化过程不符合国家最新标准的每项扣5分

续表

序号	评价指标	评价内容	定性评价依据	评价方法	基础分	扣分标准
			《火力发电厂入厂煤检验室技术导则》(DL/T 520—2007)第8.1.1条(采样、制样、化验均有要求),第8.2条(采样员、制样员、化验员均应专业培训,考核合格后持证上岗)		15	采制化方法和设备不符合规范要求的每项扣5分;人员持证上岗不满足规范要求的扣5分
			DL/T 1052—2007第6.3.2.8条(机械采样装置投入率在90%以上,机械采样装置应每半年进行一次采样精密度核对)。《火力发电厂按入炉煤量正平衡计算发供电煤耗的方法(试行)》(电安生〔1993〕457号)第7—9条[采样灰分(A_d)计算要求在±1%以内]。《发电用煤机械采制样装置性能验收导则》(DL/T 747—2001)第4.7.2条(整机水分损失率不大于1.5%;在全水分不大于10%时,系统应无卡堵现象。)《煤炭机械化采样第1部分:采样方法》(GB/T 19494.1—2004)第5.2.3条(采样精密度0.1A_d)。	检查制度、试验报告、统计台账、分析报告	10	入厂煤机械采样装置的精密度、系统偏差达不到规范要求的每项扣2分;无机械采样装置的扣5分;整机水分损失率大于规定定值、每台扣2分
			《化学监督导则》(DL/T 246—2006)第5.3.4条(入炉煤采制样应使用机械化采制样设备。对大中型电厂应实现入厂煤可投入机械化采制样。机械化采制样设备经权威机构检验合格后方可投入运行,并进行定期检修和维护,投入率不低于90%)。		5	机械采制样投入率不低于90%,每低1个百分点扣2分
			DL/T 1052—2007第6.3.2.8条(机械采样装置投入率在90%以上,机械采样装置应每半年进行一次采样精密度核对)		10	采、制样过程未进行有效监督扣5分;电子监控未能发挥作用扣5分

续表

序号	评价指标	评价内容	定性评价依据	评价方法	基础分	扣分标准
			《化学监督导则》（DL/T 246—2006）第5.3.2条［按GB 475对入厂煤逐车（船）采样，按批，按煤种进行工业分析及全水分，发热量，全硫值检验；对新进煤源应进行元素分析，煤灰熔融性，可磨性系数，煤灰成分等进行化验，以确认该煤源是否适用于本厂锅炉的燃烧］。DL/T 246—2006第5.3.3条（入厂煤每季进行一次元素分析，每半年要按煤源分别对各种入厂煤的混合样进行一次全分析，灰成分分析）。《火力发电厂入厂煤检测试验技术导则》（DL/T 520—2007）第8.1.1条［采样时，应及时对到厂的每一列，每一节车厢实施人工或机械化采样，化验时，应及时进行各项质量指标（全水分、灰分、挥发分、热值等）的化验］。《电力工业燃料管理办法》（原电力工业部1994年8月14日）第28条［火电厂应加强到厂燃料的质量验收，严格按国际车车取样，批批化验，发现质价不符时要及时通知煤矿（或供油单位），如发现质量索赔，并进行质量仲裁，如与供方化验结果有争议时，可提请国家或各地区电煤质量检验中心予以裁定］。		15	未对每日每批来煤进行工业分析、全硫含量测定，每缺一次扣5分
4.3	入炉煤煤质	入炉煤管理			65	
			DL/T 1052—2007第6.4.2.2条（应尽可能燃烧设计煤种，当煤质变化较大或燃用新煤种时，根据不同煤质及锅炉设备特性，研究确定掺烧方式和掺配比）。《火力发电厂节约能源规定（试行）》（能源节能〔1991〕98号）第17条（凡燃烧非单一煤种的火电厂，要落实配煤责任制，可成立以运行副总工程师为首，由运行、燃料、生技等部门参加的燃料煤调度小组，根据不同煤种及锅炉设备特性，研究确定掺烧方式和掺配比，并通知有关岗位执行）。	检查燃料制度、分析报告等	20	未制定合理的燃料掺烧办法扣20分；燃料掺配后未进行综合经济评价（包括成本控制、设备寿命影响等）扣10分
			《电力工业燃料管理办法》（原电力工业部1994年8月14日）第32条（月度煤场应做到日平衡存煤超过不同煤种分堆存放，散均量的千分之五。煤炭储存应做到分堆存放，散均压实，烧旧存新。要按锅炉对煤质的设计掺配）	检查燃料运行记录、检修、分析报告等	20	入炉煤煤质原因造成锅炉灭火、严重结渣、限出力、严重堵煤、锅炉运行经济性明显下降、投油助燃等，每次扣5分

续表

序号	评价指标	评价内容	定性评价依据	评价方法	基础分	扣分标准
		入炉煤采制化	DL/T 246—2006 第5.3.4条《入炉煤采制样应使用机械化采制样设备。对大中型电厂应实现入厂煤机构化采制样。机械化采制样设备经权威机构检验合格后方可投入运行，并进行定期检验和维护，投入率不低于90%》	检查燃料运行记录、化验资料、分析报告等	5	CFB锅炉入炉煤煤粒度与设计偏差大扣5分
			DL/T 246—2006 第5.3.7条《每半年及年终要对入炉煤按月的混合样进行煤、灰全分析，发热量等进行月度（重量）加权平均值的计算，以积累入炉煤质资料；每班（值）对飞灰可燃物进行测定，根据累入炉煤粉细度测定》	检查入炉煤机械自动采样装置实施情况	5	未实现入炉煤机械自动采样扣5分；采煤样机年投运采样率不低于90%，每低1个百分点扣2分
			《火力发电厂按入炉煤量正平衡计算发供电煤耗的方法（试行）》（电安生[1993]457号）第7~14条《入炉煤至少要按国际标准或国际标的方法每月做一次水分、灰分。对燃油电厂按国际标准或部标的分析方法每月做一次水分、硫分、闪点、凝固点、粘度、比重和发热量的分析》[由三班平均实测全水分进行计算，每天至少做一次由三班混制而成综合样品的工业分析（M_{ad}、A_{ad}、V_{ad}、S_{ad}和发热量 Q_{net}。由三班平均实测全水分计算而得），有条件的火电厂可分别采样、制样和化验]	检查统计资料、化验资料、分析报告等	15	未按规定对入炉煤进行工业分析，每缺一次扣5分；统计记录不真实或记录不全的每项扣1分
4.4	煤场管理				40	
		煤场设施配备	《电力工业燃料管理办法》（原电力工业部1994年8月14日）第34条《电厂对储存的烟煤、褐煤自燃，避免自燃。南方储煤场应有干煤棚。北方寒冷地区的储煤场须设有解冻室。电厂储煤场均应配备消防和加水设备以及防汛、排水等设施》	煤场设施配备是否满足管理需要	10	未配置挡煤墙、排水、喷淋、消防、防场尘设施扣2~10分；干煤棚起不到应有作用扣2分
		煤场储存	DL/T 1052—2007 第6.3.11条《加强储煤场的管理，合理分类堆放，定期测温、采取措施，防止自燃损失。煤场盘点每月进行一次，盘点按DL/T 606.2标准进行》	现场查看煤场储存情况、储煤记录	10	未进行分类堆放的扣10分
					10	未对储煤、褐煤进行烧旧存新扣4分；储存的烟煤、褐煤无煤场定期测温现象每次加4分；煤场有自燃现象每次扣2分

续表

序号	评价指标	评价内容	定性评价依据	评价方法	基础分	扣分标准
4.5		煤场盘点	DL/T 1052—2007 第6.3.2.11条（加强储煤场的管理，合理分类堆放，采取措施，防止自燃测温。煤场煤点、煤堆盘点每月进行一次，盘点按DL/T 606.2标准进行。 《电力工业燃料管理办法》（原电力工业部1994年8月14日）第32条（为配合正负煤计算煤耗实施，煤场点盘应与入炉入炉煤计量相协调，有条件的火电厂应逐步采用科学的方法进行盘煤，遇有大盈大亏现象发生时应查明原因，并按有关规定处理。 《火力发电厂燃料平衡导则》（DL/T 606.2—1996）第6.1～6.3条（轨道衡精度为0.005，皮带秤精度为0.003，汽车衡精度为0.003）、第8.9条（入炉煤量，由入炉煤场收到基水分修正到入厂收到基水分：修正后入炉煤量水分 $t=$ 实测入炉煤量 $\times \dfrac{100-\text{入炉煤收到基水分}}{1000-\text{入厂煤收到基水分}}$	查看煤场盘点工作流程、记录	6	未每月进行煤场盘点扣6分；没每月进行煤炭密度测定扣3分；没有进行煤场盈亏分析扣3分
					4	水分差误差调整不符合规定扣2分；计量误差调整不符合标准规定扣2分
	燃料平衡	燃料不平衡率	《火力发电厂能量平衡导则总则》（DL/T 606.1—1996）第9.2条（燃料平衡的不平衡率不超过±1%）		10	燃料不平衡率超过±1%，每超0.1个百分点扣2分
			DL/T 606.1—1996 第3.4条（火力发电厂能量平衡每上年进行一次。原则上每5年进行一次。		2	五年内未进行燃料平衡测试扣5分
		燃料平衡报告	《火力发电厂燃料管理导则》（DL/T 606.2—1996）第10.6条（提出改进燃料管理工作建议：燃料计量管理、储煤场管理、燃料取样化验、非生产用煤管理等方面改进建议）		5	没有燃料平衡报告扣3分；平衡总结报告没有提出改进燃料管理工作建议扣1分
					3	
5	锅炉指标				498	
5.1	锅炉效率				453	
5.1.1	锅炉效率管理	效率试验	《电力工业节能技术监督规定》（电安生〔1997〕399号）第3.2.6条（主要系统和设备在试生产、大修以及进行重大技术改造前后，都应进行性能试验，为节能技术监督提供依据）。 DL/T 1052—2007 第6.5.4.2条（在机组A级检修前后应按标准GB/T8117、GB/T14100或DL/T85 1进行热耗试验、热效率、汽轮机热耗试验）、第6.5.4.3条（结合B/C级检修，宜开展锅炉热效率试验）	检查效率试验报告	150	新机组投产后，大修前后至少进行一次效率试验；大修前后未按规定进行一次效率试验扣15分
					15	

续表

序号	评价指标	评价内容	定量评价依据	评价方法	基础分	扣分标准
		优化燃烧调整试验	DL/T 1052—2007第6.4.2.3条（运行中要掌握入炉煤质的变化，根据煤种、煤质分析报告及燃烧状况，及时进行燃烧调整，使机组蒸汽参数保持经济值，减少过热器与再热器减温水的投入量）	检查优化试验报告	40	新机组投产、相关设备重大改造后未及时进行优化燃烧调整试验扣40分，试验指导不规范、结果指导性差扣20分
		运行调整	《300MW级锅炉运行导则》（DL/T 611—1996）6.3.3.3条（在锅炉正常运行中，对配中间储仓式制粉系统的锅炉，煤粉燃烧器应逐只对称投入或停用，切调燃烧的锅炉严禁煤粉燃烧器缺角运行；对直吹式制粉系统的锅炉，各煤粉燃烧器投入时，并配直运行时，应将最大数量的煤粉燃烧器投入，各煤燃烧器的供粉均匀，以均衡炉膛热负荷，减小热偏差；低负荷运行时，尽量少投煤粉燃烧器，保持较高的煤粉浓度，且煤粉燃烧器尽量避免脱层运行；及时进行风量调整，确保煤粉燃烧完全）	检查运行调整方案、运行记录、现场检查	30	未根据优化燃烧调整试验结果制定运行调整方案扣30分；方案不全面、不具体扣5分；未执行扣10分
			《火力发电厂节约能源规定（试行）》（能源节能〔1991〕98号）第16、18条（运行人员要树立整体节能意识，以提高全厂经济性，不断总结运行经验，使各项运行参数达到额定值。锅炉司炉要掌握入炉煤的变化，根据改善和提高锅炉安全经济性运行的结果要求进行及时调整燃烧，经常检查各项参数与额定值是否符合，如有偏差要分析原因并及时解决。凡影响经济运行的各项缺陷，要通知检修，要及时消除）		20	大修前后未进行热效率对比评价扣5分；效率比修前降低到10分；未分析原因、制定有效改进措施扣5分
		检修维护	《电站锅炉性能试验规程》（GB/T 10184—1988）第6.11.1、6.11.2条（为保证锅炉安全经济运行，大修前后应做热力试验，以对锅炉大修前后的性能进行比较和鉴定，用热力试验的结果要为导试验，不断改善和提高锅炉安全经济运行水平。热力试验的常规项目包括：锅炉热效率试验、风门调节特性试验、煤粉细度及均匀性试验、回转式空气预热器漏风量试验及其他主要辅机的特性试验等。根据实际情况和需要，亦可做空气动力场试验）	检查检修和缺陷记录、现场检查	5	燃烧器摆角不能正常操作扣3分；火检监视角未优化扣3分
					5	未按要求进行空气动力场试验扣5分

续表

序号	评价指标	评价内容	定性评价依据	评价方法	基础分	扣分标准
		检修维护	DL/T 611—1996 第6.3.1条 [风量的调整：正常运行时，及时调整送风机、吸风机风量，维持正常的炉膛压力，锅炉上部不向外冒烟气，炉膛出口的过量空气系数，应根据不同燃料的燃烧试验确定，烟气中的最佳含氧量应由调整试验确定；各部隔风率符合设计要求。值班人员应确知炉前燃料的种类及其主要成分（挥发分、水分、灰分、燃油率、燃油温度）。发热量和灰熔点不同燃料通过调整试验确定合理的一、二、三次风压、风速、控制调整一、二、三次风量，达到配比良好的燃烧工况。当锅炉增加负荷时，应先增加风量，随之增加燃料量，后减少风量；锅炉减少负荷时应先减少燃料量，后减少风量，并加强风量和燃料量的协调配合]。《火力发电厂锅炉机组检修导则》（DL/T 478.2—2001）第10.1.1条（更换时喷口偏转角度符合设计要求；更新喷口的高度和宽度的允许偏差为±6mm）、第10.2.1条（喷口外形完整、无开裂、无严重变形和严重磨损。喷口位置合乎设计要求）。	检查检修和缺陷记录、现场检查	6	燃烧器中心标高、安装角度等不符合要求，扣6分
					5	CFB锅炉存在影响流化风均匀性的异常未及时处理扣5分
					12	一、二、三次风门挡板或执行机构故障等未及时处理，每处扣4分；燃烧器异常未及时消除扣4分
		化学监督	《火力发电厂锅炉化学清洗导则》（DL/T 794—2001）第3.5.2条 [在大修前的最后一个小修期割水冷壁管、测垢量，当水冷壁管内的垢量达到规定的范围时（汽包锅炉300~400g/m²，直流炉200~300g/m²），应安排化学清洗。当运行水质分析和锅炉内的检查出现异常情况时，经过技术分析可安排提前清洗]。《火力发电厂水汽化学监督导则》（DL/T 561—1995）第3.11.2条 [腐蚀指示片无点蚀、平均腐蚀速率应小于10g/（m²·h）]。DL/T 246—2006 第5.2.6条（化学监督专责工程师对热力设备的腐蚀、结垢、积盐及沉积物情况进行全面分析，并针对存在的问题提出整改措施与改进意见，组织编写机组检修化学监督检查报告）	检查大修记录、预防措施、监督计划、监督报告	6	未制定"四管"防蚀、垢、氧化皮生成及脱落清措施，缺一项扣2分
					6	受热面结垢速率超标每处扣3分

续表

序号	评价指标	评价内容	定性评价依据	评价方法	基础分	扣标准
		化学监督	《火力发电厂热力设备耐火及保温检修导则》(DL/T 936—2005) 第7.2.1、7.3.2条 (室内布置：炉墙外表面温度与环境温度的温差≤25℃；室外布置：炉墙外表面温度与环境温度高于27℃时，保温及管道保温结构外表面温度允许比环境温度高20℃；设备及管道保温结构外表面温度与环境温度差不超过25℃)	检查大修记录、预防措施、监督计划、监督报告	8	保温外表面温度不合格每处每处扣2分
5.1.2	排烟温度				80	
		标定试验		检查标定试验报告、运行记录	10	A、B、C级检修后排烟温度未标定扣10分；排烟温度指示不准或代表性差扣5分
		运行调整	DL/T 611—1996 第6.3.1条 (锅炉正常燃烧时，燃料的着火距离适中，火焰稳定，且均匀地充满燃烧室，不应直接冲刷水冷壁。各段冲刷烟尽量减少不完全燃烧损失)	检查运行记录、分析报告、措施	30	两侧排烟温度偏差大未进行专题分析扣5分；排烟温度偏差大未制定措施扣30分；不执行扣10分
			DL/T 611—1996 第6.2.2条 (主要参数的运行限额，应根据制造厂家设计值及通过现场试验所取得的数据在现场规程中具体规定)		8	A、B、C级检修前后排烟温度对比分析扣2分；排烟温度(修正值)修后比修前升高扣4分；未分析原因，未制定有效改进措施扣2分
		检修维护	DL/T 611—1996 第8.5.2.2条 (回转式空预器进、出口烟温及热风温度应正常，并注意监视回转式空预器前必须进行吹灰。停炉前必须进行吹灰，及时进行吹灰器吹灰)	检查检修和缺陷记录、现场检查	14	预热器换热性能达不到设计要求扣8分；A、B、C级检修未进行预热器受热面清灰每次扣6分
			《火力发电厂锅炉机组检修导则》(DL/T 750—2001) 第3.3.1条：空气预热器积灰情况轻微时，可在空气预热器停运后用具有一定压力要求的压缩空气对传热面、转子表面进行吹扫。吹扫工作由上而下进行。吹扫期间应全开所有送、引风机风门挡板，保持空气预热器具有良好的通风。		6	负压制粉系统漏风、磨煤机冷热风门内漏，每处扣2分
					5	烟气调温挡板或喷燃器摆角不能正常调整扣5分
			《回转式空气预热器运行维护规程》(DL/T 750—2001) 第8.1条 (在锅炉带负荷期间，如果发现综合冷端烟温运行或低于推荐的最低值，应投入暖风器或启用热风再循环)		3	热风再循环或暖风器供汽门内漏每处扣1分
					4	炉底、炉壁、烟道、CFB锅炉膨胀节漏风，每处扣2分

续表

序号	评价指标	评价内容	定性评价依据	评价方法	基础分	扣分标准
5.1.3	锅炉氧量				35	
		氧量标定	《热工仪表及控制装置检修运行规程（试行）》（水电生字[1986]93号）6.1.3.4条[每三个月，用标准气体（含氧量约为1%和8%两种，流量为120L/h）校对仪表示值一次]	检查校验记录	10	未按规定进行标定扣10分
		运行调整	DL/T 611—1996第6.3.3.1条（正常运行时，及时调整送风机风量，吸风机风量，维持正常的炉膛压力，锅炉上部不向外冒烟气，炉膛出口处烟气中的过量空气系数，应根据燃烧试验确定；各层漏风率符合设计要求。《135MW级循环流化床锅炉运行导则》（DL/T 1034—2006）第5.2.2.3条（一般运行情况下，一次风率占40%~60%，二次风率占55%~40%；对于不同煤种，一、二次风合理的比例，可通过试验确定）	检查燃烧调整报告、运行记录、统计报表、现场检查	10	未按优化调整结果配风扣10分
		检修维护		检查试验记录	8	锅炉A级检修未进行漏风检查试验扣8分
				检查运行和缺陷记录、设备台账	7	送、引风机出力不足、不能满足燃烧要求扣5分；烟风挡板配缺陷造成风量无法正常调整扣2分
5.1.4	飞灰可燃物				50	
		取样化验	《化学监督导则》（DL/T 246—2006）第5.3.7条[每化班（值）对飞灰可燃物进行煤粉细度测定]	检查统计报表、化验单、现场检查	15	每天至少一次取样化验，缺一次扣5分；飞灰取样范围不规范扣5分
		运行调整		检查统计报表、运行记录、措施、现场检查	20	飞灰可燃物偏高未及时分析原因扣10分、分析不到位扣5分、未制订措施扣5分
		检修维护		检查修前修后试验报告、改进措施、检修后运行记录	15	A、B、C级检修未进行修前修后可燃物对比评价扣3分；修后飞灰可燃物比修前升高扣4分；未分析原因、制定改进措施扣2分；燃烧、制粉系统飞灰可燃物的设备缺陷未及时消除，每处扣2分

续表

序号	评价指标	评价内容	定性评价依据	评价方法	基础分	扣分标准
5.1.5	炉渣可燃物				20	
		取样化验		检查化验记录、化验分析报告	6	炉渣可燃物每天取样化验一次、未执行每次扣3分
		运行调整		检查统计报表、运行及检修记录、措施、现场检查	6	未制定控制炉渣可燃物措施扣6分；措施不全每扣2分；未执行扣4分
		检修维护		检查修前修后试验报告、改进措施、检修运行记录	6	未进行A、B、C级检修前后可燃物对比评价扣2分；修后比修前可燃物升高扣3分；未分析原因、制定改进措施扣1分
					2	配风、燃烧、制粉系统影响炉渣可燃物的设备缺陷未及时消除、每处扣1分
5.1.6	石子煤热值				18	
		取样化验		查统计报表、化验报告	3	石子煤热值至少每两周取样化验一次、未执行扣3分
		运行调整	《塔式炉超临界机组运行导则》（DL/T 332.1—2010）第9.3.2条（正常时石子煤量应小于本磨煤机额定出力的0.05%，或者其热值低于6.27MJ/kg；若超过上述数值，应从调整一次风量、提高加载压力或更新碾磨件等方面来改善）	检查统计报表、运行记录、现场检查	6	未制定控制石子煤热值措施扣6分；措施不全每扣3分；未执行扣4分
		检修维护		检查修前修后试验报告、改进措施、检修	3	未进行A、B、C级检修前后石子煤热值对比评价扣1分；修后石子煤热值值上升扣1分；未分析原因、采取有效措施扣1分
					6	一次风量、磨碗差压、液压加载力等控制不合理造成石子煤热量增加，每项每次扣1分；动静环间隙、喷嘴面积不合理，碾磨件不合理及时补焊每项每次扣2分

续表

序号	评价指标	评价内容	定性评价依据	评价方法	基础分	扣分标准
5.1.7	空气预热器	漏风试验	DL/T 1052—2007 第6.2.3.8条（预热器漏风率应每月或每季度测量一次，以测试报告的数据作为监督的依据）	检查漏风试验报告、试验措施	40	A、B、C级检修前后和每季度各一次漏风试验，缺一次扣5分；试验方法不规范扣3分
		运行调整	《回转式空气预热器运行维护规程》(DL/T 750—2001) 第8.6条（检查回转式空气预热器润滑油系统，每班至少一次）	检查运行记录、现场检查	15	未制定控制漏风措施扣6分；措施不全扣3分；未执行扣4分
					7	
		检修维护	《火力发电厂节约能源规定(试行)》(能源节能[1991]98号) 47条（减少回转回转式空气预热器的漏风。结合检修，对现有风罩式回转空气预热器各部件间隙进行调整消缺，并加强维护和运行管理。对结构不合理、通过检修仍不能解决严重漏风问题的，要结合计划检修进行改造或更换）。《火力发电厂锅炉机组检修导则》(DL/T 748.8—2001) 第3.5.3、3.5.4条（对于安装有漏风控制系统的空气预热器，应进行如下检查和检修：清除传感器及执行机构周围的积灰和杂物，保持传感器及执行机构周围清洁，无结垢，检查扇形板无变形、无裂纹；扇形板升降应灵活，能达到高低限位；对探头和传感器进行检查修复；对执行机构进行检查修复）。《回转式空气预热器运行维护规程》(DL/T 750—2001) 第5.9条（确认回转式空气预热器密封符合设计值，有漏风控制装置的，漏风控制装置应完好）	检查修前修后试验报告、改进措施、检修运行记录	8	A、B、C级检修前后未进行预热器漏风率对比评价扣2分；修后漏风率比修前升高扣4分；未分析原因，未采取有效措施扣2分
					5	预热器密封调整装置故障未修复扣5分
					5	未进行密封间隙调整和堵漏扣5分

续表

序号	评价指标	评价内容	定性评价依据	评价方法	基础分	扣分标准
5.1.8	煤粉细度				40	
		取样化验	DL/T 246—2006 第5.3.7条[每班(值)对飞灰可燃物进行测定;根据需要定期进行煤粉细度测定]	检查煤粉取样化验方法、化验报告	6	煤粉取样装置不能正常使用扣4分,取样代表性不符合要求扣2分
					6	每套制粉系统每周至少取样化验一次,缺一次扣2分
		调整试验	DL/T 1052—2007 第6.2.3.11条(随着煤粉变细磨煤机电耗和磨损增加而锅炉燃烧效率提高,因此存在一个经济煤粉细度,应由试验确定)。《200MW级锅炉运行导则》(DL/T 610—1996)第8.2.2.2条[运行中的监视:e)定期对煤粉细度进行取样分析,最佳粉细度应经试验确定,并严格控制]	检查制粉系统试验报告、运行记录	9	投产后、设备重大改变或煤种变化大时未进行经济煤粉细度试验扣9分
		运行调整	DL/T 611—1996 第6.3.2条(锅炉良好燃烧应具备的条件:合理的一、二、三次风配比及良好的炉内空气动力工况);DL/T 610—1996第8.2.2.3条[制粉系统的运行调整:a)中间储仓式制粉系统出力的调整。为提高经济性和降低制粉电耗,在保证合格煤粉细度的条件下,应尽量使制粉系统保持在额定出力下运行。b)直吹式制粉系统出力调整。对中速磨煤机在磨损中后期,应及时调整加载压力,以保证制粉出力。c)煤粉细度的调整。中间储仓式制粉系统可采用调整粗细粉分离器折向挡板的方法来调整煤粉细度。直吹式制粉系统可采用改变分离器的方法或改变旋转分离器转速的方法来调整煤粉细度]	检查运行记录,现场检查	10	未制定控制煤粉细度措施扣10分;措施不全扣2分;未执行扣4分
		检修维护	《火力发电厂锅炉机组检修导则》(DL/T 748.4—2001)第17.1.2条(锁气器必须灵活,法兰不漏粉)。DL/T 478.4—2001第14.1.2条(粗粉分离器简体磨损超过原厚度2/3时,应挖补处理;防磨衬板磨损超过2/3时,应更换)、第14.2.1条(细粉分离器简体壁磨损严重磨损超过2/3时,需更换;防磨衬板磨损厚度超过2/3时应更换)	检查检修和缺陷记录,现场检查	4	回粉锁气器异常造成煤粉细度不合格,每次扣2分
					5	分离器挡板未检修,校正扣1分;粗、细粉分离器严重磨损未及时处理扣2分

续表

序号	评价指标	评价内容	定性评价依据	评价方法	基础分	扣分标准
5.1.9	吹灰器	运行调整	《火力发电厂节约能源规定（试行）》《能源节能〔1991〕98号》18条（要按照规程规定及时做好锅炉的清焦和吹灰工作，以使锅炉经常处于最佳工况下运行）。DL/T 611—1996第6.3.3.4条（锅炉受热面的结渣除按主要原因取决于燃煤的结渣特性及燃烧工况。因此，除注意监视各段工质温度的变化外，还应加强组织良好的炉内燃烧工作的管理工作。电厂用煤应长期固定；若煤种多变，应加强混煤、配煤，防止受热面结渣；运行中加强锅炉吹灰工作，使其受热面接近设计煤种；运行中加强锅炉吹灰工作，及时采取措施，防止结渣。对于有严重结渣倾向的锅炉，现场应制订防止结渣的具体措施）	检查运行记录、吹灰方案、现场检查	20 16	未制定吹灰器定期投运制度扣10分、吹灰参数、方式未根据结焦、结热，积灰情况进行优化扣4分；未执行吹灰制度一次扣2分
		检修维护	DL/T 611—1996）第6.8.2条（锅护受热面吹灰工作应在燃烧稳定的工况下进行。对故障吹灰器应及时修复投用）。《火力发电厂锅炉机组检修导则》（DL/T 478.2—2001）第18.1.7条（喷管伸缩灵活，无卡煞现象。确认手操动作正常后才能送电试转。喷嘴与水冷壁的距离及喷管的垂直度应符合设计要求。电动试转时无异声，进退旋转正常，限位动作正常，进汽阀启闭灵活，密封良好，内外喷管动作一致）	检查缺陷和运行记录、现场检查	4	吹灰器故障未及时消除每台次扣1分
5.2	减温水量				45	
5.2.1	过热减温水量（给水泵出口引出）				15	

续表

序号	评价指标	评价内容	定性评价依据	评价方法	基础分	扣分标准
		运行调整	DL/T 611—1996 第 6.5.2 条（蒸汽温度的调整应以烟气侧为主，蒸汽侧为辅。烟气侧的调整主要是改变火焰中心的位置和流经过热器及再热器的烟气量，以达到调整蒸汽温度的目的。蒸汽侧的调整是利用减温器来实现的，根据蒸汽温度的变化情况，适当变更相应减温水量，即可达到调整蒸汽温度的目的。直流锅炉过热蒸汽温度的投用是以燃料与给水比例控制包覆过热器出口温度作为基本调节，喷水减温作为辅助调节。在运行中应控制中间点温度小于 385℃，尽量减少一、二级减温水的投用量。当用减温水调节过热蒸汽温度时，以一级喷水减温为主，二级喷水减温为辅）	检查运行记录、现场检查	10	未对减温水量超标原因进行分析扣 3 分；未制定控制减温水措施扣 10 分；配煤、配风和煤水比不合理，导致减温水增加，CFB 锅炉床压控制不合理导致使用减温水每项次扣 2 分；喷燃器摆角、烟气挡板调节不及时，不合理导致减温水增加每次扣 2 分
		检修维护		检查检修和缺陷记录、现场检查	3	煤质变化未及时采取措施导致减温水增加每次扣 3 分
					2	造成减温水增加的设备缺陷未及时消除（如调节门卡涩等）每处扣 2 分；控制阀调节不灵活扣 2 分；CFB 锅炉灰控阀调阀不正常扣 2 分
5.2.2	再热减温水量				30	
		运行调整		检查运行记录、现场检查	12	减温水量长期偏大未分析原因扣 3 分；未采取控制减温水量措施扣 12 分；配煤、配风和煤水比不合理，导致减温水增加，CFB 锅炉床压控制不合理导致使用减温水每项次扣 2 分；喷燃器摆角、烟气挡板调节不及时导致减温水增加扣 3 分
					6	不利用烟气侧调节手段而使用减温水调节每次扣 6 分
					6	煤质变化未及时采取措施导致减温水增加每次扣 6 分
		检修维护		检查检修和缺陷记录	6	减温水调节阀存在明显泄漏或减温水调节阀动作不灵活每处扣 3 分；CFB 锅炉灰控阀调节不正常扣 6 分

127

续表

序号	评价指标	评价内容	定性评价依据	评价方法	基础分	扣分标准
6	汽轮机指标				740	
6.1	热耗率				270	
		热耗试验	《电力工业节能技术监督规定》（电安生〔1997〕399号）第3.2.6条（主要系统和设备投产前后、大修以及进行重大技术改造前后，都应进行性能试验，为节能技术监督提供依据）。DL/T 1052—2007 第6.5.4.2条（在机组A级检修前后应按标准GB/T8117，GB/T14100或DL/T85 1进行热耗试验）、第6.5.4.3条（结合B/C级检修，宜开展锅炉热效率、汽轮机热耗试验）	检查试验报告，计算方法、热力计算书	20	A级检修后或新机投产后未做热耗率试验扣20分；试验计算方法不符合标准扣10分；无制造厂参数修正曲线扣5分
		热耗率评价		检查试验报告，机组大修总结报告，节能分析报告	20	A级检修后对修后，修前比修后；修前热耗率相比热耗率升高或修后热耗率未达到规定值扣10分；修后超耗未对影响低热耗率原因进行分析，提出降低热耗率的技术措施扣4分
		运行优化调整	《火力发电厂节约能源规定（试行）》（能源节能〔1991〕98号）第26条（凡200MW及以上机组必须配备计算机进行运行监测。积极开发计算机应用程序，参照机组的设计值或热力试验求得的最佳运行曲线，监视分析机组的主要经济指标，在运行中使用中偏差法和等效热降法，不断降低机组热耗。进行调整）。《褡式炉超临界界机组运行导则》(DL/T 332.2—2010) 第5.1e)条（负荷调整要求如下：汽轮机运行方式或厂家建议的其他运行方式）。《300MW级汽轮机运行导则》(DL/T 609—1996)第6.2.5条（负荷调整采用变压或定-滑-定方式）	检查试验报告，运行优化方案、运行记录、现场检查、规章制度、主机说明书，技改说明	30	未进行低负荷滑压运行试验扣20分；未制定、执行最佳的滑压运行曲线扣10分
					5	未按照设计要求使用中压缸启动方式扣5分
					25	未按照设计要求投入顺序阀运行方式扣25分

续表

序号	评价指标	评价内容	定性评价依据	评价方法	基础分	扣分标准
		检修维护	《发电企业设备检修导则》（DL/T 838—2003）第7.1.1.1条、7.1.1.2条、7.1.1.3条（规定了A、B、C级检修项目）和表A.2条（规定了A、B、C级标准项目）	检查汽轮机检修项目、技改计划、技术监督计划、检修总结	50	A、B、C级标准项目、非标准项目未进行检修，每项扣10分
					20	检修后高、中压缸效率低于修前值每项扣10分
					10	汽轮机、给水泵汽轮机轴封向外漏汽扣2分；轴封漏汽严重，造成油中进水扣5分
					5	轴封加热器温升比设计值每高2℃扣5分
					15	未进行汽动给水泵组效率试验扣10分；给水泵汽轮机进汽量超设计值10%扣5分
					10	给水泵再循环泄漏扣5分
			DL/T 609—1996第A2f）条（汽轮机的主要监测参数：调节级及各段抽汽蒸汽压力、温度、金属温度）	检查运行记录、现场	15	监视段压力比设计值每升高3%每处扣3分；偏离设计值3%，未分析原因、制定调整措施扣5分
					15	监视段温度超设计值5℃，每段扣2分
					15	低压缸排汽温度比凝汽器压力下的饱和温度每高1℃扣5分；未分析原因扣5分

序号	评价指标	评价内容	定性评价依据	评价方法	基础分	扣分标准
		化学监督	《火力发电厂节约能源规定(试行)》(能源节能〔1991〕98号)第23条(加强化学监督,搞好水处理工作,严格执行锅炉定期排污制度,防止锅炉和凝汽器、加热器等受热面以及汽轮机通流部分发生腐蚀,结垢和积盐)。《火力发电厂水汽化学监督导则》(DL/T 561—1995)第5.5条[一类设备基本不积盐或积盐量$<1mg/(cm^2 \cdot a)$,基本没有腐蚀;二类锅炉有轻微腐蚀,积盐量$<10mg/(cm^2 \cdot a)$,低压缸有轻微腐蚀,初凝区隔板有轻微腐蚀,不多,积盐量$>10mg/(cm^2 \cdot a)$,下隔板有较严重腐蚀,锈钢部件出现针孔或初凝区隔板有严重腐蚀。一类结垢:$<0.5mm$;二类结垢:$>0.5mm$;一类均匀腐蚀:$<0.005mm/a$;二类均匀腐蚀:$>0.005\sim0.02mm/a$;三类二类均匀腐蚀$>0.02mm/a$;一类局部腐蚀:无;二类局部腐蚀:点蚀,沟槽深度$\leqslant0.3mm$;三类局部腐蚀:点蚀,沟槽深度$>0.3mm$或已有部分管子穿孔]	检查化学分析报表、化学监督报告、检修记录	15	汽轮机通流部分积盐率超过$10mg/(cm^2 \cdot a)$扣10分;汽轮机通流部分积盐率$1\sim10mg/(cm^2 \cdot a)$扣10分;凝汽器铜管(不锈钢、钛管)结垢$>0.2mm$扣5分;凝汽器管束的腐蚀$0.005\sim0.02mm/a$扣5分;加热器等换热面积盐、腐蚀,结垢超标每项扣5分
6.2	真空系统				225	
6.2.1	凝汽器真空				28	
		优化调整	《凝汽器与真空系统运行维护导则》(DL/T 932—2005)第6.5条(最佳运行方式确定:根据计算得出的最佳背压及相应的冷却水温度和冷却水量,确定在不同工况下抽气器和循环水泵等设备的最佳运行方式,运行人员应根据参数和运行工况下确定的最佳运行方式,及时调整运行设备,保证机组运行始终维持在最佳状态)	检查运行优化方案、运行记录、现场检查	10	未进行真空系统运行优化试验扣10分;无真空系统运行优化调整方案扣10分;未执行真空系统运行优化方案扣5分
		检修维护	DL/T 1052—2007第6.4.2.5条(保持汽轮机在最有利的排汽压力下运行。当真空系统严密性不合格时,应检查泄漏原因,及时消除。在凝汽器真空严密性良好的状况下,绘制不同循环水进口温度与机组真空、端差性良好的关系曲线,作为经济运行的依据)	检查检修记录、现场检查	3	真空不合格没有制定措施扣1分;不合格没进行技术改造扣2分

续表

序号	评价指标	评价内容	定性评价依据	评价方法	基础分	扣分标准
6.2.2	凝汽器真空严密性				40	
		真空严密性试验	DL/T 932—2005 第 5.2 条（停机时间超过 15 天时，机组投运后 3 天内应进行严密性试验。机组正常运行时，每一个月应进行一次严密性试验）	检查运行记录、试验报告、现场检查	11	未按规定进行试验扣 8 分；试验方法不符合要求扣 3 分
		运行调整	DL/T 932—2005 第 4.5.3 条（根据运行工况及时调整轴封供气参数，维持轴封系统微正压运行）	检查运行记录、现场检查、化学化验记录	9	真空泵工作冷却器出口端差大于 4℃扣 4 分；无处理措施扣 5 分
					4	未及时调整轴封供汽压力，造成真空下降一次扣 2 分
		检修维护	DL/T 932—2005 第 5.1 条（真空真空严密性指标不合格时，应及时进行运行中检漏，或者利用停机机会灌水检漏）。	检查运行记录、查漏报告、缺陷记录、大修总结报告	4	A、B、C 级修前严密性不合格，未找出真空系统泄漏的部位扣 4 分
			DL/T 932—2005 第 4.2.1、8.1.2 条（机组检修完成后，应对凝汽器及真空系统进行灌水检漏。灌水水位应达到汽轮机低压缸汽封洼窝下 100mm 处，水位至少应能维持 8h 不变后认为查漏结束）		2	灌水检漏不符合要求扣 2 分
					10	A、B、C 级修真空严密性未达标扣 10 分
6.2.3	凝汽器端差				30	
		二次滤网	《凝汽器胶球清洗装置和循环水二次滤网装置》（DL/T 581—2010）第 5.2.5.10 条（二次滤网应符合下列规定：两端设计有法兰、网芯进、出口侧设有压力测点），第 5.6.3 条（设计循环水量下，网芯清洁时，直通式水阻小于 4.9kPa，弯管式水阻小于 6.9kPa；自动清洗后、二次滤网水阻小于网芯清洁时水阻的 1.05 倍）	检查运行记录、缺陷记录、现场检查	3	二次滤网网芯进、出水侧无压力测量装置扣 3 分
					4	二次滤网水阻超过规程，未及时冲洗扣 4 分
		检修维护	DL/T 932—2005 第 4.1.2 条（凝汽器清洁状态良好）、第 4.2.6 条（冷却管无穿孔泄漏）	检查检修记录、化学监督报告	18	未根据凝汽器结垢情况，未进行处理扣 18 分
					5	凝汽器管束因泄漏堵管，每 0.1% 扣 1 分

续表

序号	评价指标	评价内容	定性评价依据	评价方法	基础分	扣分标准
6.2.4	凝结水过冷度				15	
		运行调整	DL/T 932—2005 第4.1.5条（运行维护一般要求：凝结水过冷度合格）	检查运行记录、缺陷记录、现场检查	8	凝结水水位过高未及时调整造成过冷度超2℃扣2分
		检修维护	DL/T 932—2005 第7.9.2条（冷却度大主要原因：凝汽器水位高；冷却水流量大；传热管束布置不合理）	检查运行记录、化学分析报表	7	凝汽器冷却管泄漏一次扣2分；凝汽器冷却管泄漏未采取措施彻底消除扣3分
6.2.5	冷却水塔				45	
		性能试验	《工业冷却塔测试规程》(DL/T 1027—2006) 第1条（本标准规定了工业循环水逆流式冷却塔的监测和控制、噪声和飘滴损失水量测试的统一程序，及各项参数的测量方法、测试数据的处理方法对测试结果的评价方法）	检查试验报告	5	冷却塔未定期进行性能试验扣8分
		检修维护	DL/T 1052—2007 第6.4.2.8条（冷水塔应按规定做好检查和维修工作，结合检修进行彻底清污和整修；若循环水流量发生变化，应及时调整冷却塔内配水方式，充分利用水塔冷却面积，采用高效冷却塔和新型喷溅装置，提高水塔冷却效率）。	检查试验报告	5	冷水塔未定期进行彻底清理和整修扣5分
			《冷却塔塑料部件技术条件》(DL/T 742—2001) 第9.7条（应加强对循环水水质的监测和控制，防止在冷却塔塑料部件上结垢和滋生藻类）、第9.8条（运行监护人员应定期检查冷却塔同损坏情况的发生部位、数量及危害性情况的记载，对各种不同损坏情况尽可能详细作出检查和检修准备。）		10	冷水塔部件上结垢和滋生藻类、水泥层件腐蚀扣10分
			DL/T 742—2001 附录S1条（淋水填料因塌落而空缺的部位、行列不齐；因搁置不良或散块体应换新摘取、损坏的悬吊支撑构件应及时修复；因配水故障受水冲刷损坏的填料应更换；填料顶部变形、倒伏严重，气流道畅通的应更换；填料内部结构应更换；填料层面上的杂物应清除）	检查运行记录、检修记录、缺陷记录、现场检查	15	冷水塔淋水不均、有水柱或无水区，配水槽有溢流，每处扣5~15分；有虹吸装置的冷水塔虹吸不能正常建立扣4分
		冷水塔出水温度分析		检查运行记录、节能分析总结报告	5	冷却塔冷却幅超过标准未分析原因扣5分；无处理措施扣2分

续表

序号	评价指标	评价内容	定性评价依据	评价方法	基础分	扣分标准
6.2.6	空冷塔				45	
		运行调整	DL/T 742—2001 第9.6条（冷却塔在冬季运行时必须加强监护，应根据气温变化趋势及冷却水温度，及时采取防冻措施，确保冷却塔安全过冬）	检查运行优化方案、运行记录、现场检查	8	无冬季运行防冻措施扣4分；冬季运行空冷塔出现冻结情况扣8分
					12	无防大风措施扣6分；由于大风跳机扣10分；由于大风减负荷30%以上扣5分
		检修维护	《火力发电厂空冷塔及空冷凝汽器试验方法》（DL/T 552—1995）第2.2条（为了保证空冷塔、空冷凝汽器在良好的运行工况下进行试验，各部件、设备及被测试的空冷散热器应满足下述各项要求：a）冷却水质应满足设计要求；b）空冷系统的输送蒸汽、水管道及旁路无阻塞、泄漏；阀门严密、灵活、可靠；c）空冷散热器无破损变形、表面干净，无粉尘污染及杂物黏堵）	检查运行记录、检修记录、缺陷记录，现场检查	6	空冷塔翅片管严重变形一处扣2分
					6	检查空冷塔漏风一处扣2分
					7	未制定或优化空冷塔冲洗方案扣5分；未按规定进行空冷塔冲洗扣2分
					6	夏季背压达不到设计值扣3分；无处理措施扣5分
6.2.7	胶球清洗装置	运行调整	《凝汽器胶球清洗装置和循环水二次滤网装置》（DL/T 581—2010）第3.6条（投入运行的胶球数量是凝汽器单侧冷却管根数的7%～13%），第3.4条（合格胶球在使用条件下，湿态胶球外径比凝汽器冷却管内径大1～2mm），第A3.3.1条（胶球清洗系统调试及正常后，均应采用合格胶球。在使用中胶球直径磨损到等于或小于冷却管内径时，应更换）。	检查运行记录、胶球清洗记录、缺陷记录、现场查看	22	
					2	胶球正常投球数量未达到单侧凝汽器单侧流程管数的8%～14%，每次扣2分
			《凝汽器胶球清洗装置》（JB/T 9633—1999）第5.1.7条（投运胶球数取单侧凝汽器单侧流程管子数的8%～14%），第5.1.6条（运行中胶球直径应比凝汽器管子内径大1～2mm）		6	胶球质量不合格扣2分；胶球直径小于冷却管内径时未更换扣4分

续表

序号	评价指标	评价内容	定性评价依据	评价方法	基础分	扣分标准
		检修维护	《火力发电厂节约能源规定（试行）》（能源节能 [1991] 98号）第21条（保持凝汽器胶球清洗装置，包括二次滤网，经常处于良好状态，根据循环水水质情况确定运行方式，每天通球清洗的次数和时间）	检查运行记录、检修记录	9	胶球清洗装置设备存在缺陷，影响胶球清洗装置的投入扣9分
		运行分析	DL/T 581—2010第5.6.5条（胶球清洗系统收球率超过90%为合格，达到94%为良好，达到97%为优秀）	检查运行记录、检修记录、节能分析总结报告	5	投入率未达到98%，收球率未达到94%，未分析原因扣5分，无处理措施扣3分
6.3	回热系统				165	
6.3.1	给水温度				65	
		运行调整	《火力发电厂水汽化学监督导则》（DL/T 561—1995）第4.1.2条（锅炉给水中的硬度、溶解氧、溶解铁、铜、钠、二氧化硅的含量：汽包炉硬度$\leq 2\mu mol/L$，铁$\leq 20\mu g/kg$，铜$\leq 5\mu g/kg$，二氧化硅$\leq 20\mu g/kg$，溶解氧$\leq 7\mu g/L$；直流炉硬度$\approx 0\mu mol/L$，二氧化硅$\leq 20\mu g/kg$，铁$\leq 7\mu g/L$，铜$\leq 10\mu g/L$，电导率$\leq 0.3\mu S/cm$；溶解氧$\leq 7\mu g/kg$，电导率小于$0.2\mu S/cm$）《火力发电机组及蒸汽质量》（DL/T 12145—1999）第4.1条（汽包炉、直流炉在溶解氧小于$7\mu g/L$）		5	给水含氧量超标连续12h扣5分
				检查运行记录、化验记录、现场数据	10	给水泵密封水差压高于设计值每次/每台扣5分
		检修维护	《火力发电厂高压加热器运行维护导则》（1983年水电电生字第47号）第30条（应注意监视处于关闭状态的给水旁路阀的是否泄漏，对不同的给水系统，可根据旁路水旁路阀的温度测点或对照高压加热器出口给水温与下一级高压加热器入口水温之间的差异来判断，判断高压旁路阀门的严密性。当发现由于给水旁路阀不严而使高压加热器出口水温严重下降时，应及时消除给水旁路阀的泄漏）	检查检修记录、缺陷记录、现场检查、试验报告	20	加热器旁路阀门、加热器室隔板泄漏，每次加10分

续表

序号	评价指标	评价内容	定性评价依据	评价方法	基础分	扣分标准
		给水温度分析	《火力发电厂高压加热器运行维护导则》(1983年水电电生字第47号)第30条 (对U形管高加、泄漏的管子可以用与管子相同或类似材料制成的有锥度的塞子堵住管口,并密封焊好。管口漏泄时应进行补焊)。	检查检修记录、缺陷记录、现场检查、试验报告	10	加热器堵管数目达到总数的1%,每台扣5分
			《高压加热器技术条件》(JB/T 8190—1999)第4.10条 (机组的容量≥300MW时,单台高压加热器传热管子和管口的泄漏数量:不大于总数1.2%,且不多于28根;300MW>机组的容量>100MW时管子和管口的泄漏数量:不大于总数1.5%,机组的容量≤100MW时总管子和管口的泄漏数量:不大于15根;不大于总管子和管口的泄漏数量:不大于总数2%,且不多于8根。蒸汽冷却器和疏水冷却器的管子和管口的泄漏根数不多于8根)	检查运行记录、节能分析总结报告	20	抽汽管道压损比设计值每升高1%,每次/每台扣5分
					20	温度异常未进行分析出原因扣20分,无处理措施扣10分。
6.3.2	加热器	加热器温升指标	《电站汽轮机技术条件》(DL/T 892—2004)第19.1中b)条 (在给水系统中凝结水通过任何一台非供方提供的热交换器的焓升)	检查试验报告、运行记录、现场检查	65	
					15	各台加热器叠加温升达不到设计值,每降1℃扣5分
		运行调整	《火力发电厂高压加热器运行维护导则》(1983年水电电生字第47号)附录第15条 (空气积聚在汽侧传热面上,不仅影响高压加热器的传热束,还会引起管束的腐蚀,所以一般都设有放空气管。各发电厂安装和改造时,不要将此管堵死或取消,而且应在运行中定期排放高压加热器里面的空气)。	检查运行记录、现场检查	5	汽侧空气门未按规定开启扣5分
					10	加热器水位超过正常范围,每台扣5分
			《火力发电厂高压加热器运行维护导则》(1983年水电电生字第47号)第28条 (应经常注意高压加热器水位的变化,防止无水或高水位运行)		15	加热器、除氧器危急疏水动作,每次扣5分

续表

序号	评价指标	评价内容	定性评价依据	评价方法	基础分	扣分标准
		端差分析	《火力发电厂高压加热器运行维护导则》（1983年水电电生字第47号）第31条（应注意监视和核对高压加热器的端差。当端差增大时，应及时分析原因，加以处理）。《塔式炉超临界机组运行导则》（DL/T 332.2—2010）第2部分：汽轮机运行第8.4d）条（定期对高/低压加热器端差及端差变化进行分析，避免其低水位运行）。《汽轮机低压给水加热器技术条件》（JB/T 8184—1999）第4.2.1条（对于无过热蒸汽冷却段的低压给水加热器，其上端差一般取2.8~5℃设计，下端差一般取5.6~10℃）	检查运行记录、节能分析和检修总结报告	20	端差达不到设计要求未分析，每台扣5分
6.3.3	高压加热器	运行调整	《火力发电厂高压加热器运行维护导则》（1983年水电电生字第47号）第10条（每台高压加热器应设置疏水自动调节装置，保证在正常工况下高压加热器筒体内凝结的疏水连续不断地排出，并保持一定的水位。该疏水阀，特别是正常疏水调节阀，应尽量靠近下一级加热器的入口）。《火力发电厂高压加热器运行维护导则》（1983年水电电生字第47号）第33条（定期检查并试验疏水阀、给水自动旁路装置，危急疏水阀和抽汽止回阀的连锁装置）。	检查运行记录、专业分析	10	加热器水位波动造成加热器解列，每次扣10分
		检修维护	《火力发电厂高压加热器运行维护导则》（1983年水电电生字第47号）第39条（高压加热器在运行中发生下述任一情况时应紧急停用：汽水管道及阀门等爆破；加热器水位升高，处理无效，水位计失灵，无法监视水位时；水位计爆破又无法切断时）。《火力发电厂节约能源规定（试行）》（能源节能〔1991〕98号）第22条（保持高压加热器的投入率在95%以上。要规定和控制高压加热器启停中的温度变化速率，防止温度剧烈变化。维持正常运行水位。使给水温度达到相应值。要注意各级加热器的端差和相应抽汽的充分利用，使回热系统处于最经济的运行方式）	检查运行记录、检修记录、缺陷记录	15	因管子泄漏造成加热器解列，扣10分；因其他缺陷造成加热器解列，扣5分

续表

序号	评价指标	评价内容	定性评价依据	评价方法	基础分	扣分标准
		检修维护	《火力发电厂高压加热器运行维护导则》（1983 年水电电生字第 47 号）第 25 条（投入高压加热器先通蒸汽时的操作步骤为：逐步开启抽汽管上的进汽阀。为了防止高压加热器各部件加热过快，应控制给水温度的变化率不大于 5℃/min，以免产生热冲击而引起很大的温度应力，导致管口泄漏、筒体法兰结合面胀应处于全开位置）。 《火力发电厂高压加热器运行维护导则》（1983 年水电电生字第 47 号）第 36 条（机组正常运行情况下，当高压加热器水位计、疏水管或连接法兰等发生故障，需停用高压加热器而又可以在短时间内恢复运行时，可以单停高压侧而不停水侧，此时应逐渐关闭进汽阀，控制给水温度的变化率不大于 2℃/min）。 DL/T 1052—2007 第 6.4.2.6（高压加热器启停时应按规定控制温度变化速率，防止温度急剧变化。保持高压加热器旁路阀门的严密性，使给水温度达到相应值。要注意各级加热器的端差和相应抽汽的充分利用，使回热系统保持最经济的运行方式）。 《塔式炉超临界机组运行导则》（DL/T 332.2—2010）第 8.4f）条（正常情况下高/低压加热器应随机启动。机组运行中投入高/低压加热器应先通给水，投入蒸汽时应按抽汽压力由低至高逐个投入）		10	没有按规定启动高压加热器扣 5 分； 没有按规定停止高压加热器扣 5 分
6.4	蒸汽参数				80	
6.4.1	主蒸汽温度				25	

续表

序号	评价指标	评价内容	定性评价依据	评价方法	基础分	扣分标准
		运行调整	DL/T 609—1996 第6.2.1条（按照正常控制参数限额规定，监视汽轮机主要参数及其变化值应符合规定）、第6.2.6（运行中应控制蒸汽参数在允许范围内，当超限或有超限趋势时，应进行调整并准确记录超限量、超限时间及累计时间，同时进行相应处理）。《塔式炉超临界机组运行导则》（DL/T 332.2—2010）第5.1♭条（运行中应控制蒸汽参数在允许范围内，当超限或有超限趋势时，应进行调整并准确记录超限量、超限时间、同时进行相应处理）。DL/T 611—1996 第6.5.2.1条（正常运行时，应维持蒸汽温度在正常值+5℃、-10℃，两侧蒸汽温度偏差及过热蒸汽与再热蒸汽温度之差最大不超过允许值）	检查运行规定、运行记录、自动投入记录、现场检查	10	无压红线运行规定扣5分；未执行压红线运行规定、造成主蒸汽温度超低限每次扣5分
		检修维护	《火力发电厂节约能源规定（试行）》《能源节能[1991]98号》第25条（对各种运行仪表必须加强管理，做到装设齐全、准确可靠。全厂热工自动调节装置的投入率要达到85%以上。对100MW及以上大机组的自动燃烧和汽温自动调节装置要考核利用率）。DL/T 609—1996 第8.1.3条（主要仪表、自动调节系统、热控保护装置应随主机设备一并投入，未经有关技术主管批准不得停运）	检查检修、缺陷及运行记录、现场检查	6 9	主蒸汽温度调节系统不能自动调节扣6分、调节品质差造成汽温波动大影响汽温每次扣1分 因汽轮机设备缺陷影响汽温扣9分

续表

序号	评价指标	评价内容	定性评价依据	评价方法	基础分	扣分标准
6.4.2	再热蒸汽温度		《塔式炉超临界机组运行导则》(DL/T 332.2—2010)第 5.1f)条（运行中应控制蒸汽参数在允许范围内，当超限或有超限趋势时，应进行调整并准确记录超限量、超限时间及累计时间，同时进行相应处理）。 《300MW 级汽轮机运行导则》(DL/T 609—1996)第 6.2.1 条（按照正常控制参数限额规定，监视汽轮机主要参数及其变化值应符合规定）、第 6.2.6（运行中应控制蒸汽参数在允许范围内，当超限或有超限趋势时，应进行调整并准确记录超限量、超限时间及累计时间，同时进行相应处理）		30	
		运行调整		检查运行规定、运行和自动投入记录，现场检查	10	无压红线运行规定扣 5 分；未执行压红线运行规定、造成汽温超低限每次扣 5 分
			《火力发电厂节约能源规定（试行）》《能源节能〔1991〕98 号》第 44 条（对于再热汽温偏低的锅炉，应结合常用煤种的化学及物理特性，对照锅炉设计加以校核，进行有针对性的技术改造或进行全面的燃烧调整试验加以解决）		5	再热蒸汽温度长期偏低未分析原因，未采取有效措施扣 6 分
		检修维护	DL/T 609—1996 第 6.2.2 条（按规定内容进行设备定期巡检及维护）、第 8.1.3 条（主要仪表、自动调节系统、热控保护装置应随主机设备一并投入，未经有关技术主管批准不得停运）	检查检修、缺陷及运行记录，现场检查	6	再热蒸汽温度调节系统自动不能投入扣 6 分；调节品质差造成汽温波动大扣 1 分
					9	因汽轮机设备缺陷影响再热蒸汽温度扣 9 分

续表

序号	评价指标	评价内容	定性评价依据	评价方法	基础分	扣分标准
6.4.3	主蒸汽压力		《塔式炉超临界机组运行导则》（DL/T 332.2—2010）第 5.1f 条（运行中应控制蒸汽参数在允许范围内，当超控制范围限或有超限趋势时，应进行调整并准确记录超限量，超限时间及累计时间，同时进行相应处理）。		25	
		运行调整	DL/T 609—1996 第 6.2.1 条（按照正常控制参数变化规定。监视汽轮机主要参数及其变化值应符合规定）。DL/T 611—1996 6.4.1.1 条（汽包锅炉采用定压运行时，应保持蒸汽压力在正常值，并在允许范围内波动。蒸汽压力的调整可通过适当增减燃料量、风量、风煤的配比以及微调同步器的方式进行）。第 6.4.2.1 条（直流锅炉采用定压运行时，应根据机组负荷的需要相应调整蒸汽发量，维持定压力运行；力求做到汽压稳定。变量。维持汽轮机在额定蒸汽压力下运行，力求做到蒸汽压力稳定）	检查运行规定、运行记录、现场检查	10	无压红线运行规定扣 5 分；未执行压红线运行规定，造成汽压超限每次扣 5 分
		检修维护	DL/T 609—1996 第 6.2.2 条（按规定内容进行设备定期巡检及维护）、第 8.1.3 条（主要仪表、自动调节装置，热工保护装置应随主机设备一并投入，未经有关主管批准不得停运）	检查运行、自动投入及缺陷记录、现场检查	6	自动控制系统故障退出每次扣 3 分；压力自动调节差扣 3 分
					9	因汽轮机设备缺陷影响再热蒸汽温度扣 9 分
7	厂用电率管理				384	
7.1	综合厂用电率	综合厂用电率统计计算	《火力发电厂技术经济指标计算方法》（DL/T 904—2004）第 9.2.3 条（综合厂用电率计算公式）。DL/T 1052—2007 第 6.2.2.4 条（发电企业应对全厂和机组的综合厂用电率，供热厂用电率等技术指标进行统计、分析和考核，统计计算方法参照 DL/T 904 标准）。《火力发电厂电能平衡导则》（DL/T 606.4—1996）第 12.7 条（分析主要用电设备的电耗和电能利用率，分析全厂设备电能利用率和综合电能利用情况，找出节电潜力，为制定节电规划提供依据）	检查统计资料	20	
					10	厂用电率统计计算不符合要求扣 10 分；超过标准要求未分析原因、制定措施扣 5 分

续表

序号	评价指标	评价内容	定性评价依据	评价方法	基础分	扣分标准
		辅助厂用电率统计计算	《供电营业规则》(原电力工业部1996年10月颁布) 第七十四条 (用电计量装置原则上应装在供电设施的产权分界处。如产权分界处不适宜装表的,对专线供电的高压用户,可在供电变压器出口装表计量;对公用线路供电的高压用户,可在用户受电装置的低压侧计量。当用电计量装置不安装在产权分界处时,线路与变压器损耗的有功与无功电量均需由产权所有者负担)。 2.4条 (互联电网与发电厂的关口计量点原则上设置在其产权分界点,并应在并网协议中明确。如在产权分界点处不能准确计量上网电量,则关口计量点设置在发电机升压变压器高压侧。对三绕组变压器增加中间和备用变压器高压侧。但线路与变压器损耗的有功与无功电量均需由产权单位负担) 《电力变压器检修导则》(DL/T 573—2010) 第13.3.3条 (必要时进行变压器的空载损耗试验;必要时进行变压器的短路阻抗试验)。 《油浸式电力变压器技术参数和要求》(GB/T 6451—2008) 第9~11条 (规定了220kV以上电力变压器的空载损耗和负载损耗限值,例如370MVA空载损耗221kW,负载损耗790kW)。 DL/T 1052—2007 第6.3.3.3条 (非生产用电应配济计量表计,电能表精度等级不低于1.0级、检验合格率不低于95%)	检查统计台账、测试报告	10	主变压器损耗超设计值扣10分
7.2	发电厂用电率	发电厂用电率统计计算	《火力发电厂技术经济指标计算方法》(DL/T 904—2004) 第9.2.2.2条 (发电厂用电率计算公式)	检查相关制度、统计资料	10 5	厂用电率统计、计算不符合要求扣5分;供热机组未进行发电、供热的合理分配扣5分

续表

序号	评价指标	评价内容	定性评价依据	评价方法	基础分	扣分标准
		电平衡	DL/T 1052—2007 第 6.5.4.7 条（每五年宜开展一次全厂水平衡、电平衡、热平衡和燃料平衡的测试，采用标准为 DL/T 606）。《节约用电管理办法》（国经贸资源〔2000〕1256 号）第九条［用电负荷在 500kW 及以上或年用电量在 300 万 kW 时及以上的用户应当按照《企业能量平衡通则》（GB/T 3484）规定，委托具有检验测试技术条件的单位每一至四年进行一次电平衡测试，并据此制定切实可行的节约用电措施］	检查电平衡报告、节电措施	5	未定期开展全厂电量平衡，扣 5 分；电量不平衡率超标准未分析原因、制定措施扣 3 分
7.3	锅炉辅机耗电率				153	
7.3.1	磨煤机耗电率				35	
		优化调整试验	《火力发电厂节约能源规定（试行）》《能颁节能〔1991〕98 号》第 40 条（锅炉应进行优化燃烧试验，对煤粉、炉膛细度及其分配均匀性，一次、二次风量及总风量，炉膛火焰中心位置，磨煤机运行在各种负荷下的优化运行方案，制订出针对常用煤种用炉前煤进行调整试验等的优化运行方案）。《火力发电厂制粉系统设计计算技术规定》（DL/T 5145—2002）第 5.2.2，5.3.3，5.4.3，5.5.3，5.6.3，5.7.3 条（中间储仓式钢球磨煤机出力在最佳钢球装载量下应能满足钢球磨煤机制粉系统应能满足设计下应能满足下列要求：球磨煤机出力在最佳钢球装载量下应能满足设计的要求；煤粉细度应进行优化性调整并满足锅炉燃烧的要求；三次风应在最佳通风量下运行，一次风量及风温应满足设计及锅炉燃烧的要求；各一次风及风温应满足设计及锅炉燃烧的要求	检查磨煤机（或制粉系统）试验报告	10	未开展优化调整试验扣 10 分；试验项目不全每缺一项扣 2 分
		运行调整	5.7.3 条（中间储仓式钢球磨煤机出力在最佳钢球装载量下应能满足钢球磨煤机热风送粉制粉系统应能满足设计的要求；煤粉细度超过设计值应进行调整并满足锅炉燃烧的要求；三次风应在最佳通风量下运行，一次风量及风量及风温应满足设计及锅炉燃烧的要求；各一次风及煤粉分配满足双进双出钢球磨煤机出力应满足下述性能要求：双进双出钢球磨煤机直吹式制粉系统应能满足下述性能要求：双进双出钢球磨煤机出力在设计钢球装载量下应能满足设计的校核，并应进行在运行煤质条件下磨煤机的计算出力的校核；煤粉细度及风温均匀性应满足及锅炉燃烧的要求；一次风量及风温应能满足设计及锅炉燃烧院的要求；各一次风管及风量及分配能满足设计及锅炉燃烧的要求）	检查制粉系统优化运行措施、运行记录、现场检查	10	未按优化调整试验结果编制经济运行方案扣 10 分；方案不全缺一项扣 3 分；未执行制粉系统经济运行方案扣 5 分

续表

序号	评价指标	评价内容	定性评价依据	评价方法	基础分	扣分标准
		检修维护	《火力发电厂锅炉机组检修导则 第4部分：制粉系统》(DL/T 478.4—2001) 第4.2.1 条 (检查钢球破损情况；选配钢球。钢球磨损后直径为15~20mm 的不超过20%，直径在15mm 以下必须更换为合格的钢球；钢球质量最大直径不超过60mm，钢球与衬板的硬度要匹配)。《火力发电厂钢球式磨煤机制粉系统运行规程》(电力工业部 [1979] 电生字53号) 第42 条 (每天必须向磨煤机补充钢球一次，钢球的补充量，应等于共磨损量。磨煤机在运行中，可通过专用补孔进行加钢球工作。所补充钢球的直径，应根据煤球的硬度、粒度及钢球磨损率决定。一般应为30~40mm。如煤的硬度大、粒度大，磨损率大，可选用50~60mm 的钢球。根据电流表的指示，监视磨煤机钢球装载量是否正确)。DL/T 611—1996 第8.2.2.3 条 [b] 对中速磨煤机做好制粉系统的维护工作。通过测试得出钢球磨煤机的最佳钢球装载量以及按制粉量的耐磨补充球数量，定期补加和筛选钢球。中速磨煤机和风扇磨煤机的耐磨部件应推广应用特殊耐磨合金钢铸造，以延长其使用寿命)。	检查检修、缺陷记录、现场检查	3	钢球磨衬板检查未更换、中速磨碾磨件、风扇磨机打击件磨损未及时更换或补焊扣3分
			《火力发电厂节约能源规定》(试行) 《能源节能 [1991] 98号》第37 条 (做好制粉系统的维护工作，磨件磨损中后期，应及时调整加载压力，以保证制粉系统出力)		3	未制定磨煤机钢球筛选制度扣2分；执行不力扣1分
					3	中速磨煤机变加载系统不能投用每磨扣1分
			《火力发电厂锅炉机组检修导则 第4部分：制粉系统》(DL/T 478.4—2001) 第14.1.2 条 (折向挡板灵活、开度一致、严密不漏粉)、第14.2.3 条 (孔门密封后不得偏粉、不漏风)。		3	粗、细粉分离器未按要求检查维护，存在影响出力缺陷未及时消除扣1~3分
			DL/T 478.4—2001 第13.1 条 (安装完毕后对瓦加油注油、减速器内注入润滑油；最后复查螺旋轴轮的水平，各部间隙合适、密封良好，盘转轻便灵活，可准备试转)		3	输粉绞龙不能正常使用扣3分

续表

序号	评价指标	评价内容	定性评价依据	评价方法	基础分	扣分标准
7.3.2	引风机耗电率				33	
		运行调整	《火力发电厂经济能源规定（试行）》《能源节能〔1991〕98号》第61条（通过试验编制主要辅机运行特性曲线，在运行中特别是低负荷运行时，对辅机进行经济调整）	检查运行规定、试验报告、现场检查	10	未进行变速调节风机动、静叶高效开度试验扣10分
					6	未进行引风机与增压风机经济运行匹配试验扣6分
					2	未通过试验确定启、停炉或低负荷单风机运行方式扣2分
					2	炉膛负压未优化扣2分
			《火力发电厂锅炉机组检修导则》（DL/T 478.5—2001）第7.1.2条（叶片、防磨头、防磨板及叶轮盘磨损超过原厚度的1/2时，应进行更换，防磨板磨损可采取挖补或焊补措施。集流器磨损不得超过原厚度2/3；局部磨损严重的可进行挖补，集流器与叶轮盘的配合应符合图纸要求）。 DL/T 1052—2007第6.4.3.4条（对效率较低的水泵和风机，可实施技术改造；对负荷变动较大的旋转机械，宜使用变速或变频技术改造）。 《电站锅炉风机选型与使用导则》（DL/T 468—2004）第7.5条（定期对风机进行维护检查，及时排除运行中出现的故障和异常。主要检查项目有：轴承、磨损和腐蚀程度、焊缝和铆接质量，动叶调节和调节机构、动叶螺栓连接、油系统、积灰情况和动作的一致性、灵活性、各调节叶片动作的一致性，表针的一致性等）。 DL/T 478.5—2001 第7.1.2条（检查叶片、防磨头、防磨板及叶轮盘有无严重变形或裂纹；叶轮及叶盘焊缝局部有裂纹时，需进行焊补，焊补前应将裂纹清除干净，可采取更换叶片、防磨头、防磨板、防磨盘的磨损情况，可采用焊补措施修复）。		2	叶轮、集流器、机壳与挡板磨损积灰严重、未修复扣2分
					2	离心风机叶轮与集流器间隙超标扣2分
		检修维护		检查检修和缺陷记录	3	变速调节装置故障不能投用扣3分

续表

序号	评价指标	评价内容	定性评价依据	评价方法	基础分	扣分标准
		检修维护	《火力发电厂锅炉机组检修导则》（DL/T 478.8—2001）第3.3.1条 [当传热元件的积灰情况较微（可根据空气预热器运行中的风、烟阻力判断）时，可在空气预热器停运后运行具有一定压力的压缩空气对传热面、转子表面反扫、烟道进行吹扫，吹扫工作由上而下进行。吹扫期间应全开所有送、引风机风门挡板，保持空气预热器具有良好的通风]，第3.3.2.2条（根据传热元件积灰的程度选择水清洗的方法。当积灰比较松软、具有高的可溶性时，可选用固定式水清洗设备进行清洗；当积灰较硬、具有较低的可溶性时，可选用压力较高的专用清洗设备进行清洗；当积灰坚硬甚至烧结型的，已很难用水清洗干净时，可将传热元件盒解体进行清理）。《燃煤电厂电除尘器运行维护导则》（DL/T 4.6.1—2004）第6.3.3条（电除尘器的大修大修项目外，还有检查放电极、收尘极板积灰情况，清除积灰）	检查运行和检修记录、现场检查	4	空气预热器烟气侧出入口压差超设计值未及时消除，每超10%扣1分
					2	除尘器前后压差超设计值未及时消除，每超10%扣1分
7.3.3	送风机耗电率	运行调整	《火力发电厂节能规定（试行）》（能源节能〔1991〕98号）第61条（通过试验编制主要辅机运行特性曲线，在运行中特别是低负荷运行时，对辅机进行经济调度）	检查运行规定、试验报告、现场检查	35	
					6	未进行变速调节风机进行动、静叶高效开度试验扣6分
					6	送风系统存在风门调节现象扣6分
					3	未通过试验确定启、停炉或低负荷单风机运行方式扣3分

续表

序号	评价指标	评价内容	定性评价依据	评价方法	基础分	扣分标准
		检修维护	DL/T 478.5—2001 第 4.1.2 条（叶轮及叶轮盘焊缝局部有裂纹及磨损时，必须进行补焊，补焊前应将裂纹清除干净。集流器和叶轮的配合间隙应符合配套要求。《电站锅炉离心式通风机》（JB/T 4358—2008）第 3.9 条（通风机进风口与叶轮进口圈的间隙应符合图样的规定，调节门应转动灵活）。《节能技术监督导则》（DL/T 1052—2007）第 6.4.3.4 条（对效率较低的水泵和风机，可实施节能技术改造；对负荷变动较大的风机，宜使用变速或变频技术改造）	检查检修和缺陷记录，现场检查	2	叶轮、集流器间隙不符合规定扣 1分
					2	变速及其他调节装置故障无法投运扣 2分
			DL/T 478.5—2001 第 6.1.1 条（进炉检查暖风器的磨损情况，发现磨损严重部件应进行更换，检查暖风器散热片间的积灰情况，应及时清除积灰；暖风器无堵灰现象；流通面积不得低于设计面积的 90%）		10	暖风器差压无监视手段扣 5分；暖风器、空气预热器进出口差压超设计值未及时清除，每超 5%扣 2分
			DL/T 478.5—2001 第 5.1.2 条（风道检修结束后，应将风道内的杂物清除干净，拆除临时固定物）。		3	风道漏风每处扣 1分
			第 8.1.1 条（整个烟道应严密，无泄漏现象）		3	A、B、C 级检修未彻底清理风道、吸入口、暖风器积灰、杂物扣 3分
7.3.4	排粉机耗电率				25	
		运行调整	《电站磨煤机及制粉系统性能试验》（DL/T 467—2004）第 5.1-5.9 条 [中间储仓式钢球磨煤机热风送粉制粉系统应能满足下述性能要求：a）钢球磨煤机出力（在最佳钢球装载量下）应能满足运行煤质条件下磨煤机的计算出力，并应进行在运行煤质条件下磨煤机的计算出力的校核。钢球磨煤机出力计算值应能满足锅炉最大出力的要求。b）煤粉细度及煤粉均匀性应能满足设计值并通过运行。c）三次风及煤粉均匀性应能满足设计值并通过运行。c）三次风量不应超过在最佳通风量下运行。d）一次风量及风温应在最佳燃烧的要求。e）一次风及煤粉应满足设计及锅炉燃烧的要求。f）各一次风管及风量及煤粉分配应满足设计及锅炉燃烧的要求]	检查运行记录，优化调整报告，现场检查	10	未按制粉系统优化运行方案进行调整扣 10分

续表

序号	评价指标	评价内容	定性评价依据	评价方法	基础分	扣分标准
		检修维护	《火力发电厂锅炉机组检修导则 第4部分：制粉系统》(DL/T 478.4—2001) 第10.1.2条 (叶轮焊补及更换防磨板)；《电站锅炉离心式通风机》(JB/T 4358—2008) 第3.9条 (通风机进风口与叶轮进口圈的间隙应符合图样的规定，调节门应转动灵活)	检查检修和缺陷记录，现场检查	8	叶轮、挡板磨损严重未修复每台风机扣2分
					7	离心风机叶轮、集流器间隙超标，每台风机扣2分
7.3.5	一次风机耗电率				25	
		运行调整	《火力发电厂节约能源规定 (试行)》(能源节能 [1991] 98号) 第61条 (通过试验编制主要辅机运行特性曲线，在运行中特别是低负荷运行时，对辅机进行经济调度)	检查运行规定、试验报告，现场检查	5	未根据燃烧和制粉系统调整试验结果合理调整扣5分；CFB锅炉未进行床压优化扣5分
					5	磨煤机进口风门开度偏小，CFB锅炉热一次风挡板未优化，存在较大节流扣5分
					5	变速调节风机进口、静叶高效开度试验未进行扣5分
					2	未通过试验确定启、停炉或低负荷单风机运行方式扣2分
		检修维护	《电站锅炉离心式通风机》(JB/T 4358—2008) 第3.9条 (通风机进风口与叶轮进口圈的间隙应符合图样的规定，调节门应转动灵活)	检查检修和缺陷记录，现场检查	2	离心风机叶轮、集流器间隙超标扣2分。
					2	变速或其他调节手段有故障未消除扣2分
					2	暖风器前后差压无监视手段扣3分；暖风器、空气预热器进出口差压超标未按设计值及时消除，每超10%扣1分
					2	一次风道漏风每处扣1分；吸入口异物未及时清理扣1分

续表

序号	评价指标	评价内容	定性评价依据	评价方法	基础分	扣分标准
7.4	汽轮机辅机耗电率				110	
7.4.1	循环水泵耗电率				30	
		运行调整	《火力发电厂节水导则》(DL/T 783—2001) 第 4.1.4 条（火力发电厂在运行中应根据水源和气象条件的季节变化及机组负荷的增减因素，对冷却水系统进行水量调节。调节手段可根据具体条件选择变速循环水泵动叶调节、改变循环水泵转速、选择循环水泵运行台数、调节用水管路阀门开度等）	检查运行规程、运行记录，现场检查	12	无优化运行方案扣 12 分；未执行方案扣 5 分
					2	循环水管道未定期放气或未建立虹吸扣 2 分
			DL/T 1052—2007 第 6.4.2.8 条（冷水塔应按规定做好检查和维护工作，结合检修进行清污和整修；若循环水流量发生变化，应及时调整塔内配水方式，充分利用水塔冷却面积，采用高效淋水填料和新型喷溅装置，提高水塔冷却效率）		3	水塔水位低于规定值扣 3 分
		检修维护		检查检修记录、缺陷记录，现场检查	4	A级检修未对水泵内部表面研磨打光或未根据实际情况更换叶轮等扣 4 分
					3	A级检修未按标准对水泵内间隙进行检查、调整扣 3 分
					3	水塔出口拦污栅、循环水泵入口滤网前后水位差大于 200mm 扣 3 分
					3	备用循环水泵出口门泄漏扣 2 分
7.4.2	凝结水泵耗电率				30	
		运行调整	《火力发电厂约能源规定（试行）》（能源节能 [1991] 98号）第 61 条（通过试验编制主要辅机运行特性曲线，对辅机进行经济调度，在运行中特别是低负荷运行时	检查统计报表，现场检查	10	变速凝结水泵使用调节门调节扣 10 分

续表

序号	评价指标	评价内容	定性评价依据	评价方法	基础分	扣分标准
		检修维护		检查检修记录、缺陷记录、现场检查	5	大修未对水泵内部表面研磨打光或根据实际情况更换叶轮等扣2.5分；大修未按标准对水泵内间隙进行检查、每次调整2.5分
				检查检修记录、技改报告、现场检查	5	变频调节装置故障无法投运，每次扣2.5分
					10	无变速调节装置扣10分
7.4.3	电动给水泵耗电率	泵组试验	《评价企业合理用电技术导则》（GB 3485—1998）第2.3条（为提高电能利用率，应选用高效的机械设备，以测定通风机、鼓风机效率低于70%；离心泵、轴流泵的效率低于60%必须改造或更换）。《大型锅炉给水泵性能现场试验方法》（DL/T 839—2003）第5.1条（在规定的条件下利转速下，下列参数中的一个或多个可由制造厂子以保证：在规定点总扬程下泵的总流量；在保证总扬程规定流量下泵的输入功率或效率）	检查试验报告	25 / 5	未做泵组效率扣5分
		运行调整	《火力发电厂节约能源规定》（试行）《能源节能[1991]98号》第61条（通过试验编制主要辅机运行特性曲线，在运行中特别是低负荷运行时，对辅机进行经济调度）	检查运行优化调整方案或措施、运行记录	10	给水无优化方案扣10分，未按规程或优化方案运行扣5分
			《火力发电厂节约能源规定》（试行）《能源节能[1991]98号》第51条（针对大机组在电网中变动负荷时的需要，将定速给水泵改为变速给水泵，或在原有定速给水泵上加变速装置）。	检查运行记录、缺陷记录、现场检查	5	再循环阀门内漏扣5分
		检修维护	《火力发电厂节约能源规定》（试行）《能源节能[1991]98号》第50条（对国产200MW机组，经过研究核算，有足够的汽源供应时，可将电动给水泵改为汽动给水泵）		5	变速调节装置故障无法投运扣5分

续表

序号	评价指标	评价内容	定性评价依据	评价方法	基础分	扣分标准
7.4.4	空冷风机耗电率	运行调整		检查运行优化方案、运行记录、现场检查	25	
					15	无运行优化方案扣10分；未执行运行优化方案扣5分
		检修维护		检查运行记录、缺陷记录、现场检查	5	大修未对空冷风机叶片角度进行检查调整扣5分
					5	叶片顶隙不符合规定扣3分
7.5	公用系统耗电率				91	
7.5.1	除灰除尘耗电率	运行调整	《燃煤电厂电除尘器运行维护导则》（DL/T 461—2004）第5.2条（热态性能试验内容：收尘极振打周期调整试验，以确定收尘极振打时间周期，并按试验结果重新设定供电方式和参数；供电参数优化调整试验，以确定最佳供电方式和参数，并按试验结果重新设定供电方式和参数；机组负荷与除尘效率的关系，以确定不同电场负荷下的除尘效率，投运不同电场的除尘效率；电场各室烟气量分配偏差应小于3%）。	检查运行优化方案、运行记录、现场检查	20	无除尘、除渣系统经济运行方案扣10分；未执行运行优化方案每处扣5分
		检修维护	《火力发电厂锅炉机组检修导则》（DL/T 478.7—2001）第7.4.3条：除渣系统（灰渣泵试验泵体无泄漏）、第8.1条（管道畅通无堵塞，严密无泄漏）。DL/T 461—2004 第6.3.2g)条（检查烟道、壳体、灰斗及人孔门处漏风，必要时进行焊补或更换密封垫）。《火力发电厂锅炉机组检修导则》（DL/T 478.6—2001）第5.1.1条：除尘器检修。《火力发电厂锅炉机组检修导则》（DL/T 895—2004）第6部分：清理灰斗内的积灰，积灰不宜从灰斗人孔门放灰，避免污染环境。灰斗内无存灰、积灰。《除灰除渣系统运行导则》（DL/T 461—2004）第6.2.1条（气力除灰系统的空压机、风机设备完好，无故障或缺陷）、第6.5.4条（正常运行期间的检查：检查并记录空气压力、出口压力、轴承温度、出口风温，输送风机的检查：包括电流、出口风温、冷却水压力等。注意各灰斗、输灰容器、灰库灰位情况，注意输灰过程中输灰管道的压力变化，及时发现堵管、漏灰等故障现象）。DL/T 461—2004 第6.1条（检修人员每班应按岗位责任制对所辖设备系统地进行全面检查，发现缺陷地及时消除）	检查检修记录、缺陷记录、现场检查	10	相关设备（如灰斗、灰管道、压缩空气管道等）存在结垢、泄漏、堵灰严重，未及时进行处理每处扣3分
					6	
					4	存在影响设备效率的缺陷扣4分

续表

序号	评价指标	评价内容	定性评价依据	评价方法	基础分	扣分标准
7.5.2	输煤系统耗电率				12	
		运行调整		查看运行优化方案、运行记录	6	输煤系统没结合配煤方案制定运行方式优化扣6分；未执行扣4分
		检修维护		检查检修记录、缺陷记录、现场检查	6	存在影响出力的缺陷未及时消除，每处扣3分
7.5.3	化水系统耗电率				12	
		运行调整		查看运行优化方案、运行记录	6	无运行优化方案扣6分；未执行扣4分
					2	变频调节装置故障，无法投运扣2分
		检修维护		查看检修记录、缺陷记录	4	设备存在泄漏、阻力大等影响耗电的缺陷未及时消除扣4分
7.5.4	脱硫系统耗电率				35	
		运行调整	《火电厂石灰石—石膏湿法烟气脱硫系统运行导则》(DL/T 1149—2010) 第4.1.2~4.1.4条（运行主要调整内容：烟气系统调整、二氧化硫吸收系统调整、制浆系统调整、石膏脱水系统调整）	检查运行优化方案、运行记录、现场检查	15	未根据FGD入口二氧化硫浓度调整浆液循环泵、氧化风机运行方式，pH值、浆液密度、液位高度优化调整运行方式每项扣5分
					5	未优化调整增压风机的运行方式扣5分
					5	未根据GGH差压和除雾器的堵塞情况优化调整石灰石湿磨的运行方式扣2分
					2	未优化调整石灰石湿磨的运行方式扣2分
					2	石灰石品质不合格每次扣1分

续表

序号	评价指标	评价内容	定性评价依据	评价方法	基础分	扣分标准
		检修维护	DL/T 1149—2010第3.1.2.2条（吸收塔人孔门、检查孔关闭严密）、第3.1.2.3条（烟气挡板门、增压风机、GGH设备完好、GGG无泄漏、堵塞）。第7条（吸收塔泄漏部位应及时进行补焊及防腐处理，喷嘴完整、无堵塞、磨损，除雾器表面清洁，无结垢、堵塞）、第7条（GGH及其辅助设备：蓄热片表面无石膏、石灰石、无积灰，否则应进行冲洗或洗漆；槽瓷损坏严重应进行更换）	查看检修记录、缺陷记录	4	系统存在明显漏风每处扣2分
					2	存在结垢等原因造成系统阻力增大的缺陷未及时处理扣1分
7.5.5	供热系统耗电率				12	
		运行调整		检查优化运行方案、运行记录	10	无优化运行方案扣10分；未开展供热系统的节能分析扣2分；未执行扣8分
		检修维护		检查检修记录、缺陷记录	2	存在影响经济性的设备缺陷未及时消除每处扣2分
8	用水管理				98	
8.1	单位发电量取量				30	
		单位发电量取量计算	《取水定额 第1部分：火力发电》（GB/T 18916.1—2002）第4.2条（单位发电量取量计算公式）	检查水耗率计算方法	5	统计方法不正确扣6分
		运行调整	《节水型企业评价导则》（GB/T 7119—2006）第6.1条（a企业实施节水的"三同时、四到位"制度）。《火力发电厂节水导则》（DL/T 783—2001）第3.5.2条（火力发电厂的施工和运行应全面贯彻并正确实施对各系统水量、水质的计量、监测和控制，并应加强对水系统设备、管道的检修和维护，做到汽水系统严密无泄漏、启动过程中汽水损失少、正常运行后经常处于最佳状态）	检查运行记录、规章制度	10	未制订节约用水措施扣10分；未执行该措施扣5分

续表

序号	评价指标	评价内容	定性评价依据	评价方法	基础分	扣分标准
		疏放水回收	DL/T 783—2001 第 3.5.2 条《火力发电厂的施工和运行应全面贯彻并正确实施设计的各项节水技术措施和要求》	现场检查	10	机组疏水放水回收未按设计要求回收扣 10 分
		检修维护	DL/T 783—2001 第 3.5.2 条《火力发电厂的施工和运行应全面贯彻并正确实施设计的各项节水技术措施和要求……生产运行中应加强对各系统水量、水质的计量、监测和控制，并应加强对水系统设备、管道的检修和维护，做到水系统严密无泄漏，启动过程中汽水损失少，正常运行后经常处于最佳状态》	检查运行记录、检修记录、缺陷记录	5	发生缺陷，造成用水系统集中放水或泄漏扣 2~5 分
8.2	机组补水率				15	
		运行调整	DL/T 783—2001 第 4.3.3 条《为了减少机组启动过程中的汽水损失，单元式机组宜采用精参数方式启动。对于装有凝结水精处理装置的电厂，在启动前应确保该装置能正常投运》。《火电厂节约用水管理办法（试行）》（国电发〔2001〕476 号）第二十条《根据季节变化对机组停与负荷的变化情况，及时调整循环冷却水量和工业冷却水量，达到安全经济运行》	检查运行记录、现场检查	5	因水汽指标不合格引起的排污每次扣 2 分；精处理系统投用不正常每次扣 1 分；闭冷水系统补水超设计值每次扣 1 分；水汽取样站取用阀门开度大每次扣 1 分
		补水率统计分析	DL/T 783—2001 第 4.1.7 条《闭式辅机冷却水系统的补水率不应超过 0.5%》	检查统计报表、运行记录、现场检查	10	统计、计算方法不正确扣 10 分；补水率异常后无分析及处理措施扣 5 分
8.3	全厂复用水率	水回用率	《火电厂节约用水管理办法（试行）》（国电发〔2001〕476 号）第二十四条《尽可能回收冲灰澄清水，灰场澄清水，实现灰水闭式循环。工业废水回收利用率要大于 80%，并力求达到 100%。《火电厂节约用水管理办法（试行）》（国电发〔2001〕476 号）第十四条《凝汽器的冷却水回收再利用或循环冷却系统》。DL/T 783—2001 第 5.2.4 条《工业冷却水应经过简单处理后作为除灰渣用水或供煤、排污水，宜直接或经过简单处理后作为其他系统的供水水源》	检查有关记录、现场检查	6	工业冷却水、密封水、循环排污水、工业废水回用率未达到 100%，每项扣 2 分

续表

序号	评价指标	评价内容	定性评价依据	评价方法	基础分	扣分标准
		梯级利用	DL/T 783—2001 第5.2.5条（火力发电厂的辅机冷却水排水宜循环利用或梯级利用）。 DL/T 1052—2007 第6.2.6.7条（电厂辅机使用冷却水等应循环使用或梯级使用。工业水回收利用率尽可能达到100%） 《火力发电厂海水淡化工程设计规范》（GB/T 50619—2010）第3.0.9条（海水淡化系统的浓海水排放方式应根据工程的具体情况确定，有条件时宜综合利用）。 《火力发电厂化学设计规程》（DL/T 5068—2006）第6.2.14条（反渗透浓水宜回收利用）。 《火力发电厂废水治理设计技术规程》（DL/T 5046—1995）第2.2.2.2.2.6条〔输煤系统（输煤栈桥、卸煤沟、转运站、混煤及主厂房输煤皮带层等）的冲洗水，可送至煤泥沉淀池，经处理合格后回收利用。输煤系统冲洗水的补充水宜采用循环冷却水或排污废水处理站处理合格后的排水。工业冷却水宜采用闭式循环冷却系统。300MW及以上机组的工业冷却水可采用闭式循环冷却系统。空调冷却用水应通过冷却装置后回收利用。热力系统的疏水、锅炉排污水等系统的排水经处理后可用作锅炉补给水处理的原水或补充水，经降温后可用作系统的补充水。锅炉补给水处理的排水及化学试验室排水经处理后宜回收利用。对过滤器（池）的排水，宜回收利用。锅炉化学清洗过程中的冲洗水可送往水力除灰系统重复利用。生活污水经处理合格后，宜回收利用或作冲洗及水力除灰或冷却水系统。经深度处理后可作循环冷却水的补充水〕	现场检查、设计资料	6	有条件未实现等梯级次利用扣6分； 超滤冲洗水、反渗透浓水设回收利用扣2分
8.4	化学自用水率		《火力发电厂化学设计技术规程》（DL/T 5068—2006）第6.1.6条（单级反渗透装置的水回收率应根据进水水质、节水要求等条件确定，一般天然水取75%，海水取30%~45%）	检查化学自用水率统计资料、运行记录	6	
		运行调整			1	冲洗和再生次数、时间掌握不当，加药不合理、设备未定期切换，扣1分
					2	超滤自用水率高于设计值扣1分； 反渗透回收率低于设计值扣1分

续表

序号	评价指标	评价内容	定性评价依据	评价方法	基础分	扣分标准
		检修维护		检查运行记录、缺陷记录、现场检查	2	设备可用率低或故障造成制水能力达不到设计值扣 3 分
					1	水处理系统有泄漏扣 1 分
8.5	循环水浓缩倍率		DL/T 5068—2006 第 9.0.7 条（加药种类和加药量应根据模拟试验确定，药品种类满足冷却水排放及后续水处理系统水质要求）。《火电厂节约用水管理办法（试行）》（国电发〔2001〕476 号）第十一条（应根据不同水质、凝汽器管材、常年水的平衡性，通过试验研究，经技术经济分析比较后确定循环水的浓缩倍率。各种循环水处理方案一般应达到以下指标：加防垢防腐药剂及加酸处理时，浓缩倍率可控制在 3.0 左右）	检查试验记录、试验报告	10	
		模拟试验			5	未进行动态模拟试验扣 5 分；未按试验结果保持高循环水浓缩倍率运行扣 2 分
		运行调整	《火电厂节约用水管理办法（试行）》（国电发〔2001〕476 号）第二十二条（在运行过程中，应根据实际情况、研究改进循环水处理工艺，使循环水达到合理的浓缩倍率）	查分析统计记录、化验报告、现场检查	5	无循环水浓缩倍率优化措施扣 3～5 分
8.6	水灰比		《火电厂节约用水管理办法（试行）》（国电发〔2001〕476 号）第二十三条（采用水力除灰的火电厂要根据排灰量调整灰水量，在保证灰水流速的条件下，高浓度输灰系统灰水比维持在 1：3 左右，尽可能将稀浆输灰系统改造为浓浆输灰系统）	检查灰水系统相关记录、检查除灰系统有关记录	9	
		运行调整			3	未进行水灰比调整试验扣 3 分；未按试验结果控制水灰比扣 2 分

续表

序号	评价指标	评价内容	定性评价依据	评价方法	基础分	扣分标准
		灰水系统补水	《火力发电厂废水治理设计技术规程》（DL/T 5046—1995）第2.2.1条（水力除灰系统的排水经处理合格后的废水或循环冷却水采用经处理合格后的废水排污时，宜与循环冷却水系统采用循环冷却水排污时，宜与循环冷却水系统相匹配。采用水力除灰且储灰场有水可回收时，灰宜重复利用。锅炉冲渣水根据除渣利用情况宜回收利用）。《火力发电厂节约能源规定（试行）》（能源节能〔1991〕98号）第66条（在缺水地区，要回收冲灰水及冲渣水、水内灰冷却水。轴瓦的冷却水及盘根的密封水，使之重复利用。若冲灰水属于结垢型，要采取有效的防垢措施。冷却塔要加装高效除水器，减少水的飞散损失）。DL/T 783—2001 第5.3.1条（锅炉排渣装置的溢流水，经过澄清和冷却后宜循环利用或冲灰渣用水），第5.3.3条（储灰场的澄清水……回收水一般供除灰渣系统循环使用）	检查水平衡报告、运行记录、现场检查	4	未执行优先使用劣质水的原则扣2分；冲灰水没有回收利用扣4分
	粉煤灰综合利用		《火力发电厂设计技术规程》（DL 5000—2000）第9.1.2条（对于有粉煤灰综合利用条件的发电厂，应按照干湿分排、粗细分排和灰渣分排的原则，设计粉煤灰的集中系统）《火电厂节约用水管理办法（试行）》（国电发〔2001〕476号）第十二条二十五条（扩大干灰的收集和综合利用量。火力发电厂应积极推广干灰调湿堆储工艺，减少冲灰用水量。有综合利用条件的电厂，应通过技术改造，尽快达到干灰利用条件，提高干灰利用量）	检查设计资料、现场检查	2	新投产电厂未落实粉煤灰、渣综合利用项目，老厂无改造论证扣2分

续表

序号	评价指标	评价内容	定性评价依据	评价方法	基础分	扣分标准
8.7	水务管理				16	
		节水管理制度	《火电厂节约用水管理办法(试行)》(国电发[2001]476号)第三十三条(各分公司、集团公司、电力公司应结合本地区实际情况,制订节约用水实施细则和考核奖惩办法,落实各级责任,并认真执行)	查阅用水管理制度	2	未制订节约用水实施细则和考核奖惩办法各扣1分
		用水统计分析	《火电厂节约用水管理办法(试行)》(国电发[2001]476号)第三十二条(各电力公司对所辖火电厂要加强管理,严格考核,建立健全各级节水统计报表体系,每年年底进行一次节水技术档案)。《企业水平衡测试通则》(GB/T 12452—2008)第5.1条(企业应建立用水技术档案,其中包括:用水节水的相关规章、制度)	查阅统计资料,节能指标分析及总结	3	没有年底总结扣2分;月度出现水量异常没有分析扣1分;水系统存在泄漏现象扣2分
		非生产用水	《火电厂节约用水管理办法(试行)》(国电发[2001]476号)第二十六条(合理控制用水范围和供水区域),加强对生产用水和非生产用水的计量管理。《火力发电厂节水导则》(DL/T 783—2001)第4.3.5条(应加强对生活用水的管理,做到对生活用水计量,对公共浴室、食堂、卫生间、招待所等场所宜采用节水型龙头和器具)	查阅非生产用水管理制度,记录和统计资料	5	非生产用水管理制度扣3分;没有非生产用水原始记录和统计扣2分
		水平衡	《火电厂节约用水管理办法(试行)》(国电发[2001]476号)第十九条(每3~5年进行一次全厂水平衡测试及各水系统一次分析测试,并建立测试档案。根据测试结果,确定节水目标,制定相应的水改造方案)。《火力发电厂能量平衡导则总则》(DL/T 606.1—1996)第3.4条(火力发电厂能量平衡周期原则上为一个月。原则上每5年进行一次)。《火力发电厂能量平衡导则 第5部分:水平衡试验》(DL/T 606.5—2009)第8.2条(报告还应提出可行的节水措施和预计全厂水平衡图)	查阅水平衡测试报告	6	没有5年内进行水平衡测试扣6分;水平衡报告没有可行的节水措施和预计节水效果扣2分;没有绘制全厂水平衡图扣4分
合计					2400	

注 括号中条文内容非此条的全文,仅摘录了针对该指标的定性评价。

第二篇

综合经济技术指标的技术监督

综合经济技术指标包括节能量、煤耗率、厂用电率、单位发电量取水量、耗油量、发电量等在内的大指标，即包括一级指标和二级指标。一级指标是指能够总体反映各发电企业和各子公司在生产过程中对煤、电、水、油等资源的消耗水平的指标；二级指标是影响一级指标变化的相关要素，是一级指标的细化和分解，如锅炉效率和汽轮机热耗率。

第四章 供电煤耗率技术监督

第一节 设计阶段供电煤耗率的评价

项目设计阶段供电煤耗率的评价：

1. 机组设计发、供电煤耗率

评价项目具体能效指标时，建议将设计指标与同类项目的设计指标进行对比。机组设计发电煤耗率计算公式为

$$b_{\text{fsj}} = \frac{1}{29.308} \times \frac{q_0}{\eta_{\text{bl}} \eta_{\text{gd}}}$$

式中 b_{fsj}——机组设计发电煤耗率，g/kWh；

η_{bl}——计算机组设计煤耗率所用的锅炉效率取用供货合同中锅炉的保证效率，%；

η_{gd}——计算机组设计标准煤耗率所用的管道效率按照99%计算；

q_0——汽轮机供货合同中供方需予保证的热耗率，kJ/kWh。

(1) 对于按照《固定式发电用汽轮机规范》(GB/T5578) 确定机组铭牌功率的汽轮机，其热耗率取用汽轮机热耗率验收工况（THA 工况）下的保证热耗率。

(2) 对于按照 (IEC60045-1：1991，Steam Turbines-Part 1：Specifications) 确定机组铭牌功率的汽轮机，其热耗率取用汽轮机最大连续功率工况（TMCR 工况）的保证热耗率。

因此，只要知道了锅炉设计效率、管道效率（设计院一般取定值99%）和汽轮机的设计热耗率，就可通过上式求出设计发电煤耗率。设计发电煤耗率并不是人为填写的，而是通过设计热耗率和锅炉设计效率计算的。设计发电煤耗率（或设计供电煤耗率）是在设计状态下，单元机组与外界隔绝，疏放水阀门隔离，锅炉不吹灰、排渣、排污，热力系统不补水情况下的发电煤耗率（或供电煤耗率）。

这里特别强调：发电煤耗、供电煤耗这种称谓是不妥的，标准名称应为发电标准煤耗率、供电标准煤耗率，或简称为发电煤耗率、供电煤耗率。如果说成发电煤耗、供电煤耗，就容易产生误解，因为发电煤耗（供电煤耗）包括两种理解：如发电煤耗（供电煤耗）量或发电煤耗（供电煤耗）率。这如同"厂用电"说法：也包括厂用电量或厂用电率。当然在口语中，说成发电煤耗（供电煤耗）或厂用电，是无可厚非的，但是在国家标准（行业标准）或正式场合下说成发电煤耗（供电煤耗）或厂用电，则应避免这种不严谨用语。

机组设计供电煤耗率计算公式为

$$b_{\text{gsj}} = \frac{b_{\text{fsj}}}{1-e}$$

式中 e——机组设计厂用电率，%；

b_{gsj}——机组设计供电煤耗率，g/kWh。

根据国家节能中心《节能评审评价指标通告》（第2次），发电煤耗率、供电煤耗率、厂用电率等指标的设计值计算方法见表4-1。

表 4-1   火电节能指标设计值计算方法

指　标	计　算　方　法
发电设备利用小时数 H（h）	由所处电网确定，一般取 5500h
额定发电功率 P_N（kW）	由项目所选机组铭牌容量确定，取夏季工况额定容量
年发电量 W_N（kWh）	$W_N = P_N H$
锅炉热效率 η_{bl}（％）	一般采用夏季工况（TRL）或者最大连续工况（BMCR）下保证效率
管道热效率 η_{gd}（％）	指狭义管道效率，η_{gd} 一般取 99％
汽轮机热耗率 q_0（kJ/kWh）	一般采用额定工况（THA）下保证值
发电标准煤耗率 b_f（g/kWh）	$b_f = q_0/29.308\eta_{gd}\eta_{bl}$
厂用电率 e（％）	根据项目厂用电计算负荷列表，然后参照《火力发电厂厂用电设计技术规定》（DL/T 5153—2002）进行计算
供电标准煤耗率 b_g（g/kWh）	$b_g = b_f/(1-e)$
年供电量 W_g（kWh）	$W_g = P_N (1-e)$
年耗标准煤量 B_b（t）	$B_b = W_N b_f \times 10^{-6}$
年耗原煤量 B_{ym}（t）	$B_{ym} = B_b/$设计煤质发热量的折标系数
全厂热效率 η_{cp}（％）	$\eta_{cp} = 122.83/b_f$

【例 4-1】 华能某电厂三期工程采用国产 660MW 大容量、高参数超超临界燃煤发电机组。设计锅炉热效率 $\eta_{bl}=93.9\%$，管道热效率 $\eta_{gd}=99\%$，汽轮机保证热耗率 $q_0=7342$kJ/kWh。求机组设计发电煤耗率、电厂热效率和机组热效率。

解：发电煤耗率 $b_f = \dfrac{q_0}{29.308\eta_{gd}\eta_{bl}}$

$$= \frac{7342}{29.308 \times 0.939 \times 0.99} = 269.48 \ (\text{g/kWh})$$

机组热效率　　　　　$\eta_q = \dfrac{3600}{q_0} \times 100\% = \dfrac{3600}{7342} \times 100\% = 49.03\%$

电厂热效率　　$\eta_{cp} = \eta_{gd}\eta_{bl}\eta_q = 93.9\% \times 99\% \times 49.03\% = 45.58\%$

或者　　　　　　　　$\eta_{cp} = \dfrac{122.83}{269.48} \times 100\% = 45.58\%$

【例 4-2】 汽轮机的主蒸汽温度每低于额定温度 5℃，汽耗率要增加 0.7％。一台 300MW 的机组带额定负荷运行，汽耗率 $d=3.023$kg/kWh，主蒸汽温度比额定温度低 10℃，计算该机组每小时多消耗的主蒸汽流量，以及此时机组的汽耗率。

解：（1）主蒸汽温度偏低 10℃时，汽耗增加率为

$$\Delta\delta = 0.007 \times \frac{10}{5} = 0.014$$

机组在额定参数下的汽耗量为

$D = Pd = 300\,000\text{kW} \times 3.023\text{kg/kWh} = 906\,900\text{kg/h} = 906.9\text{t/h}$

由于主蒸汽温度比额定值低 10℃，致使汽耗量的增加量为

$$\Delta D = D\Delta\delta = 906.9 \times 0.014 = 12.7(\text{t/h})$$

（2）此时主蒸汽流量 $q_m = D + \Delta D = 906.9 + 12.7 = 919.6$（t/h）

汽耗率 $d = \dfrac{q_m}{P} = \dfrac{919.6\text{t/h}}{300\,000\text{kW}} = 3.065\text{kg/kWh}$

2. 机组供电煤耗率的评价

由于火电项目投运后受诸多因素影响，其实际运行指标会偏离设计值。一般情况下，运行发电煤耗率比设计发电煤耗率高 10g/kWh 左右，设备管理较好的机组，可比设计水平高 5g/kWh。为了与已投产同类机组的实际运行先进指标进行对标，建议评估阶段在核算项目设计指标外，还应考虑工况变化情况做出调整，估算出运行指标供节能评估及竣工验收等使用。

机组运行估算发电煤耗率的计算公式为

$$b_{\text{fyxg}} = \frac{1}{29.308} \times \frac{q}{\eta_{\text{bl}} \eta_{\text{gd}}}$$

式中　b_{fyxg}——机组运行估算发电煤耗率，g/kWh；

　　　q——汽轮发电机组运行热耗率，kJ/kWh。

机组运行估算供电煤耗率计算公式为

$$b_{\text{gyxg}} = \frac{b_{\text{fyxg}}}{1-e}$$

式中　e——机组设计厂用电率，%；

　　　b_{gyxg}——机组运行估算供电煤耗率，g/kWh。

根据国家节能中心《节能评审评价指标通告》（第 2 次），发电煤耗率、供电煤耗率等指标的估算运行指标计算方法见表 4-2。

表 4-2　　　　　　　　　　　　火电节能指标运行估算方法

指　　标	计　算　方　法
发电设备利用小时数 H（h）	由所处电网确定，一般取 5500h
发电设备运行小时数 H_{yx}（h）	按表 4-3 运行小时分配表确定利用小时数对应的年利用小时数，并具体分配各工况运行小时数
额定发电功率 P_{N}（kW）	由项目所选机组铭牌容量确定，取夏季工况额定容量
年发电量 W_{N}（kWh）	$W_{\text{N}} = P_{\text{N}} H$
锅炉效率 η_{bli}（%）	分别选取 100%、75% 和 50% 负荷下的设计锅炉热效率
管道效率 η_{gd}（%）	指广义管道效率，各负荷下 η_{gd} 均取 97%
汽轮机热耗率 q_i（kJ/kWh）	分别选取 100%、75% 和 50% 负荷下的设计热耗率
发电标准煤耗率 b_{f}（g/kWh）	$b_{\text{f}} = \dfrac{\sum\limits_{i=100,75,50} \dfrac{q_i H_{\text{yxi}}}{29.308 \times \eta_{\text{bli}} \eta_{\text{gd}}}}{H_{\text{yx}}}$ 式中 q_0、η_{bli}、H_{yxi} 为 100%、75% 和 50% 负荷下对应的设计值
厂用电率 e（%）	根据项目厂用电计算负荷列表，然后参照《火力发电厂厂用电设计技术规定》（DL/T 5153—2002）进行计算
供电标准煤耗率 b_{g}（g/kWh）	$b_{\text{g}} = b_{\text{f}}/(1-e)$
年供电量 W_{g}（kWh）	$W_{\text{g}} = P_{\text{N}}(1-e)$
年耗标准煤量 B_{b}（t）	$B_{\text{b}} = W_{\text{N}} b_{\text{f}} \times 10^{-6}$
年耗原煤量 B_{ym}（t）	$B_{\text{ym}} = B_{\text{b}}/$设计煤质发热量的折标系数
全厂热效率 η_{cp}（%）	$\eta_{\text{cp}} = 122.9/b_{\text{f}}$
年综合能源消费量（当量值）Z_{dl}（t标准煤）	$Z_{\text{dl}} = B_{\text{b}} - 122.9 W_{\text{g}}$

注　为了照顾传统习惯，这里 $\eta_{\text{cp}} = 122.9/b_{\text{f}}$，而不是 $122.83/b_{\text{f}}$。

表 4-3 运行小时分配表 h

年利用小时 H	年运行小时 H_{yx}	100%负荷运行小时 H_{yx100}	75%负荷运行小时 H_{yx75}	50%负荷运行小时 H_{yx50}
6500	7500	4500	2000	1000
6000	7500	3500	2000	2000
5500	7500	2500	2000	3000
5000	7000	2000	2000	3000
4500	6500	1500	2000	3000

3. 供电煤耗率水平判断依据

建议考虑火电项目投产后的负荷系数、厂内损失（广义管道效率）等影响因素，按不同的年利用小时数计算项目估算运行供电煤耗率，并以此预测评价项目投产后的能效水平。具体判断依据可参见表 4-4。

表 4-4 火电项目能效水平判断表

能效水平	判断条件
国内领先	$b_g \leqslant P_{lx}$
国内先进	$P_{lx} < b_g \leqslant P_{xj}$
国内一般	$P_{xj} < b_g \leqslant P_{yb}$
国内落后	$b_g > P_{yb}$

注 表中 b_g 为项目的运行估算供电煤耗率，对标时宜采用与对比机组相同的年利用小时数来计算此项；P_{lx} 为火电企业最新能效对标竞赛资料中同规模、同类型机组（简称统计机组）供电煤耗率过程指标前 5% 水平；P_{xj} 为统计机组供电煤耗率过程指标前 20% 水平；P_{yb} 为统计机组供电煤耗率过程指标平均水平。

4. 参考指标

对前期评审火电项目的发电煤耗率、供电煤耗率、厂用电率等主要能效指标（设计值）进行统计分析，可得到这些指标的平均水平，见表 4-5。

表 4-5 火电项目设计值参考指标

序号	机组类型	冷却方式	供电煤耗率 (g/kWh)	发电煤耗率 (g/kWh)	厂用电率 (%)	锅炉热效率 (%)	汽轮机热耗率 (kJ/kWh)
1	1000MW 超超临界	湿冷	282.34	269.63	4.5	94.0	7354
2	1000MW 超超临界	空冷	288.16	275.57	4.7	93.8	7500
3	600MW 超超临界	湿冷	285.44	271.74	4.8	93.6	7380
4	600MW 超临界	湿冷	294.75	279.48	5.18	93.5	7582
5	600MW 超临界	空冷	311.96	287.63	7.8	93.2	7778
6	600MW 亚临界	湿冷	305.76	288.91	5.51	93.0	7796
7	600MW 亚临界	直接空冷	326.31	301.71	7.54	92.3	8080
8	300MW 亚临界	湿冷	316.87	297.64	6.07	92.3	7971
9	300MW 亚临界	空冷	336.37	306.97	8.74	92.2	8212
10	200MW 超高压	电泵湿冷	346.58	316.25	8.75	91.0	8308
11	125MW 超高压	湿冷	355.41	325.31	8.47	90.5	8499

序号	机组类型	冷却方式	供电煤耗率 (g/kWh)	发电煤耗率 (g/kWh)	厂用电率 (%)	锅炉热效率 (%)	汽轮机热耗率 (kJ/kWh)
12	135MW 流化床	湿冷	352.46	317.85	9.82	91.0	8350
13	100MW 超高压	湿冷	373.91	338.12	9.57	90.0	8785

注 厂用电率包括脱硫耗电率，对于 600MW 及以上机组脱硫耗电率为 0.8%；对于 300MW 及以上到 600MW 以下机组脱硫耗电率为 1.0%；对于 300MW 以下机组脱硫耗电率为 1.2%。管道效率按设计院常规取值，对于 300MW 及以上机组取 99%；300MW 以下机组取 98.5%。

第二节　运行机组供电煤耗率的评价

要评价机组运行期间的能耗水平，必须首先确定发/供电煤耗率的基础值，再根据实际运行情况进行修正，然后才能在基本相同的统一平台上进行比较。

一、纯凝汽式汽轮发电机组的供电煤耗率基础值的确定

现以某发电集团为例列举该集团燃煤发电厂的节约环保型发电厂供电煤耗率基础值和优秀节约环保型发电厂供电煤耗率基础值，见表 4-6。

表 4-6　　　　　　　　　　　　　燃煤发电机组煤耗率指标基础值

序号	机组类型	机组类型特点	基础值		优秀基础值	
			发电煤耗率 (g/kWh)	供电煤耗率 (g/kWh)	发电煤耗率 (g/kWh)	供电煤耗率 (g/kWh)
1	1000MW 级 超超临界机组	湿冷机组	284	300	277.0	290
2	600MW 级 超超临界机组	上海汽轮机配上海、东方锅炉	291	308	277.6	291
		上海汽轮机配哈尔滨锅炉	291	308	279.5	293
		哈尔滨、东方汽轮机	291	308	286.2	300
3	600MW 级 超临界机组	上海、哈尔滨、东方湿冷汽轮机	295	313	289.0	303
		北重-阿尔斯通湿冷汽轮机	295	313	286.2	300
		北重-阿尔斯通直接空冷汽轮机配汽动给水泵	312	332	301.2	317
		上海、哈尔滨、东方直接空冷汽轮机配汽动给水泵	312	332	306.9	323
		上海、哈尔滨、东方间接空冷汽轮机配汽动给水泵	312	332	302.7	318
4	600MW 级 亚临界机组	湿冷机组	307	325	302.4	319
		直接空冷汽轮机配电动给水泵	314	343	310.1	336
		直接空冷汽轮机配汽动给水泵	321	341	315.0	333
5	俄制 500MW 超临界机组	湿冷机组	307	327	304.6	320

续表

序号	机组类型	机组类型特点	基础值		优秀基础值	
			发电煤耗率 (g/kWh)	供电煤耗率 (g/kWh)	发电煤耗率 (g/kWh)	供电煤耗率 (g/kWh)
6	350MW级超临界机组	湿冷机组	304	330	298.3	314
		直接空冷汽轮机配汽动给水泵			314.4	332
7	进口350MW级亚临界机组	美国、日本机组	308	325	306.6	320
		其他国家			310.4	324
8	国产350MW亚临界机组	配汽动给水泵			307.8	325
9	国产330MW亚临界机组	配电动给水泵	307	335	299.7	325
		配汽动给水泵			306.8	324
10	俄制325MW超临界机组	湿冷机组	308	327	307.8	325
11	俄制320MW亚临界机组	实施汽轮机通流和给水泵改造	310	336	307.8	325
		配电动给水泵			304.3	330
12	引进型300MW亚临界机组	2009年前投运	318	335	309.7	327
		2009年及以后投运和2009年以后实施汽轮机通流改造	313	333	307.8	325
		湿冷配电动给水泵	307	334		
		循环流化床空冷配电动给水泵			332.0	366
		空冷配电动给水泵	323	354	319.2	347
13	早期投运的国产300MW机组	2009年及以后实施汽轮机通流改造	318	335	307.8	325
		2009年前实施汽轮机通流改造	322	339	311.6	329
		贫煤直流锅炉改烧烟煤锅炉	318	335	311.6	329
		贫煤直流锅炉未改烧烟煤锅炉	318	335	317.9	336

注 1. 表4-6给出了某集团公司不同容量各种类型燃煤发电机组发电煤耗率、供电煤耗率基础值。当机组燃用烟煤，安装脱硫装置而未安装脱硝装置，燃煤收到基含硫量≤2%，年负荷系数≥0.75时，机组应完成的发电煤耗率和供电煤耗率称为基础值。当不满足以上某一条件时，应进行相应的修正，经修正计算后的发电率煤耗率和供电煤耗率称为考核值。

2. 考核供电煤耗率时，发电煤耗率只作参考，对于安装选择性催化还原（SCR）脱硝装置的机组，发电煤耗率基础值不变。当机组容量为600MW及以上时，发电厂用电率基础值增加0.15个百分点；当机组容量为600MW以下时，发电厂用电率基础值增加0.2个百分点。对于安装选择性非催化还原（SNCR）脱硝装置的机组，发电煤耗率基础值不变，发电厂用电率基础值增加0.1个百分点。

3. 未特别指明机组属空冷机组时，机组类型均为湿冷机组。无特别说明给水泵配置方式时，机组配置汽动给水泵。

4. 对于脱硫装置实施合同能源管理的机组，在实施合同能源管理期间，因脱硫装置耗电量计入脱硫公司消耗，当机组容量在300MW等级时，在同类型机组发电厂用电率基础值的基础上减少1.2个百分点；当机组容量在600MW等级及以上时，在同类型机组发电厂用电率基础值的基础上减少1.1个百分点。

5. 当采用汽动引风机时，发电厂用电率基础值降低0.7个百分点，发电煤耗率基础值不变，供电煤耗率基础值相应调整。

6. 俄制500MW超临界机组的供电煤耗率、厂用电率基础值为不包含脱硫设施，并不进行煤质修正。

7. 上海、哈尔滨、东方、北重分别指上海汽轮厂、哈尔滨汽轮厂、东方汽轮机厂和北京重型电机厂。

二、供热机组煤耗率基础值的确定

1. 供热煤耗率

供热机组供热煤耗率计算通过选定合理的热网换热器效率和管道效率，统计计算实际的锅炉效率，并根据统计出的供热量计算供热标准煤消耗量，再计算供热比。也可以根据统计结果先计算供热煤耗率，再计算供热标准煤消耗量。供热煤耗率作为供热机组的考核依据，原则上供热机组供热煤耗率不超过以下限值，否则，应予以说明。供热煤耗率不进行利用小时或负荷系数修正。

（1）设计和燃用烟煤的供热机组，燃煤热值在 20MJ/kg 以上，供热煤耗率不大于 38.5kg/GJ；

（2）燃用无烟煤的机组或燃用褐煤的供热机组，或 300MW 及以上循环流化床供热机组，或燃煤热值在 20MJ/kg 及以下的供热机组，供热煤耗率不大于 39.5kg/GJ；

（3）机组燃用煤质过差，或供热量计量在用户端，供热煤耗率不大于 41.8kg/GJ。

2. 供热机组发电煤耗率修正计算

$$b_f = \frac{b_j}{1 + \alpha(c \times b_j - 1)}$$

$$\alpha = \frac{B_{供热标煤量}}{B_{总标煤量}}$$

式中　b_f——供热机组发电煤耗率经过供热比修正的计算值，g/kWh；

b_j——各类同容量纯凝汽式汽轮发电机组发电煤耗率基础值，g/kWh，见表 4-6；

α——供热比；

c——供热系数。

取值为：①"以电定热"供热机组，取 0.005 2；②采用中、低压联通管抽汽供热机组，抽汽压力为 0.3～0.6MPa，取 0.004 9；③双抽供热机组，即中压缸抽汽供热机组（或采用中压缸尖峰采暖抽汽供热机组），或早期投运的东方汽轮机厂 300MW 纯凝汽机组改为供热机组（抽汽压力为 0.7～0.8MPa），取 0.004 6；④俄罗斯 320MW 纯凝汽机组改为供热机组，取 0.004 3。

3. 供热机组供电煤耗率修正计算

按上述方法计算出供热机组发电煤耗率修正后的基础值后，再根据第五章第五节"厂用电率的定额管理"中介绍的方法对发电厂用电率修正，根据发电厂用电率考核值和按供热比对发电煤耗率基础值的修正，即可求出热电联产机组的供电煤耗率的考核值。

三、发电煤耗率基础值的修正计算

1. 燃煤煤种和磨煤机类型的修正

（1）对于设计和燃用无烟煤的机组，在同容量燃煤机组发电煤耗率基础值基础上增加 3.0g/kWh，发电厂用电率基础值将增加 0.5 个百分点。

（2）对于设计和燃用贫煤的机组，或设计和燃用无烟煤和贫煤混煤的机组，在同容量燃煤机组发电煤耗率基础值基础上增加 2.0g/kWh，发电厂用电率基础值将增加 0.3 个百分点。

（3）对于设计和燃用褐煤的机组，在同容量燃煤机组发电煤耗率基础值基础上增加 2.0g/kWh，发电厂用电率基础值将增加 0.4 个百分点。

（4）对于使用筒式球磨煤机，且燃用无烟煤、贫煤、褐煤以外煤种的机组，发电厂用电率基础值增加 0.25 个百分点（注意，燃煤煤种修正和磨煤机类型修正，只能修正一种，不能同时修正）。

2. 负荷系数的修正

根据不同类型机组部分负荷设计性能和机组部分负荷性能试验结果，经统计分析计算，提出了负荷系数对发电煤耗率基础值的修正计算公式。发电厂厂用电率是根据机组部分负荷厂用电率试验结果，经多台机组统计分析计算，提出了发电厂厂用电率基础值修正计算公式。当负荷系数≥0.75时，负荷系数对发电煤耗率基础值变化量和发电厂厂用电率基础值变化量不进行修正；当负荷系数<0.75时，负荷系数对发电煤耗率基础值变化量和发电厂用电率基础值变化量修正计算见下式，其中：X 为负荷系数；Y 为发电煤耗率基础值变化量修正系数。

（1）600～1000MW 级超超临界湿冷机组

$$Y = 0.145\,714X^2 - 0.322\,143X + 0.159\,643$$

（2）320～600MW 级超临界湿冷机组

$$Y = 0.206\,897X^2 - 0.424\,138X + 0.201\,724$$

（3）300～600MW 级亚临界汽动泵湿冷机组

$$Y = 0.194\,872X^2 - 0.394\,872X + 0.186\,539$$

（4）300MW 级亚临界电动泵湿冷机组

$$Y = 0.157\,895X^2 - 0.335\,526X + 0.162\,829$$

（5）600MW 级超临界汽动泵空冷机组

$$Y = 0.181\,818X^2 - 0.383\,117X + 0.185\,065$$

（6）600MW 级亚临界汽动泵空冷机组

$$Y = 0.139\,683X^2 - 0.314\,286X + 0.157\,143$$

（7）300～600MW 级亚临界电动泵空冷机组

$$Y = 0.149\,533X^2 - 0.323\,988X + 0.158\,879$$

四、发电煤耗率考核值的确定

$$发电煤耗率考核值 = (1 + Y) \times b_j$$

式中 b_j——发电煤耗率基础值，g/kWh，发电煤耗率基础值见表 4-6。

五、供电煤耗率考核值的确定

每台机组都要计算出供电煤耗率的考核值：

$$供电煤耗率考核值 = \frac{发电煤耗考核值}{1 - (1 + Z) \times 发电厂用电率基础值}$$

式中 Z——发电厂用电率修正系数，修正方法见第五章第 5 节"厂用电率的定额管理"。

六、运行供电煤耗率的评价

每台机组实际完成的供电煤耗率与本机组供电煤耗率考核值比较，根据差值大小按照从小到大进行排列。排序应根据机组不同类型分别进行，排序越靠前的机组，能耗指标越好。例如某电力公司对 300MW 级亚临界机组供电煤耗率的排序结果见表 4-7。

表 4-7　　　　　　　　**300MW 级亚临界机组供电煤耗率排序结果**

电厂名称	机组编号	机组容量（MW）	供电煤耗率（g/kWh）		
			考核值	完成值	完成值与考核值之差
公司合计		6340			
dz	4 号	320	332.16	325.81	−6.35
dz	1 号	330	330.74	324.91	−5.83
xd	6 号	300	326.51	322.00	−4.51

电厂名称	机组编号	机组容量（MW）	供电煤耗率（g/kWh）		
			考核值	完成值	完成值与考核值之差
xd	5 号	300	326.09	321.74	−4.35
jx	2 号	300	330.12	326.92	−3.20
jx	1 号	330	330.12	327.94	−2.18
lc	7 号	330	331.04	330.19	−0.85
lc	8 号	330	330.77	330.67	−0.10
yh	6 号	330	325.96	326.19	0.23
yh	5 号	330	325.96	326.33	0.37
wh	3 号	300	328.33	329.31	0.98
ht	8 号	330	307.54	308.91	1.37
by	6 号	300	325.32	327.28	1.96
by	7 号	300	325.49	327.53	2.04
dz	2 号	320	317.30	320.25	2.95
dz	3 号	300	317.04	320.06	3.02
wh	4 号	300	325.82	329.31	3.49
lw	5 号	330	319.37	323.62	4.25
lw	4 号	330	320.71	325.31	4.60
ht	7 号	330	306.11	311.19	5.08

第三节　影响供电煤耗率的主要因素

影响运行机组供电煤耗率的因素很多，不过可以简单分为不可控因素和可控因素。

一、不可控因素

1. 机组负荷率

机组负荷率降低，锅炉运行效率降低，汽轮机热耗率增加，厂用电率增加，供电煤耗率增大。负荷率每减少 10 个百分点，供电煤耗率增加 2～3g/kWh。如果机组负荷率降低到 75% 以下，则供电煤耗率增加幅度要大得多，见表 4-8。

表 4-8　　　　　　　660MW 超超临界机组各工况下发电煤耗率

项　目		额定工况（THA）	75% THA	50%THA	40% THA	TMCR 工况	夏季工况（TRL）
汽轮机参数（上海）	功率（MW）	660.0	495	330	264	686.6	660
	热耗率（kJ/kWh）	7342	7435	7654	7828	7381	7573
	主蒸汽流量（t/h）	1792.5	1297.4	845.0	675.8	1906.1	1906.1
	主蒸汽压力（MPa）	25.0	18.45	12.23	10.0	25.0	25.0
	主蒸汽温度（℃）	600	600	600	600	600	600
	低压缸排汽压力（kPa·a）	4.6	4.6	4.6	4.6	4.6	4.6
	补水率（%）	0	0	0	0	0	0
	给水温度（℃）	290.0	270.6	246.2	234.2	297.8	294.0

续表

项 目		额定工况 （THA）	75％ THA	50％THA	40％ THA	TMCR 工况	夏季工况 （TRL）
锅炉参数 （哈尔滨）	主蒸汽流量（t/h）		1297.73	845.26	675.98	2001.38	1906.07
	主蒸汽压力（MPa）		19.09	12.62	10.29	26.15	26.04
	主蒸汽温度（℃）		605	605	605	605	605
	给水温度（℃）		270.6	246.2	234.2	297.8	294.0
	排烟温度（℃）		112	104	99	128	126
	锅炉效率（%）	94.3	94.05	93.87	93.50	94.25	94.27
	管道效率（%）	97	97	97	97	97	97
煤耗率计算	发电煤耗率（g/kWh）	273.87	278.08	286.82	294.50	275.47	282.58
	负荷系数变化10%影响 发电煤耗率（g/kWh）		1.68		3.496	7.68	

要想大幅度地降低煤耗率，第一要鼓励社会多用电，提高负荷系数；第二依据最近试验数据制定各机组的等微增率调度曲线，合理地在机组间分配负荷，真正实现厂内经济调度，降低煤耗率。

2. 机组启停次数

根据机组启停调峰修正系数公式 $C=1+0.000\ 3\times(N-18)$，可知机组启停每增加1次，全年供电煤耗率增加 0.03%，实际上应增加 0.05% 左右。例如一台 300MW 机组平均每月发电量 1.58 亿 kWh，消耗标准煤 4.75 万 t。其中每月冷态启动一次消耗燃油 30t，消耗原煤量 420 t，因此一台 300MW 机组，如果每月冷态启动 1 次，且不考虑用电量、用汽量的影响，则每月累计发电煤耗率增加 $\dfrac{30\times1.457\ 1\times1\ 000\ 000\text{g}}{158\ 000\ 000\text{kWh}}+\dfrac{420\times0.714\ 3\times1\ 000\ 000\text{g}}{158\ 000\ 000\text{kWh}}=0.277+1.899=$

2.176g/kWh，平均每次冷态启动使发电煤耗率全年增加 $\dfrac{2.176}{12}=0.18$g/kWh。

3. 给水泵类型

由于汽动给水泵消耗一定的热量，因此配备汽动给水泵的机组比配备电动给水泵机组的发电煤耗率稍大。例如国产 300MW 级脱硫机组采用电动给水泵时，供电煤耗率为 336g/kWh，而采用汽动给水泵时，供电煤耗率为 335g/kWh。

4. 制粉系统类型

目前常用的制粉系统分为中速磨制粉系统（磨煤机加一次风机）和钢球磨制粉系统（磨煤机加排粉风机）。而钢球磨制粉系统耗电率比中速磨制粉系统耗电率高 0.5 个百分点左右，导致供电煤耗率高 1.7 g/kWh 左右。

5. 脱硝工艺

如果采用选择性催化还原 SCR 装置，BMCR 工况时脱硝设备设计阻力一般为 1300Pa，将使厂用电率增加 0.1 个百分点，使供电煤耗率增加 0.1%；如果采用选择性非催化还原 SNCR 装置，将使锅炉效率下降 0.1 个百分点，使供电煤耗率增加 0.12%。

6. 脱硫工艺

如果采用海水法和石灰石法等湿法脱硫工艺，将使厂用电率增加 1.0～1.5 个百分点，供电煤耗率增加 1.0%～1.5%。如果采用炉内喷钙、循环流化床法等干法脱硫工艺，将使厂用电率增加 0.5 个百分点，煤耗率增加 0.5%。

7. 锅炉类型

循环流化床锅炉由于能充分利用低品位燃料，而且在环保性方面是煤粉炉所不可比拟的，因此循环流化床锅炉在地方小电厂中得到快速发展，新建热电厂几乎无一例外的都选用循环流化床锅炉。但是循环流化床机组的供电煤耗率比煤粉炉要高，例如，2006 年 100～135MW 循环流化床锅炉的供电煤耗率平均为 386.28g/kWh，而 100～135MW 煤粉锅炉的供电煤耗率平均为 381.45g/kWh。300MW 级循环流化床锅炉机组与常规煤粉炉机组经济性比较见表 4-9。

表 4-9 　　　　　　　　300MW 级循环流化床锅炉机组与常规煤粉炉机组经济性比较

项　　目	循环流化床机组	常规煤粉炉机组
平均负荷系数（%）	77.51	78.23
非计划停运次数［次/(台·年)］	5.63	0.89
厂用电率（%）	9.44	5.67
供电煤耗率（g/kWh）	353.86	338.79
飞灰含碳量（%）	2.34	2.6
脱硫设备投入率（%）	100	＞90
平均脱硫效率（%）	93.46	93.56
二氧化硫排放浓度（mg/m^3）	299.43	185.58
氮氧化物排放浓度（mg/m^3）	93.29	500～1000

8. 机组冷却方式

机组冷却方式不同，供电煤耗率水平不同。特别是空气冷却机组（简称空冷机组），由于冷却设备厂用电率大，背压高（15～30kPa），因此供电煤耗率比同容量的湿冷机组高 20g/kWh 左右。例如，600MW 超临界脱硫湿冷机组供电煤耗率仅为 315g/kWh，而采用脱硫空冷机组为 334g/kWh；300MW 脱硫湿冷机组（电动泵）供电煤耗率仅为 336g/kWh，而采用空冷机组（电动泵）为 356g/kWh。

另外，虽然闭式循环冷却机组和开式直流冷却机组的设计背压基本上一样，但是，实际运行资料表明：闭式循环冷却机组的经济性低于开式直流冷却机组 1 g/kWh 左右。

9. 环境温度

南方闭式循环冷却机组和开式直流冷却机组的设计背压均为 5.9～6.1kPa，比其他地区偏高 1kPa，理论上发电煤耗率偏高 2 g/kWh 左右，实际上约偏高 1g/kWh 左右。

10. 机组类型

由于供热机组利用冷端余热，使机组热效率提高，因此热电联产机组的供电煤耗率比纯凝汽式发电机组低。根据全国火电大机组协作网数据分析，全国 200MW 和 300MW 级机组供热与纯凝汽式相比，平均供电煤耗率降低 12g/kWh 和 22g/kWh，见表 4-10。

表 4-10 　　　　　　　　　　2011 年度全国机组数据分析

机组等级（MW）	分类	容量（MW）	供电煤耗率（g/kWh）	厂用电率（%）
200	纯凝汽式	200～225	365.3	8.46
	供热	200～220	342.69	7.3
	供热比纯凝	200～225	−22.61	−1.16
300	纯凝汽式	250～330	331.19	6.00
	供热	250～330	319.3	5.57
	供热比纯凝	250～330	−11.89	−0.43

二、可控因素

1. 蒸汽参数

如蒸汽压力和温度越高，机组容量越大，发电煤耗率越小。

2. 管道效率

热力管道保温不完善将增加热损失。管道效率影响煤耗率幅度同锅炉效率。过去管道效率一般取 99%，根据《火力发电厂能量平衡导则 第 3 部分：热平衡》（DL/T606.3—2006）规定，管道效率应采用反平衡计算方法求得，一般情况下管道效率约 96% 左右。影响管道效率的主要因素是系统泄漏、管道保温、锅炉排污、冬季厂区采暖、蒸汽吹灰等。

3. 厂用电率

厂用电率的影响因素主要取决于辅机设备的运行经济性。厂用电率每升高 1 个百分点，供电煤耗率一般增加 3.5g/kWh 左右。

4. 锅炉热效率

锅炉热效率每变化 1%，供电煤耗率变化 1.1%。在其他条件不变的情况下，锅炉效率越高，机组供电煤耗率越低。

5. 汽轮机热耗率

汽轮机热耗率每变化 1%，供电煤耗率同方向相对变化 1%。也就是说汽轮机热耗率每增加 100kJ/kWh，供电煤耗率将增加 4g/kWh。在其他条件不变的情况下，汽轮机热耗率越低，机组供电煤耗率越低。因此汽轮机热耗率和锅炉效率试验值与设计保证值之差决定了设计发电煤耗率与运行发电煤耗率的差别。

6. 煤场管理因素

煤炭管理严格规范，煤场自燃现象减少，煤耗率降低。据原能源部调查，300MW 机组在管理上造成的煤耗率约偏高 5g/kWh。入厂入炉煤热值差每增加 100kJ/kg，煤耗率将增加 1.6g/kWh。

7. 入炉煤质量

目前，由于煤炭市场问题，大多数电厂入炉煤大大偏离设计要求。入厂煤质量差，灰分高，热值低。根据挥发分 V_{ar}（≤19%）修正系数公式 $C=1+0.002 \times (19-100V_{ar})$ 可知，收到基挥发分 V_{ar} 每降低 1 个百分点，供电煤耗率增加 0.2%。根据灰分 V_{ar}（＞30%）修正系数公式 $C=1+0.001 \times (100A_{ar}-30)$，可知，收到基灰分 A_{ar} 每增加 1 个百分点，供电煤耗率增加 0.1%。

收到基水分 M_{ar} 每增加 1 个百分点，供电煤耗率增加 0.065%。

入炉煤收到基热值每降低 500kJ/kg，供电煤耗率增加 0.5~0.6g/kWh。

8. 机组供电量比重

机组供电量比重变化对全厂供电煤耗率存在影响。供电煤耗率小的机组供电量越多，全厂供电煤耗率越低。假定电厂装机共三期机组，每期机组型号性能相同，每期供电煤耗率不变，机组供电量比重变化前、后，全厂供电煤耗率为

$$g_{前} = \frac{g_1 W_{g1} + g_2 W_{g2} + g_3 W_{g3}}{W_{g1} + W_{g2} + W_{g3}}$$

$$g_{后} = \frac{g_1 W'_{g1} + g_2 W'_{g2} + g_3 W'_{g3}}{W'_{g1} + W'_{g2} + W'_{g3}}$$

$$\Delta g = g_{后} - g_{前} = \frac{g_1 W'_{g1} + g_2 W'_{g2} + g_3 W'_{g3}}{W'_{g1} + W'_{g2} + W'_{g3}} - \frac{g_1 W'_{g1} + g_2 W_{g2} + g_3 W_{g3}}{W_{g1} + W_{g2} + W_{g3}}$$

$$= g_1(W'_{g1} - W_{g1}) + g_2(W'_{g2} - W_{g2}) + g_3(W'_{g3} - W_{g3})$$

以上式中　$g_前$、$g_后$、Δg——分别为供电量比重变化前、后全厂供电煤耗率和绝对变量，g/kWh；

　　　　　W_{g1}、W_{g2}、W_{g3}——供电量比重变化前的各期的比重，$W'_{g1} + W'_{g2} + W'_{g3} = 1$；

　　　　　W'_{g1}、W'_{g2}、W'_{g3}——供电量比重变化后的各期的比重，$W'_{g1} + W'_{g2} + W'_{g3} = 1$；

　　　　　g_1、g_2、g_3——各期供电煤耗率，g/kWh。

可以证明：供电煤耗率高的一期机组供电量减少 1%，而供电煤耗率高的二期机组供电量增加 1%，则使全厂的供电煤耗率减少 $\Delta g = 0.01(g_1 - g_2)$ g/kWh

【例 4-3】 某电厂共三期 $3×2$ 台机组，装机容量结构为 $2×125MW + 2×300MW + 2×660MW$，2011 年全厂总供电量 120 亿 kWh，全厂总供电煤耗率 $b_g = 312.46$ g/kWh。其中一期机组供电量 $W_{g1} = 12$ 亿 kWh，供电煤耗率 $b_{g1} = 370$ g/kWh；二期机组供电量 $W_{g2} = 33$ 亿 kWh，供电煤耗率 $b_{g1} = 330$ g/kWh；三期机组供电量 $W_{g2} = 75$ 亿 kWh，供电煤耗率 $b_{g1} = 295$ g/kWh。2012 年全厂总供电量 120 亿 kWh，各期机组供电煤耗率仍不变，但是供电量比重由 2011 年的 $0.10 : 0.275 : 0.625$ 变化为 $0.09 : 0.285 : 0.625$，即高能耗的一期机组供电量减少 1%，求：① 此时全厂供电煤耗率的变化量。② 当供电量比重变化为 $0.09 : 0.275 : 0.635$ 时全厂供电煤耗率的变化量。

解：（1）2 期机组供电量增加 1%，供电煤耗率减少为

$$\Delta g = g_1(W'_{g1} - W_{g1}) + g_2(W'_{g2} - W_{g2}) + g_3(W'_{g3} - W_{g3})$$
$$= g_1(0.09 - 0.1) + g_2(0.285 - 0.275)$$
$$= 0.01(g_2 - g_1)$$
$$= 0.01 × (330 - 370) = -0.4(\text{g/kWh})$$

因此，二期机组供电量增加 1% 时，全厂供电煤耗率减少 0.4g/kWh。

（2）三期机组供电量增加 1%，供电煤耗率减少为

$$\Delta g = g_1(W'_{g1} - W_{g1}) + g_2(W'_{g2} - W_{g2}) + g_3(W'_{g3} - W_{g3})$$
$$= g_1(0.09 - 0.1) + g_3(0.635 - 0.625)$$
$$= 0.01(g_3 - g_1)$$
$$= 0.01 × (295 - 370) = -0.75(\text{g/kWh})$$

因此，三期机组供电量增加 1% 时，全厂供电煤耗率减少 0.75 g/kWh。

9. 一次调频

由于一次调频限制了机组的优化运行方式，而且频繁动作（有的机组一昼夜达百次），因此影响到机组能耗水平。各种运行因素对发电煤耗率的影响量见表 4-11。

表 4-11　　　　　　　　各种运行因素对发电煤耗率的影响量　　　　　　　g/kWh

机组类别	1000MW 超超临界湿冷	600MW 超临界湿冷	600MW 超/亚临界空冷	600MW 亚临界湿冷	350/300MW 亚临界湿冷	300MW 亚临界空冷
热效率不达标	0	0～1	0～1	0～2	5	5
环境温度	0.5～1.0	0.5～1.0	-1.0～-2.0	0.5～1.0	0.5～1.0	-1.0～-2.0
蒸汽参数	0～0.5	0～0.5	0～0.5	0～0.5	0～0.5	0～0.5
再热器减温水量	0.2～0.5	0.2～0.5	0.2～0.5	0.2～0.5	0.2～0.5	0.2～0.5

续表

机组类别	1000MW 超超临界湿冷	600MW 超临界湿冷	600MW 超/亚临界空冷	600MW 亚临界湿冷	350/300MW 亚临界湿冷	300MW 亚临界空冷
系统泄漏	0.5~1.0	0.5~1.0	0.5~1.0	0.5~1.0	0.5~1.0	0.5~1.0
除氧器排汽、锅炉排污	0.5~1.0	0.5~1.0	0.5~1.0	0.5~1.0	0.5~1.0	0.5~1.0
蒸汽吹灰	0.2~0.5	0.2~0.5	0.2~0.5	0.2~0.5	0.2~0.5	0.2~0.5
负荷系数（75%）	4.5	4.0	5.0	3.8	3.8	5.5
机组启停	0.5	0.5	0.5	0.5	0.5	0.5
一次调频	0.4	0.4	0.4	0.4	0.4	0.4
煤质	0.5~1.0	0.5~1.0	0.5~1.0	0.5~1.0	0.5~1.0	0.5~1.0
合计	7.8~10.9	7.3~10.9	6.4~9.4	6.6~12.2	12.1~14.7	12.3~13.9

注 表中数据是与设计发电煤耗率的差值。

第四节　降低供电煤耗率的主要措施

一、降低供电煤耗率的管理措施

（1）计划管理部门每日对前一日的煤耗率按正平衡要求进行计算，并以耗差分析结果进行校验后上网公布。

（2）每月计划管理部根据燃料皮带上煤量、锅炉给煤机给煤量、月底盘煤情况及反平衡计算结果，提出对月度供电煤耗率进行调整的建议，经分管厂长批准后上报。月末煤场盘煤调整计算公式为

当月末煤场盘煤盈亏原煤量 ΔB＝当月进入煤场煤量＋上月末煤场结存煤量－当月日计算生产累计耗煤总量－本月末煤场结存煤量－杂用（调出、生活）煤量－煤场存损

（3）盘煤期间煤场月度盘亏量大于月末存煤量的 0.5% 时，其中的 0.5% 计入储存损失栏，其他超过的部分计入亏损栏，并调整燃料账存量。根据月底盘点煤量情况，需要调整财务账面数时，由计划管理部编制燃料差异调整报告，由分管厂长审批后，交财务人员调整账面。

（4）开展耗差分析，发现薄弱环节，及时制定改进操作和改造设备的措施。

（5）定期对供电煤耗率完成情况进行分析，找出影响煤耗率的因素及采取的对策。

（6）加强对测量仪表的管理，测量仪表应装设齐全，准确可靠。要不断提高仪表的投入率和准确率，定期进行仪表校验和日常维护，保证仪表准确率在合格范围内。

（7）搞好小指标的竞赛工作，小指标应层层分解落实到值、班组和岗位，并应加强对小指标的统计、分析和考核工作。组织运行值之间、班组之间、机组之间进行小指标的竞赛，要及时公布小指标完成情况，提出改进操作的意见。

（8）加强设备运行中的经济调度，根据电网调度和客观条件，不断改进运行方式，保证机组在最佳工况下运行。

（9）按部颁规定，发电用能与非发电用能应严格区分，并有完善的计量装置，单独分项立账。

（10）发电厂厂用电率要结合运行分析会（或节能例会）定期进行分析，要查明当前厂用电率运行水平与同期比较、与同类型比较、与设计比较、与历史最好水平比较的差距。一旦指标差

距过大，要结合实际制定措施，并认真组织实施。

（11）给水泵、制粉系统、送风机、引风机、循环水泵等主要辅机用电单耗、用电率的运行值，要定期进行分析、比较，保持设备单耗、耗电率在较好的水平下运行。

（12）定期进行锅炉燃烧调整试验，定期进行制粉系统最佳煤粉细度调整试验等。

（13）凝汽器真空严密性试验要每月测试一次，并及时查找泄漏部位予以消除。

二、降低供电煤耗率的运行措施

（1）根据煤种变化及时对制粉系统及锅炉燃烧做出相应的调整，保证煤粉的充分燃烧，降低锅炉飞灰可燃物带走的热损失，确保锅炉在最经济方式下运行。亚临界 300、600MW 凝汽式火电机组煤粉锅炉的飞灰可燃物与供电煤耗率的关系见表 4-12。

表 4-12　　　　不同的飞灰可燃物增加值 ΔC_{fh} 与供电煤耗率增加值关系

ΔC_{fh} （%）	机组容量 （MW）	供电煤耗率增加值（g/kWh）			
		贫煤	烟煤	褐煤	无烟煤
1	300	0.87	0.93	1.61	1.10
	600	0.80	0.85	1.48	1.01
2	300	1.75	1.86	3.23	2.21
	600	1.61	1.71	2.97	2.04
3	300	2.64	2.79	4.87	3.33
	600	2.43	2.57	4.48	3.06

从表 4-12 可以看出，300MW 锅炉飞灰可燃物每增加 1 个百分点，供电煤耗率将增加 0.87g/kWh。600MW 锅炉飞灰可燃物每增加 1 个百分点，供电煤耗率将增加 0.80g/kWh。机组容量越大，飞灰可燃物对供电煤耗率的影响幅度变小。随着飞灰可燃物的增加，供电煤耗率基本上呈直线增加。

（2）优化锅炉燃烧调整，提高锅炉效率。特别是降低锅炉排烟温度。对于不同锅炉在燃烧烟煤（$Q_{net,ar}$＝19 690kJ/kg），在额定负荷时，不同的排烟温度下的供电煤耗率见表 4-13。

表 4-13　　　　不同锅炉在不同的排烟温度下的供电煤耗率　　　　g/kWh

排烟温度 （℃）	煤粉炉					流化床锅炉
	100MW	200MW	300MW	600MW	1000MW	300MW
120	364.0	340.0	330.0	307.0	286.0	335.0
130	365.98	341.85	331.79	308.65	287.52	336.84
140	367.98	343.72	333.61	310.32	289.06	338.71
150	370.01	34.62	335.45	312.02	290.62	340.60

从表 4-13 中可以看出，300MW 锅炉排烟温度从 120℃ 增加到 130℃，供电煤耗率增加 1.79g/kWh。600MW 锅炉排烟温度从 120℃ 增加 130℃，供电煤耗率增加 1.65g/kWh。锅炉容量越大，排烟温度对于供电煤耗率影响幅度减小。

（3）充分利用加热设备和提高加热设备的效率，提高给水温度。

（4）提高各加热器回热效率。运行中调整和控制好各加热器水位，保持加热器端差在设计值范围内运行，提高抽汽的回热效率。

（5）降低辅机电耗，例如及时调整泵与风机运行方式，适时切换高低速泵，中储式制粉系统在最大经济出力下运行，合理用水，降低各种给水泵电耗等。

（6）降低点火及助燃用油，采用较先进的点火技术，根据煤质特点，尽早投入主燃烧器等。

（7）合理分配全厂各机组负荷。

（8）确定合理的机组启停方式和正常运行方式。

（9）控制给水品质。在机组启动过程中严格控制给水品质，减少机组开机时间，减少排污热损失。在运行中严格控制给水品质，减少机组在运行中由于水质不合格进行排污的热量损失。

（10）压红线运行。运行中保持主、再热蒸汽参数在额定值附近运行；优化燃烧降低过热器及再热器的减温水用量，以及保证锅炉的各受热面不超温，提高机组的经济性。

（11）运行人员应加强汽轮机运行调整，保证凝汽器真空、端差等参数在规定范围内，保持最小的凝结水过冷度。

（12）优化辅网运行方式，提高全厂的经济性。

1）根据煤质情况调整煤仓煤位，流通性好的煤种保持煤仓高煤位，加大两次上煤间隔时间；对于流通性差的煤种适当降低煤仓煤位，以防煤仓发生篷煤；掌握入厂煤煤质，煤质好时可以直接把来煤上煤仓，减少皮带二次耗电，降低输煤单耗。

2）根据入炉煤含硫量合理安排脱硫制浆系统的运行方式和时间，根据烟气二氧化硫含量控制吸收塔浆液循环泵运行数量，降低脱硫系统单耗。

3）根据机组负荷及入炉煤灰分含量，及时调整电除尘各电场电压及投退第四、第五电场；在巡回检查中重点对电除尘各灰斗及气化风管道的保温装置进行检查，确保保温完好，减少灰斗电加热投入运行的时间。

三、降低供电煤耗率的技术措施

1. 及时消缺，提高设备可靠性

没有健康可靠的设备，效益也就无从谈起。设备的健康水平得到保证，就为优化运行方式提供可靠的保证，如两路输煤皮带随时能投入运行，就为锅炉的优化燃烧配煤及降低输煤单耗提供了保证；如吸风机变频系统健康，可以随机组负荷变化变速节电运行；如在机组启动过程中，设备处于健康状态，可以降低机组的启动时间及消耗，是最有效和直接降低供电煤耗率的方法。

2. 狠抓阀门治理，减少内、外漏

阀门内漏及外漏直接影响着机组的安全及经济运行，疏水阀门内漏严重冲刷着管壁，时间久了就会发生管道爆破事故，这方面的例子数不胜数；阀门内漏还严重制约着机组的经济性，所以一定要根除阀门内漏。运行中要严密监视高、低压旁路减压阀后蒸汽温度，发现温度升高时及时找出原因并进行处理，减少对机组经济性的影响；根据轴封系统运行参数变化确定轴封间隙是否变大，若轴封及汽轮机动静间隙变大，则应对汽轮机进行揭缸提效处理从而降低汽轮机热耗率。

3. 提高机组真空度

定期做机组的真空严密性试验，找出真空系统泄漏点并处理，尽一切努力提高机组的真空度，提高机组的经济性。

4. 进行变频改造，降低厂用电率

泵与风机改造是发电企业降低厂用电的重点。根据运行和调峰要求，原来采用挡板调节流量的泵与风机，应采用电动机加装调速装置的方法进行改造，达到节能降耗和提高电动机设备安全运行的目的。合理选取容量，使各种设备在经济负荷范围内运行，并与其他设备容量匹配合理。

5. 发展超临界机组和超超临界大机组

常规高压和亚临界机组的供电效率在 35% 左右，而超临界机组（24.2～28 MPa，540～593℃）的供电效率可达到 40% 以上，超超临界机组（29～30MPa，600℃ 以上）的供电效率可达到 45% 以上，目前发展势头较快，技术、材料等均已成熟，在日本、丹麦、德国已有多台机组投产。在我国，这几年也有较大发展。目前我国新建纯凝汽式机组容量以 600～1000MW 为主，供热机组以 300MW 为主。

6. 发展热电联产提高能源转换效率

热电联产可以有效节约能源。从统计数据看，供热运行时发电标准煤耗率可以降到 162～231g/kWh，供热标准煤耗率在 40～47kg/GJ 之间，低于分散安装小锅炉的煤耗率（55～62kg/GJ），有显著的节能效果。

7. 电气设备技术改造

应在保证电网、发电设备安全运行，不影响发电机使用寿命的情况下，适当增加发电机容量，提高运行性能满足电网与发电机之间的协调关系，相对提高负荷率，以提高经济效益。

总之，根据机组的实际运行情况，因地制宜采取各种有效控制措施，提高机组的经济运行水平，以降低全厂供电煤耗率。

第五节　供电煤耗率管理制度

一、供电煤耗率管理总的要求

（1）供电标准煤耗率在火电厂的技术经济指标中占举足轻重的地位，对其进行科学地统计管理是指导生产、降低消耗、提高经济效益的重要手段。

（2）本细则参照原电力部《火力发电厂按入炉煤量正平衡计算发供电煤耗的方法》、DL/T 904《火力发电厂技术经济指标计算方法》，结合电厂实际情况制定。

（3）煤耗率是反映电厂生产能源消耗水平的综合性技术经济指标，也是评价电厂设备的健康水平、检修质量、运行操作、燃料管理等各方面工作的综合管理水平指标。

（4）火力发电厂的煤耗率计算和管理，是各有关部门、有关专业的共同管理工作，必须各负其责。参数、数据必须正确，有代表性，不得参入任何人为意志，确保煤耗率的准确性。

二、管理职责

1. 计划管理部门职责

（1）计划管理部门是煤耗率指标的综合管理部门，负责各机组年、季、月供电煤耗率指标计划的编制、下达、统计、上报，确保计划指标如期完成。

（2）负责计算、核对、分析、监督、考核煤耗率管理工作的全过程。

（3）建立健全有关供电标准煤耗率管理原始资料、台账、报表等。

（4）负责配合燃料部搞好与煤耗率有关的管理工作，每月月底组织有关人员参加煤场、油罐的盘点；负责监督各种能耗计量点设置、表计校验更换记录等工作；监督、指导燃料的采制化工作。

（5）负责按规定时间准确统计各种非生产用电、水、汽表计，汇总后出具结算单，由财务部收取非生产用能费用。

2. 生产技术部职责

（1）生产技术部是煤耗率指标的技术管理部门，在煤耗率出现异常时，组织有关人员从技术方面找出原因制定措施方案并监督实施。

（2）负责节能降耗技改项目的审批、验收、评价和考核。

（3）负责组织进行汽平衡、水平衡、电平衡等能量平衡的测试工作。

（4）负责对供电标准煤耗率进行耗差分析。

（5）负责组织机组热力试验工作，并绘制机组经济调度曲线，定期进行主要辅机的耗能试验。

（6）负责对省煤、节电等与降低煤耗率有关的奖励提出分配建议。

（7）负责编制盘点报告，要由盘点人员签字确认，有关部门领导审核。

3. 运行部门职责

（1）运行部门要保证机组在最佳状态运行，努力使机组煤耗率指标达到最好水平，对每天的煤耗率指标的完成情况进行分析与管理。

（2）负责按照电网调度计划和命令，根据经济调度曲线分配各机组负荷。

（3）认真开展小指标竞赛活动，分析各项小指标对煤耗率的影响，找出原因，采取措施，按小指标考核办法严格考核。

（4）严格执行燃油考核办法和节能降耗有关制度。

（5）开展耗差分析，发现薄弱环节，及时制定改进操作的措施。

4. 燃料供应部门职责

（1）负责采购适合锅炉稳定燃烧的煤种。

（2）在煤质发生变化时，应及时通知运行部、燃料部采取掺配等措施以保证锅炉稳定燃烧。

（3）负责按规定采购足够的发电用煤。当因为燃料供应量不足、质量不符可能带来的库存下降，甚至低于警戒线以下或因缺煤降低机组出力，且后续来煤无法满足日耗煤需要时，要及时向厂部及上级主管部门汇报，并及时启动应急预案，制止库存的进一步下降。

5. 燃料部职责

（1）负责燃煤的接卸、管理工作，负责燃煤厂内输送运行工作。

（2）负责煤场的日常管理工作。按规定烧旧存新，防止煤场储存时间过长、风吹雨打等因素导致的发热量降低、热值差加大等现象的发生。

（3）负责每月末煤场盘点前煤场的平整工作，以确保盘点准确，账物相符。

（4）负责入厂煤的检斤、检质工作。负责入厂、入炉煤的取样、送样工作。

（5）负责对入厂、入炉煤皮带秤、实物校验装置和自动取样装置的定期校验和维护工作。

（6）根据煤质情况，进行配煤，并按储煤配煤考核办法进行考核。

（7）负责日常发电、供热用煤的稳定供应，建立相关的报表，记录所有燃料加仓的数量和质量。

（8）燃料部统计的入炉煤数量以入炉煤电子皮带秤读数为准。入炉煤皮带秤计量装置的计量精度要达到设计标准，应有定期校验的制度并按规定执行。

（9）煤化验室负责入炉煤的采制化工作，并将化验报告公布上网并及时报送有关部门。

6. 检修部职责

（1）发电量、厂用电量表计参数、系数变化时应及时书面通知生产技术部。

（2）检修部要定期清理凝汽器和其他换热器的污垢。

（3）检修部要与运行部紧密配合，消除负压系统漏点，保证真空系统严密性。

（4）检修部要及时消除设备缺陷，及时整治阀门泄漏或更换损坏的阀门，及时校验有关用汽计量装置。

7. 财务部职责

（1）负责预测和分析年、季、月度燃料成本和标准煤单价。

（2）负责按年、季、月度做好本厂实际供应燃料的品种、数量、供应单价、运费、杂费、燃料单位成本、标准煤单价等的记录。

  （3）负责燃料统计分析，提出降低燃料成本的建议和措施。

  （4）负责按审核后的实收的燃料品质、数量、质量等办理支付、拒付、索赔手续。

  （5）参加燃料的月度、季度、年末盘点工作，负责账面调整工作。

  （6）检查并指导燃料的账务管理。

  （7）负责向安全生产部按时提供各种有关燃料的数据和资料。

三、供电标准煤耗率的正平衡计算

正平衡供电标准煤耗率的统计计算，采用正平衡计算方法，计算过程：

  （1）发电耗用标准煤量。计算期内发电耗用标准煤量计算公式为

$$B_b = (B_j - B_k)(1 - a_r)$$

$$B_j = \frac{B_m Q_m + B_y Q_y + B_q Q_q}{29\ 307.6}$$

$$a_r = \frac{Q_{gr}}{Q_z}$$

式中 B_b——计算期内发电耗用标准煤量，t；

    B_j——计算期内入炉标准燃煤量（包括燃煤、燃油和其他燃料之和），t；

    B_k——计算期内应当扣除的非生产用燃料量，并折算到标准煤量，t，即在计量点后取用的非生产燃料折合标煤量；

    B_m——计算期内入炉煤计量的燃煤耗用量，t；

    B_y——计算期内入炉燃油耗用量，t；

    B_q——计算期内入炉其他燃料耗用量，t；

Q_m、Q_y、Q_q——分别为燃煤、燃油和其他燃料在计算期内的收到基低位发热量，kJ/kg；

    Q_z——发电、供热总的耗热量，GJ；

    Q_{gr}——供热用的耗热量，GJ；

    a_r——供热用热量占总耗热量的份额，习惯上称为供热比，非供热机组为0。

  （2）计算期发电煤耗率

$$b_f = \frac{B_b}{W_f} \times 10^6$$

$$W_f = W_{zf} - W_k$$

式中 W_f——计算期内机组发电量，kWh；

  W_{zf}——计算期内计量的发电量，kWh；

  W_k——计算期内应按规定扣除的并在厂用电计量点后取用的非生产用电量，kWh；

  b_f——计算期内的正平衡发电煤耗率，g/kWh。

  （3）计算供电煤耗率

$$b_g = \frac{B_b}{W_g} \times 10^6 = \frac{b_f(\text{g/kWh})}{1-e}$$

$$W_g = W_f - W_{cy} = W_f(1-e)$$

式中 e——厂用电率，%；

  B_b——计算期内发电耗用标准煤量，t；

  W_{cy}——计算期内厂用电量，kWh；

W_g——计算期内的供电量，kWh；

W_f——计算期内机组发电量，kWh；

b_g——计算期内的供电煤耗率，g/kWh。

四、煤耗率计算原则

采用正平衡计算供电煤耗是火电厂能源计量管理的重要组成部分，也是火电厂加强生产经营管理的重要环节。目前，部分火电厂未能严格执行国家和行业的有关规定，没有在进行正平衡计算供电煤耗等指标的过程中扣除非生产耗用燃料，造成机组供电煤耗等指标偏离实际水平，对机组能耗对标和节能目标的确定带来不利影响。为了规范统计计算方法，在计算发、供电煤耗率时应遵循如下原则：

(1) 火力发电厂发、供电煤耗率统一以入炉煤计量煤量和入炉煤机械取样分析的低位发热量按正平衡计算、反平衡校核，月底以煤场盘点数据进行调整后的煤耗率上报及考核（调整量不得超过月度累计耗用量的 0.5%，超过 0.5%时各电厂要上报专题分析报告）。但是，根据原电力工业部颁布《火力发电厂按入炉煤量正平衡计算发供电煤耗和方法》（电安生〔1993〕457 号）的总则第 1.2 条规定："火力发电厂发供电煤耗统一以入炉煤计量煤量和入炉煤机械取样分析的低位发热量按正平衡计算，并以此数据上报及考核"，既没要求反平衡校核，也没要求以煤场盘点数据进行调整。这种规定，虽然规定了计算方法，但是没有得到广泛认可。主要原因是：

1) 皮带秤运行中产生较大误差的影响，导致以此数计算出的发供电煤耗率忽高忽低，准确性差。

2) 入厂煤量、耗煤量、储煤量三者存在不平衡煤量，导致账存煤量和库存煤量存在差距，导致发电成本的燃料账务出现困难。

(2) 正平衡计算以皮带秤、称重给煤机称重计量进入锅炉的煤量为准，以机械取样取入炉煤样的热量为依据进行计算。

(3) 计算发、供电煤耗等指标时，应按照《综合能耗计算通则》（GB/T 2589—2008）的规定，选取标准煤的发热量为 29 307.6kJ/kg 进行折算。

(4) 热电厂供热与发供电煤耗率的计算时采用热量分摊法，好处归发电。

(5) 建立台账每班记录测试结果，按班按日加权平均计算入炉煤质量指标。正平衡计算日平均煤耗时一律以当日 0:00～24:00 的综合入炉煤原煤样的实测发热量和平均的全水分所换算的收到基低位发热量作为计算依据，计算日发供电煤耗率。不得以制粉系统中的煤粉测得的发热量代替。

某发电机组日入炉煤低位发热量＝Σ(该发电机组每批次入炉煤低位发热量×该发电机组相应批次入炉煤量)÷Σ该发电机组每批次入炉煤量

全厂月入炉煤低位发热量＝Σ(发电机组月入炉煤低位发热量×该发电机组月入炉煤量)÷Σ发电机组月入炉煤量

(6) 要认真执行《火力发电厂技术经济指标计算方法》（DL/T 904—2004）的有关规定，严格区分生产用能与非生产用能，按规定不应进入发、供电煤耗等指标统计的非生产用能，在计算发、供电煤耗等指标时必须扣除。下列用电量和燃料不计入生产供电煤耗率，但应计入综合供电煤耗率：

1) 新设备或大修后设备的烘炉、暖机、空载运行的电力和燃料；

2) 新设备在未移交生产前的带负荷试运行期间，耗用的电量和燃料；

3) A、B、C、D 级计划检修以及基建、大型更改工程施工用的电力和燃料；

4) 发电机作调相运行时耗用的电力和燃料；

5）自备机车、船舶等耗用的电力和燃料；

6）修配车间、车库、副业、综合利用、集体企业、外供及非生产用（食堂、宿舍、幼儿园、学校、医院、服务公司和办公室等）的电力和燃料；

（7）月平均煤耗率以煤场盘煤调整后的数据上报及考核，并根据盘油结果，将耗用燃油量折合为 29 308kJ/kg 发热量的标准煤量，全部计入总燃料耗用进行计算。

月度煤场盘煤调整步骤如下：

1）应每月进行一次煤场盘点，具体盘点应按 DL/T 606.2 规定执行。

2）通过月终盘存和收、耗之间的平衡关系计算全月生产耗用的原煤量为

月生产耗用原煤量＝月初库存量＋本月购入量－月末库存量－场损量－非生产（或外供）量

3）热电厂耗用的原煤及其他燃料，根据供热比分摊，按发电耗用和供热耗用分开计算（标准煤量的计算式也相同）：

月发电耗用原煤量＝月生产耗用原煤量－月供热耗用原煤量

4）煤场盘煤调整标准煤量计算公式为

$$煤场盘煤调整标准煤量＝月发电耗用原煤量\times\frac{月入炉煤平均低位发热量}{29\ 307.6}$$

5）煤场盘煤调整供电煤耗率计算公式为

煤场盘煤调整供电煤耗率＝盘煤校核标准煤量÷全厂供电量

6）盘煤调整煤耗率偏差计算公式为

$$盘煤调整煤耗率偏差＝\frac{盘煤调整供电煤耗率－正平衡计算供电煤耗率}{正平衡计算供电煤耗率}$$

盘煤调整煤耗率偏差不得超过±0.5％（即统计报出煤炭消耗量与皮带秤计量数据月微调率不大于±0.5％），超过±0.5％时各电厂要上报专题分析报告，并经集团公司核查确认。

（8）建立健全能源计量管理体系，全厂主要资源（煤、电、汽、油、水）消耗计量器具配备率及检测率要达到100％，对非生产用汽（热）要加装计量装置，确保数据采集完整、准确、及时。实煤校验装置使用前应经标准砝码校验，实煤校验装置的标准砝码每两年应送往政府计量部门检定一次。入厂煤、入炉煤皮带秤实煤或循环链码校验应每旬一次。

（9）发电机出口，主变压器出口，高、低压厂用变压器，高压备用变压器，用于贸易结算的上网线路的电能计量装置精度等级应不低于 DL/T 448 的规定，现场检验率应达100％，检验合格率不低于98％。6kV 及以上电动机应配备电能计量装置，电能表精度等级不低于1.0级，互感器精度等级不低于0.5级，检验合格率不低于95％。

（10）入炉油可用流量计或储油容器液位计算，每月应对每品种燃油（对常用油种）作一次密度测定。入炉天然气可用燃气计量表测量，具体执行《天然气计量系统技术要求》（DL/T 18603—2001）。

（11）加强对非生产用能的管理，配齐非生产的煤、油、汽、电计量表计，建立非生产用能台账。

（12）实现燃料入炉的全过程和全断面自动采样。入炉煤采样装置性能应满足 GB/T 19494《煤炭机械化采样》等标准的要求。尚未实现入炉煤自动采样的单位要立即制订计划，在年内安装和投运入炉煤自动采样装置。明确对入炉煤采样装置的运行和维护要求，机械采样装置应每半年进行一次采样精密度核对，采样的精度按灰分（A_d）计要求在±1％以内。对采样装置的水分损失应委托有资质的单位进行分析测定，并作为水分调整的依据。入炉煤采样装置的准确投运率应达到98％以上，并纳入厂级考核。

（13）机械采样样品应定时取回，按国标的有关方法进行制样，并立即进行全水分（M_{ar}、M_{ad}）分析，每天至少进行一次混合样品的工业分析（M_{ad}、A_{ad}、V_{ad}、$S_{t,ad}$）和发热量$Q_{net,ar}$分析；对燃油按国标和部标的分析方法每品种每月做一次水分、硫分、闪点、凝固点、黏度、比重和发热量的分析。

（14）入炉煤的制样与化验必须实行和入厂煤同等的标准。入炉煤的制样和化验设备以及实验室的配置条件应满足 DL/T 567《火力发电厂燃料试验一般规定》与 DL/T 520《火力发电厂入厂煤检测实验室技术导则》等标准的要求，设备配置未达到要求的单位应对照标准尽快完善。对取样、制样和化验分析流程要进一步规范，入炉煤样的采制应由采样设备管理部门和化验部门共同进行，并对样桶存样量进行记录，采样量明显偏低的，应分析原因并按规定实施统计。对入炉煤样的化验，应按规定实施留样备查和建立抽查复核制度。

五、月度反平衡校核煤耗率

反平衡校核法是根据锅炉供出的蒸汽总质量和锅炉的热效率，先推算出耗用的标准煤数量，再推算出原煤数量。反平衡校核计算过程如下：

1. 锅炉总有效利用热量

计算公式为

$$Q_b = \frac{1}{B}(G_b h_b - G_{fw} h_{fw} + G_{rh} h_{rhr} - G_{rhl} h_{rhl} + G_{bl} h_{bl} + G_{ss} h_{ss} + G_{rs} h_{rs} + \sum G_{qt} h_{qt})$$

式中　　Q_b——锅炉总有效利用热量，即锅炉输出热量，kJ/kg；

G_b——锅炉过热蒸汽流量，kg/h；

h_b——过热蒸汽蒸汽焓，kJ/kg；

G_{fw}——给水流量，kg/h；

h_{fw}——给水焓，kJ/kg；

G_{rh}——再热器出口蒸汽流量，kg/h；

h_{rhr}——再热器出口蒸汽焓，kJ/kg；

G_{rhl}——再热器进口蒸汽流量，kg/h；

h_{rhl}——再热器进口蒸汽焓，kJ/kg；

G_{bl}——锅炉排污水流量，kg/h；

h_{bl}——锅炉汽包排污水的焓，kJ/kg；

G_{ss}——过热器减温水量，kg/h；

h_{ss}——过热器减温水焓，kJ/kg；

G_{rs}——再热器减温水量，kg/h；

h_{rs}——再热器减温水焓，kJ/kg；

G_{qt}——锅炉其他输出蒸汽（包括吹灰、疏水及抽汽等自用蒸汽）流量，kg/h；

h_{qt}——锅炉其他输出蒸汽焓，kJ/kg；

B——锅炉燃料的消耗量，kg/h。

2. 锅炉效率

锅炉效率的正平衡计算公式为

$$\eta_{bl} = \frac{Q_b}{Q_{net,ar}}$$

式中　　$Q_{net,ar}$——入炉煤收到基低位发热量，kJ/kg；

η_{bl}——锅炉效率，%。

3. 机组热耗量

计算公式为

$$Q_{sr} = G_{ms}h_{ms} - G_{fwj}h_{fwj} + G_{rhj}h_{rhj} - G_{rhlj}h_{rhlj} + G_{ss}h_{ss} + G_{rs}h_{rs} - G_A(h_{rhj} - h_{ms})$$

式中　Q_{sr}——机组热耗量，kJ/h；

　　　G_{ms}——机侧主蒸汽流量，kg/h；

　　　h_{ms}——机侧主蒸汽蒸汽焓，kJ/kg；

　　　G_{fwj}——机侧给水流量，kg/h；

　　　h_{fwj}——机侧给水焓，kJ/kg；

　　　G_{rhj}——机侧再热蒸汽流量，kg/h；

　　　h_{rhj}——机侧再热蒸汽焓，kJ/kg；

　　　G_{rhlj}——机侧冷段再热蒸汽流量（高压缸排汽流量），kg/h；

　　　h_{rhlj}——机侧冷段再热蒸汽焓，kJ/kg；

　　　G_{ss}——过热器减温水量，kg/h；

　　　h_{ss}——过热器减温水焓，kJ/kg；

　　　G_{rs}——再热器减温水量，kg/h；

　　　h_{rs}——再热器减温水焓，kJ/kg；

　　　G_A——高压门杆一档漏汽至高排管道流量，kg/h。

4. 生产耗用的标准煤量

计算公式为

$$B_b = \frac{Q_{sr}}{\eta_{bl}\eta_{gd} \times 29\ 307.6}$$

式中　Q_{sr}——机组热耗量，kJ/h；

　　　B_b——生产耗用的标准煤量，kg/h；

　　　η_{gd}——管道效率，%。

　　　η_{bl}——锅炉效率，%。

5. 反平衡校核发电煤耗率

计算公式为

反平衡发电煤耗率

$$b_{ff} = \frac{B_b \times 1000}{P \times 29\ 307.6} = \frac{q \times 1000}{\eta_{bl}\eta_{gd} \times 29\ 307.6}$$

式中　q——机组热耗率，kJ/kWh；

　　　B_b——生产耗用的标准煤量，kg/h；

　　　b_{ff}——反平衡校核发电煤耗率，g/kWh；

　　　P——发电机功率，kW。

6. 反平衡校核供电煤耗率

计算公式为

反平衡供电煤耗率

$$b_{gf} = \frac{b_f}{1 - e_{cy}}$$

式中　e_{cy}——统计期机组生产厂用电率，%；

b_f——反平衡校核发电煤耗率，g/kWh；

b_{gf}——反平衡校核供电煤耗率，g/kWh。

计算反平衡发电煤耗率时，必须注意：

(1) 运行表压力应加上当地大气压力后再查水蒸气表。

(2) 再热蒸汽流量最好采用热平衡方法准确计算得出，也可以按照设计特性求得不同负荷下的再热蒸汽流量系数，然后画出一条曲线，见图 4-1。根据实际负荷在曲线上取值，它不是一个定值，而是具有一定规律的线性函数关系。从表 4-14 中可以看出：N300-16.7/538/538 型汽轮机组 100% 负荷定压运行时，再热蒸汽流量系数为 0.8217，50% 负荷定压运行时，再热蒸汽流量系数为 0.847 6，比额定负荷时大 2.59 个百分点；75% 负荷滑压运行时，再热蒸汽流量系数为 0.838 9，比 75% 负荷定压运行大 0.77 个百分点。说明用固定再热蒸汽流量系数将使再热蒸汽流量偏小。

表 4-14　　　　　　　　　N300-16.7/538/538 型汽轮机再热蒸汽流量系数

方式	参　数	数　据				
定压运行	负荷（MW）	300	225	210	180	
	主蒸汽压力（MPa）	16.7	16.3	16.7	16.7	
	主蒸汽温度（℃）	538	538	538	538	
	主蒸汽流量（t/h）	907.03	752.82	608.53	523.71	
	再热蒸汽压力（MPa）	3.21	2.7	2.22	1.91	
	再热蒸汽温度（℃）	538	538	537.1	425.5	
	再热蒸汽流量（t/h）	745.35	625.76	511.90	443.90	
	再热蒸汽流量系数	0.8217	0.8312	0.8412	0.8476	
滑压运行	负荷（MW）		225	210	180	150	120
	主蒸汽压力（MPa）		14.4			9.95	8.18
	主蒸汽温度（℃）		538			538	528.9
	主蒸汽流量（t/h）		659.33			449.46	369.64
	再热蒸汽压力（MPa）		2.39			1.64	1.35
	再热蒸汽温度（℃）		538			509.6	491.4
	再热蒸汽流量（t/h）		553.11			384.95	319.03
	再热蒸汽流量系数		0.838 9	0.844 4	0.850 5	0.856 5	0.863 1

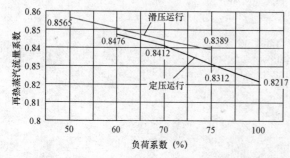

图 4-1　300MW 汽轮机再热蒸汽流量系数与
负荷系数的关系曲线

(3) 减温水引起的热耗要按减温水实际流量和温度计算，不能采用设计值计算，否则会使计算出的热耗率偏低。

(4) 计算锅炉总有效利用热量时，必须采用锅炉侧的参数，如锅炉过热器出口主蒸汽压力和温度，锅炉再热器的进出口压力和温度，省煤器入口给水温度。

(5) 供热标准煤耗率采用正平衡计算，反平衡校核。

正平衡计算过程：

供热标准煤耗率

$$b_{gr} = \frac{B_r Q_{net,ar}}{29\,308Q} \times 10^6 = \frac{\alpha B Q_{net,ar}}{29\,308Q} \times 10^6 = \frac{Q_r}{29\,308Q} \times 10^6$$

其中　　　　　$Q = （热网首站供热量 / 热网加热器效率）＋抽汽$
直接供出的热量（一般指汽网）

$$Q_r = \alpha B Q_{net,ar}$$

式中　Q——统计期内的供热量，kJ；

　Q_r——供热的热耗量，kJ；

$Q_{net,ar}$——燃料的低位发热量，kJ/kg；

　B——发电、供热总耗煤量，kg；

　α——供热比，%。

反平衡校核过程：

供热标准煤耗率

$$b_{grf} = \frac{B_r Q_{net,ar}}{29\,308Q} \times 10^6 = \frac{\alpha B Q_{net,ar}}{29\,308Q} \times 10^6 = \frac{Q_r}{29\,308Q} \times 10^6$$

$$= \frac{34.12}{\eta_{bl}\eta_{gd}\eta_{hs}} = \frac{34.12}{\eta_{bl}0.99 \times 0.98} = \frac{35.16}{\eta_{bl}}$$

式中　η_{hs}——热网加热器效率，取 98%；

　η_{gd}——管道效率，根据国家节能中心节能评审评价指标第 2 号通告，η_{gd} 取 97%；

　η_{bl}——锅炉效率，%。

上式表明，供热标煤耗率 b_{gr} 只与锅炉效率存在一定的比例关系。在生产实践中采集多种工况条件下数据用传统方式和上述方法计算对比，也证实了在某一锅炉效率下尽管流量、供热比有所不同，而计算得出的供热标煤耗率 b_{gr} 是不变的。这一公式简化了供热标煤耗率的计算，节省了计算时间，准确性很高。

（6）在发现反平衡供电煤耗率偏差 Δb_g（或 Δb_{gr}）超过 1% 时，要及时分析原因并尽快整改。反平衡校核偏差计算公式为

$$\Delta b_g = \frac{b_g - b_{gf}}{b_g} \times 100\%$$

或
$$\Delta b_{gr} = \frac{b_{gr} - b_{grf}}{b_{gr}} \times 100\%$$

第五章 厂用电率的监督

第一节 厂用电率的统计计算原则

一、术语和定义

（1）电力生产系统：电力生产系统包括锅炉系统、汽轮机系统、发电输电系统、水处理系统、燃料系统等。

（2）发电量：指电厂（机组）在报告期内生产的电能量，用 W_f 表示，其不同时间发电量的计算式为

某发电机组日发电量＝（该机组发电机端电能表本日 24 点读数－该电能表上日 24 点读数）×该电能表倍率

某发电机组月发电量＝（该机组发电机端电能表当月末最后一日 24 点读数－该电能表上月末最后一日 24 点读数）×该电能表倍率

某发电机组年发电量＝Σ该发电机组月发电量

（3）供电量：在报告期内机组发电量减去生产厂用电量。供电量以主变低压侧为计量点，包括在报告期内机组的上网净电量、主变压器损耗和机组自带的非生产用电量。供电量计算公式为

供电量＝发电量－外购电量－生产（发电或供热）厂用电量

外购电量即从电网购入电量，是指电厂为生产所需，从其他自备电厂、电网系统购入，且与电网系统（或他自备电厂）单独结算的电量，一般通过厂内高压备用变压器输入。

（4）上网电量：也叫销售电量，是指电厂在报告期内，由厂、网间协议确定的并网点计量关口有功电能表计抄见电量，计算式为

某发电机组日上网电量＝（该机组并网点计量关口表本日 24 点读数－该关口表上日 24 点读数）×该电能表倍率

某发电机组月上网电量＝（该机组并网点计量关口表当月末最后一日 24 点读数－该关口表上月末最后一日 24 点读数）×该电能表倍率

某发电机组年上网电量＝Σ该发电机组月上网电量

为了加强对电力生产的经营管理，原电力生产部门曾发文，明确"发电厂上网电量的计量点应以发电机的出线侧为准"，电费结算也以发电机出线侧供电量进行结算，将主变压器损耗交给了网上，加大了一次网损，对电厂有利。即过去的上网电量计算公式为

上网电量＝发电量－外购电量－厂用电量

随着厂网分开和电力市场的逐步推进，于 2000 年前后，电网公司要求发电公司承担辅助厂用电量的损耗，并将电厂销售电量的关口电能表从发电机出线侧（即主变压器低压侧）移至主变压器高压侧（升压站出口），发电厂供给电网的电量可直接计量。因此，现在所说的上网电量计算公式为

上网电量＝发电量－外购电量－厂用电量－辅助厂用电量＝供电量－辅助厂用电量

也就是说升压主变压器高压出口侧计量的电量为上网电量，而升压主变压器低压侧则为供电量

发电量、供电量、上网电量这三块电量分界点见图 5-1。

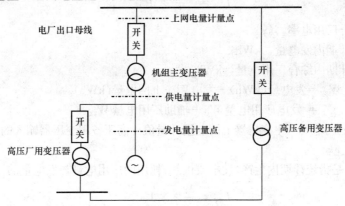

图 5-1 发电量、供电量、上网电量这三块电量分界点

如果计量关口表在高压出线侧，上网电量则直接为各计量关口表计计量的电量之和；如果计量关口表在低压侧，则按协议规定是否扣除变压器损耗后的各计量关口表电量之和。

（5）厂用电量：发电厂生产电能过程中消耗的电能，以 W_{cy} 表示。包括动力、照明、通风、取暖及经常维修等用电量，以及它励用电量，设备属电厂资产并由电厂负责其运行和检修的厂外输油管道系统、循环管道系统和除灰管道系统等的用电量。既要包括本厂自发的用作生产耗用电量，还包括购电量中用作发电厂厂用电的电量。

（6）辅助厂用电量：辅助厂用电量是指生产过程中，主变压器、升压站开关和线路损耗的电量 W_{bs}，以及非生产用厂用电量 W_{kc}，以 W_{fz} 表示。W_{bs} 计算式为

W_{bs} ＝发电机组表后至上网电量表前的线路损失电量＋升压主变压器损耗电量＝发电量－高压厂用变压器电量读数－上网关口电量－外购电量

辅助厂用电量＝W_{bs}＋W_{kc}

应扣除的非生产用厂用电量 W_{kc} 包括：

1）发电机作调相机运行时耗用的电量。

2）厂外运输用自备机车、船舶等耗用的电量。

3）修配车间、副业、综合利用实体及非生产用（食堂、宿舍、幼儿园、学校、医院、服务公司和办公室）的电量。

4）A、B、C、D 级计划检修，基建、大型技改项目耗用的电量。

5）新设备在未正式移交生产前的带负荷试运行期间，耗用的电量。

6）新设备或大修后设备的烘炉、煮炉、暖机、空载运行的燃料。

7）企业下属实体、家属区等耗用的电量。

（7）生产厂用电量：在统计报告期内，机组直接用于发电、供热、供汽等与生产有关的辅助设备消耗的电量。

生产厂用电量＝发电量－供电量－外购电量＝厂高变电量＋励磁变电量＋启备变电量－非生产用电量

二、厂用电率的计算

1. 综合厂用电率

综合厂用电率过去称为厂用电系数，是指统计期厂用电量与发电量百分比，即机组发电量与上网电量的差值再加上购网电量后与机组发电量的比率。计算公式为

$$L_{zh} = \frac{W_{cy}}{W_f} \times 100\%$$

式中 L_{zh}——综合厂用电率,%;

W_f——统计期内发电量,kWh;

W_{cy}——统计期内综合厂用电量,kWh。

综合厂用电量 W_{cy}＝发电量(kWh)－发电厂净上网电量(kWh)

＝ 发电厂用电量 W_d＋辅助厂用电量 W_{fz}

发电厂净上网电量＝主变压器上网电量计量值－高压备用变压器输入的外购电量

2. 生产厂用电率

生产厂用电率是指统计期内生产(发电或供热)耗用的厂用电量与发电量的比值。计算公式为

$$L_{cy} = \frac{W_{sc}}{W_f} \times 100\%$$

$$W_{sc} = W_h - W_{fz} - W_{kc}$$

式中 L_{cy}——生产厂用电率,%;

W_{sc}——生产厂用电量,kWh;

W_f——统计期内发电量,kWh;

W_{fz}——统计期内辅助厂用电量,kWh;

W_h——统计期内综合厂用电量,kWh。

3. 辅助厂用电率

辅助厂用电率是指统计期内辅助厂用电量与发电量的比值。计算公式为

$$L_{fz} = \frac{W_{fz}}{W_f} \times 100\%$$

辅助厂用电率 L_{fz}＝综合厂用电率 L_{zh}－生产厂用电率 L_{sc}

在维持综合厂用电率不变的条件下,要想人为降低生产厂用电率,应人为虚增厂用变压器读数。主要方法是利用高压厂用变压器允许±0.5 误差的限值,由计量室将原有的高压厂用变压器电能表误差＋0.5 调整至－0.5 左右,这样,高压厂用变压器读数比原来读数偏小,人为将生产厂用电率降小,增大了辅助厂用电率。但是,必须注意:

1) 主变压器空载损耗和负载损耗的电量约为 $0.20\% \sim 0.3\%$。

2) 生产厂用电率一般比综合厂用电率低不足 0.5 个百分点。

4. 辅助设备耗电率

辅助设备耗电率是指统计期内辅助设备或系统消耗电量与机组发电量的百分比。计算公式为

$$辅助设备耗电率 = \frac{辅助设备或系统耗电量}{机组发电量} \times 100\%$$

辅助设备或系统有电能表的,按电能表统计;没有电能表的,按电流表的平均读数进行耗电量计算。原则上对于 6000V 电压等级或 250kW 以上的设备或系统应安装电能表。

特别注意的是:制粉系统比较复杂,这里单独说明。制粉系统耗电率是指统计期内制粉系统(包括磨煤机、给煤机、一次风机/排粉风机、密封风机) 消耗电量与机组发电量的百分比。

三、公用系统厂用电的统计

由于各个发电企业在机组的设计与安装中对诸如运煤、冲灰、排渣、燃油、化学水处理等公用系统的厂用电,其接线方法不一或运行方式相异,所以造成单台机组的厂用电量有时偏差很大。特别是近几年,出现了煤粉灰综合利用、脱硫系统特许经营等新事物,在厂用电统计方面非

常混乱，因此必须规范统计计算原则：

（1）对于输煤系统、冲灰排渣系统、化学水处理系统的厂用电量可根据各机组发电量的大小按比例进行分配计算。

（2）对于燃油系统的厂用电量可按运行机组平均分配。遇到不正常工况时，例如燃烧不稳、锅炉长时间投助燃油、锅炉启停等，可根据各台机组燃油量的大小进行分配计算。

（3）对于供热式机组或热电厂的厂用电量，还应考虑由于供热所造成发电的锅炉补给水量增大，因而使化学水处理系统的厂用电量增大的因素。对该项增大的厂用电量应根据各台机组供热量大小按比例加至各自的厂用电量上。

（4）对于脱硫特许经营的电厂，其脱硫系统耗用电量，不允许放入外购电量或非生产用电量之中，应完全统计进入生产厂用电量中。

（5）对于煤粉灰综合利用的电厂，厂内干排渣、干除灰系统耗用的电量，应完全统计进入生产厂用电量中。对于离开厂区的后续工作（如运输、加工建筑材料过程等）、不属于电厂管理的设备、设施耗用的电量，则不作统计。

（6）对于使用海水（苦咸水）淡化水作为生产用水的电厂，应根据用途统计进入生产厂用电量中（如用淡化水作为机组补充水，应统计进入除盐系统耗电量中）。

四、厂用电量的计算

某发电机组日厂用电量＝该机组本日发电量－本日上网电量－本日辅助厂用电量－本日供热厂用电量－日本应扣除电量＋全厂本日购网生产用电量×该机组本日发电量÷全厂本日发电量

某发电机组月厂用电量＝该机组本月发电量－本月上网电量－本月辅助厂用电量－本月供热厂用电量－月本应扣除电量＋全厂本月购网生产用电量×该机组本月发电量÷全厂本月发电量

某发电机组年厂用电量＝Σ该发电机组月厂用电量

第二节 降低锅炉辅机耗电率的措施

一、风机系统

对于三大风机［送风机、引风机（不包括增加风机）和一次风机（或排风风机）］运行耗电率要求：1000MW超（超）临界机组一次风机≤0.52%、送风机≤0.22%、引风机≤0.8%；600MW超（超）临界机组一次风机≤0.5%、送风机≤0.20%、引风机≤0.75%；亚临界湿冷机组一次风机≤0.45%、送风机≤0.18%、引风机≤0.65%；600MW空冷机组一次风机≤0.70%、送风机≤0.20%、引风机≤1.0%；300MW湿冷机组一次风机（或排粉机）≤0.6%、送风机≤0.22%、引风机≤0.65%（变频后应达到0.45%）；300MW空冷机组一次风机（或排粉机）≤0.70%、送风机≤0.22%、引风机≤1.0%。

1. 风机电耗偏大的主要原因

（1）风机选型设计裕量偏大，引起节流损失大。

（2）风机效率低。

（3）空气预热器漏风率偏大。

（4）炉膛出口过剩氧量偏大。

（5）燃煤水分与含硫量增大，尤其是暖风器不能正常运行时，引起烟气酸露点升高，造成空气预热器传热元件低温腐蚀与堵灰，烟气阻力增大。

（6）双速送、引风机未根据负荷变化及时切换，风机长期在高速下运行。

（7）烟风道磨损严重，漏风点多。

2. 降低风机电耗的主要对策

（1）选择与锅炉风烟系统相匹配的风机。目前，我国大型电站锅炉风机几乎均是高效风机，但其在电厂运行的经济性却有较大差别，最主要原因是不同风机的特性与其工作的管网系统阻力特性匹配性能有较大差异。因此，选择好与锅炉风（烟）系统匹配的风机是节能改造工作的重中之重。

要选择与锅炉风（烟）系统相匹配的风机，一是合理确定风机选型设计参数；二是合理选取风量和风压裕量。

我国电站风机的选型参数均是按锅炉最大连续蒸发量所需的风（烟）量和风（烟）系统计算阻力加上一定的裕量确定的。其中锅炉本体的风（烟）量和风（烟）系统阻力由锅炉厂提供；辅机设备的出力、阻力、漏风等由制造厂提供；锅炉岛内的风、烟管道由设计院设计，最终选型设计参数由设计院提出。因此，作为业主单位必须深入了解锅炉和辅助设备制造厂提供的参数是否留有裕量及其大小（特别是空气预热器一、二次风的漏风率、制粉系统的出力及阻力）；设计院的管道设计是否合理和风（烟）量及阻力计算时是否已留有裕量，防止裕量层层加码，造成风机选型过大。对于风门调节的离心风机，当运行工况点与设计高效点偏离 10％时，效率下降 8％左右；当两者偏离 20％时，效率下降 20％左右；当两者偏离 32％时，效率下降 30％以上。

要合理确定风机选型设计参数，必须提供正确完整的原始数据和合理选择风量和风压裕量。一次风机风量裕量宜选取 20％～25％；风机压力裕量宜为 10％～20％（CFB 锅炉一次风机可扩大到 20％～30％）。一般情况下，一次风机宜选用 4 极电动机（1485r/min）。

当采用三分仓或管箱式空气预热器时，送风机风量裕量宜为 5％～10％（这是 DL 5000—2000《火力发电厂设计技术规程》标准规定的，但是 1994 年版"火规"规定风量裕量取为 10％～15％，并推荐 300MW 及以上机组取上限，主要是考虑当时锅炉空气预热器漏风较为严重，用较大的风量裕量来弥补空气预热器运行过程中的漏风量）；风机压力裕量宜为 10％～20％。送风机宜选用 4 极或 6 极电动机（1485r/min 或 980r/min）。

引风机烟气量裕量宜选取 10％（这是 DL 5000—2000《火力发电厂设计技术规程》标准规定的，但是 1994 年版"火规"规定烟气量裕量取为 17％，主要是考虑锅炉尾部受热面、烟道和除尘器漏风影响）；风机压力裕量宜为 20％。当引风机与脱硫系统的增压风机合并时，由于压力高，风机压力裕量宜选取 15％。引风机的转速宜选用 6 极以下电动机（即最高 980r/min）。

由于风机的风量和电动机的型号和系列有限，在选型时通常选择大一系列号的设备，因此电站风机的风量裕量和风压裕量往往比设计值大，导致风机的运行工况点偏离设计高效点。

（2）采用先进的调节方式。锅炉风机在选型时均留有一定裕量，主要是考虑煤质的变化、锅炉主辅设备状况变差等因素的影响，很多厂所配风机裕量都较大，另外参与调峰的机组负荷率较低。因此，锅炉风机总是在部分负荷下运行。显然，电站风机的调节性能比较关键，对电站风机的节能改造另一方面就是对调节方式的改造。

1）风机最好的调节方法为无级变转速调节（如调速型液力耦合器和变频器），其余依次是动调轴流和双速静调轴流风机、双速离心式风机、单速静调轴流风机、入口导叶调节离心风机，采用进风箱进口百叶窗式挡板调节的离心式风机最差。国电常州发电有限公司 2008 年一台 600MW 燃煤锅炉的 A、B 动叶可调轴流式 FAF26.6-14-1 型送风机（额定容量 1400kW）进行了变频改造，改造后全年平均节电率 37％左右。国电蚌埠发电厂 2010 年对一台 600MW 超临界凝汽式燃煤锅炉的 A、B 动叶可调轴流式 PAF18-12.5-2 型送风机（额定容量 1500kW）进行了变频改造，改造后在 540MW 负荷时，节电率 18.3％；在 370MW 负荷时，节电率 49.0％。

应该注意：送风机改造成双速电机系统后，一般在满负荷时采用高速送风，在半发状态时采用低速送风。这种改造虽然具有一定的节能效果，但是有着转速波动大，切换时对机组锅炉燃烧有一定的影响。

2）静叶、动叶调节轴流式风机的合理选择。静叶调节轴流式风机价格比动叶调节轴流式风机低 20％左右，效率低 3％左右，特别是在低负荷情况下，效率下降比较大。静叶调节轴流式风机的主要优势是价格低、具有较高的耐磨性能、结构简单、需要维护的部件少。动叶调节轴流式风机采用液压调节，风机的调节灵活性和准确性均优于静叶调节轴流式风机，风机的效率高、经济性好。特别是锅炉在额定负荷和部分负荷下，动叶调节轴流式风机效率优于静叶调节轴流式风机。因此从节能角度看，增压风机、引风机宜选用动叶调节轴流式风机；对于灰分大或负荷系数高的机组亦可选用静叶调节轴流式风机。若选用变转速调节，也可选用离心式风机。对于静叶调节轴流式引风机，建议采用变频调速。300MW 及以上机组的送风机宜选用动叶调节轴流式风机。动叶、静叶调节轴流式风机的技术经济比较见表 5-1。

表 5-1　　　　　　　　　　　不同类型风机的技术经济比较

项目	静叶调节轴流式风机	动叶调节轴流式风机	双速离心风机
调节性能	采用简单的入口调节方式可以获得较好的调节性能，风机调节性能中	有一套液压调节系统，可以在运行中调节动叶片的安装角度，改变风机特性使之与使用工况相适应，调节特性最好	风机调节特性差
风机效率	风机效率曲线近似成圆面，风机在 TB 点和 BMCR 工况时，也能达到较高效率，但在带额定负荷或更低负荷时，风机效率下降幅度大，风机效率较差	风机效率曲线近似成椭圆面，风机运行的高效区范围大，风机效率在低负荷时下降幅度小，风机效率最佳风机	风机效率差
磨损	风机转子外沿的线速度较低，对入口含尘量的适应性比动叶调节轴流式风机强，由于风机叶轮的磨损量与风机转子速度的平方成正比，因此较为耐磨	风机压力系数小，因此达到相同风压时需要的转子外沿线速度高，不耐磨，耐磨性差	耐磨性好
运行、维护费用	风机结构比较简单，需要维护的部件少，维修量小。其风机后导叶为可拆卸式，可在不停机情况下更换。采用滚动轴承油脂润滑，不需要油站和水冷系统，相应可靠性高	有一套复杂的液压调节系统，相应的检修工作量大。其风机后导叶为固定式，必须停机检修，而且由于磨损，动叶片需要经常检修维护	维护简单
设备初投资	低	高	投资中
动力消耗	动力消耗中	风机转速高，风机较为轻巧，转动惯量较小，配用电机小，动力消耗小	动力消耗高

为了说明引风机选型的优缺点，这里以 1 台 300MW 机组配套以下三种类型的引风机进行分析。其运行效率及耗电量见表 5-2。

动叶调节轴流引风机，型号：ASN-2800/1600，TB 点效率 $\eta=79.3\%$，转速 $n=990\text{r/min}$，电动机功率 $P_N=1700\text{kW}$。

静叶调节轴流引风机，型号：AN-28/V13＋4，TB 点效率 $\eta=82.8\%$，转速 $n=740\text{r/min}$，电动机功率 $P_N=1600\text{kW}$

双速离心引风机，型号：Y5-2×56No32F，TB点效率 $\eta=81.5\%$ ，转速 $n=580/480\text{r/min}$，电动机功率 $P_N=2000/1000\text{kW}$，负荷为80%时在低速挡。

表5-2   不同类型引风机在各种负荷系数下的运行效率

| 风机类型 | 项目 | 负荷系数（%） | | | | | 年耗电量 |
		100	90	80	60	40	（万 kWh）
动叶调节	效率（%）	84.0	81.0	78.5	66.0	40.0	600
	功率（kW）	940.8	711.2	515.3	258.7	126.4	
静叶调节	效率（%）	83.30	78.5	72.0	52.0	23.0	630
	功率（kW）	948.7	733.9	561.8	328.3	219.8	
双速调节	效率（%）	82（高速）	82（低速）	68.0	42.0	17.0	640
	功率（kW）	963.7	702.6	595.0	406.4	297.5	

3）循环流化床（CFB）锅炉的高压流化风机、湿法脱硫系统的氧化风机属鼓风机范畴，流量小的可选用罗茨鼓风机，其余宜选用多级离心式鼓风机，优先选用高速单级离心式鼓风机。

4）300MW以上容量机组的一次风机宜选用双级动叶调节轴流式风机。对于离心式高压一次风机（如CFB锅炉的一、二次风机），若裕量较大，建议采用变频调速。华能某电厂一台300MW机组1025t/h锅炉一次风机为上海鼓风机厂生产制造的1888 AB/1122型离心式风机，进口导叶调节。其设计规范见表5-3。机组投运以后发现该一次风机出力过大，风机入口调节门开度在65%以下运行，风机运行在远离高效区域内，最高运行效率不足55%（见表5-4），节能空间很大，有必要对其进行变频调速改造。

表5-3   一次风机设计规范

项　　目	内　　容	
工况	BMCR	TB
风量（m³/s）	47.1	63.0
进口温度（℃）	24	25
全压（Pa）	13 661	15 015
轴功率（kW）	867	1086
转速（r/min）	1480	
电动机型号	YKK5601-4	
功率（kW）	1250	
额定转速（r/min）	1480	
额定电压（V）	6000	

表5-4   一次风机变频调速改造前试验结果

项目	工况 1		工况 2		工况 3	
机组负荷（MW）	303		225		156	
风机编号	1号	2号	1号	2号	1号	2号
挡板开度（%）	64	61	56	53	47	46
风机电流（A）	97	100	89	91	83	81

项目	工况 1		工况 2		工况 3	
风机流量（m³/s）	55.3	58.2	48.7	49.7	43.2	39.9
风机压力（Pa）	8339	8567	7453	7939	7772	7762
风机空气功率（kW）	448.8	484.8	354.6	384.4	327.7	302.0
电动机输入功率（kW）	879.6	904.5	794.2	812.1	738.3	702.0
风机设备总效率（%）	51.0	53.6	44.6	47.3	44.4	43.0
电动机效率（%）	94	94	94	94	94	94
风机轴功率（kW）	826.8	850.2	746.5	763.3	694.0	659.9
风机轴效率（%）	54.3	57.0	47.5	50.4	47.2	45.8
功率因数	0.858	0.856	0.845	0.845	0.842	0.820
两台风机总耗功（kW）	1784.1		1606.3		1440.3	

注 表中功率因数是根据实测电动机功率、电流、电压和 $P = 1.732UI\cos\varphi$，计算而得到。

为评价变频改造效果，在改造工程完成后进行了一次风机热态性能试验。其试验结果示于表 5-5。按年运行 7000h，三个负荷各占 1/3 计算，则一年的节电量为

$$7000/3 \times (483.9 + 558.4 + 604.1) = 3\ 841\ 600\ (\text{kWh})$$

表 5-5　　　　　　　　　　　一次风机变频调速改造后试验结果

项目	工况 1		工况 2		工况 3	
机组负荷（MW）	302		225		151	
风机编号	1 号	2 号	1 号	2 号	1 号	2 号
挡板开度（%）	100	100	100	100	100	100
风机频率（Hz）	39	38	35	37	35	33
风机电流（A）	61	69	44	62	46	42
风机流量（m³/s）	53.5	60.4	43.6	54.8	42.4	41.5
风机压力（Pa）	8771	9055	8041	8777	8155	7990
风机空气功率（kW）	455.8	530.5	341.2	467.1	336.3	323.1
电动机输入功率（kW）	598.0	702.1	438.9	609.0	446.8	389.4
风机设备总效率（%）	76.2	75.6	77.7	76.7	75.3	82.97
功率因数	0.928	0.963	0.944	0.930	0.919	0.878
两台风机总耗功（kW）	1300.2		1047.9		836.2	
两台风机每小时节电量（kW）	483.9		558.4		604.1	

年节电率可达到 34.1%，节电效果非常显著。设电价为 0.50 元/kWh，则全年节电费用为 192 万元。变频器改造工程费用（包括变频器、开关柜、电缆、变频器空调室、自动切换的风机调节门快速执行器、安装费等）单价按 1250 元/kWh 计，则每台炉两台 1250kW 电动机变频改造的总费用为 312.5 万元（电厂结算两台风机实际花费 329 万元）。改造费用不到 2 年可回收投资。

（3）改造不合理的风机进出口管道布置。风机进、出口管道布置不合理不仅会增加风（烟）系统阻力，增加风机电耗，甚至会直接影响风机的性能。特别是风机进口管道布置不合理，会破

193

坏风机进口气流的均匀性，使风机出力和效率显著降低。因此，改造不合理的进、出口管道布置也是风机节能改造的又一途径。

风机进口管道以平直管段为最佳，一般要求进口直管段长度不小于 2.5 倍管路当量直径。其横截面积不大于风机进口面积的 112.5%，也不小于风机进口面积的 92.5%。且变径管的斜度控制在：收敛管≤15°扩散管≤7°。

风机出口管道应尽量有 3~5 倍管径的直管段。当安装位置受到限制，风机出口没有足够的直管道而需要转弯或分流时，弯头应采用顺向弯头，弯头内宜设导流叶片，不可采用逆向弯头。风机出口布置调节风门时，其位置应距离风机出口直径至少为一个叶轮直径以上。

（4）改造低效运行的风机。对于已投运的机组，三大风机耗电率偏高、风机选型裕量过大、风机与烟风系统不匹配，可对风烟系统或风机进行改造降低风机耗电率。若风机运行效率低，应对这些风机进行改造。

改造前，首先看有否通过改变电动机极对数（即电机转速）而不进行风机改造的可能。若送风机电动机降一级转速后又不能完全保证机组满负荷运行的需要，则可将电动机改为双速电动机，风机在大部分负荷下处于低速挡运行。对已投运的电动机进行降速或双速改造，只有在 6 极及以上极数（1000r/min 以下）的电机才可实施，因由 4 极（1500r/min）改 6 级（1000r/min）时，转速下降太多，改造难度和费用较大，且功率因素下降也较多，往往难以满足风机和电动机的总节能量要求。进行风机改造时，要尽可能利用原风机设备部件（如电动机、基础、传动组等尽可能不换，机壳尽量少改或不改）进行局部改造，减少改造工作量和成本。风机局部改造方法：

1）离心式风机局部改造主要有：仅更换叶轮（含切割和加长叶片）；更换叶轮和集流器；更换叶轮、集流器和机壳舌部；更换叶轮、集流器和机壳；更换叶轮、集流器、机壳和调节门等。局部改造至少可保持传动组和基础不动，减少改造工作量，降低成本。

某电厂 300MW 机组，采用北京巴布科克·威尔科克斯有限公司生产的 B&WB-1025/17.4-M 型锅炉。每台锅炉配四台沈阳重型机器厂制造的 BBD4060 型双进双出钢球磨煤机，正压直吹式制粉系统，并配两台武汉鼓风机厂制造的 AH-R210SW 型离心式一次风机。在 300MW 负荷工况时，一次风机进口开度最大为接近 29% 左右，运行效率最高仅为 41% 左右，一次风机运行在其性能曲线的低效率区域，这说明目前一次风机的裕量过大。因此，有必要重新选取设计参数，对一次风机进行节能改造。最终确定风机叶轮直径选取 1.72m，并选用西安热工研究院研制的 LY5-54№17.2F 型后弯离心式高效风机作为本次一次风机的改造类型。采用该型风机代替原风机，叶轮直径从 2.1m 减小到 1.72m，仅需将原风机叶轮更换成 LY5-54№17.2F 型风机的新叶轮，并对原机壳进行局部改造，现场改造工作量小。改造后，当机组在满负荷 300MW 时，风机实际运行点在开度为 83% 左右的高效区，选型设计合理。风机运行效率平均提高 38% 左右，最多提高达 47%，平均运行电流下降约 27A，节电效果显著。

2）静叶调节轴流式风机的局部改造主要有：改变叶轮叶片数量、安装角；更换成不同直径的新叶轮和后导叶，同时更换叶轮进口集流器和更换扩压器前部。简单的改造方案是：采用高效、防磨型式叶片对风机组进行技术改造，使风机性能与风道系统相匹配，提高风机运行效率，降低风机运行轴功率。

3）动叶调节轴流式风机局部改造有：改变叶轮叶片的叶型、宽度、叶片数量、安装角度；更换成不同直径的新叶轮和后导叶，同时更换叶轮进口集流器和局部更换扩压器前部。华能铜川电厂 600MW 机组，增压风机减少叶片数改造后，1、2 号机组分别降低厂用电率 0.11 和 0.09 个百分点。

(5) 优化一次风压力。某电厂 6 号机组（660MW）一次风机为入口静叶调节离心式风机，依靠风机入口挡板调节风机出力，一次风压跟踪锅炉负荷变化。由于一次风压设计值偏高，且风压随机组负荷变化小，当机组在 400～500MW 低负荷运行时，一次风压仍维持较高水平（9.0kPa 左右），使磨煤机携带风调节挡板节流损失增大，一次风机电耗增加。针对这个问题，电厂修正了 DCS 内部一次风压曲线，增加了运行人员手动设定风压模块，在机组负荷为 550～660MW 之间时，维持一次风压为 9.0～10.0kPa；当机组负荷降至 400～450MW 时，适当降低一次风压至 7.5～8.0kPa，使一次风机耗电率减少（锅炉一次风机压力降低 0.5Pa，一次风机耗电率可降低 0.018 个百分点）。

另外，降低一次风压力后，将增加煤粉在炉膛内停留时间，同时一次风压力降低，风速降低，煤粉浓度增加，低负荷时燃烧更加稳定。通过两个月的实验得出，降低飞灰含碳量和炉渣含碳量较明显，初步统计降低 0.5 个百分点。

(6) 降低二次风压。某电厂 6 号机组（660MW）送风机为定速、电动机驱动、轴流式动叶可调送风机，由于 DCS 内部原设计二次风压偏高，低负荷时二次风挡板节流较大，增加了送风机电耗。对此，结合锅炉燃烧情况，将各二次风口手动调节挡板由原 50% 开度增大到 80% ～100%。同时修正了 DCS 内部二次风压曲线，将满负荷（660MW）时二次风压从 2.5kPa 降为 1.85kPa，使运行中二次风电动挡板开度增大，减少了挡板节流带来的厂用电损耗，可以降低厂用电率 0.03 个百分点。

(7) 其他措施。

1) 机组大小修期间，加强锅炉送风、引风、一次风机以及风烟系统各风门、挡板的检修和维护，保证转动设备运行稳定，确保系统各挡板内外一致，开关正确。在满足锅炉正常运行条件下，尽可能开大系统中各种风门的开度，减小风门的节流损失。

2) 系统中需隔离的风门应确保其严密性。如热风再循环风门、停用磨煤机的出口关断门、停用暖风器的蒸汽门等。

3) 注意锅炉本体、烟道系统及风道系统漏风缺陷的发现并及时联系消除，注意空气预热器密封装置运行状态监视，确保装置运行正常，减少锅炉各系统（特别是空气预热器和除尘器）漏风量，降低风机耗电率。

4) 只要是有一周以上的停炉机会，就对空气预热器进行高压水冲洗。空气预热器堵塞严重时，冲洗后若空气预热器烟气侧差压由 2.5kPa 降至 1.2kPa，吸送风机和一次风机每天节电可达到 2 万 kWh。

5) 机组启动或低负荷采用单侧风机（此项影响安全性太大，实施时应制定防范措施）。火电机组中，一般都设计两台一次、送、引风机，单侧风烟系统运行一般可以满足机组接带 60% 负荷要求。风烟系统启动时，启动两台空气预热器运行，引、送风机启动其中一台，开启送风机出口联络挡板，保持空气预热器前二次风联通（引风机入口有联络挡板时应保持开启），按照启动要求进行其他相应操作。在启动过程中使用单侧风烟系统运行方式，可以一直达到 50% 额定负荷时，再并列另一侧风机，将机组转入正常运行。随着机组负荷的升高，单侧风烟系统的节电效果越来越小，到达 50% 额定负荷时，使用单侧风烟系统和双套几乎消耗相同，而且随着负荷的提高，单侧风机的电流上升很快，两次空气预热器风烟流量不均加剧，减弱了机组的安全可靠性，经过权衡一般可在机组较低负荷暖机期间并列另一侧风机，兼顾到机组整体的安全运行。例如某发电公司装机 1 台 600MW 亚临界一次中间再热火力发电直接空冷机组，锅炉为正压直吹、四角切圆、控制循环汽包锅炉；采用冷一次风，正压直吹式制粉系统。使用双侧风机和使用单侧风机启动，相关数据进行了采集，详见表 5-6。

表 5-6　　　　　　　　　　机组启动时，使用单侧和双侧风机运行数据对照表

项　目		使用单侧风机启动		使用双侧风机启动	
		电动机电流（A）	动叶开度（%）	电动机电流（A）	动叶开度（%）
吸风机	A	208	63	170	51
	B	未使用	未使用	170	52
送风机	A	75	58	48	35
	B	未使用	未使用	48	32
一次风机	A	145	71	92	32
	B	未使用	未使用	92	33

对比表 5-6 中数据，进行经济性分析可以得知，一次冷态启动，使用单侧风机启动较使用双侧风机大约可以节电 14.26 万 kWh。

京科发电公司直接空冷 330MW 机组配有两台离心式一次风机，电动机功率 3150kW。经过调研论证，通过经济性与安全性的综合比较，结合机组实际状况，当机组负荷在 80% 以下时，将一台一次风机停运，风烟系统维持两台送风机、两台引风机及一台一次风机运行方式，使一次风机耗电率下降了 0.15 个百分点，节能效果明显。

6）入炉煤质较差，灰分、硫分较高，锅炉长期连续运行，锅炉尾部受热面、空气预热器、除尘烟道均会发现积灰现象，特别是空气预热器积灰、堵塞，造成烟道阻力增加，风机耗电率增加。应根据锅炉入炉煤质数据，加强锅炉本体、特别是空气预热器吹灰，降低空气预热器以及后烟井烟气阻力。

7）按规定控制氧量和炉膛负压。炉膛压力控制在 -50Pa 为宜，负压过大将造成引风机电耗明显上升。

二、制粉系统

1. 制粉系统电耗增大的主要原因

（1）煤质变差，灰分增大、发热量降低，燃料消耗量增加。

（2）钢球磨煤机通风量不合理、钢球装载量偏大、钢球配比不合理。

（3）煤粉细度不合理。

2. 降低磨煤机耗电率的主要对策

（1）为保证锅炉燃烧经济性，磨煤机首先应按照经济煤粉细度值进行调整，在此基础上，再适当控制磨煤机耗电率，不同类型磨煤机耗电率要求见表 5-7。

（2）合理安排磨煤机组合运行方式。对中速磨煤机，为降低制粉系统电耗应根据机组负荷变化及时调整磨煤机运行台数，正常运行情况下单台磨煤机出力应调整到该磨煤机最大出力的 80% 以上运行。最低出力不低于最大出力的 65%。某电厂 6 号机组（660MW），正常情况下，6 号机组 4 台磨煤机组合可以带 550MW 负荷，5 台磨煤机组合可以带 660MW 额定负荷。如果机组负荷曲线在 550~580MW 之间时，第 5 台磨煤机出力不足额定出力的 30%，运行很不经济。当 5、6 号机组均运行在不经济负荷时，运行人员及时与值长沟通，请示调度，合理调整 5、6 号机组负荷曲线，使启动第 5 台磨煤机的机组尽量多带负荷，节省厂用电消耗。

（3）对钢球磨煤机，应及时加装钢球，保持在最佳钢球装载量的情况下运行。钢球磨煤机和风扇磨煤机均有很大的空载损耗，尽量提高磨煤机出力。在干燥出力、磨煤机差压允许范围内，磨煤机应尽量在大出力下运行。对钢球磨煤机，有条件时，可考虑进行小球试验，确定磨煤机更换小球方案。

表 5-7 不同类型磨煤机耗电率 %

序号	机组容量	煤种	低速磨煤机		中速磨煤机		风扇磨煤机
			钢球磨煤机	双进双出钢球磨煤机	RP（HP）	MPS	
1	300MW 级	烟煤	0.64	1.1	0.37	0.4	—
2		贫煤	0.75	1.21	0.38	—	—
3		无烟煤	1.15	—	—	—	—
4	600MW 级	烟煤	—	—	0.37	0.38	—
5		贫煤	—	1.1	—	0.38	—
6		无烟煤	—	1.33	—	—	—
7		褐煤	—	—	—	0.62	0.86
8	1000MW 级	烟煤	—	—	0.33	—	—

注 其他烟煤机组配中速磨煤机耗电率≤0.4%，配钢球磨煤机燃用无烟煤机组耗电率≤1.1%。

（4）对中速磨煤机，为降低制粉系统电耗应根据机组负荷变化及时调整磨煤机运行台数，正常运行情况下单台磨煤机出力应调整到该磨煤机最大出力的 80% 以上运行。最低出力不低于最大出力的 65%。

（5）对风扇磨煤机，由于磨煤机的冲击板磨损，会降低磨煤机出力 30%～40%，致使耗电量增加。冲击板的使用寿命一般可达 1000h 左右，因此应经常检查、监视磨煤机冲击板的磨损情况。定期更换风扇磨煤机的冲击板及耐磨钢瓦、衬板等，保持风扇磨煤机的冲击强度，为提高磨煤机出力创造条件。

（6）进行制粉系统优化调整试验，确定最佳通风量、经济煤粉细度，优化制粉系统运行方式。

（7）减少磨煤机及制粉系统漏风。

（8）应采取措施清除燃煤中的铁块、石块、木块。

（9）尽量采用碎煤机破碎煤块，使进入磨煤机的粒度不大于 300mm。

（10）通过燃煤采购和配煤尽量降低燃煤灰分、提高发热量。

3. 降低排粉机耗电率的主要对策

（1）排粉机的负荷越大，耗电量越大，因此应在运行中降低漏风，以减少排粉机不必要的负荷。

（2）排粉机叶轮磨损后，效率降低，应采取适当防磨措施。

（3）排粉风机裕量较大时，应对风机叶轮进行技术改造，使其与制粉系统相匹配。例如某 300MW 锅炉排粉机叶轮直径 2.2m，轴功率为 739kW。由于风机的初始选型风量裕量较大，运行中风机入口乏气总门开度很小（30%），节流损失大，系统效率低。于大修期间对排粉机叶轮切割改造，叶轮直径减为 2m，排粉机的运行电流由原来的 60A 降到了 50A，估计全年节电 40 万 kWh。

（4）在满足制粉系统通风量的情况下，逐渐关小排粉机入口风门，使回粉管中合格煤粉所占比例减至最小值。一方面减少回磨煤机重新磨制的合格煤粉数量，另一方面，排粉机入口风门关小后，排粉机电流相应减少，降低了排粉机电耗。

（5）适当降低排粉机出口风压，相应降低一次风速，使煤粉气流着火点提前，炉膛火焰中心下移，降低排烟温度，同时降低制粉单耗。例如某 300MW 机组钢球磨煤机制粉系统，排粉机出口压力为 4.2~4.4kPa 时，一次风速可在 35~38m/s 左右。通过控制排粉机出口压力为 3.5~3.8kPa 时，一次风速可在 30m/s 左右，排粉机电流明显下降，由原来的 55~58A 降到 52~54A。

4. 降低制粉系统耗电率的主要对策

(1) 中间储仓式制粉系统。

1) 进行制粉系统优化调整试验，确定最佳钢球装载量、最佳通风量、经济煤粉细度，降低制粉电耗。特别是探索磨煤机钢球合理配比，降低大直径钢球量，加入一些小直径的钢球，小钢球增加研磨效果，使细度合格煤粉比例增加，提高煤粉的均匀性，并增加了出力。例如菏泽电厂 3、4 号炉为英国三井巴布科克能源有限公司生产的"W"火焰、一次中间再热、亚临界 1025t/h 自然循环锅炉，制粉系统配备 3 台双进双出磨煤机。磨煤机电流原设计为 156A，钢球级配前实际运行电流约 130A，钢球多，远远超过机组满负荷出力要求，造成厂用电率升高。通过实验摸索，降低大直径钢球量，为保证研磨面积不受影响，按比例加入一些小直径的钢球，按照 60、50、40、30、15mm 的钢球以 25%、29%、21%、15%、10% 的比例加装，将磨煤机电流降至约 100A，既能保证满负荷磨煤出力，又降低了制粉电耗，这样三台磨煤机全天节电超过 1 万 kWh。

2) 进行粗粉分离器技术改造，实现煤粉细度调节灵活，提高煤粉均匀性与制粉出力。

3) 对细粉分离器进行改造，采用二次分离技术并在细粉分离器内部加装百叶窗分离器，减小乏气带粉量，分离效果明显提高，乏气中含粉量降低了 20%，减轻排粉风机的磨损。

4) 对制粉系统的运行方式进行全面的优化调整，包括煤粉细度、装球量、磨煤机出入口压差、再循环风门开度、磨煤机入口温度、排粉机入口流量、排粉机出口风压、给煤量等。选择合理的排粉机的运行方式和磨煤机运行方式等。对于通风量偏大的制粉系统，可以减小再循环风门开度，开度控制在 10% 以内，关小回风门，排粉机电流明显下降。

开发制粉系统经济运行专家系统，指导运行人员在线运行调整。实践证明，钢球磨制粉系统采用经济运行专家系统可使制粉单耗降低 3~5kWh/t。

5) 加强绞龙的检修和维护，提高其运行的可靠性，提高绞龙投运率。充分利用绞龙平衡粉仓粉位，减少制粉系统的启停次数。

6) 合理控制磨煤机、排风机运行电流，减少空载电耗。

7) 定期进行木块分离器的清理，提高制粉出力。

8) 机组大小修过程中，对制粉系统粗、细分离器进行检查处理；根据磨煤机波浪瓦磨损情况，及时更换磨损严重的部分；加强对制粉系统管道、分风门的检查和检修，确保各风门能够关闭严密，方向正确；及时消除制粉系统管道、人孔门等漏风缺陷；加强磨煤机轴瓦、排粉机轴承及冷却水室的检修和清理工作，避免夏季因转动设备轴承、轴瓦温度高，造成系统频繁启停。

(2) 直吹式制粉系统。

1) 进行制粉系统优化调整试验，对于中速磨煤机，确定经济煤粉细度与最佳风煤比；对于双进双出钢球磨煤机，确定最佳钢球装载量、最佳通风量、经济煤粉细度。

2) 进行煤粉分配器技术改造，减少各煤粉管中煤粉浓度的偏差。

3) 对中速磨煤机，可进行旋转一次风环改造和液压自动变加载改造，有效降低通风阻力，提高磨煤机出力，减少磨煤机的振动和磨损，降低石子煤量，提高煤种适应性。

4) 有条件的电厂可进行旋转分离器改造，提高煤粉细度调节灵活性、煤粉分配均匀性。

5) 对中速磨煤机，为降低制粉系统电耗应根据机组负荷变化及时调整磨煤机运行台数，正常运行情况下单台磨煤机出力应调整到该磨煤机最大出力的 80% 以上运行。最低出力不低于最大出力的 65%。

三、脱硫系统

脱硫系统运行耗电率要求：海水脱硫工艺≤1.2%，其他湿法脱硫工艺≤1%。现以石灰石—石膏法脱硫工艺为例阐述节电方法，其他脱硫工艺可参照执行。

1. 优化氧化风机

宜根据锅炉容量和含硫量情况合理选择氧化风机的数量。当氧化风机计算容量小于 $6000m^3/h$ 时，每座吸收塔宜设置两台全容量或每两座吸收塔设置三台 50% 总容量的氧化风机；当氧化风机计算容量大于 $6000m^3/h$ 时，宜采用每座吸收塔配三台 50% 总容量的氧化风机。大功率氧化风机在技术经济性论证的基础上也可考虑采用变转速设备（如变频器）。

2. 海水脱硫机组增设循环水旁路

对于使用海水脱硫的机组，应增设凝汽器冷却水旁路，当水温较低时部分冷却水走旁路，既保证了海水脱硫的水量，也降低了凝汽器冷却水流量，从而降低了凝结水过冷度。同时绝大部分海水走旁路，降低了循环水系统阻力，降低了循环水泵功耗。

3. 增压风机与引风机合二为一

新建电厂应优先采用脱硫增压风机与引风机合并方案，脱硫装置技改工程经技术经济比较后也宜优先采用。静叶调节脱硫增压风机可优先考虑变转速设备拖动。脱硫增压风机耗电率：无GGH 的约 0.5% 左右，带 GGH 的一般在 0.6% 以上。华能海门电厂 2011 年完成 1、2 号锅炉引、增风机合一改造，取得了明显节电效果。引风机与增压风机合并改造后，厂用电率下降明显：年统计厂用电率降低约 0.25 个百分点，每年增加上网电量约 1200 万 kWh，节电效果十分显著。该工程总投资 600 万元，每年增加经济效益约 600 万元，投资回收年限约 1 年。2011 年国电北仑电厂 1000MW 机组取消脱硫增压风机，实施引风机、增压风机合二为一，改为给水泵汽轮机驱动，给水泵汽轮机排气进行供热。此项工作降低北仑单机厂用电率约 0.8%~1.0%。

4. 取消石灰石—石膏法脱硫工艺中的烟气再热器（GGH）

有条件的地区，应积极争取环保部门的支持，尽量取消 GGH。不设烟气再热器，可以减少故障点，使脱硫系统运行可靠性增加；取消 GGH 之后，相应烟道长度减少，烟气系统阻力降低，可大幅度降低增压风机的能耗；取消 GGH 之后，GGH 本身及其附属设备的电耗也不复存在。缺点是不设 GGH 吸收塔后的净烟气直接进入烟囱，排烟温度约为 50℃，较设置 GGH 时的排烟温度低 30℃，从而降低了烟气的抬升高度，增强了烟气的腐蚀性。例如单台 600MW 机组有/无GGH-FGD 设计与运行数据见表 5-8。

表 5-8 　　　　　　　　　　　**600MW 机组有/无 GGH-FGD 设计与运行数据**

序号	项　目	有 GGH 数据	无 GGH 数据
1	烟气量（m^3/h 标况下）	2 205 900	2 205 900
2	FGD 入口烟温（℃）	118	118
3	FGD 入口 SO_2 浓度（mg/m^3 标况下）	2110	2110
4	SO_2 脱除率（%）	95	95
5	FGD 烟气总压损（Pa）	3457	2229
6	烟囱前烟温（℃）	80	51.8
7	工艺水消耗（t/h）	65	98.6
8	所有连续运行设备轴功率（kW）	6996	5889
9	GGH 总功率（kW）	216.8	无
10	增压风机全压（Pa）	4150	2675
11	增压风机电动机额定功率（kW）	4600	3000

5. 增压风机与引风机串联运行联合优化

增压风机与引风机为串联运行方式，两风机共同克服锅炉烟气系统加脱硫烟气的阻力。要避免出现一个风机在高效区运行，而另一个风机在低效区运行的情况。应通过试验，在机组和脱硫系统安全运行的前提下，找出不同负荷时两风机最节能的联合运行方式（增压风机和引风机电流之和为最小值）。某 300MW 机组在额定负荷下，增压风机与引风机为串联运行方式时，实验结果见表 5-9。

表 5-9　　　　300MW 机组在额定负荷下增压风机与引风机联合优化运行方式

原烟气挡板处压力（kPa）	增压风机电流（A）	增压风机动叶开度（%）	A 引风机电流（A）	B 引风机电流（A）	A 引风机变频器赫兹比（%）	B 引风机变频器赫兹比（%）	增压风机与引风机电流之和（A）
−0.25	279.2	82.7	122	117	91	91	518.2
−0.20	272.4	80	124	116	92	92	512.4
−0.15	269	79.7	122	116	93	93	507
−0.10	262.5	77.6	123	117	93	93	502.5
−0.05	258	78.1	125	116	94	94	499
0.00	254	75.8	125	118	93	93	497

根据表 5-9 可知，在 300MW 负荷时，增压风机变频运行的基准点是原烟气挡板处（增压风机入口）压力为 0，此时增压风机与引风机电流之和最小，为 497A。增压风机与引风机电流之和最小工况参数就是该负荷下最佳运行控制参数。同理，在负荷发生变化或脱硫系统阻力发生变化时，也可以找到使两风机最节能的联合运行方式，最终归纳出两风机的最佳运行卡片，用于指导运行操作。

6. 进行脱硫系统优化运行调整

脱硫系统运行优化主要包括：浆液循环泵运行优化、pH 值运行优化、氧化风量运行优化、吸收塔液位运行优化、石灰石粒径运行优化。即在不同负荷、不同入口 SO_2 浓度时，确定最佳的浆液循环泵组合方式、最佳的 pH 设定值、氧化风机的投运台数、吸收塔液位和石灰石粒径等，使得脱硫装置在满足环保排放要求的情况下，脱硫系统耗电率最低或运行成本最小。同时，根据运行优化结果，建立吸收系统最佳运行卡片（该卡片应给出了不同负荷、不同入口 SO_2 浓度时，最佳的浆液循环泵组合方式、最佳的 pH 设定值、氧化风机的投运台数、吸收塔液位和石灰石粒径等运行方式或参数），指导运行人员合理操作。

例如某 300 MW 机组石灰石－石膏湿法烟气脱硫装置在满负荷情况下，当原烟气二氧化硫质量浓度为 3280mg/m^3 时，4 台浆液循环泵运行，脱硫效率 $\eta > 98\%$；3 台浆液循环泵运行，$\eta > 95\%$；2 台浆液循环泵运行 $\eta > 91\%$。因此当在满负荷、设计硫分下，可以维持 3 台浆液循环泵运行，当 75% 负荷时，可以维持 2 台浆液循环泵运行，当燃烧低硫时，可以仅仅运行 1 台浆液循环泵。

7. GGH 改造

玉环电厂在 2012 年及 2013 年初分别进行了 2 台 1000MW 机组脱硫 GGH 进行了改造，并对 GGH 部分换热元件进行抽取，降低系统阻力，改造后 GGH 漏风率下降 1.5 个百分点，系统阻力下降 100Pa 以上，脱硫系统可减少一台浆液循环泵运行，改造后机组脱硫耗电率下降 0.10% 以上。华能海门电厂对 1、2 号炉（1000MW）脱硫系统 GGH 换热元件更换为大通道防堵型，降低了脱硫系统阻力，解决了 GGH 蓄热元件易堵塞被迫停运脱硫系统的难题。

8. 单级高速离心氧化风机

传统的氧化风机多采用罗茨风机，噪声很大，效率低，维护工作量大，部分新建电厂或改造机组开始使用单级高速离心风机作为氧化风机，具有体积小、噪声低、维护工作量小的优点，能耗比罗茨风机低 15%～20%，具有较好的应用前景。

四、除尘系统

1. 除尘系统运行耗电率限额

除尘系统节电潜力很大，例如 600MW 机组四电场电除尘器系统总负荷为 3776kVA。其中高压电源：16 台高压电源，输出为 72kV/2.0A，单台功率 206kVA，设备总功率 3296kVA；低压电器约 480kVA。运行较好的电除尘器高压电源运行参数一般在其额定值的 60%～70%，即：单台高压电源额定 206kVA 时，运行在 130kVA 左右，整台炉电除尘器高压电耗约 2000kW，总功耗合计 2400kW（采用传统的火花跟踪控制方式）。按 50% 节能计算可节能 1000kW，全年运行 300 天计算，全年可节能约 720 万 kWh。

除尘系统运行耗电率要求：600MW 及以上超临界机组≤0.20%，其他机组≤0.25%。电除尘器运行耗电率在 0.3% 以上，通过节电运行优化应控制在 0.25% 以下。

2. 电除尘器节电的主要调整方法

（1）电除尘器设计有裕度，且除尘器设备运行良好，机组实际运行烟尘排放浓度低于环保要求排放值。高压电源可以采用停部分电场（或停供电区）的运行方式，避免电除尘器在常规的火花控制模式下运行。

（2）高压电源采用间歇供电运行方式是保证电除尘系统节能优化运行的重要方式。对于早期投运的不具备间歇供电运行方式功能，或不具备各种供电方式自动转化功能的控制器宜进行高压控制器改造。电除尘器高压常规供电方式是采用可控硅一次调压后经过变压器升压，再通过桥式硅全波整流而获得的。不论何种负荷，火化跟踪方式除尘效率最高，排放浓度最小，这也是日常采用这一运行方式的原因之一。但是，从试验结果表明其功耗远远高于其他运行方式。

间歇供电就是利用常规电源的控制线路，对原有的全波整流输出进行调控，周期性地阻断某些供电波，达到间歇输出的目的。由于电除尘器电场电容的作用，间歇供电在使电流大幅度下降的同时，还保留较高的电压。间歇供电对电除尘器性能的改善主要体现在如下方面：

1）具有脉冲供电的特征，减少充电时间，减少平均电流，破坏了反电晕的产生条件，抑制了反电晕的发生。

2）与常规电源相比，电压波形具有脉冲形状，火花击穿电压提高，运行电压峰值提高。

3）由于电压峰值提高和收尘板反电晕正离子的产生受到抑制，粒子的荷电比提高。

4）间歇供电使得平均电场强度下降，这有利于振打除灰。

5）与常规电源相比，可以节省 80% 以上的电能。

例如某电厂 350MW 锅炉配 2 室 5 电场，有效端面积 249m²，同极距 405mm，烟气流速 1.02m/s。不同负荷条件下的试验结果见表 5-10。间隙供电方式下的电耗仅是火花跟踪控制方式的 10% 左右。

表 5-10　　　　　　　　　　不同负荷下不同的供电方式试验结果

负荷（MW）		350	280	184
火花跟踪控制方式	电耗（kW）	370.5	409.0	424.9
	除尘效率（%）	99.63	99.72	99.85
	出口烟尘浓度（mg/m³）	42.4	33.7	18.3

续表

	负荷（MW）	350	280	184
间隙供电方式	电耗（kW）	37.4	38.4	33.6
	除尘效率（%）	99.58	99.66	99.78
	出口烟尘浓度（mg/m³）	48.4	39.1	23.4

（3）配备上位机控制系统，可根据烟尘排放浓度和机组负荷自动控制电除尘器运行方式。对未配备依据烟尘连续监测信号进行节电智能控制的（需准确、有效控制）上位机系统或未配备依据燃煤和机组负荷变化进行节电运行控制的上位机控制系统，应进行系统升级或改造。

（4）通过优化调整试验，确定最佳运行方式。电除尘器运行优化调整试验是根据典型煤种，选取不同负荷，结合吹灰情况等，在保证烟尘排放浓度达标的情况下，试验确定最佳的供电控制方式（火花供电、反电晕控制、间歇供电）及相应的控制参数（间歇比、电流极限等），以保证除尘器耗电率最小。根据试验结果，修改完善电除尘器控制程序，使其控制系统能依据燃煤和机组负荷变化自动调整控制方式。

（5）优化除尘器出入口挡板走向，安装导流板，使各除尘器入口烟气量均匀、气流分布均匀。选取合适的阴极线型、合适的结构设计，消除阴极线结构应力。

（6）减少烟道漏风和电除尘器本体漏风。灰斗中的灰及时排出，在灰斗下部形成灰封，避免二次扬尘。

（7）对于烟尘排放浓度基本达标或略有超标的除尘器电源，这时一般不需要对除尘器进行大规模的改造，可对前级电场进行新型电源改造，以提高除尘效率；并进行运行优化调整试验和上位机控制系统优化以达到节电效果。新型电源是指采用对电除尘器更能提供有效供电的电源，主要包括：三相电源、高频电源、中频电源、恒流源等。它们可以提供更高的运行二次电压和适中的二次电流，增强了烟尘的荷电和收集，使除尘效率得到提高，并使其他电场可以更好的采用间歇供电达到节电的效果。同时也可以采用预荷电等新技术进行电除尘器改造。

（8）对于烟尘排放浓度超标严重时的除尘器改造，则需对其进行彻底的整体改造，改造技术可根据各自烟尘排放要求、烟气及烟尘具体特性、场地空间、运行成本等因素综合对比确定采用电除尘器（尽量增加电场数和增大比集尘面积）、电袋复合除尘器及布袋除尘器改造等技术，在保证除尘效率和排放浓度的情况下，可增大电除尘器的调整范围，有利于节电。在电除尘器的前级电场宜优先采用新型电源，配备节能控制系统。做好运行优化调整试验和上位机控制系统优化以达到提效节电效果。

（9）若条件允许可将灰斗电加热改为蒸汽加热。电除尘器的电耗主要是高压电源，如300MW发电机组，系统配备总功耗2250kW，72kV高压电源1968kW，而380V的灰斗加热器128kW，瓷套加热器64kW，瓷轴加热器32kW。电除尘器的低压电器节电主要在电加热上，若将灰斗的电加热改为蒸汽加热，则节电效果比较明显。将上面的128kW灰斗加热器改为蒸汽加热，则因电厂的蒸汽成本比较低，而节约电能。

（10）合理确定振打周期，防止极板积灰，避免二次扬尘。根据负荷和燃煤灰分的高低变化，依据电除尘器出口烟气浊度，及时调整电除尘器控制参数，调整低负荷时阴极振打时间，阳极振打采用降压振打，可有效降低电除尘器的电耗。

（11）采用高频电源方式。高频电源具有高达93%以上的电能转换效率，在电场所需相同的功率下，可比常规电源更小的输入功率（约20%），具有节能效果。另外，高频电源具有更好的火花控制特性：高频电源的火花关断时间小于$10\mu s$而工频电源需10ms，因高频电源供电每个脉冲的时间很短，一旦检测到火花发生，可以立刻关闭供电脉冲，因而火花能量很小，等待电场恢复的时间就少得多，从而可提高除尘效率。嘉兴电厂三期两台 1000MW 机组除尘电耗率分别为 0.06% 和 0.11%，除尘电耗率较低的主要原因是嘉兴三期电除尘器在设计中就采取了高频电源方式，并且在正常运行中根据电除尘出口烟尘浓度在线对电除尘运行进行调整。玉环电厂电除尘设备由于投运较早，存在耗电率偏高的现象，通过对电除尘整流变压器进行高频改造，取得明显的节能效果。根据改造后性能测试，电除尘耗电率由改造前的 0.27% 降至改造后的 0.17%。

(12) 对于天气较热的黄河以南的电厂夏季停用灰斗伴热（灰斗电加热）。电除尘灰斗伴热有蒸汽和电加热两种方式，锅炉正常运行条件下，因为排烟温度一般在 110～130℃ 左右，烟气和灰斗内部烟气之间具有烟气导热和对流换热作用，灰斗外部具有良好的保温层，所以，灰斗内部烟气和灰斗壁面有较高的温度，当环境温度达到一定的情况下，灰斗最下部温度仍然高于烟气露点温度，结灰、篷灰、堵灰的可能性很小，停用灰斗伴热是可行的，南方某电厂经试验，在当环境温度高于 23℃ 时，完全停运电除尘灰斗蒸汽加热是可行的。

五、除灰渣系统节电措施

除灰渣系统运行耗电率要求：其中除灰渣系统耗电率≤0.08%，水力除灰系统耗电率≤0.3%，干除灰系统耗电率≤0.2%。除灰渣系统节电主要措施如下。

(1) 锅炉捞渣机采用间断运行方式。某 350MW 机组，锅炉设计在额定负荷时，捞渣机关断门关闭可以连续运行 8h，所以，在机组正常运行时，捞渣机完全可以每 4 h 启动一次，将所存炉渣排空后，再次停运，如此间隔运行，至少捞渣机等可以少运行 20h。只要捞渣机停运，冲洗水泵、轴封水泵、碎渣机等都可以停运。冲洗水泵的额定功率是 110kW，实际运行功率约 100kW；捞渣机的额定功率是 26kW，实际运行功率为 23kW；碎渣机的额定功率是 7.5kW，实际运行功率为 6.5kW；轴封水泵的额定功率是 15kW，实际运行功率约 13kW。一年按运行 270 天计算，少耗的厂用电量为 90 万 kWh。

(2) 对于北方缺水地区的电厂，可采用干式排渣系统取代原水力除渣系统。采用干式排渣系统可节省大量的水资源，且系统简单、电耗低，灰渣中的氧化钙未经破坏，有利于灰渣的综合利用。在炉底冷却风小于燃烧总风量 1% 时，锅炉热效率基本不变。干式排渣系统的驱动输送带的电动机应选择变频调速电动机。

(3) 炉底渣自然脱水改造（简称炉底渣脱水改造）。炉底渣脱水系统主要包括水浸没式刮板捞渣机、炉底冷却循环水系统、渣床应急补水系统、灰渣临时储存和装运设备（脱水后的渣采用汽车运输）等。炉底渣脱水改造适用于炉底渣采用水冷方式的系统。炉底渣井可根据需要，配置或保留原有的渣井液压关断门。捞渣机出口不设置渣仓的系统，采用装载车实现灰渣的装车功能，占地较少。捞渣机宜采用变频驱动系统，根据负荷和燃煤量，及时调整捞渣机输送速度，减少捞渣机链条刮板的磨损，降低电耗。渣床应急补水系统，宜与全厂废水回用水系统组合，减少废水排放。改造后可降低辅机电耗，节水，提高系统运行的可靠性，同时减少运行、检修工作量和运营费用。

(4) 优化除渣系统运行方式。由于炉底产渣量远小于设计出力，锅炉渣池容积大，因此可以采用定期除渣方式。例如某电厂 600MW 锅炉原采用定期除渣，除渣时间间隔 6h，每天除渣次数 4 次，每个渣斗除渣时间为 45min，后根据生产实际，将除渣时间间隔改为 8h，每天除渣次数改为 3 次，节约了大量厂用电量。

(5) 保障入炉煤质，避免高灰分，低热值的煤炭直接入炉。

六、输煤系统节电措施

输煤系统耗电率一般为 0.07%，降低输煤系统耗电率的主要措施如下。

（1）新建电厂应合理选择储煤场的位置和皮带走向，缩短输送距离。

（2）铁路来煤宜采用 2 台翻车机卸煤，海运来煤至少采用 2 台卸船机卸煤。

（3）输煤控制系统应优化设备连锁、信号及启停闭锁逻辑功能，规范设备的启停顺序，力争做到各设备之间的最优配合，减少皮带空转时间。

（4）对于多雨地区的电厂，建议设置干煤储存设施，其容量应小于 3 天的耗煤量。

（5）上煤系统应兼顾分流、混配煤的需要。在燃烧配煤的同时，宜采用分流接卸煤直接加仓入炉措施，降低输煤单耗。

（6）合理调整输煤系统运行方式，采用集中上煤方式，减少皮带输煤机空载或轻载运行时间；减少系统撒煤、堵煤，以减少系统空转运行时间。

（7）要采取各种措施，防止煤中四块（大块、石块、铁块、木块）进入原煤斗。卸煤斗上的篦子、碎煤机、磁铁分离器等装置能正常投入使用。

（8）更换或修复已损坏的输煤系统除铁器；进行除铁器调整试验，进一步提高除铁效率；加强除铁设备的检修维护；将电磁除铁器改为永磁除铁器，相应去掉电磁线圈和风机，永磁除铁器吸力强，磁场永久，省去整流、励磁、冷却装置，结构简单、节省电能，易于维护检修。

（9）加快场地燃料周转速度，对于熟悉的煤种，卸船时采用直接分流加仓，减少斗轮机工作时间，从而进一步减少斗轮机的耗电量。

七、空气压缩机系统节电措施

2008 年我国空气压缩机的耗电量 2140 亿 kWh，约占全国总用电量的 6%。空气压缩机耗电量的主要原因是负荷率低下，导致效率低，因此节能潜力巨大。电厂空气压缩机系统耗电率约为 0.07%。

例如某电厂 2 台 330MW 机组共配有 5 台空气压缩机组，电动机容量均为 250kW，机组自试运以来一直是 3 台运行 2 台备用。为了节电，进行了 2 台空气压缩机运行试验，试验期间对电袋除尘器的电除尘区、布袋区及省煤器的气力输灰的运行方式进行了调整，使这三部分的气力输灰时间错开或尽量减少重叠时间，经过上述调整后，2 台空气压缩机完全可保证压缩空气母管压力在规定值，这样每天可节电近 6000kWh。

【例 5-1】 某火电厂锅炉额定蒸发量为 907.0t/h，发电机额定功率 300MW，烟煤收到基灰分 $A_{ar}=17.5\%$、含碳量 $C_{ar}=62.47\%$、$S_{ar}=1.0\%$、$N_{ar}=1.1\%$、$O_{ar}=8.0\%$、$H_{ar}=3.0\%$、$M_{ar}=5.5\%$、燃煤低位发热量 $Q_{net,ar}=23470.0kJ/kg$，过量空气系数 $\alpha_{py}=1.25$，引风压力 $p=3090Pa$。已知机组供电煤耗率 $b=330g/kWh$，引风机效率 80%，联轴器效率 $\eta_{tm}=98\%$，求锅炉燃烧实际煤量是多少？求锅炉完全燃烧时实际烟气量是多少？引风机轴功率是多少？引风机耗电率是多少？

解：（1）燃煤量：

$$燃煤量 B = \frac{29\,308 \times p_N b}{Q_{net,ar}} = \frac{29\,308 \times 300\,000 \times 0.33}{23\,470} = 123\,625.56 \text{ (kg/h)}$$

（2）完全燃烧时：

$$理论干空气量 V_{gk}^0 = 0.089(C_{ar}+0.375S_{ar}) + 0.265H_{ar} - 0.033\,3O_{ar}$$
$$= 0.089 \times (62.47+0.375 \times 1) + 0.265 \times 3 - 0.033\,3 \times 8$$
$$= 6.654\,4 \text{ (m}^3/\text{kg)}$$

$$理论干烟气量 V_{gy}^0 = 1.866\frac{C_{ar}+0.375S_{ar}}{100} + 0.79\,V_{gk}^0 + 0.8\frac{N_{ar}}{100}$$
$$= 1.866 \times \frac{62.47+0.375 \times 1}{100} + 0.79 \times 6.654\,4 + 0.8 \times \frac{1.1}{100}$$

$$=6.438(\text{ m}^3/\text{kg})$$

实际干烟气量 $V_{gy}=V_{gy}{}^0+(\alpha_{py}-1)V_{gk}{}^0$

$$=6.438+0.25\times6.654=8.102(\text{m}^3/\text{kg})$$

烟气中实际水蒸气容积

$$V_{H_2O}=1.244\left(\frac{9H_{ar}+M_{ar}}{100}+1.293\alpha_{py}V_{gk}{}^0d_k\right)$$

$$=1.244\times\left(\frac{9\times3+5.5}{100}+1.293\times1.25\times6.654\,4\times0.01\right)$$

$$=0.538\,1(\text{m}^3/\text{kg})$$

因此，完全燃烧时单位燃料产生的烟气量

$$V_y=V_{gy}+V_{H_2O}$$

$$=V_{gy}{}^0+(\alpha_{py}-1)V_{gk}{}^0+1.244\left(\frac{9H_{ar}+M_{ar}}{100}+1.293\alpha_{py}V_{gk}{}^0d_k\right)$$

$$=8.102+0.5381=8.640\ (\text{m}^3/\text{kg})$$

锅炉的烟气量

$$Q_x=BV_y=123\,625.56\times8.64=1\,068\,124.8\ (\text{m}^3/\text{h})=296.70\ (\text{m}^3/\text{s})$$

(3) 轴功率：

$$P_{sh}=\frac{q_v p}{1000\eta_i}$$

式中　P_{sh}——风机的轴功率，kW；

　　　η_i——风机的效率，%；

　　　q_v——风机的流量，m^3/s；

　　　p——风机的出口压力，Pa。

由于引风机的流量 $q_v=(1+A_L)Q_x$，因此引风机轴功率

$$P_{sh}=\frac{q_v p}{1000\eta_i}=\frac{296.7\times3000}{1000\times0.80}=1112.6\ (\text{kW})$$

式中　A_L——空气预热器漏风率，%，一般取 $A_L=8\%$。

(4) 满负荷时，引风机的有功功率：

$$P_e=\frac{q_v p}{1000}$$

$$=\frac{(1+0.08)\times296.7\times3000}{1000}=961.31(\text{kW})$$

输入功率

$$P_g=\frac{P_e}{\eta_{tm}\eta_i}=\frac{961.31}{0.98\times0.8}=1226.16\ (\text{kW})$$

引风机耗电率　　$e=\frac{P_g}{P_N}\times100\%=\frac{1226.16}{300\,000}\times100\%=0.41\%$

这就是说，引风机耗电率可以达到 0.41%。

【例 5-2】 某火电厂锅炉额定蒸发量为 907.0t/h，运行参数见例 5-1，过量空气系数 $\alpha_{py}=$ 1.25，乏气中间储仓式制粉系统，送风压力 $p=1800\text{Pa}$。已知机组供电煤耗率 $b=0.33\text{kg/kWh}$，送风机效率 80%，联轴器效率 $\eta_{tm}=98\%$，求锅炉完全燃烧时送风机耗电率是多少？

解： 锅炉理论干空气量为

$$V_{gk}^0 = 0.089(C_{ar} + 0.375S_{ar}) + 0.265H_{ar} - 0.0333O_{ar} = 6.6544 \ (m^3/kg)$$

锅炉的送风量

$$Q_s = \alpha_{py}BV_y$$
$$= 1.25 \times 123\,625.56 \times 6.654\,4 = 1\,028\,317 \ (m^3/h)$$
$$= 285.64 \ (m^3/s)$$

由于送风机的流量 $q_v = Q_s$，因此满负荷时，送风机的有功功率

$$P_e = \frac{q_v p}{1000}$$
$$= \frac{285.64 \times 1800}{1000} = 514.15 \ (kW)$$

输入功率 $\quad P_g = \frac{P_e}{\eta_{tm}\eta_i} = \frac{514.15}{0.98 \times 0.8} = 655.81 \ (kW)$

送风机耗电率 $\quad e = \frac{P_g}{P_N} \times 100\% = \frac{655.81}{300\,000} \times 100\% = 0.22\%$

第三节 降低循环流化床锅炉厂用电率的措施

循环流化床锅炉因为其风机数量多、压头高，导致高压辅机电流大，功率大，厂用电率高。135MW 等大型循环流化床锅炉所用风机多达 15 台，运行风机额定功率共计约 8570kW（见表 5-11），是同容量煤粉炉机组的 1.5 倍以上，正常运行厂用电率高达 10% 左右，甚至更高。国内一些参考文献上认为 CFB 电厂的厂用电率应比煤粉锅炉高 0.8~2.0 个百分点，因此可以降低循环流化床锅炉的厂用电率。本节以 DG440/13.4-Ⅱ2 型循环流化床锅炉为例，说明降低厂用电率的措施。

表 5-11 循环流化床锅炉重要风机设计参数

项 目	二次风机	一次风机	引风机	播煤风机	冷渣风机	点火风机	J阀风机
数量	2	2	2	2	2	2	3
电压（V）	6000	6000	6000	6000	6000	380	380
电流（A）	83	156	161	36	62.6	295	127
功率（kW）	710	1400	1400	315	450	160	75
转速（r/min）	1490	1480	950	2972	495	1485	2970
压力（Pa）	15 397	24 400	8263.9	21 182	29 100	6540	58 500
流量（m³/h）	132 516	169 164	486 720	32 976	43 140	62 568	2666
调节方式	液偶	变频	液偶	挡板	挡板	挡板	挡板
运行方式	均运行	均运行	均运行	均运行	一运一备	均运行	两运一备

一、锅炉系统概述

1. 锅炉汽水系统

锅炉汽水系统包括尾部省煤器、汽包、水冷系统、汽冷式旋风分离器进口烟道、汽冷式旋风分离器、HRA 包墙过热器、低温过热器、屏式过热器、高温过热器及蒸汽连接管道。过热器系统中设置两级喷水减温器，以调节控制蒸汽温度，一、二级减温器分别设置在低温过热器出口、屏式过热器出口蒸汽连接管道上。再热蒸汽系统包括低温再热器、屏式再热器及连接管道。再热

系统布置有两级喷水减温器，一级布置在低温再热器进口集箱前的管道上，作为事故喷水减温；二级布置在低温再热器与屏式再热器之间的蒸汽连接管上作为微喷水减温器，再热蒸汽温度主要采用烟气挡板调节。

2. 锅炉送风系统

锅炉烟风系统由两台一次风机、引风机、二次风机、点火风机、播煤增压风机、冷渣风机和三台J阀风机构成。从一次风机出来的空气分成三路：第一路，经一次风空气预热器加热后的热风（或经点火风机）进入炉膛底部的水冷风室，通过布置在布风板上的风帽使床料流化，并形成向上通过炉膛的气固两相流；第二路，热风经播煤增压风机后，用于炉前气力播煤；第三路，从一次风机出口风道引出至皮带给煤机，作为给煤机密封用风。二次风机供风经二次空气预热器预热后经炉膛中部前后墙二次风箱分上下两层多喷口送入炉膛。

在送风系统上，CFB锅炉一次风系统阻力主要由床压、布风板阻力、空气预热器阻力和风道阻力构成，二次风系统阻力主要由炉膛压力、环形风箱阻力、空气预热器阻力和风道阻力构成，压头高，风机耗电大。

3. 锅炉燃料系统

由于燃烧方式和燃烧机理的不同，CFB锅炉燃料制备系统与常规煤粉炉有本质区别。CFB锅炉要求燃料的平均粒径为1mm左右，最大可达10mm，这样才能达到流化燃烧和物料循环的目的。因此，常规煤粉炉的那套复杂的制粉系统包括磨煤机、粗细粉分离器、粉仓、输粉机等均被省去。其主要制备系统流程如下：煤从煤场经斗轮机和皮带送至碎煤机室，先经过筛分，粒径大于10mm的粗颗粒进入碎煤机进行破碎，粒径小于10mm的细颗粒不经破碎直接进入下一级皮带与破碎后的煤一起送入锅炉房。

同样，燃料的送入方式与常规煤粉炉也完全不同，它没有给粉机、排粉机等送粉设备。燃料自煤仓落下后，通过变频调速的称重皮带给煤机（或刮板式给煤机）送至回料阀上的4个给煤口，随循环物料进入炉膛。

4. 锅炉燃烧系统

为了控制循环流化床锅炉燃烧污染物的排放，除将整个炉膛温度控制在850~950℃以利于脱硫剂的脱硫反应之外，还采用分级燃烧方式，即将占全部燃烧空气比例50%~70%的一次风，由一次风室通过布风板从炉膛底部进入炉膛。在炉膛下部使燃料最初的燃烧阶段处于还原性气氛，以控制NO_x的生成，其余的燃烧空气则以二次风形式在上部位置送入炉膛，保证燃烧的完全进行。

5. 锅炉烟气系统

烟气及其携带的固体粒子离开炉膛，通过布置在水冷壁后墙上的分离器进口烟道进入旋风分离器，在分离器里绝大部分物料颗粒从烟气流中分离出来，烟气及少量的灰粒则通过旋风分离器中心筒引出，由分离器出口烟道引至尾部竖井烟道，从前包墙及中间包墙上部的烟窗进入前后烟道并向下流动，冲刷布置其中的水平对流受热面管组，将热量传递给受热面，而后烟气流经管式空气预热器进入除尘器，最后，由引风机抽进烟囱，排入大气。

6. 除渣系统

在循环流化床锅炉燃烧过程中，物料一部分飞出炉膛参与循环或者进入尾部烟道，一部分在炉内循环。为保证锅炉正常运行，沉积于床底部较大粒径的颗粒需要及时排出，或者炉内料层较厚时也需要从炉床底部排出一定量的炉渣。这些炉渣从炉膛底部的出渣口排出。循环流化床锅炉排出的炉渣温度略低于床温，但仍然具有很大的灰渣物理显热，如不加以利用，可造成锅炉效率降低，因此，需要对其进行冷却。冷却灰渣的设备称作冷渣器。通常用冷渣器将灰渣冷却至

200℃以下，然后再用刮板输送机将灰渣输送至渣仓内。

二、降低厂用电率的措施

1. 控制合适料层厚度

循环流化床锅炉保持合适的料层厚度，对锅炉运行稳定以及燃烧控制有非常重要的意义。监控料层厚度的主要参数有风室压力、床层压力、料层差压等。维持合适的床压，避免料层厚度过低使燃烧不稳定，但也要控制料层厚度不要过高。料层厚度过高一方面导致流化效果不好，还导致风室压力、床层压力、料层差压等参数过高，导致一次风机、二次风机出口风压过高，风机电流增大，厂用电率增加。

一般控制床层折算静止厚度控制在 500～750mm，风室压力控制在 8～12kPa，床面压力控制在 6～8kPa，床层差压控制在 4～6kPa，这样保持合适的一次风压头，起到降低一次风机电流的目的，同时二次风机电流会有一定程度降低。在低负荷时，控制参数在以上范围的下限；在高负荷时，控制在以上参数的上限。一般情况下，床层压力每降低 1.1kPa，料层折算静止厚度降低 100 mm，则每台一次风机电流降低 3～4A，二次风机电流降低 1～2A，两台一次风机电流共降低 6～8A，两台二次风机电流共降低 2～4A，这样就能在一定程度上降低厂用电率。

2. 低负荷单台风机运行

机组引风机、一次风机、二次风机、冷渣器流化风机都采用两台，有联络门和联络母管相连。在设计院设计的联络风道的基础上，可对联络风道进行扩容，联络风道截面扩大为原来的 2 倍。扩容前，单台一次风机运行，只能满足 40 MW 以下负荷一次风的需求；扩容后在 90 MW 以下负荷，可采取单台引风机，单台一、二次风机运行。开启联络母管上的联络风门，冷渣器流化风机也是单台运行，从前面给出的各风机参数分析，在很大程度上降低了厂用电率。单台一次风机电流可以减少 30 A，单台二次风机电流可以减少 20A。

对于 300 MW 循环流化床锅炉，装有 5 台高压流化风机，设计要求为 4 运 1 备，在运行过程中，可根据高压流化风机最大出力试验结果，将其运行方式改为 3 运 2 备，停运 1 台流化风机，可以提高设备的备用台数，降低设备损耗，还可以每小时节约功率 570kW。

3. 播煤、点火风机的灵活应用

播煤风机的额定功率 315 kW，播煤风分上、中、下三段送入，如果所用煤的水分较低，挥发分较高，且播煤风分段送入已经将原煤充分干燥。这种情况下，可停用播煤风机，直接由一次热风供播煤风用，节省了厂用电。点火风机只在锅炉冷态启动时使用，在投煤气时通过增大点火风机出力，减少一次风量来实现点火要求，在床温升至 500℃投煤，减少点火风机出力，至床温正常时，停用点火风机，热态启动以及正常运行时，点火风机只作为备用。

4. 冷渣器的正常运用

机组设置两台冷渣器，两台冷渣器流化风机，冷却热渣后的热风通过侧墙送回炉膛参与燃烧，在冷渣器的运行中通过以下几个措施来降低厂用电率。通过技术革新，将冷渣器流化风道由方管改为圆管，冷渣风机出口改为软性连接，因为在同样条件下，做到沿程阻力损失最小，风机能耗得到有效降低。在高负荷时采用连续少量排渣，这样既稳定了床压，同时连续的较高温的回料热风通过炉膛两侧墙作为侧二次风送入炉膛，补充了燃烧用氧量，强化了燃烧，同时二次风量又可适当减少，达到降低二次风机电耗的目的。在低负荷时，采取间断排渣，不排渣时停用冷渣器流化风机，减少了冷风进入炉膛，而影响炉膛整体温度水平，强化了燃烧，降低了厂用电率。

5. 合理提高床温

降低一次风速，强化二次风量，优化燃烧调整，保证床温分布均匀。循环流化床锅炉的飞灰含碳量与炉膛温度有很大关系，在确保 SO_2, 及 NO_x 排放指标合理的前提下，提高床温可降低飞灰含碳量。通过实践床温升高，烟气含氧量降低，风室压力增加，汽压不变，一次风机电流减少。实践后，将锅炉平均床温由原来的 840 ～900℃ ，提高到 890 ～940℃ ，使一、二次风机风量明显降低，使一、二次风机电流明显降低。

6. 合理的一、二次风配比

一次风的主要作用是保证物料处于良好的流化状态，同时为燃料燃烧提供部分氧气。床料的流化状态受温度影响很大，热态运行时的流化远比冷态时好，所以一次风量的调整在保证不小于最低流化风量时，根据床温来调整至合适值，使一次风机电耗得到优化。二次风量主要根据烟气含氧量调整，补充燃烧所需空气，起到扰动作用，加强了气固两相混合。二次风分上、下两段送入，下层二次风压约高于上层二次风压 2 kPa，保持氧量在 3%～5% 之间。通常规定一、二次风量比例为 4∶6 或 4.5∶5.5，但部分电厂实际运行中一、二次风量比例倒挂，达到 6.5∶3.5，甚至更高，一方面明显增加了风机电耗；同时造成密相区燃烧份额减少，稀相区燃烧份额增大，且上部物料浓度增大，不仅加剧了上部水冷壁磨损，还由于助燃的二次风量不足，使锅炉高温分离器内存在严重的后燃现象，造成结焦和排烟温度升高。在运行调整中应将床温，汽温、汽压、氧量、负压、床压维持在一个较小的变动范围，以此来判定一、二次风量是否合适，燃烧是否充分。若增加风量、床温，汽温、汽压上升，说明风量不足，煤量偏多，应及时减少煤量；若增加风量后床温下降，汽压先升后降，说明风多煤少，应及时增大煤量。通过勤调细调使得各参数最终达到一个平衡状态，这样既保证燃烧充分，又可降低风机电耗。

7. 采用新型的出渣方式

目前国内三大 CFB 锅炉制造商推荐配置的冷渣器均为风水联合冷渣器。其风冷系统如下：高压头的冷渣器流化风机将流化风送入冷渣器底部的布风板，将排渣阀排出的渣流化起来，在流化的过程中完成除渣和冷却。经加热后的冷却风最终回到炉膛参与燃烧。从结构及工作原理上看就是小型流化床，在流化过程中完成了物料冷却和输送，并将冷却风送入炉膛，这就要求流化风机的压头足以克服流化床的阻力和炉膛的运行压力以及管道阻力，且流化风量要求较大。按锅炉厂提供的参数，经计算，220t/h CFB 锅炉满负荷正常排渣时，流化风压头为 40kPa，风量为 6m³/s（标况下），耗电力为 338kW。这样，如果冷渣器出口同样采用机械出渣装置，渣系统总耗电力约 361kW，占机组发电功率的 0.267%。由于该系统耗电水平高，结构复杂，可控性差，且从目前国内投运的 220t/h CFB 锅炉上看，该型冷渣器尚未能正常稳定运行，因此，可配置国外进口的钢带式冷渣器或滚筒式冷渣器，这两种类型的冷渣器除了系统简单，工作可靠外，还有一个优势就是降低了厂用电。

8. 尽量提高锅炉负荷

在相当宽的范围内，负荷对燃烧效率的影响是很小的。但是，随着锅炉负荷降低，机组热耗增加，厂用电率增加，因此锅炉高负荷运行时可以达到更高经济水平。

某锅炉的额定蒸发量为 440t/h，机组的额定功率为 135MW，设计厂用电率为 9.6%。由图 5-2 可以看出，机组厂用电率在额定工况时为 8.01%，比设计值工况低 1.59 个百分点，80%工况时为 9.18%，60%工况时为 10.67%。

9. 一次风量应采用燃烧调整试验得出的最佳一次风量控制

在床温、分离器进出口温度、主再热蒸汽参数正常的情况下，应尽量开大一次风系统中的调节风门（一般不低于 50%），以降低一次风母管压力，减小系统阻力，降低一次风机耗电率，减少空气预热器一次风漏风。

10. 风机变频改造

循环流化床锅炉的一次风机、二次风机宜采用变频调节，降低厂用电率。

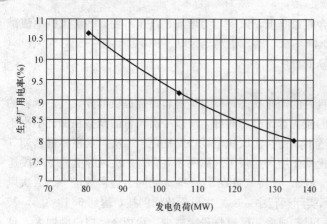

图 5-2　某电厂机组电负荷与厂用电率趋势图

11. 控制合理的煤炭粒径

燃料粒径是一个很重要的控制参数，过粗或过细都会增加不完全燃烧损失。对于热值高、灰分小的燃料，粒径可大些；而热值低、灰分大的燃料，粒径可小些，但不论在什么情况下都不要超出设计范围。运行中要控制入炉煤粒径，尽可能达到实际级配要求，保证入炉煤粒径符合粒径曲线。粒径小于 1mm 的入炉煤不超过 35％，粒径小于 10mm 的应大于 99％，最大粒径不超过 13mm。床料粒径偏大，同等厚度的物料需要增加一次风压头才能保证流化良好，增大了一次风电耗和排渣电耗。床料粒径太小，运行过程中床压容易造成波动，所以在运行调整中应控制煤的粒径及配比满足设计要求。煤中灰分高时，煤的粒径可以适当小一些，挥发分高时粒径可以适当大一些，这样既保证了燃烧，又降低了厂用电率。

第四节　降低汽轮机辅机耗电率的措施

一、凝结水系统

凝结水泵耗电率主要由凝结水泵配置、机组类型、负荷率、运行控制方式所决定。负荷系数在 70％以上时，凝结水泵运行耗电率要求：超超临界机组配置 2×100％凝结水泵≤0.20％，超临界机组配置 2×100％凝结水泵≤0.18％，亚临界机组配置 2×100％凝结水泵≤0.16％，配置 3×50％凝结水泵机组控制值在同类型机组的耗电率基础上，增加 0.03 个百分点，空冷机组在同类型机组的耗电率基础上，增加 0.02 个百分点。降低凝结水系统耗电率的主要措施有：

1）确保凝结水泵流量扬程特性与系统阻力特性相匹配。

2）提高凝结水泵运行效率。

3）尽量降低凝结水流量。

1. 凝结水泵性能与系统阻力特性匹配

凝结水泵性能（流量、扬程特性）与系统阻力特性不匹配，造成除氧器水位调整门（凝结水调整门）节流损失增大，凝结水泵运行效率偏离设计值，凝结水泵运行效率降低。

（1）目前运行机组普遍存在凝结水泵的设计扬程偏高，以及节流压差、凝结水泵耗功大的问题。对于扬程裕量过大，以及受到变频低速运行时振动大的制约，变频调节的经济性不能全部体现。因此需要对凝结水泵进行通流部分改造。对于 N 级凝结水泵，采用空装和假套替代的方法拆除一级叶轮后，扬程可降低 $1/N$。

例如某超临界 600MW 机组满负荷运行时除氧器压力约为 0.98MPa，凝结水管道阻力 0.843MPa，再考虑上水调整门节流损失 0.40MPa，凝结水泵总扬程 $H＝84.3＋40＋98＝222.3$（m）（出口压力约为 2.22MPa），而凝结水泵选择沈阳水泵厂生产的 10LDNA-6PC，设计扬程 H_0 为 393m，设计流量 1617m³/h，设计转速 n_0 为 1485r/min，效率 81％，设计扬程明显偏大，节流损失大，实际效率最大 77.79％。因此对凝结水泵的 2000kW 电动机进行了变频改造，具有一定节电效果。但是在低于 350MW 负荷时，仍需要通过除氧器上水调整门进行节流调节，变频节能效果得不到充分发挥。之后，又对该凝结水泵进行取消一级叶轮改造，使叶轮从 6 级降为 5 级。通过上述综合改造后，75％负荷系数时，凝结水泵耗电率由改造前的 0.36％下降到目前的 0.17％，凝结水泵实际最大效率由 77.79％提高到 80.53％，扬程下降了 60～70m。

（2）对于新设计机组，凝结水泵原则上应配置 2×100％凝结水泵，并配置"一托二"变频调节装置。若选择 3×50％凝结水泵，并配置"一托二"变频调节装置，凝结水泵耗电率将增加 0.03～0.04 个百分点。凝结水泵扬程选择应根据凝结水系统设计特点进行仔细核算，防止凝结水泵扬程选取过大。此外，凝结水泵电动机宜加装变频调节装置，以降低部分负荷下凝结水泵耗电率。

2. 凝结水泵启、停过程节电

在机组启、停过程中，合理控制凝结泵的启、停时间。停机时，原则上控制汽轮机投入连续电动盘车 1h 后停止凝结水泵运行，实际操作时注意低压缸温度的变化。

3. 凝结水泵变频运行

变频凝结水泵运行期间，保持除氧器水位调节阀（除氧器进水门）全开（除氧器水位主调节阀、副调节阀、旁路电动门全开。对于 300MW 机组，即使主调节阀全开，调节阀阻力仍有 0.7MPa），通过调节凝结水泵的转速控制除氧器水位，见图 5-3。当随着凝结水泵

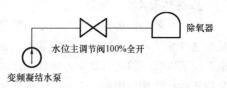

图 5-3　凝结水系统

转速降低、凝结水压力下降不能满足给水泵密封水差压要求时，可适当节流除氧器水位调节阀，保证给水泵密封水需要。

在凝结水泵电动机加装变频调节装置后，应根据机组实际状况，在保证安全的前提下，及时调整低压旁路减温水压力低保护定值、给水泵密封水差压低保护定值、凝结水压力低开启备用泵定值等。此外，还应修改除氧器进水控制逻辑，机组在运行中保持（除氧器水位主调节阀）全开，采用变频装置调节除氧器水位。

凝结水泵加装变频调节装置后，受到汽动给水泵密封水压力要求，节电率不高，可进一步采取措施深度变频。如某 1000MW 机组对凝结水泵进行了变频改造，凝结水泵耗电率由 0.30％降至 0.20％。在完成凝结水泵变频改造后，由于汽动给水泵密封水压力限制仍有进一步节能空间，2012 年实施了凝结水泵深度变频优化技改工作，通过加装给水泵密封水泵（或将给水泵改为机械密封）及改变原控制逻辑系统将凝结水泵变频电流大幅降低，凝结水泵耗电率再次下降 0.05 个百分点。

4. 杂项用水治理

通过凝结水杂项用水的治理，进一步降低凝结水泵出口流量，达到节电的效果。根据机组运行需要，通过安装高质量可调节阀门，合理控制杂用水用量，能有效降低凝结水泵的出口流量和厂用电消耗。

二、循环水系统

循环水系统主要存在的问题有：循环水泵性能与循环水系统阻力不匹配、循环水泵运行效率低、循环水泵运行方式不合理。

循环水系统耗电率受环境温度及运行操作方式影响较大，通常在 0.55％～0.75％。节约循环水系统厂用电的主要措施有：

1）优化循环水系统配置；

2）循环水泵变速（双速）运行；

3）提高循环水泵效率。

1. 循环水系统设计与配置

对于循环水系统宜采用扩大单元制供水系统，每台机组设两台循环水泵，循环水母管之间需设联络门，实现不同季节、不同负荷下循环水泵优化运行，如夏季1台机组2台循环水泵运行；春、秋季2台机组3台循环水泵运行；冬季1台机组1台循环水泵运行。对于每台机组设2台循环水泵，应优先采用至少1台循环水泵具备高低速功能的方案；也可采用动叶调节或变频调节方式。

当采用直流供水时，宜靠近水源，尽可能减少管线长度，减少阀门和弯头数量，弯头应采用圆弧弯头，阀门尽量选用碟阀（阻力较小）。

对于1000MW机组宜采用"一机三泵、两运一备"设计配置，使循环水泵运行方式更趋于灵活。如果每台机组配置3台循环水泵，可不采用高低速和变频调节方式。

去掉循环水系统中多余的阀门，改善管道形状，尽可能减少管道阻力损失。

2. 循环水泵变速运行

循环水泵变速运行节电有一定的限制条件。在汽轮机排汽压力未达到极限背压之前，循环水泵变速（变频或双速）运行节电和机组的最佳运行真空紧密相关。此时不宜单纯考虑节约厂用电，应该以机组的运行真空为最佳值作为衡量依据，即运行真空未达到最佳值，不应采用循环水泵变速运行节约厂用电。

循环水泵变速应优先选择双速方案（高、低速）。对于配置2台循环水泵的机组，原则上推荐1台循环水泵双速改造，这样单台机组循环水泵的运行方式有一机一泵（低速）、一机一泵（高速）、一机两泵（一高速、一低速）、一机两泵（两台高速）四种，通过冷端系统运行优化试验，寻求在机组不同负荷、不同循环水温度条件下的机组最佳真空和循环水泵的最佳运行方式，真正实现汽轮机冷端系统的节电和节能。改造后，循环水泵耗电率平均下降0.1个百分点。

采用高压变频技术，对循环水泵转速可以进行无级调速，应根据机组不同环境温度、不同负荷下的最佳真空，调节泵的运行转速，从而调节循环水泵流量，准确地跟踪机组不同负荷下的最佳真空，实现最大限度的节电效果。

建议以凝汽器真空度95%为基准，作为启停备用循环水泵或切换大（高速）、小（低速）循环水泵的原则。当在循环水进水温度许可的情况下，若维持小循环水泵运行能保持凝汽器真空度在95%以上，必须维持小循环水泵运行；随着环境温度的升高，当维持小循环水泵运行凝汽器真空度低于95%时，应切为大循环水泵运行。

3. 循环水泵增效改造

循环水泵设计配套偏差、运行磨损等造成循环水泵效率下降，厂用电增加。现代高效循环水泵的运行效率能达到85%以上甚至更高，当循环水泵实际运行效率低于75%时，可考虑进行循环水泵增效改造。即对循环水泵叶轮进行改进，重新设计叶轮，采用高效叶片型线，同时使设计工况点与泵的运行工况一致，达到提高泵运行效率的目的，从而降低泵运行轴功率，减少电动机输出功率。

在对循环水泵进行改造的同时，还应根据季节、水温、机组负荷等因素对循环水泵的运行组合进行优化，通过试验确定不同条件下的运行方式。

4. 循环水系统的优化运行

在机组负荷和冷却水温一定的条件下，机组凝汽器压力随循环水流量的改变而改变，而循环水流量的变化直接影响到循环水泵的耗功。循环水流量增加，机组背压减小，机组出力相应增加，同时循环水泵的功耗也增加。

当循环水流量增加使得机组出力增加值与循环水泵功耗增加值的差为最大时，凝汽器运行压力即为机组最佳运行背压，此时的循环水系统运行方式就是最佳运行方式。

实际上机组配套的循环水泵台数有限，循环水流量不能连续调节，运行优化方式只能根据现有的循环水泵台数或泵叶片调整角度（可调叶片泵）的变化，组合出不同的循环水泵运行方式（一机一泵、两机三泵和一机二泵），通过实测不同循环水泵组合方式下的凝汽器变工况性能、循环水泵流量和耗功、汽轮机出力增加值，结合机组负荷和循环水温度变化情况，计算出在一定机组负荷和循环水温度条件下的机组最佳运行背压，从而确定对应最佳背压的循环水泵最佳运行方式。例如某 600MW 机组循环水系统配置为"一机两泵"方式，经过优化调整试验后得到表 5-12 所示的优化方案。

表 5-12   600MW 机组循环水系统优化方案

机组负荷 (MW)	循环水入口水温（℃）						
	32	30	25	21	15	10	5
600	双泵	双泵	双泵	双泵	双泵	单泵	单泵
550	双泵	双泵	双泵	双泵	单泵	单泵	单泵
500	双泵	双泵	双泵	双泵	单泵	单泵	单泵
450	双泵	双泵	双泵	双泵	单泵	单泵	单泵
400	双泵	双泵	双泵	单泵	单泵	单泵	单泵
350	单泵	单泵	单泵	单泵	单泵	单泵	单泵
300	单泵	单泵	单泵	单泵	单泵	单泵	单泵

5. 循环水泵性能与循环水系统阻力应匹配

循环水泵的流量扬程特性与循环水系统阻力特性相匹配是循环水系统，甚至是整个冷端系统节能运行的关键。在设计流量工作点，当循环水泵配套的扬程高于系统阻力，导致循环水泵实际运行在低扬程大流量区域。在冬季水温度较低时，凝汽器冷却水流量偏大，机组真空高于极限真空，同时过高的流速可能会冲刷铜管的胀口，造成安全性问题；当循环水泵配套的扬程小于系统阻力，导致循环水泵实际运行在高扬程小流量区域，凝汽器冷却水流量偏小，直接影响机组运行经济性。无论流量偏大或偏小，循环水泵都偏离设计工作点，导致循环水泵的运行效率偏低。

采取的主要措施是：进行循环水泵性能与循环水系统阻力特性诊断试验，寻找循环水系统阻力增大的原因，或对循环水泵进行增容改造或降低扬程改造。

6. 循环水泵启、停过程节电

在机组启、停过程中，合理控制循环泵的启、停时间。停机时，原则上控制汽轮机投入连续电动盘车后停止循环水泵运行。

三、开式冷却水系统

为适应季节变化机组开式冷却水流量的不同需求，开式冷却水泵节电可以采取如下措施：

（1）冬季工况下，停运开式水泵（升压泵），开式冷却水通过旁路自流。对循环水泵扬程较小，部分开式冷却水冷却设备用水量要求较高的情况下，可以增设单独的增压泵（如冷却器冷却水等）。

（2）开式冷却水泵双速改造，在春、秋、冬季节低速运行，降低开式水泵电耗。夏季高温时，高速运行。

（3）优化开式泵运行方式。机组停运后，将停运机组的开式泵停运，依靠辅机循环泵为运行设备提供冷却水。

四、给水系统

1. 给水泵

对于配置电动给水泵的机组，要求电动给水泵耗电率（含前置泵）≤2.3％；对于配置汽动给水泵的机组，要求给水泵前置泵耗电率：亚临界机组≤0.16％，超临界机组≤0.19％，超超临界机组≤0.20％，空冷机组在同类型机组的耗电率基础上增加 0.02 个百分点。

配 2×50％容量汽动泵（机组启动、备用泵通常采用 1 台 25％～50％调速的电动给水泵），优点是 1 台汽动泵组故障时，备用电动给水泵自动启动投入后仍能带 90％负荷以上运行，对机组负荷影响较小。正是基于可靠性高的优点，日本百万等级电厂的汽动给水泵全部采用 2×50％容量，而且该配置在国内百万等级电厂以及其他 300、600MW 亚临界、超临界电厂广泛采用。欧洲电厂都采用 1×100％容量汽动给水泵。为了节能，在给水泵汽轮机进汽能保证机组启动要求时，600MW 及以上机组可选择 1 台 100％容量汽动给水泵，或采用 2 台 50％容量汽动给水泵。对于新建工程，当有可靠汽源时，可考虑不设独立的启动电动给水泵。上海外高桥电厂三期工程在 1000MW 机组中，首次采用了 1 台 100％容量汽动给水泵（100％容量汽动给水泵比 50％容量汽动给水泵效率高 2 个百分点左右，整个机组热耗下降 18kJ/kWh），给水泵汽轮机自配独立的凝汽器，可单独启动，不设电动给水泵，其启动汽源来自相邻机组的冷段再热蒸汽。

300MW 机组主给水系统常规设计方案见图 5-4，优化设计方案见图 5-5，图 5-5 的设计方案减少了一个电动阀和一个止回阀，有利于机组节能和节电。在新建机组设计中宜采用图 5-5 的设计方案，对于在役机组也可采用图 5-5 的方案改进给水系统。对于 300MW 机组，这样改造后可以节省 60kW 的功率损耗。

600MW 及以上超临界机组主给水系统常规设计方案见图 5-6，优化设计方案见图 5-7，图 5-7 的设计方案减少了一个电动阀和一个止回阀，有利于机组节能和节电。在新建机组设计中宜采用图 5-7 的设计方案，对于在役机组也可采用图 5-7 的方案改进给水系统。

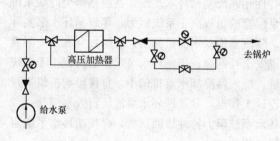

图 5-4 300MW 机组给水系统设计方案

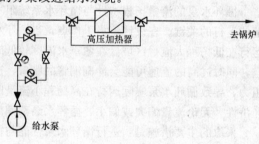

图 5-5 300MW 机组给水系统优化设计方案

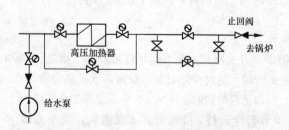

图 5-6 600MW 超临界机组给水系统设计方案

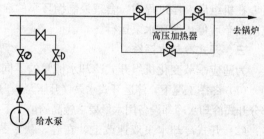

图 5-7 600MW 超临界机组给水系统优化设计方案

降低电动给水泵耗电率的其他技术措施：

（1）机组滑压运行时，尽量开大主给水调节阀开度，通过给水泵自动调节转速来适应给水系统的阻力和流量要求。这种方法既能消除给水调节阀节流损失，同时主给水压力下降，减少了给水泵功耗。某电厂 137.5MW 机组电动给水泵在 85MW 负荷时，定压运行、滑压运行节电效果见表 5-13。

表 5-13   137.5MW 机组电动给水泵优化运行方式的节电效果

项　目	定压运行	滑压运行
主蒸汽压力（MPa）	13.21	7.98
给水泵出口压力（MPa）	14.44	9.47
给水泵出口流量（t/h）	269.9	251.3
给水泵转速（r/min）	3941	3150
给水泵电功率（kW）	2035.1	1518.4
节约电功率（kW）	—	516.7

（2）采用变速调节流量代替节流调节流量，通过调整给水泵转速控制汽包水位在正常范围内。

（3）加强阀门管理，减少给水泵再循环门泄漏。

（4）将电动给水泵改造为全容量汽动给水泵，保留 1 台电动给水泵作为机组启停及事故备用。仅这一项改造，厂用电率将会降低 1～2 个百分点。

（5）改进给水系统，减少系统阻力，如拆除多余的阀门、减少弯管道、合理配置管径等。

（6）启动时实现用汽动给水泵向锅炉上水。目前，国内 600MW 及以上机组给水泵系统的典型配置为 2×50％容量汽动给水泵和 1×30％容量电动给水泵，这种配置正常运行时是 2 台汽动给水泵运行，电动给水泵只有在启动、停机过程，或者汽动给水泵故障时才投入使用。按照设计运行方式，机组从锅炉上水到带负荷后第一台汽动给水泵投入运行的冷态启动过程中，电动给水泵至少需要运行 16h，需要消耗电能 80 000kWh；机组停机过程中，也需要运行 6h 左右。为了减少启动过程中电能消耗，机组冷态启动前，使用汽动给水泵前置泵给锅炉上水，维持锅炉水位或满足机组启动流量要求。即使机组点火后，也可以继续使用一段时间。如果两台机组辅汽系统通过辅汽母管可实现互供，当一台机组正常运行，另一台机组启停时，可由邻机提供辅汽作为给水泵汽轮机汽源、实现用汽动给水泵向锅炉上水，不启动电动给水泵，实现降低厂用电率的目的。

例如某发电公司装机 1 台 600MW 亚临界一次中间再热火力发电直接空冷机组，给水系统配备 2 台 50％BMCR 容量的汽动调速给水泵和一台 30％BMCR 容量的液力调速电动给水泵，前置泵设计扬程 134.9m，除氧器中心高度 25m，汽包中心高度 74.3m。因此启动期间使用汽动给水泵前置泵上水完全没有技术问题。锅炉冷态启动使用汽动给水泵上水，只有汽动给水泵前置泵耗电，电流约 30A，功率约 280kW；使用电动给水泵为锅炉上水，电动给水泵电流约 200A，功率约 1860kW；冷态启动时间按 10h 计，锅炉每次冷态启动可节电 15 800kWh，节电效果较好。

（7）给水系统采用第三代高效给水泵进行换型。例如多家电厂用英国 WEIR 泵公司技术制造的 DGT600-240 型半容量调速给水泵改造成功，其可靠性提高，维护工作量减小，实测效率达80％以上；另外尚有 QG525-240 型和 TDG525-240 型成功改造的实例。

（8）在机组启、停过程中，合理控制给水泵的启、停时间。停机时，原则上控制汽轮机打闸后，待锅炉上满水后停止给水泵运行，锅炉不再进行上水后隔离给水泵，停止给水泵辅助油泵。

2. 前置泵

(1) 国内设计电厂厂用电率一直高于进口机组厂用电率。从汽轮机侧，最明显差距是，将给水泵汽轮机拖动的给水泵、前置泵分为主泵由给水泵汽轮机拖动，前置泵由电动机拖动。其理由是给水泵汽轮机在汽轮机零米不易布置、不利于检修。但从引进几十台机组的电厂并没有提出这方面问题，如日本三菱机组的前置泵、给水泵均有给水泵汽轮机拖动方式。这些电厂的厂用电率是国内设计的电厂是无法达到的，一般厂用电率在 2.8%～3.5%。仅这一项，我国厂用电率就增加 0.14 个百分点，供电煤耗率将升高 0.4g/kWh。建议我国前置泵也改由给水泵汽轮机拖动。

(2) 将现有运行的带前置泵的给水泵组，改造为不设前置泵、带诱导轮给水泵，该泵效率可达80%～82%，比带前置泵的泵组效率77%～79%提高3%；对于采用电动给水泵的机组厂用电率还会有所下降。

(3) 更换前置泵。某电厂 660MW 机组配置两台型号 QG400/300C 的前置泵，由于该前置泵轴封密封水形式为外接密封水，水源引自凝结水泵出口，而且前置泵对密封水压力有一定要求，所以制约着凝结水泵的变频运行方式，达不到节能之效果。在计划检修中更换为 350/250KS71型前置泵。设备改造后密封方式为自密封方式，不影响凝结水泵的变频运行方式；在结构方面有原来的滚动轴承改为滑动轴承，增强了设备运行的稳定性、可靠性。

(4) 叶轮切削。目前电厂前置泵扬程选型偏高，造成实际运行中前置泵厂用电率偏高，导致给水泵入口有效汽蚀余量远高于必需汽蚀余量。通过叶轮切削降低前置泵扬程投资少，见效快，是目前比较流行的降低厂用电率措施之一。降低前置泵扬程改造后汽泵入口有效汽蚀余量约为 2倍必需汽蚀余量即可。例如华能海门电厂对 1000MW 机组给水泵前置泵叶轮进行车削改造，降低前泵扬程，电机电流下降 5A。

五、抽真空系统

抽真空系统（也叫抽空气系统）性能变差直接导致空气在凝汽器汽侧聚集，影响凝汽器换热，进而影响机组真空。抽空气系统性能变差的主要原因有：真空泵抽吸能力下降；抽空气系统管路流动不畅。

1. 真空泵

影响真空泵运行性能的主要因素有：工作水温度、真空泵转速、抽吸口压力和温度等。从运行角度看，工作水温度是影响真空泵抽吸能力的最常见和最主要的因素。解决工作水温度高的问题，可以从降低工作水的冷却水温度、提高工作水冷却器换热能力（面积）和效率、增加冷却水流量等方面着手。必须经过诊断试验，确认工作水温度升高的主要原因，通常可采取的主要措施有：

(1) 对于新设计的机组，应配置 3×50% 容量双级水环式真空泵。

(2) 真空泵冷却水系统改造。具体的解决方法需考虑运行安全性、可靠性和投资回收年限。最安全可靠、简单易行的措施是寻找低温的冷却水源，替代现有的利用循环水冷却，保证机组迎峰度夏的安全经济性。如低温的工业水、地下水或中央集中空调冷冻水等。在没有低温水源的情况下，可以增设强制制冷设备对真空泵工作液进行强制冷却。

(3) 定期清理和清洗真空泵工作水冷却器。如果冷却水杂质较多，可以考虑更换为易于清理和清洗的冷却器形式。

(4) 降低真空泵耗电率最主要的手段是合理调整真空泵运行方式。京科发电公司直接空冷330MW 机组配有三台水环式真空泵，电机容量均为 160kW。机组自试运以来一直是二台真空泵运行，一台备用。为了节电，公司根据汽机真空严密性较好和真空泵出力较大的实际情况，将真空泵运行方式由2台泵运行、1台泵备用改为1台真空泵运行、2台真空泵备用。这样每天可节电约 3800kWh。

2. 抽空气管路

抽空气管路流动不畅分为两种情况：凝汽器内部空冷区空气管不畅；双背压凝汽器高、低压侧空气流动相互影响，导致流动不畅。

(1) 对于凝汽器内部空冷区空气管不畅的问题，只有在停机检修时按照设计图纸对空气管进行检查，并及时更正安装错误。

(2) 双背压凝汽器高、低压侧空气流动相互影响。双背压凝汽器的抽气系统分为串联和并联两种布置方式。串联布置方式是高压凝汽器中的不凝结气体连通到低压凝汽器抽气通道，与低压凝汽器中的不凝结气体混合后经真空泵抽出，该方式的优点是系统简单，缺点是高、低压凝汽器相互干扰，易造成抽气量不匀，影响凝汽器换热。并联布置方式是高、低压凝汽器中不凝结气体各自由单独的真空泵抽出，该方式的优缺点正好和串联布置方式相反。

造成串联布置方式下高、低压凝汽器抽气不均匀现象的主要原因是设计阶段空气管路流动阻力计算不符合实际情况。解决的方法只有把抽空气系统改为并联布置方式，即高、低压凝汽器中不凝结气体各自由单独的真空泵抽出。该连接方式三台真空泵运行方式灵活，可以互为备用。

六、空冷岛

空冷机组受环境温度、风速及负荷率影响较大，为保证空冷机组节能，首先要根据当地的气象条件做好空冷机组的设计，一般空冷凝汽器面积选择较大为宜。空冷机组节能主要有以下措施：

(1) 优化空冷机组的运行方式，在冬季根据负荷、环境温度等控制凝汽器压力为 8～9kPa，在夏季条件允许时尽量降低机组凝汽器压力。

(2) 空冷塔和空冷凝汽器宜定期对散热器表面进行水清洗，以使散热翅片管具有良好的传热效果。在夏季高温时段加强空冷机组的冲洗。

(3) 夏季机组运行背压达不到设计值时，可考虑在散热器上安装雾化装置以强化传热。

(4) 600MW 及以上直接空冷机组，若空冷凝汽器面积较大，给水泵汽轮机的排汽可直接进入空冷凝汽器。

(5) 空冷凝汽器宜根据外界气象条件的变化，使空冷风机在合理的调频范围内运行。空冷凝汽器采用双速风机时，宜根据气象条件的变化，通过试验，确定合理的风机运行台数。通常空冷岛耗电率控制在 0.7%～0.8%。

(6) 空冷系统优化运行。在某一确定的机组负荷、环境温度以及风速的前提下，通过改变空冷风机的运行方式，使汽轮机功率的增加值与风机消耗功率的增加值之间的差值，达到最大来确定最佳汽轮机排汽压力，从而选择风机的最佳运行方式。具体做法是，通过对机组微增出力与汽轮机排汽压力关系、空冷系统变工况性能、不同风机运行方式耗功变化等进行建模、核算等，对机组空冷系统优化进行核算，并按照冷端优化结果调度冷却风机的的运行方式，使冷却风机的运行方式更加经济。国华呼伦贝尔电厂在机组出力系数 0.75 下，环境温度 −20～25℃期间，折算后全年平均背压基本在 11.0～11.5kPa，空冷风机耗电率基本在 0.55%～0.60%。

【例 5-3】 某 300MW 机组的凝结水泵采用变速调节，电动机的轴功率 P_{sh} 为 900kW。当其转速由 n_1 为 1480r/min 下降到到 n_2 为 1100r/min 时，问其电动机的轴功率为多少？节电率是多少？

解：轴功率 $P_2 = P_{sn} \left(\dfrac{n_2}{n_1} \right)^3 = 900 \times (1100/1480)^3 = 369.5$ （kW）

节电率
$$e=\frac{900-369.5}{900}\times100\%=58.9\%$$

【例5-4】 某300MW机组夏季开启2台循环水泵，满负荷每台循环水泵实际流量17 000m³/h，扬程11m（约0.11MPa），效率85%，配1250kW电动机。已知联轴器效率$\eta_{tm}=98\%$，求2台循环水泵满负荷时凝结水泵实际的有功功率、输入功率、耗电率各是多少？

解： 满负荷时，2台循环水泵的有功功率

$$P_e=\frac{\rho gq_vH}{1000}=\frac{q_vp}{1000}=\frac{2\times17\,000/3600\times110\,000}{1000}=1038.88\ (kW)$$

输入功率
$$P_g=\frac{P_e}{\eta_{tm}\eta_i}=\frac{1038.88}{0.98\times0.85}=1247.15\ (kW)$$

耗电率
$$e=\frac{P_g}{P_N}=\frac{1247.15}{300\,000}\times100\%=0.42\%$$

【例5-5】 某超临界600MW机组满负荷运行时凝结水泵总扬程$H=222.3$m，而凝结水泵选择沈阳水泵厂生产的10LDNA-6PC，设计扬程H_0为393m，设计流量1617m³/h，设计转速n_0为1485r/min，效率81%。已知联轴器效率$\eta_{tm}=98\%$，求凝结水泵设计输入功率、设计耗电率各是多少？凝结水泵实际输入功率、设计耗电率各是多少？

解：（1）凝结水泵的有功功率

$$P_e=\frac{\rho gq_vH_0}{1000}=\frac{q_vp}{1000}=\frac{1000\times9.806\times1617/3600\times393}{1000}=1730.98\ (kW)$$

式中　q_v——泵的流量，m³/s；

　　　p——泵的出口压力，Pa，对于淡水$p=9806\times H$（Pa）；

　　　H——泵的扬程，m；

　　　ρ——泵输送流体的密度，kg/m³，对于淡水$\rho=1000$kg/m³。

凝结水泵输入功率

$$P_g=\frac{P_e}{\eta_{tm}\eta_i}=\frac{1730.98}{0.98\times0.81}=2180.6\ (kW)$$

式中　η_i——泵的效率，%。

设计耗电率
$$e=\frac{P_g}{P_N}=\frac{2180.6}{600\,000}\times100\%=0.36\%$$

（2）根据水泵相似原理，得

$$\frac{H}{H_0}=\left(\frac{n}{n_o}\right)^2=\left(\frac{f}{f_o}\right)^2$$

$$\frac{P}{P_0}=\left(\frac{n}{n_o}\right)^3=\left(\frac{f}{f_o}\right)^3$$

满负荷时运行频率

$$f=f_0\sqrt{\frac{H}{H_0}}=50\times\sqrt{\frac{222.3}{393}}=37.6\ (Hz)$$

满负荷时实际输入功率

$$P=P_0\times\left(\frac{f}{f_o}\right)^3=2180.6\times\left(\frac{37.6}{50}\right)^3=927.3\ (kW)$$

变频后实际耗电率

$$e = \frac{P}{P_N} = \frac{927.3}{600\,000} \times 100\% = 0.15\%$$

第五节　厂用电率的定额管理

国家对厂用电率没有定额标准，但是各大电力集团公司分别制定各自的厂用电率定额（设计厂用电率限值和运行厂用电率限值）。下面以某集团公司为例说明。

一、设计厂用电率

设计厂用电率是指在设计工况（或 THA）下，机组所有辅机设备消耗的电功率与发电机端部输出铭牌功率之比；但设计院早期经常按照"机组设计的辅机总容量与铭牌容量之比（容量系数）"。

（1）凝汽式发电厂设计厂用电率。GB 50660—2011《大中型火电发电厂设计规范》规定的发电厂机组性能考核工况厂用电率的估算方法，凝汽式发电厂设计厂用电率计算公式为

$$e = \frac{S_c \cos\varphi}{P_N} \times 100\%$$

式中　e——厂用电率，%；

　　　S_c——厂用电计算负荷，kVA；

　　$\cos\varphi$——电动机在运行时的平均功率因数，一般取 0.8；

　　　P_N——发电机的额定功率，kW。

对于不同国家设计咨询公司，厂用电计算负荷 S_c 计算方法不同，对于法国 CEM 公司，厂用电计算负荷

$$S_c = 0.987 P_d + 0.75 S_{db}$$

对于日本日立公司，厂用电计算负荷

$$S_c = 1.90 P_d + 0.75 S_{db}$$

以上式中　P_d——高压电动机功率总和，kW；

　　　　　S_{db}——低压变压器容量总和，kVA。

对于我国，《火力发电厂厂用电设计技术规定》（DL/T 5153—2002）统一要求按下式计算

$$S_c = \sum (KP)$$

$$K = \frac{K_t K_f}{\eta \cos\varphi}$$

以上式中　S_c——厂用电计算负荷，kVA；

　　　　　K——负荷换算系数；

　　　　K_t——回路的同时率；

　　　　K_f——回路的负荷率；

　　　　η——回路的效率；

　　　$\cos\varphi$——回路的平均功率因数；

　　　　P——电动机计算功率，kW，对于经常连续和不经常连续运行的电动机 $P = P_N$，对于短时及断续运行的电动机 $P = 0.5 P_N$（P_N 为电动机额定功率）。

在实际应用中，对每项负荷均按公式 $K = \frac{K_t K_f}{\eta \cos\varphi}$ 分别计算其换算系数显然不太现实，因此表 5-14 给出了换算系数 K 的参考取值。

表 5-14 换算系数 *K* 的参考取值

项 目	不同机组容量时的 *K* 值	
	<200MW	≥200MW
给水泵及循环水泵电动机	1.0	1.0
凝结水泵电动机	0.80	1.0
其他高压电动机	0.80	0.85
其他低压电动机	0.80	0.70

在 24h 内变动大的负荷（如输煤、中间储仓式的制粉系统），可按设计采用工作班制进行修正，一班制工作的乘以系数 0.33，二班制工作的乘以系数 0.67，照明负荷乘以系数 0.5。

从上面分析可以看出，厂用电率设计值由机组全年满负荷工况按照汽轮机和锅炉各辅机电动机的容量进行计算，其中不包括发电机励磁系统的耗电率、主变压器损耗率、高压厂用变压器损耗率和母线损耗率。

不同类型机组的设计厂用电率应达到表 5-15 的限值。

表 5-15 某集团公司火电机组设计厂用电率限值

机组类型	设计厂用电率（%）	备 注	机组类型	设计厂用电率（%）	备 注
300MW 等级亚临界湿冷机组	5.3	汽动给水泵	300MW 等级亚临界直接空冷机组	8.1	电动给水泵
330MW 等级亚临界湿冷机组	7.5	电动给水泵	300MW 等级间接空冷机组	5.5	汽动给水泵
350MW 等级亚临界湿接空冷机组	5.1	汽动给水泵	600MW 等级亚临界接空空冷机组	7.8	电动给水泵
350MW 等级超临界湿冷机组	5.0	汽动给水泵	600MW 等级亚临界直接空冷机组	5.3	汽动给水泵
600MW 亚临界湿冷机组	5.0	汽动给水泵	600MW 等级超临界直接空冷机组	5.3	汽动给水泵
600MW 等级超临界湿冷机组	5.0	汽动给水泵	600MW 等级超临界间接空冷机组	5.1	汽动给水泵
600MW 等级超超临界湿冷机组	4.8	汽动给水泵	300MW 等级供热湿冷机组	5.3	汽动给水泵
1000MW 等级超超临界湿冷机组	4.5	汽动给水泵	300MW 等级供热湿冷机组	7.5	电动给水泵
1000MW 等级超超临界空冷机组	4.7	汽动给水泵	300MW 等级供热空冷机组	8.1	电动给水泵

注 1. 表 5-15 中设计厂用电率限值包括脱硫系统，对于设计硫分大于 1.2% 的机组，可适当提高 0.1～0.3 个百分点；

2. 对于燃用无烟煤并配备钢球磨煤机的机组，厂用电率增加 0.5 个百分点；

3. 对于燃用贫煤或烟煤并配备钢球磨煤机的机组，厂用电率增加 0.33 个百分点；

4. 对于燃用褐煤的机组，厂用电率增加 0.4%。

（2）供热式电厂设计厂用电率。供热式电厂厂用电率按下列公式计算

$$e_r = \frac{\left[(S_c - S_{cozw})\alpha_r + S_{cozw}\right]\cos\varphi}{Q_r} \times 10^3$$

$$e_d = \frac{(S_c - S_{cozw})(1 - \alpha_r)\cos\varphi}{P_N} \times 100\%$$

$$\alpha_r = \frac{Q_r}{(G_0 h_{ms} - G_{fw} h_{fw}) + G_{rh}(h_{rhr} - h_{rhl})}$$

$$Q_r = G_{gr} h_r + G_{gs} h_{gs} - G_{hs} h_{hs} - (G_{gr} + G_{gs} - G_{hs}) h_{bs}$$

以上式中 G_{gr}——供热蒸汽流量，t/h；

$\quad\quad h_r$——供热蒸汽焓，kJ/kg；

$\quad\quad G_{gs}$——供热水流量，t/h；

$\quad\quad h_{gs}$——供热水焓，kJ/kg；

$\quad\quad G_{hs}$——回水流量，t/h；

$\quad\quad h_{hs}$——回水焓，kJ/kg；

$\quad\quad h_{bs}$——补充水焓，kJ/kg；

$\quad\quad e_r$——热电厂供热厂用电率，kWh/GJ，一般为 5.73 kWh/GJ；

$\quad\quad e_d$——热电厂发电厂用电率，%；

$\quad S_{cozw}$——用于热网的厂用电计算负荷，kVA；

$\quad\quad \alpha_r$——供热用热量与总耗热量之比，称为热电成本分摊比，是采用热量法来分摊热、电成本时，供热所占的比例，即热电厂供出的热量占锅炉有效产热量的比例；

$\quad \cos\varphi$——电动机在运行时平均功率因数，一般取 0.8；

$\quad\quad P_N$——额定抽汽工况下发电机功率，kW；

$\quad\quad G_0$——单位时间内锅炉产出的新蒸汽量，即汽轮机进汽量和经减温减压器对外供热前的新蒸汽量之和，t/h；

$\quad h_{ms}$——汽轮机入口主蒸汽焓，kJ/kg；

$\quad G_{fw}$——汽轮机高压加热器出口给水量，t/h；

$\quad h_{fw}$——汽轮机高压加热器出口给水焓，kJ/kg；

$\quad\quad Q_r$——供热用的热量，MJ/h；

$\quad G_{rh}$——再热蒸汽流量，t/h；

$\quad h_{rhr}$——机侧再热蒸汽焓，kJ/kg；

$\quad h_{rhl}$——机侧冷段再热蒸汽焓，kJ/kg。

二、实际厂用电率

从上面可以看出，国外设计咨询公司厂用电负荷电耗的计算方法与国内 K 值法类似，但其计算结果均比国内的 K 值法得到的结果要大，从目前国内工程实践结果来看，厂用电率实际运行值往往要超过设计值，影响厂用电率的因素如下：

（1）辅机选型的影响。高压电动机耗电量在厂用电中所占的比例很大，一般都在 60% 以上。辅机设备根据不同的选型基准点设计容量差别很大，再加之辅机设备的驱动电动机一般还要考虑 1.15 倍的储备系数，并根据电动机的标准系列容量进行选择。如果配套辅机选型不合适，累计下来其驱动电动机的铭牌功率就会同实际运行功率有比较大的差异。这是部分电厂实际厂用电率偏高的主要原因。

（2）机组负荷率的影响。机组负荷率较低是目前我国大多数火力发电厂所面临的客观问题。然而电厂辅机是按照额定出力进行选型的，机组出力减小，厂用电设备耗电量也会相应减少，但两者之间并不是成比例减少的关系。总的来说，机组负荷率越高，厂用电率越低，理论上当机组

221

额定满发时厂用电率应最小；当机组负荷率降低，发电量减少时，由于厂用电系统的电耗并没有随之成比例下降，造成电厂的实际厂用电率偏高。

（3）煤质变化的影响。煤质变化是影响厂用电率的另一个重要因素。众所周知，由于我国电煤供应比较紧张，部分电厂不得不根据来煤情况进行掺烧。掺烧后由于煤质变差，发热量降低，达不到原先设计煤种的要求。在这种情况下，如果要保证机组的出力，必将增加锅炉的给煤量，这就导致磨煤机和制粉系统的用电量增大，进而影响电厂的厂用电率。

（4）新机组运行不稳定的影响。工程实践表明，新机组即使在通过 168 h 带负荷试运行后，仍然存在一定的磨合期，在此期间可能因为设备调试、参数整定不合适等因素，造成机组运行不稳定，使启、停次数增多，机组的厂用电率将明显上升。

对于机组发电厂用电率高于基础值（见表 5-16）0.5 个百分点，以及新投产机组，应进行节能诊断分析工作。

不同类型火电机组实际运行厂用电率构成见表 5-17。设计发电厂用电率与实际发电厂用电率的差别在以下几个方面：

1）启动过程的辅机设备（如电动给水泵）；
2）辅机裕量（如送风机、引风机、一次风机）；
3）机组启停；
4）负荷率；
5）备用辅机设备（如循环水泵、凝结水泵、磨煤机）。

表 5-16 燃煤发电机组发电厂用电率基础值

序号	机组类型	机组类型特点	发电厂用电率基础值（%）	发电厂用电率优秀基础值（%）
1	1000MW 级超超临界机组	湿冷机组	5.2	4.5
2	600MW 级超超临界机组	湿冷机组	5.5	4.6
3	600MW 级超临界机组	湿冷机组	5.7	4.6
		直接空冷汽轮机配汽动给水泵	6.0	5.0
		间接空冷汽轮机配汽动给水泵	6.0	4.8
		空冷汽轮机配电动给水泵	8.5	7.5
4	600MW 级亚临界机组	湿冷机组	5.7	5.2
		直接空冷汽轮机配电动给水泵	8.5	7.7
		直接空冷汽轮机配汽动给水泵	6.0	5.4
5	俄制 500MW 超临界机组	湿冷机组	6.2	4.8
6	350MW 级超临界机组	湿冷机组（电泵）	8.0	7.0
		直接空冷汽轮机配汽动给水泵	8.5	7.3
7	进口 350MW 级亚临界机组	湿冷机组	5.2	4.2
8	国产 330MW 亚临界机组	配电动给水泵	8.2	7.8
		配汽动给水泵	5.8	5.3

续表

序号	机组类型	机组类型特点	发电厂用电率基础值（％）	发电厂用电率优秀基础值（％）
9	俄制 325MW 超临界机组	湿冷机组	5.8	5.3
10	国产 300MW 亚临界机组	湿冷配汽动给水泵	6.0	5.3
		湿冷配电动给水泵	8.2	7.4
		空冷配电动给水泵	8.8	8.0
		循环流化床空冷电动泵	10.0	9.3

注 1. 表 5-16 给出了某集团公司不同容量各种类型燃煤发电机组的发电厂厂用电率基础值。当机组燃用烟煤，安装脱硫装置而未安装脱硝装置，燃煤收到基含硫量≤2％，年出力系数≥0.75 时机组应完成的发电厂厂用电率值称为基础值。当不满足以上某一条件时，应进行相应的修正，经修正计算后的发电厂用电率称为发电厂用电率考核值。

2. 表 5-16 中未特别指明机组属空冷机组时，机组类型均为湿冷机组。无特别说明给水泵配置方式时，机组配置汽动给水泵。

3. 当采用汽动引风机时，表 5-16 中发电厂用电率基础值降低 0.7 个百分点。

表 5-17　　　　　　　　　不同类型火电机组实际运行厂用电率的分配　　　　　　　　％

辅机设备	300MW 亚临界湿冷机组	600MW 超临界湿冷机组	1000MW 超超临界湿冷机组
循环水系统	0.7～0.8	0.65～0.75	0.6～0.7
一次风机/排粉风机	0.55～0.7	0.5～0.6	0.5～0.6
送风机	0.16～0.22	0.16～0.19	0.16～0.19
引风机	0.6～0.8	0.7～0.85	0.75～0.9
脱硫系统	1.0～1.2	0.8～1.1	0.8～1.1
电除尘器	0.16～0.25	0.16～0.20	0.13～0.18
磨煤机	0.38～0.49	0.37～0.42	0.32～0.35
凝结水系统	0.15～0.25	0.16～0.2	0.15～0.2
给水泵前置泵	0.15～0.18	0.16～0.2	0.16～0.2
输煤系统	0.07～0.10	0.06～0.10	0.06～0.10
开式水泵	0.15～0.2	0.15～0.2	0.15～0.2
空气压缩机	0.2～0.3	0.2～0.3	0.2～0.3
其他	0.2	0.2	0.1
合计	4.5～5.8	4.3～5.3	4.1～5.1

第六节　降低厂用电率的主要措施

一、管理节电措施

1. 基础管理

（1）定期开展电力企业对标工作，以先进企业厂用电率为标杆，分析本企业厂用电率完成值与先进值之间的差距，并分析其原因，制定相应的改进目标，分解和落实改进措施。

（2）定期进行全厂电能平衡测试及分析，统计分析各主要辅机设备耗电率变化情况，做到节电工作胸中有数、方向明确。重大节电改造工程完成后应进行分析总结，正确评价节电效果。

（3）高度重视电能计量和统计管理工作，保证各主要辅机设备电能计量表计准确、电能原始记录和统计台账健全。

（4）完善三级节能管理网络，明确各级节能工作人员的职责，健全相应的节能工作考核制度，以保证节能工作职责明确、目标清晰、奖惩分明，各项节能措施落实到位。

（5）加强燃料管理，减少储煤损失，避免不合格煤炭进入锅炉。

（6）严格执行非生产用电管理制度，发现非生产用电异常升高时，及时分析查找原因并解决处理。

（7）实施节能奖励制度，特别是高压变频器月度运行奖励制度。每台高压变频器发生一次非计划停运扣责任部门×元，停运期间每 24h/台扣减奖金，直到扣完。

2. 设备选型

（1）电站设计和重大辅机设备选择应充分落实节电原则，并在设计中予以考虑，如设计时配备凝结水泵变频装置等。

（2）机组辅助系统应使电动机、泵、风机、厂用变压器等通用耗能设备符合 GB/T 12497、GB/T 13469、GB/T 13470、GB/T 13462 等相关的用能产品经济运行标准要求，达到经济运行的状态。

根据《三相异步电动机经济运行》（GB/T 12497—2006）应选择高效电动机。年运行时间大于 3000h 的电动机应选用节能型电动机［节能型电动机见《中小型三相异步电动机能效限定值及节能评价值》（GB 18613—2002）］。应使电动机接近经济负荷率下运行，否则宜进行调速改造。

根据《电力变压器经济运行导则》（GB/T 13462—2008）和《三相配电变压器能效限定值及节能评价值》（GB 20052—2006）应选择高效变压器，如 S9 系列和 S11 系列变压器。采取有关措施，提高负荷率、提高功率因数，使变压器在经济运行区域内工作。

根据《离心泵、混流泵、轴流泵与旋涡泵系统经济运行》（GB/T 13469—2008）和《通风机系统经济运行》（GB/T 13470—2008）应选用高效风机和水泵。

（3）新建及改扩建企业所用的中小型三相异步电动机、容积式空气压缩机、通风机、清水离心泵、三相配电变压器等通用耗能设备应达到 GB 18613、GB 19153、GB 19761、GB 19762、GB 20052 等相应耗能设备能效标准中节能评价值的要求。

企业选用的电动机、空气压缩机、风机、水泵、变压器不允许低于《中小型三相异步电动机能效限定值及能效等级》（GB 18613）、《容积式空气压缩机能效限定值及节能评价值》（GB 19153）、《通风机能效限定值及节能评价值》（GB 19761）、《清水离心泵能效限定值及节能评价值》（GB 19762）、《三相配电变压器能效限定值及节能评价值》（GB 20052）标准中的能效限定值（即最低值），鼓励选用节能型辅机（能效达到节能评价值）。

（4）机组设备和系统选择应符合《火力发电厂设计技术规程》（DL 5000）的要求。

1）选用高效率的大容量机组，但大机组容量不宜超过系统总容量的 10%。200MW 及以上锅炉装设的中速磨煤机宜不少于 4 台，钢球磨煤机不少于 2 台。每台锅炉宜设置 2 台动叶可调轴流式送风机和 2 台静叶可调轴流式引风机。

2）对 300MW 机组，给水泵一般选择 1 台 100% 容量的汽动运行给水泵和 1 台 50% 容量的调速电动备用给水泵；对 600MW 及以上机组，给水泵一般选择 2 台 50% 容量的汽动运行给水泵和 1 台 25%～35% 容量的调速电动备用给水泵。对于新设计机组，优先选择 3×50% 容量凝结水泵。也可选择 2×100% 容量凝结水泵。凝结水泵扬程选择应根据凝结水系统设计特点进行仔细核算，防止凝结水泵扬程选取过大。此外，凝结水泵电机宜加装变频调节装置，以降低部分负荷下凝结水泵耗电率。

（5）制粉系统选型宜根据设计煤种和校核煤种的煤质特性、可能的煤种变化范围、负荷性质、磨煤机适用条件、煤粉细度要求，并结合燃烧系统结构形式，统一考虑制粉系统和磨煤机的选型。

1）对于大容量机组，宜优先选择冷一次风机正压直吹式制粉系统，在煤种适合时，宜优先选择中速磨煤机；

2）当煤的干燥无灰基挥发分大于10％（或煤的爆炸性指数大于1.0）时，制粉系统应考虑防爆要求；

3）当煤的干燥无灰基挥发分大于25％（或煤的爆炸性指数大于3.0）时，不宜采用中间储仓式制粉系统。

（6）风机优化选型。电厂风机一般只有两种：轴流风机与离心风机。轴流风机与离心风机比较有以下主要的特点。

1）轴流风机采用动叶可调的结构，其调节效率高，并可使风机在高效率区域内工作，因此运行费用较离心风机明显降低。轴流风机效率最高可达90％，机翼形叶片的离心式风机效率可达92.8％，两者在设计负荷时的效率相差不大。但是，当机组带低负荷时，相应风机负荷也减少，则动叶可调的轴流风机的效率要比具有入口导向装置调节的离心风机要高许多。

2）轴流风机对风道系统风量变化的适应性优于离心风机。目前对风道系统的阻力计算还不能做到很精确，尤其是锅炉烟道侧运行后的实际阻力与计算值误差较大；在实际运行中，如果煤种变化也会引起所需的风机风量和压头的变化。然而，对于离心风机来说，在设计时要选择合适的风机来适应上述各种要求是困难的。为考虑上述的变化情况，选择风机时其裕量要适当采取大些，则会造成在正常负荷运行时风机的效率会有明显的下降。如果风机的裕量选得偏小，一旦情况变化后，可能会使机组达不到额定出力。而轴流风机采用动叶调节，关小和增大动叶的角度来适应风量、风压的变化，而对风机的效率影响却较小。

3）轴流风机质量轻、低的飞轮效应值等方面比离心风机好。由于轴流风机比离心风机的质量轻，所以支撑风机和电动机的结构基础也较轻，还可以节约基础材料。轴流风机结构紧凑、外形尺寸小，占据空间也小。如果以相同性能作对比基础，则轴流风机所占空间尺寸比离心风机小30％左右。

4）轴流风机的转子结构要比离心风机转子复杂，旋转部件多，制造精度要求高，叶片材料的质量要求也高。再加上轴流风机本身特性，运行中可能要出现喘振现象。所以轴流风机运行可靠性比离心风机稍差一些。但是动叶可调的轴流风机由于从国外引进技术，从设计、结构、材料和制造工艺上加以改进提高，使目前轴流风机的运行可靠性可与离心风机相媲美。

5）虽然轴流风机最高效率比离心风机略低，但是高效工况区比离心风机高效工况区宽广，所以高效工作范围广。

通过上述分析，在选择风机时应遵循如下原则：

300MW级机组配备动叶可调轴流式风机或离心风机加变频调节装置，600MW及以上机组配备双速动叶可调轴流式风机。

送风机通常采用动叶调节轴流式风机，在负荷变化时具有较高的运行效率。风机选型参数和实际运行参数相差较大时，可采用改造成本相对较低的风机叶片改造技术方案，使风机设计参数与实际运行参数相匹配。

引风机通常采用静叶调节轴流式，因其没有液压缸调节机构，其可靠性优于动叶调节轴流式风机，检修方便；另一方面因其为入口静叶调节，节流损失较大，运行经济性较差。建议引风机选择动叶可调轴流式风机，并具有高低速功能调速装置。对于静叶调节轴流式引风机应进行变频调速改造，投资费用略高，但运行经济性较好。

风机出力及压头选取应由风机专家仔细核算，避免裕量过大。将某 660MW 超超临界机组静叶调节轴流式引风机改为动叶调节轴流式引风机，引风机运行效率提高 20～26 个百分点，引风机耗电率降低 0.20 个百分点。

3. 开停机的节电措施

(1) 开停机时，采用纯汽动给水泵上水方式，电动给水泵备用，且在开机前利用辅汽冲转汽动给水泵，缩短启动周期。

(2) 锅炉冷态启动前投入底部加热，缩短启动时间。底部加热即邻炉加热，主要是指处在冷态的锅炉，借用邻机或邻炉的汽源，对本炉水循环系统进行加热，使其达到所需要的参数。锅炉冷态启动前投入底部加热，点火时炉膛内已经具有一定的温度对点火初期的燃烧十分有利，并可缩短点火启动时间，节约厂用电和启动用油。需要注意的问题是：原设计一般采用邻炉辅汽，在启动后期辅汽压力、温度无法满足需要，建议采用汽轮机高压缸排汽作为邻炉加热的汽源。

(3) 采用单侧风机启动，在并网前进行双侧并列运行。

(4) 启、停机中若电动给水泵运行，应尽量减少阀门的节流损失；用调节给水泵转速来调节给水流量和给水压力，以提高效率。并且再循环阀关至 10%～20%，减小电动给水泵电耗。

(5) 机组打闸后即可停运所有真空泵。停机 1h 后或者低压缸排汽温度低于 70℃时，确认循环水无用户后可及时停运循环水泵。机组停运后，凝汽器的热负荷已经隔绝，排汽缸温度降至 50℃以下时，在确认凝结水杂用母管没有用户后即可停运凝结水泵。

(6) 锅炉熄火后，通风吹扫完成 5min 后停止送、引风机运行，稍开风机挡板进行自然通风。送、引风机，一次风机停运 1h 左右，停运行风机的润滑油泵、液压油泵。停炉后炉膛出口温度降至 70℃，停火检冷却风机运行。停炉后空气预热器入口烟温降至 100℃时停止空气预热器运行。

4. 运行控制

(1) 积极与电网企业联系和沟通，争取上网电量，提高机组平均负荷系数。例如华能济宁电厂 5 号机组电负荷与厂用电率关系见图 5-8（锅炉额定蒸发量 440t/h，额定功率 135MW，设计厂用电率 9.6%）。由图 5-8 可以看出，机组厂用电率在额定工况时为 8.01%，比设计值低 1.59 个百分点；80%工况时为 9.18%，60%工况时为 10.67%。

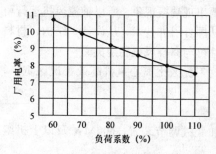

图 5-8 135MW 机组与负荷系数的关系

(2) 确保机组安全可靠运行，尽量减少非停次数。在机组启停过程中严格按照运行规程控制辅机设备的启停，并尽量减少启动时间。

(3) 提高全厂人员节电意识，严格控制照明用电，照明灯应采用节电控制方式，尽可能减少长明灯。

(4) 充分利用 SIS（或 MIS）系统强大的信息处理功能，以机组运行监测管理系统为平台，统计及耗差分析数据为依据，在运行各值之间开展以机组各主要指标和小指标为对象的值际劳动竞赛，这些指标包括：发电煤耗率、发电厂用电率、供电煤耗率、循环水泵耗电率、凝结水泵耗电率、磨煤机单耗、各风机耗电率等，以充分调动运行人员的积极性，实现精细化操作，有效控制机组各项运行指标。

(5) 优化锅炉制粉系统，做好制粉系统的维护工作，适当调整磨煤机的通风量和钢球装载量，使其在最佳装载量下运行，降低制粉单耗。

(6) 在煤质多变的情况下，注重磨煤机运行方式调整试验，必要时对制粉系统的关键部件进行技术改造，充分发挥磨煤机的潜力，降低制粉单耗。

(7) 通过试验编制主要辅机运行特性曲线，在运行中特别是低负荷运行时，对辅机进行经济调度，降低水泵和风机的电耗。如：在循环水母管系统中，确定循环水泵的运行台数及各台机组循环水流量的经济分配。

二、技术改造节电

1. 风机、水泵变频改造

对于"大马拉小车"现象，采用液力偶合器和双速电动机，积极推广变频调速改造，降低风机、水泵在低负荷下的电耗，提高其运行效率。实践证明高压变频调速可节电 30%～50% 左右。

对送风机、引风机等动力进行变频改造，建议选用应用较广的可靠的大容量型变频器，风机节电率可达 40%～60%，水泵节电率可达 30%～50%。国产大型变频器基本上每千瓦费用为 1000 元。对于 300MW 及以上机组的一次风机、排粉机、凝结水泵，电厂普遍认识到变频改造的重要性。但是对轴流式风机的认识则存在一个误区，认为轴流式风机是效率较高的、高效率区较宽，改造后效益不高，因此不需要变频改造。实际上，为了节约厂用电，对轴流式风机进行变频调速改造很有必要。例如江苏太仓港协鑫发电有限责任公司 300MW 机组的引风机（3、4、5、6号机组）采用变频调速改造后，引风机单耗从 2.1kWh/t 汽降低到 1.3kWh/t 汽，引风机节电率达 38%。

2. 发电机设备优化改造

(1) 发电机定子冷却水系统。大型发电机定子冷却水泵设计扬程至少 75m（45～55kW，0.75～1.0MPa，转速 2700～2900r/min），但是实际上，发电机定子冷却水压力不足设计扬程的一半，例如 300MW 发电机定子冷却水设计压力 0.8 MPa（设计扬程 80m），正常运行期间控制定子冷却水压力 ≤0.26 MPa；对于 660MW 机组，正常运行期间控制定子冷却水压力 ≤0.4MPa。由于冷却水泵高速、大扬程运行，往往在消耗大量电能的同时，造成振动、轴承温度高，因此叶轮最好进行切削。

【例 5-6】 一冷却水泵的扬程 H 为 80m，叶轮外径 D 为 250mm，如果要使水油泵的扬程减少到 H_2 为 40m，问叶轮外径 D_2 应切削多少？

解： 由切削定律 $H/H_2 = (D/D_2)^2$，得切削后的叶轮外径

$$D_2 = \sqrt{H_2/H} \times D = \sqrt{40/80} \times 250 = 177 (mm)$$

切削量 $\Delta a = (D - D_2)/2 = (250 - 177)/2 = 36.5 (mm)$

叶轮外径 D 应切削 36.5mm，为了防止一次切削量过大，最好计算值的 90% 进行切削。

(2) 氢冷发电机氢气品质的控制。引进型 300MW 及以上汽轮机发电机基本上都是"水氢氢"冷却方式。氢气密度是气体中最小的，不到空气的 1/14，因此可以明显减少通风摩擦损耗。因此氢气纯度直接影响到发电机效率，额定氢气纯度为 98%，正常运行时应不小于 96%。氢气纯度下降则气体密度增加，会引起通风损耗增加，发电机效率下降。根据设计资料，对于 600MW 发电机组，若氢气纯度从 99% 下降到 96%（根据《汽轮发电机运行规程》[1999] 579号文件规定：当氢气纯度低于 96%，应通过氢气排污；对于发电机补氢量规定在额定氢压下，额定氢压 ≥0.5MPa 机组每昼夜不大于 14.5m³；0.3 MPa ≤额定氢压 <0.4MPa 机组每昼夜不大于 11.5m³。根据《塔式炉超临界机组运行导则第 2 部分：汽轮机运行导则》DL/T332.2—2010，发电机漏氢测量应不大于 18m³/d），发电机损耗将增加 189kW。氢气纯度对发电机损耗的影响见图 5-9。

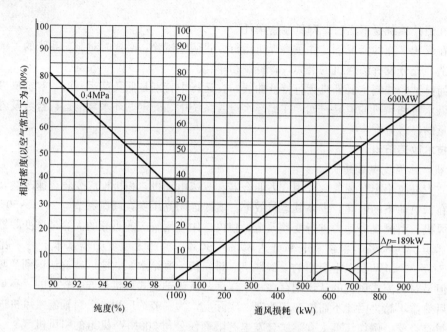

图 5-9　600MW 发电机氢气纯度对损耗的影响

经核算，制氢成本远远低于氢气纯度提高所带来的经济效益。因此氢冷系统应尽量接近额定条件运行，特别是氢气压力（300MW 机组为 0.295～0.31MPa，600MW 为 0.38～0.40MPa）、氢气纯度（300MW 机组＞96.0％，600MW 机组为 98.0％～98.5％）应控制在额定值附近，不允许低氢压（主要考虑安全性）、低纯度（主要考虑经济性）运行。

发电机氢气纯度变差的主要原因是空侧密封油和氢侧密封油压力不平衡而存在油量交换，使空侧密封油中夹带的油烟、水气等通过与氢侧密封油交换而进入氢侧密封油系统，进而再通过密封油内油挡被发电机风扇吸入发电机内，造成发电机内氢气污染。发电机氢气纯度治理的有效办法是在氢侧回油箱补油管路上并接密封油提纯装置，见图 5-10。调整氢侧油压力高于空侧油压力一微小的压差值，氢侧密封油在密封瓦内向空侧窜油，这样将引起氢侧回油箱油位降低，氢侧回油箱处补油浮球阀自动

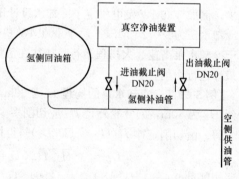

图 5-10　发电机密封油提纯装置安装示意图

打开，含有有害气（汽）体的空侧密封油会补入氢侧密封油箱。此时在氢侧回油箱补油管路上并接的密封油提纯装置，提前对补入氢侧回油箱内的空侧油进行净化处理，这样就大大减少了有害气（汽）体进入发电机内的污染量，使发电机内氢气纯度维持在很高的状态下长期运行。注意：①两个截止阀的进出口方向不要接反，应按照安装简图的图示方位和方向安装；②两个截止阀的安装间距不小于 300mm。

对于补氢量（即漏氢量）偏大的机组，注意检查：

1）密封油系统的密封瓦座上半块和下半块是否存在偏移，导致密封瓦与轴颈间隙超标。

2）可以适当增加发电机密封油压力。

3）加装氢气提纯装置。

2009 年华能聊城热电有限公司 7 号机组（300MW）投运以来，发电机氢气纯度一直存在下降较

快的问题，需经常进行排污提纯工作，在 2011 年 3 月检修期间安装了氢气提纯装置，之后机组再未进行过排污提纯工作，氢气纯度一直保持在 97% 以上，补氢量从原来的 22m³/d 降低到 3.6m³/d。

3. 其他设备技术改造

（1）电除尘器高压控制柜改造后，在保证电除尘器除尘效率符合要求基础上，通过优化控制方式和参数，降低厂用电量消耗。

（2）对锅炉除灰渣系统进行改造，杜绝湿排灰渣，减少冲灰泵、灰渣泵运行时间，降低厂用电量消耗。

（3）对凝结水泵进行变频改造，正常投入运行。

（4）对循环水泵进行高低速改造，优化循环水系统运行方式。

（5）对制粉系统进行改造，进行制粉系统运行方式优化，降低制粉单耗。

第六章 热电联产指标监督

第一节 热电联产分项经济指标的计算

热电分产方式，即以凝汽式电厂生产电能对外供电；用工业锅炉、采暖锅炉或民用炉灶生产热能对用户供热。热功转换过程中必然产生的低位热能没有得到利用而白白浪费掉；另一方面分别供应的低位热能却使能量大幅度无效贬值。热电联产是由供热式汽轮机的供热汽流先发电后供热的生产方式，它是利用做过功的蒸汽对外供热。热电联产具有节约能源、改善环境、提高供热质量、增加电力供应等综合效益。

一、热耗指标

1. 总热耗量

总热耗量是指统计期内热电厂供热的热耗量和发电的热耗量之和。热电厂总热耗量 Q_{tp} 与锅炉热负荷 Q_b、汽轮机热耗 Q_o（简称机组热耗）有如下关系

$$Q_{tp} = \frac{Q_b}{\eta_{bl}} = \frac{Q_o}{\eta_{bl}\,\eta_{gd}}$$

式中　Q_{tp}——热电厂总热耗量，kJ；

$\quad\quad Q_b$——锅炉热负荷，kJ；

$\quad\quad Q_o$——机组热耗量，kJ；

$\quad\quad \eta_{bl}$——锅炉热效率，%；

$\quad\quad \eta_{gd}$——管道效率，%。

而且　　　　　　　　　$$Q_{tp} = Q_r + Q_f = \frac{Q}{\eta_{bl}\,\eta_{gd}\,\eta_{hs}} + B_f\,Q_{net,ar}$$

式中　B_f——热电厂统计期内发电煤耗量，kg；

$\quad\quad Q_{net,ar}$——燃料的低位发热量，kJ/kg；

$\quad\quad Q$——统计期内的供热量，kJ；

$\quad\quad Q_r$——热电厂供热的热耗量，kJ；

$\quad\quad Q_f$——热电厂发电的热耗量，kJ；

$\quad\quad \eta_{hs}$——热网加热器效率，%。

2. 热化系数

热化系数为热电厂供热机组的最大供热能力与系统最大热负荷之比，实际上就是热电厂发电容量与供热容量的比值，在建设以热电联产为热源的能量供应系统时，为使系统的经济性达到最佳状态，应根据热负荷的大小及特性合理地选择供热式机组的容量比例和大小，同时还应有一定容量的供热尖峰锅炉进行联合供热，以提高机组供热的利用率及系统的经济效益。热化系数计算公式为

$$\alpha_{tp} = \frac{Q_r^{max}}{Q_{max}}$$

式中　α_{tp}——热化系数；

$\quad\quad Q_r^{max}$——热电联产汽轮机的最大抽汽供热量（扣除自用汽），kJ/h；

$\quad\quad Q_{max}$——供热系统的最大热负荷，kJ/h。

　　热化系数存在一个最佳值，热化系数越大，供热机组装机容量就越大，在非最高负荷期间机组的供热能力不能充分利用，而最高负荷的出现又是很短暂的，因此，供热机组的年有效利用小时数会越少，一般，如果热化系数取 0.5，当采暖时间为 2900h 时，则机组最大负荷利用小时数为 2650h；如果热化系数取 1.0，当采暖时间为 2900h 时，则机组最大负荷利用小时数为 1980h。研究表明：抽汽机组最大负荷利用小时数在 1000h 左右、背压机组要 1500h 才开始节煤。而利用小时数越多，节煤量越大。

　　国内热电厂的热化系数，有的选择不尽合理，接近于 1，有的甚至大于 1，即热电厂的供热能力等于或大于最大热负荷。这样，在非高峰负荷时，供热机组的供热能力没有充分利用，而高峰负荷的时间又是很短暂的，因此，供热机组的年利用小时数偏低。热化系数越大，热电厂的供热能力越大，供热机组的利用小时数越低，供热机组在不供热条件下运行的时间就越多，机组的经济性就越差。现有某些热电厂的供电煤耗率高的原因之一就是热化系数过大。

　　热化系数最佳值的确定涉及面很广，计算也比较复杂。根据《关于发展热电联产的若干规定》（国家计委、国家经贸委、电力部、建设部 计交能 [1998] 220 号）规定：以工业热负荷为主的热化系数宜控制在 0.7～0.8，以采暖供热负荷为主的热化系数宜控制在 0.5～0.6。根据《热电联产项目可行性研究技术规定》（国家计委、国家经贸委、建设部 计基础 [2001] 26 号）规定：单机容量大于 100MW，主要用于城市供热的机组，由于城市发展需要，其热化系数可暂时大于 1.0；对兼顾供工业和民用热用户，单机容量小于 100MW，其热化系数宜小于 1.0。当热化系数宜小于 1.0 时，在其供热范围内应当设置尖峰锅炉（如开停炉比较快的天然气锅炉）。

二、供热网络能耗指标

1. 热网效率

热网效率是指供热机组单独供热时，统计期间的对外供热量与汽轮机输出的热量的百分比。计算公式为

$$\eta_{hs} = \frac{Q}{29307.6 B_r \eta_{bl} \eta_{gd}} \times 100\%$$

式中　　Q——对外供热量，kJ；

　　　　η_{hs}——热网效率，%；

　　　　η_{bl}——锅炉热效率，%；

　　　　η_{gd}——管道效率，%；

　　　　B_r——供热标准煤耗量，kg。

对于只供热水的情况，热网效率就是热网加热器效率，计算公式为

$$\eta_{hs} = \frac{G_{gr}(h_{gr} - h_{bc})}{G_{cq}(h_{cq} - h_{ss})}$$

式中　　G_{gr}——热网加热器对外供热水量，kg；

　　　　G_{cq}——热网加热器用抽汽量，kg；

　　　　h_{gr}——热网加热器外供热水焓，kJ/kg；

　　　　h_{bc}——热网加热器补充口水焓，kJ/kg；

　　　　h_{cq}——热网加热器的抽汽焓，kJ/kg；

　　　　h_{ss}——热网加热器的疏水焓，kJ/kg。

2. 热网加热器上端差

热网加热器上端差是指加热器进口蒸汽压力下的饱和温度与水侧出口温度的差值，即

$$\Delta t = t_{bh} - t_{cs}$$

式中 Δt——加热器上端差,℃;

    t_{bh}——进口蒸汽压力下饱和温度,℃;

    t_{cs}——加热器的水侧出口温度,℃。

热网加热器端差增大会使汽轮机抽汽点压力升高,降低循环效率。造成加热器端差增大的主要原因是加热器水位定值不合理、加热器旁路门或水室隔板泄漏、加热器内部结垢或加热器内部积聚空气以及加热器堵管超标等。

3. 热网加热器下端差

热网加热器下端差是指加热器疏水温度与水侧进口温度的差值,即

$$\Delta t_{xd} = t_{ss} - t_{js}$$

式中 Δt_{xd}——加热器下端差,℃;

    t_{ss}——加热器疏水温度,℃;

    t_{js}——加热器的水侧进口温度,℃。

4. 供热补水率

供热(汽)补水率是指统计期内热电厂向社会供热(汽)时,没有回收的水(汽)量占锅炉总蒸发量的百分比,即

$$L_{gr} = \frac{D_{gr}}{\sum D_L} \times 100\%$$

式中 L_{gr}——供热(汽)补水率,%;

    D_{gr}——供热时凝结水损失量,t;

    $\sum D_L$——统计期内全厂锅炉实际总蒸发量,t。

这一定义来源于《火力发电厂技术经济指标计算方法》(DL/T 904—2004),实际上锅炉总蒸发量不但用于供热,还要发电,因此这一定义是不妥的。正确的定义是:统计期内热力循环系统单位时间内补水量占热网循环水量的百分率。

三、供热量指标

1. 供热量的直接计算

供热量是指机组在统计期内用于供热的热量,包括汽轮机和锅炉供出的蒸汽或热水的热量之和,单位为 GJ,公式如下

$$Q = Q_z + Q_j$$

式中 Q——报告期内机组的供热量,GJ;

    Q_z——报告期内机组直接供热量,GJ;

    Q_j——报告期内机组间接供热量,GJ。

供热量的直接计算:

直接供热量是指热电联产机组或区域锅炉直接供出的蒸汽或热水的热量。直接供热量为

$$Q_z = (D_i h_i - D_h h_h - D_k h_k) \times 10^{-6}$$

式中 Q_z——报告期内直接供热量,GJ;

    D_i——统计期内的供汽(水)量,kg;

    h_i——统计期内的供汽(水)的焓值,kJ/kg;

    D_h——统计期内的回水量,kg;

    h_h——统计期内的回水的焓值,kJ/kg;

    D_k——统计期内用于供热的补充水量,kg;

    h_k——统计期内用于供热的补充水(自然水)的焓值,kJ/kg。

间接供热量是指热电联产机组通过热网加热器供水向外供出的热量。间接供热量为

$$Q_j = \frac{D_i h_i - D_h h_h - D_k h_k}{\eta_{hs}} \times 10^{-6}$$

式中　Q_j——报告期内间接供热量，GJ。

　　　η_{hs}——统计期内的热网加热器效率，%。

下列情况应计入供热量的计算范围：

1）供热量包括售热量、厂内自用汽（热）量、厂内供热损失量；

2）热网在采暖期开始前，要求对热网的供热管道充水应计算在内；

3）供热量包括背压机组、抽汽机组及锅炉直接对外（如减温减压器）供应的热量，也包括本厂生活区、厂区的供热量，但不包括生产用汽（如除氧器用汽、暖风器用汽、锅炉吹灰用汽、管道伴热用汽、锅炉底部加热用汽等）。

4）新装锅炉或锅炉进行改造后、机组大修后，试运转期间对外供出的热量应计入供热量中。

【例6-1】　某热电厂抽汽用于生产用汽和热网加热器，锅炉经减温减压器的直接供汽量为300t，供汽焓2500kJ/kg，返回冷凝水150t，返回冷凝水温度60℃；热网供热水量26 000t，供热水温度95℃，回水温度65℃；热网补充软化水量50t，软化水温度100℃；补充水天然温度20℃。求对外供热量。

解： 经减温减压器对外供热量

$$\begin{aligned}
Q_z &= (D_i h_i - D_h h_h - D_k h_k) \times 10^{-6} \\
&= [300 \times 2500 - 150 \times (20 \times 4.18) - 50 \times (100 \times 4.18)] \times 10^{-3} \\
&= 716.56 (\text{GJ})
\end{aligned}$$

经热网对外供热量

$$\begin{aligned}
Q_z &= (D_i h_i - D_h h_h - D_k h_k) \times 10^{-6} \\
&= [26\,000 \times (95 \times 4.18) - (26\,000 - 50) \times (65 \times 4.18)] \times 10^{-3} \\
&= 3273.99 (\text{GJ})
\end{aligned}$$

因此供热量

$$Q = 716.56 + 3273.99 = 3990.55 (\text{GJ})$$

2. 供热量的估算

供热量的估算以采暖面积为基准，采用面积热指标法计算，计算公式为

$$Q_r = q_s S$$

式中　Q_r——建筑物的采暖热负荷，W；

　　　q_s——建筑物的采暖面积热指标，W/m²，CJJ 34—2010《城镇供热管网设计规范》给出了推荐的采暖面积热指标值，见表6-1；

　　　S——建筑物的采暖面积，m²。

表6-1　　　　　　　　　　　　　采暖面积热指标推荐值　　　　　　　　　　　　　W/m²

建筑物类型	住宅	综合居住区	学校/办公	医院/托幼	旅馆	商店	食堂	影剧院/展览馆	大礼堂/体育馆
未采取节能措施	58~64	60~67	60~80	65~80	60~70	65~80	115~140	95~115	115~165
已采取节能措施	40~45	45~55	50~70	55~70	50~60	55~70	100~130	80~105	100~150

注　表中数值适用于我国东北、华北、西北地区；表中数值已包括了约5%的管网热损失。

3. 售热量

热站出售给热力公司(或热用户)的热量,即用于结算的热量。对于热电厂来说,由于热电厂内部管线很短,供热损失很小,因此售热量基本上等于供热量。售出蒸汽、热水的热量,以热站与热网结算点的热量表计量为准,公式如下

$$Q_{sr} = Q_{gq} + Q_{rw}$$

式中 Q_{sr}——报告期内热站的总售热量,GJ;

Q_{gq}——报告期内热站蒸汽的售热量,GJ;

Q_{rw}——报告期内热站热水的售热量,GJ。

如未装热量表,以热站与热网结算点的流量、温度、压力进行计算,公式如下

$$Q_{gq} = (D_{iq}h_{iq} - D_h h_h) \times 10^{-3}$$

$$Q_{rw} = (D_{is}h_{is} - D_{hs}h_{hs}) \times 10^{-3}$$

以上式中 Q_{gq}——报告期内热站蒸汽的售热量,GJ;

Q_{rw}——报告期内热站热水的售热量,GJ;

D_{iq}——报告期内热站结算点供蒸汽的蒸汽量,t;

h_{iq}——热电厂结算点供蒸汽的供汽焓,kJ/kg;

D_h——报告期内蒸汽供热凝结水回水量,t;

h_h——热网凝结水回水焓,kJ/kg;

D_{is}——报告期内热站热网加热器供出热水量,t;

D_{hs}——报告期内热网供热回水量,t;

h_{is}——热电厂热网加热器供出热水焓,kJ/kg;

h_{hs}——热电厂热网加热器回水焓,kJ/kg。

四、供热比计算方法

1.《火力发电厂经济技术指标计算方法》方法

根据《火力发电厂经济技术指标计算方法》(DL/T 904—2004),供热比是指统计期内热电联产机组用于供热的热量与汽轮机进口热耗量的比值,是用于分摊供热用煤量和用电量的重要指标,也称为热电成本分摊比。

$$\alpha_1 = \frac{Q}{Q_0}$$

式中 α_1——DL/T 904 规定计算的供热比,%;

Q——统计期内的供热量,kJ;

Q_0——统计期内的汽轮机进口热耗量,kJ。

由于汽轮机进口热量计算,对于存在主蒸汽流量计量偏差和无再热蒸汽流量计量,且煤质较稳定,可采用简便计算方法。采用入炉煤量、低位发热量、锅炉效率 η_b、管道效率 η_g 数据进行计算。汽轮机进口热耗量 Q_0 的简便计算

Q_0=正平衡入炉煤量×入炉煤低位发热量×锅炉效率×管道效率

用于供热的热量 Q=(热网首站供热量÷热网加热器效率)+抽汽直接供出的热量(一般指汽网)

热网首站是指热网加热器系统,设在电厂内,也称为水网一级换热站。热网加热器效率 η_{hs}一般为 0.97%~98%。

热网首站供热量=(热网供水流量×供水温度-热网回水流量×回水温度-补充水流量×补充水温度)×4.1868

2. 火力发电厂按入炉煤量正平衡计算发供电煤耗的方法

根据电安生〔1993〕457 号附件《火力发电厂按入炉煤量正平衡计算发供电煤耗的方法（试行）》，供热比计算公式为

$$\alpha_2 = \frac{Q_r}{Q_{tp}}$$

式中 　α_2——〔1993〕457 号文规定计算的供热比，%；

　　　Q_{tp}——热电厂总热耗量，kJ；

　　　Q_r——热电厂供热的热耗量，kJ。

实际上，两者是有区别的，即

$$\alpha_1 = \frac{Q}{Q_0} = \frac{Q_r \eta_{bl} \eta_{gd} \eta_{hs}}{Q_{tp} \eta_{bl} \eta_{gd}} = \alpha_2 \eta_{hs}$$

只有当热网加热器效率 $\eta_{hs}=100\%$ 时，才有 $\alpha_1 = \alpha_2$。

3. 《火力发电厂厂用电设计技术规定》方法

根据《火力发电厂厂用电设计技术规定》(DL/T 5153—2002)，供热比计算公式为

$$\alpha_r = \frac{Q_r}{G_0 h_{ms} - G_{fw} h_{fw}}$$

式中 　α_r——供热用热量与总耗热量之比，即供热比；

　　　G_0——汽轮机入口主蒸汽流量，t/h；

　　　h_{ms}——汽轮机入口主蒸汽焓，kJ/kg；

　　　G_{fw}——汽轮机高压加热器出口给水量，t/h；

　　　h_{fw}——汽轮机高压加热器出口给水焓，kJ/kg；

　　　Q_r——供热用的热量，MJ/h。

值得注意的是，由于《火力发电厂厂用电设计技术规定》发布时国内尚无大型抽凝两用机组，因此在其附录 A 中的供热厂用电率和发电厂用电率主要针对无再热系统的小型机组。上式分母部分只计算了锅炉过热器产热量，而没有计入锅炉再热器的产热量，因此不能准确代表有再热系统的大型抽凝两用机组锅炉的总产热量，将造成供热厂用电率偏高，发电厂用电率偏低。因此上式应修正为

$$\alpha_r = \frac{Q_r}{(G_0 h_{ms} - G_{fw} h_{fw}) + G_{rh}(h_{rhr} - h_{rhl})}$$

式中 　G_0——汽轮机进汽量和经减温减压器对外供热前的新蒸汽量之和，t/h；

　　　G_{rh}——再热蒸汽流量，t/h；

　　　h_{rhr}——机侧再热蒸汽焓，kJ/kg；

　　　h_{rhl}——机侧冷段再热蒸汽焓，kJ/kg。

在《热电联产项目可行性研究技术规定》(原国家计委计基础〔2001〕26 号)附件《热电联产项目可行性研究计算方法》中将 α_r 定义为热电成本分摊比，并以 β_r 表示。

4. 传统方法

我们一般采用传统计算供热比的方法，计算公式为

$$\alpha_3 = \frac{B_r}{B_{tp}}$$

式中 　α_3——传统方法计算的供热比，%；

　　　B_{tp}——热电厂发电、供热的标准煤总耗量，kJ；

　　　B_r——热电厂供热的标准煤耗量，kJ。

实际上，$\alpha_3 = \alpha_2$。

五、发电热效率

发电热效率是指统计期内，热电厂发电量折算成热量与发电热耗量的百分比，热电厂发电热效率计算公式为

$$\eta_f = \frac{3600 W_f}{Q_f}$$

发电热耗率是指统计期内，热电厂发电热耗量与发电量的百分比，热电厂发电热耗率计算公式为

$$q_f = \frac{Q_f}{W_f} = \frac{3600}{\eta_f}$$

发电煤耗率是指统计期内，热电厂发电耗用的标准煤量与发电量比值，热电厂发电煤耗率计算公式为

$$b_f = \frac{B_f Q_{net,ar} \times 1000}{29\ 308 W_f} = \frac{Q_f \times 1000}{29\ 308 W_f} = \frac{122.8}{\eta_f}$$

以上式中 η_f——热电厂发电热效率，%；

         q_f——热电厂发电热耗率，kJ/kWh；

         b_f——热电厂发电煤耗率，g/kWh；

         B_f——热电厂统计期内发电煤耗量，kg；

     $Q_{net,ar}$——燃料的低位发热量，kJ/kg；

         W_f——热电厂的发电量，kWh；

         Q_f——热电厂的发电热耗量，kJ。

六、供热标准煤耗率

供热热效率是指统计期内，热电厂供热量与热电厂供热的热耗量的百分比。由于 $Q = B_r Q_{net,ar} \eta_{bl} \eta_{gd} \eta_{hs}$，所以热电厂的供热热效率计算公式为

$$\eta_r = \frac{Q}{Q_r} = \frac{B_r Q_{net,ar} \eta_{bl} \eta_{gd} \eta_{hs}}{Q_r} = \eta_{bl} \eta_{gd} \eta_{hs}$$

$$B_r = \alpha B$$

$$B = B_r + B_f$$

式中 Q——统计期内的供热量，kJ；

    $Q_{net,ar}$——燃料的低位发热量，kJ/kg；

     Q_r——供热的热耗量，kJ。

供热标准煤耗率是指统计期内，热电厂供热耗用的标准煤量与供热量比值，热电厂供热煤耗率计算公式为

$$b_{gr} = \frac{B_r Q_{net,ar}}{29\ 308 Q} \times 10^6 = \frac{\alpha B Q_{net,ar}}{29\ 308 Q} \times 10^6 = \frac{Q_r}{29\ 308 Q} \times 10^6 = \frac{34.12}{\eta_r}$$

$$\eta_r = \eta_{bl} \eta_{gd} \eta_{hs}$$

式中 b_{gr}——供热标准煤耗率，kg/GJ；

      B——热电厂统计期内发电、供热的总耗煤量，kg；

     B_r——热电厂统计期内供热煤耗量，kg；

     Q——统计期内供热量，kJ；

     η_r——热电厂供热热效率，%。

上述公式也是计算供热式机组的设计供电标准煤耗率公式，即

$$b_{\mathrm{gr}} = \frac{34.12}{\eta_{\mathrm{bl}} \eta_{\mathrm{gd}} \eta_{\mathrm{hs}}}$$

式中　b_{gr}——设计供热标准煤耗率，kg/GJ；

　　　η_{hs}——热网首站的换热效率，%。

　　这里为了扩大知识面，笔者解释一下供热标准煤耗率在国际上比较科学的计算方法，平均供热标准煤耗率计算公式为

$$b_{\mathrm{rp}} = \frac{34.12}{\eta_{\mathrm{bl}} \eta_{\mathrm{gd}} \eta_{\mathrm{hs}}} + e_{\mathrm{rcy}} \cdot b_{\mathrm{fp}} \times 10^{-3}$$

式中　e_{rcy}——热电厂供热厂用电率，kWh/GJ；

　　　b_{fp}——热电厂采暖期和非采暖期平均发电煤耗率，g/kWh；

　　　b_{rp}——热电厂平均供热标准煤耗率，kg/GJ；

　　很明显，平均供热标准煤耗率计算公式不但考虑供热量消耗标准煤量，而且考虑到供热厂用电率折标准煤量。

七、厂用电率

1. 供热厂用电率

供热厂用电率是热电厂对外供热所耗用的厂用电量与供热量的比率，计算公式为

$$e_{\mathrm{rcy}} = \frac{W_{\mathrm{r}}}{Q \times 10^{-6}}$$

$$W_{\mathrm{r}} = \alpha \left(W_{\mathrm{cy}} - W_{\mathrm{cf}} - W_{\mathrm{cr}} \right) + W_{\mathrm{cr}}$$

式中　W_{r}——供热耗用的厂用电量，kWh；

　　　Q——统计期内供热量，kJ；

　　　e_{rcy}——热电厂供热厂用电率，kWh/GJ；

　　　α——供热比，%；

　　　W_{cy}——统计期内厂用电量，kWh；

　　　W_{cf}——纯发电厂用电量，指循环水泵、凝结水泵和它励磁机用电量等，kWh；

　　　W_{cr}——纯供热厂用电量，指热网循环水泵、疏水泵、供热首站其他设备耗用的电量，kWh。

　　根据《火力发电厂经济技术指标计算方法》（DL/T904—2004），供热厂用电率计算公式为

$$e_{\mathrm{rcy}} = \frac{3600 W_{\mathrm{r}}}{Q}$$

式中　W_{r}——统计期内供热耗用的厂用电量，kWh；

　　　Q——统计期内供热量，kJ；

　　　e_{rcy}——热电厂供热厂用电率，%。

2. 供热耗电率

供热耗电率是热电厂对外供热所耗用的厂用电量与发电量的比率，计算公式为

$$e_{\mathrm{rhd}} = \frac{W_{\mathrm{r}}}{W_{\mathrm{f}}}$$

式中　W_{r}——统计期内供热耗用的厂用电量，kWh；

　　　W_{f}——统计期内发电量，kWh；

　　　e_{rhd}——热电厂供热耗电率，%。

3. 发电厂用电率

发电厂用电率是热电厂纯发电耗用的厂用电量与发电量的比率，计算公式为

$$e_{fcy} = \frac{W_d}{W_f}$$

$$W_d = W_{cy} - W_r$$

式中　W_d——纯发电用的厂用电量，kWh；

　　　W_f——发电量，kWh；

　　　e_{fcy}——发电厂用电率，%。

4. 综合厂用电率

《热电联产项目可行性研究技术规定》（原国家计委计基础〔2001〕26号）附件《热电联产项目可行性研究计算方法》中定义综合厂用电率为供热厂用电率与发电厂用电率之和，即

$$e = e_{rhd} + e_{fcy}$$

式中　e——热电厂综合厂用电率，%；

　　　e_{rhd}——供热耗电率，即供热厂用电率换算成百分比的供热厂用电率，%。

供热厂用电率换算成百分比的供热厂用电率的计算方法为

$$e_{rhd} = e_{rcy} \times \frac{Q \times 10^{-6}}{W_f}$$

式中　e_{rhd}——供热耗电率，%；

　　　e_{rcy}——热电厂供热厂用电率，kWh/GJ；

　　　Q——统计期内供热量，kJ；

　　　W_f——统计期内发电量，kWh。

【例6-2】　某热电厂装有C60-8.83/1.27型单抽汽供热机组，汽轮机的新蒸汽压力 $p_0 = 8.83$MPa，新蒸汽温度 $t_0 = 535℃$，新蒸汽焓 $h_0 = 3475.0$kJ/kg，给水焓 $h_{fw} = 315.7$kJ/kg。新蒸汽耗量 $D_0 = 210\ 387$kg/h，供热抽汽压力 $p_h = 1.27$MPa，抽汽焓 $h_h = 2620.52$kJ/kg，凝汽流量（疏水流量）$D_c = 17\ 000$kg/h，回水温度 $t_{hs} = 80℃$，回水率100%，管道效率和锅炉效率 $\eta_{bl}\eta_{gd} = 88\%$，热网加热器效率 $\eta_{hs} = 97\%$，求其满负荷时的供热比，锅炉标煤耗量以及分项经济指标。

解：汽轮机进口热耗量

$$Q_0 = D_0(h_0 - h_{fw})$$
$$= 210\ 387 \times (3475 - 315.7)\text{kJ/h} = 664.68\ \text{GJ/h}$$

热电厂总热耗量

$$Q_{tp} = \frac{Q_0}{\eta_{bl}\eta_{dg}} = \frac{210\ 387 \times (3475 - 315.7)\text{kJ/h}}{0.88} = 755.31\text{GJ/h}$$

供热抽汽量

$$D_h = D_0 - D_c = 210\ 387 - 17\ 000 = 193\ 387\text{kg/h}$$

回水焓

$$h_{hs} = 4.186\ 8t_{hs} = 4.186\ 8 \times 80 = 334.94\ (\text{kJ/kg})$$

抽汽供热量

$$Q = D_h(h_h - h_{hs}) = 193\ 387 \times (2620.52 - 334.94)\text{kJ/h} = 442.0\text{GJ/h}$$

热电厂供热的热耗量

$$Q_r = \frac{Q}{\eta_{bl}\eta_{gd}\eta_{hs}} = \frac{442}{0.88 \times 0.97} = 517.81\ (\text{GJ/h})$$

热电厂发电的热耗量

$$Q_f = Q_{tp} - Q_r = 755.31\text{GJ/h} - 517.81\ \text{GJ/h} = 237.5\ \text{GJ/h}$$

供热比

$$\alpha = \frac{Q}{Q_0} = \frac{442}{664.68} = 0.665$$

锅炉标煤耗量

$$B = \frac{Q_{tp} \times 10^6}{29\,308} \times 10^{-3} = \frac{755.31 \times 10^6}{29\,308} \times 10^{-3} = 25.77 \ (t/h)$$

发电热效率

$$\eta_f = \frac{3600 W_f}{Q_f} \times 100\% = \frac{3600 \times 50\,000}{237.5 \times 10^6} \times 100\% = 75.79\%$$

发电热耗率

$$q_f = \frac{3600}{\eta_f} = \frac{3600}{0.757\,9} = 4750.0 \ (kJ/kWh)$$

热电厂发电煤耗率

$$b_f = \frac{122.8}{\eta_f} = \frac{122.8}{0.757\,9} = 162.03 \ (g/kWh)$$

供热热效率

$$\eta_r = \eta_{bl}\,\eta_{gd}\,\eta_{hs} = 0.88 \times 0.97 = 0.853\,6$$

或者

$$\eta_r = \frac{Q}{Q_r} = \frac{442}{517.81} = 0.853\,6$$

供热煤耗率

$$b_{gr} = \frac{34.12}{\eta_r} = \frac{34.12}{0.853\,6} = 39.97 \ (kg/GJ)$$

第二节 热电联产机组的评价

我国在20世纪80年代后期到90年代中期由于经济快速发展,电力建设相对滞后,出现了严重缺电局面,再加上各地开发区的兴建,使一些地区建设了一批小火电和小热电,出现了一些名不符实的热电厂,在热负荷不足的情况下,建设了容量较大的抽凝机组,导致有的供热机组凝汽发电。国家有关部门在全国供电形势逐渐转至缓和时,为限制凝汽小火电的建设,曾发布文件《关于严格控制小火电设备生产、建设的通知》,把小凝汽火电和小热电投产的容量统计在一起,将小火电小热电混为一谈,没有区分什么是热电,什么是凝汽火电,统称为小火电。对热电厂供多少热才算合格的热电厂也都没有界定,以致一些基层单位支持什么,限制什么界限不清,造成混乱。

一、热电联产现状

1958年9月20日,北京热电总厂第一台25MW发电供热机组投产,当时供热面积仅为2万 m^2,这是新中国建设的第一家热电联产企业。到2012年底为止,中国6MW及以上供热机组年供热量307 749万GJ,比2011年增3.32%,见表6-2;供热机组装机总容量达22 075万kW,同比增长8.28%,占同容量火电装机容量的26.93%,占全国发电机组总容量的19.25%。全国电厂供热厂用电率为8.20 kWh/GJ,比2011年上升0.50 kWh/GJ。全国供热标准煤耗率为39.8 kg/GJ,同比持平。

表 6-2 我国"十一五"以来我国热电联产装机与年供热量情况

年份	装机容量 （万 kW）	万千瓦比上年 增长（%）	年供热量 （万 GJ）	比上年增长 （%）	供热耗原煤量 （万 t）
2000	2990.61	6.2	120 434.27	10.58	6282.3
2001	3224.16	7.81	128 743.69	6.90	6924.35
2005	6981.0	24.6	192 549	16.17	
2006	8311	19.05	227 565	18.19	13 157.4
2007	10 091	21.42	259 651	14.10	14 909.42
2008	11 583	14.79	249 701.6	−3.83	14 732.18
2009	14 464	24.87	258 198.1	3.40	14 959.97
2010	16 655	15.15	280 759.99	8.74	16 769.41
2011	20 387	22.41	297 859.0	6.09	18 262.0
2012	22 075	8.28	307 749.17	3.32	18 447.0

目前，我国工业锅炉年用煤量约 2 亿 t。我国工业锅炉约 50 多万台，由于工业锅炉平均运行效率较低，约为 60%～65%，而热电联产的电厂锅炉平均运行效率约为 85%左右，这样用热电联产取代分散的工业锅炉，可节省燃料费用约 20%。

二、热电联产的定义

热电联产是指由供热式汽轮发电机组的蒸汽流既发电又供热的生产方式。热电联产机组是指由以生产热力为主、生产电力为辅的供热式汽轮发电机组。热电联产机组分类：一是供热式汽轮发电机组；二是燃气－蒸汽联合循环热电联产机组，包括：燃气轮机＋供热余热锅炉、燃气轮机＋余热锅炉＋供热式汽轮机。衡量热电联产机组的标准有两个指标

1. 总热效率

总热效率也叫全厂热效率，为热电联产业机组单位时间的供热量与供电量折热后之和，与燃料供入能量总和之百分比。总热效率的计算公式为

$$\eta_c = \frac{Q + W_g \times 3600}{B \times Q_{net,ar}} \times 100\%$$

式中 η_c——总热效率，即全厂热效率，%；

Q——统计期内的供热量，kJ；

W_g——统计期内的供电量，kWh；

B——统计期内的燃料消耗量，kg；

$Q_{net,ar}$——统计期内的燃料收到基低位发热量，kJ/kg。

上述定义来源于《热电联产系统技术条件》（GB/T 6423—1995）。原国家经贸委、电力部、建设部 1998 年 2 月颁布《关于发展热电联产的若干规定》（计交能〔1998〕220 号）文件中，以及一般教科书，都把热效率定义为

$$\eta = \frac{Q(kJ) + W_f(kWh) \times 3600}{B(kg) \times Q_{net,ar}(kJ/kg)} \times 100\%$$

式中 η——热效率，%；

W_f——统计期内的发电量，kWh。

实质上，热效率计算公式中的分子是能量品位不等的两种能量，一项为热量，另一项为电能；电能是高品位能，电能能 100%转变为热能，而热能不可能 100%转变为电能，而且有条件时才可转变成电能。所以，热效率是用热量单位按等价能量相加的，表示了热电厂燃料有效利用

程度在数量上的关系，但未考虑这两种能量产品质的差别。热效率实质上就是热力发电厂教科书的"燃料利用率"。燃料利用率把热能和电能两种品位不同的产品简单地用热量相加。因此，燃料利用系数不能完全科学地反映对热电联产机组运行经济状况，只能反映一次能源的利用率。

通过上述分析可以看到总热效率与机组热效率是不完全一样的，总热效率还反映了厂内用电情况，因此在热效率前加了个"总"字，两者有区别。总热效率就是我们常说的全厂热效率。

热电厂全厂热效率为45%，因为当今最先进的超临界参数的大容量高效火电厂，其全厂热效率≤44%，所以热电厂如不供热，则不可能达到45%的全厂热效率。亦即供电效率为45%，相当于供电标准煤耗率为273.3g/kWh。我国1999年电力工业全国供电煤耗率为399g/kWh，则其供电热效率（全厂热效率）为30.8%，300MW机组为350g/kWh，其供电热效率为35.1%。所以把热电厂全厂热效率定为45%，比当前我国全国平均热效率高10个百分点，是恰当的，也是先进的。

2. 热电比

关于热电比定义有多种：

《关于发展热电联产的规定》（计基础〔2000〕1268号）定义：热电比为热电联产机组单位时间的供热量与供电量折热后之百分比。

热电比计算公式为

$$\beta = \frac{Q}{W_g \times 3600} \times 100\%$$

式中　Q——统计期内的供热量，kJ；

　　　W_g——统计期内的供电量，kWh；

　　　β——热电联产机组热电比，%。

《关于发展热电联产的若干规定》（计交能〔1998〕220号）定义

$$\beta = \frac{Q}{W_f \times 3600} \times 100\%$$

式中　W_f——统计期内的发电量，kWh。

而《火力发电厂技术经济指标计算方法》（DL/T 904）定义热电比：每发1MWh所供出的热量，即

$$\beta = \frac{Q}{W_f}$$

式中　Q——统计期内的供热量，GJ；

　　　β——热电比，GJ/MWh；

　　　W_f——统计期内的发电量，MWh。

实际上，这一描述首先源于1992年11月原能源部关于印发《火力发电厂安全、文明生产达标考核实施细则的补充规定》的，该通知定义热电比：

$$\beta = \frac{Q}{W_f}$$

式中　Q——统计期内的供热量，GJ；

　　　β——热电比，GJ/万kWh；

　　　W_f——统计期内的发电量，万kWh。

原能源部热电比定义被广泛应用于热电厂统计计算中。

与热电比有关的因素包括：

(1) 热电机组的新蒸汽参数，当抽（排）汽压力一定时（供热参数一定），提高新汽参数，

则发电量增加，而供热量反而稍有下降，使"热电比"下降，反之亦然。所以规定 50～200MW 以下机组热电比≥50％，就是因为大机组新蒸汽参数高，发电量大，而供热量稍有下降的缘故。

（2）热电机组的供热（抽、排汽）参数。当供热压力、温度愈高，单位汽流的供热焓值提高，供热流量一定，供热量增加，而发电量则减少，使热电比大大增加。

（3）汽轮机相对内效率。当新蒸汽参数一定，供热抽汽压力衡定时，当汽轮机通流部分效率越差，内部漏汽损失愈大时，使抽（排）汽汽温越高，抽（排）汽焓越高，供热流量一定，供热量增加，而发电量则减少，使热电比增加。所以，热电比这个指标只能作为量的指标，不能作为"质"的指标。热电比的大小只能看出热电厂供热量的份额大小，但不能用以衡量其用能是否先进。

三、热电联产机组运行质量等级

热电联产机组经济运行按照热效率和热电比分为一级、二级、三级三个等级。一级最优。热电联产机组运行指标要求见表 6-3。

表 6-3　　　　　　　　不同等级的热电联产机组运行指标要求

热电联产机组分类	发电机单机容量 P（MW）	运行级别	热效率（％）	热电比（％）
供热式汽轮机组	$P<50$	一级	>60	>500
		二级	>53	>300
		三级	>47	>110
	$50{\leqslant}P<200$	一级	>55	>100
		二级	>48	>60
		三级	>46	>50
	$P{\geqslant}200$	一级	>50	>60（采暖期）
		二级	>45	>50（采暖期）
燃气—蒸汽联合循环热电联产机组			>55	>30

四、热电联产机组节煤量

在供相等的热量条件下，用热电联产比分产节约的燃料量的计算公式为

$$\Delta B = B_{nf} - B_{lc} = 0.017Q$$

式中　ΔB——热电联产机组的节煤量，t；

　　　Q——供热量，GJ；

　　　B_{nf}——热电分产的燃料消耗量，t；

　　　B_{lc}——热电联产的燃料消耗量，t。

一般情况下，热电联产供热标准煤耗率按 40.5kg/GJ 取值，分散小锅炉标准煤耗率按 57.5kg/GJ 取值。

【例 6-3】 2003 年，全国 6MW 及以上供热机组装机 2121 台，总容量 43 691.8MW，供热量 14.84 亿 GJ，求当年节约标准煤量。

解：年节约标准煤＝（57.5－40.5）kg/GJ×14.84 亿 GJ /1000＝0.252 3 亿 t。

【例 6-4】 某热电厂供热机组额定功率为 300MW，某时发电负荷 268.5MW，主蒸汽流量 946.8t/h，给煤量 113.7t/h。利用中压缸抽汽对外供热，供热抽汽流量 286t/h，供热抽汽压力

（热网加热器进汽压力）0.15MPa，供热抽汽温度（热网加热器进汽温度）229℃，抽汽焓 $h=$ 2930.7kJ/kg，疏水温度68.6℃。热网加热器进水温度65.4℃，出水温度88.1℃，对外供热热水流量6223t/h。回水流量6054t/h，回水温度61.7℃。锅炉热效率 $\eta_{bl}=92\%$，管道热效率 $\eta_{gd}=99\%$，供热厂用电率为4.8kWh/GJ，燃煤低位发热量22 080kJ/kg，求热电厂分项和总的经济技术指标、节煤量以及运行等级。

解： 对外供热量
$$Q=(6223\times88.1-6054\times61.7)\times4.186\ 8/1000=731.49(\text{GJ/h})$$

中压缸抽汽热量
$$Q_{hs}=286\times(2930.7-68.6\times4.186\ 8)/1000=756.04(\text{GJ/h})$$

热网效率
$$\eta_{hs}=731.49/756.04\times100\%=96.7\%$$

供热的热耗量
$$Q_r=\frac{Q}{\eta_{bl}\eta_{gd}\eta_{hs}}=\frac{731.49}{0.92\times0.99\times0.967}=830.54(\text{GJ/h})$$

热电厂总热耗量
$$Q_{tp}=113.7\times22\ 080/1000=2510.5(\text{GJ/h})$$

供热比
$$\alpha_2=\frac{Q_r}{Q_{tp}}=\frac{830.54}{2510.5}\times100\%=33.08\%$$

发电的耗煤量
$$B_f=(1-0.330\ 8)\times113.7\times22\ 080/29\ 308=57.32(\text{t 标准煤/h})$$

发电热效率
$$\eta_f=\frac{3600W_f}{Q_f}\times100\%=\frac{3600\times268.5\times1000}{57.32\times1000\times29\ 308}\times100\%=57.54\%$$

发电热耗率
$$q_f=\frac{3600}{\eta_f}=\frac{3600}{0.575\ 4}=6256.5(\text{kJ/kWh})$$

热电厂发电煤耗率
$$b_f=\frac{122.8}{\eta_f}=\frac{122.8}{0.575\ 4}=213.4(\text{g/kWh})$$

供热热效率
$$\eta_r=\eta_{bl}\eta_{gd}\eta_{hs}=0.92\times0.99\times0.967=0.880\ 7$$

供热煤耗率
$$b_{gr}=\frac{34.12}{\eta_r}=\frac{34.12}{0.880\ 7}=38.74(\text{kg/GJ})$$

热效率
$$\eta=\frac{731.49+268.5\times3600\times10^{-3}}{2510.5}\times100\%=67.64\%$$

热电比
$$\beta=\frac{Q}{W_f\times3600}\times100\%=\frac{731.49\times10^6}{268.5\times10^3\times3600}\times100\%=75.68\%$$

热电联产节煤量
$$\Delta B=0.017\times731.49=12.44(\text{t/h})$$

由于热效率

$\eta = 67.64\% > 50\%$，热电比 $\beta = 75.68\% > 60\%$，因此属于一级运行质量等级。

第三节 热电联产机组的判定

如何判断热电机组是否是小火电的依据有多种。

一、台湾提出的热电厂的指标

台湾经济部经（777）能 20468 号令发布第二章第四条规定，合格汽电共生系统（即热电联产）必须符合下列两个条件：

（1）有效热能产生比率不低于 25%。

$$\eta_r = \frac{Q(\text{kJ})}{Q(\text{kJ}) \times 3600 W_f(\text{kWh})} \times 100\%$$

实际上这一定义和术语，与我国高等教育教材《热力发电厂》中热电厂的燃料利用系数完全相同。

（2）总热效率不低于 50%。

$$\eta_c = \frac{Q(\text{kJ}) + W_f(\text{kWh}) \times 3600}{B(\text{kg}) Q_{net,ar}(\text{kJ/kg})} \times 100\%$$

式中 η_c——总热效率，%；

η_r——有效热能产生比率，%；

Q——统计期内的供热量，kJ；

W_f——统计期内的发电量，kWh。

二、美国政府提出的热电厂的规定

美国政府规定：向热用户供汽量超过锅炉蒸发量的 5%，全厂热效率达 42.5% 及以上的电厂属于热电厂，享受国家有关热电联产优惠政策。

如 C50-8.9/0.89，锅炉蒸发量为 300 000kg/h，即应供热 15 000kg/h 蒸汽，而且全厂热效率 $\geqslant 42.5\%$，定为热电厂的最低要求的起点。

三、中国政府早期提出的热电厂的规定

原国家计委、国务院生产办、能源部、计资源〔1991〕2186 号文关于印发《小型节能热电项目可行性研究技术规定》的指出：供电标准煤耗率≤360g/kWh（按热量法分摊），供热标煤耗率≤44kg/GJ。并且在《热电联产系统技术条件》（GB/T 6423—1995）再次强调：热电厂供电煤耗率≤360g/kWh；同时规定热电厂必须满足下列两个条件：

1. 有效热能产生比率不低于 20%

$$\eta_r = \frac{Q(\text{kJ})}{Q(\text{kJ}) \times 3600 W_g(\text{kWh})} \times 100\%$$

2. 总热效率不低于 50%

$$\eta_c = \frac{Q(\text{kJ}) + W_g(\text{kWh}) \times 3600}{B(\text{kg}) \times Q_{net,ar}(\text{kJ/kg})} \times 100\%$$

式中 η_c——总热效率，%；

η_r——有效热能产生比率,%;

Q——统计期内的供热量,kJ;

W_g——统计期内的供电量,kWh。

热电厂供电煤耗率≤360g/kWh 的这个规定要求过高,1998 年全国供热标准煤耗率为 40.39kg/GJ(2005 年全国供热标准煤耗率为 40.24kg/GJ,这几年变化不大),而分散小锅炉供热则为 55~62 kg/GJ。对于有稳定负荷,供热机组选配合适的热电厂,其供电煤耗率可在 360g/kWh 以下;对纯背压机组的热电厂,可在 200g/kWh 左右;对没有背压机的中小热电厂则很难达到 36g/kWh。1996 年全国供电标准煤耗率为 410g/kWh,供电煤耗率未达 360g/kWh,但从热、电两种产品来全面考核仍是节能热电厂。

小型热电厂要保证供电标煤耗率≤360g/kWh 和供热标煤耗率≤44kg/GJ 这个指标,必须选用背压机组而且负荷率要高达 50%~60%才行;然而区域性热电厂的热负荷波动比较大。热电厂一般只有一台或二台背压机,其余都是抽凝式机组。而抽凝式机组要达到 360g/kWh 是比较困难的,一般供热负荷为额定抽汽负荷 80%以上才能达到。如次高压次高温煤粉炉配 C12—4.9/0.98 抽汽凝汽机组,在额定工况时按热量法分摊(抽汽 50 000kg/h),供电标煤耗率为 339g/kWh;而当热负荷为 80%额定工况的抽汽量(即 40 000kg/h)时,供电标煤耗率为 371g/kWh。对一个区域性热电厂,若没有可靠的热用户,很难达到上述热负荷。

根据原电力部 1996 年统计只有少部分高压热电厂供电煤耗率可以满足 360g/kWh 的要求。15 个中高压热电厂,合格的只有 2 个热电厂,中压热电厂全都不可能合格。因此,1998 年颁布的《关于发展热电联产的规定》去掉了供电煤耗率的要求。

四、中国政府现行的热电联产规定

2000 年 8 月原国家经济贸易委员会、建设部颁布了《关于发展热电联产的规定》(计基础〔2000〕1268 号)界定了"热电联产"的条件,并量化。规定如下:

(1)常规热电联产总热效率平均大于 45%;燃气—蒸汽联合循环热电联产系统总热效率年平均大于 55%。

(2)常规热电联产的热电比规定如下:单机容量在 50MW 以下的热电机组,其热电比年平均应大于 100%;单机容量在 50~200MW 以下的热电机组,其热电比年平均应大于 50%;单机容量 200MW 及以上抽汽凝汽两用供热机组,采暖期热电比应大于 50%。

各容量等级燃气—蒸汽联合循环热电联产的热电比年平均应大于 30%。

就是上述讲到的总热效率和热电比是否满足上述规定要求,只要有一条不满足,就不属于热电联产机组,而是小火电。

【例 6-5】某热电厂全年一炉一机运行,炉为 170t/h 蒸汽锅炉,机组为 12MW 抽凝式汽轮机,2010 年主要运行数据如下:锅炉耗煤量 180 000t,煤的加权平均热值为 21 000kJ/kg。锅炉产汽压力平均绝对值为 8.7MPa,温度平均值为 530℃,汽量为 1 386 000t。蒸汽一部分进入汽轮机发电,另一部分进减温减压器。经减温减压器对外供汽 111 000t,外供汽压力平均绝对值为 1.1MPa,温度平均值为 284.5℃。机组发电余热供暖,出水压力平均绝对值为 0.7MPa,温度平均值为 62℃;回水压力平均绝对值为 0.36MPa,温度平均值为 48℃,循环量 3 330 000t。机组发电量 23 000 万 kWh,外供电量 20 000 万 kWh,$\eta_b\eta_g=0.87$,热网效率 $\eta_{hs}=100\%$,

请问该机组是否为热电联产机组?并求机组的供热煤耗率和供电煤耗率。

解:(1)根据机组对外供汽参数,求得对外供汽焓值,$h_h=3015.2$kJ/kg。

外供热量

$Q=111\ 000\times3015.2\times10^3kJ+3\ 330\ 000\times(62-48)\times4.186\ 8\times10^3kJ=5.40\times10^{11}$kJ

热电厂热效率

$$\eta_c = \frac{5.4 \times 10^{11} + 20\,000 \times 3600 \times 10^4}{180\,000 \times 1000 \times 21\,000} \times 100\% = 33.33\%$$

热电厂热电比

$$\beta = \frac{5.4 \times 10^{11}}{20\,000 \times 3600 \times 10\,000} \times 100\% = 75\%$$

总热效率 3.33% 小于热电联产 45% 的条件，热电比 75% 小于热电联产 100% 的条件，因此该机组不是热电联产机组，属于小火电。

（2）热电厂发电、供热总热耗量。

$$Q_{tp} = BQ_{net \cdot ar} = 180\,000 \times 21\,000 \times 1000 = 37.8 \times 10^{11} \ (kJ)$$

汽轮机进口热耗量

$$Q_0 = Q_{tp} \eta_b \eta_g = 37.8 \times 10^{11} \times 0.87 = 32.89 \times 10^{11} \ (kJ)$$

供热比

$$\alpha = \frac{Q}{Q_0} = \frac{5.4}{32.89} = 0.164$$

供热标煤耗量

$$B_r = \alpha B = 0.164 \times 180\,000 = 29\,520 \ (t)$$

发电标煤耗量

$$B_f = (1-\alpha) \ B = (1-0.164) \times 180\,000 = 150\,580 \ (t)$$

供热煤耗率

$$b_{gr} = \frac{B_r Q_{net,ar}}{29\,308Q} \times 10^6 = \frac{29\,520 \times 21\,000 \times 1000}{29\,308 \times 5.4 \times 10^{11}} \times 10^6 = 39.17 \ (kg/GJ)$$

供电煤耗率

$$b_{gd} = \frac{B_f Q_{net,ar} \times 1000}{29\,308W_g} = \frac{150\,580 \times 21\,000 \times 10^6}{29\,308 \times 20\,000 \times 10^4} = 539.5 \ (g/kWh)$$

五、纯凝机组是否为小火电的判断

什么是小火电？国务院批转了发展改革委、能源办《关于加快关停小火电机组的若干意见》（国发〔2007〕2号）文规定下列情况属于小火电：

（1）单机容量 50MW 以下的常规火电机组；运行满 20 年、单机 100MW 级以下的常规火电机组；按照设计寿命服役期满、单机 20MW 以下的各类机组。

（2）热电联产机组原则上要执行"以热定电"，非供热期供电煤耗高出上年本省（区、市）火电机组平均水平 10%，或全国火电机组平均水平 15% 的热电联产机组，在非供热期应停止运行或限制发电。

第四节　提高热电联产机组热效率的途径

现代发电生产的热力循环都是具有回热系统的朗肯循环，在火力发电厂生产过程中，除了锅炉、汽轮机、发电机三大主机起着主导作用外，加热器是汽轮机最重要的辅助设备之一，是热力系统中不可缺少的环节。加热器运行质量的高低，直接影响机组的热效率。提高热电联产机组热效率的途径如下。

一、改进机组补水方式

供热机组补水流量很大，尤其是冬季。设计机组补水方式一般有两路：一路化学除盐水进入凝汽器，经过低压加热器后进入高压除氧器；另一路化学除盐水进入低压除氧器加热后进入高压除氧器。为了充分利用汽轮机排汽热量和低品位抽汽，建议机组补水方式以一定的除盐水流量补入凝汽器。除盐水补水进入凝汽器，其流量考虑凝结水泵出力、低加通流量、凝汽器除氧能力等因素，并且补水位置在凝汽器喉部，经过喷嘴喷射，充分吸收排汽热量和真空除氧，以及选择除盐水补水管道内径 $\phi 100 \sim 133mm$ 和安装水位自动调节阀，根据凝汽器水位投入自动方式，按照补水进入凝汽器流量 $40 \sim 60t/h$ 计算，利用等效热降法估算降低机组煤耗率 $0.4 \sim 0.6g/kWh$。

二、提高加热器运行质量

加热器运行质量的高低，直接影响机组的热效率。对大容量机组，如果高压加热器停运，将使机组出力降低 $8\% \sim 10\%$，煤耗率增加 $3\% \sim 5\%$。研究表明，中压机组给水温度每提高 $1℃$，燃料消耗量可降低 0.05%。在运行中，为了提高给水温度，应尽量保证高压加热器的正常运行。因此要提高加热器的检修质量，消除加热器的泄漏；定期清洗加热器管束，保持受热面清洁；消除加热器旁路阀和隔板的泄漏，防止给水短路。

减少运行中的对空排汽，完善加热器保温，杜绝加热器事故放水和管道疏放水阀门的泄漏等可以提高热网加热器效率，有条件的企业可回收对空排汽至热网补水系统。

三、监视新蒸汽参数压红线运行

新蒸汽压力降低 $0.1MPa$，燃料消耗增加 0.6%；新蒸汽温度降低 $10℃$，燃料消耗增加 0.3%。可见，新蒸汽压力和温度直接影响到机组的经济性，所以必须随时监控新蒸汽参数，使其保持在规定的范围内。

四、降低调节抽汽压力

在供热量一定的情况下，以新蒸汽供热时的热效率为基准时，不同调节抽汽压力 p_h 与热效率提高值 $\Delta \eta$ 的关系曲线见图 6-1。显然供热机组中间抽汽供热比新蒸汽供热要经济。当初压 p_0 一定时，p_h 越低，供热焓值越低，热效率越高。因此，在满足工艺所需的蒸汽压力下，应尽量采用较低压力的调节抽汽。

减少抽汽管道的节流损失，可以降低抽汽室压力，提高机组热效率。热网设计中抽汽管道弯头应尽量少，抽气口与热网加热器距离应尽量短。运行中应检查抽汽管道阀门是否节流。

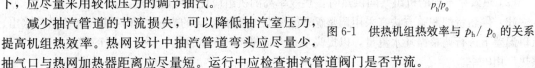

图 6-1 供热机组热效率与 p_h / p_0 的关系

五、循环水供暖

汽轮机冬季低真空运行，以循环水供暖，提高汽轮机的排汽温度，将循环水直接作为采暖用水为用户供热。采用这种运行方式，热用户变成"冷却塔"，汽轮机排汽余热可以得到有效利用，避免了冷源损失，机组的热效率与背压机相当，可以达到很高的热电比。一般热电联产汽轮机组经生产厂对轴向推力、凝汽器强度等进行校核计算或稍加改造，都能满足低真空运行的需要，不会引起明显的振动，轴向力增加等。值得注意的是，汽轮机排汽压力升高后，蒸汽做功减少，在汽轮机末级的流动要依靠叶片鼓风排出，对机组的影响要经过认真的技术经济比较，才能确定是否有必要在供暖期对汽轮机后几级进行拆除改造等。采用循环水供暖时，为防止凝汽器超压，可采取将凝汽器布置在热网泵进口，安装缓闭止回阀、回水管安装泻压阀等方法保证机组安全运行。

例如呼伦贝尔扎兰屯热电厂的 C12-4.9/0.981 型抽凝式汽轮机在保留原循环冷却水系统的基础上，将凝汽器水侧入口管道与热网的回水管道连接，出口管道与热网循环水泵入口管道连接，并设有切换的阀门以便除冬季供暖外其他时间机组的正常运行。供热管路系统与厂内循环冷却水系统相并联，热网回水经凝汽器加热后，热量不足部分由热网尖峰加热器将水温加热到要求温度，通过热网供水管路送至热用户。

东海拉尔发电厂进行 C12-4.9/0.981 型抽凝式汽轮机改造，在供热期汽轮机使用高背压转子，实施循环水高背压供热，将凝汽器冷源损失全部利用。在非供热期使用原纯凝低压转子，使全年机组发电、供热综合效益最大化。

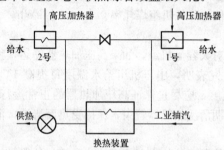

图 6-2　工业抽汽过热度的梯级利用

六、工业抽汽过热度的梯级利用

在两高压加热器之间加装一个换热装置，见图 6-2，把给水从 1 号高压加热器引出，进入换热装置，用工业抽汽过热度把给水加热升温后，再送到 2 号高压加热器，进入热力循环，从而排挤 2 号高压加热器抽汽，使之继续在汽轮机中做功，达到节能目的。

七、锅炉炉渣热量的利用

冷渣机系统是目前较为可靠的炉渣热量回收系统，在循环流化床锅炉中得到广泛应用。目前技术较成熟的滚筒冷渣机可以将炉渣热量回收到除盐水中，再补充到汽轮机回热系统。一般的冷渣机都设计有风接口，可以利用风机进口负压从热渣中吸收热量，进一步加强冷却效果。运行良好的冷渣机排渣温度不超过 90℃，可显著降低除渣机设备的过热损坏几率。

八、供热负荷的优化分配

供热机组负荷一般包括发电、工业抽汽、采暖抽汽三种负荷，采暖负荷随季节变化波动很大，汽轮发电机组热耗率随着供热负荷的变化很大，建议进行机组负荷优化分配。根据供热的工业、采暖热负荷需求，合理分配两台及以上机组负荷，使全厂的机组热耗率降到最小。经过优化后的运行方式，在满足用户负荷需求的前提下，能够大大降低煤耗率，尤其在供暖季节，能够获得可观的效益。

(1) 应选择与用户需求接近的抽汽压力点优先供热，减少减温减压器造成的工质节流损失。

(2) 热效率不同的机组共同供热时，热效率高的机组应优先考虑供热。

(3) 供热量的调整方法宜采用调整循环水流量与温度结合的方法，即保持合理的循环水出、入口温差下进行调整循环水流量，以提高单位介质携带热量的能力，减少供热厂用耗电量，降低供热厂用电率。

(4) 在以调温为手段的供热系统中，应合理选择循环泵扬程，使管路调整门开度在 80% 以上。

(5) 冬季大负荷期间，对于两台锅炉对一台汽轮机的供热电厂，应避免一炉一机的运行方式。

(6) 热电厂要利用"以热定电"的优势，制定供热机组经济运行优化方案，合理分配热电负荷。

九、提高机组的热电比

机组热电比对机组的经济性影响非常大。机组热电比增加 1 个百分点，发电煤耗率降低 2g/kWh 左右。

十、机组采用滑压运行

对于机组在供热工况和非供热工况下，应采用滑压运行，减少低负荷调速汽门的节流损失和降低给水泵扬程等，提高机组变负荷时的经济性。非供热工况下滑压的原则为机组定压方式下减少负荷到四个高压调节阀，两个全关和两个全开时，开始滑压运行，直至滑压到规定的机组规定电负荷。供热工况下滑压的原则为机组在保持机组电负荷不变的情况下，开大高压调节阀，降低主汽压力，锅炉适当减少蒸发量。同时供热工业抽汽和采暖抽汽参数相应进行调节，适应滑压运行需要。但是由于供热机组电负荷变化较小，机组滑压的范围受到限制。

十一、高压调节阀实现喷嘴调节

引进西屋公司技术制造的 600MW 供热机组要求机组投产半年之前采用节流调节，然后转为喷嘴调节；但是有的机组改为喷嘴调节后出现振动大和轴瓦温度高的现象。为此必须对高压调节阀的控制方式进行分析，可以改变阀门开启顺序等方法，实现喷嘴调节，减少调节阀损失，提高机组经济性。并且实现喷嘴调节的机组也要进行优化，控制调节阀重叠度在合理范围内。对于采用喷嘴调节的供热机组，应根据电负荷和热负荷特点，进行配汽机构的优化试验，提高供热机组的经济性。

十二、低压加热器空气管采用单独连接方式

供热机组冬季热负荷很大，使汽轮机排汽量很小，凝结水流量相应减少，经过低压加热器水流量减少，并且低压加热器加热蒸汽压力相应降低，负压范围增加，汽侧漏入空气可能性加大，必须及时将漏入空气排出。对于并联连接低压加热器抽空气系统可以改为串联方式或单独连接方式，以便将空气及时排出，提高加热器换热效果。2000 年 3 月某发电公司 200MW 机组，1 号机性能试验时，1 号低压加热器温升为 4.6℃，低于设计值 15.9℃，温升偏小；2 号低压加热器温升为 34.4℃，高于设计值 16.2℃，温升偏大。2 号机性能试验时，1 号低压加热器温升为 4.6/4.9℃，低于设计值 15.9℃，温升偏小；2 号低压加热器温升为 58.4/28.8℃，高于设计值 16.2℃，温升偏大。经过分析主要是低压加热器空气管采用并联连接，使 1 号低压加热器空气受到较高压力空气但排挤而排不出去，影响换热，为此建议 1 号低压加热器空气管采用单独连接到凝汽器。

十三、降低供热厂用电率

（1）影响热网循环泵、热网加热器疏水泵耗电率的主要因素是系统阀门内漏（如再循环阀）、出口管道节流，电动机设计功率与设备出力不匹配。应加强对出口流量、压力和阀门内漏情况的监视。

（2）热网循环泵和加热器疏水泵应采用变频式或液力偶合器连接的变速泵，不应采用出口门调节的定速泵。金桥热电厂完成 2 台 300MW 供热机组 4 台热网循环泵变频改造，使供热期厂用电率下降 0.015 个百分点。

（3）将热网循环水泵、给水泵电驱动改蒸汽驱动方式。例如满洲里热电厂总装机为 4×12MW 汽轮机＋6×75t/h 循环流化床锅炉，其中 1、2 号汽轮机为 C12-3.43/0.49 抽凝式，3、4 号汽轮机为 B12－3.43/0.49 背压式，机组采用母管制，给水系统采用母管制，加热蒸汽采用母管制。6 台锅炉配 8 台 500kW 电动热网循环水泵（流量 1300m³/h），9 台热网加热器，配 7 台 280kW 电动给水泵（流量 85m³/h）。

（1）热网循环泵改造。将 1、5、7 号电动热网循环泵进行改造，更换为 3 台流量为 2000t/h、扬程为 80m、转速为 3000r/min 的汽动热网循环泵。保留原有的 2、3、4、6、8 号电动热网循环泵作为备用。改造后的每台热网循环泵配备一台 580kW 低压背压式汽轮机，该汽轮机直接拖动热网循环泵，汽轮机进汽取自热网蒸汽母管，其排汽压力略高于热网加热器进汽压力，排汽进入热网加热器后同采暖抽汽一道加热热网循环水。由于采用了小汽轮机驱动热网循环泵，因此大幅降低了供热厂用电率。另外小汽轮机仅使用了进入小汽轮机蒸汽的不到 10% 的焓降，该部分90% 以上的能量还将用于热网循环水的加热，而不是作为冷源损失浪费掉，故而提高了能源利用率。改造后可以年节电 800 万 kWh，同时可以针对热网负荷灵活调节热网循环水量，进一步降低了热网循环水单耗。

（2）电动给水泵改造。对 2、6 号电动给水泵进行改造，将原 2、6 号锅炉电动给水泵拆除，更换成 2 台 150t/h 汽动给水泵。改造后的每台汽动给水泵配备 1 台 650kW 低压汽轮机，汽轮机进汽取自 0.27MPa 蒸汽母管，排汽直接进入热网加热器。改造后增加了给水泵流量，这样可以根据负荷情况优化给水泵运行方式。

第五节　供热对煤耗率的影响分析

分析供热对煤耗率的影响，应确定上年度的发电煤耗率和供热比为基准值，根据历史数据和试验数据，确定供热比每变化一个百分点影响发电煤耗率的系数（g/百分点），通过发电煤耗率基础值和影响发电煤耗率系数，确定供热量增加或减少对发电煤耗率的影响。

一、热电比对煤耗率影响公式分析法

根据发电煤耗率计算公式

$$b_f = \frac{B_f Q_{net,ar} \times 1000}{29\ 308 W_f}$$

式中　W_f——统计期内的发电量，kWh；

$\quad\quad B_f$——热电厂统计期内发电煤耗量，kg；

$\quad\quad b_f$——热电厂发电煤耗率，g/kWh。

假定机组供热、发电的总耗煤量 B 和燃料热值不变，对外供电量也不变，当供热比为 α 时，发电煤耗率计算公式

$$b_{f1} = \frac{(1-\alpha)B Q_{net,ar} \times 1000}{29\ 308 W_f}$$

当供热比为 $(1+1\%)\alpha$ 时，发电煤耗率计算公式

$$b_{f2} = \frac{(1-1.01\alpha)B Q_{net,ar} \times 1000}{29\ 308 W_f}$$

则发电煤耗率变化值

$$\Delta b_f = b_{f1} - b_{f2} = \frac{1000(1-\alpha)B Q_{net,ar}}{29\ 308 W_f} - \frac{1000(1-1.01\alpha)B Q_{net,ar}}{29\ 308 W_f}$$

$$= \frac{0.01\alpha B Q_{net,ar} \times 1000}{29\ 308 W_f}$$

由于供热标准煤耗率

$$b_{gr} = \frac{B_r Q_{net,ar}}{29\ 308 Q} \times 10^6 = \frac{\alpha B Q_{net,ar}}{29\ 308 Q} \times 10^6$$

因此发电煤耗率变化值

$$\Delta b_r = \frac{0.01\alpha B Q_{net,ar} \times 1000}{29\ 308 W_f}$$

$$= -0.01 b_{gr} \times \frac{Q \times 10^{-3}}{W_f}$$

式中　b_{gr}——供热煤耗率，kg/GJ，可以取平均值 39kg/GJ；

$\quad\quad Q$——统计期内供热量，kJ；

$\quad\quad \Delta b_r$——发电煤耗率变化值，g/kWh；

$\quad\quad W_f$——统计期内的发电量，kWh。

根据热电比

$$\beta = \frac{Q}{W_f \times 3600}$$

式中　Q——统计期内的供热量，kJ；

　　　β——热电比，%

　　　W_f——统计期内的发电量，kWh。

则发电煤耗率变化值

$$\Delta b_r = -0.01 b_{gr} \times \frac{Q \times 10^{-3}}{W_f} = -0.036\beta b_{gr} = -1.4\beta$$

式中　β——热电比；

　　　b_{gr}——供热煤耗率，kg/GJ。

很明显，当供热比变化后，发电煤耗率变化值只与1个因素有关，即热电比β有关，与供热煤耗率b_{gr}关系不大。当热电比β增加1个百分点，发电煤耗率减少1.4g/kWh。

【例6-6】 某热电厂热电比$\beta=20.8\%$，供热煤耗率$b_{gr}=39.5$ kg/GJ。当热电比增加1个百分点，供热比增加到$\beta=21.8\%$时，求发电煤耗率变化值。

解： 发电煤耗率变化值

$$\Delta b_r = -0.036 \times 39.5 \times (0.218 - 0.208) = -1.42(g/kWh)$$

二、热电比影响煤耗率经验公式分析法

根据原国家电力公司《火力发电厂安全文明生产达标与创一流规定》（2002版）附表5中所列经验公式。供电煤耗率考核基础值

$$b_g = b_j S_1 - C_{pi1}\beta_1 - C_{pi2}\beta_2$$

式中　b_j——供电煤耗率考核基础值，g/kWh；

　　　S_1——供电煤耗率因负荷率、煤质引起的调整系数（$S_1 \geqslant 1$）；

　　　β_1——采暖供热时的热电比，GJ/万 kWh；

　　　β_2——工业抽汽时的热电比，GJ/万 kWh；

　　　C_{pi1}——按不同抽汽压力，采暖供热时的供电煤耗率调整系数，万 g/GJ，见表6-4；

　　　C_{pi2}——按不同抽汽压力，工业抽汽时的供电煤耗率调整系数，万 g/GJ，见表6-4。

表6-4　　　　　　　　　　　不同抽汽压力供热时的供电煤耗调整系数

抽汽室压力 p_i（表压 MPa）	C_{pi1}、C_{pi2}	
	亚临界、超高压、高压	中压、次中压
3.919（41ata）	0.653	
2.841（30ata）	0.847	
1.860（20ata）	1.092	
1.370（15ata）	1.267	
1.174（13ata）	1.354	0.971
0.879（10ata）	1.541	1.110
0.683（8ata）	1.608	1.228
0.487（6ata）	1.730	1.381
0.193（3ata）	2.021	1.748
0.144（2ata）	2.097	1.844
0.016（1.2ata）	2.408	2.230

不同的抽汽室年平均压力 p_i（MPa），抽汽压力调整系数 C_{pi} 不同。对于 $p_i = 0 \sim 0.879$MPa，$C_{pi} = 1.506 - 0.971g(p_i + 0.1)$，在 1.51 万 ~ 2.10 万 g/GJ 范围内；对于 $p_i = 0.879 \sim 3.92$MPa，$C_{pi} = 1.505 - 1.404g(p_i + 0.1)$，在 0.65 万 ~ 1.51 万 g/GJ 范围内；对于 $p_i = 0.3 \sim 0.6$MPa，C_{pi} 在 1.66 万 ~ 1.89 万 g/GJ 范围内；对于 $p_i = 0.7 \sim 0.9$MPa，C_{pi} 在 1.5 万 ~ 1.6 万 g/GJ 范围内。

上述分析说明，对于抽汽压力在 $0.3 \sim 0.9$MPa 供热机组，当热电比 β 采用 GJ/万 kWh 单位时，热电比 β 每增加 1GJ/万 kWh，供电煤耗率减少 1.5 ~ 1.9g/kWh。

三、供热比对机组煤耗率的影响

对通常的中低压连通管抽汽供热机组，每 1% 的供热比约使机组的统计发电煤耗率比纯凝方式下下降 1.55 ~ 1.6g/kWh 对应供电煤耗率约为 1.65 ~ 1.7 g/kWh。华能集团公司对供热机组的经济性考核时，对供热机组发电煤耗率按供热比进行修正，即

$$b_f = \frac{b_j}{1 + \alpha(cb_j - 1)}$$

$$\alpha = \frac{B_{供热标煤量}}{B_{总标煤量}}$$

以上式中　b_f——供热机组发电煤耗率经过供热比修正的计算值，g/kWh；

　　　　　b_j——各类同容量纯凝汽机组发电煤耗率基础值，g/kWh；

　　　　　α——供热比，%；

　　　　　c——对供热汽源压力的供热系数，约 0.005。

据上述经验公式，对通常的中低压连通管抽汽供热机组，可以计算出每 1 个百分点的供热比增加，使机组的供热发电煤耗率降低 1.0 ~ 1.5g/kWh，这与实际统计出来的 1.55 ~ 1.6g/kWh（对应供电煤耗率为 1.65 ~ 1.7 g/kWh），偏小一些。

第六节　降低热网补水率

1. 热网补水率的定义

热网补水率是指热力循环系统单位时间内补水量占热网循环水量的百分率，也叫供热系统补水率。这一指标是设计选用供水设施、软化水设备、补水设备和输送管道的依据；实际运行供热系统补水率则是反映该供热系统技术水平、设备状况和热力单位管理人员素质、社会效益、运行经济效益的重要尺度。我们做过计算，以供水温度 95℃，回水温度 65℃ 的供热系统为例，每失去的 1t 水，流失热量 = 4.186 8kJ/kg × 65 × 1000kg = 272 142kJ，按煤的有效利用系数为 0.7，折合标准煤 = $\frac{272\ 142}{29\ 308 \times 0.7}$ = 13.3（kg），计入燃料费、水费、软化费、输送动力费、锅炉无用功折旧费等等，成本费约为 15 元。热力系统失水多，不仅导致热损失过大、成本增高，而且会造成系统水力、热力不平衡，对保障供热势必造成困难。当失水量过大时，补给水质量不能保证，致使管道设备结垢、腐蚀。

2. 热网补水率的考核标准

建设部 1990 年颁发的《城市热力网设计规范》（CJJ 34—1990）第 3.4.1 条规定 "闭式热力网的补水率，不宜太于总循环水量的 1%"。但这一规定的合理性一直存在争议，由于供热企业千差万别，有的企业热网补水率仅仅 0.5%，有的高达 10% 以上，因此在新版《城镇供热管网设计规范》（CJJ 34—2010）中就删掉了的这个指标要求。

我们认为，对于直供网（热源与用户之间没有换热站，如循环水供暖），由于直接带用户，热水损失大，一般要求热网补水率为 1.2% ~ 1.5%，最好控制在 1% 以内。

对于间供网（热源与用户之间设换热站，热源与换热首站之间的热网为一次网，换热首站与用户之间的热网为二次网）要求一次网补水率（一次网补水量/一次网循环水量）为0.5%以内，二次网（二次网补水量/二次网循环水量）补水率为1.2%以内。

3. 供热系统失水的原因

对供热系统补水量进行分析，失水量高的原因大致主要有以下几种：

(1) 热网维修不及时，系统跑、冒、滴、漏水。特别是热网冬天维修时，沟外寒风凛冽，沟内热气烘烘，下沟一身灰，出沟一身汗，往往维修不及时或工作不彻底，只要不致于影响停止供热，跑点水没什么，能凑合就凑合，得过且过，没有从根本上扼制失水量。

(2) 供热系统技术落后，主要反映在运行监测手段落后，运行管理条件差，系统调节功能差，不能有效的解决系统水力平衡和热力平衡问题，致使冻坏管道设备跑水或用户不热放冷水的现象时有发生。

(3) 检修管道和设备泄水。特别是热网设备老化，该改造的没改造，该更新的没更新，加之年久失修，跑、冒水事故频繁。

(4) 系统排气带出水。

(5) 排污泄水。

(6) 用户放取热网中水另作他用。

(7) 企业生产用汽后，其凝结的水作为供热回水返回电厂，由于用户情况复杂，供热管线较长等原因，供热回水水质可能达不到回收进热力循环系统的要求，只好白白排掉。

(8) 热网加热器内漏会造成疏水不合格，无法回收，使热网补水率异常增加。

4. 降低补水率的途径

(1) 改造老系统。这几年国内基本建设速度较快，往往一些供热系统热负荷滚雪球似的年年增多，原有供热设备和热力网供热能力是否适应变化的需要，有必要进行校核，对热网设计和布局不合理问题需要进行局部改造，以满足设计运行基本条件，尽力达到水力、热力平衡，减少热用户放水和冻坏设备跑水现象；对年久失修的设备和管道，要进行认真检修，使其保持在良好状态。

(2) 控制系统改造。有条件的单位应积极采用计算机远程调控，以提高供热系统监测能力、控制能力和调节能力，为经济运行提供良好条件。

(3) 对用户情况和回水水质的调查分析，确认引起回水水质不合格的主要原因，如果是含铁量大，可在回水系统上加装了回水除铁过滤器，投入使用后，可解决供汽回水无法回收的问题。

(4) 加强对供热设备和管网的维修管理，组织人员经常巡查管网，发现故障及时排除；对放水或损坏管网设施的要追究有关人员责任，坚持原则，以理服人。

第七章 燃 煤 监 督

第一节 燃煤成分及其对锅炉效率的影响

一、燃料成分

燃料是由可燃成分（有机成分）和不可燃成分两大部分组成，不可燃成分主要是灰分（各种矿物盐）、水分（包括外在水分和内在水分）及一些气体（二氧化硫、二氧化碳等），具体说明如表 7-1 所示。可燃成分加热时析出可燃气体，称为挥发分，剩余物称为固定碳或残渣。

表 7-1 燃料的组成部分

燃料	可燃成分	不可燃成分
固（液）态燃料	C（碳） H（氢） O（氧） N（氮） S（硫）	A（灰分）——Al、Fe、Ca、Mg、K、Na 和硫化物 M（水分）——M_f（外在水分）、M_{inf}（内在水分）
气体燃料	CH_4（甲烷） CO（一氧化碳） H_2（氢） C_2H_4（乙烯等不饱和烃） C_mH_m（各类烃） H_2S（硫化氢）	O_2（氧） CO_2（二氧化碳） N_2（氮） SO_2（二氧化硫） A（少量） M（少量）

二、燃料分析基准

作为电力用煤，最常用的煤质分析基准是收到基、空气干燥基、干燥基和干燥无灰基四个基准。煤成分的各基准间是可以换算的，其换算系数见表 7-2。

表 7-2 煤成分在不同基准间的换算系数

已知基 ＼ 换算后基	收到基	空气干燥基	干燥基	干燥无灰基
收到基	1	$\dfrac{100-M_{ad}}{100-M_{ar}}$	$\dfrac{100}{100-M_{ar}}$	$\dfrac{100}{100-M_{ar}-A_{ar}}$
空气干燥基	$\dfrac{100-M_{ar}}{100-M_{ad}}$	1	$\dfrac{100}{100-M_{ad}}$	$\dfrac{100}{100-M_{ad}-A_{ad}}$
干燥基	$\dfrac{100-M_{ar}}{100}$	$\dfrac{100-M_{ad}}{100}$	1	$\dfrac{100}{100-A_d}$
干燥无灰基	$\dfrac{100-M_{ar}-A_{ar}}{100}$	$\dfrac{100-M_{ad}-A_{ad}}{100}$	$\dfrac{100-A_{ad}}{100}$	1

注 M_{ar} 为内在水分。

（1）收到基。收到基（下标符号 ar）表示燃料中全部成分的质量百分数总和，是锅炉燃料燃烧计算的原始依据，即

$$C_{ar}+H_{ar}+O_{ar}+N_{ar}+S_{ar}+A_{ar}+M_{ar}=100\%$$

（2）干燥基。干燥基（下标符号 d）是不含水分条件下干燥燃料各组成成分的质量百分数总和，因为干基中各成分不受水分变化影响，因此

$$C_d+H_d+O_d+N_d+S_d+A_d=100\%$$

（3）空气干燥基。空气干燥基（下标符号 ad）是以与空气湿度达到平衡状态的煤为基准来表示煤中各组成的百分比，其表达式为

$$C_{ad}+H_{ad}+O_{ad}+N_{ad}+S_{t,ad}+A_{ad}+M_{ad}=100\%$$

（4）干燥无灰基。干燥无灰基（下标符号 daf）是不含水分和灰分条件下，干燥无灰燃料各组成成分的质量百分数总和，因为干基中各成分不受水分和灰分变化影响，因此

$$C_{daf}+H_{daf}+O_{daf}+N_{daf}+S_{daf}=100\%$$

【例 7-1】 某煤种空气干燥基水分 $M_{ad}=2.25\%$，空气干燥基灰分 $A_{ad}=6.35\%$，试换算成该煤种干燥基灰分 A_d。

解： $A_d=A_{ad}\dfrac{100}{100-M_{ad}}\times100\%=6.35\%\times\dfrac{100}{100-2.25}\times100\%=6.50\%$

三、燃煤成分对燃烧的影响

1. 挥发分（发热量）

将煤样放在隔绝空气的带盖瓷坩埚内加热，维持 900℃±10℃温度 7min，待其中的有机物和部分矿物质受热分解成为气体逸出，以失去的质量减去煤样的水分后占煤样质量的百分比为挥发分。挥发分的主要成分是碳氢化合物（如 H_2、C_mH_n、CO、CO_2 等可燃气体），用 V 表示。

挥发分含量高，燃煤着火温度低［褐煤一般在 250～280℃左右，高挥发分烟煤（V_{daf} 为 40%～50%）在 270～300℃左右；较低挥发分烟煤（V_{daf} 为 20%～30%）在 330～360℃左右］，所需着火热越少，可以迅速燃烧，燃烧稳定，燃烧热损失较小；而挥发分少的煤，着火温度高，煤粉进入炉膛后，加热到着火温度所需要的热量比较多，时间比较长，着火速度慢，也不容易燃烧完全，飞灰可燃物增加。挥发分过低，又会造成燃烧不稳定，甚至导致锅炉灭火。挥发分每减少 1 个百分点，飞灰可燃物增加 0.1 个百分点，供电煤耗率增加 0.2%～0.4%。一般情况下，燃煤发热量变化 1%，影响锅炉效率 0.03～0.06 个百分点，影响发电煤耗率 0.1～0.2g/kWh。由于煤中挥发分直接决定低位发热量的大小，因此，在描述挥发分对锅炉效率的影响时，一般用发热量来修正，不能同时既用挥发分对锅炉效率进行修正，又要用发热量对锅炉效率进行修正。

实验数据表明，燃煤的低位发热量下降 1000kJ/kg，厂用电率将提高 0.5 个百分点，供电煤耗率增加 0.8～1.1g/kWh。

某 660MW 机组，锅炉为 HG-2001/26.15-YM3 型超超临界锅炉，设计煤种干燥无灰基挥发分 $V_{daf}=32.4\%$，全水分 $M_t=16.4\%$，收到基灰分 $A_{ar}=6.79\%$，收到基低位发热量 $Q_{net,ar}=23\,570$kJ/kg，锅炉设计效率 94.27%，保证效率 93.9%。锅炉制造厂给出了煤种低位发热量变化对锅炉效率的影响值，见图 7-1。如果热值比设计值低 3050kJ/kg，根据图 7-1 可知，将使额定工况下的锅炉效率下降 0.63 个百分点，锅炉效率下降到 93.26%，发电煤耗率下降 1.85g/kWh。实际上低位发热量变化对锅炉效率的影响值比图 7-1 还要大。

为了实际考察低位发热量对锅炉效率的影响。某电厂分别燃烧两种不同热值的煤进行了对比试验。电厂 300MW 机组锅炉为东方锅炉厂生产的 DG1065/18.2-II6 型亚临界、自然循环、一次中间再热汽包锅炉。锅炉设计煤种为烟煤，采用 5 套中速直吹式制粉系统，每套制粉系统实际最

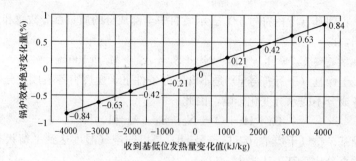

图 7-1　低位发热量变化对锅炉效率的绝对影响值

大出力约为 40t/h。锅炉燃烧器为四角布置、切向燃烧、百叶窗式水平浓淡直流燃烧器。汽轮机为东方汽轮机厂生产 N300-16.7/537/537 亚临界、一次中间再热、两缸两排汽、凝汽式汽轮机，配备 3×50% 电动给水泵。该机组设计煤质资料见表 7-3。

表 7-3　　　　　　　　　　　　　　电厂燃用煤质资料

	项　目		单位	设计煤	校核煤
工业分析	收到基低位发热量	$Q_{net.ar}$	MJ/kg	18.85	18.16
	收到基全水分	M_t	%	24.81	25.13
	收到基灰分	A_{ar}	%	10.39	9.12
	干燥无灰基挥发分	V_{daf}	%	37.22	39.68
元素分析	收到基碳	C_{ar}	%	52.20	50.90
	收到基氢	H_{ar}	%	2.47	2.70
	收到基氧	O_{ar}	%	8.42	10.83
	收到基氮	N_{ar}	%	0.98	0.50
	收到基硫	S_{ar}	%	0.73	0.82
	哈氏可磨系数 HGI		—	84	78
	灰变形温度 DT		℃	1090.0	1109.0
	灰软化温度 ST		℃	1168.0	1128.0
	灰流动温度 FT		℃	1189.0	1143.0

试验燃煤收到基低位热值分别为 19 250kJ/kg 和 15 423kJ/kg。燃用 19 250kJ/kg（煤质 1）的煤种时，试验负荷分别为 300、225MW 和 150MW；燃用 15 423kJ/kg（煤质 2）的煤种时，由于煤质差，机组带不到 300MW 负荷，试验工况安排在 225MW 和 150MW 负荷下进行。各工况下测量锅炉热效率、汽轮机热耗率、厂用电率。两种煤质试验结果见表 7-4。从试验过程可以得出：

1）燃用发热量为 19 250kJ/kg 煤时，机组可以满出力运行；而燃烧发热量为 15 423kJ/kg，机组满出力运行需要 180t/h 煤，但 4 台磨煤机运行制粉系统出力最大只能达到 160t/h，因此机组无法满足负荷调度要求。

2）燃烧低热值煤，厂用电率、供电煤耗率均上升较大。

3）机组随着负荷的降低，厂用电率、汽轮机热耗率均会增加，燃烧低热值煤由于负荷受限，进而降低了机组运行的经济性。

4）不同负荷下燃用低热值煤与燃用高热值煤相比，热值下降 3827kJ/kg 时，厂用电率平均增加 0.58 个百分点，发电煤耗率平均增加 2.8g/kWh，供电煤耗率平均增加 4.5g/kWh。

表 7-4 两种不同热值燃煤的试验结果

机组负荷(MW)	煤质 1（19 250kJ/kg）			煤质 2（15 423kJ/kg）			指标绝对变化量		
	厂用电率(%)	发电煤耗率(g/kWh)	供电煤耗率(g/kWh)	厂用电率(%)	发电煤耗率(g/kWh)	供电煤耗率(g/kWh)	厂用电率(%)	发电煤耗率(g/kWh)	供电煤耗率(g/kWh)
150	9.62	354.3	392.1	10.17	357.4	397.9	0.55	3.1	5.8
225	8.46	332.6	363.3	9.10	334.2	367.7	0.64	1.6	3.1
300	8.35	320.0	349.2						

2. 水分

根据水分在煤中的不同存在形态，分为游离水分和化合水分。化合水分是以化合方式同煤中矿物质结合的水，又称结晶水，工业分析中一般不化验。游离水分又分为外在水分和内在水分。外在水分是指在开采、运输、储存以及洗煤的过程中，在煤的表面附着的水分，以及在煤表面的大毛细管以机械方式所吸附的水。将煤置于空气中干燥时，煤中的外在水分极易蒸发。在温度不高于 50℃ 的环境中，煤样干燥到质量恒定时失去的水分就是外在水分。内在水分是指以物理化学方式吸附在或凝聚在煤颗粒内部毛细孔中的水，一般在 50℃ 时才开始蒸发，105℃ 时才蒸发完。在 105～110℃ 干燥箱内的空气流中，在鼓风条件下烟煤干燥 2h，无烟煤干燥 3h，试样失去质量的百分数，即为煤的内在水分。煤的外在水分与内在水分之和称为全水分，用 M 来表示，煤的全水分与外在水分、内在水分的关系式为

$$M_t = M_f + \frac{100 - M_f}{100} M_{inh}$$

式中 M_t——煤样的全水分，%；

M_f——煤样的外在水分，%；

M_{inh}——煤样的内在水分，%。

【例 7-2】 某燃煤电厂采用两步法测定煤的全水分，当破碎到粒度小于 13mm 时，在接近 50℃ 温度下干燥至恒重，测定其外在水分 M_f 为 10.2%；当破碎到粒度小于 6mm 时，测定其内在水分 M_{inh} 为 1.8%，求该煤样的全水分 M_t。

解： 该煤样的全水分 $M_t = 8.2 + \frac{100 - 8.2}{100} \times 1.8 = 9.85$ （%）

水分是煤中不可燃成分，因此煤中水分含量越大，可燃物质就相对减少，发热量降低。而且在燃烧过程中，水分被蒸发汽化，需要消耗更多的热能（一般状态下蒸发 1kg 水分，大约需要吸收 2500kJ 的热量），用于发电的有效热量及低位发热量减少，致使炉内温度下降，所以炉膛吸热量大幅度减少，煤粉着火困难，导致机械热损失和化学热损失增加，锅炉热效率下降。另外水分变化使烟气量发生变化，从而影响排烟损失。燃料含水量每增加 1 个百分点，影响热值 138～335kJ/kg，锅炉热效率要降低 0.02～0.06 个百分点。

某锅炉为 HG-2001/26.15-YM3 型超超临界锅炉，保证效率 93.9%。锅炉制造厂给出了煤种全水分变化对锅炉效率的影响值，见图 7-3。如果全水分比设计值低 2 个百分点，根据图 7-3 可知，将使额定工况下的锅炉效率增加 0.06 个百分点，锅炉效率增加到 93.96%，发电煤耗率下降 0.17g/kWh。

3. 灰分

在一定温度下，煤中可燃物完全燃尽，煤中的矿物质发生一系列分解、化合等复杂反应后遗

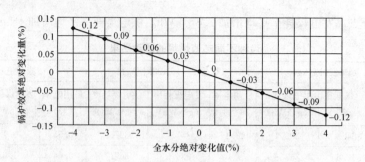

图 7-2　全水分变化对锅炉效率的影响值

留下来的残留物，称为灰分，用 A 表示。灰分主要成分是矿物质，其中含有硅、铝、铁、镁、钙、钠、钾、硫、磷等元素。

　　灰分与水分一样，都是煤中的不可燃成分，是煤中有害杂质，含量在 $5\%\sim40\%$。煤中灰分含量越大，其可燃成分（如含碳量）相对减少，煤的发热量越低，而且当矿物质变为灰分时还要吸收热量，因此煤的灰分越大，炉膛温度的下降幅度也越大，煤的燃尽度变差，锅炉效率变差。例如灰分从 30% 增大到 50%，每增加 1% 的灰分，理论上燃烧温度平均降低 $5℃$，因而使煤粉着火发生困难，引起燃烧不良，乃至熄火。当煤灰分较高时，灰分每增加 1 个百分点，热值变化 $229\sim418kJ/kg$，供电煤耗率增加 $0.3\sim0.4g/kWh$。

　　收到基灰分对锅炉效率的影响值计算公式为

$$q_4 = \frac{337.27A_{ar}}{Q_{net,ar}} \times \frac{0.9C_{fh}}{100 - C_{fh}} \times 100\%$$

式中　q_4——固体位完全燃烧热损失，$\%$；

　　$Q_{net,ar}$——收到基低位发热量，kJ/kg；

　　A_{ar}——收到基灰分，$\%$；

　　C_{fh}——飞灰含碳量，$\%$。

　　例如，对于烟煤锅炉，C_{fh} 为 1.5%，$Q_{net,ar}$ 为 $23\,000kJ/kg$，当 A_{ar} 从 17% 增加到 18% 时，锅炉效率变化量

$$\Delta q_4 = \frac{337.27 \times (18-17)}{23\,000} \times \frac{0.9 \times 1.5}{100-1.5} \times 100\% = 0.01\%$$

第二节　入厂、入炉煤热值差

一、热值差定义与计算

　　入厂煤收到基低位发热量（质量加权平均值）与入炉煤收到基低位发热量（质量加权平均值）的差值，叫入厂、入炉煤热值差。计算差值时应考虑燃料收到基外水变化的影响，应修正到同一个全水状态下进行计算和比较。计算热值差时，计算式中的入炉煤热值应以调整后的热值为准，即

$$\delta Q = Q_{nte,arcs} - Q_{net,arlt}$$

$$Q_{net,arlt} = (Q_{net,arls} + 23M_{trl}) \times \frac{100 - M_{trc}}{100 - M_{trl}} - 23M_{trc} \approx Q_{net,arls} \times \frac{100 - M_{trc}}{100 - M_{trl}}$$

式中　$Q_{net,arlt}$——入炉煤调整后热值，kJ/kg；

　　$Q_{net,arls}$——入炉煤实测热值，kJ/kg；

　　$Q_{nte,arcs}$——入厂煤收到基低位发热量，kJ/kg；

M_{trc}——入厂煤实测加权平均全水分，%；

M_{trl}——入炉煤实测加权平均全水分，%；

δQ——入厂、入炉煤热值差，kJ/kg。

发电厂入厂煤、入炉煤热量差是经济性评价及燃煤管理的重要指标，将其热量差控制在一定范围内可以体现出燃料管理和采制化工作的水平。电力行业控制目标是季度累计热值差不超过120kcal/kg（502 kJ/kg）以内。

有的公司控制目标是100kcal/kg（418kJ/kg），但可以根据燃煤实际情况予以调整。对于设计并燃烧100%褐煤机组，热值差允许≤1.1×418kJ/kg；对于掺烧30%及以上褐煤机组，热值差允许≤1.05×418kJ/kg。

当季度累计热值差大于418kJ/kg，企业要全面检查评估燃料的采制化、计量等各个环节存在的问题，并写出分析报告。

二、影响热值差因素

1. 采样过程产生的偏差

要从一批煤中（几千吨或上万吨）采取少量煤样（几百千克），经过制样程序制成数量较少，仅约100g，粒度＜0.2mm的试样，供化验使用，即用少量煤样（单次测定仅为1g左右的样）的分析结果去推断一批燃煤的质量和特性，就必然会存在偏差，这些偏差由采样偏差、制样偏差和分析偏差构成。在此条件下，若用方差来表示总偏差，则有如下表达式：$S_{总}^2 = S_{采}^2 + S_{制}^2 + S_{分}^2$。其中采样偏差最大，占总偏差80%，制样偏差16%，分析偏差4%。从以上分析结果可以看出，分析结果的可靠性，在很大程度上取决于样本的代表性，因此在煤质检测中，首先要做好采样工作。

对燃用均匀、单一的煤种的电厂，不易造成采样偏差，相对比较容易完成热值差指标。但对煤质均匀性较差的煤种易造成采样偏差。煤的粒度越大，越不均匀，而且粒度大的一般以矸石或石头居多。在实际采样操作中，人工采样和机械采样很难采到大于100mm以上的矸石或石头。来煤粒度较大时，人工采样不好挖深坑，往往在好挖的地方挖坑，或挖的时候遇到较大的矸石、石头或让开挖坑或只采小粒度的煤样。机械采样头的直径一般在270～300mm，扣除中间的螺旋杆直径，大于100mm以上的矸石或石头也难被采到。此类采样头适用于煤的最大粒度为50mm，被采到的概率可达95%，超过这一最大粒度的煤被采到的概率随最大粒度的增加而降低。因此随煤的最大粒度的增加，人工采样和机械采样都容易造成入厂煤的热量偏高。如某电厂，同一车厢机采20个子样，灰分最小为36.45%、最大为60.89%，极差24.44%。对于这种情况，如果按常规采样方法采.不增加子样个数，采样代表性就很差。

2. 制样、化验过程产生的偏差

制样的过程就是经过多次破碎缩分后把几百千克或几十千克的煤样制备成100g左右的分析煤样，若此环节操作不规范，也会带来极大的误差。在制样过程中，若入厂煤采样采到的矸石较多，而矸石本身硬度较大，不易被破碎，人工制样时，增加了制样工作量，若人为将其丢弃，则会造成入厂煤热值虚高的假象。对于入炉煤，若将矸石丢弃，又会造成入炉煤热值虚高的假象，不能真实反映入炉煤热值，也不能为供电煤耗的计算提供可靠的依据。制样、化验很重要，如果制样、化验不规范操作，同样可以产生较大的误差。如某厂制样人员在制样时不规范操作，会产生约1000kJ/kg的热量偏差。

热值差分析的最后问题就在联合破碎缩分机的缩分环节上。该缩分机械对部分煤种没有偏差，但对一小部分煤种确实存在比较大的偏差，引起热值差异常。

化验是从约100g左右的分析煤样中，称取1g左右的煤样去测定一批燃煤的质量和特性，这也必然会存在一定误差，若不是化验员的操作失误，化验的误差基本是仪器带来的，因此，首先需要对仪器进行定期校核。例如，某电厂某国产某型号热量计，全年测定标准煤样热量平均偏低120～150kJ/kg，就是热量计系统偏差引起的。如果入厂煤、入炉煤化验室的热量计一个是正偏差，一个是负偏差，热量差值会增大，这种情况就是不容忽视的因素。使用同种热量计，若偏差方向一致，不会增大差值。

3. 入厂煤与入炉燃用煤不同步产生的差异

如果当月进煤没有燃烧，而是烧过去的存煤，则当月入厂煤、入炉煤热值差就有可能产生负值，而且数值很大。但是一个季度累计下来的热值差一定是正值。因此，在月度热值差产生异常时，应首先要确认一下当月入炉煤燃用的是不是当月入厂煤进的煤，如果不是，那么当月的入厂煤、入炉煤热值差就没有可比性。

4. 煤长时间存放氧化的影响

不同的煤种具有不同的煤质特性，煤的变质程度、导热性都是其固有属性，而其固有属性对煤的氧化和自燃具有决定意义。由于煤属于在常温下自身就会发生缓慢氧化的物料，在与空气接触的同时自身会产生热量，随着时间的增加，煤堆温度越来越高，而外界温度的变化，致使外表高水分的散失，水分的减少加速了其自燃的速度。煤的氧化会造成热量的损失，氧化程度随着与煤的变质程度成反比。据资料统计，无烟煤筒仓存放半年热量损失1%；以贫煤、贫瘦煤为主体的混煤，储存6个月其发热量损失约为1.8%～2.0%；而高挥发分的烟煤和褐煤储存1个月，其发热量损失在1.2%左右。例如某电厂煤粉样在实验室状态下存放40天，发热量损失测定为1.2%。这是在实验室状态下的测试结果，如果是在风吹、日晒和雨淋的条件下，煤样的热量损失肯定更大。

5. 供应商掺假的影响

由于采样机设计方面及安全方面的原因，采样头不能完全采取车厢底部的煤，大约有10～20cm的煤不能采到；对于螺旋钻头较长的采样头，大约有30～40cm的煤不能采到。这就给不法发煤单位造成可乘之机，有的采用在车厢底部装约30cm厚的矸石或劣质煤，然后再在上面装质量好的煤。由于以上原因，致使采样机所采煤样发热量偏高，给电厂造成经济上的损失。

6. 工作人员操作不规范的影响

由于采制化人员和监督人员技术水平低，责任心不强，对业务流程和标准不熟悉，常常发生采样深度不够，采样量不足，监督抽查力度不强，因此造成煤样化验结果与实际热值产生较大偏差。在制样和化验过程中不按标准操作，也会产生840 kJ/kg左右的误差。我国现行商品煤样的制备方法按照国家标准GB 474—2008执行，如果采制化人员严格按此标准执行，煤样的化验热值与实际热值会比较接近。

7. 监督考核机制不健全的影响

有些发电企业对燃料管理工作不够重视，首先，没有制定完善的监督考核机制，员工的工作积极性不强；其次，对采制化没有实行全过程监控摄像，对操作人员没有约束力；第三，抽查力度不够，不能做到闭环管理，员工存在侥幸心理，因而让部分不法人员有了可乘之机。部分意志不坚定的员工和管理人员收取供煤商贿赂后，与供煤商串通一气掺假造假，通过选择好的入厂煤采样点采样或填报虚假热值，因此可能出现入厂煤单方面热值虚高导致热值差偏大、入厂入炉煤热值均虚高导致热值差正常，但都会给企业造成巨大的经济损失。

8. 发热量计算误差

入厂煤与入炉煤的热值差以收到基低位发热量表示。实验室实测的弹筒发热量首先转换成高位发热量，再进一步换算成低位发热量。其计算公式如下

$$Q_{gr,ad} = Q_{b,ad} - 94.1S_{b,ad} - aQ_{b,ad}$$

$$Q_{net,ar} = (Q_{gr,ad} - 206H_{ad}) \times \frac{100 - M_t}{100 - M_{ad}} - 23M_t$$

以上式中　　$Q_{gr,ad}$——空气干燥基高位发热量，kJ/kg；

$\qquad\qquad$ $Q_{net,ar}$——收到基低位发热量，kJ/kg；

$\qquad\qquad$ $Q_{b,ad}$——空气干燥基弹筒发热量，kJ/kg；

$\qquad\qquad$ M_t——全水分，%；

$\qquad\qquad$ H_{ad}——空气干燥基氢含量，%；

$\qquad\qquad$ $S_{b,ad}$——弹筒洗液测得煤的含硫量，%；

$\qquad\qquad$ a——硝酸校正系数，对于 $Q_{b,ad} \leqslant 16\ 700$kJ/kg 时，$a = 0.001$，当 $16\ 700$kJ/kg$<$ $a \leqslant 25\ 100$kJ/kg 时，$a = 0.001\ 2$。

公式中弹筒发热量 $Q_{b,ad}$、弹筒硫 $S_{b,ad}$、空干基水分 M_{ad} 等参数容易确定，对低位发热量影响较小。而全水分 M_t、氢含量 H_{ad} 两参数对低位发热量的影响较大，主要因为全水分受到环境、采制样操作影响，会出现较大波动，从而影响低位发热量。一般电厂不能实测氢含量，而通过经验公式计算，或者通过煤种取常数值，以上两种方法都不能得到准确的氢值，也会影响低位发热量的准确性。

9. 入炉热值没有进行水分修正引起错误

在进行热值差计算时，必须将入炉热值修正到入厂煤水分下的热值，特别是褐煤。入厂煤全水分一般很高，约 30%，但是入炉煤全水分可能会降低，引起入炉煤收到基热值高于入厂煤收到基热值，导致热值差出现负值。

三、控制热值差的措施

1. 消除设备系统误差采取的措施

(1) 煤炭的不均匀性会造成入厂煤与入炉煤采样精密度不同步的现象，从而影响热值差的真实性与准确性，此种情况在电厂中比较普遍。众所周知，入厂煤采样机的采样对象都是未经处理（破碎、筛分等）的入厂来煤，煤炭越不均匀，其采样精密度就越差，采样的代表性也差。对于入炉煤采样机，绝大多数电厂都尽可能将其安装在碎煤机之后，出料粒度一般小于 25mm，煤炭的均匀性较入厂煤炭已大大改善，其采样精密度相对较高，代表性也较好。越是市场混煤，煤炭均匀性可能就越差，入厂煤与入炉煤的热值差就越明显。建议入厂煤在皮带上采样，在采样机前装碎煤机。大块的石头或矸石经碎煤机破碎，入厂煤采样机反而有取到石头或矸石的机会。

(2) 定期检查破碎机的出料粒度。采样机出料粒度出现的问题较多，大多由于各种原因出料粒度高于设计值，高于设计值后又没有及时调整其他运行参数，给采样工作带来影响。当采样机出料粒度大于 13mm 时，根据检测采样机性能试验经验，采样机很难通过采样代表性试验，大多数情况会造成热量偏高。推荐半年进行一次采样机出料粒度的筛分试验。

(3) 定期检查缩分器的运行状况。有些厂家采样机缩分器要达到缩分精密度合格，留样量很大，制样人员为减少制样工作量就少取样。缩分器缩分次数不够，直接影响采样的代表性。

(4) 为了避免缩分环节上产生误差，煤样制备程序中，一定要严格执行 GB 474《煤样的制备方法》。一般情况下，建议采取三步制样法，即 6mm 阶段、3mm 阶段和 0.2mm 阶段。制样最终得到 3 种样品，分别是全水分样品、备查样品和一般分析样品。同时需要强调的要点包括：① 确保粒度与留样量的对应关系；② 破碎机出料粒度应事先确认，不需要每次进行筛分试验；③筛分操作尽可能使用二分器，尽量少用堆锥四分法缩分；④九点法取过全水分样品的剩余煤样应弃掉，不能再进行其他操作以留取任何样品；⑤煤样制备好后，应立即装瓶，密封，贴好标签，由专人保管或送化验室；⑥备查煤样和备查粉样同时制备出来，装瓶签封后保存。

（5）定期对采制化设备检验，确保仪器测定的准确性，及时消除仪器带来的系统误差。特别要重视热量计的标定记录及反标记录检查。热量计的标定记录及反标记录检查主要是了解设备性能及系统偏差情况。将标准煤样的测定值与其标准值比较，若测定值在标准煤样的不确定度范围内则该热量计准确度符合要求。

另外还要检查近期3个季度的热量计热容量标定记录及反标记录。重点看反标标准煤样测定值与标准值的差值，比较测定值是在标准值的上限还是下限，若3次测定值全部在上限或下限，初步判断该热量计存在系统误差。这点分析重要，往往在热值差分析时容易被人们忽略。

最好每年进行实验室比对，通过外部技术手段核查分析质量。

（6）加强采制化设备维护和改造，减小系统误差。加大采制化设备的硬件投入，及时淘汰老化、落后设备，如某电厂将悬臂式采样机拆除改造为桥式采样机，实现了全断面、全方位采样，提高了样品的代表性。

（7）加强采制化设备的管理。在热值差的影响因素中，入厂煤和入炉煤的采样、制样和化验是最重要的因素，而采制化设备又是影响采制化正确性的关键。因此，必须加强对采制化设备的管理，及时发现和排除采制化设备的故障，确保采制化设备在可控的情况下运行，把采制化设备造成的偏差降低到最小。为了确保采制化设备在可控的情况下运行，应对设备建立档案，重要设备应"一机一档"。自动采样装置、制样设备和化验设备必须由权威部门按相关国家标准进行性能检定，发现设备性能异常时，要及时处理，消除设备因素对热值差的影响。

2. 减少采制化人员不规范操作采取的措施

（1）由对采制化流程熟悉、标准熟悉且有一定技术的人来监督采制化过程，不熟悉的人监督往往只是监督一些表面的东西，深层次的不到位。对采样点的布置、深度、子样质量及采后样品总量监督。

（2）密码传递煤样。所谓编码就是将入厂煤的矿别名称隐去，使采样、制样、化验全流程按编码操作，目的是为了缩小采制化方面人为造成的偏差。密码传递煤样，即从煤炭进厂数量验收之前，由专人（如燃料检斤员）负责，根据供方提供的相关资料，如煤种、数量、矿别承运日期等进行编码。编码至少共六位数字，如010101，分别为01月01日第01个煤样，每年循环一次。煤样从轨道衡过衡、采制样班采样制样、化验班化验、直到统计员统计验收时才能解码，保证了整个质量数量验收过程的公平、公正。

当燃料检斤员接到入厂煤货票后，经仔细核对车号、煤种、车数和顺位后，按照《入厂煤质量检测编码表》（见表7-5）和《入厂煤采样编码表》（见表7-6）分别填写，目的就是让采制样人员在整个采样、制样过程当中，不知所采制煤种的矿别名称。编码的排号，最好由月初的第一个煤种编起，到月末为止不中断地累计填写。即使是同矿别、同煤种的煤样在本月内每批量都有一个编号，禁止用同一固定编号，这样处理，不易混样，方便查找。两张表格填好后，由燃料检斤员将《入厂煤采样编码表》送到采制样班，采制人员根据编码号所代表的车数、车号进行采制样。

制样人员将制备好的分析煤样，配好编码标签，标签中不应写车号，仅写编号（全水分煤样也是如此办理），然后送交化验班，由送接样人员在交接记录上签字备查。化验人员根据编码号进行化验分析。因化验人员手中无煤种、无矿别、无车号，所以就无法知道所分析的煤样是哪一家，这样从化验分析上就消除了意向偏差的产生。根据煤质分析原理，不知矿别煤种就不能取到合理的元素分析值，就不能进行弹筒发热量到低位发热量的折算。所以，当化验人员将水分、灰分、挥发分和弹筒热值测出后，应填好表7-7煤质分析日报表，其中表7-7中矿别、车号、吨数这三栏空出。将此表送到燃料检斤员主管领导校核签字，并留查一份。化验人员再用此表到燃料检斤员处取回《入厂煤质量检测编码表》核对编号，填入矿别，有了矿别就能折算出低位发热量，再正式填表，出化验单和煤质分析日报表。

表 7-5 　　　　　　　　　　　　　　　　入厂煤质量检测编码表

电厂　　　　　　　　　　　　　　　　　　　　　　　　　　　　年　　月　　日

编码	矿别	煤种	入厂时间	车号	车数	总吨数

表 7-6 　　　　　　　　　　　　　　　　入厂煤采样编码表

电厂　　　　　　　　　　　　　　　　　　　　　　　　　　　　年　　月　　日

编码	煤种	入厂时间	车号	车数

表 7-7 　　　　　　　　　　　　　　　　煤质分析日报表

编码	矿别	收到基 M_t	收到基 M_{ar}	收到基 A_{ar}	V_{daf}	$Q_{b,ad}$	$Q_{net,ar}$	车号	总吨数

（3）建立对存查样定期抽检制度。

（4）采制化环节要全程监督和摄像监控，摄像资料保存 3 个月以上，杜绝弄虚作假，保证煤样的真实性。

（5）采制化人员必须经过指定机构的专业培训，并且取得专业上岗证书。采制化人员必须使用最新国家标准或行业标准，并结合实际编制采制化作业指导书，由熟悉采制化标准的技术人员和纪检人员共同监督采制化过程。使采制化过程具备再现性，确保采制化的公开、公平、公正，从而消除人为因素对热值差的影响。

（6）入厂煤和入炉煤采样严格执行 GB/T 19494《煤炭机械化采样》和 GB 475《商品煤样人工采取方法》。入炉煤还要满足电力行业标准 DL/T 567《入炉煤和入炉煤粉样品的采取方法》。

（7）化验工作由于受环境、仪器、人员技术水平等方面影响较大，国家标准在这些方面都有非常严格的规定，在工作中应严格执行标准，确保化验数据准确可靠。水分测试过程中，如果时间过长、温度过高，或没有鼓风，会使煤样氧化，使误差增大；特别是含水分高的褐煤，时间短，水分不能完全逸出，时间长，又易使煤样氧化。应根据不同煤种、不同粒度、不同目的选择相适应的试验方法。

灰分测定应注意分段加热、通风、加热时间控制等环节，以防止碳酸盐硫固定在灰分中，使测定结果变高。

挥发分测定的规范性更强，时间、温度、坩埚尺寸等都要完全符合国家标准，否则结果不准确。

（8）采制化全过程实现信息化管理。在厂内燃料管理信息系统中，采制化管理是重要的组成部分。管理系统的大部分内容都是对采制化信息资料、采制化数据进行处理，形成煤质验收数据。

采制样管理部分在轨道衡编码过程中就已经实现完成，即根据来煤数据信息确定不同的采样单元，编制密码；采样班根据编码信息确定采样方案进行采样。

化验管理部分除需人工输入密码、煤样质量（测热过程）等极少部分内容外，其余部分内容都已实现数据信息在管理系统中处理。首先是将化验数据上传到数据库中，再由专人对数据进行解码，找到与这些数据相对应的来煤信息，形成煤质验收报告单，最后将这些报告单上传到燃料管理信息网上，用于煤质数据统计、来煤质量验收等管理环节。

3. 应对供应商掺假的措施

(1) 定期检查火车（船、汽车）底部的装煤情况。

(2) 对付分层装车的最好办法是采用在卸煤过程中用横过皮带的采样机采样，不管怎样装车都会被采样机采到。

(3) 定期采用人工采样进行抽查。使用人工采样时，可用装载机或推土机将卸下的煤堆推开后进行采样，此采样方式可最大限度杜绝煤矿在车厢底部进行掺杂使假操作，以此来弥补机械采样方法的不足。

4. 煤场管理措施

(1) 一般情况下，国有大矿的煤质均匀，而中小矿和贸易商的煤质差且不均匀。因此要与大供应商建立长期战略友好合作关系，按以质论价的原则有效调整供应渠道，积极寻求质价比最佳的进源结构和资源供应。另外要争取煤质以到厂化验为准，掌握主动权和话语权。如果个别大矿坚持以矿方化验为准，则要争取以厂矿共同参与采制样，当场封存送化验室化验，做到以质论价，避免亏吨亏卡。

(2) 缩短存煤周期。认真研判煤炭市场趋势，制定合理的进煤计划，把库存量控制在 15 天左右，以缩短"烧旧存新"的周期，降低存煤热值损耗；如果来煤煤质均匀，热值又满足锅炉要求，可直接加仓使用，既降低厂用电率，又减小了热值差。

(3) 防止煤堆自燃。对于燃烧高挥发分煤、高硫煤的电厂，夏季尤其要防止煤场自燃。一旦发生自燃，热值损失将非常严重。例如使用神华煤的电厂，就要特别注意煤场自燃。实践经验表明，神华煤夏季非常容易自燃，要彻底杜绝困难比较大。电厂日常工作中，要加强煤场测温监督，一旦发现煤堆局部温度达到 60℃ 时，就应加大测温范围和频率，并采取降温措施。当煤堆达到 80℃ 时，随时会发生自燃。

5. 化验计算管理措施

(1) 收到基低位发热量计算中氢含量的使用，应尽量实测氢值。有困难的单位，至少应做到按煤源、品种实测。使用氢值经验公式计算，也是方法之一，一定要注意经验公式的常态确认，以及其适用范围。

(2) 建立各矿别数据库，根据数据库的数据归纳出各矿的经验公式，以此公式校核各矿测试数据的合理性和可靠性，还可对可疑值作出判断。

(3) 增加统计周期。通过对热值差产生原因的分析，发现入厂煤与入炉煤统计对象的不统一是影响热值差的主要因素。因此，在计算入厂煤与入炉煤的热值差时，首先要确认每月燃用的入炉煤与入厂煤是否为同一对象煤。如果不是，那么当月的入厂煤、入炉煤热值差就没有可比性。可以通过增加统计周期，如把 3 个月或半年作为计算入厂煤、入炉煤热值差的统计周期，以此来消除入厂煤与入炉煤统计对象的不统一对热值差的影响。热值差这一指标每月进行考核是不正确的。

(4) 为了消除入厂煤和入炉煤全水分的不同对热值差的影响，应将入厂煤和入炉煤的收到基低位发热量在换算成同一全水分下计算热值差。建议采用入厂煤和入炉煤基准的干基高位发热量计算热值差。

【例 7-3】 某电厂 2008 年入厂煤与入炉煤质量统计情况见表 7-8。试计算水分修正后的热值差和修正前的热值差。

表 7-8　　　　　　　　　　　　　　**某电厂 2008 年入厂煤与入炉煤质量**

月份 i	入厂煤					入炉煤				
	$G_i(t)$	$M_i(\%)$	$Q_i(MJ/kg)$	$G_i \times M_t$	$G_i \times Q_i$	$G_i(t)$	$M_i(\%)$	$Q_i(MJ/kg)$	$G_i \times M_i$	$G_i \times Q_i$
1	249 314	8.3	19.24	2 069 306	4 796 801	289 874	8.1	19.15	2 347 979	5 551 087
2	315 786	7.6	18.67	2 399 974	5 895 725	224 758	7.2	18.34	1 618 258	4 122 062
3	263 413	8.6	20.27	2 265 352	5 339 382	253 252	8.5	19.83	2 152 642	5 021 987
4	177 886	8.3	20.09	1 476 454	3 573 730	205 888	7.2	19.65	1 482 394	4 045 699
5	280 684	9.4	19.72	2 638 430	5 535 088	329 660	8.7	19.57	2 868 042	6 451 446
6	342 964	8.8	19.92	3 018 083	6 831 843	351 010	8.9	19.55	3 123 989	6 862 246
7	361 439	9.5	19.57	3 433 671	7 073 361	375 566	9.2	19.36	3 455 207	7 270 958
8	446 952	9.8	18.72	4 380 130	8 366 941	368 868	9.7	18.46	3 578 020	6 809 303
9	354 533	10.5	18.89	3 722 597	6 697 128	336 728	9.9	18.67	3 333 607	6 286 712
10	244 819	13.1	18.84	3 207 129	4 612 390	287 956	11.3	18.9	3 253 903	5 442 368
11	310 311	12.2	18.8	3 785 794	5 833 847	265 095	11.7	18.48	3 101 612	4 898 956
12	230 131	9.5	20.54	2 186 245	4 726 891	281 946	10.1	19.67	2 847 655	5 545 878
Σ	3 578 232	115.6	233.27	34 583 162	69 283 127	3 570 601	110.50	229.63	33 163 307	68 308 702
计算值		9.63	19.44	9.66	19.362		9.21	19.14	9.29	19.131

解：（1）修正前的热值差。

1）入厂煤热值质量加权平均值

$$Q_{net,arcs} = \frac{\sum\limits_{i=1}^{12} G_i Q_i}{\sum\limits_{i=1}^{12} G_i} = \frac{69\ 283\ 127}{3\ 578\ 232} = 19.362 (MJ/kg)$$

2）入炉煤热值重量加权平均值

$$Q_{net,arls} = \frac{\sum\limits_{i=1}^{12} G_i Q_i}{\sum\limits_{i=1}^{12} G_i} = \frac{68\ 308\ 702}{3\ 570\ 601} = 19.131 (MJ/kg)$$

3）热值差

$$\Delta Q = Q_{net,arcs} - Q_{net,arls} = 19\ 362 - 19\ 131 = 231 (kJ/kg)$$

（2）修正后的热值差

1）入厂煤全水分质量加权平均值

$$M_{trc} = \frac{\sum\limits_{i=1}^{12} G_i M_i}{\sum\limits_{i=1}^{12} G_i} = \frac{34\ 583\ 162}{3\ 578\ 232} \times 100\% = 9.66\%$$

2）入炉煤全水分重量加权平均值

$$M_{trl} = \frac{\sum\limits_{i=1}^{12} G_i M_i}{\sum\limits_{i=1}^{12} G_i} = \frac{33\ 163\ 307}{3\ 570\ 601} \times 100\% = 9.29\%$$

3）入炉煤调整后热值

$$Q_{net,arlt} = (Q_{net,arls} + 23M_{trl}) \times \frac{100 - M_{trc}}{100 - M_{trl}} - 23M_{trc} \approx Q_{net,arls} \times \frac{100 - M_{trc}}{100 - M_{trl}}$$

$$= (19\,131 + 23 \times 9.29) \times \frac{100 - 9.66}{100 - 9.29} - 23 \times 9.66 = 19\,056.4 \, (kJ/kg)$$

或者 $Q_{net,arlt} \approx Q_{net,arls} \times \frac{100 - M_{trc}}{100 - M_{trl}} = 19\,131 \times \frac{100 - 9.66}{100 - 9.29} = 19\,053.0 \, (kJ/kg)$

二者基本接近。

4）热值差计算

$$\Delta Q = Q_{net,arcs} - Q_{net,arlt} = 19\,362 - 19\,056.4 = 305.6 \, (kJ/kg)$$

可见全水分调整前后差别很大，误差为 32.3%。

第三节 燃 料 盘 点 管 理

一、盘点管理要求

（1）火电厂应每月末组织生产部、运行部、燃料部（供应部）、财务部、监审部等部门对库存燃料（燃煤、燃油）进行盘点，并按照统一格式形成盘点报告（格式见表7-9）。盘点报告由盘点部门共同签字确认后上报分管厂领导审批。每年底的燃料盘点报告还需上报上级公司备案。

（2）煤场盘点管理应与入厂入炉煤计量相协调。盘点统计报表应根据进、耗煤（油）台账修正至月末最后一日24：00。

（3）盘点结果要做到账物相符，账账相符，即实际盘存煤量与账面结存煤量相符。对于入炉煤量，生产部门与燃料管理部门相符；对于燃料收、耗、存账，财务部门与燃料管理部门相符。遇有大盈大亏现象发生时应查明原因，并按有关规定处理。

（4）盘煤（油）人员、方法和程序应相对固定，测量仪器、仪表符合计量规定。

表 7-9　　　　　　　　　　　　　电厂燃料盘点报告格式

盘点时间			
煤场编号或名称	体积（m³）	比重	质量（t）
合计煤场存煤量（t）			
盘点时点后至月末 24：00 入厂煤量（t）			
盘点时点后至月末 24：00 耗用煤量（t）			
折算到月末 24：00 燃煤实存量（t）			
当月（期）提取储损运损（t）			
月（期）末燃煤账存量（t）			

煤炭盘点盈亏（t）		
燃油盘点		
1号罐		
2号罐		
3号罐		
4号罐		
燃油实存（t）		
燃油账存（t）		
燃油盘点盈亏（t）		
燃料盈亏说明及处理方案		

盘煤人员签名：供应部　　　　　　　　财务部　　　　　　　燃料部
　　　　　　　生产部　　　　　　　　监审部　　　　　　　其他

　　制表：　　　　　　　　　　　　　　　　　制表日期：200　年　月　日

部门审核：　　　　　　　部门主任：　　　　　　　　主管副厂长：

二、煤场盘点方法

1. 煤场体积的测量

在盘煤前，应将煤堆整形、压实，减少不必要的误差。

（1）盘煤仪测量：已经配备了激光盘煤仪的电厂要使用激光盘煤仪扫描测量，绘制出煤堆图形，计算煤堆体积，误差控制在±0.5%以内，盘煤仪扫描的盲区要进行人工补测。盘煤仪需有专人使用、保管和定期校验，超过仪器误差范围时，要及时校验。

筒仓、油罐体积应采用精度在1/10m级的标尺等工具进行测量。

（2）人工测量：没有配备盘煤仪的电厂，要进行人工盘点。盘点前，将煤堆整形、压实；通过测量煤堆体积和实测煤堆比重来计算库存燃料量。

2. 原煤堆积密度测定

原煤堆积密度应每季度测定一次。原煤堆积密谋采用模拟法或沉筒法测定。

（1）模拟法。煤场堆积密度测量方法可参考 MT/T 739—2011《煤炭堆密度小容器测定方法》；制作一个 0.5m×0.5m×0.5m 的铁质方形容器，厚度在 5～10mm，装满煤后，分煤种或煤堆进行试验：

1）不加压试验：先将容器过磅计量，然后在容器内装满煤后刮平（不加压不振动）再过磅计量，减去容器质量求堆积密度，称为不加压堆积密度，以 γ_{d1} 表示。

2）稍加压试验：在煤堆上挖 1m 深的坑，然后将容器放入坑内（放平）装满煤后再加上 1m 厚的煤，用推土机碾压一次，最后将容器口刮平称重求堆积密度，称为稍加压密度，以 γ_{d2} 表示。

3）重加压试验：其方法与稍加压试验方法相同。只是用同样的方法，用推土机碾压三次，过磅后求得重压后的堆积密度，以 γ_{d3} 表示。

4）推土机压实试验：其方法与稍加压试验方法相同。用同样的方法，用推土机压五次，过

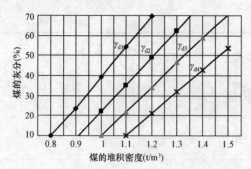

图 7-3 堆积密度与灰分关系曲线

磅后求得压实后的堆积密度，以 γ_{d4} 表示。

以上四种方法试验做完后，分别采样化验全水和灰分，并将全水修正到入厂煤同一个数值，根据灰分化验结果，绘制成堆积密度与灰分关系曲线，见图 7-3。在使用时根据不同煤种情况、煤堆实际压实情况及部位，选用适当的堆积密度。

（2）沉筒法。制作一个 $\phi300 \times 500mm$ 的圆柱形无底钢筒容器（钢筒壁厚为 $5 \sim 10mm$）。在煤堆上部用铁锹挖一个 0.5m 的煤坑，将钢筒放入坑内，然后用推土机将钢筒压入煤堆内，取出后沿筒口刮平，将钢筒称重，求堆积比重。

1）工具：用直径 300mm 的钢管制作一个长 500mm 两侧无底的钢筒（钢筒壁厚为 $5 \sim 10mm$），钢筒的一端外沿应制做倾角为 45°左右的斜面，以防利用推土机下压时，厚边沿对中心取样部位造成挤压而影响密度的真实性。

2）布点：沿煤堆的总长度分成三个相等区段，在每个区段的斜对角线上均布 5 个测点。斜线上的首末两点应距煤堆边缘 1m 处，其余各点均匀分布在余下的斜对角线上，见图 7-4。斜线上的首末两点距离煤堆边缘 1m 处是否合适，应看整个煤场压实程度而定。

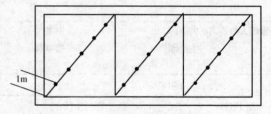

图 7-4 沉筒法测点分布图

3）操作方法：在选好的测点部位，用推土机将上部的表面煤挖到 0.5m 以下，将钢筒平放于坑内，用推土机将钢筒压入煤堆内。当钢筒上沿全部压入煤中并与坑底平面相齐或稍深些即可将钢筒挖出，刮平钢筒两侧多余煤量，进行称重，求密度。

3. 原煤堆积密度的计算

（1）计算容器内煤的体积。沉筒容积计算公式

$$V = \pi r^2 h$$

式中　r——沉筒内圆半径，m；

　　　h——煤的高度，m；

　　　V——沉筒装煤的容积，m^3。

方形容器容积计算公式

$$V = 0.5^2 h$$

式中　h——煤的高度，m；

　　　V——方形容器的容积，m^3。

（2）煤的堆积密度测量计算。煤的堆积密度计算公式如下

$$\gamma_{dj} = \frac{G_s}{V} \times \frac{100 - M_{trc}}{100 - M_{trl}}$$

式中　γ_{dj}——煤的堆积密度，t/m^3；

　　　G_s——测得各沉筒煤实际质量，t；

　　　V——各沉筒装煤的总容积或方形容器容积，m^3；

　　　M_{trc}——入厂煤验收全水分，%；

M_{trl}——煤堆实测全水分，%。

盘煤过程中，测定煤的密度时，水分在一定范围内的增加不会影响煤的体积，若水分增加一个百分点，密度即增加 2% 左右。根据煤量＝体积×密度，盘煤结果也将增加 2%，照此计算一个存量为 10 万 t 的煤场，仅水分影响造成的误差就达 2000 t。进行盘煤时，如果无法准确煤堆的全水分测定，则水分通过密度将误差传递给煤量，直接影响了盘煤的准确性。

4. 盘点量

$$月末煤场实物盘点质量＝\sum 煤场体积（m^3）\times 煤堆密度（t/m^3）$$

煤场盘点结果＝ 实盘存煤总量＋ 盘点时至统计期止点的来煤量－ 盘点时至统计期止点的耗煤量

例如：某电厂于 2008 年 12 月 18 日上午 8 点（此为盘点时刻）进行月中盘点，盘点存煤量为 155 000t。电厂来煤及耗煤统计期止点（即电厂燃料调度日报）为 12 月 17 日 24 点（即 18 日零点），即统计期止点比盘点时刻早 8h 的时间间隔。在这 8h 中，入厂煤量 2500t，耗用煤量为 3000t，则煤场盘点结果＝155 000－2500＋3000＝155 500（t）。

假设这 8h 内入厂煤量为 0t，耗用量为 3000t（即耗用煤完全从煤场回取），则煤场盘点结果＝155 000－0＋3000＝158 000（t）。可见这一极端情况表明对盘点时刻的修正与否，直接影响到判断煤场是否盈煤或亏煤的准确性。

三、煤的密度计算

煤的密度是指单位体积煤的质量，单位为 g/cm^3 或 t/m^3。煤的密度有三种表示方法，煤的真密度、煤的视密度和煤的堆积密度。

(1) 真密度或称真相对密度（γ_{TRD}），20℃时单位体积（假定煤中没有孔隙）煤的质量。测定煤的真密度常用比重瓶法，以水作置换介质，将称量的煤样浸泡在水中，使水充满煤的孔隙，然后根据阿基米德原理进行计算。泥炭 $0.72t/m^3$，褐煤 $1.05\sim1.35t/m^3$，烟煤 $1.25\sim1.50t/m^3$，无烟煤 $1.35\sim1.90t/m^3$。

燃煤真密度计算公式

$$\gamma_{TRD} = \frac{100\gamma_{dmmf}}{100 - A_d\left(1 - \frac{\gamma_{dmmf}}{2.9}\right)}$$

式中　γ_{TRD}——燃煤真密度，t/m^3；

　　　A_d——燃煤的干燥基灰分，%；

　　　γ_{dmmf}——按干燥无矿物质基的密度，t/m^3。

按干燥无矿物质基的瘦煤和无烟煤密度（t/m^3）计算公式

$$\gamma_{dmmf} = \frac{100}{0.35C_{daf} + 5H_{daf}}$$

式中　C_{daf}——燃煤的干燥无灰基碳含量，%；

　　　H_{daf}——燃煤的干燥无灰基氢含量，%。

除瘦煤和无烟煤外的固体燃料密度（t/m^3）计算公式

$$\gamma_{dmmf} = \frac{100}{0.334C_{daf} + 2.25H_{daf} + 23}$$

当计算时，除褐煤外，可采用 $\gamma_{dmmf} = 1.44t/m^3$。

(2) 视密度或视相对密度（γ_{TRD}），指单位体积（仅仅包括煤粒内部孔隙）煤的质量。煤的视密度可以用于计算煤的埋藏量。测定煤的视密度常用涂蜡法和水银法。涂蜡法是在煤粒的外表面上涂一层薄蜡，封住煤粒的孔隙，使介质不能进入。将涂蜡的煤粒浸入水中，用天平称量，根据阿基米德原理进行计算。水银法是将煤粒直接浸入水银介质中，根据煤粒排出的水银体积计算煤的视密度。由于煤的视密度包含有煤内部的空隙，因而视密度低于真密度，差值一般在0.05～0.15t/m³之间。褐煤的视密度为 $1.0\sim1.30$t/m³，烟煤为 $1.15\sim1.40$t/m³，无烟煤为 $1.3\sim1.8$t/m³。

视密度 γ_{ARD} 可按下式计算

$$\gamma_{ARD}=\frac{100\gamma_{TRD}}{100+(\gamma_{TRD}-1)M_{HC}}\times\frac{100-M_{HC}}{100-M_{ar}}$$

式中　M_{HC}——燃煤饱和时的极限水分，其数值可采用经验数据，或采用校核煤种收到基水分，%；

　　　M_{ar}——燃煤设计的收到基水分，%；

　　　γ_{TRD}——燃煤真密度，t/m³；

　　　γ_{ARD}——煤的视密度，t/m³。

(3) 堆密度或称散密度，指单位体积（包括煤粒内部孔隙和外部空隙）煤的质量。堆积密度的大小除了与煤的真密度有关外，主要决定于煤的粒度组成和堆积的密实度。堆积密度对煤炭生产和加工利用部门在设计矿车、煤仓以及估算煤堆质量等方面有很大的实际意义。

当原煤的尺寸 $R_5=20\%\sim45\%$ 的范围内时，其堆积密度可用下式表示

$$\gamma_{dj}=0.63\gamma_{ARD}$$

在现行的设计及计算中，对原煤的堆积密度一般取经验数值 $0.85\sim1.0$t/m³ 计算（无烟煤为 $0.9\sim1.2$t/m³、烟煤为 $0.85\sim0.95$t/m³、褐煤为 $0.65\sim0.85$t/m³）。

例如：已知某煤种的极限水分 $M_{ZD}=24\%$。实测：$A_d=32\%$，$M_{ar}=17\%$，原煤的真密度为 1.52t/m³，视密度为 1.25t/m³，煤的堆积密度为 0.95t/m³，煤粉的堆积密度为 0.74t/m³。

四、燃油盘点方法

(1) 燃油盘点应测定燃油视密度和油温，并根据实用石油计量标准进行修正计算。

(2) 燃油盘点要求过程规范，记录准确、完整，并有参加人员签字。

(3) 燃油密度采用石油密度计测量。

五、盘点差异处理

(1) 盘点如有差异，需列明账面数和实盘数的差异和差异原因。

(2) 每月盘点差异数量在月末存煤（油）量1%以内时，可以不予调整。每季末无论盘点差异数量多少，均需调整财务账目。需调整财务账面数时，应由燃料管理部门编制燃料盘点调整报告，上报本单位主要负责人批准后，由财务部门按规定处理。

(3) 燃料盘盈或盘亏在2万t及以上时，除执行上述内部报批程序外，还必须将差异调整报告及盘点报告上报上级公司审核、批准。

(4) 水分差煤量一律调整电煤库存，如为负数，则调减账面库存；如为正数，则调增账面库存。

水分差调整煤量＝实际入炉煤量×[1－(1－当月入炉煤平均收到全水分)
÷(1－当月入厂煤平均收到全水分)]

(5) 月末实存煤量＝月末煤场实物盘点数＋煤场外围煤量＋折算到月末实存煤量

1) 煤场以外的存煤量也应计入库存量中。一是上煤系统中的存煤，如卸煤沟、混煤罐、原煤仓，粉仓等，这些设备中的存煤量每次盘点都要有记录，只要煤位发生变化就要换算出变化量；二是运煤工具上的已计入厂煤量的部分：如火车、船舶进煤等；三是临时存放于煤场外围，但已入厂计量的煤量。

2）折算到月末实存煤量＝盘点后至月末的（入厂煤量－入炉煤量）

（6）月末账存煤量＝期初账存量＋入厂煤累计量－入炉煤累计量－储存损耗

1）月末实存煤量－月末账存煤量＞0，为盘盈（＋），盘盈时建议不提取储存损耗。

2）月末实存煤量－月末账存煤量＜0，为盘亏（－），盘亏时建议可提取储存损耗。储存损耗不得超过当期平均库存量的 0.5％，损耗部分应严格按照财务制度进行核算和账务处理。

3）当盘亏量大于月末存煤量的 0.5％时，其中的 0.5％记为储存损耗，其他超过的量计入亏煤，并调整燃料账存量，使燃料实存量等于燃料账存量，账物相符。

第四节 燃料管理考核标准

目前各发电公司燃料成本占发电成本达 70％～75％。例如截至 2012 年底，华能集团公司煤电装机达 1.06 亿 kW，年耗燃煤达 26 556 万 t，燃料成本占发电成本达 73.58％，燃料对企业盈利能力影响是关键，燃料供应、价格管控任务日益艰巨。同时，部分燃料管理指标与世界一流企业还有差距，各单位间燃料管理水平不均衡，燃料管理创一流工作任重道远。为进一步规范机构及人员配置、采购管理、设备管理、入厂管理、煤场管理、入炉煤管理、燃油管理、信息化建设、精细化管理、效能监察 10 个方面的工作，逐步消除各电厂间的不均衡，进一步夯实燃料管理基础，提升燃料精细化管理水平，各发电公司应制定燃料管理考核标准（见表 7-10），促进形成"体制适应、机制顺畅、管理规范、系统闭环、结构优化、供应有效"的燃料管理体系，促进燃料市场应对能力的有效提升，确保本单位燃料管理水平和能力上台阶，更好地保障电厂燃料的安全、稳定和有效供应，有效地控制电厂燃料成本。

本标准共 500 分，根据相关不符合事实，按相应扣分比例扣分，发生多项不符合时，需累加进行计算，直至本项扣完。最后得分为 400 分以上为合格，450 分及以上为优秀。

表 7-10　电厂燃料管理考核标准

序号	项目	标准分	查评方法及内容	评分标准及办法	备注
1	机构及人员配置	40			
1.1	机构和职责	20	(1) 建立健全本单位的燃料管理制度，明确各部门的燃料管理职能，划分管理界面，理顺管理流程，充分发挥各级机构的优势和积极性。 (2) 各燃煤电厂建立以厂领导为组长的燃料管理领导小组，负责全厂燃料综合管理工作	本项共 10 分。对照上级《燃料管理制度》清单逐一检查，发生不符合，本项扣 1～10 分。 本项共 10 分。机构不全，缺一项扣 1 分；职责不明确扣 3 分；无证作开展工作的记录扣 1～3 分	
1.2	燃料岗位从业人员配置和管理	10	(1) 加强燃料采购队伍建设，相关部门岗位设置符合上级公司标准及定员标准规定。 (2) 监察审计室必须配备一名专 (兼) 职燃料效能监察人员，具体负责燃料监察的日常工作；财务部配备一名专 (兼) 职燃料内控人员	本项共 5 分。发生不符合，本项扣 1～2分。 本项共 5 分。发生不符合，本项扣 1～2分	
1.3	燃料岗位从业人员教育和培训	10	(1) 采、制、化统计，核算岗位人员应经过专门的技能培训，并持有有效的操作证书或岗位资格证书，持证上岗率达到 100%。 (2) 燃料从业人员每年必须签订廉洁从业承诺书，敏感岗位签订率达到 100%	本项共 5 分。持证上岗率未达到 100%，本项不得分。 本项共 5 分。签订率未达到 100%，本项不得分	
2	采购管理	150			
2.1	保供	15	(1) 查阅记录检查是否符合：不出现缺煤停机情况；不出现煤低于警戒库存的情况；不出现因燃料原因而发生的机组燃烧不稳或带不起负荷的事件。 (2) 查阅记录是否制订燃煤 (油) 供应风险预警及应急响应预案	本项共 10 分。发生一项不符合，本项不得分。 本项共 5 分。无供应风险预警机制，本项不得分	

续表

序号	项目	标准分	查评方法及内容	评分标准及办法	备注
2.2	整价	10	煤单价承包指标，是否完成上级公司下达的年度采购标。 （2）查阅台账。同一资源点同边界条件同一煤种同一运输方式单位价或靠板交货价是否处于先进水平；同一运输方式单位运价是否处于先进水平。 （3）查阅合同，合同条款是否完善并严格按条款结算，是否有数量或质量的到厂验收（含第三方验收）偏差处理机制，出现数量质量偏差是否进行索赔并有相关记录	未达到要求，本项扣2分。 每一项未达到要求，本项扣1分，直至本项扣完。 本项共4分。发生一项不符合，本项不得分	
2.3	过程管理	10	（1）有定期和不定期分析总结、对标机制。 （2）采购过程中无违法违纪现象	本项共5分。无定期分析、总结、对标机制、本项不得分。 本项共5分。存在违规、违纪事件，本项不得分。	
2.4	市场研判	10	（1）电厂有燃料市场信息收集、研判的机构和常态化运行机制。 （2）有周、月、季、年度市场信息报告，并用于采购计划的制订	本项共5分。未建立相关机构、本项不得分。 本项共5分。无市场信息报告、本项不得分。	
2.5	燃料采购计划管理	20	（1）电厂根据上级公司相关要求和厂内实际情况订订燃料计划管理制度并严格执行。 （2）每月月初对上月燃料采购计划完成情况进行总结分析，经部门负责人审核后报燃料采购工作小组（或相应职能的机构），有针对性地提出提高计划兑现率的具体措施。 （3）建立季度、年度采购计划预案，通过对未来电力和煤炭市场走向的预测，结合历年市场、气候变化规律，对照年度生产经营目标，制订预案，并根据实际情况进行实时调整。 （4）月度采购计划准确率应达到90%以上；月度临时采购计划量占全月采购比例，直供配送电厂不应超过20%，陆运直达电厂不应超过25%	本项共5分。无燃料计划管理制度、本项不得分。 本项共4分。未进行总结分析、本项扣2分；无具体措施、本项扣1分。 本项共6分。无计划预案，本项不得分；未实时调整或未达到调整效果者，本项扣1～2分。 本项共5分。每发生1项不符合、本项扣1分	

续表

序号	项目	标准分	查评方法及内容	评分标准及办法	备注
2.6	燃料合同管理	15	(1) 电厂根据上级公司相关要求和厂内实际情况制订了燃料合同管理制度并严格执行。	本项共5分。无燃料合同管理制度，本项不得分。	
			(2) 燃料采购合同必须符合国家的有关法律法规，符合上级公司的有关规定。	本项共5分。发生不符合，本项不得分。	
			(3) 做好燃料重点合同年度订货工作，加强与供应商的沟通和协调，求得理解和支持，制订提高全年重点合同兑现率的措施。	本项共5分。发生不符合，本项不得分	
2.7	燃料调运	10	(1) 电厂根据上级管理制度并严格执行了燃料调运管理制度并严格执行。	本项共2分。无燃料调运管理制度、本项不得扣。	
			(2) 调运人员及时了解矿点煤炭生产、运输环节的动态信息、存储信息，及时与相关单位或部门进行沟通、协调，确保燃料的发、运、卸正常有序。	本项共2分。发生不符合，本项扣1~2分。	
			(3) 海运煤电厂，实时掌握船港泊位和靠装动态；	本项为海运煤电厂查评标准，共4分。发生不符合，陆运直达电厂不考核。	
			(4) 陆运直达厂，不发生因电厂责任影响火车直达煤汽车运不能及时到入厂的情况；有控制列车延时使用时间的管理规定和考核细则，严格控制列车延时使用罚款。	本项为陆运直达电厂查评标准，共4分。海运煤电厂不考核。	
			(5) 电厂要强化运输、中转管理，有控制数量损耗的措施	本项共2分。发生不符合，本项不得分	
2.8	燃料经济活动分析	10	(1) 电厂根据上级公司相关要求和厂内实际情况制订了燃料经济活动分析管理制度并严格执行。	本项共5分。无相关制度，本项不得分。	
			(2) 经济活动分析涵盖完成指标的评价、对标情况、市场研判、前期采购策略、后期评估等主要工作内容	本项共5分。发生不符合，本项不得分	

续表

序号	项目	标准分	查评方法及内容	评分标准及办法	备注
2.9	燃料结算管理	20	(1) 电厂根据上级公司相关要求和厂内实际情况制订了燃料结算管理制度。 (2) 燃料结算应严格按上级公司内控管理规定及财务管理程序，依据燃料合同条款办理费用结算、货款支付。结算手续齐全。 (3) 结算单据由财务部门按内控管理规定和财务相关规定进行整理并保存。燃料核算员负责建立燃料赔偿台账、燃料结算统计台账，亏吨亏卡索赔台账。 (4) 按规定编制月度燃料资金预算，资金预算应保证燃料采购资金需要。燃料采购资金计划合理和调运，兼顾计划外资金。燃料采购资金计划完成率90%以上。 (5) 每月核对财务部门与燃料管理部门的存货台账，标煤采购单价等相关要素，以确保账账相符。如有不符，应进行分析，查明原因后更正，并编制核对差异分析表或书面说明原因，经相关负责人签字后存存。 (6) 外部、内控审计，最近一次不能存在重大缺陷和实质性漏洞	本项共2分。未制订相关制度，本项不得分。 本项共5分。发生不符合，本项扣1~5分。 本项共2分。发生不符合，本项扣1~2分。 本项共3分。无燃料资金预案，本项不得分；资金预算完成率不足90%，本项扣2分。 本项共4分。发生不符合，本项扣1~2分。 本项共4分。发生重大缺陷或实质性漏洞，本项不得分	
2.10	燃料供应商管理	10	(1) 电厂根据上级公司相关要求和厂内实际情况制订了燃料供应商管理制度并严格执行。 (2) 对新的供应商，必须提供有效的营业执照，企业组织代码证、税务登记证、开户许可证、经营许可证、财务状况、企业简介等相关资质证明文件，经资格审查合格，并报请燃料管理领导小组审核通过。 (3) 应建立供应商数据库，每半年对供应商进行评价以及分级管理，更好的实施对其动态管理。将不合格供应商列入黑名单	本项共3分。无相关管理制度，本项不得分。 本项共4分。新供应商相关资质材料不全或不在有效期；新供应商资质审核材料不全，直至本项扣完。发生1次本项扣0.5分；新供应商资质审批发生缺陷，本项不得分；供应商资质档案管理不善，本项扣1~3。 本项共3分。未建立供应商数据库，本项扣1分；每半年未进行评价，本项扣2分	

续表

序号	项目	标准分	查评方法及内容	评分标准及办法	备注
2.11	燃料统计报表	10	(1) 电厂根据上级公司相关要求和厂内实际情况制订了燃料统计、报表管理制度并严格执行。 (2) 燃料统计报表应客观直观反映燃料供应状况、及时统计和报送各种报表，确保燃料统计资料的及时、准确、完整、规范、口径统一，为企业管理提供分析依据。 (3) 燃料管理原始记录台账、图表资料齐全、清晰规范，档案目录分类科学、系统、定期成册、归档及时。计算机数据记录定时备份，数据统计准确率100%。 (4) 燃料管理相关部门每月进行"量、质、价、耗"统计分析	本项共2分。无相关管理制度，本项不得分。 本项共3分。统计报表不及时、不完整、不符合要求，本项扣1~3分。 本项共3分。原始记录资料管理不规范、未按规定进行数据备份，本项扣1~3分；准确率低于100%，本项不得分。 本项共2分。无统计分析不得分；缺少一份，本项扣1~2分	
2.12	燃料成本控制	10	(1) 燃料成本控制应遵循上级公司《燃料核算办法》的相关要求。 (2) 电厂根据上级公司相关要求和厂内实际情况制订了燃料成本控制和定额管理制度并严格执行。 (3) 电厂有燃料成本分析机制，有月度、年度分析报告	本项共3分。发生不符合，本项不得分。 本项共4分。无相关管理制度，本项不得分。 本项共3分。无相关分析机制，本项不得分，每缺少一份分析报告，本项扣0.5分，直至本项扣完	
3	设备管理	70			
3.1	计量设备管理	35	火车煤采用轨道衡计量、海轮按水尺计量、江船采用卸煤皮带秤进行计量、汽车煤用地磅进行计量，各电厂针对自己所用计量设备对其进行合理有效的管理	根据电厂实际业务涉及的计量设备，再按照对应标准评分	

276

续表

序号	项目	标准分	查评方法及内容	评分标准及办法	备注
3.1.1	计量设备技术规范	20	(1) 检查车号识别器装置是否符合以下规范： a) 识别时间小于0.2s，车号识别率90%； b) 系统能够全天候24h连续运行； c) 对于复杂的天气、模糊的车号、耀眼的照明，系统内置有对应算法加以处理。 (2) 检查电子皮带秤装置是否符合以下规范： a) 电子皮带秤的精度为±0.5%； b) 要求具有对多台锅炉分仓计量的控制功能； c) 打印设备具有远程操作的功能。 (3) 检查自动轨道衡装置是否符合以下规范：火车专用轨道自动轨道衡的量程不小于100t，汽车专用自动衡的量程不小于50t； a) 称重自动轨道衡计量装置必须符合以下规范： b) 测量精度为±0.5%。 (4) 检查给煤机计量装置是否符合以下规范： a) 计量精度为±0.5%，控制精度为±1%； b) 整机运行无故障时间必须大于10 000h	检查车号识别器装置台账是否齐全，没有记录扣50%，不齐全扣30%；a)～c)中任一一项不符合，一项扣标准分的20%。 检查电子皮带秤装置台账是否齐全，没有记录的扣50%，不齐全扣30%；a)～c)中任一一项不符合，一项扣标准分的20%。 检查自动轨道衡台账是否齐全，没有记录扣50%，不齐全扣30%；a)～b)中任一一项不符合，一项扣标准分的20%。 检查称重给煤机计量装置台账是否齐全，没有记录扣50%，不齐全扣30%；a)～b)中任一一项不符合，一项扣标准分的20%。	
3.1.2	计量设备运行与维护	15	(1) 具有负责对燃料计量设备的定期检定和维护实施监督检查的归口部门或者指定负责人，定期检定和维护工作应由具备资质的权威机构来进行，并纳入电厂生产技术管理。每年至少强检一次。 (2) 计量设备有详细的设备台账，其包括设备说明书，仪器设备一览表，检定证书，检定率达到100%。 (3) 电子皮带秤装置按GB/T 7721—2007标准校验；自动轨道衡装置按GB/T 11885—1999标准校验。每月至少校验2次。 (4) 对燃料计量设备建立维护制度，因计量设备故障致使计量数据异常，应立即启动应急预案，对事故进行处理	本项共5分。无归口部门或责人，本项扣2分；未进行定期检定和维护，本项扣3分；定期校验单位不具备相关资质，本项扣2分。 本项共4分。设备台账及记录不完整、清晰，本项扣2分；投运率低于100%，每少1个百分点扣0.5分。 本项共2分。投运率达到100%，本项扣完。发生1次不符合，本项不得分。 本项共4分。无相关管理制度和预案，本项不得分；未按制度和预案执行，发生1次故障扣1分，直至本项扣完	
3.2	检质设备管理	35			

续表

序号	项目	标准分	查评方法及内容	评分标准及办法	备注
3.2.1	检质设备技术规范	20	（1）检查入厂煤采样设备是否符合以下规范： a）破碎机构的出料粒度和缩分部件尺寸相匹配，破碎机构具有防堵塞功能。 b）整机的水分损失率不大于0.7%。 c）整机密封性良好，无煤样遗漏；整机精密度必须满足 GB/T 475—2008 中 5.2.1 的要求，并且无系统偏差。 （2）检查制样设备是否符合以下规范： a）称重仪器具有正规有效的校验报告，其分度为0.01g。 b）联合制样机整机密封性良好，无煤样遗漏；整机精密度应该为±1%，且无系统偏差。 （3）检查煤化验室应当分设：天平室、化验室、煤样存放区域。 a）煤化验设备是否符合标准 DL/T 520—2007 标准中 7.2 条规定内容。 b）原煤煤样存储间、存查样仲裁样存存间，机械采样间门锁或门禁系统安全可靠，不同钥匙必须由不同部门人员进行保管。 （5）机械采样间和制样室必须配置效果良好的除尘设备。	检查采样器台账是否齐全，不齐全扣30%；a）～c）中任一项不符合，一项扣标准分的30%。 检查制样设备台账是否齐全，不齐全扣30%；a）～b）中任一项不符合，一项扣标准分的50%。 检查化验设备台账是否齐全，不齐全扣30%；a）～b）中任一项不符合，一项扣标准分的50%。 本项共5分。未执行双人双锁管理制度，本项不得分；钥匙未由不同部门门管理，本项扣1～2分。办公区域与作业区域不分开，本项扣1～2分。 本项共3分。无除尘设备，本项不得分；效果较差，本项扣1～2分	
3.2.2	检质设备运行与维护	15	（1）机械采样装置与制样设备有详细的设备台账，统计投运率98%。 （2）具有负责对采制化设备的定期校验和维护指定负责人，定期校验工作应由有资质的权威机构按照 DL/T 1949.3 标准进行。每2年校验1次。 （3）化验设备的校验参照有关标准进行；基本的计量仪器（热量计、天平等）按规定每年定期送检（计量局或计量所），氧气弹按规定定期进行水压试验。 （4）建立采制化设备维护制度，因采制化设备故障致使采制化的任一环节无法进行，应立即启动应急预案，对事故进行处理	本项共2分。无设备台账及记录不完整、清晰，本项扣1～2分；投运率低于98%，每少1个百分点扣0.5分，直至本项扣完。 本项共5分。无归口部门或负责人，本项扣2分；未进行定期校验和维护，本项扣3分；定期校验单位不具备相关资质，本项扣2分。 本项共4分。化验设备未按规定定期送检和试验，无相关试验报告，本项不得分；报告或试验记录不全，每缺少1份，本项扣1分。 本项共4分。无相关管理制度和预案，本项不得分；未按制度和预案执行，发生1次本项扣1分，直至本项扣完	

续表

序号	标准分	项目	查评方法及内容	评分标准及办法	备注
4	40	入厂煤管理			
4.1	10	基础管理	(1) 制订涵盖燃料验收全过程的厂级燃料验收管理制度和各操作环节的相关管理规定，操作和管理工作"有章可循"。 (2) 将验收的各个环节分解至不同部门，各个环节的工作相互监督、相互制约。 (3) 建立不合格品验收管理办法，检斤、检质过程中发现入厂煤存在不符合合同要求时，应该依照验收管理办法对不合格燃料进行处置，维护电厂利益	本项共3分。无燃料验收相关管理制度，本项不得分。 本项共3分。发生不符合，本项不得分。 本项共4分。未制订不合格品验收管理办法，本项不得分；未严格按管理办法执行的，扣1~4分。	
4.2	10	检斤管理	(1) 凡进入电厂的燃煤，按船、列、车进行数量验收，检斤率必须达到100%。 (2) 火车煤直达入厂或内河运输方式的，要用轨道衡或电子皮带秤进行检验。水运到厂采用水尺计重方式的要做好检尺验收。中途有接驳的，要在到达第一港（站）时组织商索赔，以便明确责任，执行索赔。 (3) 水运入厂煤计量若采用船煤的皮带秤数据作为结算依据。应确认误差在5%以内，原始数据记录齐全、规范，准确录入信息管理系统，归档保存。 (4) 水尺验收人员必须严格按SN/T 0187—93标准，并经相关培训后上岗。 (5) 除采用水尺计重方式外，燃料检斤数据应自动传输进入燃料供应全过程管理平台，实现动态管理	本项为水尺计重评审标准，共2分。水尺计重误差超过5‰的，每发生1次本项扣0.5分，直至本项扣完；数据记录不全、不规范或录入不准确，本项扣1~2分。 本项为水尺计重审查标准，共2分。未经培训上岗，每发生1人，本项扣1分。 本项审查标准不包括水运计重方式，共4分。未实现自动传输方式，本项不得分	
4.3	20	检质管理	(1) 凡进入电厂的燃煤，按船、列、车进行质量验收，批次的划分符合GB/T 475—2008规定，检质率必须达到100%，准确率必须达到100%。 (2) 建立燃料采、制、化以及煤质管理制度，燃料检质过程中每一个步骤必须做到"有章可循"。 (3) 入厂燃料化验采用条码管理，并制订条码管理系统的应急预案。海运煤目供应结构简单的电厂，可沿用简单条码编码方式，但入厂、入炉煤样应进行混编，人炉煤样混编，要求完善整个采制化过程必须由来自不同部门的2人及以上进行。 (4) 建立完善的采制化监督机制，要求整个采制化过程必须由来自不同部门的2人及以上进行。	本项共5分。检质率、准确率任一项低于100%，本项不得分。 本项共2分。缺少任何环节的一项制度，本项扣1~2分。 本项共2分。无条码系统，本项不得分；不符合采购条码的电厂条码扣1分，条码采购进行混编，扣1分；入炉煤样混编，扣1分。 本项共2分。发生不符合，本项不得分。	

续表

序号	项目	标准分	查评方法及内容	评分标准及办法	备注
4.3	检质管理	20	(5) 入厂煤采样严格按照 GB/T 19494.1 和 GB/T 475—2008 执行；入厂煤同批次采样的不同采样方案记录翔实，针对不同批次煤炭装置运行参数，启停操作，收存样有详细记录，确保煤样的代表性和安全性；建立人工采样的规章制度，明确规定人工采样过程应运用现场情况、申报流程、操作要求；要求必须严密、安全。 (6) 查看存样的存查样，仲裁样过程是否完善的管理制度，对存查样的保存与抽取可做到"有章可循"，要求煤样的封存时间不低于2月	本项共5分。采样方案设计不符合标准，本项不得分；采样记录报表记录不完整，本项扣1～2分；煤样包装不符合要求，本项扣1分；无人工采样相关制度，本项扣1～2分；采样过程未由不同部门监督进行，本项扣1～3分。 本项共4分。无相关制度者，本项不得分	
5	煤场管理	80			
5.1	储存管理	20	(1) 查阅煤场管理制度是否完善。 (2) 现场查看煤场的挡煤墙、防风墙、防雨防洪、防尘喷淋、监控系统、自动盘煤等设施是否完善。 (3) 查看煤场环沟是否及时清理，是否有积煤、杂物，是否堵塞有积水。 (4) 厂内煤场储存数量损耗低于0.5%。 (5) 查看现场、查阅记录，是否坚持"烧旧存新"的原则，尽量缩短存储期，减少场损，防止存煤自燃；查看煤场是否堆放整齐、规范。 (6) 查看煤场是否分区堆放。煤场设置煤场标示、存煤标识牌，标注煤场名称、存煤煤种、产地、数量，存放日期等有关信息。 (7) 制订防止存煤氧化和自燃的综合管理措施；在线或定期检测煤场快速煤堆温度，定期巡检煤场	本项共5分。制度不完善，发现1处本项扣2分，直至扣完本项为止。 本项共5分。煤场设施不完善，每1项不完善扣2分，直至扣完为止。 本项共2分。煤场环沟未及时清理，有积水，发现1处本项扣1分，直至扣完为止。 本项共2分。高于0.5%，本项不得分。 本项共2分。煤场发生自燃，本项不得分；堆放不整齐、美观，本项扣1～2分。 本项共2分。没有分堆，本项不得分；标识不全，每1处扣0.5分，直至扣完为止。 本项共1分。无综合管理措施，本项不得分；自燃处扣1分，直至扣完为止	

续表

序号	项目	标准分	查评方法及内容	评分标准及办法	备注
5.2	厂外煤场管理	7	(1) 设置厂外煤场管理机构，制订厂外煤场接卸、验收、存取、中转管理规定。 (2) 采用对煤堆做记号、照相、盖苫布，对厂外煤场进行监控，工业电视等方式以及不定期盘煤的方法，对厂外煤场有安全可靠的隔离措施	本项共 3 分。无机构设置或相关管理规定，本项不得分。 本项共 4 分。无有效监控措施，本项不得分。	
5.3	煤场作业管理	8	(1) 现场查看，燃煤存储应是否分层压实；堆取煤作业时分层合理，煤堆紧凑。 (2) 检查斗轮机配合作业距离大于 3m，堆煤作业时，斗轮机斗轮中心与落煤点距离小于 2.5m。煤堆作业现场查看，在正常情况下，煤堆底边缘距离储煤堆边坡是否预留 4m 消防通道。 (3) 现场查看，夏天高温天气时，是否定期进行煤堆喷淋作业除尘，以减少飞尘和风化损失。 (4) 检查煤场喷淋设备是否处于完好状况	本项共 8 分，每分项各 2 分，各分项发生不符合，则相应分项不得分。	
5.4	热值差管理	10	(1) 制订入厂、入炉煤热值差管理措施。 (2) 厂内入厂、入炉煤热值差在 418kJ/kg 以内。 (3) 当期热值差超限时，召开专题会进行分析，制订整改措施并有分析报告	本项共 4 分。未制订相关整改措施，本项不得分。 本项共 2 分。热值差超限，本项不得分。 本项共 4 分。热值差超限时，未召开专题会综合分析，制订整改措施并有分析报告，本项不得分。	
5.5	盘点管理	15			
5.5.1	燃料盘点组织	5	(1) 查阅文件，是否建立相关制度，设置盘煤工作小组。工作小组成员由生产部、燃料部、供应部、财务部及监审室等人员组成。 (2) 查阅盘点报告，每月底是否对存煤和存油进行盘点	本项共 2 分。未成立盘煤小组本项不得分；盘煤小组涵盖的部门不全本项扣 1 分。 本项共 3 分。每月底未进行盘点工作本项不得分	

续表

序号	项目	标准分	查评方法及内容	评分标准及办法	备注
5.5.2	燃煤盘点	5	(1) 查阅盘点报告;存煤盘点由生产部组织、燃料部负责实施、供应部、财务部及监审部派人共同见证全过程;如有厂外存煤,也要进行盘点并将结果附在当月盘煤报告中。 (2) 盘点完成后由燃料部将盘煤报告报生产部,生产部负责对相关供的燃料盘点报告,形成月度燃料盘点报告,提出处理意见,会签各相关部门后,报厂领导批准实施	本项共3分。每月底未盘点或实施过程发生不符合,本项扣1~3分;盘点报告未按要求进行审核,本项扣1~2分。 本项共2分。盘点报告未按要求会签,本项不得分	
5.5.3	燃油盘点	5	(1) 查阅盘点报告,生产部应根据测量油罐的实际储油量及当月进油、耗用统计数据,完成燃油盘点并形成经会签的盘点报告。 (2) 查阅盘点报告,生产部应根据测量油罐的实际储油量及当月进油、耗用统计数据,完成燃油盘点并形成经会签的盘点报告	本项共3分。每月底未盘点或实施过程发生不符合,本项不得分;盘点报告未按要求进行审核,本项扣1~2分。 本项共2分。盘点报告未按要求会签,本项不得分	
5.6	燃料盘点差异管理	10	(1) 查阅盘点报告,实盘数结果如与账面数如有差异,需列差异及差异原因。 (2)(油) 查阅盘点报告,每月盘点差异数量在月末存煤量1%以内时,可以不予调整;量1%以上时,必须在盘点报告中列明,报厂长批准后,转财务部做账务处理,但每季末无论盘点差异数量多少,均需调整财务账目。 (3) 查阅盘点报告,年末盘点时,盈亏煤在2万t及以下时,处理要求同上一条。 (4) 查阅盘点报告,盘亏煤在2万t及以上时,必须在每季度最后一个月的5日前将盘点报告及差异原因上报上级公司批准;在批复之前不得进行账务处理,必须待正式批复意见下达后才能进行账务处理	本项共4分。未分析差异原因,本项不得分。 本项共2分。财务未及时进行处理,本项不得分。 本项共2分。财务未及时进行处理,本项不得分。 本项共2分。账务处理前未上报上级公司批准,本项不得分	

续表

序号	项目	标准分	查评方法及内容	评分标准及办法	备注
			(1) 制订控制海进江、海转陆等煤炭质量损耗的管理措施。	本项共 5 分。未制订制度本项不得分。	
			(2) 在交货海港、码头、电厂必须监装、全程参与发出港第三方数质量核定，保证发出港装箱数质量准确。海轮损耗整制在 0.1% 以下；海江轮过驳损耗 0.1% 以下。	本项共 2 分。海进江煤损耗超过标准，本项不得分；未进行监装或记录不全，本项扣 1~2 分。	
5.7	运煤管理	10	(3) 煤船、车在中转港口装船完毕，必须对煤堆做记号、照相、盖雨布，打铅封并办好其他手续后发船，发车、煤船、车到达电厂码头或站场上位后再由验收人员核对发出港相关信息，确认煤船、煤堆途中无明显"动"过的痕迹后方可开卸	本项共 3 分。发、到货煤船数据、信息记录不全，本项扣 1~2 分。	
6	入炉煤管理	30	(1) 现场查看，是否配备 2 套入炉煤计量装置，并根据实际情况指定其中之一的计量作为计算电厂燃煤耗用量，另一个计量装置则作为校验。	本项共 3 分。未按要求配备两套计量装置，本项扣 2 分。没有校验计量装置扣 1 分。	
			(2) 入炉煤是否实行分炉计量，以便真实、客观反映每台锅炉的运行情况，为统计分析单台机组的技术经济指标提供依据。	本项共 2 分。未实现分炉计量，本项不得分。	
6.1	计量管理	10	(3) 入炉煤计量装置的精度是否达到设计标准，定期进行校验，并有校验报告。生产部是否对燃料入炉计量设备进行定期校验和使用状况进行监督。	本项共 3 分。未定期进行校验本项不得分；无校验报告或精度达不到要求，本项扣 1~3 分。	
			(4) 设备归口管理部门是否定期对入炉计量设备进行维护；是否有运行台账	本项共 2 分。未进行维护本项不得分；无运行台账或记录不全，本项扣 1~2 分	

序号	项目	标准分	查评方法及内容	评分标准及办法	备注
6.2	检质管理	10	(1) 现场查看，是否配备符合国家标准的入炉煤自动采样装置。 (2) 是否按 GB/T 19494.1—2004《煤炭机械化采样》第 1 部分：采样方法》标准的要求进行采样。 (3) 查阅记录，当机械采样装置发生故障时，是否严格按标准 GB/T 475—2008《商品煤样人工采取方法》的要求进行人工采样。 (4) 现场查看，所采煤样是否及时封装人密封的集样桶中进行密封，编号并做好相应的采样记录。 (5) 查阅记录，入炉煤样是否及时制备、制备完成后是否及时将样品送化验室。 (6) 化验室接到制煤样品后，是否立即进行样品称重、化验。化验完成后，将当天入炉煤的几个采样单元来样结果进行加权平均出全天入炉煤的指标。 (7) 采样装置运行中是否进行定期巡视检查并做好记录	本项共 2 分。计量设备不符合国家标准本项不得分。 本项共 1 分。机械采样不符合标准要求本项不得分。 本项共 1 分。人工采样不符合标准要求本项不得分。 本项共 1 分。集样桶密封性能不良本项不得分。 本项共 2 分。煤样未及时制备并将样品送化验室本项不得分。 本项共 2 分。煤样未及时称重、化验、发生 1 次本项扣 1 分。 本项共 1 分。运行中未巡视检查、记录台账不全，本项不得分	
6.3	掺烧管理	10	(1) 查看文件，电厂是否按照上级公司的要求，建立配煤掺烧管理制度。成立由生产副厂长担任组长的配煤掺烧工作小组，成员由生产部、运行部、燃料部、运行部等人员组成。 (2) 查看记录，掺配办公室是否依据次日预计负荷，锅炉燃烧、煤场存煤、后续来煤和排放等情况每天制订入炉煤掺配方案，并交由燃料部执行。 (3) 查看记录，燃料部是否严格执行掺配方案，不得擅自更改配煤方式；若因客观因素影响，导致配煤方案无法执行，燃运班长需及时汇报值长和燃料部运行专工，并按照新的掺配方案变更指令执行。 (4) 查看掺烧和报告，是否有掺烧记录；每月生产部是否牵头对经济煤种进行评估，新煤种掺烧是否有燃烧试验记录	本项共 3 分。无相关制度或未成立相关管理机构本项不得分；管理机构未涵盖相关部门，本项扣 1～3 分。 本项共 2 分。无配煤掺烧方案本项不得分。 本项共 2 分。掺配方案的变更未经值长同意，发生 1 次本项不得分。 本项共 2 分。掺烧记录不全，本项扣 1～2 分；月度未经经济煤种评估，缺 1 份报告本项不得分；新煤种无燃烧试验记录，本项扣 1～2 分	

续表

序号	项目	标准分	查评方法及内容	评分标准及办法	备注
7	燃油管理	20			
7.1	燃油采购管理	5	查阅记录，按照上级公司的要求，制订燃油采购管理制度，规范燃油采购管理工作。采购严格按照厂内控要求，监督到位，采购过程中无舞弊现象发生	本项共5分，发生不符合，本项扣1～5分	
7.2	燃油作业管理	5	(1) 制订和完善油库安全文明生产措施。 (2) 制订和完善"燃油接卸管理措施"。 (3) 现场查看，工作区域照明、消防设备是否合理完备	本项共2分。未严格执行《电业行业安全规程》或无油库安全文明生产措施，本项不得分。 本项共1分。无消防措施，本项不得分。 本项共1分，发现区域内照明缺陷或消防设施不全，本项不得分	
7.3	燃油验收管理	10	(1) 查阅记录，化验人员是否对到厂油罐车取样检验。 (2) 查阅化验单，燃油采样与化验是否执行GB/T 4756—1998《石油液体手工取样法》和 GB/T 1884—2000《原油和石油产品密度实验室测定法》。 (3) 查阅记录燃油检验是否在一个工作日内完成。 (4) 燃料监察审计管理工作小组成员某部门人员是否同对油罐车检验数据进行见证，并做好监督记录。 (5) 查阅记录，是否在运行部检验人员通知合格后，方进行卸油作业。 (6) 查阅记录卸油数据。油质取样规范、化验项目齐全、相关人员详细记录卸油数据并录入系统信息管理系统	本项共1分。未检验本项不得分。 本项共1分。检验不规范本项不得分。 本项共1分，未在1个工作日内完成1次，本项不得分。 本项共2分，监审工作小组未到场见证，本项不得分。 本项共2分，化验通知即开始卸油作业，发生1次本项不得分。 本项共2分，记录不全，取样不规范，化验项目不全。发生1次本项扣1～2分	
8	信息化管理	50			
8.1	数据采集	20			
8.1.1	检斤数据采集	5	现场检查车辆识别器自动采集子系统、轨道衡自动采集子系统、地中衡自动采集子系统、皮带秤自动采集子系统和给煤机自动采集子系统	本项共5分，电厂按实际计重方式进行查评，每发生1项不符合，本项扣1分	
8.1.2	检质数据采集	5	(1) 现场检查煤样是否通过系统自动产生的条码或采制化三级编码进行传递。 (2) 现场查入厂煤化验数据自动采集的审核确认记录；抽查手工录入(或导入)系统化验数据的审核确认记录。 (3) 现场查入炉煤化验数据自动采集的审核确认记录；抽查手工录入(或导入)系统化验数据的审核确认记录	本项共5分，电厂按实际计重方式进行查评，每发生1项不符合，本项扣2分，直至本项完成为止	

续表

序号	项目	标准分	查评方法及内容	评分标准及办法	备注
8.2	应用系统管理	25			
8.2.1	燃料全过程管理系统	10	(1) 检查管理系统是否涵盖燃料管理的全过程。 (2) 检查负责系统管理的专 (兼) 职信息人员职责是否存在不相符情况。 (3) 检查是否对应用系统、数据库、服务器进行了有效管理	管理系统未能涵盖燃料管理的全过程，扣 5 分。 职责出现不相符情况，扣 2 分。 用户口令策略的设置，用户权限变更等管理发生不符合，扣 1 分；数据库管理发生不符合，扣 1 分；服务器管理发生不符合，直至本项扣完为止	
8.2.2	工业电视监控系统	10	(1) 检查工业电视监控系统是否涵盖燃料管理的全过程。 (2) 检查是否对工业电视监控系统用户账号和客户端安装程序进行了有效管理。 (3) 检查是否对工业电视监控系统服务器进行了有效管理。 (4) 检查是否对监控录像数据的备份进行了有效管理	监控摄像头设置不合理，未能对采样室、制样室、化验室和存样室内的实现全方位监控，扣 2 分。 未设置专门的工业电视监控门的客户端管理发生不符合，扣 2 分。 服务器管理发生不符合，扣 2 分。系统账号管理发生不符合，扣 3 分。 监控录像资料的管理发生不符合，扣 3 分。	
8.2.3	门禁管理系统	5	(1) 检查门禁管理系统是否涵盖燃料采样室、制样室和存样室等重要敏感部位。 (2) 检查是否对门禁系统用户账号、准入时间段、出入记录、数据备份等进行了有效管理	系统未涵盖燃料采样室、制样室和存样室，扣 1~2 分。 系统账号、准入时间段设置、出入记录发生不符合，数据备份等管理发生不符合，扣 1~3 分。	
8.3	信息系统及数据异常处置	5	(1) 检查异常分析及处置报告和应急预案及演练记录。 (2) 检查燃料信息数据异常后的数据恢复步骤及流程。 (3) 检查是否定期对信息系统的相关记录数据进行抽查，对违规情况进行考核	燃料信息系统出现异常时，未对异常原因进行及时分析和评估，未形成相关的数据异常分析报告，未有相应的应急预案及演练，扣 1~3 分。 当信息系统故障或人工录入错误而导致数据出现异常时，未有相关的恢复记录和审批手续，扣 1~2 分。 未定期对信息系统相关记录数据进行抽查，对违规情况未进行考核，扣 1~2 分	

续表

序号	项目	标准分	查评方法及内容	评分标准及办法	备注
9	效能监察	20	(1) 成立燃料监察审计工作小组，对燃料管理的各个环节和流程实施具体的效能监察管理。	本项共 3 分，未成立燃料监察审计工作小组或相应机构不得分；燃料监察范围未涵盖燃料全过程实施计划，无全年监察计划或当年月度实施计划，本项扣 1~2 分。	
			(2) 定期开展从业人员的警示教育，敏感岗位人员还须签订廉洁从业承诺书，定期抽查燃料管理腐败风险点防控情况。	本项共 3 分，未开展警示教育本项不得分；敏感岗位未签订廉洁从业承诺书，缺 1 人次扣本项 1 分，直至本项扣完为止。	
			(3) 定期抽检入厂入炉煤的样本，并与初检结果对比分析，若其差异超过规定值，需对其进行分析原因。	本项共 2 分，未开展此项工作，本项不得分。	
			(4) 制订燃料舞弊防范措施，提倡全员监督，对主动举报人员给予奖励并严厉考核舞弊人员	本项共 2 分，无对应措施，本项不得分	
9.1	管理要求	10	(1) 监审部门对燃料管理效能监察中发现的问题和不足，需及时下达"监察整改建议书"，并督促限期整改，对触及违纪违规的行为事实，需作出监察处分决定，情节严重的，需移交公安机关依法处理。	本项共 5 分，未对整改建议整改 1 次，本项扣 2 分；情节严重的行为事实未作监察处分 1 次，本项不得分。	
			(2) 监审部门对监察建议或监察决定的执行情况进行跟踪检查、督促落实，并及时将监察结果、整改情况汇报上级领导	本项共 5 分，未进行跟踪检查 1 次，本项扣 3 分，直至本项扣完为止	
9.2	整改措施	10			

287

第八章 节油量的监督

第一节 煤粉锅炉节油的主要措施

石油是国民经济发展的基础，在我国的能源构成中占有重要的战略地位，随着我国国民经济的飞速发展．对石油的需求急剧增加。电力行业是石油使用大户。每年耗油占全国耗油量的 20%～30%，其中很大部分用于火力发电厂机组的启、停及低负荷稳燃。

一、影响用油量的因素

1. 影响助燃用油量的因素

（1）煤炭质量差，偏离设计值太多。随着国内电煤供应形势的日益紧张，越来越多的电厂在生产运行时很难燃用设计煤种，加之供煤和配煤系统中尚存在不完善之处，使锅炉燃煤种类变化很大；总的趋势是灰分不断升高、热值不断降低。燃用非设计煤种，不仅影响机组的带负荷能力、使供电煤耗率上升、设备磨损加剧，引发的设备缺陷明显增多，增加了助燃用油。

（2）夜间调峰较深，锅炉负荷低于最低稳燃负荷。

（3）锅炉制粉设备事故、异常。例如对于 300MW 锅炉制粉系统设计为乏气送粉时，2 台排粉机出口的乏气作为一次风。输送煤粉由 12 台给粉机通过上、中、下三层 12 只燃烧器进入炉膛，每台排粉机对应 6 台给粉机，其中甲排粉机对应中层 4 台和上层 2 台给粉机，乙排粉机对应下层 4 台和上层 2 台给粉机。正常情况下 2 台排粉机一直保持运行，当任一台排粉机出现问题时，对应的 6 台给粉机不能投用，锅炉只剩余 6 台给粉机运行，不但负荷要降低一半，而锅炉燃烧将出现不稳定，随时都有灭火的可能。为了保证锅炉燃烧稳定不发生灭火，必须投油稳燃，每只大油枪出力是 0.5t/h，遇到煤质差，4 支油枪需全部投入，那么每小时需要耗油 2t。

（4）锅炉运行人员操作失误。

（5）机组甩负荷，锅炉处于异常状态。

（6）锅炉结焦、掉渣等引起的锅炉燃烧不稳。

（7）燃烧器型式。我国电厂早期开发出的新型燃烧器主要以低负荷稳燃为主，最初是华中工学院的钝体燃烧器，即利用安装在燃烧器出口的 V 形钝体结构产生能够稳定燃烧的三高区，使锅炉负荷进一步降低不投油稳燃，但存在钝体结焦烧损等问题。之后清华大学研制出船体燃烧器和富集型燃烧器，东南大学研制出花瓣燃烧器等，其原理大同小异，这些燃烧器为电厂调峰或低负荷稳燃过程的节油发挥了一定的作用。20 世纪 80 年代末，一些大专院校开始借鉴美国 WR 燃烧技术和日本的 PM 燃烧技术研究煤粉浓淡燃烧器。最先开发的是西安交通大学的向火侧浓淡燃烧器，随后是浙江大学开发的大量程浓稀相煤粉燃烧器，特别是哈尔滨工业大学自主研制的径向浓淡煤粉燃烧器，在锅炉的低负荷稳燃节油以及低氮氧化物排放中起到了很大的作用。20 世纪 90 年代，原西北电力试验研究院开发研制成功"煤粉直接点火燃烧器"，利用钝体稳燃和分级燃烧技术，先在燃烧管内用小油枪点燃少量煤粉，形成初级火焰，再点燃其余煤粉，从而达到节约点火及稳燃用油的目的，节油率存 60%～70%，该技术在全国得到了广泛应用。

2. 影响点火用油量的因素

（1）机组容量。机组容量越大，其燃油消耗率越小；但是机组容量的增大，每台机组点火的绝对用油量，则随机组容量增大而逐渐增大，见表 8-1。

表 8-1　　　　　　　　　　　　2004 年火电厂耗油状况调查

机组容量 （MW）	机组台数 （台）	点火用油 [t/（台·年）]	助燃用油 [t/（台·年）]	总用油 [t/（台·年）]	燃油耗率 [t/（MW·a）]	总耗油量 （t/a）
100	153	136.9	236.0	372.9	3.73	57 054
200	139	244.4	450.1	694.5	3.47	96 536
300	214	374.3	424.8	799.1	2.66	171 009
600	42	605.0	392.0	997.0	1.66	41 874

（2）点火方式。锅炉点火及助燃油有轻柴油、重柴油、渣油等，由于重油的黏度高，冬季或低温下运输时需要伴热，因而现在基本采用轻油点火及助燃。大、中型锅炉一般采用三种点火方式：

1）油枪点火：油枪直接点燃经过雾化（蒸汽雾化、压缩空气雾化或机械雾化）的轻柴油，稳燃后再投入煤粉。每根油枪的额定出力为 500～2500kg/h 不等，根据需要配置。

2）微油点火：将油枪由原来布置在二次风喷口内移至一次风喷口内，同时油枪火焰喷入位置移至燃烧器内部。首先利用压缩空气的高速射程将高能气化油枪的燃料油直接击碎，雾化成超细油滴进行燃烧，同时用燃烧产生的热量对燃料油进行初期加热、扩容，在极短的时间内完成油滴的蒸发汽化，使油枪在正常燃烧过程中直接燃烧气体燃料，从而大大提高燃烧效率及火焰温度，并急剧缩短燃烧时间。汽化燃烧后的火焰，中心温度高达 1500～2000℃，它作为高温火焰在煤粉燃烧器内快速点燃一级煤粉，利用煤粉燃烧自身的热量再去引燃更多的煤粉，最终达到点燃大量煤粉的目的。微油点火技术可以使点火油枪的出力达到 20～100kg/h。正常启停一次耗油约 2～3t，使用微油点火技术可以节油 70% 以上，投资总额仅为等离子点火装置 1/3。该技术由黑龙江电力科学研究院 2001 年开发研制成功，先后在不同容量煤粉锅炉的直流主燃烧器、旋流主燃烧器、点火燃烧器等位置进行改造并获得圆满成功。特别适用于已经安装燃油系统需要后期改造的锅炉。

3）等离子点火：等离子点火装置的基本原理是以大功率等离子体直接点燃煤粉。等离子装置利用直流电流（280～350A）在介质气压 0.01～0.03MPa 的条件下产生高温电弧，并在强磁场下获得稳定功率的直流空气等离子体。该等离子体在燃烧器的一次燃烧筒中形成温度大于 4000～5000K 的梯度极大的局部高温区，煤粉颗粒通过该等离子"火核"受到高温作用，在 1～3ms 内迅速释放出挥发物，并使煤粉颗粒破裂粉碎，从而迅速燃烧。反应是在气相中进行，使混合物组分的颗粒发生了变化，因而使煤粉的燃烧速度加快，大大减少了使煤粉燃烧所需的引燃能量。正常启停基本上不耗油，特别适用于新建、扩建的锅炉；但是主要消耗件阴极板使用 100h 需要更换。该技术由烟台龙源电力技术有限公司开发成功，使用等离子点火技术可以节油 80% 以上。

（3）常规油枪出力大，燃油雾化效果差，燃烧效率低。

（4）机组非停次数增加，造成启停油耗大。

（5）燃油计量装置误差大。

（6）汽轮机本体问题。冷态启动耗油量大，热态启动耗油量少。冷态启动前锅炉和汽轮机的各部件温度接近环境温度，锅炉升温升压、汽轮机暖机需要一定的时间，油枪投用时间长；尤其是检修后的机组冷态启动过程中，发电机和汽轮机需要做多项试验，锅炉需要校验安全阀，启动故障也较多，油枪投用时间更长。根据逻辑组态规定：机组冷态启动方式下使用油枪点火升压一直到并网负荷≥30%，才允许启动磨煤机投粉运行，这种启动方式燃油消耗量很大。

二、减少用油量的主要措施

1. 减少助燃用油量的主要措施

（1）加强运行监督和现场看火，及时根据仪表指示的变化情况进行燃烧调整，以保证燃烧工况良好。

（2）防止断煤粉、断风的现象发生，一旦发现应及时处理，防止扩大。

（3）由于电站燃煤市场日趋紧张，锅炉很难保证燃用设计煤种，这就导致锅炉燃烧稳定性受到一定影响，增加了稳燃用油量。因此应注意煤种变化，做到随变随调。如果煤质明显变化要及时通知司炉和值长，并及时调整掺配煤的比例和煤种，杜绝由于燃烧恶化而投油助燃现象。

（4）吹灰、除焦一定要取得司炉的密切配合，并按运行规程进行操作。

（5）尽量减少锅炉结焦、避免落焦等外部、内部干扰，以免造成锅炉灭火。

（6）保证风煤配合适当，以及一、二次风的风速风比适当。

（7）加强设备治理，缩短因燃烧不稳而投油的时间。由于锅炉设备问题导致的低负荷稳燃能力差、火焰监测系统可靠性差等现象，会直接引起锅炉稳燃用油量的增加。可以通过燃烧器改造等技术手段，提高锅炉稳燃性能。对燃用劣质煤，敷设稳燃带可以提高炉内温度水平，改善锅炉低负荷的稳燃条件。

（8）选择合适的燃烧器，钝体类燃烧器（华中理工大学）、水平浓淡燃烧器（美国技术）、煤粉浓缩预热型燃烧器（清华大学），提高稳燃能力。

（9）机组大小修过程中，加强主辅机设备的检修质量，降低设备故障率，减少因此可能发生的助燃油量。加强设备维护，减少机组低负荷投油消缺次数。若必须在低负荷投油消缺时，应统计所有需要低负荷消除的缺陷，尽量放在一次低负荷投油消缺中完成。

（10）根据煤质情况，在满足带负荷的前提下尽量将煤粉磨细，一方面可以降低飞灰可燃物，提高锅炉效率；另一方面可增强炉内燃烧稳定性，减少助燃油消耗。

（11）根据试验缩小油枪雾化片直径。安徽洛河发电厂 300MW 机组采用双炉膛 UP 型直流锅炉。经过测算和多次试验，将助燃用 4 支油枪雾化片直径由 ϕ4mm 更换 4 支 ϕ1.8mm 油枪雾化片，这样每小时助燃用油量减少 80%。

（12）对于燃油滤网、油枪喷嘴存在堵塞现象，建议检修专业每月进行定期清理，确保燃油系统良好备用。同时提高检修质量，解决油枪三通阀不严密、油枪本体卡涩进退不到位等问题，确保油枪正常备用。

2. 减少点火用油量的措施

（1）逐步推行机组状态检修，以减少机组大、小修次数，节约机组点火、停炉用油。应全面实施检修作业的标准化，提高机组检修质量，降低机组非计划停运次数。

（2）积极采用小油枪点火技术、微油点火、等离子点火等方式，对现有的点火燃油系统进行改造，以节约大量点火用油量。设计时油枪出力之和一般为锅炉 30% 额定负荷，可以将点火大出力油枪改造为小出力油枪。某电厂两台 300MW 机组将原机械雾化出力为 1.7t/h 改为 0.8t/h 蒸汽雾化油枪，而油枪总数量没有增加，完全可以满足冷态启动需要。

（3）防止跑油、漏油。往往在投油中，由于油枪缺陷造成漏油，撤出油枪时油枪未退出，油阀实际未关，造成向炉内喷油等。因此在投油和撤出油枪时一定要从操作画面和就地检查，确认油枪退出到位，油阀严密不泄漏。

（4）加强运行管理，积极采用有利于节油的机组启动方式。

1）加强机组冷态启动的组织工作。主要是机组启动前进行必要的准备工作，主要是设备和系统启动前的试验和连锁必须试验正常，防止启动过程中出现设备不能正常投入，而延长启动时间。同时，检修维护人员应在现场待命，随时应对设备故障情况，做好油枪的试投工作，防止油枪燃烧不稳而灭火；重点是制粉系统设备，包括风门、挡板等设备会影响机组投粉，影响机组燃油耗量。

2）采用邻炉热风烘炉或底部加热方式。锅炉底部加热系统汽源取自汽轮机辅助蒸汽联箱。在加热之初要严格控制加热的用汽量，加热也要按规定的升温、升压来进行，这样做的好处是，汽包和炉管金属膨胀表现良好。当达到一定的温度之后（大约 60℃），就可以投入邻炉炉底的高温高压蒸汽，或加大进汽量。同时加快升温的速度，等汽包的壁温达到 100℃ 后，再使用投油加热的方法，这样到冲转的条件就简单了。这个过程大大缩短了投油的时间，节约了成本。当然，及时地投入炉底加热好处非常多，不但可以节油，还能提高炉膛的温度，除冷热不均而造成的热应力 同时也避免了因热应力拉伤或是拉裂焊口，稳定燃烧，缩短了锅炉启动的时间。

由于锅炉底部加热系统汽源——辅助蒸汽联箱，需要经过机侧一道电动总门引至锅炉零米后经一只手动止阀，一只止回阀和一只电动截止阀后进入炉底加热联箱，分 20 几个循环回路引入水冷壁下集箱，每个支路有一个手动截止阀。

为了克服这些管道阻力，要求炉底加热蒸汽压力至少在 1.0MPa 以上，而实际运行中有的锅炉辅助蒸汽联箱压力仅为 0.5～0.7MPa，温度为 300～320℃，显然不能满足炉底加热系统的正常投入。因此建议锅炉底部加热系统汽源由辅助蒸汽联箱改为邻机再热冷段提供，以保证炉底加热系统的安全投运。炉底加热系统进行改造后，可以提高加热效果，大大缩短机组启动时间，节油效果非常显著。

传统的邻炉加热一般都是采用邻炉的蒸汽进行底部加热，这种方式出于安全考虑，一般都需在投退加热时装拆堵板，比较费时，现场应用受到限制。而采用邻炉热风加热就没有这些问题，只需将两台机组的热风箱之间用管道加装风门，即可很方便地实现邻炉加热，可以在锅炉上水之前就开始加热，边上水边加热，节约大量的时间。

3）采用冷态滑参数的启动方式。机组能充分利用低压、低温蒸汽均匀加热汽轮机转子和汽缸，减少了热应力，锅炉过、再热器的冷却条件亦得到改善。而且锅炉和汽轮机同时启动，以缩短用油点火加热、升压的初期阶段，缩短了整机启动时间，减少燃油消耗。

4）对于汽包锅炉来说，汽包上水时，在汽包壁温差允许的情况下，尽量提高除氧器给水温度，保证省煤器出口给水温度高于汽包壁温 20～30℃，缩短汽包起压时间，利于机组启动过程中节油。

5）采用优质煤升炉。机组在冷态启动前，一般选择某台磨煤机上挥发分和发热量较高的煤种。一般干燥无灰基挥发分在 25% 以上，低位发热量在 21 000kJ/kg 以上比较合适。主要是这种煤的挥发分较高容易着火，发热量较高使锅炉的炉膛温度上升较快，为提前投粉创造了条件。经验表明，这种方式对降低机组冷态启动油耗起了非常重要的作用。

6）通过技术改进，缩短汽轮机侧暖机时间。例如提高轴封蒸汽压力，适当开启轴封疏水门以提高轴封蒸汽温度，适当提高凝汽器压力以减少外界冷空气吸入等，使汽轮机侧暖机时间缩短。

7）锅炉启动时尽早启磨。锅炉启动过程中，当热风温度达到启磨煤机条件后，及时启动磨煤机运行，启动磨煤机后可保持磨煤机上层或下层四支油枪助燃。加大磨煤机相邻辅助风量，以保证煤粉和油火焰的充分混合。投粉初期可给最小煤量，根据升温升压要求逐渐增加煤量。另外，要进行对火检正常的检查维护，保证火检信号的正常，为及时投油投粉提供保障。

8）机组温、热态启动节油措施主要是提前投入煤粉燃烧。在冷态启动中，由于锅炉维持低负荷时间较长，相应炉内燃烧强度及炉膛火焰温度均较低，投粉过早、粉量过多很容易造成炉膛燃烧不充分，使火焰中心上移，锅炉升压快，主蒸汽温度、再热蒸汽温度难以控制。在机组温、热态启动中，可以根据蒸汽温度、蒸汽压力及汽轮机胀差情况，将启磨煤机投粉时间提前到机组冲转前。投粉后即进行汽轮机冲转、发电机并网操作，既加快了机组负荷速度，同时也节省了燃油。

9）启动结束要及时退出油枪。根据机组负荷情况，一般50％额定负荷时基本上可以退出油枪，同时要密切关注炉膛温度和排烟温度，确保退油后煤粉能够燃尽，不至于产生二次燃烧等问题。

10）某些锅炉微油燃烧器使用过程出现点火能量不够问题，导致锅炉冷态启动中需要大油枪支持，建议进行改造，以提高微油燃烧器使用的可靠性。

（5）加强运行管理，积极采用有利于节油的机组停止方式。

1）机组正常停止运行时，应尽量采用滑参数停机，以减少启、停用油量。

2）锅炉停止时的节油措施：以300MW的机组（配五台磨）为例说明锅炉停止时的节油措施。若机组停运的时间较长，则需要把原煤仓的煤粉拉空。尤其是在直吹式的制粉系统当中，对原有的煤仓进行合理的配煤，以确保机组在最低的负荷（40％左右的额定负荷）之下进行投油。在开始停机前要做好响应的准备，对于上层的磨煤机要停止上煤或是少上煤，对于下面的两台磨煤机则要求上一些煤质比较好的煤。在停炉之前要烧空上层的一台或是两台磨原煤仓的煤量（这个量则是根据机组的负荷要求来决定）；在200MW时就运行下层或是中间的三台磨煤机；在120MW左右时，要在最低负荷之时运行下层的两台磨煤机，具体根据燃烧的状态投油，而后则根据降温、降压的要求来逐渐的拉空另外的两台磨煤机。在此期间可以根据实际情况来对后来停运的原煤仓补充少许的煤。进行合理的配煤和燃烧，不但可以集中煤粉的浓度，还有利于燃烧，同时保证火检的正常，并且能够节油一半以上，取得较好的经济效益。

（6）进一步加强燃油计量管理工作，每台锅炉均应装设燃油流量表，保证能单独计量、考核单炉用油量，并定期校验，确保误差在允许范围内。

（7）应从电厂设计、设备选型、施工、检修及运行等全过程加强节油管理，使节油工作取得实质性进展。采用新技术，装设新型燃烧器。

第二节　流化床锅炉节油的主要措施

大型循环流化床锅炉一般采用床上床下联合点火助燃系统，一台锅炉共配置2台床下点火燃烧器和8支炉膛助燃油枪，每一侧风道内安装1台点火燃烧器，每台点火燃烧器内安装2支油枪，每支油枪的额定出力为2000kg/h。

一、影响循环流化床锅炉启功油耗的主要因素

影响循环流化床锅炉启功油耗的主要因素如下。

1. 床料的选取与用量

循环流化床点火首先要添加床料，在添加床料时，必须要做好床料粒径的合理选取以及所需添加的床料量。对循环流化床来说，不同粒径床料的在锅炉点火燃烧过程中起着不同的作用。大颗粒床料主要集中在炉膛下部，起稳燃的作用，细颗粒的床料随一次风向上运动与炉膛上部的受热面发生热交换，实现锅炉的升温、升压，所以床料的粒径以及比例对炉温的提升以及机组的启动时间至关重要。另外，床料量的大小也是制约点火启动的一项重要指标，床料厚，一次风机电耗增加，床温升速慢，而且在同等运行工况下，最终的床料温度偏低，不利于锅炉的快速投煤；

床料薄，一次风机电耗减少，床料升温较快，但床料太少，炉膛蓄热量小，投煤不容易着火，且锅炉升温、升压较慢，启动时间长。

2. 风量的调节

锅炉床温的提升主要靠风道燃烧器的油枪加热一次风，热一次风通过床面时加热床料升温。但是一次风的用量又受风道燃烧器温度、循环流化床最低临界流化风量的影响。一次风用量大，可保障风道燃烧器安全，但炉膛下部的热量随大量的一次风携带至炉膛上部，从而减慢床温的升速，床温就会降低。床温低又达不到投煤温度，势必要增加油枪的出力，加大耗油量。一次风量小，风道燃烧器存在超温的风险，但床温蓄热量大，升温快，从而缩短了启动时间，减少了锅炉的启动用油量。所以在锅炉点火启动时，一次风量的大小存在一个较佳的风量，在保证循环流化床流化及风道燃烧器安全的前提下，尽量减少一次风量。

3. 投煤点和撤油枪时机的选取

在锅炉点火过程中，投煤与撤油枪的迟早直接影响本次启动的油耗，对机组启动能耗的大小至关重要。早投煤，机组启动时间短，油耗低。但由于早投煤，锅炉床温低，煤的燃烬率低，床料里堆煤严重，当床温升高时，会引发爆燃与低温结焦，严重影响机组的安全运行；反之，机组启动时间长，油耗高，但由于投煤较晚，锅炉床温高，煤的燃尽率高，不易引发锅炉爆燃、低温结焦等安全运行性问题。

撤油枪的迟早直接关系到点火的用油量多少，所以，投煤时间的选取一定要根据实际的煤质进行选取，不是一成不变的。同样撤油枪的时间也要根据实际的氧量变化以及煤质和床温的情况进行判断，争取提前撤油枪，降低启动油耗。

4. 煤质的保证

煤质的好坏直接影响锅炉点火过程中的投煤温度以及撤油枪的时间。入炉煤挥发分高时，适当可降低投煤温度，加速锅炉的启动；入炉煤挥发分偏低时，投煤温度较高，而且当床温较高时，升温速率慢。在实际运行中，床温升至500℃以上时，由于受风道燃烧器温度的影响，水冷风室一次风温一般为700~800℃，床温上升较慢，要满足投煤温度需要长时间使用较大油枪或者使用床上油枪才能实现。所以煤质的好坏（挥发分的高、低）对锅炉的启动油耗至关重要。

5. 温度的速率控制

循环流化床点火升温的速率控制主要考虑两个方面的原因：一是保证炉内浇筑料的升温速率要求；二是保证锅炉的升温、升压速率、锅炉膨胀以及汽包壁温差。所以，在常规点火中，锅炉的升温速率一般控制在100℃/h以内。温升主要靠调节一次风和进油压力来控制，通过开大一次风来降低温度的升温速率，温升率偏小时，锅炉启动时间长，油耗、电耗相应就会增加；反之启动能耗降低。

6. 机组启动前的准备

机组的启动是整个机、炉、电、化、热各个专业的整体配合，任何一个环节在机组启动中出现问题或拖延时间都会延长本次机组启动的启动时间，增加启动能耗。所以，在机组启动前应根据实际情况，制定合理的启动时间、启动顺序，充分做好机组启动前的各项准备以及形成统一的指挥线，为机组启动顺利进行提供保障。

二、降低循环流化床锅炉启功油耗的主要措施

1. 锅炉启动床料的选取

锅炉加入的床料越少则启动速度越快，耗油则越少，但过少的床料会引起锅炉燃烧恶化，影响锅炉的寿命。根据各厂的运行经验，加入炉膛的粒度以及床料要合理。如果加入床料的粒度粗颗粒比例大则床料损失较少，但锅炉换热不理想，过细则换热良好但床料损失大，一般维持

25%以下的极细和10%以下极粗颗粒最为合理。床料量添加800~1000mm即可。

2. 一次风量的调整和及油枪出力的选取

在调节一次风时，一次风量满足流化即可。如果在这种情况下，风道燃烧器存在超温现象，可降低油枪的出力。需要说明的是，油枪出力不是越大越好，存在一个最佳出力，每个厂可根据自己的实际情况，改变油枪的出力进行试验来确定其最佳出力。推荐300 MW等级的锅炉，单支床下油枪的出力控制在1~1.5 t/h，不宜采用2 t/h的油枪。因为采用2 t/h的油枪时，要控制风道燃烧器的温度以及床温的温升率势必要增加一次风量，获得高的床温所需时间较长，从而延长了启动时间。

3. 投煤及撤油枪时机的选取

投煤温度的选取应根据实际煤种的挥发分来确定，对于烟煤，挥发分一般在20%以上。通过实际运行来看，在床温480℃左右时，即可进行点动投煤。但投煤量一定要小，一般为单台给煤机的10%~15%，给煤时间3~5min。待氧量下降之后，停止给煤，氧量再次回升时，可执行下一次的点动给煤。如此反复，直至床温升至着火温度时，可实行小煤量的连续给煤。撤油枪一般为750 ℃左右撤第一支油枪，待床温升至800 ℃左右撤全部油枪。

4. 煤质的选取

在机组启动、锅炉点火时，尽量选用挥发分较高的煤种。在点火启动时，点火用煤的选取要求较高挥发分，发热量在12 600kJ/kg以上即可。从而降低投煤温度，缩短锅炉的启动时间，减少用油量。

5. 点火方式

在点火初期采用每侧单油枪点火，待温度上升较为缓慢后逐步投运第二支油枪。当锅炉中部平均床温上升至480℃左右时不再投运床上油枪，而是根据煤的着火点选择投煤。随着床温的上升，在维持床温上升的情况下，可逐渐减小供油压力，降低油枪出力。

6. 机组的启动安排

(1) 提前检查好油枪，清理油枪的雾化片，滤网以及高能点火器，并在点火前做好各油枪的顺控逻辑，确保各支油枪能顺利点燃，减少在点火过程处理油枪的次数。另外，外置床的投运时间也应合理安排，床温高于700 ℃时，迅速准备投运外置床。投运外置床前应适当增加热给煤量，灰控阀开度不易太大，开度为15%左右，以保证床温的稳定性。

(2) 汽轮机的配合是机组启动的关键，如何合理安排汽轮机的暖缸、冲转和带负荷是降低启动消耗和缩短启动时间的关键所在。在锅炉点火后，汽轮机进行送轴封、抽真空，待锅炉显压后，开大高、低压旁路开始拉升汽温，以保证锅炉、汽轮机前的蒸汽温度同步上升。一旦锅炉的蒸汽参数满足冲转条件即可进行冲转。从而避免了锅炉参数已经满足汽轮机的冲转要求，但由于疏水时间不够，汽轮机机前的温度还不满足冲转条件，锅炉维持燃烧，提高机前温度的现象。

第三节 节油管理制度

一、节油管理的基本要求

(1) 为加强火电厂节约用油管理、提高经济效益，根据国家有关规定，制订节油管理实施细则。

(2) 厂级节能降耗领导小组应把节油工作作为节能工作的重要组成部分，切实加强领导，严格考核。

(3) 生产技术部是节油工作的归口管理部门，负责管理电厂的节油管理和奖励工作。

（4）应从电厂设计、设备选型、施工、检修及运行等全过程加强节油工作管理，使节油工作取得实质性进展。

（5）对助燃用油进行考核，根据每月的发电量下达助燃耗油指标，分解到运行单元，同时生产技术人员经常深入到生产现场，对影响锅炉燃烧稳定需要消耗助燃用油的因素，及时查清予以解决。

（6）对机组启、停用油进行考核，根据机组冷热状态，分别制定用油标准，实行节奖超罚，及时兑现，提高运行人员的积极性。

（7）实行燃油承包制，机组正常运行时的每年燃油消耗量不得突破上级下达燃油指标。

二、燃油指标

燃油指标采用双重指标控制，既要控制年度燃油总量，又要控制每次启停用油。对于年度燃油总指标要求不超过 1200t（2×125MW＋2×300MW＋2×600MW，均为油枪点火），对于每台机组每次启停用油指标要求如下。

（1）机组冷态启动燃油指标：

1）锅炉煤粉仓无粉，或无条件从邻炉借粉，投炉底部加热，125MW 锅炉计划用油 20t/次，300MW 锅炉计划用油 40t/次，600MW 锅炉计划用油 60t/次（等离子点火锅炉计划用油 4t/次）。

2）锅炉煤粉仓有粉，或有条件从邻炉借粉，投炉底部加热，125MW 锅炉计划用油 15 t/次，300MW 锅炉计划用油 30t/次，600MW 锅炉计划用油 55t/次（等离子点火锅炉计划用油 3t/次）。

（2）机组温态启动燃油指标：

1）锅炉煤粉仓无粉，或无条件从邻炉借粉，投炉底部加热，125MW 锅炉计划用油 15 t/次，300MW 锅炉计划用油 30t/次，600MW 锅炉计划用油 50t/次（等离子点火锅炉计划用油 2t/次）。

2）锅炉煤粉仓有粉，或有条件从邻炉借粉，投炉底部加热，125MW 锅炉计划用油 10t/次，300MW 锅炉计划用油 25t/次，60MW 锅炉计划用油 40t/次（等离子点火锅炉计划用油 1t/次）。

（3）机组热态启动燃油指标：

1）锅炉煤粉仓无粉，或无条件从邻炉借粉，投炉底部加热，125MW 锅炉计划用油 8t/次，300MW 锅炉计划用油 20t/次，600MW 锅炉计划用油 35t/次（等离子点火锅炉计划用油 0.8t/次）。

2）锅炉煤粉仓有粉，或有条件从邻炉借粉，投炉底部加热，125MW 锅炉计划用油 6t/次，300MW 锅炉计划用油 18t/次，600MW 锅炉计划用油 30t/次（等离子点火锅炉计划用油 0.5t/次）。

（4）机组滑参数停运以大、小修，要求原煤仓、煤粉仓全部烧空，汽机高压内缸温度在 300℃ 以下停机，125MW 锅炉计划用油 6t/次，300MW 锅炉计划用油 18t/次，600MW 锅炉计划用油 30t/次（等离子点火锅炉计划用油 6t/次）。

（5）机组滑参数停运以临故修或备用，要求汽轮机高压内缸温度在 400℃ 以下停机，125MW 锅炉计划用油 3t/次，300MW 锅炉计划用油 6t/次，600MW 锅炉计划用油 15t/次。

（6）因机组主要辅机停运，造成 125MW 机组降出力至 40% 以下，计划助燃用油 1.0t/h；造成 300MW 机组降出力至 40% 以下，计划用油 3.0t/h。

三、检斤检质

（1）进一步加强燃油计量管理工作，每台锅炉均应装设燃油流量表，保证能单独计量、考核单炉用油量。燃油流量表要定期进行校验，保证准确计量燃油消耗量。

（2）要严格把好进油质量关，落实采购、运输、化验、计量和卸油的全过程的人员责任。保证进油的质量和数量，不合格的燃油坚决予以退回。

（3）汽车进油到厂后应履行报厂手续，燃料供应人员、采制人员认真核对进油车数、油车车号、油品、进油吨位等数据，承运人员需提供发油单位的汽车装油计量单等原始单据，装油计量单应有发油人员的签名认可。

（4）燃油到厂后，由采制、化验人员共同进行取样、测水。检质人员应打开每辆油罐车顶部的空气阀，用涂有测水膏的油标尺伸进车厢内进行测水试验，如测水膏变红，拒绝验收。

（5）采集好的试样瓶应贴有标签，注明试样的名称、采样地点、时间及采样人员。化学人员应妥善保管试样瓶，严禁任何无关人员接近或偷换油样。

（6）采样结束后，方可进行油车重载吨位验收。燃油接卸前，采制人员应提前测量油罐的油位及积水情况，并做好记录。

（7）卸油过程中应认真做好运行仪表的监视、分析及对运行设备、管道的巡视，发现问题及时处理，防止各种泄漏及设备事故。如油车管道接口等处有少量渗油，应使用专门接油工具，严禁随地乱滴。渗油严重，应停止卸油。如遇附近发生火灾或上空有雷击时，应停止卸油。

（8）卸油结束，司机应清理现场，消除环境影响，并做好出站登记。必须每车验收空载吨位。油车空载吨位验收前，采制人员应检查车厢内是否有余油，否则不进行验收。

（9）化验合格后，由采制人员监督燃供部人员进行过磅。燃油过磅前，必须检查油罐车符合过磅条件，并检查地磅的准确性，防止因为卡涩等原因造成误差。

（10）油库值班人员应将来油的品种、验收数量及化验分析成分记录存档。

（11）油库的计量每天以油标尺（参照电子油位计）为准，为减少测量和统计的误差，定期对油库油位进行实际测量，经常保持账目与实物相符。

（12）对入厂燃油应按有关规定进行取样、制样。对燃油油样的油质应按有关规定进行化学分析、监督。主要项目包括：燃油的发热量、比重、水分、含硫量、闪点、黏度（运动或恩氏）等。

（13）燃油配置的油量和油质计量分析表计应完好，并满足检斤、检质的要求。

（14）一级计量器具的配备率、检斤和检质率均应达到100％。一级用油计量器具是指：进厂油的计量器具，即秤重油卸车的地磅秤、油质化验分析表计。

（15）二级计量器具的配备率、检斤和检质率均达100％。二级用油计量器具是指：入炉耗油量的计量器具，即油库、油箱的油位计（油标尺）和油质化验分析表计等。

（16）三级用油计量器具是指：各单台锅炉耗油量的计量表计，同时可采用油枪单位时间耗油量乘以油枪投运时间的方法，计算助燃和点火用油量，用于开展运行人员节约用油竞赛。

（17）每月应进行燃油盘点，并做好记录工作。

（18）燃油盘点过程中，应认真核对燃油的进油量、耗油量、库存量等账面数量。然后进行现场实物测量，并将账面数量与实物数量进行比较，得出燃油的盘亏、盘盈。各部门相关人员认可后，在燃油盘存表上签名。

（19）对燃油盘点数量与账面数量发生误差时，应及时做好分析工作，并找出原因，制订防范措施，并由编制调整报告经分管领导批准后交财务部。

四、检修措施

（1）根据实际情况，积极采用小油枪点火技术对现有的点火燃油系统进行改造，减少锅炉点火用油。

（2）采用成熟可靠的新型燃烧器（如煤粉浓淡燃烧器）及其稳燃技术，对锅炉燃烧器等部件进行改造，提高锅炉在低负荷下的能力（最低稳定负荷应为额定工况的40％），减少助燃用油。

（3）积极鼓励开发新型的无油或少油锅炉点火技术（如等离子点火技术），并尽快推广应用。

（4）提高机组运行、检修质量，提高机组运行可靠性，减少机组非计划停运次数和降出力次数。

（5）优化机组检修策略，根据设备的安全性、可靠性和经济性的要求，采用事故性检修、预防性检修和状态性检修方式，合理安排检修间隔、检修内容，以减少机组大小修次数，减少机组启停用油。

（6）检修部门要搞好燃油系统设备的维护工作，保证油罐喷淋及设备冷却系统正常。

（7）检修人员应根据设备特性，定期清理、维护磨煤机和其他制粉设备，保证其出力。

（8）清洗油枪，防止堵塞；定期检查、更换雾化片，保证雾化质量。每周油枪逻辑校验时要严格控制泄漏量。

五、运行管理

（1）油库管理人员应严格执行运行规程和各种规章制度，做好防火保卫工作。

（2）运行部应加强运行管理，制定合理的启动、停炉操作规程。在保证机组设备安全的前提下，积极采用有利于节约用油的机组启、停方式，尽可能缩短投油时间。

（3）运行部应制定投用油枪的相关管理制度，做好油枪投、停原因及使用时间的记录。

（4）在燃煤供不应求期间，要做好劣质煤掺烧工作，在保证入炉煤质的情况下，最低稳燃负荷之上不得用油助燃。节油一定要在保证安全生产的前提下进行，不能违反运行规程盲目节油。

（5）运行人员应根据化学专业提供的油质分析报告，将入炉油料加热至合适的温度，保证油料雾化效果。

（6）锅炉投油时，油温、油压、雾化空气和雾化蒸汽压力应保持正常。燃油调节时应尽量避免油压的大幅度波动。

（7）应对制粉系统制定出合理的设备运行方式、事故处理办法，防止给粉机故障而投油枪稳燃。

（8）充分利用机组的最大连续出力和最低稳燃能力，减少机组启、停调峰次数，节约点火用油和助燃用油。

（9）有条件的机组冷态启动时，应投入锅炉底部蒸汽加热，并利用邻炉输粉，减少锅炉点火初期的用油量。

（10）在机组启动过程中，条件许可的情况下应尽可能早的投入磨煤机。

（11）加强锅炉燃烧调整试验工作，确保锅炉在最佳燃烧工况下运行。

（12）机组正常停止运行时，应尽量采用滑参数停机，减少启、停用油量。

（13）加强巡回检查，严格控制油罐温度，保证任何情况下不得高于 40℃，保证油罐喷淋系统正常，夏季气温较高时，及时投入油罐喷淋水降温。

（14）每天巡视锅炉燃油系统，保障燃油系统完好无损。机组正常情况下，停止燃油泵运行，燃油泵房值班员要严格坚守岗位，做到一旦机组需要，随时能够启动燃油泵运行。

（15）加强燃煤管理。煤质的好坏对锅炉的安全稳定运行起着非常重要的作用，发热量低或灰分高，将造成锅炉燃烧不稳。因此要确保燃煤的低位发热和灰分符合设计要求。

（16）加强油库放水责任心，轻、重油罐放水时，要密切观察，以防跑油，并做好污油池的漂油回收工作。

（17）加强运行管理，积极采用有利于节油的机组启、停方式。及时组织分析启、停机过程存在的问题和成功的经验，解决存在的问题，推广成功的经验。

六、考核

1. 燃油量统计规定

（1）机组在各种状态下的启、停，从锅炉点火投油助燃时算起，到机组负荷、参数达到停油或锅炉熄火时为止，以在此区间的耗油量为准。

（2）机组降出力消缺，从机组降到最低稳燃负荷投油助燃算起，到机组出力恢复到最低稳燃负荷以上停助燃油时为止。

（3）机组大小修后启动做各种试验所消耗的助燃油，不做统计。

（4）每次来油卸油时，运行部应认真化验，来油符合国家标准才能卸油，每月盘油时燃油放水吨数不得高于进油量的3‰，每超1t扣罚责任部门1000元。月燃油放水吨数＝上月结存油量＋当月进油量（过磅重量）－实际燃油量－月底结存油量。每次卸油过磅吨数与油罐油位计算吨数的差额应认真做好记录，燃油验收单应签字完整，月度累计差额按照全月耗油事件进行分配。

（5）燃油用的吨数、时间、原因均以当值值长记录为准，并参照机炉班长记录和油务班工记录进行核实。值长应如实填写燃油量，否则将取消该值半年节油奖励资格。

（6）机组发生故障，定期试验油枪所耗燃油，只做统计，不参加考核。

（7）机炉班长和油务值班工，要在操作记录本上认真做好燃油耗用记录、交接班油位或燃油流量计流量，若只接班油位或流量，不记交班油位或流量，则以下个班油位或流量为准，所耗油均记入上个班内。

（8）对统计耗油量弄虚作假的人员一经查出，考核责任部门。

（9）节油奖的奖惩核算报表由生产技术部负责完成，每月5日前由生产技术部负责编制耗油奖惩单，生产技术部主任审核，生产副厂长批准后报厂生产经营责任制考核委员会。

2. 奖惩方法

（1）燃油指标采用"月考核、年算账"方式进行考核，每月按照每台炉启动和停止实际耗油量与实际启停次数核算出的燃油指标计划量的差额，按照节奖超罚的原则，节油部分按现行油价的20％提成，其中60％奖励运行部，20％奖励检修部，20％奖励其他部门。烧超部分，按现油价20％并按上述比例扣罚责任部门，按月兑现。

（2）年终考核依据年度预算燃油总量指标与当年实际耗用燃油量的差额，按照节奖超罚的原则，节油部分按现行油价的30％提成直接对责任部门及相关人员进行节油奖励（其中60％奖励运行部，20％奖励检修部，20％奖励其他部门）。烧超部分，按现油价20％扣罚责任部门。

3. 责任划分

（1）由于设备维护不到位，造成机组非计划停运每年度考核指标1次/台·年，若减少一次，按10t/次对设备维护部人员进行节油奖励，年终兑现奖惩。全年增加一次，按烧超指标规定扣奖。

（2）因燃油设施的管理和维护不到位、不及时，造成燃油的损失和浪费，当值值长可根据实际情况，直接对责任部门进行考核。

（3）在锅炉燃烧波动时要及时投油助燃（煤质不好或低负荷运行时也要及时投油助燃），确保锅炉不灭火。因不及时投油助燃造成锅炉灭火，按每次扣罚责任部门奖金。

（4）机组发生耗油时，在保证机组安全运行的前提下，运行人员应积极采取措施降低耗油量，超过下列定额时，考核运行部，低于该定额时不奖励。

1）因电网深度调峰使负荷降至50％负荷以下，定额为1t/h。

2）机组异常导致负荷低于45％负荷以下，定额为5t/h；负荷低于30％负荷以下，定额为8t/h。

（5）每次来油卸油时，责任部门应认真化验，来油符合国家标准才能卸油，每月盘油时燃油放水吨数不得高于进油量的3‰，每超1t扣罚供应部奖金。月燃油放水吨数＝上月结存油量＋当月进油量（过磅重量）－实际燃油量－月底结存油量。每次卸油过磅吨数与油罐油位计算吨数的差额应认真做好记录，燃油验收单应签字完整，月度累计差额按照全月耗油事件进行分配。

（6）因低负荷稳燃不投油或投油不当造成事故时，取消本次责任部门受奖资格，并按经济责任制考核。

（7）当煤质符合要求时，因炉膛燃烧不稳及炉膛吹灰造成的耗油责任部门为运行部。

（8）当入炉煤煤质低于规定的煤质标准造成火检强度低及燃烧不稳时，所发生的耗油责任部门为燃料部。入炉煤煤质主要依据为化验室入炉煤煤质分析报告。

第九章　发电取水量的监督

第一节　火力发电取水定额管理

2002 年 12 月国家质量监督检验检疫总局颁布了 GB/T 18916.1—2002《取水定额　第 1 部分：火力发电》，规定从 2005 年 1 月起火力发电取水定额。2012 年又颁布了新修订的 GB/T 18916.1—2012《取水定额》，新标准规定年均单位发电量取水量定额指标见表 9-1。

表 9-1　　　　　　　　年均单位发电量取水量定额指标　　　　　　　　m³/MWh

机组冷却形式	单机容量<300MW	单机容量 300MW 级	单机容量 500MW 级及以上
循环冷却	≤3.20	≤2.75	≤2.40
直流冷却	≤0.79	≤0.54	≤0.46
空气冷却	≤0.95	≤0.63	≤0.53

GB/T 18916.1—2012 取水定额新标准规定单位装机容量取水量定额指标见表 9-2。

表 9-2　　　　　　　　单位装机容量取水量定额指标　　　　　　　　m³/(s·GW)

机组冷却形式	单机容量<300MW	单机容量 300 MW 级	单机容量 500 MW 级及以上
循环冷却	≤0.88	≤0.77	≤0.77
直流冷却	≤0.19	≤0.13	≤0.11
空气冷却	≤0.23	≤0.15	≤0.13

新标准与旧标准另外不同之处是：把"装机取水量"术语改为"单位装机容量取水量"；把单位发电量取水量定额分别缩小 30%～35%，把装机取水量定额分别缩小 10%。

（1）当利用城市再生水、矿井水等非常规水资源及水质较差的常规水资源时，电厂一般需要经过处理，而且处理的自用水量约为 3%～8%，为鼓励使用非常规水资源作为电厂水源，其取水量应按《取水定额》同类定额增加 10%。在计算包括再生水的单位发电量取水量时，应按下式计算

单位发电量取水量＝再生水单位发电量取水量×0.8×再生水比例＋常规水单位发电量取水量×常规水比例

（2）配备湿法脱硫系统且采用直流冷却或空气冷却的电厂，当脱硫系统采用新鲜水为工艺水时，可按实际用水量增加脱硫系统所需的水量。为了督促企业加强湿法脱硫系统的节水管理，建议湿法脱硫系统取水量不应超过 0.20kg/kWh。

（3）新标准把单位发电量取水量定义为电厂生产每单位发电量需要从各种常规水资源提取的水量。而且注明包括再生水，实际上常规水资源是指地表水和地下水，不包括再生水。GB/T 7119—2006《节水型企业评价导则》规定非常规水资源指地表水和地下水之外的其他水资源，包括海水、矿井水、苦咸水、再生水（经过再生处理的污水和废水）、空中水（雨水）等，这些水

源的特点是：不是新鲜水，但经过处理后可以再生利用。

（4）采用直流冷却系统的企业取水量不包括从江、河、湖等水体取水用于凝汽器及其他换热器开式冷却并排回原水体的水量；企业从直流冷却水（不包括海水）系统中取水用作其他用途，则该部分应计入企业取水范围。

（5）该标准仍没有说明海水和企业废水再生水（属于回用水量范畴）的计算原则。为了鼓励企业废水资源化，建议取水量不统计企业自建废水回收处理站进行废水回收利用的企业再生水量。

【例 9-1】 某电厂装机容量为 5×200MW，其中两台为空冷机组，三台为循环冷却机组。年取水量为 1980 万 t（其中中水 980 万 t），发电量为 60.0 亿 kWh，试计算该厂当年单位发电量取水量是否符合标准规定。

解： 空冷机组允许单位发电量取水量

$$V_U = \frac{V_f}{Q_U} = \frac{2 \times 200MW}{5 \times 200MW} \times 0.95 + \frac{3 \times 200MW}{5 \times 200MW} \times 3.2 = 2.3 m^3/MWh$$

对于当年中水 980 万 t，按照 80% 比例折算成新水量，则单位发电量取水量

$$V_U = \frac{V_f}{Q_U} = \frac{(1000 + 980 \times 80\%) \times 10^4 m^3}{600 \times 10^4 MWh}$$

$$= 2.97 m^3/MWh > 2.3 m^3/MWh$$

因此该厂取水量不符合 GB/T 18916.1《取水定额　第一部分：火力发电》标准规定。

【例 9-2】 某电厂欲建设两台 300MW 循环冷却方式的机组，试求其申请取水能力。

解： 根据表 9-2 装机取水量定额指标为 0.77m³/（s·GW）

由于火电厂装机取水量 $V_J = \frac{V_h}{N}$，因此热季最大取水量

$$V_h = NV_J = 2 \times 300MW \times 0.77 m^3/(s \cdot GW) = 0.462 m^3/s$$

申请取水许可证时的取水量 = 0.462m³/s = 39 916.8m³/d

第二节　节水型火力发电企业的考核

评价指标体系：

节水型火力发电企业是指采用先进适用的管理措施和节水技术，经评价用水效率达到国内同行业先进水平的火力发电厂。

用水评价指标体系包括基本要求、管理考核指标和技术考核指标。

1. 基本要求

（1）企业在新建、改建和扩建项目时，应实施节水的"三同时、四到位"制度。"三同时"即工业节水设施必须与工业主体工程同时设计、同时施工、同时投运。"四到位"即工业企业要做到用水计划到位、节水目标到位、管水制度到位、节水措施到位。

（2）严格执行国家相关取水许可制度，开采城市地下水应符合相关规定。有取用水资源的合法手续（并附批件复印件）。

（3）生活用水和生产用水分开计量，生活用水没有包费制。

（4）蒸汽冷凝水进行回用，间接冷却水和直接冷却水应重复使用。

（5）按规定进行水平衡测试（并附水平衡测试报告）。

（6）企业排水实行清污分流，排水符合 GB 8978《污水综合排放标准》的规定（并附地方环

保局证明）。

（7）没有使用国家明令淘汰的用水设备和器具。

（8）近三年没有超计划或超定额用水（并附地方节水办证明）。

2. 管理考核指标

管理考核指标主要考核企业的用水管理和计量管理等，包括管理制度、管理人员、供水管网和用水设备管理、水计量管理和计量设备等。根据 GB/T 7119—2006《节水型企业评价导则》（原 GB/T 7119—1993《评价企业合理用水技术通则》）和 GB/T 26925—2011《节水型企业 火力发电行业》，将企业节水管理考核指标汇编于表 9-3。

表 9-3   企业节水管理考核指标及要求

考核内容	考核指标及要求	考核方法
管理制度	有科学合理的节约用水管理制度，规范水计量人员行为、用水人员行为、水计量器具管理和水计量数据采集处理、上报； 制定节水规划和用水计划	查阅文件、工作记录
	有健全的节水统计制度，定期向相关管理部门报送统计报表	查阅文件、报表
	内部实行定额管理，节奖超罚	查阅文件、奖励原始单据
管理机构	主管领导负责节水工作建立办公会议制度，有会议记录有负责用水、节水管理的人员，岗位职责明确，节水管理网络健全，查阅文件、网络图和工作记录	查阅文件、网络图和工作记录
设备管理	有近期完整的管网图，查阅图纸和查看现场，有完整与实际工况保持一致的水系统图； 有完整的近期计量网络图； 用水情况清楚，定期巡回检查并记录，问题及时解决； 定期对用水管道、设备等进行检修； 有关日常巡查维护检修制度，已使用的节水设备管理好运行正常； 在用的水计量器具应在明显位置粘贴与水计量器具一览表编号对应的标签，以备查验和管理	查阅图纸、记录，查看现场
水平衡测试	具备依据 GB/T 12452 要求进行水平衡测试的能力或定期开展水平衡测试； 原始记录完整，准确	查阅报告、记录
计量管理	建立水计量管理体系，形成文件，实施并保持； 有完整的水计量器具一览表，在用的水计量器具应在有效期内； 水计量器具检定、校准和维修人员应具有相应的资质； 水表计量率满足要求； 水表的精确度不低于±2.5%； 原始记录和统计台账完整规范，并定期进行分析（企业编制的统计台账和加工整理后的统计报表，应妥善保管，保存期限应不低于 5 年，原始数据记录的保存期限应不低于 3 年）	查阅记录、台账、分析报告，核实数据
技术改造	开展节水技术改造，没有使用国家淘汰的落后产品； 使用节水新技术、新工艺、新设备	查阅检修记录、改造竣工报告
节水宣传	经常性开展节水宣传教育，职工有节水意识	现场查看节水提示，询问职工节水常识

3. 技术考核指标

技术考核指标主要考核企业取水、用水、排水以及利用非常规水资源等几个方面。依据不同行业取水、用水、节水的特点，选择不同的考核内容和技术指标，见表 9-4。

表 9-4   企业节水技术考核指标

考核内容	指 标 名 称	标 准 数 据
取水量	机组补水率	300MW 以下≤2.0%；300MW 及以上≤1.5%
	万元增加值取水量	≤20t/万元
	万元产值取水量递减率	≥5%
	单位发电量取水量	循环冷却系统，300MW 级以下≤1.85 m³/MWh，300MW 级≤1.71 m³/MWh，600MW 及以上≤1.68 m³/MWh
		直流冷却系统，300MW 级以下≤0.41m³/MWh，300MW 级≤0.34 m³/MWh，600MW 及以上≤0.33 m³/MWh
		空气冷却，300MW 级以下≤0.45m³/MWh，300MW 级≤0.38m³/MWh，600MW 及以上≤0.37 m³/MWh
重复利用	重复利用水	循环冷却供水系统≥95%
		直流冷却供水系统≥34%
	工业废水回收利用率	≥85%
	间接冷却水循环率（循环冷却水排污水回用率）	≥90%
	闭式循环电厂的循环水浓缩倍率	≥3
	冷凝水回用率	100%，一般行业≥60%
	废水回收处理设备的投用率	100%
排水	水灰比	力求达到 1∶5
	达标排放率	100%
用水漏损	正常运行热力系统泄漏点数	渗漏点≤3，一般漏点≤1
	用水综合漏失率	≤2%
设施投用	化学废水处理系统各设备、油污水处理系统各设备、煤污水处理系统各设备、生活污水处理设备，冲灰、渣水回收利用系统各设备，正常情况下上述系统的有效投用率	100%

注   在进行火力发电用水指标分析时，一般不采用万元产值取水量（或万元增加值取水量）指标分析。直流冷却和循环冷却的电厂取水量和重复利用水量相差悬殊，而且目前全国各地电厂的上网电价相差数倍，导致物理指标几乎没有差别，且数量相同的发电量不能产生相同的产值。同时，电价属于调控的宏观经济计划价格，其随着时间推移发生变化，故采用万元产值取水量指标不利于纵向比较。由此可以看出，在进行火电行业节水分析时，不宜采取万元产值取水量（或万元增加值取水量）指标。

4. 节水评价体系建立的原则

节水评价体系应该能够科学、有效地考核企业用水、节水情况，包括：

（1）是否符合国家供水、取水、用水、排水方面的法律法规、政策和技术标准。

（2）是否符合资源合理配置、环境保护和可持续发展的基本要求。

（3）是否具备完备、适用的用水管理制度和措施。

（4）是否采用先进的节水工艺、技术、设备和器具。

（5）用水效率和效益的高低。

（6）开发和使用非常规水资源的状况。

5. 节水型企业的评价程序

（1）建立专家评审组，负责开展节水型企业的评价工作。节水型火力发电企业的评价工作由地方节水管理办公室、中国电力企业联合会分别组织进行。

（2）节水型企业评价时查看报告文件、统计报表、原始记录；根据实际情况，开展相关人员的座谈、实地调查、抽样调查等工作，确保数据完整和准确。

（3）对资料进行分析，考核企业是否满足基本要求、管理考核指标要求、技术考核指标要求。

（4）经评定符合节水型火力发电企业要求的，经报批等手续后，颁发"节水型火力发电企业"称号，予以公布并颁发证书。

第三节　火电厂节水管理措施

一、节水管理总的要求

（1）节约利用水资源是电力生产和管理的重要内容，也是考核电力设备安全、经济运行的一个重要方面。节水的主要任务是采用先进技术，降低水的消耗量并提高水的重复利用率。各电厂应将此项工作贯穿于规划、设计、施工和生产运行全过程。新建、改建、扩建工程，应选用节水型的工艺、设备和器具，并执行"三同时、四到位"制度。"三同时"即节水设施与主体工程同时设计、同时施工、同时投运。"四到位"即用水计划到位、节水目标到位、节水措施到位、管水制度到位。

（2）电厂的节水工作必须实行"计划用水，厉行节约"的方针。电厂节水工作的主要任务是采用节约用水的先进技术，不断推广节水新工艺，积极推广成熟的先进节水技术和节水设备，降低水的消耗量，提高水的重复利用率。

（3）废水治理必须贯彻"预防为主、防治结合、综合治理"的环保工作方针。坚持防治污染与综合利用相结合原则，减少废水排放量，做到经济效益、环境效益和社会效益相统一。

（4）各单位应结合本地区实际情况，制定三年滚动节水规划，提出具体节水目标和节水措施，并认真落实。

（5）每年要根据上级或主管部门下达的取水指标计划，进行分解，按年、季、月下达用水定额，并进行总结、考核。

（6）每3～5年进行一次全厂水平衡测试及各水系统水质分析测试，并建立测试档案。根据测试结果，找出薄弱环节，确定节水目标，制定相应的节水改造方案。

（7）加强对生产用水和非生产用水的计量与管理，合理控制用水范围和供水区域；进一步加大节水技术的科研力度，积极推广成熟的先进节水技术、节水设备和器具。

（8）热力系统、废水处理及回收利用系统、循环水系统、冷却水系统、工业水系统、自备水系统等设施属用水设施，应纳入节水管理范畴。重点做好各类工业、生活废水的重复利用工作，减少各类废水的外排量，提高废水重复利用率。工业废水回收率要力求达到100%。

（9）制定并承诺用水指导方针。在制定用水指导方针时应考虑以下因素：

1）与企业的生产和经营活动相适应、与企业的总体发展战略相协调。

2）包含对合理用水、节约用水、减少水污染、提高用水效率和持续改进的承诺。

3）包含对遵守用水管理适用的法律法规、标准及其其他要求的承诺。

4）为制定和评价水目标和指标提供框架。

二、分析节水潜力，确定目标

1. 进行用水现状评估

在制定并承诺用水指导方针之后，应对本企业用水现状进行评估，确定其当前管理状况，作为比较基准，评估内容包括：

（1）取水量，包括单位发电量取水量、机组补水率和万元增加值取水量。

（2）重复利用水情况，包括水重复利用率和废水回用率等。

（3）用水漏损情况，即用水综合漏损率等。

（4）排水达标情况，即水达标排放率等。

（5）非常规水资源利用情况，即非常规水资源替代率等。

2. 识别节水潜力

企业通过对其用水现状进行分析和评估，并与同类型企业的平均用水效率和先进用水效率进行比较，从而识别节水潜力，确定改进方向。识别节水潜力应考虑如下内容：

（1）对用水设备、网络和过程的控制。

（2）生产工艺用水的合理化。

（3）工艺改进所带来的节水效率。

（4）节水新技术、新工艺的推广应用。

（5）非常规水资源的利用。

3. 目标设定

企业在识别节水潜力，应根据同类型企业的平均用水效率和先进用水效率，确定用水管理目标和指标。并定期评价、调整和更新用水管理目标和指标。

目标和指标应当具体，并且可以量化和易于考核。目标可以考虑从取水量、重复用水、用水漏损、非常规水资源利用等方面确定，具体指标包括：单位发电量取水量、万元增加值取水量、水重复利用率、废水回用率和非常规水资源替代率等。

三、健全组织管理

1. 节水工作领导小组

节水工作领导小组组长由生产副厂长，生产技术部主任担任节水工作领导小组副组长。各专业专工是节水领导小组成员。节水工作领导小组的职责是：

（1）贯彻国家有关水资源利用及节水方面的法律、法规和政策，执行电力工业节水的方针、政策、规章、制度、标准。

（2）制定和实施国家、行业和上级的节水规划和目标。

（3）审查、批准节水项目的建设、节水设备的改造，监督节水工程（系统）的实施和管理。

（4）负责与上级和地方水政管理部门协调水资源利用的重大问题。

（5）结合本单位实际情况，制定三年节水规划及年度节水计划，提出具体目标和节水措施。

（6）定期检查全厂的节水工作，负责电厂的节水管理工作，审批节水管理办法及措施。

（7）定期召集有关人员召开节水管理会议，研究制定全厂的节水工作规划，积极听取对节水工作的意见。

2. 管理网络

火力发电厂的节水实行三级管理的原则，第一级为厂，第二级为车间和分公司，第三级为检修、运行班组。

三级管理的职责如下：

(1) 生产技术部是实施节水管理的职能部门，其职责是：

1) 贯彻国家有关水资源利用及节水方面的法律、法规和政策，执行电力工业节水的方针、政策、规章、制度和标准。

2) 落实节水专项资金。

3) 起草电厂节水规划和目标，经厂领导批准后，监督实施。

4) 审批节水改造项目，并监督实施。

(2) 节能工程师是全厂节水管理兼职工程师，其职责是：

1) 在组长领导下贯彻执行国家、上级有关部门的方针、政策、法令、法规和节水工作的各项规章制度。

2) 掌握全厂节水工作现状，负责对用水情况的监督检查，监督节水设施的运行情况，防止由于管理不严造成的水资源浪费，促进全厂节水管理水平的提高。

3) 组织有关部门对新建、扩建项目的节水工程的建设、投运进行全过程监督管理。

4) 负责组织编制本厂节水工作长远规划和年度计划，并监督检查执行情况。

5) 参与各项节水工程方案的制订、审查和竣工验收等工作。

6) 负责进行全厂节水统计数据的汇总分析及数据库的建立工作，按时上报上级规定的各种报表。

7) 负责组织实施或监督本厂节水改造项目的实施。

8) 宣传有关节水管理工作的方针、政策，推广节水科研成果。

(3) 车间或分公司二级管理的职责：

1) 各部室的二级节水管理专责人是各部门的专业工程师，在节水领导小组的指导下，进行各部门的节水管理具体工作。

2) 二级节水管理专责人参与各项节水工程方案的制订、审查和竣工验收等工作。

3) 二级节水管理专责人按照有关规定要求，按时上报各项节水报表的工作。

(4) 班组三级管理的职责：

1) 班组三级节水管理专责人是班组技术员。

2) 班组三级管理负责组织实施所辖节水设备的实施工作。

3) 班组三级管理负责组织监督所辖节水设施的运行情况，对所辖节水设施的健康水平负责。

四、制定并实施节水方案和措施

为了实现用水目标和指标，企业应制定可行的节水方案，方案中应当说明实现企业的用水目标和指标方案的时间进度、所需资金、职责和责任部门。节水方案主要从如下几个方面入手。

1. 运行节水措施

(1) 炉底密封水可以使用污废水回收处理后回用水供给。在正常情况下运行人员应将密封水门调至最小，保持密封槽不溢水。在回用水不足的情况下，保证低压工业水采用间断供水，保持水温60℃以上时才允许补水。

(2) 灰浆泵轴封水可以停运轴封泵，利用低压工业水自然压头供水。

(3) 在运行过程中，应根据实际情况，研究改进循环水处理工艺，使循环水达到合理的浓缩倍率。通过相关技术的研究、开发和推广应用以及水务管理的加强，火力发电的循环冷却水浓缩倍率达到以下水平：加防垢防腐药剂及加酸处理循环冷却水时，浓缩倍率可控制在 3.0 以上；采用石灰加酸及旁滤加药处理循环冷却水时，浓缩倍率可控制在 4.0 左右；采用弱酸树脂等方式处理循环冷却水时，浓缩倍率也可控制在 4.5 左右。大同第二发电厂循环冷却水补充水采用弱酸树脂处理，以降低湿冷塔的排污率，这种处理方式与加磷酸盐处理方式相比，4 台 200MW 机组可节水 $900m^3/h$。

（4）根据季节变化和机组启、停与负荷变化情况，在充分保证发电机组安全运行的前提下，及时调整循环冷却水量和工业冷却水量，做到安全经济运行。

（5）机组上水箱、机组储水箱水位要在规定的范围内，杜绝各种水箱溢流。

（6）充分利用疏水箱的回收水，化验合格及时回收。

（7）开停机过程中节约用水，尽量少向系统外放水。锅炉除氧器放水要进行回收利用。

（8）辅机冷却水要采用闭式循环，禁止补水池补水门处于常开状态，合理调整冷却水量和水池水位，严禁水池溢流。

（9）做好机、炉等热力设备的疏水、排污及启、停时的排汽和放水的回收。机组启动正常后，应及时关严疏水门，以便最大限度地减少汽水损失。

（10）锅炉定期排污水、锅炉连续排污水由于水质较好，但是连排水温度高，应先换热降温后再回收，建议将降温后的连排水引到凝汽器的补水泵入口或除盐水系统的阳床入口等处，供暖季节可以回收到暖汽系统。

（11）有自备水厂的电厂应努力减少系统泄漏量，合理调度全厂的自来水用量，杜绝浪费现象的发生。

（12）运行部门应将机组补水率纳入每月的小指标考核，根据小指标管理的规定，重奖重罚。

2. 检修节水措施

（1）扩大干灰的收集量和综合利用量。火力发电厂应积极推广干灰调湿堆储工艺，减少冲灰用水量。有综合利用条件的电厂，应通过技术改造，尽快达到干灰收集及运输的条件，提高干灰利用量。

（2）具备条件的电厂应采取措施，使冲灰（渣）水重复利用，实现灰水闭式循环，化学废水处理达标后要实现"零排放"，冲灰或回收利用。含油污水、化学中和池排水、生活污水等处理后，用于调湿灰用水，冲灰煤场喷淋用水等。

（3）确保各冷却水闭式循环系统正常运转，损坏部件及时更换。冷却塔要加装高效除水器，减少水的飞散损失。

（4）努力做好发电机组热力系统的维护工作，减少各种汽、水损失，补水率和汽水损失率控制在规定范围内。

（5）循环冷却电厂采用新型水塔填料和收水器改造原有老冷却塔，可降低冷却塔出水水温，减少风吹损失，起到节水的作用。

（6）完善浓浆输灰系统的设计和关键设备的可靠性，开发冲灰水回收利用技术以及回水管道防垢与清垢技术等。目前，高浓度水力输灰技术已得到了较好地应用，通过系统优化可实现灰水比 1∶3～1∶5 或更小。

（7）采用海水冷却技术包括凝汽器管材的合理选用，防治海生物在冷却器和输水管道内生长、繁殖污堵与清除技术（包含电解海水制氯）等，为沿海地区海水直流冷却创造了条件。

（8）冬季回收电除尘灰斗加热蒸汽疏水。每台锅炉电除尘器一般有 10 个灰斗，加热需用辅汽联箱的蒸汽，这部分蒸汽经过疏水器后排入渣沟，尤其是经常出现疏水器故障，导致由疏水器直接排汽，将加剧了工质及热量的损失。

（9）冬季回收机组伴热蒸汽疏水。机组燃油伴热以及冬季表计、锅炉安全门等伴热蒸汽疏水均用的是辅汽联箱的蒸汽，经疏水器后排地沟，造成冬季补水量增加。

（10）应进一步加大节水技术的科研力度，积极推广成熟的先进节水技术和节水设备。

（11）禁止生产和使用不符合节水强制性标准的产品，大力推广使用节水器具和工艺。

3. 燃料节水措施

（1）加强对输煤冲洗水系统、消防水系统的巡回检查。每日对输煤冲洗水系统、消防水系统的阀门、管道等巡回检查一次，及时发现缺陷并消除，保证设备及其附件无泄漏。

（2）加强对燃料运行水系统设备的管理，特别是煤码头和煤场，由于经常操作和工作环境差，时间一长阀门就关不严，所以要每天对燃料运行水系统设备巡回检查，对各处的跑冒滴漏及时发现，及时处理，尽量减少水的损耗。

（3）加强煤场节水工作，在保持表面粉尘吹不起来的前提下尽量减少用水，减少煤场喷淋次数。对煤场四周及燃料周围道路的卫生禁止每天都用水冲洗，采用人工清扫。为了保证洁净的卫生环境，允许每周用少量中水冲洗两次。

（4）输煤系统带廊清扫卫生尽量节约用水，每天采用人工清扫方式。每日冲洗次数由 2 次减少为 1 次，排水经煤水处理系统处理后回用于本系统。系统损失水量由工业废水回用水补充。

（5）安装含煤废水处理装置。含煤废水经沉淀、澄清、过滤处理后进入清水池，再经回用水泵升压后，用于输煤栈桥冲洗、煤场喷洒、干灰调湿和灰场喷洒。

（6）在输煤系统上采用真空清扫系统。真空清扫系统就是利用真空抽吸原理，将粉尘及其他物料收集起来，再进行转移处理的设施，该设施由吸料嘴、抽吸管道系统、沉降式分离器、旋风分离器、袋式过滤器、真空泵及其他阀门、控制设备等组成。主要用于输煤栈桥、转运站、碎煤机室、卸煤装置等场所，清扫地面积尘，效果良好。

真空清扫系统与水冲洗系统在 $2 \times 600MW$ 机组电站输煤系统应用经济比较见表 9-5。

表 9-5   真清扫系统与水冲洗系统比较表

序号	项 目	单位	高真空负压吸尘	水冲洗
1	初投资	万元	150	190
2	取水量	t/a	0	11 746
3	运行费用（包括设备折旧）	万元/a	11	5

4. 化学节水措施

（1）生活污水通过污水排水管收集后排至生活污水处理站，经处理后回用于炉底密封和煤场喷淋。确保污水处理设施正常运转，保障生产用水。

（2）为了保证反渗透膜长期可靠运行，必须要求污染指数小于 4，这样保证反渗透膜表面清洁，不被杂质污堵。

（3）对于闭式循环冷却系统，要采取防止结垢和腐蚀的措施，并根据水源条件（水量、水温、水质和水价等）等因素，经技术经济比较后制订出经济合理的循环水浓缩倍率范围（一般控制在 3～5 倍）。例如循环水补水采用弱酸处理，循环水浓缩倍率可提高到 5～6 倍，排污水供水力除灰用。

应根据水源和气象条件的季节性变化及机组负荷的增减等因素，对冷却水系统进行水量调节。

（4）给水加氧处理。在给水加氧方式下，由于不断向金属表面均匀地供氧，金属的表面致密稳定的"双层保护膜"。这是因为在流动的高纯水中添加适量氧，可以提高碳钢的自然腐蚀电位数百毫伏，使金属表面发生极化或使金属的电位达到钝化电位，以致在金属表面生成致密而稳定的保护性氧化膜。直流炉应用给水加氧处理技术，在金属表面形成了致密光滑的氧化膜，不但很好地解决了炉前系统存在的水流加速腐蚀问题，而且还消除了水冷壁管内表面氧化膜的波纹形状造成的锅炉压差上升的缺陷。某 660MW 超超临界机组采用给水加氧处理，降低了给水的 pH 值，减少了给水加氨量，节约了药品；由于加氨量的减少，延长了混床再生周期，每月减少再生次数约 6～8 台次，节省酸 10t，碱 6t，并且节约再生用水量约 3000t，大大降低了运行成本。

（5）脱硫设施用水尽量使用循环水排水。安装脱硫废水处理装置，针对脱硫废水成分特点，脱硫废水处理工艺主要采用石灰中和、絮凝澄清处理。脱硫废水在脱硫岛内处理达标后用于冲灰渣。某电厂脱硫废水处理工艺见图 9-1。

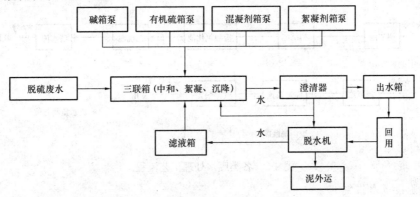

图 9-1　某电厂脱硫废水处理工艺

（6）减少汽水取样阀开度。机组汽水取样是为了设备安全和高效运行不可缺少一项工作。取样管有补给水取样、凝泵出口取样、精处理出口取样、加药后凝水取样、除氧器出口取样、高压加热器疏水取样、省煤器入口取样、汽包炉水取样、饱和蒸汽取样、主蒸汽取样、再热蒸汽取样、闭冷水取样共 12 处，并有序排列在一起。各取样管口应保持一定量的敞开流量，确保取样的真实性和代表性。现场测量，平均每只管口流量 0.8kg/min 左右，一个月 1 台机组耗水就超过 41t。建议将汽水取样阀开度关小。或者将汽水取样水通过不锈钢管汇集，引入到不锈钢容器集中回收。一是可以进入二级除盐（混床）系统，再次利用；也可以用于闭式循环冷却水的补充用水（一台 300MW 机组每月需补除盐水约 1500t）。在当前开展的节能降耗增效活动中，经济效益十分可观。

（7）采用水冲灰的火电厂（海水除外）要根据排灰量调整冲灰水量，在保证灰水流速的条件下，高浓度灰浆泵出灰系统水灰比不超过 2.5～3.0，中浓度灰浆泵出灰系统水灰比不超过 5～6，不应采用低浓度水力除灰。有条件可采取措施，使冲灰（渣）水重复利用，实现灰水闭式循环。若冲灰水属于结垢型，要采取有效的防垢措施。

（8）对于冷却塔循环水排污水、灰渣水、消防水池溢水、部分取样水、射水池溢水等回收或循环使用，水质较好的经处理后作为冷却塔循环水补充水源。冷却塔排污水可直接用于冲灰、冲洗和喷洒。

（9）建立工业废水处理站。主要处理锅炉酸洗排水、空预器冲洗排水，输煤系统冲洗排水、凝结水处理排水、实验室排水、锅炉补给水处理系统的酸碱废水等。处理后回用于输煤系统冲洗用水及除灰系统干灰搅拌系统等。

各项工业废水分别输送至废水储存池，经空气搅拌、加碱调节 pH 值、加药混合、反应后进入斜板澄清器，出水经重力式过滤器过滤后进入最终中和池，加酸、碱最终调节 pH 值后，加压送至清水池回用。某电厂各类废水处理工艺流程见图 9-2。

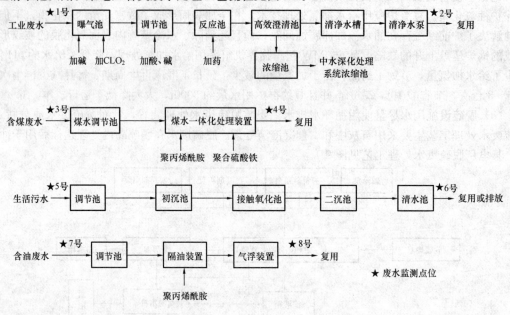

图 9-2　各类废水处理工艺流程

5. 设计阶段节水措施

(1) 把节水作为电厂规划设计的一项重要技术原则，通过机组选型、优化机组冷却系统和方式、合理选择除灰系统、开展废水治理和废水资源化措施，为节约用水、降低耗水指标创造条件。

(2) 在电厂设计过程中，应充分考虑各水系统的循环使用，按照各用水点对水质、水温的不同要求，梯级使用，做到"水尽其用"，尽可能减少污、废水排放量，减少全厂耗水量。

(3) 应重视废水处理回收利用设施的设计，最大限度地提高水的重复利用率。在研究排放水的处理系统时，应建立经济、可靠的废水处理设施，将能相互合并的废水通过污水池收集到一起，集中处理回收利用。

(4) 研究各用水系统的排水量和水质，提出最佳的排水处理系统，以合理、经济地满足下一级系统的水质要求或达到排放环境水体的要求，减少电厂的用水量和排水量。按照各用水系统对水质的需要，分级用水，即将原水给需要优级水系统使用，随后将其排水经过处理或不经处理在本系统内循环或给其他水质要求较差的系统重复使用。以循环供水系统的电厂为例，在循环水浓缩倍率较低时可优先用作工业和暖通用水，然后用作循环水系统补充水。污染程度较高的部分工业废水、生活污水、含油污水和高悬浮物废水（输煤系统冲洗水、煤场初期受污染雨水、沉淀池排泥水等）经适当处理后，作为回用水用作除灰系统用水。污染程度较轻的冷却塔排污水、部分工业废水、锅炉排污水等，直接作为回用水，可用作输煤系统和主厂房冲洗水、煤场喷洒水、翻车机室抑尘水等的补充水。

(5) 在煤炭资源丰富但水资源缺乏地区规划火电厂时，应把节水作为重要因素重点考虑，特别缺水地区，在有条件的情况下，可应用空冷技术。南非肯达尔空冷电厂，第一台 686MW 表面式凝汽器间接空冷机组单位装机取水量为 $0.167 m^3/s \cdot GW$；大同第二发电厂采用节水型空冷机组，200MW 机组单位装机取水量为 $0.20 m^3/s \cdot GW$。

以 $2 \times 600MW$ 亚临界褐煤电站工程为例，辅机冷却水系统采用空冷系统与湿冷系统的技术经济比较见表 9-6。

表 9-6　　　　　　　　　　　　2×600MW 空冷系统与湿冷系统的技术经济比较

序号	项　　　　目	湿冷系统	空冷系统
1	初投资（万元）	25 000	62 000
2	初投资差值（万元）	基准	＋37 000
3	年耗电量（×10^4 kWh/a）	51.91	347
4	小时取水量（m^3/h）	2800	683
5	装机取水量［m^3/（s·GW）］	0.65	0.158
6	年取水量（$10^4 m^3$/a）	1680	409.8
7	年耗水量差值（$10^4 m^3$/a）	基准	−1270.2
8	发电煤耗率（g/kWh）	305	320
9	年耗煤量（×10^4 t/a）	219.6	230.4
	年耗煤量差值（×10^4 t/a）	基准	＋10.8
10	年运行水电煤费合计（万元/a）	179 060.8	185 278.4
11	年运行水电费差值（万元/a）	基准	＋6217.6

注　电费 0.4 元/kWh，水费 2 元/m^3，煤价 800 元/t 标准煤，机组用小时 6000h。

按表 9-8 中计算结果可以看出，在投资上，空冷系统比湿冷系统增加投资 37 000 万元，年运行费用增加 6217.6 万元，但是年取水量可节约 1270 万 m^3。因此，不论从现实出发，还是从长远考虑，在"富煤缺水"的华北、西北电站采用直接空冷技术是非常有效的节水途径。

（6）新建或扩建火电厂时，应对用水、排水进行整体规划，在技术经济比较的基础上，设计适宜的取水量定额。

（7）做好电厂水务管理优化设计，在全厂用排水系统中应装设流量计，并对其排放水质进行定期监测。及时掌握各排放点的排放量及水质状况，定期进行水量和水质平衡，有效地控制排水量和排水的再利用。

（8）加强节水设施建设，不断采用新技术、新工艺，制定相应的节水改造方案。工业冷却水应回收再利用或采用循环冷却系统。对于循环供水系统的发电厂，提高循环水浓缩倍率，并辅以合适除灰方式等，有效的节约用水。因地制宜采用"零排放"技术，最大限度保护水环境和节约用水。

（9）火电厂采用灰渣分排比灰渣混排可节约 40％的冲灰水量，且有利于灰渣综合利用。新建火电厂锅炉均采用灰渣分排技术，节水效果是明显的。

（10）采用经深度处理后的城市污水处理厂的中水作为电厂循环冷却水的补充水，解决水资源短缺问题。城市二级处理的污水输到电厂后经过石灰、聚合硫酸铁混凝沉淀，加药过滤后即补充至循环水沟。对城市中水用于循环冷却水的电厂（目前一般是新建或扩建电厂），关键是解决好凝结器管的选材问题，一般选用 316L 不锈钢管能够解决中水应用中的腐蚀问题。河南华润电力首阳山 2×600MW 工程使用洛阳瀍东污水处理厂中水作为循环补充水水源，以节约水资源。电厂建设了中水深度处理设施，处理能力为 4300m^3/h，中水深度处理设施工艺流程见图 9-3。

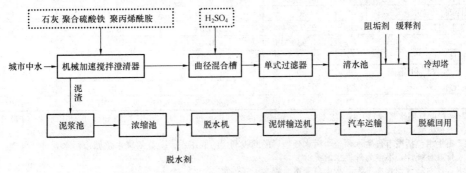

图 9-3　中水深度处理设施工艺流程

(11) 海滨电厂循环水和冲灰水采用海水替代。采用海水淡化工艺解决生产和生活淡水供应。

五、用水统计上报

(1) 节能专工每季度协助统计人员填写并上报例表 9-7 内容。

表 9-7   **×省工业节水表**

企业名称：   表 号：省经贸资基 1 表

企业法人代码：   2012 年 4 季度   制表机关：省经贸委

                    批准文号：省经函〔2001〕44 号

指标名称	计算单位	报告期		去年同期		同比（%）		上期	
		本季	1-本季累计	本季	1-本季累计	本季	1-本季累计	1-本季累计	去年同期
甲	乙	1	2	3	4	5	6	7	8
工业用水量	万 t	746.68	3145.5	779.9	3225.8	-4.45	-2.55	2398.8	2445.9
甲	乙	1	2	3	4	5	6	7	8
工业重复利用水量	万 t	717.77	3029.97	749.7	3102.7	-4.45	-2.40	2312.2	2353.0
工业取水量	万 t	28.91	115.49	30.24	123.12	-4.60	-6.61	86.58	92.88
工业用水重复利用率	%	96.13	96.33	96.12	96.18	0.00	0.00	96.39	96.20
工业废水排放量	万 t	0	0	0	0	0	0	0	0
工业废水排放达标量	万 t	0	0	0	0	0	0	0	0
工业废水排放达标率	%	0	0	0	0	0	0	0	0
工业总产值	万元	144 447	517 339	141 096.1	509 592.1	0.02	0.01	372 892	368 496
每万元工业总产值取水量	t/万元	2.00	2.23	2.14	2.42	-0.07	-0.08	2.32	2.52

注 1. 针对本表最后第一大列，"上期 1-本季累计"是指 2012 年 1—9 月份累计，"报告期 1-本季累计" = "上期 1-本季累计" + "报告期本季"。

   2. 针对本表最后第三大列，"去年同期 1-本季累计"是指 2011 年 1—12 月份累计，"去年同期 1-本季累计" = "上期去年同期" + "去年同期本季"。

(2) 节能专工每年协助统计人员填写并上报表 9-8 内容。

表 9-8   **工业企业用水情况**

组织机构代码：   表 号：205-4 表

单位详细名称：   制表机关：国家统计局

____年   文 号：国统字〔2011〕82 号

指标代号	代码	取水量（m^3）	支付费用的取水量（m^3）	取水支付金额（千元）	外供水量（m^3）
甲	乙	1	2	3	4
合计	00	807 511 571	1 572 371	7102.713	0
1. 陆地地表水	01	0	0	0	0
其中：陆地湖咸水	02	0	0	0	0
2. 地下水	03	0	0	0	0
其中：地下咸水	04	0	0	0	0
3. 自来水	05	539 294	539 294	1 322.797	0
4. 海水	06	805 939 200			0
5. 其他水	07	1 033 077	1 033 077	5869.916	0
其中：雨水收集利用	08	0	0	0	0
海水淡化水	09	647 774	647 774	5240.492	0
再生水（中水）	10	385 303	385 303	539.424	0

补充资料：重复用水量（11）<u>37 737 000</u>m³，河湖海冷却直排水量（12）<u>805 939 200</u>m³，废水排放量（13）<u>0</u>循环用水量（14）_____m³。

注 1. 再生水包括城市再生水和企业污水处理后的回收利用的回用水。企业的废水供城市污水处理厂处理，作废水排放量统计，不作为外供水量统计。

   2. 合计 = 陆地地表水 + 地下水 + 自来水 + 海水 + 其他水。

   3. 海水淡化企业取水量，其中包括为加工淡化水所提取的海水，外供水量中包括经加工的外供淡化水。

六、节水宣传

(1) 每年 3 月 22 日前后开展"世界水日"和"全国节水周"宣传活动,利用厂级广播、闭路电视向全厂职工宣传节水工作的意义和知识。

(2) 在夏季开展"节约一滴水"活动,开展节约用水征文活动,在全厂掀起节约用水新高潮。

(3) 在主要公共场所显著位置每年必须张贴"节约用水,利国利民","请您节约用水","水与生命同在、水与城市同在"等标语。在包括厕所、食堂、招待所、办公场所、单身公寓等水龙头上方张贴"节水小提示"(见图 9-4)等。

(4) 在厂内电子屏幕打出"节约用水是每个公民的基本义务"、"保护水资源,造福子孙后代"、"树立节水意识、建设节水型企业"等口号。加强节水宣传,增强全员节水意识。

(5) 在厂报和阅报栏上,要经常对节水事迹和人物进行宣传报道,要经常刊登一些节水知识和经验,要经常报道本厂节水改造进展情况。

七、节水工作的考核

图 9-4 节水小提示

(1) 单位发电量取水量考核目标值见表 9-1。单位发电量取水量每高于目标值 0.01kg/kWh 进行考核。机组补水率规定 300MW 及以下机组目标值 1.0%,600MW 及以上机组目标值为 0.8%,每低于(高于)目标值 0.01% 进行考核,但要确保机组汽水品质,机组汽水品质合格率每低 0.1% 进行考核。

(2) 热力系统设备无泄漏的考核:一、二次汽水系统的管道、阀门、各热交换器、受热面;凝水系统的管道、阀门、各热交换器、受热面、水泵及疏水管道、扩容器;给水系统的管道、阀门、各热交换器、给水泵等设备。按照一流电厂标准考核,正常运行情况下泄漏点应小于 3‰。生产技术部每发现责任部门管理区有漏水、跑水一处,考核责任部门。

(3) 废水回收处理设备的投用率考核:化学废水处理系统、油污水处理系统、煤污水处理系统及冲灰、渣水回收利用系统等各设备的投用率为 100%。因管理不当造成废水超标排放或煤水外溢,每次考核责任部门。

(4) 机组凝汽器冷却循环水系统、各种冷却水系统的设备可靠性的考核:凝汽器冷却循环水泵,循环水管道及其联络系统,发电机冷却系统的管道、水泵,机组冷却水系统的管道、水泵。正常情况下上述设备运行可靠,发电机冷却水系统泄漏点为 0,机组其他冷却水系统泄漏点≤1点/机组。

(5) 节水管理制度的考核:节水设备台账记录齐全;节水设备大、小修计划和检修情况记录齐全;节水设备运行情况、故障分析和消缺记录齐全。

(6) 水表、电表计量不准确或损坏,由表计所属部门负责更换,每发现一次在一周内没有解决的,考核表计所属部门。

(7) 对提出节水技术改造方案和完成节水技术改造,经厂节水领导小组评审确定后,按每年节约水量价格的 10%一次性予以奖励。

(8) 电厂每年对节水工作目标完成情况进行总结,对在节水工作中做出突出贡献的部门和个人进行表彰和奖励,对节水工作不积极和节水工作不力的部门和个人进行批评。

第十章 锅炉热效率的监督

虽然锅炉热效率与供电煤耗率、厂用电率不在同一大指标体系中，但是它又仅次于供电煤耗率、厂用电率等大指标，高于飞灰可燃物、排烟氧量、排烟温度等小指标；只要知道了锅炉热效率和汽轮机热耗率，就会得到机组发电煤耗率，因此，这里把锅炉热效率归结为大指标序列。

第一节 锅炉效率的计算和耗差分析

一、锅炉热效率的计算

1. 正平衡效率和毛效率

锅炉热效率即通常所说的锅炉效率，其定义为锅炉总有效利用热量 Q_b（kJ/kg）占单位时间内所消耗燃料的输入热量的百分比。锅炉热效率分为锅炉正平衡效率和反平衡效率，或者分为锅炉净效率和毛效率，或者分为锅炉高位发热量效率和低位发热量效率。

如果 1kg 燃料输入锅炉的热量（即 1kg 燃料发出的热量以及随燃料一起进入锅炉的热量）为 Q_r（kJ/kg），则正平衡法计算锅炉热效率 η_{bl} 计算公式为

$$\eta_{bl} = \frac{Q_b}{Q_r} \times 100\%$$

单位燃料输入锅炉的热量 Q_r 包括燃料的低位发热量、暖风器输入的热量、燃料的物理显热和燃油锅炉雾化用的蒸汽所带入的热量。也就是说所有进入锅炉系统的热量都算作输入热量，根据上式计算得到的锅炉效率，一般叫锅炉毛效率。锅炉效率一般指毛效率，并由反平衡法得出。

如果不是考核试验，一般认为单位燃料输入锅炉的热量 Q_r 等于燃料低位发热量 $Q_{net,ar}$。

2. 反平衡效率和净效率

锅炉效率与锅炉蒸汽参数有关，一般高压锅炉效率 90% 以上，超高压锅炉效率 91% 以上，超临界锅炉效率 92% 以上。锅炉效率反平衡计算公式为

$$\eta_{bl} = 1 - (q_2 + q_3 + q_4 + q_5 + q_6 + q_7)$$

式中　q_2——锅炉排烟热损失，%；

q_3——气体不完全燃烧热损失，%；

q_4——机械不完全燃烧热损失，%；

q_5——散热损失，%；

q_6——灰渣物理热损失，%；

q_7——燃料脱硫热损失，%。

反平衡效率由于烟气成分分析和烟气温度能够精确测量，因此精度高；同时由于被测量的各项损失只占总能量的很小份额，其测量精度对整体试验精度影响小；并可根据运行条件的变化将试验结果修正到规定条件；但反平衡法只能测量某一固定工况下的效率，而且有些损失实际上采用经验估计；正平衡法无需对无法准确测量的损失进行估算，需要测量的参数较少，但是由于煤质化验和质量计量存在误差，因此精度低，而且不能分解效率低的原因。

按公式 $\eta_{bl} = \dfrac{Q_b}{Q_r} \times 100\%$ 求得的效率就是锅炉的毛效率，而锅炉的净效率是考虑了锅炉本身

需用的热量消耗及其主要辅机电耗后的效率，用 η_{bj} 表示，其计算公式为

$$\eta_{bj} = \frac{\eta_{bl}Q_r}{Q_r + \sum Q_{fy} + \frac{b}{B}29\,308\sum P_{fj}} \times 100\%$$

式中　　$\sum P_{fj}$——锅炉设备的制粉系统、送风机、引风机、烟气再循环风机、强制循环泵、除渣
　　　　　　　　及除灰系统、电除尘等辅助机械电动机的实际功率（即锅炉厂用电的电功
　　　　　　　　率），kW；

　　　　$\sum Q_{fy}$——驱动锅炉辅助设备和吹灰等锅炉自用蒸汽热耗，kJ/kg；

　　　　Q_r——锅炉输入热量，kJ/kg；

　　　　B——锅炉的实际燃料消耗量，kg/h；

　　　　b——发电标准煤耗率，kg/kWh。

3. 高位发热量效率和低位发热量效率

高位发热量是指燃料完全燃烧后所放出的全部热量，包括燃料中的原有水分和燃料中的氢燃烧后生成的水蒸气，凝结成水时放出的汽化潜热。尽管高位发热量中的水蒸气热量目前无法利用，但是随着科技的发展，将来可能会被再利用；而且从节能角度看，没有充分利用汽化潜热，就是热能损失，因此欧美等国家的锅炉效率均以高位发热量计算锅炉效率。

低位发热量是指燃料完全燃烧后，燃烧物中的水蒸气仍以汽态存在时的反应热。即从高位发热量中扣除了水蒸气的汽化潜热后的发热量。因为，燃料在锅炉中燃烧后，其排烟温度一般在110~160℃之间，烟气中水蒸气的分压力很低，仍处于蒸汽状态，不可能凝结成水而放出汽化热。这部分汽化潜热不能被锅炉所利用，所以我国规定锅炉技术经济指标计算时燃料的热值统一按低位发热量计算。

由于1kg氢气燃烧生成的水蒸气的汽化潜热是千克水蒸气的汽化潜热的9倍，所以低位发热量 $Q_{net,ar}$ 与高位发热量 $Q_{gr,ar}$ 存在如下关系

$$Q_{gr,ar} = Q_{net,ar} + r\left(\frac{9H_{ar}}{100} + \frac{M_{ar}}{100}\right) = Q_{net,ar} + 206H_{ar} + 23M_{ar}\,(kJ/kg)$$

$$Q_{net,ar} = (Q_{gr,ad} - 206H_{ad}) \times \frac{100 - M_{ar}}{100 - M_{ad}} - 23M_{ar}\,(kJ/kg)$$

$$Q_{net,ad} = Q_{gr,ad} - 206H_{ad}\,(kJ/kg)$$

式中　r——水蒸气的凝结热，这里通常取 2300kJ/kg；

　　　ad——下标 ad 表示干燥基；

　　　ar——下标 ar 表示收到基。

尽管燃料中水的比例很小，但是由于汽化潜热非常大，1kg 的水蒸气在常压下的汽化潜热约为2300kJ/kg。一般来说燃煤收到基高位发热量比收到基低位发热量高 1054kJ/kg（$206\times4+23\times10=1054kJ/kg$）。因此，如果用高位发热量来计算锅炉效率，会造成高位发热量效率明显低于低位发热量效率，约高 $1054/29\,308\times100\%=3.6\%$。

【例10-1】 燃料的高、低位发热量有何区别？

答：燃料的高、低位发热量的区别在于，定压高位发热量是指 1kg 收到基燃料完全燃烧时放出的全部热量，包括烟气中水蒸气已凝结成水放出的汽化潜热。定压低位发热量则要从定压高位发热量中扣除这部分汽化潜热。

【例10-2】 请叙述德国、苏联、中国等国家采用低位发热量的理由。说明美国采用高位发热量的理由。

采用低位发热量的理由：

解：（1）德国、苏联、中国目前的电站锅炉和工业炉、窑等燃烧设备和能源转换设备大都是按低位发热量计算的。

（2）当前各种锅炉、窑的排烟温度均远远超过水蒸气的凝结温度，蒸汽不可能凝结，今后一段时间不可能大幅度降低排烟温度，因此把水蒸气的凝结潜热计入输入能量是不合理的。

（3）采用低位发热量后，燃料中水分的多少，对计算锅炉热效率影响较小。

采用高位发热量的理由：

（1）燃料燃烧所产生的反应热，是由燃料的化学能转换而来的，这个化学能的大小，应由高位发热量所反映，从理论上说采用高位发热量是合理的。

（2）燃料的发热量通常由实测获得，而实测获得的热值是高位发热量，所以应用起来比较方便，不必再加以换算。

（3）水蒸气的凝结潜热也是能源，采用高位发热量，指出余热利用的潜力是有利的。

4. 锅炉设计效率和锅炉保证效率

在夏季工况（TRL）或者最大连续工况（BMCR）下，锅炉额定进汽量、额定给水温度，在给定的燃料煤质下，按反平衡锅炉效率公式求得的锅炉效率就为锅炉设计效率。

为了保证在考核试验下，锅炉效率能够达到设计效率，因此，锅炉厂一般给出锅炉保证效率，锅炉保证效率一般按 0.996 倍设计效率（比设计效率降低 0.4～0.5 个百分点），并保留一位小数给出。

【例 10-3】 某锅炉设计烟煤煤质参数 $H_{ar}=3.49\%$，$M_{ar}=16.4\%$，$V_{daf}=32.64\%$，$Q_{net,ar}=23\,570kJ/kg$，按低位发热量计算，锅炉 TRL 工况下，设计效率 $\eta_{net}=94.27\%$。求按高位发热量计算，锅炉设计效率 η_{gr} 和保证热效率 η_{bz} 各多少。

解： 高位发热量

$$Q_{gr,ar}=23\,570+206\times3.49+23\times16.4=24\,666.1\ (kJ/kg)$$

按高位发热量计算，锅炉设计效率

$$\eta_{gr}=\frac{Q_{net,ar}}{Q_{gr,ar}}\times\eta_{net}=94.27\%\times\frac{23\,570}{24\,666.1}=90.08\%$$

保证热效率

$$\eta_{bz}=0.996\times94.27\%=93.9\%$$

尽管汽化潜热在目前的大部分锅炉中无法利用，但也是人类的宝贵资源，不应浪费；同时，由于低位发热量无法直接测量，必须通过高位发热量减去水的汽化潜热，测量值的精度相对低一些，因此以 ASME 为代表的美国、日本等国家，其锅炉效率的计算均以高位发热量为准。

二、锅炉热效率的耗差分析

对于锅炉效率和厂用电率影响煤耗率情况可直接从发电煤耗率和供电煤耗率公式求得。例如 125MW 机组设计锅炉和管道效率按 90.5%、热耗率 8499kJ/kWh、厂用电率 7.5% 计算，则设计发电煤耗率为

$$b_f=\frac{q}{\eta_{bl}\eta_{gd}\times29.308}=\frac{8499}{29.308\times0.905}=320.430(g/kWh)$$

当锅炉效率从 90.5% 减少到 80.5% 时，发电煤耗从 320.430g/kWh 增加到 $\frac{8499}{29.308\times0.805}$ =360.235（g/kWh），锅炉效率减少 10%，发电煤耗率增加 39.81g/kWh，所以锅炉效率每降低 1%，发电煤耗率平均增加 3.981g/kWh。

三、锅炉热效率的监督标准

锅炉热效率按《电站锅炉性能试验规程》（GB 10184）和《循环流化床锅炉性能试验规程》

（DL/T 964—2005）标准进行测试和计算。若锅炉燃用煤质发生较大变化时，应根据新的煤质计算锅炉热效率，以重新核算确定的锅炉热效率作为考核值。

锅炉热效率以统计期最近一次试验报告的结果作为考核依据，锅炉 A、B 检修后热效率应比修前高 0.5 个百分点。

当试验工况偏离设计值，应按下列顺序依次进行修正。依次进行进风温度的修正、排烟温度的修正、给水温度的修正、煤质的修正。

根据 JB/T 6696《电站锅炉技术条件》规定，额定蒸发量下，锅炉效率不低于技术协议规定的设计效率 1.5 个百分点。

第二节 影响锅炉效率的因素

一、锅炉燃料

（1）煤质热值。热值影响煤粉的燃烧和燃尽，燃烧的不稳定和不完全，会使 q_4 损失变化，同时由于燃料量的变化也会影响到排烟温度和过剩空气而使 q_2 损失变化，见图 10-1。

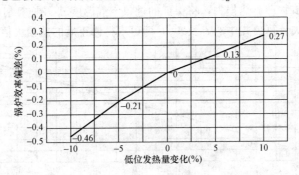

图 10-1　低位热值对锅炉效率的绝对影响
（原点：低位热值 20 255kJ/kg，锅炉效率 89.42%）

在计算试验时的锅炉效率时，当煤质偏离设计值时，应进行煤质修正。将燃料中各组分及低位发热量的设计值替代排烟热损失计算有关公式中的试验值，即可求得修正后的该项热损失值。

（2）锅炉燃料性质。相对煤粉来说，油、燃气锅炉的效率要高出 5 个百分点左右。以小型锅炉额定工况下热效率比较情况见表 10-1。

表 10-1　　流化床、燃油、燃气锅炉额定工况下热效率目标值和限定值

燃料品种	燃料收到基低位发热量 $Q_{net,ar}$（kJ/kg）	锅炉额定蒸发量 D（t/h）或者额定热功率 Q（MW）			
		$D \leqslant 2$ 或者 $Q \leqslant 1.4$		$D > 2$ 或者 $Q > 1.4$	
		锅炉热效率（%）			
		目标值	限定值	目标值	限定值
重油	按燃料实际化验值	90	86	92	88
轻油		92	88	94	90
燃气		92	88	94	90
Ⅰ级烟煤	$14\ 400 \leqslant Q_{net,ar} < 17\ 700$	85	79	86	80
Ⅱ级烟煤	$17\ 700 \leqslant Q_{net,ar} < 21\ 000$	88	82	89	83
Ⅲ级烟煤	$Q_{net,ar} \geqslant 21\ 000$	90	84	90	84
贫煤	$Q_{net,ar} \geqslant 17\ 700$	87	81	88	82
褐煤	$Q_{net,ar} \geqslant 11\ 500$	88	82	89	83

注　"燃气"是指天然气、城市煤气和液化石油气。

二、锅炉参数

(1) 汽水品质。一般自来水中含有大量的溶解气体和硬度盐类。如果锅炉给水未加软化处理、除盐处理或处理不当，锅炉汽水品质较差，会使锅炉受热面的金属内壁造成腐蚀和结垢现象，结垢使热阻增大，影响传热，降低锅炉热效率，增加煤耗率。水垢的导热系数约为钢板导热系数的 1/30～1/50，如果受热面上结垢 1mm 厚水垢，锅炉燃料消耗量要增加 2%～3%。

(2) 锅炉蒸汽参数。一般高压锅炉效率 90% 以上，超高压锅炉效率 91% 以上，亚临界锅炉效率 92% 以上。超临界锅炉效率 93% 以上，超超临界锅炉效率 93.5% 以上。

(3) 进风温度。进风温度会引起燃料量的变化，也就是输入热量的变化从而影响到锅炉效率，某 HG-2001/26.15-YM3 型超超临界锅炉进风温度与锅炉效率的关系见图 10-2。

经计算，在 0～40℃ 变动范围内，进风温度每升高 1℃，排烟温度升高约 0.55℃。进风温度取决于环境温度和暖风器的投用状况。进风温度变化时，直接引起燃料输入热量变化，在实际计算锅炉效率时，随着环境温度的升高锅炉效率是增加的。进风温度每升高 1℃，锅炉效率将增加 0.01 个百分点。

当进风温度与保证温度发生偏差，应进行进风温度修正。进风温度与保证温度的偏差，主要影响排烟热损失和灰渣物理显热损失，将保证的进口空气温度 t_0^b 及换算后的排烟温度 θ_{py}^b 和输入热量，分别替代热损失计算公式中的 t_0 及 θ_{py}，即可求得修正后的热损失值。

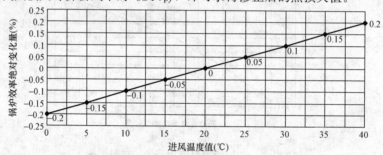

图 10-2 进风温度对锅炉效率的绝对影响值

(设计收到基低位发热量 $Q_{net,ar}$ = 23 570kJ/kg，设计进风温度 20℃，保证效率 93.9%)

(4) 给水温度。给水温度会引起燃料量的变化和烟气量的变化，使煤粉在炉内的停留时间发生变化，从而影响到锅炉效率，见图 10-3。

给水温度与设计值的偏差所引起排烟温度的变化可按下式进行计算（当偏差值小于 10℃ 时，可不进行该项修正）

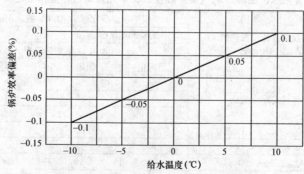

图 10-3 给水温度对锅炉效率的绝对影响

(原点：锅炉效率 89.42%)

$$\theta_{py}^{b} = \theta_{py} + \frac{(t_{fw}^{b} - t_{fw})(\theta_{sm}' - \theta_{sm}')}{\theta_{sm}' - t_{fw}} \times \frac{\theta_{py} - t_{k}'}{\theta_{ky}' - t_{k}'}$$

式中　θ_{py}^{b}——换算到设计给水温度时的排烟温度，℃；

　　　t_{k}'——进口空气温度，℃；

　　　t_{fw}——实测给水温度，℃；

　　　t_{fw}^{b}——设计给水温度，℃

　　　θ_{ky}'——空气预热器进口实测烟气温度，℃；

　　　θ_{py}——实测排烟温度，℃；

　　　θ_{sm}'——省煤器进口烟气实测温度，℃；

　　　θ_{sm}'——省煤器出口烟气实测温度，℃。

将所得的 θ_{py}^{b} 代替热损失计算公式中的 θ_{py}，即可算得修正后的热损失。

（5）锅炉负荷。锅炉效率随着锅炉负荷的变化而变化（见图10-4）。在较低负荷下，锅炉效率随负荷增加而提高，达到某一负荷时，锅炉效率为最高值。此为经济负荷，超过该负荷后，锅炉效率随负荷升高而降低。这是因为在较低负荷下当锅炉负荷增加时，燃料量风量增加，排烟温度升高，造成排烟损失 q_2 增大；另一方面，较低负荷下炉膛温度也较低，炉膛温度对燃烧效率（$1 - q_3 - q_4$）的影响起主要作用，燃烧效率低，因此，在较低负荷下，锅炉效率较低。

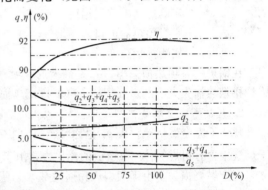

图 10-4　锅炉经济负荷的确定

随着锅炉负荷的增加，炉膛温度也升高，提高了燃烧效率，使化学不完全燃烧损失 q_3 和机械不完全燃烧损失 q_4 及炉膛散热损失 q_5 减小；在经济负荷以下时 $q_3 + q_4 + q_5$ 热损失的减小值大于 q_2 的增加值，故锅炉效率提高。当锅炉负荷增大到经济负荷时，$q_2 + q_3 + q_4 + q_5$ 热损失达到最小，锅炉效率提高。

超过经济负荷以后，会使燃料在炉内停留的时间过短，因此停留时间的影响逐渐变为主导作用，由于没有足够的时间燃尽就被带出炉膛，造成 $q_3 + q_4$ 热损失增大，排烟损失 q_2 总是随着负荷增加而增大，因而，锅炉效率也会降低。

三、锅炉损失

1. 排烟热损失

排烟热损失 q_2 是由于锅炉排烟带走了一部分热量造成的排烟热损失。具有相当高温度的烟气离开锅炉，排入大气而不能得到利用，造成排烟热损失。但排烟的热量并非全部来源于输入热量，其中还包括冷空气带入炉内的那部分热量，因此在计算排烟热损失时应扣除这部分热量。

当燃煤 $Q_r = Q_{net,ar}$ 时，排烟热损失 q_2 可用下式计算

$$q_2 = (k_1 \alpha_{py} + k_2) \times \frac{\theta_{py} - t_0}{100} \ (\%)$$

式中　k_1、k_2——简化函数，查表10-2选取；

　　　α_{py}——排烟过量空气系数，即锅炉排烟处的过量空气系数；

　　　θ_{py}——排烟温度，℃；

　　　t_0——送风机送风温度，℃。

表 10-2   **简化函数 k_1、k_2 选定值**

煤　种	k_1	k_2
无烟煤及贫煤	3.55	0.44
烟煤	3.54	0.44
褐煤	3.62	0.90
泥煤	3.95	1.6
重油	3.5	0.5

当进风温度与保证温度具有偏差时，在计算试验锅炉效率时，应进行排烟温度修正，修正公式为

$$\theta_{py}^{b} = \frac{t_0^b(\theta'_{ky} - \theta_{py}) + \theta'_{ky}(\theta_{py} - t_0)}{\theta'_{ky} - t_0}$$

式中　　θ_{py}^{b}——换算到保证进口空气温度时的排烟温度，℃

t_0^b——保证的进口空气温度，℃；

t_0——实测的基准空气温度，℃；

θ'_{ky}——空气预热器进口实测烟气温度，℃；

θ_{py}——实测排烟温度，℃。

在锅炉的各项热损失中，q_2 是最大的一项，一般为 5%～6%。排烟温度、排烟氧量是决定锅炉排烟热损失大小的重要指标。降低排烟热损失的主要手段是降低排烟容积和排烟温度。

2. 化学不完全燃烧热损失

化学不完全燃烧热损失 q_3 也称可燃气体未完全燃烧热损失，化学不完全燃烧热损失 q_3 是由于烟气中含有可燃气体 CO 造成的热损失，由于气体 CO 是未完全燃烧产生的气体，所以也叫气体未完全燃烧损失。由于大型煤粉锅炉基本上是完全燃烧，所以 q_3 很小，一般不超过 0.5%；对于燃油、燃气锅炉，化学不完全燃烧热损失比较大，一般为 1%～2%。该项热损失由排烟中的未完全燃烧产物（CO、H_2、CH_4、C_mH_m）的含量决定。由于 $1m^3$ 一氧化碳的发热量为 12 636kg/m^3、氢的发热量为 10 798kg/m^3、甲烷为 35 820kg/m^3、C_mH_m 为 59 079kg/m^3。所以这些可燃气体成分未能放出燃烧热而造成的热量损失占输入热量的百分率，按下式计算

$$q_3 = \frac{V_{gy}}{Q_r}(12\ 636CO + 35\ 818CH_4 + 10\ 798H_2 + 59\ 079C_mH_m)(\%)$$

式中　　　　　　　　V_{gy}——每千克燃料燃烧生成的实际干烟气体积，m^3/kg；

q_3——可燃气体未完全燃烧热损失，即化学不完全燃烧热损失，%；

CO、CH_4、H_2、C_mH_m——对应气体的百分含量，%；

12 636、35 818、10 798、59 079——$1m^3$ 的一氧化碳、甲烷、氢气、重碳氢化合物的发热量，kJ/m^3。

当考虑机械未完全燃烧热损失对化学不完全燃烧热损失的影响时，其修正公式为

$$q_3 = \frac{V_{gy}}{Q_r}(12\ 636CO + 35\ 818CH_4 + 10\ 798H_2 + 35\ 818CH_4) \times \left(1 - \frac{q_4}{100}\right)$$

在计算式中乘以 $\left(1 - \frac{q_4}{100}\right)$，是因为有机械未完全燃烧热损失存在时，每千克燃料中只有

$\left(1 - \frac{q_4}{100}\right)$ kg 燃料参与燃烧并生成烟气，因此应对生成的干烟气容积用 $\left(1 - \frac{q_4}{100}\right)$ 进行修正。

如果手头没有上述一些数据，可以采用下列经验公式

$$q_3 = 0.032\alpha_{py}CO \times 100\%$$

锅炉运行中每产生 0.1%（百分点）的一氧化碳，约使锅炉效率降低 0.4%，发电煤耗率升高 $1.5\mathrm{g/kWh}$。

影响化学不完全燃烧热损失的主要因素是燃料性质、氧量。燃用高挥发分煤种的机组（如褐煤、烟煤），应重点关注化学不完全燃烧热损失，锅炉运行中要保持合理的氧量和一、二次风速。

3. 固体未完全燃烧热损失

固体未完全燃烧热损失 q_4，也称机械未完全燃烧热损失，主要是由锅炉烟气带出的飞灰和炉底放出的炉渣中含有未参加燃烧的碳所造成的，以及中速磨煤机排出石子煤的热量损失。

即炉渣损失 $= \dfrac{337.27 A_{ar}\alpha_{lz}C_{lz}\times 100\%}{Q_{net,ar}(100-C_{lz})}$、飞灰损失 $= \dfrac{337.27 A_{ar}\alpha_{fh}C_{fh}\times 100\%}{Q_{net,ar}(100-C_{fh})}$ 和漏煤损失 $=$

$\dfrac{337.27 A_{ar}\alpha_{lm}C_{lm}\times 100\%}{Q_{net,ar}(100-C_{lm})}$。炉渣损失指未燃尽的燃料与渣在一起，一同排入灰斗所造成的损失；飞灰损失指未燃尽的燃料与灰在一起，随烟气排出，经电除尘时，大部分落下，小部分随烟气从烟囱排出，所造成的损失；漏煤损失指链条炉中未能完全燃烧的煤漏入灰斗造成的损失，电站煤粉炉中没有该项损失。

$$q_4 = \frac{337.27 A_{ar}}{Q_{net,ar}}\left(\frac{\alpha_{fh}C_{fh}}{100-C_{fh}}+\frac{\alpha_{lz}C_{lz}}{100-C_{lz}}\right)\times 100\% + \frac{B_{sz}Q_{ar,sz}}{BQ_{net,ar}}\times 100\%$$

以上式中　　337.27——碳的发热量为 $33\,727\mathrm{kJ/kg}$ 的 $1/100$；

$\qquad\qquad A_{ar}$——煤的收到基灰分含量百分率，%；

$\quad C_{fh}、C_{lm}、C_{lz}$——分别为飞灰中碳的含量（飞灰可燃物）、漏煤中可燃物含量和炉渣可燃物含量百分率，%；

$\qquad \alpha_{fh}、\alpha_{lz}$——分别为飞灰、灰渣占燃料总灰分的份额，%；

$\qquad\qquad B$——锅炉燃料消耗量，$\mathrm{kg/h}$；

$\qquad\qquad B_{sz}$——中速磨煤机废弃的石子煤量，$\mathrm{kg/h}$；

$\qquad\quad Q_{ar,sz}$——石子煤的实测低位发热量，$\mathrm{kJ/kg}$。

$C_{fh}、C_{lz}$ 的数值可根据最近的灰平衡试验或锅炉性能试验来选取。对于固体排渣煤粉锅炉，可取 $C_{fh}=90$、$C_{lz}=10$；对于液态排渣煤粉锅炉，可取 $C_{lz}=30\sim90$、$C_{fh}=100-C_{lz}$。

对于燃油锅炉，一般灰分很少，可以忽略不计；如果必须计算时，其固体未完全燃烧热损失为

$$q_4 = \frac{337.27 \mu V_{gy}}{Q_r}\times 100\%$$

式中　　μ——锅炉排烟中碳的浓度，$\mathrm{g/m^3}$。

影响机械不完全燃烧热损失的主要因素是燃料性质和锅炉燃烧状况。机械不完全燃烧损失是仅次于锅炉排烟损失的一项热损失，一般约占 $1.5\%\sim3\%$，主要取决于灰渣可燃物含量。

4. 灰渣物理热损失

灰渣物理热损失即炉渣、飞灰与沉降灰排出锅炉设备时，所带走的显热占输入热量的百分率，其计算公式为

$$q_6 = \frac{A_{ar}}{Q_r}\left[\frac{\alpha_{lz}(t_{lz}-t_0)c_{plz}}{100-C_{lz}}+\frac{\alpha_{fh}(T_{py}-t_0)c_{pfh}}{100-C_{fh}}+\frac{\alpha_{cjh}(t_{cjh}-t_0)c_{cjh}}{100-C_{cjh}}\right]\times 100\%$$

式中　　　　q_6——灰渣物理热损失，%；

$\qquad\qquad t_{lz}$——由炉膛排出的炉渣温度，℃，当不直接测量时，固态排渣煤粉炉取 $800℃$，火床炉取 $600℃$，液态排渣火室炉取煤灰的熔化温度 $+100℃$；

$\quad \alpha_{fh}、\alpha_{lz}、\alpha_{cjh}$——分别为飞灰、灰渣、沉降灰占燃料总灰分的份额，%；

t_{cjh}——由烟道排出的沉降灰温度，可取为沉降灰斗上部空间的烟气温度，℃；

c_{plz}——炉渣的比热容，取 $1.10\text{kJ}/(\text{kg}\cdot\text{K})$；

c_{pfh}、c_{cjh}——飞灰和沉降灰的比热容，取 $0.82\text{kJ}/(\text{kg}\cdot\text{K})$。也可按下列公式计算

$$c = 0.71 + 0.000\,502\theta_{py}$$

式中　c——飞灰（或沉降灰或炉渣）的比热，$\text{kJ}/(\text{kg}\cdot\text{K})$；

　　　θ_{py}——排烟温度（或沉降灰温度或炉渣温度），℃。

对于燃油和燃气锅炉：$q_6 = 0$

q_6 主要指灰渣带走的物理热损失和冷却热损失，决定于燃料的灰分、燃料的发热量和排渣方式等，这项损失在锅炉机组的实际运行中不能控制调整，在实际锅炉效率计算中常忽略 q_6。

5. 散热损失

散热损失 q_5，是由于运行中锅炉内部各处的温度均高于外部温度，使一部分热量散失到空气中造成的散热损失，即锅炉炉墙、金属结构及锅炉范围内管道（烟风管道及汽水管道、联箱等）等向四周环境中散失（导热和辐射）的热量占总输入热量的百分率。

当锅炉在非额定蒸发量下运行时，由于锅炉外表面的温度变化不大，锅炉总的散热量也就变化不大；但对于1kg燃料的散热量 q_5 却有明显的变化，可近似地认为散热损失与锅炉运行负荷成反比变化，因此，非额定工况下运行时的散热损失，通常乘以一个负荷修正系数。散热损失 q_5 计算公式为

$$q_5 = q_5^e \times \frac{D_e}{D}$$

式中　D_e——锅炉的额定蒸发量，t/h；

　　　D——锅炉效率测定时的实际蒸发量，t/h；

　　　q_5——锅炉散热损失，%；

　　　q_5^e——额定蒸发量下的散热损失，%（根据锅炉额定蒸发量按图 10-5 查取）。

散热损失源于锅炉范围内各种管道、附件表面因温度高于环境温度而产生的对流传热，总散热量等于各部分总面积的散热量之和，与锅炉外表面面积、外表面温度、炉墙结构、保温隔热性能及环境温度五方面因素与散热有关。后四个基本是定值，所以决定 q_5 的主要因素是外表面

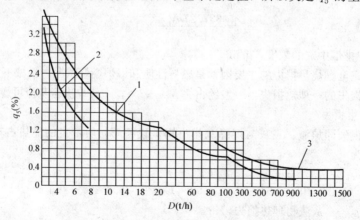

图 10-5　额定负荷下的锅炉散热损失曲线

1—锅炉整体（连同尾部受热面）；2—锅炉本身（无尾部受热面）；

3—GB 10184—1988（连同尾部受热面）

面积。

额定负荷下的锅炉散热损失一般可按下式计算

$$q_5^e = 5.82(D_e)^{-0.38} \quad (\%)$$

式中 D_e——锅炉的额定蒸发量，t/h。

散热损失 q_5 计算公式的来源推导过程如下：

假定某地两台锅炉结构相似，即炉膛的长、宽、高比例不变，分别为 a、b、c，且有

炉 1 $\begin{cases} \text{炉膛长：} A_1 = aL_1 \\ \text{炉膛宽：} B_1 = bL_1 \\ \text{炉膛高：} H_1 = cL_1 \\ \text{锅炉容积：} V_1 = abcL_1^3 \\ \text{锅炉外表面积：} S_1 = 2abL_1^2 + 2acL_1^2 \end{cases}$

炉 2 $\begin{cases} \text{炉膛长：} A_2 = aL_2 \\ \text{炉膛宽：} B_2 = bL_2 \\ \text{炉膛高：} H_2 = cL_2 \\ \text{锅炉容积：} V_2 = abcL_2^3 \\ \text{锅炉外表面积：} S_2 = 2abL_2^2 + 2acL_2^2 \end{cases}$

式中 L_1、L_2——炉膛边长。

因此

$$\frac{V_1}{V_2} = \frac{L_1^3}{L_2^3}$$

$$\frac{S_1}{S_2} = \frac{L_1^2}{L_2^2} = \frac{V_1^{2/3}}{V_2^{2/3}}$$

即：锅炉容积与炉膛边长的 3 次方成正比，锅炉面积变化只是锅炉容积变化的 2/3 次方。

两台锅炉燃料相同，为保持良好的燃烧、传热及安全性，两炉的容积热负荷相同。即

$$\frac{(BQ_r)_1}{V_1} = \frac{(BQ_r)_2}{V_2}, \frac{V_1}{V_2} = \frac{(BQ_r)_1}{(BQ_r)_2}$$

同时，燃料量仅与锅炉容量基本成正比，即 $BQ_r \propto D$。

因此

$$\frac{S_1}{S_2} = \frac{L_1^2}{L_2^2} = \frac{(BQ_r)_1^{2/3}}{(BQ_r)_2^{2/3}} = \frac{D_1^{2/3}}{D_2^{2/3}} = \left(\frac{D_1}{D_2}\right)^{2/3}$$

散热损失量

$$Q_5 = \sum \Delta t_i S_i a_i \propto D^{2/3}$$

式中 Δt_i——第 i 处面积的表面温度与环境温度的温差；

S_i——第 i 处的面积；

a_i——第 i 处面积的表面温度与环境之间的换热系数。

由此得出散热损失

$$q_5 = \frac{Q_5}{BQ_r} \propto \frac{D^{2/3}}{D} = kD^{-x}$$

式中 $x = -1/3 = -0.33$

20 世纪 70 年代，西安热工研究所对当时国内最具代表性的 11 台容量为 130～1083t/h 的锅炉（其中油炉 2 台）进行实测后得到的系数 k 和指数 x 分别是 0.58 和 -0.38，其中指数 -0.38 比 -0.33 略小一些。

影响散热损失的主要因素是锅炉容量、负荷、相对表面积（以一台 300MW 机组为例，需要保温的面积在 30 000m² 以上）和环境温度。锅炉容量小、负荷小、相对表面积大、周围空气温度低，则散热损失就大。如果水冷壁和炉墙等结构严密、紧凑，炉墙和管道的保温良好，锅炉周围空气温度高，则散热损失小。对于大型锅炉 q_5 一般小于 0.5%。

加强保温是减少散热损失的有效措施。锅炉炉墙和热力管网的温度总是比环境温度高，所以部分热量就要通过辐射和对流的方式散发到周围空气中去，造成锅炉的散热损失；同时热量散失又使炉膛温度降低，影响燃烧，使不完全燃烧热损失增大，从而使锅炉热效率降低。因此应采用先进的保温材料，尽量减少散热损失。因此凡是表面温度超过 50℃ 的传热体均应进行保温，特别是应注意对阀门法兰等处的保温工作，有脱落和松动的保温层应及时修补。

对炉顶及炉墙严密性差的锅炉，应采用新材料、新工艺或改造原有结构的措施予以解决。

第三节　管道效率的监督

一、管道效率

1. 狭义管道效率

管道效率定义：狭义的管道效率是指管道出口工质焓占入口工质焓的百分比。在火力发电厂中，汽、水在管道中流动总会有摩擦、节流、压降等能量损失，同时管道不能真正做到绝热，还会有散热损失等，因此管道效率总是小于 100%，管道效率正平衡计算公式为

$$\eta_{gd} = \frac{Q_0}{Q_{bl}} = \frac{G_0(h_{ms} - h_{fw}) + G_{rh}(h_{rhr} - h_{rhl})}{G_b(h_b - h_{fw}) + G_{rh}(h_{rhr} - h_{rhl}) + G_{bl}h_{bl} + G_{fy}(h_{fy} - h_{fw})} \times 100\%$$

式中　Q_{bl}、Q_0——锅炉热负荷、汽轮机热耗，kJ；

G_{bl}、h_{bl}——锅炉排污量（kg/h）和排污焓，kJ/kg；

h_b、h_{ms}、h_{fw}——锅炉过热蒸汽焓、汽机主蒸汽焓和给水焓，kJ/kg；

G_b、G_{rh}、G_0——锅炉过热蒸汽流量、再热蒸汽轮流量和汽轮机主蒸汽流量，kg/h；

G_{fy}、h_{fy}——厂用蒸汽（包括吹灰、疏水及抽汽等锅炉自用蒸汽）流量（kg/h）和对应的焓，kJ/kg；

h_{rhr}、h_{rhl}——再热蒸汽热端焓和再热蒸汽冷端焓，kJ/kg。

在《火力发电厂热平衡导则》（DL/T 606.3—1996）中，没有考虑工质泄漏热损失，规定管道效率正平衡计算公式为

$$\eta_{gd} = \frac{h_j - h_{gp}}{h_{gr} - h_{zrl}} \times \frac{h_{zj} - h_{pq}}{h_{zrr} - h_{pq}} \times \frac{h_{lgs} - h_{co}}{h_{jgs} - h_{co}} \times 100\%$$

式中　h_j——汽轮机进汽焓，kJ/kg；

h_{pq}——汽轮机排汽焓，kJ/kg；

h_{gr}——过热蒸汽焓，kJ/kg；

h_{zrl}——再热器进汽焓，kJ/kg；

h_{zrr}——再热器出口汽焓，kJ/kg；

h_{gp}——高压缸排汽焓，kJ/kg；

h_{zj}——中压缸进汽焓，kJ/kg；

h_{jgs}——汽轮机侧给水焓，kJ/kg；

h_{lgs}——锅炉侧给水焓，kJ/kg；

h_{co}——凝汽器出口凝结水焓，kJ/kg。

一般而言，狭义管道效率仅考虑主蒸汽管道散热、再热蒸汽管道散热和工质泄漏等热损失，因此狭义管道效率变化不大。在反平衡法煤耗率计算中很少单独计算，多凭经验估定一个不变的数值。对于大型发电机组取 98.5%～99%。单机机组容量越大，管道效率越高。当管道效率小于 98% 时，应采取措施（如提高保温质量，减少管路阻力等），提高管道效率。

2. 广义管道效率

在实际中，由于不可能像热力试验那样补水率为零，不排污，所以在具体应用时，不使用管道效率这一概念，而用厂内热损失概念(也就是广义上的管道效率)代替。厂内热损失定义为汽轮机从锅炉得到的热量占锅炉输出热量的百分比，包括新蒸汽管道热损失、再热蒸汽管道热损失、给水管道热损失、厂用蒸汽热损失、工质泄漏和连续排污热损失六部分。以厂用蒸汽热损失最大，给水管道热损失最小。过去传统的狭义管道效率，实际上仅计算主蒸汽管道热损失和再热蒸汽管道热损失，是真正的管道效率；而广义管道效率，包括了纯粹的管道损失，并考虑了机组实际运行过程中存在的蒸汽热损失，狭义管道效率是比较理想化的广义管道效率。根据《火力发电厂能量平衡导则 第 3 部分：热平衡》(DL/T 606.3—2006)中广义管道效率反平衡计算公式为

$$\eta_{gd} = 1 - \frac{\Delta Q_{gp}}{Q_{bl}} = 1 - \frac{\Delta Q_{g1-3} + \Delta Q_{g4} + \Delta Q_{g5} + \Delta Q_{g6}}{Q_{bl}} = 1 - q_{g1-3} - q_{g4} - q_{g5} - q_{g6}$$

式中　Q_{bl}、ΔQ_{gp}——锅炉热负荷、热力系统中汽水管道的各项热损失之和，kJ，%；

$\quad\quad\quad q_{g1-3}$——狭义管道热损失，kJ，%；

$\quad\quad\quad \Delta Q_{g4}$、$q_{g4}$——给水管道热损失，kJ，%；

$\quad\quad\quad \Delta Q_{g5}$、$q_{g5}$——厂用蒸汽热损失，kJ，%；

$\quad\quad\quad \Delta Q_{g6}$、$q_{g6}$——锅炉排污热损失，kJ，%。

根据有关资料 200MW 机组的广义管道效率为 94.6%，亚临界机组的广义管道效率为 95.7%，超临界机组的广义管道效率为 96.7%。

二、管道效率的耗差分析

管道效率的耗差分析与锅炉效率、汽轮机热耗率完全一样，影响幅度也完全一致。对机组煤耗率指标影响的权重均为 1:1，是发电厂节能技术监督中重要测评参数之一。某国产 N300-165/550/550 型中间再热单元机组的管道效率的耗差分析结果见表 10-3。

表 10-3　　　　　　　　　**B156 机组管道热损失的分布及对煤耗率的影响**

项　目	数　值	对煤耗率影响（g/kWh）
锅炉蒸发量（kg/h）	976 936.3	
汽轮机总进汽量（kg/h）	970 000	
再热蒸汽量（kg/h）	823 560.1	
工质泄漏量（kg/h）	7000	
厂用蒸汽量（kg/h）	30 000	
锅炉连续排污量（kg/h）	4982.4	
扩容回收蒸汽量（kg/h）	515.2	
进地沟的排污水量（kg/h）	2467	
发电厂的补充水量（kg/h）	14 600	
过热器出口焓（kJ/kg）	3443.2	
汽轮机主汽门前蒸汽焓（kJ/kg）	3435.8	
再热器出口焓（kJ/kg）	3575.6	
再热器进口焓（kJ/kg）	3067.6	

项　目	数　值	对煤耗率影响（g/kWh）
汽轮机中压缸进口焓（kJ/kg）	3565.9	
汽轮机中压缸排口焓（kJ/kg）	3072.6	
厂用蒸汽焓（kJ/kg）	3153.0	
锅炉连续排污水焓（kJ/kg）	1762.2	
连排扩容器饱和水焓（kJ/kg）	710.5	
排地沟的排污水焓（kJ/kg）	159.5	
排污水扩容器回收的蒸汽焓（kJ/kg）	2724.0	
锅炉给水量（kg/h）	1146.1	
补充水焓（kJ/kg）	84.3	
厂用蒸汽返回水焓（kJ/kg）	350	
厂用蒸汽返回率（%）	85	
新汽管道热损失率（%）	0.269	0.80
再热蒸汽管道热损失率（%）	0.454	1.34
给水管道热损失率（%）	0	0
厂用蒸汽热损失率（%）	3.25	9.59
工质泄漏热损失率（%）	0.632	1.86
锅炉连续排污热损失率（%）	0.015	0.04
合计（%）	4.62	13.63
反平衡热效率（%）	95.38	13.63

通过对上面数据进行计算，得出管道的正平衡热效率，以及反平衡热效率中不同的损失。可以看出：采用正反平衡相结合的方法是比较合理的，计算结果基本相等。随着负荷的增加，反平衡管道效率增加。

从表 10-3 可以看出，在锅炉管道损失中，厂用汽的损失最大，其次依次为排污损失、新蒸汽损失、泄漏工质损失、再热蒸汽损失，给水损失是所有损失中最小的。

【例 10-4】 某机组管道热效率 $\eta_{gd} = 97\%$，锅炉热效率 $\eta_{bl} = 93.9\%$，厂用电率 $e = 4\%$；汽轮机效率 $\eta_q = 49.0\%$，管道效率降低到 96% 时，求对供电煤耗率的影响系数。

解： $b_{g1} = \dfrac{3600}{\eta_{bl} \eta_{gd} \eta_q (1-e) \times 29.307\,6} = \dfrac{3600}{0.939 \times 0.97 \times 0.49 \times (1-0.04) \times 29.307\,6}$

$= 286.69 (g/kWh)$

$b_{g2} = \dfrac{3600}{\eta_{bl} \eta_{gd} \eta_q (1-e) \times 29.307\,6} = \dfrac{3600}{0.939 \times 0.96 \times 0.49 \times (1-0.04) \times 29.307\,6}$

$= 289.68 (g/kWh)$

$$\Delta b = b_{g2} - b_{g1} = 289.68 - 286.69 = 2.99 (g/kWh)$$

因此管道效率每降低 1 个百分点，供电煤耗率增加 2.99g/kWh。

三、狭义管道效率的弊端

由表 10-3 可知，传统方法计算的狭义管道效率 $= 100\% - 0.269\% - 0.454\% = 99.28\%$，而广义管道效率等于 95.38%，两者相差 3.9 个百分点。

狭义管道效率不考虑汽水工质损失，仅凭经验估定一个不变的数值（大型机组一般取99%），广泛应用于机组性能（考核、常规）试验、发电厂生产报表相关指标计算中。

以机组性能（考核、常规）试验为例，汽水工质不明泄漏量在炉侧的分配比例直接影响汽轮机热耗率的计算。若管道效率取定值，试验人员通过调整汽水工质不明泄漏量在炉侧的分配比例，一定程度上能够影响试验结果。

狭义管道效率取定值，忽略了各项影响因素，不可避免地给煤耗率指标的节能技术监督带来问题。以发电厂生产报表中反平衡煤耗率指标计算为例，由于实际运行机组汽水工质损失较高，而且这部分损失对管道效率的影响甚至大于纯粹的管道损失，因此传统管道效率取定值时，通常取值偏高，由此计算的反平衡煤耗率要低于真实值，这也是发电厂生产报表中正、反平衡煤耗率数据难以统一的一个重要因素。

广义管道效率是采用反平衡计算方法计算发电厂管道效率。该方法能够比较系统地分析影响管道热损失的各种因素，为工程技术人员指明减少可控热损失的主要途径。传统管道效率计算仅考虑管道流动和散热损失，计算取值偏高，是造成发电厂节能技术监督中反平衡煤耗率指标计算偏低的直接原因之一。建议加强对发电厂管道效率的节能技术监督工作，在生产报表、机组常规性能试验等系统汽水工质泄漏远高于 ASME 标准规定值 0.1% 时，必须考虑汽水工质泄漏对管道效率的影响。

四、影响管道效率的因素和对策

1. 新蒸汽管道热损失

新蒸汽指的是从锅炉过热器出来到高压缸进口这一段。这一段管道一般说来比较长，而且从过热器出来的蒸汽温度、压力等初参数都比较高，所以不可避免地存在着温降和压损。因此存在不可忽略的管道散热损失。减少新蒸汽管道热损失，应采用质量好的保温，加强主蒸汽管道、再热蒸汽管道、给水管道的保温。其计算式为

$$\Delta Q_{g1} = G_{qj}(h_{gr} - h_{qj})$$

$$q_{g1} = \frac{\Delta Q_{g1}}{Q_{bl}}$$

式中　　Q_{bl}——锅炉热负荷，kJ/h；

　　ΔQ_{g1}——新蒸汽管道热损失，kJ/h；

　　h_{qj}——汽轮机高压缸进汽焓，kJ/kg；

　　h_{gr}——锅炉过热器出口蒸汽焓，kJ/kg；

　　G_{qj}——汽轮机进汽流量，kg/h；

　　q_{g1}——新蒸汽管道散热损失率，%。

2. 带热量工质泄漏热损失

由于管道接口、阀门、法兰等处由于工艺或者设备老化等原因，不可避免地存在着蒸汽或凝结水泄漏。但是泄漏往往存在着泄漏点过多，汽水损失不仅是工质损失，而且伴随着热量损失。由于不同的泄漏点的状态参数不同，焓值也不一样，况且有些状态点的位置是很难确定的。为了简便起见，可以对它进行假定，即所有的损失集中于主蒸汽管道，损失的焓值全部以过热器出口焓值计算，计算公式为

$$\Delta Q_{g2} = G_1(h_1 - h_{ma})$$

$$q_{g2} = \frac{\Delta Q_{g2}}{Q_{bl}}$$

由质量平衡有

$$G_1 = G_{ma} - G_{pw} - (1 - \oint) G_{cy}$$

$$\oint = \frac{G_{fh}}{G_{cy}}$$

以上式中　ΔQ_{g2} ——带热量工质泄漏热损失，kJ/h；

G_l ——带热量工质泄漏量，kg/h；

h_l ——带热量工质焓，kJ/kg；

G_{ma}、h_{ma} ——化学补充水量（kg/h）和焓，kJ/kg；

G_{pw} ——锅炉排污量，kg/h；

G_{fh} ——厂用蒸汽返回热力系统的流量，kg/h；

G_{cy} ——厂用蒸汽流量，kg/h；

$\oint$ ——厂用蒸汽的返回水率，%；

q_{g2} ——带热量工质泄漏热损失率，%。

为了减少工质泄漏热损失，应加强管道疏水阀门治理、检修修复，不能修复的应更换。

3. 再热蒸汽管道散热损失

与新蒸汽管道一样，再热蒸汽管道也存在散热损失，一般将再热蒸汽管道散热损失分成两部分来考虑，即再热管道冷段和再热管道热段。再热管道冷段一般是考虑高压缸排汽到再热器进口这一段，再热管道热段一般是再热器出口到中压缸进口这一段。由于在再热器出口，有再热器减温水，所以两段的流量也不一样。在计算中，再热蒸汽管道散热损失等于冷再热管道和热再热管道损失之和。减少再热蒸汽管道热损失，应采用质量好的保温，加强管道保温治理。

计算公式为

$$\Delta Q_{g3} = G_{zrr}(h_{zrr} - h_{zj}) + G_{zrl}(h_{zrl} - h'_{zrj})$$

$$q_{g3} = \frac{\Delta Q_{g3}}{Q_{bl}}$$

式中　ΔQ_{g3} ——再热蒸汽管道散热损失，kJ/h；

G_{zrr} ——再热器的热段蒸汽流量，kg/h；

G_{zrl} ——再热器冷段蒸汽流量，kg/h；

h_{zrr} ——锅炉再热器出口蒸汽焓，kJ/kg；

h_{zj} ——汽轮机中压缸进口蒸汽焓，kJ/kg；

h_{zrl} ——汽轮机高压缸出口蒸汽焓，kJ/kg；

h'_{zrj} ——锅炉再热器进口蒸汽焓，kJ/kg；

q_{g3} ——再热蒸汽管道散热损失率，%。

4. 给水管道热损失

给水管道指给水自汽轮机末级高压加热器出口至锅炉省煤器进口的这一段给水管系。减少给水管道热损失，应采用质量好的保温，加强管道保温治理。一般来说，这一段温度和环境温度相差不是太大，但是该管系较长且有给水操作台，因此散热损失不能忽略，计算公式为

$$\Delta Q_{g4} = G_{gs}(h_{jgs} - h_{lgs})$$

$$q_{g4} = \frac{\Delta Q_{g4}}{Q_{bl}}$$

式中　ΔQ_{g4} ——给水管道热损失，kJ/h；

G_{gs} ——锅炉给水流量（有时用 G_{fw} 表示），kg/h；

h_{jgs} ——汽轮机侧末级高压给水焓，kJ/kg；

h_{lgs} ——锅炉侧省煤器进口给水焓，kJ/kg；

q_{g4} ——给水管道热损失率，%。

5. 厂用蒸汽系统热损失

发电厂在正常运行中，都有一定量的厂用蒸汽供有关热力设备使用，从发电厂热力系统的总体热平衡角度可得到厂用蒸汽热损失的大小，它与厂用蒸汽量大小以及厂用蒸汽的参数等级、返回水的参数有关。厂用蒸汽量大、厂用蒸汽参数等级高，且返回水率低，则厂用蒸汽损失大，引起管道效率降低。计算公式为

$$\Delta Q_{g5} = G_{cy}(h_{cy} - h_{ma}) - \oint G_{cy}(h_{cyh} - h_{ma})$$

$$q_{g5} = \frac{\Delta Q_{g5}}{Q_{bl}}$$

式中　ΔQ_{g5} ——厂用蒸汽系统热损失，kJ/h；

G_{cy} ——厂用蒸汽流量，kg/h；

h_{cyh} ——厂用蒸汽返回水焓，kJ/kg；

h_{cy} ——厂用蒸汽焓，kJ/kg；

h_{ma} ——化学补充水焓，kJ/kg；

$\oint$ ——厂用蒸汽的返回水率，%；

q_{g5} ——厂用蒸汽系统热损失率，%。

6. 锅炉连续排污热损失

汽包锅炉为了保证蒸汽品质，必须进行连续排污。锅炉连续排污也会引起发电厂管道热效率的降低。当排污热量无利用时，锅炉连续排污热损失计算公式为

$$\Delta Q_{g6} = G_{pw}(h_{pw} - h_{ma})$$

当具有单级连续排污扩容利用系统时，锅炉连续排污热损失计算公式为

$$\Delta Q_{g6} = G_{bl}h_{bl}(1 - \eta_f) + G_{bl}(h_{pwd} - h_{ds})(1 - \eta_{pwk}) + G_{pwd}(h_{ds} - h_{ma})$$

$$q_{g6} = \frac{\Delta Q_{g6}}{Q_{bl}}$$

式中　ΔQ_{g6} ——锅炉连续排污热损失，kJ/h；

G_{bl} ——锅炉连续排污流量，kg/h；

G_{pwd} ——排入地沟的排污流量，kg/h；

h_{pwd} ——排污扩容器压力下的饱和水焓，kJ/kg；

h_{ds} ——排入地沟的连续排污水焓，kJ/kg；

h_{bl} ——锅炉连续排污水焓，kJ/kg；

η_f ——连续排污扩容器热效率，%；

η_{pwk} ——排污冷却器的热效率，%；

h_{ma} ——化学补充水焓，kJ/kg；

q_{g6} ——锅炉连续排污热损失率，%。

为了减少排污热损失，应在机组汽水品质规定要求内，减少排污量。

某电厂 300MW 燃煤机组，锅炉系上海锅炉厂制造的 SG-1025/18.3-M316 型、一次中间再热控制循环固态排渣煤粉炉，过热蒸汽温度主要靠喷水减温调节；再热蒸汽温度的调节主要靠改变燃烧器的倾角及改变过量空气系数。汽轮机系上海汽轮机厂生产的 B156 型汽轮机，对不同工况的管道效率见表 10-4。

表 10-4　　　　　　　　　　　300MW 机组不同工况的管道效率

项　目	数　值			
负荷（MW）	300	240	180	120
过热蒸汽压力（MPa）	17	16	14	11
过热蒸汽温度（℃）	537.6	537.3	536.8	540.5
过热器出口流量（t/h）	990.2	769.1	589.4	393.5
主蒸汽流量（t/h）	985.2	765.3	586.4	391.5
主蒸汽管道漏汽量（t/h）	5	3.8	3	2
排污量（t/h）	10	7.7	5.9	4
高压缸进汽压力（MPa）	17.22	16.78	14.32	11.65
高压缸进汽温度（℃）	534.2	535.9	535.6	535.7
高压缸排汽压力（MPa）	3.91	3.13	2.36	1.63
高压缸排汽温度（℃）	330	318.8	311.1	310.8
再热蒸汽流量（t/h）	855.3	674.4	501	340.2
冷再热流量（t/h）	820.1	647.3	498.2	338.7
再热器进口压力（MPa）	3.81	3.03	2.57	1.55
再热器进口温度（℃）	335	320	311	311
再热器出口压力（MPa）	3.52	2.81	2.09	1.43
再热器出口温度（℃）	536	536	534	535
中压缸进口蒸汽压力（MPa）	3.57	2.49	2.14	1.47
中压缸进口蒸汽温度（℃）	531.7	532.7	529.9	529.1
中压缸排汽压力（MPa）	0.87	0.71	0.53	0.37
中压缸排汽温度（℃）	332.8	334.5	332.2	330
厂用汽量（t/h）	10	10	10	10
主给水量（t/h）	964.2	744.2	595.3	382.6
过热器减温水流量（t/h）	36	32.8	0	14.9
再热器减温水流量（t/h）	35.2	27.1	2.8	1.5
补水量（t/h）	25	21.5	18.9	16
锅炉负荷（kJ）	26 655 683.8	2 137 133.6	1 632 621.4	1 151 532.8
汽轮机热耗（kJ）	2 546 927.1	2 050 550.3	1 561 602.7	1 090 586.4
主蒸汽管道损失（kJ）	23 644.8	15 841.7	8620.1	7242.8
工质泄漏热损失（kJ）	16 397	12 483.4	9908.4	6691.2
再热蒸汽管道（kJ）	128 40.8	9063.4	6802.4	6287.7
给水管道损失（kJ）	1832	297.7	535.8	306.1
厂用蒸汽热损失（kJ）	30 060	30 310	30 118	30 108
排污损失（kJ）	23 982	18 766.4	14 735.8	10 310.4
所有损失（kJ）	108 756.6	86 582.6	70 720.5	66 094.6
正平衡管道热效率（%）	95.91	95.95	95.66	94.71

第十一章　汽轮机热耗率的监督

虽然汽轮机热耗率与供电煤耗率、厂用电率不在同一大指标体系中，但是它又仅次于供电煤耗率、厂用电率等大指标，高于真空度、缸效率、端差等小指标，因此，这里把汽轮机热耗率归结为大指标序列。

第一节　热耗率的分析与监督

一、热耗率的定义

热耗率是指汽轮机（燃气轮机）系统从外部热源取得的热量与其输出电能之比，单位为 kJ/kWh。

1. 毛热耗率和净热耗率

热耗率分为毛热耗率和净热耗率。没有特殊说明，热耗率一般指净热耗率。

（1）毛热耗率。毛热耗率是指输出功率中未扣除电动给水泵设备耗功的热耗率。对于采用电动给水泵供水时，机组毛热耗率计算公式为

$$q = \frac{Q_0 - Q_{gr}}{P_2}$$

汽轮机驱动给水泵供水时，进行机组毛热耗率计算还需考虑汽动给水泵的轴功率，上式应写成

$$q = \frac{Q_0 - Q_{gr}}{P_2 + P_b}$$

式中　Q_0——汽轮机的热耗量，kJ/h；

　　　Q_{gr}——机组对外供热量，kJ/h；

　　　P_2——发电机出线端的电功率，kW；

　　　P_b——汽动给水泵功率，kW。

（2）净热耗率。净热耗率是指输出功率中已扣除电动给水泵设备耗功的热耗率。对于电动给水泵，净热耗率计算公式为

$$q_r = \frac{Q_0 - Q_{gr}}{P_2 - P_a}$$

对于汽动给水泵，净热耗率计算公式为

$$q_r = \frac{Q_0 - Q_{gr}}{P_2}$$

式中　P_a——电动给水泵功率，kW。

2. 设计热耗率和保证热耗率

设计热耗率是在设计工况 THA（即排汽压力为 4.9kPa，补水率为 0％下）的设计计算的汽轮机的净热耗率，并不是铭牌工况（TRL 工况）下的设计计算的汽轮机的热耗率。

保证热耗率是汽轮机在设计工况下运行时，应达到的数值。即制造厂提出的基于 THA 工况、合同或技术协议规定的热耗率保证值，应考虑参与热力循环的所有外来的流量、补给水、进入或散失的热量。在合同中应定义热耗率计算公式，国内制造商提供的保证热耗率一般等于 1～

1.03 倍的设计热耗率。汽轮机考核试验工况应尽量与设计工况一致，运行参数接近额定值；若不一致时，对机组经济性要产生影响。为了便于和同类型机组进行性能比较，必须将试验结果从试验条件修正到额定条件。例如上海制造的 660MW 超超临界机组保证热耗率为 7342kJ/kWh，设计热耗率为 7342kJ/kWh，其他各工况热耗率见表 11-1。而国外制造商为了保证满足合同要求，规避考核，提供的保证热耗率一般稍微大于设计热耗率。

表 11-1 上海 660MW 超超临界机组各工况热耗率

项 目	额定工况（THA）	夏季工况（TRL）	TMCR 工况	VWO 工况	高压加热器切除
功率（MW）	660.0	660.0	686.6	709.5	660.0
热耗率（kJ/kWh）	7342	7571	7381	7406	7600
主蒸汽流量（t/h）	1793.15	1906.07	1906.07	2001.73	1573.6
主蒸汽压力（MPa）	25.0	25.0	25.0	25.0	22.36
主蒸汽温度（℃）	600	600	600	600	600
高压缸排汽压力（MPa）	5.700	5.990	6.035	6.315	5.932
高压缸排汽温度（℃）	364.7	374.8	375.9	383.9	387.2
再热蒸汽流量（t/h）	1521.59	1601.76	1611.55	1686.92	1560.47
再热蒸汽压力（MPa）	5.13	5.39	5.43	5.68	5.35
再热蒸汽温度（℃）	600	600	600	600	600
中压缸排汽压力（MPa）	0.577	0.592	0.608	0.633	0.639
中压缸排汽温度（℃）	283.0	280.2	282.3	281.7	290.1
低压缸排汽压力（kPa）	4.6	9.6	4.6	4.6	4.6
补水率（%）	0	3	0	0	0
给水温度（℃）	290.0	294.0	294.4	297.8	195.4
高压缸效率（%）	90.22	88.11	88.08	86.87	90.01
中压缸效率（%）	93.42	93.41	93.40	93.39	93.36
低压缸效率（%）	88.38	89.64	87.88	87.44	87.57

注 额定工况（THA）下的设计值叫作额定值，如额定给水温度为 290.0℃。压力单位 a 表示绝对压力。

为了竞标，国内制造企业将汽轮机加工预留偏差均未考虑，商业投标机组热耗保证值偏低，使投产后机组很难达到保证值。如国产 600MW 超临界机组，实际热耗率应该在 7600kJ/kWh 左右，但国内投标均给出 7500kJ/kWh 左右，这一指标在投产后的测验中无法达到。上海汽轮机厂出口到土耳其 EREN 电站两台超临界 N600-24.2/566/566 型机组（排汽：4.9kPa）热耗率保证值为 7600kJ/kWh，经考核试验，修正后热耗率分别为 7582.2kJ/kWh 和 7598.8kJ/kWh，均达到保证值，这一结果真实反映了超临界汽轮机的经济性。

虽然超临界、超超临界技术均从国外引进，但加工精度和零部件锻造技术与国外有一定差距。原装进口的整机效率高于国内加工机组就说明这一点。进口机组热耗率保证值（合同）一般比国产同类型机组合同高，但是实际上，进口机组运行时的热耗率一般比国产同类型机组低许多。例如三大动力厂生产的超临界 600MW 机组设计热耗率为 7516～7570kJ/kWh，而进口超临界 600MW 机组热耗率保证值为 7648kJ/kWh，比国产机组偏高 1.4%。因此不能仅凭设计数据评判进口机组的经济性。

3. 未修正的试验热耗率、完全修正的热耗率和实际运行热耗率

未修正的试验热耗率是指在设计工况（THA）下，用试验结果代入合同中的公式所得的热耗率。

完全修正的热耗率是指在终端参数符合规定值，以及供方责任范围外的一切辅机做到完全按其保证值要求的情况下，试验期间达到的热耗率。通过对百台超（超）临界机组考核试验结果表明，仅经一、二类修正（不考虑其他因素修正），国产 1000MW 湿冷超超临界汽轮机完全修正的热耗率在 7350kJ/kWh 左右；国产 600MW 等级湿冷超超临界汽轮机完全修正的热耗率在 7450kJ/kWh 左右；国产 600MW 等级湿冷超临界汽轮机完全修正的热耗率在 7600kJ/kWh 左右；国产 350MW 等级湿冷超临界汽轮机完全修正的热耗率在 7750kJ/kWh 左右。

实际运行热耗率是指在额定工况（THA）下，机组实际运行情况下，未修正的热耗率。实际运行热耗率比完全修正的热耗率高 100~250kJ/kWh。

二、热耗率的监督标准

1. 热耗率试验分级

热耗率的试验可分为以下三级。

（1）一级试验，适用于新建机组或重大技术改造后的性能考核试验；

（2）二级试验，适用于新建机组或重大技术改造后的验收或达标试验；

（3）三级试验，适用于机组效率的普查和定期试验。

一、二级测试应由具有该项试验资质的单位承担，应严格按照国家标准或其他国际标准进行试验。对于一、二级试验我国汽轮机热力试验采用的国际标准有 ASME PTC6-2004《汽轮机性能验收试验规程》，全面试验的不确定度小于 0.25%；IEC60953-1《汽轮机热验收试验规则　方法 A　大型冷凝式汽轮机的高精度》，试验的不确定度小于 0.3%。

三级试验可参照国际标准 IEC60953-2《汽轮机热验收试验规则　方法 B　各种型式和尺寸的汽轮机大量程精度》，试验的不确定度小于 0.9%~1.2%，或国家标准 GB/T 8117《汽轮机热力性能验收试验规程》，试验的不确定度小于 1.0%。通常只进行第二类参数修正。对于热耗率以统计期最近一次试验报告的数据作为监督依据。

2. 热耗率限额

在机组 A 级检修前后应按标准 GB/T 8117、GB/T 14100 或 DL/T 851 进行热耗试验。A 级检修后，汽轮机热耗率应满足≤1.02 倍热耗率性能保证值（kJ/kWh）。

在条件和时间允许的情况下，结合 B 级检修，宜开展锅炉热效率、汽轮机热耗试验。B 级检修后，汽轮机热耗率应满足≤1.03 倍热耗率性能保证值（kJ/kWh）。

三、热耗率的耗差分析

当知道了机组的热耗率、锅炉效率，则机组的发电煤耗率计算公式为

$$b = \frac{q}{29.308\eta_b\eta_g}$$

式中　b——发电煤耗率，g/kWh；

　　　q——热耗率，kJ/kWh；

　　　η_b——锅炉热效率，%；

　　　η_g——管道效率，%。

假定热耗率增加 1%，则发电煤耗率增加 $\Delta b = \frac{0.01q}{29.308\eta_b\eta_g}$，发电煤耗率增加 $\frac{\Delta b}{b} = 1\%$。

因此热耗率相对变化多少，发电煤耗率同向相对变化多少，二者完全相等。

举例说明：假定某 300MW 机组设计热耗率为 7921kJ/kWh，发电煤耗率为 295g/kWh。当机组热耗率增加 79.2kJ/kWh（增幅为 1%），达到 8000kJ/kWh，则发电煤耗率增加 295 ×0.01g/kWh=2.95g/kWh。

四、影响热耗率的措施和对策

影响额定工况热耗率的因素很多，归纳为以下几点：

(1) 主要设备的内在性能，诸如汽轮机、锅炉等设备状态是否完好，是否采用高新技术（大容量机组、超临界技术、通流部分全三维设计和高效叶型等）。

1）为提高机组适应调峰快速启动的能力和确保运行安全，机组各级隔板汽封与大轴径向间隙、各级动叶的叶顶汽封径向间隙均调整在 0.75mm 以上，导致高中压缸效率偏低。应利用大修机会，对机组汽封间隙进行调整或进行更换，调小汽封间隙，约为 0.5mm。汽轮机通流间隙调整与汽封改造原则是：

a. 对汽轮机通流部分进行全面检查，通流间隙进行准确测量，对通流间隙按偏下限值进行控制。

b. 全面改造汽轮机汽封结构，可调汽封的工作原理是汽轮机运行时，依靠各级前后的压差变化来克服弹簧弹力，起到调节汽封间隙的作用，能够根据负荷的变化自动调整密封间隙；缺点是对水质要求较高，长期运行可能造成弹簧结垢、疲劳失效等。由于可调汽封对汽轮机各级前后压差有要求，因此对于低压部分及轴封则不适用。汽轮机高、中压部分（包括平衡盘汽封和隔板汽封）可采用弹性可调汽封。

c. 低压缸轴端汽封可采用接触式汽封或常规汽封，低压缸隔板汽封和低压缸叶顶汽封可采用蜂窝式汽封。蜂窝式汽封的优点是用在低压部分除湿效果好；缺点是易磨损，间隙无法恢复。接触式汽封是在汽封块中间嵌入一圈能跟轴直接接触的密封片，并且能够在弹簧片的弹力作用下自动退让，以保证始终与轴接触。接触式汽封的缺点是长期与轴面接触而摩擦生热，因此对材料强度、物理特性等有较高的要求；而且产生的热量如不能及时排走，可能导致过热变形等，因此接触式汽封用在轴端汽封最外侧效果最佳，可以有效地提高机组真空。

2）对投产较早、效率较低的 125、200、300MW 汽轮机，要采用更换新型叶轮、新型隔板、新型流道主汽门和调节门等，优化叶片型线（如弯扭叶片）、收缩子午面调节级叶栅等，动叶顶部增加径向汽封齿数量，减少动叶顶部漏汽，更换布莱登可调汽封或蜂窝式汽封措施进行通流部分改造，提高流道圆滑性，减少节流损失，降低汽轮机热耗，提高整个机组效率。汽轮机实施通流部分改造后，在不进行老化和轴封漏汽量修正的情况下，THA 工况下汽轮机热耗率应达到表 11-2 的目标值。

表 11-2　　　　　　　汽轮机通流部分改造后热耗率目标值

机　型	国产 200MW 等级超高压湿冷汽轮机	国产 300MW 等级亚临界湿冷汽轮机（配电汽动泵）	国产 600MW 等级亚临界湿冷汽轮机（配电汽动泵）	国产 300MW 等级亚临界空冷汽轮机（配电动泵）
热耗率目标值（kJ/kWh）	8160	7960	7900	8250

3）当湿冷汽轮机配置汽动给水泵，A 修后汽轮机热耗率仍高于保证值 300kJ/kWh，应在下次 A 修中通过汽轮机通流部分改造提高其运行经济性。

4）当前我国高压加热器疏水系统中事故疏水均设计为经高压加热器疏水扩容器导入凝汽器。这种布局不适合高位能介质中的热量回收。建议应将 1、2 号高压加热器事故疏水设计改为导入除氧器。即使疏水门不严也可以将高位能介质进行回收，可减少导入凝汽器冷源损失。例如某日本三菱 350MW 汽轮机组 8 号（1 号）高压加热器事故疏水就是这种设计。

5）国产 300MW 等级和 600MW 等级亚临界、350MW 超临界汽轮机均采用喷嘴调节方式，大部分喷嘴组通流能力过大，汽轮机喷嘴节流损失大，对汽轮机整体经济性能有一定影响。为降低汽轮机热耗率，国内多台机组进行了喷嘴改造，取得了一定的节能效果。例如长春热电厂 350MW 超临界汽轮机原设计 4 组喷嘴，1、2、3、4 组喷嘴分别为 20 只、20 只、17 只、23 只，1、2、3 组喷嘴分别封堵 4 只、4 只和 2 只。调节级喷嘴封堵后，机组仍能带 100% 负荷。

（2）机组运行方式。如某些设备因局部故障而采用高压加热器切除运行、过热器减温水喷水（从给水泵出口投入）、再热器减温水喷水等。

1）高负荷时，调整主蒸汽压力压线运行，低负荷下采用滑压运行方式，与定压运行方式相比，滑压运行时，由于调节汽门的开度较大，新蒸汽的节流损失较小，必将提高高压缸内效率。而且负荷越低，节流损失就越小，高压缸内效率也就越高。

2）对于节流调节机组，严格按照设计要求的阀门开度，通过控制主蒸汽压力调整机组负荷。

3）对于喷嘴调节机组，尽快将单阀方式改为顺序阀方式。国产亚临界机组普遍存在，由单阀方式改为顺序阀方式后，出现 1 号瓦振动增大现象。随着负荷和主汽参数增加振动值（轴振）超过 100μm。如果开大调速汽门采用滑压方式 1 号瓦轴振能得到缓解，但仍然较大，对机组安全稳定运行产生影响。原设计调速汽门开启顺序是：3、4 号调速汽门先开（同时），而后依次是 1、2 号调速汽门开启。后经多次试验得出对称开启 3、2 调速汽门再依次开启 4、1 调速汽门（见图 11-1），就解决了机组单阀方式改为顺序阀方式所产生的振动问题。这一方式已经在多台次 600MW 机组采用效果明显。初步分析，3、4 号调速汽门同开启后，2 号瓦处转子受到向下力作用，使转子端部（机头处）有抬起可能性，造成 1 号轴承承压比下降、转子稳定性变坏，引起振动。

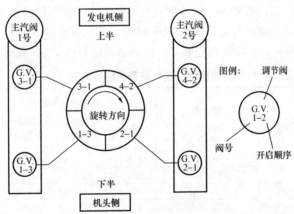

图 11-1 国产亚临界 600MW 主汽门、调速汽门布置示意图

4）给水温度达不到设计值会使给水回热循环的热效率降低，从而增加机组热耗。因此应严格要求高压加热器随机组滑启、滑停，保证升、降温速率。定期校正高压加热器水位远方与就地相符，确认水位表计准确，做好加热器水位的监视与调整工作。加热器水位按照允许水位的上限控制，尽量使加热器温升达到设计值。经常检查高压加热器旁路的严密性，积极消除高压加热器旁路调节门严密性差的缺陷，避免部分给水不经过加热器而走旁路，使给水温度降低。

（3）机组运行参数。运行参数可以分为可控与不可控两类。可控参数（如主蒸汽温度、压力、真空等）是否在该工况最优运行参数下运行等。

1) 凝汽器真空偏低，致使汽轮机冷源损失增加，循环热效率降低，导致热耗率上升。运行中应严格执行每月 1 次真空严密性试验，发现不合格时应及时进行运行中的检漏工作（注意调整轴封汽压力、维护好真空泵正常运行）。根据凝汽器结垢情况进行高压水清洗，或定期采用反冲洗法冲洗凝汽器管内浮泥以减少凝汽器端差。利用大修机会，重新调整或更换低压轴封间隙，将其调整到 0.5mm 以内。

2) 根据循环水温度的变化情况，按照运行规程调整循环水泵运行方式，提高凝汽器真空；凝汽器真空严密性保持在优良状态，不合格时及时查找漏点并消除。

3) 汽轮机运行调节方式分为喷嘴调节和节流调节。对于喷嘴调节机组，为使汽缸加热均匀，保证机组长期安全可靠运行，机组投产后 6 个月应采用单阀运行（制造厂特殊允许除外）。为保证机组运行经济性，单阀运行期完成后应及时调整为顺序阀运行。对于新投产机组，应按规定的时间和要求及时拆除主汽阀和再热蒸汽阀前临时滤网。

(4) 设备附件问题。如一些旁通阀、疏水阀是否存在严重泄漏等。

1) 机组高温高压疏水门不严，高压加热器水位调节不好导致事故疏水门开启等，都使高温高压蒸汽直接进入凝汽器，增大了凝汽器的热负荷和端差，严重影响机组真空，同时也造成了高温高压工质能量的损失，增加了热耗率，降低了机组的经济性。应对疏水系统进行优化改造，使系统结构简化，内漏减少，真空提高。

2) 保持热力系统严密性，及时消除减温水、疏放水系统、旁路系统等阀门内漏问题。

3) 汽轮机大修普遍发现，存在低压缸进汽管道导流板损坏问题，堵塞通流面积，甚至损伤汽轮机低压缸通流部分。应通过对导流板加固，避免导流板损坏，尤其是新投产机组要特别注重提前对导流板进行加固。

(5) 参数设计问题。在同样压力下，若采用二次再热，经济性将比一次再热进一步降低机组热耗 1.0%～1.5%。目前国际上陆续建设 40 多台二次中间再热机组，其中美国 25 台、日本 11 台，德国、丹麦各数台。在已投产的二次中间再热机组中，达到超超临界参数的只有 6 台，见表 11-3。国内正在开工的是华能莱芜电厂 1000MW 机组，蒸汽参数为 31MPa/600℃/620℃/620℃，机组设计热效率为 47.95%，比常规超超临界一次再热机组高约 2%，煤耗降低 8g/kWh。

表 11-3 超超临界二次中间再热机组情况

序号	国家	电厂机号	制造商（机/炉）	容量（MW）	汽轮机参数压力/温度/温度/温度（MPa/℃/℃/℃）	背压（kPa）	燃料	投运年份
1	美国	Eddystone 1	WH/CE	325	34.6/649/566/566	3.447	煤	1958
2	美国	Eddystone 2	WH/CE	325	34.6/649/566/566	3.447	煤	1960
3	日本	川越 Kawagoe 1	东芝/三菱	700	31/566/566/566	5.07	气	1989
4	日本	川越 Kawagoe 2	东芝/三菱	700	31/566/566/566	5.07	气	1990
5	丹麦	Skerbaeksvaerket 3	FLSmilj ϕ/BWE	412	28.4/580/580/580		煤	1997
6	丹麦	Nordjylland 3	FLSmilj ϕ/BWE	410	29/582/580/580		气	1998

第二节　机组负荷系数的监督

一、负荷系数的定义

负荷系数是指报告期内，机组平均负荷与铭牌容量的比值。计算公式为

$$K = \frac{P}{P_N}$$

式中 K——出力系数，%；

P——报告期内机组平均负荷，MW；

P_N——机组额定容量，MW。

平均负荷是指报告期内瞬间负荷的平均值，表明发电设备在报告期内达到的平均生产能力，单位为 MW。计算公式为

$$P = \frac{W_N}{T}$$

式中 P——报告期内机组平均负荷，MW；

T——报告期机组运行小时数，h；

W_N——机组额定容量，MWh。

二、负荷系数的监督标准

首先必须了解年度发电量计划，然后根据发电量计划，计算出不同容量机组的利用小时数。如果不知道，对于 600MW 及以上机组按照利用小时 5800h，300MW 等级机组按照利用小时 5580h，300MW 以下机组按照利用小时 5300h 计算。

机组扣除备用、检修时间，每台机组运行小时数基本上可以按照 7300h 计算，这样，600MW 及以上机组负荷系数 $\approx \frac{5800}{7300} \times 100\% = 79.5\%$，300MW 等级机组负荷系数 $\approx \frac{5580}{7300} \times 100\% = 76.4\%$

实际上，应该按照机组发电量进度 $\left(=\frac{实际电量累计值}{年度电量计划}\right)$ 与日历进度 $\left(=\frac{日历累计天数}{年度总天数（365 天）}\right)$ 之差进行监督，要求该差值 ≥ 0 个百分点。

三、出力系数对经济性的影响

不同类型机组出力系数对热耗率的影响量见图 11-2。

例如对于 300MW 机组，根据图 11-2（c）可知，当从 100% 负荷降低到 80% 负荷时，热耗率从 7921kJ/kWh 增加到 8033.9kJ/kWh，发电煤耗率从 295g/kWh 增加到 299.2g/kWh，即负荷系数每降低 1 个百分点，发电煤耗率增加 0.21g/kWh。当从 80% 负荷降低到 50% 负荷时，热耗率从 8033.9kJ/kWh 增加到 8560.8kJ/kWh，发电煤耗率从 299.2g/kWh 增加到 314.6g/kWh，即负荷系数每降低 1 个百分点，发电煤耗率增加 0.51g/kWh。

各种不同类型机组不同负荷系数对煤耗率和厂用电率的影响量，见表 11-4。

表 11-4　　　　　　　　　　负荷系数对煤耗率和厂用电率的影响量

机组类型	发电煤耗率变化量 (g/kWh)		厂用电率变化量 (%)		供电煤耗率变化量 (g/kWh)	
负荷系数	0.75	0.50	0.75	0.50	0.75	0.50
600～1000MW 级超超临界节流调节湿冷机组	4.7	13.5～14.5	0.45	1.4～1.5	6.05	17.7～19.0
600～1000MW 级超超临界喷嘴调节湿冷机组	4.7	16.0～17.0	0.45	1.4～1.5	6.05	20.2～21.5
350～600MW 超临界湿冷机组	4.5	16～16.5	0.5	1.5～1.6	6.05	20.2～21.3
600MW 级超临界汽动泵空冷机组	5.0	16.5～17	0.5	1.6～1.7	6.5	21.5～22.3
300MW～600MW 亚临界汽动泵湿冷机组	4.2	16～16.5	0.55	1.6～1.7	5.9	21.0～21.8
300MW 级亚临界电动泵湿冷机组	4.5	14.5～15	0.88	2.6～2.7	6.1	22.5～23.3
600MW 级亚临界汽动泵空冷机组	5.5	16.5～17	0.5	1.6～1.7	7.1	21.5～22.3
300MW～600MW 亚临界电动泵空冷机组	5.0	16.0～17	0.8	2.5～2.6	7.5	23.8～25.1

注 表中给出的煤耗率和厂用电率变化量是指在相应的负荷系数下与 100% 负荷时的差值。

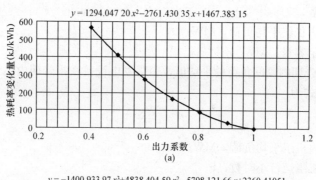

$$y = 1294.047\,20\,x^2 - 2761.430\,35\,x + 1467.383\,15$$

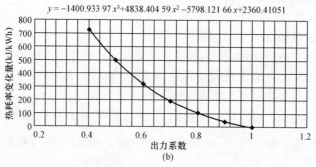

$$y = -1400.933\,97\,x^3 + 4838.404\,59\,x^2 - 5798.121\,66\,x + 2360.410\,51$$

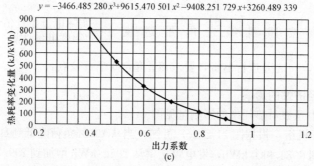

$$y = -3466.485\,280\,x^3 + 9615.470\,501\,x^2 - 9408.251\,729\,x + 3260.489\,339$$

图 11-2　不同类型机组出力系数对热耗率的影响

(a) 1000MW 超超临界机组（设计热耗率 7354kJ/kWh）；

(b) 600MW 超临界机组（设计热耗率 7516kJ/kWh）；

(c) 引进型 300MW 亚临界机组（设计热耗率 7921kJ/kWh）

四、提高负荷系数的主要措施

提高负荷系数的主要措施就是提高机组发电量，主要措施包括发电量计划的制订、发电量计划指标的争取和发电量计划的组织实施。

1. 发电量计划的制订

（1）年度发电量计划是年度经营目标的一项重要指标，电厂年度发电量计划由上级公司在年初工作会议上的年度经营目标责任书中与其他指标计划一并下达。

（2）营销部门（或计划经营部等，下同）会同生产技术部、财务部、运行部等部门在每年12月根据上级公司下达的次一年度发电量承包计划（电量年度经营目标），提出下一年度本厂发电量计划目标。

（3）营销部门于每年12月初根据上级公司年度电量计划、电力市场供求变化趋势、政府电量计划政策趋向，结合机组检修、新机投产、关停机组等有关情况，研究下一年度电厂应争取的政府发电量计划（包括节能环保机组电量、外资机组电量、供热机组电量、关停机组电量及直购电量等政策电量）。

（4）年度发电量计划确定后，营销部门根据电网运行特点、机组运行方式、检修安排及机组供暖等因素，将年度发电量计划分解到月，并上报上级公司。

2. 发电量计划指标的争取

（1）营销部门负责加强与省电量计划职能部门及有关单位的沟通和联系，及时了解、掌握电力市场信息和政府发电量政策趋向。

（2）营销部门要在争取年度发电量计划指标的同时，加强与省电网电力交易中心的联系，积极争取月度发电量计划指标，为完成年度任务争取主动。

（3）在争取年度和月度电量计划指标方面，电厂一把手要亲自抓营销，经营副厂长要靠上抓营销，营销人员要具体抓营销，争取和落实发电量计划任务指标，为完成电量计划奠定基础。

（4）营销部门应保证每周选派一名业务精、沟通能力强的营销人员常驻省电网调度部门，最大限度地做好每日计划和可能争取到的计划外电量；电厂根据本营销人员提供的信息，及时与调度进行沟通，做到天天盯着电量、及时解决困难，做到每千瓦·小时电必争。

3. 发电量计划的组织实施

（1）运行部负责与省电网调度部门进行联系，及时了解电网运行情况和趋势，努力多发电量。

（2）围绕完成年度发电量计划，切实制定和落实好"日保周、周保月、月保年"工作方案。运行部要围绕工作方案和月度发电量计划，加强与调度中心的联系，安排好机组运行方式，积极争取日计划，努力多发、超发，努力提高计划完成率，完成和超额完成月度调度计划和上级公司下达的月度计划。

（3）生产各部门（如运行和检修部门等）要切实抓好安全生产，抓好设备检修和维护，严格控制非计划停运，杜绝因非计划停运被扣减电量计划。

（4）对于电力供应紧张及电网运行的特殊时段，电厂要积极配合省电网调度部门的调度，完成调度计划和政府电量计划，确保电网安全稳定运行，努力争取电量计划奖励。

（5）加强运行管理，合理调度机组负荷，日负荷曲线合格率大于 99% ，减少违约电量。

（6）在阴雨天气出现的情况下会造成来煤及煤场存煤湿，给燃料上煤给煤机下煤带来极大困难。燃料部、锅炉运行要克服困难，积极组织人员捣煤，防止出现各炉粉位低不能按计划接带负荷的现象。

（7）运行人员要严格执行值长的调度命令，在设备出力允许的情况下保证机组的最大出力。

（8）运行人员要与值长保持高度一致，在煤质较差、设备达不到出力或设备已达到满出力时均要及时向值长汇报。值长要根据各机运行参数（真空、粉位、蒸汽流量），合理进行机组间的经济调度。

（9）各专业运行人员要加强巡回检查，及时发现设备缺陷及异常情况及时向值长汇报，并通知检修处理，把影响带负荷的因素消灭在萌芽状态。

4. 发电量计划的考核与奖励

（1）完成省电力交易中心下达的月度上网电量计划。月度完成电量每增加（减少）1 万 kWh 奖励（考核）运行部、检修部、生产部、燃料部等。

（2）因燃料或机组设备原因导致机组降出力或停机（包括申请调峰消缺）减少发电量（按省公司电力交易中心下达月度计划的日均上网电量进行计算），则每欠发 1 万 kWh 考核责任部门。

（3）非本厂原因造成的异常指标，并网运行管理考核协调专责人没有及时向省调澄清，造成考核的，按每发生1万kWh考核电量，考核专责人。由本厂原因造成的异常指标，专责人通过加强与省调的沟通，减免考核的，按每发生1万kWh考核电量，奖励专责人。

（4）锅炉启停期间，发电量不予考核。

（5）每月统计考核与奖励结果，由生产技术部写出奖惩报告及奖惩分配表，经电量工作组组长同意签字，报领导小组组长批准后发放。

（6）发电量指标考核是建立在机组安全运行基础上的，运行人员在运行调整过程中应把安全放到第一位，坚决杜绝违背机组安全的现象发生，如汽温、汽压、烟温等指标长期偏离规定限值等，将进行严厉处罚。

第三节 汽轮机的优化运行

一、汽轮机的配汽方式

1. 单阀配汽

大型汽轮机主要有两种配汽方式：一种是单阀配汽（或称全周进汽），也就是所有高压调节汽阀在相同负荷指令控制下同步开关，以相同开度来实现汽轮机负荷调整。即所有进入汽轮机的蒸汽都经过一个或几个同时启动的调节汽阀，但锅炉保持汽压、汽温不变。当汽轮机发出额定功率时，高压调节汽阀完全开启；当汽轮机发出低于额定功率时，高压调节汽门开度减小。这种通过改变节流高压调节汽阀开度大小调节进入汽轮机蒸汽流量的方式叫做节流调节。

节流调节的汽轮机在低负荷时，调节汽阀开度很小，蒸汽节流损失很大。由于调节汽阀后蒸汽压力降低，进入汽轮机的蒸汽可用焓减少，使得机组运行经济性有明显下降。这种配汽方式使调节级温升较高，部分负荷时调节级承受较小载荷，有利于叶片和转子的连接部分机械负载分布均匀。新投产机组半年内应采用单阀运行，以消除制造残留应力，在冷态开机、升负荷期间应采用单阀方式，使进汽均匀有利于暖机。

对于单阀配汽，最大负荷时，高压调节阀全开，蒸汽流量最大，负荷降低时，控制系统逐渐同步关小高压调节阀以减小蒸汽流量。单阀配汽的优点是当机组启动或缸温在温态以下时，能对高压缸均匀加热，使缸体、转子应力变化平稳，避免膨胀不均匀造成动静摩擦、缸体变形等，同时有利于调节级叶片应力控制，可以以较快的速度变负荷。

超超临界600MW汽轮机在设计期间应考虑这些不利因素，汽轮机在每次使用冷态或温态启机，单阀运行24h后即可采用顺序阀方式运行，提高汽轮机经济性。

2. 顺序阀配汽

另一种配汽方式是顺序阀配汽（或称部分进汽），也就是高压调节汽门以不同的开度来实现汽轮机负荷调整。即锅炉维持蒸汽参数不变，依靠调节汽阀顺序开启或关闭来改变蒸汽流量，因此也叫喷嘴调节。喷嘴调节时，每个调节汽门控制一组喷嘴，根据负荷的多少确定调节汽阀的开启数目。由于蒸汽经过全开的调节汽阀基本上不产生节流，只有经过未全开的调节汽阀才产生节流，因此在低负荷运行时，其运行效率下降较节流调节汽轮机为少。

顺序阀运行时保证在1、2号阀全开，可获得最佳经济性。顺序阀配汽时，顺序阀逻辑往往设计成在不同负荷下至少两个高压调节阀同时动作（全开），再根据负荷情况依次操作第三、第四个阀，最后一个开启的阀门开度超过60%。采用顺序阀配汽时，只有部分开启的高压调节阀存在较大的蒸汽节流，全开的调节阀蒸汽节流很小，全关的调节阀则不存在节流，因此，与单阀方式相比，顺序阀方式下高压缸进汽机构的节流损失较小。当汽轮机组达到最大负荷时，所有高压调节阀全开，此时单阀与顺序阀方式的热力特性和运行经济性一样。但在部分负荷下，由于高压缸进汽机构节流损失和调节级效率的不同，机组在单阀与顺序阀方式下的运行经济性应有所不同。顺序阀低负荷运行时宜采用滑压方式。

对于顺序阀控制方式，要确保阀门开启重叠度的合理性，一般不大于 10%。大量研究表明，在滑参数区顺序阀运行较单阀运行的发电煤耗率可下降 4g/kWh 左右。但采用顺序阀运行会因机组轴系、通流结构设计及配汽特性调整不良等原因，在运行中产生轴瓦温度高、汽流激振等问题。因此通过全面的试验研究，查明影响机组顺序阀方式投运的原因，并确定合理的高压调门阀序和特性。机组不同配汽方式的特性比较见表 11-5。

表 11-5 机组配汽特性的比较

序号	项目	单阀调节	顺序阀调节
1	结构特点	高压缸第一级采用全周进汽，具有通流结构简单的特点	高压缸第一级为部分进汽，第一压力级的直径小于调速级直径，通流结构相对复杂
2	调节方式	各调门同步开启，通过控制调门开度，改变机组进汽压力，控制进汽量及负荷	各调门顺序开启，通过控制调速级进汽面积及进汽压力，控制进汽量及负荷
3	运行特性	负荷变化时，各级比焓降和级前温度变化不大，在转子和汽缸中产生的热应力较小，提高了机组变工况运行的可靠性和灵活性	负荷变化时，调速级后及高压缸各级温度波动较大，转子和汽缸中产生的热应力较大，是限制机组调峰运行升降负荷率的主要因素。同时配汽特性对机组轴系的稳定有不利影响
4	热力性能	高压缸通流效率高，最大负荷工况的经济性好，带部分负荷时存在较大的节流损失，使经济性明显下降	因调速级余速损失大并存在部分进汽损失的原因，使机组通流效率下降。但部分负荷运行时，因节流损失较小，经济性相对较高

为了比较单阀与顺序阀两种配汽方式的运行经济性，以某国产亚临界 600MW 机组为例，进行了单阀和顺序阀方式下的对比试验。该机组采用 N600-16.7/537/537 型一次中间再热凝汽式汽轮机，额定工况设计功率为 600MW、设计热耗率为 7790.51J/kWh。汽轮机高压缸配有 4 个高压调节阀，见图 11-3，顺序阀方式下高压调节阀开启顺序为 GV1、GV4→GV2→GV3。试验分别在 300、450、600MW3 个典型负荷点进行，试验期间机组按设计曲线滑压运行，试验结果见表 11-6。

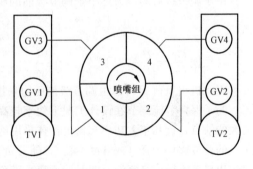

图 11-3 600MW 汽轮机高压缸阀门配置
GV—高压调节汽阀；TV—高压主汽阀

表 11-6 单阀、顺序阀对比试验结果

工况	方式	主蒸汽压力(MPa)	主蒸汽温度(℃)	GV1开度(%)	GV2开度(%)	GV3开度(%)	GV4开度(%)	高压缸效率(%)	热耗率(kJ/kWh)
300MW	单阀	11.30	540.4	21.28	21.64	21.96	21.81	75.23	7946.8
	顺序阀	11.70	540.57	38.40	1.42	0	38.41	79.83	7932.6
450MW	单阀	14.32	541.20	24.52	24.90	25.01	24.92	79.23	8201.6
	顺序阀	14.49	539.0	99.30	16.52	0.98	99.0	82.53	8136.4
600MW	单阀	16.44	540.43	35.0	35.58	35.73	35.58	85.57	8554.7
	顺序阀	16.41	538.5	99.17	99.16	16.12	99.20	86.39	8451.7

负荷较高时单阀方式各高压调节阀开度较大，单、顺阀方式节流损失偏差不大，高压缸效率的偏差不太明显，负荷 600MW 时单、顺阀方式下汽轮机高压缸效率偏差为 0.82 个百分点，热耗率降低 14.2kJ/kWh。但随着负荷逐渐降低，单阀方式高压调节阀开度越来越小，节流损失越来越大，单、顺阀方式下高压缸效率的偏差也就越来越大，负荷 450MW 时单、顺阀方式高压缸效率偏差为 3.30 个百分点，热耗率降低 65.2kJ/kWh，供电煤耗率降低 2.57g/kWh；负荷 300MW 时偏差达到了 4.60 个百分点，热耗率降低 103.0kJ/kWh，供电煤耗率降低 4.06g/kWh。

二、汽轮机的运行方式

机组工况发生变化时，最基本的变化因素是通过汽轮机的蒸汽流量发生变化。它们的关系决定于弗留格尔公式

$$\frac{G_1}{G_0} = \sqrt{\frac{p_{11}^2 - p_{21}^2}{p_{10}^2 - p_{20}^2}} \times \sqrt{\frac{t_{10}}{t_{11}}}$$

式中 p_{11}、p_{21} ——工况发生变化后调节级的前、后压力；

p_{10}、p_{20} ——工况发生变化前调节级的前、后压力；

G_0、G_1 ——工况发生变化前、后的主蒸汽流量；

t_{10}、t_{11} ——工况发生变化前、后调节级前温度。

由于工况发生变化时，维持调节级前温度不变，因此 $t_{10} \approx t_{11}$。

则弗留格尔公式可以简化为

$$\frac{G_1}{G_0} = \sqrt{\frac{p_{11}^2 - p_{21}^2}{p_{10}^2 - p_{20}^2}} = \frac{p_{11}}{p_{10}} \times \sqrt{\frac{1 - (p_{21}/p_{11})^2}{1 - (p_{20}/p_{10})^2}}$$

由于调节级后的压力远小于调节级前的压力，则上式有以下形式

$$\frac{G_1}{G_0} = \frac{p_{11}}{p_{10}}$$

又根据 $\dfrac{G_1}{G_0} = \dfrac{P_{11}}{P_{10}}$，所以 $\dfrac{p_{11}}{p_{10}} = \dfrac{P_{11}}{P_{10}}$。

因此机组负荷 P 可以由调节级前压力来控制，这就是滑压调节的理论依据。

为了保持节流调节在设计工况下效率较高的优点，同时又避免节流调节在部分负荷下节流损失大的缺点，近几年大功率汽轮机往往采用滑压调节。所谓滑压调节是指单元制机组中，汽轮机所有的调节阀均全开（或开度不变），随着负荷的改变，调整锅炉燃料量、空气量和给水量，使锅炉出口蒸汽压力（蒸汽温度保持不变）随负荷升降而增减，以适应汽轮机负荷的变化。汽轮机的进汽压力随外界负荷增减而上下"滑压"，故也称滑压运行或变压运行。定压运行指汽轮发电机组在正常运行时，主蒸汽压力保持额定值，不随负荷变化而变化。定压运行的汽轮机可采用节流配汽，也可采用喷嘴配汽。

大容量汽轮机调峰时，采用滑压运行方式在安全性和负荷变化灵活性上，都优于定压运行方式，一定条件下的经济性也优于定压运行方式。采用滑压降负荷工况运行，使超临界机组在 50%～30% 容量的范围内的经济性提高 1%～3%。滑压运行方式又分三种方式：纯滑压运行方式、节流滑压运行方式、复合滑压运行方式。

1. 纯滑压运行方式

不论是按节流调节还是喷嘴调节设计的机组，采用纯滑压运行方式时，在整个负荷变化范围内，所有的调节阀均处于全开位置，完全依靠锅炉调节燃烧改变锅炉出口蒸汽压力和流量以适应负荷变化。这种变化操作简单，维护方便，并可以提高低负荷下机组的热效率，具有较高的经济性。但是从汽轮机负荷变化信号输入锅炉，到新蒸汽压力改变有一个时滞（响应最快的燃油锅炉

时滞约 40s，煤粉炉更长），即不能对负荷变化快速响应，不能满足电网一次调频要求。另外，调速汽门长期处于全开状态，易于结垢卡涩，故需要定期手动活动调速汽门。纯滑压运行方式在运行中实际操作困难，极少应用。

2. 节流滑压运行方式

为了弥补纯滑压运行时负荷调整速度慢的缺点，可采用节流滑压运行方式，即在正常运行情况下，汽轮机每个调速汽门不全开，尚留有 5％～15％的开度，当负荷急剧升高时，开大节流汽门应急调节，以迅速适应负荷变化的需要，待负荷增加后，蒸汽压力上升，调节阀重新恢复到原位。负荷突然降低时，也可关小调节汽门加以调节，待锅炉燃烧状况跟上后，再将调节阀重新恢复到原位，这就可避免锅炉热惯性对负荷迅速变化的限制。显然，这种运行方式由于调速汽门经常处于节流状态，存在一定的节流损失，降低了机组的经济性。

3. 复合滑压运行方式

复合滑压运行方式又称喷嘴滑压调节，是将滑压与定压相结合的一种运行方式。在高负荷区域内（如 80％～95％额定负荷以上）进行定压运行，用启闭调节汽门来调节负荷，汽轮机组初压较高，循环热效率较高，且偏离设计值不远，相对内效率也较高；较低负荷区域内（如在 80％～50％额定负荷之间）仅关闭 1～2 调节阀，其余调节阀均全开，进行滑压运行。这时没有部分开启汽门，节流损失相对最小，整个机组相对内效率接近设计值。负荷急剧增减时，可启闭调节汽门进行应急调节；在滑压运行的最低负荷点之下（如 25％～50％额定负荷下）又进行初压水平较低的定压运行，以免经济性降低太多。复合滑压运行方式是目前调峰机组最常用的一种运行方式，复合滑压运行方式既可保持高负荷区的较高热效率，缓解锅炉的热应力，又防止了低负荷区的经济性过多下降，同时使机组在高负荷区有较好的一次调频能力，为国内电厂广泛采用。实际上，这也是制造厂推荐的运行方式。通过机组的定滑压热耗对比试验才能确定经济效益，确定机组最佳的运行方式。

三、机组滑压运行的优点

1. 机组滑压运行的热经济性

在低负荷的时候如果采用定压运行方式，由于调节汽门的开度较小，新蒸汽的节流损失较大，必将降低高压缸内效率。而且负荷越低，节流损失就越大，高压缸内效率也就越低，对机组的影响越大。此时如果采用滑压运行方式，所有调节阀全开，机组节流损失小，且末级的排汽湿度降低，湿汽损失相应减小，从而提高了机组尤其是高压缸的内效率。

例如某 N680-25/600/600 超超临界机组在 90％以上负荷应采用定压运行方式，在 90％以下时应采用滑压运行方式，不同负荷下各种运行方式经济性比较量见表 11-7。

表 11-7   超超临界 680MW 机组运行方式比较

项 目		数 据				
负荷（MW）		676.4	609.7	539.8	479.6	344.0
定压运行	热耗率（kJ/kWh）	7436.4	7508.5	7554.8	7624.9	7769.9
	供电煤耗率（g/kWh）	288.8	291.9	294.5	298.3	307.9
	厂用电率（％）	4.3	4.40	4.73	5.16	6.62

续表

项 目		数 据				
负荷（MW）		676.4	609.7	539.8	479.6	344.0
滑压运行	热耗率（kJ/kWh）	7436.4	7478.1	7523.3	7537.2	7682.7
	供电煤耗率（g/kWh）	288.8	290.7	293.2	294.9	304.4
	厂用电率（%）	4.3	4.40	4.73	5.16	5.16

　　某电厂1号汽轮机为600MW超临界、一次中间再热、单轴、三缸四排汽凝汽式汽轮机，机组型号为N600-24.2/566/566。根据机组实际运行情况，通过不同参数下的对比试验得出了机组的定滑压运行方式及参数，最佳滑压数据及优化后热耗率降低值见表11-8。由表11-7可以看出，随着负荷的降低，优化后的热耗率降低幅度越大，即优化后取得的效果越明显。机组定滑压运行曲线见图11-4。图11-4中下方曲线是制造厂设计滑压运行曲线，上方曲线是试验得到的滑压运行曲线。

表 11-8　　　　　　　　　　　　不同负荷下最佳主蒸汽压力

负 荷（MW）	负荷系数（%）	设计主汽压力（MPa）	试验主汽压力（MPa）	优化后热耗率降低（kJ/kWh）
600	100	24.2	24.2	0
510	85	22.93	24.2	3.97
480	80	21.67	23.0	18.35
420	70	19.13	21.0	24.22
360	60	16.6	18.5	42.18
300	50	14.07	15.8	49.40

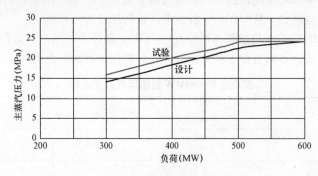

图 11-4　600MW超临界机组定滑压运行曲线

　　引进型300MW亚临界一次中间再热机组在负荷为270MW时，主蒸汽压力取16.35MPa最经济；在负荷为240MW时主蒸汽压力取14.82MPa最为经济；在负荷为210MW时主蒸汽压力取13.97MPa最经济；在负荷为180MW时主蒸汽压力取11.67MPa最经济。利用以上试验结果，作出机组滑压运行曲线见图11-5。

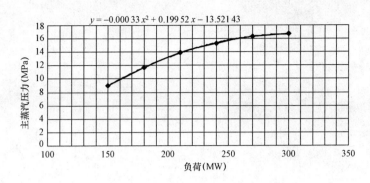

图 11-5　机组滑压运行曲线

2. 机组滑压运行的安全性

滑压运行机组在部分负荷下，蒸汽压力降低，但蒸汽温度基本不变，因此当负荷变化时，尤其是机组启、停时，汽轮机各部件的金属温度变化小，减少了汽缸、转子的热应力和热变形，提高了机组运行的可靠性，缩短了机组的启、停时间，同时延长了所有承压部件的寿命。

另一方面，采用滑压运行方式降低了主蒸汽压力，可以延长机、炉承压部件和调节汽阀的寿命，同时也减少了泄漏的可能。

3. 给水泵耗功减少

采用滑压方式运行时给水泵的出口压力随主蒸汽压力降低而降低，因此给水泵的耗功比定压方式要低。如果电厂采用电动给水泵，可以节约厂用电；如果电厂采用汽动给水泵，给水泵汽轮机的耗汽量也会减少。表 11-9 所示数值为定压运行给水泵耗功为 100％不变，滑压运行给水泵消耗功率的相对值。

表 11-9　　　　　　　　　　　　滑压运行给水泵耗功的减少

机组负荷（％）	25	50	100
给水泵功率（％）	43	45	100

但是滑压运行存在两个问题：

（1）在 75％～100％额定负荷下运行时，原来定压运行中喷嘴调节的节流损失并不大。而采用滑压运行后，虽然调速汽阀基本全开，节流损失小，但主蒸汽压力降低，使热循环效率下降，因而机组效率比定压运行低。

（2）滑压运行时，调速汽阀基本全开，负荷变化完全由锅炉改变主蒸汽压力来调节，而调速汽阀基本上不再起调节作用；而锅炉改变主蒸汽压力要比瞬间负荷变化滞后一段时间，导致机组适应电网负荷变化的能力减弱。

第三篇

节能小指标的技术监督

　　本篇指标监督中经常要用到耗差分析，因此本篇主要讲述耗差分析，以及等效热降理论的应用。

　　本篇主要讲述指标监督标准，影响指标的因素，控制指标的主要措施。

第十二章 锅炉指标的技术监督

第一节 锅炉的型式与参数系列

一、锅炉的分类

锅炉的分类方法很多，锅炉按用途可分为电站锅炉、工业锅炉、采暖锅炉、机车锅炉和船舶锅炉等。按照锅炉产生的蒸汽压力和流量可分为高压锅炉、中压锅炉、低压锅炉及大容量（大型）锅炉、中容量（中型）锅炉、小容量（小型）锅炉。工业锅炉一般是低压小容量锅炉。按照锅炉提供的载热物质（工质）可分为蒸汽锅炉、热水锅炉和特种工质（如某些有机物）锅炉。按照热能来源可分为：燃煤锅炉、燃油锅炉、燃气（天然气、石油气、煤气）锅炉、原子能锅炉、太阳能锅炉和废热（加热炉、冶金炉、窑炉排出烟气中的废热）锅炉。按照燃烧方式分类为层燃炉、沸腾炉、煤粉炉。层燃炉又可分为手烧炉和机烧炉。机烧炉又分为链条炉、往复推饲炉排炉、抛煤机炉、振动炉排炉以及下饲炉等。按照蒸发段工质循环动力可分为自然循环锅炉、多次强制循环锅炉和直流锅炉。

二、电站锅炉的规格

锅炉的规格一般指蒸发量、蒸汽压力、蒸汽温度这几个参数。锅炉蒸汽参数包括过热器出口蒸汽的额定压力（表压力）和额定温度以及再热器出口蒸汽的额定温度。锅炉蒸汽参数基本系列见表 12-1。

表 12-1 锅炉蒸汽参数基本系列

机组类别	机组压力类别	汽轮机新蒸汽		过热器出口蒸汽		再热器出口蒸汽温度（℃）	额定功率（MW）
		压力（MPa）	温度（℃）	压力（MPa）	温度（℃）		
非再热式	低压	1.27	340	1.57	350	—	0.3/0.6
	次中压	2.35	390	2.55	400	—	0.75/1.5/3
	中压	3.43	435	3.82	450	—	6/12/25
	次高压	4.90~5.88	435~470	5.3	450	—	12/50
	高压	8.8	535	9.8	540	—	25/50/100
再热式	超高压	12.7	535	13.7	540	540	125/200
	亚临界	16.7	540	17.5	543	543	300/600
	超临界	24.2	566	$1.055p-0.1$	t_1+5	t_2+3	600/660
	超超临界	25	600	$1.05p-0.1$	t_1+5	t_2+3	600/660/1000
		26	600				

注 p—汽轮机新蒸汽压力（表压力），t_1—汽轮机新蒸汽温度，t_2—汽轮机再热温度。

三、电站锅炉的型号

电站锅炉的型号由 4 部分组成（见图 12-1），第一部分表示锅炉制造厂代号（表 12-2），第二部分表示锅炉参数，额定蒸汽压力是绝对压力值，第三部分表示为设计燃料代号（表 12-3），第四部分表示设计次序。

$$\underset{\text{代号}}{\text{制造厂}} \, \underset{\substack{\text{最大连续} \\ \text{蒸发量}}}{} \Big/ \underset{\substack{\text{额定蒸} \\ \text{汽压力}}}{} \underset{\substack{\text{燃料} \\ \text{代号}}}{} \underset{\substack{\text{设计} \\ \text{次序}}}{}$$

图 12-1　电站锅炉的型号表示方法

表 12-2　　　　　　　　　　**电站锅炉制造厂代号**

制　造　厂	代号	制　造　厂	代号
北京锅炉制造厂	BG	上海锅炉制造厂	SG
东方锅炉制造厂	DG	无锡锅炉制造厂	UG
哈尔滨锅炉制造厂	HG	武汉锅炉制造厂	WG
杭州锅炉制造厂	NG	济南锅炉制造厂	YG

表 12-3　　　　　　　　　　**设计燃料代号**

设计燃料	代号	设计燃料	代号
燃煤	M	燃其他燃料	T
燃油	Y	可燃煤和油	MY
燃气	Q	可燃油和气	YQ

【例 12-1】 说明锅炉型号 HG-670/13.72-M 的意义。

解： 表示哈尔滨锅炉厂制造的最大蒸发量 670t/h，额定蒸汽压力 13.72MPa 的电站锅炉，设计燃料为煤，原型设计。SG-1025/16.7-YM2 表示上海锅炉厂制造的最大蒸发量 1025t/h，额定蒸汽压力 16.7MPa 的电站锅炉，设计燃料为油煤两用，第二次变型设计。

锅炉蒸汽压力是指锅炉末级过热器出口的蒸汽压力值。如果有多条管道，取算术平均值。蒸汽压力的监督以统计报表、现场检查或测试的数据作为依据。蒸汽压力的调整可通过适当增减燃料量、风量、风煤的配比以及微调同步器的方式进行，应维持汽轮机主汽门前的蒸汽压力达到设计的额定值。

四、大容量电站锅炉的主要型式

1. 采用对冲（交错）燃烧方式的自然循环锅炉

冲燃烧方式的自然循环锅炉以北京巴威公司采用 B&W 技术设计制造的亚临界锅炉，和东方锅炉厂采用巴布科克-日立（BHK）技术设计制造的超临界锅炉为主要代表。采用双调风旋流式燃烧器对冲布置或交错布置，燃烧器射出的煤粉气流对冲燃烧，形成双"L"形火焰，见图 12-2（a）。两面墙上燃烧器喷出的火炬在炉膛中央互相撞击后，火焰大部分向炉膛上方运动，炉内的火焰充满程度较好，扰动性也较强。若对冲的两个燃烧器负荷不相同，则炉内高温火

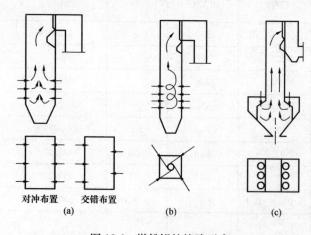

图 12-2　煤粉锅炉炉膛型式
(a) 对冲（交错）燃烧方式；(b) 切向燃烧方式；
(c) W 形火焰方式

焰将向一侧偏移，造成结渣。

2. 采用Ⅱ形炉切向燃烧方式的锅炉

以东方锅炉厂根据CE技术设计制造的亚临界锅炉、哈尔滨锅炉厂根据三菱重工（MHI）技术设计制造的超临界锅炉和上海锅炉厂根据阿尔斯通（API）技术设计制造的超临界锅炉为主要代表。采用摆动式直流燃烧器切圆布置，布置在炉膛四角。四个角燃烧器出口气流的轴线与炉膛中心的一个或两个假想圆相切，使气流在炉内强烈旋转，见图12-2（b）。切圆燃烧方式的主要特点是：煤粉气流着火所需热量，除依靠本身外边界卷吸烟气和接受炉膛辐射热以外，主要是靠来自上游邻角正在剧烈燃烧的火焰的冲击和加热，着火条件好；火焰在炉内充满度较好，燃烧后期气流扰动较强，有利于燃尽，煤种适应性强。切圆燃烧方式实际气流并不能完全沿轴线方向前进，会出现一定的偏斜，严重时会导致燃烧器出口射流贴墙或冲墙，造成炉膛水冷壁结渣。

3. 采用W形火焰燃烧方式的锅炉

从20世纪80年代早期以进口机组［如湖南岳阳电厂引进的英国B&W公司的2×360MW机组，重庆珞璜电厂进口的法国斯坦因（STEIN）公司的2×360MW机组，河北邯峰电厂进口的美国福斯特．惠勒（FW）公司2×660MW机组等］和引进技术生产为主。20世纪90年代开始以引进型机组为主，如东方锅炉厂采用美国FW公司技术生产的W形火焰FW300MW、FW660MW亚临界自然循环锅炉（如山西阳泉第二发电厂1～6号350MW锅炉），北京巴威（B&W）公司采用美国巴威公司技术生产的W形火焰锅炉（大唐阳城发电有限责任公司7～8号600MW锅炉）。W型火焰锅炉一般燃用50％无烟煤和50％贫煤。

W形火焰炉膛由下部的拱形着火炉膛（燃烧室）和上部的辐射炉膛（燃尽室）组成。前者的深度比后者约大80％～120％。燃尽室前后墙向外扩展构成炉顶拱，并布置燃烧器，煤粉气流和二次风从炉顶拱向下喷射，在燃烧室下部与三次风相遇后，再180°转弯向上流经燃尽室炉膛，形成W形火焰，见图12-2（c）。W形火焰锅炉的燃烧器布置在前、后墙的拱上，上部炉膛深度小，火焰流向与W形火焰锅炉平行，不旋转，炉膛出口烟气温度场与速度场较均匀，因此炉膛不易结焦。煤粉着火后向下自由伸展，在距一次风口数米处才开始转弯向上流动，不易产生煤粉分离现象，并且火焰行程较长，炉内充满度好，延长了煤粉在炉内的停留时间，符合无烟煤燃烧速度较慢的特点，有利于煤粉的燃尽。W形火焰锅炉较多采用旋流煤粉浓缩燃烧器，提高了一次风中的煤粉浓度，降低了一次风进入炉膛的风速，增强了煤粉气流卷吸高温烟气的能力，有利于煤粉着火。为提高炉膛温度一般在炉膛拱区和下部炉膛四周，敷设了大面积的卫燃带，以加速着火。但同时增大了结渣的可能性。

第二节　过热蒸汽温度的监督

一、过热蒸汽温度定义

1. 过热蒸汽温度定义

过热蒸汽温度是指锅炉末级过热器出口的蒸汽温度，单位通常以℃表示。如果有多条管道，取算术平均值。

根据《火力发电厂设计技术规程》（DL 5000—2000）：对于亚临界及以下参数机组，过热器出口的额定蒸汽温度比汽轮机额定进汽温度高2℃；对于亚超临界及以上参数机组，过热器出口的额定蒸汽温度比汽轮机额定进汽温度高3℃。

2. 过热蒸汽温度过高对汽轮机的危害

在实际运行中，过热蒸汽温度变化的可能性较大。而温度变化对汽轮机的安全和经济性影响比压力变化更为严重。任何负荷下都应尽可能在设计过热蒸汽温度下运行。

过热蒸汽温度过高对汽轮机的危害如下：

（1）过热蒸汽温度升高过多，首先在调节级内热降增加，在负荷不变的情况下，调节级的动叶片有可能发生过负荷现象。

（2）过热蒸汽温度过高，会使金属材料的机械强度降低，蠕动速度增加，导致设备的损坏或部件的使用寿命缩短。

（3）过热蒸汽温过高还会使各受热部件的热变形和热膨胀加大；若膨胀受阻则有可能引起机组振动。

锅炉方面：过热器受热面的超温有爆管可能。

而过热蒸汽温度过低时，蒸汽做功的能力下降，汽耗、热耗增加，使发电厂的经济性降低，严重时可能使汽轮机产生水冲击。

但在实际中发现，锅炉过热蒸汽温度偏低问题存在共性。

二、过热蒸汽温度的监督标准

蒸汽温度的监督以统计报表、现场检查或测试的数据作为依据。

运行期间要求过热蒸汽温度和再热蒸汽温度维持额定值，偏差见表 12-4 规定范围内。对于大型机组的过热蒸汽温度，一般要求统计期平均值不低于设计值3℃。

表 12-4 过热器和再热器出口蒸汽允许偏差

压力类别	蒸发量变化范围（%）	允许偏差（℃）	
		过热器出口汽温	再热器出口汽温
中压以下	75～100	+10 −20	—
中压至超超临界	70～100	+5 −10	+5 −10

三、锅炉过热蒸汽温度的影响因素与对策

锅炉过热蒸汽温度应达到设计值。否则，应首先调整运行风量、改变火焰中心位置、吹灰等方式进行控制；对于超临界锅炉还可调节过热度，其次考虑采用减温水来调整过热蒸汽温度。

1. 氧量

当送风量增加时，炉内过量空气增大，燃烧生成的烟气量增多，炉膛水冷壁吸热量减少，对流过热器吸热量增大，蒸汽焓升增大，使炉膛出口烟温增加。同时过量空气系数增大，流过烟道的烟气流速增大，对流传热加强，导致过热蒸汽温度升高。如果氧量过高，虽然汽温有所升高，但锅炉燃烧的稳定性变差，会发生锅炉灭火。

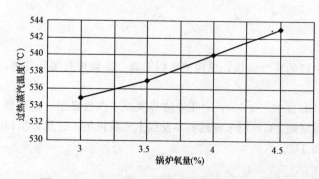

图 12-3　1025t/h 锅炉氧量与过热蒸汽温度的关系

增加汽包锅炉的送风量。送风量增加，过热蒸汽温度明显升高。300～600MW 锅炉，氧量每增加 0.5 个百分点，炉膛出口烟气温度将升高3℃，过热蒸汽温度将明显升高 2～3℃，见图 12-3。在机组低负荷工况下，适当增加过剩空气系数，既有利于锅炉燃烧的稳定，也有利于过热蒸汽温度的稳定。

对于直流炉，锅炉氧量增加，在煤水比不变的情况下，过热器的进口蒸汽温度降低，使得过热蒸汽温度降低。

2. 给水温度

对于汽包锅炉来说，给水温度比设计值高，则在同样负荷下锅炉产生同样的蒸汽量所需燃料量减少，炉膛出口烟气温度也降低，因而主蒸汽温度降低。在锅炉负荷不变的情况下，给水温度降低，从给水变为饱和蒸汽所需要的热量增多，必然会导致燃料消耗量的增加，使得炉膛内总辐射热和炉膛出口烟气温度升高，辐射式过热器吸热量增大，出口蒸汽温度升高。另一方面，由于烟气量增加，对流式过热器会因此增大吸热量，出口蒸汽温度升高。

如高压加热器不能投入或故障停运，给水温度可能比额定值低得多。对于1025t/h锅炉一般情况下给水温度降低10℃，过热蒸汽温度将升高3~4℃，见图12-4。

对于直流炉，给水温度降低，在煤水比不变的情况下，过热段吸热减少，使得过热蒸汽温度降低。

3. 炉膛火焰中心位置

锅炉实际运行中风粉配比不够理想，运行人员因害怕锅炉燃烧不稳引起灭火。在负荷一定的情况下，运行中都是习惯采用尽量提高下排燃烧器给粉量，减少中、上排燃烧器给粉量。同时，因怕下层扰动大而把下排二次

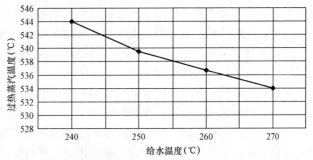

图12-4 1025t/h锅炉给水温度与过热蒸汽温度的关系

风量调小，以上原因都会使炉膛火焰中心降低。对于汽包锅炉来说，炉膛火焰中心位置向下移动，炉膛出口烟气温度降低，导致辐射式过热器吸热量增加，对流式过热器的吸热量减少，从而使得过热蒸汽温度降低。

在保持负荷不变且燃烧稳定的情况下，适当减少下排燃烧器给粉量，开大下排二次风量，以抬高火焰中心，使炉膛出口烟气温度升高，蒸汽温度升高。对于220t/h锅炉火焰中心每升高1m，过热蒸汽温度可提高15℃；对于1025t/h锅炉火焰中心每升高1m，过热蒸汽温度可提高10℃。对1025t/h锅炉火焰中心位置与过热蒸汽温度的关系见图12-5。

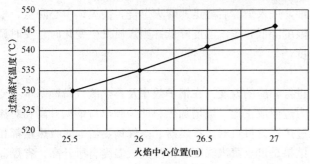

图12-5 1025t/h锅炉火焰中心位置与过热蒸汽温度的关系

煤粉变粗时，煤粉在炉内燃尽的时间增加，火焰中心上移，炉膛出口烟温升高，对流过热器吸热量增加，蒸汽温度升高。

燃烧器向上倾角增加，火焰中心上移，主蒸汽温度和再热蒸汽温度均提高，但飞灰可燃物也增大。某1025t/h锅炉试验中，为了增加再热蒸汽温度，不得不使燃烧器摆角向上倾以提高火焰中心高度。将燃烧器上倾角由25%调整到35%，燃烧器向上倾角增大了，炉膛出口烟气温度提高了66℃，主蒸汽温度提高了9℃，再热蒸汽温度提高了6℃，飞灰可燃物由1.5%增加到2.4%。

对于直流锅炉来说，炉膛火焰中心位置向上移动，水冷壁下部的受热面利用不充分，在煤水比不变的情况下，过热段吸热减少，使得过热蒸汽温度降低。

（1）优化燃烧器运行方式。在低负荷时，停用下排燃烧器（A层），投运B、C、D三层，这

样减少了燃烧器的运行数量，粉层相对集中，提高了燃烧器区域的断面热负荷，从而提高了火焰中心的温度，进而提高了过热/再热蒸汽温度。

如果为了提高过热蒸汽温度，运行上排燃烧器而停运部分下排燃烧器，则极易出现火焰中心上移，底火不旺，燃烧不稳的现象，易灭火。因此在煤质较差时，则应选择 A、B、C 三层燃烧器运行方式，降低火焰中心高度，燃烧稳定性得到了提高，增强了锅炉抗干扰能力。

（2）优化给粉机运行方式。为了提高主蒸汽温度而增加上层给粉机转速并适当降低下层燃烧器出力时，极易出现火焰中心上移，底火不旺，燃烧不稳的现象，甚至在 70% 负荷运行时发生灭火。

实际上，以上组燃烧器运行为主，还是以下组燃烧器运行为主是有些矛盾，运行下组往往造成上组燃烧器出力下降，汽温上不去；运行上组则下组给粉机转速低，锅炉抗干扰能力差，易灭火。可见，在给粉机的运行方式上也有优化的空间，找到锅炉稳燃和汽温调整的最佳结合点。

建议在低负荷时，以 B、C、D 三层粉运行为首选运行方式，并且将 B 层给粉机切手动，该层转速保持在平均的给粉机转速以上。这样减少了给粉机运行的数量，粉层相对集中，提高了燃烧器区域的断面热负荷，从而提高了火焰中心的温度，加快了燃烧反应速度，同时，粉层相对集中也有利于煤粉的相互引燃；煤粉浓度加大，有利于降低煤粉的着火热，使送进去的煤粉更容易着火；B 层给粉机切手动，转速保持在平均的给粉机转速以上，则减少了底层粉由于自动调节带来的扰动，保持了底层火焰的良好、稳定燃烧，进而促进了上层煤粉的着火。

如果煤质较差时，则选择 A、B、C 三层粉运行，进一步降低火焰中心高度，燃烧的稳定性得到了提高，增强了锅炉的抗干扰能力。

在高负荷时，锅炉给粉机运行方式以倒宝塔运行为主，即加大上层给粉机的转速（主要是 E、D 层），下层（A 层）给粉机尽量少投或不投。高负荷时，炉膛热负荷高、炉温高，煤粉的相互引燃和着火更容易，燃烧的稳定性好；采取倒宝塔配粉，将使火焰中心上升，主、再热蒸汽温度调节的裕度加大了。

（3）对因燃烧器设备问题使主蒸汽再热蒸汽参数达不到设计值，可进行燃烧器改造。例如某电厂 100MW 锅炉将四角燃烧器整体上移 500mm 后，过热蒸汽温度提高了 15℃，但排烟温度升高 2～5℃，经济性反而变差。

（4）维持经济煤粉细度。如果煤粉过细，进入炉膛后能迅速着火燃烧，使火焰中心降低，增加炉膛辐射受热面吸热量，炉膛出口烟气温度降低，蒸汽温度降低。当煤质发生变化时，及时调整制粉系统运行方式，保证经济的煤粉细度。

4. 锅炉负荷和燃料量

随着锅炉负荷的变化，燃料量必须先进行相应的改变。在锅炉效率及再热蒸汽份额基本不变的条件下，可以认为燃料消耗量与锅炉出力近似成正比。当增加燃料使炉膛出口烟温升高和对流传热相对增加时，所有对流受热面，包括过热器、再热器、省煤器、空气预热器等的吸热量都相对地增加，锅炉排烟温度也将有所升高。结果是过热蒸汽温度、再热蒸汽温度有所升高，省煤器出口工质焓增加，预热空气温度升高、排烟热损失增大。

对于汽包炉，随着锅炉负荷的变化，其辐射受热面和对流受热面的吸热比例也会随之变化。例如，布置在对流吸热区的过热器，其出口蒸汽温度一般随负荷的上升而上升，而布置在辐射吸热区的过热器则具有相反的汽温特性。一般情况下，过热器系统和再热器系统均呈对流特性，因此当锅炉负荷升高时，汽温也随之升高。另外负荷变动率过大，将会引起主汽温度升高，甚至超温。

对于直流炉，给水流量对中间点的温度控制比燃料量对其控制要更灵敏一些。升负荷时，首先增加燃料量,为了维持水煤比,如果同时大量增加给水流量,则中间点的温度会下降很快,从而引起主蒸汽温度的下降,所以水量的增加需要有一定的延时,避免主蒸汽温度的大幅度波动;反之,降负荷时,应先减少燃料量再减少水量,我们经常发现中间点温度变化率的波动对给水量变化速度的快慢最为敏感,所以中间点温度变化率的快慢就应该是给水变化快慢的主要依据,在调节时根据中间点温度的变化快慢来改变给水量变化的快慢。只要能稳定中间点汽温的波动幅度,过热蒸汽、再蒸汽温度也就能维持住了。

在自动给水不正常时,应立即将其切至手动,待中间点温度变化时,根据给水温度下降数值,迅速减少给水量,维持中间点温度正常,调整减温水量,维持过热蒸汽温度正常。

5. 设计方面

如果过热器受热面设计不足,主蒸汽温度就会比额定温度低。例如 DG1025/18.2-540/540 型锅炉过热器受热面积 12804m²,ECR 工况设计的容积热负荷为 $339×10^3kJ/m^3h$,与其他同类型锅炉(如 HG-1021/18.2-540/540 型)在设计参数、实际燃煤均基本相同的情况下,属于较低的,例如 HG1021/18.2-540/540 型锅炉过热器受热面积为 18865m²,ECR 工况设计的容积热负荷为 $349.30×10^3kJ/m^3h$,导致 DG1025/18.2-540/540 型锅炉过热蒸汽温度、再热蒸汽温度普遍偏低。

300MW 等级及以上机组锅炉,在经过燃烧调整试验后,额定负荷下过热蒸汽温度仍然比设计值低 10℃ 以上时,应考虑对过热蒸汽系统的受热面进行增容或更换,从根本上解决主蒸汽温度偏低问题。

6. 炉膛出口温度

如果炉膛出口温度低于设计值,表明炉膛吸热过多。而炉膛内吸热过多,致使过热器和再热器吸热量相应减少,造成主、再热蒸汽温度偏低。因此可以在喷燃器四周辐射卫燃带,以减少水冷壁的吸热,进一步提高炉膛出口烟气温度。例如某厂 300MW 机组在其他设备没有改造的情况下,只敷设卫燃带面积 100m²。卫燃带材料为高铝质耐火浇注料,厚度 40mm,锅炉过热蒸汽温度、再热蒸汽温度均由改造前 510~525℃ 提高到 538℃。

7. 煤质

燃料中的水分增大时,烟气容积增加,烟气流量也增加,使炉膛出口温度升高,所以烟气的对流放热将增大,过热蒸汽温度升高。

如果燃煤的灰分高,或者挥发分低,低位发热量与设计值相比偏低,在锅炉负荷相同时,燃料量、风量、烟气量相应增加,使流经对流受热面的烟气流速、流量增加,从而增加了烟气对管壁的对流放热和对流过热器的换热量,出口汽温将升高;同时煤质变差,火焰中心上移,使炉膛蒸发受热面吸热减少,使炉膛出口烟温升高,两者都会导致锅炉过热蒸汽温度升高。

例如某 2001 t/h 锅炉对过热蒸汽温度的影响见图 12-6,燃煤发热量为 19MJ/kg 时,主蒸汽温度为 600℃;燃煤发热量为 23MJ/kg 时,过热蒸汽温度为 573℃。

一般灰分每变化 ±10 个百分点,过热蒸汽温度、再热蒸汽温度相应变化 ±5℃。

8. 锅炉受热面的清洁程度

对于汽包锅炉来说,水冷壁结渣与过热器积灰对锅炉过热蒸汽温度的影响相反。水冷壁结渣,炉膛辐射换

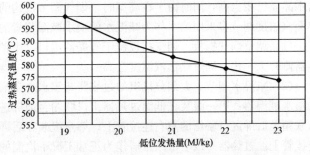

图 12-6 煤质对 2001t/h 锅炉过热蒸汽温度的影响

热量和水冷壁吸热量减少，将使炉膛出口烟气温度升高，过热蒸汽温度升高；过热器结渣或积灰，则过热器热阻增加，过热器传热量减少，过热蒸汽温度降低，但锅炉排烟温度升高。

实践证明吹灰对汽温的影响有如下特点：

（1）对炉膛吹灰使汽温下降。这是因为炉膛水冷壁受热面被吹干净后其吸热量增加，炉膛出口烟温降低，使后面的过、再热器受热面吸热量变小，所以汽温下降。

（2）对过热器、再热器受热面吹灰使汽温上升。这是因为吹灰使过热器、再热器受热面积灰被吹去，传输热阻变小，汽温随之升高。

因此，对于炉膛出口温度低于设计值的锅炉，可以减少或停止炉膛吹灰，提高水冷壁受热面的污染系数，同时加大水平受热面和尾部受热面的吹灰力度，减小过热器、再热器受热面的传输热阻。只要锅炉负荷允许、燃烧稳定，每天对水平烟道、尾部烟道进行全面吹灰一次。采取这些措施后，不但可使汽温有所升高，而且由于水平受热面和尾部受热面清洁程度的提高，使排烟温度进一步降低。

对于直流锅炉来说，水冷壁结渣与过热器积灰对锅炉过热蒸汽温度的影响相同。水冷壁结渣，在煤水比不变的情况下，对工质而言，单位工质的吸热量减少，而给水加热段和蒸发段的吸热总和不变，则过热段吸热减少，主蒸汽温度降低。

运行中，当发现过热蒸汽温度降低时，应及时调整，加强对过热器吹灰；当发现过热蒸汽温度升高时，应加强对水冷壁和省煤器吹灰，并在确保燃烧完全的前提下尽量减少锅炉的总风量。

9. 过热蒸汽压力变化

当汽压升高时，过热蒸汽温度也要升高。这是由于当汽压升高后，炉水的饱和温度也随之升高，给水变为蒸汽时需要消耗更多的热量。在燃料未改变之前，炉水蒸发量减少，使过热器的蒸汽流量也减少了，平均每千克蒸汽的吸热量增大，从而导致过热蒸汽温度升高。

10. 锅炉过热器管壁容易超温，或者两侧过热蒸汽温度存在偏差，或者过热器受热面材质严重球化

为了控制受热面管壁温度，不得不降低过热蒸汽温度。这就需要关注受热面布置的合理性，并利用检修机会更换过热器受热面材质球化严重的管子。

11. 如果锅炉再热器某些受热面经常超温，被迫降温运行

应首先解决受热面壁温限制问题。例如某 2001t/h 超超临界锅炉末级再热器管壁温度容易超过报警值，从而限制再热蒸汽温度的提高。在实际运行中，为了避免末级再热器管壁超温，机组在 660MW 和 510MW 负荷时，再热蒸汽温度不宜超过 600℃；在 340MW 负荷，再热蒸汽温度不宜超过 595℃。

汽包锅炉过热蒸汽温度的控制手段。汽包锅炉控制过热蒸汽温度的手段一般有两种：一是在蒸汽管道上设置减温器；二是改变烟气侧传热量（如烟气挡板）。随着近代给水处理技术的发展，给水品质已相当高，同时由于在高温时，烟气调节机构的具体实现存在困难，所以大型机组的过热蒸汽温度调节多采用给水作为减温水的喷水减温装置的方案。

（1）调整烟气挡板。烟气挡板位于省煤器出口（下侧），在运行期间，将调整烟气挡板在过热器侧开大一些，则过热蒸汽温度会高一些。

（2）减温水调节。大部分机组的过热器减温水来自锅炉给水泵出口。一般过热器系统设置三级喷水减温器：第一级装在低温过热器出口联箱至前屏进口联箱的连接管上；第二级装在前屏进口联箱至后屏进口联箱的左右连接管上；第三级装在后屏进口联箱至高温过热器进口联箱的左右连接管上。过热器一级喷水减温器作为正常工况下汽温的粗调，控制前屏的进口汽温，以保证前屏工作的安全。过热器二级喷水减温器作为备用，作用是调节前屏出口汽温和左右汽温偏差。过

热器三级喷水减温器的作用是调节过热蒸汽左右热偏差，并作为汽温微调，使出口汽温维持在一定范围内，并使两侧汽温偏差小于15℃。

当减温水量增大时会使流经高压加热器的给水量减少，排挤部分高压加热器抽汽量，并未经其下游加热器的进一步加热而直接去锅炉内吸热，将影响机组热力循环的经济性。另一方面，部分给水用作减温水，使进入省煤器的水量减少，出口水温升高，提高了锅炉的排烟温度，因而增大了排烟损失。

（3）在非正常工况下，减温水已不能满足汽温调节的需要时，运行人员可通过降低或升高火焰中心来达到调节汽温的目的。具体的做法是调整摆动燃烧器的倾角，改变燃烧器的组合方式，增加或减少燃烧器的二次风量等。

应该指出，任何一种调温手段都是一种人为的扰动，它对汽温的影响也具有一定的迟延，也需要一定时间才能显示出它的作用。因此要控制好汽温，首先要监视好汽温，并对汽温变化趋势随时进行分析，以便及时采取适当的调节措施。例如，在用给水作为喷水减温用水时，如发现给水压力低，就应适当开大喷水调节阀，以免因喷水量减少而使汽温升高。否则待汽温升高后再进行调节，就可能会使汽温上下波动。

过热器采用汽温自动调节装置，在正常运行中，自动调节机构控制喷水调节阀的开度。操作人员应当熟悉喷水调节阀的性能，即阀门开度与喷水量之间的关系，否则会使喷水量时多时少，造成汽温波动。

12. 直流锅炉过热蒸汽温度的控制手段

直流锅炉过热蒸汽温度的调整，通过合理的燃料与给水比例控制包覆过热器出口温度作为基本调节，喷水减温作为辅助调节。

（1）调整煤水比。直流锅炉调节蒸汽温度主要方法是调整煤水比。煤水比是燃料消耗量与主给水流量的比值。煤水比是影响主蒸汽温度的主要因素。在很大的负荷范围内，只要调整好煤水比，保持一定的燃料消耗量与主给水流量比例（煤水比），就可以保持主汽温度的稳定。这里需要注意的是提高煤水比，会同时提高主蒸汽温度和再热蒸汽温度。

煤水比控制是否合适是通过汽水分离器出口温度来反映的，该点是反映燃料和水关系变化最灵敏的地方，我们将该点称为中间点温度。在机组控制中通过"过热度"这一参数直观的反映分离器出口温度，这里的"过热度"是指分离器出口蒸汽温度与分离器压力对应下的蒸汽饱和温度的差值。维持足够的过热度是保证主蒸汽温度稳定的重要前提，一般来说在机组运行工况较稳定时只要监视好中间点过热度就可以了。不同的压力下中间点温度是不断变化的，但中间点过热度可维持恒定，一般在12～16℃左右（600MW超临界机组正常运行中该过热度一般控制在20℃左右，偏低，应把过热度提高到30℃左右），中间点过热度是煤水比是否合适的反馈信号，中间点过热度变小，说明煤水比偏小；中间点过热度变大，说明煤水比偏大。对于直流炉而言，若主给水流量不变而增加燃料消耗量（增加煤水比，提高过热度），由于辐射受热面热负荷增加，给水加热段和蒸发段必然缩短，而过热段必然延长，则过热蒸汽温度升高。若燃料消耗量不变而增加主给水流量，由于受热面热负荷不变，给水加热段和蒸发段必然延长，而过热段必然缩短，则过热蒸汽温度降低。一般情况下过热度每提高1℃，过热蒸汽温度、再热蒸汽温度会各提高1.5℃。

如果燃料量自动控制或中间点温度自动控制系统故障，造成煤水比失调（燃料量偏小、给水流量偏大），会引起过热蒸汽温度降低，此时应立即将其切至手操调节使之恢复正常。

在过热蒸汽温度调整过程中，要加强锅炉金属受热面壁温的监视，过热蒸汽温度的调整要以金属壁温不超限为依据提前进行调整。金属温度超限时要适当降低蒸汽温度或降低机组负荷并积极查找原因。

（2）减温水调节。直流锅炉中主给水流量等于水冷壁入口流量和减温水量之和，负荷不变。如果过热蒸汽温度升高，减温水量增加，水冷壁入口流量会相应地减少，从而加剧了水煤比的失调程度。因此对于直流锅炉，必须用保持煤水比作为维持过热器出口蒸汽温度的主要粗调手段，用喷水减温作为细调手段。在运行中尽量减少一、二级减温水的投用量。当用减温水调节过热蒸汽温度时，以一级喷水减温为主，二级喷水减温为辅。

一级减温水布置在低温过热器和屏式过热器之间，以消除低温过热器产生的温度偏差，同时可以防止屏式过热器超温。二级减温水布置在屏式过热器和末级过热器之间，以维持末级过热器温度在正常范围。运行中应采取措施尽量减少过热器减温水流量。采用喷水减温时，如果减温水压力升高或减温水调门漏流或自动失灵，使减温水量不正常升高，过热蒸汽温度将降低。此时应适当减少减温水量，必要时关闭减温水隔绝门。

13. 炉膛负压

炉膛负压的绝对值增加，会使得从人孔、检查孔、炉管穿墙等处炉膛不严密的地方漏入冷空气增加，与过量空气系数增加对汽温的影响相类似，但是由于后者是未流经预热器的冷风，因此炉膛负压增大使汽温升高的幅度大于送风量增加使汽温升高的幅度。

第三节　再热蒸汽温度的监督

一、锅炉再热蒸汽温度定义

锅炉再热蒸汽温度是指锅炉末级再热器出口的再热蒸汽温度值，单位通常以℃表示，是决定电厂运行经济性的最主要的参数之一。应取锅炉末级再热器出口的蒸汽温度值。如果取锅炉末级再蒸汽管道，应取算术平均值。

在锅炉运行中，各种扰动因素都能引起再热蒸汽汽温的变化，而维持稳定的再热蒸汽温度是机组安全、经济运行的重要保证。再热蒸汽温度超过额定值时会缩短再热器和汽轮机中压缸的使用寿命，甚至造成设备损坏，同时喷水减温还会增加热耗；再热蒸汽温度过低将引起循环热效率的降低。再热蒸汽温度低于额定值时，会使末级动叶片应力增大和湿度增加。运行中应注意协调主蒸汽温度与再热蒸汽温度变化的关系，尽可能不用或少用再热器减温水来降低再热蒸汽温度。

二、再热蒸汽温度的控制方法

1. 再热蒸汽温的监督标准

再热蒸汽温度的监督以统计报表、现场检查或测试的数据作为依据。运行期间要求再热蒸汽温度维持额定值，偏差在-10～+5℃范围。

滑压运行时，锅炉侧再热蒸汽温度在机组50%～100%BMCR负荷范围内应控制在额定温度左右，两侧蒸汽温度偏差小于10℃。

无论是否滑压运行，对于大型机组的过热蒸汽温度一般要求统计期平均值不低于对应负荷下的设计值3℃。

2. 再热蒸汽温度的控制方法

锅炉再热蒸汽温度应达到设计值。否则，应通过改变燃烧器摆角或烟气挡板开度进行控制，除负荷变化或磨煤机启停等过程中可采用喷水减温外，稳定运行状况下应尽量避免喷水减温。影响再热蒸汽温度的因素和措施如下：

（1）上层附加风。全开上层附加风（即 AA 风）或主风箱上部布置的燃尽风（即 SOFA），使炉膛出口未燃尽的燃料继续燃烧，既可提高主、再热蒸汽温度，又可降低飞灰可燃物。再热蒸汽温度提高更为显著，最大为10℃。但是，必须注意开大上层附加风或燃尽风，会引起排烟温度升高。例如镇江发电有限公司5号锅炉为上海锅炉厂有限公司生产的SG-1913/25.4型超临界压力直流锅炉，四角切圆燃烧方式，设计煤种为神华煤。在主风箱上部布置有5层可水平摆动的分离燃尽风（SOFA）。各组燃烧器4角布置，并可上、下摆动，用以调节再热蒸汽温度。在600MW工况的试验过程中，维持给煤量、一次风量、主燃烧器辅助风不变，改变SOFA风挡板开度。随着SOFA风的投入由30%增加到100%，改进了主燃烧器区域和上部燃尽区的过剩空气系数的比例，主燃烧器区域的氧量供应水平由富氧改变为缺氧状态，SOFA风燃烧器区域风量占总风量的比例也由15%增加到28%左右，随着SOFA风挡板平均开度的增加，虽然灰渣中未燃尽碳引起的热损失有所降低，但排烟热损失要增加0.2%左右，使得锅炉效率从93.67%下降到93.52%。因此，在使用上层附加风调整主、再热蒸汽温度时，必须注意排烟温度的升高。

（2）燃烧器运行方式。无论对汽包炉还是直流炉，火焰中心上移，炉膛和烟温显著上升，无论何种汽温特性的再热器，再热蒸汽温度都是升高的。要尝试改变燃烧器运行方式，在机组低负荷阶段投运上层、停运下层燃烧器。通过提高炉膛火焰中心位置，提高再热蒸汽温度。或者加大燃烧器上倾摆角，炉膛火焰中心上移，运行中将造成后部烟气温度升高，再热器吸热量增加，再热蒸汽温度上升。如燃烧器摆角向上摆动，可提高过热蒸汽、再热蒸汽温度。对多台引进1025t/h锅炉燃烧器上摆对汽温的影响数据统计，一般燃烧器每上摆1℃，过热蒸汽温度上升0.8～10℃，再热蒸汽温度上升1℃。例如某电厂300MW机组，260MW时摆角上限由13°提高到21°，可以使再热蒸汽温度提高8.2℃。因此如果燃烧器摆角自动失灵，造成再热减温水量增大，应立即将其切至手动，必要时应关闭再热减温水隔绝门。

（3）优化制粉系统运行方式。优化制粉系统运行方式，可以提高再热蒸汽温度。例如某电厂WGZ1100/17.45-4型330MW锅炉采用5台ZGM95G型中速磨煤机，其中4台运行，1台备用，设计煤粉细度$R_{90} \leqslant 13\%$。在锅炉正常运行时，磨煤机组合方式为ABDE（即下四层燃烧器运行），组合方式后改为BDEC（即上四层燃烧器运行），以此抬高火焰中心，从而使300MW负荷时的主蒸汽温度从532.9℃提高到539.9℃，再热蒸汽温度从529.8℃提高到536.3℃；使200MW负荷时的主蒸汽温度从526.2℃提高到540.7℃，再热蒸汽温度从499.4℃提高到524.0℃。当然抬高火焰中心后，飞灰可染物会有所增加，但是这可以通过燃烧调整进行控制。

（4）燃料。对于汽包锅炉，当燃料量越多或低位发热量越高，炉内热负荷及烟气温度越高，则再热器的吸热量就越多，再热蒸汽温度越高。

对于直流锅炉，当燃料的发热量下降时，为了维持负荷以及中间点温度的不变，燃料量会逐渐增加。此时虽然炉膛辐射换热大体相当，但是由于烟气量的增加，过热器及再热器对流换热增加，故稳定后主、再热蒸汽温度会上升，所以也应该适当的减小中间点温度。反之，当燃料发热量升高时，应该适当提高中间点温度。掺烧水分大的煤（如褐煤），因为增大了烟气量，所以增大对流吸热份额，可提高过热蒸汽、再蒸汽温度，再热蒸汽温度提高更显著。

增加煤水比，提高中间点汽温，可同时提高过热蒸汽、再热蒸汽温度。

（5）再热蒸汽流量。在其他条件下不变时，再热蒸汽流量越大，则再热器出口温度越低。机组正常运行时，再热蒸汽流量将随着机组负荷、汽轮机抽汽量的大小、安全门的启闭状态等情况的变化而变化。

（6）过热蒸汽温度。过热蒸汽温度偏低，低温再热器入口汽温也偏低时，低温再热器侧烟气挡板则全开。流经低温过热器烟气流量减少，再加上各段烟气温度比设计值低，对流吸热减小，因此导致过热蒸汽温度更低。由于过热蒸汽温度偏低，引起低温再热器入口汽温偏低，导致再热蒸汽温度降低。

有的电厂进行通流部分改造后，汽轮机效率得以提高，其负面影响是高压缸排汽温度降低

10℃以上，造成再热器入口汽温降低，相应的再热器出口温度达不到设计值。

(7) 给水温度。给水温度增加，再热蒸汽温度下降。当高压加热器退出等因素使给水温度降低时，对于汽包锅炉，为了维持锅炉负荷不变，势必增大燃料消耗量，导致炉膛出口烟温升高，烟气流量增大。不论辐射式再热器还是对流式再热器，其吸热量均增加，因此再热蒸汽温度升高。表 12-5 为 DG670/13.7-8A 型超高压中间再热自然循环固态排渣锅炉 1 号高压加热器投停对比试验结果。

表 12-5　　　　　　　　　　　1 号高压加热器投停对主、再热汽温的影响

负荷 (MW)	主汽压力 (MPa)	主蒸汽温度 (℃)	再热蒸汽温度 (℃)	1 号高压 加热器	给水温度 (℃)	氧量 (%)
188	12.5	521	518	投入	240	3.5
189	12.5	538	528	解列	215	3.5

解列 1 号高压加热器后，给水温度下降了 25℃，主蒸汽温度上升了 17℃，再热汽温上升了10℃。尽管采取解列高压加热器的方式可以明显提高主、再热汽温，但高压加热器的投停及给水温度的变化对整个机组的经济性影响较大。因此只有当机组长期低负荷运行时，为保障机组的安全性才采取这一调节方式。

为解决锅炉省煤器磨损问题，应降低锅炉排烟温度，有的电厂对省煤器进行了改造，将光管省煤器改为螺旋鳍片管省煤器，受热面积增大了 40%。导致给水温度升高太多，对流式过热器和再热器出口蒸汽温度下降。

对于直流锅炉，给水温度下降，再热蒸汽温度下降。为了维持负荷以及中间点温度的不变，则需增加煤量，水煤比下降。此时虽然负荷和中间点温度稳定，但由于燃料量增加锅炉内辐射换热增强，炉膛出口温度升高，过热器的辐射换热和对流换热得到加强，过热蒸汽温度必然升高。如果不加以控制就会出现超温。此时应该适当减小中间点温度。但由于高压加热器退出时再热蒸汽量增加，再热蒸汽温度反而会下降，此时可通过开大再热器侧烟气挡板或关小再热器减温水来控制。反之，当恢复高压加热器运行时，由于给水温度升高，此时应该适当提高中间点温度并关小再热器侧烟气挡板或开大再热器减温水来控制主、再热蒸汽温度。

(8) 锅炉负荷。锅炉负荷降低时，辐射受热面的吸热比例增加，对流受热面的吸热比例将减少，即再热器吸热份额减少，使再热蒸汽温度下降；反之，再热蒸汽温度升高。

在过热器中，进口蒸汽温度始终等于汽包压力下的饱和温度，一般变化不大；而再热器的进口蒸汽温度取决于汽轮机高压缸排汽参数，随汽轮机负荷的增加而升高，随汽轮机负荷的减少而降低。一般当负荷从额定值降到 70%负荷时，再热器进口汽温约下降 30℃，所以再热蒸汽温度对工况变化更为敏感，再热蒸汽温度的波动比过热蒸汽温度要大。

(9) 氧量。对于汽包炉，增加空气量，烟气量增加，对流再热器的吸热量增大，蒸汽焓升增加，再热蒸汽温度提高；但是由于再热器的布置位置偏后于对流过热器，因此再热蒸汽温度受炉膛风量的影响程度比过热蒸汽温度更显著。某电厂 300MW 锅炉在炉膛出口氧量 3.1%时，主蒸汽温度 538℃，再热蒸汽温度 532℃；当炉膛出口氧量 3.6%时，主蒸汽温度 538℃，而再热蒸汽温度提高到 539℃。如果锅炉燃烧调整不当造成再热蒸汽温度降低，应适当增加风量。

对于直流炉，锅炉氧量增加，在煤水比不变的情况下，辐射再热器吸热量变化不大，对流再热器的吸热量增加，使得再热蒸汽温度升高。

(10) 锅炉受热面积灰或结渣。无论对于汽包炉还是直流炉，当再热器前受热面（如水冷壁）积灰或结渣时，将造成再热器处烟温升高，使再热器吸热量增加，再热蒸汽温度升高。当再热器

本身受热面积灰或结渣时，将使再热器吸热量减少，再热蒸汽温度降低。因此再热蒸汽温度低时，可加强再热器部分的吹灰工作，以提高再热蒸汽温度。

(11) 炉膛吹灰对汽温的影响。某 HG-1025/17.5 型锅炉吹灰前过热蒸汽温度和再热蒸汽温度均为 537～542 ℃，进行炉膛吹灰后水冷壁的沾污程度减轻，炉膛内吸热量增加。在输入相同热量的情况下，炉膛出口烟温下降，最终导致过热蒸汽温度和再热蒸汽温度降低（再热汽温下降约 15℃）。频繁的炉膛吹灰对提高再热蒸汽温度不利，应在锅炉不发生严重结焦前提下减少吹灰次数，提高炉膛出口烟温，以提高再热蒸汽温度。炉膛吹灰对汽温的影响见图 12-7。

(12) 再热器受热面积不足。如果锅炉投产以后造成多次再热器爆管泄漏，泄漏后被迫采取堵管方式处理，会造成再热器受热面减少，吸热量不足，对再热汽温产生一定的影响。另外，制造厂出厂时再热器受热面积就设计不足，就会在根本上无法提高再热蒸汽温度，必须进行改造。

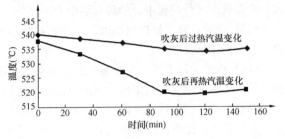

图 12-7　炉膛吹灰对汽温的影响

300MW 等级及以上机组锅炉，在经过燃烧调整试验后，额定负荷下再热蒸汽温度仍然比设计值低 10℃ 以上时，应考虑对再热蒸汽系统的受热面进行增容或更换，以提高再热蒸汽温度。某发电厂 2 号炉系哈尔滨锅炉制造厂生产的 HG-670/140 型煤粉炉（200MW），再热器对流受热面积为 2075m²，实践证明，再热器受热面积不足。为此，在再热器冷段的里圈加了两圈管子，受热面积增加 527.7m²。改造后再热器冷段的受热面积为 2647.7m²。但大修后的试验表明，再热蒸汽温度提高不明显。原因在于：再热器冷段增加受热面积后，再热器冷段出口蒸汽温度必然升高，这样势必使汽—汽加热器的传热温压下降，传热效果变差。再热器冷段出口汽温虽然提高较多，但到再热器热段后，再热蒸汽温度提高的幅度就小得多了。因此，在再热器冷段增加受热面积对提高再热蒸汽最终汽温效果就没有在再热器热段增加受热面积的效果明显。之后该厂在再热器热段外圈增加一圈受热面。试验结果表明，再热蒸汽温度较改造前平均提高 20℃ 左右，机组在满负荷下运行汽温可达设计值 540℃。

某发电厂 DG670/13.7-8A 型超高压中间再热自然循环固态排渣锅炉，低温再热器水平布置于尾部竖井，由上、中、下三段构成，考虑到传热效果及检修空间，只改造其中的中段，其余保持不变。改造拟将低温再热器中段光管管束更换为强化传热管束，以提高再热汽温；保持原布置方式，以提高烟气流速，维持较高传热能力和防止管子积灰；低温再热器出口的烟温保持设计温度，以保证空气预热器进口烟温不高于设计值要求。中段低温再热器的蒸汽流向和烟气流向不变，仍为逆流流动。排列方式仍维持顺排，这样布置一方面可为强化传热螺旋肋片管留出空间；另一方面可大大减轻再热器管子的积灰和磨损。采用这种布置，所有的安装工作量仅仅是有限管子的对口焊接，不必重新加工进、出口集箱，也免去了集箱的安装、定位、管接头对焊等复杂工作。中段低温再热器改造时，上截断位置为 38 305mm，下截断位置 35 215mm。受热面管子采用螺旋肋片管强化传热，螺旋肋片管的管材，按照壁温计算结果确定为 20 号优质碳钢。用高温钎焊、镍基渗层工艺制造，其基管与翅片的接触热阻为零，可在有限空间内，最大限度地增加传热功率。当低温再热器面积增加后，保持目前炉膛火焰中心高度 14.682m，负荷 150MW 时：再热蒸汽温度由 521.0℃ 增加到 532.6℃，满足实际需要。

(13) 受热面局部超温。锅炉运行过程中，由于受热面设计不合理以及实际存在的设备问题，尤其在升带负荷过程中，局部再热器管壁偏高，甚至个别管壁出现超温现象。因此为防止汽温及受热面金属管壁超温，运行人员被迫降温运行，影响了再热蒸汽温度的提升。例如某 2001t/h 超超临界锅炉末级再热器管壁温度容易超过报警值，从而限制再热蒸汽温度的提高。在实际运行中，为了避免末级再热器管壁超温，机组在 660MW 和 510MW 负荷时，再热蒸汽温度不宜超过 600℃；在 340MW 负荷，再热蒸汽温度不宜超过 595℃。

（14）再热蒸汽温度偏差。锅炉运行过程中，再热器受热面吸热不均以及工质流量不均，AB 侧再热蒸汽温度存在偏差（有的锅炉 AB 侧再热汽温偏差高达 10℃），制约了再热蒸汽温度的调整。应合理安排制粉系统运行方式，减少汽温偏差，提高再热蒸汽温度。做好锅炉空气动力场试验，确保机组运行过程中，炉膛火焰中心不偏斜，减少和解决锅炉受热面热偏差问题。

（15）汽轮机高压缸排汽温度。在再热器吸热一定的前提下，汽轮机高压缸排汽温度低，则再热蒸汽温度低。

（16）机组运行方式。大容量机组低负荷时采用滑压运行方式有利于过热汽温和再热汽温保持或接近于设计值。机组定压运行的汽温特性一般是随负荷的降低而降低；而滑压运行则不然，压力降低，高压缸排汽温度升高，蒸汽在再热器中吸热量一定的情况下，再热蒸汽温度升高，提高了机组低负荷运行的经济性。表 12-6 为 DG670/13.7-8A 型超高压中间再热自然循环固态排渣锅炉定压运行与滑压运行的对比试验结果。

表 12-6 滑压运行对主、再热汽温的影响

负荷（MW）	主蒸汽压力（MPa）	主蒸汽温度（℃）	再热蒸汽温度（℃）	调门开度（%）	调节级压力（MPa）	高排温度（℃）	氧量（%）	给水温度（℃）	运行方式
194	12.81	535	540	90	9.34	307	3.8	242	定压
195	11.33	541	545	100	9.62	324	3.6	242	滑压

全关减温水门，维持负荷不变，锅炉滑压，汽轮机逐渐开调门至全开后，主蒸汽压力下降至 11.33MPa，结果显示由于减少了调门的节流损失，高排温度上升了 17℃，主蒸汽温度升高了 6℃，再热蒸汽温度升高了 5℃，随着负荷的降低，这一作用更加明显，因此滑压运行成为锅炉较低负荷运行时提高汽温的主要调节手段。

（17）减温水量。减温水阀门故障或自动调节失灵，造成减温水量不正常升高，再热蒸汽温度降低。因此要治理减温水阀门内漏或调整特性不好问题，杜绝减温水阀门漏流或流量过大。

三、再热蒸汽温度的调整方法比较

现代汽轮机的再热蒸汽温度的调整方法多种多样，但大体上可分为从蒸汽侧和烟气侧调节两大类，见表 12-7。

表 12-7 再热蒸汽温度的调整方法比较

调节方式	调节方法	简单原理	调节适用工况	调节性能优缺点
蒸汽侧调节方式	喷水减温法	将水直接喷入蒸汽中达到降低汽温的目的	机组启停、事故工况，或作正常运行中的精细调整手段	调温能力大，灵敏，易于自动化，因喷水时设备处于两相运行状态，给设备带来冲刷较大
	汽—汽热交换器调节法	利用高于过热蒸汽加热再热蒸汽以达到调节汽温目的	适用于以辐射过热器为主的大型锅炉调整	调温方式较灵敏，对各种燃料都能适用，但系统复杂

调节方式	调节方法	简单原理	调节适用工况	调节性能优缺点
烟气侧调节方式	改变烟气挡板的位置	利用改变烟气挡板的位置，改变烟气流量调节汽温	正常运行工况下的主要调整手段	调节性能平稳，热冲击小，不影响循环的热效率
	改变燃烧器的倾斜角度	改变燃烧器的倾斜角度，可以改变火焰中心的位置达到调节汽温目的	适用正常运行工况，作为挡板调节的补充调节	调节性能平稳，调节幅度大，调节灵敏，对负荷的适应性强，可能会影响到过热蒸汽温度的调节
	采用烟气再循环法	利用再循环风机由低温烟道送入炉膛改变受热面的吸热分配，达到调节目的	适用再热器布置在过热器后的热力系统中的调节	调节幅度较大，调节较快，但是增加厂用电耗，增大了飞灰的磨损，排烟温度稍有升高

1. 烟气挡板控制

再热蒸汽温度的控制采用烟气挡板（布置在省煤器之后竖井烟道中）调节和高温再热器进口微量喷水减温。正常运行期间，再热蒸汽温度以控制烟气挡板调节为主。烟气挡板控制再热蒸汽温度时，需把锅炉尾部烟道分成2个并联烟道，调温挡板安装在省煤器下面，改变2个烟道挡板的开度，就可改变流过低温再热器和低温过热器的烟气流量比例，从而实现控制再热蒸汽温度的目的。

当锅炉负荷在100％MCR工况时，若两个平行烟道中的烟气挡板都在全开的位置，再热蒸汽温度达到额定值。当再热蒸汽温度升高时，则关小再热器侧烟道挡板以增加再热器烟道阻力，减少通过再热器烟道烟气量，降低再热蒸汽温度；同时过热器侧烟道挡板向开大方向调整，可降低过热器烟道阻力，这样将减少通过再热器对流受热面的烟气量，以降低再热器出口汽温。

当锅炉负荷下降时，再热蒸汽温度将随着下降。这时，应关小过热器侧的烟气挡板开度，开大再热器侧的烟气挡板开度，使再热器侧的烟气量增加，提高再热器的对流传热量，将再热蒸汽温度维持在额定值。此时，通过低温过热器的烟气量减少，过热蒸汽温度下降。为了保证额定的过热蒸汽温度，需要减少过热器的减温水量。建议修改运行指标考核办法，加大再热蒸汽温度参数在指标竞赛中的比例，提高运行人员提高再热蒸汽温度的积极性。

由于烟气挡板系统的响应有一定的滞性，在瞬变状态或需要时，可以投布置在高温再热器进口管道上的减温器喷水减温，喷水水源取自给水泵的中间抽头。锅炉低负荷运行时要尽量避免使用减温水，防止减温水不能及时蒸发造成受热面积水。正常运行中要尽量避免采用再热器减温水进行汽温调整，以免降低机组循环效率。

2. 烟气再循环控制

烟气再循环法是用烟气再循环风机，从烟道尾部抽出低温烟气并送入炉膛底部。这改变了炉膛温度和烟温、烟量，使辐射受热面吸热量下降，对流受热面吸热量上升，达到了控制再热蒸汽温度的目的。一般从省煤器出口抽取烟气，把它送入炉膛底部冷灰斗。当烟气再循环量增加时，炉膛温度降低，炉膛辐射吸热量减少，炉膛出口烟气量增多，对流受热面吸热量增加，对于以对流特性为主导传热的再热器，再热蒸汽温度将升高。

烟气再循环调温的优点是经济性较高，缺点是调再热蒸汽温度时不可避免地要引起过热蒸汽温度变化，再热蒸汽温度调高时，过热蒸汽温度也升高。另外，烟气再循环对主汽压和蒸汽流量也会造成扰动，烟气再循环风机叶片容易被磨损和腐蚀也是一个缺点。

若由于某种原因再热蒸汽温度高于额定值时，应停止烟气再循环，投入事故喷水降温装置。

3. 火焰中心位置控制

（1）控制燃烧器的摆动。通过改变燃烧器的倾斜角度来改变火焰中心的位置和炉膛出口的烟气温度，使各受热面的吸热比例相应发生变化，达到控制再热蒸汽温度的目的。

采用摆动燃烧器调节再热蒸汽温度，在高负荷时，再热蒸汽温度高，可将燃烧器向下倾斜某一角度，可使火焰中心位置下移，使再热蒸汽温度有所降低；而在负荷低时，再热蒸汽温度偏低，可将燃烧器向上倾斜一定角度，使火焰中心位置上移，使再热蒸汽温度升高。目前使用的摆动燃烧器上下摆动角度为±30°。摆动燃烧器向下摆动角度过大及摆动时间过长，会造成冷灰斗严重结渣，危及锅炉的安全；若向上摆动角度过大时，则会增加不完全燃烧热损失，以及引起炉膛出口受热面结渣，均会影响锅炉的安全经济运行。

用摆动燃烧器调节再热蒸汽温度，具有以下优点：

1）调温幅度大。例如对于哈尔滨锅炉厂有限责任公司 HG-2028/17.45-YM7（CE 公司技术）型锅炉，其再热器采用高温布置，即再热器为壁式再热器（布置于炉膛上部），为辐射式受热面，二级、三级（高温）再热器布置于折焰角上部，即在炉膛出口处附近。因此再热器受热面对火焰中心位置、炉膛出口温度的变化极为敏感。当燃烧器摆动角度为±20°时，可使炉膛出口烟温变化在100℃以上。

2）调节灵敏、时滞小，汽温变化反应快。同时不像减温器调温那样额外增加受热面，它没有能量消耗。

3）摆动燃烧器对再热蒸汽温度和过热蒸汽温度是同向调节作用，即燃烧器向上摆动角度时，即使再热蒸汽温度上升，也同时会使过热蒸汽温度上升。特别是过热器系统和再热器系统均为对流特性。当锅炉负荷下降时，过热蒸汽温度与再热蒸汽温度均要下降，用摆动燃烧器提高再热蒸汽温度的同时，过热蒸汽温度也同时提高。

使用摆动燃烧器提高再热蒸汽温度时，在改变燃烧器角度时，应首先满足燃烧和炉内安全的要求，要有利于设备的安全和锅炉效率的提高。当锅炉负荷很低时，不可使火焰中心位置太高，以防灭火或者煤粉在烟道内再燃烧而造成事故。摆动角度时，应注意炉膛出口处受热面和炉膛下部冷灰斗的结渣情况。如发现有严重结渣的现象，应及时处理。燃烧器摆动角度（向上或向下）的时间不应过长，否则会使锅炉由于结渣过分严重而出现重大事故。

（2）降低上层燃烧器的负荷和增加下层燃烧器的负荷，适当降低炉膛负压，增大上面的二次风并减少下面的二次风等，都可以降低火焰中心位置，对于以对流特性占主导传热的再热器系统，炉膛火焰中心位置降低，再热蒸汽温度降低；反之，再热蒸汽温度升高。

4. 喷水减温法

喷水调节再热蒸汽温度会导致整个机组热经济性的降低。因此，再热蒸汽温度不宜采用喷水作为主要的调温手段，而在有超温危险的情况下作为事故喷水减温器。当再热蒸汽温度超出给定值，偏差达到一定值时，喷水减温系统便自动投入，通过喷水减温来限制再热蒸汽温度的继续升高。由锅炉给水泵出口提供过热器减温水或从给水泵中间抽头处引出再热器减温水，由于这些给水未经下游加热器的进一步加热而直接去锅炉内吸热，将影响机组的运行热经济性，在向再热机组的再热器和过热器提供相同的减温水流量时，前者影响煤耗率的结果是后者的 10 倍。

第四节　过热蒸汽压力的监督

一、锅炉过热蒸汽压力定义

锅炉过热蒸汽压力是指锅炉末级过热器出口的过热蒸汽压力值。如果有多条管道，取算术平均值。主蒸汽压力的监督以统计报表、现场检查或测试的数据作为依据。

过热蒸汽压力是蒸汽质量的重要指标，是衡量机组运行稳定性的重要参数，汽压波动过大会直接影响锅炉和汽轮机的安全生产和经济运行。

汽压降低，会减少蒸汽在汽轮机中膨胀做功的焓降，使汽耗增加。如汽压降低额定值的5%，汽耗将增大1%。汽压降低过多，则带不足满出力。如果仍保持满出力，势必使蒸汽流量增大，这会引起末级叶片弯应力增大，转子轴向推力增大，影响机组的安全和经济。

汽压稍高，可降低汽耗量（目前锅炉有5%超压能力）。但汽压过高，将危及锅炉、汽轮机和管道的安全，最危险的是引起调节级叶片过负荷。因为动叶片承受的弯应力与蒸汽流量和调节级焓降的乘积成正比，即使机组没有超负荷，流量小于额定值，调节级汽室压力降低。若机组处于第一调门全开，第二调门未开的工况下，调节级焓降将超过最大值，流过第一调门的流量也要超过其额定值，造成调节级叶片过负荷，使其弯应力最大。汽压过高还会使锅炉承压部件及紧固件承受的机械应力过大，降低使用寿命，甚至造成设备损坏。

汽压过高还会引起锅炉安全阀动作，将损失大量工质和热量；安全阀经常动作会使回座不严密或磨损，产生泄漏。如果汽压波动次数过多，也会使承压部件金属经常处于交变应力之下，发生疲劳破坏。因此，要严格监视和控制主蒸汽压力的变化幅度和变化速率。

汽压的突然变化，例如由于负荷突然增加使汽压突然降低时，将可能引起蒸汽大量带水，因而使蒸汽品质恶化和过热蒸汽温度降低（但若由于燃烧恶化引起汽压降低时，则不会发生蒸汽带水问题）。

运行中当锅炉负荷等变动时，如不及时地、正确地进行调节，造成汽压经常反复地快速变化，致使锅炉受热面金属经常处于重复或交变应力的作用下，尤其再加上其他因素变化，例如温度应力的影响，则最终将可能导致受热面金属发生疲劳破坏。

二、锅炉过热蒸汽压力监督标准

过热蒸汽压力的监督以统计报表、现场检查或测试的数据作为依据。运行期间要求：

对于直流锅炉，一般采用定压运行方式（机组过热蒸汽压力基本保持稳定，机组负荷由调速汽阀开度来控制的运行方式即为定压运行方式），过热蒸汽压力维持额定值±0.2MPa。对于滑压运行，过热蒸汽压力应达到机组定滑压优化试验得出的该负荷的最佳值±0.1MPa。

对于汽包锅炉，一般采用定压—滑压—定压运行方式（汽轮机调速汽阀保持全开，保证蒸汽温度在一定值，依靠锅炉的燃烧来调整蒸汽压力和负荷的运行方式即为滑压运行方式）。滑压运行机组应按设计（或试验确定）的滑压运行曲线（或经济阀位）对比考核。统计期平均值不低于规定值0.2MPa，

三、影响汽压变化速度的因素

当负荷变化引起汽压变化时，汽压变化的速度说明了锅炉保持或恢复规定汽压的能力。汽压变化的速度主要与负荷变化速度、锅炉的储热能力以及燃烧设备的热惯性有关。此外，汽压变化时，若运行人员能及时地进行调节，则汽压将能较快地恢复到规定值。

（1）负荷变化速度。负荷变化速度对汽压变化速度的影响是显而易见的。负荷变化速度越快，引起汽压变化的速度也越快；反之，汽压变化的速度越慢。

（2）锅炉的储热能力。所谓锅炉的储热能力是指当外界负荷变动而燃烧工况不变时，锅炉能够放出或吸收热量的大小。锅炉的储热能力越大，汽压变化的速度越慢；储热能力越小，则汽压变化的速度越快。

当外界负荷变动时，锅炉内工质和金属的温度、含热量等都要发生变化。例如当负荷增加使汽压下降时，则饱和温度降低，锅水的流体热（1kg水从0℃加热到饱和温度所需要的热量）也

相应减少，此时锅水（以及受热面金属）内包含的热量有余（因为将锅水加热至较低的饱和温度即可变成蒸汽），这储存在锅水和金属中的多余的热量将使一部分锅水自身汽化变成蒸汽，称为"附加蒸发量"能起到减缓汽压下降的作用。当然，由于"附加蒸发量"的数量而有限，要靠它来完全阻止汽压下降是不可能的。"附加蒸发量"越大，说明锅炉的储热能力越大，则汽压下降的速度就越慢；反之，则汽压下降的速度就越快。

在实际锅炉运行中，当外界负荷增加时，锅炉的蒸发量（出力）由于燃烧调节系统在滞后特点（即燃烧设备存在热惯性），跟不上负荷的需要，因而必然引起汽压下降。这时（即在燃烧工况还来不及改变之前），锅炉就只能依靠储存在工质和金属的热量来产生附加蒸发量，以力图适应外界负荷的要求。因此，锅炉的储热能力也可理解为：当运行工况变动时，锅炉在一定的时间间隔内自行保持出力的能力。

由上述可知，在运行中，当燃烧工况不变时，锅炉压力的变化会引起工质和金属对热量的储存或释放。当负荷减少使汽压升高时，由于饱和温度的升高，工质和金属将吸收的热量储存起来；而当负荷增加使压力降低时，工质和金属储存的热量释放出来，从而产生"附加蒸发量"。

根据热工学知识可知，当蒸汽压力越高时，流体热的变化越小。就是说在这种情况下，当压力变化时，工质和金属储存或释放的热量越小，因此，亚临界压力锅炉的储热能力较小。从储热能力大小这个角度来讲，当负荷变化时，亚临界压力锅炉对汽压变化比较敏感，其变化的速度也快。

锅炉的储热能力与锅炉的水容积和受热面金属量的大小有关。亚临界压力锅炉，相对来说水容积和金属耗量小，则其储热能力小，对汽压变化比较敏感。汽包锅汽由于具有厚壁的汽包及较大的水容积，因而其储热能力还是较大。

储热能力对锅炉运行的影响，有好的一面，也有不好的一面。例如汽包锅炉的储热能力大，则当外界负荷变动时，锅炉自行保持出力的能力就大，引起参数变化的速度就慢，这有利于锅炉的运行；但另一方面，当人为地需要主动改变锅炉出力时，则由于储热能力大，使出力和参数的反应较为迟钝，因而不能迅速跟上工况变动的要求。

（3）燃烧设备的惯性。燃烧设备的惯性是指从燃料量开始变化到炉内建立起新的热负荷所需要的时间。燃烧设备的惯性大，当负荷变化时，恢复汽压的速度较慢；反之，则汽压恢复速度较快。燃烧设备的惯性与燃料种类和制粉系统的形式有关。

汽压变化的原因：

汽压变化实质上是反映了锅炉蒸发量与外界负荷之间的平衡关系。但平衡是相对的，不平衡是绝对的。外界负荷的变化以及由炉内燃烧工况或锅内工作情况的变化而引起的锅炉蒸发量的变化，经常破坏上述的平衡关系，因而汽压变化是必然的。

引起锅炉汽压变化的原因可归纳为两方面，一是锅炉外部的因素，称为"外扰"；二是锅炉是内部的因素，称为"内扰"。

1. 外扰

外扰是指外界负荷的正常增减、事故情况下的甩负荷，它具体的反映在汽轮机所需蒸汽量的变化上，以及能够直接引起主蒸汽压力变化的因素，如汽轮机侧阀门开度的变化、吹灰器的投退、过再热器减温水的加减等。

从物质平衡的角度来看，汽压的稳定决定于锅炉蒸发量与外界负荷之间是否处于平衡状态。当锅炉的蒸发量正好满足汽轮机所需要的蒸汽量时，汽压就能保持正常和稳定。锅炉蒸发量大于或小于汽轮机所需要的蒸汽量时，则汽压就升高或降低。所以汽压的变化与外界负荷有密切的关系。当外界负荷变化，例如增加时，由锅炉送往汽轮机的蒸汽量就增多，则在锅炉蒸汽容积内蒸汽数量就减少，因而必然引起汽压下降。此时，如果能及时地调整锅炉煅烧，适当增加燃料量和风量，使锅炉产生的蒸汽数量正好满足汽轮机所需要的蒸汽量，则汽压能较快地恢复到正常的数值。

对于能够直接引起主蒸汽压力变化的因素，由于它们对主蒸汽压力影响较为直接，也容易进行人为控制，因此调节起来更加快速，对主蒸汽压力的扰动也更小一些。由外扰因素引起的压力波动，缺乏源动力，非事故情况下不会造成主蒸汽压力超限，可以通过一些小范围调整使压力重新趋向平稳。例如降负荷过程的初始阶段，汽轮机侧阀门关小，由于锅炉释放蓄热以及燃烧系统的迟滞性，主蒸汽压力会有上升趋势。此时可以投入吹灰器运行，起到缓和乃至抑制压力上升的作用，使降负荷过程平稳过渡到协调控制的正常程序中。这样调整既控制住了主蒸汽压力，又减小了协调控制的后续扰动。

2. 内扰

内扰即由锅炉机组本身的因素引起汽压变化，主要是指炉内燃烧工况的变动（如燃烧不稳定或燃烧失常等）、锅内的工作情况不正常以及能够直接驱使给水压力变化的因素。

当外界负荷不变的情况下，汽压的稳定主要取决于炉内燃烧工况的稳定。当燃烧工况稳定时，汽压变化是不大的。当燃烧不稳定或燃烧失常时，炉膛热强度将发生变化，使蒸发受热面的吸热量发生变化，因而水冷壁中产生的蒸汽量将增多或减少，这就必然引起汽压发生较大的变化。

影响燃烧不稳定或燃烧失常的因素很多，例如，煤质变化，送入炉膛的煤粉量、煤粉细度发生变化，风粉配合不当，风速、风量配比不当，炉内结渣，以及制粉系统发生故障带来的其他后果等。

此外，锅炉热交换情况的改变也会影响汽压的稳定。在锅炉炉膛内，既进行燃烧过程，同时又进行着传热的过程。燃料燃烧后放出热量主要以辐射方式传递给水冷壁受热面，使水蒸发变为蒸汽。因此，如果热交换条件变化，使受热面内的质得不到所需要的热量或者是传给工质的热量增多，则必然会影响产生的蒸汽量，也就必然会引起汽压发生变化。

水冷壁结渣或管内结垢时，由于灰渣和水垢的导热系数很小，都会使水冷壁受热面的热交换条件恶化。因此，为了保持正常的热交换条件，应当根据运行工况正确地调整燃烧，及时进行吹灰或排污等，以保持受热面内、外清洁。

对于直流锅炉，给水压力变化必然引起主蒸汽压力的变化。在锅炉给水控制系统中，分离器出口温度设定值、省煤器入口给水流量的偏置值以及总燃料量能够直接影响给水流量。而当汽轮机侧阀门开度不变时，给水压力就会随给水流量变化，主蒸汽压力也随之变化。降低分离器出口温度设定值、增加省煤器入口给水流量的偏置值以及增加燃料量，会导致主蒸汽压力升高；反之主蒸汽压力降低。

下列情况汽压升高：

(1) 发热量升高、挥发分升高或灰分降低。

(2) 制粉系统启动。

(3) 协调控制跟不上 AGC 调节增负荷指令，煤量大幅增加。

(4) 炉膛大面积塌焦。

(5) 人为控制调整不当或自动控制失灵。

(6) 部分汽轮机主蒸汽调节阀误关。

下列情况汽压降低：

(1) 煤质不稳定，发热量下降，挥发分下降，灰分、水分升高。

(2) 一次风管堵塞。

(3) 锅炉燃烧不佳。

(4) 水冷壁、过热器泄漏。

(5) 水冷壁积焦。

(6) 制粉系统出力不足，或跳闸。

四、汽压控制措施

1. 运行措施

(1) AGC 控制时要严密监视给煤量波动情况，出现燃料猛增猛减的情况，则需进行人工干预。

(2) 通过燃烧调整使主蒸汽压力按经济曲线运行。

(3) 正常投入主蒸汽压力自动。

(4) 煤质变化后应及时进行燃烧调整。

(5) 人为调节负荷时，煤量增减幅度不能过大。

(6) 保持制粉系统启停稳定。

(7) 严格执行吹灰管理制度。

2. 检修措施

(1) 炉膛受热面清焦。

(2) 检查处理燃烧器喷嘴损坏缺陷。

(3) 锅炉受热面磨损情况检查处理，加装防磨罩，调换磨损超标管。

(4) 消除水冷壁、过热器泄漏。

(5) 检查、消除制粉系统缺陷。

(6) 检查处理调节阀电液调节系统缺陷。

第五节 排烟温度的监督

一、排烟温度的定义

燃料燃烧后会产生大量烟气，当烟气离开锅炉尾部最后一级受热面时的烟气温度叫排烟温度。一般是指锅炉末级受热面即空气预热器出口处的烟气温度，用摄氏温度（℃）来表示。对于锅炉末级受热面出口有两个或两个以上的烟道，排烟温度应取各烟道烟气温度的算术平均值。

排烟温度升高会使排烟焓增加，排烟损失增大。排烟温度降低会引起低温腐蚀。

二、排烟温度的监督标准

日排烟温度必须根据现场每小时所抄得的锅炉两侧排烟温度数值相加除以 2，计算出每小时锅炉的平均排烟温度，然后用每小时两侧平均排烟温度累加之和除以 24h，得出锅炉日平均排烟温度实际值（或者由 SIS、DCS 系统自动计算）。排烟温度测点应尽可能靠近末级受热面出口处，应采用网格法多点测量平均排烟温度。若锅炉受热面改动，则根据改动后受热面的变化对锅炉进行热力校核计算，用校核计算得出的温度值作为锅炉排烟温度的考核值。锅炉排烟温度的监督以统计报表、现场检查或测试的数据作为依据。

锅炉排烟温度（修正值）在统计期间平均值不高于规定值的 3%。若现场测量排烟温度的方法不是网格法，应进行网格法排烟温度测量，并对现场温度表计予以修正，使排烟温度代表尾部烟道断面的平均水平。

三、排烟温度的耗差分析

对于排烟温度等参数影响煤耗率可从锅炉效率反平衡计算公式中推导出来。

例如某 2001t/h 锅炉的设计飞灰可燃物 $C_{fh}=3\%$、排烟温度为 128℃、基准温度 20℃，设计燃煤低位热值 $Q_{net,ar}=21\,000kJ/kg$，灰分 $A_{ar}=20\%$，飞灰份额 $\alpha_{fh}=0.90$，炉膛过量空气系数 $\alpha=1.15$。

1. 排烟温度对煤耗率的影响

排烟热损失计算公式为

$$q_2 = (3.55\alpha_{py}+0.44)\times\frac{T_{py}-t_0}{100}(\%)$$

式中 α_{py}——排烟过量空气系数，即锅炉排烟处的过量空气系数；

T_{py}——排烟温度，℃；

t_0——冷风温度，℃。

考虑到炉膛后烟道的漏风（如空气预热器漏风等），排烟过量空气系数 $\alpha_{py}=1.15+0.2=1.35$

所以 $q_2 = (3.55\alpha_{py}+0.44)\times\frac{T_{py}-t_0}{100}(\%)=0.052\,3(T_{py}-20)\%$

对 q_2 求导得 $q_2'=0.052\,3\%$，即排烟温度每升高 1℃，锅炉效率降低 0.052 3 个百分点。由于锅炉效率每降低 1 个百分点，发电煤耗率平均增加 2.76g/kWh，因此排烟温度每升高 1℃，发电煤耗率平均增加 0.144g/kWh。

2. 炉膛漏风系数对煤耗率的影响

排烟热损失计算公式 $q_2 = (3.55\alpha_{py}+0.44)\times\frac{T_{py}-t_0}{100}(\%)$，当排烟温度 $T_{py}=128$℃、冷风温度（环境温度）$t_0=20$℃时，$q_2 = \alpha_{py}3.834\%+0.475\,2\%$。

对 q_2 求导得 $q_2'=3.834\%$，当炉膛漏风系数增加 0.1 时，排烟过量空气系数升高 0.1 时，锅炉效率降低 0.383 4 个百分点。由于锅炉效率每降低 1 个百分点，发电煤耗率平均增加 2.76g/kWh，因此炉膛漏风系数增加 0.1 时，发电煤耗率平均增加 1.06g/kWh。

凝汽式电厂中，燃烧褐煤的煤粉锅炉的供电煤耗率随着排烟温度提高而提高的速度比燃烧无烟煤、贫煤、烟煤的锅炉要快，约是后者的 1.2～1.3 倍，造成这一现象的原因是褐煤的发热量低。

四、影响排烟温度的因素与对策

排烟温度主要取决于锅炉燃烧状况、负荷率、煤种、炉膛和制粉系统漏风、给水温度、受热面积灰状况等。

1. 锅炉送风量（炉膛出口过量空气系数）

在合适风量条件下，送风量再增加，炉内过量空气系数增大，将增加烟气流量，使烟气流速上升。对流传热量增加，使各对流受热面的吸热量增加，排烟温度降低，但同时，炉膛过量空气系数增加，使流过对流受热面的高温烟气量增加，使炉膛出口烟温增加，二者作用总的结果使排烟温度稍微增加一些。某 300MW 级锅炉炉膛出口氧量对排烟温度的影响见图 12-8。

在排烟氧量较大的情况下，锅炉风量再减少，一方面使通过空气预热器的空气量减少，从而减少空气预热器的传热量，使排烟温度升高；另一方面炉膛过量空气系数减小，使流过对流受热面的高温烟气量减少，使炉膛出口烟温减小，二者作用总的结果使排烟温度稍微增加一些。在排烟氧量较低的情况下，如果再降低送风量，由于送风量相对送入较少，预热器二次风吸收烟气热量的能力降低，最终结果使排烟温度升高。具体情况需要试验，例如某电厂 300MW 机组锅炉省

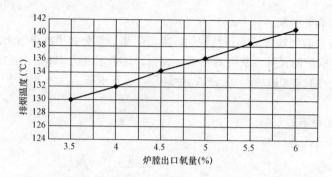

图 12-8   炉膛出口氧量对排烟温度的影响

煤器出口氧量试验见表 12-8，300MW 时，氧量低的排烟温度高；在 180MW 负荷时，氧量低的排烟温度偏低。一般氧量 0.5 个百分点，排烟温度变化 3～4℃。

表 12-8   不同负荷下送风量对排烟温度的影响

项　　目	数据来源	300MW 时结果		180MW 负荷时结果	
排烟氧量（%）	网格测量	5.77	6.71	5.94	6.25
排烟温度（℃）	网格测量	131.40	130.65	129.55	131.00
飞灰可燃物（%）	试样分析	7.465	7.965	6.915	5.61
修正后锅炉热效率（%）	计算	91.13	90.68	91.30	91.91

过量空气系数越小，漏风量越小，则排烟容积越小，排烟热损失有可能减少。但是过量空气系数的减小，会引起化学不完全燃烧热损失和机械不完全燃烧热损失的增大，所以应控制锅炉的过量空气系数，使其在不同负荷下保持最佳氧量值。

实践中，由于氧量表安装位置的原因，运行中氧量指示偏高，为降低烟气含氧量，送风量相对送入较少，易导致排烟温度升高。因此氧量表应安装在省煤器出口到预热器入口之间直管段。

2. 炉膛、炉底、烟道漏风

炉膛漏风主要指炉顶密封、看火孔、人孔门处漏风。当炉膛漏风增加时，导致进入空气预热器空气量减少，使得空气预热器出口热风温度升高，空气预热器的吸热量降低，最终使排烟温度升高。炉底漏风主要指炉底密封水槽处、冷灰斗渣口处漏风，导致无组织入炉空气增加，会使燃烧火焰中心位置上移，炉膛出口烟温升高。烟道漏风指氧量计前尾部烟道漏风（空气预热器以前的烟道漏风），烟道漏风将使漏风点烟温下降，漏风点后的受热面传热温差降低，受热面的吸热量下降，最终使排烟温度升高，冷空气的漏风点越靠近炉膛，影响也越大。试验表明：炉膛漏风、烟道漏风与排烟温度近似成线性关系，漏风系数每增加 0.01，排烟温度升高约 1.2～1.3℃。

（1）巡检中加强对捞渣机的监视与检查。重点巡检炉底水封，及时调整水封槽进水总阀，使水封槽保持合适的水位高度。例如某厂炉底密封损坏后，排烟温度升高约 8℃。

（2）加强炉本体的查漏及堵漏工作，重点经常检查炉膛看火孔、检查门、炉墙，若发现漏风应及时联系检修封堵。

（3）控制炉膛负压。控制炉膛负压增加，炉膛漏风量增加，燃烧不完全，排烟温度升高，因此应控制炉膛负压在合理的范围内（－50～－100Pa），减少漏风量。

3. 制粉系统漏风

制粉系统漏风主要是磨煤机风门、挡板及落煤管口漏风等。如果冷风门关闭不严，在冷风门全关的情况下，磨煤机入口风温低于热一次风温，使得磨煤机干燥能力降低，磨煤机出口温度降低，煤粉进入炉膛后着火推迟，导致火焰中心上移排烟温度升高。

对于制粉系统易出现漏风的部位（磨煤机入口和出口，给煤机、防爆门、检查孔等处）应加强监视，发现破损、泄漏等，要及时联系检修；计划检修中要认真做好查漏和堵漏工作。建议采用密封性能较好的门、孔结构进行技术改造。

4. 磨煤机出口温度

磨煤机的出口温度应根据防爆和系统运行要求确定，磨煤机出口温度不应超过表 12-9 所列数值。按照电厂 600MW 锅炉制粉系统磨煤机出口温度规定值为 70～80℃，最大磨煤机出口温度不能超过 90℃；另一方面，锅炉设计时热风温度的选择主要取决于燃烧的需要，所选定的热风温度往往高于所要求的磨煤机入口的干燥剂温度。而运行人员为了安全，在磨煤机入口前一次风中掺入一部分温度较低的冷一次风，磨煤机出口温度控制的越低，则冷一次风的比例越大，在炉膛出口过量空气系数不变的前提下，流过空气预热器的热风量减少，引起排烟温度升高；另一方面，掺入较多冷一次风，使进入炉膛的风煤混合物温度降低，燃烧延迟，排烟温度升高。

表 12-9 磨煤机出口风粉混合物温度限值（热空气干燥） ℃

燃料种类	钢球磨储仓式		直吹式		
	$M_{ar}<25\%$	$M_{ar}>25\%$	双进双出磨	中速磨	风扇磨
油页岩	70	80	75	70	100
褐煤	70	80	75	70	100
烟煤	70	80	85	80	130
贫煤	130	130	130	130	150
无烟煤	不限制	不限制	不限制	不限制	—

因此应在炉膛不结焦及制粉系统安全的前提下，可适当提高一次风风粉混合物的温度，减少冷风的掺入量。为保证安全运行，通常对磨煤机出口温度有所限制，烟煤不超过 80℃。磨煤机出口温度不易过高是为了防止挥发分爆燃，对于挥发分较高的烟煤，挥发分大量析出的温度要在 200℃ 左右，因此，磨煤机出口温度的提高是有一定潜力的。

目前许多电厂煤质下降，磨煤机出口温度的提高是有一定潜力的，可适当提高一次风风粉混合物的温度，减少冷风的掺入量。磨煤机的出口温度、煤粉水分和煤粉细度有关，较可靠的数值应该通过试磨或参照同类机组运行数据确定（在和设计值同样的煤粉细度和出口温度下）。表 12-9 规定磨煤机出口气粉混合物温度有点偏低，实际上在保证制粉系统安全运行的前提下，可适当提高磨煤机出口温度，以降低排烟温度。磨煤机出口温度每提高 10℃，可以降低排烟温度 2～3℃ 左右。但是考虑到制粉系统的安全，应将磨煤机出口温度限制在一定温度之下。

对于劣质烟煤，可以适当提高，黄台电厂 7 号炉试验（330MW 中速磨直吹）表明：当磨煤机出口温度由 90℃ 提升到 110℃ 时，预热器的温降增加 8℃，排烟温度降低 5℃。

某 600MW 机组在 5 台磨煤机运行工况下，将磨煤机出口温度由 80℃ 提升到 85℃ 时，空气预热器出口烟气温度降低 2.7℃。在 4 台磨煤机运行工况下，将磨煤机出口温度由 80℃ 提升到 85℃ 时，空气预热器出口烟气温度（排烟温度）降低 2.0℃。

5. 煤质影响

(1) 收到基水分含量越大，会使燃料着火晚、燃烧和燃尽过程推迟，炉膛火焰中心位置上移，排烟温度越高。煤的含水量过大，不但要降低炉膛温度，减少有效热的利用，而且还会造成排烟热损失的增加（因排烟容积增加）。燃料含水量每增加 1 个百分点，热效率便要降低 0.05 个百分点。

(2) 近几年，煤质对排烟温度高的影响越来越明显。

1）煤炭供应紧张，煤炭价格居高不下，燃用煤种与设计煤种差异较大，燃煤灰分增加，发热量降低，挥发分变化大，均对锅炉燃烧造成很大影响。例如，某超临界 600MW 机组，设计燃用平顶山煤，实际掺烧 38％无烟煤，经运行统计及计算分析，锅炉效率降低 0.9 个百分点，发电煤耗率升高 2.7g/kWh。某超超临界 600MW 机组，设计烟煤，实际掺烧 35％扎煤（扎赉诺尔褐煤），锅炉效率降低 0.58 个百分点，发电煤耗率升高 1.74g/kWh。

2）煤质结渣性能差，容易结焦和受热面积灰，影响排烟温度。

3）煤质可磨性差，影响制粉系统电耗、降低制粉系统出力和影响煤粉细度。

4）煤质着火困难，可燃性差，使飞灰可燃物含量升高。

5）灰分增加，或是硫分增加，都会使尾部受热面积灰沾污加重，使传热减弱，从而使排烟温度升高。煤的低位发热量越低，燃料消耗量增大，使排烟温度升高。挥发分低，煤粉粗，燃烧不充分，排烟温度升高，反之则低。劣质煤和优质煤混合后，工业分析指标会优于二者的平均值，因此配煤掺烧，可以有效降低排烟温度。

低位发热量每降低 100kJ/kg，排烟温度会上升 0.34℃。

6. 锅炉受热面的清洁情况

锅炉受热面（省煤器、过热器、再热器）积灰、结焦，使烟气与受热面之间的传热热阻增加，传热系数降低，锅炉吸热量降低，烟气放热量减少，空气预热器入口烟温升高，排烟温度升高。炉膛积灰厚度由 1mm 增加到 2mm 时，传热量减少 28％，当受热面有 3mm 积灰就可造成炉膛传热量下降近 40％，相应炉膛出口烟温升高近 300℃。

空气预热器堵灰则使空气预器传热面积减少，也将使烟气的放热量减少，使排烟温度升高。水冷壁结渣，炉膛辐射换热量和水冷壁吸热量减少，炉膛出口烟气温度升高，锅炉排烟温度升高。对流受热面积灰，热阻增加，传热量减少，各段烟温升高，锅炉排烟温度升高。

（1）各个电厂普遍存在煤质变差，发热量下降、灰分增加问题。日常运行中，应实时分析尾部烟道各段的进出口静压差、烟温、风温等（包括送风机、一次风机、暖风器）数据，与设计值和历史数据进行对比，及时掌握尾部烟道的积灰情况和空气预热器的换热效果。根据入炉煤质及锅炉排烟温度变化情况，增加本体及空气预热器吹灰次数。

（2）根据吹灰前后排烟温度和过热蒸汽温度、再热蒸汽温度的变化情况，定期分析吹灰效果，优化吹灰的次数、时间和程序。某 HG-1025/17.5 型锅炉各受热面吹灰对热风温度和排烟温度的影响见表 12-10。

表 12-10　　　　各受热面吹灰对热风温度和排烟温度的影响

项　目	炉膛和水平烟道吹灰		低温过热器吹灰		省煤器吹灰		空气预热器吹灰	
	吹灰前	吹灰后	吹灰前	吹灰后	吹灰前	吹灰后	吹灰前	吹灰后
机组负荷(MW)	293	300.4	278.5	287	285	281	282	282.4
运行氧量(%)	2.97	2.81	4.04	3.45	3.61	3.85	3.81	3.85
空气预热器入口烟温(℃)	345	344	364.1	355	368.7	343.7	369.3	369.1
一次风机出口风温(℃)	36.81	37.1	43.2	43	46	46.5	46.2	45.9
送风机出口风温(℃)	23.8	24	30.6	30	34	35	34.6	34.5
热一次风温(℃)	326.9	327	337.5	332	343.1	326	344.2	344.3
排烟温度(℃)	128.7	128.9	132.4	129	135.8	126	135.7	135.5
热一次风温下降幅度(℃)	-0.03		5.5		17.1		-0.1	
排烟温度下降幅度(℃)	-0.17		3.4		9.8		0.2	

投入炉膛和水平烟道吹灰器，空气预热器入口烟温在 30min 后只下降 1℃。受机组负荷、运行氧量和空气预热器入口风温变化的影响，热一次风温升高 0.03℃，实际排烟温度升高 0.17℃。炉膛和水平烟道吹灰对热一次风温和排烟温度影响不大。

投运低温过热器吹灰后，空气预热器入口烟温在 30min 后下降 9.1℃，热一次风温下降 5.5℃，排烟温度下降 3.4℃。低温过热器吹灰对热一次风温和排烟温度的影响较为明显。

投运省煤器吹灰后，空气预热器入口烟温下降 25℃，热一次风温下降 17.1℃，排烟温度下降 9.8℃。省煤器吹灰对热一次风温和排烟温度影响最大。

空气预热器吹灰前后热一次风温和排烟温度变化幅度均在 0.5℃ 以内，可见空气预热器吹灰对于锅炉排烟温度影响不大。

（3）加强对吹灰器的运行维护，锅炉在运行中应注意及时地吹灰打渣，经常保持受热面的清洁。运行中加强锅炉吹灰，适当缩短吹灰间隔，最好每班对燃烧器、前后墙吹灰一次。运行经验表明：600MW 锅炉每全面吹灰一次，排烟温度实际降低 8℃。目前豪顿华公司已经开发出空气预热器蓄热元件的在线冲洗系统，可以提高运行中的空气预热器蓄热元件的热传导，以降低排烟温度。

（4）机组计划检修过程中，对锅炉受热面，特别是水平烟道以及后烟井受热面积灰进行清理，可以采用压缩空气或高压消防水方式进行彻底清理，以增加锅炉运行过程中各受热面的吸热量，降低排烟温度。

（5）对于空气预热器阻力大于 1.2kPa 的锅炉，要从加强吹灰频次、控制空气预热器冷端平均温度、停炉进行空气预热器高压水冲洗等方面开展工作。

7. 送风温度

送风温度变化影响到空气预热器传热温差和传热量。当环境温度升高或暖风器投入运行时，送风温度高于设计值。会减少空气预热器的传热温差，降低空气预热器的传热量，烟气的放热量就少，锅炉排烟温度升高。

对于露天布置的锅炉来说，冷空气温度随环境温度变化很大，使空气预热器进口温度也随之变化，这样使送风温度变化明显影响到空气预热器传热温差和传热量。在机组运行其他条件不变的情况下，冷风温度高，排烟温度高。送风温度每变化 1℃，排烟温度将同向变化约 0.6℃。

8. 给水温度

机组负荷的变化或高压加热器投停，会引起给水温度明显变化，最终影响到排烟温度，在运行中应考虑这些因素的影响。给水温度的变化会影响省煤器的传热量，最终影响到排烟温度。在设计给水温度 ±20℃ 范围内，给水温度每升高 1℃，排烟温度将升高 0.31℃ 左右。给水温度降低，在锅炉燃料量不变的情况下，锅炉省煤器传热温差增加，省煤器的吸热量增大，锅炉排烟温度降低

9. 炉膛火焰中心位置

（1）煤粉过粗，达不到经济细度，导致炉膛着火延迟，使火焰中心升高，排烟温度升高；煤粉过细，燃烧提前，火焰中心下降，对汽温调整产生影响，同时也增加了制粉系统电耗。当煤质发生变化时，及时调整制粉系统运行方式，保证经济的煤粉细度。

（2）磨煤机运行方式对排烟温度的影响主要是通过炉膛火焰中心位置的相对变化来实现。对多层燃烧器，改变磨煤机运行方式，投上层燃烧器，炉膛火焰中心位置上移，锅炉出口烟气温度升高。ABCD 磨煤机运行方式相对于 BCDE 磨煤机运行方式，一方面由于火焰中心下降，炉膛吸热量增加，炉膛出口烟温降低，锅炉排烟温度随之降低，排烟热损失下降；另一方面由于煤粉燃烧行程增加，在炉膛高温区停留时间增加，使得飞灰含碳量下降，固体不完全燃烧热损失降低，

从而使锅炉热效率升高，表 12-11 是不同磨煤机组合运行方式试验主要参数。

表 12-11   **不同磨煤机组合运行方式试验结果**

磨煤机运行方式	ABCD 磨煤机	ABCD 磨煤机	BCDE 磨煤机	BCDE 磨煤机
过热器减温水量（t/h）	77.89	79.65	84.34	96.37
再热蒸汽温度（℃）	525.83	529.60	538.81	535.46
省煤器入口氧量（%）	3.6	4.7	3.6	4.7
飞灰含碳量（%）	2.71	2.18	4.97	4.31
排烟温度（℃）	136.50	136.13	139.78	139.73
锅炉热效率（%）	92.70	92.30	91.46	91.19
排烟热损失（%）	6.11	6.59	6.63	6.94
固体未完全燃烧损失（%）	0.66	0.57	1.37	1.33

从表 12-11 可以看出，运行 ABCD 磨煤机比运行 BCDE 磨煤机排烟温度能降低约 3.28～3.6℃，且飞灰可燃物也有较大程度的降低，所以，在正常运行中应维持 ABCD 磨煤机组的运行方式。

（3）由于火焰中心上移，运行中减温水量偏大，导致流经省煤器的给水流量减小，省煤器换热量减小，排烟温度升高。

（4）运行中注意调整，使火焰中心应位于炉膛断面几何中心处，若火燃中心发生偏斜，引起水冷壁局部升温，发生结渣，影响排烟温度。

10. 一次风压和一次风率

正常工况下，高温火焰中心应该位于炉膛断面几何中心处，而在实际运行中如果负荷等其他条件不变，风压过高，风速过大，燃烧器出口附近烟温低，推迟着火，将使进入炉膛的煤粉上移，即火焰中心上移，排烟温度上升。经验表明风压下降 0.2kPa，排烟温度下降 2～3℃。一次风速过低，煤粉气流刚性降低，易偏斜贴墙，切圆组织不好；而且煤粉气流的卷吸能力减弱，着火延迟，对着火或燃料不利，因此一次风压（风速）存在一个最佳值。例如某电厂 300MW 机组锅炉通过改变一次风压、改变一次风速，以及一次风和二次风的风量、风速配比，一次风压试验结果见表 12-12。

表 12-12   **一次风压对排烟温度的影响结果**

项 目	结 果		
一次风压（左/右）(kPa)	2.7/2.8	2.9/3.0	2.4/2.5
飞灰可燃物（%）	4.89	5.87	5.83
机械不完全燃烧热损失（%）	2.33	4.53	2.42
排烟温度（℃）	138.5	141.5	140.5
修正后锅炉效率（%）	91.92	91.30	91.51

制粉系统使用的干燥剂为热风加冷风，当一次风率增加时，为控制磨煤机出口温度或排粉机进口温度不超限，必然使冷风量增加，在炉膛出口过量空气系数不变的前提下，流过空气预热器的热风量减少，排烟温度升高。试验证明，一次风率每增加 1 个百分点，排烟温度增加 1～1.1℃。

降低一次风率是降低排烟温度的有效措施。但需注意：一次风率降低，一次风速跟着降低，一次风速太低，可能使一次风管内积粉。为此需尽可能地使同层一次风管中风速相同，为最大限度地降低一次风率创造条件。通常锅炉冷态所做的一次风速调平，只是调节煤粉混合器前的节流孔板，使并列的管道在纯空气流动状态达到阻力相等，但这并不能做到锅炉正常运行时，同层一次风管内流速相等。这是因为送粉管道的阻力与煤粉浓度有关，它随着煤粉浓度的增加而增加，且增幅相对较大。解决问题的办法是，在煤粉混合器后管道上增加一节流缩孔，先进行冷态一次风调平，再在投粉后，调节该节流孔板，使同层一次风管的流速相同。

11. 空气预热器受热面

当采用各种运行（包括燃烧调整试验）、检修技术措施后，额定负荷下锅炉排烟温度仍然比设计值高出 15℃以上，如果核查在空气预热器入口的烟气温度低于并接近设计值时，应采取增加空气预热器受热面或更换传热性能高的换热元件。对于新建机组，在空气预热器设计时，宜预留一定的空间（不布置受热面），以便在排烟温度高时在预留空间增加受热面面积。

某电厂国产超临界 350MW 机组配置 HG-1100/25.4-571/569 型一次中间再热、单炉膛、前后墙对冲旋流燃烧、Ⅱ型布置的直流锅炉。锅炉额定负荷时空气预热器进口烟气温度与设计值基本相同（约 368℃），空气预热器出口热一次风温度 287.6℃比设计值低 28.4℃，空气预热器出口热二次风温度 305.2℃比设计值低 24.2℃。若将空气预热器进口风温度、进口烟气温度修正到设计值，排烟温度比设计值高了 22.9℃，这充分说明空气预热器吸热量不足。综合对比分析，采用"省煤器和空气预热器同时改造"方案。利用省煤器区域现有空间，最大限度地增加受热面，即在垂直方向上增加两圈管子，水平方向共布置 130 排，使省煤器面积增加 50%，改造后省煤器换热面积为 14 790m²。在保持原空气预热器型号不变的情况下，将空气预热器热端传热元件盒高度由 1000 mm 更换为 1100 mm，同时将板型由原来的 DU3 改为 FNC，并采取封堵措施。改造后热一次风温度上升 16℃，热二次风温度上升 15℃；排烟温度降低 13.6℃。

某电厂 660MW 超超临界机组，由于预热器传热不足，导致排烟温度比设计值高 10℃以上，C 级检修期间，该厂对预热器热端蓄热元件进行整体更换，将热端原有 DU3 板型传热元件改为传热能力强的 FNC 板型，高度从 1000mm 加高到 1050mm，以提高预热器整体的换热能力，排烟温度实际降低了 7.5℃。

12. 省煤器受热面

锅炉省煤器受热面不足，省煤器出口水温就会低于设计值，排烟温度就会超过设计值。当采用各种运行（包括燃烧调整试验）、检修技术措施后，额定负荷下锅炉排烟温度仍然比设计值高出 15℃以上，此时如果核查在空气预热器入口的烟气温度大于设计值，且预热器受热面积无法增加，而省煤器出口烟气温度和给水温度仍然有一定的传热温差的情况下，应考虑采取增加省煤器受热面面积来降低锅炉排烟温度。例如双辽电厂 1 号机组是哈尔滨产 300MW 燃煤机组排烟温度较高，利用 A 级检修机会对低温段省煤器进行改造，共增加受热面 205 排，增加受热面 4170m²，排烟温度降低了 10～12℃。

13. 制粉系统运行方式

对于中储式乏气送粉系统，单磨煤机运行比双磨煤机运行排烟温度要高，磨煤机全部切除比单磨煤机运行时排烟温度要高。这是因为制粉系统停运后，需要的热风量减少，使得流经空气预热器的风量减少，换热量减少，使排烟温度升高，因此双磨煤机停运不经济。表 12-13 列出了 HG-670/13.7 型锅炉，配两套钢球磨煤机中储式制粉系统，在不同运行方式下的排烟温度数值。由表 12-13 可见，双磨煤机运行和停运，排烟温度相差可达 20 多℃。因此要减少双制同时停运次数。

表 12-13　　　　　　　670t/h 锅炉制粉系统运行方式与排烟温度关系

制粉系统运行方式	排烟温度（℃）
全停	165
单磨煤机运行	152
双磨煤机运行	142

表 12-14   **300MW 磨煤机运行方式对排烟温度的影响**

项 目	数据来源	ABD 磨煤机运行	ABC 磨煤机运行
炉渣可燃物含量（%）	试样分析	11.55	11.55
飞灰可燃物含量（%）	试样分析	9.83	7.38
修正后排烟温度（℃）	计算	143.45	142.28
修正后锅炉热效率（%）	计算	89.11	91.03

某 300MW 锅炉投磨方式由 ABD 磨煤机运行（D 磨煤机对应最上层燃烧器）调整为 ABC 磨煤机运行后，飞灰可燃物含量大幅降低，由 9.83% 降低至 7.38%，降低了 2.45%，排烟温度略有降低，由 143.45℃ 降低至 142.28℃，锅炉热效率大幅升高，由 89.11% 升高至 91.03%，升高了 0.92%，见表 12-14。因此，制粉系统停运时，应尽量停运上层的制粉系统。

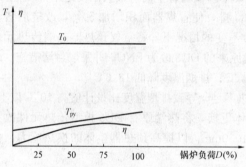

图 12-9   锅炉负荷变化特性曲线

T_0—理论燃烧温度；η—锅炉效率；T_{py}—排烟温度

14. 尾部烟道二次燃烧，造成排烟温度升高

尾部烟道二次燃烧的原因有：

（1）燃烧过程中调整不当，风量过小，煤粉过粗，油枪雾化不好，使未燃尽的可燃物在后部受热面沉积燃烧。

（2）点火初期，低负荷运行及停炉过程中，炉温低，风、粉、油配比不当，造成大量可燃物沉积在尾部烟道内。

（3）点火初期或低负荷运行时，制粉系统的三次风内含煤粉吹入炉膛，炉温低，煤粉不能完全燃尽，可能积在尾部受热面内。

15. 锅炉负荷

当锅炉负荷增加时，燃料量增加，炉内燃烧放热增加，各级受热面出口烟气和工质温度增加，炉膛出口烟温随之增加，所以锅炉排烟温度 T_{py} 随负荷的增加而升高，但是排烟温度变化幅度小于炉膛出口烟温变化幅度，见图 12-9。

炉膛出口烟温 T_2 的变化可按下式估算

$$\frac{\Delta T_2}{T_2} = C_b \frac{\Delta B}{B}$$

式中 ΔT_2——炉膛出口烟温增量，K；

        T_2——炉膛出口烟温，K；

        C_b——影响系数；

        ΔB——燃料量增量，kg/s；

        B——燃料量，kg/s。

影响系数 C_b 表示燃料量的相对变化引起炉膛出口烟温相对变化的大小。对于一般煤粉炉，$C_b = 0.25 \sim 0.35$。即燃料量 B 每变化 1%，炉膛出口烟温 T_2 将变化 0.3% 左右。

第六节   灰渣可燃物的监督

一、灰渣可燃物的定义

煤粉在炉膛内燃烧产生的固态残余物，即灰渣。其中随烟气流经炉膛上部出口烟窗从烟道排出的称为飞灰；从炉底排渣口排出的称为炉渣或大渣。飞灰份额和大渣份额合计为 1。对于煤粉锅炉的飞灰质量份额 α_{fh} 的范围是 $0.9\sim0.95$，炉渣质量份额 α_{lz} 的范围是 $0.05\sim0.1$；对于循环流化床锅炉的飞灰质量份额 α_{fh} 的范围是 $0.1\sim0.15$，炉渣质量份额 α_{lz} 的范围是 $0.85\sim0.9$。锅炉容量越大，炉膛高度越高，飞灰质量份额越低。

飞灰可燃物含量习惯上叫做飞灰含碳量，飞灰可燃物指燃料经炉膛燃烧后形成的飞灰中未燃尽的碳的质量百分比。炉渣可燃物是指炉渣中碳的质量占炉渣质量的百分比。

对于钢球磨煤粉炉来说，炉渣可燃物很小，可以忽略不计，但链条炉、液态排渣炉的炉渣可燃物需要计入。

飞灰含碳量是反映火电厂锅炉燃烧效率和粉煤灰质量的重要指标，飞灰含碳量的高不但锅炉效率低，而且导致粉煤灰的价格低，直接影响电厂的综合效益；此外，飞灰中的碳对锅炉尾部受热面有磨损作用，可降低设备的使用寿命，飞灰含碳量增加不仅增加燃料消耗量，而且对锅炉的安全运行造成很大的威胁，很容易发生锅炉结焦和尾部烟道二次燃烧，还会降低电除尘器的效率，造成环境污染。因此，应尽量使锅炉飞灰含碳量控制在合理的范围内，以减少污染，提高电厂效益。

二、灰渣可燃物的监督标准

飞灰可可燃物应由撞击式取样装置定期采样化验分析，也可以以现场飞灰在线监测装置进行统计（如全截面式飞灰含碳量测量装置、微波飞灰碳仪）。

（1）撞击式取样装置，位置空气预热器出口水平烟道下部。试验期间取飞灰样方便。

（2）飞灰在线监测装置，由于安装位置和设备原因，试验期间取飞灰样可能困难。因此及时安装了飞灰在线监测装置，也要再安装撞击式取样装置，一方面取飞灰样方便，另一方面是可以校核飞灰在线监测装置。

评价飞灰可燃物时以测试报告或现场检查为准，测点为空气预热器出口处。计算飞灰可燃物时，应根据化学每班飞灰可燃物数值，求得算术平均值。

在锅炉额定出力（BRL）下，煤粉炉的飞灰可燃物 C_{fa} 随燃煤干燥无灰基挥发分 V_{daf} 的变化见表 12-15。流化床锅炉的飞灰可燃物一般控制在 10% 以下。

表 12-15　　　　　飞灰可燃物 C_{fa} 随燃煤干燥无灰基挥发分 V_{daf} 的变化关系

V_{daf}（%）	<6	$6\leqslant V_{daf}<10$	$10\leqslant V_{daf}<15$	$15\leqslant V_{daf}<20$	$20\leqslant V_{daf}<30$	$\geqslant30$
C_{fa}（%）	$20\sim10$	$10\sim4$	$8\sim2.5$	$6\sim2$	$5\sim1$	$3.5\sim0.5$

注　炉渣可燃物与飞灰可燃物 C_{fa} 基本相同。

根据《大容量煤粉燃烧锅炉炉膛选型导则》（DL/T 831—2002），对于炉渣可燃物 C_{lz} 可以按照表 12-16 L_{ubc} 值估算。不同煤质对应的炉渣可燃物热损失 L_{ubc} 的计算式为

$$L_{ubc} = 337.27 \times \frac{\alpha_{lz}C_{lz}A_{ar}}{Q_{net,ar}(100-C_{lz})} \times 100\%$$

表 12-16　　　　　　　　炉渣可燃物热损失 L_{ubc} 参考值　　　　　　　　　　%

V_{daf}	$6.5\sim10$	$10\sim15$	$15\sim20$	$20\sim30$	$30\sim40$	褐煤>37
$V_{daf}=10\%$	$1.3\sim0.5$	$1.0\sim0.3$	$0.7\sim0.2$	$0.6\sim0.1$	$0.5\sim0.1$	$0.7\sim0.1$
$V_{daf}=30\%$	5.21.9	$4.0\sim1.2$	$2.9\sim0.9$	$2.4\sim0.5$	$1.9\sim0.3$	$2.8\sim0.4$

300MW 等级及以上机组锅炉，当实际燃煤低位发热量 $Q_{net,ar}$ 不低于 20MJ/kg，飞灰可燃物含量不应出现下述情况：

1）干燥无灰基挥发分大于20%（褐煤或烟煤）时，飞灰可燃物含量大于2.0%。

2）干燥无灰基挥发分为10%～20%（贫煤）时，飞灰可燃物含量大于5.0%。

3）干燥无灰基挥发分小于10%（无烟煤）时，飞灰可燃物含量大于8.0%。

大渣含碳量一般比飞灰稍大一些。

上述标准要求的范围太大，容易满足，最好规定为：飞灰可燃物≤1.5倍设计值

三、飞灰可燃物的耗差分析

飞灰可燃物每降低1%，锅炉效率约提高0.31%，发电煤耗率相对变化量为0.3%～0.5%，发电煤耗率平均增加1.1g/kWh。

飞灰可燃物对煤耗率的影响是通过机械未完全燃烧热损失表现出来的。从烟气带出的飞灰含有未参加燃烧的碳所造成的飞灰热损失计算公式为

$$q_4 = \frac{337.27 A_{ar}\alpha_{fh}C_{fh}\times 100\%}{Q_{net,ar}(100 - C_{fh})}$$

根据超超临界660MW机组设计参数得

$$q_4 = \frac{337.27\times A_{ar}\times 0.90 C_{fh}\times 100\%}{21\,000\times(100 - C_{fh})} = \frac{1.445 A_{ar}C_{fh}}{100 - C_{fh}}(\%)$$

对 q_4 求导得

$$q_4' = \frac{1.445 A_{ar}(100 - C_{fh}) - 1.445 A_{ar}\times(-1)}{(100 - C_{fh})^2}(\%)$$

在飞灰可燃物 $A_{ar}=20\%$，$C_{fh}=3\%$ 时

$$q_4' = \frac{1.445\times 20\times(100 - 3) - 1.445\times 20\times(-1)}{(100 - 3)^2}(\%) = 0.301\%$$

即飞灰可燃物每升高1个百分点时，锅炉效率降低0.301个百分点，则发电煤耗率增加0.83g/kWh。当煤质越差，发热量越低，飞灰对发电煤耗率的影响越大。

炉渣可燃物每升高1个百分点，发电煤耗率相对变化量为0.04%～0.07%，发电煤耗率增加0.17g/kWh。由于炉渣可燃物影响煤耗率的幅度远小于飞灰可燃物，因此人们更关心的飞灰可燃物的变化情况。

四、影响灰、渣可燃物含量的因素和对策

1. 设计原因

（1）锅炉设计热负荷。如果炉膛设计热负荷过低，炉膛断面和容积尺寸过大，导致燃烧强度不够。另外对四角切圆燃烧的锅炉而言，切圆小造成炉膛火焰充满度不好，最终出现燃烧不稳定、燃烧不完全，飞灰含量高。例如某电厂DG1025/18.2—Ⅱ4型亚临界自然循环汽包锅炉，燃用煤种为晋中贫煤。按照经验，燃用贫煤的锅炉假想切圆一般应在 ϕ1000mm 以上，炉膛断面、容积热负荷分别在 1.9×10^7kJ/m²h 和 4.18×10^5kJ/m²h，而该厂的假想切圆为 ϕ700mm 和 ϕ500mm，断面热负荷为 1.583×10^7kJ/m²h，容积热负荷为 3.701×10^5 kJ/m²h。这说明设计炉膛热负荷过低，炉膛断面和容积尺寸过大，这是该厂飞灰可燃物含量高的主要原因。对于炉膛设计热负荷过低的锅炉，设立卫燃带是提高火焰根部温度、低负荷状态下的稳定着火以及强化燃烧非常重要的措施。例如某电厂300MW进口机组锅炉采用W形火焰燃烧方式，炉膛四周敷设569m² 卫燃带，后因种种原因仅剩120m² 卫燃带，造成炉膛温度下降，燃尽度变差。飞灰可燃物含量由5%增加到6%以上。当然增加卫燃带会增加结渣风险，但是可以通过实践和计算确定最佳的卫燃带面积和位置。

（2）锅炉选型。循环流化床锅炉由于燃煤较粗，虽经分离器多次循环燃烧，仍有部分粗颗粒煤粉不能燃尽，随烟气排出，因此循环流化床锅炉的飞灰可燃物含量，比煤粉锅炉要高。同容量

的循环流化床锅炉的飞灰可燃物含量，比煤粉锅炉的飞灰可燃物含量至少高5个百分点。

（3）燃烧器设计选型。不同类型的燃烧器具有不同的煤种适应性与不同的燃烧特性，所以对飞灰可燃物含量的影响不同。直流燃烧器一般采用四角切圆燃烧，调节主蒸汽温度时有时采用调整燃烧器倾角方法。对于旋流燃烧器，各个燃烧器射流之间的影响较小，几乎没有相互混合，各个燃烧器射流之间的相互配合作用远不及四角切圆直流燃烧方式。因此在同一电厂燃用同一煤种，采用旋流燃烧器的飞灰含碳量要略高于直流燃烧器。

（4）飞灰人工取样装置安装位置和装置形式。

根据《自抽式飞灰取样方法》（DL/T926－2005）标准：为了防止机组低负荷时，空气预热器出口烟气温度低于100℃引起收管路结露堵塞，建议飞灰取样装置安装位置选择在空气预热器入口直管段烟道上。实际上目前许多新建机组只设计了1套飞灰在线监测装置，而且一般安装在空气预热器出口、除尘器之前的直管段烟道上（取样点附近直管段比较长，烟道截面没有突变，气流平稳，灰样具有代表性）。由于此类装置取样管结露经常堵塞，因此飞灰在线监测装置经常处于半瘫痪状态；即使监测装置好用，由于所取的飞灰都是细灰，因此，飞灰监测数据偏小。有的机组虽然在空气预热器出口增加了撞击式飞灰手动取样装置，但是，由于取样管安装在烟道中间，撞击取灰样偏粗。因此上述飞灰取样形式都不理想，建议在静电除尘器1电场两个对称灰斗的下灰短管上（此处粗细飞灰均混合完全，而且1电场飞灰占整个飞灰量80％以上，因此取样有代表性），

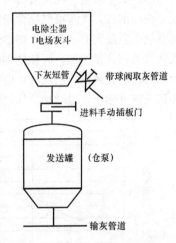

图12-10 飞灰手动取样
装置安装位置

加装带有铜芯球阀的取灰管取样（见图12-10），尽可能提高所取飞灰样品的代表性，得到比较接近实际值的数据，以了解锅炉的实际燃烧情况。

（5）误差。某些飞灰在线监测装置设计不合理，按其结构和原理收集的飞灰不能真正反映飞灰可燃物指标；或者飞灰在线监测装置的取样管经常堵塞，导致飞灰在线监测装置指标失真。因此应采用等速取样方法定期对固定式飞灰装置进行标定，并得出标定系数，作为判断锅炉飞灰可燃物含量高低的依据。

2. 运行原因

（1）火焰中心位置。火焰中心位置上移，飞灰增加；因此运行期间，关停上层燃烧器，投运下层燃烧器，可有效降低飞灰。调整燃烧器上倾角过大，会引起锅炉飞灰含碳量增加；将燃烧器的喷口角度调整下倾，也可有效降低飞灰；若调整燃烧器下倾角过大，则会有可能引起锅炉火焰冲刷冷灰斗，不仅会导致结焦，也会使灰渣含碳量增加。

（2）煤粉细度。煤粉越细，单位质量的煤粉表面积越大，与空气的接触面及接触空间越大，着火提前，燃尽需要的时间较短，在炉膛中易于燃尽，飞灰可燃物含量降低、燃烧效率提高。煤粉细度越大，其燃烧面积也小，燃烧不完全，导致飞灰可燃物含量较高。图12-11是在一台燃贫煤的300MW机组锅炉上实测的煤粉细度影响曲线。从图12-11中可以看出，当煤粉比较细（R_{90}＜10％）时，煤粉细度变化对飞灰可燃物的影响不大；但当煤粉变粗，超过某一值（R_{90}＞12％）时，飞灰可燃物迅速增大。

某电厂对4台300MW贫煤锅炉，进行了煤粉细度调整试验，结果是：调整试验前煤粉细度8.9％，制粉耗电率1.28％，飞灰平均值4.64；调整试验后粗粉分离器挡板开度减少5％，煤粉细度为7.6％，制粉耗电率为1.44％，飞灰平均值为4.25％，但制粉出力基本降低了3～5t/h。

调整后飞灰可燃物下降了 0.39 个百分点，按照飞灰可燃物每降低 0.1 个百分点、机组供电煤耗率降低 0.10g/kWh 估算，调整后供电煤耗率降低 0.39g/kWh，但粗粉分离器挡板调整后制粉出力降低，4 台锅炉制粉耗电率由 1.28% 升高至 1.44%，制粉耗电率升高了 0.16 个百分点，制粉耗电率升高造成供电煤耗率升高了 0.57g/kWh。因此通过参数对比，4 台锅炉粗粉分离器折向挡板减少 5% 开度，降低飞灰指标同比制粉电耗率不经济。降低飞灰可燃物指标需要进一步优化锅炉燃烧和煤粉细度调整试验来实现。

(3) 锅炉氧量。在高负荷时，锅炉氧量增加，过量空气系数增加。由于供氧充分、炉内气流混合扰动增强，飞灰可燃物含量降低，使得锅炉机械不完全燃烧热损失减少；但是当炉膛出口过量空气系数过大时，会使火焰燃烧温度降低，煤粉氧化燃烧速度降低，从而影响煤粉的燃尽，使飞灰可燃物含量增加，而且使烟气量增加，排烟热损失增加，锅炉效率有可能降低。同时氧量增加同时也使送风机、引风机耗电量增加。在低负荷时，风量大，煤粉停留时间短，炉膛温度低，导致飞灰可燃物含量增加。从燃烧的角度看，炉膛过量空气系数存在一个最佳值，见图 12-12。

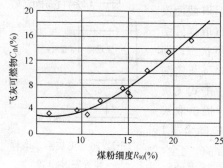

图 12-11　飞灰可燃物 C_{fh} 与
煤粉细度 R_{90} 的关系曲线

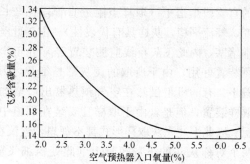

图 12-12　烟气含氧量对飞灰可燃
物含量的影响

某电厂 2001t/h 直流锅炉氧量调整试验结果见表 12-17，试验在 3.0%、3.8%、4.5% 三个氧量下进行，3.8% 氧量时的飞灰高于 4.5% 时的 0.55 个百分点。而且这两个工况下过热蒸汽温度、再热蒸汽温度都能够达到额定值。但在 3.8% 氧量下，送、引风机耗电率大幅度降低，建议 680MW 电负荷下，实测氧量维持在 3.8% 左右比较合适。

表 12-17　　　　　　　　　　2001t/h 直流锅炉氧量调整试验结果

项　目	工况 1	工况 2	工况 3
电负荷（MW）	678.6	680.1	678.0
投磨煤机方式	ABCDEF	ABCDEF	ABCDEF
空气预热器入口实测氧量（%）	4.5	3.8	3.0
过热蒸汽温度（℃）	603.9	604.9	604.8
再热蒸汽温度（℃）	602.8	598.8	598.2
飞灰可燃物含量（%）	1.44	1.99	2.39
炉渣可燃物含量（%）	1.59	1.94	2.36
排烟温度（℃）	145.57	146.22	145.70
两侧送风机电流之和（A）	188.4	160.1	140.7
两侧引风机电流之和（A）	941.7	843.2	775.1

在实际中，尤其是高负荷期间，应重点关注脱硫系统画面中净烟气 CO 含量，控制在 $100mg/m^3$。如果 CO 含量大，说明风量不足，主燃烧区域缺氧。

应根据锅炉燃烧优化试验结果，设定机组负荷对应的锅炉风量、氧量定值，调整锅炉总风量及氧量"自动"控制软件的参数。

（4）一次风、二次风的配合。一、二次风的配合特性也是影响锅炉燃烧的重要因素。运行中，一次风主要用于输送煤粉，并提供燃烧初期所用氧气。二次风用于补充燃烧后期所需的氧气，并应有一定的裕量。一次风量增加时，一次风风量越大，为达到煤粉气流着火所需吸收的热量越大，到着火所需的时间也越长，将使煤粉着火推迟，火焰中心上移，燃烧不充分，导致飞灰可燃物增大；同时煤粉浓度也会相对的降低，这对于燃烧都是不利的则会增加着火热。一次风量过低，不仅易造成制粉系统出力不足，氧量不足，还使煤粉挥发分燃烧不充分，导致飞灰增大；另一方面，风速太小会使气流无刚性，造成偏转，破坏炉内动力场，并且其卷吸高温烟气的能力下降，这都会造成不完全燃烧，此外，风速太低还有可能造成堵管。

二次风如果在煤粉着火以前过早的混入一次风对着火是不利的，尤其是对于挥发分低的难燃煤更是如此，因为这种过早的混合等于增加了一次风率，使着火热量增加，着火推迟，势必增加机械不完全燃烧损失，飞灰可燃物含量上升。但如果二次风过迟混入，又会使着火后的煤粉得不到燃烧所需氧气的及时补充，这些都会使炉内燃烧不完全，飞灰可燃物含量增加。运行人员要根据煤粉细度、挥发分变化情况，及时调整一、二次风大小。我们要使一次风速低一些，但要防止一次风管堵塞；二次风速尽量高些，增加空气与煤粉的扰动，使煤粉表面的灰层能够被冲刷掉，增加煤粉可燃质与空气的接触机会，使燃烧趋向于完全燃烧。

应安装高质量的飞灰可燃物在线监测装置和煤质在线监测装置，可以使运行人员根据煤质和飞灰可燃物大小及时调整一、二次风的大小和比例。

（5）负荷率。机组负荷变化，直接引起入炉煤量的变化，导致飞灰可燃物的变化。锅炉运行负荷降低时，燃料消耗量减少，水冷壁的吸热量随之也要减少。但相对每千克燃料而言，水冷壁的吸热量反而有所增加，从而使得炉膛平均温度降低，挥发分释放速度变慢。此时一次风量和总风量往往也偏低，燃烧过程在极为不利的条件下进行，影响煤粉的着火，造成飞灰可燃物含量上升；反之，同样浓度的煤粉在高负荷时，供风量增大。虽然煤粒在炉内停留时间有所缩短，但会使炉膛的容积热负荷增加，具有更高的炉膛温度，因此容易燃尽，有利于降低飞灰可燃物含量。但锅炉负荷也不是越高越好，因为过高的锅炉负荷容易引起炉膛结焦，所以应对锅炉负荷加以控制。

锅炉在升负荷时，入炉煤量增加，如果不及时进行配风方式和煤粉细度的调整，会造成飞灰可燃物的升高；同时，增加负荷，入炉煤量的增加会使炉膛容积热负荷增加，缩短煤粉在炉内的停留时间，使得飞灰可燃物升高。某厂 1025t/h 汽包锅炉运行人员增负荷先增加燃料量，后增加风量，飞灰含碳量变化情况见表 12-18。

表 12-18　　　　　　1025t/h 锅炉负荷变化与飞灰含碳量的对应关系

负荷（MW）	180		240		300	
氧量（%）	3.8	4.2	3.8	4.2	3.8	4.2
飞灰含碳量（%）	5.92	5.35	6.92	5.61	7.47	7.97

当然，随着负荷的增加，如果送风量适当增大，炉温会升高，对燃烧经济性有利。但是负荷的这个影响与煤质有关。燃烧调整试验表明，挥发分高的煤，飞灰可燃物很低，负荷对燃烧损失的影响也很小；对于 $V_{daf} > 40\%$ 的烟煤，负荷怎么调整，燃烧损失也变化不大。但对于低挥发分

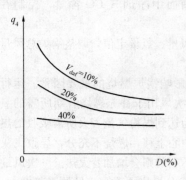

图 12-13 锅炉负荷系数 D
对燃烧损失 q_4 的影响

的煤，负荷对燃烧损失的影响较大，见图 12-13。

因此当锅炉需要加减负荷时。必须按照加负荷时先增加风量后增加煤量，减负荷时先减少煤量后减少风量的原则进行。这样动态中始终保持总风量大于总燃料量，以保证锅炉燃烧安全，并避免燃烧过大。在加减负荷或燃烧调整过程中，调节煤量和风量时不能大幅度调整，要勤调少调，保持各参数和燃烧稳定。

(6) 制粉系统运行方式。

1) 尽量减少制粉系统启停次数。启停磨煤机运行时，将引起对应的一次风温和一次风量的变化，对燃烧工况影响较大，飞灰可燃物肯定要发生明显变化。尤其是停止制粉运行，因为制粉系统风量不稳定以及给粉机转速的波动，造成飞灰增大。对于采用中储式热风送粉系统的锅炉，制粉系统的启停还会引起三次风量发生，导致燃烧工况变化，对飞灰可燃物产生影响。

2) 尽量保持各给粉机转速均等，而且维持较高的转速。各层的给粉机转速不同。在一次风总风压正常情况下，如果经常使同一层给粉机转速不一样，各层的给粉机转速也不一样，使转速高的给粉机出粉浓、风速低；而转速低的给粉机出粉稀、风速高，使炉膛内发生火焰偏斜，局部氧气过剩，局部缺氧燃烧，飞灰增加。

3) 排粉机出口风压。在保证一次风管不堵管的情况下，降低排粉机出口风压不但对保证煤粉细度有利，而且使进入炉膛冷风量减少，着火迅速，飞灰可燃物含量减小。

某 300MW 锅炉 ABD 磨煤机投运时一次风速调整进行了 3 个工况试验，见表 12-19，由实验数据可知，随着排粉机出口压力降低，一次风速大幅降低，飞灰可燃物含量大幅降低，由 9.83% 降低至 9.07% 和 7.79%，同时排烟温度也有所降低，由 143.45℃ 降低至 141.06℃ 和 139.24℃，锅炉热效率大幅升高，由 89.11% 升高至 89.90% 和 90.42%，分别升高了 0.79% 和 1.31%。

表 12-19   1025t/h 锅炉 ABD 磨煤机投运一次风速调整试验

项　目	单位	数据来源	数　值		
工况	—		工况 1	工况 2	工况 3
A、B、D 排粉机出口压力	kPa	表盘记录	4.1/4.1/4.0	3.0/3.1/3.0	2.8/2.6/2.7
平均一次风速	m/s	表盘记录	36.9	31.8	28.9
干燥无灰基挥发分 V_{daf}	%	试样分析	35.62	35.62	35.62
低位发热量 $Q_{net,ar}$	kJ/kg	试样分析	20 170	20 170	20 170
试验时蒸发量	t/h	表盘记录	932.1	930.3	924.6
排烟氧含量	%	网格测量	5.61	5.28	5.30
排烟温度	℃	网格测量	130.20	129.70	128.30
炉渣可燃物含量	%	试样分析	11.55	11.55	11.55
飞灰可燃物含量	%	试样分析	9.83	9.07	7.79
锅炉热效率	%	计算	88.77	89.64	90.16
修正后排烟温度	℃	计算	143.45	141.06	139.24
修正后锅炉热效率	%	计算	89.11	89.90	90.42

从一次风速调整试验结果可以看出，排粉机出口压力控制对飞灰可燃物含量和锅炉热效率影响非常大，电厂一般习惯排粉机高出口压力运行，一次风速偏高非常严重（见表 12-19 中工况 1），因此应当非常重视对排粉机出口压力的控制，建议排粉机出口压力控制在 2.7～3.0kPa。

3. 燃料原因

（1）煤质。煤种变化，煤质也随着变化，而运行人员的燃烧调整不及时，势必造成飞灰可燃物含量升高。挥发分是固体燃料的重要成分特性，对燃料的燃烧着火和燃烧有很大影响。由于挥发分是气体可燃物，其着火温度低，使煤易于着火。挥发分多，煤中难燃的焦炭相对含量少，大量挥发分析出，着火燃烧时放出大量热量，有助于焦炭的迅速着火和燃烧，因此挥发分多的煤比较易于燃尽；挥发分从煤粉颗粒内部析出后使煤粉颗粒具有孔隙性，挥发分越多，煤粉颗粒的孔隙越多，与助燃空气接触面积越大，因而易于燃尽，燃烧损失较少，飞灰可燃物含量低。反之，在相同因素下，挥发分低的煤较难燃尽、燃烧损失较大，飞灰可燃物含量升高。

某电厂 210MW 机组配备的燃煤锅炉，配中储式制粉系统，热风送粉，燃用贫煤。入炉煤的挥发分降低，炉膛温度下降，煤粉未充分燃烧，飞灰含碳量越高，见表 12-20。

表 12-20　　　　　　　　　入炉煤挥发分与飞灰含碳量对应关系

煤挥发分（%）	16	15	14	13	12	11
炉膛温度（℃）	1700	1650	1600	1550	1500	1450
飞灰含碳量（%）	5	6	7	8	9	10

图 12-14 为国内一些 300MW 以上大机组实测锅炉燃烧损失与煤中挥发分含量的关系，图 12-14 中数据的分散程度反映了其他因素（如炉膛结构、燃烧器形式、运行氧量、煤粉细度等）的差异。

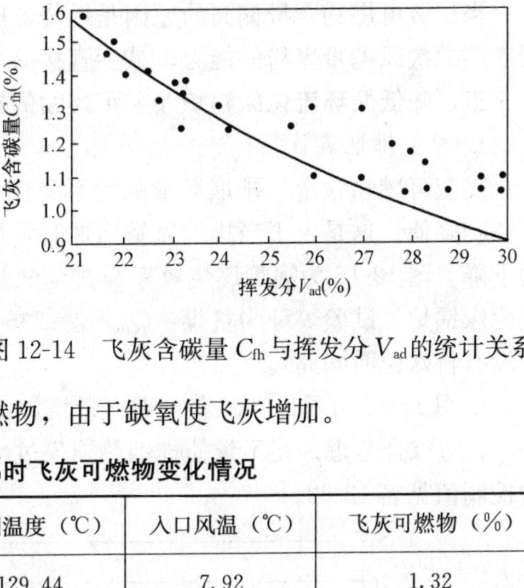

某厂 1025t/h 锅炉掺烧褐煤，飞灰可燃物增加 1.9 个百分点，见表 12-21。飞灰变化大的原因：其一，为增负荷时段风量滞后，风少、燃烧不完全；其二，褐煤掺烧进入炉膛后，褐煤挥发分高首先燃烧抢氧，致使与其掺配的低挥发分的

图 12-14　飞灰含碳量 C_{fh} 与挥发分 V_{ad} 的统计关系

煤更加缺氧，而低挥发分的煤需要富氧降低飞灰可燃物，由于缺氧使飞灰增加。

表 12-21　　　　　1025t/h 锅炉掺烧褐煤比例 20% 时飞灰可燃物变化情况

项目	主汽温（℃）	再热汽温（℃）	排烟温度（℃）	入口风温（℃）	飞灰可燃物（%）
掺烧前	594.44	588.04	129.44	7.92	1.32
掺烧后	593.39	585.09	135.07	13.36	3.24

水分的影响：燃煤水分高，由于水汽化吸收热量，使锅炉炉膛温度降低，着火困难，燃烧推迟使飞灰可燃物含量升高。当燃煤水分增大时，应及时提高磨煤机的出口温度包括最终的风粉混合物的温度。

灰分的影响：煤质中主要成分是碳和灰分，其他元素份额也小且变化也小；煤质中灰分在锅炉燃烧中起到阻碍氧气与碳产生化学反应的作用。当灰分大时（热值低），对氧气与碳发生化学反应的阻碍作用大，在相同条件下飞灰可燃物相对偏高；反之在设计范围内灰分低的煤质，飞灰可燃物低，灰分过低时（热量过高），飞灰可燃物升高。

因此，应根据锅炉运行的安全、经济性要求，结合设计煤种指标，综合确定入炉煤挥发分、灰分等各项指标的变化范围。

应加强燃料采购和配煤管理工作，定期对入炉煤、煤粉、飞灰和大渣进行取样与化验分析，指导运行调整。

（2）对不易结渣的煤种（比如灰熔点温度大于1500℃），可考虑通过改造燃烧系统（燃烧器结构及布置、卫燃带等），提高炉膛燃烧温度，强化煤粉燃烧，降低飞灰可燃物含量。不宜采用上述措施或其效果不佳时，应考虑更换或掺烧燃尽性能更好的高挥发分煤种。

4. 炉渣可燃物含量

增加的主要因素是：

（1）燃煤挥发分低，锅炉燃烧效率与燃烧稳定性下降。

（2）燃煤灰分高，着火温度高、着火推迟，炉膛温度降低，燃烬程度变差。

（3）燃煤水分高，水汽化吸收热量，炉膛温度降低，着火困难，燃烧推迟。

（4）煤粉粗，着火及燃烧速度慢。

（5）锅炉氧量低，过剩空气系数小，燃烧不完全。

（6）一、二次风速及一、二次风量配比不当。

（7）下层燃烧器喷嘴烧损变形或结焦。

（8）最下层二次风速过小。

（9）火焰中心上移。

当炉渣可燃物含量偏高的原因是燃烧器底层二次风不足时，应对其喷口进行改造，提高燃烧器底层二次风携带煤粉的能力，减少直接落入渣池的煤粉量，降低大渣可燃物含量。

五、降低循环流化床锅炉飞灰可燃物的措施

1. 控制排烟氧量

飞灰可燃物含量与排烟氧量的关系见图12-15。由图12-15可见，当排烟氧量增加时，飞灰可燃物降低。这是由于当排烟氧量增加时，炉内氧浓度相应提高，有利于煤的燃尽，使飞灰可燃物下降。图12-16为锅炉燃烧效率与排烟氧量的关系曲线，试验锅炉为HG220－9.81/540循环流化床锅炉，试验煤种为贫煤：$Q_{net,ar}=23660kJ/kg$，$M_{ar}=7.5\%$，$A_{ar}=21\%$，$V_{daf}=12\%$（以下没有特殊说明同此）。

由图12-16可看出：随着排烟氧量增加，燃烧效率上升。但排烟氧量过大会增加排烟热损失（q_2），应综合考虑。在不致使排烟热损失过度增大的前提下，适当提高过剩氧量。推荐的排烟氧量控制值见表12-22。

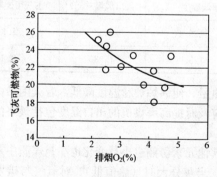

图12-15　飞灰可燃物与排烟氧量的关系

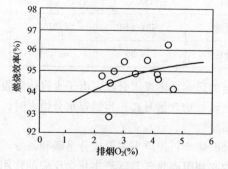

图12-16　燃烧效率与排烟氧量的关系

表 12-22   推荐的排烟氧量控制值

参数	100%MCR	85%MCR	70%MCR	55%MCR	30%MCR
排烟氧量（%）	3.5	4.2	5.0	6.0	8.0

2. 控制合适的床压

图 12-17 为在 85%MCR 时，飞灰可燃物含量与床压的关系曲线。随着床压升高，飞灰可燃物减少。床压的大小间接表明了炉内床层的高低，在一定流化风速下，床压升高时，炉膛内床层相对增高，炉内物料浓度增大，使得随流化风从炉底向上运动的细小煤粒与床料碰撞的几率增大，难以飞出炉膛，这就延长了细小颗粒在炉内停留时间，提高其燃尽度。

随着床压升高，飞灰可燃物有规律地减小。运行中在综合考虑其他因素（如床体良好流化、正常排渣、合理的风机电耗）的前提下，可适当提高床压在 5.0～6.5kPa 范围，以降低飞灰可燃物。

3. 煤质的影响

图 12-18 表明飞灰可燃物随着干燥无灰基挥发分 V_{daf} 提高而降低，但幅度较小。

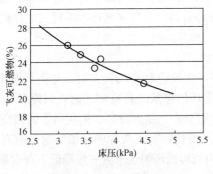

图 12-17 灰可燃物含量
与床压（85%MCR）

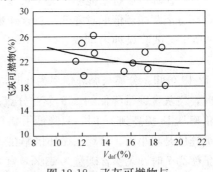

图 12-18 飞灰可燃物与
V_{daf} 的关系

要降低飞灰可燃物含量，提高锅炉效率，应尽可能掺烧一些高热值、高挥发分的煤种，但也需综合考虑有关因素，如燃烧、煤价、运费等，这样才能使营运方式更加合理。

4. 床温的调整

床温是 CFB 锅炉的重要运行参数，从有利于燃烧的角度看，提高床温是有益的。燃烧温度对流化床锅炉煤粉燃烧影响的关系式为

$$t_p = 8.77 \times 10^9 \times \left(\frac{d_p}{100}\right)^{1.16} \exp[-0.01276(T_b + 273)]$$

式中 t_p——炭粒子的燃尽时间，s；

d_p——炭粒子直径，m；

T_b——燃烧温度，℃。

从关系式可以看出，炭粒子的燃尽时间与燃烧温度和炭粒子直径有关，在炭粒子直径一定的条件下，提高燃烧温度能明显缩短炭粒子的燃尽时间，从而降低飞灰可燃物含量。因此对于难燃烧煤种，可适当考虑提高床温以保证燃烧稳定与减少固体未燃烧损失。当然要控制床温低于煤的变形温度 100～200℃ 防止结焦，还要考虑脱硫反应的最佳温度（850℃ 左右），因此床温不宜超过 950℃。

某电厂 HG-220/9.8-LPM18 型循环流化床锅炉，床温从 855℃ 升高到 905℃ 时，飞灰含碳量下降 5.5%，效果十分明显。因此，提高运行床温，可以有效地降低飞灰含碳量，建议床温保持

在 880～910℃之间。

5. 提高旋风分离器效率

分离器效率变化对炉膛床料粒度、底渣粒度、燃料停留时间、飞灰和底渣排出比例产生影响。提高旋风分离器的分离效率，使更多的细颗粒被收集送回炉膛循环燃烧，增加细颗粒在燃烧室内的停留时间，降低飞灰可燃物含量，提高燃烧效率。

提高分离器效率的措施如下：

(1) 排气管偏心布置。分离器直径变大以后，气流的旋转中心与分离器简体中心不一致。因此将排气管偏心布置，可使排气管中心与气流旋转中心一致，提高分离效率。

(2) 使分离器进气管有一定的加速段，并向下倾斜一个 10°角度。

(3) 将排气管从圆形改为倒锥形。

(4) 排气管入口增加一个锥帽。

6. 采用飞灰再循环

采用飞灰再循环可以将未能燃尽的飞灰可燃物引入炉膛再次燃烧，可以有效地降低飞灰可燃物含量。提高分离灰循环倍率对降低飞灰含碳量十分有效。分离灰循环倍率对飞灰含碳量的影响如图 12-19 所示。试验煤种为烟煤，$Q=31.2\text{MJ/kg}$，$M=2.7\%$，$A=7.8\%$，$S=1.0\%$，床温 $TFB=850℃$。

由图 12-19 可知：分离灰循环倍率为 5 时，飞灰含碳量为 12.5%左右；分离灰循环倍率从 3 提高到 4 时，飞灰含碳量降低约 2.5 个百分点；循环倍率从 7 提高到 8 时，只降低了 1 个百分点；循环倍率从 18 提高到 19 时，只降低了 0.5 个百分点。随着分离灰循环倍率的提高，飞灰含碳量的降低速度是减小的。分离灰循环倍率在 2～6 变化，对飞灰含碳量的影响是最有效的。分离灰循环倍率为 7 时，飞灰含碳量为 11%，宜采用灰再循环燃烧来进一步降低飞灰含碳量。

7. 电除尘灰再循环燃烧

某 CFB 锅炉，当分离灰循环倍率为 0.10～0.15 时，飞灰含碳量仍有 23%左右。采用电除尘器 1 电场（收集飞灰量占总灰量的 85%以上）的除尘灰，连续稳定地返送回炉膛密相区，达到飞灰再燃烧的目的，能够大幅降低除尘灰的可燃物损失。电除尘灰再循环倍率对降低飞灰含碳量的影响如图 12-20 所示。

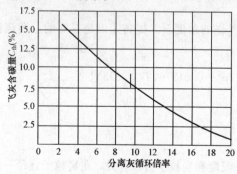

图 12-19 分离灰循环倍率对
飞灰含碳量的影响

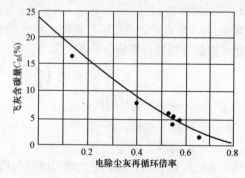

图 12-20 电除尘灰再循环倍率对
降低飞灰含碳量的影响

电除尘灰再循环倍率为 0.3 时，飞灰含碳量从 23%降到了 13%；电除尘灰再循环倍率为 0.6 时，飞灰含碳量降低到 4%左右。

四川高坝电厂引进 410t/h CFB 锅炉调试运行时，飞灰含碳量高达 28%，达不到燃烧效率的保证值 97.2%。将电除尘器第 1 电场除尘灰再循环燃烧，并改进二次风的供给之后，飞灰含碳量从 28% 降到了 13%。取得了显著的效果，锅炉燃烧效率达到了设计值。

8. 合理配风

根据高、低负荷不同特性，采取如下措施进行配风，有利于气固混合和温床稳定，可以降低飞灰可燃物和排烟温度，也利于降低石灰石耗量。在低负荷时，给煤量少、床温低、床压低。通过减少一次风比例、适当增大氧量、提高上二次风比例，以维持密相区相对高床温和稀相区高氧量。在高负荷时，给煤量大、床温高、床压高，通过增大一次风比例，氧量适当，提高下二次风比例，以维持相对全炉膛高床温和密相区高氧量。

9. 控制燃煤粒子直径（粒径）

对于燃煤粒径与级配的认识过程，经过了不同的发展道路后，国内外对流化床锅炉燃煤粒径与级配基本上达成了共识。国外经历了由细变粗的认识过程。鲁奇公司对入炉煤粒径要求从 0.9mm 增大到了 6mm；国内则经历了由粗变细的认识过程。我国早期流化床锅炉采用了简单的机械破碎设备，入炉煤的粒径要求在 0~25mm，导致磨损严重和出力不足等问题。现在国内对入炉煤一般要求：对高挥发分低灰煤，燃煤粒径为 0~13mm；对低挥发分高灰煤则为 0~8mm。欧洲大型流化床锅炉的燃煤颗粒级配大体为：0.1mm 以下份额 <10%，0.45mm 以下份额为 30%~50%，1.0mm 以下份额 <60%，4.0mm 以下份额 <95%，10mm 以上份额 0。目前，国内外采用煤颗粒的制备公式为

$$V_{daf} + A = 60\% \sim 70\%$$

式中　V_{daf}——入炉煤可燃基挥发分，%；

　　　A——粒径小于 1mm 的份额，%。

燃煤粒径过小，单位质量外表面积增大，在炉内燃烧时间短，循环灰量增加，燃烧效率增加；但是燃煤粒度太小，细煤粉（小于 0.5mm）分布过多，送入炉后很快就会被流化风夹带飞出密相区，甚至飞出炉膛来不及燃烧，分离器难于捕捉，造成飞灰可燃物增加。试验表明，0.45mm 以下燃煤粒径影响飞灰可燃物的作用比较明显，0~0.45mm 范围所占总份额低于 20% 会导致飞灰可燃物升高，在 30%~50% 之间变化对飞灰可燃物影响不大，由此可见，粒径 0.45mm 以下燃煤份额应控制在 30%~50%。

一般 1mm 以上颗粒极少逸出，它们在床中有足够的停留时间燃尽，飞灰含碳量减少；入炉燃料粒径过大（如 5mm 以上），单位质量的燃料与空气接触面积减小，在炉内燃尽时间长，大量的粗颗粒会沉积在密相区床面上，不仅煤粒不易燃尽，而且会使床压迅速升高，大量未燃尽煤粒从炉底被排出炉膛，使得底渣含碳量明显增加，燃烧效率降低。入炉燃料颗粒大大超允许值（如 8mm 以上），煤粒燃尽时间长。同时，飞出床料层的颗粒减少，锅炉不能维持正常的循环灰量，必然造成锅炉负荷下降。粒径分布不合理或平均粒径太大，会使锅炉负荷下降。为了维持 CFB 正常燃烧与物料循环，要求入炉煤中所含大、中、小颗粒的比例有一个合理的数值，也就是要求燃料有合适的粒度级配。

例如，某电厂 440t/h 循环流化床锅炉。锅炉入炉煤工业分析结果为空气干燥基水分 M_{ad} = 8%，空气干燥基挥发分 V_{ad} = 5%，空气干燥基灰分 A_{ad} = 44.1%，所以干燥无灰基挥发分 V_{daf} = 5% × $\dfrac{100}{100-8-44.1}$ = 10.4%

燃煤粒径调整前，1.0mm 以下燃煤质量份额为 65%，飞灰含碳量在 13.89% 左右。为了减少燃煤粒径，分两次调大细碎机锤头间隙减少燃煤粒径。结果见表 12-23，调整后测试发现飞灰

含碳量由 13.89% 降至 11.43%。

表 12-23 　　　　　　　燃煤粒径调整前后飞灰含碳量对比 　　　　　　　　　　%

燃煤粒径（mm）	调整前	第一次调整	第二次调整
≥8	1.96	2.43	5.94
5~8	8.24	12.09	16.48
2~5	15.28	25.81	20.95
1~2	9.57	10.62	6.23
0.5~1	19.52	8.67	14.24
0~0.5	45.43	40.38	36.16
飞灰含碳量（%）	13.89	12.26	11.43

第七节　煤粉细度的监督

一、煤粉细度的定义

煤粉细度是指经过专用筛子筛分后，余留在筛子上的煤粉质量占筛分前煤粉总质量的百分数，以 R_x 表示。其中下标 x 表示筛子的筛孔内径为 $x\mu m$。R_x 越大，表示在筛子上面的煤粉越多，煤粉越粗；煤粉越粗，煤粉细度值越大。

对于煤粉锅炉来讲，煤粉品质不但对运行经济性影响较大而且对锅炉安全运行也是重要影响因素，特别是燃用贫煤和无烟煤的锅炉，煤粉细度的影响更为重要。煤粉越细，单位质量的煤粉表面积越大，加热升温、挥发分的析出及燃烧速度越快，机械未完全燃烧热损失减低，锅炉效率提高。但煤粉越细，磨煤机耗电量增大，因此根据煤质情况、可磨性指数选择合适的磨煤机，如钢球磨煤机、风扇磨煤机和中速磨煤机等，同时确定最佳的煤粉细度。

二、煤粉细度的测试方法

煤粉细度的测定步骤：

(1) 将底盘、孔径 $90\mu m$ 及 $200\mu m$ 的筛子自下而上依次重叠在一起。

(2) 称取煤粉样 25g（称准到 0.01g），置于孔径为 200 的筛内，盖好筛盖。

(3) 将上述已叠置好的筛子装入振筛机的支架上，振筛 10min；取下筛子，刷孔径 $90\mu m$ 筛的筛底一次，装上筛子再振筛 5min。

(4) 若再振筛 2min，筛下煤粉量不超过 0.1g，则认为筛分完全。

(5) 取下筛子，分别称量孔径为 $200\mu m$ 和 $90\mu m$ 筛上残留的煤粉量，称准到 0.01g。

(6) 根据筛上残留煤粉质量计算出煤粉细度，即

$$R_{200} = \frac{A_{200}}{G} \times 100\%$$

$$R_{90} = \frac{A_{200} + A_{90}}{G} \times 100\%$$

式中　A_{200}——孔径为 $200\mu m$ 筛子上面剩余煤粉质量；

　　　A_{90}——孔径为 $90\mu m$ 筛子上面剩余煤粉质量；

　　　G——筛分前煤粉的总质量；

　　　R_{90}——表示筛号为 70，其中每厘米长度有 70 个孔，每个孔直径为 $90\mu m$ 的煤粉细度，%；

　　　R_{200}——表示筛号为 30，其中每厘米长度有 30 个孔，每个孔直径为 $200\mu m$ 的煤粉细度，%。

三、经济煤粉细度的确定

煤粉越细，单位质量的煤粉表面积越大，加热升温、挥发分的析出着火及燃烧反应的速度越快，在锅炉中容易点火、燃尽所需时间短，飞灰可燃物降低，机械未完全燃烧热损失 q_4 降低，锅炉效率增加。反之较粗的煤粉虽可使磨煤机电耗 q_d 减少，但是不可避免地会使炉内机械未完全燃烧热损失增大。

随着煤粉细度值的增大，机械未完全燃烧热损失 q_4 逐渐增加，而磨煤机电耗 q_d 则逐渐减少，所以磨煤时应选用一个合适的细度。上述各项损失之和 $q = q_4 + q_d$ 为最小时的细度最为经济，此时的细度称为经济煤粉细度。

实际运行中，由于煤质的多样性及影响 q_4 热损失的复杂因素，使操作上很难达到这一要求。简单的方法只是测量飞灰可燃物 C_{fh} 与煤粉细度 R_{90} 的关系曲线见图 12-21。在 R_{90} 较小时，随着 R_{90} 的增加，C_{fh} 增加较缓；但 R_{90} 超过某一值（图 12-21 的 C 点）后，C_{fh} 迅速增大，可将此转折点作为经济煤粉细度的估计值。实际操作中需维持煤质稳定，但运行氧量应尽可能减少变化。

实际操作中，根据日常煤质化验结果，按经验选取煤粉细度；然后再根据实际运行飞灰可燃物变化情况来适当调整煤粉细度，最终确定合适煤粉细度的推荐值。

对于固态排渣煤粉炉燃用无烟煤、贫煤和烟煤时，煤粉的经济细度为

$$R_{90} = 0.5nV_{daf}$$

当燃用褐煤及油页岩时，煤粉的经济细度为

$R_{90} = 35\% \sim 55\%$（挥发分高取大值，挥发分低取小值）

以上式中 V_{daf}——运行煤种的可燃基挥发分，通常用干燥无灰基 V_{daf} 表示挥发分，过去用可燃基 V_r 表示，二者数值相等；

n——煤粉的均匀性系数，取 1.1。

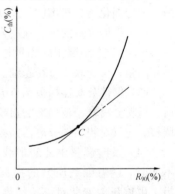

图 12-21 飞灰可燃物与煤粉细度关系

混煤的煤粉细度应先按质量加权的方法求出挥发分，然后取混煤挥发分的 50%，再根据上述公式求出混煤的煤粉细度。

如果强调煤粉防爆，也可按照表 12-24 推荐煤粉的经济细度选取。煤粉细度的最小值 R_{90} 应该控制不低于 4%。

注意上述所有经济细度公式均适用于 300MW 及以上机组，对于 200MW 以下机组，R_{90} 要在上述基础上适当下降 2 个百分点。风扇磨煤机的煤粉细度 $R_{90} = 45\% \sim 55\%$。

【例 12-2】 某 300MW 固态排渣煤粉炉配离心式分离器，燃煤干燥无灰基挥发分等于 30%，求其煤粉经济细度。

解：煤粉的经济细度为

$$R_{90} = 0.5 \times 1.1 \times 30 = 16.5 \ (\%)$$

表 12-24　　　　　　　　　　　　　　推荐煤粉的经济细度

$V_{daf} > 25\%$	离心式分离器	$R_{90} = 4 + 0.55V_{daf}$
	旋转式分离器	$R_{90} = 4 + 0.6V_{daf}$
$V_{daf} = 25\% - 15\%$	离心式分离器	$R_{90} = 2 + 0.55V_{daf}$
	旋转式分离器	$R_{90} = 2 + 0.6V_{daf}$
$V_{daf} < 15\%$	离心式分离器	$R_{90} = 0.55V_{daf}$
	旋转式分离器	$R_{90} = 0.6V_{daf}$

四、煤粉细度的耗差分析

煤粉细度的耗差分析应采用试验方法确定，例如华南理工大学电力学院，对于 200MW 燃煤机组（配 HG-670/140—13 型超高压自然循环燃煤锅炉，中速磨直吹式制粉系统，5 台 ZQM-216A 球形中速磨煤机，烧山西优混煤），在其他运行情况不变情况下进行煤粉细度优化分析，得出煤粉细度对机组运行性能的影响规律。结果表明，煤粉细度 R_{90} 由 40.5％调整到 25.3％，锅炉效率上升 0.31 个百分点，机组厂用电率增加 0.017 个百分点，但供电标准煤耗率是下降的，下降了 1.15g/kWh。也就是说煤粉细度每增加 1 个百分点，供电标准煤耗率增加 0.075g/kWh。

西安热工院在 300MW 机组上试验结果表明：在经济煤粉细度的基础上，每增加 1 个百分点，修正后的锅炉效率下降 0.03 个百分点，发电标准煤耗率增加 0.088g/kWh。

五、影响煤粉细度的因素和对策

（1）根据煤质变化及时调整煤粉细度。挥发分高、发热量高的燃料一般容易燃烧，煤粉可粗一些；燃用挥发分低的煤，为了有利于着火和燃尽，煤粉应磨得细一些；反之，煤粉应粗一些。因此要定期化验煤粉细度，发现问题及时消除。

（2）根据煤质的可磨性适当控制煤粉细度。煤越硬，煤越难磨，哈氏可磨性系数越小（HGI =35～60）。在磨制相同煤量相同细度时，磨煤机所消耗的能量越大，因此为了节电，煤越硬，煤粉越粗；煤越软，煤粉越细。

（3）保持分离器挡板调节灵活性。当粗粉分离器折向挡板内外开度不一致、挡板动作不灵活、粗粉分离器挡板局部磨损严重、折向挡板两侧空隙太大等，这些问题都会影响到煤粉细度的调整。建议对粗、细分离器挡板进行检查处理，保证制粉煤粉细度可控。

（4）及时调整中速磨加载力（碾磨压力）。对于中速磨直吹式制粉系统，当磨煤机负荷不变时，随着碾磨压力的提高，煤粉变细；当碾磨压力不变时，随着负荷的增大，煤粉变粗。碾磨压力变化对煤粉细度的影响随磨煤机负荷的加大而愈加显著。煤质变化时及时调整中速磨煤机加载力。加载力增加 10％，煤粉细度降低 2～3 百分点；调整加载力对于劣质烟煤等较硬煤质有效。对烟煤磨煤机加载力进行变化调整，对磨煤机出力没有明显帮助，但对磨煤机电流影响明显。

（5）定期监督煤粉细度。对于中速磨煤机，特别是磨辊运行中、后期，应根据煤粉细度的变化定期调整磨辊的间隙和弹簧压缩量（压力）；对于双进双出磨煤机宜定期检查分离器，防止分离器回粉堵塞引起煤粉细度变粗。对钢球磨煤机，应及时加装钢球，保持在最佳钢球装载量的情况下运行。在干燥出力、磨煤机差压允许范围内，磨煤机应尽量在大出力下运行。

（6）及时调整粗粉分离器挡板或分离器转速。煤粉细度的调节，主要是可以通过粗粉分离器折向挡板或分离器转速来调节。对于中速制粉系统，可以调节分离器转速，转速越大，煤粉细度降低。660MW 分离器转速每提高 1r，煤粉细度降低 0.7 个百分点，见表 12-25。

从试验结果来看：随着磨煤机分离器转速的提高，煤粉细度逐渐降低，磨煤单耗和制粉单耗逐步增大。

表 12-25　　　　　　　　某电厂 2001t/h 锅炉磨煤机变转速试验结果

项　　目	工况 1	工况 2	工况 3	工况 4
表盘磨煤机入口风量（t/h）	90.8	91.1	91.0	90.7
分离器出口风温（℃）	68.4	68.7	68.5	68.0
分离器转速（r/min）	65.0	70.0	75.0	80.0
磨煤机出力（t/h）	50.3	50.3	50.3	50.3

续表

项 目		工况 1	工况 2	工况 3	工况 4
加载油压（MPa）		8.51	8.50	8.49	8.49
煤粉细度（%）	R_{200}	2.45	1.58	1.05	0.65
	R_{90}	28.46	24.35	21.25	17.35
磨煤单耗（kWh/t）		8.22	8.35	8.45	8.59
通风单耗（kWh/t）		9.64	9.98	9.98	10.07
制粉单耗（kWh/t）		17.86	18.33	18.42	18.66

开大粗粉分离器折向挡板开度，磨煤机入口风量增加，可使煤粉变粗，反之减少磨煤机入口风量，煤粉变细。关小折向挡板开度，粗粉分离器的回粉量增多，因此应适当减小给煤量。通过制粉系统调整试验，使磨煤机保持最佳的通风量。某 1025t/h 锅炉粗粉分离器挡板、系统通风量与煤粉细度的关系见表 12-26。

（7）磨煤机出力对煤粉细度的影响。磨煤机出力增大，煤粉细度增大，磨煤单耗、通风单耗、制粉单耗降低。某电厂 2001t/h 锅炉磨煤机在分离器转速为 70r/min 进行变出力试验，从试验结果（见表 12-27）来看，磨煤机出力每增加 1%，煤粉细度增加 0.15 个百分点。

表 12-26　　　　　　　　　　D 粗粉分离器挡板特性试验结果

项 目		分离器挡板工况 1	分离器挡板工况 2
粗粉分离器挡板开度（°）		15	30
给煤机出力（t/h）		42.3	43.1
热风门开度（%）		77.5	75
冷风门开度（%）		15	17
再循环风门开度（%）		57.4	66.0
排粉机入口温度（℃）		53.5	53.5
系统通风量（m³/h）		118 250.0	125 000.0
磨煤机电流（A）		69.1	71.9
排粉机电流（A）		60	61.5
磨煤机功率（kW）		617.00	646.30
排粉机功率（kW）		586.00	599.30
煤粉细度（%）	R_{200}	14.38	3.03
	R_{90}	40.43	31.22

表 12-27　　　　　　　　　　磨煤机出力与煤粉细度的关系

项 目	工况 1	工况 2	工况 3
表盘磨煤机入口风量（t/h）	84.1	87.1	90.9
分离器出口风温（℃）	69.8	68.2	64.7
分离器转速（r/min）	70.0	70.0	70.0

续表

项　目		工况 1	工况 2	工况 3
分离器电流（A）		16.7	16.6	16.7
磨煤机出力（t/h）		36.4	43.5	50.5
加载油压（MPa）		7.09	7.96	8.45
煤粉细度（%）	R_{200}	0.80	1.25	1.75
	R_{90}	18.85	21.86	24.65
磨煤单耗（kWh/t）		9.58	8.68	7.99
通风单耗（kWh/t）		12.88	11.08	10.47
制粉单耗（kWh/t）		22.46	19.76	18.46

（8）根据锅炉负荷调整煤粉细度。在锅炉低负荷运行时，由于炉膛温度低，为了稳定燃烧工况，需要将煤粉磨得细一些；而在锅炉高负荷运行时，则煤粉可磨得粗一些。若锅炉经常在低负荷运行，由于炉膛温度低，为了稳定燃烧工况，需要将煤粉磨得细一些；而在锅炉高负荷运行时，则煤粉可磨得粗一些。

（9）磨煤机检修后，宜进行煤粉细度的核查，以确认煤粉细度与粗粉分离器挡板开度（或转速）之间的定量关系，为锅炉运行提供依据。

第八节　石子煤排放率的监督

一、石子煤排放率定义

中速磨煤机正压直吹式制粉系统因具有启动迅速、调节灵活、阻力小、单位磨煤金属磨耗小、结构紧凑、系统简单、单位电耗低、爆炸危险性小和噪声低等优点，已得到越来越广泛的应用。但在实际运行过程中，中速磨煤机存在磨煤机着火、磨煤振动大、石子煤多、刮板断裂、磨煤机出力不足、煤粉细度不合格、磨煤机煤粉分配和流速均匀性不良等问题；尤其是石子煤排量问题越来越突出。排出的石子煤过多会导致将石子煤中夹带的煤粉颗粒过多，引起锅炉燃煤量不正常上升。因此，石子煤系统运行是否正常将对锅炉效率产生较大影响。

石子煤是指原煤经碾磨后未被磨制成粉的石头、煤矿石、金属块等以及少量煤粒的混合物。

某台锅炉中速磨煤机在统计期内排放的石子煤量与磨煤机额定出力的百分比叫石子煤排放率。

石子煤排放热量损失率 q_4^{sz} 是指磨煤机排放出的石子煤损失的热量占计算期总用热量的比例，一般并入固体未完全燃烧热损失。计算公式为

$$q_4^{sz} = \frac{B_{sz}Q_{ar,sz}}{BQ_{net,ar}}$$

式中　B_{sz}——磨煤机废弃的石子煤量，kg/h；

$\quad\quad B$——锅炉燃用的原煤量，kg/h；

$\quad Q_{ner,ar}$——原煤收到基的低位发热量，kJ/kg；

$\quad Q_{ar,sz}$——石子煤的低位发热量，kJ/kg。

二、衡量石子煤量的标准

（1）石子煤量不应大于本磨出力的 0.05%。

（2）石子煤低位发热量大于 6.27MJ/kg 时，磨煤机属非正常运行工况。

（3）石子煤中的含煤量小于 10%。

三、影响石子煤量的因素与对策

（1）风环面积。风环面积越小，风环处风速越高，同样粒度的颗粒容易被托起，因而可减少石子煤量。但是风环面积不能太小，太小石子煤无法排出。

某电厂 SG-1025/17.5-M723 型亚临界压力参数、燃用烟自然循环汽包炉，炉配置 5 台上海重型机器厂生产的 HP823 型电动机功率 400kW、电压 6kV 的中速碗式弹簧加载磨煤机，设计煤种最大出力 41.7t/h，其中 4 台运行，1 台备用。磨煤机设计石子煤量为 0.03~0.035t/h，而实际运行期间磨煤机外排的石子煤量在 0.6~0.9t/h。为了减少石子煤的排放量，对磨煤机风环进行了调整，将原设计磨煤机叶轮通风通流圆环直径 120mm 调整至 35~40mm 之间，节流至设计值的 30%。通过试验观察，增加磨煤机叶轮空气节流环数量，减小叶轮有效通流面积，有效提高了叶轮出口风速，增加了对磨碗挤出煤和石子的托举力。磨煤机石子煤排量减少至 0.025~0.038 t/h，同时由于风速提高，磨煤机通风量减少，一次风机电流下降约 6A 左右。

（2）一次风量。磨煤机磨制的煤粉需要足够的风量带动，风量不足，会使磨煤机内部积煤过多。如果一次风量过小，风环处的流速过低，导致部分煤粒从风环处落入渣室，使磨煤机排渣量异常增大。一次风量越大，则风环处风速较高，石子煤量会相应减少。因此，应加强石子煤系统运行监视，发现石子煤量异常上升时，及时联系检修检查处理，必要时减小该磨煤量，加大该磨风量运行。一次风量越大、风速越高，机壳、风环等磨损也会加大。也就是说并不是石子煤量越少越好。因此，在磨损中后期，只要石子煤符合要求，不能一味通过增加一次风量和增加加载力来减少石子煤量，这样有利于延长磨煤机的检修周期和部件使用寿命。

（3）一次风温。磨碗内的煤需要足够热的一次风温来干燥，如果一次风温低，会使磨煤机内部积煤过多，石子煤量增多。磨煤机进风温度越高，磨煤机内部煤粒越干燥，越容易磨制，石子煤量会相应减少。因此应适当提高一次风温。

（4）磨辊与磨碗间隙。随着时间的延长，磨辊与磨碗间隙会因磨损而增大，石子煤量增加。检修中如果减小磨辊与磨碗间隙，原煤将磨得更细，不但会减少石子煤量，还会使磨煤机出口煤粉变细，减少未完全燃尽碳损失（以增大磨煤机的电耗为代价）。磨损后的磨辊必须修复，磨辊与磨碗的材质为 ZG350-500，相当于 ZG35，可以直接用 J422 或 J507 结构钢焊条堆焊，然后利用磨煤机工作转速 38.4r/min 自转进行现场车削。

（5）磨煤机出力。负荷越高，煤量需求量越大，石子煤量也大；磨煤机出力大，石子煤量将增大。

（6）弹簧（或液压）加载压力。运行中的加载系统失去加载压力，使磨煤机动力徒减，石子煤排放量增加。加载力增大，会减少石子煤的排放量，但会增大磨煤机电耗。因此应定期检查加载系统，消除缺陷。

（7）机械故障。磨辊卡死，不旋转，使石子煤增大。一旦磨辊卡死，应查明原因，更换新磨辊装置。

文丘里套管磨穿，使煤粉出现紊流，使石子煤增大，因此应及时补焊文丘里套管。

（8）运行时间。在碾磨部件磨损早期，由于碾磨部件咬合轨迹较好，碾磨效果好，石子煤量很少；相反，到磨损中后期，由于磨辊、磨盘衬瓦轮廓尺寸大，加上碾磨工作面磨损后，实际碾磨面形成扁"O"形腔，石子煤量显著增多。这时，适当调整加载力，但只要石子煤中的含煤量小于 10%，符合石子煤的要求即可。因此，在磨损中后期，不能一味通过增加一次风量来减少石子煤量，避免引起一次风机电耗不必要地增大；而应当适当提高磨辊加载力，并按磨损周期适时更换、修补磨辊和衬瓦，保证碾磨能力达到磨煤机出力要求。

(9) 石子煤量。磨损中后期，应增加石子煤排放次数，避免磨盘上积聚的石子煤反复研磨引起不必要的能量损耗。

(10) 磨煤机选型。如果磨煤机选型偏大、实际运行时磨煤机出力低，造成风环处风速偏低、石子煤量增大。

(11) 风环处风速。中速磨煤机运行中，石子煤是通过风环自上而下落至石子煤收集箱，而一次风通过风环由下至上进入研磨区，在风环喉口处流向相反的热风与石子煤进行激烈的碰撞，把大量的密度较小的煤托住或吹起，并把细煤粉分离吹起，通过分离器进入煤粉管道。由此可见，磨煤机风环处风速是磨煤机石子煤分选水平的关键参数，如果风环风速过小，就会有大量的原煤从风环处同石子煤一同排出，反之则石子煤被留在磨煤机内，同原煤一起磨成煤粉，进入锅炉。风环间隙如果调小，风环风速提高，托浮力增加，石子煤量就会减少。因此，检修中应对风环间隙合理调整，保证风环出口较高风速，尽量减少石子煤量。

(12) 煤质。煤中含有大量的煤矸石等杂物，煤中杂质太多，或者煤质灰分太大，使磨碗内积煤多，难磨的杂质就会溢出，使石子煤增大。原煤煤质越差，灰分越高，原煤可磨损程度越差，石子煤越多。

(13) 煤粉细度。对磨煤机出口折向挡板进行调整，适当提高煤粉细度，减少磨煤机磨辊和磨环间的煤层厚度，通过降低磨煤机差压来减少磨煤机石子煤夹带煤块的现象。但是提高煤粉细度值后，虽可降低石子煤量，但飞灰含碳量上升，锅炉效率下降。

(14) 石子煤回收。对于电厂内部同时具有钢球磨煤机和中速磨煤机的情况，应把中速磨煤机排出的石子煤，掺配到钢球磨煤机。

第九节　锅炉氧量的监督

锅炉氧量分为锅炉烟气氧量和炉膛出口氧量。锅炉烟气氧量是指用于指导锅炉运行控制的烟气中氧的容积含量百分比。一般情况下，采用锅炉省煤器（对于存在多个省煤器的锅炉，采用高温省煤器）后的氧量仪表指示。对于锅炉省煤器出口有两个或两个以上烟道，锅炉氧量应取各烟道烟气氧量的算术平均值。统计期内排烟氧量应在（规定值±0.5%）范围内。

炉膛出口的氧量是表征锅炉的配风、燃烧状况的重要因素。因炉膛出口处烟气温度较高，锅炉运行中监测的氧量测点一般不设在炉膛出口，而是设在锅炉省煤器后（预热器入口）。

要注意锅炉氧量与炉膛出口氧量之间的换算关系。任何大型锅炉都装有氧量表，并根据其指示值来控制送入炉内空气量的多少。在控制氧量时必须明确氧量表在锅炉烟道的安装地点。因为在炉内相同送风量的情况下，氧量值沿烟气流动方向是变化的。通常认为煤粉的燃烧过程在炉膛出口就已经结束。因此，真正需要控制的氧量值应该是相应于炉膛出口的，但由于那里的烟温太高，氧化锆氧量计无法正常工作，因此大型锅炉的氧量测点一般安装于低温过热器出口或省煤器出口的烟道内。由于烟道漏风，这里的氧量与炉膛出口的氧量有一个偏差。以安装省煤器出口的情况为例，应按以下公式进行修正

$$\alpha = \alpha_{s2} - \sum\Delta\alpha$$
$$\alpha = \frac{20.95}{20.95 - O_2}$$

式中　α——炉膛出口过量空气系数；

α_{s2}——省煤器出口过量空气系数；

$\sum\Delta\alpha$——炉膛出口至省煤器出口烟道各漏风系数之和。

【例 12-3】 某 300MW 锅炉炉膛出口的最佳过量空气系数 $\alpha_{zj}=1.2$，过热器、再热器、省煤器的漏风系数分别为 0.02，则由上式得，在氧量测点处应控制的氧量为

$$O_{2,sm} = \frac{21 \times (1.2 + 0.02 \times 3 - 1)}{1.2 + 0.02 \times 3} \times 100\% = 4.3\%$$

而在炉膛出口处应控制的氧量为

$$O_{2,1} = \frac{21 \times (1.2 - 1)}{1.2} \times 100\% = 3.5\%$$

所以在正常漏风情况下，氧量表的数值应控制为 4.3％而不是 3.5％。此例说明，氧量表的控制值与炉膛出口至氧量表测点的烟道漏风状况有关。运行监督氧量值时，必须保证锅炉的漏风工况正常。否则，当烟道漏风增加时，控制的氧量值也应增大。

所有工业用氧化锆氧量表基于以下原理：电池由固态氧化锆电解质和两个铂电极所组成。铂电极焙烧在氧化锆陶瓷片的两侧，暴露在被测过程气和参比气中。使用高温密封材料和氧化锆陶瓷片，使测量侧与参比侧彻底分离。由于氧化锆传感器两侧的氧浓度不同，形成浓差电势 E，根据浓差电势测量出氧浓度。国产氧化锆氧量表产品全部为管状高温无机黏料粘接，受热应力易泄漏；由于国内在生产原材料及生产工艺上的差距，锆头使用寿命很短，在 1 年左右（进口产品为 2～3 年），而且精度也比进口产品差。建议作为监测的氧量表采用进口产品。

氧量表指示不准的问题比较普遍，一是疏于校验，二是氧量表的测点不具有代表性（一般每侧选取 1～2 点，或者是测点没安在直管段），三是氧量表附近有漏风点。

如果氧量表指示不准，运行人员就无法进行适当的燃烧调整，降低了锅炉效率。因此应定期对氧量表进行校验，减少氧量测点处的漏风，提高氧量显示的准确性。运行人员可根据氧量调整燃烧风量，使氧量维持在最佳值。

一、锅炉氧量的监督标准

每台锅炉都有其最佳的排烟含氧量，过大过小都会降低锅炉热效率。排烟含氧量的监督以统计报表、现场检查或测试的数据作为依据。

统计期排烟含氧量为规定值的±0.5％。

运行氧量的调整应保证过热蒸汽、再热蒸汽温度在正常范围内，锅炉受热面无超温，且炉内无严重结渣现象。在此原则下，运行氧量应根据锅炉燃烧优化调整试验结果确定的最佳运行氧量曲线进行控制。通常烟煤或褐煤锅炉，运行氧量在 2.5％～4％；贫煤锅炉在 3％～4.5％；无烟煤锅炉在 5％～8％。当煤种发生变化时，需须对最佳氧量控制曲线进行相应调整。

我国锅炉燃烧依靠氧量进行调整，但这种方法有不少缺点。采用烟气中的一氧化碳（CO 含量通常为 10～1100 mg/m³）测试来进行调整，是更科学的方法。CO 的检测可以在炉膛燃烧器区域、炉膛燃尽区、炉膛出口和省煤器出口进行，能直接反映炉膛的燃烧状态并进行配风调整。德国、美国等发达国家是根据一氧化碳（CO）进行锅炉调整和燃烧控制的技术。

因此可以分别监督排烟含氧量和排烟 CO 含量。锅炉排烟氧量和排烟 CO 含量采用空气预热器入口测点。一氧化碳含量控制目标值为 50mg/m³（即 40ppm 或 0.004％）。排烟氧量控制目标值为 3.5％。

也可以根据锅炉氧量复合值进行监督，定义锅炉氧量复合值为空气预热器入口氧量平均值与脱硫净烟气 CO 含量的复合值，锅炉氧量复合值＝空气预热器入口氧量平均值（％）＋脱硫净烟气 CO 量（mg/m³）×0.8×10⁻⁴。

二、锅炉氧量的耗差分析

氧量发生改变会影响锅炉运行过程中的各项热损失，其中对 q_2 的影响最明显。

$$q_2 = (k_1\alpha_{py} + k_2)(T_{py} - t_0) \times \frac{1}{100} = (3.54 \times \alpha_{py} + 0.44)(T_{py} - t_0) \times \frac{1}{100}(\%)$$

其中　$\alpha_{py} = \frac{21}{21 - O_2}$

如果排烟温度 T_{py} 取 135℃，环境温度 t_0 取 20℃，则上式变为

$$q_2 = (3.54 \times \frac{21}{21 - O_2} + 0.44) \times (135 - 20) \times \frac{1}{100}(\%)$$

$$= \frac{85.5}{21 - O_2} + 0.55\,(\%)$$

对 q_2 求 O_2 导，则 $q_2' = \frac{85.5}{(21 - O_2)^2}\,(\%)$

假定 O_2 为 4.5%，则 $q_2' = \frac{85.5}{(21 - 4.5)^2}\,(\%) = 0.314\%$

按照锅炉效率每变化 1 个百分点，供电煤耗率变化 3.6g/kWh 计算，氧量每变化 1 个百分点，供电煤耗率变化 1.2g/kWh。这个变量值偏小，因为氧量变化会引起主汽温度、再热汽温变化而引起汽轮机热耗变化，会因为氧量变化引起送风机、引风机耗电量变化，从而导致供电煤耗率变化幅度更大。

使用公式进行全面耗差分析，将非常复杂，因此只能通过试验确定。某 300MW 烟煤锅炉不同负荷下送风量对排烟温度的影响见表 12-28。从表 12-28 可以得出：在满负荷情况下，排烟氧量每偏离最佳氧量 1 个百分点，锅炉效率降低 0.48 个百分点，发电煤耗率增加 1.4g/kWh。在低负荷情况下，排烟氧量对锅炉效率的影响更为显著。具体结果必须结合运行锅炉试验确定。

表 12-28　　　　　　　　　　不同负荷下送风量对排烟温度的影响

项目	单位	数据来源	300MW 时结果		180MW 负荷时结果	
排烟氧量	%	网格测量	5.77	6.71	5.94	6.25
排烟温度	℃	网格测量	131.40	130.65	129.55	131.00
飞灰可燃物	%	试样分析	7.465	7.965	6.915	5.61
修正后锅炉热效率	%	计算	91.13	90.68	91.30	91.91

三、最佳过量空气系数的确定

煤的燃烧是煤中可燃元素与氧气在高温条件下进行的高速放热化学反应过程。为使煤中的可燃元素燃烧，除需要一定的温度条件外，还必须供给一定量的氧气，氧气来源于空气，体积含量约为 20.95%。为了使煤在炉膛中能尽的燃烧完全，减少不完全燃烧热损失，实际送入炉膛的空气量都大于理论空气量，以使燃烧反应在有多余氧的情况下充分进行。实际供给的空气量与理论空气量的比值称为过量空气系数或称过剩空气系数，也称空气过剩系数。

$$过量空气系数\,\alpha = \frac{实际空气量}{理论空气量}$$

过量空气系数 α 与氧量近似地存在如下关系

$$\alpha = \frac{21}{21 - O_2}$$

式中　21——空气中氧的体积含量为 20.95%。

燃料在锅炉内的燃烧是个复杂的过程，燃料从着火前的准备到完全燃尽需要满足的条件：要供给适量的空气；要维持足够高的炉温；燃料与空气的良好混合；足够的燃烧时间。但要完全燃尽最关键的是要有足够的时间和充足的氧气。但过多的氧气又增加了风机的电耗，同时由于过量

空气系数 α 增大时，燃烧生成的烟气量增多。烟气在对流烟道中的温降减小，使排烟温度升高，排烟量增大和排烟温度升高，使排烟热损失 q_2 变大，机组经济性下降；氧量不足，将造成燃料燃烧不完全，使锅炉热效率降低，同时还污染受热面。但在一定范围内炉膛出口过量空气系数 α 增大，由于供氧充分，炉内气流混合扰动好，有利于燃烧，使燃烧损失（$q_3 + q_4$）减小。因此，存在一个最佳的过量空气系数 α_{zj}，可使损失之和（$q_2 + q_3 + q_4$）最低，锅炉效率最高。最佳的 α_{zj} 可通过燃烧调整试验来确定，运行中应按最佳的 α_{zj}（O_2 量）来控制炉内送风量。过量空气系数 α 过小或者过大都会使锅炉效率降低。

测定最佳过量空气系数的步骤大致如下：选定一个负荷，并保持负荷、汽温、汽压稳定，调整燃烧，测定在各种过量空气系数下，锅炉的各项热损失，画出各项热损失与过量空气系数的关系曲线，将各条曲线相加得到一条各项热损失之和与过量空气系数的关系曲线。该曲线最低点即是各项热损失之和为最小者，该最低点所对应的过量空气系数即为该负荷下的最佳过量空气系数。

然后再选定一个负荷，仍然保持汽温汽压稳定，重复上述步骤，即可确定该负荷下的最佳过量空气系数。以此类推，可确定各种负荷下的最佳过量空气系数。最佳过量空气系数的设计值与试验值由于受到煤种和煤质的随时变化，所以并不一定相同，应以试验值为准。对于 300MW 烟煤机组，锅炉燃烧理论表明，炉膛出口最佳氧量为 $3\% \sim 4.5\%$，最佳过量空气系数约为 $1.15 \sim 1.25$。

上述确定最佳过量空气系数（基准氧量）的试验过程比较复杂，可以采用如下简单快速的方法确定：在额定负荷下维持给煤量、一次风量、分离器挡板开度及机组运行参数不变，设定一次风和燃尽风风门开度为一定值（如 100%）。与此同时，解除风箱炉膛差压和辅助风门的自动调节关系，辅助风门开度设定为定值（如 50%）。然后改变送风量，分别记录表盘氧量在 6%、5.5%、5%、4.5%、4%、3.5%、3.0%、2.5% 时，对应排烟中 CO 含量。一般情况下，随着氧量的减小，CO 值出现增加趋势，在氧量小到某一值时，CO 值开始剧增。此时的氧量值，为该锅炉额定负荷下的最低氧量。如果锅炉运行氧量低于该值，将会严重影响锅炉燃烧经济性，因此实际中应将最低氧量 $+0.5\%$ 后作为基准氧量。在不同负荷下重复上述过程，就可得到不同负荷下的最佳氧量。如图 12-22 所示，表盘氧量低于 2.5% 时，CO 开始剧增，因此最佳氧量应选择为 3%。

四、影响排烟氧量的因素和对策

（1）炉膛出口过剩氧量。炉膛出口过剩氧量偏大，导致排烟氧量偏大。应进行锅炉燃烧与制粉系统优化调整试验，制定燃烧调整卡。运行人员根据锅炉负荷、煤质变化情况，及时进行风量调整，保持合适的一、二次风配比，保持锅炉最佳过剩氧量，使煤粉燃烧完全。

（2）空气预热器漏风率。空气预热器漏风率偏大，导致排烟氧量偏大。应定期检查分析空气预热器及尾部烟道的严密性。每季度测试一次空气预热器漏风率，每年至少测试一次电

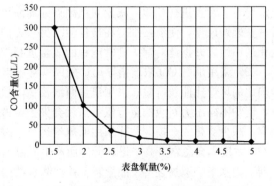

图 12-22 CO 含量和表盘氧量的关系

除尘漏风率。根据数据的变化趋势，分析空气预热器漏风情况。检修时应对空气预热器密封间隙测量调整，对扇形板和弧形板的变形、磨损检查治理。必要时进行空气预热器密封技术改造，降低空气预热器漏风率。运行时投入空气预热器密封自动装置，减小漏风。

（3）锅炉本体及其尾部烟道漏风。炉膛和烟道严密性差，冷空气的漏入使过量空气系数增加。每月应对锅炉本体进行一次全面检查，重点检查吹灰器、炉底水封、炉墙、炉顶密封、烟道各部位的伸缩节、看火孔、人孔门、检查孔、穿墙管等部位。根据检查情况，对锅炉本体漏风进行分析评价。必要时进行炉顶、穿墙管部分的密封改造，减少漏风。

（4）制粉系统不严密。采用负压中间仓储式制粉系统的锅炉在运行中，磨煤机入口至排粉机入口、管道和粗细分离器处于负压状态。在此区域内各元件的连接处或孔门处不严密，冷空气会漏入制粉系统，使燃烧器的配风比例发生变化，增加炉膛出口氧量。日常运行中应加强对负压制粉系统容易发生泄漏部位的检查分析，掌握系统严密性情况。

（5）负荷率。锅炉负荷越高，所需锅炉氧量值越小，一般负荷在 75％ 以上时，最佳锅炉氧量值无明显变化；但当负荷很低时，由于形成炉内旋转切圆有最低风量的要求，故最佳锅炉氧量值增大。因此应根据机组负荷、煤质情况，控制锅炉氧量。例如某电厂 300MW 机组锅炉通过优化燃烧调整试验确定不同负荷段省煤器出口最佳氧量曲线如下：机组负荷 150MW 时，锅炉最佳氧量 6.5％；机组负荷 180MW 时，锅炉最佳氧量 6.0％；机组负荷 240MW 时，锅炉最佳氧量 5.2％；机组负荷 300MW 时，锅炉最佳氧量 3.4％。

（6）煤质。煤质差（如燃用低挥发分煤）时，煤粉着火、燃尽困难，为保证燃烧稳定与燃烧效率，需要适当提高锅炉氧量值。

（7）选择合适的测点位置。大型锅炉一般采用氧化锆进行氧量测量，由于空气预热器入口（省煤器出口）烟气通道开阔且无障碍，烟气流速较高，不易积灰，氧化锆探头容易接触最新鲜的烟气，所以反映到氧量表上的数值比较接近真实值。宜将氧化锆探头设置在空气预热器入口水平烟道，同时在氧化锆探头的设置数量上，建议每侧烟道设置 3 个及以上。如果测点设置在空气预热器出口烟道，应通过锅炉性能试验中的标准氧量表进行校验，并确认炉膛出口氧量与测点处氧量的正确关系。

（8）氧量表指示不准。氧量是锅炉燃烧调整不可缺少的重要指标，对锅炉的排烟热损失、化学不完全燃烧热损失、机械不完全燃烧热损失等都有不同程度的影响，是日常运行中应重点监控和分析的指标。氧量表指示不准的问题比较普遍，一是疏于校验，二是氧量表的测点不具有代表性（一般每侧选取 1~2 点，或者是测点没安在直管段），三是氧量表附近有漏风点。

如果氧量表指示不准，运行人员就无法进行适当的燃烧调整，降低了锅炉效率。因此一方面应定期对氧量表进行校验，减少氧量测点处的漏风，提高氧量显示的准确性。运行人员可根据氧量调整燃烧风量，使氧量维持在最佳值。另一方面应定期通过试验确定最佳氧量以及氧量随负荷变化的曲线，并据此对锅炉日常运行的氧量进行控制调整。

（9）采用烟气 CO 浓度指导锅炉配风。常规锅炉运行风量一般根据设计煤种或投产后燃烧试验确定的风煤比曲线调整，采用氧量曲线校正，目前存在的变煤种、制粉系统运行工况发生变化时，锅炉不同出力对应的运行氧量值就会失去参考意义。各电厂为降低锅炉排烟热损失和风机耗电率、减少受热面磨损，往往采用低风量运行，过低风量不仅会造成锅炉飞灰含碳量升高，烟气中 CO 浓度也会急剧升高，锅炉受热面产生高温腐蚀，同时产生化学未完全燃烧损失。在锅炉省煤器出口水平烟道加装 CO 测量装置并把测量数据引入 DCS，采用 CO 浓度配合氧量对风量进行校正，能取得很好的效果。当锅炉燃烧较为充分时，烟气中 CO 含量很低，一般低于 $100mg/m^3$，当产生燃烧不完全现象时，CO 含量会急剧升高至数千甚至上万 mg/m^3，利用这一特性能有效消除氧量测量误差对风量调节的不利影响。运行中烟气 CO 浓度目标值控制在 $30\sim200mg/m^3$，能保持锅炉配风在最佳状态。为避免 CO 测量值大幅度变化引起的锅炉风量波动，CO 校正回路要合理设置延迟时间和校正速率。应用案例：南通、日照等电厂加装了烟气一氧化碳检测装置，辅助进行锅炉配风。白杨河电厂 7 号锅炉在脱硝 CEMS 测量装置中增加 CO 检测模块,通过 CO 浓度配合进行锅炉配风,氧量比之前下降 1 个百分点,有效降低了排烟热损失和风机电耗。目前,大多数电厂均正在或将进行脱硝改造,部分电厂脱硝 CEMS 中原先就配有 CO 测量模块,其余电厂可通过加装该模块实现锅炉精确配风。

第十节 减温水量的监督

一、减温水量

蒸汽温度过高会影响过热器、再热器和汽轮机的安全,导致设备寿命缩短,严重时甚至造成设备损坏事故,绝大多数的炉管爆漏就是由于金属管壁严重超温或长期过热造成的。蒸汽温度过低时,则会使汽轮机最后几级叶片的蒸汽湿度增加,严重时甚至可能发生水击,造成汽轮机叶片断裂损坏。蒸汽温度主要依靠减温水来调节,喷水调温由于结构简单、调温幅度大和惯性小等优点,在现代锅炉上得到广泛应用。减温水量就是单位时间内为了降低蒸汽温度的喷水量。

过热器减温水的来源,一为取自给水泵出口分流,另一为取自最高加热器出口分流。前者,给水分流不流经高压加热器,减少回热抽汽,降低回热程度,使循环效率降低;后者,不影响热力循环,如忽略锅炉的微小变化,则不影响循环效率。减温喷水系统见设计示意图 12-23。

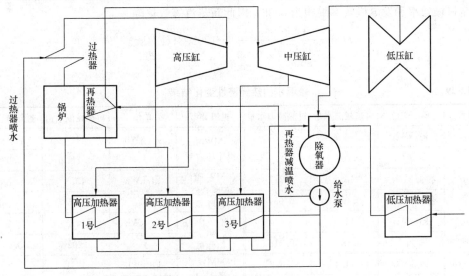

图 12-23 减温喷水系统设计示意图

再热蒸汽的汽温主要依靠设置在尾部烟道的烟气调节挡板装置来调节。锅炉再热受热面布置了喷水减温器,在低温再热器(低再)进口管道上设有事故喷水减温器,用来控制紧急事故工况下再热器进口温度,保护低再不超温。正常情况下,通过调节挡板开度的大小,来调节通过再热器侧的烟气流量,从而调节再热器吸热量和再热蒸汽温度,再热减温水来自给水泵中间抽头,再热器喷水属于事故喷水,正常运行时再热器喷水流量应该为零;但是机组实际运行情况表明,无论负荷系数高低,锅炉过热器减温水量都是设计值的 3~4 倍,再热减温水已成为机组正常工况下调节再热蒸汽温度的必需手段。例如,某 DG-2070/17.5 型锅炉(600MW 机组),设计过热器减温水用量为 77.8t/h,再热减温水用量为 0t/h。但在实际运行中,过热器减温水用量却在 300t/h 以上,再热减温水量在 50t/h 以上,大大超过了设计值,使得减温器处管道应力增加、疲劳损伤增大、使用寿命缩短,严重影响了机组的安全性与经济性。

二、减温水量的监督标准

减温器设计的喷水量约为锅炉蒸发量的 3%～5%，可使汽温下降 50～60℃。

根据 DL/T 332.1—2010《塔式炉超临界机组运行导则第 1 部分：锅炉运行导则》，过热器减温水用量不应超过主蒸汽流量的 5%。

对于再热减温水用量目前没有标准规定，一般要求再热减温水用量不应超过再热蒸汽流量的 1%（在正常运行中应不投运，再热器减温水量设计值为 0）。

三、减温水量的耗差分析

1. 等效热降法

减温水量的耗差分析最好使用等效热降法，各类机组使用等效热降法进行耗差分析的结果见表 12-29。但是由于等效热降法比较麻烦，这里只介绍再热减温喷水的等效热降简化分析方法。不同类型机组减温水量的耗差分析结果见表 12-29（再热器喷水源是给水泵出口）。

【例 12-4】 某电厂 300MW 机组设计参数见表 12-30，当再热器喷水源是给水泵出口，再热减温水用量份额 $\alpha_{rp}=2\%$ 时，求其热经济性变化。

解： 由于设计热耗率为 7921kJ/kWh，因此机组热效率

$$\eta=\frac{3600}{7921}=0.454\ 5$$

假定机械效率和发电机效率乘积为 0.99，因此新蒸汽等效热降

$$H=\frac{300\ 029}{\dfrac{907\ 030}{3600}\times 0.99}=1202.84(\text{kJ/kg})$$

表 12-29 减温水的热经济性变化结果

机组类型	单位	再热减温水量	过热减温水量	机组类型	单位	再热减温水量	过热减温水量
200MW	kJ/kWh	16.7	2.5	600MW 哈汽 高中压合缸	kJ/kWh	11.1	2.4
	%	0.201 9	0.029 8		%	0.141 6	0.030 3
300MW 引进型	kJ/kWh	13.2	2.7	600MW 哈汽- 三菱合缸 超临界	kJ/kWh	13.3	2.5
	%	0.166 0	0.034 4		%	0.175 7	0.032 4
600MW 上汽超临界	kJ/kWh	14.0	1.4	1000MW 上 汽-西门子 超临界	kJ/kWh	14.9	3.4
	%	0.180 0	0.018 5		%	0.202 7	0.046 3
东汽 600MW 亚临界空冷	kJ/kWh	11.4	0.8	1000MW 东 汽-日立 超临界	kJ/kWh	15.1	3.5
	%	0.141 1	0.010		%	0.204 1	0.047 3

注 流量按每变化 1% 的主蒸汽流量进行分析。

表 12-30 300MW 机组设计参数

项 目	单 位	参 数
负荷	MW	300.029
主蒸汽流量	kg/h	907 030
凝汽器压力	kPa	4.900
主蒸汽压力	MPa	16.700
主蒸汽温度	℃	538.00
高压缸排汽压力	MPa	3.570
高压缸排汽温度	℃	317.6
热耗率	kJ/kWh	7921

由于主蒸汽压力 16.7MPa，主蒸汽温度 538℃，对应的主蒸汽焓 h_{h1}＝3397.36kJ/kg。

汽轮机高压缸排汽压力 3.57MPa，高压缸排汽温度 317.6℃，对应的高压缸排汽焓 h_{h2}＝3021.95kJ/kg。

当再热减温水用量份额为 α_{rp}，新蒸汽等效热降下降 $\Delta H = \alpha_{rp}(h_{h1} - h_{h2}) = 0.02 \times (3397.36 - 3021.95) = 7.508$（kJ/kg）。

再热器吸热量降低引起热力系统的循环吸热量降低 $\Delta Q = \alpha_{rp}(h_{h1} - h_{h2}) = 7.508$kJ/kg。

当再热减温水用量份为 α_{rp}，机组等效热降变化值 $\Delta H - \Delta Q\eta = 7.508 \times (1 - 0.454\,5) = 4.0956$（kJ/kg）。

机组热耗变化

$$\delta\eta = \frac{\Delta H - \Delta Q\eta}{H - \Delta H} \times 100\% = \frac{4.095\,6}{1202.84 - 7.508} \times 100\% = 0.340\%$$

也就是说，再热减温水用量份额每变化 1%时，机组热耗变化 0.17%。

2. ASME 曲线修正法

美国 ASME PTC6—2004《汽轮机性能试验规程》中提供的减温水修正曲线见图 12-24（对应上述规程图 8.5：纵坐标为 1%减温水量变化时的热耗率修正量，%；横坐标为阀门全开时试验的主蒸汽流量，%）

（1）再热器减温水量。对机组经济性的影响比较明显，投入量为 1%的主蒸汽流量时，影响热耗率约 15kJ/kWh，发电煤耗率约 0.5g/kWh。

图 12-24 第一直线 1，在 67.5%负荷时，再热器减温水量变化 1%，热耗率变化 0.15%；在 100%负荷时，再热器减温水量变化 1%，热耗率变化 0.2%。因此再热器减温水量变化 1%，热耗率变化 0.15%～0.2%，对于 300MW 机组，发电煤耗率变化＝（0.15%～0.2%）×295g/kWh＝0.443～0.59g/kWh。

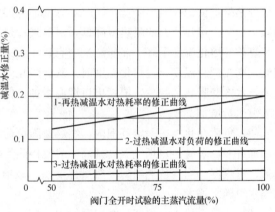

图 12-24 减温水修正曲线

（2）过热器减温水量。一般过热减温水流量由最末级加热器后引出，对机组的经济运行不造成任何影响；当从给水泵出口引出，投入量为 1%的主蒸汽流量时，影响热耗率约 2.5kJ/kWh，发电煤耗率约 0.05～0.1g /kWh。

图 12-24 最下层一条直线 3 可以看出，在不同负荷下，过热器减温水量每变化 1%，热耗率变化 0.02%。对于 300MW 机组，发电煤耗率变化＝0.02%×295g/kWh＝0.059g/kWh。

也可以使用等效热降法分析。

【例 12-5】 如果 300MW 机组给水泵出口的过热器减温水从 0t/h 变化到 1t/h（α_{fw}＝0.001 098），计算对经济性的影响。

解：过热器减温水分流量不经过高压加热器，减少了 HTR8、HTR7、HTR6 的回热抽汽，做功增加

$$\Delta H = \alpha_{fw}[\Delta\tau_8\eta_8 + \Delta\tau_7\eta_7 + (\Delta\tau_6 - \Delta\tau_b)\eta_6]$$
$$= 0.001\,098 \times [149.2 \times 0.512\,38 + 186.2 \times 0.482\,9 + (146.2 - 25.6) \times 0.336\,16)]$$
$$= 0.227\,18(\text{kJ/kg})$$

与此同时，新蒸汽吸热量增加。

$$\Delta Q = \alpha_{fw} \left[\Delta\tau_8 + \Delta\tau_7 + (\Delta\tau_6 - \Delta\tau_b) + \left(\frac{\Delta\tau_8}{\Delta q_8} \times Q_{zr-8} + \frac{\Delta\tau_7}{\Delta q_7} \times Q_{zr-7} \right) \right]$$

$$= 0.001\,098 \times \left[149.2 + 186.2 + (146.2 - 25.6) + \left(\frac{149.2}{2068.1} \times 470.53 + \frac{186.2}{2143.2} \times 517.1 \right) \right]$$

$$= 0.587\,29 \text{kJ/kg}$$

因此装置热经济性降低

$$\delta\eta = \frac{\Delta Q \eta_{ai} - \Delta H}{H + \Delta H} = \frac{0.587\,29 \times 0.460\,4 - 0.227\,18}{1207.1 + 0.227\,18} \times 100\% = 0.003\,578\%$$

机组发电煤耗率增加：$297.42 \times 0.003\,578\% = 0.011 \text{g/kWh}$

从上面分析可以得到这样一个结论：再热器减温水量每变化1%，对发电煤耗率的影响幅度是过热器减温水量的5～10倍。

四、引起过热器减温水量过大的因素与对策

(1) 煤种变化。在燃料量不变的情况下，当灰分增大时，由于燃料的发热量降低，将使燃料在炉内总放热量下降。为稳定负荷必须增加燃料量，相应的烟气量增多，从而烟速增加，造成过热器对流传热增加，导致汽温升高，减温水量增大。当燃煤的水分增加时，水分在炉内蒸发需吸收部分热量，使炉膛温度降低，同时水分增加也使烟气体积增大，增加了烟气流速，使辐射式过热器（如屏式过热器）的吸热量降低，对流式过热器吸热量增加，锅炉减温水量增大。

煤质的熔化温度下降，煤质燃烧中有些元素或矿物质会氧化和熔化为灰渣。如煤质熔化温度较低，则在炉膛温度超过熔化温度时，灰渣熔化并黏附在水冷壁上（结焦）。造成炉膛辐射传热受阻，水冷壁吸热量减少，炉膛出口烟温增加，低温过热器、低温再热器吸热量相对增加，过热器减温水量增加。

(2) 负荷变化。在一定范围内，燃煤量随负荷是成比例增加的。当负荷增加，必然导致烟气量增加许多，炉膛出口烟气温度升高，对流传热量相对增加。所有对流受热面，包括过热器、再热器、省煤器、空气预热器的吸热量都要相对地增加，过热蒸汽温度、再热蒸汽温度相应升高，减温水量随之增大。

(3) 炉膛火焰中心位置。锅炉运行中，炉膛火焰中心位置的变化直接影响受热面吸收热量的分配比例。火焰中心上移时，屏式过热器吸热量减少，对流过热器和再热器吸热量增加，过热蒸汽温度、再热蒸汽温度升高。当下层制粉系统故障检修必须投入上层制粉系统运行时，使得火焰中心相对上移，势必造成炉膛出口温度升高，过热蒸汽温度、再热蒸汽温度升高，减温水量增加。当燃烧器摆角上倾，使得火焰中心相对上移，减温水量增加。

(4) 煤粉细度。煤粉变粗时，燃料在炉内燃尽时间延长，火焰中心上移、汽温升高，减温水量增加。在经济煤粉细度附近适当减小煤粉细度，这样可使煤粉提前燃烧和燃尽，降低火焰中心，降低炉膛出口烟温，在保持汽温稳定的前提下可减少减温水量。

(5) 受热面清洁程度。受热面积灰或结渣是燃煤锅炉最为常见的现象，由于灰、渣的导热性差，造成积灰或结渣部位工质吸热量的减少和各段烟温的变化，使锅炉各受热面的吸热份额发生变化。汽包锅炉发生水冷壁结渣时，锅炉蒸发量将下降，并因炉膛出口烟温上升，造成过热蒸汽温度的升高，减温水量增大。锅炉过热器部分发生结渣时，由于锅炉蒸发量未变但过热器吸热量减少而导致过热蒸汽温度下降，减温水量减少。

(6) 送风量。当炉膛氧量较低时，造成燃料燃烧不完全，燃料量上升，烟气量增加，从而使过热器和再热器减温水量增加。随着炉膛氧量的增加，燃料燃烧越来越充分，燃料量也相应减少，过热器和再热器减温水量有所下降。当炉膛氧量再升高时，由于烟气量增加，过热器和再热器减温水量又呈增加趋势，见表 12-31。锅炉在正常运行中，为了保证燃料在炉膛内完全燃烧，必须保持一定的过量空气系数，即保持一定的氧量。

表 12-31　　　　　　　DG-2070/17.5 型锅炉炉膛氧量变化对减温水量的影响

机组负荷（MW）	601	602	600	600
炉膛氧量（%）	2.8	3.0	3.5	4.0
过热器总减温水量（t/h）	362	323	33	374
再热器减温水量（t/h）	64	52	58	70
总燃料量（t/h）	301	298	295	306

（7）给水温度。给水温度的变化对锅炉过热蒸汽温度将产生较大的影响。在汽包锅炉中，给水温度升高，过热蒸汽温度将下降。这是因为当其他参数不变而给水温度升高时，将使汽包锅炉的蒸发量增加，过热器内工质流量上升，导致过热蒸汽温度下降。

（8）炉膛出口两侧烟温偏差大，导致某侧管壁温度超限。因此应合理调整节流圈，调整部分管子的管径、改进燃烧等方式，解决过热器管壁温度超限问题。

（9）烟气挡板。烟气挡板直接影响到再热器减温水量和过热器减温水量。当再热器烟气挡板开小，则过热器烟气挡板开大，过热蒸汽温度升高，过热器减温水量增加；反之，过热器减温水量则减小。

五、引起再热器减温水量过大的因素和对策

（1）汽轮机高压缸排汽温度高。机组运行工况恒定时，如果高压缸漏汽量大，高压缸排汽温度升高，超过设计值，再热器出口温度将随之升高。

（2）负荷高。机组在定压方式下运行时，汽轮机高压缸排汽温度将随着机组负荷的增加而升高，过热蒸汽温度的升高，也将造成高压缸排汽温度的升高，在其他调温方式调整无效后需增大减温水量。

（3）燃料低位发热量的变化。燃料的低位发热量越低（如掺烧褐煤、印尼煤），烟气量增加越多，再热蒸汽温度越高，再热器减温水量就越多。

（4）燃烧工况变化。在锅炉运行中，如因煤粉偏粗，炉膛火焰中心上移，将造成后部烟道烟温升高，对流式再热器的吸热量将增加。因此加强燃烧调整，是解决再热器减温水量过大问题的有效手段。电厂运行人员应加强燃烧调整（如燃烧器摆角、煤粉细度和烟气挡板开度是否合理），尽量不投再热器减温水；检修人员应结合检修机会尽快消除燃烧器摆角、分离器挡板和烟气挡板缺陷。

例如某电厂 3、4 号锅炉是 HG-2023/17.6-YM4 型一次中间再热、控制循环、600MW 亚临界汽包炉，但是 3 号锅炉再热器减温水总量一般需要保持在 30t/h 左右方可保证汽温壁温合格，明显比 4 号锅炉再热器减温水量大。3 号锅炉再热器减温水量偏大的一个主要因素是煤粉细度，见表 12-32。从挡板开度分析，两台炉的煤粉细度都维持在偏粗状态。3 号炉上三层磨煤机的分离器开度比 4 号炉大，上层磨的煤粉细度粗，燃尽时间延长、火焰中心上移，也会引起减温水量的增加。

表 12-32　　　　　　　　　两台炉磨煤机分离器挡板开度　　　　　　　　　　　%

机组	A	B	C	D	E	F
3 号炉	55	60	63	63	60	54
4 号炉	64	60	68	55	50	45

（5）锅炉受热面积灰或结渣。当锅炉水冷壁结垢量大，导致炉膛吸热减少，烟道受热面吸热

增大，再热器吸热量增大，减温水量用量也会增大。

(6) 再热蒸汽流量变化。在其他工况不变时，再热蒸汽流量越大，则再热器出口温度将越低，此时可减少减温水量。机组正常运行时，再热蒸汽流量将随机组负荷、汽轮机一级抽汽或二级抽汽量的大小、吹灰器的投停、安全门、汽轮机旁路或向空排汽阀状态等情况的变化而变化。

(7) 滑参数停炉一般要求温度较低，停炉过程需要投入大量微调喷水才能按要求降低温度。

(8) 300MW 等级及以上机组锅炉，在经过燃烧调整试验后，如再热蒸汽温度以减温器作为常用调温手段，且流量超过 2% 以上时，应考虑对再热系统的受热面进行改造或更换，以便正常运行状况下不投用再热减温水。

(9) 锅炉再热器减温水阀门调整特性不好，如某锅炉无法实现减温水在 0～17t/h 之间的调整，关门就是 0t/h，稍开调整门就是 17t/h。或者是减温水阀门内漏，导致再热器减温水流量无法控制。

(10) 锅炉再热器受热面某几点金属管壁容易超温，或者再热器受热面材质严重球化。为了控制金属壁温，喷水以降低再热器温度。

(11) 机组高压旁路严重内漏，导致高温高压蒸汽进入再热器，再热蒸汽温度升高，因此应利用检修机会处理高压旁路内漏问题。

(12) 调温手段设计欠佳。例如某些 W 形锅炉设计采用壁式再热器，或者把再热器全部布置在水平烟道上，没有烟气流量调节挡板，因此喷水是主要的调温手段。对于这种情况，只能进行设备改造。

(13) 对于 W 形锅炉（专烧无烟煤），如果卫燃带面积过大，则蒸发受热面相对减小，过热器、再热器受热面相对增加，造成过热器、再热器减温水量增加。建议适当减小锅炉卫燃带，增加蒸发受热面。

(14) 锅炉运行氧量偏高，总风量大导致烟气量大增加了减温水用量。

(15) 再热器受热面设计不合理。

(16) 再热器减温水阀冲刷严重，阀门内漏。

第十一节　吹灰器投入率的监督

一、积灰形成的原因

在煤炭燃料成分中，含有一些不可燃的成分，这些成分可以统称为灰分。灰分会在锅炉燃烧的过程中析出，其中一部分在锅炉受热的一面沉积下来，还有一部分会随着燃烧产出的烟气被带出锅炉。其中在锅炉壁上沉积下来的灰又有两种形态，一种是未到达煤灰熔点的沉积物在锅炉受热面上逐渐沉积形成的，称为积灰。这类积灰多发生在有对流的受热面上，即空气预热器与炉膛口这一段。另一种是温度高于熔点被融化了的灰分在炉膛、出口、过热器等温度较高的受热面上发生沉积，称为结渣。积灰和结渣的形成是在物理、化学等各类因素的共同作用下，经过非常复杂的过程才形成。

随着燃煤电站锅炉容量的不断增大，炉膛截面热负荷、水冷壁热负荷、炉膛内最高温度以及对流受热面区的烟温不断增高，受热面的结渣和积灰问题日益突出。结焦、积灰严重时，将影响锅炉传热能力，造成排烟温度升高、发电煤耗率增加、厂用电率升高；积灰长期覆盖受热面设备又会加剧受热面管子的腐蚀，造成"四管"爆破，缩短受热面的寿命，威胁锅炉安全运行。因此，应选用合适的可靠的吹灰器保持燃煤锅炉受热面清洁，预防和降低锅炉各受热面结渣、积灰。

二、吹灰器投入率的定义

吹灰器投入率为所有吹灰器实际投入次数与机组所有吹灰器应投入次数的百分比，其计算公式为

$$吹灰器投入率 = \frac{计算期单炉吹灰器正常投入台次}{计算期单炉所有吹灰器应投入的台次数} \times 100\%$$

三、吹灰器投入率的监督标准

要求吹灰器好用，每天定期投入运行，并做好记录。由于每台锅炉容量不等，吹灰器数量差别很大，有的锅炉甚至有上百台吹灰器，有的只有十几台吹灰器，因此规定只要当天某吹灰器能正常投入运行一次，就可以将该吹灰器统计进投入台次。统计期内吹灰器（包括炉膛和尾部烟道）投入率应不小于98%。

四、吹灰器吹灰的耗差分析

吹灰效果直接影响锅炉的经济及安全运行。例如 SDZX 电厂 300MW 机组锅炉进行全面吹灰一次，排烟温度实际降低13℃左右，各部烟温均有不同程度的降低。600MW 机组锅炉全面吹灰之后，空气预热器入口烟温可以降低40~50℃，排烟温度可降低6~10℃。尤其是吹完尾部烟道受热面（如低温再热器、低温过热器、省煤器）之后，空气预热器入口烟温和排烟温度大大降低，提高了锅炉运行的经济性。

必要的吹灰可以改善受热面的状况，但吹灰本身也是一种热损失，增加排烟损失，还可能造成受热面的吹损和腐蚀，有必要对吹灰方式（如通过试验确定最佳吹灰周期）和参数进行优化，主要依据是排烟温度、主蒸汽温度、再热蒸汽温度、省煤器出口水温、减温水量和氧量等。

假定 N_1 表示炉膛短吹灰器（短伸缩吹灰器）数量（对于 300MW 机组，$N_1 = 58$ 只），m_1 表示炉膛短吹灰器的蒸汽流速（65kg/min），t_1 表示炉膛吹灰一次时间（2~3min），t 表示运行一个班的时间（6h），每班吹灰一次，则每天炉膛短吹灰器吹灰的蒸汽流量

$$G_{\mathrm{lt}} = N_1 \times m_1 \times 60 \times \frac{t_1}{60} \times \frac{24}{t} \times \frac{1}{24} = 58 \times 65 \times 60 \times \frac{3}{60} \times 4 \times \frac{1}{24} = 1885 (\mathrm{kg/h})$$

假定 N_2 表示烟道长吹灰器（长伸缩吹灰器）数量（对于 300MW 机组，竖井、水平烟道 42 只，尾部烟道 16 只，合计 $N_2 = 58$ 只），m_2 表示炉膛短吹灰器的蒸汽流速（65kg/min），t_2 表示炉膛吹灰一次时间（7.5min），每班吹灰一次，则每天炉烟道长吹灰器吹灰的蒸汽流量

$$G_{\mathrm{cc}} = N_2 \times m_2 \times 60 \times \frac{t_2}{60} \times \frac{24}{t} \times \frac{1}{24} = 58 \times 65 \times 60 \times \frac{7.5}{60} \times 4 \times \frac{1}{24}$$

$$= 4712.5 (\mathrm{kg/h})$$

假定 N_3 表示空气预热器短吹灰器数量（对于 300MW 机组，$N_3 = 4$ 只），m_3 表示预热器短吹灰器的蒸汽流速（80kg/min），t_3 表示炉膛吹灰一次时间（30min），每班吹灰一次，则每天预热器短吹灰器吹灰的蒸汽流量

$$G_{\mathrm{yr}} = N_3 \times m_2 \times 60 \times \frac{t_3}{60} \times \frac{24}{t} \times \frac{1}{24} = 4 \times 80 \times 60 \times \frac{30}{60} \times 4 \times \frac{1}{24} = 1600 (\mathrm{kg/h})$$

每台 300MW 机组每天吹灰的蒸汽流量

$$G_{\mathrm{ch}} = 1885 + 4712.5 + 1600 = 8197.5 (\mathrm{kg/h})$$

吹灰蒸汽丧失的做功能力

$$\Delta P_{\mathrm{e}} = \frac{G_{\mathrm{ch}}}{3600} (h_3 - h_{\mathrm{c}})$$

$$= \frac{8197.5}{3600} \times (3247.98.6 - 2343.3) = 2060.03 \ (\text{kW})$$

式中　　h_c——汽轮机乏汽的比焓，kJ/kg；

　　　　h_3——吹灰蒸汽的比焓，kJ/kg。

根据吹灰蒸汽压力 2MPa、温度 400℃，查水蒸气表得到 h_3 = 3247.98kJ/kg；根据排汽温度 33℃、干度 0.912，查水蒸气表得到 h_c = 2343.3kJ/kg。

假定 300MW 机组供电煤耗率 b = 330g/kWh，则锅炉满负荷时输入热量 Q_N = 29 308kJ/kg × $\dfrac{300\ 000\text{kW} \times 0.330\text{kg/kWh}}{3600\text{kJ/kWh}}$ = 805 970 kW

因此，发电厂效率的降低值

$$\Delta \eta_e = \frac{\Delta P_e}{Q_N} \times 100\% = \frac{2260.03}{805\ 970} \times 100\% = 0.280\%$$

因此锅炉每天吹灰四次，影响供电煤耗率 = 330g/kWh × 0.280% = 0.924g/kWh。如果每天吹灰一次，则影响供电煤耗率为 0.231g/kWh。

五、锅炉吹灰目前存在的主要问题

（1）吹灰器长期频繁使用、时间长，不但增加机组补水率，而且受热面磨损加剧，管外壁减薄，易造成"四管爆破"，导致停炉。受热面吹损主要发生在炉膛水冷壁、低温过热器及省煤器吊挂管，局部出现在后屏过热器、再热器中。被吹损的部位一般集中吹灰枪管喷口的某一个固定方向上，一旦该方向上某一根或数根管子首先被吹灰爆破，其他受热面管子也会受影响吹损爆破，造成重大的爆管泄漏事故。

（2）吹灰器使用中未按操作规程操作，如吹灰后，不关吹灰手动总门，使吹灰管道及设备长期带压，造成吹灰设备损坏，且随着时间的推移其故障率越来越高，维修费随之增高。

（3）低负荷时吹灰，此时炉膛火焰燃烧不稳定，如果运行人员投入吹灰器的时机、数量不适当，调整风量风压不及时，就有可能造成锅炉灭火，吹落的大焦块也有可能造成灭火事故。

（4）为了强调吹灰效果，吹灰蒸汽设计压力偏高。吹灰蒸汽的压力过高，从喷嘴处喷出的高速流动的蒸汽带着灰粒冲刷受热面管子，管子的磨损速度极快。对此可适当降低吹灰蒸汽压力。

（5）吹灰器进汽阀故障。进汽阀密封面不严，造成内漏，在该吹灰器停止正常吹灰后，仍向炉内喷射蒸汽，使受热面某一部位长期受冲刷减薄而爆破。

（6）吹灰枪故障。吹灰枪弯曲、变形，主要原因是吹灰管长期过热、过烧产生塑性变形；吹灰枪断裂，主要原因是吹灰管接头焊口焊接质量不良，或热处理不当造成焊口断裂，或者吹灰枪长时间不能退出炉膛被高温烧毁发生断裂；吹灰枪进退卡涩，主要原因是吹灰枪密封格兰填料过紧，或吹灰枪弯曲变形。

（7）吹灰器变速传动机械故障。传动机械故障主要原因是润滑不良，机构缺油。

（8）吹灰管烧断后砸坏或卡住捞渣机，这类事故是处于炉膛部位的吹灰器因故障不能退出而被烧断后，直接掉落到冷灰斗下部的捞渣机中，卡住或砸坏捞渣机，导致锅炉不能正常排渣。

（9）吹灰管断裂后砸坏冷灰斗处水冷壁。当在炉膛部位的吹灰管焊口断裂或因故障不能退出被烧断后，掉落到冷灰斗处的水冷壁上。因吹灰器安装部位高，落差大，而吹灰管又较重，就会砸坏水冷壁管，造成泄漏。

（10）吹灰枪管焊口的焊接及热处理不当是造成吹灰器事故的重要原因之一。大型锅炉伸缩式吹灰器的吹灰枪管一般都较长，从数米到 10 余 m 不等。而吹灰枪管大部分都是由不锈钢、耐热合金钢和碳钢等几种不同材料、不同壁厚的异种钢管焊接而成。焊口的焊接和热处理质量及焊后枪管的平直度、同心度等都直接影响吹灰器的运行状态及使用寿命。如果存在这方面的质量问题，则易造成运行中吹灰枪管焊口断裂、吹灰枪管卡涩并最终烧毁。

（11）吹灰蒸汽管道安装时，未留出倾斜坡度或坡度不足，使蒸汽管道内存有大量冷凝水，造成吹灰时雾化的水滴冲蚀受热面或引起受热面热应力变化而缩短使用寿命。

（12）控制系统存在问题。行程开关失灵，主要原因是行程开关因密封不良进汽、进水、进灰使触点接触不良，造成吹灰器进到位后不能及时返回，吹灰枪被烧坏；控制回路故障，主要包括控制线路断路、短路，接线端子脱落、松动，继电器烧毁，压力信号开关失灵等故障，造成吹灰器不能正常退出而烧坏。

六、提高吹灰器投入率的主要措施

（1）吹灰过程应有人就地监视吹灰器的进退情况，吹灰器发生卡涩，要进行手动退出。如短时间处理不好，应及时切断汽源，舍吹灰器保锅炉设备。卡涩原因一是由于吹灰枪管不圆或严重变形，导致吹灰枪管被卡死，使得吹灰器无法进退；二是机械传动部件卡死或磨损。对此，首先要找到对应的吹灰器，手动退出吹灰器。退出吹灰器后要对其各个部件进行全面的检查，如是吹灰枪管或墙箱的问题，要进行修整或更换处理。如是机械传动部件问题要检查吹灰器前棘爪、凸轮导向槽、各种销子、大齿轮，前托轮等的状态，根据检查情况对其进行修复或更换处理。

（2）锅炉负荷在额定负荷 70% 以上方能进行吹灰。吹灰时，应适当提高炉膛负压，保持燃烧稳定，负荷稳定。

（3）根据锅炉受热面积灰情况、煤质情况、锅炉燃烧情况制定合理的吹灰器投入时间。对结焦不严重的部位减少吹灰次数，以减少浪费。锅炉炉膛一般每 24h 吹灰一次，尾部烟道 12h 吹灰一次。

（4）严格按照规程要求进行操作，吹灰结束应将吹灰手动门严密。

（5）定期安排热控和锅炉专业检修人员逐台监控吹灰器运行状况，对吹灰器存在的异常应立即停止吹灰并及时进行检修。

（6）提高吹灰器检修质量，对于吹灰器提升阀门故障，应修复阀门各部件及研磨阀门密封面。对吹灰器定期进行更换盘根或填料。

（7）必须设有专人对吹灰器进行定期维护，加大对吹灰器的维护保养力度。吹灰器的机械传动部分每半年就全面检查润滑油质情况，有必要时取样检测，避免在缺油、油质不合格的情况下运行，保证机械部分不卡涩。

（8）吹灰器选择合适的运行参数。例如某电厂 300MW 锅炉经常因吹灰器吹损受热面而爆管停炉，后将炉膛 IR-3D 吹灰器运行压力从 1.5MPa 调整为 0.4～0.5MPa，将水平烟道 IK545 吹灰器运行压力从 1.28～1.45MPa 调整为 0.6～0.9MPa，将尾部烟道 IK525 吹灰器运行压力从 1.0～1.2MPa 调整为 0.5MPa，再也没有发生因吹灰器原因而爆管停炉事件。

（9）长伸缩式吹灰器（安装位置：锅炉水平及垂直烟道，回转式空气预热器）所有传动部件（一般在刚性大梁内部）、齿轮箱等应全封闭安装，以提高其防尘、防雨水等性能，满足安装运行的环境条件；宜采用齿条传动，传动平稳、坚固、耐磨、可靠且调整方便，更换吹灰管无需整体拆卸吹灰器，通过大梁底部可就地进行操作；齿轮箱宜采用进口润滑脂，可长期（20 年）无需添加；齿轮箱与行走箱宜采用分隔式布置，以防 IE 行走箱内的热量传给齿轮箱而损坏齿轮箱内零件；对于蒸汽吹灰器配套的电动机和电气元件宜分别选用 IP55 和 IP65 防护等级，这一点对于露天布置锅炉尤为重要。

第十二节　空气预热器漏风率的监督

一、空气预热器结构

空气预热器是利用锅炉尾部烟气热量来加热燃烧所需空气的一种热交换装置。由于它工作在烟气温度最低的区域，回收了烟气热量，降低了排烟温度，因而提高了锅炉效率。同时由于燃烧空气温度的提高，有利于燃料的着火和燃烧，减少燃料不完全燃烧热损失。

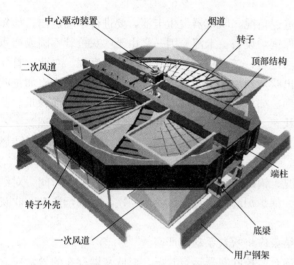

图 12-25　豪顿公司 VNT 空气预热器结构示意图
注：本图为豪顿 VN 空气预热器标准布置。

回转式（或称再生式）空气预热器为烟气和空气交替流过受热面进行热交换，在烟气通过波纹板蓄热元件时，将热量传给波纹板蓄存起来。当冷空气通过波纹板时，波纹板金属再将蓄存热量传给空气，使空气温度升高。回转式空气预热器也称为容克式空气预热器，由于该种预热器由美国人容克发明，故又称容克式。

回转式空气预热器结构紧凑、体积小、金属耗量较少，故在大容量锅炉上广泛采用。但回转式空气预热器结构较复杂，制造工艺要求高，设计维护较好时，漏风率可控制在 5%～10% 范围内。另外由于流通截面较窄，稍有积灰将使其阻力大为增加。其特点是将低压头、大流量的二次风与高压头、小流量的一次风分别加热，有利于经济性提高。

英国豪顿公司 VNT 回转再生式空气预热器的设计目的是提供燃烧所需的热空气以进一步节约燃料，它在相对较小的空间内可装有较大的换热面。豪顿公司 VNT 空气预热器结构见图 12-25。

转子是空气预热器的核心部件，其中装有换热元件。从中心筒向外延伸的主径向隔板将转子分为 24 仓，这些分仓又被二次径向隔板分隔，呈 48 仓。主径向隔板和二次径向隔板之间的环向隔板起加强转子结构和支撑换热元件盒的作用。转子与换热元件等转动件的全部重量由底部的球面滚子轴承支撑，而位于顶部的球面滚子导向轴承则用来承受径向水平载荷。

三分仓设计的空气预热器通过三种不同的气流，即烟气、二次风和一次风。烟气位于转子的一侧，而相对的另一侧则分为二次风侧和一次风侧。上述三种气流之间各由三组扇形板和轴向密封板相互隔开。烟气和空气流向相反，即烟气向下、一次风和二次风向上。通过改变扇形板和轴向密封板的宽度可以实现双密封和三密封，以满足电厂对空气预热器总漏风率和一次风漏风率的要求。

转子外壳用以封闭转子，上下端均连有过渡烟风道。过渡烟风道一侧与空气预热器转子外壳连接，一侧与用户烟风道的膨胀节相连接，其高度和接口法兰尺寸可随用户烟风道布置要求的不同作相应变化。转子外壳上还设有外缘环向密封条，由此控制空气至烟气的直接漏风和烟风的旁路量。

换热元件由薄钢板制成，一片波纹板上有斜波，另一片上除了方向不同的斜波外还有直槽，带斜波的波纹板与带有斜波和直槽的定位板交替层叠。直槽与转子轴线方向平行布置，使波纹板和定位板之间保持适当的距离。斜波与直槽呈 30°夹角，使得空气或烟气流经换热元件时形成较大的紊流，以改善换热效果。由于冷端（即烟气出口端和空气入口端）受温度和燃烧条件的影响最易腐蚀，因而换热元件分层布置，其中，热端和中温段换热元件由低碳钢制成，而冷端换热元件则由等同考登钢制成。

中心驱动装置直接与转子中心轴相连。驱动装置包括主驱动电动机、备用驱动电动机、减速箱、联轴器、驱动轴套锁紧盘和变频器等。水洗时转子以低速旋转。此外，驱动装置还配有手动盘车手柄，以便在安装调试和维修中手动盘车时使用。

过渡烟风道位于转子热端、冷端、烟气侧和空气侧，其作用是将气流导入和引出转子。三分仓布置的风道又被进一步分为二次风道和一次风道。过渡烟风道连接在转子外壳平板以及顶、底结构上，其法兰口大小和型式根据用户烟风道设计并与其相配。

空气预热器的静态密封件由扇形板和轴向密封板组成。扇形板沿转子直径方向布置，轴向密封板位于端柱和转子外壳上，与上、下扇形板连为一体组成一封闭的静态密封面。转子径向隔板上、下及外缘轴向均装有密封片，通过有限元计算和现场的安装调试经验来合理设定这些密封片，可将空气预热器在正常运行条件下的漏风率降至最低。

空气预热器的密封系统由转子径向、轴向、环向以及转子中心筒密封组成，为固定式不可调。

径向密封片安装在转子径向隔板的上、下缘。密封片由 1.6mm 厚的考登钢制成，与 6mm 厚的低碳钢压板一起通过自锁螺母固定在转子隔板上。所有密封片均设计呈单片直叶形。径向密封片用来减小空气到烟气的直接漏风。

轴向密封片和径向密封片一起，用于减小转子和密封挡板之间的间隙。轴向密封片由 1.6mm 厚的考登钢制成，安装在转子径向隔板的垂直外缘处，其冷态位置的设定应保证锅炉带负荷运行以及停炉无冷风时与轴向密封板之间保持最小的密封间隙。轴向密封的固定方式与径向密封片相同。

环向密封条安装在转子中心筒和转子外缘角钢的顶部和底部，其主要功能是阻断因未经过热交换而影响空气预热器热力性能的转子外侧的旁路气流。此外，环向密封还有助于轴向密封，因为它降低了轴向密封片两侧压差的大小。

转子中心筒密封为双密封布置，密封片安装在扇形板上，与中心筒构成密封对。内侧密封由两个 1.6mm 厚等同考登钢制作的圆环组成，两个圆环之间用低碳钢支撑固定，内侧密封直接装到扇形板上。中心筒密封的主要功能是减少空气漏入到大气中。

二、空气预热器漏风率的定义

回转式空气预热器主要由筒形转子和外壳组成，转子是运动部件，外壳是静止部件。动静部件之间肯定有间隙存在，这种间隙就是漏风的渠道。空气预热器同时处于锅炉岛风烟系统的进口和出口，其中空气侧压力高，烟气侧压力低，二者之间存在压力差，这就是漏风的动力。由于压差和间隙的存在造成的漏风，称为直接漏风；另一种漏风叫做结构漏风，又叫做携带漏风，是由于转子内具有一定的容积，当转子旋转时，必定携带一部分气体进入另一侧。其中，直接漏风是空气预热器的主要漏风，约占漏风总量的 75%～85%，而携带漏风占其中的 15%～25%。

空气通过空气预热器漏入烟气侧后，可以造成送风机、一次风机、引风机的电耗增加；当漏风超过送风机的负荷能力时，会使燃烧风量不足，导致锅炉的机械、化学燃烧损失增加，严重时会导致一次风的送粉能力下降，降低机组出力；当漏风超过引风机的负荷能力时，会使炉膛负压维持不住，迫使锅炉降负荷运行；空气预热器的漏风也使得锅炉排烟中的过量空气系数增大，使排烟损失增加，锅炉热效率降低，带来严重的低温腐蚀，达到一定程度后，会造成叶轮积灰，进而威胁机组的安全。

我国过去沿用前苏联的做法，以"漏风系数"，即空气预热器烟气侧出口与入口过剩空气系数之差作为漏风指标。而欧美日等国家大多采用"漏风率"作为漏风指标。随着我国从欧美日等国家引进 300、600MW 的大机组，作为相关的技术指标"漏风率"也被广泛熟知和应用。目前我国的现行标准是以"漏风率"作为衡量漏风的指标。

空气预热器漏风率是指漏入空气预热器烟气侧的空气质量与进入该烟道的烟气质量之比。考核试验计算公式为

$$A_L = \frac{m'' - m'}{m'}$$

式中　m'——空气预热器进口烟气质量，kg/kg；

　　　m''——空气预热器出口烟气质量，kg/kg。

我国 GB 10184《电站锅炉性能试验规程》推荐空气预热器漏风率采用如下公式计算

$$A_L = \frac{\alpha'' - \alpha'}{\alpha'} \times 90\%$$

其中

$$\alpha' = \frac{21}{21 - O_2'}, \alpha'' = \frac{21}{21 - O_2''}$$

式中　α'——空气预热器进口烟气的过量空气系数；

　　　α''——空气预热器出口烟气的过量空气系数。

经验公式为近似计算，不考虑烟气中的水分。经验表明，采用"90%"这个系数，漏风率的计算结果十分接近于以质量为基础确定的漏风率，这两种计算方式得出的漏风率百分比相差±1%。

美国机械工程师学会的性能试验标准 ASME PTC 4.3 规定的空气预热器漏风率表达式

$$A_L = \frac{CO_2' - CO_2''}{CO_2''} \times 90\%$$

其中 CO_2'、CO_2'' 分别为预热器入口和出口烟气中 CO_2 的体积百分比，而漏风率 A_L 是质量百分比，0.9（90%）是一个体积换算成质量的换算系数。对大多数燃料此值（0.9）基本上是正确的，误差不大，故公式是一个经验式或近似公式，已被各国公认。

我国空气预热器漏风率公式是根据美国机械工程师学会标准中采用 CO_2 公式转换来的。从实际测量结果来看，用我国公式算出的漏风率多比用 CO_2 测得的漏风率偏大。

那么，美国公式中 90% 这个数值是如何来的呢，下面进行推导。按锅炉热力计算方法中的有关公式，可以写出对 1kg 燃料所产生烟气质量的计算公式为

$$m = 1 - 0.01A_{ar} + 1.306 \alpha V_0$$

$$V_0 = 0.088\,9C_{ar} + 0.265H_{ar} + 0.033\,3S_{ar} - 0.033\,3O_{ar}$$

式中　　　　　　m——1kg 燃料所产生的烟气质量，kg/kg；

A_{ar}、C_{ar}、H_{ar}、S_{ar}、O_{ar}——燃料的收到基灰分、碳、氢、硫和氧的质量百分数含量，%；

　　　　　　V_0——1kg 燃料完全燃烧所需要的理论空气量，m³/kg；

　　　　　　α——烟气中的过量空气系数。

代入准确计算公式

$$A_L = \frac{m'' - m'}{m'} = \frac{1.306V_0(\alpha'' - \alpha')}{1 - 0.01A_{ar} + 1.306\alpha'V_0}$$

$$= \frac{\alpha'' - \alpha'}{\alpha'} \times \frac{1.306V_0\alpha'}{1 - 0.01A_{ar} + 1.306\alpha'V_0} = \frac{\alpha'' - \alpha'}{\alpha'} \times R$$

式中　$R = \dfrac{1.306 V_0 \alpha'}{1 - 0.01 A_{ar} + 1.306 \alpha' V_0}$

【例 12-6】 威海电厂设计烟煤 $A_{ar} = 17.5\%$、$C_{ar} = 63.0\%$、$S_{ar} = 1.0\%$、$O_{ar} = 8.0\%$、$H_{ar} = 3.0\%$、$N_{ar} = 1.1\%$，烟气中的过量空气系数 $\alpha = 1.2$，求 R 是多少。

解： 1kg 燃料完全燃烧所需要的理论空气量

$$V_0 = 0.088\,9 C_{ar} + 0.265 H_{ar} + 0.033\,3 S_{ar} - 0.033\,3 O_{ar}$$
$$= 0.088\,9 \times 63 + 0.265 \times 3 + 0.033\,3 \times 1 - 0.033\,3 \times 8 = 6.16 \ (\text{m}^3/\text{kg})$$

$$R = \frac{1.306 \times 6.16 \times 1.2}{1 - 0.01 \times 17.5 + 1.306 \times 1.2 \times 6.16}$$
$$= 0.92$$

将我典型煤质带入上述公式，可以求得 $R \approx 0.87 \sim 0.93$，取平均值 0.9。

根据英国 Howden 公司观点，系数 $R = 90$ 是干基转化为湿基的结果，即

$$R = \Big(\frac{1.287\,01}{\rho_g} - 1.601\,1 d_g \Big) \times (1 - d_k) \times 100 = \Big(\frac{1.287\,01}{1.31} - 1.601\,1 \times 0.05 \Big)$$
$$\times (1 - 0.01) \times 100 = 89.3$$

式中　ρ_g——标准干烟气密度，取 1.31kg/m^3；

d_g——在普通烟煤下燃烧情况下，湿烟气含水量，取 0.05kg/kg；

d_k——标准空气的绝对湿度，取 0.01kg/kg。

笔者支持前者结论。

三、空气预热器的技术监督标准

空气预热器的技术监督指标一般为两个：

(1) 阻力特性。烟气侧的阻力 $\leqslant 700 \text{Pa}$；空气侧的阻力 $\leqslant 600 \text{Pa}$。

(2) 空气预热器漏风率。空气预热器漏风率（漏风系数）应每季度（最好每月一次）测量一次，并不允许超过下列规定值：

1) 管式空气预热器为 4%；

2) 板式空气预热器为 7%；

3) 管式预热器漏风系数每级不大于 0.05；

4) 热管式空气预热器漏风系数每级不大于 0.01。

回转式空气预热器漏风率应不超过：

1) 蒸发量为 670t/h 及以下的锅炉为 10%；

2) 蒸发量大于 670t/h 的锅炉为 8%。

目前，回转式空气预热器漏风率一般要求不大于 8%，在 $8\% \sim 10\%$ 可考虑进行检修；高于 10% 时应采用新型密封技术进行改造。

四、空气预热器漏风率的耗差分析

【例 12-7】 某火电厂锅炉额定蒸发量为 907.0t/h，发电机额定功率 300MW，烟煤收到基灰分 $A_{ar} = 17.5\%$、含碳量 $C_{ar} = 63.0\%$、$S_{ar} = 1.0\%$、$N_{ar} = 1.1\%$、$O_{ar} = 8.0\%$、$H_{ar} = 3.0\%$、$M_{ar} = 5.5\%$、低位发热量 $Q_{net,ar} = 23\,470.0 \text{ kJ/kg}$，锅炉实际蒸发量为 700.0t/h，飞灰可燃物 $C_{fh} = 3.0\%$，炉渣中碳的含量 $C_{lz} = 2.5\%$，空气预热器出口氧量 O_2 为 5.0%，送风温度为 20℃、排烟温度为 130℃ 时，烟道漏风系数 $\Delta \alpha$ 为 0.2，排烟一氧化碳含量为 0.051%，配钢球磨煤机，固态排渣。求空气预热器漏风率变化 1 个百分点时对发电煤耗率的影响。

解： (1) $q_4 = \dfrac{337.27 A_{ar}}{Q_{net,ar}} \Big(\dfrac{\alpha_{fh} C_{fh}}{100 - C_{fh}} + \dfrac{\alpha_{lz} C_{lz}}{100 - C_{lz}} \Big) \times 100\%$

$$= \frac{337.27 \times 17.5}{23470} \times \left(\frac{0.9 \times 3}{100 - 3} + \frac{0.1 \times 2.5}{100 - 2.5} \right) \times 100\% = 0.764\%$$

（2）理论干空气量为

$$V_{gk}^0 = 0.089 (C_{ar} + 0.375 S_{ar}) + 0.265 H_{ar} - 0.033 3 O_{ar}$$

$$= 0.089 (63 + 0.375 \times 1) + 0.265 \times 3 - 0.033 3 \times 8 = 6.17 \ (m^3/kg)$$

$$\alpha_{\rho y} \frac{21}{21 - O_2} + \Delta \alpha = \frac{21}{21 - 5} + 0.2 = 1.513$$

理论干烟气量

$$V_{gy}^0 = 1.866 \frac{C_{ar} + 0.375 S_{ar}}{100} + 0.79 V_{gk}^0 + 0.8 \frac{N_{ar}}{100}$$

$$= 1.866 \times \frac{63 + 0.375 \times 1}{100} + 0.79 \times 6.17 + 0.8 \times \frac{1.1}{100} = 6.07 \ (m^3/kg)$$

实际干烟气量

$$V_{gy} = V_{gy}^0 + (\alpha_{py} - 1) V_{gk}^0$$

$$= 6.07 + 0.513 \times 6.17 = 9.24 (m^3/kg)$$

实际干烟气量带走的热量

$$Q_{gy} = V_{gy} c_{pgk} (T_k - t_k) = 9.24 \times 1.3 \times 110 = 1321.3 (kJ/kg)$$

当空气预热器漏风率变化 1 个百分点时，则空气泄漏量 ΔV 带空气泄漏量带走的热量

$$Q_{\Delta V} = \Delta V c_{pgk} (T_k - t_k) = 0.01 \times V_{gy} c_{pgk} (T_k - t_k) = 13.21 kJ/kg$$

式中　ΔV——空气泄漏量，m^3；

c_{pgk}——空气的定压比热容，约等于 1.3 kJ/（m^3K），kJ/（m^3K）；

T_k——空气预热器出口烟气温度，约等于排烟温度，℃；

t_k——空气预热器进口空气温度，℃。

空气预热器漏风热损失

$$\delta q_k = \frac{Q_{\Delta V}}{Q_{ar, net}} = \frac{13.21}{23\ 470} \times 100\% = 0.056\%$$

影响发电煤耗率

$$\Delta b = 0.056\% \times 295 g/kWh = 0.165 g/kWh$$

据统计，300MW 的机组空气预热器的漏风率每增加 0.01 个百分点，一次风机、引风机厂用电合计增加约 0.01 个百分点，将使机组发电煤耗率增加 0.17g/kWh，与计算结果相符。

五、影响空气预热器漏风的因素与对策

1. 影响携带漏风量的因素与对策

根据携带漏风量计算公式

$$X_{xd} = \pi/4 \times (D - d)^2 \times (1 - y) H \times n/60$$

式中　X_{xd}——携带漏风量，m^3/s，一般占空气预热器总漏风量的 20% 左右；

n——空气预热器转子旋转速度，r/min；

D——空气预热器转子直径，m；

d——空气预热器中心筒直径，m；

y——转子内金属所占容积份额；

H——空气预热器转子高度，m。

可以知道影响空气预热器携带漏风量的因素主要有三项：一是转子旋转速度。为了降低结构漏风量，在满足换热性能的前提下，尽量选择较低的转速。因为在转速大于 1.5 r/min 时，提高

转速对传热不再有益。二是转子内金属容积。转子内尽量充满传热元件，但是随着运行时间的延长，传热元件的磨损，转子内金属所占容积份额会略有减少，导致携带漏风量增加；三是预热器转子高度。转子高度越高，漏风量越大，因此转子高度不要留有太多的剩余空间。

从上述分析可以看出，要想减少携带漏风量必须从设计开始，一旦交付电厂使用，电厂要减少携带漏风量的措施很少。

2. 影响直接漏风量的因素与对策

根据直接漏风量计算公式

$$X_{zj} = \sqrt{2/\beta} \times F \times \sqrt{\Delta p \rho / Z}$$

$$\Delta p = p_k - p_y$$

式中　X_{zj}——直接漏风量，kg/s，一般占空气预热器总漏风量的 80% 左右；

β——阻力系数；

F——泄漏间隙面积，m^2；

Δp——空气与烟气侧的压力差，Pa；

p_k——空气预热器空气侧压力，Pa；

p_y——空气预热器烟气侧压力，Pa；

Z——密封道数；

ρ——空气密度，kg/m^3。

可以知道影响空气预热器直接漏风量的因素主要有 5 项：空气密度 ρ、阻力系数 β、密封道数 Z、泄漏间隙面积 F、空气与烟气的压力差 Δp。其中空气密度 ρ 和阻力系数 β 是固定不变；可变的因素只有间隙面积 F、压力差 Δp 和密封道数。而负荷直接影响到压力差 Δp，负荷降低，压力差 Δp 减小。50% 负荷时，压力差 Δp 约为 3000Pa，减少到满负荷的 60%（满负荷时压力差 Δp 约为 5000Pa），但总风量将是满负荷的 200%，因此半负荷时的漏风率是满负荷的 1.5 倍。

半负荷时的漏风率

$$A_{L半} = \frac{X_{zj半}}{2Q}$$

满负荷时的漏风率

$$A_{L满} = \frac{X_{zj满}}{Q}$$

$$A_{L半}/A_{L满} = 2\sqrt{2/\beta} \times F \times \sqrt{3000\rho/Z} / (\sqrt{2/\beta} \times F \times \sqrt{5000\rho/Z}) = 1.5$$

另外减少泄漏间隙，将密封间隙控制在限定范围内，将有效减少预热器直接漏风量。

空气预热器直接漏风量与泄漏间隙面积成正比，与密封道数的平方成反比。在其他条件不变的情况下，空气预热器密封结构单密封改进为双重密封，其直接漏风量降低约 $\left(1-\sqrt{\frac{1}{2}}\right) \times$ 100% = 29.3%。

因此减少直接漏风量的主要措施是：

(1) 安装性能较好的漏风自动控制系统。空气预热器密封装置长期运行后密封片磨损，或者转子变形，导致密封性能差。安装漏风控制系统后，热态运行时，漏风控制系统根据转子变形下垂量的多少，由计算机控制自动提升或下放扇形板外端，使密封间隙始终保持在设定的范围内，从而达到对漏风自动控制的目的。如广东沙角 C 发电厂引进 ABB 公司的漏风控制系统 LCS（leakage control system），对回转式空气预热器热端扇形板与转子径向密封片间的间隙进行自动控制，几年来该装置运行可靠，控制漏风率基本在 10% 以内。

对于运行可靠性低的热段密封间隙自动跟踪控制装置，建议取消，改为固定跟踪密封方式。

（2）径向双密封改造。径向双密封就是每块密封扇形板在转子转动的时候都与两条径向密封片相配合，形成两道密封。径向双密封可以进一步降低空气预热器的烟风侧差压，减少径向漏风。对于 24 分仓结构可改为 48 分仓，改造为双密封结构，如条件限制，可在原径向隔板间增加一道密封，改为简易双密封结构。一次风与烟气间可以采用加宽扇形板等方式，改为三密封结构。在工况相同、间隙相同的情况下，双密封技术可以把泄漏系数降低 30%，漏风量减小 30%。

（3）轴向双密封改造。双轴向密封就是每块轴向密封板在转子转动时与两条轴向密封片配合。轴向双密封可以进一步降低轴向泄漏差压，减少轴向漏风。在轴向隔板上加装轴向密封片，将原有的 24 道轴向密封改造为 48 道密封。

（4）采用柔性接触式密封技术。将空气预热器扇形板调节在某一合理位置，柔性接触式密封组件安装在空气预热器转子径向隔仓板上，在未进入扇形板时，接触式密封滑块高出扇形板 8mm。

（5）调整密封间隙。每次停炉检修都要对自动跟踪调整系统进行全面细致的调校，检修期间严格调整控制预热器密封间隙。间隙过大，漏风量增大；间隙过小，摩擦阻力增加，严重时可能发生卡涩现象。大修和改造时，进行转子找正及扇形板水平度调整工作，确保转子垂直度≤0.05mm/m。如果转子不垂直，就不能保证扇形板、弧形板在同一密封面上，三向（径向、轴向、旁路）密封间隙的调整和控制更无从谈起，因此转子找正是调整密封间隙的前提条件。

（6）清理杂物。如果转子上部或侧面有杂物，就会影响到径向或轴向密封效果。因此每次检修后，应及时清理转子上部或侧面夹层中的杂物。

（7）投运暖风设备。低温腐蚀会破坏传热元件和密封片，增大预热器漏风。因此在运行过程中，按规定投运暖风器或热风再循环设备，控制冷端综合温度在合适值。

（8）及时维护。锅炉计划检修及临时检修过程中，对空气预热器内部蓄热元件波纹板及各处密封片进行检查和维护，及时更换已磨损或已腐蚀的蓄热元件、密封片。

（9）机组长期连续运行过程中，由于入炉煤质灰分、硫分超出设计煤种，空气预热器通流部分发生积灰、堵灰现象，通流部分阻力增加。降低烟气阻力，最好的措施就是预防传热元件堵灰：在预热器设计时，装设吹灰器、水冲洗装置以及风压测量管道；运行中进行正常有效的吹灰，否则，随着运行时间的延长，因积灰堵塞而造成阻力增加和冷端压差增加，空气预热器漏风率升高；在停炉维修时，进行水冲洗，保持受热面清洁，清洗后一定要烘干后再投入使用。

蒸汽吹灰装置应配备疏水温控设备，保证吹灰器进汽阀前蒸汽过热度合格。对于加装燃气脉冲吹灰装置的空气预热器，应保留蒸汽吹灰装置，两套吹灰装置组合使用。根据烟气差压变化情况，适当调整其组合方式，控制烟气差压在合格范围，达到最佳的清洁效果。

空气预热器的烟气阻力一般在 1000～1200Pa 范围内，当空气预热器烟气阻力大于 1.3kPa 时，则应加强吹灰控制；当空气预热器烟气阻力大于 1.5kPa 时，应利用检修机会清除受热面积灰。某电厂 6 号机组（660MW）由于空气预热器漏风率较大，漏风损失造成风机电耗增大。同时，由于空气预热器积灰较为严重，造成部分蓄热片腐蚀，致使机组满负荷时空气预热器烟侧压差高达 2.4～2.5kPa，远高于设计值 1.1 kPa，导致一次风机电耗增大。对此，在机组检修期间，将空气预热器密封装置更换为可调式密封，并更换了已腐蚀损坏的蓄热片，降低了空气预热器漏风率，减少了风烟阻力；同时，将空气预热器蒸汽吹灰替换为乙炔脉冲吹灰装置，优化了吹灰运行方式，使空气预热器积灰得到控制，烟气阻力可以维持在 1.1kPa 以下，降低了风机电耗。

（10）采用特殊管材的管式空气预热器或热管式空气预热器（如卧式搪瓷管式空气预热器）。虽然漏风率很低，但是由于使用寿命短，不宜安装，且器内积灰清除困难，因此在大容量电站锅炉应用方面受到限制。

（11）想方设法提高负荷率。因为随着机组负荷的增加，空气预热器漏风率将逐步减小。

（12）定期进行空气预热器漏风试验以及氧量标定试验，保证漏风试验数据的准确性。

第十三节　除尘器漏风率的监督

一、除尘器漏风率的定义

除尘器漏风率是指电除尘器出口标准状态下的烟气量与进口标准状态下的烟气量之差，与进口标准状态下的烟气量之比，其计算公式为

$$A_e = \frac{Q_2 - Q_1}{Q_1} \times 100\%$$

或者

$$A_e = \frac{\mathrm{RO}_2' - \mathrm{RO}_2''}{\mathrm{RO}_2'} \times 100\%$$

或者

$$A_e = \frac{O_2'' - O_2'}{K - O_2''} \times 100\%$$

以上式中　Q_1——除尘器进口标准状态下的烟气量，m^3/h；

$\quad\quad\quad Q_2$——除尘器出口标准状态下的烟气量，m^3/h；

$\quad\quad\quad A_e$——除尘器漏风率，%；

$\quad\quad\mathrm{RO}_2'$——除尘器进口烟气中 RO_2 成分，%；

$\quad\quad\mathrm{RO}_2''$——除尘器出口烟气中 RO_2 成分，%；

$\quad\quad\quad O_2'$——除尘器进口烟气含氧量，%；

$\quad\quad\quad O_2''$——除尘器出口烟气含氧量，%；

$\quad\quad\quad K$——当地大气中含氧量，%，可根据海拔高度查得，一般情况下，大气中的含氧量按体积比约为 20.6%。

二、除尘器漏风率的监督标准

检查监督时应以检测报告为准，每季测量一次除尘器漏风率，并不允许超过下列规定值：根据 DL/T 1052—2007《节能技术监督导则》规定：

电气除尘器漏风率：小于 300MW 机组除尘器漏风率不大于 5%，大于或等于 300MW 机组除尘器漏风率不大于 3%。

布袋除尘器漏风率不大于 3%。

水膜式除尘器和旋风除尘器等除尘器漏风率不大于 5%。

根据 DL/T 514—2004《电除尘器》，电除尘器漏风率：单台流通面积不大于 $100m^2$ 除尘器（对应小于 300MW 机组）漏风率不大于 5%，单台流通面积大于 $200m^2$ 除尘器漏风率不大于 3%。

三、除尘器漏风的主要危害

（1）从除尘器外部漏入冷空气，使通过除尘器的风速增大，除尘器除尘效率下降，同时导致吸风机电耗增加。

（2）如果从灰斗或排灰装置漏入空气，将使已经收集下的粉尘再次飞扬，也使除尘器除尘效率下降。

（3）除尘器局部漏风，使外界的冷空气进入电除尘器，漏风处就会潮湿结露，导致放电极和

收尘极板结灰栓、灰块，灰块足够大时就会造成阴阳极短路。

四、除尘器产生漏风的原因

除尘器产生漏风的根本原因是除尘器一般是负压运行，一旦除尘器密封不严，就会从外部漏入冷空气。

除尘器产生漏风的另一个原因是除尘器本体及其配件不严密，给漏风创造了条件。除尘器本体及配件不严密包括：

(1) 壳体焊缝漏风；

(2) 箱体连接部位（包括分室隔板）漏风；

(3) 人孔门、检修门密封变形、老化引起不严漏风；

(4) 成卸灰阀漏风；

(5) 灰斗或排灰装置等不严密处漏入冷空气；

(6) 各种阀门漏风。

五、降低电除尘器漏风率的措施

(1) 运行中电除尘器发生故障时，应按运行规程进行处理；对发现的缺陷，要及时填写缺陷记录，通知检修人员及时消除。

(2) 检查除尘器本体、检查门、伸缩节、烟道闸门、各人孔门、绝缘套管、防爆门等处。对于磨透和腐蚀的管道、钢结构体要及时焊补或更换。对于各个检查门、人孔门的密封材料要及时更换，损坏变形的要给予整修，更换零部件或整体更换。或者将现有的电场单层检查门改为双层人孔门，可有效降低或消除检查门的散热效应。

(3) 经常检查螺旋输灰机、斜槽输灰机等密封是否良好，及时更换密封填料；对箱式水封器的法兰结合面填料及时更新。

(4) 检查减速箱，如有渗漏应及时消除。

(5) 更换阴极振打小室、隔离开关室等门、孔的老化的密封条，提高各处的密封性能。

(6) 检修期间检查烟尘连续监测系统，清扫设备的管路系统，保证无泄漏。

(7) 电除尘器设计时保证有良好的密封性，壳体各连接处都要求连续焊接。

(8) 制订科学的放灰制度，放灰要求保留一定的灰封。

第十三章 汽轮机指标的技术监督

第一节 汽轮机的型式与参数系列

一、汽轮机的分类

汽轮机可按工作原理、热力特性、主蒸汽压力等进行分类，见表 13-1。

表 13-1 汽轮机的主要分类

分类	类型	简 要 说 明
按热力特性	凝汽式	进入汽轮机中膨胀做功后的蒸汽，除很少一部分泄漏外，全部排入凝汽器，凝结成水，这种汽轮机称为纯凝汽式汽轮机。在现代汽轮机中，多数采用回热循环。此时，进入汽轮机的蒸汽，除大部分排入凝汽器外，尚有少部分蒸汽从汽轮机中分批抽出，用来回热加热锅炉给水，这种汽轮机称为有回热抽汽的凝汽式汽轮机，简称凝汽式汽轮机
	背压式汽轮机	排汽压力高于大气压力，直接用于供热，无凝汽器的汽轮机称为背压式汽轮机。其排汽可供工业或采暖使用，当其排汽作为其他中、低压汽轮机的进汽时，称为前置式汽轮机
	调节抽汽式汽轮机	在这种汽轮机中，部分蒸汽在一种或两种给定压力下抽出对外供热，其余蒸汽做功后仍排入凝汽器。由于用户对供汽压力和供热量有一定要求，需对抽汽压力进行调节（用于回热抽汽的压力无需调节）。因而汽轮机装备有抽汽压力调节机构，以维持抽汽压力恒定
	中间再热式汽轮机	新蒸汽经汽轮机前几级做功后，全部引至加热装置再次加热到某一温度，然后再回到汽轮机继续做功。这种汽轮机称为中间再热式汽轮机
按工作原理	冲动式汽轮机	按冲动作用原理工作的汽轮机称为冲动式汽轮机。主要由冲动级组成，蒸汽主要在喷嘴叶栅（或静叶栅）中膨胀，在动叶栅中只有少量膨胀
	反动式汽轮机	按反动作用原理工作的汽轮机称为反动式汽轮机。近代反动式汽轮机常用冲动级或速度级作为多级汽轮机的第一级来调节进汽量，但习惯上仍称为反动式汽轮机。主要由反动级组成，蒸汽在喷嘴叶栅（或静叶栅）和动叶栅中都进行膨胀，且膨胀程度相同
	混合式汽轮机	由按冲动原理工作的级和按反动原理工作的级组合而成的汽轮机称为混合式汽轮机
按主蒸汽压力	低压汽轮机	新蒸汽压力为 <1.47MPa
	中压汽轮机	新蒸汽压力为 1.96~3.92MPa
	高压汽轮机	新蒸汽压力为 5.88~9.81MPa
	超高压汽轮机	新蒸汽压力为 11.77~13.73MPa
	亚临界汽轮机	新蒸汽压力为 15.69~18.0MPa
	超临界汽轮机	新蒸汽压力≥22.12MPa
	超超临界汽轮机	新蒸汽压力≥25MPa

此外按汽流方向分类可分为轴流式、辐流式、周流式汽轮机；按用途分类可分为电站汽轮机、工业汽轮机、船用汽轮机；按汽缸数目分类可分为单缸、双缸和多缸汽轮机；按机组转轴数目分类可分为单轴和双轴汽轮机；按工作状况分类可分为固定式和移动式汽轮机等。

二、汽轮机型号

不同的国家，汽轮机产品型号的组成方式是不同的。

1. 中国和俄罗斯的汽轮机型号

中国汽轮机产品型号的组成方式是：

$$型式代号（见表 13-2）\quad 额定功率 \quad - \quad 蒸汽压力/温度（见表 13-3）\quad 变型设计次序$$

俄罗斯汽轮机产品型号的组成方式是：

$$型式代号（见表 13-2）\quad 额定功率/最大连续功率 \quad 主蒸汽压力/抽汽压力（见表 13-3）\quad 变型设计次序$$

表 13-2 汽轮机产品型号的字母代号

代号	中国	N	B	C	CC	—	CB	—	CY
	俄罗斯	K	P	T	—	ПT	TP	П	—
型式		凝汽式	背压式	一次调整抽汽式	二次调整抽汽式	工业、采暖抽汽式	抽汽背压式	工业调整抽汽式	船用式

表 13-3 汽轮机产品型号中蒸汽参数的表示方法

型 式	参数的表示方法	示 例
凝汽式	主蒸汽压力/主蒸汽温度	N100-8.83/535
中间再热式	主蒸汽压力/主蒸汽温度/再热蒸汽温度	N300-16.67/538/538
抽汽式	主蒸汽压力/高压抽汽压力/低压抽汽压力	CC50-8.83/0.98/0.118
背压式	主蒸汽压力/背压	B50-5.43/0.49
抽汽背压式	主蒸汽压力/抽汽压力/背压	CB25-8.83/0.98/0.118

注 功率单位为 MW，压力单位为 MPa，温度单位为℃。中国型号中没有最大连续功率。

俄罗斯的汽轮机型号对于凝汽式汽轮机，蒸汽参数只有主蒸汽压力，没有抽汽压力；对于抽汽式汽轮机，蒸汽参数包括主蒸汽压力和抽汽压力。如 ПT-80/100-12.75/1.27 型表示工业、采暖抽汽式额定功率为 80MW、最大连续功率 100MW，主蒸汽压力 12.75 MPa，抽汽压力 1.27 MPa 的汽轮机。K300-240-2 型表示额定功率为 300MW、主汽压力 23.54 MPa（240ata 即 240kgf/cm²）的第二次变型设计的一次中间再热汽轮机。B12-3.43/0.49 表示额定主汽压力为 3.43MPa（中压）、额定主汽温度为 435℃（中温）、排汽压力 0.49MPa 背压式 12MW 汽轮机。

2. 美国和日本汽轮机型号

日本引进美国技术，并沿用美国汽轮机型号，其组成方式为：

$$轴数 \quad 排汽口数 \quad F—末级叶片高度（in）$$

【例 13-1】 说明汽轮机型号 TC4F-31 的意义。

解： TC4F-31 表示单轴、4 个排汽口，末级叶片高度为 31in（787mm）的汽轮机；CC4F-33.5，表示双轴、4 个排汽口，末级叶片高度为 33.5in（851mm）的汽轮机。

三、汽轮机参数系列

1. 发电用汽轮机参数系列

汽轮机蒸汽参数需要通过全面的技术经济论证才能确定，我国已经投产的汽轮发电机组的蒸汽参数见表 13-4。

表 13-4　　　　　　　　　我国纯凝汽轮发电机组的蒸汽参数

类别		新蒸汽压力（MPa）	新蒸汽温度/再热温度（℃）	新蒸汽流量推荐范围（t/h）	仅凝汽式汽轮机适用的容量等级/相应的大致新蒸汽流量（阀门全开）[MW/（t/h）]
非再热式汽轮机	低压	1.28	340	3.5～10	0.5/3.5　0.75/5　1/10
	次中压	2.35	390	10～20	1/10　1.5/10　3/20
	中压	3.43	435 450	20～120	3/20　6/40　12/70　20/100　25/120
	次高压	4.90	435 450 470	30～150	6/30　12/65　20/90　25/110　35/150
	高压	8.8	535	100～410	25/100　35/140　50/210　100/410
再热式汽轮机	超高压	12.7	535/535	400～670	125/400　150/480　200/670
		13.2	537/537		
	亚临界	16.7	538/538	800～2500	250/800　300/1025　600/2020 700/2350
		17.8	540/540		
	超临界	24.3	538/566	1500～4000	600/2000　700/2300　800/2600 1000/3300
			566/566		
	超超临界	24.2	600/600	≥1800	600/1800　700/2100　800/2400 1000/3000
		≥25	566/566 600/600		

2. 供热汽轮机参数系列

中国已经投产的部分供热机组的蒸汽参数见表 13-5。

表 13-5　　　　　　　　　中国供热机组的蒸汽参数

类别	额定功率（MW）	主蒸汽参数		再热蒸汽温度（℃）	背压绝对压力[MPa（ata）]	调整抽汽绝对压力（MPa）		额定调整抽汽量（t/h）
		绝对压力[MPa（ata）]	蒸汽温度（℃）			第一级	第二级	
背压式	0.5	1.27（13）	340		0.294（3）			
	0.75	1.27（13）	340		0.294（3）			
		2.35（24）	390		0.490（5）			
	1	2.35（24）	390		0.294（3）			
		2.35（24）	390		0.490（5）			
	6	8.83（90）	535		4.02（41）			
	12	3.43（35）	435		0.490（5）			
		8.83（90）	535		1.27（13）			
		8.83（90）	535		4.02（41）			
	25	8.83（90）	535		0.981（10）			
		8.83（90）	535		1.27（13）			
		8.83（90）	535		4.02（41）			

类别	额定功率（MW）	主蒸汽参数		再热蒸汽温度（℃）	背压绝对压力［MPa（ata）］	调整抽汽绝对压力（MPa）		额定调整抽汽量（t/h）
		绝对压力［MPa（ata）］	蒸汽温度（℃）			第一级	第二级	
背压式	50	8.83（90）	535		0.981（10）			
		8.83（90）	535		1.27（13）			
		12.75（130）	535；550		0.981（10）			
		12.75（130）	535；550		1.27（13）			
单抽式	6	3.43（35）	435			0.490		45
	12	3.43（35）	435			0.490		50
	25	8.83（90）	535			0.981		75
		8.83（90）	535			1.27		80
	50	8.83（90）	535			0.118		180
		8.83（90）	535			0.981		160
		8.83（90）	535			1.27		160
	100	8.83（90）	535			0.118		—
	125	13.24（135）	535	535		0.118		—
	200	12.75（130）	535	535		0.118		—
	300	16.18（165）	535	535		0.118		—
		16.67（170）	537	537		0.118		—
双抽式	12	3.5	435			1.0	0.12	50	40
	12	3.5	435			1.0	0.5	40	50
	25	9.0	535			1.0	0.12	60	50
	25	9.0	535			3.7	1.0	90	65
	50	9.0	535			1.0	0.12	125	90
	50	9.0	535			1.3	0.12	140	100
	50	9.0	535			4.1	1.3	75	120
	50	13.0	550			1.3	0.12	115	85

四、超临界机组

水的临界点蒸汽参数是：压力 22.129MPa，温度为 374.15℃。在临界点的水和蒸汽的比重完全相同，其差别也完全消失了。因此依靠水和蒸汽混合物的比重差维持锅炉水循环流动的自然循环锅炉失去了存在的基础，取而代之的是直流锅炉和复合循环直流锅炉。事实上，在临界点的液相和汽相间的转变是在连续渐变中完成的，在变化过程中，不存在汽液共存的饱和段。当水的温度高于 374.15℃时，都是过热蒸汽，不存在液态水。当水蒸气参数值大于临界状态点时，称其为超临界参数。因此，当水的温度高于临界温度时（如 400℃），都是过热蒸汽，不存在 375℃以上的液态水。

当汽轮机进口蒸汽参数小于并接近临界点蒸汽参数时，称为亚临界。

当汽轮机进口参数高于临界参数的汽轮发电机组称为超临界机组。超超临界是20世纪90年代提出来的一个商业性概念，不同国家对超超临界的定义不完全相同。国际上一般将压力达到27MPa且蒸汽温度达到580℃的机组称为超超临界机组。1993年，日本最早提出超超临界机组为主蒸汽压力≥24.2MPa，主蒸汽温度≥593℃；丹麦提出超超临界机组为主蒸汽压力≥27.5MPa，丹麦史密斯公司开发了参数为30.5MPa，582/600℃、容量为400MW的超超临界机组。该机组采用一次中间再热，机组设计效率为49%，是迄今为止世界上热效率最高的火电机组。德国西门子公司20世纪末设计的超超临界机组，容量在800～1000MW范围内，蒸汽参数为27.5MPa，589/600℃，机组净效率在45%以上。而美国则认为超超临界是指压力达到30MPa，温度达到593℃以上的参数，并且具有二次再热的热力循环。如1957年美国第一台超超临界125MW试验机组投产，安装在俄亥俄州的费洛电厂，机组参数为31MPa/621℃/566℃/566℃。

我国电力百科全书认为超超临界机组为主蒸汽压力≥27MPa。2003年，我国"国家高技术研究发展计划（863计划）"项目"超超临界燃煤发电技术"，以及《超临界及超超临界机组参数系列》（GB/T 28558—2012）中均定义超超临界参数为汽轮机进口压力≥25MPa，主蒸汽温度≥593℃之后，由于门槛较低，我国制造商普遍认可了这个商业性观念，离国际上真正意义上的超超临界机组差距较大。我国第一台超超临界机组是1000MW机组，该机组主蒸汽参数为25MPa/600/600℃。国外主要超超临界机组见表13-6。

表13-6　　　　　　　　　国外主要超超临界机组一览表

国家	电站	容量 (MW)	参数 (MPa/℃/℃/℃)	布置型式	燃烧方式	水冷壁型式	投运时间	机/炉制造商
美国	Philo 6	125	31/621/566/538	π形	对冲	垂直管屏	1957	CE/B&W
	Eddystone 1号	325	34.3/649/565/565	π形	四角切圆	垂直管屏	1959	WH/CE
	Schwarze Pump1、2	874	26.4/544/560	半塔形	八角双切圆	螺旋管圈	1997/1998	Siemens/Alstom
	Lippendorf R	950	26.5/580/600	半塔形	八角双切圆	螺旋管圈	2000	Siemens/Alstom
	Niederaussem K	1025	26.5/576/599	半塔形	八角双切圆	螺旋管圈	2002.11	Siemens/Alstom
日本	川越（Kawagoe）1、2号	700	31/566/566/566	π形	八角双切圆	垂直管屏	1989.6/1990.6	Toshiba/MHI
	橘湾（Tachibana Wan）1、2号	1050	25.9/600/600	π形	对冲	螺旋管圈	2000.7/2000.12	MHI/BHK
丹麦	Skaerback 3号	415	29/582/580/580	半塔形	四角切圆	螺旋管圈	1997	Alstom/Smith
	Nordiyllabds 3	415	29/582/580/580	半塔形	四角切圆	螺旋管圈	1998.10	Alstom/Smith
	Avedore 2	415	30.5/580/580	半塔形	四角切圆	螺旋管圈	2000	Alstom/Smith

注　Alstom：法国阿尔斯通公司；BHK：巴布科克—日立公司；MHI：日本三菱重工；Toshiba：日本东芝公司；Smith：丹麦史密斯公司；Siemens：德国西门子公司；B&W：美国巴布科克—威尔科克斯公司；CE：美国通用电气公司；WH：美国西屋公司。

五、主蒸汽参数对汽轮机循环热效率的影响

常规亚临界机组的典型参数为16.7MPa/538℃/538℃，其发电端效率约为38%～39%，供电端效率 37.9%；超临界机组的典型参数为 24.1MPa/538℃/538℃，其发电端效率约为 41%～42%，供电端效率 40.94%；超超临界 600MW 机组的典型参数为 25MPa/600℃/600℃，其发电端效率约为 44.40%，供电端效率 42%；28MPa/600℃/600℃，其发电端效率约为 44.76%；31MPa/566℃/566℃/566℃，其供电端效率 42.8%。在超超临界机组的参数条件下，主蒸汽压力每提高 1MPa，机组热耗率就可下降 0.13 个百分点；主蒸汽温度每提高 10℃，机组热耗率就可下降 0.20 个百分点；再热蒸汽温度每提高 10℃，机组热耗率就可下降 0.16 个百分点；采用二次再热机组热耗率可再下降 1.43 个百分点。表 13-7 列出了主蒸汽压力和主蒸汽温度变化对汽轮机循环热效率的影响值。

表 13-7　　　　　　主蒸汽压力和主蒸汽温度变化对汽轮机循环热效率的影响

项目	压力（MPa）	主蒸汽温度（℃）	再热蒸汽温度（℃）	汽轮机热耗差（kJ/kWh）	汽轮机热耗降低相对值（%）	汽轮机循环热效率降相对提高值（%）
压力变化	25	580	600	0	0	0
	28	580	600	−41.2	−0.56	0.56
	31	580	600	−77.7	−1.05	1.05
	25	600	600	0	0	0
	28	600	600	−42	−0.571	0.571
	31	600	600	−80	−1.08	1.08
温度变化	25	580	600	0	0	0
	25	600	600	−40.2	−0.54	0.54
	28	580	600	0	0	0
	28	600	600	−41	−0.56	0.56
	31	580	600	0	0	0
	31	600	600	−42.5	−0.58	0.58

从表 13-7 可以看出，对于同一种主蒸汽温度 580℃和再热蒸汽温度 600℃，主蒸汽压力由 25MPa 升高到 28MPa，汽轮机循环热效率相对提高了 0.56 个百分点；主蒸汽压力再升高到 31MPa，汽轮机循环热效率继续提高（1.05−0.56）＝0.49 个百分点，增幅有减小的趋势。对于同一种主蒸汽压力 25MPa，主蒸汽温度从 580℃提高到 600℃，汽轮机循环热效率相对提高了 0.54 个百分点；在其他压力下，主蒸汽温度提高 20℃，汽轮机循环热效率相对提高值增幅不大。从压力变化和温度变化比较来看，主蒸汽温度提高 20℃和主蒸汽压力提高 3MPa，对汽轮机热耗率和循环热效率结果是相同的。

在一定范围内，汽轮机的主蒸汽温度每提高 20℃，机组热耗率一般下降 0.53%～0.59%；再热蒸汽温度每提高 20℃，机组热耗率一般下降 0.3%～0.4%；若主蒸汽温度或再热蒸汽温度同时再提高 30℃，机组热耗率可再下降 1.1%左右。在同样压力下，若采用二次再热，经济性将比一次再热进一步降低机组热耗 1.0%～1.5%，见表 13-8，但是管道布置及控制复杂，需要解决大量的技术难题。而且汽轮机系统造价将增加 10%～15%，电站总投资要增加 4%～7%。

表 13-8 再热蒸汽参数对机组效率的影响

序号	汽轮机参数	参数级别	再热次数	机组效率（％）
1	25MPa/560℃/560℃	普通超临界	一次再热	45
2	30MPa/600℃/600℃	超超临界	一次再热	47.5
3	35MPa/700℃/700℃	超超临界	一次再热	51.0
4	30MPa/600℃/600℃/600℃	超超临界	二次再热	48.5
5	35MPa/700℃/720℃/720℃	超超临界	二次再热	52.5

第二节 汽轮机通流部分内效率

一、汽轮机通流部分内效率的定义

汽轮机通流部分内效率是指通流部分的实际焓降与等熵焓降之比。

汽轮机通流部分内效率是通过各个缸效率来表现的。高、中、低压缸效率的算术平均值，近似等于汽轮机的整机相对内效率。汽缸效率是监测汽轮机经济运行的重要指标。汽缸的相对内效率定义为缸实际焓降与理想焓降之比，即

$$\eta_{gx} = \frac{P_{gi}}{P_{ai}} = \frac{\Delta h}{\Delta h_t}$$

式中　P_{gi}——汽缸的内功率，kW；

　　　P_{ai}——汽缸的理想功率，kW；

　　　Δh_t——缸的理想焓降，kJ/kg；

　　　Δh——缸实际焓降，kJ/kg；

　　　η_{gx}——汽缸的相对内效率，x 表示高压缸时为 h，中压缸时为 i，低压缸时为 l，％。

通常高、中压缸的效率计算可以通过测量高、中压缸进出口的压力、温度等热力参数，并由水蒸气表查出相应的焓熵值，即可计算得出。

汽轮机缸的相对内效率计算公式为

$$\eta_{gx} = \frac{h_{x1} - h_{x2}}{h_{x1} - h_{x2t}}$$

式中　h_{x1}——汽轮机高（中）压缸进汽焓，kJ/kg；

　　　h_{x2}——汽轮机高（中）压缸排汽焓，kJ/kg；

　　　h_{x2t}——汽轮机高（中）压缸排汽等熵膨胀终点焓，kJ/kg。

但由于低压缸排汽处于湿蒸汽区，其压力和温度不再是相互独立的参数，另外还需要蒸汽的干度才能确定低压缸排汽焓。由于目前蒸汽的干度还难以在现场进行精确地测量，低压缸排汽的焓值还无法通过常规方法得到，故低压缸效率也不易求得。因此本节不讨论低压缸效率的计算问题。

【例 13-2】 某电厂 300MW 机组设计参数见表 13-9，求高、中压缸的相对内效率。

表 13-9 **300MW 机组设计参数**

工况名	单位	额定负荷	工况名	单位	额定负荷
负荷	MW	300.029	负荷	MW	300.029
凝汽器压力	kPa	4.900	中压缸进汽压力	MPa	3.210
主蒸汽压力	MPa	16.700	中压缸进汽温度	℃	538.00
主蒸汽温度	℃	538.00	中压缸排汽压力	MPa	0.790
高压缸排汽压力	MPa	3.570	中压缸排汽温度	℃	335.086
高压缸排汽温度	℃	317.6	中压缸效率	%	92.24
高压缸效率	%	86.18	热耗率	kJ/kWh	7921

解：（1）高压缸效率的计算

由于主蒸汽压力 16.7MPa，主蒸汽温度 538℃，查蒸汽焓熵图，16.7MPa，538℃点左侧对应的主蒸汽焓 $h_{h1}=3397.36kJ/kg$，该点对应下方的熵值 $s_{h1}=6.41kJ/(kg\cdot K)$。

汽轮机高压缸排汽压力 3.57MPa，高压缸排汽温度 317.6℃，查蒸汽焓熵图，3.57MPa，317.6℃点左侧对应的高压缸排汽焓 $h_{h2}=3021.95kJ/kg$。

根据 $6.41kJ/(kg\cdot K)$ 和 3.57MPa 的交点，查焓熵图得到对应的等熵焓值 $h_{h2t}=2961.17kJ/kg$。

因此，不考虑阀门节流损失的汽轮机高压缸效率为

$$\eta_{gh}=\frac{h_{h1}-h_{h2}}{h_{h1}-h_{h2t}}\times100\%=\frac{3397.36-3021.95}{3397.36-2961.17}\times100\%=86.07\%$$

（2）中压缸效率的计算。由于中压缸进汽压力为 3.21MPa，中压缸进汽温度为 538℃，查蒸汽焓熵图，3.21MPa，538℃点左侧对应的蒸汽焓 $h_{i1}=3539.1kJ/kg$，该点对应下方的熵值 $s_{i1}=7.31kJ/(kg\cdot K)$。

中压缸排汽压力 0.79MPa，中压缸排汽温度 335.086℃，查蒸汽焓熵图，0.79MPa，335.086℃点左侧对应的中压缸排汽焓 $h_{i2}=3131.3kJ/kg$。

根据 $7.31kJ/(kg\cdot K)$ 和 0.79MPa 的交点，查焓熵图得到对应的等熵焓值 $h_{i2t}=3097.78kJ/kg$。

因此，不考虑阀门节流损失的汽轮机中压缸效率为

$$\eta_{gi}=\frac{h_{i1}-h_{i2}}{h_{i1}-h_{i2t}}\times100\%=\frac{3539.1-3131.3}{3539.1-3097.78}\times100\%=92.40\%$$

与设计效率产生的误差主要在于计算过程中焓熵值采用了简化的水汽性质计算软件求得焓熵值，而不是在焓熵表上直接查得的。

二、缸效率的监督标准

对排汽为过热蒸汽的高压缸通流部分内效率和中压缸通流部分内效率每月测试一次，并与设计值进行比较、分析，以测试报告数据作为监督依据。

要求高压缸效率不低于设计效率 3 个百分点，中压缸效率不低于设计效率 2 个百分点，低压缸效率不低于设计效率 1 个百分点。

三、缸效率的耗差分析

1. 半经验公式法

各汽轮机制造厂、西安热工研究院等单位，通过研究汽轮机各缸效率对热耗率的影响，得到很多计算公式。由于公式复杂，在此只介绍上海发电设备成套所推导的缸效率与机组热耗关系

式。热耗可用下式表示

$$q = \frac{3600Q_b}{Q_h\eta_h + Q_i\eta_i + Q_l\eta_l}$$

式中　Q_b——锅炉吸热量；

　　　Q_h——高压缸的折算理想热降；

　　　Q_i——中压缸的折算理想热降；

　　　Q_l——低压缸的折算理想热降；

η_h、η_i、η_l——分别为高、中、低压缸的内效率。

假定锅炉吸热量不变，对该式进行对数微分，得：

$$\frac{dq}{q} = -\left(\frac{Q_h d\eta_h}{Q_h\eta_h + Q_i\eta_i + Q_l\eta_l} + \frac{Q_i d\eta_i}{Q_h\eta_h + Q_i\eta_i + Q_l\eta_l} + \frac{Q_l d\eta_l}{Q_h\eta_h + Q_i\eta_i + Q_l\eta_l} \right)$$

$$= -\left(\frac{KW_h}{KW_h + KW_i + KW_l} \times \frac{d\eta_h}{\eta_h} + \right.$$

$$\left. \frac{KW_i}{KW_h + KW_i + KW_l} \times \frac{d\eta_i}{\eta_i} + \frac{KW_l}{KW_h + KW_i + KW_l} \times \frac{d\eta_l}{\eta_l} \right)$$

式中　KW_h、KW_i、KW_l——高、中、低压缸的出力。

上式只适用于非再热式机组，且未考虑前缸对后缸的影响，为此需做下列修正。

（1）再热后的高压缸内效率变化对热耗的影响减小一些，这是因为高压部分内效率提高后，高压部分出力增加 ΔKW_h，但同时再热器的入口焓下降；在不影响再热器出口状态下，再热器吸热量必须等量增加 $3600\Delta KW_h$，换言之，高压部分效率提高 $\Delta\eta_h$，实际收益仅为

$$\Delta KW_h' = \left(1 - \frac{3600}{q}\right)\Delta KW_h$$

（2）中压缸效率提高后，会降低低压缸进汽温度，增加排汽湿度，从而使低压缸部分内效率恶化；而且使低压部分的抽汽量有不同程度的增加，因此中压缸内效率提高所带来的好处，并不全部转移到机组的热耗上去，因此中压缸内效率部分应乘以小于 1 的因子 β。对于再热凝汽式机组，可取 $\beta = 0.70 \sim 0.75$。

综上所述，再热凝汽式汽轮机组的热耗与各部分内效率的关系式可以写成

$$\delta q = \frac{dq}{q} = -\left[\frac{\left(1 - \frac{3600}{q}\right)KW_h}{KW_h + KW_i + KW_l} \times \frac{d\eta_h}{\eta_h} + \right.$$

$$\left. \frac{\beta KW_i}{KW_h + KW_i + KW_l} \times \frac{d\eta_i}{\eta_i} + \frac{KW_l}{KW_h + KW_i + KW_l} \times \frac{d\eta_l}{\eta_l} \right]$$

【例 13-3】　某引进型 300MW 机组，额定工况 $\eta_h = 87.07\%$、$\eta_i = 92.25\%$、$\eta_l = 88.79\%$，$KW_h = 89\ 550kW$、$KW_i = 81\ 859kW$、$KW_l = 137\ 570kW$，$KW_h + KW_i + KW_l = 308\ 979kW$，$q = 7921kJ/kWh$，求缸效率变化对机组热耗的影响。

解： 将已知数据代入上式得

$$\delta q = -(0.158\ 1\delta\eta_h + 0.192\ 1\delta\eta_i + 0.445\ 2\delta\eta_l)$$

可见高压缸内效率每变化 1%，热耗就变化 0.158 1%；中压缸内效率每变化 1%，热耗就变化 0.192 1%；低压缸内效率每变化 1%，热耗就变化 0.445 2%。

根据不同厂家提供的计算公式，计算各种机组高压缸效率 η_h、中压缸效率 η_i、低压缸效率 η_l 变化对机组热耗率 q 变化关系结果列于表 13-10。

表 13-10　　　　　　缸效率变化 1%对机组热耗率的影响（半经验公式法）

机组类型	η_h 与 q 变化关系（%）	η_i 与 q 变化关系（%）	η_l 与 q 变化关系（%）	备　注
国产 125MW	0.1650	0.359 3	0.314 8	热工院公式，缸效率为相对变化值
国产 200MW	0.1769	0.3520	0.3084	热工院公式，缸效率为相对变化值
国产 300MW	0.1671	0.3644	0.2747	热工院公式，缸效率为相对变化值
国产 300MW	0.1687	0.3049	0.2789	上海成套所公式，缸效率为相对变化值
引进型 300MW	0.2065	0.2995	0.5016	上汽厂公式，缸效率为绝对变化值
引进型哈三 600MW	0.2051	0.2874	0.4492	哈汽厂公式，缸效率为绝对变化值
引进型吴泾 600MW	0.2051	0.2814	0.4492	上汽厂公式，缸效率为绝对变化值
600MW 超临界机组	0.12	0.18	0.42	上汽厂公式，缸效率为绝对变化值

2. 简化的等效热降法

（1）根据等效热降理论，循环吸热量为

$$Q = h_1 + \alpha_{zr}(h_{zr} - h_{zl}) - h_{fw} = h_1 + \alpha_{zr}(h_{zr} - h_1) + \alpha_{zr}(h_1 - h_{zlt})\eta_{gh} - h_{fw}$$

式中　h_1——新蒸汽焓值，kJ/kg；

h_{zr}——再热器热段蒸汽焓值，kJ/kg；

h_{zl}——再热器冷段蒸汽焓值，kJ/kg；

h_{zlt}——高压缸等熵膨胀排汽焓值，kJ/kg；

α_{zr}——再热蒸汽份额，%；

η_{gh}——高压缸效率，%；

h_{fw}——给水焓值，kJ/kg。

当各缸相对内效率变化时，由于认为主蒸汽、再热段蒸汽参数及给水焓值不变，因此循环吸热量变化为

$$Q = \alpha_{zr}(h_1 - h_{zlt})\eta_{gh}$$

（2）根据等效热降理论，1kg 新蒸汽等效热降为

$$H = (h_1 - h_{zlt})\eta_{gh} + (h_{zr} - h_n)\eta_{gil} - \sum_{j=1}^{z}\tau_j\eta_j$$

式中　h_{zlt}——低压缸等熵膨胀排汽焓值，kJ/kg；

τ_j——1kg 水在第 j 级加热器中的焓升，kJ/kg；

η_j——第 j 级抽汽效率，%；

z——机组中加热器的总级数；

η_{gil}——中压缸平均效率，%。

当各缸相对内效率变化时，可以认为 $\sum_{j=1}^{z}\tau_j\eta_j$ 不变，因此新蒸汽等效热降量变化为

$$H = (h_1 - h_{zlt})\eta_{gh} + (h_{zr} - h_n)\eta_{gil}$$

（3）高压缸相对内效率变化热经济分析模型。由于认为再热热段蒸汽参数保持不变，因此当高压缸相对内效率变化时，不会由于重热作用的影响，而使中低压缸相对内效率发生变化。所以

高压缸相对内效率变化对新蒸汽等效热降的影响为

$$H = (h_1 - h_{zlt})\eta_{gh}$$

循环吸热量变化为

$$Q = \alpha_{zr}(h_1 - h_{zlt})\eta_{gh}$$

系统实际循环热效率相对变化为

$$\delta\eta = \frac{\Delta H - \Delta Q\eta_i}{H + \Delta H}$$

（4）中低压缸相对内效率变化热经济分析模型

如果认为再热热段蒸汽参数保持不变，所以当高压缸相对内效率变化时，不会由于重热作用的影响，而使中低压缸相对内效率发生变化。

$$Q = 0$$

$$H = (h_{zr} - h_{i2t})\eta_{gil}$$

系统实际循环热效率相对变化为

$$\delta\eta = \frac{\Delta H - \Delta Q\eta_i}{H + \Delta H}$$

【例 13-4】 对于引进型 300MW 机组，原始设计资料：额定功率 $P_N = 300MW$，主蒸汽流量 $D_{ms} = 907.03t/h$，再热蒸汽流量 $G_{rh} = 745.35t/h$，凝结水流量 $D_n = 544.70t/h$，主蒸汽额定压力 $p_{ms} = 16.7MPa$，主蒸汽额定温度 $t_{ms} = 538℃$，汽轮机中压缸排汽压力 0.79MPa，中压缸排汽温度 335.086℃，中压缸排汽焓 $h_{i2} = 3131.3kJ/kg$。低压缸排汽湿蒸汽焓 $h_n = 2343.3kJ/kg$。设计热耗率为 7921kJ/kWh，发电煤耗率 $b = 295g/kWh$，试计算缸效率变化 1 个百分点时对热经济性的影响。

解：（1）根据上例求缸效率时，我们已经得到

高压缸

$$h_{h1} - h_{h2t} = 3397.36 - 2961.17 = 436.19 \ (kJ/kg)$$

中压缸

$$h_{i1} - h_{i2t} = 3539.1 - 3097.78 = 441.32 \ (kJ/kg)$$

机组热效率

$$\eta = \frac{3600}{7921} = 0.454\ 5$$

新蒸汽等效热值

$$H = \frac{P}{D_{ms}\eta_m} = \frac{300\ 000 \times 3600}{907\ 030 \times 0.99} = 1202.73 \ (kJ/kg)$$

（2）高压缸相对内效率变化 1 个百分点时

$$H = (h_1 - h_{zlt})\eta_{gh} = 436.19 \times 1\% = 4.36(kJ/kg)$$

$$Q = \alpha_{zr}(h_1 - h_{zlt})\eta_{gh} = \frac{745.35}{907.03} \times 436.19 \times 1\% = 3.58(kJ/kg)$$

$$\delta\eta = \frac{4.36 - 3.58 \times 0.454\ 5}{1202.73 + 4.36} \times 100\% = 0.226\%$$

（3）中压缸相对内效率发生变化，则

$$Q = 0$$

$$H = (h_{zr} - h_{nt})\eta_{gi} = 441.32 \times 1\% = 4.41(kJ/kg)$$

$$\delta\eta = \frac{4.41 - 0}{1202.73 + 4.41} \times 100\% = 0.365\%$$

（4）低压缸相对内效率发生变化。

$$Q = 0$$

$$H = (h_{i2} - h_n)\eta_{gl} = (3131.3 - 2343.3) \times 1\% = 7.78(\text{kJ/kg})$$

$$\delta\eta = \frac{7.78 - 0}{1202.73 + 7.78} \times 100\% = 0.643\%$$

根据热平衡法求得低缸效率变化对机组热耗率的影响结果见表 13-11。

表 13-11 　　　　　　　低缸效率变化 1 个百分点对机组热耗率的影响

机组类型	单位	低压缸效率	机组类型	单位	低压缸效率
200MW	kJ/kWh	32.1	600MW 北重 ALSTOM 分缸超临界	kJ/kWh	30.0
	%	0.3 889		%	0.400 6
300MW 引进型	kJ/kWh	41.5	600MW 哈汽—三菱 合缸超临界	kJ/kWh	38.2
	%	0.523 9		%	0.503 4
600MW 上汽高中压分缸	kJ/kWh	37.7	1000MW 上汽—西门子 分缸超临界	kJ/kWh	30.1
	%	0.484 7		%	0.411 5
600MW 哈汽高中压合缸	kJ/kWh	38.3			
	%	0.487 5			

注　按缸效率变化 1% 的绝对值进行分析。

四、影响高、中压缸效率的因素与对策

（1）调节级压力损失。调节级压力损失大导致调节级效率低。调节级压力损失主要由调节汽门的节流损失和调节级喷嘴喉部面积决定的。如果调节汽门存在节流损失大或调节级喷嘴通流面积大，造成调节级压力降低，高压缸效率也随之降低。更换新型调节级喷嘴，调节级效率平均提高 10 个百分点以上，高压缸效率可提高 2 个百分点。

（2）调节级效率。调节级功率占高压缸功率的 20% 左右，每降低 1%，高压缸效率下降 0.2%。调节级效率低的重要原因是调节级动叶叶顶及叶根汽封径向间隙设计值偏大。动叶叶顶与汽缸、隔板与叶轮之间有一定的间隙，造成漏汽损失。为了减少漏汽损失，在隔板顶部和动叶顶部分别安装隔板汽封和叶顶汽封。改进措施是：将原调节级单齿镶嵌式汽封改为多齿可退让汽封，新设计制造的喷嘴在叶顶出汽边再增加一道多齿汽封；在保证安全的基础上，径向间隙缩小为 0.75mm。

另外调节级喷嘴组损伤也会影响到调节级效率。

（3）汽轮机通流效率。由于部分电厂在大修时过多地考虑了启动时的安全性，而忽视机组运行过程中的经济性，人为地将汽封间隙调大，致使汽封漏汽量增大，减少了本级通过叶栅做功的蒸汽流量。而且这股汽流由于不是以正确的速度和方向进入下一级，扰乱下一级入口汽流，造成级效率降低。以高压缸为例，计算表明，当隔板汽封的径向间隙变化而其他间隙不变时，间隙每变化 0.1mm，级的相对内效率下降 0.17 个百分点；当叶顶汽封的径向间隙变化而其他间隙不变时，间隙每变化 0.1mm，级的相对内效率下降 0.11 个百分点。将高、中压缸的梳齿迷宫汽封更换为可调整汽封，高压缸效率可提高 1 个百分点以上，中压缸效率可提高 2 个百分点以上。

通流部分结垢（抽汽口压力、轴向位移、汽水品质）也会导致通流效率下降。汽封磨损，漏汽量大（高、中缸上、下缸温差大，汽缸变形；运行控制不当，轴系振动大；汽轮机进水转子碰磨等），也会导致通流效率下降。

（4）夹层漏汽量大。对于高中压合缸结构，调节级后蒸汽通过高压缸前轴封漏至高压内外缸夹层，然后分为 2 部分，一部分通过中压缸进汽平衡盘漏至中压缸，一部分则沿高压内缸夹层漏

至高压缸排汽口。高压缸进汽的导汽管漏汽也通过夹层漏至排汽口。通常这部分漏汽造成一部分蒸汽未经过高压缸做功，使高压缸效率降低。

(5) 上下汽缸温差。由于上下汽缸温差的存在，引起了平衡活塞汽封体变形，造成动静部分碰摩使汽封间隙远远大于 0.75mm 的设计值，使大量的主蒸汽漏入到中压缸，造成高压缸做功能力降低。

为了减少上下汽缸温差大的问题，可在高压缸高压持环（隔板套）下半挡汽环镶嵌阻汽片，将原 20mm 间隙缩小到 2~4mm。试验表明，某电厂将此间隙调整为 4mm，上、下缸温差控制在 40℃之内；若将此间隙缩小至 2mm，上、下缸温差可控制在 30℃之内。

(6) 高压缸排汽温度。高压缸排汽温度上升，使锅炉再热器冷段入口参数偏离设计值，再热器减温水量增大，高压缸效率低。

(7) 汽水品质。严格控制汽水品质，禁止水质中的二氧化硅和氧含量超标，防止机组通流部分隔板、叶片腐蚀和结垢。

(8) 调节汽门重叠度。要定期分析调节汽门重叠度是否合理。调节汽门重叠度过大会造成较大的节流损失，影响缸效率。调节汽门重叠度应通过试验确定和调整。

(9) 阀门泄漏。加强汽轮机主要阀门的参数变化的日常监控，如高、低压旁路后以及通风阀后温度等，发现异常升高，应分析是否泄漏。

(10) 调节阀运行方式。低负荷应尽量单阀运行。避免高负荷时，尽量在调节阀点运行，避免大范围、长时间的节流运行。对于亚临界 300MW 机组，每 2% 的高压进汽节流压损，将导致 1% 的高压缸效率下降。

(11) 抽汽参数。汽轮机各抽汽参数直接体现汽轮机缸内运行状况，日常分析中要根据各参数的变化来掌握高、中压缸效率变化情况。

(12) 级组的静叶片形线差。高压缸、中压缸的静叶片应采用后加载高效新叶形。

五、影响低压缸效率的因素和对策

(1) 汽封漏汽。低压缸端部汽封采用接触式汽封，叶顶使用蜂窝汽封。

(2) 叶形损失大。应选用马刀形动静叶。

(3) 末级叶片损失大。应更换成经济性和安全性更好的末级长叶片。

(4) 低压进汽导流板损坏，需要更换。

(5) 低压缸中的各级子午流道不光滑，需要更换为光滑的通道子午面。

(6) 低压段抽汽温度高。需要改进低压内缸中分面螺栓的热紧规范，中分面结合要严密。300MW 机组、600MW 超临界机组存在低压 5、6 号抽汽的温度比设计值高 20~50℃的问题。主要原因一是低压导汽管内套管与低压内缸结合面法兰有裂纹造成泄漏；二是低压缸的汽封间隙过大造成的。应采取如下治理措施：

1) 水平面加密封键。

2) 更换轴向密封条，轴向非密封面补焊，减小配合间隙。

3) 在隔板套凹槽位置补焊，使圆周膨胀间隙缩小。

4) 将隔板套结合面螺栓全部更换成材质高一个等级的螺栓。

第三节 凝汽器真空的监督

一、冷端系统的基础知识

1. 凝汽器

将汽轮机排汽冷凝成水的一种换热器，称为凝汽器。凝汽器主要用于汽轮机动力装置中，分为水冷凝汽器和空冷凝汽器两种。凝汽器除将汽轮机的排汽冷凝成水供锅炉重新使用外，还能在汽轮机排汽处建立真空和维持真空。凝汽器的分类方式有多种，主要方式见表13-12。

表 13-12 凝汽器的分类

分类依据	类别	定义
冷却水的流动方式	单流程	冷却水在管内流过一个流程就排出凝汽器
	双流程	冷却水在管内流过两个流程就排出凝汽器
蒸汽凝结方式	表面式（间壁式）	排汽在冷却管外冷凝成液体，冷却水在管内流动
	混合式（也称接触式）	排汽与冷却水直接接触并被冷凝成液体
	空气冷却式	排汽在冷却管内冷凝成液体，空气在管外横掠流过
与汽轮机排布位置的关系	下向布置式	布置在低压缸下面
	侧向布置式	布置在低压缸侧面
	整体布置式	与低压缸做成整体
与汽轮机轴线的关系	横向布置	冷却管中心线与汽轮机轴线垂直
	纵向布置	冷却管中心线与汽轮机轴线平行
冷却水供水方式	直流供水	冷却水一次性使用
	循环供水	冷却水循环使用
冷却水进水方式（有无垂直隔板）	单一制（单道制）	水室中间无垂直隔板，在同一壳体内冷却水通过单根进水管进入一个水室
	对分制（双道制）	水室中间有垂直隔板，在同一壳体内冷却水通过两根进水管进入带分隔板的一个水室或两个独立的水室
冷却水流程数	单流程	冷却水在管内只流过一个单程就排出
	双流程	冷却水在管内流过一个往返后才排出
凝汽器壳体数	单壳体	采用单个壳体
	多壳体	采用两个及以上壳体
凝汽器背压	单背压	汽轮机只有一个排汽压力
	多背压	汽轮机有多个排汽压力

水冷表面式凝汽器主要由壳体、管束、热井、水室等部分组成。汽轮机的排汽通过喉部进入壳体，在冷却管束上冷凝成水并汇集于热井，由凝结水泵抽出。冷却水（又称循环水）从进口水室进入冷却管束并从出口水室排出。为保证蒸汽凝结时在凝汽器内维持高度真空和良好的传热效果，还配有抽气设备，它不断将漏入凝汽器中的空气和其他不凝结气体抽出。抽气设备主要有射水抽气器、射汽抽气器、机械真空泵和联合真空泵等。

与单背压凝汽器不同，多背压凝汽器是将凝汽器的汽室分隔成多个独立部分，各低压缸排汽分别进入各自的汽室，冷却水串联通过各自汽室。由于各个汽室冷却水进口温度不同，造成各汽室压力不同，汽轮机各低压缸分别在不同的背压下运行。多背压凝汽器节能的主要机理是：①多背压的平均背压低于同一条件下的单压凝汽器；②低背压侧凝结水流过高背压侧凝汽器，得到高背压侧回热，从而提高最终凝结水温度。这里必须注意，为了发挥多背压凝汽器节能功效，凝汽器冷却水必须首先从低背压凝汽器进入，最后从高背压侧凝汽器流出。

空冷表面式凝汽器空气借助风机在管束外侧横向通过或自然通风，而蒸汽在管束内流动被冷凝成水。为提高管外传热，这种凝汽器均采用外肋片管。它的背压比水冷凝器高得多。

2. 压力与大气压力

单位面积上所受到的垂直作用力称为压力，用符号 p 表示。压力的国际单位为帕斯卡（Pa），$1N/m^2=1Pa$。

大气压力：地球表面大气自重所产生的压力，又称气压，其符号为 p_{atm}。标准大气压力 $p_{atm}=101.325kPa$。

在电力工业中，机组参数多用兆帕（MPa），$1MPa=10^6Pa$。

工程大气压的单位为 kgf/cm²，常用符号 at 表示。$1at=98\,066.5Pa$。

传统压力单位是毫米汞柱，$1mmHg=133.33Pa$

3. 绝对压力和表压力

容器内工质本身的实际压力称为绝对压力，即以完全真空作为参考压力测得的压力，用符号 p_a 表示；工质的绝对压力与大气压力的差值为表压力（简称表压），用符号 p_g 表示。因此，表压力就是我们用表计（弹簧压力表或液柱 U 形管）测量所得到的压力。绝对压力和表压力之间的关系为

$$p_a=p_g+p_{atm} \text{ 或 } p_g=p_a-p_{atm}$$

这里需要提及的是电厂现场仪表测量的压力基本上都是表压力，而制造厂提供的设备压力参数都是绝对压力。因此在测试汽轮机热耗时，应同时测量大气压力，在表压力读数上再加上当地大气压力，然后再查焓熵表或修正曲线。

一般表压力单位后加（g）表示，而绝对压力单位后加（a）表示；如果是表压力可以不再注明。例如某 680MW 超超临界机组铭牌上的低压缸排汽压力 4.147/5.095kPa（a），主蒸汽进汽压力 25MPa（a）等，都表示是绝对压力。

4. 排汽压力和背压

在电力工业中汽轮机在低压缸中做完功后的蒸汽所具有一定绝对压力。排汽压力是指工质在汽轮机中做功后排汽平面处（凝汽器第一排冷却水管上游 300mm 处）的平均静压力，也叫凝汽器压力，用 p_k 表示。

背压是用于描述系统排出的流体在出口处的绝对压力，在电力工业中背压是相对于汽轮机的蒸汽而言的，背压就是凝汽器喉部排汽的绝对压力。

湿冷机组设计背压为 4.6～6.1kPa，空冷机组设计背压为 15～19.6kPa，比湿冷机组汽轮机背压高出 10kPa，约使供电煤耗率高出 15～20g/kWh。

背压分为设计背压和实际背压。设计背压是设计汽轮机时计算或规定出来的背压；实际背压是汽轮机运行中实际所具有的背压，亦称作运行背压。对于空冷机组，设计背压又可分为最高容许背压、最高满发背压（夏季背压）、额定背压、阻塞背压。最高容许背压是指保证汽轮机长期、安全运行所许可的最高背压；或者说，在各种不利工况下容许汽轮机长期运行的最高背压。最高满发背压是指汽轮机在最大进汽流量下，可以达到额定功率时的最高背压。额定背压是指在额定工况下，汽轮机达到额定功率时的背压。平常所说的设计背压往往仅指额定背压。阻塞背压是指在进汽流量和参数一定的情况下，汽轮机的功率随着背压的降低而增加，当背压降至某一值时，功率不会再增加，此时的背压就叫作阻塞背压。在这种工况下，汽轮机末级出口轴向排汽达到临界状态，末级出口压力达到极限值，功率达最大值，热耗达最低值，但是汽轮机的安全性能受到考验；同时由于阻塞背压所对应的凝结水温度只有 38.9℃，见表 13-13，尤其在冬季，环境温度较低的情况下，空冷凝汽器的防冻问题也显得尤为突出。因此，尽管在阻塞背压工况下经济性最好，但并不是最安全的工况。

不同的进汽流量和参数有不同的阻塞背压值。这也是衡量汽轮机性能的重要技术指标之一。例如达拉特发电厂 600MW 亚临界直接空冷机组额定负荷下的设计背压如下：最高容许背压 60kPa、最高满发背压 30kPa、额定背压阻塞背压 15kPa、阻塞背压 6.18kPa。例如达拉特电厂 N600-16.67/538/538 直接空冷机组在设计参数见表 13-13。

表 13-13　　　　　　　　　N600-16.67/538/538 直接空冷机组设计参数

项　　目	THA 工况 （额定工况）	TRL 工况 （夏季工况）	TMCR 工况 （最大连续工况）	VWO 工况 （阀门全开工况）	TMCR 阻塞 背压工况
机组出力（MW）	600.1	600.1	636.53	658.56	647.64
机组热耗率（k/kWh）	8040	8378.4	8022	8016.3	7885.3
主蒸汽压力（MPa）	16.67	16.67	16.67	16.67	16.67
背压（kPa）	15	30	15	15	6.95
凝结水温度（℃）	54	69.1	54	54	38.9

5. 饱和温度和排汽饱和温度

一定压力下汽水共存的密封容器内，液体和蒸汽的分子在不停地运动，有的跑出液面，有的返回液面。当从水中飞出的分子数数目等于因相互碰撞而返回水中的分子数时，这种状态称为动态平衡。处于动态平衡的汽、水共存的状态叫饱和状态。在饱和状态时，液体和蒸汽的温度相同，这个温度称为饱和温度。

汽轮机低压缸的排汽处于汽、水共存的动态平衡状态，因此低压缸的排汽温度，叫作排汽饱和温度，用符号 t_s 表示。

排汽饱和温度与排汽压力不是线性关系，两者存在如下关系

$$t_s = 57.66 \times \sqrt[7.46]{p_k/0.009\,806\,5} - 100$$

【例 13-5】 已知排汽压力 $p_k = 4.9$kPa，求排汽饱和温度。

解： 排汽饱和温度

$$t_s = 57.66 \times \sqrt[7.46]{4.9/0.009\,806\,5} - 100$$

$$= 57.66 \times \sqrt[7.46]{499.669} - 100 = 32.63 \ (℃)$$

查水蒸气性质饱和温度表：32.63℃时对应的排汽压力为 4.93kPa

反之，排汽压力与饱和温度存在如下关系

$$p_k = 0.009\,806\,5 \times \left(\frac{100 + t_s}{57.66}\right)^{7.46}$$

有了这个计算公式，就可以不再查表，而是直接计算出。

6. 真空与凝汽器真空

当容器中的压力低于大气压力时，把低于大气压力的部分称为真空，用符号 p_v 表示。真空和表压之间的关系为

$$p_v = p_{atm} - p_a$$

凝汽器真空是大气压力与排汽压力（绝对压力）之差值，也用符号 p_v 表示。

凝汽器真空（kPa）＝当地大气压力－汽轮机背压值

因此，真空是正值，不能用负号表示。

真空值不但受到大气压力表和真空压力表误差影响，而且由于大气压力表和真空压力表读数大小接近，真空值又很小，因此，得到的真空值准确度差。而背压表测量的是排汽的绝对压力，

不受读数接近的大气压力表和真空压力表误差影响，因此准确度高。同时，由于背压表测量误差小，测出的凝结水过冷度值准确度也较高。

对于表压力为正值，特别是表压力数值很大时，大气压力变化对工程设计影响很小，一般不计大气压力变化的影响。但是当所测压力低于大气压力，即表压力为负值，此时大气压力变化对机组经济性的影响不可忽视。在国内安装的所有进口国外整套发电设备中，凝汽器压力已广泛采用绝对压力（即背压）测量法，也叫背压表。绝对压力测量装置消除了随时空变化的大气压力影响。原因在于绝对压力测量装置在其结构上都设有绝对真空状态的一侧腔室，绝对真空是绝对压力测量装置测量的基准线。

例如某厂 300MW 机组设计背压为 5.4kPa，在 300MW 负荷，循环水温度 20℃时，真空压力表读数为 95.1 kPa，大气压力约 103kPa，运行人员满足于真空压力表读数。而凝汽器绝对压力实际上已经达到 7.9kPa，超过设计值 2.5kPa。显然，真空压力表的读数误导了运行人员，机组处于不经济运行状态。采用背压表后，直接显示凝汽器背压是 7.9kPa，一看就知道凝汽器排汽压力偏高，真空度差，这样的指示便于运行人员做出合适的判断和正确调整，因此建议安装背压表。

7. 真空度

由于机组安装所处地理位置不同，单独用汽轮机真空的绝对数进行比较难以确定机组真空的好与差，所以用真空度来反映汽轮机凝汽器真空的状况。

凝汽器真空度是指汽轮机低压缸排汽端（凝汽器喉部）的真空占当地大气压力的百分数，用符号 k_v 表示，即

$$k_v = \frac{p_v}{p_{atm}} \times 100\%$$

【例 13-6】 某凝汽器水银真空表的读数为 712mmHg，大气压力计读数为 750mmHg，标准大气压为 101 325Pa，求凝汽器真空、背压和真空度。

解： 真空

$$p_v = 712mmHg = 712 \times 133.33Pa = 94.931kPa$$

大气压力

$$p_{atm} = 750mmHg = 750 \times 133.33Pa = 99.998kPa$$

背压

$$p_a = p_{atm} - p_v = 99\ 998 - 94\ 931Pa = 5.07kPa$$

真空度

$$k_v = \frac{p_v}{p_{atm}} \times 100\% = \frac{94.931}{99.998} \times 100\% = 94.93\%$$

【例 13-7】 气压计的读数为 2700hPa，当时的大气压力为 755mmHg，试求气体的绝对压力是多少？

解： 压力单位换算

$$p_{atm} = 755 \times 133.33Pa = 1006.64hPa$$

绝对压力

$$p_a = p_g + p_{atm} = 2700 + 1006.64 = 3706.64 \ (hPa)$$

二、真空的耗差分析

凝汽器性能变差，表现为机组真空度降低。凝汽器性能变差的主要原因有：冷却水进口温度升高、冷却水流量降低、凝汽器汽侧空气聚积量增大、冷却管脏污（主要是水侧），凝汽器热负

荷增大、凝汽器冷却面积不足等。对于机组真空较差，且达不到设计要求，要进行凝汽器性能诊断试验，以判别机组真空差的原因。

1. 公式计算

当其他各个参数均保持不变，排汽压力为 p_c，并忽略汽轮机相对内率、变化值时，则汽轮机热耗率的相对变化为

$$\frac{\Delta q}{q}=\frac{\Delta t_s}{t_h-t_s}\times 100\%$$

$$\Delta q=q'-q$$

$$\Delta t_s=t_s'-t_s$$

式中 q、q'、Δq——额定蒸汽参数下汽轮机热耗率、蒸汽参数变化后热耗率和变化值，kJ/kWh；

t_h——额定蒸汽参数下汽轮机吸热平均温度，℃；

t_s、t_s'、Δt_s——额定蒸汽参数下排汽饱和温度、蒸汽参数变化后排汽饱和温度和变化值，℃。

对于亚临界 300MW 机组，当主蒸汽温度 $t_h=538℃$、排汽饱和温度 $t_s=32.63℃$（$p_c=4.93kPa$），当排汽饱和温度升高到 $t_s'=36.06℃$（$p_c=5.93kPa$）时

$$\frac{\Delta q}{q}=\frac{36.06-32.63}{538-32.63}\times 100\%=0.679\%$$

如果 300MW 机组设计发电煤耗率约为 297.42g/kWh，因此当排汽压力 p_c 增加 1kPa 时，发电煤耗率增加 297.42×0.679%=2.02g/kWh。

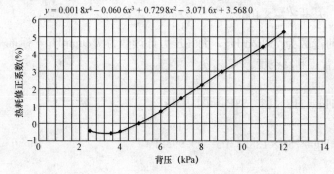

$y=0.001\ 8x^4-0.060\ 6x^3+0.729\ 8x^2-3.071\ 6x+3.568\ 0$

图 13-1 N135-13.24/535/535 型汽轮机背压修正曲线

2. 曲线修正法

（1）N135 超高压机组。根据东方汽轮机厂提供的 N135-13.24/535/535 型中间再热凝汽式汽轮机背压修正曲线（设计热耗率为 8157kJ/kWh，设计发电煤耗率为 305g/kWh，见图 13-1）。当背压为 4.9kPa 时，热耗修正系数为 0，当背压为 8kPa 时，热耗修正系数为 2.2%，而且背压在某一范围内与热耗率的关系是一条直线，设背压为 xkPa，热耗修正系数为 y，则背压与热耗修正系数的关系可写为

$$\frac{2.2-0}{8-4.9}=\frac{0-y}{4.9-x}$$

化简上式得

$$y=-3.477\ 4+0.709\ 7x$$

对 y 求导，则

$y'=-0.709\ 7\%$，即背压每变化 1kPa，热耗率变化 0.709 7%，发电煤耗率也随着变化 0.709 7%，发电煤耗率增加 2.16g/kWh。

（2）N300 亚临界机组。某电厂 300MW 亚临界机组，设计热耗为 7956.68kJ/kWh，额定排汽压力 5.4kPa，凝汽流量 546.67t/h，背压修正曲线见图 13-2。假设负荷 250MW，排汽流量：

$\dfrac{250}{300} \times 546.67 = 455.56$（t/h），统计运行排汽压力为 6.8kPa。查图 13-2 曲线得 $C_k = 1.73\%$。

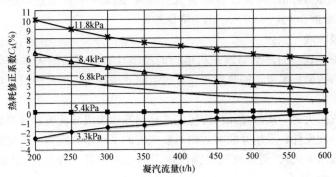

图 13-2　300MW 机组背压修正曲线

排汽压力变化引起的热耗变化量

$$\Delta q = C_k q_0 = 7956.68 \times 1.73\% = 137.65 \text{kJ/kWh}$$

排汽压力变化 1kPa，热耗变化

$$1 \times \frac{137.65}{6.8 - 4.9} = 98.32 \text{kJ/kWh}$$

以反平衡法计算发电煤耗率变化

$$b = \frac{98.32}{29.308 \eta_{bl} \eta_{gd}} = \frac{98.32}{29.308 \times 0.922 \times 0.99} = 3.68 \text{（g/kWh）}$$

当然，在额定负荷下，排汽压力变化 1kPa，发电煤耗率变化将小于 3.68g/kWh。

（3）N660 超临界机组。某电厂 660MW 超超临界机组额定主汽门前蒸汽压力/温度为 25MPa/600℃，额定主汽门前蒸汽流量为 1792.5t/h，额定再热蒸汽温度为 600℃，额定低压缸排汽平均压力为 4.6kPa，额定工况净热耗为 7342kJ/kWh，锅炉效率 93.9%，则发电煤耗率 $b_f = 269.48$g/kWh 低压缸排汽压力对热耗影响的修正曲线见图 13-3。模拟曲线得到如下公式

$$y = -0.029\,87x^3 + 0.180\,93x^2 + 0.416\,53x + 0.000\,00$$

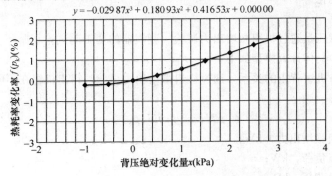

图 13-3　660MW 机组背压修正曲线

$$f(p_k) = -0.028\,97x^3 + 0.180\,93x^2 + 0.416\,53x$$

式中　$f(p_k) = \dfrac{\Delta q}{q}$

$$x = p'_k - p_k$$

对发电煤耗率修正量为 $f(p_k) b_f$。

根据上述修正公式，当低压缸排汽压力从 4.6kPa 增加 5.6kPa 时，$x = 1$kPa，$f(p_k) = $

0.568 5%，发电煤耗率增加 0.568 5/100×269.48＝1.53g/kWh

一般说真空每降低 1kPa，或者近似地说真空度每下降一个百分点，热耗约增加 0.6%～0.7%，发电煤耗率增加 0.6%～0.7%，出力降低约 1%。

三、真空的监督标准

对于汽轮机来说，真空的高低对汽轮机运行的经济性有着直接的关系，真空高，排汽压力低，有效焓降较大，被循环水带走的热量越少，机组的效率越高。因此一般来说，真空越高机组越经济。

测量汽轮机排汽压力的一次测量元件应优先选择网笼探头或导流板静压测针。通常在每个凝汽器喉部安装四个一次元件，采用并联方式测量凝汽器的平均排汽压力（传统的凝汽器真空测量为凝汽器喉部壁面取压方式）。测量汽轮机排汽压力的二次测量元件优先选用绝对压力变送器，精度等级不低于 0.1 级。

对于具有多压凝汽器的汽轮机，先求出各凝汽器排汽压力所对应蒸汽饱和温度的平均值，再折算成平均排汽压力所对应的真空值。单压凝汽器直接测量排汽压力 p_k（kPa）。

对于双压凝汽器，先计算蒸汽凝结温度

$$t_s = \frac{t_{s1} - t_{s2}}{2}$$

然后求得双压凝汽器的平均排汽压力

$$p_k = f(t_s)$$

真空的监督标准为：真空不小于相应循环水进水温度或环境温度下的设计值＋0.8kPa。

真空度的监督标准为：对于闭式循环水系统，统计期凝汽器真空度的平均值不低于 92%。对于开式循环水系统，统计期凝汽器真空度的平均值不低于 94%。循环水供热机组仅考核非供热期，背压机组不考核。

对于空冷机组，统计期凝汽器真空度的平均值不低于 85%。对于 75% 负荷，上述所有真空度应再增加 1 个百分点。

四、冷端系统优化

1. 最佳运行背压

机组最佳运行背压是通过机组微增出力试验、凝汽器的变工况试验和循环水泵等设备耗功试验经优化计算得出，具体计算模型如下：

（1）微增出力与机组背压的关系。通过机组微增出力试验，得出机组在不同负荷下，微增出力与背压的关系

$$\Delta N_T = f_1(N, p_k)$$

式中 ΔN_T——机组微增出力，kW；

N——机组负荷，kW；

p_k——机组背压，kPa。

（2）凝汽器变工况特性。由试验可以得出当前循环水温度条件下，机组在不同负荷时，凝汽器压力与循环水流量的关系，当循环水温度改变时，可以由凝汽器变工况计算结果予以修正，即

$$p_c = f_2(N, t_1, D_w)$$

式中 p_c——机组背压，kPa；

N——机组负荷，kW；

t_1——冷却水进口温度，℃；

D_w——冷却水流量，m³/h。

（3）凝汽器冷却水流量和循环水泵耗功。循环水泵运行方式分别为两泵高速、一高一低、两机三高、两机两高一低、单泵高速、两机一高一低和单泵低速运行时，得出凝汽器冷却水流量和循环水泵耗功的关系为

$$N_\mathrm{p} = f_3(D_\mathrm{w})$$

式中　N_p——真空泵和循环水泵耗功，kW；

　　　D_w——冷却水流量，$\mathrm{m^3/h}$。

（4）最佳运行背压计算。最佳运行背压是以机组功率、冷却水进口温度和冷却水流量为变量的目标函数，在量值上为机组功率的增量与循环水泵耗功增量之差最大时的凝汽器压力，即

$$F(N, t_1, D_\mathrm{w}) = \Delta N_\mathrm{T} - \Delta N_\mathrm{p}$$

在数学意义上，当 $\dfrac{\partial F(N, t_1, D_\mathrm{w})}{\partial D_\mathrm{w}} = 0$ 时，凝汽器冷却水流量对应的机组背压为最佳值，即

$$\frac{\partial f_1(N, p_\mathrm{k})}{\partial p_\mathrm{k}} \times \frac{\partial p_\mathrm{k}}{\partial D_\mathrm{w}} = \frac{\partial \Delta N_\mathrm{p}}{\partial D_\mathrm{w}}$$

求解上式即可得出一定循环水温度条件下机组的最佳背压和相应的冷却水流量。根据此冷却水流量及时调整循环水泵运行方式，以提高机组运行的热经济性。

减少循环水量可以降低耗电量，但是这会使汽轮机的真空恶化，增加热量损失；在蒸汽参数和流量不变的情况下，提高真空会使蒸汽在汽轮机中的可用焓增大，相应地增加发电机的输出功率。但是在提高真空的同时，需要向凝汽器多供冷却水，从而增加循环水泵的耗电量。因此应确定一个最有利的冷却水量（或称最有利真空）。最有利真空就是指由于凝汽器真空的提高，使汽轮机功率增加与循环水泵多耗的电量之差为最大值时的真空。最有利真空要通过试验的方法来

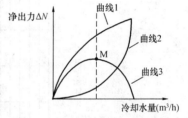

图 13-4　最有利真空的确定

确定。如图 13-4 所示，曲线 1 表示当进入凝汽器的凝汽量和冷却水进水温度不变时，由于冷却水量的增大而引起汽轮发电机所多发的电量；曲线 2 表示在同样条件下，由于冷却水量的增大而引起循环水泵所多耗用的电量；曲线 3 是曲线 1 和曲线 2 之差，它表示了在凝汽量和冷却水进水温度不变时，由于冷却水量的增大，所获得的净收益（净出力）ΔN。当净出力 ΔN 为最大时，所对应的真空（对应的 M 点的真空）就是最有利真空。

实际运行中，根据凝汽量和冷却水进口温度来选用最有利真空下的冷却水量，换句话说，就是合理调度循环水泵台数和容量。影响凝汽器最有利真空的主要因素是：进入凝汽器的蒸汽流量、汽轮机排汽压力、冷却水的进口温度、循环水水量、汽轮机的出力变化和循环水泵耗电量等。某 300MW 机组最佳背压曲线见图 13-5。

2. 循环水泵运行方式

某 2×600MW 超临界机组，每台机组配套双壳体、单流程、双背压表面式凝汽器，凝汽器冷却水系统采用循环供水冷却方式；每台机组配套 2 台循环水泵，以满足不同季节和不同负荷时凝汽器对冷却水量的要求。1 号机组和 2 号机组的循环水管道之间加设联络管，根据冷却水进口温度及机组负荷的变化，循环水泵最初设计运行方式有：一机一泵、两机三泵和一机两泵三种方式。

（1）根据优化调整试验，确定某 600MW 机组循环水泵定速情况下的最佳运行方式，见图 13-6。

（2）根据优化调整试验，确定某 600MW 机组循环水泵双速情况下的最佳运行方式，见图 13-7。

（3）根据优化调整试验，确定某 600MW 机组循环水泵变频情况下的最佳运行方式，见图 13-8。

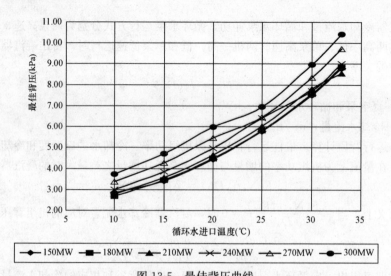

图 13-5 最佳背压曲线

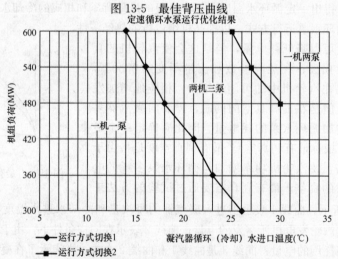

图 13-6 600MW 机组循环水泵定速情况下的最佳运行方式

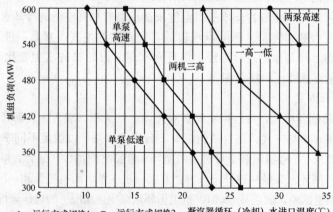

图 13-7 600MW 机组循环水泵双速情况下的最佳运行方式

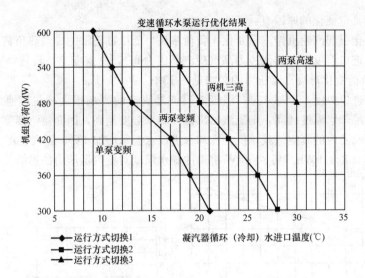

图 13-8　600MW 机组循环水泵变频情况下的最佳运行方式

（4）三种最佳运行方式的经济性比较。三种最佳运行方式的经济性对比结果见表 13-14。

表 13-14　　　　　　　　　　　三种最佳运行方式的机组净出力对比结果

机组负荷（MW）	双速与定速比较（kW）	变频与定速比较（kW）	变频与双速比较（kW）
600	99	74	−25
540	151	122	−29
480	229	202	−27
420	312	358	46
360	321	461	140
300	367	589	223

注　净出力变化，负号为降低。

五、影响湿冷机组真空的因素与对策

凝汽器真空度与循环水进口温度、循环水量、凝汽器清洁度、凝汽器真空严密性及负荷等指标有关。气候变化等因素引起凝汽器真空降低及真空系统泄漏均会引起热耗率、煤耗率上升。300MW 机组各种影响因素对凝汽器真空的影响量见表 13-15。

表 13-15　　　　　　　　　300MW 机组各种影响因素对凝汽器真空的影响量

主要影响因素	因素变化	影响凝汽器压力（kPa）	影 响 趋 势
凝汽器冷却水进口温度	1℃	0.34	冷却水进口温度越高，凝汽器压力的单位温度变化值越大
凝汽器冷却水流量	−10%	0.41	冷却水流量越小，每降低 10% 水量对凝汽压力的影响量越大，随着冷却水温度升高，相同水量变化引起的压力变化越大
真空严密性	100Pa/min	0.1～0.21	漏入空气流量较小时，凝汽器压力变化小；当漏入空气流量超过临界值后，凝汽器压力变化大，且与真空严密性呈线性变化关系
凝汽器冷却管清洁系数	−0.1	0.23	冷却水温度越低，相同清洁系数下降值使得凝汽器压力升高值越小
凝汽器热负荷	10%	0.36	冷却水进口温度越高，热负荷增加使得凝汽器压力变化值越大
凝汽器冷却面积	−10%	0.21	随着冷却面积增大，凝汽器压力降低值越小
真空泵工作水进口温度	10℃	0.65～1	工作水温度超过 40℃，凝汽器压力明显升高；严密性越差，凝汽器压力升高值越大

影响凝汽器真空变化的原因有：

（1）负荷变化引起汽轮机排汽量变化。负荷率高，低压缸正常的排汽热负荷高，在一定的冷却水量和冷却水进口温度下，排汽压力高（凝汽器压力高），真空变差。负荷每变化10%，真空变化0.4kPa，负荷变化对凝汽器压力的影响见图13-9。

（2）冷却水进口温度。冷却水进口温度对凝汽器真空的影响很大，在其他条件相同的情况下，凝汽器入口冷却水温度越高，则凝汽器出口冷却水温度越高，因而排汽温度也越高。凝汽器压力高，所以凝汽器内的真空值就越低。冷却水进口水温每增加1℃，凝汽器真空下降0.34kPa，影响供电煤耗率0.82g/kWh。某300MW机组冷却水温度对凝汽器压力的影响关系见图13-10。

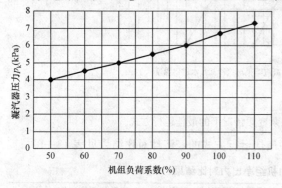

图13-9　300MW机组负荷与凝汽器压力的关系曲线
注：冷却水进口温度 $t_1 = 20℃$。

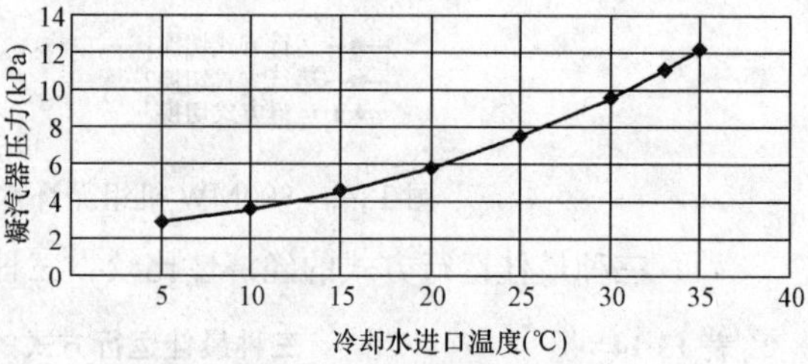

图13-10　某300MW机组冷却水进口
温度对凝汽器压力的影响

（3）冷却水量变化。在相同负荷下，若凝汽器冷却水出口温度上升，即冷却水进、出口温差增大，说明凝汽器冷却水量不足，应增开一台冷却水泵。在其他参数相同的情况下，如果循环冷却水流量不足，凝汽器真空则下降。冷却水流量每减少10%，凝汽器真空下降0.41kPa，影响供电煤耗率0.984g/kWh。冷却水流量不足的现象是：同一负荷下凝汽器冷却水进出口温差增大。冷却水流量与凝汽器压力之间的关系见图13-11和表13-16。

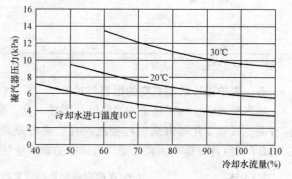

图13-11　冷却水流量与凝汽器压力变化的关系

表13-16　　　　　　　　随冷却水流量变化凝汽器的压力　　　　　　　　kPa

冷却面积（m²） ＼ 冷却水流量（m³）	25 000	27 000	28 800	32 000
16 000	7.64	7.17	6.81	6.43
17 000	7.46	7.00	6.66	6.28
18 000	7.30	6.86	6.52	6.14
19 000	7.17	6.73	6.41	6.03

冷却水流量不足直接导致冷却水温升的增加，最终使机组真空降低。冷却水流量不足的主要原因有：循环水泵本身出力不足；循环水系统阻力增大。

（1）循环水泵本身出力不足：机组投产年代早，循环水泵叶轮的型线较老，加上循环水泵运行时间长，叶轮磨损、气蚀等原因导致出力不足，效率降低，循环水泵的实际出力比设计要求偏小许多，影响真空。为此，可以在原循环水泵的基础上，通过改进叶轮，提高泵的效率和出力，保证在不同的循环水温度和机组负荷下，循环水泵有较高的运行效率，循环水量能满足机组保持较高真空的要求。

（2）循环水系统阻力增大，导致运行冷却水流量低于设计值。运行冷却水流量低于设计值（冷却水流量不足）的主要原因是：

1）凝汽器冷却水出口蝶阀开度偏小，循环水管道阻力增加，导致流量减少。

2）凝汽器冷却管堵塞或者凝汽器二次滤网堵塞引起流量下降。

3）直流冷却系统中江河水位降低，枯水期加长，导致水泵流量下降。

4）循环水泵入口前旋转滤网脏污、堵塞，导致滤网过水量不足，循环水泵出力不够，流量降低。

5）冷却水泵工作突然失常（如冷却水泵入口处法兰和盘根漏气，进水滤网堵塞等），使冷却水流量连续地减少。

6）运行方式不合理。为了省电，导致少开一台冷却水泵，引起冷却水流量不足。有些机组配备两台冷却水泵，夏季水温高时两台泵运行，其他季节水温低时一台泵运行，冷却水量可能不足。

当负荷不变时，冷却水温升增大，表明冷却水量不足。温升增大将引起排汽温度升高，真空降低，此时应增开一台冷却水泵。但是增加冷却水量，端差有时可能稍有增加，水泵的耗电量也同时增加，需要通过试验确定其经济冷却水量。夏季高负荷，真空容易变差，两台机组应增开一台循环泵，开启循环水母管联络门，两台机组真空均能提高 2.5kPa 左右。

因循环水中断或水量不足引起的真空下降，应立即启动备用循环水泵，如循环水全部中断，应立即停机，并关闭凝汽器循环水进出水门，待凝汽器排汽温度下降到 50℃ 左右时，再向凝汽器通循环水。

（3）凝汽器清洁度变化。凝汽器清洁系数降低的现象是：凝汽器在不同负荷下凝结水温度都比以前高，端差增大，冷却水温升稍微增大，真空降低。凝汽器清洁系数降低的主要原因是：胶球清洗装置运行不正常；胶球质量不满足设计和使用要求；冷却水水源的水质较差冷却管内表面结垢或堵塞冷却管；在蒸汽品质差的情况下长期运行，使冷却管外表面形成硅酸盐垢。

凝汽器设计时选取清洁系数为 0.8～0.85，但是大多数机组实际运行清洁系数小于 0.7，在 0.5 以下运行的机组也为数不少。图 13-12 所示为 N-17400-3 型凝汽器的冷却管清洁系数对真空的影响，从图 13-12 中可见，如果清洁系数下降到 0.5，将使凝汽器真空降低 1.3kPa。凝汽器冷却面积为 16 000m²，如将凝汽器清洁度从 0.6 提高到 0.85，真空将上升 1.3kPa。清洁度影响真空的关系见表 13-17。

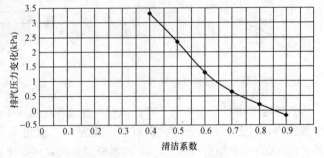

图 13-12 N-17400-3 型凝汽器清洁系数与排汽压力变化的关系

表 13-17	清洁度对凝汽器压力的影响			kPa
清洁度 冷却面积（m²）	0.85	0.70	0.60	0.50
16 000	6.81	7.44	8.11	9.16
17 000	6.66	7.22	7.83	8.77
18 000	6.52	7.04	7.58	8.44
19 000	6.41	6.88	7.38	8.16

为了提高清洁系数，应加强凝汽器的清洗。通常采用胶球在运行中连续清洗凝汽器法、运行中停用半组凝汽器轮换清洗法（利用电网低谷时间段）、停机后用高压射流冲洗机逐根管子清洗等方法，以保持凝汽器钛（铜）管清洁，提高冷却效果。

保持凝汽器的胶球清洗装置经常处于良好状态，根据冷却水水质情况确定运行方式（如每天通球清洗的次数和时间），保证胶球清洗装置投入率98％。当循环水滤网胶球冲洗装置投运时，收球率不高也会致使清洗效果不佳，因此要求胶球回收率在95％以上。对于冷却水量小（流速低）造成收球率低的情况，可以尝试关闭或关小半侧凝汽器冷却水入（出）口门，进行半侧收球，提高收球率。

对于凝汽器铜管垢层较硬，通过机械清洗不能完全去除，为提高凝汽器清洁度，应利用机组大小修时间进行凝汽器铜管的酸洗，以确保凝汽器运行中铜管处清洁状态，降低凝汽器端差，提高机组真空。

直流冷却系统杂质较多，原则应设一、二次滤网，并保证正常投运。对于北方泥沙含量大的冷却水水源，应充分沉淀和过滤后才作为冷却塔的补充水源。

（4）凝汽器端差。凝汽器端差 $\Delta\delta$ 主要反映凝汽器的传热效率。在其他不变的情况下，凝汽器传热端差降低，则凝汽器排汽压力降低、凝汽器真空升高。凝汽器传热端差每增加1℃，凝汽器真空下降0.33kPa，凝汽器端差对凝汽器压力的影响见图13-13。

（5）凝汽器真空严密性差。真空系统出现漏点，漏入凝汽器的空气量增加，漏入凝汽器的空气流量超出真空泵抽吸能力（一定条件下）。空气量增加一方面直接使真空下降（凝汽器压力升高），另一方面降低了凝汽器的传热效果，使真空进一步下降，见图13-14。现象是凝结水过冷度增大，凝汽器端差增大。当这种现象不明显时，可以通过真空严密性试验来确认。

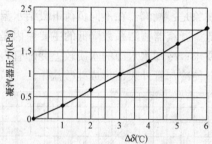

图13-13 凝汽器端差对凝汽器压力的影响　　图13-14 漏入空气量对凝汽器压力的影响

因此应定期进行真空系统严密性试验，通过各种技术手段进行真空系统检漏，及时发现真空系统泄漏点，并进行彻底处理。在机组负荷为80％额定负荷以上，应确保湿冷机组真空严密性≤200Pa/min；在机组负荷为50％～80％额定负荷，应确保湿冷机组真空严密性≤270Pa/min。

杜绝处于负压区域内的阀门误开。重要阀门关紧后上锁，重要电动门取消就地操作。严肃操作监护制度。

（6）抽气系统影响。

1）抽气设备故障或工作不正常，如射水泵入口压力低、射水抽气器工作水温度高、喷嘴堵塞或损坏、射水泵漏空气、水池水位过低等，射汽抽气器进汽滤网阻塞、抽气器冷却用的凝结水量不足或温度过高、冷却管结垢、破裂、喷嘴结垢或损坏等，导致凝汽器内空气量增多，排汽温度上升，冷却水出口水温不变，端差增加，真空变差。尽可能将射水抽气器改为真空泵。例如某电厂300MW汽轮机凝汽器原采用2台射水抽气器，单台射水泵功率300kW，单台射水泵取水量1170t/h。改造为2台NASH公司TC-II型水环真空泵后，单台真空泵出力75kg/h，单台真空泵功率110kW，不但真空度提高了1个百分点，而且节约了电能。

若因真空泵运行不正确影响真空，则应启动备用真空泵运行，停运故障泵，并关闭进气隔绝门。

2）真空泵配置容量偏小，不能将真空系统漏气量全部抽出。对于真空泵配置偏小的问题，可以更换为较大的真空泵。例如某厂600MW机组原配置西门子产的两台2BE303型真空泵，后更换为武汉水泵厂产的2BE403型真空泵，真空得到改善。

3）真空系统的真空泵冷却器进水温度高，冷却效果差，导致工作液体温度升高。水环式真空泵的工作液体设计温度为15℃，根据真空泵的工作特性可知，当凝汽器压力在7kPa左右时，如果工作液体温度上升到35℃，则真空泵抽气能力将下降50%。

真空泵冷却器进水温度高的直接原因是：一是季节温度变化，在夏季工况下，有的机组真空泵工作液体温度高达40℃；二是冷却器进水温度高，不少电厂真空泵冷却水直接取自凝汽器循环水，随着循环水温度的上升，真空抽气能力下降，机组真空降低。

将真空泵冷却水从循环水改为地下取水，投运后机组真空明显提高。某电厂真空泵冷却水从循环水改用温度较低的工业水后，300MW工况下，真空泵冷却水温度从30.5℃降低到18.5℃，凝汽器压力从11.28kPa下降到9.53kPa。有条件的电厂，真空泵冷却水应改由空调冷冻水，改后可将机组真空提高0.3～0.7kPa，低负荷时效果更明显。

4）真空泵工作水温度高（或射水箱水温高）。真空泵从凝汽器抽出的空气是由不可凝结的气体和水蒸气的混合物组成，其中水蒸气占总体积的3/4，所以在真空泵的吸入管安装有2个冷却喷嘴，从换热器出来冷却后的工作水，大部分回到泵体，少量通过冷凝喷嘴去冷却吸入的蒸汽，可使70%左右的蒸汽产生冷凝，提高真空泵的抽气能力。水在40℃的汽化压力为7.38kPa，50℃则为12.35kPa，真空泵工作水在40～50℃温度下会大量汽化。真空泵因抽吸自身工质汽化产生的气体，挤占真空泵抽气量，会造成出力不足。

从实际应用情况看，真空泵抽吸能力变差主要是真空泵工作水温度升高引起，应从工作水的冷却系统查找原因。有的机组真空泵工作水温度达到了45℃以上，工作水产生汽化，增加了真空泵的负担，影响了真空泵抽出凝汽器中不凝结气体的能力。应将真空泵工作液的补水水源由凝结水改为化学除盐水。二者水质相同但是除盐温度较低且受环境温度影响小，从而减少了由于夏季凝结水温度上升对真空泵工作液温度的影响。

也可以采用凝汽器真空提高系统。它是由山东泓奥电力科技有限公司开发的，其工作原理是通过制冷设备使整个真空系统处于低温状态，可提供真空泵15℃以下的工作水，满足最大抽吸工况，提高真空系统（真空提高0.2～0.6kPa）。例如山东邹县8号机组（1000MW）加装了凝汽器真空提高系统后，A、B凝汽器真空平均提高0.6kPa，降低供电煤耗率1.5g/kWh。根据有关电厂的试验，在机组真空严密性正常的情况下，真空泵的工作水温度由45℃降至35℃，机组真空可提高1kPa，效果显著。

（7）凝汽器热负荷。凝汽器热负荷是指凝汽器内蒸汽和凝结水传给冷却水的总热量，包括主机和给水泵给水汽轮机排汽、汽封漏汽、热力系统泄漏、加热器疏水等热量。凝汽器热负荷增加，在冷却条件不变的情况下，冷却水温升增加，凝汽器排汽温度上升，则凝汽器真空相应下降。

以引进型300MW机组为例，实际热负荷比设计高10%～30%。热负荷增加30%，真空下降1.1kPa，影响煤耗率0.865g/kWh。热负荷与压力变化的关系见图13-15。凝汽器热

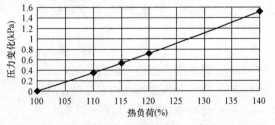

图13-15 凝汽器热负荷与凝汽器压力变化的关系

负荷的增加直接导致冷却水温升增大，传热端差增大，机组真空降低。

热负荷增加有两方面的因素：第一是机组通流部分原因，导致低压缸排入凝汽器的热流量增加，包括给水泵汽轮机排汽量增加。根据目前汽轮机运行数据计算，汽轮机高压缸效率一般比设计值低3个百分点，中压缸效率比设计值低1个百分点，低压缸效率比设计值低2个百分点，导致汽耗率上升，排汽量增大。

第二是疏水系统及低压旁路阀等内漏，高品位蒸汽直接进入凝汽器所致。例如高压加热器紧急疏水调整门不严或动作不正常，使高温高压的疏水流入凝汽器引起真空降低，降低机组热经济性。各段抽汽止回门前疏水流入本体疏水扩容器，最后流入凝汽器。而这些疏水门是气动门，如果气动门动作不正常或不严，使得抽汽漏汽进入凝汽器也使真空降低。

对于热电厂，如果热网疏水泵的空气管接入凝汽器，正常运行中不应漏空气。若备用泵密封不严使空气漏入凝汽器，同样也会引起真空降低。

在正常情况下，凝结水温度应略低于排汽温度，如果机组出现凝结水温度高出排汽温度的现象。这说明凝汽器承受了过大的热负荷，降低了凝汽器的冷却效果。降低凝汽器热负荷途径：

1）选用合理且高效的汽封结构型式；严格控制机组升、降负荷率，严格控制机组轴系振动在合格水平；机组大修时及时合理调整汽封间隙、或更换损坏的汽封，提高机组通流效率。

2）加强运行管理，合理调整加热器的运行水位保护和疏水调节阀开启阀值，保证加热器正常疏水畅通，杜绝加热器危急疏水阀门动作或泄漏。

3）提高汽动给水泵汽轮机的运行效率，减少排入凝汽器的热量。

4）加强疏水阀门的检修和运行管理。由于阀门不严或疏水节流孔板不合理造成了高温高压蒸汽泄漏进入凝汽器。对此类泄漏可以利用红外线测温仪定期测量阀门前后管壁温度，确认存在内漏的阀门，并进行检修处理，减少阀门内漏及其他设备泄漏引起的高品质蒸汽直接进入凝汽器，降低凝汽器热负荷。

5）优化疏水系统，合并减少疏水阀门，治理、完善疏水系统，保持加热器正常疏水水位和疏水的经济运行方式，是降低凝汽器热负荷的根本途径。例如可以合并主、再热蒸汽管道疏水，汽轮机本体疏水，各段抽汽疏水等管道和阀门，简化疏水管的数量，减少水（汽）泄漏的机会。

（8）低压加热器疏水系统改造。华能鹤岗电厂一期工程安装两台300MW亚临界湿冷机组，自投产后，就存在7、8号低压加热器疏水逐级自流疏水不畅，导致低压加热器危急疏水门处于常开状态，每小时约70t左右65℃疏水直接进入凝汽器，致使一部分高品位热能未合理利用，还导致凝汽器热负荷增加，影响机组热力循环经济性。为解决该问题，经专业讨论分析通过在7号低压加热器正常疏水管道上增加一台管道变频泵，布置在循环水泵坑内，将疏水导致6号低压加热器入口凝结水管道，改造后系统工作正常，由于凝结水泵已改为变频运行，经统计改造后系统耗电率基本没有变化，凝汽器热负荷得到降低，改造后机组煤耗约降低0.69g/kWh。

【例13-8】 已知循环水流量为36 000t/h，循环水进、出口温度分别为20、30℃，循环水进水压力为0.24MPa。假设循环水的定压比热容为4.129kJ/(kg·℃)，求凝汽器热负荷。凝汽器热负荷计算公式为

$$Q=G_w c_p (t_{w2}-t_{w1})/1000$$

式中　Q——进入凝汽器的热负荷，MW；

　　　G_w——进入凝汽器的冷却水流量，kg/s；

　　　c_p——冷却水比热容，kJ/(kg·℃)；

　　　t_{w2}——凝汽器出口冷却水温度，℃；

t_{w1}——凝汽器进口冷却水温度，℃。

解： 循环水流量

$$G_w = 34\ 000t/h = \frac{36\ 000 \times 1000}{3600}kg/s = 10\ 000kg/s$$

凝汽器热负荷计算公式为

$$Q = G_w C_p (t_{w2} - t_{w1}) / 1000 = 10000 \times 4.129 \times (30 - 20) / 1000$$
$$= 412.9\ (MW)$$

（9）凝汽器设计因素。凝汽器设计换热面积小，或者老机组的凝汽器在结构上比较落后，管束排列方式不尽合理，使得凝汽器的严密性和整体传热性较差，在运行中容易出现真空偏低的情况。在冷却水进口温度、冷却水流量、真空严密性、冷却管清洁程度相同的情况下，300MW 机组凝汽器面积从 16 000m² 增加到 19 000m²，对应 300MW 负荷时凝汽器压力下降约 0.4kPa。典型机组凝汽器设计面积见表 13-18。

表 13-18 典型机组凝汽器设计面积

机组容量	凝汽器面积（m²）	凝冷器热负荷（MJ/h）
300MW 亚临界湿冷机组	17 000～19 000	1 350 000～1 400 000
300MW 亚临界空冷机组	850 000～900 000	
350MW 超临界湿冷机组	19 000～20 500	1 500 000～1 600 000
600MW 亚临界湿冷机组	34 000～40 000	2 600 000～2 700 000
600MW 亚临界空冷机组	1 650 000～1 700 000	
600MW 超（超）临界机组	32 000～36 000	2 400 000～2 500 000
660MW 超（超）临界机组	34 000～38 000	2 450 000～2 550 000
1000MW 超超机组	51 000～54 000	3 500 000～3 800 000

注 北方可取下限，南方应取上限；直流冷却取下限，循环冷却取上限。

凝汽器面积小将使环境温度、循环水量、凝汽器热负荷、真空严密性、凝汽器脏污对凝汽器真空的影响更为敏感。

表 13-18 中凝汽器面积是基于设计循环水温度为 20℃ 的情况。对于全年平均循环水温度高于 20℃ 的情况，凝汽器面积应适当增大，并根据优化计算确定凝汽器的面积。

某 600MW 超临界机组，锅炉由东方锅炉厂制造，设计烟煤，锅炉保证效率 93.5%；汽轮机由哈尔滨汽轮机制造厂制造，末级叶片长度 1029mm，THA 保证热耗率 7522kJ/kWh；机组于 2006 年底投产发电。多年循环水进口水温度为 24℃，设计凝汽器冷却面积为 36 000m²，很明显凝汽器冷却面积偏小，影响真空 0.5kPa，发电煤耗率 1.1g/kWh。

（10）凝汽器水位升高或满水引起真空下降。水位表指示最大，高水位报警信号灯亮，凝结水过冷度增加，说明凝汽器满水。凝汽器满水一般是由于凝汽器管子泄漏严重或者凝汽器补水调门故障，大量冷却水进入汽侧。或者是凝结水泵工作失常或运行人员操作不当（如凝结水再循环门误开或凝结水系统阀门误关）。现象是：凝汽器水位升高到空气管道口，冷却水出口水温不变，端差增大，凝结水温度降低，过冷度增大。

凝汽器水位高或满水，应立即启动备用凝结水泵，并开大凝结水泵出口门，必要时将部分凝结水排入地沟。然后查找漏空气部位或其他缺陷，加以消除。

（11）抽空气系统设计不合理。对于双背压凝汽器，抽空气系统设计不合理，如设计成串联布置方式。双背压凝汽器的抽气系统串联布置方式应改为合理的并联布置方式（即单独抽空气式），见图 13-16，某电厂 1000MW 超超临界机组不同抽气方式的经济性比较见表 13-19。

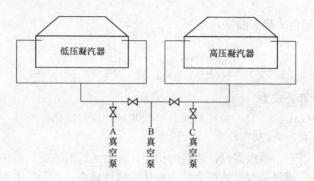

图 13-16　分列并联布置方式

表 13-19　　　　　　　1000MW 超超临界机组不同抽气方式的经济性比较

抽空气方式	循环水温度 (℃)	高背压排汽压力 (kPa)	低背压排汽压力 (kPa)	高低背压差 (kPa)	平均背压 (kPa)
串联	22	5.9	5.0	0.9	5.45
并联	22	5.4	5.2	0.2	5.3
单抽	22	5.4	3.9	1.5	4.65

(12) 轴封系统的影响。

1) 高压轴封漏汽量大，轴封加热器不能正常运行，致使漏汽排挤抽汽，而且也有一部分进入到汽轮机，增大了凝汽器热负荷。

2) 轴封加热器水封管破坏，会导致外部空气从水封管破损处进入凝汽器，降低凝汽器真空。

3) 轴加风机运行不正常，使空气同轴封加热器疏水一同漏入凝汽器导致真空下降。

4) 轴封供汽的主（辅）调整门不严漏汽，致使轴封压力高，稳压阀开启排汽流向凝汽器，使真空降低。

5) 轴封压力调节器自动调节品质不良，轴封供汽压力不好调整，有时需手动操作，但又怕油中进水，也有的因运行表计不准，给运行人员操作带来困难，故机组汽封进汽压力偏低，难于保证低压轴封的严密性。

6) 轴封供汽压力低，真空系统管道法兰、虹吸截门盘根处漏空气，真空系统的密封水中断使空气漏入。现象是：汽轮机排汽温度上升，冷却水出口水温不变，端差增加。

7) 轴封系统切除过程的不当操作造成较大的热冲击，引起汽轮机轴封损坏漏汽，凝汽器真空降低。或者是因为负荷大幅度变化、汽封压力调整失灵、供汽汽源中断、汽封进水等造成轴封供汽中断，引起真空急剧下降。

轴封系统供汽对真空影响可以通过试验确定，现场采取提高轴封供汽压力的方式，将大、给水泵汽轮机所有轴封均调整至冒汽状态（肉眼可见），观察机组真空变化。试验时机组调整负荷，起始及结束的负荷分别为 70% 和 100%，如果真空降低值超过 1.5kPa，可以判定机组轴封系统泄漏较为严重。

因轴封漏空气引起的真空下降，应调整轴封汽母管压力至正常值。如系溢流调节阀失控，应关小调节阀前隔绝阀。如系轴封调节阀失控，应开启调节阀旁路。如系轴封汽温低，应开启疏水门，查看并关闭轴封汽减温水门。必要时可切换再热器冷段蒸汽或辅助蒸汽供轴封用汽。对于轴封加热器 U 形疏水管水封不起作用问题，可采用多级水封取代 U 形水封。例如某 300MW 电厂轴封加热器水封改造存在问题如下（轴加疏水系统改造前系统见图 13-17）：原设计两个方面有误，一是原水封高度仅 4m，水封高度不够；二是水封与凝汽器的连接成了虹吸，水封失去了作用。建议改造轴加疏水系统见图 13-18，3 个水封高度增加到 12m，启动时应注水放气。

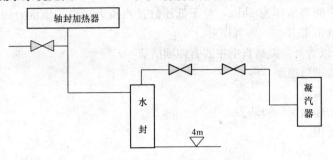

图 13-17 轴加疏水系统改造前系统

（13）汽轮机排汽压力测量不准确。例如排汽压力测点应位于凝汽器喉部、第一排冷却管排上方 300～900mm 处。如果测点位置不合理，或者热工排汽压力测点处漏入空气，就有可能使排汽压力测量不准确，应采用下列方法进行判断：

1）可以首先以汽轮机排汽温度为基础，求得凝汽器绝对压力，例如某 4 号 300MW 等级机组负荷在

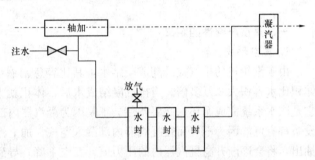

图 13-18 改造后轴加疏水系统

300.15MW，循环水进口温度为 20.31℃时，汽轮机排汽温度为 33.9℃对应凝汽器的饱和压力为 5.3kPa。

2）在同样条件下再以凝汽器真空运行值为基础，求得凝汽器绝对压力，例如某电场 4 号机组负荷在 300.15MW，循环水进口温度为 20.31℃时，凝汽器真空为 95.3kPa，大气压力 101.0kPa，对应凝汽器的绝对压力为 5.7kPa。

3）比较上述凝汽器绝对压力结果，二者有 0.4kPa 的偏差，相对偏差很大，对计算凝汽器其他性能指标影响很大。

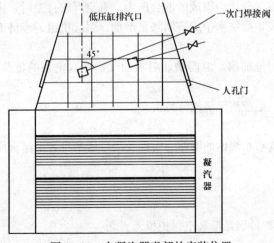

图 13-19 在凝汽器喉部的安装位置

推荐采用 ASMEPTC 系列规程中给出的建议，使用压力测量的网笼探头，且安装时与流向呈 45°角（即偏离垂直线 45°），其与仪表的联结管应倾斜连续向上并引至汽轮机平台，测量仪表最好选用绝对压力变送器。网笼探头应安装在凝汽器喉部，每个排汽口同一水平面上安装 2 个（每机共 4 个），并对称布置（见图 13-19），使汽轮机末级排汽能冲刷在网笼探头上，以使其所测压力能够反映凝汽器中该平面的平均排汽压力。为防止传出管内局部积水，网笼探头传出管应是直管，中间不应有弯曲情况出现。为避免机组运行时，汽流冲刷导致传出管的变形，传出管应

具有足够的刚度，为此应采用大直径管（ϕ25mm），并且应牢固固定在凝汽器中的固定支撑上，大直径管也避免了毛细现象对测量的影响。另外需要注意的是，如果传压管中有积水存在，则每10cm的水珠所产生的静压即为1kPa，对于低压缸排汽压力来说，该压力约为5～10kPa，因此10cm水柱即为测量带来10%～20%误差。

从上述分析可以看到：提高真空主要有四项措施：

1）降低冷却水进口温度。

2）增加冷却水量。

3）保持凝汽器传热面的清洁。

4）增加传热面积。

第四节　湿冷真空严密性的监督

一、真空严密性的定义

1. 真空形成机理

由于汽轮机的排汽被冷却成凝结水，其比容急剧缩小。如蒸汽在绝对压力4kPa时，蒸汽的体积比水容积大3万多倍。当排汽凝结成水后，体积就大为缩小，使凝汽器汽侧形成高度真空，它是汽水系统完成循环的必要条件。正是因为凝汽器内部为极高的真空，所以所有与之相连接的设备都有可能因为不严而往凝汽器内部漏入空气。加上汽轮机排汽中的不凝结气体，如果不及时抽出，将会逐渐升高凝汽器内的压力值，真空下降，导致蒸汽的排汽焓值上升，有效焓降降低，汽轮机蒸汽循环的效率下降。

真空系统严密性是指真空系统的严密程度，以真空下降速度表示。真空下降速度是指凝汽器真空系统在抽汽器停止抽汽状态下空气漏入凝汽器后，凝汽器内压力增长的速度，单位Pa/min或kPa/min。是衡量不凝结气体漏入机组真空系统多少的参数。其发电厂对真空系统的严密性要求很高，需要定期做真空系统严密性试验。

2. 真空严密性差的主要危害

（1）真空严密性差时，漏入真空系统的空气较多，射水抽气器或水环真空泵不能够将漏入的空气及时抽走，会使冷却水管表面形成一层空气膜而降低了传热效果，机组的排汽压力和排汽温度就会上升。这无疑要降低汽轮机组的效率，增加供电煤耗率，并可能威胁汽轮机的安全运行。

（2）凝汽器中的全压力是由蒸汽分压力与空气分压力组成的混合压力，真空严密性差时，由于空气分压力的存在，凝汽器内的绝对压力升高，凝结水中的溶解氧量增加，引起机组的经济效益降低，加快了机炉设备及管路的腐蚀速度。

（3）当漏入真空系统的空气虽然能够被及时地抽出，但需增加射水抽气器或真空泵的负荷，浪费厂用电及工业用水。

由于漏入了空气，导致凝汽器过冷度增大，系统热经济性降低。

二、湿冷机组真空系统严密性测试方法

真空严密性测试的目的，是检测凝汽设备真空系统内的管路、附件及凝汽器本身各个结合面的严密程度。

（1）试验时，机组应具备以下3个条件：

1）负荷应稳定在80%额定负荷以上。

2）主机及辅机系统运行正常，主机连锁保护特别是低真空保护投入。

3）真空泵良好，维持两台运行，一台作联备。

（2）关闭凝汽器抽气出口门，应停运抽气设备，30s 后开始记录，记录 8min，取其中后 5min 内的真空下降值计算每分钟的真空平均下降值。检测仪表采用 0.25 级及以上标准真空表（或利用现场经校验合格的真空表）。

（3）漏入空气量计算。根据美国传热学会推荐公式由真空下降速度近似求出漏入的空气量，即

$$G_a = 1.657V\left(\frac{\Delta P}{\Delta t}\right)$$

式中　G_a——漏入空气量，kg/h；

　　　V——处于真空状态下的设备容积，m^3；

　　　$\dfrac{\Delta P}{\Delta t}$——真空下降速度，kPa/min。

（4）在试验时，当真空低于当地大气压 85% ，或排汽温度高于 55℃ 时，应立即停止试验，恢复原运行工况。

（5）试验结束，立即开启两台运行真空泵进口门，汇报值长并做好凝汽器真空严密性试验结果的分析和记录。

（6）根据公式计算真空下降速度：

真空下降速度

$\Delta P/\Delta t$（kPa/min）＝（第 3min 时真空 kPa－第 8min 时真空 kPa）/5min

虽然真空严密性是用真空下降速度来表示的，但是两者的数值呈反比，真空下降速度降低是指真空严密性提高（变好）。

试验中特别注意应停止抽气设备运行而不选择关闭凝汽器抽真空阀的办法，保证真空系统严密性测试数据准确。

三、真空严密性的耗差分析

对于真空严密性的耗差分析，只能通过试验确定。通过对某国产引进型 300MW 机组进行严密性影响试验，结果见图 13-20，其结果采用数学方法模拟得出凝汽器压力变化量与真空下降速率的关系式为

$$\Delta p_c = 0.786x^2 + 0.061x - 0.043$$

$$x = \Delta P/\Delta t$$

式中　Δp_c——凝汽器压力变化量，kPa；

　　　x——真空下降速度，kPa/min。

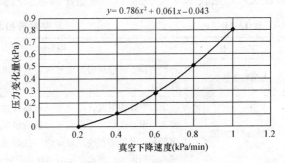

图 13-20　凝汽器压力变化量与真空下降速率的关系

由此可见，真空下降速率从 0.4kPa/min 上升到 1kPa/min 之间，真空下降 0.804－0.107＝0.697（kPa）。即真空下降速率每增加 0.1kPa/min，凝汽器真空降低约 0.116kPa。而前面已经分析到，凝汽器真空降低 1kPa，发电煤耗率会增大 2g/kWh。因此真空下降速度每降低 0.1kPa/min，发电煤耗率会增大 0.23g/kWh。

四、真空严密性的监督标准

（1）真空系统严密性试验至少每月测试一次，机组大、小修后也要进行真空严密性试验。以测试报告和现场实际测试数据作为监督依据。

（2）停机时间超过 15 天时，机组投运后 3 天内应进行严密性试验。

（3）对于湿冷机组，100MW 及以上容量的机组真空下降速度每分钟不超过 270Pa/min 为合

格。100MW 及以下机组的真空下降速度不高于 400Pa/min 为合格。

根据《塔式炉超临界机组运行导则 第 2 部分：汽轮机运行导则》（DL/T 332.2—2010），真空平均下降速度 100Pa/min 为优秀，200Pa/min 为良好，400Pa/min 为合格。

标准中出现 133、270、270Pa/min 和 667Pa/min 的来历，是因为我国从传统单位演变到国际单位后，监督标准按原有质量要求直接换算过来的：

1mmHg＝133.33Pa

2mmHg＝266.7Pa≈270Pa

3mmHg＝399.99Pa≈400Pa

5mmHg＝666.65Pa≈667Pa

（4）真空系统漏气量。凝汽器在稳定工况下运行时，抽气量几乎等于漏气量。通过测量抽气量，便可以从定量角度确定真空系统的严密性。测量时，应在凝汽器蒸汽负荷为 40%～100% 额定值范围内进行。真空系统漏气量限值见表 13-20。

表 13-20 真空系统漏气量限值

机组容量（MW）	漏气量（kg/h）	机组容量（MW）	漏气量（kg/h）
≤25	5	250	25
50	10	300	30
100	15	600	45
200	20	1000	70

五、检漏方法

现有的真空系统检漏方式包括真空系统灌水法、卤素检漏仪法、超声波检漏仪法和氦质谱检漏仪法等，见表 13-21。通常各厂普遍用灌水法和氦质谱检漏法查找真空系统性。

表 13-21 真空系统检漏方法

名 称	检漏的主要方法	备 注
火焰检查法	检查漏点时应缓慢移动蜡烛，并靠近铜管的端口，观察火焰偏移情况	灵敏度低，必须停机
氦质谱检漏法	示踪气体为氦气，用氦质谱检漏仪检测。将吸枪口接至抽汽器或真空泵排气口处，用氦气喷射可疑漏点处，通过仪器分析，找出泄漏点及泄漏程度。每发现一处漏点即停止灌水，将漏点处理完再进行灌水，灌水合格后再将水位降至运行状态	灵敏度高，可以在机组运行状态下进行
卤素检漏法	在可疑漏点处喷吹氟利昂，用卤素检漏仪检测	灵敏度低，可以在机组运行状态下进行
凝结水水质化学监督	通常一班进行一次水质化验，主要项目有水硬度、电导率和溶解氧。前两项与水泄漏有关	灵敏度低，可以在机组运行状态下进行
汽侧灌水法	将水灌满至低压缸的轴封洼窝下 100mm 处，将系统中发现的漏点逐一进行排查和消除，灌水前凡是与真空系统相连接的管路、设备及阀门等均投入。为增加内部压力，可从汽轮机上部引入 19.6～29.4kPa 的压缩空气，查看漏水情况	灵敏度低，必须停机，且只能检测到凝汽器喉部以下部位
超声波检漏法	检修时，将特制的音频振荡器布置在凝汽器壳体内，发出超声波，通过对凝汽器管板扫描，可快速查出轻微泄漏处	灵敏度中，可以在机组运行状态下进行，对检测者的判断能力要求很高

　　真空系统包含大量的设备及系统，连接的动静密封点多，在轻微漏空气的情况下很难发现漏点。因为空气往里吸，不够直观，传统的运行中用火焰检查法危险、较繁琐且效果不好。多数情况下使用的方法是在机组停机后对真空系统进行灌水找漏。这种方法比较直观，漏点极易被发现，缺点是由于设备的原因，灌水高度最高只能到汽缸的最低轴封洼窝处，高于轴封洼窝的地方因为水上不去而不易发现，特别是与汽轮机汽缸相连接的管道系统。

　　火焰检查法是最简单最原始的方法，常用于停用凝汽器半侧检查。检查漏点时应缓慢移动蜡烛，并靠近铜管的端口。当火焰被吸入管内时，则证明该铜管是泄漏的。该方法简单易行，成本较低，如封住另一侧管板，效果会更明显。这种方法必须目测，需要充足的照明，四周空气的流动对检漏可能会造成干扰，不准使用明火的场地，严禁使用该方法。

　　卤素检漏仪虽然成本低，并可以在机组运行状态下检漏，但是由于灵敏度差。因此不常用这种方法。

　　超声波检漏仪成本较高，可以在机组运行状态下检漏，但对检测者的判断能力要求很高，而且灵敏度不如氦质谱检漏仪，因此应用范围也不广。

　　使用氦质谱检漏仪检测真空泵或抽气器排出的混合气体中含氦气的浓度，根据这一浓度来衡量被检测部位泄漏的程度。因氦气的分子小渗透力强以及不易和其他物质发生化学作用。加上氦质谱检漏仪具有灵敏度高、性能稳定等优点，并可以在机组运行状态下检漏，所以氦质谱检漏技术已成为目前汽轮机真空系统检漏的先进方法。唯一的缺点是成本高。

六、提高真空严密性的措施

1. 真空严密性差的简要原因

真空严密性差的简要原因见表 13-22。

表 13-22　　　　　　　　　　　　真空严密性差的原因

部位	主要原因
汽侧	（1）汽轮机排汽缸和凝汽器喉部连接法兰或焊缝处漏气。如采用套筒水封连接方式，喉部变形使填料移动，填料压得不够紧，或封水量不足等。 （2）汽轮机端部轴封存在问题或工作不正常。 （3）汽轮机低压缸结合面、表计接头等不严密。 （4）有关阀门不严密或者水封阀封水量不足等。 （5）凝结水泵轴向密封不严密。 （6）低压给水加热器汽侧空间不严密。 （7）设备、管道破损或焊缝存在问题
水侧	（1）胀管管端泄漏。采用垫装法连接管子和管板时，填料部分密封性不好。 （2）在管子进口端部发生冲蚀。 （3）冷却管破损

2. 提高真空严密性的主要措施

（1）轴封系统的影响。

1）高压轴封漏汽量大，轴封加热器不能正常运行，致使漏汽排挤抽汽，而且也有一部分进入到汽轮机，增大了凝汽器热负荷。

2）轴封压力调节器自动调节品质不良，轴封供汽压力不好调整，有时需手动操作，但又怕油中进水，也有的因运行表计不准，给运行人员操作带来困难，故机组汽封进汽压力偏低，难于保证低压轴封的严密性。

3）轴封排汽：轴封供汽的主（辅）调整门不严漏汽，致使轴封压力高，稳压阀开启排汽流向凝汽器，使真空降低。

4）轴加风机运行不正常，使空气同轴封加热器疏水一同漏入凝汽器导致真空下降。

5）给水泵汽轮机轴封进汽和排汽管疏水 U 形水封被破坏，汽轮机轴封加热器疏水旁路门未关，会导致轴封加热器水位过低，这样轴封系统内进入轴封加热器的气体吸入凝汽器。

因此，机组运行过程中必须维持各系统疏水 U 形水封的正常工作。

适当提高轴封供汽压力。将传统高、低压轴封同一供汽进行设计改进，在传统轴封系统基础上增加 1 套轴封供汽压力调整装置，将高（高压缸前、后轴封和中压缸前轴封）、低（中压缸低压部分轴封和低压缸两侧轴封）压轴封供汽分开控制。使高、低压轴封系统压力能够在启动、运行和停机时均自动调节，不但能很好地控制轴封冒汽问题，而且可使机组启动时的胀差控制更为容易。

（2）与真空系统相连的阀门不严密、内部泄漏的影响。

1）高压加热器疏水扩容器：高压加热器紧急疏水调整门不严或动作不正常，使高温高压的疏水流入凝汽器引起真空降低，降低机组热经济性。

2）机组本体疏水扩容器：各段抽汽止回门前疏水流入本体疏水扩容器，最后流入凝汽器，而这些疏水门是气动门。如果气动门动作不正常或不严，使得抽汽漏汽进入凝汽器也是影响真空低的原因之一。

3）热网疏水泵密封不严：热网疏水泵的空气管接入凝汽器，正常运行中不应漏空气。若备用泵密封不严使空气漏入凝汽器，同样也会引起真空降低。

4）真空系统阀门的盘根失效、法兰垫片老化导致漏真空。应利用大修机会对真空系统所有阀门进行解体检修，并且对真空系统所有阀门的盘根进行全面的检查和更换。同时检查并更换真空系统管路所有法兰垫片。

加强检修维护质量，并进行有效验收和监督，保证真空系统的管路、法兰及各个阀门严密不泄漏。

（3）给水泵汽轮机对真空系统的影响。

1）给水泵汽轮机高压进汽管疏水门不严对真空造成影响。为了避免给水泵汽轮机高压进汽管疏水门不严对凝汽器真空的影响，可以对原给水泵汽轮机蒸汽系统进行改造，去掉作为备用的高压进汽管及主汽门和原有的高压疏水扩容门及疏水门，只保留四段抽汽进汽管道即可。

2）轴封回汽对真空造成的影响。对于给水泵汽轮机轴封系统，原设计为轴封回汽直接进入凝汽器。当给水泵汽轮机轴封系统调整不当时，势必对凝汽器真空造成影响。若轴封供汽压力过低或给水泵汽轮机轴封回汽门开启过大，都会使空气直接通过回汽总门进入凝汽器而影响真空。为此，可以对给水泵汽轮机轴封供汽系统改进，将原轴封系统改由均压箱对给水泵汽轮机轴封系统供汽，均压箱进汽压力由一气动调节阀控制，效果较好。

3）给水泵汽轮机低压汽封漏汽。对于给水泵汽轮机低压汽封漏汽，应利用大修期间对两台给水泵汽轮机低压汽封间隙进行调整。将修前间隙 0.50mm 调整到修后 0.30mm，使其达到最佳效果，防止因间隙超标而造成漏真空。

（4）正常情况下每月进行一次真空严密性试验，并建立试验台账，发现严密性不合格时，立即组织人员查漏堵漏。运行期间暂时无法查漏的漏点使用锯末堵塞最为有效。机组大修时应对凝结器及真空系统进行灌水检漏。灌水水位应达到汽轮机低压缸汽封洼窝处，水位至少应能维持8h不变后认为查漏结束。真空严密性指标不合格时，应及时进行运行中的检漏。例如可采用UL-100核质谱查漏仪进行查漏，仪器的响应程度直接反映出真空系统中该点的泄漏程度。根据经验，真空主要泄漏部位有：

1）低压缸轴封间隙。一般情况下，随着时间的推移，低压缸轴封径向间隙值均大于修后值，虽然传统低压缸轴封径向间隙调整标准间隙值为 0.40～0.50mm，在标准要求的 0.50mm 范围之内，但仍存在漏空气问题。提高真空严密性最好的技术措施是进行低压轴封改造，如增加 1～2 道接触式汽封。接触式汽封可以始终与轴接触，最大限度减少轴封漏汽或漏空气。

2）低压缸结合面。一方面，按汽轮机本体结构的布置，低压轴端汽封本体与排汽缸相联结，固定于排汽缸上。低压轴封和低压缸的工作状况不尽相同，低压轴封用汽的温度高于汽轮机低压排汽，在机组开停机过程中极易造成相当大的交变温度应力；另一方面，低压外缸在铸造时亦存在较大内应力。由于外缸庞大而单薄，刚性差，容易变形，在这两方面共同作用下，随着运行时间的增长，其变形也会增大。因此应积极处理低压缸结合面变形等问题，消除真空系统各漏点。例如韶关电厂 8 号机组采用在每个排汽缸的下缸中分面上铣制密封槽，在槽内填压特制密封胶条（如德国西门子生产的 Vitonseal 密封胶条），形成一道闭环式密封带，成功解决了低压缸结合面泄漏问题。也可以直接在中分面上涂抹耐高温密封胶。

3）低压缸安全门。由于低压缸安全门处于低压缸顶部，电厂人员在进行灌水查漏的过程中，无法发现安全门的泄漏。在检漏过程中发现，很多机组都存在着低压缸安全门泄漏的问题。

4）汽动给水泵汽轮机轴封，低压加热器疏水管路，真空破坏门及其管路，抽气器至凝汽器管路。凝汽器及低压加热器汽侧的水位计接头。

5）低压缸与凝汽器喉部连接处，轴封加热器水封，凝汽器汽侧放水门，热井放水阀门。

6）负压段抽汽管连接法兰，低压旁路隔离阀及法兰。汽动给水泵汽轮机排汽蝶阀前、后法兰。

7）凝结水泵盘根，低压加热器疏水泵盘根。

8）高中压外缸法兰螺栓加热装置。高中压外缸法兰螺栓加热装置容易产生严重不严密现象。可以在汽缸装复后对高中压外缸法兰螺栓加热的进汽管道进行锯管，用压力水对法兰螺栓加热系统进行检查。经常发现的问题有：汽缸螺栓螺帽下部平底垫片与汽缸法兰螺栓密封面漏点较多；汽缸法兰螺栓罩帽中间加热棒插孔密封螺栓垫片密封不严密；汽缸法兰螺栓倒栽在下汽缸的丝扣底部部分工艺孔漏量较大，从这里漏入的空气，沿疏水管进入凝汽器，也导致真空系统严密性不合格。

9）冷却管损伤或端口泄漏。中压缸至低压缸导汽管伸缩节泄漏。

10）凝汽器人孔门。由于人孔门法兰垫片老化及螺栓力矩不均匀容易造成泄漏，需要更换垫片，调整螺栓力矩，消除此泄漏点。

第五节　空冷机组真空严密性和真空的监督

一、空冷汽轮机组的运行特性与湿冷汽轮机差别

直接空冷机组的真空系统主要包括汽轮机排汽装置、空冷凝汽器及高低压加热器、凝结水箱、本体疏水泵、冲洗系统，以及真空泵等组成。湿冷汽轮机的排汽经表面式凝汽器，通过循环冷却水将其汽化潜热带走，受热的循环水在水塔内通过淋水装置与空气接触进行热交换（蒸发冷却），冷却水温与大气的湿球温度相关。

而空冷汽轮机的排汽或是通过中间介质（循环冷却水）经密闭的空冷散热器（间接空冷，如海勒式间接空冷系统），或直接通过宅冷凝汽器（直接空冷）与空气进行热交换，冷却水温或凝结水温与大气的干球温度相关。大气干球温度不但高于湿球温度，而且干球的昼夜温差也高于湿

球的昼夜温差。使空冷汽轮机组的运行特性与湿冷汽轮机相比出现了如下的主要差别：

（1）额定背压高。在华北、华东、西北、东北四地区的湿冷机组（包括直流冷却机组和循环冷却机组）背压一般设计为 4.0～4.9kPa，夏季背压设计值为 9.6～11.8kPa；在南方地区的湿冷机组背压一般设计为 5.6～6.0kPa，夏季工况条件为环境气温 33℃时，汽轮机背压设计值为 11.8kPa。

而空冷汽轮机的额定背压在 13～18kPa 之间，一般 16.1kPa，比湿冷机组高 10kPa 左右，因此供电煤耗率比同容量的湿冷机组高 20g/kWh 左右。夏季工况条件为环境气温 30℃时，汽轮机背压设计值为 30kPa。

（2）运行背压变化大。由于大气干球温度的昼夜温差变化大，一年四季的温度变化范围更大，故空冷汽轮机的背压昼夜变化大，一年四季的背压变化范围更大。湿冷汽轮机的运行背压范围为 4.9～11.8kPa，而空冷汽轮机的运行背压为 10～50kPa，空冷汽轮机的背压变化范围是湿冷汽轮机的 3～4 倍。通常湿冷汽轮机夏季的满发背压为 11.8kPa，而空冷汽轮机夏季的满发背压为 30～35kPa，空冷机组夏季的运行背压高出湿冷机组 3 倍左右。

（3）直接空冷系统真空系统体积庞大，600MW 直接空冷机组真空系统容积在 10 000～15 000m³，而 600MW 湿冷机组整个真空系统容积约为 2500～2800m³，空冷机组真空容积是湿冷机组的 4～5 倍，要保持与湿冷机组相同的空气漏入量，对如此庞大的直接空冷凝汽器的严密性要求应严格得多。

对直接空冷系统而言，尽最大的努力防止空气进入其真空系统是至关重要的。不可凝气体的增加可能影响排空系统的运行并导致下列危害：

1）影响直接空冷系统内换热条件，机组效率下降。

2）凝结水含氧量高导致的腐蚀问题。

3）在寒冷季节运行时，当环境温度低于＋2℃时将导致凝结水结冰。

二、空冷机组真空严密性试验

1. 空冷机组真空严密性的试验条件

真空系统严密性的试验条件应符合下列规定：

（1）空冷岛顶部环境风速应不大于 3m/s；

（2）应在无雨、无雪的气候条件下进行试验；

（3）备用真空泵工作性能应正常，在良好备用状态；

（4）应停运空冷岛喷淋冷却装置；

（5）机组各设备和系统运行应正常；

（6）凝结水箱水位保持不变，试验期间停止向排汽装置补水。

2. 空冷机组真空严密性的试验要求

真空系统严密性试验应符合下列要求：

（1）机组日常运行中，宜至少每月进行一次真空系统严密性试验。

（2）考虑到真空系统的漏空气量与负荷有关，试验时应保持机组有功负荷不低于 80％额定负荷，且稳定运行。

（3）投入发电控制（AGC）的机组，在试验过程中应解除 AGC，同时将机炉协调控制（CCS）解除，转为 DEH 的"阀位控制"模式，同时应稳定锅炉燃烧及机前参数，并控制汽轮机的进汽量不变。即汽轮机高压进汽调节阀手动控制、开度固定不变。

（4）应维持汽轮机主蒸汽和再热蒸汽参数稳定不变。

（5）空冷岛风机应手动控制，并固定 100％转速稳定运行，试验过程中风机运行数量不变。空冷机组运行背压要受到冷却风机转速变化的影响。为了减少空冷风机转速变化对试验结果的干扰，空冷风机必须根据当时负荷，解除转速自动调整，在试验期间应保持某一个固定转速运行。如果在试验过程中，风机转速不解除自动调整，则在试验过程中随着背压的升高，风机转速将自动加大，测量计算出的严密性试验的结果将比实际值偏低，不能如实地反映真实严密性。

(6) 低压轴封供汽压力对真空严密性试验的结果有直接影响，为了尽可能真实地反映严密性，建议在实验前将低压轴封的供汽压力调整到能够保证汽轮机油质水分不至于超标的最高压力。以便于最大限度地减少从汽轮机低压轴封漏入空冷凝汽器的空气量。例如某公司 NZK600-16.7/538/538 型直接空冷机组的额定背压为 15kPa。夏季工况条件为：环境气温 30℃时，汽轮机背压 30kPa，机组功率 600MW。在机组 500MW 运行状态下进行了两次不同轴封压力下的真空严密性试验对比。需要指出的是正常运行中由于受到汽轮机油质水分的限制，一般设定轴封压力为 23kPa 左右。对比试验时选取 30kPa 和 23kPa 两种轴封压力，测得的试验结果如下：当轴封压力维持在 30kPa 左右时，试验得出的结果为 258Pa/min；当轴封压力维持在 23kPa 时，试验得出的结果为 400Pa/min。

3. 空冷机组真空严密性的试验步骤

真空系统严密性试验应按下列步骤进行：

(1) 关闭真空泵入口抽气阀门（关闭严密）。

(2) 全部真空泵停止运行。

(3) 记录排汽压力（或排汽真空），至少每 30s 记录 1 次，记录时间不少于 8min。

(4) 启动真空泵（与试验前真空泵运行数量相同），打开抽气阀门。

(5) 保持试验条件及要求不变，继续记录排汽压力（或排汽真空），直至排汽压力（或排汽真空）基本恢复到试验前，试验结束。

三、真空严密性指标要求

1. 真空严密性指标计算

(1) 试验计算数据选取。选取停真空泵 3min 后排汽压力上升（排汽真空下降）的 5min（或更长时间段）内数据，计算排汽压力上升（真空下降）的平均速率作为真空严密性指标。用于计算的 5min（或更长时间段）数据，排汽压力上升速率应一致，与平均速率相比，波动不能超过 50Pa/min。

(2) 真空严密性指标计算方法。用选取的 5min（或更长时间段）内的试验数据线性拟合求得排汽压力上升（真空下降）的平均速率，作为真空严密性指标；也可计算每分钟的排汽压力上升（真空下降）值，得到 5 个（或多个）排汽压力上升（真空下降）速率，计算 5 个（或多个）速率的算术平均值，作为真空严密性指标。

不应用 5min（或更长时间段）的起、止两个时间点的试验数据来计算真空严密性指标。

2. 空冷系统真空严密性的监督标准

空冷系统真空严密性监督取值主要考虑以下三点。一是对于直接空冷机组，由于整个排汽系统和散热元件都是焊接的，正常情况下不允许有泄漏。二是空冷机组的抽真空设备与湿冷机组基本相同，即抽干空气量的能力相当，由于同容量的空冷机组真空系统容积是湿冷机组的 3~4 倍，因此，真空系统严密性也要求成比例缩小。三是从国内外供货厂商的资料来看，通常保证真空系统严密性在 80~200Pa 之间。因此对空冷机组真空系统严密性的要求可较为严格。

德国 GEA 能源技术有限公司用于发电厂空冷凝汽器性能验收试验的标准规定：真空严密性试验结果应满足"汽轮机背压升高不应超过 100Pa/min"。

《直接空冷系统性能试验规程》（DL/T 244—2012）要求空冷机组真空下降速度不高于200Pa/min。《节能技术监督导则》（DL/T 1052—2007）对于空冷机组要求：300MW 及以下机组的真空下降速度不高于 130Pa/min，300MW 以上机组的真空下降速度不高于 100Pa/min。

四、影响空冷机组真空的因素与控制措施

1. 空冷机组真空变差的原因

（1）主机负压系统泄漏。

1）低压缸缸体结合面、缸体安全门的不严密。

2）由于直接空冷机组排汽压力较高（设计排汽压力为湿冷机组的 3 倍左右），随着环境温度的变化，背压变化范围大，同时变化频繁，随之排汽温度变化大，导致排汽装置泄漏。

3）低压缸两端轴封逸汽量大，轴封冷却器系统容量不能适应，造成轴端逸汽，轴封供汽调整不足，就会漏真空。

4）排汽缸或排汽装置连接处等漏真空。

（2）空冷系统泄漏。

1）排汽管道（排汽装置）及安全阀。如果排气管道椭圆度不够；强力对口造成膨胀节导向圈与管壁紧密接触；膨胀节在吊装过程中存在磕坏的小坑；膨胀节波纹管内遗留杂物；及其焊接质量不过关等；这些问题都可能使运行中的排汽管道轴向膨胀节产生裂纹而漏入空气。

2）散热器冷却管束。

3）蒸汽分配管及隔断阀。排气装置至空冷蒸汽分配支管前的蒸汽母管，位于机房外，由于蒸汽母管是分段焊接而成的，且中上部设有膨胀节。如果没有按要求施工，焊接工艺差，容易造成焊接部位脆弱（有夹渣、气孔和夹钢筋焊的迹象），在温度骤变时造成应力集中，被撕裂。

4）冬季气温低，空冷散热器管束、焊口等设备冻裂，产生漏空。

（3）冬季期间防冻需要。空冷机组冬季运行时，迫于防冻压力，要求维持高排气压力运行，但排气压力过高，会使机组经济运行降低，增加供电煤耗率。当环境温度低于 5℃时，理论上排汽压力应在 8～9kPa 运行，甚至更低（接近阻塞背压），所以，在空冷凝汽器内蒸汽流量小于最小防冻流量的前提下，通过解列局部空冷凝汽器，停运部分风机，在不同温度区域，通过降低排气压力，来提高机组真空，同时由于风机的停运，从而获得较好的经济收益，降低了发电煤耗率。为此必须做好如下防冻措施：

1）冬季期间，通常从外向内，每次解列两列空冷凝汽器，使运行空冷凝汽器内蒸汽流量大于最小防冻流量，同时停运解列空冷器的冷却风机，以达到防冻的效果，同时可适当降低汽轮机排汽压力，提高机组运行的经济性。

2）提高机组真空严密性，防止非凝结气体进入系统内，导致蒸汽被过度冷凝，冻结管束。

3）蒸汽隔离阀、凝结水阀门、抽真空阀门等部位加装电伴热，或敷设保温。

4）对停运的空冷单元，用棉被（苫布）遮盖，并用棉被封堵风机口。

2. 空冷机组提高真空的措施

（1）空冷岛的冷却管束在安装过程中，应采取严格的防护措施，防止施工中造成设备的损伤而影响真空的严密性。

（2）空冷机组的冷却介质是空气，气温对机组真空的影响相当大，在一天中由于受气温的影响，机组的真空变化可以超过 25kPa。主要原因：一是气温的升高影响了冷却管束的冷却效果；二是冷却管束面积较大，它对阳光的吸热相对较大。防止气温对机组真空影响的措施有二：一是利用冷却管束上部的冲洗装置定期清除冷却管束上部的灰尘。特别是在气温高时可以将冲洗装置投用，冷却空冷机组的冷却管束，提高机组真空。二是在空冷平台上增加一路除盐水，在每个冷却风机风筒的四周增加一组喷头用以喷洒除盐水，并形成一层水雾，在风机的吹动下喷上冷却管束，从而达到管束降温的作用。三是直接蒸发冷却，原理是将雾化的除盐水直接喷在换热器表面，利用水汽化吸热降低换热器表面温度，从而增强换热器的换热效果。例如上都发电公司在600MW 空冷机组空冷岛散热片上加装喷淋装置，背压 25kPa 以上时投入喷淋装置，背压可降低 2.5kPa。

（3）空冷机组的真空泵是按照循环水冷凝机组设计制造的，真空泵的换热器相对太小，使真空泵的工作水温度升高，解决方法有二：一是加大真空泵换热器的换热面积，通过开式换热冷却其工作水，将工作水的温度降低到需要的数值；二是在真空泵房增加一中央空调，一方面可以降低真空泵周围的环境温度，另一方面可以将中央空调的冷凝水接至真空泵工作水的补水上，此冷凝水的温度较低（大约在 4℃左右），可以大大减低真空泵工作水的温度。

（4）空冷风机的运行优化。对于直接空冷机组，其风机数量很多，以某亚临界 600MW 等级机组为例，空冷风机为 64 台，变频控制。在同一频率下，运行风机数量越少，真空越差；在相同运行风机数量下，频率越低，真空越差，见表 13-23。

表 13-23　　　　　　　　额定负荷下空冷风机运行方式对机组经济性的影响

频率 （Hz）	真空 （kPa）	环境 温度 （℃）	单台风 机功率 （kW）	停风机 数量 （台）	运行风 机数量 （台）	风机总 功率 （kW）	修正到 5℃真空 （kPa）	真空影响 煤耗率 （g/kWh）	耗电率影响 煤耗率 （g/kWh）	影响煤耗 率合计 （g/kWh）
25	75.0	2.20	77.8	2	62	4823.6	74.16	0	0	0
30	75.9	2.40	86.0	2	62	5332.0	76.40	−2.08	0.446	−1.634
35	76.8	2.30	93.3	2	62	5784.6	78.52	−3.78	0.843	−2.937
40	77.75	2.50	98.2	2	62	6088.6	80.20	−5.68	1.110	−4.570
45	78.38	2.20	103.5	2	62	6417.0	81.35	−6.72	1.399	−5.321
50	78.94	2.80	108.5	2	62	6727.0	82.0	−7.98	1.670	−6.310
50	79.33	2.80	108.5	0	64	6944.0	82.42	−8.67	1.812	−6.858
50	78.52	2.80	108.5	4	60	6510	81.68	−6.75	1.480	−5.270

空冷机组冬季气温低时，存在空冷凝汽器局部冻结的可能性。冬季运行时，若维持较高的真空，空冷岛的进汽温度降低。在低负荷情况下，进汽量减少，空冷散热器容易发生冻结。另外，冬季气温低，空冷凝汽器换热效果好，容易导致凝结水过冷度增大。若为了满足空冷岛防冻要求及减小凝结水过冷度而降低真空运行，则会导致机组经济性降低。因此，空冷机组冬季经济运行的关键是解决好真空与空冷岛防冻要求及减小凝结水过冷度之间的矛盾。

（5）空冷岛微正压查漏技术。陕西德源府谷能源有限公司在 2 台 600MW 亚临界直接空冷机组上采用微正压查漏技术值得推广。我们知道空冷系统运行中是负压状态，只会往里吸气，有漏点你是看不到的。空冷岛利用微正压技术，可以让隐蔽的漏点显现"原形"。具体操作方法如下：

1）停机（锅炉不灭火）破坏真空后，连续盘车运行，锅炉维持汽压 2MPa、温度 250℃。

2）破坏真空后，真空破坏门全关，维持排汽温度 82～97℃（厂家规定排气温度不超过 120℃）。

3）空冷岛风机全部停运，蒸汽阀可以根据查漏顺序逐个开关。

4）保持轴加风机运行，可适当降低轴封供汽压力，避免轴封漏汽进入汽轮机轴承。

5）手动调整开启高压旁路、低压旁路，向排汽装置供汽。高压旁路阀开度在 20% 以下，高压旁路流量 14.1t/h 以上，高压旁路阀后温度 214℃，排气压力升至 97kPa（注意压力要低于排汽装置防爆膜 130kPa）；控制低压旁路前压力 0.2kPa，低压旁路阀开度 22%，低压旁路三级减温和水幕保护调阀全关。

6）低压缸喷水调阀开度 100%，全开三级减温水，防止超温。

7）蒸汽升至空冷岛在各列遇冷凝结，可按查漏顺序逐一开进汽蝶阀，待 15min 后，空冷岛会有明显的滴水迹象，个别漏点大处滴水不停。

8）就地检查空冷岛各单元及排汽管道、蒸汽分配管，特别是散热器下部，观察有无水汽冒出。根据漏水、漏汽情况确定漏点位置。

第六节 凝汽器端差的监督

一、凝汽器端差的定义与计算

1. 凝汽器端差的定义

凝汽器端差是指汽轮机排汽在排汽压力下的饱和温度与凝汽器冷却水出口温度之差。对于具有多压凝汽器的汽轮机，应分别计算各凝汽器端差。计算公式为

$$\delta t = t_s - t_{w2}$$

式中　δt——凝汽器端差，℃；

　　　t_s——凝汽器压力下的饱和温度，℃；

　　　t_{w2}——凝汽器冷却水出口温度，℃。

【例 13-9】 某台汽轮机排汽饱和温度 $t_s=40℃$，凝结水过冷度 $\Delta T_{sc}=1℃$，凝汽器循环冷却水进水温度 $t_{w1}=20℃$，出水温度 $t_{w2}=32℃$，求凝汽器端差 δt。

解：端差

$$\delta t = t_s - t_{w2} = 40 - 32 = 8 \text{ (℃)}$$

2. 凝汽器端差计算公式

根据上述定义存在如下关系

$$t_s = t_{w1} + \Delta t + \delta t$$
$$\Delta t = t_{w2} - t_{w1}$$

式中　δt——凝汽器的传热端差，℃；

　　　Δt——冷却水温升，℃；

　　　t_s——汽轮机的排汽温度，℃；

　　　t_{w1}——凝汽器冷却水进口温度，℃。

有了这个等式，下面就是确定 Δt 和 δt 的计算。首先确定冷却水温升 Δt，根据凝汽器热平衡方程求得

$$D_c(h_s - h_c) = 4.187 G_w \Delta t = AK \Delta t_m$$

因此

$$\frac{\Delta t}{\Delta t_m} = \frac{KA}{4.187 D_w}$$

式中　D_c——进入凝汽器的蒸汽量，kg/s；

　　　D_w——进入凝汽器的冷却水量，kg/s；

　　　h_s——汽轮机的排汽焓，kJ/kg；

h_c——凝结水焓，kJ/kg；

Δt_m——由蒸汽至冷却水的平均传热温差，℃；

A——凝汽器冷却面积，m^2；

K——总传热系数，$kJ/(m^2 \cdot ℃)$。

第二步确定传热端差 δt，根据平均传热温差计算公式

$$\Delta t_m = \frac{t_{w2} - t_{w1}}{\ln \dfrac{t_s - t_{w1}}{t_s - t_{w2}}} = \frac{\Delta t}{\ln \dfrac{\Delta t + \delta_t}{\delta_t}}$$

得到

$$\delta t = \frac{\Delta t}{e^{\frac{\Delta t}{\Delta t_m}} - 1} = \frac{\Delta t}{e^{\frac{KA}{4.187 D_w}} - 1}$$

从上式可知，端差 δ_t 与冷却水量 D_w、冷却水进口温度 t_{w1} 以及传热系数 K 有关。但是在实际应用中，冷却水量 D_w 不易测准，传热系数 K 也较难测准。

3. 凝汽器端差经验公式

端差 δt 可用下面的经验公式计算

$$\delta t = \frac{n}{31.5 + t_1} \left(\frac{3600 D_c}{A} + 7.5 \right)$$

式中 n——表示凝汽器清洁程度和严密性的系数，通常 $n = 5 \sim 7$，清洁度越高，严密性越好，则系数 n 的数值越小。

从上式可知，要知道 n 值，比较困难，且没有考虑循环水量的影响，误差较大。这些都给运行现场端差基准的确定带来了不便。

二、端差的耗差分析

根据凝汽器端差计算公式

$$\delta t = t_s - t_{w2}$$

可知，当冷却水出口温度 t_{w2} 保持不变时，凝汽器端差 δt 仅与凝汽器压力下的饱和温度 t_s 成直线关系变化。当 t_s 升高 1℃，端差也升高 1℃。

根据真空的耗差分析可知，当排汽饱和温度 $t_s = 32.63$℃（对应饱和压力 $p_s = 4.93$kPa），升高到 $t_s = 36.06$℃（对应饱和压力 $p_s = 5.93$kPa）时，发电煤耗率增加 1.82g/kWh，也就是说当端差升高 1℃（可以认为是饱和温度 t_s 升高 1℃）时，发电煤耗率增

$$\frac{1.82}{36.06 - 32.63} = 0.53 \ (g/kWh)$$

由于凝汽器端差与冷却水进口温度成线性关系，因此凝汽器端差变化 1℃，相当于冷却水进口温度变化 1℃，热耗率变化 0.2%，发电煤耗率变化 0.53g/kWh。

同理，冷却塔温降（冷却塔温降是指循环水进入冷却水塔的进口温度与出冷却水塔的出口温度的差值）变化 1℃，可以认为是循环水进口温度变化 1℃，热耗率变化 0.2%，发电煤耗率变化 0.53g/kWh。

三、端差的监督标准

1. 端差控制限值

现代大型凝汽器在设计负荷下所能达到的最小传热端差为 1~5℃，一般常在 3~10℃ 之间选取，对双流程或多流程凝汽器可取 3~6℃，对单流程可取 4~9℃。

评价时以统计报表或测试的数据作为监督依据。对于海水冷却的凝汽器，全年端差一般控制在 7℃ 以下。对于淡水凝汽器端差可以根据循环水温度制定不同的考核值：

(1) 当循环水进口温度小于或等于 14℃时，凝汽器端差不大于 9℃。

(2) 当循环水进口温度大于 14℃并小于 30℃时，凝汽器端差不大于 7℃。

(3) 当循环水进口温度大于或等于 30℃时，凝汽器端差不大于 5℃。

(4) 背压机组不考核，循环水供热机组仅考核非供热期。

控制要求严格一点：对于淡水冷却的凝汽器，无论是直流冷却还是循环冷却，全年端差一般控制在 5℃以下。

对于间接空冷系统表面式凝汽器（哈蒙系统）的端差要求不大于 2.8℃。

对于间接空冷系统喷射式凝汽器（海勒系统）的端差要求不大于 1.5℃。

2. 运行端差监督方法

借助凝汽器热平衡方程和美国传热学会（HEI）传热系数计算公式，推导出的同一负荷下循环水进水温度变化后理论端差的计算公式，即

$$\delta t_L = \frac{\Delta t'}{\exp\left(\dfrac{\beta'_t}{\beta_t}\sqrt{\dfrac{\Delta t'}{\Delta t}} \times \ln\dfrac{\Delta t + \delta t}{\delta t}\right) - 1}$$

要求

$$\delta t' \leqslant \delta t_L$$

式中 δ_t、δ'_t——凝汽器运行工况变化前（或称基准工况，下同）的基准端差和变化后的实际端差，℃；

β_t、β'_t——凝汽器运行工况变化前后冷却水进口水温度修正系数；

Δt、$\Delta t'$——凝汽器运行工况变化前后循环水温升，℃；

δt_L——凝汽器理论端差，℃。

凝汽器理论端差公式中的冷却水进口水温修正系数 β_t、β'_t 可以从表 13-24 中查取，冷却水温 $\Delta t'$ 是运行必须监测的量。而基准端差 δt 和基准温升 $\Delta t'$ 是已知的，所以凝汽器理论端差很容易求出。

表 13-24 　　　　　　　　　HEI 公式中冷却水进口水温修正系数 β_t 取值

t_1（℃）	0.0	1.0	2.0	3.0	4.0	5.0	6.0
β_t	0.669	0.685	0.702	0.719	0.735	0.752	0.768
t_1（℃）	7.0	8.0	9.0	10.0	11.0	12.0	13.0
β_t	0.785	0.802	0.818	0.834	0.850	0.866	0.883
t_1（℃）	14.0	15.0	16.0	17.0	18.0	19.0	20.0
β_t	0.899	0.914	0.930	0.946	0.963	0.976	0.989
t_1（℃）	21.0	22.0	23.0	24.0	25.0	26.0	27.0
β_t	0.999	1.008	1.017	1.026	1.033	1.040	1.047
t_1（℃）	28.0	29.0	30.0	31.0	32.0	33.0	34.0
β_t	1.052	1.058	1.063	1.068	1.074	1.079	1.083
t_1（℃）	35.0	36.0	37.0	38.0	39.0	40.0	41.0
β_t	1.088	1.092	1.096	1.101	1.106	1.110	1.115

例如某机组大修中对凝汽器管束进行了通洗，对真空系统漏点进行了查堵，真空泵进行了解体检修，使凝汽器清洁度、真空严密性均处于较好水平。大修后在额定负荷下测得进水温度 t_{w1} = 15.4℃，温升 Δt = 12.0℃，端差 δ_t = 4.8℃。运行一段时间后，在同一负荷测得进水温度 t'_{w1}

$=20.5℃$，温升 $\Delta t'=11.8℃$，端差 $\delta_t=4.6℃$。

从循环水温升可以看出，循环水量变化较小。将有关数据代入基准端差计算公式得，循环水进水温度由 15.4℃ 变为 20.5℃（相应得温度修正系数 $\beta_t=0.920$，$\beta_t'=0.994$）后凝汽器理论端差 $\delta t_L=4.2℃$。而实际端差为 4.6℃，表面上看比原来的 4.8℃ 略有减少，似乎不错；但与理论端差相比却升高了 0.4℃，说明凝汽器清洁度有所下降，或真空严密性有所降低，应排查原因。

凝汽器端差节能监督工作中，不但要关注凝汽器运行端差变化，而且要充分关注运行端差与基准端差的比较分析，以客观评价凝汽器性能变化情况。

四、影响凝汽器端差的因素与对策

端差的大小与凝汽器单位冷却面积的蒸汽负荷、凝汽器钛（铜）管清洁程度及真空系统严密性有关。凝汽器管壁被沾污、结水垢、沉积有机物或泥渣，会使传热系数下降，真空恶化，端差增加，因此端差必须控制在设计值以内。端差增大的原因很多，主要原因如下。

（1）凝汽器冷却管水侧污垢或堵塞。冷却水的杂质堵塞在或附着在冷却管内壁上，形成污垢，不但流动阻力增大，减小了冷却管内冷却水流量和流速，传热热阻增大，传热系数降低；而且污垢的导热系数很小，仅为冷却管的 $1/50\sim1/30$，因此无论是冷却管外侧（蒸汽侧）或内侧（循环水侧）出现污垢，均会导致凝汽器总的传热系数大大降低，凝汽器端差升高。一般的运行经验表明，若清洁系数从设计值 0.85 降低至 0.75，当冷却水初温不变时，传热端差升高将近 1℃。在同一负荷下，如果真空系统严密，抽气器（或真空泵）工作正常时，若端差增大并伴随着冷却水温升增大的情况，则说明端差增大是由凝汽器管壁脏污引起的。

1）要保持凝汽器管壁和水侧的清洁，首先要保证冷却水的清洁。冷却水质不良或水中长有水藻等有机物及含杂物，都会使端差增大。对于采用直流供水系统，大都存在大量的生活垃圾和生活污水，不仅会使凝汽器铜管（不锈钢管或钛管）堵塞减少冷却面积，也会改变水质，腐蚀设备，这就必须设置进水滤网，保证进水水质。

2）加强对凝汽器胶球清洗系统的管理，设立专人负责及时投球，并随时消除缺陷，要求胶球清洗装置投入率达到 98%。机组每次大小修中必须做好凝汽器冷却管和收球网的清球、收球工作，并做好记录。如果凝汽器冷却管有堵球，应用高压水冲洗。经验表明，无论海滨电厂还是内陆电厂，只要胶球清洗装置投运不正常，凝汽器端差大是不可避免的。

3）定期采用冷却水反冲洗等方法，清洗凝汽器管内浮泥。每次大小修时，必须彻底清扫凝汽器内水垢及汽侧污垢。

4）对于海水冷却机组，在春秋夏必须投入制氯装置，杀灭海水中的微生物，防止微生物在冷却管内繁殖聚集。

5）利用低负荷机会，进行低负荷凝汽器半面清洗，在冬季冷却水温较低时，也可以进行满负荷半面清洗。凝汽器半面清洗的过程如下：

a. 运行中发现凝汽器水管泄漏或凝汽器水侧脏污时，可单独解列、隔绝一组凝汽器。

b. 待停用一组凝汽器胶球装置收球结束，胶球泵停止运行。

c. 根据凝汽器真空情况，机组减负荷至 60%。

d. 关闭停用侧凝汽器的抽空气门。

e. 关闭停用侧凝汽器循环水进水门，注意运行凝汽器水侧压力不超过 0.32MPa，凝汽器真空不低于 −86kPa，排汽温度不大于 54℃。

f. 关闭停用侧凝汽器循环水出水门。

g. 若两台或三台循环水泵运行时，可停用一台循环水泵。

h. 开启停用一组凝汽器水侧放水门及放空气门，注意地沟污水水位和污水泵运行情况应正常。

i. 将停止侧循环水进、出水门停电。

(2) 凝汽器冷却管汽侧结垢。当蒸汽品质不好，蒸汽中含盐量过大时，不仅会在锅炉管壁内和汽轮机叶片上结成盐垢，而且会在冷却管外壁结成盐垢，使传热热阻增大，传热系数降低，真空恶化，端差增大。

1) 对于沿海电厂，因海水腐蚀严重，影响汽、水品质的主要因素是凝汽器泄漏，所以必须做好凝汽器的防腐工作，海水凝汽器采用阴极保护法，收效较好。

2) 为进一步提高汽水品质，两台机组可以增设一套凝结水精处理装置，使凝结水水质在凝汽器微漏时也能达到要求。

(3) 凝汽器内空气含量。真空系统严密性是反映真空系统漏入空气量的一个指标。空气漏入真空系统中，凝汽器汽侧的不凝结气体份额增加，在凝汽器管外表面形成气膜，降低汽侧传热系数，真空降低，造成端差增加。当凝汽器内含1%的空气时，传热系数几乎降低一半。因此应保证真空系统严密。检查处理真空系统，堵塞漏点，防止凝汽器汽侧漏入空气，降低真空泄漏率。保证抽气设备工作正常，及时抽出积存在凝汽器内的气体。

控制好真空泵工作状态，及时抽出积存在凝汽器内的空气。同理，当铜管中积存空气时，也将降低换热效果，增大凝汽器端差。因此，在投入循环冷却水时，应关闭凝汽器水侧所有放水门，打开循环水室顶部放气门，对水侧进行注水排空气。

(4) 凝汽器水位。凝汽器水位过高，淹没部分冷却管，不仅造成凝结水冷却水直接冷却，产生过冷，而且还会因为凝汽器冷却面积减小，单位面积热负荷增加，导致端差变大，真空降低。特别是当水位淹没抽空气管时，会引起真空泵进水，出力下降，凝汽器内空气抽不出去，真空急剧下降，甚至威胁机组安全运行。

(5) 凝汽器热负荷。凝汽器（汽轮机）负荷增加，如汽轮机排汽量增加，高温高压疏水直接进入凝汽器，端差增大。因此应减少流入凝汽器内的高温高压疏水。机组高温高压疏水门不严，高压加热器水位调节不好，低压加热器疏水不畅都会导致高温高压疏水直接进入凝汽器，增大了凝汽器的热负荷和端差。因此应对疏水系统进行有效的改造，减少系统内漏。凡是开、停机或低负荷开启的疏水门，在机组正常后要及时关闭。

(6) 冷却水量。当冷却水量增加时，一般说端差将稍微减小。有的电厂若冷却水流量由设计值降低至80%，将使凝汽器端差升高1.5℃。但研究表明，冷却水流量增加，端差并非一定减小，要视凝汽器的具体工况而定。根据公式 $\delta t = \dfrac{\Delta t}{e^{\frac{KA}{4.187 D_w}} - 1}$，通常情况下 A 变化很小，所以传热端差 δt 与冷却水量 D_w 成正比。当冷却水量 D_w 增加时，δt 增大；同时，冷却水量增加，加强了冷却管内表面的对流换热，凝汽器的总体换热系数 K 增大，由上式可知 K 与端差 δt 成反比，因此冷却水量增加，两者综合结果，对于不同的凝汽器结果不同，应结合试验，确定最佳冷却水流量。有人经过公式推导得到如下结论：当 $\dfrac{\Delta t}{\delta t} > 3.92$ 时，端差随循环水流量的增加而增加；当 $\dfrac{\Delta t}{\delta t}$ < 3.92，端差随循环水流量的增加而减小。因此，加强循环水泵运行方式优化，也可以降低凝汽器端差。

(7) 冷却水进水温度。凝汽器冷却水进水温度是影响凝汽器传热端差的因素之一。在其他参数不变的情况下，冷却水进水温度降低，冷却水出水温度 t_{w2} 降低，凝汽器传热端差 $\delta t = t_s - t_{w2}$ 升高。在相同的循环水流量和排汽量下，冬季的凝汽器传热端差要明显高于夏季。300MW 机组冷却水进口温度与端差的关系见图 13-21。

(8) 检查给水泵汽轮机真空系统是否严密。给水泵汽轮机排汽直接进入凝汽器，如果给水泵汽轮机真空系统泄漏，轴封系统不正常，将增大漏入凝汽器的空气，影响凝汽器的真空，增大端差。在启动汽动泵前，要先投入给水泵汽轮机的轴封系统。若给水泵汽轮机真空系统泄漏，在运行中无法处理时，应启动电动给水泵，停止该汽动给水泵运行，并将其隔离。

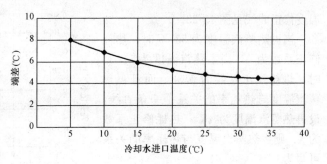

图 13-21　300MW 机组冷却水进口温度与端差的关系

(9) 机组负荷。单位蒸汽负荷增大，相对冷却水量减少，端差越大。单位蒸汽负荷与端差的关系见图 13-22。

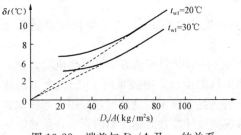

图 13-22　端差与 D_c/A 及 t_{w1} 的关系

(10) 有些电厂凝汽器端差为 -4℃，很明显数值不对，因此凝汽器端差从理论上讲应为正值，出现这种情况下，原因有三：

1) 凝汽器端差计算公式有误，正确计算公式为：凝汽器端差 = 排汽压力对应的饱和温度—冷却水出口温度。

2) 使用凝结水温度代替了排汽压力对应的饱和温度。

3) 计算凝汽器端差的测点有问题，建议检查排汽压力测点和冷却水出口温度测点。

第七节　再热蒸汽参数的监督

汽轮机再热蒸汽参数直接由锅炉参数决定的，因此本节只介绍汽轮机再热蒸汽参数的耗差分析。对于再热蒸汽温度、再热蒸汽压力等参数影响煤耗率情况可从制造厂提供的特性曲线推导出来。

一、再热蒸汽温度

1. 再热蒸汽温度的影响

再热蒸汽温度是指锅炉再热器出口，再次进入汽轮机（中压缸再热蒸汽门前）前的蒸汽温度，单位通常以℃表示。如果有多条管道，取算术平均值。再热蒸汽温度通常随着主蒸汽温度的改变而改变，任何负荷下都应尽量在设计的额定再热蒸汽温度下运行。

再热蒸汽温度升高，机组的热耗率和煤耗率减少。但再热蒸汽温度升高超过一定值时，将引起再热器和中压缸前几级强度降低，限于金属材料的强度，会造成再热器和中压缸的损坏和寿命缩短。当再热蒸汽温度过高时，用喷水降温的方法虽可使汽温减低，但这将直接增加中、低缸的蒸汽量，引起中、低缸各级前压力升高，同时喷水降温还会增加热耗。国产 200MW 汽轮机的计算表明，再热蒸汽的喷水每增加 1t/h 将使热耗增加 3.5%。如果再热蒸汽温度低于允许值，不仅使末几级动叶应力增加，还使末几级湿度增加，叶片受到冲蚀。

2. 再热蒸汽温度的耗差分析

(1) N135 超高压机组。根据东方汽轮机厂提供的 N135-13.24/535/535 型中间再热凝汽式汽轮机热力修正曲线（设计热耗率为 8157kJ/kWh，设计发电煤耗率为 305g/kWh），其中再热蒸汽温度修正曲线见图 13-23。

当再热蒸汽温度为 535℃时，热耗修正系数为 0，当主蒸汽温度为 520℃时，热耗修正系数为 0.36，而且再热蒸汽温度与热耗率的关系是一条直线，设再热蒸汽温度为 x℃，热耗修正系数为 y，则再热蒸汽温度与热耗率的关系可写为

$$\frac{0.36-0}{520-535}=\frac{0.36-y}{520-x}$$

化简上式得

$$y=12.84-0.024x$$

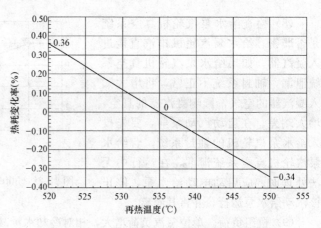

图 13-23　再热蒸汽温度对热耗的修正曲线

对 y 求导，则

$y'=-0.024\%$，即再热蒸汽温度每变化 1℃，热耗变化 0.024%，发电煤耗率也随着变化 0.024%，发电煤耗率增加 0.073g/kWh。

（2）N660 超超临界机组。以 N660－25/600/600 型 660MW 超超临界中间再热机组为例，制造厂提供的再热凝汽式汽轮机（产品编号 195）再热蒸汽温度修正曲线见图 13-24。由于制造厂提供的修正曲线是用于考核试验的，要把运行参数下的热耗率修正到设计参数，用于考核试验热耗率是否满足设计热耗率。而耗差分析是把运行参数偏离设计参数对热耗率的影响，虽然结果相同，但是纵轴的数据的正负号正好要颠倒过来。在进行耗差分析时，可以把横坐标参数改成"额定再热蒸汽温度－再热蒸汽测量温度"即可。

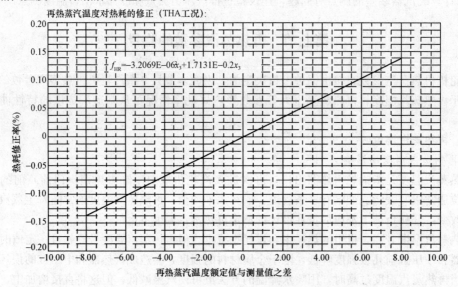

图 13-24　N660-25/600/600 再热蒸汽温度修正曲线

制造厂提供再热蒸汽温度修正曲线的同时提供了修正公式

$$y=-0.000\ 003\ 207x^2+0.017\ 131x$$

式中　y——热耗修正率，%；

　　　x——再热蒸汽温度额定值－再热蒸汽温度测量值，℃。

当再热蒸汽温度降低 10℃，发电煤耗率增加 $269.48 \times \dfrac{-0.000\ 320\ 7 + 0.171\ 31}{100} = 0.461(\text{g/kWh})$。

3. 再热蒸汽温度的监督标准

(1) 考核期监督。再热蒸汽温度的监督以统计报表、现场检查或测试的数据作为依据。统计期平均值不低于规定值（对应负荷下的设计值）3℃，对于两条以上的进汽管路，各管温度偏差应小于 3℃。

(2) 运行过程。再热式汽轮机进汽再热温度允许波动范围：

任何 12 个月运行期中，汽轮机进口处的平均温度不超过其额定温度；

正常运行时最高温度不超过额定值 8℃；

任何 12 个月运行期中，超过额定值 8℃，不超过 14℃ 的总时间不超过 400h；

任何 12 个月运行期中，超过额定值 14℃，不超过 28℃ 的总时间不超过 80h，每次不超过 15min；

任何 12 个月运行期中，不允许超过额定值 28℃。

4. 影响再热蒸汽温度的因素和对策

(1) 汽轮机再热蒸汽温度偏低，一般是由锅炉再热蒸汽温度决定的。例如某 680MW 超超临界机组，锅炉再热蒸汽温度一直偏低。根据汽轮机热力特性计算书，其额定高排温度为 373.3℃。考虑高排至再热器入口有 2~3℃ 的温降，再热器入口应为 371℃ 左右，而实际再热器入口蒸汽温度约为 365.0~366.0℃，比设计值约低 5.5℃，这是造成汽轮机再热蒸汽温度偏低的主要原因。因此整改建议：①加强燃烧调整，运行中及时进行锅炉受热面吹灰，减少受热面超温。②联系锅炉制造厂重新核算再热器受热面积，进行再热器受热面改造的可行性研究。

(2) 汽轮机高压缸排汽参数。在再热器吸热一定的前提下，如果主蒸汽温度偏低，汽轮机高压缸排汽温度也会降低，再热器出口蒸汽温度将随着降低。

(3) 高压加热器投停、高压旁路投停。当高压加热器投停、高压旁路投停时，会造成再热汽流量的变化，将会影响再热蒸汽温度。

(4) 当采用喷水减温时，减温水压力升高或减温水调门（或电动门）漏流，使减温水量不正常升高，再热蒸汽温度降低。再热器喷水减温将导致整个再热循环经济性降低，在运行过程中应采取措施尽可能减少喷水减温水量。

二、再热蒸汽压力

1. 再热蒸汽压损率的定义

所谓再热就是将通过汽轮机高压缸已经部分做了功的蒸汽，引入锅炉再热器中重新加热成一定温度的再热蒸汽，然后再送到汽轮机中压缸及低压缸继续做功。

再热蒸汽压力是指锅炉再热器出口的蒸汽，再次进入汽轮机前的蒸汽压力，单位通常以 MPa 表示。它是随汽轮机运行负荷变化而变化的一个参数。对应一定的蒸汽初参数，汽轮机有一个最佳的再热蒸汽压力，此时中间再热循环的热效率最高。当再热温度等于蒸汽初温时，最佳的再热蒸汽压力约为蒸汽初压力的 18%~26%。

在正常运行中，再热蒸汽压力是随着蒸汽流量的变化而变化的。蒸汽从高压缸排出后，经过再热器管道进入中压缸，压力将会有不同程度地降低，这个压力损失，称为再热器压损。再热器压损对整个汽轮机的经济效果有显著的影响，压损的大小以蒸汽在再热系统中的压力降（高压缸的排汽压力－再热蒸汽压力）与高压缸的排汽压力之比值来表示，这个值叫作再热蒸汽压损率。在正常运行中，再热蒸汽压力是跟随主蒸汽压力调节而变化的。再热蒸汽压力不能太高，否则将会对再热管道和汽阀产生危害。

$$再热蒸汽压损率=\frac{高压缸排汽压力-再热蒸汽压力（MPa）}{高压缸排汽压力（MPa）}\times100\%$$

2. 再热蒸汽压损率的耗差分析

（1）N135 超高压机组。根据东方汽轮机厂提供的 N135-13.24/535/535 型中间再热凝汽式汽轮机热力修正曲线（设计热耗率为 8157kJ/kWh，设计发电煤耗率为 305g/kWh），其中再热蒸汽压损率修正见图 13-25。

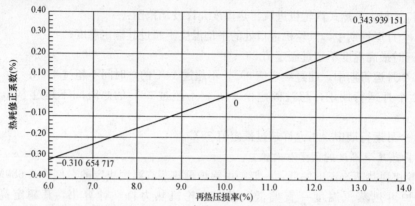

图 13-25　N135-13.24/535/535 型汽轮机再热蒸汽压损率修正曲线

当再热蒸汽压损率为 10％时，热耗修正系数为 0，当再热蒸汽压损率为 6％，热耗修正系数为 −0.3107，而且再热蒸汽压损率与热耗修正系数的关系是一条直线，设再热蒸汽压损率为 x℃，热耗修正系数为 y，则再热蒸汽压损率与热耗修正系数的关系可写为

$$\frac{0+0.310\,7}{10-6}=\frac{0-y}{10-x}$$

化简上式得

$$y=-0.776\,8+0.077\,68x$$

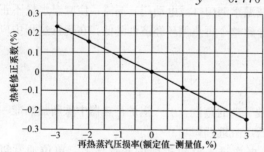

图 13-26　N660-25/600/600 型汽轮机再热蒸汽压损率修正曲线

对 y 求导，则 $y'=-0.077\,68\%$，即再热蒸汽压损率每变化 1 个百分点，热耗率变化 0.077 7％，发电煤耗率也随着变化 0.077 7％，发电煤耗率增加 0.237g/kWh。

（2）N660 超超临界机组。以 N660-25/600/600 型 660MW 超超临界机组为例，制造厂提供的再热凝汽式汽轮机（产品编号 195）再热蒸汽压损率修正曲线见图 13-26。

制造厂提供再热蒸汽压损率修正曲线的同时提供了修正公式

$$y=-0.000\,683\,21x^2-0.079\,218x$$

式中　y——热耗修正系数，％；

　　　x——再热蒸汽压损率额定值-再热蒸汽压损率测量值，％。

当再热蒸汽压损率降低 1 个百分点，发电煤耗率增加 $269.48\times\dfrac{-0.000\,683\,21+0.079\,218}{100}$ =0.212（g/kWh）。

3. 降低再热系统压降措施

再热系统压降的减少将提高机组的运行经济性，"外高桥电厂三期"工程在设计阶段，将降低"冷再"和"热再"管道系统的压降，作为设计优化的一项重要内容。这里主要采取了两项措施，一是基于冷再热管道（P11）的材料价格远低于热再热管道（P92）的特点，适当增大冷再热管道的管径。另外，几乎所有90°转弯处均采用≥3D的弯管，以替代传统设计中习惯采用但价格昂贵的 1.5D 铸钢弯头。

再热系统的设计优化获得了三重效益：

（1）弯管的造价远低于弯头，明显降低了四大管道的总造价，同比下降约 20%。

（2）≥3D 的弯管的局部阻力系数大大低于 1.5D 弯头，有效地减少了管系的压降。机组投产后，在额定工况下的再热系统（包括锅炉再热器）压降实测为 6.7%，完全达到了优化要求。根据 SIEMENS 提供的效率修正曲线，汽轮机的热耗将因此下降 18kJ/kWh。

（3）与 1.5D 的管件弯头相比，>3D 的弯管在运行时产生的振动能量将明显下降，这更有利于管系的安全运行。

第八节　主蒸汽温度的监督

一、主蒸汽温度的影响

汽轮机主蒸汽温度是指汽轮机进口，靠近自动主汽门前的蒸汽温度。如果有多条管道，取算术平均值，单位通常以℃表示，是决定汽轮机运行经济性的最主要参数之一。任何负荷下都应尽可能在设计的主蒸汽温度下运行，以使汽轮机效率最高。

在实际运行中，主蒸汽温度变化的可能性较大，对汽温的监控要特别注意。如果主蒸汽温度升高超过允许范围，将引起调节级叶片过负荷；会使工作在高温区域的金属材料强度下降，缩短过热器和汽轮机的使用寿命；当主蒸汽温度过高时，用喷水减温的方法虽可使汽温降低，但这将会增加热耗。

如果主蒸汽温度降低，不但引起煤耗率增加，而且使汽轮机的湿汽损失增加，对叶片的冲蚀作用加剧，效率降低。如果汽温降低过快，会使汽轮机部件冷却不均匀，造成汽轮机磨损、振动。

二、主蒸汽温度的耗差分析

根据东方汽轮机厂提供的 N135-13.24/535/535 型中间再热凝汽式汽轮机热力修正曲线（设计热耗率为 8157kJ/kWh，设计发电煤耗率为 305g/kWh，其中主蒸汽温度修正曲线见图 13-27。

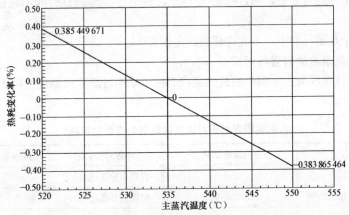

图 13-27　主蒸汽温度对热耗变化率的修正曲线

当主蒸汽温度为520℃时，热耗修正系数为0.385%，当主蒸汽温度为535℃时，热耗修正系数为0，而且主蒸汽温度与热耗变化率的关系是一条直线，设主蒸汽温度为x℃，热耗修正系数为y，则主蒸汽温度与热耗率的关系可写为

$$\frac{0.385-0}{520-535}=\frac{0.385-y}{520-x}$$

化简上式得

$$y=13.731\ 3-0.025\ 67x$$

对y求导，则$y'=-0.025\ 67\%$，即主蒸汽温度每变化1℃，热耗变化0.025 67%，发电煤耗率也随着变化0.025 67%，发电煤耗率增加0.078 3g/kWh。

再以660MW超超临界机组为例，制造厂提供的主蒸汽温度修正曲线见图13-28。

根据制造厂提供主蒸汽温度修正曲线，得到拟合修正公式

$$y=-0.000\ 040\ 822x^2+0.032\ 351x$$

式中　y——热耗修正率，%；

　　　x——主蒸汽温度额定值－主蒸汽温度测量值，℃。

当主蒸汽温度降低10℃，发电煤耗率增加

$$269.48\times\frac{-0.004\ 082\ 2+0.323\ 51}{100}=0.861\ (\text{g/kWh})$$

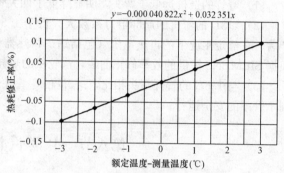

图 13-28　660MW超超临界机组主蒸汽温度修正曲线

三、主蒸汽温度的监督标准

主蒸汽温度的监督以统计报表、现场检查或测试的数据作为依据。统计期平均值不低于规定值（对应负荷下的设计值）3℃，对于两条以上的进汽管路，各管温度偏差应小于3℃。

再热式汽轮机主蒸汽温度允许波动范围要求如下：

(1) 任何12个月运行期中，进口处的平均温度不超过额定温度；

(2) 正常运行时最高温度不超过额定值8℃；

(3) 任何12个月运行期中，超过额定值8℃，不超过14℃的总时间不超过400h；

(4) 任何12个月运行期中，超过额定值14℃，不超过28℃的总时间不超过80h，每次不超过15min；

(5) 任何12个月运行期中，不允许超过额定值28℃。

四、影响主蒸汽温度的因素与对策

汽轮机的主蒸汽温度取决于锅炉的过热蒸汽温度，影响过热蒸汽温度的因素众多，主要因素见表13-25。

表 13-25　　　　　各主要因素对于对流式过热器的汽温的影响

影响因素变化	过热蒸汽温度变化（℃）	影响因素变化	过热蒸汽温度变化（℃）
锅炉负荷变化±10%	±10	燃煤水分变化±1%	±1.5
炉膛过量空气系数变化±10%	±10~20	燃煤灰分变化±1%	±0.5
给水温度变化±10℃	±3~5		

锅炉负荷增大时，对流式过热器的出口汽温将增高，而辐射式过热器的出口汽温将降低，因而联合使用对流式过热器和辐射式过热器，可使负荷对出口过热蒸汽温度的影响减小。

第九节 主蒸汽压力的监督

一、主蒸汽压力的定义和影响

汽轮机主蒸汽压力是指汽轮机进口，靠近自动主汽门前的蒸汽压力。如果有多条管道，取算术平均值，单位通常以 MPa 表示，是决定汽轮机运行经济性的最主要参数之一。

如果主蒸汽压力降低，蒸汽比容将增大，此时即使调速汽门总开度不变，主蒸汽流量也要减少，机组带负荷能力减少。主蒸汽压力降低，汽轮机的轴向推力增加，容易发生推力瓦烧坏事故。汽压降低过多，使汽轮机不能保持额定出力，汽轮机的最大出力受到限制。

主蒸汽压力增加，可使热耗和煤耗减少，对运行的经济性显然有利。但是主蒸汽压力升高超过允许范围，将引起调节级叶片过负荷；造成汽轮机主蒸汽管道、蒸汽室、主汽门、汽缸法兰及螺栓等部件的应力增加，对管道和汽阀的安全不利；使湿汽损失增加，并影响叶片寿命，主蒸汽压力不能无限升高。因此必须控制主蒸汽压力在一定范围内。

二、主蒸汽压力的耗差分析

1. 亚临界 300MW 机组

以亚临界 300MW 机组为例，制造厂提供主蒸汽压力修正曲线见图 13-29。机组热耗率 $q_0 = 7956.68kJ/kWh$。

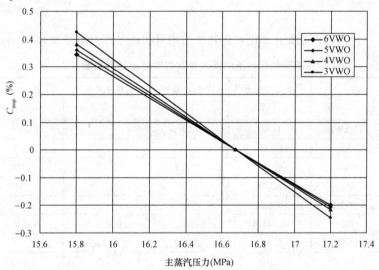

图 13-29　300MW 超超临界机组主蒸汽压力修正曲线

主蒸汽压力变化对热耗率的影响计算公式为

$$\Delta q = q_0 C_{msp}$$

式中　Δq——热耗率绝对变化量，kJ/kWh；

　　　C_{msp}——主蒸汽压力变化引起的热耗率修正系数，%；

　　　q_0——基准热耗率，kJ/kWh。

当 C_{msp} 为正，则煤耗率增加；当 C_{msp} 为负，则煤耗率降低。

以 5VWO 为例统计运行压力为 15.8MPa（设计主蒸汽压力 16.67MPa）

查图 13-29 曲线，$C_{msp}=0.36\%$ 得

$$\Delta q=7956.68\times 0.003\ 6=28.64\ (kJ/kWh)$$

主蒸汽压力变化 0.1MPa，热耗变化 $0.1\times\dfrac{28.64}{16.67-15.8}=3.29$ （kJ/kWh）

以反平衡法计算煤耗率变化

$$b=\frac{3.29}{29.308\ 1\eta_{bl}\eta_{gd}}=\frac{3.29}{29.308\times 0.922\times 0.99}=0.123(g/kWh)$$

2. 660MW 超超临界机组

以 660MW 超超临界机组为例，制造厂提供主蒸汽压力修正曲线见图 13-30。

根据主蒸汽压力修正曲线，得到拟合修正公式为

$$y=-0.001\ 018\ 3x^2+0.090\ 091x$$

式中　y——热耗修正率，%；

　　　x——$100\times$（主蒸汽压力额定值－主蒸汽压力测量值）/主蒸汽压力额定值，百分点。

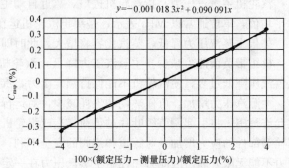
$y=-0.001\ 018\ 3x^2+0.090\ 091x$

100×(额定压力－测量压力)/额定压力(%)

图 13-30　660MW 超超临界机组主蒸汽压力修正曲线

当主蒸汽压力降低 1MPa，主蒸汽压力变化 $\dfrac{100\times 1}{25}\times 100\%=4\%$，发电煤耗率增加 $269.48\times\dfrac{-0.001\ 018\ 3\times 16+0.090\ 091\times 4}{100}=0.927$ （g/kWh）。

不同机组，不同蒸汽参数变化幅度对热耗率的绝对和相对影响量见表 13-26。

表 13-26　　　　　　　　　　　　　不同机组的不同蒸汽参数对热耗率的影响量

机组类型	单　位	主蒸汽压力 (0.1MPa)	主蒸汽温度 (1℃)	再热蒸汽温度 (1℃)	再热压损 (1%)	排汽压力 (1kPa)
100MW	kJ/kWh	4.873	4.083			87.229
	%	0.056	0.047			0.995
135MW	kJ/kWh	6.132	1.624	1.624	4.632	60.55
	%	0.076	0.02	0.02	0.057	0.746
200MW	kJ/kWh	3.954	2.532	1.197	8.892	64.185
	%	0.048 6	0.031 1	0.014 7	0.109 3	0.789
300MW 引进型	kJ/kWh	2.853	2.513	2.116	7.807	65.56
	%	0.036	0.032	0.027	0.098	0.826
600MW 亚临界	kJ/kWh	3.735	2.337	1.818	6.232	68.86
	%	0.048	0.03	0.023	0.08	0.884
600MW 空冷	kJ/kWh	3.38	2.356	2.094	6.638	46.366
600MW 超临界	kJ/kWh	1.34	2.45	1.78		61.85
	%	0.018	0.033	0.024		0.834
660MW 超超临界	kJ/kWh	2.526	2.346	1.26	5.577 6	41.69
	%	0.034 4	0.031 95	0.011 71	0.078 7	0.567 8
1000MW 超临界	kJ/kWh	2.81	2.27	1.30		56.90
	%	0.038 2	0.030 87	0.017 68		0.773 8

三、主蒸汽压力的监督标准

主蒸汽压力的监督以统计报表、现场检查或测试的数据作为依据。对高压、超高压和亚临界锅炉，统计期内定压运行机组的主蒸汽压力平均值不低于额定压力 0.2MPa。滑压机组的主蒸汽压力可以按设计（或试验确定）的滑压运行曲线（或经济阀位）对比考核，不超过对应曲线最佳值±0.1MPa。

再热式汽轮机进汽压力允许波动范围要求如下：

(1) 任何 12 个月运行期中，汽轮机进口处的平均压力不超过额定进汽压力；

(2) 正常运行最高压力不超过额定值 105%；

(3) 偶然出现不超过额定值 120% 的总时间在任何 12 个月运行期中累计不应超过 12h。

四、汽压变化的原因与对策

主蒸汽压力的变化主要有两方面的因素：锅炉外部因素和锅炉内部因素。

1. 外部因素

(1) 负荷的变化。当外界负荷突然增加时，汽轮机调节阀开大，蒸汽流量瞬间增大。此时如果燃料量没有及时增加，再加以锅炉本身的热惯性，将使锅炉的蒸发量适应不了外界负荷的需求，汽压就要下降；相反，当外界负荷突然减小时，汽压就要上升。

(2) 高压加热器故障退出。由于高压加热器故障退出，将引起给水温度的大幅度降低，使锅炉蒸发量下降。当锅炉蒸发量的下降值与因高压加热器故障退出造成汽轮机抽汽量的减少值不平衡时，将使主蒸汽压力发生变化。

(3) 燃料品质的变化。在汽包锅炉中，当燃料的低位发热量发生变化时，将引起锅炉蒸发受热面产汽量的变化，使锅炉出力和汽压同向变化。

(4) 当制粉系统启动时，由于三次风中含有一定量的煤粉，因而会使燃烧率提高，结果会使主蒸汽压力上升。因此，在启动制粉系统时，运行人员应适当减少给粉机转速，使汽压稳定在规定的范围内。

(5) 减温水投入对汽压的影响。过热器减温水的大量投入可使主汽压力升高。由于主汽压力升高，由饱和温度加热到额定的过热温度所需热量减少，而炉内及烟道热量暂时不变；同时压力升高，负荷不变时蒸汽用量减少，而热量暂时不变，进一步促使蒸汽温度升高，我们不得不投入大量的减温水，而这些减温水变成蒸汽后，就会使主蒸汽压力更高。

再热器减温水的大量投入同样可使主蒸汽压力升高。

(6) 磨煤机跳闸对主蒸汽压力的影响。实践证明，下排磨煤机或给煤机跳闸较上排磨煤机或给煤机跳闸对燃烧和汽压的影响要大得多，因此要根据跳闸磨煤机或给煤机的层数决定增加风、煤量的多少和降负荷的速率，必要时仍要及时投油稳燃。例如当只有 3 台磨组运行且压力自动投入时，其中一台磨组跳闸时，要立即投油稳燃，并切除压力自动调整其他 2 台磨煤机组的煤量和风量，防止在自动投入这 2 台磨煤机组运行时，压力自动为维持压力就会自动将煤量突然加至最多，而一次风量来不及增加，造成灭火。

2. 内部因素

(1) 燃烧工况的变化。在汽包锅炉中，如果风量、燃料量、燃烧器组合方式、配风方式、煤粉细度、火焰中心位置等发生变化，炉膛热强度或锅炉受热面的吸热比例将发生变化。使锅炉蒸发受热面的吸热量和产汽量相应改变。在外界负荷不变的情况下，由于锅炉蒸发量的变化必将导致锅炉出口汽压的变化。

当给粉量增加时，主蒸汽压力将升高。因减粉过多燃烧不稳造成汽压下降时，应及时采取稳燃措施，恢复汽压，并加强对汽压和汽温变化的监视，必要时可降低汽轮机负荷来恢复汽压。

当内部因素使汽压升高时，应及时减少燃料。如果机组未带满负荷时，可增大负荷，加大进汽量。

（2）锅炉正常运行时，如发生安全门误动、汽轮机旁路阀误开、过热器或蒸汽管道泄漏时，在汽轮机调速汽门开度不变的情况下，将使锅炉汽压突降。

（3）水冷壁积灰。水冷壁积灰和结渣以及管内结垢时，由于灰和渣的导热系数很低，都会使水冷壁的热交换条件恶化而影响汽压。因此为了保证正常的热交换条件，应当根据运行工况正确地进行调整燃烧，并及时进行吹灰或排污。

（4）单元机组运行方式。单元制机组在不同的负荷阶段有定压运行和滑压运行两种运行方式。汽包锅炉采用定压运行时，应保持主蒸汽压力始终保持正常值，并在允许范围内波动。但由于定压运行时高压调门部分开启时，存在节流损失。为了保证机组的安全经济运行，汽包锅炉高负荷时采用定压运行，并要求压红线运行，此时汽轮机效率最高；低负荷时，锅炉采用滑压运行方式；当负荷降至某一值时，又恢复定压运行方式。滑压运行时主蒸汽压力比较低。

（5）如果主蒸汽压力波动，应迅速判断是内扰还是外扰。当汽压高于正常值时，应迅速查明原因及时处理，可以降低给煤机转速，也可以根据汽压和负荷变化情况停运部分磨煤机。手动调整时，尽量用一台磨煤机组进行调节，其余磨煤机带固定负荷，切记几台磨煤机同时加、减煤量会造成汽压失调，燃烧恶化。如果运行中，汽压突然迅速下降，要立即分析判断是否炉管泄漏还是煤质变化等原因，并就地看火检查，及时调整风量煤量稳压，并根据燃烧情况投油助燃。

第十节 补水率的监督

一、补水率的定义
与补水率有关的术语很多，这里只介绍几个主要的定义。

1. 机组补水率

生产补水率是指计算期内补入锅炉、汽轮机设备及其热力系统用作发电、供热等的补给水量与锅炉实际蒸发量的比率，也叫生产补水率，即：

$$机组补水率=\frac{计算期内发电补给水量（t）+供热补给水量（t）}{计算期锅炉实际蒸发量（t）}\times100\%$$

$$=发电补水率+供热补水率$$

发电补给水量=汽、水损失量+锅炉排污量+空冷塔补水量+机、炉启停用水损失量+事故放水（汽）损失量+电厂自用蒸汽（水）量

其中，电厂自用蒸汽（水）量是指计算期内不能回收的锅炉吹灰、燃料雾化、仪表伴热、生产厂房采暖、厂区办公楼采暖、燃料解冻、油区用汽，机组闭式冷却水及发电机定子冷却水的补充水或换水，预试清扫用除盐水（软化水）量等。

2. 全厂补水率

由于存在自用蒸汽消耗、汽水运行消耗、汽水泄漏、排汽排污、启动汽水消耗等，为了保证热力设备连续平稳运行，必须不断地补充品质合格的水（经过化学处理的合格除盐水或软化水）。补水进入热力系统的方式有两种：一种是将化学补水直接补入除氧器，另一种是从凝汽器补入。当从凝汽器补入时，化学补水可以在凝汽器中实现初步除氧。当补水温度低于凝汽器排汽温度（一般除盐水温度在20℃左右），且以喷雾状态进入凝汽器喉部，则可利用冷的补水回收利用一部分排汽废热，改善凝汽器的真空。同时，由于补水流经低压加热器，利用低能位抽汽逐级进行加热，减少了高能位的抽汽（与补入除氧器相比），因而提高了装置的热经济性，所以现代大型

凝汽式机组采用化学除盐水做补充水时，其补水多数从凝汽器补入。计算表明，对于国产100MW 机组补水方式从除氧器补进改为由凝汽器补入，补水率在 2％时，可以提高机组热效率0.13％，降低发电标准煤耗率 0.449g/kWh；对于国产 200MW 机组补水方式从除氧器补进改为由凝汽器补入，补水率在 2％时，可以提高机组热效率 0.12％，降低发电标准煤耗率0.38g/kWh。

计算汽水损失量时，由于表计不全或误差，汽水损失率很难准确计算，因此一般只考核锅炉补给水率（补水率）。补给水率是指计算期内补入锅炉、汽轮机设备及其热力系统的补给水量与锅炉实际蒸发量的比率，简称补水率。补水率是反映电厂汽水损失率大小的一项指标，补水率越高，说明汽水损失越多。汽水损失率小于补水率。

$$全厂补水率＝\frac{计算期内全厂补给水量（t）}{计算期锅炉实际总蒸发量（t）}×100\%$$

全厂补给水量＝发电补给水量＋供热补给水量＋非直接发电补水量＋非生产补水量

非生产补水量＝非发电生产直接供热量（如生活区供热等）＋厂区食堂用汽量＋厂区浴室等用汽量

二、补水率的监督标准

汽水损失率以实际测试值作为监督依据。发电厂的汽水损失率控制水平要求为：100MW 及以上机组低于锅炉额定蒸发量的 0.5％，100MW 以下机组低于锅炉额定蒸发量的 1.0％。

补水率的要求：单机容量 600MW 及以上机组补水率小于锅炉实际蒸发量的 1.0％，单机容量 300MW 及以上但小于 600MW 机组补水率小于锅炉实际蒸发量的 1.5％，单机容量小于300MW 的机组补水率小于 2.0％。

三、补水率的耗差分析

1. 设计数据计算法

一般情况下，凝汽式火电厂补水率小于 5％。补水率每增加 1 个百分点，从回热系统来看，影响热耗 0.15％，发电煤耗率变化 0.5g/kWh 左右。例如某火电 300MW 机组补水率影响发电煤耗率系数的计算见表 13-27。

表 13-27　　　　　　　　　　300MW 机组补水率对发电煤耗率的影响系数计算

序号	指标		单位	数值	数据来源
1	额定工况设计值	机组额定出力	MW	300	设计值
2		锅炉效率	％	92.2	设计值
3		管道效率	％	99.0	设计值
4		汽轮机热耗率	kJ/kWh	7921	设计值
5		汽轮机组热效率（3600/④）	％	45.45	公式计算
6		电厂热效率（⑤×②×③）	％	41.49	公式计算
7		0％补水率下的发电煤耗率（123/⑥）	g/kWh	296.46	公式计算
8	3％补水工况	3％补水工况下汽轮机热耗率	kJ/kWh	7976	设计值
9		汽轮机组热效率（3600/⑧）	％	45.14	公式计算
10		电厂热效率（⑨×②×③）	％	41.20	公式计算
11		3％补水工况下发电煤耗率（123/⑩）	g/kWh	298.52	公式计算
12		补水率 1 个百分点对发电煤耗率的影响值〔（⑪－⑦）/3〕	g/kWh	0.687	公式计算

注　指标栏中括号内表达式为对应参数的计算公式，圈内数字代表各参数的序号。

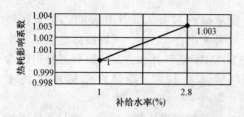

图 13-31 补给水率对热耗率的修正曲线

2. 修正曲线法

(1) N135 国产机组。根据上海汽轮机厂提供的 N135-13.24/535/535 型中间再热凝汽式汽轮机热力修正曲线，其中补给水率修正曲线见图 13-31。当补给水率为 1％时，热耗修正系数为 1.00；当补给水率为 2.8％时，热耗修正系数为 1.003；而且补给水率与热耗率的关系是一条直线，设补给水率 x％，热耗修正系数为 y，则补给水率与热耗率的关系可写为

$$\frac{1.003-1.00}{2.8-1.0}=\frac{1.003-y}{2.8-x}$$

化简上式得：

$$y=0.998\,33+0.001\,667x$$

对 y 求导，则 $y'=-0.001\,667$，即补给水率变化 1％，热耗变化 0.166 7％。由于设计发电煤耗率为 320.430g/kWh，所以，补给水率增加 1 个百分点，发电煤耗率增加 0.534g/kWh。

(2) ASME 标准修正。再以 ASMEPTC6—2004《美国汽轮机性能试验规程》中凝汽器补水率修正曲线说明之，见图 13-32（对应上述规程中图 8.7，纵坐标为 1％补水率时的修正量，％；横坐标为阀门全开时试验主汽流量，％）

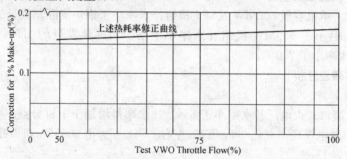

图 13-32 凝汽器补水率对热耗率的修正曲线

在图 13-32 中：在满负荷时，补水率每增加 1 个百分点，机组热耗增加 0.15％；在 75％负荷时，补水率每增加 1 个百分点，机组热耗增加 0.13％。

对于 300MW 机组，设计发电煤耗率为 297.42g/kWh，因此在满负荷时，补水率每增加 1 个百分点，发电煤耗率增加 297.42×0.001 5＝0.446 (g/kWh)。

3. 等效热降法

补水进入系统，沿凝结水和给水加热路线，经过加热器逐级升温，增加抽汽份额，减少了做功能力，同时该热水在锅炉中被加热到汽包压力下的饱和温度，然后以排污形式排出系统。

【例 13-10】 已知 300MW 锅炉汽包压力 $p_{bl}=18.23$MPa，排污焓 $h_{pw}=1640$kJ/kg，补水率从 0％变化到 1％（$\alpha_{bs}=0.01$），计算对经济性的影响。

解：补水经过高低压加热器，减少了回热抽汽，新蒸汽等效热降下降

$$\Delta H=\alpha_{bs}\sum_{i=1}^{z}(\Delta\tau_i\eta_i)$$

$$=0.01\times(114.8\times0.068\,798+93.1\times0.119\,97+84.4\times0.163\,81+123.6\times0.223$$

$$+153.3\times0.281\,58+146.2\times0.336\,16+186.2\times0.482\,9+149.2\times0.512\,38)$$

$$=3.190\,8(kJ/kg)$$

因此装置热经济性降低

$$\delta\eta = \frac{\Delta Q\eta_{ai} + \Delta H}{H - \Delta H} = \frac{0 + 3.1908}{1207.1 - 3.1908} \times 100\% = 0.2650\%$$

机组发电煤耗率增加

$$297.42 \times 0.265\% = 0.788 \text{ (g/kWh)}$$

四、影响补水率的因素及应对措施

1. 运行管理方面的因素

(1) 加强运行管理，运行中保持锅炉负荷、水位、汽压等参数稳定，维持凝汽器、除氧器、各加热器水位在合理位置，使锅炉汽水分离装置在正常情况下运行。

(2) 启停及非工况运行时汽水消耗，暖管、暖机、安全阀排汽及锅炉点火时的排汽，会增加补水率。因此应减少主机和辅机的启动次数，以减少启停中的汽水损失；采用滑参数启停时，应尽量回收凝结水。及时回收启停过程中各种加热器的疏水。

(3) 设备蒸汽吹灰次数的增加。如锅炉煤质差，运行调整不当引起的结渣，空气预热器烟气侧差压高。不得不采用增加蒸汽吹灰的次数。脱硫 GGH 运行当中由于堵塞，差不多每 2h 要吹灰 1 次。蒸汽吹灰次数增多也是造成汽水损失的原因。应通过运行调整来防止锅炉结渣以达到减少锅炉吹灰次数。通过采取一些运行措施来防止 GGH 堵塞，降低脱硫 GGH 吹灰次数。

(4) 伴热蒸汽消耗部分蒸汽，应根据环境温度变化，间断投运蒸汽伴热。为了冬季防冻，热工仪表伴热投入运行，有的锅炉还增加了再热器系统管道、主给水系统管道的伴热，而伴热疏水接到定压扩容器就会排放。因此对于管道伴热应进行关小、微开。

(5) 暖风器疏水消耗部分汽水。暖风器疏水系统应采用节能型管路、系统布置；暖风器的疏水应回收利用，或在监测合格后直接引入凝汽器。

(6) 补水流量表不准。有的凝汽器补水调门开度在 40% 以下，流量无显示。例如 300MW 机组凝汽器补水表计计量最大量程（流量孔板）为 80t/h，因此在补水量接近 80t/h 时，由于补水管道充满水，误差小；但是当低于 10t/h 时，补水管道水很小，测量装置基本不显示，导致计量数据偏小。因此建议凝汽器补水管道加装旁路，正常运行时走小旁路计量，在紧急大量补水时，再走主补水管路计量。

有的电厂由于补水流量测量装置安装位置不合理，导致精处理反冲洗水或者闭式水补水进入补水量计量中，导致补水率偏大，因此应首先改进凝汽器补水流量测量装置的安装位置，并将流量表更换成具有累计功能的表计。

2. 锅炉排污方面的因素

(1) 锅炉的排污一般分两种情况：一种是连续从汽包处排污（简称连排）；另一种是定期从水冷壁下联箱和集中下降管处排污（简称定排）。锅炉的排污不仅会造成机组工质损失，导致补水率升高；更重要的是还伴随有热量损失，将影响到机组的热经济性。由于连续排污对机组来说，不仅是一种工质损失，同时也是一种能量损失。因此现代大型机组的排污系统往往设计有连续排污扩容器，其作用是连续排污来的水在此扩容降压，其产生的蒸汽回收至除氧器，扩容后得到的水排放出系统。由于连续排污扩容器的使用，回收了一部分工质和热量，使排污对机组的经济性明显下降。一般情况下，锅炉连续排污水经电动调节阀至连排扩容器，经连续排污扩容器产生的二次蒸汽引至除氧器，浓缩后的连续排污水，经手动调节门排至定排扩容器。连排扩容器的水位控制主要靠人工调整手动调节门。由于运行工况经常变化，比如排污量、蒸汽压力、除氧器压力等原因导致水位很难调整。为避免扩容器水位过高影响除氧器水质，往往保持较低水位运行，甚至无水位运行。据统计，有 80％的时间是无水位运行。因此，连续排污扩容器产生的二次蒸汽直接排至定排扩容器，造成了汽水的大量损失。对于连排跑汽问题，需要对排水系统进行改进，使其在工况变化时扩容器水位能自动控制而不需人工调节，维持水位在正常范围，从而将连排扩容器中产生的二次蒸汽回收至除氧器，减少了汽水损失。

（2）加强水质监督，提高补充水的品质。锅炉给水品质高，在锅炉设计的炉水浓缩倍率下，排污率将减少。

（3）锅炉排污量大，机组补水量就大。因此应根据汽水品质情况进行排污，尽量减少排污次数、缩短排污时间，减少排污量；尽量回收各项疏水和排污水。

3. 管道、阀门泄漏方面的因素

（1）安全阀。锅炉方面：过热器两个机械安全阀和七个电磁安全阀，再热器进口七个安全阀和出口两个机械安全阀，汽包六个机械安全阀，这些阀门由于其连接在主管道上，压力温度较高，一旦有内漏水汽损失很大。汽轮机方面：各高压加热器、低压加热器安全阀，以及加热器汽侧疏水手动阀，除氧器安全阀，前置泵进口安全阀等内漏，是造成汽水损失的原因。机组异常运行如甩负荷安全阀动作，以及四管泄漏等，都是造成汽水损失的原因。

（2）全厂热力管道系统管道疏放水阀门有几千只，阀门严密性的好坏与正确使用往往成为减少汽水损失的关键；而且疏放水阀门绝大多数处在高温高压状态，运行中受工质的冲刷和热应力及其他外力的影响，易产生磨损、冲蚀、腐蚀、泄漏甚至于破裂损坏等。从检修与运行两方面着手，加强疏放水阀门泄漏治理，提高阀门检修质量，严格执行三级检修验收制度，规范阀门运行操作，这些措施实施后，大大将阀门汽水泄漏量减少至最少。

4. 疏放水系统

热力系统的疏放水系统存在问题。当热力系统、设备放水时，汽水混合物经扩容器分离后大部分蒸汽通过疏水扩容器排空门损失掉，只有一小部分热水回收到疏水箱；而当有设备相对集中放水时，就会造成疏水扩容器满水，大量的汽水混合物通过疏水扩容器排空门排掉，在全部损失中这部分损失占的比例较大。

因疏水箱、疏水泵容量有限，当热力系统（包括汽轮机侧、锅炉侧）疏水量大时，疏水泵出力不足，来不及打水，大量的疏水就从疏水箱溢流，造成损失。因此应采用完善的疏放水系统，将除氧器等其他热力设备疏放水（汽）收入专用水箱中，然后送入锅炉的给水系统中。

第十一节 给水温度的监督

一、给水温度的定义

给水温度是指汽轮机最后一个高压加热器的出口（高压给水加热系统大旁路后）水温，也叫最终给水温度。

考虑到高压加热器出口温度表计装置的地点不同及给水旁路门的严密性，一般以装在锅炉侧给水母管上的给水温度表计为准。

锅炉给水温度改变时，不仅会引起燃煤量的改变，还会引起锅炉排烟温度的改变，从而影响锅炉效率，最终导致煤耗率的改变。

二、给水温度的监督标准

首先根据制造厂的设计资料或经过测试，绘制给水温度与负荷的关系曲线。

最终给水温度的监督以统计报表、现场检查或测试的数据作为依据。统计期平均值不小于对应平均负荷下设计的给水温度。

三、给水温度的耗差分析

ASME PTC6—2004《美国汽轮机性能试验规程》中给出的最终给水温度修正曲线见图13-33，图中直接给出两者之间的变化关系是线性的（对应上述规程中图8.2：纵坐标为最终给水温度变化5℉时，修正量，%；横坐标为阀门全开时试验的主汽流量，%），可以直接查曲线求得。

为了计算方便，取85%负荷点，此点对应给水温度变化5℉［即5×5/9=2.778（℃）］时，热耗率变化0.1%。

对于300MW，发电煤耗率变化0.1%×297.42g/kWh=0.297g/kWh；即给水温度每变化1℃，热耗率变化0.036%，发电煤耗率变化0.107g/kWh。

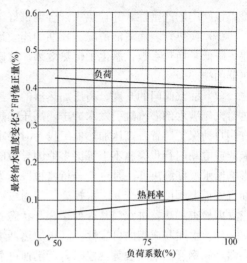

图13-33 最终给水温度对热耗率的修正曲线

四、影响给水温度的因素和对策

高压加热器是利用机组中间级后的抽汽，通过加热器传热管束，使给水与抽汽进行热交换，从而加热给水，提高给水温度，是火力发电厂提高运行经济性的重要手段。为了使高压加热器能全部投入运行，最大限度的提高给水温度，应采取以下措施。

（1）汽侧安全门可靠性。高压加热器汽侧设置有汽侧安全门，保护高压加热器内的蒸汽压力不超压，避免缩短加热器寿命和应力破坏。汽侧安全门一般为弹簧式安全门。如果汽侧安全门的弹簧失效或阀门严密性差，导致部分蒸汽泄漏排入大气，不但损失热量而且浪费高品质的工质，解决办法坚持定期试验与检查，及时进行检修消缺。

（2）管道保温材料。大型机组高压加热器出水温度一般设计值在280℃左右，高压加热器出水至锅炉省煤器有相当长距离的管道。生产现场室温一般在40～50℃以下，这样给水管道与室温存在温差，就存在散热现象。如果给水管道的保温材料选型不当或质量差等原因存在，导致给水管道的热损失增大，影响给水温度。解决办法是选用保温性能好的材料和提高保温材料的铺设水平。

（3）高压加热器水室隔板密封性。高压加热器的水室靠焊接的水室隔板将水室分成进水室和出水室。如果水室隔板焊接质量不过关，势必导致部分高压给水"短走旁路"，而不流经加热钢管。这样这部分给水未与蒸汽进行热交换，造成给水温度偏低。高压加热器投运前暖管时间不够，在投运过程中温升率太大，造成水室隔板吸热不均匀而产生巨大的热应力，而使其变形引起泄漏。运行中一旦发现高压加热器水室隔板的泄漏现象，应及时消除，防止给水短路。

（4）高压加热器芯子的安装质量。高压加热器的受热面是由多根钢管组成的U形管束，整个管束安置在加热器的圆筒形外壳内，整个管束是制成的一个整体，通常称为高压加热器芯子。便于安装或检修时吊装和析出。如果高压加热器芯子安装质量差，导致扇形板与高压加热器外壳内壁设计间隙发生变化，出现一侧大，而另一侧小，降低高压加热器受热面的热交换效果。解决办法是检修单位严格高压加热器芯子的吊装程序，提高安装水平。

（5）给水大旁路电动门严密性。作为高压加热器系统中的大旁路电动门是在高压加热器水侧未投运前，为保证向锅炉供水的需要，让给水流经大旁路电动门而不通过高压加热器水侧。但是如果机组正常时，高压加热器大旁路电动门下限行程未调试好或阀门严密性差，造成部分给水不经过高压加热器而走旁路，给水温度必然会降低。解决办法是选购严密性好的阀门，大修机组应检查该阀门的严密性，并且热工配合调试好该电动门。

（6）换热管表面清洁情况。长期的连续运行使高压加热器的换热管表面结垢严重，增大了端差，降低了换热系数，恶化了传热效果。检修时应清扫加热器管子，保持加热器清洁，以降低加热器的端差。

（7）抽汽阀门的开度。高压加热器的加热蒸汽取自汽轮机的抽汽，为保护汽轮机避免高压加热器汽侧满水倒灌汽缸引发水冲击，高压加热器汽侧设有一套由抽汽电动门和水控止回门组成的汽侧自动保护装置。高压加热器组投运时要求抽汽电动门和水控止回门应全开。如果因阀门机构卡涩或电动门行程调整不当等诸多原因导致阀门未全开，这样蒸汽节流会使蒸汽做功能力损失，影响给水温度解决办法是定期分析监视段压力值和对应高压加热器蒸汽压力值的数据，从而判断抽汽管道上阀门是否全开。水控逆止门尚可通过其开度标尺进行检查。若加热器出口温度降低，应立即检查加热器进汽门是否处于全开状态。

（8）水侧联成阀的可靠性。高压加热器水侧的自动保护装置的作用是当运行中任1台高压加热器水侧钢管出现断裂等现象时，能迅速可靠地切断高压加热器水侧，并且保证向锅炉不间断供水。如果高压加热器水侧自动保护装置的部件可靠性差，出现联成阀传动机构卡涩或阀门严密性差等现象，会导致部分给水短路，走给水小旁路，影响给水的温度。特别是高压加热器入口联成阀密封填料，经长期运行，填料受冲刷损坏造成密封不严，使部分给水未流经高压加热器而走旁路直接进入锅炉。如果高压加热器出口联成阀后的水温低于高压加热器出口联成阀前的水温，就可以断定高压加热器给水旁路联成阀存在泄漏问题。因此应定期检查高压加热器入口联成阀密封填料，大修中对阀门密封面进行了研磨，采用质量较好的膨化聚四氟乙烯填料，杜绝径向漏流。

（9）汽侧空气门开度。高压加热器汽侧设置有空气门，其作用是将高压加热器汽侧内积聚的空气抽至凝汽器后，最后由射水抽气器抽出，避免加热器内积聚的空气影响传热效果。因为空气的传热系数远小于钢材，空气会在钢管周围形成空气膜，阻碍传热。然而空气门系人工操作，其开度的大小影响给水温度。解决办法是运行人员通过分析各个高压加热器的端差，可以判断排气是否畅通以此为依据调控好空气门的开度。但是当加热器超负荷、管束泄漏或结垢时也会引起终端差增大，应予具体分析对待。在加热器启动时，应保持加热器排气畅通。将加热器内非凝结气体排出，是保证加热器正常工作的重要条件。

如果加热器漏空气，影响管壁传热，给水温度相应降低。

（10）机组负荷。机组负荷率变化，相应的汽轮机抽汽压力、抽汽温度以及给水流量变化，高压加热器出水温度跟随着变化。机组负荷率低，给水温度相应降低；机组负荷率高，给水温度相应提高。机组负荷降低时一级抽汽、二级抽汽、三级抽汽的抽汽温度和压力均低于额定值，使高压加热器在非额定工况下运行。抽汽量在给水流量增加的情况下不能满足充分加热给水的要求，使高压加热器温升不足，导致高压加热器出口给水温度低于设计值。

（11）高压加热器疏水调节阀失灵，使高压加热器疏水水位过高，浸没换热管，影响传热。大修中应对高压加热器疏水调整门和就地水位计进行维修，保证高压加热器疏水水位实现自动调整，确保水位正常。

（12）高压加热器投入率。高压加热器投入率是影响给水温度、机组运行经济性的一项重要指标。高压加热器要进行随机启停，并严格控制各加热器启停温升（降）率在合格范围内，防止升温或降温过快，导致管子热应力过大而损坏。

（13）高压加热器管子堵管数量。堵管数量越多，换热效果越差。高压加热器管子和管口堵管数量要求见表13-28。高压加热器内堵管数增多，不但减少了换热面积，而且使管内给水流速加快，恶化了传热效果。当堵管数超过表13-28堵管数量要求时，应考虑重新更换管系。

表 13-28   单台高压加热器传热管子和管口的堵管数量要求

机组容量（MW）	管子和管口的堵管数量	机组容量（MW）	管子和管口的堵管数量
≤100	不大于总数的 2%，且不多于 8 根	>300	不大于总数的 1.2%，且不多于 28 根
100~300	不大于总数的 1.5%，且不多于 15 根		

（14）保护动作而紧急停用高压加热器。如果高水位保护动作就会紧急停用高压加热器。高压加热器保护装置误动作也会紧急停用高压加热器。高压加热器汽水管道、阀门爆破而紧急停用高压加热器。这些原因都会引起给水温度骤降。

（15）加热器抽汽管道阀门没有全开，造成抽汽压损增加，抽汽压力降低，造成给水温度降低。

第十二节　加热器端差的监督

回热加热器是热力系统的重要设备之一。其中，高压给水加热器是一种比较复杂的热交换器，内部传热过程包括汽—液传热，冷凝传热和液—液传热，见图 13-34。结构按三段式设计，即过热蒸汽冷却段、蒸汽凝结段和疏水冷却段。在过热蒸汽冷却段进行的是汽—液热交换，按设计，过热蒸汽在此段内被给水冷却至饱和蒸汽；在蒸汽凝结段进行的是冷凝传热，按设计，被冷却至的饱和蒸汽在此段内全部被给水冷凝成饱和水，同时在此段内还把上级高压加热器的疏水冷却到当地压力的饱和水；疏水冷却段进行的是液—液传热，按设计，蒸汽凝结段的饱和水在此段内被给水冷却成疏水。

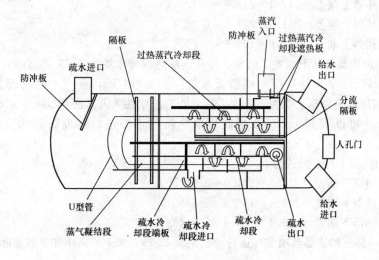

图 13-34 高压加热器

高压给水加热器对热经济性的影响较大，主要表现在加热器端差对热经济性的影响。端差的存在和变化，虽没有发生直接的明显热损失，但却增加了热交换的不可逆性，产生了额外的冷源损失，降低了装置的热经济性。

一、加热器端差的定义

加热器端差是指加热器进口蒸汽压力下的饱和温度与水侧出口温度的差值，即加热器上端差，也叫给水端差，计算公式为

加热器端差（℃）＝加热器进口蒸汽压力下的饱和温度（℃）－加热器水侧出口温度（℃）

而加热器下端差是指加热器疏水温度与水侧进口温度的差值，也叫疏水端差，计算公式为

加热器下端差（℃）＝加热器疏水温度（℃）－加热器水侧进口温度（℃）

【例 13-11】 某厂 300MW 机组高压加热器设计参数见图 13-36，求 1～3 号高压加热器的设计端差和设计下端差。

解：（1）求高压加热器设计上端差

已知 1 段抽汽压力为 5.69MPa，查汽水性质表其饱和温度为 272.1℃；2 段抽汽压力为 3.46MPa，查汽水性质表其饱和温度为 241.9℃；3 段抽汽压力为 1.54MPa，查汽水性质表其饱和温度为 199.6℃。

又从图 13-36 可以查到 1、2、3 号高压加热器的水侧出口温度分别为 273.8℃、241.9℃和 199.6℃。

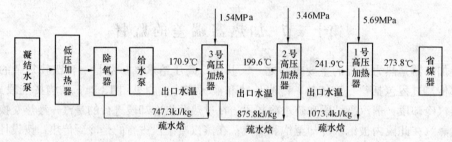

图 13-35 加热器端差

根据上述加热器端差公式

1 号高压加热器上端差＝272.1－273.8＝－1.7（℃）

2 号高压加热器上端差＝241.9－241.9＝0（℃）

3 号高压加热器上端差＝199.6－199.6＝0（℃）

（2）求高压加热器设计下端差。已知 1 号高压加热器疏水焓为 1073.4kJ/kg，查汽水性质表其饱和温度为 247.5℃；2 号高压加热器疏水焓为 875.8kJ/kg，查汽水性质表其饱和温度为 205.1℃；3 号高压加热器疏水焓为 747.3kJ/kg，查查汽水性质表其饱和温度为 176.4℃。

又从图 13-36 可以查到 1、2、3 号高压加热器的水侧进口温度分别为 241.9、199.6℃和 170.9℃。

根据上述加热器下端差公式得：

1 号高压加热器下端差＝247.5－241.9＝5.6（℃）

2 号高压加热器下端差＝205.1－199.6＝5.5（℃）

3 号高压加热器下端差＝176.4－170.9＝5.5（℃）

【例 13-12】 高压加热器各项实际运行参数见表 13-29。求 1 号高压加热器实际上端差和下端差。

表 13-29 　　　　　　　　　某厂 300MW 机组高压加热器端差情况

加热器	抽汽压力（MPa）		进水温度（℃）		出水温度（℃）		疏水温度（℃）		上端差（℃）		下端差（℃）	
	设计值	实际值	设计值	实际值	设计值	实际值	设计值	实际值	设计值	实际值	设计值	实际值
JG1	5.69	6.03	241.9	246	273.8	273.3	247.5	249.5	－1.7	2.57	5.6	3.5
JG2	3.46	3.63	199.6	206	241.9	246	205.1	211	0	0.2	5.5	5
JG3	1.54	1.67	170.9	173	199.6	206	176.4	178	0	0.3	5.5	5

注　抽汽压力为绝对压力。

解:(1)求高压加热器上端差。已知 1 段抽汽压力为 6.03MPa,查汽水性质表其饱和温度为 275.87℃,又从表 13-29 可以查到 1 号高压加热器的水侧实际出口温度为 273.3℃

因此 1 号高压加热器上端差=275.87−273.3=2.57(℃)

(2)求高压加热器设计下端差。已知 1 号高压加热器疏水温度为 249.5℃,又从表 13-29 可以查到 1 号高压加热器的水侧进口温度为 246℃。

因此 1 号高压加热器下端差=249.5−246=3.5(℃)

二、加热器端差的监督标准

大型火电机组低压加热器设计性能通常为:低压加热器上端差 2.8℃;疏水端差 5.5～5.6℃。

大型火电机组高压加热器大都采用卧式内置三段式,即每级加热器内设置过热蒸汽冷却段蒸汽凝结段和疏水冷却段。过热蒸汽冷却段利用汽轮机抽出的过热蒸汽的一部分显热来加热给水,使给水出口温度达到或超过汽压力下的饱和温度,以减小上端差,提高机组热效率。高压加热器的设计给水端差一般为 0～−1.7℃。疏水冷却段是将蒸汽凝结水继续冷却放出热量加热给水,以提高机组热效率,高压加热器的设计疏水端差一般为 5.5～5.6℃。高压加热器上端差偏大,表明凝结段换热效果较差,高压加热器给水出口温度偏低。

按照国家 GB 10865《高压加热器技术条件》规定:设有内置式蒸汽冷却段高压加热器的给水端差应不小于−2℃,疏水端差不小于 5.5℃;当疏水端差要求小于 5.5℃时,应采用外置式疏水冷却器。无蒸汽冷却段的高压加热器的给水端差应不小于 1℃。高压加热器下端差偏大,表明疏水冷却段换热不佳,疏水未有效释放热量即进入下一级加热器或除氧器,造成热能损失以及加热器效率下降。

加热器端差应在 A/B 级检修前后测量,统计期加热器端差应≤加热器设计端差+2℃;疏水端差应≤加热器设计疏水端差+4℃。

实际运行中普遍存在加热器端差大的问题,不少机组低压加热器给水端差达到 15℃、疏水端差达到 30℃,某些机组高压加热器疏水端差达到 20℃。

考虑到加热器上端差对机组热经济性的影响远比下端差大,因此无特殊说明,加热器端差均指上端差。

三、加热器端差的耗差分析

利用等效热降理论,针对各类机组加热器端差对机组热经济性影响见表 13-30 和表 13-31。

【例 13-13】 某 300MW 机组 1 号高压加热器(对应 8 号加热器)的抽汽效率 $\eta_1=0.512\,38$,机组热效率 $\eta=0.452\,5$,求 1 号高压加热器端差增加 $\Delta t=10℃$ 时,对机组热经济性的影响。

解:新蒸汽等效热降增加

$$\Delta H=\eta_1 \Delta t \times 4.186\,8=0.512\,38 \times 10 \times 4.18\,68=21.45\,(kJ/kg)$$

再热器吸热量增加引起热力系统的循环吸热量增加

$$\Delta Q=\Delta t \times 4.186\,8=41.868\,(kJ/kg)$$

机组等效热降变化值为

$$\Delta H-\Delta Q\eta=21.45-41.868 \times 0.452\,5=2.507\,(kJ/kg)$$

机组热耗变化 $\delta\eta=\dfrac{\Delta H-\Delta Q\eta}{H-\Delta H} \times 100\%=\dfrac{2.507}{1207.1-21.45} \times 100\%=0.211\%$

发电煤耗率增加

$$0.211\% \times 297.42=0.627\,(g/kWh)$$

【例 13-14】 某 300MW 机组 2 号高压加热器(对应 7 号加热器)端差增加 1℃,给水温度降低 1℃，由 241℃减少到 240℃，出口焓发生变化，$\tau_7=1144.84$kJ/kg 降低到 $\tau_7'=1140.22$kJ/kg，计算对经济性的影响。

解： 2 号高压加热器端差增大，增加了八段抽汽，1 号高压加热器疏水对 2 号高压加热器也有影响。

做功增加

$$\Delta H = \Delta\tau_7'(1-\alpha_8)(\eta_8-\eta_7) = (\tau_7-\tau_7')(1-\alpha_8)(\eta_8-\eta_7)$$

$$= (1144.8-1140.2)\times(1-0.072\,14)\times(0.512\,38-0.482\,9) = 0.2352(\text{kJ/kg})$$

新蒸汽吸热量增加

$$\Delta Q = \Delta\tau_7'(1-\alpha_8)\left(\frac{Q_{zr-7}}{\Delta q_7}-\frac{Q_{zr-8}}{\Delta q_8+\Delta\tau_7'}\right)$$

$$= (1144.8-1140.2)\times(1-0.072\,14)\times\left(\frac{517.1}{2143.2}-\frac{470.53}{2068.1+1144.8-1140.2}\right)$$

$$= 0.113\,8(\text{kJ/kg})$$

因此装置热经济性降低

$$\delta\eta = \frac{\Delta H-\Delta Q\eta_{ai}}{H+\Delta H}\times100\% = \frac{0.235\,2-0.113\,8\times0.460\,4}{1207.1+0.235\,2}\times100\% = 0.015\,1\%$$

机组发电煤耗率增加

$$297.42\times0.015\,1\% = 0.045\,(\text{g/kWh})$$

【例 13-15】 3 号高压加热器端差增加 1℃，给水温度降低 1℃，由 199.6℃减少到 198.6℃，出口焓发生变化，$\tau_6=858.57$kJ/kg 降低到 $\tau_6'=854.18$kJ/kg，计算对经济性的影响。

解： 3 号高压加热器端差增大，增加了七段抽汽，2 号高压加热器疏水对 3 号高压加热器也有影响。

做功增加

$$\Delta H = \Delta\tau_6'(1-\alpha_8-\alpha_7)(\eta_7-\eta_6) = (\tau_6-\tau_6')(1-\alpha_8-\alpha_7)(\eta_7-\eta_6)$$

$$= (858.57-854.18)\times(1-0.072\,14-0.080\,38)\times(0.482\,9-0.336\,16)$$

$$= 0.545\,9(\text{kJ/kg})$$

新蒸汽吸热量增加

$$\Delta Q = \Delta\tau_6'(1-\alpha_8-\alpha_7)\frac{Q_{zr-7}}{\Delta q_7+\Delta\tau_6'}$$

$$= (858.57-854.18)\times(1-0.072\,14-0.080\,38)\times\frac{517.1}{2143.2+858.57-854.18}$$

$$= 0.895\,8(\text{kJ/kg})$$

因此装置热经济性降低

$$\delta\eta = \frac{\Delta H-\Delta Q\eta_{ai}}{H+\Delta H}\times100\% = \frac{0.545\,9-0.895\,8\times0.460\,4}{1207.1+0.545\,9}\times100\% = 0.011\%$$

机组发电煤耗率增加

$$297.42\times0.011\% = 0.033\,(\text{g/kWh})$$

【例 13-16】 1 号低压加热器（对应 8 号加热器）端差增加 1℃，出口温度降低 1℃，由

61.4℃减少到 60.4℃，出口焓发生变化，$\tau_1 = 258.1\text{kJ/kg}$ 降低到 $\tau_1' = 254.17\text{kJ/kg}$，$\Delta\tau_1' = 4.18\text{kJ/kg}$，计算对经济性的影响。

解：做功增加

$$\Delta H = \alpha_H \Delta\tau_1'(1 - \alpha_4 - \alpha_3 - \alpha_2)(\eta_2 - \eta_1)$$

$$= 0.762\,5 \times 4.18 \times (1 - 0.038\,14 - 0.025\,58 - 0.027\,618) \times (0.119\,97 - 0.068\,798)$$

$$= 0.148(\text{kJ/kg})$$

因此装置热经济性降低

$$\delta\eta = \frac{\Delta H}{H + \Delta H} \times 100\% = \frac{0.148}{1207.1 + 0.148} \times 100\% = 0.012\,3\%$$

机组发电煤耗率增加

$$297.42 \times 0.012\,3\% = 0.037\ (\text{g/kWh})$$

上端差每变化 10℃对热耗的影响见表 13-30，下端差每变化 10℃对热耗的影响见表 13-31。

表 13-30   **上端差每变化 10℃对热耗的影响**

机 组	单位	1 号高压加热器上端差	2 号高压加热器上端差	3 号高压加热器上端差	5 号低压加热器上端差	6 号低压加热器上端差	7 号低压加热器上端差	8 号低压加热器上端差
200MW	kJ/kWh	18.2	13.8	8.3	8.1	9.4	5.9	15.4
	%	0.220 9	0.167 8	0.100 1	0.097 8	0.113 9	0.072 1	0.186 6
上汽 300MW 引进型	kJ/kWh	16.79	12.01	8.75	11.8	12.1	8.2	9.79
	%	0.211 0	0.151	0.11	0.149 0	0.152 8	0.103 9	0.123 0
哈汽 N300-16.7/537/537	kJ/kWh	13.54	8.83	11.72	11.04	11.80	8.31	9.24
上汽 600MW 高中压分缸	kJ/kWh	18.5	9.7	9.9	11.3	9.7	7.3	10.9
	%	0.237 5	0.125 0	0.127 7	0.145 6	0.124 3	0.093 4	0.140 5
哈汽 N600-16.7/538/538 高中压合缸	kJ/kWh	14.60	8.81	10.95	11.01	11.45	8.08	9.44
	%	0.179 9	0.109 9	0.138 5	0.146 9	0.147 1	0.099 9	0.120 7
北重 600MW 分缸超临界	kJ/kWh	19.0	8.0	8.2	8.2	9.5	13.5	7.4
	%	0.253 1	0.106 8	0.108 8	0.109 3	0.126 2	0.179 9	0.099 3
哈汽-三菱 N600-24.2-566/566 超临界	kJ/kWh	18.57	7.46	9.26	10.34	12.79	7.62	8.44
	%	0.245 0	0.098 4	0.122 1	0.136 5	0.168 7	0.100 6	0.111 3
上汽 N1000-26.25/600/600 分缸超临界	kJ/kWh	22.2	7.28	10.75	7.80	5.7	13.36	8.15
	%	0.301 9	0.099 3	0.145 5	0.106 1	0.077 5	0.185 0	0.111 5
东汽 1000MW 超临界	kJ/kWh	17.0	9.7	7.3	6.4	7.3	6.0	9.5
	%	0.231 2	0.131 9	0.099 3	0.087 0	0.099 3	0.081 5	0.129 2

表 13-31 　　　　　　　　　　　　下端差每变化 10℃ 对热耗的影响

机组	单位	1号高压加热器下端差	2号高压加热器下端差	3号高压加热器下端差	5号低压加热器下端差	6号低压加热器下端差	7号低压加热器下端差	8号低压加热器下端差
200MW	%							
上汽 300MW 引进型	kJ/kWh	0.8	2.3	2.9	0.7	0.8	1.4	1.7
	%	0.010 3	0.028 7	0.037 1	0.009 3	0.010 5	0.017 7	0.021 8
哈汽 300MW 引进型	kJ/kWh	0.77	2.32	2.93	0.72	0.84	1.37	2.42
600MW 高中压分缸-上汽	kJ/kWh	0.9	2.0	3.3	0.5	0.6	2.7	
	%	0.011 2	0.026 3	0.042 2	0.006 3	0.007 9	0.034 8	0.000 0
N600-16.7/538/538 高中压合缸-哈汽	kJ/kWh	0.75	2.11	3.20	0.67	0.81	1.39	2.03
	%	0.009 4	0.026 7	0.040 3	0.008 7	0.010 0	0.017 9	0.026 1
600MW 分缸超临界北重-ALSTOM	kJ/kWh	0.7	1.6	3.1	0.7	2.0	2.8	
	%	0.008 8	0.021 9	0.041 8	0.008 7	0.026 5	0.037 3	0.000 0
600MW 超临哈汽-三菱	kJ/kWh	0.54	1.66	2.76	0.98	0.90	1.40	1.78
	%	0.007 1	0.021 9	0.036 4	0.012 9	0.011 0	0.018 5	0.023 5
1000MW 分缸超临界上汽-西门子	kJ/kWh	0.47	2.27	2.91	2.25	—	—	—
	%	0.006 8	0.032 6	0.039 4	0.031 3	—	—	—
东汽 1000MW 超临界	kJ/kWh	1.2	1.7	3.0	0.3	0.6	1.2	2.2
	%	0.016 3	0.023 1	0.040 8	0.004 08	0.010 88	0.015 963	0.029 92

注 200MW 机组及上汽 1000MW 机组 6、7、8 号低压加热器无外置式疏水冷却器。

四、影响加热器给水端差的因素与对策

从传热学角度来看，非辐射传热过程端差公式

$$\delta_t = \frac{\Delta t}{e^{\frac{KA}{D_w c_p}} - 1}$$

式中　δ_t——加热器传热端差，℃；

　　　Δt——加热器给水温升，℃；

　　　K——传热系数，kW/（m²·℃）；

　　　D_w——加热器给水量，kg/s；

　　　A——传热面积，m²；

　　　c_p——水的定压比热容，kJ/（kg·℃），可根据平均传热温差 Δt_m 查水汽表得到。

从上面的公式可以定性分析影响传热端差的因素：

加热器给水温升增大，传热端差增大：在额定工况温升基本不变，高负荷时端差增大。

传热面积减小，传热端差增大：加热器堵管后换热面积减小，传热端差增大。

传热系数减小，传热端差增大：加热器结垢或汽侧有不凝结其他传热系数减小，端差增大；疏水段漏入蒸汽也会恶化换热条件，导致疏水端差增大。

给水流量增大，端差增大：给水流量增大，换热量增大，端差增大。给水短路引起的流量减小，实际经过加热器的给水端差减小，但出水侧汇合以后温度降低，计算端差增大。

（1）加热器水位。如果加热器水位过高，会多淹没一部分有效传热面积，凝结换热面积减

少，给水在加热器中的吸热量则会减少，减少了给水温升，使加热器给水端差增大；加热器水位升高后，疏水冷却段的冷却面积增大，加热器出口疏水温度降低，下端差减小。水位过高常由于疏水调节器失灵、运转不当而引起的，或是由于各级加热器之间的压力差不足，加热器过负荷运行以及管子有泄漏而引起的。某电厂 300MW 机组 1 号高压加热器水位从 0mm 升高到 170mm，疏水温度下降了 12℃，下端差从 37℃ 下降到 25℃，高压加热器的给水端差增加不大，见图 13-36。

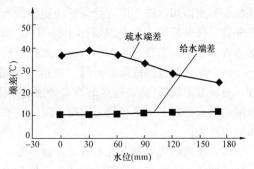

图 13-36　1 号高压加热器端差与水位关系

降低加热器水位，疏水冷却段被淹没的管排较少，即疏水的冷却面积不足，加热器出口疏水温度升高，下端差增大；但凝结段由于被淹没的管排也较少，凝结换热面积增加，加热器自身出口给水温度略有升高，上端差减小；水位过低时，使疏水温度接近饱和温度，容易在正常疏水管路中还会产生汽水两相流，引起管道剧烈振动。

所以在加热器的疏水端差明显增大时，必须尽快检查是否由于低水位运行或无水位运行而引起的，并迅速纠正。

运行中，监视加热器运行水位，并保持稳定在正常范围内，并应保持稍高水位，确保吸水口不进汽水两相混合物。如有条件应在试验基础上调整最佳水位，既不淹没过多管子，又保证疏水段不进汽。

（2）管束表面污垢。加热器长期运行后，会在管子内外表面形成以氧化铁为主的污垢，降低了传热效果，增加压力损失。引起高压加热器出口温度降低，造成高压加热器给水端差大。因此应严格控制锅炉给水 pH 值和含氧量，减少钢管表面的腐蚀。当加热器管束水侧结垢严重时，可采用酸洗办法予以解决。

（3）运行参数偏离设计参数较大，如给水流量、给水入口温度等。由于机组设计和制造缺陷以及运行调整和泄漏的原因，机组运行的热力性能指标达不到设计值，使得机组在偏离设计值较大的工况下运行。在额定负荷下，进汽量是一定的，而热量也是一定的。当给水流量增大时温升下降，降低了高压加热器的出口温度，从而导致高压加热器上下端差增大。当给水流量接近额定工况，由于某种原因（如水室隔板短路）造成给水温度过低，高压加热器温升减少，也会使给水端差和疏水端差增大。

（4）高压加热器管束缺陷。高压加热器管束或管板泄漏、堵管，影响高压加热器的传热效果，导致上下端差增大，疏水温度高。在高压加热器投运和解列过程中，若控制不当，给水温度变化速度超标，管束与管板连接处会受到很大的热冲击，这种应力过大或多次交变，会损坏连接处结合面，造成管子端口泄漏。加热器堵管超过 10% 以上，传热面积较少。因此，要严格按照规定的温度速率启停加热器，防止热冲击。高压加热器的温升率控制在 5℃/min，温降率控制在 2℃/min。当高压加热器发生管束或管板泄漏，应该进行停机处理，对加热器进行查漏、堵管、焊接。对于泄漏严重、堵管数量超过极限值的加热器，应更换加热器管芯。

（5）加热器水室分程隔板变形或损坏，造成部分给水短路。水室分流程隔板短路（如水室隔板螺栓未拧紧或焊缝开裂），相当一部分给水未经换热管直接由出口流出，造成没有足够的给水经过疏水冷却段，未能使疏水温度降到设计值，疏水温度降低，致使疏水端差升高。同时由于该级高压加热器温升太低，导致该级高压加热器的给水端差增加。

一般情况下，高压加热器的端差增大、同时温升降低，则最大的可能是高压加热器水室分程隔板变形或损坏，应立即进行修复或更换。水室分程隔板变形或损坏后，高压加热器的端差和温升随着运行时间的变化表现规律十分明显，即随着运行时间的增加（含机组启、停次数增加），端差逐步增大、温升逐步减小，同时加热器给水阻力下降。

（6）加热器过热段局部泄漏（如包壳与隔板的焊接及进汽口套管与包壳扳的焊接未完全焊好，有局部泄漏），造成过热蒸汽未经过过热段管子直接进入凝结段，过热段给水温升降低，给水端差增大，达不到设计值。同时，部分疏水未经换热，而是经泄漏处短路流出疏水段，导致疏水端差过大。

（7）加热器汽侧排空气不畅，导致不凝结气体聚集，影响换热。加热器中不凝结气体的来源是加热器停运、检修时滞留在加热器壳体和水侧的空气，抽汽或疏水带入或析出不凝结气体。不凝结气体的存在降低了传热效果，增大了加热器端差。

在高压加热器投运前，打开高压加热器本体上的全部排空气门，高压加热器运行正常后，再按照规定关闭部分空气门，保持连续排气门（排气到除氧器的空气门）常开。运行中要注意检查放空气系统的工作状态，保证放空气管路系统的畅通。

对于低压加热器，加热器上端差偏大的主要原因可能是排空气系统不畅，因此对于低压加热器必须注意加热器正常水位外，检查排空气系统是否畅通。

美国热交换学会标准规定，连续空气排放量至少应为进入各加热器抽汽量的 0.5%。端差增加，说明气体未排净或高压加热器过负荷和管子结垢等。如果给水端差增大，超过设计值很多，则说明排气管道有明显故障。为了不使不凝结气体滞积，各不同工作压力的高压加热器排气管不能逐级串联或接到一根总管上，应分别接到凝汽器或除氧器中去，并尽量采用直管道，保证加热器运行中正常排气管路通畅。

（8）加热器疏冷段管束部分泄漏或被堵，加热器疏水不能完全得到冷却，造成疏水端差增大。

（9）若疏水冷却段包壳不严密，运行中饱和蒸汽或饱和水未经换热短路流出疏水段，造成加热器下端差增大。

（10）加热蒸汽压力高或蒸汽流量不足。加热器的抽汽压力和抽汽量不稳定、引起端差变化，这主要是由于运行机组负荷下降，蒸汽流量减少或抽汽管路上的止回门卡涩等原因所致。在运行中，应监视各级段抽汽压力，运行中并保持抽汽压力稳定。检查抽汽止回阀或闸阀是否卡涩，加热器进汽口蒸汽通道是否受阻。

（11）负荷突变，水侧流量突然增加或减小。在额定负荷下，进汽量是一定的，放出的热量基本一定。当给水流量增大时，温升下降，从而导致高压加热器上下端差加大。

（12）加热器疏水不畅，疏水水位上升。加热器疏水不畅现象很普遍，其主要原因是：疏水器或疏水调整门工作失常（卡涩）；加热器内漏；疏水管管径选择不合理；管道阻力大等。

五、降低压加热器热器疏水端差的对策

疏水端差反映了疏水冷却段的换热能力和效率。疏水端差运行值一般为 5.6～10℃，对于大型机组取下限值。给水端差运行值一般为 −1～2℃，最小不能低于 −2℃，大容量机组取下限值。

从高压加热器的结构可以看出，高压加热器抽汽经过凝结段凝结的疏水从疏水冷却段下部进水口向上吸入疏水段，所以高压加热器运行时必须维持一定的水位，该水位保证封住疏水冷却段进口，疏水连续不断进入疏水冷却段维持正常的换热过程，同时防止汽侧蒸汽未经放热直接漏入疏水冷却段。

另外，疏水冷却段管束结构也可能造成疏水端差轻微增大。对这些原因引起的疏水端差增大进行水位调整没有效果。

降低高压加热器疏水端差的主要措施如下。

（1）从上面分析可知，高压加热器疏水端差异常增大主要原因为高压加热器运行疏水过低，疏水冷却段进口水封遭到破坏，未经冷却的抽汽进入疏水冷却段，一方面降低了高压加热器运行的经济性，最为严重的是疏水冷却段汽水两相流引起的振动将会造成高压加热器管束泄漏，影响汽轮机的安全运行，长期低水位运行造成高压加热器频繁泄漏，需要经常解列堵管甚至造成高压加热器过早报废。因此发现疏水端差异常增大必须尽早进行水位调整处理，因此禁止高压加热器长期低水位运行，防止造成设备损坏。

如果疏水端差对疏水水位变化不敏感的情况下，可能是高压加热器疏水冷却段进水口变形或损坏。

（2）疏水冷却段隔板泄漏也可能造成抽汽混入引起疏水段振动，疏水端差异常增大。注意机组负荷和疏水调节阀开度的关系。机组负荷未变，如疏水调节阀开度变大，有可能管子发生了轻度泄漏。

（3）疏水冷却段管束结垢也可能造成疏水端差轻微增大。对这种原因引起的疏水端差增大进行水位调整没有效果。

（4）定期冲洗水位计，防止出现假水位。

六、高压加热器水位的调整方法

试验保持负荷稳定（额定负荷或接近额定负荷），记录调整前的疏水端差、就地水位计水位和 DCS 上水位，然后调节疏水调节阀开度让水位下降。如果疏水端差无大的变化，那就继续将水位下降，直到某一位置时，疏水端差变化很大。表明高压加热器疏水冷却段的"水封"已被破坏，那么记下该位置作为高压加热器临界水位。再由此位置，调节疏水调节阀的开度使水位缓慢上升，待疏水端差降低到8℃，记下该水位位置，并将其定为高压加热器低一水位线位置（低一水位线报警，关闭正常疏水调节阀）。然后以此为基准，考虑 30mm 水位波动和 50mm 正常水位高度，确定正常水位位置（正常水位线即 0 位线，比低一水位线高 50mm）。以上水位调节时，必须考虑到温度延时性对疏水端差的影响，每一个水位位置需停留至少 5min 左右为宜。

例如某机组 3 号高压加热器水位试验得到的临界水位是 400mm，则 3 号高压加热器正常水位是 480mm。

七、高压加热器水位优化试验方法

前面已经分析过，随高压加热器水位升高，上端差与下端差变化趋势相反。高压加热器水位试验的目的在于找出一个较经济的水位，使上端差和下端差都较小，并保证给水出口温度在设计值范围内。若作出上端差与下端差随高压加热器水位变化的曲线，则两条曲线的交点处即理论上的优化水位。

例如某 CLN600-24.2/566/566-Ⅰ型凝汽式汽轮机，共设八段非调整抽汽，分别向由三台高压加热器、除氧器、四台低压加热器组成的回热系统等供汽。1、2、3 号高压加热器均为 U 形管表面式加热器。正常疏水采用逐级自流的方式，3 号高压加热器疏水最终至除氧器，疏水装置为气动调节装置。

对其三台高压加热器进行了水位优化试验。试验方法为：维持机组负荷、抽汽压力、高压加热器进口给水温度恒定，逐步提高高压加热器水位值，待各参数稳定后，记录各参数，观察上端差、下端差和给水出口温度的变化。试验结果见表 13-32。试验时应当注意以下 5 点：

（1）即使是同一台高压加热器，不同负荷下的最优水位也是不同的；因为机组采用滑压运行，不同负荷下抽汽压力变化较大，抽汽量、3 号高压加热器进口给水温度变化也较大；同一台高压加热器需要在不同负荷下做水位优化试验，以得出各个负荷下的最优水位值。

表 13-32 　　　　　　　　　　　　　　　**1 号高压加热器水位优化试验结果**

时　间	机组负荷 (MW)	高压加热器水位 (mm)	抽汽压力 (MPa)	对应饱和温度 (℃)	高压加热器出口水温 (℃)	疏水温度 (℃)	入口水温 (℃)	上端差 (℃)	下端差 (℃)
15：00：00	551	620	5.5	270.005	269.61	261.65	247.68	0.39	13.97
15：08：00	553	700	5.5	270.005	269.32	257.85	246.95	0.69	10.90
15：15：00	552	750	5.5	270.005	269.27	256.60	246.96	0.74	9.64
15：23：00	552	800	5.5	270.005	269.20	256.10	246.97	0.81	9.13
15：34：00	551	850	5.5	270.005	269.12	255.10	246.98	0.88	8.12
15：43：00	551	900	5.5	270.005	269.04	255.08	247.00	0.96	8.08

（2）1 号高压加热器不接收上一级高压加热器的疏水，且三台高压加热器的抽汽压力、抽汽量、给水入口温度等参数都有差异，所以同一负荷下三台高压加热器的最优水位值有所差异，即每一台高压加热器都要单独做水位优化试验。

（3）做水位优化试验时，应尽可能保证主蒸汽压力稳定，减少因抽汽压力变化带来的误差，必要时可采用"多做一次、延长试验时间、增加数据记录"等方法，以确保准确性；同时，数据的采集最好在同一天进行。

（4）抽汽压力突然增大，将使上端差骤增，因此应尽量维持抽汽压力恒定。

（5）负荷波动、高压加热器进口给水温度波动，都会产生错误的结论，因此要求负荷波动不能大于 0.5%，进口给水温度波动不能大于 1℃。否则应从试验数据中剔出该工况。

从表 13-31 中可以看出：随高压加热器水位的提高，各台高压加热器的上端差增大，下端差减小，高压加热器自身出口给水温度降低，与之前的理论分析一致。当 1 号高压加热器水位由 620mm 提高至 900mm 后，上端差增大 0.57℃，下端差减小 5.89℃，1 号高压加热器出口水温下降 0.57℃。

根据上端差试验数据，查表 13-29，得到不同类型汽轮机上端差每变化 1℃对热耗的影响值，求得不同水位下上端差与影响值的乘积 A_i；然后根据下端差试验数据，再查表 13-30，得到不同类型汽轮机下端差每变化 1℃对热耗的影响值，求得不同水位下下端差与影响值的乘积 B_i；最后求 $C_i = A_i + B_i$。对应 620mm 水位，$c_1 = 0.39 \times 1.86 + 13.97 \times 0.05 = 1.43$（kJ/kWh），和最小，因此在 550MW 负荷 1 号高压加热器的最优水位为 620mm。1 号高压加热器其他负荷下的最优水位，以及其他高压加热器，重复上述试验过程即可得到不同高压加热器、不同负荷下的最优水位。

【例 13-17】 已知水—水换热器的传热面积为 34m^2，传热系数为 1100W/（m^2·℃），一次网的供水温度为 95℃，回水温度为 70℃；二次网的供水温度为 60℃，回水温度为 50℃。换热器采用逆向流动，不考虑水垢影响，计算该换热器的传热量。

解： 换热器工质起始温度差

$$\Delta t_{max} = 95 - 60 = 35 \ (℃)$$

换热器工质最终温度差

$$\Delta t_{min} = 70 - 50 = 20 \ (℃)$$

平均传热温差计算公式

$$\Delta t_m = \frac{\Delta t_{max} - \Delta t_{min}}{\ln \dfrac{\Delta t_{max}}{\Delta t_{min}}} = \frac{35 - 20}{\ln \dfrac{35}{20}} = 26.80(℃)$$

根据器换热热平衡方程

$Q=KA\Delta t_{m}=1100\text{W}/(\text{m}^2\cdot\text{℃})\times34\text{m}^2\times26.80\text{℃}=1\,002\,320\text{W}=1.002\text{MW}=1002.3\text{kW}\times3600\text{kJ/kWh}=3.61\text{GJ/h}$

【例 13-18】 已知在换热器中用 20℃冷却水将某溶液从 100℃冷却到 65℃，溶液流量为 2000kg/h，溶液比热为 3.5kJ/（kg·℃），传热系数为 1000W/（m²·℃），已知冷却水出口温度为 45℃，不考虑水垢影响。

（1）换热器采用顺向流动，计算该换热器的对数平均温差和传热面积。

（2）换热器采用逆向流动，计算该换热器的对数平均温差和传热面积。

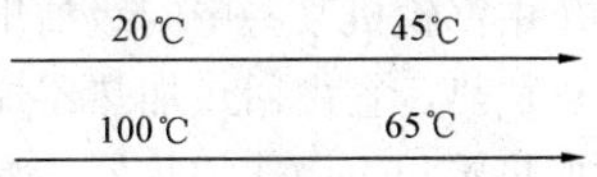

图 13-37　顺流温差变化示意图

解：（1）顺流温差变化见图 13-37。

换热器工质起始温度差

$$\Delta t_{max}=100-20=80(\text{℃})$$

换热器工质最终温度差

$$\Delta t_{min}=65-45=20(\text{℃})$$

平均传热温差计算公式

$$\Delta t_{m}=\frac{\Delta t_{max}-\Delta t_{min}}{\ln\dfrac{\Delta t_{max}}{\Delta t_{min}}}=\frac{80-20}{\ln\dfrac{80}{20}}=43.28(\text{℃})$$

换热器的换热量 $Q=1\text{MW}=1\,000\,000\text{W}$，传热系数 $K=1100\text{W}/(\text{m}^2\cdot\text{℃})$

根据器换热热平衡方程

$$Q=mc_{p}\Delta t=\frac{2000}{3600}\times3.5\times10^3\times(100-65)=68\,055.6(\text{W})$$

求得换热器的传热面积

$$A=\frac{Q}{K\Delta t_{m}}=\frac{68055.6}{1000\times43.28}=1.57(\text{m}^2)$$

（2）逆流温差变化见图 13-38。

图 13-38　逆流温差变化示意图

$$\Delta t_{max}=100-45=55(\text{℃});$$
$$\Delta t_{min}=65-20=45(\text{℃});$$

平均传热温差计算公式

$$\Delta t_{m}=\frac{\Delta t_{max}-\Delta t_{min}}{\ln\dfrac{\Delta t_{max}}{\Delta t_{min}}}=\frac{55-45}{\ln\dfrac{55}{45}}=49.88(\text{℃})$$

求得换热器的传热面积

$$A=\frac{Q}{K\Delta t_{m}}=\frac{68\,055.6}{1000\times49.88}=1.36(\text{m}^2)$$

第十三节　加热器投入率的监督

一、加热器的分类

做功后的排汽从汽轮机排出至凝汽器时还有相当多的热能，这部分热能在凝汽器内传给了冷却水而白白浪费掉了。这部分被凝汽器损失的热能约占燃料热能的 60%左右，使火电厂的燃料热能转化为电能的有效热能仅占40％左右。可见大部分热能被冷却水带走而损失掉，火电厂的热效率却很低。为了提高循环热效率，减少汽轮机排汽损失的热量，就要从汽轮机内抽出一部分已做过功的蒸汽用以加热给水。这部分抽汽在冷凝过程中把热量传给了给水，又回到锅炉中去，它不排入凝汽器，它的热量就不被冷却水带走，几乎全部被利用而无损失。这种利用回热加热的热力系统比没有回热过程的循环提高了热效率，该热效率相对提高值一般在10％～12％，高的可达15％左右，其中高压加热器所占增益约3％～6％。

由汽轮机某些中间级抽出一部分做过功的蒸汽送到给水加热器中对锅炉给水进行加热，称为回热加热，它由回热加热器加热。现代电厂中所使用的回热加热器型式很多，按传热方式分混合式加热器和表面式加热器。混合式加热器中加热和被加热两种介质是直接接触而混合的。表面式加热器中加热介质（从传热管外侧通过，因此称为蒸汽侧或壳侧）和被加热介质（从传热管内侧通过，因此称为给水侧或管侧）之间热量交换是通过金属表面进行的。混合式加热器主要优点是能充分利用加热蒸汽的热量，可以把给水加热到该蒸汽压力下的饱和温度，而且构造简单，成本低；主要缺点是给由于给水压力差异大，为了把混合后的给水送入下一级加热器，需要在每个加热器后面都装置一个水泵，要输送的给水温度很高，因此混合式加热器水系统复杂，而且可靠性差。因此在电厂除了除氧时（除氧器）采用外，并不普遍使用。表面式加热器由于管壁存在热阻，给水不可能被加热到加热蒸汽压力下的饱和温度，不可避免地存在端差，所以经济性比混合式加热器差。但是由表面式加热器组成的回热系统结构简单，运行可靠，因此，表面式加热器被广泛使用。

按使用压力分为低压加热器和高压加热器，连接在凝结水泵和给水泵之间，加热凝结水，并处于凝结水泵出口压力下（该压力一般小于4MPa）工作的加热器，称为低压加热器（简称低加）；连接在给水泵和锅炉之间，加热给水泵出口给水的加热器，并处于给水泵后高压力下（该压力一般大于12.73MPa）工作的加热器，称为高压加热器（简称高加）。高压加热器可以提高电厂热效率，节省燃料，并有助于机组安全运行。

按照JB/T 9636《汽轮机辅机型号编制方法》，加热器型号用四项符号表示，例如JD-680-2-7，第一项JD表示低压加热器，第二项数字680表示传热面积为680m²，第三项数字2表示该低压加热器是第2次改型设计，第四项数字7表示凝结水泵以后低压加热器按主凝结水流向的顺序号，它是第7台。JD-340-5-2、JD-340-5-3和JD-340-5-4分别为凝结水泵后第2台、第3台和第4台。JG-1025-3-3，第一项JG表示高压加热器，第二项数字1025表示传热面积为1025m²，第三项数字3表示该高压加热器是第3次改型设计，第四项数字3表示该高压加热器按主给水流向的顺序号，它是第3台。

高压加热器一般卧式U形管高压加热器，主要由给水进水室、给水出水室、管板、壳体、U形管、疏水出入口、蒸汽入口及隔板等部件组成。高压加热器由水室、管板、壳体焊为一体，管束是经爆炸膨胀后再焊接在管板上。沿管束长度横向布置隔板，以支承管子。在高压加热器的蒸汽进口处装有不锈钢防冲板，保护管束以避免受到直接冲击。按照传热布置，高压加热器管束可分为三段。即过热蒸汽冷却段、蒸汽凝结段和疏水冷却段。过热蒸汽冷却段位于给水出口流程侧，并由包壳板密封。采用过热蒸汽冷却段可提高高压加热器的给水温度，使它接近或略超过进汽压力下的饱和温度。从进口接管进入的过热蒸汽，在任一组隔板的导向下，以适当的线流速和质量流速均匀地流进管子，并使蒸汽保留有足够的过热度。凝结段是利用蒸汽凝结时释放的汽化潜热来加热给水的。一组隔板使蒸汽沿着高压加热器长度方向均匀地分布并在隔板的导向下流向高压加热器尾部。冷凝后的疏水以及通过疏水器管座进入的附加疏水，或从更高压力的高压加热器来的逐级疏水都聚集在壳体的最低部位，这些疏水（冷凝水）通向疏水冷却段。疏水冷却段把离开凝结段的疏水的热量传递给进入高压加热器的给水，而使疏水温度降到饱和温度之下，疏水冷却段位于给水进口流程侧，并由包壳板密封。温度降低后的疏水在流向下一个压力较低的加热器时，就不易在管道内发生汽化。包壳板在内部使该段与高压加热器外壳的总体部分隔开，在端板和吸入口或进口端准确地保持一定疏水水位，使该段密封。疏水从高压加热器壳体的较低处进入该段，从位于该段顶部在壳体侧面的疏水出口管流出。

低压加热器的受热面是由铜管直接胀接在管板上组成的管束，管束用专门的管架加以固定。为了便于加热器换热面的清洗和检修，整个管束制成一个整体，便于从外壳里抽出。被加热的水由进口进入水室，流经 U 形管束后流入出口水室流出。加热蒸汽由加热器外壳上部引入汽空间，借导向板的作用，使汽流成 S 形流动，冲刷铜管管壁进行凝结放热。加热蒸汽进口处管束外壁装有防护板，以减轻汽流对管束的冲刷及磨损，延长铜管的使用寿命。

二、加热器投入率

高压加热器管系的内外压差、温差比低压加热器管系大得多，因此运行条件较为恶劣，高压加热器容易泄漏，退出运行，所以在技术监督中主要考核高压加热器投入率。

高压加热器投入率是指高压加热器投运小时数与机组投运小时数的百分比。计算公式如下

$$高压加热器投入率 = 1 - \frac{\sum 单台高压加热器停运小时数}{高压加热器总台数 \times 机组运行小时数}$$

另外，根据 JB/T 8190—1999《高压加热器技术条件》规定

$$高压加热器投入率 = \frac{机组运行小时数 - 所有高压加热器事故停运小时数}{机组运行小时数}$$

三、加热器的耗差分析

加热器是发电厂的一种主要辅助设备。加热器一旦发生故障，不仅影响发电厂的经济性，还常常直接威胁主机或其他设备的安全运行，甚至引起严重的设备损害事故。加热器尤其是高压加热器系统的故障频繁出现，仅次于锅炉爆管，而居于电厂故障的第二位。据统计表明，给水加热器各种故障中，管系泄漏所占比重最大。表面式回热加热器水侧压力大于汽侧压力，一旦管系泄漏，给水就会冲入壳体，引起汽侧满水。水将有可能沿着抽汽管道倒灌入汽轮机，造成汽轮机汽缸变形，胀差变化，机组振动，动静碰摩，大轴弯曲，甚至叶片断裂等事故。这类由于加热器泄漏而引起汽轮机进水的事故在国内外发生过多起。因此分析加热器泄漏原因，找出对策，以尽可能减少泄漏具有十分重要的意义。

高压加热器是电厂汽轮机组的重要经济辅助设备。一般情况下，高压加热器投入率每降低 1%，发电煤耗率升高 0.08g/kWh。高压加热器停运后，汽轮发电机组发电出力将降低 7%～12%，发电煤耗率将上升 2%～5%，锅炉的水冷壁管也易因超温而受到损坏。因此，高压加热器的安全、稳定运行将直接影响到发电机组的出力及整个热力发电厂的热经济性，见表 13-33。

表 13-33 部分机组停用高压加热器时机组热耗的增加值

机组型号	给水温度 （℃）	切除高压加热器 后给水温度 （℃）	热耗增加 （%）	煤耗率增加 （g/kWh）	每年多耗标煤 （t）
N25-3.33/435	164.2	104.2	3.5	15	2630
N50-8.83/535	169.5	158	2.33	8.4	2940
N100-8.83/535	222	158	1.9	7.0	4900

机组型号	给水温度（℃）	切除高压加热器后给水温度（℃）	热耗增加（%）	煤耗率增加（g/kWh）	每年多耗标煤（t）
N125-13.24/535/535	239	158	2.3	7.4	6500
N200-12.75/535/535	240	158	3.3	10.6	12 720
N300-16.67/538/538	273.8	170.9	3.70	10.9	19 620

注　每年利用小时按6000h计。

举例说明表13-33的来历，对于300MW，经历高压加热器最终的给水温度为273.8℃，而进入高压加热器前的给水温度为170.9℃，因此，切除高压加热器后给水温度降低273.8－170.9＝102.9（℃），因为给水温度每变化1℃，热耗率变化0.036%，煤耗率变化0.106g/kWh。因此切除高压加热器后热耗率增加0.036%×102.9＝3.70%，煤耗率增加0.106g/kWh×102.9＝10.9g/kWh。

一年多耗标准煤 $\Delta B = P_N \Delta b T \times 10^{-3} = 10.9 \times 6000 \times 300 \times 10^{-3} = 19620(\text{t/a})$

式中　P_N——机组额定容量，MW；

　　　T——机组利用小时，h；

　　　Δb——切除高压加热器后煤耗率增加值，g/kWh；

　　　ΔB——一年多耗标准煤，t/a。

四、高压加热器投入率监督标准

高压加热器投入率的监督以统计报表数据作为监督依据。高压加热器随机组启停时投入率不低于98%，高压加热器定负荷启停时投入率不低于95%，不考核开停调峰机组。

另外，根据JB/T 8190—1999《高压加热器技术条件》规定：高压加热器年投入率不小于85%。

五、加热器泄漏原因与对策

加热器泄漏，造成加热器无法正常投入，直接影响着整个机组的安全性和经济性。当泄漏造成高压加热器汽测水位急剧升高时，一旦处理不当就会造成汽轮机汽缸进水的重大事故；同时因泄漏、高压加热器系统启停频繁，使锅炉偏离设计工况，也会产主其他更严重的后果。管加热器内部管系泄漏主要分为管子本身泄漏和端口泄漏（管子与管板胀接、焊接处泄漏）。

1. 因钢管受冲刷侵蚀引起的管系泄漏

当蒸汽的流动速度较高且汽流中含有较大直径的水滴时，管子外壁受汽、水两相流冲刷而变薄，发生穿孔。加热器内部产生汽水两相流的主要原因是：

（1）过热蒸汽冷却段内部与其出口的蒸汽达不到设计要求的过热度。

（2）加热器疏水水位，因保持过低或无水位或疏水温度远高于设计值或抽汽压力突然降低等因素，使疏水闪蒸，在进入下一级加热器时带有蒸汽，冲刷加热器管壁造成损坏。

（3）当高压加热器内部某根管子发生损坏泄漏时，高压给水从泄漏处以极大的速度冲出，使邻近的管子或隔板冲刷破坏。

（4）受到蒸汽或疏水的直接冲击时，如果防冲板材料和固定方式的不合理，会在运行中破碎或脱落，失去防冲刷保护的作用。

利用高压、低压加热器临时检修及A、B、C级检修期间检查加热器的汽侧进汽挡板，如发现问题应及时补焊加固或更换成较好的厚壁不锈钢防冲板，以减小蒸汽直接对管束的冲刷。保持汽侧疏水水位正常，禁止低水位或无水位运行。在运行中，及时调整高压加热器的水位，确保高压加热器的安全运行。水位过高会使热交换减弱，给水温度降低，易造成保护动作；水位过低或无水运行，会引起汽水两相流动，造成部件严重的冲蚀。

2. 因管束振动引起的管系泄漏

具有一定弹性的管束在汽侧流体扰动力的作用下会产生振动，当激振力频率与管束自然振动频率或其倍数吻合时，将引起管束共振，使振幅大大增加。当振动使管子或管子与管板连接处的应力超过材料的疲劳持久极限，使管子疲劳断裂；如果振动的管子在与支撑隔板的管孔中与隔板金属发生摩擦，使管壁变薄，相邻的管子会互相碰撞摩擦，也会使管子磨损或疲劳断裂；当高压加热器汽侧水位过低时，会使高一级压力的加热蒸汽通过疏水管进入下一级高压加热器汽侧，形成汽水冲击，造成管系和疏水管道的振动。管系振动一方面加大了管口焊接处所承受的机械应力，另一方面使管束外壁与管系分隔板管口发生撞击和摩擦，使管壁变薄，最终在给水压力的作用下破裂。

在凝结水温度过低或机组超负荷等情况下，冲刷低压加热器的蒸汽流量和流速超过设计值很多时，具有一定弹性的管束在壳侧内受流体扰动力的作用会产生振动。当激振力的频率与管束自然振动频率或其倍数相吻合时，将使管子振幅增加，导致管子与管板的连接处受到反复作用力造成管束磨损，使管壁变薄，最后导致低加管子被汽水冲破。

减少因振动引起的管系泄漏主要方法是：限制高压加热器或低压加热器壳侧蒸汽或疏水的流速及防止疏水冷却段内闪蒸；蒸汽冷却段出口蒸汽要有足够的剩余过热度；防冲板的固定要牢固，面积足够，材质要好。保持壳侧水位正常，禁止低水位或无水位运行。同时，管子间距要足够大，一方面降低了壳侧流速，另一方面减小了管子互相碰撞摩擦损坏的可能性，限制管束自由段长度（即跨度）。

3. 积垢腐蚀引起的管束泄漏

（1）高压加热器在运行中空气排放不完全，并且在停运时汽侧疏水没有排放彻底，有积水，其中的氧气会引起管束内外壁的氧腐蚀。在高压加热器投运初期，若水侧不开空气门，汽侧投运后也不开空气门，就不能排掉汽水侧的空气，使管壁上形成空气膜，增加汽水间的热阻，不仅影响传热效果，还会导致给水的含氧量增大，在高温下严重腐蚀钢管。

在加热器壳体内应设置放空气管，以有效排放壳侧不凝结气体，是保持加热器热力性能和减缓腐蚀的重要措施。美国热交换学会标准规定，连续空气排放量至少应为进入各加热器抽汽量的0.5%，由设置在放空气管路中的孔板来控制排放量。

在高压加热器投入前，全部打开高压加热器上的排空气门，等高压加热器运行正常后，再关闭应关闭的空气门，保留排汽到除氧器的空气门。运行中要注意检查放空气系统的工作状态，保证放空气管路系统的畅通。

为了不使不凝结气体滞积，各不同工作压力的高压加热器排气管不能逐级串联或接到一根总管上，应分别接到凝汽器或除氧器中去，并尽量采用直管道，保证管路通畅。排放空气的管道要保温。

监视空气是否排净的有效办法是观察端差是否符合正常值。端差增加，说明气体未排净或高压加热器过负荷和管子结垢等。

机组停运或高压加热器长时间停运，如果未采取防腐措施，管内外壁都会受到腐蚀。当加热器长时间停运时，应在完全干燥后在汽侧充入干燥的氮气，以防止停运后的腐蚀，延长加热器的使用寿命。

（2）给水溶解氧过高或 pH 值过低，会使高压加热器管内壁受到氧腐蚀。为了控制钢在水中的腐蚀，必须形成一层稳定的保护性磁性氧化膜 Fe_3O_4。管子进口内壁在 $204\sim258℃$ 时才能形成稳定的氧化膜。而低于此温度要形成氧化膜则与给水的 pH 值有关。实践证明最佳的 pH 值保持在 $9.0\sim9.5$，高压加热器给水含氧量不大于 $5\sim7$ppb（$\mu g/L$）。如果由于凝结水系统、真空系统及给水泵多级水封易破坏等原因致使给水溶氧长期超标（$>7\mu g/L$），管壁金属在表面形成的氧化膜被高紊流度的给水破坏并带走，金属材料不断损失，最终导致管子的破损。

（3）管壁积垢直接影响管子的使用寿命。管壁积垢严重，管内给水流动受阻，积垢部位管壁内外的温差增大，热应力增大。经过一定时间的积累，该部位管壁不但疲劳强度和硬度降低，而且存在电化学腐蚀的风险，在热应力、水流的冲击力以及摩擦力的多重作用下被击穿而产生泄漏。

应借停机和检修的机会，清洗高压加热器换热管，以清除管内沉积物，降低换热管积垢部位内外的温差和热应力，减少换热管泄漏机会，提高高压加热器投入率。清洗方式采用高压水清洗或化学清洗，目前这两种清洗方式在技术上已很成熟，在发电厂中应用较多。

在排气管道连接是恰当的，当时又没有过负荷，内部又没有给水进出口之间的泄漏，管子也未结垢，而且运行的蒸汽参数和水的温度以及疏水水位都保持在设计值时，则检测给水端差是核对空气积聚没有排出的好方法。如果给水端差增大，超过设计值很多，则说明排气管道有明显故障。这里需要确定故障在管道至加热器之间，还是在加热器内部。故障在管道上，可以停加热器处理；在加热器内部，则就比较难以处理。如果加热器正在运行而又不能停运时，则在进行彻底处理故障前可以采取临时措施，即将蒸汽侧启动排气门临时作为紧急排气门，旁路净化蒸汽中不凝的积聚气体，使之从壳侧排到一个外部安置点，或排到除氧水箱或凝汽器中。

4. 因超压引起的管束泄漏

给水压力、流量突变是引起高压加热器水侧压力过高的因素。高压加热器内部压力突变，会出现给水泵掉闸、汽轮机掉闸锅炉安全门拒动、高压加热器保护动作等现象，造成高压加热器管系承压突升，又瞬间释放，使设备损坏。当机组运行中高压加热器因故障停运时，若给水进出口阀门严密关闭，而进汽阀有泄漏时，被封闭在加热器管侧的给水受到漏入蒸汽的加热，就使管束的给水压力大幅度上升。若高压加热器水侧压力过高，而水侧又未安装安全门时，过高的压力会使管子鼓胀，甚至开裂。使用定速给水泵时，由于与高压加热器允许使用压力不匹配，等运行中负荷突变或突然停炉时，常常会发生超压情况。

为防止超压引起的管束泄漏，应在水侧装设安全阀。高压加热器停运后，校验安全阀使其动作恰当，及时可靠。确保机组和给水泵的正常运行，减少调节系统的误动，提高旁路、安全门动作的正确率，减少机组运行中各种因素引起的高压加热器压力突变的概率。

5. 制造质量不良引起的管束泄漏

管子由于材质不良，管壁厚度不均，会使管子在运行中大量被损坏。高压加热器内部管系的管子与管板之间采用机械胀管、管口焊接的方式，制造厂在组装加热器前，如果对管子没有逐根进行探伤，则在运行中有缺陷的管子就会损坏。管子胀接时，如果在胀口处过胀或胀管深度超过管板的厚度，就会使这段管子因应力或变形过大而发生裂纹，从而使这段管子发生泄漏。高压加热器管板材质是合金钢，管子材质是低碳钢，因此对于二者之间的焊接必须采用高性能的堆焊工具和堆焊技术，否则会造成孔眼质量差，降低端口承受机组运行方式变化的能力。

早期生产的高压加热器及其附加的外置式疏水冷却器或过热蒸汽冷却器质量问题较多，容易发生管束泄漏等故障。借停机及检修的机会，对高压加热器进行技术改造，彻底地消除隐患。

6. U 形管材质档次低引起的管子高温泄漏

如某超临界 660MW 或超超临界 660MW 机组 3 号高压加热器的 U 形管材质是 SA556GrC2，仅相当于国产的 20 钢，20 钢的最高使用温度为 $430℃$，而 3 号高压加热器的进汽温度在机组运行时为 430～460℃，因此进口高压加热器的 U 形管耐温等级不够。另一方面，由于 3 号高压加热器的汽侧压力低，3 号高压加热器的连续排空气压力与除氧器压力差较小，这样就容易使 3 号高压加热器无法正常连续排空气，导致非凝结气体的积存而产生管系腐蚀，二者联合作用，造成3 高压加热器管系频繁泄漏。有效防止 3 号高压加热器泄漏的根本办法是将 3 号高压加热器的 U 形管材全部更换为具有耐高温性能的换热管，如 12CrlMoV 管材（最高使用温度可达 530℃）。

7. 管板变形引起的管端口泄漏

低压加热器管板水侧和汽侧温差、压差很大，如果管板的厚度不够，则管板会有一定的变形。

高压加热器管板的水侧压力高、温度低，而汽侧压力低、温度高，两侧间的压差和温差很大，尤其有内置式疏水冷却段的温差更大。如果管板刚度、强度不够，就会产生变形，中心会向压力低、温度高的汽侧鼓凸。在调峰幅度大、调峰速度过快或负荷突变时，在使用定速给水泵的条件下，水侧压力也会发生较大的变化，甚至可能超过高压加热器给水的额定压力，这些变化会使管板发生变形导致管子端口泄漏。

如果在停运高压加热器、检修其内部时，为使其快速冷却而用工业水通入水侧，管板两侧温差很大，也会引起管板变形。

因此在检修过程中，为了缩短检修及停运时间，加速水室零部件的冷却，不能用低温水冷却，可以通入压缩空气，即用胶皮管向高压加热器水室通入压缩空气，或用风机从高压加热器水室抽出热空气，使高压加热器水侧加强通风。

8. 热应力过大引起的管束泄漏

在高压加热器投入与停运时，给水温升、温降经常超标，远远超过规定要求。导致使高压加热器换热管壁承受很大温差所产生的热应力，特别是胀口和旧焊缝部位，承受的应力更大。高压加热器在投停过程中操作不当，未充分暖管，温升率控制不当，当高温高压的蒸汽进入高压加热器后，厚管板与薄管束之间吸热速度不同步，吸热不均匀而产生巨大的热应力，使 U 形管产生热变形。

特别是当主机或高压加热器故障而被迫骤然停运高压加热器时，汽侧迅速停止供汽，水侧仍继续进水。由于高压加热器管壁薄收缩快，而管板较厚收缩慢，此时在管口与管板的焊接处承受的热应力相当大。当管口焊接处存在气孔、夹渣或过烧等缺陷时，易在热应力作用下形成微裂纹造成泄漏。

采用随机投入与随机滑停的运行方式，可以降低高压加热器投入与退出的温升率和温降率，具体做法是：在机组启动过程中，高压加热器从汽轮机冲转至满负荷随机投入，从满负荷至机组解列，高压加热器一直随机运行。根据制造厂与高压加热器运行规程，给水最大温升不得超过3～5℃/min，给水最大温降不得超过 2℃/min。尽可能保证高压加热器随机滑启滑停。这样，给水温度和抽汽参数随着负荷变化，高压加热器本体及其附件才能均匀地加热，相应的应力就减小。

在机组甩负荷及高压加热器紧急停运时，立即切断高压加热器汽、水侧，检查抽汽止回阀、电动门已关严，防止蒸汽继续进入壳体加热不流动的给水，引起管子热变形，而切断给水后可避免抽汽消失后给水快速冷却管板，引起管口焊缝产生热应力变形。

9. 加热器水位低引起的管束泄漏

要使高压加热器长期连续运行，必须保持其疏水的水位在规定范围内运行，这也是确保高压加热器经济无故障运行的基本手段之一。低水位和高水位都不利于高压加热器的安全、经济运行。高压加热器低水位运行会使抽汽的热量未被有效利用来加热给水，直接疏至下级高压加热器或除氧器（高压加热器的疏水一般采用逐级自流方式，由 1 号高压加热器流入 2 号高压加热器，最后流入高压除氧器），排挤下一级抽汽，降低其经济性。当水位更低时，即在水位计上看不到水位，称为少水位或无水位运行。当高压加热器水位降低到一定程度，疏水冷却段水封丧失，蒸汽和疏水一起进入疏水冷却段，疏水得不到有效冷却，经济性降低；更严重的是，由于蒸汽冷却段的出口在疏冷段的上面，水封丧失后，造成蒸汽短路，从蒸汽冷却段出来的高速蒸汽一路冲刷蒸汽冷却段、凝结段，最后在疏水冷却段水封进口形成水中带汽的两相流，冲刷疏水冷却段，引起管子振动而损坏。

高压加热器的疏水端差一般应控制为 5.5~11℃，高于 11℃ 可判断为高压加热器水位偏低；当疏水端差超过 20℃ 时，说明疏水中已夹带蒸汽，此时疏水冷却段管束已开始受到汽水冲蚀。若高压加热器水位明显上升，且给水泵的出力不正常的增大，表明加热器存在泄漏，申请尽快停用加热器，防止泄漏喷出的高压水柱冲坏周围的管子，使泄漏管束数目扩大。

高压加热器的液位控制器传统采用机械浮球式控制器，主要通过调节高压加热器疏水调节阀控制疏水流量来达到平衡液位的目的。这类疏水器的执行机构普遍存在动作频繁、容易卡涩、易腐蚀、易泄漏、工作可靠性差等问题，严重影响高压加热器的正常运行。由西安交通大学根据汽液两相流理论与控制原理相结合研制的汽液两相流自调节液位控制器，近年来在各电力企业的高压加热器中得到广泛应用。它是基于流体力学理论和控制原理，利用汽液两相流的流动特性设计的一种全新概念的液位控制器。该液位控制器无需外力驱动，属自动式智能调节，以消耗少量的汽（约为排水量的 1%~2%）作为执行机构的驱动源。它具有性能优异、可靠性高的突出优点。液位控制器由调节器和传感变送器两部分组成。传感器的作用是发送水位信号和变送调节用汽；调节器的作用是控制出口水量，相当于自动调节系统中的执行机构。其调节原理是：当加热器的水位升高时，传感器内的水位随之上升，导致发送的调节汽量减少，因而流过调节器中两相流的汽量减少、水量增加，加热器的水位随之下降；反之亦然。由此实现了加热器水位的自动控制。应结合汽轮发电机组的检修，采用两相流自调节液位控制器对高压加热器疏水调节器进行改造。

应经常检查高压加热器水位和疏水调节阀是否正常，调整加热器水位在正常范围，更换泄漏的疏水调整阀。运行中要严格控制加热器水位，一般在量程的 1/3 左右，尤其避免加热器无水干烧。

10. 运行条件恶劣引起泄漏

例如某 N600-24.2/566/566 型超临界凝汽式汽轮机，共设有八段非调整抽汽分别供给三台高压加热器、一台除氧器和四台低压加热器。三台高压加热器均为东方锅炉集团有限公司制造的单列卧式表面 U 形管管板式结构加热器。三台高压加热器的技术参数如表 13-34 所示。

表 13-34 三台高压加热器设计技术参数

项 目	1 号高压加热器	2 号高压加热器	3 号高压加热器
壳侧进/出口设计温度（℃）	370/290	320/265	470/215
壳侧设计压力（MPa）	7.2	4.9	2.1
管侧设计温度（℃）	310	285	235
管侧设计压力（MPa）	37	37	37
给水进口温度（℃）	252.6	209.2	183.3
给水出口温度（℃）	279.0	252.6	209.2
加热蒸汽压力（MPa）	6.161	4.157	1.876
加热蒸汽温度（℃）	359.5	308.9	457.2
加热蒸汽流量（t/h）	114.255	157.777	65.645

从表 13-33 运行条件的对比可以看出，3 号高压加热器运行条件恶劣。

（1）3 号高压加热器汽侧压力最低，进汽温度最高，给水温度却又最低。加热器的管侧（水侧）设计压力 37MPa，工作压力达到 29MPa 左右，最大压力达 34MPa，因而 3 号高压加热器管系的内外压差、温差最大，运行条件最为恶劣。尤其 3 号高压加热器的设计进汽温度 457.2℃，实际进汽温度 430～450℃，已超过管系所能承受的温度极限，从制造厂的技术资料看，进口 U 形管的材质 SA556GrC2 仅相当于国产的 20 号钢，而 20 号钢的最高使用温度为 430℃。

（2）由于 3 号高压加热器的汽侧压力低，3 号高压加热器的连续排空气压力与除氧器压力差较小，这样就容易使 3 号高压加热器的连续排空气无法正常流畅实现，导致非凝结气体的积存而产生管系腐蚀。

（3）由于加热器的疏水是逐级自流的，疏水方向为 1～3，这样 3 号高压加热器的疏水量最大，高压加热器水位难以控制，很容易形成水位大幅波动现象。

（4）高压加热器投入时，是由低压到高压的顺序投运的，因此，3 号高压加热器是最先投运的，高压给水对 U 形钢管造成的高压水冲击最大，尤其是 U 形弯管处受到的冲刷最厉害，频繁冲刷使管壁冲薄。在高压加热器停运时，上侧疏水侧温降滞后，从而形成较大的温差，产生热变形。

建议 3 号高压加热器 U 形管更换为 12CrlMoV 管。高温腐蚀是造成 3 号高压加热器泄漏的主要原因，将 3 号高压加热器的 U 形管全部更换为具有耐高温性能的换热管是有效防止 3 号高压加热器泄漏的一个根本办法。12CrlMoV 管最高使用温度可达 530℃。在有条件的情况下，将 3 号高压加热器的 SA556GrC2 钢 U 形管全部更换为 12CrlMoV 管，可以从根本上解决 3 号高压加热器的管系泄漏问题。

11. 检修工艺不当

高压加热器泄漏后，堵管焊接前未进行预热处理，焊接工艺差，使得保护性堵管焊口再泄漏，又对相邻近的正常管子造成损害，以至于恶性循环，造成大量堵管。

堵管时，因换热管材质为不锈钢，堵管后需对堵头与管口接合处进行封焊，以使堵头牢固堵住管口。在高压加热器简体内补焊时，焊接空间狭小，焊接所产生的浓烟无法及时排出，作业环境差，焊接质量难以保证，使焊缝泄漏的机会增大。

因此应提高检修质量，包括热控、动力机械、焊接等方面。在热控检修方面，主要是高压加热器水位计自动保护装置的检修；动力机械检修方面，主要是高压加热器汽水系统阀门和管路检修；焊接主要指堵漏时的焊接以及汽水管路的焊接。以上三方面的检修质量和检修工艺有保证，则会降低高压加热器系统缺陷发生率，提高高压加热器投入率。

另一方面，对高压加热器汽水系统中经多次检修，仍然关不严的阀门进行更换，采用严密性好的优质阀门，以便高压加热器解列检修时，能及时隔离汽水，减少高压加热器解列时容器冷却时间，从而缩短检修工期，提高高压加热器投入率。

高压加热器停运检修时，要对每根管子进行探伤、水压试验等检验，检查高压加热器是否泄漏，并设法消除隐患。对端口泄漏，应先刮去原有焊缝金属再进行补焊，并进行适当的热处理，消除热应力；对管子本身泄漏，应先查清管束泄漏的型式及位置，并选择合适的堵管工艺，堵塞管子的 2 个端口。无论采用何种堵管工艺，为保证质量，被堵管的端头部位一定要经过良好处理，使管板、管孔圆整、清洁、与堵头有良好的接触面。对泄漏严重的、堵管率超过设计值的加热器，应更换成新的加热器或铜管。在组装前要对每根管子都进行探伤、水压试验。

六、定量检测高压加热器紧急疏水阀泄漏量技术

高压加热器疏水有两路设计，一路疏水经过正常疏水阀，采用逐级自流方式，进入下一级高压加热器，最后汇入除氧器；另一路疏水经过紧急疏水阀，排入高压扩容器，最后流入凝汽器。加热器运行时，特别需要关注这两个阀门，即加热器正常疏水阀和紧急疏水阀。正常运行条件下，加热器正常疏水阀处于开启状态、紧急疏水阀处于关闭状态。由于加工、安装及运行等因素，紧急疏水阀都会存在泄漏，但是泄漏量一般较小；紧急疏水管道充满度不足，传统流量孔板等测量手段不具备应用条件，泄漏量难以直接测量，给机组热经济性指标计算及能耗诊断等带来了一定困难。

定量确定高压加热器紧急疏水阀泄漏量，既是机组阀门检修的重要依据，又是汽轮机性能试验结果准确性的重要影响因素之一。目前仍有部分机组没有加装高压加热器疏水进入除氧器管道的流量测量装置，或是测量数据没有引入 DCS 系统，缺乏评估高压加热器紧急疏水阀泄漏量的有效手段，建议加装相应的流量测量装置，并采用试验的方法确定泄漏量。除了标准中推荐采用的除氧器入口凝结水流量喷嘴外，一般在高压加热器组出口给水管道和高压加热器疏水进入除氧器管道上还安装有喷嘴或孔板测量元件。推荐在汽轮机性能试验中，同时采集除氧器入口凝结水流量、高压加热器疏水进入除氧器流量和给水流量，以除氧器入口凝结水流量为基准。通过在热经济性指标计算模型中，假定高压加热器紧急疏水阀泄漏量，然后反复迭代计算出高压加热器疏水进入除氧器流量或给水流量，直至迭代计算值与测量值基本吻合为止。按照这种方法所确定的泄漏量即为高压加热器紧急疏水阀实际泄漏量，在此基础上所计算得到的汽轮机热经济性指标准确度高。

应用实例：以某 N600-16.7/537/537 型亚临界机组能耗诊断试验为例，机组额定负荷下除氧器入口凝结水流量为 1465.2t/h，高压加热器疏水进入除氧器管道流量为 386.08t/h，高压加热器组出口给水流量为 1911.0t/h。以除氧器入口凝结水流量为基准，如果不考虑高压加热器紧急疏水阀泄漏，则机组热耗率指标为 8210.8kJ/kWh。试验中通过红外测温仪测量 1 号高压加热器紧急疏水阀温度约为 155℃，2、3 号高压加热器紧急疏水阀温度约为 30℃左右，检测表明只有 1 号高压加热器紧急疏水阀存在泄漏。按照所推荐的方法，当 1 号高压加热器紧急疏水阀泄漏量取值为 4.9t/h 时，高压加热器疏水进入除氧器管道流量与高压加热器组出口给水流量的迭代计算值与测量值基本吻合，此时机组热耗率指标为 8170.38kJ/kWh，对热经济性指标计算结果影响较大。

第十四节　胶球装置收球率的监督

一、胶球装置收球率的定义

凝汽器胶球装置由收球网、装球室、胶球泵、二次滤网和控制装置等部分组成。它借助水流的作用将略大于或等于凝汽器管内径的胶球挤过冷却管，利用胶球的摩擦作用将附着在管内壁上的沉积物除去。在循环水的出口处，用收球网（粗网筛）将球截住，然后通过胶球泵使胶球进行循环。

胶球装置收球率是指计算期内，凝汽器胶球清洗装置运行期间，每次投入正常胶球量，正常运行 30min 后，收球 15min，实际收回胶球数与投入胶球数比值的百分数，也叫胶球回收率。它与收球网的完整性、严密性、凝汽器结垢、堵杂物程度、胶球清洗系统连续投运时间、胶球清洗系统畅通程度有关，其计算公式为

$$凝汽器胶球装置收球率 = \frac{计算期内收球数量}{计算期内投球数量} \times 100\%$$

二、胶球装置收球率的监督标准

收球率能综合地反映胶球清洗装置的运行状态和清洗效果。收球率高表示系统运行正常，单

位时间内通过的球数多，因而清洗效果好。收球率低或很快地降低，不仅造成补充球量大，而且有可能堵塞冷却管和收球网，当然也意味着清洗效果差。实践与经验表明，收球率低是推广应用胶球清洗装置的最大障碍。

胶球清洗装置收球率以统计报告和现场实际测试数据作为监督依据。实测或检查胶球装置收球记录，考核期内胶球装置收球率合格应≥95%。但根据《凝汽器胶球清洗装置和循环水二次过滤装置》（DL/T 581—2005）规定，收球率超过90%为合格，达到94%为良好，达到97%为优秀。

三、影响凝汽器胶球装置收球率的因素

1. 设备因素

（1）收球网是胶球清洗装置的主要设备，其主要作用是收集胶球进行再次循环。收球网内的活动网板与筒内壁及固定网板的间隙大小以及网板工作位置的倾斜角度对收球率有较大的影响。如果间隙过大、水中的杂质卡住收球网或定位装置松动造成的间隙过大，就会引起跑球。

凝汽器收球网如果设计存在缺陷、设计翻转角度过大或过小导致收球网堵球。

（2）胶球泵是胶球再循环的动力来源，其对胶球的回收影响较小，但其功率选择应适当。如果功率太大，耗电；功率太小，则出口压力小，不足以克服循环水的压力，起不到输送胶球的作用。同时，胶球泵的转速不能过快，并且叶轮的片数不能太多，否则会产生切球现象。

（3）二次滤网的作用是过滤循环水，除去可能堵塞凝汽器管口及管子的杂物。特别是在水中含杂质污物较多而季节变化影响较大，并且循环水压力偏低的开式循环水中，二次滤网的作用尤为重要。

凝汽器收球网的执行机构关闭不严密，活动网板不能关闭到位，壳体与内壁之间形成较大的缝隙，造成卡球或逃球。

（4）凝汽器的进出口水室的结构和循环水压力，如果没有进行运行优化、设计优化，进出口水室就有可能存在流动死区、旋涡区或死角，造成胶球在此打转或积聚，降低清洗装置的效率。

（5）凝汽器管口、管板刷防腐、防冲蚀胶后，管口刷涂胶深度一般是120～150mm，胶层厚度直径方向为0.40～0.50mm，胶球通过每根冷却管时要经过4次收、放管口，加大了胶球通过的阻力；当刷胶的工艺不是太好时，管口与管内壁处易形成固态胶滴，胶球被卡住后根本不能通过。

2. 胶球的因素

凝汽器的胶球清洗装置中的胶球有两种：一种是半硬球，其直径较冷却管内径小1～2mm，其（主要是通过胶球在冷却管内行进时的跳动、碰撞与水流的冲刷作用达到清洗效果）密度为0.9～1.2g/cm^3，因此在紊流态的循环水中处于悬浮状态。当胶球进入冷却管后，便在管内不规则的跳动、碰撞以及循环水沿胶球的周围流过时的湍流扰动达到除垢的作用；但由于半硬球与冷却管内壁总有间隙存在，不可能将内壁完全清除干净。另一种是软胶球，其直径比冷却管的内径稍大0.5～1mm，在循环水的流动压力作用下，胶球在进入冷却管后被挤成椭圆形，依靠胶球与管壁接触环所提供的擦拭作用，将管壁上的污垢擦下来并带出管外。可见，软胶球的清洗作用较半硬球清洗作用强，不过也增加了胶球在冷却管内被卡住的危险。

如果胶球质量差，胶球大小不均匀。经7～8天的浸泡后，部分球湿态比重小于循环水，浮在水面上。当胶球进入凝汽器水室后，这些比重小的球处在水室顶部，不能通过冷却水管进入回水管中，造成胶球回收率低。

3. 循环水因素

（1）凝汽器冷却水水质较差，造成冷却管内表面、收球网网格结垢，堵塞滤网和凝汽器的管

孔。有的电厂因为海水或河水杂物较多、一些杂物不能被滤网有效挡住而进入循环水系统，凝汽器循环水进水管口堵塞。如果胶球投运的话，加重了胶球和杂物在循环水系统的堵塞，影响循环水流量，因此胶球系统长期无法投运。

（2）循环水温过高导致胶球黏结。

（3）凝汽器冷却管内流速（流量）超过设计值±15％，造成局部堵球。

（4）循环水压力低、水量小，胶球穿越冷却水管能量不足，堵在管口。

（5）循环水中含有较多的杂物堵塞凝汽器的冷却管。一般冷却水塔采用 PVC 型塑料填料。这种填料虽然冷却效果好，但承载能力差，在冬季气温偏低的几个月中，淋水填料底面大量挂冰。当冰挂到一定程度时，淋水填料就会大面积破碎脱落，再加上冷却塔施工原因，水泥构件表面剥落频繁，使大量的水泥、石子及塑料填料进入循环水中。尽管水塔前池设置了滤网，但由于滤网网眼尺寸较大，仍有一定数量的杂物随循环水进入凝汽器冷却管内，造成堵塞。

四、提高凝汽器胶球装置收球率的措施

1. 安装使用一、二次滤网，净化循环水

胶球在循环水中只能清除冷却管内壁上的软污垢，它克服不了较大的阻力，更不能除去塑料块、水草、小木块或细小水生物。这些东西进入循环水系统后，会卡住冷却管或堵死管口，胶球不能通过。因而确保循环水一、二次滤网的正确设计、制造、安装良好和可靠连续运行是提高收球率的首要措施。

2. 正确选用（设计）、安装收球网、胶球泵

（1）收球网的安装高度不能太高，以免凝汽器出口水对其直接冲击而抖动形成间隙跑球。但又不能过低，应保证其收球网网底标高高于胶球泵入口管的标高，以便胶球泵有一较大的倒灌高度。

（2）在胶球清洗管路系统设计、安装时应尽量减少弯头，严格执行管道焊接工艺，不允许出现焊口错位、破口不打毛刺便焊接等现象。

（3）装球室应尽量接近胶球泵。收球网内壁要光滑不卡球，且装在冷却水出水管的垂直管段上。

3. 优化凝汽器的水室结构，保持适当的循环水压力和压差

胶球清洗装置的正常运行是以循环水达到一定压力和压力差为前提的。

（1）堵死角。对凝汽器水室内的死角、盲孔或涡流区，加装流线形导流板或孔径不大于7mm 的球面网罩，减少水室内的旋涡和串缝，以免胶球滞留。

（2）适当调整循环水进出口门，使循环水压力达到设计值而且压差大于 20kPa。当电厂拥有的汽轮机组较多（或循环水系统用户较多）、循环水母管压力偏低时，应在投球清洗前增开循环水泵台数。这样就可保证循环水在冷却管中的流速，足以推动胶球，也不会过量冲刷冷却管和磨损冷却管。

如果冷却水母管原设计压力就低，则只能关小非清洗机组冷却水进口阀门，以提高清洗机组的冷却水进口压力。

4. 合理地选、换胶球

合理地选、换胶球，胶球是清洗装置中最重要的元件，在设计时必须对胶球的规格、性能、质量和供货验收标准提出严格的要求。由于胶球在使用一段时间后总是要更换的，因此在胶球清洗装置运行管理过程中也有合理地选、换胶球的问题，切不可任意使用胶球。而必须根据具体的运行条件，分析运行经验，甚至通过必要的试验，方可定下球种。

（1）投球前胶球应进行充分浸泡，并检查系统是否处于相应的投球或收球位置。胶球正常投

球量取凝汽器单侧单流程冷却管根数的 8%～14%，JB/T 9633《凝汽器胶球清洗装置》，DL/T 581《凝汽器胶球清洗装置和循环水二次滤网装置》规定为 7%～13%。例如某电厂 600MW 机组，凝汽器采用哈尔滨汽轮机厂生产的双背压、双壳体双进双出、双流程、表面式凝汽器。凝汽器在主凝结区共安装了 30 812 根 25×0.5mm 的 TP316 不锈钢管，在空冷区等其他处安装 5416 根 25×07mm 的不锈钢管。冷却管总根数为 37 228 根，单侧流程冷却管根数为 9307 根，所以凝汽器正常投球量应为 650～1200 只之间。

（2）要考虑冷却管的脏污情况选球。如果脏污严重，应先采用软一点、小一点的胶球，才能保证胶球畅通无阻；然后再改用稍硬一点、稍大一点的胶球。这样既能保证较高的收球率，又能取得良好的清洗效果。

（3）要考虑循环水进口压力和通过冷却水管的压差选球。如果循环水压力较低，压差较小，则需选用软一点、小一点的胶球。

（4）当凝汽器管束已形成垢层时，应严格控制投球数量并选择钢沙球进行清洗。使用湿态钢沙球直径应比冷却管的内径小 1～2mm，当硬垢基本除净后，应立即停用。

（5）定期检查胶球。及时剔除磨损到最小直径以下或失去弹性的胶球；及时补充新球，使收球室内的胶球数量达到下次投球运行的定额值，并做好记录，确保下次胶球清洗的正常有效运行。

5. 加强胶球清洗装置的管理

（1）制订合适的清洗时间和清洗频次。胶球清洗装置的运行，应按照具体机组针对不同季节条件所制订的规定进行。为了确保清洗效果，清洗时间应根据运行条件下的水质状况和污物种类来确定，其原则是：在间隔时间内，冷却管内不形成坚实的污垢附着物或藻类物质。有的电厂每天清洗一次，每次 1～2h，也有的电厂每周清洗一次，每次 1 天。间隔时间太长，会影响凝汽器真空，还可能发生胶被卡住现象。当生物类污垢较多时，还会使胶球在通过第一流程后，由于稀泥沾污而使密度增大，沉在水室底部，降低收球率。间隔时间太短或长时间连续运行，会造成清洗过渡，甚至损害冷却管保护膜。建议胶球清洗每天一次，一次保证 30～60min。

（2）定期检查。要定期检查胶球清洗系统中有关自动装置的正确运行。根据二次滤网及收球网的压差变化，及时地进行排污和清洗。定期检查胶球，计算和记录收球率。及时地补充和剔除磨损到最小直径以下的胶球。运行中发现胶球循环速度降低时，应检查胶球输送系统的工作情况，发现问题及时处理。运行中还应注意凝汽器端差的变化，定期地测算凝汽器的清洁系数，以检验胶球清洗效果。

6. 加大检修维护力度

（1）注意凝结水水质的变化。胶球清洗装置投入运行前，若已发现冷却管泄漏，则应予以更换或堵塞。胶球清洗装置投入运行后，应注意凝结水水质是否有恶化现象，因为胶球可能把已经堵塞的泄漏处重新擦开；如果凝结水水质恶化，则应采取堵漏措施，或从装球室中加入湿木屑，暂时将泄漏处堵住，然后酌情采取其他措施。

（2）杂物堵塞凝汽器冷却管造成胶球清洗装置清洗无效时，及时对凝结器进行反冲洗，或定期对收球网进行反冲洗（可以每周进行反冲洗 8h 以上），将杂物清洗出系统。检修时清除系统中垢片、锈片和杂物。

（3）循环水水室顶部放空气管道内加装滤网，放水门前装放空气针形阀。在每根循环水水室顶部放空气管道截止门前加装直径为 5～10mm 放空气针形阀。正常运行中保持适度开启，以防止空气在凝汽器顶部积聚。

湖北某电厂 1 台 300MW 机组（3 号）循环水系统水源取自汉江，开式循环，季节性比较明显。3号机组设计有胶球清洗装置，但从来没有投入运行过。经过胶球清洗装置改造并通过试验，确定采用 $\phi 25\text{mm}$ 的半软胶球，循环水压差大于 20kPa 时，收球率较高；而且胶球清洗装置能够正常投入运行。3号机投入胶球清洗装置后，避免了管壁结垢，延长了冷却管的使用寿命。更重要的是凝汽器真空度比投入前增高 1kPa，端差降低 2℃，还可实现不停机、不减负荷清洗凝汽器，保证机组满发和稳发，经济性非常可观。

第十五节 监视段压力和温度的监督

一、监视段压力和温度的定义

调节汽室压力及各段抽汽压力，统称为监视段压力。调节汽室温度及各段抽汽温度，统称为监视段温度。

根据弗留格尔公式

$$\frac{G_1}{G_0} = \sqrt{\frac{p_{11}^2 - p_{21}^2}{p_{10}^2 - p_{20}^2}} \times \sqrt{\frac{T_{10}}{T_{11}}}$$

式中　G_0、G_1——变工况前、后通过级组的流量，kg/h；

　　　p_{10}、p_{11}——变工况前、后级组前的压力，MPa；

　　　p_{20}、p_{21}——变工况前、后级组后的压力，MPa；

　　　T_{10}、T_{11}——变工况前、后级组前的温度，K。

如果温度变化影响可以忽略，则

$$\frac{G_1}{G_0} = \sqrt{\frac{p_{11}^2 - p_{21}^2}{p_{10}^2 - p_{20}^2}} = \frac{p_{11}}{p_{10}} \sqrt{\frac{1 - \left(\frac{p_{21}}{p_{11}}\right)^2}{1 - \left(\frac{p_{20}}{p_{10}}\right)^2}}$$

对于凝汽式汽轮机，若所取级组的级数较多时，则 $\left(\frac{p_{20}}{p_{10}}\right)^2$、$\left(\frac{p_{21}}{p_{11}}\right)^2$ 很小，则上式可以简化为

$$\frac{G_1}{G_0} = \frac{p_{11}}{p_{10}}$$

上式说明，各监视段压力（包括各抽汽口的压力，最后一、二级除外，因为最后两级是湿蒸汽区）与汽轮机主蒸汽流量的关系是许多通过原点的相应直线关系，各监视段压力与蒸汽流量成正比关系。

因此监视段压力的大小就反映了汽轮机负荷的大小，同时反映了各通流部分的清洁程度。例如，汽轮机在运行中与刚检修后的运行工况相比，如果在同一负荷下监视段压力升高或者当监视段压力相同的情况下负荷减少时，说明该监视段下以后各级可能结垢。对于中间再热式汽轮机，当调节级和高压缸抽汽、高排压力同时升高时，可能是中压主汽门、中压调门开度不够或高排止回阀失灵。监视段的压力升高将使汽轮机轴向推力增大。

机组在运行中不仅要看监视段压力变化的绝对值，还要看某一级组前后压差是否增加。如果第一级组压差增加，表明该机组总应力增加，可能使机组中的叶片过负荷。监视段压力在同一负荷下的允许变化范围为 5%。在监视各监视段压力的同时，各监视段温度也应在监视之列，观察温度是否超过设计值。

二、监视段压力的监督标准

一般情况下，每周或每旬记录一次监视段压力，并与大修后记录的标准值比较，当发现超过设计值 2% 以上时，应当每天都进行一次记录和核对（应先校验压力表，确认其无误）。如发现超过标准值的 5%（反动式机组不应超过标准值的 3%）应当采取限制措施。如果分析后认为是由于通流部分结垢引起的，应进行清洗；如果是通流部分损坏引起的，应当及时申请停机修复，暂时不能停机修复时，应把机组负荷限制到与监视段压力相应的允许范围内，以保证机组安全运行。

N300-16.7/537/537 型机组各种工况下各监视段参数见表 13-35。

表 13-35　　　　N300-16.7/537/537 型机组各种工况下各监视段压力和温度

项　目		调节级	1	2	3	4	5	6	7	8
300MW	压力（MPa）	12.27	5.33	3.51	1.53	0.79	0.456	0.254	0.126	0.061
	温度（℃）	497	370	314	428	337	273	209.5	142.4	86.4
270MW	压力（MPa）	11.043	4.762	3.136	1.377	0.711	0.410 4	0.228 6	0.115 2	0.054 9
	温度（℃）	485.5	359.6	304.7	428.3	337.4	273.3	209.8	142.6	86.6
175MW	压力（MPa）	7.362	3.121	2.054	0.918	0.474	0.273 6	0.152 4	0.076 8	0.036 6
	温度（℃）	460.5	337.8	284.9	429.2	338.4	274.5	210.8	143.5	87.5

三、监视段压力和温度升高的原因

监视段压力升高的原因有以下几方面：

（1）发生水冲击（蒸汽带水），水珠冲击叶片使轴向推力增大，同时水珠在汽轮机内流动速度慢，堵塞蒸汽通路，在叶轮前后造成很大压力差。

（2）动叶片结垢。蒸汽品质不良，含有盐分会使动叶结垢，通流面积缩小，引起动叶前后压差增大。

（3）蒸汽参数降低时不减负荷，就必须增加进汽流量，因而使监视段压力升高。

（4）调节级叶片断落使非调节级第一级喷嘴堵塞，而使调节级后压力升高。

（5）调节级喷嘴腐蚀、调节级叶片损坏、调节级喷嘴弧段漏汽，引起通流面积增大，使蒸汽流量增大，因而使监视段压力升高。

（6）如果调节级和高压缸各抽汽段压力同时升高，则可能是中压调速汽门开度受到限制。

（7）当某台加热器停用时，若汽轮机的进汽量不变，则将使相应抽汽段的压力升高。

（8）高、低压缸内效率偏低（真空低）、再热蒸汽温度偏低，引起主蒸汽流量增大，造成调节级压力升高。

监视段温度升高的原因主要原因是：

（1）高中压缸各级之间存在漏汽现象，导致一、二段抽汽压力高于设计值，同时一、二段抽汽温度升高。

（2）汽轮机存在进汽室窜汽的问题，调节级压力高于设计值，同时调节级温度升高。

四、监视段压力的实际监督分析

制造厂已根据热力和强度计算结果，给出高压汽轮机在额定负荷下，蒸汽流量和各监视段的压力值，以及允许的最大蒸汽流量和各监视段压力。由于每台机组各有自己的特点，所以即使是对相同型号的汽轮机，在同一负荷下的各监视段压力也不完全相同。因此，对每台机组来说，均应参照制造厂给定的数据，在安装或大修后，通流部分处于正常情况下进行实测，求得负荷、新蒸汽流量和监视段压力的关系,以此作为平时运行监督的标准。

运行中监视这些压力的变化可以判断新蒸汽流量的变化,负荷的高低以及通流部分是否结垢、损坏及堵塞等。监视段压力发生变化则说明监视段后的通流部分工作异常。与安装或大修后首次启动相比较,如在同一负荷下,调节汽室压力升高则说明调节级后的压力级通流面积减少,多数情况是结了盐垢,有时也由于某些金属元件破碎和机械杂物堵塞了通流部分或叶片损坏变形所致。假设某机组满负荷时,汽轮机调节级的压力正常值为 11.73MPa,而现在机组负荷为 80% 的额定负荷,而调节级压力已经达到 11.73MPa;那么,该机组调节级后的通流部分肯定发生异常,通常是结垢或者被异物堵塞。

例如某超高压汽轮机在运行 21 个月后发现功率不断下降,已持续两个月。分析每天数据,发现功率是以不变的速率下降的,而不是突降的。与 21 个月前的运行数据相比,汽轮机参数变化情况见表 13-36。

表 13-36　　　　　　　某超高压汽轮机故障参数变化情况　　　　　　　%

功　　率	蒸汽流量	调节级后压力	高压缸效率
-16.5	-17.2	+21.2	-12.2

原因分析:调节级后压力增加 21.2%,既然不是由于流量增加引起的,那只能是由于非调节级通流部分堵塞;由于这种堵塞是稳定增加的,不是突降的,因此不可能是叶片损坏,极大可能是通流部分结垢所致。又因为高压缸效率大为降低,所以可能是高压缸结垢。开缸后检查,结果发现高压缸通流部分严重结垢。

【例 13-19】　某亚临界汽轮机,运行 24 个月后,在调节汽门的同一调开度下,功率是逐月增加的,24 个月前后的同一调节汽门开度下的运行数据变化情况见表 13-37。在发现上述问题后,曾进行实验证明,在各个调节汽门的不同开度下,功率都变大了,请分析原因。

表 13-37　　　　　　　某超高压汽轮机故障参数变化情况　　　　　　　%

功　　率	蒸汽流量	调节级后压力	高压缸效率
+12.0	+12.2	+12.0	-2.1

解:原因分析:功率增加,蒸汽流量必然增加。从调节级后各处压力正比于流量增加来看,调节级后各级的工作是正常的,那么功率变大就可能是调节级或调节级前通流部分面积增大所致。由于各个调节汽门的不同开度下功率都变大,估计不应该是调节汽门问题;因为不可能几个调节汽门都同时发生问题。较大可能是调节级通流部分面积增大。由于高压缸效率降低不是很大,因此,绝对不是调节级叶片损坏或者调节级喷嘴弧段漏汽所致,最大可能是调节级喷嘴腐蚀。开缸后检查,结果发现第一、二、三喷嘴组的喷嘴出口边腐蚀严重。

第十六节　凝结水过冷却度的监督

凝汽器是凝汽式汽轮机的重要辅助设备之一,它的作用:一是在凝汽器排汽口建立和保持规定的真空,使蒸汽在汽轮机中膨胀到最低压力,增大蒸汽在汽轮机中的可用焓降,提高汽轮机的循环热效率;二是将汽轮机排汽凝结成洁净的凝结水,并经过初步真空除氧;三是汇集各种疏水,减少汽水损失。

一、凝结水过冷却度的定义与计算

理想情况下,汽轮机的排汽与冷却水在凝汽器内进行热交换时,在冷却水量和冷却面积无穷大下，其蒸汽凝结成凝结水的温度，应与其相应的排汽压力下的排汽饱和温度相等。但在实际情况下，由于凝汽器设备结构设计和运行管理原因，凝结水温度一般低于其排汽温度。

凝汽器入口处蒸汽压力（即排汽压力）对应的饱和温度与凝汽器热井出口凝结水温度之差，称为凝结水过冷却度（或称为凝汽器过冷度，简称过冷度）。其计算式为

$$\Delta T_{sc} = t_s - t_c$$

式中　t_s——凝汽器压力对应下的饱和温度，℃；

　　　　t_c——凝结水温度，℃。

如果按照上述公式计算空冷机组的过冷度，可能出现空冷机组的凝结水过冷度相对于湿冷机组大的问题。要了解空冷机组凝结水过冷度的计算方法必须首先掌握空冷原理与过程。直接空冷系统的冷源是空气，冷却对象是饱和蒸汽。处于真空状态下的汽轮机排汽经大直径排汽管道送至空冷凝汽器中；空气在轴流冷却风机驱动下，从翅片管束外侧流过，与管内饱和蒸汽进行换热，使饱和蒸汽凝结成饱和水并进入凝结水收集联箱。凝结水由收集联箱送入凝结水箱，然后由凝结水泵送至回热系统（低压加热器），并经汽轮机的抽汽加热后，作为锅炉给水循环使用。

对于 600MW 亚临界直接空冷机组，在冬季运行时，如果汽轮机的背压在 9kPa 左右时，蒸汽到达空冷凝汽器总体流动的压降可以达到 2.6kPa，即：在空冷凝汽器的凝结水收集联箱处的压力是 6.4kPa；而排汽压力为 9kPa 和 6.4kPa 时对应的饱和温度分别为 43.79℃ 和 37.09℃；这样，在凝结水收集联箱处的理论凝结水温度应该是在 37.1℃ 左右，则过冷度约为 6.7℃。可见，直接空冷机组的凝结水过冷度相对于湿冷机组是比较大的。

根据《直接空冷系统性能试验规程》（DL/T 244—2012）规定，直接空冷机组凝结水过冷度是指排汽压力对应的饱和温度与凝结水箱的凝结水平均温度的差值。这里的排汽压力是指在汽轮机出口平面且与汽流方向垂直的平面内的平均静压力。

二、凝结水过冷却的危害

凝结水过冷却将造成以下危害：

（1）凝结水过冷却使凝结水中含氧量增加。这是由于液体中溶解的气体与液面上该气体的分压力成正比，当凝结水温度过冷却，凝结水水面上的蒸汽分压力降低，气体分压力增高，导致凝结水的含氧量增加。不但加重了除氧器的负担，而且加快凝汽器等设备管道的腐蚀，严重时造成给水系统泄漏和"四管"爆破。

（2）凝结水过冷却使凝结水温度低，使凝结水本身的热量被冷却水带走过多的热量，致使除氧器加热器加热时消耗过多的抽汽量，降低回热系统的经济性。

因此凝汽器对凝结水应具有良好的回热作用，以使凝结水出口温度 t_c 尽可能的接近于凝汽器的排汽压力 p_c 所对应的饱和温度 t_s，以减少汽轮机回热抽汽，降低热耗。

三、过冷却度的耗差分析

1. 等效热降法

当凝结水过冷度增加时，按照等效热降原理，新蒸汽等效热降减少值为

$$\Delta H = 4.186\,8\Delta t_{sc} a_{nn} \eta_1 \frac{q_1}{q_1 + 4.186\,8\Delta t_{sc}}$$

装置效率相对降低

$$\delta\eta = \frac{\Delta H}{H - \Delta H} \times 100\%$$

新蒸汽等效热值

$$H = \frac{P}{D_{ms}\eta_m}$$

1 段抽汽效率

$$\eta_1 = \frac{H_1}{q_1}$$

式中 H——1kg 新蒸汽等效热降值，kJ/kg；

ΔH——当凝结水过冷度增加时，1kg 新蒸汽等效热降减少值，kJ/kg；

H_1——1 段抽汽等效热降值，kJ/kg；

q_1——1 段抽汽在 1 号加热器内释放出的热量，kJ/kg；

η_1——1 段抽汽效率，%；

P——汽轮机发电机电功率，kW；

D_{ms}——汽轮机主蒸汽流量，kg/s；

η_m——汽轮机机械效率，%，约为 99%；

Δt_{sc}——凝结水过冷度增加相对值，℃；

a_{nn}——凝结水份额，%。

【例 13-20】 对于引进型 300MW 机组，原始设计资料：额定功率 $P_N = 300$MW，主蒸汽流量 $D_{ms} = 907.03$t/h，再热蒸汽流量 $G_{rh} = 745.35$t/h，凝结水流量 $D_n = 544.70$t/h，主蒸汽额定压力 $p_{ms} = 16.7$MPa，主蒸汽额定温度 $t_{ms} = 538$℃，1 段抽汽焓为 $h_1 = 2492.4$kJ/kg，凝结水焓 $h_{c0} = 136.3$kJ/kg，低压缸排汽湿蒸汽焓 $h_n = 2343.3$kJ/kg。发电煤耗率 $b = 295$g/kWh，试计算出现 $\Delta t_{sc} = 1$℃过冷度对热经济性的影响。

解： 凝结水份额

$$a_{nn} = \frac{D_n}{D_{ms}} = \frac{544.7}{907.03} \times 100\% = 60.05\%$$

新蒸汽等效热值

$$H = \frac{P}{D_{ms}\eta_m} = \frac{300\,000 \times 3600}{907\,030 \times 0.99} = 1202.73(\text{kJ/kg})$$

1 段抽汽在 1 号加热器内释放出的热量

$$q_1 = h_1 - h_{c0} = 2492.4 - 136.3 = 2356.1(\text{kJ/kg})$$

1 段抽汽等效热降值

$$H_1 = h_1 - h_n = 2492.4 - 2343.3 = 149.1(\text{kJ/kg})$$

1 段抽汽效率

$$\eta_1 = \frac{H_1}{q_1} = \frac{149.1}{2356.1} = 0.063\,28$$

当出现 1℃过冷度，则

$$\Delta t_{sc} = 1℃, \quad \frac{q_1}{q_1 + 4.186\,8\Delta t_{sc}} \approx 1$$

新蒸汽等效热降减少值为

$$\Delta H = 4.186\,8\Delta t_{sc}a_{nn}\eta_1 = 4.186\,8 \times 1 \times 0.605 \times 0.063\,28 = 0.160(\text{kJ/kg})$$

装置效率相对降低

$$\delta\eta = \frac{0.160}{1202.73 - 0.16} \times 100\% = 0.013\,3\%$$

因此发电煤耗率增加

$$\Delta b = b\delta\eta = 295 \times 0.013\,3\% = 0.039\text{g/kWh}$$

2. 曲线修正法

ASME PTC6-2004《美国汽轮机性能试验规程》中凝结水过冷度修正曲线见图 13-39（纵坐

标为过冷度为 5 ℉时的修正量,%;横坐标为阀门全开时试验主蒸汽流量,%)。

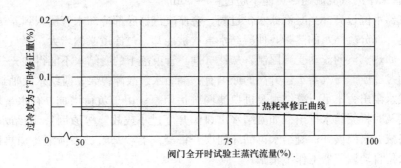

图 13-39　凝结水过冷度对热耗率的修正曲线

根据图 13-39,当 100％负荷时,过冷度变化 5 ℉（华氏温度）时,对应热耗率为 0.035％。

其中 $1 ℉ = \frac{9}{5}t(℃) + 32(℃)$,也就是说,过冷度变化 5 ℉,相当于摄氏温度变化 5/1.8＝2.778（℃）,（温度差）,发电煤耗率变化 0.035％×295g/kWh＝0.103g/kWh;即过冷度变化 1℃,发电煤耗率变化 0.037g/kWh。

四、凝结水过冷度的监督标准

凝结水过冷度产生不可逆的汽源损失,是一项影响经济性的小指标。在现代大型凝汽器中,凝结水过冷度一般不超过 0.5～3℃;对于回热式凝汽器过冷度为 0.5～1℃,对于非回热式凝汽器过冷度为 1～3℃。监督考核时,凝结水过冷度以统计报表或测试的数据作为监督依据。要求统计期平均值不大于 2℃。

五、影响凝结水过冷度的因素及对策

(1) 凝汽器内管束排列引起汽阻增大。如果管束布置密度过大或者排列不佳,或者喉部结构上存在问题,会造成蒸汽空气混合物在通往凝汽器的管束中心和下部时,产生很大的汽阻,导致内部压力沿凝汽器到抽气口流程逐渐降低,使凝汽器内大部分区域的蒸汽实际凝结温度低于凝汽器入口的饱和温度,形成过冷度。凝结水在从上往下通过管束时,因布置不合理而落在下层钛（铜）管上而遇不到气流加热,从而在钛（铜）管外壁形成一层水膜。此水膜外层温度接近或等于该处蒸汽的饱和温度,而膜内层紧贴钛（铜）管外壁,因而接近或等于冷却水温度。当水膜变厚下垂成水滴时,此水滴温度是水膜的平均温度,显然低于饱和温度,从而产生过冷却。

现代大型机组的凝汽器常制成回热式,即管束中有较大的通道使部分蒸汽有可能直接进入凝汽器下部,加热凝结水,从而消除或减少凝结水的过冷却。在设计中改进管束的布置,保证汽流均匀进入各区域,还可保证部分排汽直接通至凝汽器底部,以加热凝结水,同时应减少汽阻。从凝汽器入口至抽气口的路径应力求直接,且有足够的流通面积。蒸汽进入管束的流速不超过40～50m/s,蒸汽沿程阻力尽量小,以减少汽阻,降低凝结水的过冷度。

旧式凝汽器通常均为非回热式的,冷却管束很窄,汽阻很大（可达 1.3～2.0kPa）,可使过冷度达到 5～10℃。对于这些凝汽器,凝结水过冷度与工况因素几乎无关,要消除这种过冷现象,唯一有效的措施是改造凝汽器冷却管束结构。如:

1) 拆除部分冷却水管,让排汽能深入到冷却面的中部,并具有足够的宽度,但不穿通,使蒸汽能沿冷却面作均匀的分配,并使凝结水加热到排汽温度。

2）在冷却管束中合理布置一些集水、排水元件，控制凝结水下淋状态，以消除过冷却。

3）限制管束中的汽流流速尽可能不超过 40~50m/s 等。

（2）凝汽器水位过高。当凝汽器水位过高，会使凝汽器底部冷却水管浸入到凝结水中，这样冷却水又带走一部分凝结水的热量，使凝结水再次被冷却，过冷度必然增大。凝汽同时，由于热井水位过高，回热蒸汽的流动受到限制，从钛（铜）管束落下的凝结水不能得到充分回热，也增加了凝结水的过冷度。凝汽器水位升高的原因有：凝结水泵故障停泵；凝结水泵轴封或进水部分漏空气，造成水泵出力不足；凝结水泵进口滤网脏污阻塞；由于负荷增加、补水量增加等原因，凝结水泵不能及时将凝结水排出（如凝结水出口阀开度过小或故障等原因）；凝结水补水调门故障；低压旁路减温水门误开；凝结水再循环门误开；凝汽器冷却管破裂泄漏；加热器水侧泄漏；水位计或者水位自动调节器工作不正常。

为了消除运行中凝结水水位过高而造成的凝结水过冷却现象，一方面要求凝汽器热井的就地水位与 DCS 监测的水位保持一致，装设凝结水水位自动调节器和报警装置，使凝结水水位保持在正常范围内；另一方面，过冷度增大时及时调低凝汽器热井水位；还可以利用凝结水泵本身的汽蚀特性，采用凝汽器低水位运行的方式，避免淹没凝汽器冷却水管。

如果通过调整水位无法改变过冷度增大的趋势，则有可能是汽侧回热通道受阻，凝结水得不到足够加热，而产生过冷，宜在检修时解体检查并及时解决。

（3）抽气器运行不良。由于抽气器的作用是不断将不能凝结成水的气体抽出，以维持凝汽器的真空，抽气器工作不正常或效率低时，不能把凝汽器内积存的空气抽走，使凝汽器中不凝结气体增加，导致冷却水管的表面形成传热不良的空气膜，这个空气膜降低了传热效果，增加传热端差；同时由于抽气器运行不良，使凝汽器内的蒸汽混合物中的空气分压力增大，蒸汽分压力降低，而凝结水是在对应蒸汽分压的饱和温度下冷凝，所以此时凝结水温度必然低于凝汽器压力下的饱和温度，因而产生了凝结水的过冷却。因此必须保证抽气器或真空泵处于正常工作状态，如定期清扫抽气器喷嘴。

（4）真空系统严密性差。机组在运行的过程中，处于真空条件下汽轮机的排汽缸、凝汽器以及低压给水加热系统等部分，若有不严密处，则会造成空气的漏入量增大。空气的漏入凝汽器，不仅降低了传热效果，增加传热端差，而且还导致蒸汽分压力下降，致使凝结水产生过冷却，凝结水含氧量增加。

经分析，空气漏入凝汽器会造成凝结水的过冷却，但不是使凝结水产生过冷度的主要因素。

在运行中，当发现凝汽器传热端差增大，同时过冷度又增加，则表明凝汽器中空气量增加，应立即检查真空系统的严密性和真空泵的工作情况，查明原因及时消除。通知检修堵补空气漏入点，将轴封压力控制在规定值内，严防空气从轴封漏入，减少和消除凝结水过冷却。运行中要加强对凝结水泵的监视，防止空气自凝结水泵轴封漏入。

（5）冷却水漏入凝结水内。机组运行中，由于管板胀口不严、汽轮机末级叶片断裂打断钛（铜）管、凝汽器钛（铜）管腐蚀损坏，或冷却水管的管环盘根不严等原因，造成硬度较高的冷却水进入凝汽器汽侧，凝汽器水位升高，真空下降，同时低温冷却水漏入到凝结水内，使凝结水温度降低，过冷度增加；同时凝结水硬度、含氧量、电导率均出现增大现象，凝结水质恶化。

为了防止热力设备结垢、腐蚀甚至爆管，运行中应加强对凝结水水质的监视。为了防止热力设备结垢和腐蚀，化学监督应加强对凝结水硬度、溶解氧、pH 值、钠离子等指标的化学分析测定。运行中凝汽器冷却水管腐蚀泄漏，会引起凝结水硬度超标，过冷度增大。若水质超标不严重，硬度不很高，此时如进行查漏，不易找到。依据运行经验，应急处理办法是在循环水中加锯木屑，木屑进入凝汽器水室，在泄漏处受到真空的吸引将微漏孔堵塞，通常情况下可保证硬度在合格范围内。若水质超标严重，同时凝汽器水位异常升高，说明铜管泄漏严重，循环冷却水大量漏入凝结水中，则应申请停机处理。

（6）冷却水进口温度和流量的影响。在一定的蒸汽负荷下，当冷却水进口温度降低或流量增大时，被冷却水带走的热量增加。由于大部分蒸汽在大量凝结区的上部就凝结完毕，使空气冷却区的范围扩大了，导致进入热井的凝结水的冷却度增大。

在冷却水温度较低或部分负荷运行时，如未能相应减小冷却水流量，使冷却水流量相对增加。而对于凝汽器，在不同运行工况下均存在一个极限真空。达到此极限真空后，再增加冷却水流量不但增大循环水泵耗功，引起凝结水过冷，而且也不经济。

试验结果表明：在一定的蒸汽负荷下，冷却水初始温度越低或流量增加时，凝汽器压力降低（真空增加），蒸汽的凝结温度较低，则进入热井的凝结水过冷度就大。在凝汽器真空不同时，凝结水过冷度与冷却水进口温度的试验特性曲线见图 13-40。

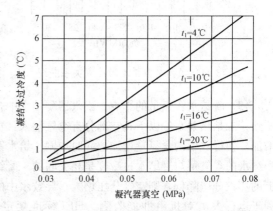

图 13-40 在冷却水入口温度不同时，凝结水过冷度与凝汽器真空的实验特性关系

运行人员应通过循环水泵经济运行试验，根据机组不同负荷、循环冷却水进口温度、凝汽器管板脏污情况来确定最有利的冷却水量，使机组达到最有利的经济真空，既节约厂用电，又减少或消除凝结水过冷却度。在冬季冷却水温度较低时，为了消除或尽量减少凝结水过冷度并节约厂用电，应减小冷却水量。

对于具有机械通风冷却塔的机组，可通过调整运行中的多级变速风机的速度和数量来控制冷却水温度，调节冷却水流速以获得零过冷度。当循环冷却水泵采用母管制连接时，可通过改变运行的水泵台数来调节冷却水流量。如果循环冷却水泵采用单元制配置时，可通过改变运行的水泵电动机极对数或改变运行的水泵台数来调节冷却水流量。

对于使用海水脱硫的机组，应当增设凝汽器冷却水旁路。当水温较低时部分冷却水走旁路，既保证了海水脱硫的水量，也降低了凝汽器冷却水流量，从而降低了凝结水过冷度。

（7）负荷变化。机组（或凝汽器）蒸汽负荷的大小对凝结水过冷度也有一定的影响。根据前苏联 ВТИ 的试验结果，对于不同类型的凝汽器，蒸汽负荷对过冷度的影响是不一样。对于汽流向心式凝汽器，随着蒸汽负荷的提高，过冷度增大；而对于汽流向侧式凝汽器，蒸汽负荷升高时，过冷度减小。对于旧式非回热式凝汽器，蒸汽负荷减小时，不可避免地会引起过冷度增加。某发电厂的 300MW 机组采用汽流向心式凝汽器，其负荷与凝结水过冷度关系曲线见图 13-41。由图 13-42 可知，随着机组负荷的提高，过冷度有逐渐增大的趋势。

（8）凝汽器补水的影响。机组在运行过程中，由于锅炉排污等原因，导致工质在循环过程中产生了汽水损失，为了满足汽轮机进汽量的需要，必须及时在水侧对系统进行补水。机组补充水补入的位置有除氧器和凝汽器两种方式。如果采用补入凝汽器方案，冬季补充水温一般低于设计工况时凝结水温度十几摄氏度。这样将温度较低的补充水直接补入凝汽器的热水井，并且在补充水流量较大时，势必会造成凝结水温度降低，致使过冷度增加。

为了减少凝汽器补水的影响，最好利用锅炉连续排污对机组补充水进行加热，以减少补入凝汽器的补充水对凝结水的过冷却。一般凝汽器的补充水箱与除氧器、连续排污扩容器布置在同一平台上，因此可在补充水箱内加装一组管式换热器，由连续排污扩容器引出一管，将排污水送入换热器中作为热源，以加热补充水，然后排入地沟或回收，见图 13-42。

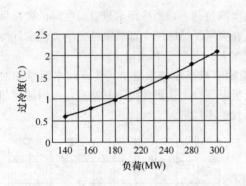

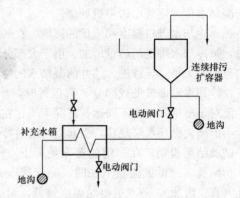

图 13-41　负荷与凝结水过冷度关系曲线　　　　图 13-42　锅炉连续排污加热补充水系统

（9）凝结水含氧量的影响。凝汽器凝结水中含氧量增加有两个原因：一是凝结水过冷度增加所致；二是热井水位以下真空部分有空气漏入，特别是凝结水泵的入口轴封处。凝结水过冷度的增加，使得水中的含氧量增加，同时加剧了给水系统的腐蚀，对机组的安全运行有一定的影响，凝结水的含氧量与凝结水过冷度是相关联的。凝结水过冷度大，则凝结水温度过低，凝结水水面上的蒸汽分压降低，则空气分压增大，导致水中的溶氧增大，低压加热器管路腐蚀加剧，这样不利于运行人员对机组性能监测。HEI 标准规定，凝结水含氧量不超过 $14\mu g/L$，最好不超过 $7\mu g/L$。

凝汽器化学补水如果直接采用管形补水管送入凝汽器喉部，以柱状喷出，则因缺少雾化装置不利于除氧，造成凝结水溶氧偏高。如果将凝汽器内部的补水管路进行改造，加装雾化喷嘴装置，补水经喷嘴雾化后喷出，能够使温度较高的排汽和低温补水实现热交换，一方面使补水中的空气离析溢出而被真空泵抽走，有利于降低凝结水中的含氧量；另一方面最大限度的凝结排汽，降低了凝结水过冷度。

（10）对于排入凝汽器的各种疏水、补充水、再循环水及其他附加流体，接至凝汽器的位置一定要高于凝结水位，最好接至凝汽器上部蒸汽空间，并安装折流挡板，防止冲刷冷却水管，以除掉这些水源中的空气，减少对凝结水溶解氧和过冷度的影响。

（11）有些电厂冷却度为负值，而且小于−1℃，原因只有三种：

1）计算公式错误，正确计算公式为：凝结水冷却度＝凝汽器压力对应下的饱和温度－凝结水温度，而不应将被减数颠倒过来计算。

2）各种疏水漏入凝汽器，可能有高温热源漏入凝汽器，引起凝结水过热，此时必须利用停机机会进行处理。

3）可能凝结水温度测点没有靠近热井，而是测点偏上，测量值受到某些高温度疏水的影响。

第十七节　冷却塔性能的监督

一、衡量冷却塔性能的主要指标

冷却塔性能主要取决于水冷却塔面积，水冷却塔面积越大，冷却能力越大，冷却效果越好。不同容量等级的机组，选取的水冷却塔面积不同，见表 13-38。

表 13-38 水冷却塔推荐面积

机组容量	水冷却塔面积（m²）	机组容量	水冷却塔面积（m²）
300MW 机组	4500～5500	600MW 超临界机组	8500～10 400
350MW 超临界机组	5000～6000	1000MW 超超临界机组	12 000～15 000
600MW 亚临界机组	9000～113 000		

注 南方地区一般取上限，北方地区一般取下限。

某电厂 2×350 超临界供热机组，由国内某大电力设计院设计，设计水冷却塔面积为 4000m²。机组投运后，在夏季凝汽器进水温度高，导致凝汽器压力高，机组运行能耗指标高。由同一家设计院设计的 330MW 亚临界供热机组，采用城市中水，设计水冷却塔面积为 4250m²，同样影响了凝汽器压力。

衡量冷却塔性能的主要指标有 5 个：冷却水进口温度、循环水温升、冷却幅高、冷却幅宽和冷却塔冷却能力。

二、冷却水进口温度

1. 冷却水进口温度的定义

冷却水进口温度俗称循环水入口温度。指进入汽轮机凝汽器前两路进水管道上的冷却水平均温度，近似于等于冷却塔出口水温度。冷却水进口温度视各厂水源、循环水运行方式而定。

冷却塔的冷却能力越好，循环水经过冷却塔冷却后提供给凝汽器的冷却水温度就越低。而冷却水温度越低，又会使得凝汽器真空越好，最终是降低了发电厂的煤耗率水平，提高机组运行的经济性。

2. 冷却水进口温度的耗差分析

冷却水进口温度对凝汽器真空的影响很大，在其他条件相同的情况下，凝汽器进口冷却水温度越高，则凝汽器出口冷却水温度越高，因而排汽温度也越高，凝汽器压力越高，所以凝汽器内的真空值就越低。

(1) 试验方法。试验证明，300MW 机组的冷却水进口水温每增加 1℃，凝汽器真空下降 0.4kPa，影响发电煤耗率 1g/kWh，见图 13-43。冷却水温度对凝汽器压力的影响见表 13-39。

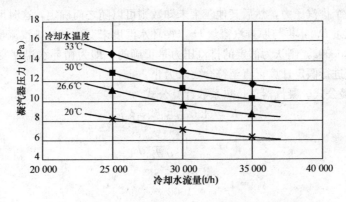

图 13-43 某 300MW 机组冷却水温度对真空的影响

表 13-39 冷却水温度对凝汽器压力的影响   kPa

冷却面积（m²） ＼ 冷却水温度（℃）	33	27	20	10
16 000	12.47	9.44	6.81	4.37
17 000	12.26	9.25	6.66	4.23

续表

冷却水温度（℃） 冷却面积（m²）	33	27	20	10
18 000	12.07	9.10	6.52	4.11
19 000	11.92	8.96	6.41	4.01

注 清洁度 0.85，热负荷 489MW，冷却水流量 28 800m³。

（2）公式计算方法。用公式计算方法进行耗差分析，首先要了解以下两个公式：

1）凝汽器基本传热计算公式。根据传热学理论，假定不考虑凝汽器与外界大气之间的换热，则排汽凝结时放出的热量等于冷却水带走的热量，其热平衡方程式为

$$D_c(h_s - h_c) = AK\Delta t_m = D_w \Delta t c_p$$

式中　D_c——进入凝汽器的蒸汽量，kg/s；

　　Δt_m——由蒸汽至冷却水的平均传热温差，℃；

　　D_w——循环水流量，kg/s；

　　Δt——循环水温升，℃；

　　c_p——冷却水比热容（即定压比热），kJ/（kg·℃），可根据冷却水平均温度 $\dfrac{2t_1 + 10}{2}$ 查得，在低温范围内一般淡水计算取 $c_w = 4.186\ 8$ kJ/（kg·℃）；

　　A——凝汽器冷却面积，m²；

　　K——总传热系数，kW/（m²·℃）；

　　h_s——汽轮机的排汽焓，kJ/kg；

　　h_c——凝结水焓，kJ/kg。

在上述计算公式中，有排汽潜热（$h_s - h_c$）、总传热系数（K）、平均传热温差（Δt_m）3 个未知数，这个方程是无法求解的。不过这 3 个未知数均与排汽压力有关，因此，只要求出凝汽器排汽比焓值（汽化潜热），就可以从水蒸气性质表中查取排汽压力。确定了排汽压力，其他的就迎刃而解。

可以先假定一个排汽压力，然后其他三个未知数则可以随之而确定，这时可利用传热公式计算出汽轮机排汽流量 D_{c1}，再与原排汽流量 D_c（循环水温度未变化前的排汽流量）进行比较。若 $|D_{c1} - D_c| / D_c \leqslant 0.002$，则认为假定的排汽压力是正确的，即为循环水温度变化后的实际排汽压力。否则应重新进行假定计算，直至符合要求为止。

2）苏联别尔曼公式。凝汽器总传热系数计算公式为

$$K = 4.07\xi_c\xi_m\phi_w\phi_t\phi_z\phi_\delta$$

$$\phi_w = \left(\frac{1.1V_w}{\sqrt[4]{d_2}}\right)^x$$

$$\phi_t = 1 - \frac{0.42\sqrt{\xi_c\xi_m}}{1000}(35 - t_1)^2$$

$$\phi_z = 1 + \frac{Z-2}{10}\left(1 - \frac{t_1}{45}\right)$$

以上式中　ξ_c——冷却管的清洁系数，对于直流供水方式且水中矿物质含量较小时，$\xi_c = 0.80 \sim 0.85$，在循环供水时，$\xi_c = 0.75 \sim 0.80$，当水质不清洁时取 $\xi_c = 0.65 \sim 0.75$；

　　ξ_m——冷却管材料和壁厚的修正系数，对于壁厚为 1mm 的黄铜管为 1.0，铝黄铜管为 0.96，B5 铜镍合金管为 0.95，B30 铜镍合金管为 0.92，不锈钢管为 0.85，对

于壁厚为 0.5mm* 的钛管为 0.95；

ϕ_w——冷却管内流速的修正系数，式中 x 为计算指数，$x=0.12\xi_c\xi_m(1+0.15t_1)$，当冷却水温 $t_1>26.7℃$ 时，取 $x=0.6\xi_c\xi_m$；

V_w——冷却管内流速，m/s，应根据管材、水质、供水方式等因素进行经济技术比较后确定，一般为 1.5～2.5m/s；

d_2——冷却管内径，mm；

ϕ_t——冷却水进口温度修正系数，当 $t_1>35$ 时，$\phi_t=1+0.002(t_1-35)$；

t_1——冷却水进口温度，℃；

ϕ_z——冷却水流程数的修正系数，当冷却水流程数 $Z=2$ 时，$\phi_z=1$；

ϕ_δ——考虑凝汽器蒸汽负荷变化的修正系数。

为了说明排汽压力的求解过程，这里以 660MW 超超临界机组 N-36000 型凝汽器参数为例计算。

【例 13-21】 某 N-36000 型钛管凝汽器设计参数如下，求①设计循环水温升和端差；②循环水进口温度在 25℃时，对机组经济性的影响。

循环水进口温度 $t_1=18℃$，排汽压力 $p_k=4.6\text{kPa}$，排汽温度 $t_s=31.4℃$，汽轮机的排汽焓 $h_s=2316.9\text{kJ/kg}$，凝结水过冷度 $\Delta T_{sc}\leq0.5℃$，凝结水焓 $h_c=131.6\text{kJ/kg}$，排汽流量 $D_c=282.989\text{kg/s}$，凝汽器冷却面积 $A=36\ 000\text{m}^2$，循环水流量 $G_w=20\ 629.5\text{kg/s}$，清洁系数 $\beta=0.85$。

解：（1）设计值计算：设计循环水温升

$$\Delta t=\frac{D_c(h_s-h_c)}{G_wc_p}=\frac{282.989\times(2316.9-151.23)}{20\ 629.5\times4.186\ 8}=7.10(℃)$$

循环水出口温度

$$t_2=18+7.10=25.1（℃）$$

设计端差

$$\delta t=t_s-t_2=31.4-25.1=6.3（℃）$$

（2）经济性计算：

1）额定工况。中间再热机组的低压缸排汽一般不完全是饱和蒸汽，其湿度一般为 5%～8%。为简化计算，可以忽略该因素，用排汽潜热 r 代替 (h_s-h_c)，查饱和水蒸气表，当 $t_s=31.4℃$，汽轮机的排汽潜热 $r=2427.37\text{kJ/kg}$。

则循环水温升

$$\Delta t=\frac{D_cr}{G_wc_p}=\frac{282.989\times2427.37}{20\ 629.5\times4.186\ 8}=7.953(℃)$$

循环水出口温度

$$t_2=18+7.953=25.953(℃)$$

传热端差

$$\delta t=t_s-t_2=31.4-25.953=5.447(℃)$$

根据平均传热温差计算公式

$$\Delta t_m=\frac{\Delta t}{\ln\dfrac{\Delta t+\delta t}{\delta t}}=\frac{7.953}{\ln\dfrac{7.953+5.447}{5.447}}=8.83(℃)$$

总传热系数

$$K = \frac{D_c r}{A \Delta t_m} = \frac{282.989 \times 2427.37}{36\,000 \times 8.83} = 2.161 \left[\text{kW}/(\text{m}^2 \cdot \text{℃}) \right]$$

冷却水进口温度修正系数

$$\phi_t = 1 - \frac{0.42 \sqrt{\xi_c \xi_m}}{1000} (35 - t_1)^2 = 1 - \frac{0.42 \sqrt{0.85 \times 0.95}}{1000} \times (35 - 18)^2 = 0.891$$

2) 冷却水进口温度 25℃工况。假定只有冷却水进口温度从 18℃升高到 25℃，其他条件不变，如果用下角 1 代表冷却水进口温度 25℃工况时的值，则存在如下关系

$$K_1 = \phi_{t1} \frac{K}{\phi_t}$$

冷却水进口温度修正系数

$$\phi_{t1} = 1 - \frac{0.42 \sqrt{0.85 \times 0.95}}{1000} \times (35 - 25)^2 = 0.962$$

于是

$$K_1 = \phi_{t1} \frac{K}{\varphi_t} = 0.962 \times \frac{2.161}{0.891} = 2.333 \left[\text{kW}/(\text{m}^2 \cdot \text{℃}) \right]$$

假定冷却水进口温度从 18℃升高到 25℃后，其排汽压力升高到 6.51kPa，由饱和水蒸气表查得：排汽温度 $t_{s1} = 37.68℃$，汽轮机的排汽潜热 $r_1 = 2412.44 \text{kJ/kg}$

循环水温升

$$\Delta t_1 = \frac{D_c r_1}{G_w c_p} = \frac{282.989 \times 2412.44}{20\,629.5 \times 4.186\,8} = 7.904(℃)$$

循环水出口温度

$$t_{21} = 25 + 7.904 = 32.904(℃)$$

传热端差

$$\delta t_1 = t_s - t_2 = 37.68 - 32.904 = 4.776(℃)$$

根据平均传热温差计算公式

$$\Delta t_{m1} = \frac{7.904}{\ln \dfrac{7.904 + 4.776}{4.776}} = 8.09(℃)$$

进入凝汽器的蒸汽量

$$D_c = A K_1 \Delta t_{m1} / r_1 = \frac{36\,000 \times 2.333 \times 8.09}{2412.44} = 281.65(\text{kg/s})$$

与排汽流量 282.989kg/s 相比误差很小，可以认为假定排汽压力升高为 6.51kPa 是正确的。

冷却水进口温度从 18℃升高到 25℃时，排汽压力变化为

$$6.51 - 4.6 = 1.91(\text{kPa})$$

根据设计曲线资料排汽压力升高 1kPa，发电煤耗率增加 1.82g/kWh；则冷却水进口温度每升高 1℃，发电煤耗率增加

$$1.82 \times \frac{1.91}{25 - 18} = 0.50(\text{g/kWh})$$

根据上述步骤，可以计算出冷却水进口温度分别是 5、10、18、25、35℃时，相应的排汽压力，然后绘制出冷却水进口温度变化与排汽压力的关系曲线。根据曲线可以方便地求得冷却水进口温度从 18℃升高到 25℃时，排汽压力的变化率；从 18℃下降到 10℃时，排汽压力的变化率。

3. 冷却水进口温度的监督标准

根据冷却数方程式表示的热力特性和阻力特性，可以综合计算得到设计或其他条件下的冷却

塔出口水温度 t_1。

根据设计条件及实测的热力、阻力特性，计算出冷却塔出口水温度 $t_{1实际}$，与设计的出塔水温 $t_{1设计}$ 进行比较，如前者的 $t_{1实际}$ 值等于或低于后者的 $t_{1设计}$ 值，则该冷却塔的冷却效果达到或优于设计值。

4. 降低冷却水进口温度的措施

影响冷却水进口温度的主要因素是：冷却塔及附属设备健康水平、空气温度、空气流动速度、机组带负荷程度、水源地等。

冷却水全年平均温度的升高，直接导致机组全年平均真空的降低。对于直流冷却系统（俗称开式循环方式），取水口水温度受水源地环境温度的影响；对于循环冷却系统（俗称闭式循环方式），冷却塔性能变差和环境温度的升高是主要原因。

降低冷却水进口温度一般采取的措施有：

(1) 对于直流冷却系统，通过论证确实是取水口温度升高而又不能通过其他途径解决的，可以考虑改变直流冷却水取水口位置，避开热水回流造成取水口水温度的升高。

(2) 对于循环冷却系统，如果确认冷却塔性能变差，可以进行冷却塔冷却能力诊断试验，找出冷却塔性能变差的主要原因，并进行治理或改造。

(3) 夏季时，循环水温度较高，冷却效果变差，真空变差。为了降低凝汽器冷却水进口温度，应加强对冷却塔维护，清理水池和水塔的淤泥和杂物，疏通喷嘴，更换损坏的喷嘴和溅水碟，修复或更换损坏的淋水填料。

(4) 对于闭式循环系统，循环水流量的变化直接影响循环水进口温度的变化。当循环水流量降低，凝汽器循环水进口温度则升高，导致机组排汽压力升高发电功率减小；当循环水流量增加，进口水温度则降低，机组排汽压力下降发电功率增加，同时一般会使凝结水过冷度增加。因此根据试验确定循环水泵的最佳运行方式。

三、循环水温升

1. 循环水温升的定义

循环水温升是指循环水出口温度与循环水进口温度之差，即循环水流经凝汽器后温度的升高值，表明循环水在凝汽器内的受热程度。计算公式为

$$\Delta t = t_2 - t_1$$

式中 Δt——循环水温升，℃；

$\quad\quad t_2$——凝汽器出口循环水温度，℃；

$\quad\quad t_1$——凝汽器进口循环水温度，℃。

凝汽器出口循环水温即冷却塔进塔水温在循环水量不变的情况下，是与机组的负荷成正比的。

根据凝汽器热平衡方程式

$$Q = D_{zq}(h_s - h_c) = K\Delta t_m A = D_w(t_2 - t_1)c_w$$

得到 $\Delta t = t_2 - t_1 = \dfrac{D_{zq}(h_s - h_c)}{D_w c_w} = \dfrac{520 D_{zq}}{D_w}$，所以当 D_{zq} 降低或 D_w 增加时，Δt 减小，t_s 减小，即凝汽器压力 p_k 降低了，真空提高，反之亦然。

令

$$m = \frac{D_w}{D_{zq}}$$

则

$$\Delta t = \frac{520 D_{zq}}{D_w} = \frac{520}{m}$$

式中 m——凝结 1kg 排汽所需要的冷却水量，称为冷却倍率。

当冷却水量 D_w 在运行中保持不变时，则循环水温升 Δt 与凝汽器蒸汽负荷 D_{zq} 成正比关系。m 越大，Δt 越小，凝汽器就可以达到较低的压力；但是 m 值增大，消耗的冷却水量和冷却水泵的电耗也将增大。现代凝汽器的 m 值通常在 50～100 范围内，一般在冷却水源充足、单流程、直流供水时，选取较大值；水源不充足、多流程、循环供水时，选取较小值。在运行中，降低循环水温升 Δt，或降低排汽压力，主要依靠增加冷却水量 D_w 来实现的。

2. 循环水温升的耗差分析

循环水温升的耗差分析实际上很简单，只要知道了循环水进口温度变化 1℃，影响发电煤耗率 0.5～1g/kWh（大机组取下限）。假设循环水出口温度不变，那么假设循环水温升变化 1℃ 是由循环水进口温度变化 1℃ 引起的，则循环水温升变化影响热耗幅度与循环水进口温度变化完全相同，因此循环水温升变化 1℃，发电煤耗率升高 0.5～1g/kWh。

3. 循环水温升的监督标准

循环水温升没有统一的监督标准，设计值一般为 8.5～10℃，运行值一般为 9～13℃。实际中，应根据正常年份的四个季节中，各台机组实际的循环水温升，绘制出一条曲线。以后以此为监督依据，只要偏离太大，就说明冷端系统存在问题。不同季节典型的开式、闭式循环水系统运行数据见表 13-40。

表 13-40　　　典型的开式、闭式循环水系统运行数据（满负荷设计冷却倍率 60）

冷却方式	水温（℃）	温升（℃）	凝汽器端差（℃）	背压（kPa）	循环水调度方式	备注
开式循环水系统（长江水源）	17	11	3	4.5	循环水温升是 2 机 3 泵或 1 机 2 泵低速	安徽省秋季
闭式循环水系统	21	11	3	5.6		
开式循环水系统（长江水源）	31	9	3	8.7	循环水泵全开	安徽省夏季
闭式循环水系统	36	9	3	11.8		

4. 降低循环水温升的主要措施

循环水温升与循环水泵出力、循环水系统阻力、凝汽器铜管结垢、堵杂物造成循环水量变化有直接关系。在同一负荷下，循环水温升的大小，说明循环水量的大小。降低循环水温升的主要措施：

（1）及时清理循环水泵进口滤网杂物。

（2）正常投运胶球系统，维持凝汽器冷却水管的清洁度。

（3）加强凝汽器循环水二次滤网的监视、分析和调整，夏季工况下根据滤网差压情况，必要时将滤网改为自动连续反洗。

（4）合理对循环水系统加入次氯酸钠或其他杀生剂，控制循环水系统微生物含量，减轻凝汽器污染。

（5）及时对循环水系统加药处理，保证循环水水质。

（6）根据凝汽器温升情况，必要时凝汽器半边解列进行清污或采用干蒸方法清洗凝汽器管内浮泥。

（7）更换凝汽器被堵冷却水管或进行凝汽器改造。

（8）必要时对循环水二次滤网及胶球清洗装置改造。

(9) 循环水压力低于设计值，使凝汽器内冷却水流速低于设计值，导致循环水温升超过设计值。如果开式冷却水回水直接回到吸水井，而导致循环水压力降低较多，建议进行改造。将开式冷却水回水接至循环水回水管，可以使循环水压力有所提高。提高凝汽器循环水压力的主要措施是增开循环水泵，但要分析增开循环水泵后凝汽器真空的增加值是否合适。

(10) 由于汽轮机效率低于设计值，部分阀门内漏等原因，使凝汽器热负荷超过设计值，导致循环水温升超过设计值。因此，定期检查、彻底处理内漏阀门减小凝汽器热负荷，可以使凝汽器端差、循环水温升有所降低。

【例 13-22】 某台凝汽器冷却水进口温度为 $t_{w1}=16℃$，出口温度 $t_{w2}=22℃$，冷却水流量 $q_m=8.2×104t/h$，水的比热容为 4.187kJ/（kg·K），问该凝汽器 8h 内被冷却水带走了多少热量？

解： 1h 被冷却水带走的热量

$$q = q_m c_p (t_{w2} - t_{w1}) = 8.2×10^4 ×10^3 ×4.187×(22-16) = 2.06×10^9 (kJ/h)$$

8h 被冷却水带走的热量

$$Q = 2.06×10^9 ×8 = 1.648×10^{10} (kJ)$$

四、冷却幅宽

1. 冷却幅宽的定义

冷却幅宽是指循环水进入冷却水塔的热水温度与被冷却后的出塔水温的差值，也叫冷却水温差。其计算公式为

$$\Delta t_{fk} = t_2 - t_1$$

式中　Δt_{fk}——湿式冷却塔的冷却幅宽，℃；

　　　t_1——冷却水塔出口温度，℃；

　　　t_2——冷却水塔进口温度，℃。

冷却塔的任务就是将热水冷却，因此，冷却水温差越大，就意味着冷却塔的冷却效果就越好。

冷却水温差越大，在同样的汽轮机热负荷下所需的冷却水流量就越小，对减小循环水的管道、泵等输送部件的投资非常有利。但是，如果冷却塔的进水温度较高，即使冷却水温差较大，冷却塔的出水温度值未必降低到符合凝汽器的要求。所以，单凭冷却水温差不能完全说明问题。

2. 冷却幅宽的耗差分析

冷却塔温降变化 1℃，影响循环水温升 1℃，发电煤耗率变化 0.5～1g/kWh。

3. 影响冷却幅宽的主要因素

影响冷却幅宽的主要因素是循环冷却水进口温度，导致循环冷却水进口温度高的主要原因是：

(1) 环境温度高。夏季当循环水量增大时，冷却塔的冷却温差减小。这有两方面的原因：一是循环水量增大，在凝汽器的吸热温差减小，而这一温差在现场实际上就认定为冷却塔的冷却温差。所以循环水量增大时，冷却塔的冷却温差减小首要原因是凝汽器的吸热温差减小；二是当进入冷却塔的循环水量增大时，根据冷却塔的冷却性能，其冷却水温差是减小的。

(2) 冷却水流量太多。在进塔水温一定情况下，冷却水温差随循环水流量的减少而增加。冷却水流量太多，冷却水温差会太小，说明冷却塔的冷却能力差。

(3) 进塔水温降低。图 13-44 是在不同循环水流量情况下冷却水温差随进塔水温的变化。可以看出，在循环水流量一定的情况下，随进塔水温的升高，冷却水温差增大；进塔水温降低，反而影响冷却塔的冷却能力。

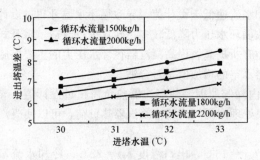

图 13-44　进塔水温对冷却水温差的影响

(4) 填料老化、堵塞，淋水填料不合格。

(5) 除水器变形，阻力增加。

(6) 自然风影响。

(7) 喷头损坏、配水不均匀。

(8) 冷却塔淋水面积不足。

(9) 冷却塔结构设计不合理。

4. 提高冷却幅宽的措施

(1) 对冷却效果较差和冬季结冰严重的冷却塔，应通过采取增加喷头、采用新型喷溅装置、更换新型填料、进行配水槽改造等措施进行技术改造，以提高其冷却效果，减轻或消除冬季结冰现象。

(2) 加强对冷却塔维护，根据水塔运行状况提出水塔清淤建议。结合主机设备检修，清理水池淤泥和杂物，疏通喷嘴，使循环水冷却塔经常在较佳的效率下运行。

(3) 严格循环水处理监督机制，建立冷却塔运行报表制，记录主要运行数据，报表记录内容至少包括：冷却塔循环水进口温度、冷却塔循环水出口温度、空气温度、湿球温度、水槽水量分布情况、淋水密度、循环水流量等。

(4) 建立循环水定期监测制度，做好水质监督，确保水质稳定，严禁在不进行净化处理的情况下在循环水中养鱼。

(5) 维护人员按规定巡视、检查水塔运行情况，发现设备缺陷及时消除。水塔外观检查主要包括：溅水碟完整，不脱落，无堵塞；淋水填料外观整齐，无缺损，无变形，无杂物；配水系统保持清洁，无漏水，无溢水；除水器安放平稳，无缺损，无变形；淋水密度均匀，冷却水较干净。

(6) 要及时更换损坏的喷嘴和溅水碟，修复损坏的淋水填料。

五、湿式冷却塔的冷却幅高

1. 冷却幅高的定义

湿式冷却塔的冷却幅高是指冷却水塔出口水温度与大气湿球温度的差值，其计算式为

$$\Delta t_{fg} = t_1 - t_{sq}$$

式中　Δt_{fg}——湿式冷却塔的冷却幅高，℃；

　　　t_1——冷却水塔出口水温度，℃；

　　　t_{sq}——大气湿球温度，℃。

冷却幅高的值越小，说明热水被冷却得越充分，冷却效果越好。但过分地减小冷却幅高，将增加冷却塔的成本和外形尺寸。所以一个好的冷却塔，不仅要有较大的进出水温差，还要有尽可能小的冷却幅高。

这里必须明确干球温度和湿球温度的含义。干球温度就是可以拿温度计测量出来的实际环境温度，即天气预报中说的温度。而湿球温度为拿个湿的棉球包住干湿球温度计底端所测得的温度。在干球温度相同的情况下，空气中湿度越大，水就越不容易挥发，湿球温度就越高。反之，空气越干燥，水就越容易挥发，湿球温度就越低。简单来说，湿球温度越接近于干球温度，说明空气越潮湿；当空气的相对湿度达 100% 时，此时空气中水蒸气处于饱和状态，湿球温度等于干球温度。

对于冷却塔，冷却塔制冷就是靠水挥发成水蒸气而带走热量。这样也就是说，冷却塔冷却的极限温度就是湿球温度。比如湿球温度为 28℃，冷却塔的冷却后水的极限就是 28℃。实际上，

冷却塔还达不到湿球温度那么低，一般都相差 3～5℃。

2. 冷却幅高的耗差分析

冷却幅高的耗差分析方法和结果同循环水温升的耗差分析。冷却幅高变化1℃，影响循环水温升1℃，发电煤耗率变化 0.5～1g/kWh。

根据汽轮机热力特性，经过计算对于不同型号的机组因为塔的冷却能力降低造成出塔水温升高1℃对机组经济性影响见表13-41。

表 13-41　　　　　　　出塔水温升高1℃对机组经济性影响

机组容量(MW)	25	50	125	200	300	350
机组负荷(MW)	25	50	125	200	300	350
效率降低(%)	0.454	0.381	0.31	0.328	0.23	0.242
煤耗率增加(g/kWh)	1.94	1.52	1.033	1.107	0.798	0.738
热耗增加(kJ/kWh)	56.86	44.84	30.28	32.44	23.39	21.63

3. 冷却幅高的监督标准

湿式冷却塔的冷却幅高应每月测量一次，以测试报告和现场实际测试数据作为监督依据。

冷却塔的水温依据周围空气的湿球温度来调节，冷却塔的换热只和室外空气的湿球温度有关。湿球温度代表在当地气温条件下，水可能被冷却的最低温度，也就是冷却设备出水温度的理论极限值。实际上，设计运行完好的自然通风冷却塔，其出水温度与湿球温度之差仍有 6～8℃；机力冷却塔其出水温度与湿球温度之差为 3～3.5℃。冷却塔出口水温度应在出塔水管（沟）处测量，也可用循环水泵进口（或出口）温度代替。大气湿球温度测点布置在被测冷却塔的上风向，距冷却塔或塔群的进风口 30～50m 处，仪表距地面高度 1.5～2.0m，并避免阳光直射。

在冷却塔热负荷大于90%的额定负荷、气象条件正常时，夏季测试的冷却塔出口水温度不高于大气湿球温度7℃。

4. 影响冷却幅高的主要因素

（1）循环水量的影响。图 13-45 是某冷却塔在其他条件不变的情况下，不同进水温度下出塔水温随循环水流量的变化。可以看出，随进冷却塔水温的升高，出塔水温也升高，当进塔水温为30、32、33℃时，循环水流量为2200kg/h时，出塔水温分别为 24.1、25.5℃和 26.1℃；在进塔水温不变的情况下，出塔水温随循环水流量的增大而升高。循环水量不仅可以影响冷却塔内的换热，从而直接影响冷却塔的出塔水温，而且还可以通过影响冷却水水温差来间接影响冷却塔的出塔水温。图 13-46 说明在其他条件不变的情况下，只改变循环水流量，当循环水量增加时，出塔水温升高，冷却塔的冷却温差减小，冷却幅高增大，冷却塔的效率是减小的。

（2）进塔水温的影响。当进冷却塔水温升高时，虽然冷却温差是增大的，但是出塔水温却不

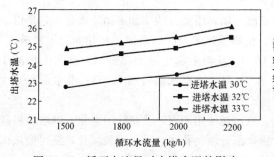

图 13-45　循环水流量对出塔水温的影响

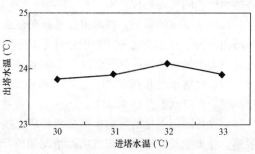

图 13-46　某冷却塔进塔水温对出塔水温的影响

一定是降低的。由图 13-46 中可以看出，出塔水温的变化并不明显，因此，进冷却塔水温的变化对出塔水温的影响并不大。

（3）环境温度的影响。图 13-48 是在循环水流量为 1800kg/h，某冷却塔风机开度保持 20％，进冷却塔温度 32℃情况下，出塔水温随环境干球温度的变化。可以看出，出塔水温随干球温度的升高而升高。在干球温度为 1.5、3.5、5.5、7.5℃时，出塔水温分别为 23.8、24.1、24.6、25.2℃。当空气的干球温度越高，一方面，热水与空气之间的传热温差减小，水的接触散热减弱；另一方面，当环境湿球温度增加，冷却水进出口温差减小，则冷却塔换热能力下降。冷却塔内空气的吸热量降低，冷却塔内外的密度差减小，冷却塔的抽力降低，使得出塔水温 t_1 升高。冷却塔的出塔水温越高，冷却效率越低。图 13-47 说明在其他条件一定的情况下，当空气的干球温度越大，冷却塔的出塔水温越高，冷却效率越低。

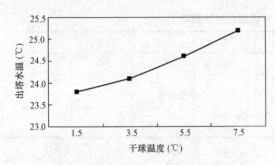

图 13-47　环境干球温度对出塔水温的影响

（4）淋水填料的影响。在冷却塔中，常用的淋水填料有水泥网格板填料、陶瓷填料、PVC 塑料填料等。由于水泥网格板填料自重重、安装和运输过程中易破损，填料的热力特性差，阻力特性高，再加上其他一些原因，造成冷却塔的出水温度比设计值平均高出 2～3℃。如安徽洛河电厂 7000m³ 冷却塔实测阻力特性比设计值高处 70％，热力特性降低 15％，出塔水温比设计值高出 2.5℃。水泥网格板填料目前已被淘汰，对于早期使用的水泥网格板填料的冷却塔应尽快进行更换改造。陶瓷填料是近几年应用在电力行业的填料，它具有使用寿命长、耐热、抗旱、耐腐蚀等优点，但冷却效率不高，而且存在质量重、运输安装破损率高等缺陷。PVC 塑料填料具有质量轻、单位体积比面积大、热力特性高、通风阻力小、气流通风孔面积大、冷却效果好、产品质量易于按标准控制、质量稳定、整体刚度较好、组装方便等优点，是新塔应用和老塔改造的首选填料。

淋水填料是进行水、汽、气热交换的最主要部分，冷却塔中约 70％的热量由淋水填料散发。淋水填料因其热力性能和阻力特性的差异，会带来不同的冷却能力。根据西安热工研究院塑料填料产品质量检测中心提供的资料显示，在相同的试验条件下，结构不同的淋水填料对出塔水温有一定程度的影响，填料形状对出塔水温的影响高达 1.14℃；几何形状相同的填料在厚度和间距不同时，水温相差 0.42～0.70℃。根据有关资料介绍，无论是顺流还是逆流的冷却塔改换成高性能的塑料复合型填料（复合型填料是吸收比利时哈蒙公司冷却塔淋水填料的特点而改进的），能导致冷却水温度降低 5～8℃。可见，将淋水填料更换成高性能填料、减少填料损坏是提高冷却塔热力性能的重要手段。

（5）淋水密度的影响。淋水密度是指单位面积淋水填料所通过的冷却水循环水量，它是影响冷却塔出力的主要原因之一。由于运行方式不当、检修维修不及时，造成喷嘴堵塞、填料破损、结垢及藻类生长，致使换热面积减少、淋水密度增加，从而引起出塔水温升高。淋水面积减少 0.05％时，出塔水温升高 0.23℃；淋水面积减少 0.1％时，出塔水温升高 0.5℃；淋水面积减少 0.25％时，出塔水温升高 1.55℃。

（6）设备陈旧老化的影响。部分冷却塔已接近或超过使用期限，设备陈旧老化，淋水填料破损脱落、藻类生长、垃圾堆积或结垢情况相当严重，部分填料孔眼几乎全部被堵死，使得换热面积减小，淋水密度增大，冷却塔处于低效率运行状态，造成出塔水温升高。

5. 降低冷却幅高的主要措施

(1) 在冷却塔周围至少 20m 范围内不应有高大建筑，保证冷却塔周围通风良好。

(2) 运行中定期对冷却塔外观检查。检查内容包括：淋水密度均匀度、水质的清洁度、溅水碟完整度、填料外观整齐度、配水均匀情况、配水槽堵塞情况、除水器安放情况等。

(3) 在北方冬季，做好冷却塔防冻措施，减少填料装置的损坏。

(4) 在大修时，及时更换脱落的溅水碟、损坏的填料，对水池进行清污处理。例如华能鹤岗电厂一期 2 台 300MW 机组 2 台冷却水塔投入运行多年，由于设计冷却面积小、填料破碎、喷嘴堵塞、喷溅装置脱落等原因，冷却效果极差，2011 年按规定在 80% 负荷率以上情况下经测试，水塔冷却幅高达 15℃ 左右，超标准值约 8℃，造成汽轮机在该季节排汽压力上升 2.8kPa 以上。为此该厂对冷却水塔进行改造，在不改变槽式配水情况下，用双斜波淋水填料、145-42 型除水器，反射Ⅲ型喷溅装置及 I70 型玻璃钢托架更换原有设备及部件，改造后考核性试验表明，1 号冷却水塔冷却幅高为 5.6℃，2 号冷却水塔冷却幅高为 5.1℃，比改造前降低接近 10℃。

(5) 改造老式喷溅装置。老水塔一般采用瓷嘴—瓷碟形喷溅装置，由于瓷嘴、瓷碟在塔内分离放置，水流冲击一段时间后，瓷嘴、瓷碟会出现对不中现象，影响喷溅效果。目前，在冷却塔改造中常选用的喷溅装置有反射型、TP-Ⅱ型、RC 型及多层流型等，这些喷溅装置材质均为工程塑料（ABS）。改造工程应首选 TP-Ⅱ 型和多层流型喷溅装置。

(6) 根据季节变换及时调整循环水运行方式，保证循环水供应量，消除水塔竖井内的内区无水区域，提高水塔冷却面积。

(7) 加装或改造除水器。循环冷却电厂应首选 PVC 的 BO160-45 型卷边型除水器改造老水塔。

六、冷却塔冷却能力

1. 冷却塔冷却能力的定义

将试验中实测的工况修正到设计工况条件时，塔的散热能力，即修正到设计工况条件下的冷却水量与设计冷却水量的百分比，叫实测冷却能力，计算公式为

$$\eta_{sq} = \frac{Q_0}{Q_d} = \frac{G_g}{Q_d \lambda_c} \times 100\%$$

式中 η_{sq}——按修正的冷却水量计算的实测冷却能力，%；

       Q_0——修正到设计工况条件下的冷却水量，kg/s；

       Q_d——设计冷却水量，kg/s；

       G_g——实测进塔空气量，kg/s；

       λ_c——修正到设计工况条件下的气水比。

2. 冷却能力监督标准

冷却塔冷却能力的优劣决定了凝汽器冷却水的进水温度，直接影响了机组运行真空。因此，宜定期对冷却塔进行热力性能诊断试验，确定冷却塔存在的问题，制定相应的技术改造方案。冷却塔的实测冷却能力大于 95% 视为达到设计要求；实测冷却能力大于 100% 视为超过设计要求。冷却塔的实测冷却能力小于 95% 时，或夏季 100% 负荷下冷却塔出水温度与当地的湿球温度差大于 8℃ 时，表明冷却塔存在问题，宜对冷却塔进行全面检查，必要时实施冷却塔技术改造。

3. 冷却塔冷却能力的主要因素

对于结构已经确定的冷却塔而言，影响它的冷却能力的主要因素有室外空气湿球温度、冷却水进口温度和冷却水量等。

(1) 湿球温度。冷却塔冷却的极限温度就是湿球温度，因此当水量一定，冷却水进口温度一

定时，室外空气湿球温度越低，与进口水温之差越大，冷却能力也就越大。

图 13-48 表示某直交流开敞式冷却塔的冷却能力与室外空气湿球温度的关系，以进口水温 37℃，湿球温度 27℃时的冷却能力为基准（100%）。当水量一定。如果湿球温度降低到 5℃时，冷却能力约为基准的 220%。

（2）入口水温。当水量一定，室外空气湿球温度一定时，随着冷却塔入口水温的增加，入口水温及出口水温与空气湿球温度之差都将增加，促进了冷却，因此冷却能力会增强。

图 13-49 表示某直交流开敞式冷却塔的冷却能力与入口水温的关系，以入口水温 37℃，湿球温度 27℃时的冷却能力为基准（100%），当水量一定，如果入口水温增加到 46℃时，冷却能力约为基准的 208%。

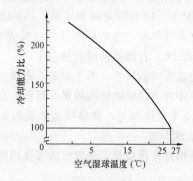

图 13-48　室外空气湿球温度和冷却能力的关系　　　图 13-49　入口水温和冷却能力的关系

（3）冷却水量。当入口水温一定，室外空气湿球温度一定时，随着冷却水量的增加，冷却塔的传热量也增加。虽然冷却水温降有所减小，但冷却能力会增强。

图 13-50 表示某直交流开敞式冷却塔的冷却能力与冷却水量的关系，以标准冷却水量为 100%，入口水温 37℃，湿球温度 27℃时的冷却能力为基准（100%），当冷却水量增加到 120%时，冷却能力约为基准的 109%。

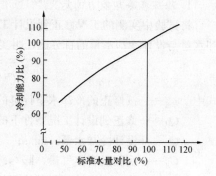

图 13-50　冷却水量和冷却
能力的关系

4. 提高冷却塔冷却能力的措施

（1）配水系统。对于槽式配水的冷却塔，每年夏季前宜清理水槽中的沉积物及杂物，保持每个喷溅装置水流畅通，必要时修补破损的配水槽。

对于槽—管配水的冷却塔，夏季前宜开启内区配水系统，实现全塔配水。保持每个喷溅装置完好无缺，及时修补破损的配水管及喷溅装置。

采用虹吸配水的冷却塔，应使虹吸装置处于正常工作状态。

根据冷却塔内配水的均匀性情况，更换为喷溅效果良好的喷溅装置。

（2）淋水填料。根据淋水填料的破损、结垢程度及散热效果，可以部分或全部更换冷却塔淋水填料，全塔更换淋水填料时，应进行不同方案的技术经济比较，优化淋水填料的型式及组装高度。

（3）除水器。除水器变形或破损影响冷却塔通风。冷却塔技术改造时，宜对破损及变形的除水器进行更换。

（4）机力通风冷却塔。应根据外界气象条件的变化，改变机力通风冷却塔风机运行台数，满足冷却塔工艺的要求。

1）当冬季室外空气（湿球）温度降低时，冷却塔的冷却能力增加，出口水温降低，此时可以停止部分风机运转，达到防止水温过低及节能的目的。

2）室外空气湿球温度的变化是随机性的，冷却塔风机可采用变频装置，以降低冷却塔风机所耗功率。当冷却塔出水温度高于设定值时，加大风机运行频率，提高转速，使冷却塔出水温度趋于设定值。

第十八节 疏放水系统及阀门泄漏的监督

一、有关泄漏指标的定义

1. 全厂综合渗漏率

全厂综合渗漏率是指计算期内全厂渗漏点数占全厂密封点总数的百分比。

原国家电力公司制定的"一流火力发电厂考核标准"要求各电厂努力消除设备泄漏，规定发电设备、公用系统和辅助系统不允许出现严重漏点，渗点和一般漏点数量不能超过表 13-42 中规定值，或者泄漏率不超过 0.3‰。

表 13-42　　　　　　　　　渗点和一般漏点数量限值

机组铭牌	100MW 及以上单元制	100MW 母管制	200MW 及以上国产机组	200MW 及以上进口机组
渗点数量	4	机 3 炉 2	5	3
一般漏点数量	2	机 2 炉 2	3	1

一台 200MW 及以上机组的密封点约 6000 个，密封点包括安全阀、阀门、法兰、焊接点、轴承等一切可能泄漏的点，使水汽、油煤从系统设备中散失，其分布范围极广。密封点对应的基础、地面和设备上有新的渗漏痕迹即为渗漏点。密封点有介质渗出的为渗点，有介质滴落的为漏点。

以目视、触摸、仪表测试等方法进行检查，严重漏点是指所辖设备油每 5min 滴落一滴，水每 5s 滴落一滴即为严重漏点。凡所辖设备油、水滴落速度低于严重漏点滴落速度的漏点称为一般漏点。泄漏率不超过 0.3‰是指密封点的泄漏率，而不是仅指阀门。

2. 疏放水阀门泄漏率

疏放水阀门泄漏率是指内漏和外漏的阀门数量占全部疏放水阀门数量的百分数。对各疏放水阀门至少每月检查一次，以检查报告作为监督依据。

疏放水阀门泄漏率不大于 3%。

阀门的分类很多，按用途分为调节阀、止回阀、分流阀、安全阀、截断阀等；按原理分为闸阀、截止阀、节流阀、仪表阀、止回阀、蝶阀、减压阀等；按压力高低分为真空阀、低压阀、中压阀、高压阀等；按控制方式分为气动阀、电动阀、手动阀、液控阀等；按使用的介质温度分为高温阀、中温阀、常温阀、低温阀等。阀门的品种规格很多，不同种类的阀门分别起着不同的作用。阀门安装在管道系统中，用于接通或切断或调节介质流量，改变介质流动方向，尽管在阀门出厂时，每一台阀门都会经过严格的密封试验，但用户在使用过程中却仍然会出现泄漏问题。

阀门泄漏分为内漏和外漏。简单讲，内漏就是关到底还在过水，白话就是关不死。造成这种现象有几种原因：杂质堵塞、阀芯磨损、内密封破损等。外漏就是水从阀门漏到外面来，也有几种原因：阀体砂眼、未检验合格的产品、密封圈破损、填料磨损。

阀门是火力发电厂应用最多的设备之一，国内已投产的 300MW 亚临界机组、600MW 亚临界、超临界、超超临界机组以及 1000MW 超超临界机组仍需要使用大量的进口高端阀门，特别是重要的调节阀门、安全门。像 600MW 超临界、1000MW 超超临界机组进口阀门为 500 台左右，汽轮机约 260 台；锅炉约 240 台，见表 13-43。

表 13-43 　　　　　　　600MW/1000MW 超临界机组进口阀门情况订货清单

阀门名称	锅炉安全阀	过热器出口动力排放阀	高、低压旁路阀	锅炉给水、减温水调节阀	主给水闸阀，止回阀	给水泵再循环调节门	减温水、疏水、供汽、启动系统等各种中径截止阀	机、炉汽水系统疏水、放水电动门
大致数量	14~18	4	2/6	8	2	3	40	5
阀门名称	汽轮机系统疏水电、手动截止回阀	吹灰系统减压阀	充氮、充氨系统截止回阀	充氮、充氨系统止回阀	仪表测点阀门	取样放汽阀门	汽轮机各系统调节阀	高排及抽汽止回阀
大致数量	40	2	15	15	140	50	12	11
阀门名称	主蒸汽截止回阀	燃油系统调节阀	燃油系统进油快关阀	燃油系统吹扫阀	启动系统调节阀	高压加热器进水三通阀、脱氧溢流阀等特殊阀		
大致数量	2	1	25	24	6	20		

3. 高压给水旁路泄漏率

高压给水旁路泄漏率指高压给水旁路泄漏量与给水流量的百分比。

高压给水旁路泄漏率用最后一个高压给水加热器（或最后一个蒸汽冷却器）后的给水温度与最终给水温度的差值来监测。高压给水旁路泄漏率应每月测量一次。

最后一个高压给水加热器（或最后一个蒸汽冷却器）后的给水温度应等于最终给水温度。

降低高压给水旁路泄漏率的主要措施：

(1) 高压加热器进口三通阀容易向高压加热器旁路侧内漏，应利用检修机会对出现泄漏的高压给水旁路门进行检查处理。

(2) 经常对最后一级高压加热器出口温度和最终给水温度比较，判断高压加热器旁路是否泄漏。

(3) 应合理调整高压加热器旁路门的开关设定值，必要时进行手动拧紧。

(4) 制定全厂（机组）疏水门、放水门、旁路门清单。根据阀门清单，每月检查一次，并做好检查报告。

(5) 采用红外线温度测试仪测量阀体温度、超声波阀门内漏检漏仪，以及手模感知等方法定性确定阀门泄漏程度。

二、阀门泄漏的重点部位

锅炉侧通常容易发生水汽泄漏的地方有定期排污系统和锅炉疏放水阀门。

汽轮机侧通常容易发生水汽泄漏的地方有 5~7 号低压加热器危急放水门、1~3 号高压加热器危急放水门、除氧器危急放水门、主蒸汽管道疏水阀门、再热蒸汽管道疏水阀门、1~8 段抽汽管道疏水阀门、疏水箱疏放水阀门、再热器冷段至辅汽电动调整门、给水泵再循环调节阀和凝结水泵最小流量阀，以及高低压旁路门等。

(1) 给水泵再循环调节阀内漏。给水泵再循环调节阀（或称给水泵最小流量阀）主要作用是在机组启动时保证给水泵内不能汽化，对给水泵起保护作用。给水泵在空负荷运转或者机组低负荷运行时，给水流量很小，这时泵内只有少量的水通过，叶轮产生的摩擦热不能被给水带走，使泵内温度升高。当泵内温度升高超过泵所处压力下的饱和温度，给水就会发生汽化，形成汽蚀。为了避免给水泵发生汽蚀，就必须使给水泵在给水流量减少到一定程度时，打开给水泵再循环阀，通过再循环管（在给水泵出口设置一根通往除氧器的给水最小流量再循环管道），使一部分给水流量返回到除氧器，这样泵内就有足够的水通过，把泵内摩擦热带走，避免给水泵发生汽蚀。给水泵再循环调节阀由于在低流量时其工作条件十分恶劣，频繁参与流量调节，一般国产、进口的给水泵再循环调节阀长期存在内漏及卡涩。给水泵再循环调节阀内漏是大型机组普遍存在的问题。部分电厂更换了引进美国 CCI 公司技术国内生产的迷宫密封结构的再循环门，彻底解决了给水泵再循环门内漏问题。

有的电厂给水泵再循环调节阀采用美国 Copes-Vulcan（考布斯）产品，由于基建安装空间问题，采用水平位置安装方式，导致阀门内件因为自重自然下垂原因造成某些部件偏斜现象，当阀盖强行紧固后，极易造成部件压死、卡涩，而引起内漏。后来改为垂直位置安装方式而根除了内漏现象。

（2）凝结水泵最小流量阀内漏。为了避免凝结水泵汽蚀问题，必须保持一定的出水量。当机组启动时或低负荷时，凝结水量少，凝结水泵采用低水位运行，汽蚀现象严重，凝结水泵工作极不稳定。这时通过凝结水泵再循环管（在轴封加热器后、8 号低压加热器前设置一根通往凝汽器的凝结水最小流量再循环管道），凝结水泵的一部分出水再流回凝汽器，以维持凝结水泵和轴封加热器中的最小流量。国内 600MW 机组凝结水泵最小流量阀在设计选型时，设计院一般都会考虑进口产品，如美国 C-V、fisher、CCI 等公司产品，费用很贵，而且备件的费用也昂贵。实际上，凝结水最小流量阀运行环境不算苛刻，工作压力为 2.5～3.5MPa，工作温度为 34～40℃，使用也不算很频繁。只在机组启停过程中使用，机组正常运行中始终处于全关状态，所以一些电厂改造时就选用了国产调节阀。通过凝结水泵最小流量阀的国产化改造使用情况来看，对此调节阀选型的关键在于通径及阀座口径不能过小，阀笼要选用多级笼罩或迷宫式，国产调节阀完全可以满足要求。如国产型号 ST648Y-40、DN200 调节阀效果显著。

举例说明判断凝结水泵最小流量阀泄漏的方法：某电厂 2 台 N700-16.575/538/538 型双背压凝汽式汽轮机，凝结水系统设计及运行参数见表 13-44。

表 13-44　　　　　　　　2 台 N700 型汽轮机凝结水系统设计及运行参数对比

机　　组	机组负荷 (MW)	凝水流量（t/h）		凝水压力 (MPa)	除氧器大阀开度 (%)	凝结水泵电流 (A)	凝水温度 (℃)
		低压加热器出口	精处理出口				
设计值	660	1505		2.73			34.2
5 号机组实际	660	1568	1646	2.39	100	173	31
6 号机组实际	660	1593	1633	2.43	100	181	37

5 号机组低压加热器出口流量比精处理出口流量小 78t/h，并且比 6 号机组凝水压力低 0.04MPa，说明 5 号机组凝水系统存在泄漏。初步分析泄漏点主要集中在凝结水泵最小流量阀处。

凝结水泵最小流量阀泄漏验证方法：关闭凝结水泵最小流量阀前后手动，记录关闭前后凝结水泵电流、凝结水流量变化，根据结果予以确认。同时对最小流量阀旁路手动门拧紧，对旁路电动门关紧。5 号机组关闭凝结水泵最小流量阀前后手动门，试验数据见表 13-45。

表 13-45　　　　　　　　凝结水泵最小流量阀泄漏验证试验数据

5 号机组	机组负荷 (MW)	凝水流量（t/h）		凝水压力 (MPa)	大阀开度 (%)	凝结水泵电流 (A)	凝结水泵转速 (r/min)
		低压加热器出口	精处理出				
关闭后	660	1601	1660	2.38	100	174	1350
关闭前	660	1582	1671	2.2	100	176	1365

由表 13-45 数据可以看出，凝结水泵最小流量阀存在漏流约 19t/h，关闭手动门后凝结水压力升高 0.18MPa，凝结水泵电流和凝结水泵转速均有小幅降低。除去最小流量阀漏流的影响，系统的漏流量仍较大。检修期间需检查最小流量阀的旁路电动门，确保其严密。如果解决了最小流量阀漏流问题，凝结水泵电流可以降低约 8A，每天节电约 1700kWh；同时可以降低机组热耗 52.2kJ/kWh，影响发电煤耗率 1.8g/kWh。

应对措施：由于机组运行中关闭凝结水泵最小流量阀手动门存在一定的安全隐患，所以该系统仍维持现有运行方式，检修期间需检查凝结水泵最小流量阀。

6 号机组低压加热器出口流量比精处理出口流量小 40t/h。关闭最小流量阀前手动门后流量无变化。分析主要是最小流量阀旁路电动门漏流造成。如果解决漏流问题，凝结水泵电流可以降低约 4A，每天节电约 800kWh。同时可以降低机组热耗 26kJ/kWh，影响发电煤耗率约 0.9g/kWh。

（3）高压旁路阀泄漏。旁路系统是蒸汽中间再热单元机组热力系统的重要组成系统之一，它是指锅炉来的高参数蒸汽不进入汽轮机汽缸的通流部分，而是经过与汽轮机并联的减温减压器，直接进入凝汽器或低一级蒸汽管道的系统。锅炉蒸汽绕过高压缸，进入再热器冷段管道的连接系统，称为高压旁路（或Ⅰ级旁路或小旁路）；再热后的蒸汽绕过汽轮机中、低压缸，进入凝汽器的管道系统，称为低压旁路（或Ⅱ级旁路）；锅炉来的新蒸汽绕过整个汽轮机而直接排入凝汽器的，称为整机旁路（或Ⅲ级旁路或大旁路），见图 13-51。

设置高压旁路的主要作用是保护再热器，设置低压旁路主要作用是回收工质。当机组跳闸自动主汽门突然关闭时，锅炉产生的大量蒸汽无处排放以及高压缸无排汽，则会导致锅炉的再热器干烧。为保证再热器的不干烧，当自动主汽门关闭时，高压旁路蒸汽减压阀快速的开启，高温高压的蒸汽（30%）经由高压旁路阀从高压缸排汽管道流入再热器。由再热器加热后的蒸汽，经过已开启的低压旁路的蒸汽减压阀减温减压后排到凝结器凝结，以回收工质。使停机不停炉得以实现，为机组的迅速恢复提供了可能。设置高压旁路和低压旁路第二项作用是：在机组滑参数启停时，利用旁路系统通过改变新蒸汽流量，就可以迅速调整新蒸汽温度和再热蒸汽温度以满足汽缸对温度的要求，改善了启动条件，缩短启动时间，节省了运行费用。

判断低压旁路阀是否内漏主要方法是用红外线温度仪测试：低旁阀杆温度是否大于（低压缸排温度+15℃）。

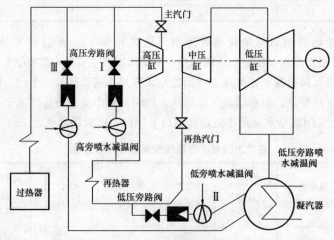

图 13-51　三级旁路系统
Ⅰ—高压旁路；Ⅱ—低压旁路；Ⅲ—整机旁路

判断高压旁路阀是否内漏主要方法是用红外线温度仪测试：高旁阀杆温度是否大于（高排温度＋20℃）。如果高压旁路阀的阀杆温度小于高排温度，而且接近减温水温度，则说明高压旁路喷水减温阀泄漏。

高压旁路阀内漏的主要原因是由于在机组安装检修过程中，由于锅炉省煤器、过热器、再热器等受热面、锅炉主蒸汽管、给水管中残留较多的焊渣、氧化铁、金属颗粒等杂物造成的。在机组启动及停机过程中，系统中残留的大量金属杂质均会随着蒸汽通过旁路系统参加循环，较大的杂质颗粒夹在阀芯与阀座密封面之间，使密封面出现凹坑、缺损等缺陷。并且在高温高压蒸汽的长期冲刷下，使缺陷进一步扩大，造成严重的密封面吹损。

（4）加热器的旁路内漏。加热器应设置主凝结水的旁路，以免某台加热器发生故障停用时而中断凝结水的输送。每台加热器设一个旁路时称为小旁路；两个以上加热器共设一个旁路时称为大旁路。

三、疏放水系统内漏

若蒸汽管道中聚集了凝结水，运行时，由于蒸汽和水的比体积不同、流速不同，这样就会引起管道发生水冲击，轻则使管道、设备发生振动，重则会使管道破裂，设备损坏。水一旦进入汽轮机，还要损坏叶片造成严重事故，导致被迫停机。因此，为保证发电厂安全可靠的生产，必须及时地将聚集在蒸汽管道中的凝结水排泄掉。用来收集和疏泄全厂疏水、溢水和放水的管路系统及设备，称为发电厂的疏放水系统。

发电厂的疏放水系统分为汽轮机本体疏放水管道系统和蒸汽管道的疏放水系统。通常把汽轮机主汽门前、各调速汽门前，导汽管、汽缸、轴封用汽管道系统及各抽汽管道止回阀前等处的疏水，统称为汽轮机本体疏水，由此组成的系统称为汽轮机本体疏水系统。管道疏放水包括主蒸汽管道的疏水，再热蒸汽冷、热段管道的疏水，高、低压旁路管道疏水，抽汽止回门后的管道疏水，汽轮机轴封管道疏水。这些阀门多数处于高温高压状态，容易发生泄漏，应该重点关注。

四、阀门泄漏的耗差分析

疏水系统阀门内漏是长期困扰很多电厂的问题，对机组的安全经济性有很大的影响。首先，造成大量高品位蒸汽漏至凝汽器，机组功率减少，同时凝汽器热负荷加大，又影响真空；还会造成疏水集管与扩容器的温差增大，甚至造成疏水集管与扩容器连接处拉裂，使大量空气漏入凝汽器。各类机组各主要阀门泄漏量对热耗的影响见表13-46。

【例13-23】 高压旁路泄漏，主蒸汽直接到再热器中，高压缸做功能力下降，若高压旁路泄漏 1t/h，$\alpha_{hq}=0.001\,098$，计算对经济性的影响。

解： 做功降低

$$\Delta H = \alpha_{hq}(h_{ms}-h_{rhl}) = 0.001\,098 \times (3394.5-3019.3) = 0.412(kJ/kg)$$

因此装置热经济性降低

$$\delta\eta = \frac{\Delta H}{H-\Delta H} \times 100\% = \frac{0.412}{1207.1-0.412} \times 100\% = 0.034\,12\%$$

机组热耗率增加：
$$7956.68 \times 0.034\,12\% = 2.71 \ (kJ/kWh)$$

机组发电煤耗率增加：
$$297.42 \times 0.034\,12\% = 0.101 \ (kg/kWh)$$

【例13-24】 低压旁路泄漏，再热蒸汽直接到凝汽器中，中、低压缸做功能力下降，若低旁泄漏 1t/h，$\alpha_{lq}=0.001\,098$，计算对经济性的影响。

表13-46　主要阀门泄漏量对机组经济性的影响

机组类型	单位	主蒸汽管道	热再热管道	冷再热管道	锅炉排污	高压旁路	一段抽汽管道	二段抽汽管道	三段抽汽管道	四段抽汽管道	五段抽汽管道	六段抽汽管道	七段抽汽管道	八段抽汽管道
200MW	kJ/kWh	82.6	72.1	56.0	29.8	42.6	66.7	56.0	57.5	46.1	37.7	29.1	23.5	9.7
	%	1.000 8	0.873 5	0.679 1	0.361 6	0.516 9	0.808 3	0.679 1	0.697 3	0.558 8	0.457 4	0.353 2	0.285 4	0.117 4
300MW 引进型	kJ/kWh	93.2	78.7	62.1	29.8	27.1	69.4	62.1	61.3	49.1	36.1	24.0	16.2	7.5
	%	1.172 0	0.992 9	0.783 4	0.376 0	0.341 2	0.875 4	0.783 4	0.772 8	0.619 7	0.455 2	0.303 2	0.204 8	0.095 0
600MW 高中压分缸上汽	kJ/kWh	83.6	75.7	59.2	30.8	22.2	66.7	59.2	59.3	46.1	33.8	24.1	17.2	7.0
	%	1.073 2	0.971 9	0.759 9	0.395 2	0.284 7	0.856 5	0.759 9	0.761 2	0.592 4	0.434 0	0.309 8	0.220 3	0.089 7
600MW 高中压合缸哈汽	kJ/kWh	83.3	79.6	63.1	29.9	37.2	70.0	63.1	63.2	49.7	36.8	25.3	17.8	9.0
	%	1.060 3	1.013 5	0.803 3	0.380 2	0.473 5	0.891 4	0.803 3	0.803 8	0.632 9	0.468 8	0.322 9	0.226 9	0.115 1
600MW 分缸超临界北重-ALSTOM	kJ/kWh	77.3	73.7	55.8	26.8	19.7	61.4	55.8	58.9	46.0	37.0	26.7	13.1	6.2
	%	1.030 9	0.983 5	0.744 2	0.358 0	0.263 4	0.819 2	0.744 2	0.786 1	0.614 1	0.493 2	0.356 2	0.175 2	0.083 3
600MW 合缸超临界哈汽-三菱	kJ/kWh	78.5	73.7	56.8	27.6	38.7	62.0	56.8	59.0	46.9	35.1	22.1	14.9	7.1
	%	1.036 0	0.971 9	0.749 5	0.364 0	0.510 7	0.817 7	0.749 5	0.778 7	0.619 1	0.463 2	0.292 2	0.197 0	0.094 3
1000MW 分缸超临界上汽-西门子	kJ/kWh	75.4	70.3	53.5	24.3	18.1	58.2	53.5	52.1	41.1	32.3	26.2	12.4	5.1
	%	1.034 8	0.965 4	0.734 9	0.334 2	0.248 5	0.799 0	0.734 9	0.715 3	0.564 0	0.443 5	0.359 7	0.170 3	0.070 1

注 表13-46中数据为按泄漏量为1%的主蒸汽流量时对机组热经济性的影响，机组抽汽编号与加热器编号一致，八段为压力等级最高的抽汽。

做功降低
$$\Delta H = \alpha_{lq}(h_{rhr} - h_c) = 0.001\,098 \times (3536.4 - 2345.5) = 1.308(kJ/kg)$$

因此装置热经济性降低
$$\delta\eta = \frac{\Delta H}{H - \Delta H} \times 100\% = \frac{1.308}{1207.1 - 1.308}5678 \times 100\% = 0.108\,5\%$$

机组热耗率增加：
$$7956.68 \times 0.108\,5\% = 8.633 \ (kJ/kWh)$$

机组发电煤耗率增加：
$$297.42 \times 0.108\,5\% = 0.323 \ (kg/kWh)$$

【例 13-25】 主汽疏水阀泄漏至凝汽器，增加做功损失，减少再热吸热。若低旁漏泄 1t/h，$\alpha_{mq} = 0.001\,098$，计算对经济性的影响。

解：做功降低
$$\Delta H = \alpha_{mq}(h_{ms} - h_c) = 0.001\,098 \times (3394.5 - 2345.5) = 1.1518(kJ/kg)$$

新蒸汽吸热量降低
$$\Delta Q = \alpha_{mq}Q_{zr} = 0.001\,098 \times 517.1 = 0.5678(kJ/kg)$$

因此装置热经济性降低
$$\delta\eta = \frac{\Delta H + \Delta Q\eta_{ai}}{H - \Delta H} \times 100\% = \frac{1.151\,8 + 0.567\,8 \times 0.460\,4}{1207.1 - 1.1518} \times 100\% = 0.117\,2\%$$

机组热耗率增加：
$$7956.68 \times 0.117\,2\% = 9.32 \ (kJ/kWh)$$

机组发电煤耗率增加：
$$297.42 \times 0.117\,2\% = 0.349 \ (g/kWh)$$

五、影响阀门泄漏的因素

机组在开停机或变工况的时候最容易发生阀门内漏，其出现的主要原因如下。

(1) 阀门前后的压差较大。疏水系统阀门泄漏的主要原因是阀门打开或关闭的短短几秒钟瞬间，阀门前后的压差较大，引起汽流冲刷、磨损、汽蚀，导致阀门密封面损坏、内漏。

(2) 介质流向不合理。当介质由阀瓣下方进入阀门时，操作力所需要克服的阻力，是阀杆和填料的摩擦力与由介质的压力所产生的推力，关阀门的力比开阀门的力大，所以阀杆的直径要大，否则会发生阀杆顶弯的故障。如果阀门采用高进低出的介质流向结构，介质流向由阀瓣上方进入阀腔，这时在介质压力作用下，关阀门的力小，而开阀门的力大，阀杆的直径可以相应地减少。同时，在介质作用下，这种型式的阀门也较严密。当阀门关闭时，上下两方向产生自密封效果，且压力越高，密封效果越好。如 JT、JW 系列高温高压疏水阀不但具有自密封效果，而且采用了独特的阀笼结构，保护阀瓣在介质高速运动时免受冲刷。阀笼对介质流起到对冲缓流作用，平滑通过密封面，避免局部应力集中冲刷现象的发生。上海外高桥电厂和江苏天生港电厂就采用了 JT、JW 系列阀门，做到了无内、外泄漏现象。

(3) 阀门本身质量差。阀体特别是阀芯与阀座的材质选型及热处理差，硬度不够，容易被高速流体冲坏；或者是由于铸造缺陷如铸件内的砂眼、夹渣、气泡等，这些缺陷在阀门使用过程中受到介质冲刷、腐蚀和压力冲击的影响，会引起阀门过早地损坏和内漏。总结我国电站使用的经验，对于介质压力高、温度高的疏水阀应选用高质量的进口球阀，其球阀阀门体积小，关闭时间较短，特别适合主蒸汽疏水尽快关闭的场合。

（4）阀门关闭不及时。机组开机时由于未及时关闭疏水阀门，造成高温高压介质在疏水阀门中流过，对阀门密封面冲击磨损力大；而介质速度过大易导致阀后压力过小，低于饱和压力，产生汽蚀。汽蚀过程中气泡破裂时所有的能量集中在破裂点上，产生几千牛顿的冲击力，冲击波的压力高达 2000MPa，大大超过了现有金属材料的疲劳破坏极限，即便是极硬的阀瓣和阀座也会在很短时间内遭到破坏，发生泄漏。因此要求在机组启动后及时复紧阀门。机组启动后，除了所有疏放水手动门必须关严外，对于电动或气动疏放水门，应在电动或气动关闭完毕后立即手动压关一次，关闭 2～4h 后要进行一次测温检查，将判断为内漏的阀门进行一次复紧，如复紧 2～4h 后阀门温度有所下降但未降低到接近于环境温度，可再进行一次复紧，这是由于阀门温度下降后，阀芯收缩而间隙增大，此时又可以再下压一定行程，从而有可能使该阀门达到严密关闭状态。

（5）阀门开关过猛或关不到位。开关阀门时用力过猛，可造成"水击"现象，损坏阀门和管道，特别是两端压差较大的阀门直接开关。在高压冲击力的作用下，阀杆和阀瓣的连接易出现松动或脱落，造成阀门的损坏和内漏；而阀门关不到位（如阀门执行机构选用力矩较小；阀门盘根过紧，造成开关卡死；电动执行机构开关整定值不到位），使阀门长时间在小开度状态下工作，流速过高，冲击力大，阀门密封面容易冲刷损坏。因此应规范阀门操作方法，防止操作不当造成阀门内漏。在汽轮机启动、停机过程中，运行人员应严格执行运行规程中对疏水阀门开启和关闭的规定，按时开启、关闭疏水阀门，严禁早开、晚关疏水阀门，以免蒸汽过度冲刷造成疏水阀门损坏。对于疏水电动门，在机组每次启动后都应该对管壁温度测点或红外线测温仪测得的阀体温度进行分析，如果存在内漏应及时对气动门、电动门进行二次调整，防止阀门节流冲刷造成损坏。

开关阀门时，对于关断型阀门原则上只能全关或者全开，不能让这些阀门处于半开半关状态，以防阀门吹损导致阀门内漏。

阀门关不到位处理措施是：对于阀门盘根过紧，可稍松盘根后，配合仪控人员对阀门进行调试，使阀门开关灵活；对于电动执行机构开关整定值不到位现象，应对阀门电动执行机构重新调整。阀门的开关调整值要合适，要保证阀门关得严，开得够，同时不应有过关或过开现象，避免损坏阀门的电动驱动装置。对于执行机构力矩小的现象，也应重新调整。

（6）阀门填料的泄漏。阀门填料是最容易发生泄漏的部位。阀门在操作使用过程中，阀杆同填料之间存在着相对运动，它包括转动和轴向移动。随着开关次数的增加，填料与阀杆之间的接触压力逐渐减弱，间隙增大。再加上温度、压力和流体介质特性的影响，高压的介质就会沿着填料与阀杆的接触间隙向外泄漏。另外填料自身的老化，失去了弹性等原因也会引起泄漏。这时压力介质就会沿着填料与阀杆的接触间隙向外泄漏，长时间会把部分填料吹走和将阀杆冲刷出沟槽，从而使泄漏扩大化。对于阀杆填料处泄漏的处理方法是：在运行中紧盘根压盖处理泄漏。在一般的阀门检修中都要求盘根压盖与填料室之间留出间隙，便于在运行中压紧盘根。对于盘根压盖螺钉锈蚀或者损坏的阀门，采用先把阀门关闭，然后对压盖螺钉一条一条地更换，更换完毕后，再均匀压紧盘根，保证盘根与阀杆的紧密接合不泄漏。

（7）阀门盘根的泄漏。引起阀门盘根泄漏的原因有阀杆精度低、有弯曲和锈蚀现象、填料选用不合理、填料填充工艺不符合要求、盘根松、法兰与门杆间隙大。消除盘根泄漏的方法是：阀门检修时，认真检查被检修的阀门阀杆，如发现阀杆加工精度不符合质量标准、弯曲和锈蚀严重，应进行检修，无法修复时应更换；更换阀门盘根时，应根据系统压力、温度和介质性质选择盘根的材质，不得错用和乱用，并严格按照盘根填充工艺要求执行；阀门检修完成后，开关阀门检查盘根的松紧度，过紧阀门会开关不动或卡涩，过松会造成盘根运行中泄漏。

（8）阀盖及法兰泄漏。阀盖及法兰泄漏的原因有很多，主要是连接螺栓的压紧力不足、结合面的表面粗糙度不符合要求、垫片变形和机械振动等，都会引起密封垫片与法兰结合面密合不严而发生泄漏。另外由于螺栓变形或伸长、垫片老化、弹性下降、龟裂等也会造成法兰面密封不严而发生泄漏。法兰泄漏还有不可忽视的人为因素，如密封垫片装偏，法兰紧固过程中用力不均或两法兰中心线偏移，造成假紧现象等都容易发生泄漏。对于阀门阀盖及法兰泄漏的处理方法是：在泄漏初期、密封垫采用金属垫片的法兰，应安排有经验的人采取对角均匀地紧固连接螺栓，必要时使用力矩扳手。一般均可处理掉或者减轻法兰泄漏，切忌盲目用力紧固螺栓。安装垫片时注意垫片和法兰的清洁，避免杂物落入。对于泄漏初期通过紧固螺栓效果不明显的法兰泄漏，在运行实践中应采用带压焊接法处理。对于运行中温度超过50℃的阀门，法兰装好后进行保温处理。

（9）介质有杂质。在阀门检修过程中，常常看到阀门密封面上一道道刮痕、一块块压痕，这些都是管道介质不干净引起的。

（10）阀芯阀杆分离。如果阀芯与阀杆锁紧螺母配合间隙过大，造成锁紧螺母松动，经介质冲刷造成阀芯与阀杆脱落。因此要提高阀门检修质量，使阀芯与阀杆的配合间隙要适当，并提高螺纹的加工精度。

如果阀芯与阀杆连接防止锁紧螺母转动的止退垫没有装好，也会引起阀芯与阀杆脱落。这就要求组装阀芯时，止退垫要上紧。

（11）截止阀或闸阀关闭不严密，造成阀门内漏，影响系统的安全运行和经济运行。关闭不严密的主要原因是：运行中阀门未达到关闭位置，运行中阀门阀头、阀座结合面研磨质量未达到质量标准或存留杂物。处理措施是：当阀门关闭不严密时，首先检查阀门是否关到应关的位置。如果未关到位，可适当地活动一下阀杆，将阀门再开启几次，然后再关闭。这样反复几次，再适当地增加关闭阀门的力量。如果结合面存留杂物，则可在运行中微开阀门几次，让介质冲刷阀门结合面，去除存留在结合面的杂物，然后关闭阀门。如果结合面存留焊渣、铁屑等杂物，应对阀门解体检查清理。如果结合面研磨质量未达标造成泄漏，只有在设备停运时对阀门结合面重新研磨。

（12）安全阀泄漏。安全阀泄漏会造成系统内大量汽水的流失，影响到工作人员的人身安全和机组的经济运行。安全阀泄漏的原因是：系统频繁超压，安全阀起跳动作，介质冲刷造成结合面损坏，使安全阀泄漏；检修工艺不规范，质量不高。预防安全阀泄漏的措施是：安全阀检修时认真检查阀头、阀座结合面损坏情况，根据检查制定结合面检修措施，更换损坏严重的阀头或阀门；阀门结合面（阀芯、阀座）研磨过程，应严格按照检修工艺规程步骤进行，并根据不同型号的安全阀选用合适的研磨工具和研磨材料；阀门结合面经过研磨后粗糙度应达到 0.025，达不到质量要求的不能组装。

六、阀门泄漏治理对策

阀门泄漏分外漏和内漏，内漏不容易引起重视，但对机组的经济性却有很大影响。对阀门内漏的判断，是治理阀门内漏的前提，如果阀门严密，阀体及阀后温度基本上可以降至环境温度。因此从理论上讲，可以通过阀门前后温度的差值来判断阀门的内漏情况，但生产现场有些管道布置复杂，保温完善，要想准确测量阀门前后温度比较困难，目前较好的办法是使用红外线测温仪测量靠近阀门阀体处阀杆的温度。如果阀门内漏，阀体温度相应会上升，并且阀体的温度与内漏的程度基本一致。根据经验，结合不同压力等级系统疏水泄漏量试验情况，考虑金属的传导和散热，以疏水阀阀体上尽可能测到的最高温度判断阀门的内漏情况，具体可以参考表 13-47。

表 13-47　　　　　　　　　　　　根据管壁温度判断阀门内漏的依据

介质温度 （℃）	阀门阀体最高温度		
	严重内漏	一般内漏	渗漏
≥500	＞250℃且与门前管壁温差小于50℃	＞200℃且与门前管壁温差小于80℃	＞200℃且与门前管壁温差大于80℃
400～500	＞200℃且与门前管壁温差小于50℃	＞150℃且与门前管壁温差小于80℃	＞150℃且与门前管壁温差大于80℃
300～400	＞150℃且与门前管壁温差小于50℃	＞100℃且与门前管壁温差小于80℃	＞100℃且与门前管壁温差大于80℃
150～300	＞120℃且与门前管壁温差小于30℃	＞80℃且与门前管壁温差小于50℃	＞80℃且与门前管壁温差大于50℃

从设计方面减少阀门内漏的措施：

（1）在主、再热蒸汽疏水阀门、高压旁路的门前、门后管道外壁上加装管壁温度测点并引入 DCS 系统，使疏水阀门的严密性状况一目了然，不仅为检修提供了依据，而且使疏水阀门泄漏状况公开化，便于各级技术人员对疏水阀门的泄漏情况进行监督管理。

（2）电动主汽门与自动主汽门之间距离较近，且电动主汽门后与自动主汽门前都有疏水管的情况下，可保留一个位置较低的疏水，取消另一个疏水门。

（3）抽汽止回门与加热器进汽电动门之间距离较近，且抽汽止回门后与加热器进汽电动门前都有疏水管的情况下，可保留一个位置较低的疏水门，取消另一个疏水门。

（4）加热器进汽电动门与加热器距离较近，且进汽电动门后管道无 U 形管段，可以将加热器进汽电动门后的管道疏水取消。

（5）对于高压加热器危急疏水、除氧器溢流放水的疏水门，可由一个电（气）动门加一个手动门改为 2 个电（气）动门，使高压加热器、除氧器水位信号同时联动 2 个电（气）动门。这样不仅能够减少内漏，而且运行中 2 个电（气）动门可以定期分别打开试验。

（6）对于新设计机组，可以将高压旁路、低压旁路布置在蒸汽管道上方并设计预暖管道，取消门前、门后疏水及原预暖管道，减少热量损失。

（7）热力及疏水系统阀门应采用质量可靠、性能有保证、使用业绩优良的阀门。疏水阀门宜采用气动球阀，不宜采用电动球阀。

从运行方面减少阀门泄漏的措施：

（1）在汽轮机启动、停机过程中，运行人员应严格执行运行规程中对疏水阀门开启和关闭的规定，按时开启、关闭疏水阀门，严禁早开、晚关疏水阀门，以免蒸汽过度冲刷造成疏水阀门损坏。

机组启、停机时所操作阀门，必须就地确认阀门位置正确，并且在不需要时及时关闭，防止发生高温高压流体对阀门严重冲刷。

（2）有些电动或气动疏水阀内漏时，可以将手动截止门关闭，避免长时间冲刷，检修时只需要少许研磨即可，同时也可以减少经济损失。

（3）用于压力大于 1MPa 的压力管道的各种截断阀类阀门，只允许通过全开或全关来接通或截断管道中的介质，禁止采用通过调节截断阀类阀门开度的方法调整介质流量。主要包括：各种容器及管道的隔离门、疏水门、放水门、排空气门、排污门等。

（4）规范阀门操作方法，防止操作不当造成阀门内漏：开关阀门时，对于关断型阀门原则上只能全关或者全开，不要让这些阀门处于半开半关状态，以防阀门吹损导致阀门内漏。对于串联阀门应严格按照规定的顺序进行开关，不能随意采用一次门参与调节。有的热力管道设置了一、二次疏放水门，为了预防阀门内漏，操作顺序应为：开启时先开一次门，再开二次门，通过二次门调节流量；关闭时先关二次门，再关一次门，这样做的目的是保护一次门。

（5）机组启动后要及时复紧阀门：机组启动后，除了所有疏放水手动门必须关严外，对于电动疏放水门，还应在电动关闭完毕后立即手动压关一次，关闭 2～4h 后要进行一次测温检查，将判断为内漏的阀门进行一次复紧，如复紧 2～4h 时后阀门温度有所下降但未降低到接近于环境温度，可再进行一次复紧，这是由于阀门温度下降后，阀芯收缩而间隙增大，此时又可以再下压一定行程，从而有可能使该阀门达到严密关闭状态。

（6）对于已投产机组，在运行中必须开启的高压旁路后疏水，可以将疏水接至高压辅汽联箱，减少热量损失。

（7）运行人员在开机后应按照下列疏水阀门操作规定，及时关闭热力系统疏放水阀门，防止出现阀门未关严或关门不及时造成阀门冲刷，引起内漏。具体操作如下：

1）汽包上水前关闭给水系统管道各放水门，汽包压力≥0.2MPa 时关闭炉侧各空气门，汽包压力≥0.5MPa 高压旁路投入后关闭炉侧过热疏水门，低压旁路投入后关闭炉侧再热疏水门。

2）汽轮机 3000r/min 定速后关闭主、再热蒸汽管道疏水门。

3）机组定速 3000r/min，低压旁路不再参与调整时，应及时关闭低压旁路电动门及二、三级减温水门。如低压旁路后汽温超过 50℃，应立即就地检查低旁电动门是否关到位，否则手动摇严或立即通知检修处理，防止冲刷。

4）机组并网后，高压旁路不再参与调整，应及时关回高压旁路电动调整门及隔离门，若高压旁路后汽温超过高压缸排汽温度（如 290℃），应立即检查高压旁路电动门及隔离门是否关到位，否则手动摇严或立即通知检修处理，防止冲刷。

5）高、低压加热器汽侧投入后关闭抽汽管道疏水门，给水泵汽轮机冲转后关闭给水泵汽轮机缸体、管道疏水。

6）机组正常停备时，要求电动主闸门常开，电动主闸门前疏水在"关闭"位禁止操作。当机组启动时若出现疏水不畅，应及时打开，待疏水疏尽后及时关闭。

从检修方面减少疏水泄漏的措施：

（1）维持热力系统滤网完好是防止杂质进入热力系统的重要关口。火力发电厂热力系统滤网一般指的是凝结水泵进口滤网、前置给水泵滤网、主给水泵滤网等。这些滤网一定要定期清洗，对于破损的滤网必须进行更换，以防止杂物直接进入热力系统。一旦杂质停留在阀门密封面之间，关闭阀门时密封面就压坏了，从而导致了阀门内漏。

（2）对于疏水电动门，在机组每次启动后都应该对管壁温度测点或红外线测温仪测得的温度进行分析，并对其相关的管道保温进行检查，阀体温度大于 50℃ 时认为存在内漏，对发现泄漏的阀门和保温不全的应及时下缺陷单，通知检修处理。

（3）正确调整阀门行程。电动门、气动门关行程最好为 0，现在一般阀门是通过力矩来确定关位的，一定要精心整定，确保阀门可以关严，防止冲刷。

（4）运行中相同压力的疏水管路应尽量合并，减少疏水阀门和管道。

（5）为防止疏水阀门泄漏，造成阀芯吹损，各疏水管道应加装一手动截止阀作为临时措施，原则上手动阀安装在气动阀门或电动阀门前。为不降低机组运行操作的自动化程度，正常工况下手动截止阀应处于全开状态。当气动或电动疏水阀出现内漏，而无处理条件时，可作为临时措施，关闭手动截止阀。

（6）阀门的定期测温。热力系统阀门定期测温的目的是检测阀门运行当中内漏的发展状况，为运行中开关阀门、停机后检修阀门提供可靠依据。日常重点检查锅炉侧定期排污系统和锅炉疏放水阀门；高压加热器危急疏水门、低压加热器危急疏水门、除氧器放水门、高压加热器三通旁路、疏水箱疏放水阀门、高压旁路门、低压旁路门、除氧器溢流放水门、凝结水再循环门、给水泵再循环电动调节门（最小流量阀）、主蒸汽疏水阀门、再热蒸汽疏水门、主蒸汽导汽管疏水阀门、再热蒸汽导汽管疏水阀门、各段抽止回门前后疏水阀门等。对于疏水阀门前、后管壁有温度测点的机组，可以以 DCS 历史数据中的温度作为阀门开启、关闭的记录；对于无管壁温度测点的机组，应该在运行记录中明确记录阀门开启、关闭的时间、机组工况。

（7）在疏水扩容器进汽母管增加温度监视测点。利用机组停备机会在机侧高压、中压、低压疏水扩容器 5 个入口联箱上各加装一个温度测点，炉侧定排四个联箱上各加装一个温度测点，并接至控制室 DCS 显示画面，用于监视机组疏水阀门内漏情况，根据温度位置查找内漏阀门。

（8）有的电厂机组高压加热器、低压加热器疏水运行方式为：高压加热器疏水通过正常疏水调整门逐级自流至除氧器，低压加热器疏水通过正常疏水调整门逐级自流至凝汽器。正常运行时事故疏水电动门（有的机组事故疏水调整门前后为手动截止阀）全开，事故疏水调整门全关，正常疏水调整门和事故疏水调整门投自动，当水位高时事故疏水调整门参与调整。由于高压加热器、低压加热器的事故疏水调整门前后压差较大，阀门不严，存在内漏，高温疏水流入凝汽器，增加机组热耗损失。为了减少内漏，应变更高压加热器、低压加热器事故疏水电动门逻辑；增加高压加热器、低压加热器事故疏水调整门开度大于 10% 时联开事故疏水电动门逻辑；增加高、低压加热器事故疏水调整门开度小于 10% 后，允许关闭事故疏水电动门逻辑。规定高压加热器、低压加热器事故疏水电动门正常处于关闭。

【例 13-26】 某电厂 2 台 N700-16.575/538/538 型双背压凝汽式汽轮机，为核查 6 号机组高压加热器危急疏水漏流的严重程度，对 3 台高压加热器危急疏水手动门关闭前后的参数进行了比较，结果见表 13-48。求 6 号机组高压加热器危急疏水漏流量是多少？

表 13-48　　　　　　　　　6 号机组高压加热器危急疏水漏流情况检查表

机 组	机组负荷（MW）	凝水流量（t/h）		1 号高压加热器正常疏水调门开度（%）	2 号高压加热器正常疏水调门开度（%）	3 号高压加热器正常疏水调门开度（%）	凝结水泵电流（A）
		低加出口	精处理出				
关闭前	660	1628	1668	55	46	76	192
关闭后	660	1593	1633	56	51	78	181

解：通过表 13-48 可以发现，1、2、3 号高压加热器的危急疏水泄漏比较严重，漏流量＝1628－1593＝35（t/h），使热耗升高约 110kJ/kWh。

第四篇

火力发电厂能量平衡

　　火力发电厂能量平衡是以研究直接用于发电、供热的主要能源的输入、输出和损失之间的平衡关系。

　　火力发电厂能量平衡包括燃料平衡、电能平衡、热量平衡和水平衡。火力发电厂的生产过程是能量转换过程，燃料在锅炉中燃烧将其化学能转换成水蒸气的热能，水蒸气冲动汽轮机将其热能转换成转子的机械能，汽轮机转子带动发电机旋转将其转换成电能，在发电过程中电厂自身需要消耗一部分电能。水是工质，生产过程中又被部分消耗掉了；虽然水不是能量，但是我国是一个缺水的国家，水是不可再生资源，因此把水量列入火力发电厂能量平衡的范畴。

　　火力发电厂能量平衡的目的是通过火力发电厂能量平衡工作，查清火力发电厂各主要生产环节能源消耗情况和节能潜力所在，为确定火力发电厂节能工作方向、实施节能技术改造、提高能源利用率、实现节能降耗科学管理提供依据。能量平衡原则上每 3～5 年进行一次，遇有扩建、大型改造项目，在正常运行后要补做一次。

第十四章 火力发电厂水平衡

第一节 水平衡测试基础知识

一、水平衡测试的定义及目的

1. 水平衡测试的定义

水平衡是企业节水的一项基础工作，也是对水进行科学管理的重要内容之一。所谓水平衡是指一个部门、一个车间、一个用水系统或一个单位，在其生产、生活中，所用全部水量的收支平衡。

水平衡测试是指在任一用水单元内存在水量的平衡关系，通过对用水单元实际测试，确定其各用水参数的水量值，根据其平衡关系分析用水合理程度，称为水量平衡测试，简称水平衡测试。

火力发电厂水平衡测试是以火力发电厂作为一个确定的用水体系，研究火力发电厂水的输入、输出和损失之间的平衡关系。

2. 水平衡测试的目的

水平衡测试的目的就是进行水系统优化。水系统优化是在水平衡测试的基础上，编制火力发电厂的水平衡图，并找出不合理的用水和排水，最终提出合理的用水、排水和废水分类回用的方案。

（1）通过火力发电厂各种取、用、排、耗水量的测定，搞清企业用水现状，确定工业用水水量之间的定量关系。

（2）根据水平衡测试结果，对各用水单元制定切实可行的合理的发电量单位取水量、供热取水量、补水率、灰水比等用水定额。

（3）进行用水合理化分析，挖掘节约用水潜力，提出节水改造项目计划和用水管理措施。

（4）通过水平衡测试，完善工业用水计量表计，建立健全工业用水档案。

（5）找出单位用水管网和设施的泄漏点，并采取修复措施，堵塞跑冒滴漏。

（6）提出改造计划，以减少企业排放水量、漏溢水量、损耗水量，提高水的重复利用率。

（7）通过水平衡测试提高单位管理人员的节水意识、单位节水管理水平和业务技术素质。

二、水平衡试验项目及内容

根据电厂各水系统的查定结果，可将全厂水系统划分为供水系统、化学除盐水系统、生活绿化及消防水系统、灰渣系统以及燃料系统等。根据试验大纲的要求，水平衡试验的测试内容如下：

（1）供水系统各部分水量的测定、计算；

（2）化学除盐水系统各部分水量的测定、计算；

（3）燃料系统用水量的测定、计算；

（4）灰渣系统用水量的测定、计算；

（5）生活绿化及消防水系统各部分水量的测定、计算；

（6）总取水量、总用水量、复用水量、循环水量、消耗水量的测定、计算；

(7) 废、污水处理系统、全厂总排水量、回用水量的测定、计算；

(8) 计算水重复利用率、循环水率、水损失率和循环水浓缩倍率；

(9) 计算发电取水量、单位发电量取水量。

三、水平衡方程和不平衡率

1. 水平衡方程

总用水量输入表达式：

$$V_t = V_r + V_f = V_s + V_p + V_{cy} + V_f$$

$$V_r = V_s + V_p + V_{cy}$$

输出表达式：

$$V_t = V_r + V_{co} + V_l + V_d$$

输入输出平衡方程式：

$$V_r + V_f = V_r + V_{co} + V_l + V_d$$

以上式中 V_r——重复利用水量；

            V_s——串联用水量；

            V_p——回用水量；

            V_{cy}——循环水量；

            V_f——总取水量；

            V_t——总用水量；

            V_{co}——消耗水量；

            V_l——漏溢水量；

            V_d——排放水量。

即总用水量 V_t 等于总取水量 V_f 和重复利用水量 V_r 之和，总取水量 V_f 等于消耗水量 V_{co}、漏溢水量 V_l 与排放水量 V_d 之和。

2. 水平衡不平衡率

水平衡不平衡率是指总水量与各支水量之和的相对误差，计算公式为

$$\sigma = [(V_t - \sum V_i)/V_t] \times 100\%$$

式中 V_t——总用水量，m^3/h；

    σ——水平衡不平衡率，%；

$\sum V_i$——各系统用水之和，m^3/h。

第二节 水平衡测试步骤

一、水平衡测试对象及条件

1. 水平衡测试对象

下列情况下应进行水平衡测试：

(1) 新机组投入稳定运行一年内；

(2) 主要用、排、耗水系统设备改造后，运行工况有较大变化；

(3) 与同类型机组相比，单位发电量取水量明显偏高的；

(4) 火力发电厂 5 年内没有做全厂水平衡测试；

(5) 欲实施节水、废水回用工程的火电厂。

2. 水平衡测试条件及要求

(1) 电厂应在常规运行工况下进行水平衡测试，且运行机组的发电负荷应占全厂总装机容量的 80％以上，以确保测试结果能够真实反映机组用水状况。否则数据再准确也没有代表性。

(2) 合理选择测试点，了解待测管道的状况（如壁厚和管径）并进行必要的准备工作，有些地下管道需要必要的开挖、打磨去锈等。

(3) 在进行测试之前要检查用水设备及辅助用水设施运行是否正常。如果发现异常，应及时排除。测试要在无异常泄漏的条件下进行。

(4) 进出企业及企业内部车间、重点用水设备的净水计量管径不大于 250mm 的水表准确度为 2.0 级，管径大于 250mm 的为 1.5 级，而排放污水的计量和三级水表的准确度不应低于 2.5 级（±2.5％）。一级用水计量仪表（一级用水计量表计是指全厂各种水源的计量装置）、二级用水计量仪表（二级用水计量表计是指各车间及厂区生产用水的计量装置）要定时检验，有累计量。

(5) 三级用水计量表计（三级用水计量表计是指各设备和设施用水、生活用水的计量装置）要定时检查记录并有累计量。用辅助方法测量时，要选取负荷稳定的用水工况进行测量，其数据不少于 3 次测量值，取其平均值。

(6) 计量水表要配备齐全，此项工作是水平衡测试的基础条件。一级用水计量表配备率、检测率应达到 100％；二级用水计量表配备率、检测率应达到 95％。根据 GB/T 17167—2006《用能单位能源计量器具配备和管理通则》要求，水（自来水，地下水，河水）进出企业的配备率为 100％，而进出分厂（车间）水的配备率达到 95％，重点用水设备或装置的配备率达到 80％。

(7) 供、排水管线要明确，特别是一些老企业，由于对用水不够重视，基础资料不健全，供、排水管网不清，给测试工作带来很大困难。

(8) 冷却水在企业中占的比重较大时，要考虑季节变化的影响。所以水平衡测试宜在冬季、夏季工况分别进行。

二、水平衡的准备阶段

企业水平衡测试包括四个阶段：准备阶段、实测阶段、汇总阶段、分析阶段。各阶段主要工作见图 14-1。

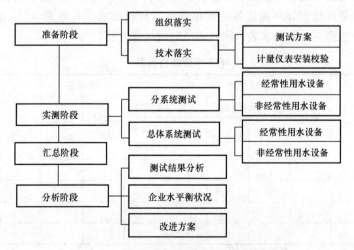

图 14-1 企业水平衡测试包括四个阶段

1. 水平衡测试组织工作

（1）水平衡测试涉及全厂所有的水系统，要保证测试成功，需要成立包括生产厂长在内的领导小组，全厂统一调度，各专业提供协助。

（2）成立水平衡测试小组，测试小组由熟悉生产工艺和用水状况的工程技术人员参加，并配备一定数量的仪表工人和热力试验人员。

（3）举办水平衡测试培训班，熟悉掌握《火力发电厂水平衡导则》。

2. 测试前期准备工作

在水平衡测试前必须充分地做好前期准备，总括起来即思想准备、组织准备、技术准备和物质准备。

（1）思想准备：是指对职工进行宣传，使之认识什么是水平衡测试、测试的目的和意义。

（2）组织准备：成立以有关领导为组长的水平衡测试领导小组，负责协调测试工作，组成由熟悉生产工艺和用水状况的工程技术人员参加的测试小组。该小组中还应配备一定数量的仪表工人。

（3）物质准备：主要是配齐计量仪表、流量计、温度表、秒表等测试工具，按照测试方案安装、校验计量仪表和编制各种记录表格等。

（4）技术准备：

1）对测试人员进行培训，掌握测试技术，明确测试任务；

2）根据生产流程或供水管路等特点划分用水单元，选择好测试点。

3）了解目前同行业先进的用水指标、节水经验和技术。制定切实可行的测试方案。

4）查清全厂装机容量、机组台数、投产日期及主要技术规范。

5）查清全厂各种水源（包括地表水、地下水、自来水、再生水等）情况，填写表 14-1、表 14-2。

6）查清全厂取水、用水、排水情况，填写表 14-3。

7）查清全厂近三年已采取的节水措施，填写表 14-4。

8）查清主要用水设备台数和技术规范（用水量、水质、水温和冷却水介质的设计要求和技术数据）。

9）查清全厂水系统管网，对照实际情况进行修改完善。

10）查清已安装的水流量计量仪表的位置，填写表 14-5。调查水量监测仪表的配备、损坏情况，健全、完善水量计量表计，确定各用水单元水量计量方法。有些老电厂，由于平时不能停机，只能利用检修机会突击安装水表，因此测试时间可能较长。

表 14-1　　　　　　　　地下水资源情况表

水井序号	井口直径及深度（m）	建井日期	产水能力（m³/d）					取水泵		水质状况		
			建井初期	现在		实际取水能力		容量（kW）	流量（m³/h）	Cl⁻（mg/L）	浊度	TOC
				丰水期	枯水期	日产水	日取水时间					

注　取其他水源的，应按此表内容制表。

表 14-2 本厂水资源情况表

序号	水源	供水能力 (m³/h)	取水量	主要用途	水表	备注
						计划用水指标:
						限额用水指标:

注 "水表"栏内填写一级水表规格及使用情况。

表 14-3 本厂用水情况表

年份	用水总量 (m³h)	复用水量 (m³/h)			取水量 (m³h)	外排水量 (m³h)	废水回用水量 (m³h)	单位发电量取水量 (m³/MWh)	重复利用率 (%)
		循环水量	回用水量	串用水量					

注 取水量\单位发电量取水量的计算不包括海水和直流冷却水量。

表 14-4 近三年已实施的节水技术措施项目表

序号	实施日期	项目内容	节水量 (m³/d)	备注

表 14-5　　　　　　　　　　全厂计量水表配备情况统计表

序号	水表编号	水表位置	计量范围	水表型号	水表准确度	有效期	损坏与否

三、水平衡实测阶段

1. 水平衡测试方法

（1）划分水平衡试验体系，即确定试验对象，划出水平衡试验范围。依据《企业水平衡与测试通则》、《火力发电厂水平衡导则》、《评价企业合理用水技术通则》、《工业用水考核指标及计算方法》及《工业企业水量平衡测试方法》等指导性标准，结合电厂的实际情况制定水平衡测试方案。

（2）试验时根据火力发电厂水系统实际情况，将全厂水系统宜按工艺系统性质划分为循环水、工业水、除盐水、灰渣水、脱硫脱硝、废水处理（回用）、生活杂用水等系统。各系统可进一步划分成单项用水系统或用水设备。也可以将全厂水系统划分为汽轮机水系统、锅炉水系统、化学水系统、燃料水系统等相对独立的用水子系统。

（3）需要测试的水量包括取水量、重复利用水量、耗水量、排水量和漏溢水量。

（4）循环水系统冷却塔的蒸发损失量、风吹损失量和排污损失量、环境温度。需要测试的水温包括循环水进、出口水温，其他水温有显著变化的用水设备的进、出口以及对水温有要求的串联用水的控制点的水温。

（5）测试全厂各类废（污）水水量、废水回用量、全厂总排水量及水质。需要测试的水质包括企业主要水源、中水回用和排水点（如冲灰渣排放水）的水质。

（6）根据生产实际每天取水量特点，确定水平衡测试时段，每个时段水量测定次数应不少于3 次。

（7）按企业水量平衡测试单元，自上而下，自总体到局部逐级进行水量平衡测试。各用水系统水量平衡测试都应在具有相同代表性的各测试时段内进行。最好利用现代通信和计时装置，尽可能地保证在同一时间内完成各测试单元的测量。

（8）重点设备必测，即与生产有关的用水量较大的管道必须测量，相同设备抽样测试，生活用水（包括厂区、厂前区、厂外三部分生活用水）必测。

（9）测试机、炉侧辅机各设备冷却水量。

（10）测试并计算水处理系统自用水率，锅炉补水率、汽水损失率。

（11）测试冲灰灰水比及灰水回收量、脱硫脱硝用水量、输煤系统用水量。

2. 水平衡试验方法的选择

（1）被测系统上有表计的，经过校准并确认指示正确（误差小于 2%～5%的表计）可直接抄表记录，同时查阅以前的报表记录以供参考。

（2）被测系统上无表计，水平衡试验期间采用便携超声波流量计测定流量。根据系统运行工况的不同，分时段多次测量，最后取流量平均值，必要时可采用长时间仪器测量后取累计流量值计算出平均值。

常用的便携式流量计是超声波流量计。超声波流量计一般可测管径范围 DN25～

DN3000mm，在满足测量条件的情况下，精度可达到±（1～2.5）%。超声波流量计安装、测量要求：

1）测点上游等断面直管段长度应大于10*D*、下游应大于5*D*（*D*管内径）。

2）为保证测量管段内液体满管，尽量选取上升流向管段进行测试。

3）测量段的内外管壁要求平滑，无凹凸不平以使探头安装时与管壁很好接触，接触面上应涂黄油和凡士林作耦合剂。

（3）测试管道上无水量计量仪表的且无法使用便携式等辅助流量计测定的，可以首先测定其他相关管道或系统的流量，然后通过计算得出该管道的流量数据。

火力发电厂的间断性用水或排水很多，如设备的冲洗、排污、水冷空调用水等。间断性通水的管、沟，只能测定通水期间的瞬间流量，然后根据全年实际的通水总时间折算成小时平均流量。

（4）对于连续稳定的水渠流量的测定，可以采用流速仪测量。流速仪的工作原理是当水流作用到仪器的感应元件桨叶时，桨叶即产生旋转运动，水流速越快，桨叶转动越快，转速与流速之间存在着一定的函数关系，即

$$v=an+b$$

式中　*a*、*b*——流速仪标定系数；

　　　n——流速仪转速，r/min。

（5）间断性通水的管、沟，可采用统计间断运行时间，在运行时测量其瞬间流量，然后折算成小时平均流量。

（6）流量不稳定且较小可采用容积法，然后折算成小时平均流量。容积法是指将被测介质注入预定的容器或水池，用秒表计量水量到达预定容积所需时间，计算出流量。计算公式

$$Q=V/t$$

式中　*Q*——流量，m³/h；

　　　V——预定容积，m³；

　　　t——时间，h。

（7）泥浆、灰渣等固体物的含水率可以采用质量法测定。

（8）全厂管道及设备漏水量的测定，对于有条件的企业选择几个公休日，关闭全部用水阀门和用水设备。如各种水源进水表继续走动，则水表的读数可以近似认为是厂区的总漏水量。没有条件停产的单位，则一级水表计量数值与二级水表计量数值之差大于一级水表计量数值的2%，可近似认为其大于部分为该厂区的总漏水量。若通过以上方法发现有漏水现象，则可利用漏水检测仪找出漏水部位，及时修复。

（9）对于没有办法安装水表的间接冷却水系统，可以根据水泵的额定流量，通过测定运行电流的方法推算循环水流量。循环水量＝水泵额定流量×实际开泵时间×$\dfrac{平均运行电流}{额定电流}$，对于没有办法计算平均电流者，可直接把额定电流看作平均运行电流。对于凝汽器采用直流冷却方式的淡水用量也可采用该法求得。

（10）耗水量的测定

一般用水设备的耗水量＝取水量－排水量

间接冷却水系统耗水量＝蒸发损失水量＋风吹损失水量

（11）对于连续流动的水管，如果没有水表，可根据水压力和管径在表14-6中查取流量估算值。

表 14-6   水管管径、压力和流量的估算

压力（MPa） 管径（in）	1	2	3	3.5	4	4.5	5
	流量（t/h）						
1/2	1.56	2.58	3.18	3.48	3.78	4.38	4.98
3/4	3.0	4.08	4.80	5.16	5.52	6.24	6.96
1	3.72	5.40	6.30	6.75	7.20	8.10	9.00
$1\frac{1}{2}$	10.20	15.60	20.40	22.80	25.20	30.00	34.80
2	18.60	27.00	35.40	39.60	43.30	48.00	52.20
3	34.80	43.20	51.60	55.80	60.00	64.20	68.40
4	50.40	57.00	64.30	68.40	72.00	75.60	79.20

（12）对于冷却塔蒸发损失量等无法测量，但又是水平衡试验及绘制全厂水平衡图不能缺少的数据，可以根据经验公式进行计算。冷却塔蒸发损失量可以参考 GB/T 12452《企业水平衡测试通则》附录 A 计算。

1）冷却塔的风吹损失由两部分构成：一部分是在冷却塔内向上流动的空气再与水接触的过程中，既被带走了热量，又夹带着水滴；另一部分是由填料层下落的水滴被风横向吹出冷却塔，也带走了部分热量。冷却塔的风吹损失一般是无法直接测量的，只能根据经验估算。间接冷却水系统风吹损失水量计算公式为

$$E_D = K_D R$$

式中 E_D——吹散水量，m^3/h；

   R——冷却循环水水量，m^3/h；

   K_D——吹散损失系数，取值见表 14-7。

表 14-7   吹散损失系数 K_D

冷却构筑物类型	喷水池	开放喷水式冷却塔	机械通风式或薄膜式冷却塔		风筒式双曲线型冷却塔	
			有收水器	无收水器	有收水器	无收水器
K_D 值（%）	1.5～3.5	1.5～2.0	0.2～0.3	0.3～0.5	0.1	0.3～0.5

对于电厂双曲线风筒式冷却塔，其吹散损失系数一般取 0.5%。为了减少上流空气的夹带损失，很多冷却塔的顶部装了收水器（除水效率一般在 99% 以上），利用挡板使气流突然改变流动方向，密度较大的水滴因此从空气中分离出来，跌落进入水池，从而使风吹损失率降低到 0.1%。

2）冷却塔的蒸发损失不仅随发电量而变，同时还随环境温度变化而变化。在冬季，蒸发损失热量约占冷却塔全部换热量的 50%，在春秋为 70%，夏季接近 100%。《工业循环冷却设计规范》（GB/T 50102—2003）给出间接冷却水系统蒸发损失水量计算公式为

$$E_R = K_R R \Delta t$$

式中 Δt——冷却水进出水温差（循环水塔温降），℃；

   K_R——蒸发损失系数，取值见表 14-8。

表 14-8   蒸发损失系数 K_R （%）

温度（℃）	−10	−5	0	5	10	15	20	25	30	40
冷却池	0.06	0.07	0.08	0.09	0.095	0.10	0.11	0.12	0.13	0.14
喷水冷却塔	0.08	0.09	0.10	0.11	0.12	0.13	0.14	0.145	0.15	0.16

注 蒸发损失系数与季节有关，对于电厂，夏季蒸发损失系数一般取 0.15%，春秋季取 0.11%。

3）间接冷却水系统排污损失水量计算公式为

$$E_B = \frac{E_R}{N-1} - E_D$$

式中 N——浓缩倍率。

4）补充水量等于 $E_E + E_D + E_R$。

（13）灰水比的测定

先用超声波流量计直接测量出灰水量 Q_{sl}，然后再根据灰量计算出灰水比。

1）单机组的灰渣量计算

$$G_{hl} = BA_{ar}[0.9(1+C_h/100)/\eta_c + 0.1(1+C_z/100)]$$

式中 G_{hl}——单机组的灰渣量，kg/h；

        A_{ar}——煤的收到基灰分，%；

        C_h——飞灰含碳量，%；

        C_z——炉渣含碳量，%；

        η_c——除尘器的除尘效率，%，按实测值计算；

        B——锅炉燃煤量，kg/h。

2）将单机的灰渣量累加到全厂总灰渣量 $\sum G_{hl}$。

3）采用多普勒式超声波等适当方式测定出灰浆量 Q_{sl}

4）计算灰水比 X

$$X = \sum G_{hl}/(Q_{sl} - \sum G_{hl})$$

四、水平衡试验数据汇总整理阶段

（1）水平衡数据的处理，应由单台设备到系统，再由系统到全厂。系统测量结果填写表 14-9 和表 14-10。

表 14-9   分系统水平衡测试统计表

子系统名称	水源	总用水量（m³/h）	取水量（m³/h）			重复用水量（m³/h）			消耗水量（m³/h）	排放水量（m³/h）	重复利用（%）	排放率（%）
			自来水	井水	再生水	冷却循环水量	回水用量	串用水量				
生活												
其他												
合计												

注 回用水量包括串联水。

表 14-10 主要单台设备用水量测定表

设备名称			水的用途	
用水时间			用水种类	
测定方法				
具体测定规范细则	测定结果（m³/h）			
	次数	用水量	取水量	排放水量	回收水量
	1				
	2				
	3				
	4				
	平均				
每小时用水量				
取水量				
回用量				
备注				

（2）水平衡水量测试完成后，数据整理是试验工作重要的组成部分。数据整理主要内容包括测试数据整理、计算、平衡工作，在此基础上计算全厂总用水量、取水量、复用水量、损耗水量、排放水量，填写在表 14-11 中。

表 14-11 全厂各类系统用水情况分析表

系统名称	总用水量（m³/h）	其 中							消耗水量（m³/h）	排放水量（m³/h）	水的重复利用率（%）	排放率（%）	占总用水量（%）
		取水量（m³/h）				重复用水量（m³/h）							
		自来水	井水	再生水	合计	冷却循环水量	回用水量	串用水量					
合计													

（3）计算全厂排放水率、锅炉补水率、发电取水量、灰水比、废水回收率等指标值。

（4）分类计算串用水量和回用水量。分类计算潜在的串用水量和回用水量。如可直接串用的水量、经简单处理或降温即可回用的水量、必须经深度处理才能回用的水量。

（5）将全厂各类用水以用途进行汇总分类，并计算其所占总取水量的比例。计算万元产值取水量、职工人均生活取水量、全厂重复利用率、单位发电量取水量和全厂不平衡率 δ。

（6）绘制全厂水平衡图，必要时各分系统绘制水平衡图。水平衡图应能反映出各用水系统水的来源、类别（取水、复用水、排放水、蒸发、泄漏等）、用水系统或设备的名称、回用废水的处理设施、简单工艺流程和水的流向，同时应标出各节点水的流量。绘制企业层次、车间或用水系统层次及重要装置和设备的水平衡方框图，各用水单元均用方框表示。方框内写明用水单元的名称，方框之间的相对位置，既要考虑到与实际工艺流程一致，又要考虑到水量分配关系清晰、明了。火力发电厂水平衡图中，水流走向用箭头标明，箭头线上方标注各种水量参数。水平衡方框图中的用水单元的名称、数量、水量等数值以及用水的分类要与测试数据及其汇总数据对应一致。在画水平衡图时，千万不能在输入侧单独画出串联用水量，要把串联用水量归入重复用水量 V_r 中，否则无法平衡水系统水量。

第三节　水平衡报告书的编写

一、单位基本概况

(1) 本次水平衡测试目的、原则及技术依据。

(2) 企业概况，机组构成。

(3) 全厂各种水源情况。

(4) 全厂取水、用水、排水情况。

(5) 已有的节水措施。

(6) 主要用水设备台数和技术规范。

(7) 取水计量装置，取水装表率达到：一级 100％、二级 95％、三级 80％。

二、水平衡测试工作

(1) 成立水平衡工作的组织机构、开展水平衡工作的培训。

(2) 深入现场，进行水平衡测试。对用水量较多的车间或部门水量的测定方法应进行核实、抽测，分析测定数据和计算方法的准确程度。

(3) 设备的各种用水量全部测定、计算全部清楚、准确。

三、绘制水平衡图

(1) 试验数据处理和计算方法。

(2) 绘制水平衡系统图。水平衡图应标明水的流向和性质。

(3) 填写表格内容清楚、计算准确、不漏项。

(4) 再次核对工厂水系管网、水平衡方框图及各种图表数据、计算方法等完善、准确与否，各种水量来龙去脉清楚，水量平衡，并与图中数字吻合。

四、用水分析和水务管理

1. 误差要求

由于水平衡测试有时不能在企业各个用水单元同步测试，所以各用水单元测试数据汇总后和工厂实际用水情况有一定差异。为使测试工作保证质量，要求在测试阶段一级水平衡 $\sigma \leqslant \pm 5\%$，二级水平衡 $\sigma \leqslant \pm 4\%$，三级水平衡 $\sigma \leqslant \pm 3\%$，方可认为测试结果符合要求。否则应继续查找有无漏测和不明泄漏处，有时计算也会出现错误。

2. 用水分析

(1) 工业用水重复利用率、万元产值取水量和单位发电量取水量与同类企业的先进水平进行比较，找出本企业在工业用水方面存在的问题和差距。

(2) 灰水比、灰水回收率等指标应与设计值以及国内同类用水先进电厂比较。

(3) 循环倍率应与设计值比较。

(4) 锅炉补水率、排污率应参照《火力发电厂节水导则》（DL/T 783）进行评价。

（5）循环冷却的电厂重复利用水率不低于 95％，严重缺水地区不低于 98％。采用直流冷却的电厂重复利用率，不考虑直流冷却水量至少应达到 34％。

（6）职工生活用水只计算厂区内生活用水（即食堂、浴室、绿化、车间生活用水等，不包括职工生活区的生活用水），参照同行业先进水平，分析本厂职工人均取水量是否合理。从而采取措施，加强管理，降低职工生活取水量，力争达到同行业职工人均日取水量的先进水平。

（7）根据水平衡测试的计算结果，参考系统运行状态和设计值，分析各系统用水是否合理、有无直排、渗漏或溢流。

（8）根据测试结果，针对本设备，工艺对水温、水质、水量的要求，分析目前用水情况是否符合工艺要求。分析该设备的取水、排水、耗水是否有不合理的地方。确定哪些分系统或设施可以采用循环用水。

（9）根据测试结果，结合被测电厂实际情况（如排放量大、消耗量大的系统），经过经济技术比较后，提出节水合理化建议、措施和节水规划。

（10）进行节水分析时，要避免单纯节水，而不考虑其他因素。以提高循环水浓缩倍率为例，必须具有有效的防垢、防腐的水处理系统，避免出现因盲目提高循环水浓缩倍率而造成管道结垢、腐蚀等负面影响。

此外，很多电厂大多将现场跑、冒、滴、漏的水一并收集进入循环水回水系统，这样做表面上看来是没有浪费水，但实际上很多高品位的水就这样白白浪费了。同时浪费了大量生产除盐水的原料和能源，因此不能只考虑节水，而不考虑节约其他能源。

五、用水评价

（1）根据《节水型企业　火力发电行业》（GB/T 26925—2011）和《火力发电厂节水导则》（DL/T 783）进行用水评价。

（2）提出节水措施和规划，填写在表 14-12 中。

表 14-12　　　　　　　　　　节水技术措施项目计划表

序　号	项目内容	预计节水量 （m³/d）	预计投资 （万元）	计划实施日期	备　注

六、附录

附录包括如下内容：

（1）用水管理制度；

（2）水表配备率、计量率、完好率；

（3）用、排水管网图；

（4）水计量网络图。

第四节 水平衡试验报告举例

这里以某电厂水平衡测试为例，说明水平衡试验报告的编写。

一、电厂基本情况

1. 机组概况

某电厂一期工程建设 $2\times300MW$，于1998年全部投产发电；二期工程建设 $2\times660MW$ 超临界燃煤发电机组，于2010年12月和2011年1月投产发电。一期、二期工程的循环水供水系统均为单元制直流循环供水系统，冷却水源为黄海海水。一期2台汽轮发电机组，为亚临界、一次中间再热、单轴、双缸双排汽、凝汽式汽轮机，型号为 N300-16.7/538/538；二期2台汽轮发电机组，为超超临界、一次中间再热、四缸、四排气、单轴、双背压、凝汽式，型号为 N660-25/600/600（锅炉、发电机略）。

2. 供排水系统

（1）供水系统。电厂取水包括市政自来水、海水淡化系统以及少量邻村河水。一路水源为市政自来水，经水场送入厂外 55m 高位储水池，然后自流至厂内，主要供厂区生活消防水系统和工业用水系统；另一路水源为海水淡化装置出水。海水淡化采用的水处理工艺是反应沉淀池→超滤→海水反渗透→二级反渗透→EDI，海水淡化装置的设计净产水量为 $200m^3/h$，主要供给化学除盐制水系统。

另外，还有少量海埠河的河水进入污水处理站，经处理后作为燃料系统的补充水，用于煤场喷淋以及栈桥冲洗等用途。

（2）排水系统。电厂产生的废、污水主要包括灰渣系统冲渣水、除盐水车间废水、精处理再生排水、机组杂排水、含煤废水及生活污水等。各类废、污水的详细来源如下：

1）冲渣水：主要为一期1、2号机组灰渣系统产生的冲渣水。

2）化学废水：主要是海水淡化车间的反渗透浓排水、离子交换器的反洗排水、再生废水等。

3）含煤废水：主要是输煤栈桥及煤场地面冲洗等排水。

4）生活污水：主要是厂区各建筑物内排出的生活污水。

5）杂排水：主要为厂房地面冲洗、杂排水等。

3. 已有的主要节水措施

（1）一期灰渣系统、燃料系统补水主要采用污水处理站产水，降低了新鲜取水量。

（2）采用海水冷却直流循环，节约了大量的淡水资源。

（3）采用海水脱硫，节约了大量的淡水。

（4）回收利用电厂一、二期生活污水、工业废水，减少了整个工程海水淡化水量。

（5）全厂所有的辅机冷却均采用闭式冷却系统，节约了大量工业水量。

二、试验工作概况

（1）水平衡试验项目及内容（略）。

（2）水平衡试验方法。

针对电厂水系统复杂，试验数据采集量大，个别测点不能满足测试条件等问题，试验小组通过分系统逐级平衡、选择合理的测试方法、增加平行测定次数等多条措施来减少试验的误差，以保证试验数据的准确性和代表性（略）。

（3）试验仪器、设备

1）时差式便携式超声波流量计。生产厂：日本富士通，型号：FLCS1011。

2) 多普勒式便携式超声波流量计。生产厂：美国宝丽声，型号：SX30。此种超声波测流装置可测量混有较多固体的液态流体，如冲灰水。

3) 恒温烘箱、温度计、秒表、皮尺、便携式 pH 计、电导率测定仪等。

（4）试验期间机组运行状况说明。水平衡试验期间，电厂一期 2 台 300MW 机组发电总负荷平均为 400MW 左右，二期 2 台 660MW 机组发电总负荷平均为 1300MW 左右。

（5）水平衡主要计算公式（略）。

三、水平衡试验结果汇总

1. 试验的前期准备工作

通过试验前期对电厂一、二期机组的设计资料和现场调查，水量测试前把电厂一、二期所有的用水点、用水系统逐一核实、现场调查，确定了水平衡水量测试点、测试系统以及电厂现有水量计量表计的情况，并将所有用水点进行了系统划分。

对关键点进行了长时间连续监测以便掌握关键用水点的水量变化规律，并同时对电厂现有水量计量表计的实时比对。测量时持续一个或多个用水周期。试验结果见表 14-13。

表 14-13　　关键水量测试点的监测情况汇总表

测点名称	实测流量（m³/h）	电厂表计流量（m³/h）	备　注
自来水供水	40/41/32/39/41*	43/42/32/40/41	表计基本准确；取水关键点 24h 连续监测 5 天；来水为全厂供水。电厂表计准确。来水不连续，全天平均流量变化不大
海淡产水（有效取水量）	85/87/90/95	87/88/93/98	表计基本准确；取水关键点 24h 连续监测 4 天；来水为全厂供水。电厂表计基本准确。产水稳定，变化不大
河水	26/25/25	无表计	取水关键点 24h 连续监测 3 天；来水为污水处理站供水。供水稳定，变化不大
灰渣系统用水	26/27/27/28	无表计	耗水关键点 24h 连续监测 4 天；供水稳定，变化不大
生活用水	8/12/10/9	8.5/11.9/9.8/9.2	表计基本准确；用水关键点 24h 连续监测 4 天；平均流量稳定
燃料用水	13/10/12/12	无表计	用水关键点 24h 连续监测 4 天；供水不连续，全天平均流量变化不大
消防水	3/4/3/3	无表计	耗水关键点 24h 连续监测 4 天；耗水不连续，全天平均流量变化不大
回用水	9/7/8/8/7/9/7	无表计	排水关键点 24h 连续监测 7 天；排水不连续，平均流量变化不大

* 表示连续 5 次测量测试的流量，实测流量使用便携式超声波流量计测试。

2. 试验数据

电厂一、二期 4 台机组各分系统水量分配和试验数据如下：

（1）供水系统。电厂供水及主要分系统水量分配测试数据见表 14-14，相应水量平衡图（略）。

表 14-14 供水及主要分系统流量测定值汇总表（平均值）

序号	测点名称	测定方法	测定时间	平均流量 (m³/h)	备注
1	自来水至蓄水池	超声波、统计	2011/5/25～2011/6/18	40	
2	邻村河水	超声波、统计	2011/5/25～2011/6/18	25	
3	海水	超声波	2011/5/25～2011/6/18	164 083	
4	海水淡化系统出水	超声波、统计	2011/5/25～2011/6/18	90	
5	消防水泵出口	超声波、统计	2011/5/25～2011/6/18	5	
6	生活消防水	超声波	2011/5/25～2011/6/18	23	
7	一期生活用水	超声波、统计	2011/5/25～2011/6/18	3	
8	二期生活用水	超声波、统计	2011/5/25～2011/6/18	12	

（2）直流冷却系统。电厂 4 台机组循环冷却水均采用海水直流冷却系统。该系统的主要作用是在各种运行条件下连续供给凝汽器冷却水，维持凝汽器的真空，使汽水循环得以维持；同时向汽轮机侧辅机设备冷却水系统供水。海水经循环水泵升压后分别至凝汽器、闭式水热交换器、脱硫吸收塔等进行冷却作业，冷却完后通过脱硫曝气池再回到黄海。脱硫海水的供水系统与机组循环水系统为一体，把循环水排水沟中的部分海水引至脱硫海水增压泵前取水池，由海水升压泵送至吸收塔喷淋层，吸收烟气中的 SO_2 后流入曝气池（海水恢复系统）；循环水排水沟中的其余海水直接自流至曝气池与脱硫塔流出的低 pH 值海水混合，处理达标后经过排水沟流入大海。测试期间直流冷却系统水量数据见表 14-15。

表 14-15 直流冷却水系统各流量测定汇总表

序号	测点名称	测定方法	测定时间	流量（m³/h）	备注
1	1 号机循环水泵出口	超声波	2011/6/5～2011/6/20	27 210	
2	2 号机循环水泵出口	超声波	2011/6/5～2011/6/20	26 190	
3	1 号机开式泵总出口	超声波	2011/6/5～2011/6/20	2430	
4	2 号机开式泵总出口	超声波		2240	
5	1 号机闭式水热交换器进口	超声波		735	
6	2 号机闭式水热交换器进口	超声波		1381	
7	1 号机主机热交换器进口	超声波		690	
8	2 号机主机热交换器进口	超声波		730	
9	1 号机 A 凝汽器进水	超声波		12 210	
10	2 号机 B 凝汽器进水	超声波		11 400	
11	1 号机 A 凝汽器进水	超声波		10 968	
12	2 号机 B 凝汽器进水	超声波		12 832	
13	1 号机海水升压泵出口	超声波		3940	
14	2 号机海水升压泵出口	超声波		4060	
15	3 号机循环水泵出口	超声波		58 030	
16	4 号机循环水泵出口	超声波		52 656	
17	3 号机开式泵总出口	超声波		5040	

序号	测点名称	测定方法	测定时间	流量（m³/h）	备注
18	4 号机开式泵总出口	超声波		4650	
19	3 号机闭式水热交换器进口	超声波		5040	
20	4 号机闭式水热交换器进口	超声波		4650	
21	3 号机 A 凝汽器进水	超声波		28 390	
22	3 号机 B 凝汽器进水	超声波		26 100	
23	4 号机 A 凝汽器进水	超声波		24 253	
24	4 号机 B 凝汽器进水	超声波		22 253	
25	3 号机海水升压泵出口	超声波		6600	
26	4 号机海水升压泵出口	超声波		5900	

（3）除盐水系统。电厂全厂除盐水系统水源取自循环水出口母管的海水。除盐水处理系统设计工艺为：海水→二期反应沉淀池→二期超滤→二期海水反渗透→一期二级反渗透→一期水处理离子交换→一、二期除盐水箱→一、二期除盐水泵→一、二期主厂房凝补水箱。

试验期间，除盐水通过除盐水泵输送到凝补水箱后作为全厂锅炉补给水，补充锅炉汽水损失、闭式水系统损失；部分除盐水用于除盐设备再生、自用水以及精处理系统的再生用水等。

除盐水系统产生的再生废水经中和池处理后，排至工业废水处理站二次处理后外排或进入中水处理系统，海水反渗透浓排水、超滤反洗水、二级反渗透的浓排水进入脱硫曝气池后外排。测试期间全厂除盐水系统各水量数据见表 14-16，与之相对应的水量平衡图见图 14-2。

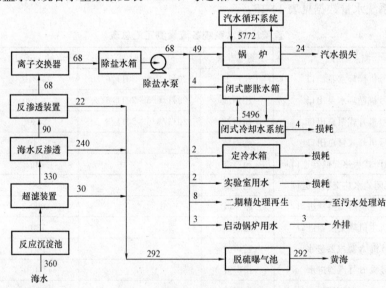

图 14-2　除盐水系统水量平衡图

表 14-16　　　　　　　　　　除盐水系统各流量测定汇总表

序 号	测点名称	测定方法	测定时间	流量（m³/h）	备 注
1	海水来水	超声波、统计		360	
2	超滤系统自用水	超声波、计算		30	
3	海水反渗透进水母管流量	超声波		330	

续表

序 号	测点名称	测定方法	测定时间	流量（m³/h）	备 注
4	海水反渗透产水母管流量	超声波		90	
5	海水反渗透浓排水流量	超声波		240	
6	离子交换出水流量	超声波、统计		68	
7	除盐水泵至一期凝补水箱	超声波、统计		29	
8	除盐水泵至二期凝补水箱	超声波、统计		28	
9	二期精处理用除盐水	计算		8	
10	1号机主蒸汽平均流量	抄表		901	
11	2号机主蒸汽平均流量	抄表		911	
12	3号机主蒸汽平均流量	抄表		2010	
13	4号机主蒸汽平均流量	抄表		1950	
14	二级反渗透浓排水流量	超声波		22	
15	1号机锅炉汽水损失	计算		11	
16	2号机锅炉汽水损失	计算		14	
17	1号机定冷水箱补水	计算		0.2	
18	2号机定冷水箱补水	计算		0.8	
19	1号机闭式水泵出口流量	超声波		735	
20	2号机闭式水泵出口流量	超声波		1381	
21	1号机炉侧冷却水	超声波		61	
22	2号机炉侧冷却水	超声波		164	
23	1号机膨胀水箱补水	超声波		0.2	
24	2号机膨胀水箱补水	超声波		1.8	
25	一期空压机冷却水	超声波		90	
26	1号机空气预热器冷却水	超声波		12	
27	2号机空气预热器冷却水	超声波		8	
28	1号机引风机油站冷却水	超声波		15	
29	2号机引风机油站冷却水	超声波		13	
30	1号机送风机油站冷却水	超声波		5	
31	2号机送风机油站冷却水	超声波		13	
32	1号机磨煤机油站冷却水	超声波		40	
33	2号机磨煤机油站冷却水	超声波		70	
34	1号机给水泵汽轮机密封油冷却水	超声波		120	
35	2号机给水泵汽轮机密封油冷却水	超声波		105	
36	1号机发电机氢冷器冷却水	超声波		98	
37	2号机发电机氢冷器冷却水	超声波		131	
38	1号机前置泵机封水	超声波		11	
39	2号机前置泵机封水	超声波		13	

序　号	测点名称	测定方法	测定时间	流量（m³/h）	备　注
40	1号机凝结水泵轴冷水	超声波		20	
41	2号机凝结水泵轴冷水	超声波		16	
42	1号机定冷器冷却水	超声波		0	
43	2号机定冷器冷却水	超声波		16	
44	一期高温取样架冷却水	超声波		68	
45	1号机EH冷油器冷却水	超声波		2	
46	2号机EH冷油器冷却水	超声波		3	
47	1号机电泵冷油器冷却水	超声波		390	
48	2号机电泵冷油器冷却水	超声波		311	
49	1号机氢气干燥器冷却水	超声波		20	
50	2号机氢气干燥器冷却水	超声波		42	
51	1号机真空泵冷却水	超声波		141	
52	2号机真空泵冷却水	超声波		149	
53	1号机海水升压泵冷却水	超声波		65	
54	2号机海水升压泵冷却水	超声波		55	
55	1号机曝气风机冷却水	超声波		23	
56	2号机曝气风机冷却水	超声波		27	
57	1号机密封风机轴冷水	超声波		8	
58	2号机密封风机轴冷水	超声波		12	
59	1号机循环水泵冷却水	超声波		2	
60	2号机循环水泵冷却水	超声波		2	
61	3号机锅炉汽水损失	计算		13	
62	4号机锅炉汽水损失	计算		11	
63	3号机定冷水箱补水	计算		0.7	
64	3号机定冷水箱补水	计算		0.3	
65	3号机闭式水泵出口流量	超声波		1648	
66	4号机闭式水泵出口流量	超声波		1732	
67	二期空压机冷却水	超声波		351	
68	3号机炉侧冷却水	超声波		132	
69	4号机炉侧冷却水	超声波		120	
70	3号机空气预热器冷却水	超声波		9	
71	4号机空气预热器冷却水	超声波		4	
72	3号机锅炉疏水泵轴冷水	超声波		13	
73	4号机锅炉疏水泵轴冷水	超声波		9	
74	3号机锅炉启动升压泵	超声波		0	
75	3号机密封风机轴冷水	超声波		5	

续表

序 号	测点名称	测定方法	测定时间	流量（m³/h）	备 注
76	4号机密封风机轴冷水	超声波		7	
77	3号机引风机油站冷却水	超声波		31	
78	4号机引风机油站冷却水	超声波		25	
79	3号机送风机油站冷却水	超声波		13	
80	4号机送风机油站冷却水	超声波		10	
81	3号机一次风机油站冷却水	超声波		13	
82	4号机一次风机油站冷却水	超声波		11	
83	3号机磨煤机油站冷却水	超声波		43	
84	4号机磨煤机油站冷却水	超声波		53	
85	3号机等离子系统冷却水	超声波		8	
86	4号机等离子系统冷却水	超声波		6	
87	3号机给水泵汽轮机密封油冷却水	超声波		236	
88	4号机给水泵汽轮机密封油冷却水	超声波		224	
89	3号机发电机氢冷器冷却水	超声波		128	
90	4号机发电机氢冷器冷却水	超声波		88	
91	3号机前置泵机封水	超声波		16	
92	4号机前置泵机封水	超声波		12	
93	3号机凝结水泵轴冷水	超声波		8	
94	4号机凝结水泵轴冷水	超声波		9	
95	3号机定冷器冷却水	超声波		130	
96	4号机定冷器冷却水	超声波		150	
97	3号机主机冷油器冷却水	超声波		473	
98	4号机主机冷油器冷却水	超声波		507	
99	3号机高温取样架冷却水	超声波		36	
100	4号机高温取样架冷却水	超声波		28	
101	4号机锅炉启动升压泵	超声波		3	
102	3号机膨胀水箱补水	计算		0.7	
103	4号机高温取样架冷却水	计算		1.3	
104	4号机锅炉启动升压泵	超声波		5	
105	4号机精处理取样架冷却水	超声波		1	
106	3号机海水升压泵冷却水	超声波		136	
107	4号机海水升压泵冷却水	超声波		144	
108	3号机曝气风机冷却水	超声波		66	
109	4号机曝气风机冷却水	超声波		82	
110	3号机真空泵冷却水	超声波		159	
111	4机真空泵冷却水	超声波		161	

（4）除灰渣系统。电厂一、二期除渣系统采用灰渣分除，除灰方式为干除灰。干灰通过正压气力输灰技术收集到灰库，灰库设置干灰分选系统，干灰大部分外销，剩余干灰采用汽车输送到灰场填埋。

一期1、2号锅炉除渣系统的工艺流程为炉底的渣经过湿式水封除渣装置排至碎渣机。通过碎渣机破碎后，经水力喷射器排至渣浆泵前池，再经渣浆泵升压后送至脱水仓。脱水后的渣被汽车运走，脱水仓的水排至回收水池循环使用。

二期3、4号锅炉除渣系统的工艺流程为用空冷干式除渣，渣仓中的渣可由自卸汽车外运。3、4号机排渣时均要用少量干渣拌湿水，用水均为生活消防水。测试期间除渣系统各水量数据（略）。

（5）燃料系统。电厂燃料用水系统包括清水池、冲洗水泵、输煤用水系统和煤场喷淋用水系统等，其主要作用是供给输煤皮带、栈桥除尘、清扫用水和煤场喷淋用水。燃料水系统的补水为生活消防水和污水处理系统的回用水，经燃料水泵升压后，送往输煤系统冲洗水管网，供输煤皮带除尘、清扫用水和煤场喷淋用水，所有冲洗废水排至煤水处理系统。测试期间燃料系统各水量数据（略）。

（6）生活消防绿化系统。生活消防绿化系统包括：生活用水、消防用水（杂用水）、绿化用水、码头用水等系统（略）。

四、全厂水平衡图

电厂4台机组各主要用水系统用水情况分析见表14-17，全厂水平衡图见图14-3。

表14-17　　　　　　　电厂全厂各类用水情况分析表（试验结果统计）

系统名称	净补水量（m³/h）	各系统净补水量占总取水量（%）	新鲜取水量（m³/h）	循环水量（m³/h）	回用量（进，m³/h）	回用量（出，m³/h）	消耗量（m³/h）	排放量（m³/h）	复用率（%）	排放率（%）	备注
除盐水系统	79	51.1	90	11268	0	11	57	22	—	—	
灰渣水系统	25	16.1	25	0	0	0	9	16	—	—	
燃料水系统	35	22.5	15	0	20	0	16	19	—	—	
生活水系统	6	3.8	15	0	0	9	3	3	—	—	
消防绿化及杂用系统	10	6.5	10	0	0	0	10	—	—	—	
合　计	155	100	155	11268	20	20	96	60	98.6	38.7	

注　1. 新鲜取水量是指直接用于系统的新鲜水；净补水量指的是最终用于系统的水量，计算公式为：净补水量＝新鲜取水量＋其他系统回用至本系统（回用量进）－本系统回用至其他系统（回用量出）。

　　2. 除盐水系统指的是制取和使用除盐水的系统，包括锅炉补给水处理系统、锅炉汽水循环系统等。

　　3. 循环水量（不包含海水）包括：凝汽器冷却循环水流量和闭式水换热器、真空泵冷却器、定子水冷却器冷却水流量。

　　4. 消耗量指的是水在使用过程中因蒸发、飞散、渗漏、风吹、污泥携带、灰渣携带及绿化等形式消耗掉的水量。

　　5. 排放量指的是企业实际排放的水量，包括工业排水量和厂区生活排水量；

五、试验结果分析与评价

1. 试验结果分析

（1）取水及分配情况。一期机组：海水淡化系统一级反渗透产水36m³/h；自来水公司来水平均流量为12m³/h，河水平均流量为22m³/h，共计70m³/h。分别用于：除盐水系统36m³/h、除灰渣系统18m³/h、生活水系统11m³/h、燃料用水4m³/h以及消防系统1m³/h。

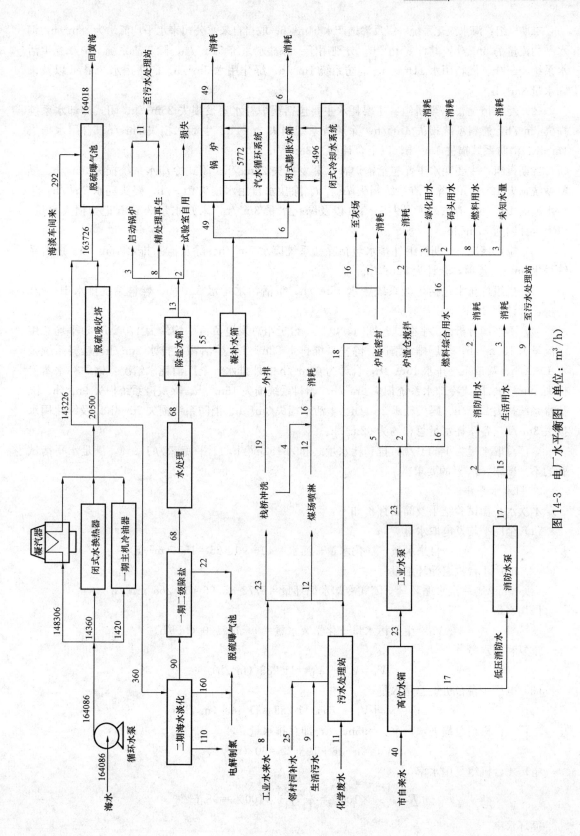

图 14-3 电厂水平衡图（单位：m³/h）

二期机组：海水淡化系统一级反渗透产水 54m³/h；取自自来水公司来水平均流量为 28m³/h，河水平均流量为 3m³/h，共计 85m³/h。分别用于：除盐水系统 54m³/h、除灰渣系统 7m³/h、生活水系统 4m³/h、燃料用水 11m³/h、消防系统 1m³/h、绿化用水 3m³/h、码头用水 2m³/h 以及未知水量 3m³/h。

(2) 耗水情况。一期机组：主要耗水主要包括锅炉补水蒸发损失 25m³/h、闭式冷却水系统损失 3m³/h、燃料系统损失 4m³/h、除灰渣系统损失 2m³/h、生活水损失 2m³/h、自用水损失 1m³/h、消防系统损失 1m³/h，以上合计约为 38m³/h。

二期机组：主要耗水主要包括锅炉补水蒸发损失 24m³/h、闭式冷却水系统损失 3m³/h、燃料系统损失 12m³/h、除灰渣系统损失 7m³/h、除盐水自用水损失 1m³/h、码头耗水 2m³/h、生活水损失 1m³/h、消防系统损失 1m³/h 以及绿化水量 3m³/h，未知水量 3m³/h 记为损失水量，以上合计约为 57m³/h。

(3) 排水情况。一期机组外排水包括除盐系统废水 7m³/h、除灰渣系排水 16m³/h、燃料系统排水 9m³/h 等项，合计为 32m³/h。

二期机组外排水包括除盐系统废水 15m³/h、生活污水排水 3m³/h、燃料系统排水 10m³/h 等项，合计为 28m³/h。

(4) 不平衡分析。水平衡试验期间，电厂 4 台机组总发电负荷平均约为 1700MW，平均总用水流量为 155m³/h。全厂排水情况：除盐系统排水 22m³/h、生活污水排水 3m³/h、燃料系统排水 19m³/h、灰渣系统排水 16m³/h，合计为 60m³/h 的外排水，全厂消耗水情况：锅炉补水蒸发损失 49m³/h、闭式冷却水系统损失 6m³/h、燃料系统损失 16m³/h、除灰渣系统损失 9m³/h、除盐水系统损失 2m³/h、码头耗水 2m³/h、生活水损失 3m³/h、消防系统损失 2m³/h 以及绿化用水损失 3m³/h，各项耗水量总和约为 92m³/h。

全厂总取水量为 155m³/h，排、耗水量之和为 152m³/h，不平衡率为 1.9%，满足水平衡试验的不平衡率 $\sigma < 5\%$ 的要求。

2. 用水水平评价

本次水平衡试验结果及简要评价如下：

(1) 全厂平均发电取水量

$$V_f = 自来水量 + 淡化水量 + 河水 = 40 + 90 + 25 = 155 \ (m^3/h)$$

(2) 电厂 4 台机组循环水量

$$V_{cy} = 汽水循环量 + 闭式冷却水循环量 = 5772 + 5496 = 11\ 268 \ (m^3/h)$$

回用水量

$$V_p = 生活污水量 + 化学废水量 = 9 + 11 = 20 \ (m^3/h)$$

重复利用水量

$$V_r = V_{cy} + V_p = 11\ 288 \ (m^3/h)$$

(3) 电厂 4 台台机组总用水量

$$V_t = V_f + V_r = 155 + 11\ 288 = 11\ 443 \ (m^3/h)$$

电厂 4 台机组总损失水量 $V_{co} = 95m^3/h$，即总排水量

$$V_d = 3 + 16 + 19 + 22 = 60 \ (m^3/h)$$

电厂 4 台机组复用水率

$$R = \frac{V_r}{V_t} \times 100\% = \frac{11\ 288}{11\ 443} \times 100\% = 98.6\%$$

循环水率

$$X = V_{cy} / (V_r + V_f) \times 100\% = 11\ 268/11\ 443 \times 100\% = 98.5\%$$

水的损耗率

$$K_C = \frac{V_f - V_d}{V_f} \times 100\% = \frac{95}{155} \times 100\% = 61.3\%$$

排放水率

$$k_p = V_d / V_f \times 100\% = 60/155 \times 100\% = 38.7\%$$

试验期间，电厂 4 台机组复用水率 R＝98.6％，大于 96％，用水合理。但是电厂 4 台机组外排放水率为 38.7％，外排水率较高，有进一步节水的潜力。

（4）水平衡试验期间，4 台机组平均负荷为 1700MW 左右，即

全厂平均单位发电量取水量＝全厂发电新鲜水量/全厂发电量

$$= 155/1700 = 0.091\ (m^3/MWh)$$

全厂平均单位发电量取水量均小于国家单位发电量取水量定额指标，取水合理。

（5）厂区生活用水量 15m³/h 左右，按全厂工作人员以及外来人员 600 人计，人均生活取水量为 0.6m³/d，对比同等规模火力发电厂人均生活用水量（0.3～0.6m³/d）指标，电厂人均生活取水量基本合理。

六、节水建议

节水是一项系统工程，需要合理的工程设计和科学的水务管理，离不开采用高效的节水技术和先进的水处理设备。要根据国家各项节水、环保政策法规的要求，结合电厂实际情况，建立合理的水量平衡系统。

1. 搞好水务管理工作

火电厂水务管理是指企业在规划、设计、施工、运行、维护和技术改造等阶段对水的使用进行全面统筹与管理，即通过对水资源总体合理规划利用，在各项指标的基础上建立高重复利用率的水平衡系统。其目标就是节约水资源和保护水环境。这种管理是多学科、多专业协调合作的产物，它涉及火电厂中锅炉、汽轮机、灰渣、输煤、给排水、电厂化学等多个专业，是综合技术管理。

（1）加强节水基础管理工作。建议电厂应逐步制定详细的用水管理规定，建立各主要系统的用、排水量台账，实现对主要供、排水系统的监控，以便于生产部门及时发现问题和掌握全厂用排水情况。及时发现、消除电厂的非正常用水。

（2）加强关口流量计的维护和校验。做好水务管理工作的前提是建立全厂用水系统的有效、实时监测体系，所以必须配备必要的、准确的水计量关口表计。由于设计及历史原因，电厂各用水系统安装的流量计数量较少或需要进一步校核，建议电厂按表 14-18 所列的关口用水管路逐步完善主要用、排水系统计量装置，实现主要供、排水系统流量（关口流量计）的监视和数据记录，及时发现并消除电厂的非正常用水。

表 14-18   **电厂关口水量计量表计完善表**

序号	用水系统	安装位置	备 注
1	生活消防水系统	厂区进水总管	已安装有流量计，偏差较大，需要校核
2	除盐水系统	除盐水泵出口母管	已安装有流量计，需要校核
3	灰渣系统	工业水补水管	需安装流量计或水表
4	燃料系统	二、三期煤场供水母管	需安装流量计或水表
5	码头用水用户	码头用水各用户	需安装流量计或水表
6	外排口	工业污水泵出口母管	需安装电磁流量计或水表

2. 节水技术路线

（1）非正常用水。水平衡试验期间，二期 4 号机曾经启停过一次，启动锅炉一次用水为 2200m³（折算为流量为 3m³/h）左右，建议电厂将其回收至海淡超滤原水箱或者送往污水处理站，以达到节约用水的目的。

（2）二级反渗透浓排水。电厂二级反渗透透的浓排水约 22m³/h，目前电厂将这部分水直接送往脱硫曝气池后外排。这部分水虽然是反渗透浓排水，但其含盐量不高，浓水中氯化钠含量占主要部分，经过适当处理后完全可以使用，建议电厂将其回收，以达到节约淡水资源的目的。

（3）燃料系统废水回收。从表 14-16 中可以看出，燃料系统是全厂废水排放量较大的系统，排污水占总排水量的 32%，所以电厂的节水重点应放在在燃料系统。含煤废水中含有大的煤粉颗粒，大量的悬浮物及很高的色度。根据实际工程运行经验，煤泥污水的水质特点是 CODcr、浊度、悬浮物、色度、电导率、Cl⁻、总硬度均较高，水质变化大。因此，含煤废水不能直接排放。建议电厂尽快恢复煤水处理站的正常投运，将煤泥污水全部收集并处理。处理后的产水送至渣系统用作炉底密封补充水或者用作煤场喷淋抑尘。如果煤泥污水能得到重复使用，那么就会减少约 19m³/h 的新鲜补水。

（4）精处理再生用水。试验结果表明，电厂二期精处理再生用水量较大，达到 8m³/h。主要是由于电厂二期精处理系统再生较为频繁（每月再生 15 次），且每次再生时用水步序多、用水量大（每次用水量约为 400m³）。对比其他电厂同机组精处理系统再生的情况看，电厂精处理再生用水量偏大，建议对精处理再生系统进行系统优化，减少除盐水消耗，根据国内其他电厂同类型机组的精处理再生用水量基本在 2～3m³/h。

（5）灰渣系统。电厂一期除灰渣系统有来自污水处理站的 18m³/h 的补水连续补入 1、2 号炉的炉底，主要起密封、降温作用。渣水经过渣水处理系统处理后进入清水池，再由灰浆泵送往厂外灰场约 16m³/h，从表 14-16 中可以看出，一期灰渣系统仅有 2m³/h 的损失，由此可见除渣系统补充水量远远大于系统消耗水量。

渣水虽然经过处理，但是处理后的渣水仍然具有强烈的结垢倾向，循环使用后极易造成渣水循环管路、阀门以及水泵的结垢、堵塞，所以电厂被迫将处理后的渣水通过渣浆泵外排。建议电厂在渣水循环管路上投加阻垢剂，目的是降低渣水的结垢倾向，防止渣水循环系统的结垢、堵塞。通过上述两个手段可以有效降低灰渣系统补水量，避免除渣系统渣水外排水量。

若本报告提出的节水方案全部实施，电厂 4 台机组将减少用水量约 44m³/h，4 台机组单位发电量取水量降至 0.065m³/MWh，达到国内先进用水水平，具有良好的经济、社会、环境效益。

第十五章 火力发电厂燃料平衡

第一节 燃料平衡的基础知识

一、燃料平衡的定义和目的

1. 火力发电厂燃料平衡的定义

以火力发电厂所用的主要燃料为研究对象，研究入厂燃料（煤、油、气）量和发电、供热所用燃料量、非生产用量以及燃料储存量、各项损失之间的平衡关系。

2. 火力发电厂燃料平衡的目的

燃料费用在电力成本中所占的比重十分显著，新建电厂占 40%，而一些老电厂占 70%~80%。因此燃料平衡工作是火力发电厂的重要基础工作。通过在平衡期内的各项实际测量，查清入厂燃料量、生产用燃料量、非生产用燃料量、燃料储存量及损失量，为燃料科学管理提供依据。

（1）燃料平衡工作是火力发电厂能量平衡工作的重要环节。火力发电就是将燃料的化学能转变为蒸汽的动能，推动汽轮发电机组产生电能。发多少电，就相应的需要多少燃料，要不间断地发电，必须保证不间断地供应发电燃料。一个 1000MW 的电厂一年需要 300 万 t 原煤，发电燃料数量巨大，因此加强燃料平衡工作就更重要了。

（2）燃料平衡工作是电力企业节能工作的重要基础。燃料是火力发电的主要能源，尽管燃料成本大部分是不变的，但可变的部分也很可观，加强可变部分的管理会直接影响企业的经济效益。因此，火电厂要加强检斤、检质、混配、掺烧、储存、保管等工作，降低不必要的燃料损失。

3. 火力发电厂燃料平衡的边界

火力发电厂燃料平衡的边界：从入厂燃料计量点到发料计量点，包括：储煤场、各原煤仓、煤粉仓、储油罐、卸煤沟、燃气储存罐的储存量。

二、燃料平衡名词解释

（1）入厂燃料量：通过火力发电厂燃料计量点并进入电厂的燃料（包括煤、燃油、燃气）量。要求入厂燃料的检测率要达到 100%。在《火力发电厂燃料平衡导则》（DL/T 606.2—1996）中将入厂燃料量分成两类：来燃料量（如来煤量等）和燃料检测量。其中来燃料量是指按货票（又称大票）数量相加所得，并按规定计算运损后上账煤量。

燃料检测量是指入厂燃料检斤量。在实际中，一般认为入厂燃料量就是燃料检测量，不能以货票煤量代替入厂燃料量。

在《火力发电厂技术经济指标计算方法》（DL/T 904—2004）把来燃料量和燃料检测量混为一谈，统称为燃料收入量，欠妥。DL/T 904 规定燃料收入量的统计计算方法如下：

1）货票统计法：用货票数量相加所得；统计时按规定计算运损和盈亏吨。

2）实际计量法：用轨道衡、皮带秤等计量设备实际计量的燃料，按计量的结果进账。

（2）燃料运损率：是指燃料在运输过程中实际损失数量与燃料货票量的百分比，即

$$燃料运损率 = \frac{燃料运损量（t）}{燃料货票量（t）} \times 100\%$$

运损规定：铁路运输损耗不超过 1.2%，公路运输损耗不超过 1%，水路运输损耗不超过 1.5%，每换装一次的损耗增加 1%。水陆联运的煤炭如经过二次铁路或二次水路运输损耗仍按一次运损计算，换装损耗按换装次数累加。

（3）燃料耗用量：是指火力发电厂在统计期内生产和非生产实际消耗的燃料（燃煤、燃油、燃气）量，即

$$B_{hy} = B_{fd} + B_{gr} + B_{fs} + B_{th}$$

式中　B_{hy}——燃料耗用量，t；

　　　B_{fd}——发电燃料耗用量，t；

　　　B_{gr}——供热燃料耗用量，t；

　　　B_{fs}——非生产燃料耗用量，t；

　　　B_{th}——其他燃料耗用量，t。

其中发电燃料耗用量和供热燃料耗用量之和称为生产用燃料量，即直接用于发电、供热的燃料（包括煤、燃油、燃气）量，也叫入炉燃料量。生产用燃料量一般使用皮带秤（燃料电子皮带秤或给煤机皮带秤）计量，生产用燃料计量率为 100%。由于生产用燃料数量很大，计量装置误差的微小变化，引起绝对数值变化惊人。因此，保持计量装置运行误差稳定并在规定范围内需格外重视。

非生产用燃料量是指入厂燃料量用于发电、供热、外销以外的其他用途的燃料量。即为外销以外的未直接进入锅炉燃烧的燃料量。各厂非生产用燃料量的使用各不相同，量值上也可能相差悬殊，但是不管怎样，非生产用燃料量必须分门别类统计其用量。

在《火力发电厂燃料平衡导则》（DL/T 606.2—1996）中将机车用燃料量单独从非生产用燃料量中独立出来，实际上是不必要的，机车用燃料量应属于非生产用燃料量。机车用燃料量是指厂内蒸汽机车所消耗的煤量；若是内燃机车，则统计成机车用油量。

其他燃料耗用量是指外销燃料量。外销燃料量是指电厂与外单位有燃料供应协作关系，由电厂负责向协作单位供应的原煤量。所谓外单位是指电厂主业以外的、单独核算的其他单位或电厂所属多经公司等。

（4）燃料储存量：在电厂的储煤场、卸煤沟、煤仓等处的存煤以及燃油储存量、燃气储存罐中燃料储存量。燃料储存量的确定，对燃油、燃气来说，因为是罐式储存，所以相对较容易。只要测试有关数据，经过必要的换算就可准确获得储存数量。然而对于燃煤电厂来说，准确确定储煤场的储煤量的难度很大。燃料平衡时，要求平衡期开始和结束时，各做一次煤场储煤量的准确盘点，并推荐采用经纬仪或激光盘煤仪进行测量、盘点。盘点开始前要用推煤机、堆取料机或其他机械将煤堆整成有规则的几何形状，以便于准确计算体积。

在《火力发电厂技术经济指标计算方法》（DL/T 904—2004）把燃料储存量称为燃料库存量，这是切合实际的。并规定燃料库存量指火力发电厂在统计期初或期末实际结存的燃料（燃煤、燃油、燃气）数量，即

$$B_{kc} = B_{sr} - B_{hy} - B_{ys} - B_{cs} - B_{tc} + B_{qc}$$

式中　B_{sr}——入厂燃料量，t；

　　　B_{hy}——燃料耗用量，t；

　　　B_{kc}——燃料库存量，t；

　　　B_{ys}——燃料运损量，t；

　　　B_{cs}——燃料存损量，t；

　　　B_{tc}——燃料调出量，t；

B_{qc}——期初存煤量，t。

实际上这是指燃料账面库存量。对于燃料盘点库存量，DL/T 904 规定燃料盘点库存量是指对燃料库存进行实际测量盘点的量，一般要通过人工盘点或通过仪器检测得出。人工盘点包括测量体积、测定堆积密度、计算收入量、计算库存量、调整水分差等工作。

（5）煤储存损失量：储煤场因风吹、雨淋和其他原因引起的燃煤损失量。包括燃煤接卸、存储过程中发生的损耗量，厂内中转过程发生的运输损耗量和上煤过程中发生的损耗量，以及其他损耗量。储煤损失率不应超过平衡期平均日储煤量的 0.5%。如果无法计算出煤储存损失量，可暂按平均日库存量的 0.5% 取值。

平均日储煤量＝上期储量＋Σ（日入厂煤量－日发料量）

（6）发燃料量：《火力发电厂燃料平衡导则》（DL/T 606.2—1996）中将入炉燃料量、非生产用燃料量、机车用燃料量、外销燃料量、煤储存损失量统称为发燃料量，即煤场供出的所有燃料量。

（7）入炉煤量：通过计量装置，测算出当天发电（或供热）耗用的原煤数量，减去应扣除的非生产用煤量，又称生产用煤量。有中间储仓的电厂，尚应包括粉仓存煤日末日初的差额，计算公式为

入炉煤量＝计量装置测得的入炉原煤量－非生产用煤量±日末日初储煤（储粉）的差额

如果入炉煤收到基水分与入厂煤收到基水分相差超过 1 个百分点，需要对入炉煤量进行修正，由入炉煤收到基水分修正到入厂煤收到基水分，其计算式为

$$B_{rl1} = B_{rl2} \times \frac{100 - M_{ar,rl}}{100 - M_{ar,rc}}$$

式中 B_{rl1}——修正后入炉煤量，t；

B_{rl2}——实测入炉煤量，t；

$M_{ar,rl}$——入炉煤收到基水分，%；

$M_{ar,rc}$——入厂煤收到基水分，%。

（8）亏卡、亏吨：亏卡是指煤矿（或供油单位）发运的煤炭（或燃油）的发热量低于合同规定发热量的差额。过去由于使用的热能计量单位为"卡"，故称这种因供货质量下降造成的热能损失为亏卡，计算公式为

煤（油）亏卡值(kJ/kg)＝合同规定煤（油）发热量(kJ/kg)－煤（油）化验发热量(kJ/kg)

亏吨是指煤矿（或供油单位）发运的煤炭（或燃油）扣除规定的运损后的数量与实际到货数量之差。亏吨原因可能是煤矿（或供油单位）发货数量不足，也可能是在运输过程中发生了不应有的损失。发现亏吨，应及时向矿方索赔。亏吨量计算公式为

煤（或油）亏吨量（t）＝煤矿（或供油单位）发运量×（1－规定运损率）－煤（或油）检斤量

燃料亏吨率是指燃料亏吨量 $B_{kd}(t)$ 与实际燃料检斤量 $B_{jj}(t)$ 的百分比，即

$$燃料亏吨率 = \frac{燃料亏吨量\ B_{kd}（t）}{实际燃料检斤量\ B_{jj}（t）} \times 100\%$$

亏卡、亏吨是计划经济的产物。因对计划煤（或油）而言，结算是以合同规定的数量和热值为依据，所以会出现亏卡、亏吨。但对市场煤而言，结算是以到厂验收实测（或第三方监测）的数量和热值为依据，因而不存在亏吨亏卡问题。

（9）盘点盈亏量：是指燃料实际盘点库存量与账面库存量之差（物账差），即

燃料盘点盈亏量＝燃料盘点库存量－燃料账面库存量

当燃料实际盘点库存量大于燃料账面库存量时即为盈，当燃料实际盘点库存量小于燃料账面库存量时即为亏。

也就是说燃料盘点时出现的盘亏量并不是入厂亏吨，两者有质的不同。

（10）燃料不平衡率：燃料平衡期内的燃料不平衡量与入厂检斤量和账面库存变化量之和的百分比。

$$燃料不平衡率 = \frac{燃料不平衡量}{入厂检斤量 + 账面库存变化量} \times 100\%$$

燃料不平衡量是指入厂检斤量加库存变化量与发燃料量加储存损失量之差。即输入煤量减去各项煤炭输出、各项损失量，即

燃料不平衡量=（入厂检斤量＋期末账面库存量－期初账面库存量）－（入炉燃料量＋非生产
　　　　　　　煤量＋机车用煤量＋外销燃料量＋储存损失量）

燃料平衡的不平衡率不超过±1%。当不平衡率超过±1%时，要仔细查找原因，对影响不平衡的因素，要逐个认真分析，可在合理的范围内适当调整，但不得没有根据地任意修改数据。

燃料不平衡量产生的原因是：计量装置本身存在误差和人为因素的影响，导致检测结果偏离真实值。

三、燃料平衡的特殊性

燃料平衡与其他能量平衡比较，有它自己的特殊性，具体表现在：

（1）入厂燃料量不是直接进入生产环节的，而是先进入煤场（中间环节），再进入生产车间。因此，平衡期内，入厂燃料量并不等于发燃料量，期间有燃料储存损失量和外销燃料量的影响。

（2）煤场一般比较大，储煤量从几万吨到几十万吨不等，盘准储煤量有很大难度。

（3）由于输煤系统有原煤仓、中储制粉系统有煤粉仓、煤场有卸煤沟等，因此，平衡期内生产用燃料量还应考虑这些部位的煤量、粉量的变化。

（4）入厂煤量与入炉煤量的发热量和水分存在差异，从量平衡的角度考虑，还需要按水分差进行煤量调整。

（5）燃料种类多，电厂一般烧煤、烧油或烧气，即使煤粉锅炉，也需要用油启动或助燃。因此燃料平衡工作最为复杂。

由此可见，开展燃料平衡并不是一件简单的工作，需要我们认真对待。为了使平衡工作有条不紊、顺利地进行，必须做好平衡前的准备工作，如成立燃料平衡工作小组，编写燃料普查提纲，对工作组人员进行业务培训，检查、配置、校验平衡期中使用的仪器、仪表，且精度符合要求，编制各种记录表格等。

第二节　燃料平衡的测试方法

一、燃料平衡工作程序

（1）成立燃料平衡领导小组，成立燃料平衡工作小组。

（2）编制燃料普查提纲。

（3）对燃料平衡工作小组人员进行培训。

（4）检查、配置、检验在燃料平衡中使用的仪器、仪表、工器具。

（5）编制燃料平衡中使用的记录图表，按照表 15-1～表 15-7 进行绘制。

（6）编制燃料平衡大纲。

（7）确定燃料平衡期，原则上平衡期为一个月，对于凝汽式电厂选在春季或秋季；对于热电厂需要选择 2 个平衡期，每个平衡期为一个月。1 个平衡期选在冬季供暖量较大月份，1 个平衡期选在夏季月份。选择平衡期另外一个条件是：平衡期月份全厂机组都运行稳定、尽量全月运

行。

（8）资料收集，包括：系统图、设计参数、经济指标、运行数据、国标、行标及有关规定。系统图必须与现场实际情况相符。

（9）平衡期的测试工作。

（10）平衡期后，对平衡期内测量试验的记录进行整理，写出燃料平衡报告。

表 15-1　　　　　　　　　来（入厂）煤、油、燃气记录表

日期	批次	车（船）号	货票量（t, m³）	检斤量（t, m³）	收到基低位发热量（kJ/kg, kJ/m³）	收到基水分（%）	收到基硫分（%）

表 15-2　　　　　　　　抽检煤车、油车带走煤（油）量记录表

日期	车（船）号	来车（船）装煤（油）量（t）	车（船）底带走煤（油）量（t）

注　如果来车（船）卸煤（油）时，扫船底、车底、刮油车底很干净，不填写此表。

表 15-3　　　　　　　　　　储煤盘点记录表

平衡期初盘点	Ⅰ期煤场		Ⅱ期煤场			合计
	×号垛	×号垛	×号垛	×号垛	×号垛	
体积（m³）						
密度（t/m³）						
储煤量（t）						
筒仓储煤量（t）						
原煤仓储煤量（t）						
卸煤沟储煤量（t）						
煤粉仓储煤量（t）						
总储煤量（t）						

平衡期末盘点	Ⅰ期煤场		Ⅱ期煤场			合　计
	×号垛	×号垛	×号垛	×号垛	×号垛	
体积（m³）						
密度（t/m³）						
储煤量（t）						
筒仓储煤量（t）						
原煤仓储煤量（t）						
卸煤沟储煤量（t）						
煤粉仓储煤量（t）						
总储煤量（t）						

注　采用平衡期开始、结束上满煤的方法，不填写原煤仓、卸煤沟、煤粉仓储煤量。

表 15-4　　　　　　　　　　　　　　　储油盘点记录表

	项　目	×号罐	×号罐	×号罐	合　计
平衡期开始	油罐标尺（格数）				
	体积（m³）				
	视密度（t/m³）				
	油温（℃）				
	标准密度（t/m³）				
	油量（t）				
	收到基低位发热量（kJ/kg）				
	收到基水分（%）				
平衡期结束	油罐标尺（格数）				
	体积（m³）				
	视密度（t/m³）				
	油温（℃）				
	标准密度（t/m³）				
	油量（t）				
	收到基低位发热量（kJ/kg）				
	收到基水分（%）				

注　每格高度单位为 m，每格体积单位为 m³。

表 15-5　　　　　　　　　　　　　　　日发（入炉）煤记录表

日期	上煤量（t）	收到基低位发热量（kJ/kg）	收到基水分（%）	收到基硫分（%）	干燥无灰基挥发分（%）

表 15-6 日发燃油、气记录表

日期	日发油、气量 (t)	日发油、气体积 (m³)	油、气温（℃）	油、气视密度 (t/m³)	油、气标准密度 (t/m³)	收到基低位发热量 (kJ/kg)

表 15-7 机车用、外销、非生产用煤（油、气）统计表

日 期	用煤（油、气）单位	用煤量（t）	用油量（t）	用气量（m³）

二、检测内容

(1) 来燃料（煤、油、燃气）量检测。

(2) 发燃料（煤、油、燃气）量检测，包括：入炉煤、非生产用燃料量检测。

(3) 储煤场存煤量检测。

(4) 储油罐存油量检测。

(5) 各原煤仓、煤粉仓、卸煤沟存煤量检测。

(6) 煤车、煤船、油罐车卸车后带走煤、油量的检测。

(7) 来(入厂)煤、油、气，发(入炉)煤、油、气取样工业分析。

三、检测方法

(1) 平衡期燃料正常管理业务不变，平衡所用检测数据另行记录。

(2) 铁路来煤、油的电厂，以轨道衡计量为准，计量率为 100%。轨道衡准确度为 0.1 级，在检验周期内。要求每半年必须由上级计量机构检定一次。

(3) 船舶来煤的电厂，以入厂皮带秤检测为准，无皮带秤的，以卸煤（或油）前后船舶吃水深度检测为准，检测率为 100%。皮带秤准确度为 0.5 级，要求 10~15 天标定一次，每年必须由上级计量机构检定一次。

(4) 有汽车来煤的电厂，以汽车衡检斤量为准，检测率为 100%。汽车衡准确度为 0.1 级，在检验周期内，要求每年必须由上级计量机构检定一次。

(5) 用管道来油的电厂，以计量油罐标尺检测或油流量表计量为准，检测率为 100%，同时做好来油温度、密度测量。

(6) 用管道进天然气的电厂，以进厂计量表为准，检测率为 100%。

(7) 入炉煤量以入炉煤皮带秤计量为准，计量率为 100%。

(8) 储煤场储煤量的盘点，平衡期开始和结束各做一次准确盘点。盘点前进行煤垛整形，实测密度，分煤种存煤的电厂要求分垛实测密度。

(9) 机车用煤、非生产用煤采用汽车衡或检尺进行检测。

(10) 原煤仓、卸煤沟（地煤沟）、煤粉仓存煤量的测量，可采用测量煤位、密度计算存煤量；也可以在平衡期开始和结束时，采用上满煤、制满粉的方法进行储煤量检测，以便减少工作量。

(11) 煤车、煤船、油罐车卸车后带走煤、油量的检测，采取实际扫车底、刮油车底的办法

567

进行抽检。平衡期内每天抽检一次，取平均值，按平衡期进煤、油车数计算带走煤、油量。

（12）来煤、发煤按有关标准（GB 474 煤样的制备方法、GB 475 商品煤样采取方法、GB 211 煤中全水分的测定方法、GB 212 煤的工业分析方法、GB 213 煤的发热量测定方法、GB 214 煤中全硫的测定方法）进行采样、制样、工业分析。

（13）来油按有关标准（GB/T 13894 燃油密度测定、RS-28-1 燃油的采样、GB/T 260 燃油水分测定、GB/T 266 燃油黏度的测定、GB/T 267 燃油闪点和燃点的测定、GB/T 384 燃油发热量测定、GB/T 388 燃油硫的测定）进行工业分析，测定水分、硫分、发热量、密度、黏度等。

（14）燃气取样按 GB/T 13609—2012《天然气取样导则》执行，天然气高位发热量的计算应按 GB/T 11062《天然气　发热量、密度、相对密度和沃泊指数的计算方法》执行，天然气中总硫含量的测定应按 GB/T 11061《天然气中总硫的测定氧化微库仑法》执行，天然气中水分含量的测定应按 GB/T 18619.1《天然气中水含量的测定　卡尔费休法-库仑法》执行。

（15）入炉煤样品的采取按 DL/T 567.2 的规定，入炉煤样品的制备按 DL/T 567.4 的规定。入厂与入炉燃料的化验按下列标准进行：

1）煤中全水分的测定方法按 GB/T 211 进行化验；

2）煤的工业分析方法按 GB/T 212 进行化验；

3）煤的发热量测定按 GB/T 213 进行化验；

4）煤的元素分析方法按 GB/T 476 进行化验；

5）燃油发热量的测定按 DL/T 567.8 进行化验；

6）燃油元素分析按 DL/T 567.9 进行化验；

7）天然气发热量、密度、相对密度和沃泊指数的计算方法按 GB/T 11062 进行化验；

8）天然气的组成分析气相色谱法按 GB/T 13610 进行化验。

四、火力发电厂燃料平衡的基本方法

（1）火力发电厂燃料平衡工作采取测量、试验、统计计算、分析相结合的方法。

（2）在企业测试力量不足的情况下，企业燃料平衡可以采用统计计算的方法。但在统计资料不足、统计数据需要校核及特殊需要时，应进行测试。测试结果反映的是测试状态下的水平，应折算为统计期运行状态下的平均水平。

（3）统计计算以统计期内的计量、记录及统计数据为基础进行综合计算。

五、燃料平衡检测数据整理

（1）统计平衡期来燃料量（货票量）。

（2）统计平衡期入厂燃料量（计量量）。

（3）统计平衡期燃料亏吨量。

（4）平衡期开始、结束燃料盘存量。

（5）按燃料量加权平均计算平衡期来燃料收到基水分、低位发热量，发燃料收到基水分、低位发热量。

（6）统计平衡期机车用、外销、非生产燃料量。

（7）煤储存损失量，按平衡期日均储煤量的 0.5% 计算。

（8）入炉煤由入炉煤收到基水分修正到入厂煤收到基水分统计计算入炉煤量。

（9）入炉煤质的平均。入炉煤的煤质分析一般每天进行一次，每天的煤质水分（发热量）不同，入炉煤消耗量每天也不相等，为求得平衡期入炉煤的平均收到基水分，应按平衡期每天的入炉煤量对水分（发热量）加权平均取值，公式为

$$M_{ar} = \frac{B_{r1}M_{r1} + B_{r2}M_{r2} + \cdots + B_{rn}M_{rn}}{B_{r1} + B_{r2} + \cdots + B_{rn}}$$

式中　　　　M_{ar}——平衡期入炉煤平均水分含量,%;

M_{r1}、M_{r2}、$\cdots$、M_{rn}——平衡期第 1、2、$\cdots$、n(平衡期结束日)天的入炉煤水分含量(发热量),%;

B_{r1}、B_{r2}、$\cdots$、B_{rn}——平衡期第 1、2、$\cdots$、n(平衡期结束日)天的入炉煤量,t。

六、火力发电厂燃料平衡的内容

燃料平衡整个过程就是根据检测数据整理结果,围绕以下几个方面内容开展工作:

(1) 画出符合本厂实际情况的燃料平衡框图。

(2) 把框图上需要填的数据准确地填上。

(3) 通过指标对比分析。

七、燃料平衡测试结果分析

(1) 亏吨、亏卡情况分析。

(2) 煤、油、车船带走煤、油量分析。

(3) 储煤场实测密度与以往取值对比分析。

(4) 非生产用煤统计情况分析。

(5) 储煤、油量与账目情况对比分析。

八、燃料平衡测试报告的编写

1. 电厂基本情况

(1) 全厂装机容量、发电设备台数、主机型号及技术参数,燃用煤种,年耗煤量,燃油量、燃气量,投产日期。

(2) 燃料系统简介,包括接卸设备,储存、输送设施,采制样设施等。

(3) 燃料计量设备简介,包括衡、秤、仪器、仪表的配备、准确度等级和检定、检验情况等。

(4) 燃料管理机构和制度、持证上岗及其主要指标完成情况。

(5) 近三年燃料系统已实施的主要技术改造及取得的效果。

2. 燃料平衡测试内容及方法

(1) 燃料平衡测试工作开展情况,包括各部门分工,要具体到哪个部门填写哪张表格。

(2) 燃料平衡测试的具体边界和平衡期。

(3) 检测内容。

(4) 测量方法。

3. 燃料计量图

(1) 绘制燃煤计量网络图和配备率统计。

(2) 绘制燃油计量网络图和配备率统计。

4. 检测数据汇总

按表 15-1～表 15-7 进行。平衡期测试的数据应另行记录,测试数据不能与正常管理的汇总数据相混。

5. 燃料平衡图

(1) 绘制燃料平衡图(见图 15-1)。绘制燃料平衡图前,有关人员应仔细研究方框图的构成,明确每个量的含义及其相互关系。

(2) 把平衡图上需要填的数据准确地填上。

(3) 通过平衡方程式核对数据是否正确。燃料平衡公式如下

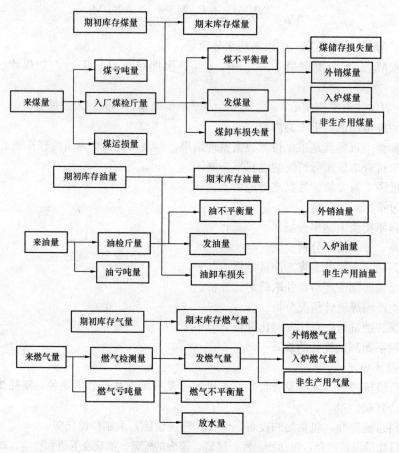

图 15-1　燃料平衡方框图

煤亏吨量＋入厂检斤煤量＋煤运损量＝来煤量（货票量）

期初库存煤量＋入厂检斤煤量＝期末库存煤量＋煤不平衡量＋发煤量＋煤卸车损失量

发煤量＝非生产用煤量＋外销煤量＋煤储存损失量＋入炉煤量

6. 燃料平衡数据计算

7. 分析与建议

（1）结果分析。

（2）提出改进燃料管理工作建议：燃料计量管理、储煤场管理、燃料取样化验工作、非生产用煤管理等方面改进建议。

（3）燃料平衡测试报告的审核批准。

8. 附件

（1）期初盘煤报告、盘油报告。

（2）期末盘煤报告、盘油报告。

第三节　燃料平衡试验报告举例

一、电厂基本情况

（1）电厂概况。某电厂为 2060MW 燃煤火力发电厂，一期工程安装 2 台德国西门子公司

KR30-40/N30（350MW）型亚临界汽轮发电机组，2000 年 1 月全部投产。二期工程安装 2 台 N680-24.2/566/566 型超临界汽轮发电机组，2008 年 12 月全部投产。年设计耗煤量为 480 万 t。燃煤主要以山西霍州、大同等地的煤矿联合供给混煤为主，同时以地方煤为辅。目前电厂进煤以水路和铁路运输相结合的方式。

（2）燃料系统简介。火车进煤采用翻车机系统进行接卸，Ⅰ期卸车线，安装 2 台 FZ1-2AC 型转子式翻车机，系统卸车出力为 18 节/h，即卸煤量约为 1080t/h 左右。Ⅱ期卸车线安装 1 台 FZ1-10C 型转子式翻车机，设计出力 20～25 节/h，即 1200～1500t/h。

煤场采用悬臂式斗轮机进行堆取煤作业，Ⅰ期储煤场为东西两块长 240m、宽 50m 的场地，可存煤 15 万 t，满足 2×350MW 机组燃用 20 天。Ⅱ期煤场由东西两块长 310m，宽 50m 的场地，煤场总储煤量约 18 万 t，可满足 2×680MW 机组燃用 15 天的煤量。

输煤系统设有筒仓，作为储煤和混煤用。Ⅰ期系统中设有 2 座 φ16m 圆筒仓，总仓容约为 8000t，可供 2×350MW 机组燃用一天，筒仓下部设有 8 台出力为 350t/h 变频式倾斜螺旋给煤机。Ⅱ期系统中设 2 座 φ18m 的圆筒仓，总仓容约为 12,000t，可以满足 2 台 680MW 机组一天的燃煤量，筒仓下部设有 8 台出力为 1000t/h 振动给煤机。

（3）燃料计量装置简介。Ⅰ期主要计量装置：在 9 号带中部设 2 台电子皮带秤，计量入炉煤量；在碎煤机室安装 1 台实物校验装置，为皮带秤校验精度；在 10 号带中部安装 2 台多功能取样器，为入炉煤煤质进行分析；在翻车机前安装 2 台静态电子轨道衡，为入厂煤计量。电子轨道衡准确度为 0.1 级，检定周期半年。电子皮带秤准确度为 0.5 级，检定周期 1 年，15 天标定一次。2009 年将 8 台刮板式给煤机改造成电子皮带秤给煤机。

Ⅱ期主要计量装置：在翻车机前安装有 1 台静态电子轨道衡，对入厂煤车进行计量；在 06 号 A、B 带式输送机中部分别设有 1 台入炉煤取样装置；在 07 号 A、B 带式输送机中部分别设有 1 台电子皮带秤及循环链码校验装置；在翻车机入口处设 1 台火车入厂煤取样机。电子轨道衡准确度为 0.1 级，检定周期半年。电子皮带秤准确度为 0.5 级，检定周期 1 年，15 天标定一次。同时安装了 12 台电子皮带秤给煤机。

船煤采用汽车倒运的方式入厂，入厂后通过汽车衡进行计量。汽车衡准确度为 0.2 级，检定周期 1 年。

二、燃料平衡测试内容及方法

（1）燃料平衡测试边界。燃煤从入厂煤计量点到入炉煤计量点，包括：轨道衡（或汽车衡）、储煤场、筒仓、皮带秤。

燃油：从入厂汽车衡到入炉燃用量。

（2）平衡期：一个月（11 月 1 日—11 月 30 日）。

（3）检测内容：

1）入厂燃料（煤、油）量检测。

2）入炉燃料（煤、油）量检测，包括：入炉煤、非生产用燃料量检测。

3）储煤场存煤量检测。

4）储油罐存油量检测。

5）各原煤仓、筒仓、卸煤沟存煤量检测。

6）入厂煤，入炉煤取样工业分析。

（4）测量方法：

1）铁路来的煤，以轨道衡计量为准。汽车来的煤，以汽车衡检斤量为准。汽车来的油，以汽车衡检斤量为准。锅炉用的油，以油流量表计量为准，盘油以油罐标尺检测为准。入炉煤量以电子皮带秤给煤机计量为准。

2）储煤场储煤量的盘点，平衡期开始和结束各做一次准确盘点。

3）非生产用煤采用汽车衡进行检测。

4）原煤仓、卸煤沟、筒仓存煤量的测量，采用测量煤位、密度计算存煤量。

5）入厂煤、入炉煤进行采样、制样、工业分析。测定水分、硫分、灰分、挥发分、发热量等。

6）入厂燃油进行工业分析，测定水分、硫分、发热量、密度、闪点等。

（5）各部门职责：

1）燃料平衡工作组组长负责试验的协调工作，负责试验的数据分析，负责试验数据资料的收集。

2）燃料部、运行部负责表 15-1～表 15-7 数据整理填写，以及数据分析。

3）生产部负责平衡报告的整理编写。

三、燃料计量网络图

燃料计量器具种类、数量和配备率见表 15-8。采用标注四分符圆框图，绘制燃煤计量网络图，见图 15-2。绘制燃油计量网络图，见图 15-3。

表 15-8 　　　　　　　　　某电厂能源计量器具种类、数量和配备率

序号	能源计量器具名称	型号/规格	准确度（最大允许误差）	已配数	应配数	配备位置	级别	配备率（%）	备注
1	静态电子轨道衡		0.1	2	2	Ⅰ期翻车机前	用能单位	100	煤
2	静态电子轨道衡		0.1	1	1	Ⅱ期翻车机前	用能单位	100	煤
3	电子汽车衡		0.2	1	1	船码头	用能单位	100	煤
4	电子皮带秤		0.5	2	2	9号带	次级用能单位	100	煤
5	电子皮带秤		0.5	2	2	7号带	次级用能单位	100	煤
6	电子皮带秤		0.5	8	8	Ⅰ期给煤机	主要用能设备	100	煤
7	电子皮带秤		0.5	12	12	Ⅱ期给煤机	主要用能设备	100	煤
8	电子汽车衡		0.2	1	1	油库	用能单位	100	油
9	1号油罐标尺		0.5	1	1	油库1号油罐	次级用能单位	100	油
10	2号油罐标尺		0.5	1	1	油库2号油罐	次级用能单位	100	油
11	3号油罐标尺		0.5	1	1	油库3号油罐	次级用能单位	100	油
12	Ⅰ期油流量表		0.5	4	4	燃油泵房	主要用能设备	100	油
13	Ⅱ期油流量表		0.5	4	4	燃油泵房	主要用能设备	100	油
合计				40	40			100	

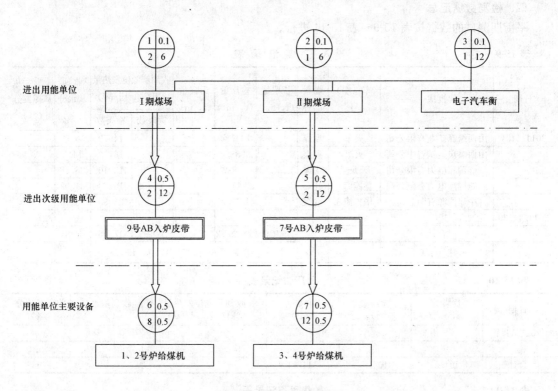

图 15-2 燃煤计量网络图

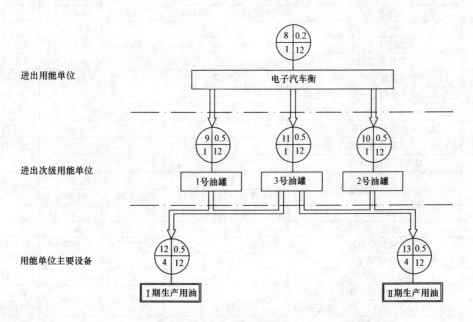

图 15-3 燃油计量网络图

四、检测数据汇总

平衡期测试的数据按表 15-9～表 15-14 进行。

表 15-9　　入 厂 煤 记 录 表

日期	批次	车（船）号	燃料品种	货票量 (t, m³)	检斤量 (t, m³)	运损量 (t, m³)	收到基低位发热量 (kJ/kg, kJ/m³)		收到基水分 (%)	干燥无灰基挥发分 (%)
							货票数	检质数		
2011.11.1	山西绿锋矿业有限公司	火车	混煤		734.84			14970	6.6	
	山西煤炭运销晋中公司	火车	混煤		3988.8			16130	14.8	
	华能国际电力有限公司	天龙星	褐煤		89537			13010	38.28	
	华能国际电力有限公司	鲁能海7	扎煤		27 113.9			16120	34.02	
	中煤能源有限公司	华鲁海1	混煤		41 735.8			23000	18.74	
2011.11.30										
	合计			515 994.8	508 292.2	6191.9	17 998	17 985	11.83	
	亏吨（卡）量				1510.7		13			

表 15-10　　入 厂 油 记 录 表

日期	货票量 (t, m³)	检斤量 (t)	体积 (m³)	收到基低位发热量 (kJ/kg, kJ/m³)	收到基水分 (%)	收到基硫分 (%)
2011.11.1						
合计	104.5	104.5	114.71			

表 15-11　　贮 煤 盘 点 记 录 表

序号	10月底煤场盘点	Ⅰ期煤场		Ⅱ期煤场		合计
		11号垛	12号垛	21号垛	22号垛	
1	体积(m³)	62 919	69 908	77 537.43	53 018.74	
2	密度(t/m³)	0.91	0.92	0.91	0.86	
3	储煤量(t) ①×②	57 256	64 315	70 559.06	45 596.12	237 726.18
4	筒仓储煤量(t)	4000		6000		10 000
5	总储煤量(t) ③+④	125 571		122 155.18		247 726.18
6	盘点9：00开始到24：00入厂煤量(t)					28 347.96
7	盘点9：00开始到24：00发煤量(t)	5539		5319		10 858
8	盘点实存煤量(t) ⑤+⑥－⑦					265 216.14
9	月末账面库存量(t)					265 280.28
10	盘点亏煤量(t) ⑨－⑧					64.14
序号	11月底煤场盘点	Ⅰ期煤场		Ⅱ期煤场		合计
		11号垛	12号垛	21号垛	22号垛	
1	体积(m³)	59 404	85 197	55 388.60	50 550.14	
2	密度(t/m³)	0.92	0.93	0.92	0.85	
3	储煤量(t)	54 652	79 233	50 957.51	42 967.62	227 810.13
4	筒仓储煤量(t)	4000		6000		10 000
5	总储煤量(t)	137 885		99 925.13		237 810.13
6	盘点9：00开始到24：00入厂煤量(t)					27 113.92
7	盘点9：00开始到24：00发煤量(t)	5472		6397		11 869
8	盘点实存煤量(t)					253 055.05
9	月末账面库存量(t)					253 163.28
10	盘点亏煤量(t)					108.23
11	帐面库存变化量(t) ⑨－9					+12 117.0

表 15-12   储油盘点记录表

项　目		1 号罐	2 号罐	3 号罐	合　计
2011 年 10 月底	油罐标尺（m）	1.44	1.64	3.10	
	体积（m³）	164.39	187.22	69.18	420.79
	视密度（t/m³）				
	油温（℃）				
	标准密度（t/m³）	0.911	0.911	0.838	
	油量（t）	149.76	170.56	57.97	378.29
	放水（t）	0	0	0	0
	实际结存油量（t）	149.76	170.56	57.97	378.29
	收到基低位发热量（kJ/kg）				
	收到基水分（%）				
2011 年 11 月底	油罐标尺（格数）	2.24			
	体积（m³）	256.27	187.22	69.18	512.67
	视密度（t/m³）				
	油温（℃）				
	标准密度（t/m³）	0.911	0.911	0.838	
	油量（t）	233.46	170.56	57.97	461.99
	放水（t）	0.5	0	0	
	期末库存油量（t）	232.96	170.56	57.97	461.49
	收到基低位发热量（kJ/kg）				
	收到基水分（%）				

表 15-13   入炉煤日记录表

日　期	上煤量 (t)		收到基低位发热量 (kJ/kg)		收到基水分 (%)		收到基硫分 (%)		干燥无灰基挥发分 (%)	
	Ⅰ期	Ⅱ期	Ⅰ期	Ⅱ期	Ⅰ期	Ⅱ期	Ⅰ期	Ⅱ期	Ⅰ期	Ⅱ期
2011.11.1	5968	10 922	18 732	18 146	13.03	25.6				
2011.11.30	7196	9223	19 044	18 716	11.83	22.17				
累计	198 180	520 409	17 902	17 631	11.08	24.46				
合计	520 409		17 734		19.36					

表 15-14　　　　　　　　　　　　日发燃油量记录表

日　　期	日发油量（t）	日　　期	日发油量（t）
2011.11.7	0.12	2011.11.14	0.2
2011.11.7	0.1	2011.11.14	0.2
2011.11.9	4.22	2011.11.21	0.1
2011.11.12	0.2	2011.11.28	0.1
小计	16.62	小计	3.48
合计		20.08	

五、燃料平衡图

根据表 15-9～表 15-14 绘制燃料平衡图，分别见图 15-4 和图 15-5。

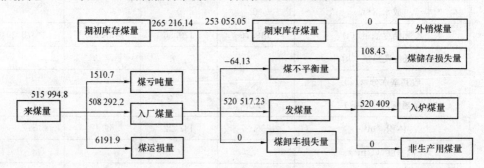

图 15-4　煤平衡图

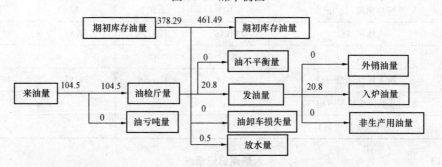

图 15-5　油平衡图

六、燃料平衡数据计算

1. 煤运损量

燃料运损量＝规定燃料运损率×煤货票量＝1.2％×515 994.8＝6191.94（t）

2. 煤亏吨量

煤亏吨量＝煤货票量×（1－规定运损率）－入厂煤量

　　　　＝515 994.8×（1－1.2％）－508 292.2＝1510.7(t)

3. 日均存储量

根据燃料统计，2011 年 11 月 1～30 日，每天账面结存煤量（库存煤量＋进煤量－耗煤量）算术和为 7 629 967.8t，日均存储量为 $\dfrac{7\ 629\ 967.8}{30}=254\ 332.26$（t）。

允许储存损失煤量＝平衡期煤厂日均存储量×0.5％＝254 332.26t×0.5％＝1271.66（t）

4. 储存损失煤量

期末账面结存煤量＝期初煤场账面库存量＋入厂煤量－入炉煤量－非生产用煤量－外销煤量

$$=265\ 280.28+508\ 292.2-520\ 409=253\ 163.48t$$

期末煤场盘点实存煤量$=253\ 055.05t$

储存损失煤量$=$期末账面结存煤量$-$期末煤场盘点库存量$=253\ 163.48t-253\ 055.05t=108.43t$

储煤损失率$=\dfrac{108.43}{254\ 332.26}\times100\%=0.043\%<0.5\%$

5. 库存变化量

库存变化量$=$期初实存煤量$-$期末实存煤量

$$=265\ 216.14-253\ 055.05=12\ 161.1\ (t)$$

6. 不平衡率

燃料不平衡量$=$（入厂检斤量$+$库存变化量）$-$（入炉燃料量$+$非生产$+$外销燃料量 $+$储存损失量）

$$=(508\ 292.2+12\ 161.1)-(520\ 409+108.43)=-64.13(t)$$

燃料不平衡率$=\dfrac{不平衡量}{入厂检斤量+库存变化量}\times100\%=\dfrac{-64.13}{508\ 292.2+12\ 161.1}\times100\%$
$$=-0.013\%$$

7. 燃油不平衡量

燃油不平衡量$=$燃油检测量$+$油罐变化量$-$燃油量

$$=104+378.29-461.49-20.8=0\ (t)$$

8. 热值差

热值差$=$入厂煤热值$-$入炉煤热值$=17\ 985-17\ 734=251\ (kJ/kg)$

七、结果分析

(1) 热值差为$251kJ/kg$，说明电厂平衡期内入厂、入炉煤的计量达到要求，盘煤数据准确可靠，煤厂管理科学合理符合规定。

(2) 燃油不平衡量为0，主要是由于电厂燃油的盘点和锅炉燃油量均采用油罐油位作为同一个计量手段，因此最终的结果是一致的。

(3) 燃煤不平衡率为-0.021%，不超过$\pm1\%$，说明电厂平衡期内煤场管理正常。燃煤不平衡量实际上就是储存损失量。燃煤不平衡量出现负数，是计量装置少量误差产生的。

(4) 月末盘点亏煤量为$108.23t$。煤场亏煤原因：①库存较高，煤场两侧排水沟内的煤炭无法回收到煤垛，且形状不规则无法盘点。②地煤沟未排空，存在少量煤炭

八、燃料管理建议

燃料管理是电厂经营管理的重要环节，为了进一步加强燃料管理，降低发电成本，主要提出以下建议：

(1) 加强计量管理。做好汽车衡、轨道衡、皮带秤的定期校验工作，保证计量设施的准确可靠。设备主人要经常进行巡视检查，发现问题及时进行排除。根据检定周期结合设备大小修进行定期维护和保养，以保证计量器具的正确灵敏可靠。计量设备的使用者要保证测量数据的准确性，要进行来量对比，发现数据不准及时反映。建议电子皮带秤校验周期改为10天。

(2) 储煤场管理。燃料部做好储煤场的管理工作，根据季节的不同及时调整煤场储煤量计划，分类堆放、合理组堆、定期喷淋、烧旧存新，减少煤量和热值损失，特别做好燃料的盘点工作，及时发现差异找出原因。

(3) 燃料取制化工作。燃料部应进一步加强取制化工作，特别加强入炉煤的取样工作，建议尽快投入入炉煤自动取样装置，保证取样装置的正常运行，确保入炉煤化验的准确性。

第十六章 火力发电厂的热平衡

第一节 热平衡的基础知识

一、热平衡的定义

热平衡是指热量的收支平衡，只考虑能的数量平衡，而不考虑能的质量。企业热平衡是以企业为对象，研究其能量的收入与支出、消耗与有效利用及损失之间的平衡关系。采用统计、测试、计算等手段，通过效率、利用率和回收率等技术指标来分析和掌握企业的耗能状况和用能水平，从而找出节能途径，为节约用能、合理用能提供科学依据。

火力发电厂热平衡：是指以火力发电厂为对象，在规定的平衡期内和规定的火力发电厂热平衡体系的边界内，对全厂总的热量输入、输出及损失之间的数量关系进行平衡。

二、热平衡总的要求

（1）热平衡测试期原则上为 1 个月。凝汽式电厂的能量平衡期一般选择在春季或秋季某个月，热电厂一般选择两个平衡期分两次进行，一个在冬季（12 月或 1 月），一个在夏季（7 月或 8 月），以便分析。

（2）热平衡的不平衡率要求不超过 $\pm 1\%$，测试工作按照热平衡方框图的内容进行测试。当不平衡率超过 $\pm 1\%$ 时，应分析原因，特别是对阀门内外泄漏热量、管道损失热量、生产和非生产用热的测试方法和统计数据进行复查。

（3）火力发电厂热平衡的边界。由入炉燃料（煤、油、燃气）计量点到发电机输出电能计量点、供热输出计量点，作为火力发电厂的热平衡边界。

三、热平衡方程

热平衡方程为

$$Q_r = Q_1 + Q_2 + Q_3 + Q_4 + Q_5 + Q_6$$

式中 Q_r——锅炉输入热量，kJ/kg；

$\quad\quad Q_1$——锅炉有效利用热量，kJ/kg；

$\quad\quad Q_2$——锅炉排烟热损失量，kJ/kg；

$\quad\quad Q_3$——锅炉气体未完全燃烧热损失量，kJ/kg；

$\quad\quad Q_4$——锅炉固体未完全燃烧热损失量，kJ/kg；

$\quad\quad Q_5$——锅炉散热损失量，kJ/kg；

$\quad\quad Q_6$——锅炉灰渣物理热损失量，kJ/kg。

将热平衡方程两边都除以 Q_r，则得 $1 = q_1 + q_2 + q_3 + q_4 + q_5 + q_6$

$$q_i = \frac{Q_i}{Q_r} \times 100\%$$

式中 q_i——有效利用热量或各项热损失量占输入热量的百分比，%。

锅炉效率为

$$q_1 = 1 - (q_2 + q_3 + q_4 + q_5 + q_6)$$

四、火力发电厂热平衡的目的

火力发电厂开展热力系统经济性评价，找出节能潜力，可采用各种方法，目前，国内电厂较为普遍的是采用"耗差分析法"来监控运行，指导机组在接近最佳状况下运行，对合理考核机组指标、降低机组能耗起到了积极作用。但是耗差分析法不能反映火力发电厂能耗水平和能耗有效利用率，不能全面反映机组各个环节的热量输入、有效利用和损失情况。因此火力发电厂热平衡的主要目的是：

通过热平衡普查测试，查清火力发电厂各主要生产环节热量的输入、有效利用及损失情况，并应用热力学第一定律对热平衡体系进行评价。为确定火力发电厂节能工作方向，实施节能技术改造、科学管理，提高火力发电厂热能利用率提供依据。

简单地说，热平衡的目的在于定量计算与分析各项能量的大小，找出引起热量损失的原因，提出减少损失的措施，提高锅炉效率，降低发电成本。

热平衡试验的目的：
(1) 确定锅炉热效率。
(2) 确定锅炉各项热损失，分析造成各项热损失的原因，并寻求降低热损失的方法。
(3) 确定各项锅炉参数如氧量、排烟温度、过热蒸汽温度与锅炉负荷的关系。
(4) 确定管道效率机各项热损。
(5) 确定汽轮发电机组的热效率。

第二节　热平衡测试的准备工作

一、热平衡测试的准备工作

由于热平衡工作量很大，在热平衡测试正式开始前必须进行充分的准备工作，以保证热平衡达到行业标准要求的质量。

(1) 成立组织机构。成立以汽轮机、锅炉专业人员为主，其他运行人员参加的热平衡测试小组。

(2) 编制测试大纲。测试小组编制热平衡测试大纲，大纲内容包括目的和内容，试验人员职责和分工，测试条件、各项工作安排、时间进度、测点布置和测量方法等。

(3) 计量准备。对试验中使用的仪器、仪表等进行全面的检查和校验，确保在有关标准规定的误差范围内，掌握仪器、仪表的使用方法。

电厂应在下列各处设置热能计量仪表：
1) 对外收费的供热管；
2) 单台机组对外供热管；
3) 厂内外非生产用热管；
4) 对外供热后的回水管；
5) 除本厂热力系统外的其他生产用热。

热能计量仪表的配置应结合热平衡测试的需要，二次仪表应定期检验并有合格检测报告。一级热能计量（对外供热收费的计量）的仪表配备率、合格率、检测率和计量率均应达到100％。二级热能计量（各机组对外供热及回水的计量）的仪表配备率、合格率、检测率均应达到95％以上，计量率应达到90％。三级热能计量（各设备和设施用热计量）也应配置仪表，计量率应达到85％。

(4) 技术准备。根据热平衡测试要求，编制一系列有关统计表、记录表、汇总表格以及填表说明，使测试、记录、统计人员一目了然。对参加测试的人员进行培训，掌握热平衡测试工作的各个要点，熟悉本厂的热力系统，对照系统图检查现场热力系统的工质流向、阀门泄漏情况等。

(5) 选择平衡期。将能代表全年供电煤耗率数据的那一个月作为进行热平衡测试的平衡期。

二、热平衡测试内容

一个企业耗能设备很多，如果全部测试几乎是不可能的，而且也没有必要，但应对重点耗能设备进行认真测试。重点耗能设备一般包括：

(1) 能量转化设备，例如电站锅炉、汽轮机、煤气发生炉、焦化炉等，这些设备往往耗能比重大。

(2) 功率大的设备，如变压器、高压电动机等。

(3) 代表性的设备，如机械行业加热炉、轻工纺织行业的干燥机、化工行业的蒸发器等。

具体到火力发电厂热平衡测试内容主要包括：

(1) 首先根据本厂各台机组的实际热力系统，绘制出本厂的热平衡方框图，然后按照本厂的热平衡方框图组织测试。

热平衡方框图是按照热平衡式：输入热量＝有效利用热量＋损失热量，根据本厂各台机组的实际热力系统绘制而成的。

除了输入热量、锅炉的损失热量、锅炉的输出热量、进入汽轮机热量和损失热量外，还对生产用热量和非生产用热量这两部分要逐一测试，估算完整。

(2) 入炉热量的测量，应包括入炉煤、油、燃气燃烧放出热量，入炉油带入热量，燃料带入的物理显热，以及空气带入的热量。平衡期燃料的入炉量一般应根据电子皮带秤计量，有分炉计量的电厂，先分炉测试，然后累计统计全厂；无分炉计量的电厂，根据进锅炉总皮带上的电子秤计量值，直接统计全厂。不具备燃料计量的电厂，可用统计计算法，根据各类能源耗用量的统计数据，算出输入能源的标准煤量。

对于带石灰石脱硫装置的循环流化床锅炉，在进行入炉热量测量时，入炉热量中应计入石灰石显热、硫酸盐化过程热量增益。对于有炉内脱硫剂的锅炉，入炉热量中应计入炉内脱硫反应带入的热量及其物理显热。

(3) 选择机组经常出现的负荷点，在平衡期内完成全厂各台机、炉的热力特性试验，也可直接采用近期（不超过半年）的热力特性试验数据。

(4) 锅炉效率试验测点布置、测试仪器、测量项目与试验方法按 GB 10184 的规定进行。

(5) 汽轮机热耗率试验测点布置、测试仪器、测量项目与试验方法按 GB 8117 的规定进行。

(6) 绘制出各台机、炉的热力特性曲线。对于同类型机组，台数较多的电厂可采用简化的试验方法。

(7) 外供热量、各种厂用热量、各种非生产用热量（流量、参数）测量，见表 16-1。

表 16-1　　　　　　　　　　外供、生产、非生产用热调查统计表

用热单位	用汽量 (t)	用热水量 (t)	热介质参数			平衡期供热量 (GJ)	热的用途			
			压力 (MPa)	温度 (℃)	焓 (kJ/kg)		生产 (GJ)	非生产 (GJ)	采暖 (GJ)	采暖面积 (m²)

三、热平衡测试方法

热平衡测试方法采用反平衡法，即通过确定锅炉的各项热损失，然后计算锅炉热效率的方法。在确定各项热损失的过程中，需要测定许多数据，如排烟氧量、排烟温度、炉渣可燃物、飞灰可燃物以及燃料发热量等。

在做全厂热平衡之前，可先做一次全厂热力系统工质（汽、水）量的平衡，以便保证在做热平衡时不出现较大的差错。即在额定工况下，对系统进行隔离，并保持汽水系统基本无泄漏，确定汽水系统的不明泄漏量。严重泄漏应消除，无法消除应确定工质泄漏流量。试验期间，系统不明泄漏量总和不应超过额定负荷时主蒸汽流量的 $0.3\%\sim0.5\%$，否则，应考虑更换泄漏量大的阀门，并重做一次试验。

热平衡测试一般选择 100% 负荷和 50% 负荷两种工况分别进行。

（1）蒸汽流量测量，按《流量测量节流装置用孔板、喷嘴和文丘里管测量充满圆管的流体测量》（GB/T 2624—2006）进行。主蒸汽流量的测量采用测量凝结水量的方法。有条件的情况下，应采用长喉喷嘴作为流量测量的节流装置。

（2）水流量测量，按 GB/T 2624—2006 进行。

（3）对各种消耗的热量、排放热量的测量，可根据现场实际条件，采用测量、计算或估算的方法。如采用采暖指数和采暖面积估算采暖耗热量；用蒸汽参数变化量和疏水量计算耗热量；用定容积水加热测温升计算耗热量等。

（4）计算再热蒸汽流量、连续排污扩容器回收蒸汽份额及管道效率，并对有关参量进行测量。

（5）将燃料收到基低位发热量作为输入热量；忽略气体未完全燃烧热损失；除液态排渣炉外，忽略灰渣物理热损失。

（6）锅炉连续排污流量采用孔板及差压变送器，化学取样水量采用量杯及秒表测量。

第三节 热平衡测试数据的整理

平衡测试数据整理的原则是：各类数据按要求整理成全厂平衡期的累计值和平衡期的加权平均值。

一、锅炉测试数据

（1）确定平衡期单台锅炉效率及各项热损失。按单台锅炉在平衡期内出现的各种负荷，查该锅炉的特性曲线或根据锅炉实际热平衡测试数据结果进行计算，获得各负荷时的锅炉效率及各项热损失。再以各负荷时的蒸发量为权数，加权计算单台锅炉在平衡期的锅炉效率及各项损失率，见表 16-2。对于用石灰石在炉内脱硫的锅炉（含流化床锅炉），在进行各项损失测量计算时，应考虑石灰石煅烧热损失、二氧化碳增量的烟气热损失等，计算公式如下

表 16-2   **平衡期内单台锅炉效率及各项损失统计表**

锅炉负荷 (t/h)	对应负荷下锅炉运行时间 (h)	对应负荷级下在平衡期内总蒸发量 D_{fh} (t)	q_2 （%）	q_3 （%）	q_4 （%）	q_5 （%）	q_6 （%）	η_{bl} （%）
平衡期内锅炉效率 η_{bl} 及各项损失 $q_{dl,i}$								
平衡期内累计蒸发量 D_{sc}								

注 $D_{sc}=\sum D_{fh}$。

$$q_{\mathrm{dl},i} = \frac{\sum\limits_{n=1}^{m} D_{\mathrm{fh},n} q_{i,n}}{\sum\limits_{n=1}^{m} D_{\mathrm{fh},n}}$$

$$\eta_{\mathrm{bl}} = \frac{\sum\limits_{n=1}^{m} D_{\mathrm{fh},n} \eta_{\mathrm{bl},n}}{\sum\limits_{n=1}^{m} D_{\mathrm{fh},n}}$$

式中　m——平衡期内锅炉出现的负荷级个数，可以按锅炉负荷每变化 5% 额定负荷作为一个负荷级；

$q_{\mathrm{dl},i}$——平衡期内单台锅炉各项热损失（i＝2、3、4、5、6，下角标"dl"表示"单台锅炉"），%；

η_{bl}——平衡期内单台锅炉效率，%；

$D_{\mathrm{fh},n}$——平衡期内在第 n 负荷级下单台锅炉的蒸发量，t；

$q_{i,n}$——对应于第 n 负荷级下，从锅炉特性曲线查出或根据锅炉实际热平衡测试数据结果进行计算的各项热损失，%；

$\eta_{\mathrm{bl},n}$——对应于第 n 负荷级下，从锅炉特性曲线查出或根据锅炉实际热平衡测试数据结果进行计算的锅炉效率，%。

$q_{i,n}$ 下角 i＝2、3、4、5、6 的含义：

$q_{2,n}$——锅炉排烟热损失，%；

$q_{3,n}$——锅炉可燃气体未完全燃烧热损失，%；

$q_{4,n}$——锅炉固体未完全热损失，%；

$q_{5,n}$——锅炉散热损失，%；

$q_{6,n}$——锅炉固体未完全热损失，%。

（2）计算全厂锅炉效率及各项损失。以各台锅炉在平衡期内的蒸发量为权，加权计算全厂的锅炉效率及各项损失，见表 16-3。

表 16-3　　　　　　　　　　平衡期内全厂锅炉效率及各项损失统计表

炉号	平衡期内累计蒸发量 (t)	q_2 （%）	q_3 （%）	q_4 （%）	q_5 （%）	q_6 （%）	η_{bl} （%）
平衡期内全厂锅炉效率及各项损失							

计算公式如下

$$q_{\mathrm{c},i} = \frac{\sum\limits_{n=1}^{m} D_{\mathrm{sc}} q_{\mathrm{dl},i,n}}{\sum D_{\mathrm{sc}}}$$

$$\eta_{\mathrm{cbl}} = \frac{\sum\limits_{n=1}^{m} D_{\mathrm{sc}} \eta_{\mathrm{bl},n}}{\sum D_{\mathrm{sc}}}$$

式中 m——平衡期内全厂运行锅炉台数；

  $q_{c,i}$——平衡期内全厂锅炉各项热损失（$i=2$、3、4、5、6），%；

  $\eta_{bl,n}$——平衡期内在第 n 负荷级下某台锅炉效率，%；

  D_{sc}——平衡期内下某台锅炉的累计蒸发量，t；

  $q_{dl,i,n}$——平衡期内在第 n 负荷级下某台锅炉的各项热损失，%；

  η_{cbl}——平衡期全厂锅炉效率，%。

二、汽轮机测试数据

1. 再热蒸汽流量确定

如果没有再热蒸汽流量计量，可采用高压加热器热平衡法计算。求出高压缸各抽汽流量，由高压缸进汽流量减去高压缸各抽汽流量和高压缸轴封漏汽流量获得，即

$$G_{zrl} = G_{qj} - \sum (G_{cq})_i - G_{gzl}$$

$$G_{qj} = G_{gr} - G_{mgl}$$

式中 G_{zrl}——冷段再热蒸汽流量（也叫再热蒸汽流量，用 G_{zr} 表示）；

  G_{qj}——汽轮机高压缸进汽流量；

  G_{gr}——过热蒸汽流量；

  G_{gzl}——高压缸轴封漏汽流量；

  G_{mgl}——高压门杆漏汽流量；

  $\sum (G_{cq})_i$——高压缸各抽汽流量之和。

加热器抽汽流量的确定，采用加热器热平衡法，即

$$G_{cq} = \frac{G_{gs}(h_{cgs} - h_{rgs})}{h_{cq} - h_{ss}}$$

式中 G_{cq}——加热器抽汽流量；

  G_{gs}——给水流量；

  h_{cgs}——加热器出口给水焓；

  h_{rgs}——加热器入口给水焓；

  h_{cq}——加热器抽汽焓；

  h_{ss}——加热器疏水焓。

（1）确定单台汽轮机热耗率。按机组在平衡期内出现的各电负荷，查汽轮机热力特性曲线，确定在各负荷点的汽轮机热耗率。再以各负荷下的发电量为权数，加权计算平衡期单台汽轮机热耗率。见表 16-4。计算公式如下

表 16-4   平衡期内某台汽轮机热耗率统计表

发电机负荷级 （MW）	对应负荷级下机组 运行时间（h）	对应负荷级下平衡期内 发电量 $W_{fh,n}$（GWh）	对应负荷级下汽轮机热耗率 q_n（kJ/kWh）
平衡期单台汽轮机累计发电量 W_{fd}			
平衡期单台汽轮机热耗 q_{dj}			

注 W_{fd} 等于 W_{fh} 列各项之和。

$$q_{dj} = \frac{\sum\limits_{n=1}^{m} W_{fh,n}q_n}{\sum\limits_{n=1}^{m} W_{fh,n}}$$

式中　　m——平衡期内汽轮机出现的负荷级个数，可以按汽轮机负荷每变化5%额定负荷作为一个负荷级；

q_{dj}——平衡期内单台汽轮机热耗率，kJ/kWh；

$W_{fh,n}$——在第 n 负荷级下的累计发电量，kWh；

q_n——对应于第 n 负荷级下，由汽轮机热力特性曲线查出的汽轮机热耗率，kJ/kWh。

（2）确定全厂汽轮机热耗。按平衡期内各台机组发电量加权获得，见表16-5。计算公式如下

$$q_c = \frac{\sum W_{fd}q_{dj}}{\sum W_{fd}}$$

式中　　q_{dj}——平衡期内某台汽轮机热耗率，kJ/kWh；

W_{fd}——平衡期内某台汽轮机的累计发电量，kWh；

q_c——平衡期全厂汽轮机热耗率，kJ/kWh。

表 16-5 　　　　　　　　　　　　　　　**平衡期内全厂汽轮机热耗率**

机组号	平衡期内累计发电量 W_{fd}（GWh）	平衡期内平均单机热耗率 q_{dj}（kJ/kWh）
平衡期全厂汽轮机热耗 q_c		

注　W_{fd}等于表3-24中W_{fh}列各项之和。

2. 汽轮机热效率

汽轮机热效率（汽轮发电机组热效率）可分为汽轮发电机组正平衡热效率和汽轮发电机组反平衡热效率。汽轮发电机组正平衡热效率是指在测试过程中直接根据汽轮发电机组的输出功率与汽轮机的热耗量计算，确定的汽轮发电机组平衡热效率。

汽轮发电机组反平衡热效率是指在测试过程中通过测量和计算相关热损失得出的汽轮发电机组热效率。汽轮发电机组反平衡热效率能得出凝汽器、加热器、锅炉给水泵、汽轮机机械和发电机等各项热损失的具体数值，了解汽轮发电机组热力系统的实际工况状况。

单台汽轮发电机组热效率按下式计算

$$\eta_e = \frac{3600}{q_{dj}}$$

全厂汽轮发电机组热效率按下式计算：

$$\eta_e = \frac{3600}{q_c}$$

三、管道热效率测试数据

1. 计算平衡期单台单元管道热效率及各项热损失

平衡期单台单元机组在平衡期内出现的各种负荷，查该单元机组管道热效率的特性曲线或根据管道热效率实际热平衡测试数据结果进行计算，获得各负荷时的单元机组管道热效率及各项热

损失。再以各负荷时的蒸发量为权数，加权计算在平衡期间的单元机组管道热效率及各项损失率，见表 16-6。计算公式为

$$q_{\mathrm{dg},i} = \frac{\displaystyle\sum_{n=1}^{m} D_{\mathrm{fh},n} q_{\mathrm{gi},n}}{\displaystyle\sum_{n=1}^{m} D_{\mathrm{fh},n}}$$

$$\eta_{\mathrm{gd}} = \frac{\displaystyle\sum_{n=1}^{m} D_{\mathrm{fh},n} \eta_{\mathrm{g},n}}{\displaystyle\sum_{n=1}^{m} D_{\mathrm{fh},n}}$$

式中　m——平衡期内锅炉出现的负荷级个数，可以按锅炉负荷每变化 5% 额定负荷作为一个负荷级；

$q_{\mathrm{dg},i}$——平衡期内单台单元机组管道热力系统各项热损失，%；

η_{gd}——平衡期内单台单元机组管道效率，%；

$D_{\mathrm{fh},n}$——平衡期内在第 n 负荷级下锅炉的蒸发量，t；

$q_{\mathrm{g},n}$——对应于第 n 负荷级下，从单元机组特性曲线查出或根据管道热效率实际热平衡测试数据结果，进行计算的单元机组管道热效率，%；

$q_{\mathrm{gi},n}$——对应于第 n 负荷级下，从单元机组特性曲线查出或根据管道热效率实际热平衡测试数据结果，进行计算的各项热损失，%。

表 16-6　　　　　　　　**平衡期间的单元机组管道热效率及各项损失率统计表**

单元机组编号：

单元机组锅炉负荷级 (t/h)	对应负荷下机组运行时间 (h)	对应负荷下平衡期内机组总蒸发量 $D_{\mathrm{fh},n}$ (t)	q_{g1}(%)	q_{g2}(%)	q_{g3}(%)	q_{g4}(%)	q_{g5}(%)	q_{g6}(%)	q_{gd}(%)
平衡期内管道各项热损失率 $q_{\mathrm{dg},i}$ 和热效率 η_{gd}									
平衡期内累计蒸发量 $D_{\mathrm{sc},n}$									

注　$D_{\mathrm{sc},n} = \sum D_{\mathrm{fh},n}$。

2. 计算全厂管道热效率及各项热损失

以各台单元机组在平衡期内的蒸发量为权数，加权计算全厂管道热效率和各项热损失，见表 16-7。计算公式为

$$q_{\mathrm{cg},i} = \frac{\sum D_{\mathrm{sc}} q_{\mathrm{dg},i}}{\sum D_{\mathrm{sc}}}$$

$$\eta_{\mathrm{cgd}} = \frac{\sum D_{\mathrm{sc}} \eta_{\mathrm{gd}}}{\sum D_{\mathrm{sc}}}$$

式中　$q_{cg,i}$——平衡期内全厂机组管道热力系统各项热损失，%；

　　　D_{sc}——平衡期内下某台锅炉的累计蒸发量，t；

　　　η_{cgd}——平衡期内全厂机组管道效率，%。

表 16-7　　　　　　　　平衡期内全厂管道热效率及各项损失率统计表

单元机组号	平衡期内累计蒸发量（t）	q_{g1}(%)	q_{g2}(%)	q_{g3}(%)	q_{g4}(%)	q_{g5}(%)	q_{g6}(%)	q_{gd}(%)
平衡期内全厂管道热效率及各项热损失率								

3. 排污回收热量确定

连续排污扩容回收蒸汽份额计算式为

$$\varepsilon = \frac{h_{pw}\eta_f - h_{bs}}{h_{bq} - h_{bs}}$$

式中　ε——排污回收蒸汽份额；

　　　h_{pw}——锅炉连续排污水焓；

　　　h_{bq}——连续排污扩容器产生的蒸汽焓；

　　　η_f——连续排污扩容器热效率；

　　　h_{bs}——连续排污扩容器压力下饱和水焓。

如果无法确定 h_{bq}，可以近似认为 $h_{bq} - h_{bs} = 2260.87 \text{kJ/kg}$。

排污回收热量

$$Q_{pw} = \varepsilon G_{pw}(h_{bq} - h_{ma})$$

式中　G_{pw}——锅炉连续排污流量；

　　　h_{ma}——化学补充水焓。

4. 管道效率及各项热损失的计算方法

管道反平衡热效率：在测试过程中通过测出单元机组管道热力系统的各项热损失，然后通过计算得出反平衡热效率。管道反平衡热效率能得出各项热损失的具体数值，了解管道热力系统的实际工作状况。

管道反平衡热效率计算公式为

$$\eta_{gd} = \left(1 - \frac{\Delta Q_{gd}}{Q_{bl}}\right) \times 100\%$$

式中　ΔQ_{gd}——单元机组管道热损失；

　　　Q_{bl}——锅炉热负荷（即锅炉输出热量）；

　　　η_{gd}——管道效率，%。

四、全厂燃料利用率（全厂热效率）

（1）计算全厂燃料利用率（全厂热效率）。计算出输入能源的标准煤量，把输出的电能和热能（供热量）折算成标准煤量，用正平衡方法计算出全厂燃料利用率。

（2）将整理的数据填入热平衡汇总表 16-8，并逐项填入热平衡方框图，300MW 机组热平衡图见图 16-1。

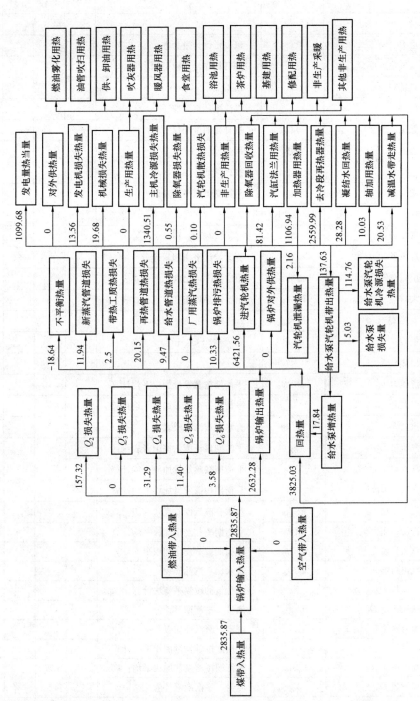

图 16-1　300MW 机组热平衡方框图（单位：GJ/h）

表 16-8   **火力发电厂热平衡数据计算汇总表**

序号	数据名称	单位	数据来源与计算	机组号			全厂合计
				1号	2号	3号	
一	入炉热量						
1	入炉煤量 B_m	t	以皮带秤计量为准				
2	入炉煤低位发热量 $Q_{m,ar,net}$	kJ/kg	按日耗煤量加权平均				
3	入炉煤热量 Q_m	GJ	$B_m Q_{m,ar,net}/1000$				
4	入炉油量 B_y	t	以油罐计量为准				
5	入炉油低位发热量 $Q_{y,ar,net}$	kJ/kg	按日耗油量加权平均				
6	入炉油热量 Q_y	GJ	$B_y Q_{y,ar,net}/1000$				
7	入炉油温度 t_y	℃	按日耗油量加权平均				
8	基准温度 t_0	℃	平衡期干球平均温度				
9	燃油比热容 c_y	kJ/(kg.K)	$1.738\times0.003\times(t_y+t_0)/2$				
10	燃油物理显热 Q_{yx}	GJ	$c_y(t_y-t_0)B_y/1000$				
11	暖风器送风量 D_{nf}	t	测量统计平衡累计量				
12	暖风器出口空气焓 h_{cnf}	kJ/kg	由空气平均温度、压力查表				
13	暖风器入口空气焓 h_{mf}	kJ/kg	由空气平均温度、压力查表				
14	空气带入热 Q_{nf}	kJ/kg	$D_{nf}(h_{cnf}-h_{mf})/1000$				
15	入炉热量 Q_{rl}	GJ	$Q_m+Q_y+Q_{yx}+Q_{nf}$				
二	锅炉输出热						
16	过热蒸汽压力 p_{gr}	MPa	平衡期按蒸发量加权平均计算				
17	过热蒸汽温度 t_{gr}	℃	平衡期按产汽量加权平均计算				
18	过热蒸汽焓 h_{gr}	kJ/kg	查水、蒸汽性质表				
19	过热蒸汽流量 D_{gr}	kg	平衡期累计值，按记录表统计				
20	再热蒸汽入口压力 p_{zrl}	MPa	平衡期按蒸发量加权平均计算				
21	再热蒸汽入口温度 t_{zrl}	℃	平衡期按蒸发量加权平均计算				
22	再热蒸汽入口焓 h_{zrl}	kJ/kg	查水、蒸汽性质表				
23	再热蒸汽出口压力 p_{zrr}	MPa	平衡期按蒸发量加权平均计算				
24	再热蒸汽出口温度 t_{zrr}	℃	平衡期按蒸发量加权平均计算				
25	再热蒸汽出口焓 h_{zrr}	kJ/kg	查水、蒸汽性质表				
26	再热蒸汽流量 D_{zr}	kg	无计量的按热平衡法计算				
27	再热器减温水量 D_{zj}	kg	测量、平衡期累计值				
28	再热器减温水焓 h_{zrj}	kJ/kg	查水、蒸汽性质表				
29	汽包饱和汽压 p_{bq}	MPa	平衡期按蒸发量加权平均计算				
30	汽包饱和汽焓 h_{bq}	kJ/kg	平衡期按蒸发量加权平均计算				
31	汽包饱和汽量 D_{bq}	kg	测量、平衡期累计值				
32	汽包饱和水焓 h_{bs}	kJ/kg	平衡期算术平均值				
33	排污率 η_{pw}	%	根据实测折成平衡期的平均值，不能测的取 1%				

序号	数据名称	单位	数据来源与计算	机组号			全厂合计
				1号	2号	3号	
34	排污水量 D_{pw}	kg	按额定蒸发量×排污率				
35	排污回收热量 Q_{pw}	GJ	按连续排污扩容器热平衡测算				
36	锅炉给水压力 p_{gs}	MPa	按给水量加权平均				
37	锅炉给水温度 t_{gs}	℃	按给水量加权平均				
38	锅炉给水焓 h_{gs}	kJ/kg	查水性质表				
39	锅炉输出热量 Q_{sc}	kJ	$D_{gr}(h_{gr}-h_{gs})+D_{zr}(h_{zrr}-h_{zrl})$ $+D_{zj}(h_{zrr}-h_{zrj})+D_{bq}(h_{bq}-h_{gs})$ $+D_{pw}(h_{bs}-h_{gs})$				
三	锅炉效率及各项损失						
40	排烟热损失 q_2	%	按锅炉在平衡期内出现的各种负荷查曲线,按表16-2、表16-3进行				
41	化学不完全燃烧热损失 q_3	%					
42	机械不完全燃烧热损失 q_4	%					
43	锅炉散热损失 q_5	%					
44	灰渣物理热损失 q_6	%					
45	锅炉反平衡效率 η_{bl}	%	$100-q_2-q_3-q_4-q_5-q_6$				
46	锅炉损失热量 ΔQ_{bl}	GJ	$Q_{sc}\eta_{bl}$				
四	管道热效率						
47	新蒸汽管道热损失 q_{g1}	%	按单元机组管道在平衡期内出现的各种负荷查曲线,按表和表进行,或按管道反平衡热效率公式计算得出				
48	带热工质热损失 q_{g2}	%					
49	再热管道热损失 q_{g3}	%					
50	给水管道热损失 q_{g4}	%					
51	厂用蒸汽热损失 q_{g5}	%					
52	锅炉排污热损失 q_{g6}	%					
53	管道热平衡热效率 q_{gd}	%	$100-(q_{g1}+q_{g2}+q_{g3}+q_{g4}+q_{g5}+q_{g6})$				
54	管道损失热量 ΔQ_{gd}	GJ	$Q_{sc}q_{gd}$				
五	汽轮机热耗						
55	汽轮机热耗率 q_{dj}	kJ/kWh	按发电机各负荷曲线,单机按各负荷下发电量加权				
56	发电量 W_{fd}	kWh	发电机出口电量累计值				
57	汽轮机热耗量 Q_{qj}	GJ	$q_{dj}\times W_{fd}/100$				
58	汽轮机热效率 η_e	%	$3600/q_{dj}$				
59	汽轮机机械效率 η_{qj}	%	按设计值				
60	汽轮机机械损失热量 ΔQ_{qj}	GJ	$(1/\eta_{qj}-1)\times36W_{fd}/\eta_{fd}$				
61	发电机效率 η_{fd}	%	按设计值				
62	发电机损失热量 ΔQ_{fd}	GJ	$(1/\eta_{fd}-1)\times36W_{fd}$				

续表

序号	数据名称	单位	数据来源与计算	机组号			全厂合计
				1号	2号	3号	
63	冷源损失热量 ΔQ_{ly}	GJ	$Q_{qj} - \Delta Q_{qj} - \Delta Q_{fd} - 36W_{fd}$				
六	全厂热效率						
64	全厂热耗量 Q_{cp}	GJ	Q_{sc}/η_{bl}				
65	全厂损失热量 ΔQ_{cp}	GJ	$\Delta Q_{ly} + \Delta Q_{fd} + \Delta Q_{qj} + \Delta Q_{gd} + \Delta Q_{bl}$				
66	全厂热效率 η_{cp}	%	$\eta_{cp} = \eta_{cbl}\eta_{cgd}\eta_e$				
七	供热						
67	外供热量 Q_{wg}	GJ	按外供热累计表统计计算				
68	生产用热量 Q_s	GJ	测量、平衡期累计量				
69	非生产用热量 Q_{fs}	GJ	测量、平衡期累计量				

注　1. 对于带有炉内脱硫装置的锅炉，入炉热量中要计入脱硫剂带入的物理显热、脱硫反应带入的热量。

2. 对于带有石灰石脱硫装置的流化床锅炉，入炉热量中要计入石灰石显热、硫酸盐化过程热量增益。

3. 如果电厂锅炉还烧部分燃气，入炉热量中应计入。

第四节　热平衡测试报告的编写

一、电厂概况

(1) 简介本厂的汽轮机、锅炉，生产概况。

(2) 主要经济指标完成情况。

二、准备工作介绍

(1) 简介热平衡测试工作情况。

(2) 热平衡测试中使用的仪器、仪表校验记录汇总表。

(3) 机组热力系统图（单元制电厂要不同机组的、母管制电厂要全厂的原则热力系统图），厂用热和非生产用热系统图，热用户和用热量统计表。

三、测试数据整理

(1) 在全厂的热平衡图上标注出绝对热量值或相对热量值（图 16-1 为 300MW 机组热平衡图，试验负荷为 305 468kW）。

(2) 全厂测试、统计计算汇总，见表 16-1～表 16-8。

(3) 全厂平衡期供电煤耗、燃料利用率测算，见表 16-9。

表 16-9　　　　　　　　全厂平衡期供电煤耗、燃料利用率测算表

序号	名称	单位	公式与计算	机组号			全厂累计
				1号	2号	3号	
1	入炉燃煤量 B_m	t	查表 16-8				
2	入炉燃油量 B_y	t	查表 16-8				
3	折标准煤总量 B_b	t	查表 16-8，$[(Q_m+Q_y)/29.308]$				
4	发电量 W_{fd}	MWh	平衡期累计量				

序号	名　称	单位	公式与计算	机组号			全厂累计
				1号	2号	3号	
5	供热量 Q_r	GJ	平衡期累计量				
6	全厂总入炉热量 Q_{rl}	GJ	查表16-8				
7	热分摊比 R_r	%	$(Q_r/Q_{sc})\times100\%$				
8	电分摊比 R_d	%	$100-R_r$				
9	供热耗标煤量 B_{rb}	t	$B_b\times R_r$				
10	发电耗标煤量 B_{db}	t	$B_b\times R_d$				
11	发电厂用电率 e_{fd}	%	查电平衡				
12	发电厂用电量 W_{cd}	MWh	查电平衡				
13	供热厂用电率 e_r	%	查电平衡				
14	供热厂用电量 W_r	MWh	查电平衡				
15	供热标准煤耗率 b_r	kg/GJ	$(B_{rb}/Q_r)\times1000$				
16	发电标准煤耗率 b_{fd}	g/kWh	$(B_{db}/W_{fd})\times1000$				
17	供电标准煤耗率 b_{gd}	g/kWh	$b_{fd}/(1-e_{fd})$				
18	全厂燃料利用率 η_{cl}	%	查表16-8，$100(Q_r+3.6W_{fd})/Q_{rl}$				

（4）锅炉、汽轮机热力特性曲线。

（5）锅炉、汽轮机设计额定参数与实际运行参数对比分析。

（6）回热抽汽系统、疏水系统、凝结水系统、给水系统设计运行方式与实际运行方式对比分析。

四、热平衡结果分析

平衡期锅炉、汽轮机运行参数和经济指标偏离设计值和规定值的分析，包括影响机组发电标准煤耗的定量分析和产生偏差的原因分析，见表16-10～表16-12。

表16-10　　　　　　　　　　　　　**锅炉经济技术指标对照表**

序号	项　目	单位	额定工况设计值	额定工况测试值	偏差	影响煤耗率（g/kWh）
1	过热蒸汽温度	℃				
2	过热蒸汽压力	MPa				
3	再热蒸汽温度	℃				
4	再热蒸汽压力	MPa				
5	给水温度	℃				
6	排烟温度	℃				
7	飞灰含碳量	%				
8	含氧量	%				
9	收到基低位发热量	kJ/kg				
10	收到基灰分	%				
11	挥发	%				
12	收到基水分	%				

注　每台锅炉填一份。

表 16-11 汽轮机经济指标对比表

序号	项　目	单位	额定工况设计值	额定工况测试值	偏差	影响煤耗率 (g/kWh)
1	主蒸汽温度	℃				
2	主蒸汽压力	MPa				
3	再热蒸汽温度	℃				
4	再热蒸汽压力	MPa				
5	真空	kPa				
6	端差	℃				
7	循环水入口温度	℃				
8	高压加热器端差	℃				
9	再热器减温水流量	kg/h				
10	真空严密性	kPa/min				
11	汽轮机内效率	%				

注 每台汽轮机填一份，给水温度已在表 16-10 中填写。

表 16-12 管道热力系统经济指标对比表

序号	项　目	单位	额定工况设计值	额定工况测试值	偏差	影响煤耗率 (g/kWh)
1	新蒸汽管道散热损失率	%				
2	带热量工质泄漏热损失率	%				
3	再热蒸汽管道散热损失率	%				
4	给水管道热损失率	%				
5	厂用蒸汽回水率	%				
6	厂用蒸汽系统热损失率	%				
7	锅炉排污水率	%				
8	锅炉排污热损失率	%				
9	化学补充水率	%				
10	管道热效率	%				

注 每台单元机组填一份。

五、节能潜力分析

（1）生产、非生产用热的使用及管理情况的分析和节能潜力分析。

（2）全厂设计发电煤耗、年完成发电煤耗与平衡期实际完成发电煤耗对比分析。要注意与国内先进水平的比较。

（3）机组合理运行方式（包括调峰方式）负荷分配的分析。提出全厂机组经济运行的方式。

（4）通过分析找出节能潜力所在，提出节能降耗的技术措施。

以图 16-1 为例，在 300、150MW 时锅炉效率分别为 92.82%、93.02%，均低于设计说明书上提供的在以低位热量计算时的锅炉效率设计值 93.40%、94.90%，其原因是锅炉的排烟损失大。

在 300MW 时锅炉管道效率为

$$\eta_{gd} = \left(1 - \frac{11.94 + 2.5 + 20.15 + 9.47 + 10.33}{2632.28}\right) \times 100\% = 97.93\%$$

300MW 时排烟热损失 $q_2 = 5.55\%$（损失热量 157.3GJ/h）；排烟温度为 13 525℃（而设计排烟温度为 124℃），空气预热器出口氧量为 4.63%，由于排烟温度偏高，造成排烟损失较大。150MW 时排烟热损失 $q_2 = 5.81\%$（损失热量为 82.13GJ/h），排烟温度为 112.47℃，空气预热器出口氧量为 8.34%。虽然排烟温度较低，但空气预热器出口氧量却较大，造成排烟损失也较大。q_2 较大是造成锅炉热效率低的主要原因，为此，在运行中要经常吹灰清扫受热面，并根据不同煤质及时进行调整。

300MW 时，机械不完全燃烧损失 $q_4 = 1.10\%$（损失热量为 31.29GJ/h）；q_4 偏大是飞灰含碳量较高所致。在 150MW 时 $q_4 = 0.21\%$（损失热量为 2.90GJ/h），q_4 较小，其原因一是氧量增加（以锅炉排烟损失增大为代价求来的）；二是燃料的低位发热量较高、灰分较低。在 150MW 时可以略为降低氧量。

试验测得 300MW 时锅炉连排量为 5.99t/h（损失热量为 10.33GJ/h）；150MW 为 7.07t/h（损失热量为 10.41GJ/h）。150MW 负荷时连排的热损失较大，运行人员应根据给水品质调节连排量，在保证蒸汽品质满足要求的前提下，尽量减少连排量，降低热量损失。

试验时再热器减温水投入量为 15 733kg/h，由于再热减温水不经过高压加热器及其产生的汽流不经过高压缸，导致减温水带走热量 20.53GJ/h，影响煤耗近 1g/kWh。但再热减温水投入过多与设备本身也有关。因为该工况下的高压缸排汽温度比设计值高 22℃，致使再热器减温水量偏大。

试验时的排汽压力（6.01kPa），高于设计值 1.11kPa，影响试验热耗率 59kJ/kWh。

（5）针对测试中发现的管理问题，制定出相应的管理办法。特别是要关心非生产用热的管理问题。

在热平衡中，不平衡量为 -18.64GJ/h，不平衡率 $= \dfrac{-18.64}{2632.28} \times 100\% = -0.71\%$，虽然在 $\pm 1\%$ 范围内，但是有可能是入炉计量装置存在负误差，因此要对电子皮带秤的测量值进行修正，以减少偏差。

六、热平衡总结报告

完成全厂热平衡总结报告，应提交能量平衡领导小组审核。

第十七章 火力发电厂的电能平衡

第一节 电能平衡的基础知识

企业电能平衡是通过测算与分析，研究用电系统边界范围内，一定时期的电能收入与支出，即传递、流向、分布、转换过程中的消耗、有效利用和损失之间的平衡关系。通过电能平衡揭示出用电企业在整个生产过程中，各个用电环节电能使用的情况，找出节电的主要途径，为加强电能使用管理，编制节能规划，进行设备改造提供科学依据。

一、火力发电厂电能平衡定义和意义

1. 火力发电厂电能平衡的定义

火力发电厂电能平衡是以火力发电厂为对象，对有功电能的输送、转供、分布、流向进行考察、测定、分析和研究，建立用电范围内输入电能、有效电能和损失电能之间的平衡关系。

2. 火力发电厂电能平衡的意义

电能平衡是火力发电厂能量平衡的内容之一，是火力发电厂实现科学管理、合理使用电能极其重要的基础工作。通过电能平衡可以揭示出火力发电厂在整个生产过程中各个用电环节的电能使用情况，研究分析哪些电能是合理使用的，哪些电能是不合理使用的，哪些电能损失是必要的，哪些电能损失是不必要的。电能平衡为加强用电管理，制定合理的用电定额，提供了技术资料；为节电改造，编制节电措施和规划提供了科学依据。

二、火力发电厂电能平衡目的

（1）摸清用电状况。通过电能平衡中的普查、测试、统计、计算等手段，摸清用电构成及其来龙去脉；揭示电厂在整个生产过程中各个用电环节的电能消耗情况。检测机组用电范围内输入电能、有效电能和损失电能之间的平衡关系。

（2）掌握电能利用率。通过电能平衡，主要掌握用电设备的实际使用效率、电能利用率以及整个电厂的电能利用率。

（3）加强科学管理。通过电能平衡，全面揭示出电厂在用电管理上各个环节的电能损失，针对这些问题制定出有关的规章制度，为电厂的科学管理用电奠定基础。

（4）制定科学的单耗定额。通过电能平衡，对企业各种产品在整个工艺工序流程上使用电能的情况的进行监测和研究分析，可以科学合理地掌握产品的电能消耗状况，为制定和完善科学的产品电耗定额提供可靠的依据。

（5）摸清用电水平。查清机组的厂用电分布状况和辅机耗电水平、厂用电率消耗水平、厂用变压器损耗及外供用电量情况。

（6）制定节电规划。通过电能平衡，对消耗电能的设备运行现状做出客观量化的整体评估，分析其节电潜力，研究分析哪些电能是合理使用的，哪些电能是不合理使用的，哪些电能损失是必要的，哪些电能损失是不必要的，如何杜绝不必要的损失。根据查出的原因，编制切实可行的节电措施和规划，对运行效率低、电能利用率低的设备进行分期分批的改造，降低厂用电提供科学的依据。

三、电能平衡的一般原则和基本要求

1. 电能平衡的一般原则

为了保证火力发电厂之间电能平衡结果的可比性，以及电厂电能平衡结果的准确性，在进行电能平衡时，应遵循下列原则：

(1) 遵循能量守恒定律，平衡期应按规定周期的收、支电量进行平衡。

(2) 同类用电体系应有相同的体系边界。

(3) 所用术语、定义、单位、符号、计算公式等均应符合国家《企业设备电能平衡通则》(GB/T 8222) 和《火力发电厂电能平衡导则》(DL/T 606.4) 的规定。

2. 电能平衡的基本条件

火力发电厂进行电能平衡时，必须满足下面三个条件，否则不能进行电能平衡：

(1) 电能的流向分布清楚，设备规格型号、额定容量及数量等清楚准确。

(2) 用电系统的电能计量器具配备和管理应符合《用能单位能源计量器具配备和管理通则》(GB 17167) 的要求，一级计量检测率达到 100%，二级计量检测率达到 95%，生产和非生产用电实行分表计量。在线电能计量仪表可用于电能平衡测试。

(3) 用电管理基本完善，重点耗电设备要有原始记录，统计资料要齐全。

3. 电能平衡的基本要求

(1) 用电设备电能平衡的测试应符合《用能设备能量测试导则》(GB/T 6422) 的要求。

(2) 用电系统应在正常运行状态下进行测试。

(3) 对于供热电厂，在测试期内应保持供热稳定，供热及耗热量的测试应与厂用电测试同步进行。

(4) 用电体系的边界应包括考察对象的所有用电项目和达到预定目标的全部过程。

(5) 同类用电体系应有相同的边界。

(6) 检测大纲中必须具备安全措施，禁止电压互感器短路，禁止电流互感器开路。

四、电能平衡引用标准

(1)《用能单位能源计量器具配备和管理通则》(GB 17167)；

(2)《企业设备电能平衡通则》(GB/T 8222—2008)；

(3)《用能设备能量测试导则》(GB/T 6422—2009)。

五、名词解释

1. 用电体系

用电体系是指电能平衡考察的对象，如火力发电厂内的用电设备和装置构成的系统等。

2. 用电体系的边界

用电体系与其周围相邻部分的分界面称为用电体系的边界。用电体系的边界应根据电能平衡考察的对象和达到的目标等因素确定。边界以外的部分称为界外。

电能平衡用电体系划分的原则是：

(1) 应符合电能平衡的目的和要求。

(2) 避免漏计、重计和错计。

(3) 有利于测试计算，并便于用电管理。

电能平衡用电体系的划分方法有两种：

(1) 按用电设备类型划分。

(2) 按电能流向划分。

推荐按用电设备类型划分。

用电体系边界的确定方法：

（1）火力发电厂用电体系边界的确定从厂用电能表至各用电设备工质输出端止。

（2）厂用变压器体系边界的确定由一次侧入口至二次侧出口。

（3）厂用电线路体系边界的确定分两种情况：①发电机出口至厂用母线之间无变压器时，发电机出口电能表至高压厂用母线；高压厂用母线至厂用变压器一次侧及二次侧出口至 380V 母线。②发电机出口至厂用母线之间有变压器时，发电机出口电能表至高压厂用变压器；高压厂用变压器二次侧出口至高压厂用母线；高压厂用母线至低压厂用变压器一次侧及二次侧出口至380V 母线。

（4）用电设备体系边界的确定从驱动电动机输入端至工质输出端止，如风机的边界是从驱动电动机输入端至风机出口测点止。

3. 输入电能（供给电量）

输入电能是指从外界供给用电体系的有功电能，包括电网进户电能表的计量电量和自备发电机出口电能表计量电量之和，也叫供给电量，以符号 W_{ar} 表示。

4. 有效电能

用电体系在一定的生产工艺条件下，达到规定的质量标准时，满足物理化学变化所必须消耗的有功电能，以符号 W_{ax} 表示。

5. 损耗电能

输入电能与有效电能之差，称为损耗电能，以符号 ΔW_s 表示。

6. 电能利用率

指用电体系中的有效电能占输入电能的百分数，即

$$\eta_{dl} = (W_{yx}/W_{sr}) \times 100\%$$

式中　η_{dl}——用电体系的电能利用率，%；

　　W_{sr}——用电体系的输入电能，kWh；

　　W_{yx}——用电体系的有效电能，kWh。

影响电能利用率的因素很多，除了技术性能外，还有运行工况、生产时间、产品合格率等因素。因此，电能利用率是一项衡量电能利用程度的综合性指标。

7. 总用电量

平衡期内，厂用电能表指示值与购入电量之和，叫总用电量，也叫供给电量。总用电量包括厂用电量、非生产用电量、转供电量、试验多耗电量或误差电量。其计算式为

$$W = W_c + W_{gr}$$

式中　W——平衡期内总用电量，kWh；

　　W_c——平衡期内厂用电能表指示值，kWh；

　　W_{gr}——平衡期内电厂购入电量，kWh。

如在全厂总用电量测试期间，机组均在稳定工况下运行，启备变压器处于备用状态，电厂没有购入电量，全厂总用电量为机组高压厂用变压器压器输入电能表指示电量的总和。

8. 厂用电量

指电厂用于发电和供热所消耗的全部有功电量，用符号 W_{cy} 表示。包括动力、通风、生产照明、采暖、小修、维护等用电量，还包括他励励磁用电量和设备属于电厂资产并由电厂负责其运行和检修的厂外输油管道系统、循环管道系统和除灰管道系统的用电量。

9. 非生产用电量

指电厂用于文化教育、福利卫生等方面的用电量，如食堂、俱乐部、培训、生活供水、生活

照明、生活供热等的用电量，还包括大修、基建、修配厂、转供和试验多耗的用电量，用符号W_{fs}表示。

（1）转供电量：指虽然通过厂用电系统，但电厂没用利用，而是转给其他部门使用，如商店、修理部等的用电量。

（2）试验多耗的用电量：汽轮机、锅炉热力试验和其他试验，在试验期间由于经常变化调整操作而多耗的电量。

（3）基建用电量：电厂用于基本建设的施工电量。

10. 用电设备使用效率

用电设备使用效率是指用电设备输出功率与输入功率之比。对于风机也叫风机全压效率。

11. 电能平衡

电能平衡是在确定的用电体系的边界内，对界外供给电能在用电体系内的输送、转换、利用进行考核、测量、分析和研究，并建立供给电能、有效电能和损失电能之间平衡关系的全过程。电能平衡基本模型见图 17-1。

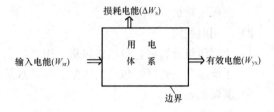

图 17-1 电能平衡基本模型

12. 电平衡方程

电平衡方程是将电能平衡的定义用数学形式表示出来的关系式，即输入用电系统内的电能转化为另一种能量及其各种损失量之间的关系。根据能量守恒定律，电平衡方程的数学表达式为

$$W_{sr} = W_{yx} + \Delta W_s$$

式中　W_{sr}——平衡期输入电能，kWh；

　　　W_{yx}——平衡期系统内有效电能，kWh；

　　　ΔW_s——平衡期系统内损耗电能，kWh。

第二节　电能平衡测试前的准备

一、电能平衡的测试要求

（1）测试工况：整个测试期间，机组在正常运行状态、稳定工况下运行，负荷要求 80% 及以上，测试时保持发电负荷稳定，测试时间不少于 0.5h。

（2）一个平衡至少选择三个代表日进行测试，每个代表日至少在不同时间内测量 5 组数据，然后取其平均值。

（3）对于同类用电体系可抽样测试，抽样数量或百分比可根据实际情况确定。对高压转动机械（3kV 及以上）原则上逐台测试，如有半年之内的试验报告，同型号用电设备应抽测 1～2 台。

（4）电动机容量在 100kW 及以上同类型用电设备可抽测 1～2 台。100kW 以下用电设备可选用设计效率为使用效率，或者同类型用电设备抽测 1 台。

（5）输入电能的测定，一般选用电能表直接测试，最好采用数字式。对于稳定负荷也可用功率表测定。

（6）测试所用仪器、仪表的校验期都应在规定期限内。其精度应符合下列要求：有功电能表选用 0.2 级及以上等级，无功电能表选用 1.0 级及以上等级，电流表选用 0.5 级及以上等级，功率表选用 0.2 级及以上等级，功率因数表选用 0.5 级，电流互感器、电压互感器选用 0.05 级及以上等级，电能表便携校验仪选用 0.1 级及以上等级。

（7）当测试条件与实际运行条件有差异时，应对测试取得的数据，根据实际运行条件加以修正。

二、电能平衡的内容与步骤

（1）确定用电体系的边界。

（2）确定用电体系内用电的单元。

（3）确定用电体系内电能的流向和产品生产的过程及其工艺技术条件。

（4）测定或计算各项电能。下列用电设备的损耗应进行测试计算：

1）变压器。

2）高压电动机。

3）厂用电线路。

4）主要风机及管网，包括送风机、引风机、一次风机、排粉机等。

5）主要水泵及管网，包括给水泵、循环水泵、凝结水泵、灰浆泵等。

6）磨煤机。

7）电除尘器。

8）生产照明。

说明：结合火力发电厂的实际情况，风机和水泵的管网损耗可以按零计算；输煤系统、除灰系统、脱硫系统、脱硝系统、电除尘器、磨煤机可不予测量；脱硝系统、电除尘器只统计输入电能即可；输煤系统、除灰系统、脱硫系统、磨煤机有效电能和损耗电能可按驱动电动机平均设计效率（功率加权平均）计算；水处理系统（包括海水淡化设备）等的高压电动机可不测量有效电能，采用整个系统输入电能的统计数据即可。

（5）编制电能平衡表。

（6）计算与分析用电体系的电能利用率。

（7）制定改进措施。

三、电能平衡测试前准备工作

（1）建立电能平衡测试小组，并经过一定培训。

（2）绘制主接线图（是指发电机出口至厂用电的高、低压母线和发电机出口至配出线）。

（3）绘制厂用电系统图。

（4）绘制电能计量点图。

（5）对全厂用电设备进行现场普查，收集有关参数，填写在表 17-1～表 17-4 中。

（6）用电设备现场普查结束后，编制电能平衡测试大纲，然后进行测试。

表 17-1   变压器现场普查表

序号	变压器名称	变压器型号	额定参数					
			容量 （kVA）	电压 （kV）	电流 （A）	效率 （%）	空载损耗 （kW）	短路损耗 （kW）
1								
2								
普查人：				普查时间：				

表 17-2 厂用电线路现场普查表

序号	导线名称	导线型号	导线截面积 （mm²）	导线长度 （m）	20℃电阻值 （Ω/km）
1					
2					
普查人：			普查时间：		

表 17-3 风机现场普查表

普查项目			风 机 名 称		
铭牌参数	风机	型号规格			
		流量（m³/s）			
		全压（Pa）			
		效率（%）			
		转速（r/min）			
	驱动电机	型号规格			
		功率（kW）			
		电压（V）			
		效率（%）			
		功率因数			
风机台数（台）					
普查人：			普查时间：		

表 17-4 水泵现场普查表

普查项目			风 机 名 称		
铭牌参数	风机	型号规格			
		流量（m³/s）			
		全压（Pa）			
		效率（%）			
		转速（r/min）			
	驱动电机	型号规格			
		功率（kW）			
		电压（V）			
		效率（%）			
		功率因数			
风机台数（台）					
水泵台数（台）					
普查人：			普查时间：		

第三节　电能平衡的测试和计算方法

一、变压器损耗的测试计算方法

1. 测试目的

通过现场实际测试，求出变压器的损耗和使用效率，以达到经济运行的目的。

2. 测试前的准备

(1) 普查厂用变压器的数量和额定参数。

(2) 按测试对象的边界选择测点。

(3) 测试仪表选用有功电能表和无功电能表，精确度等级不低于 1.0 级，数量由测点定。

(4) 测试仪表按有关技术规程安装，连线要正确，符合安全技术规程。

3. 测试方法

测试方法采用综合代表日测试法，其求变压器电能损耗的具体步骤如下：

(1) 平衡期一个月，按上、中、下旬选择三个代表日。

(2) 将各代表日每一时间间隔所计量的数据逐项填写在表 17-5 中。

(3) 审查测试记录，舍去不合理的数据。

表 17-5　　　　　　　　变压器和线路代表日测试记录表

设备名称编号				测试日期：　　年　　月　　日				测试人：
规格型号	变压器额定参数							线路长度（m）
	容量（kVA）	电流（A）	电压（kV）	效率（%）	空载损耗（kW）	短路损耗（kW）		
时间	有功电量				无功电量				电流 I_i
	电能表原字	差值	倍率	电量	电能表原字	差值	倍率	电量	
1：00									
2：00									
3：00									
4：00									
5：00									
⋮									
18：00									
19：00									
20：00									
21：00									
22：00									
23：00									
24：00									
合计									

注　记录表间隔必须相同，读数精确到小数点后两位数字。

4. 数据整理与计算

(1) 代表日负荷曲线形状系数 K_z 的计算公式为

$$K_z = \frac{\sqrt{n \sum_{i=1}^{n} W_i^2}}{W_{br}}$$

式中　n——代表日记录时间间隔数；

　　K_z——负荷曲线形状系数；

　　W_{br}——代表日输入变压器的电能，kWh；

　　W_i——每一时间间隔通过变压器的电能，kWh。

(2) 代表日负荷曲线电流平均值 I_{pj} 的计算式为

$$I_{pj} = \frac{\sqrt{W_{br}^2 + W_{wg}^2}}{\sqrt{3} U_N t_r}$$

式中　W_{wg}——代表日输入变压器的无功电能，kvarh；

　　U_N——网络额定电压，V；

　　t_r——代表日变压器运行时间，h。

如果 1h 内负荷变化不大，则用代表日均方根电流的计算较为简单，即

$$I_{pj} = \frac{\sqrt{\sum_{i=1}^{24} I_i^2}}{24}$$

式中　I_i——代表日变压器各整点时的实际负荷电流，A。

(3) 代表日变压器损耗 ΔW_{br} 的计算：对于双绕组变压器，代表日变压器损耗为

$$\Delta W_{br} = \left[\Delta P_0 + \Delta P_{kN} \left(\frac{K_z I_{pj}}{I_N} \right)^2 \right] t_r$$

式中　ΔW_{br}——代表日变压器损耗，kW.h；

　　ΔP_0——变压器空载损耗功率，kW，可选制造厂出厂测试数据，也可实测；

　　ΔP_{kN}——变压器短路损耗功率，kW，可选制造厂出厂测试数据，也可实测；

　　I_N——变压器额定电流，A。

对于三绕组变压器，固定损耗与双绕组变压器相同，等于 $\Delta P_0 t_r$，而负载损耗为

$$\Delta W_r = \left[\Delta P_{k1} \left(\frac{I_{pj11}}{I_N} \right)^2 + \Delta P_{k2} \left(\frac{I_{pj21}}{I_N} \right)^2 + \Delta P_{k3} \left(\frac{I_{pj31}}{I_N} \right)^2 \right] t_r$$

式中　ΔP_{k1}、ΔP_{k2}、ΔP_{k3}——三绕组变压器高、中、低压绕组的短路损耗功率，kW；

　　I_{pj11}——变压器容量为 100% 绕组的均方根，A；

　　I_{pj21}、I_{pj31}——变压器容量中、低绕组折算为额定电流 I_N 一侧的均方根电流，A；

　　I_N——变压器容量为 100% 绕组的额定电流，A。

三绕组变压器代表日总的电能损耗为

$$\Delta W_{br} = \Delta P_0 t_r + \left[\Delta P_{k1} \left(\frac{I_{pj11}}{I_N} \right)^2 + \Delta P_{k2} \left(\frac{I_{pj21}}{I_N} \right)^2 + \Delta P_{k3} \left(\frac{I_{pj31}}{I_N} \right)^2 \right] t_r$$

(4) 平衡期第 i 台变压器损耗的计算

$$\Delta W_{byi} = \frac{\sum_{i=1}^{n} \Delta W_{bri} W_{bri}}{\sum_{i=1}^{n} W_{bri}} n_{byi}$$

式中 $\Delta W_{\mathrm{by}i}$——平衡期第 i 台变压器损耗，kWh；

    $\Delta W_{\mathrm{br}i}$——各代表日第 i 台变压器损耗，kWh；

    $W_{\mathrm{br}i}$——各代表日第 i 台变压器输入电能，kWh；

    $n_{\mathrm{by}i}$——平衡期第 i 台变压器运行天数，d；

    n——平衡期变压器代表天数，天。

（5）平衡期全厂变压器损耗的计算

$$\Delta W_{\mathrm{bys}} = \sum_{i=1}^{n} \Delta W_{\mathrm{by}i}$$

式中 $\Delta W_{\mathrm{by}i}$——平衡期第 i 台变压器损耗，kWh；

    ΔW_{bys}——平衡期全厂变压器损耗，kWh；

    n——平衡期全厂变压器运行台数，台。

（6）平衡期第 i 台变压器使用效率的计算

$$\eta_{\mathrm{by}i} = \frac{W_{\mathrm{by}i} - \Delta W_{\mathrm{by}i}}{W_{\mathrm{by}i}} \times 100\%$$

式中 $\Delta W_{\mathrm{by}i}$——平衡期第 i 台变压器损耗，kWh；

    $W_{\mathrm{by}i}$——平衡期第 i 台变压器输入的电能，kWh；

    $\eta_{\mathrm{by}i}$——平衡期第 i 台变压器使用效率，%。

（7）平衡期全厂变压器平均使用效率的计算

$$\eta_{\mathrm{by}} = \frac{\sum\limits_{i=1}^{n} \eta_{\mathrm{by}i} W_{\mathrm{by}i}}{\sum\limits_{i=1}^{n} W_{\mathrm{by}i}}$$

式中 n——平衡期全厂变压器运行台数，台。

【例 17-1】 某电厂有一台厂用变压器，额定参数如下：$S_{\mathrm{N}}=150\,000\mathrm{kVA}$，$U_{\mathrm{N}}=230\mathrm{kV}$，$I_{\mathrm{N}}=376.5\mathrm{A}$，$\Delta P_0=128.9\mathrm{kW}$，$\Delta P_{\mathrm{kN}}=421.3\mathrm{kW}$。求该变压器在平衡期（30 天）的损耗电能和使用效率。经测试第一个代表日通过该变压器的有功电能为 1 500 000kWh，无功电能为 600 000kvarh；第二个代表日通过该变压器的有功电能为 1 400 000kWh，无功电能为 550 000kvarh；第三个代表日通过该变压器的有功电能为 1 450 000kWh，无功电能为 560 000kvarh，负荷曲线形状系数 $K_z=1.03$，变压器运行 30 天，输入变压器的电能为 17 920 000kWh。

解：（1）计算第一个代表日变压器的损耗

$$I_{\mathrm{pj1}} = \frac{\sqrt{W_{\mathrm{br}}^2 + W_{\mathrm{wg}}^2}}{\sqrt{3}\,U_{\mathrm{N}} t_{\mathrm{r}}} = \frac{\sqrt{1500\,000^2 + 600\,000^2}}{\sqrt{3} \times 230 \times 24} = 168.98(\mathrm{A})$$

$$\Delta W_{\mathrm{br1}} = \left[\Delta P_0 + \Delta P_{\mathrm{kN}} \left(\frac{K_z I_{\mathrm{pj1}}}{I_{\mathrm{N}}} \right)^2 \right] t_{\mathrm{r}}$$

$$= \left[128.9 + 421.3 \times \left(\frac{1.03 \times 168.98}{376.5} \right)^2 \right] \times 24 = 7767.83(\mathrm{kWh})$$

（2）计算第二个代表日变压器的损耗

$$I_{\mathrm{pj2}} = \frac{\sqrt{1\,400\,000^2 + 550\,000^2}}{\sqrt{3} \times 230 \times 24} = 157.33(\mathrm{A})$$

$$\Delta W_{\mathrm{br2}} = \left[128.9 + 421.3 \times \left(\frac{1.03 \times 157.33}{376.5} \right)^2 \right] \times 24 = 4966.74(\mathrm{kWh})$$

（3）计算第三个代表日变压器的损耗

$$I_{pj3} = \frac{\sqrt{1\,450\,000^2 + 560\,000^2}}{\sqrt{3} \times 230 \times 24} = 162.58(\text{A})$$

$$\Delta W_{br3} = \left[128.9 + 421.3 \times \left(\frac{1.03 \times 162.58}{376.5}\right)^2\right] \times 24 = 5093.87(\text{kWh})$$

（4）计算该台变压器平衡期的损耗电能

$$\Delta W_{byi} = \frac{\sum\limits_{i=1}^{n} \Delta W_{bri} \times W_{bri}}{\sum\limits_{i=1}^{n} W_{bri}} \times n_{byi}$$

$$= \frac{7767.83 \times 1500\,000 + 4966.74 \times 1400\,000 + 5093.87 \times 1450\,000}{1500\,000 + 1400\,000 + 1450\,000} \times 30$$

$$= 179250.3(\text{kWh})$$

（5）计算该台变压器使用效率

$$\eta_{byi} = \frac{W_{byi} - \Delta W_{byi}}{W_{byi}} \times 100\% = \frac{17\,920\,000 - 179\,250.3}{117\,920\,000} \times 100\% = 99.0\%$$

二、厂用线路损耗的测试计算方法

1. 测试目的

通过现场实际测试，求出厂用线路的损耗和线损率。

2. 测试前的准备

（1）普查各条厂用线路长度、导线规格及型号等。

（2）收集整理与测试计算有关的输电网络和配电网络接线图。

（3）按测试对象的边界选择测点。

（4）测试仪表选用电能表和交流电流表，精确度等级不低于1.0级，数量由测点定。

（5）测试仪表按有关技术规程安装，连线要正确，符合安全技术规程。

3. 测试方法

采用综合代表日测试法，其步骤如下：

（1）平衡期一个月，按上、中、下旬选择三个代表日。

（2）将各代表日每一时间间隔所计量的数据逐项填写在表18-5代表日记录表中。

（3）审查测试记录，舍掉不合理的数据。

4. 数据整理与计算

（1）代表日线路损耗电能的计算

$$\Delta W_{xlr} = mI_{ck}^2 LR_{20}t_{xlr}/1000$$

$$I_{ck} = \sqrt{\frac{\sum\limits_{i=1}^{n} I_i^2}{n}}$$

式中　m——电源相数，单相 $m=1$，三相 $m=3$，三相四线 $m=3.5$；

　　I_{ck}——代表日均方根电流，A；

　　I_i——每一时间间隔的电流值，A；

　　n——代表日记录时间间隔数；

　　L——导线的长度，km；

　　t_{xlr}——代表日线路运行时间，h；

　　R_{20}——1km长度的导线在20℃时的电阻值，Ω/km，见表17-6。

如果 1h 内负荷变化比较频繁，则用电能表的实测数据计算均方根电流更为合理，计算公式为

$$I_{ck} = \frac{\sqrt{W_{br}^2 + W_{wg}^2}}{\sqrt{3}U_N t_{xlr}}$$

式中　W_{br}——代表日线路每一时间间隔内的有功电量，kWh；

　　　W_{wg}——代表日线路每一时间间隔内的无功电量，kvarh；

　　　U_N——测量处线路电压平均值，V；

　　　t_{xlr}——代表日线路运行时间，h。

如果要比较精确的计算，应考虑温度对电线电阻的影响；对于 110kV 以上电压的线路，还应考虑电晕产生的电能损耗；对电缆线路还应计算其介质损耗。有关这方面的精确计算请参考 DL/T 686—1999《电力网电能损耗计算导则》。

表 17-6　　　　　　　　　　　导线在 20℃时的电阻值　　　　　　　　　　Ω/km

导线断面（mm²）	裸铜线 TJ	裸铝导线 LJ	钢芯铝导线 LGJ	铜芯三芯电缆
10	1.84		3.12	
16	1.2	1.98	2.04	
25	0.74	1.28	1.38	0.74
35	0.54	0.92	0.85	0.52
50	0.39	0.64	0.65	0.37
70	0.28	0.46	0.46	0.26
95	0.20	0.34	0.33	0.194
120	0.158	0.27	0.27	0.153
150	0.123	0.21	0.21	0.122
185	0.103	0.17	0.17	0.099
240	0.78	0.132	0.132	

注　在电能平衡中，按 20℃时的电阻值计算，由温度引起的附加电阻可忽略不计。

（2）平衡期第 i 条线路损耗电能的计算

$$\Delta W_{xli} = \frac{\sum_{i=1}^{n} \Delta W_{xlri} W_{xlri}}{\sum_{i=1}^{n} W_{xlri}} n_{xli}$$

式中　ΔW_{xli}——平衡期第 i 条线路损耗电能，kWh；

　　　ΔW_{xlri}——代表日第 i 条线路损耗电能，kWh；

　　　W_{xlri}——代表日第 i 条线路传输电能，kWh；

　　　n——平衡期第 i 条线路代表日个数，个；

　　　n_{xli}——平衡期第 i 条线路运行天数，d。

（3）平衡期全厂线路损耗电能的计算

$$\Delta W_{xl} = \sum_{i=1}^{n} \Delta W_{xli}$$

式中　ΔW_{xl}——平衡期全厂线路损耗电能，kWh；

　　　n——平衡期全厂线路运行条数，条。

（4）平衡期第 i 条线路线损率的计算

604

$$\rho_{ssi} = \frac{\Delta W_{xli}}{W_{xli}} \times 100\%$$

式中　W_{xli}——平衡期第 i 条线路传输的电能，kWh；

　　　ρ_{ssi}——平衡期第 i 条线路的线损率，%。

（5）平衡期全厂平均线损率的计算

$$\rho_{ss} = \frac{\sum\limits_{i=1}^{n} \rho_{ssi} W_{xli}}{\sum\limits_{i=1}^{n} W_{xli}}$$

式中　n——平衡期全厂线路运行条数，条；

　　　ρ_{ssi}——平衡期第 i 条线路的线损率，%；

　　　ρ_{ss}——平衡期全厂平均线损率，%。

【例 17-2】 有一根铜芯三芯电缆，三相，长度 2.0km，导线断面积 70mm^2，已知平衡期为 30 天，求该线路平衡期内损耗电能 ΔW_{xli} 和线损率 ρ_{ss}。各代表日的测试数据见表 17-7。

表 17-7　　　　　　　　　　　　某线路平衡期内各代表日的测试数据

时间	上旬代表日数据		中旬代表日数据		下旬代表日数据	
	有功电量	I (A)	有功电量	I (A)	有功电量	I (A)
0：00		140		130		130
6：00		140		130		130
9：00		160		170		170
12：00		160		170		160
15：00		160		160		170
18：00		150		160		160
21：00		150		160		160
24：00		150		130		130
合计	25 000kWh		25 200kWh		24 500kWh	

解：（1）计算各代表日均方根电流

$$I_{ck1} = \frac{\sqrt{\sum\limits_{i=1}^{n} I_i}}{n} = \frac{\sqrt{2 \times 140^2 + 3 \times 160^2 + 3 \times 150^3}}{8} = 53.55(A)$$

$$I_{ck2} = \frac{\sqrt{3 \times 130^2 + 2 \times 170^2 + 3 \times 160^2}}{8} = 53.81(A)$$

$$I_{ck3} = \frac{\sqrt{3 \times 130^2 + 2 \times 170^2 + 3 \times 160^2}}{8} = 53.81(A)$$

（2）计算各代表日线路损耗的电能

$$\Delta W_{xl1} = m I_{ck}^2 L R_{20} t_{xlr} \times 10^{-3}$$
$$= 3 \times 53.55^2 \times 2 \times 0.26 \times 24 \times 10^{-3} = 107.4(kWh)$$
$$\Delta W_{xl2} = 3 \times 53.81^2 \times 2 \times 0.26 \times 24 \times 10^{-3} = 108.4(kWh)$$
$$\Delta W_{xl3} = 3 \times 53.81^2 \times 2 \times 0.26 \times 24 \times 10^{-3} = 108.4(kWh)$$

（3）计算该线路在平衡期内的损耗电能

$$\Delta W_{xli} = \frac{\sum\limits_{i=1}^{n} \Delta W_{xlri} W_{xlri}}{\sum\limits_{i=1}^{n} W_{xlri}} n_{xli}$$

$$= \frac{107.4 \times 25\,000 + 108.4 \times 25\,200 + 108.4 \times 24\,500}{25\,000 + 25\,200 + 24\,500} \times 30$$

$$= 3242.0 (\text{kWh})$$

（4）计算该线路的线损率

$$\rho_{ssi} = \frac{3242}{\dfrac{(25\,000 + 25\,200 + 24\,500) \times 30}{3}} \times 100\% = 0.43\%$$

三、风机或水泵损耗的测试计算方法

1. 测试目的

通过现场实际测试，求出风机或水泵的有效电能、损耗电能和电能利用率。

2. 测试前的准备

（1）普查各种风机或水泵规格及型号等。

（2）按测试对象的边界选择测点。

（3）测试仪表选用电能表和交流电流表，精确度等级不低于1.0级，数量由测点定。

（4）测试仪表按有关技术规程安装，连线要正确，符合安全技术规程。

3. 测试计算方法

审查测试记录，舍掉不合理的数据，然后按下面步骤逐项计算。

（1）流量计算：使用皮托管测量时，其风机测量面流量为

$$q_{v3} = A_3 \omega_3$$

$$\omega_3 = K_p \sqrt{2 p_{d3} / \rho_3}$$

$$\rho_3 = 0.00269 \rho_0 \times \frac{p_{am} + p_{s3}}{273 + t_3}$$

$$p_{d3} = \left[\sum_{i=1}^{n} \frac{\sqrt{(p_{d3})_i}}{n} \right]^2 \text{Pa}$$

式中　ρ_3——流量测量面密度，kg/m^3；

ω_3——流量测量面平均速度，m/s；

K_p——皮托管修正值，对于标准皮托管 $K_p = 1$；

$(p_{d3})_i$——测量截面内任一测点动压两次读数的算术平均值，Pa；

0.002 69——即为 273/101 325 的比值；

q_{v3}——风机测量面流量，m^3/s；

ρ_0——标准状态下介质密度，kg/m^3，对于空气 $\rho_0 = 1.293$，对于烟气 $\rho_0 = 1.977RO_2 + 1.429O_2 + 1.25N_2$（其中 RO_2、O_2、N_2 为烟气中三原子气体、氧、氮的含量）；

p_{am}——大气压力，Pa；

A_3——流量测量面面积，m^2；

p_{s3}——流量测量面静压，Pa；

p_{d3}——流量测量截面平均动压，Pa。

使用标准节流装置测量流量

$$q_v = SK \sqrt{\frac{2\Delta p}{\rho}}$$

式中　S——节流装置截面积，m^2；

$\qquad K$——节流装置修正系数；

$\qquad \Delta p$——节流装置平均压力差，Pa；

$\qquad q_v$——水泵流量，m^3/s；

$\qquad \rho$——介质密度，kg/m^3，对于水 $\rho = 1000kg/m^3$。

（2）风机压力计算

风机进口平均静压

$$p_{s1} = \frac{\sum\limits_{i=1}^{m_1} p_{s1i}}{m_1}$$

式中　p_{s1}——风机进口平均静压，Pa；

$\qquad p_{s1i}$——风机进口测量截面上第 i 点的静压值，Pa；

$\qquad m_1$——风机进口测量静压值的点数。

风机出口平均静压

$$p_{s2} = \frac{\sum\limits_{i=1}^{m_2} p_{s2i}}{m_2}$$

式中　p_{s2}——风机出口平均静压，Pa；

$\qquad p_{s2i}$——风机出口测量截面上第 i 点的静压值，Pa；

$\qquad m_2$——风机出口测量静压值的点数。

风机进口动压

$$p_{d1} = p_{d3}\frac{\rho_3}{\rho_1}\left(\frac{A_3}{A_1}\right)^2$$

$$\rho_1 = 0.002\,69\rho_0 \times \frac{p_{am} + p_{s1}}{273 + t_1}$$

式中　p_{d1}——风机进口动压，Pa；

$\qquad A_1$——风机进口静压测点处截面积，m^2；

$\qquad t_1$——风机进口温度，℃；

$\qquad \rho_1$——风机进口介质密度，kg/m^3。

风机出口动压

$$p_{d2} = p_{d3} \times \frac{\rho_3}{\rho_2}\left(\frac{A_3}{A_2}\right)^2$$

$$\rho_2 = 0.002\,69\rho_0 \times \frac{p_{am} + p_{s2}}{273 + t_2}$$

式中　p_{d2}——风机出口动压，Pa；

$\qquad A_2$——风机出口静压测点处截面积，m^2；

$\qquad t_2$——风机出口温度，℃；

$\qquad \rho_2$——风机出口介质密度，kg/m^3。

风机进口全压

$$p_{t1} = p_{d1} + p_{s1}$$

式中　p_{t1}——风机进口测点处全压，Pa。

风机出口全压

$$p_{t2} = p_{d2} + p_{s2}$$

式中　p_{t2}——风机出口测点处全压，Pa。

风机全压

$$p_{tf} = p_{t2} - p_{t1}$$

风机进口流量

$$q_v = q_{v3} \frac{\rho_3}{\rho_1}$$

式中　q_v——风机进口流量，m^3/s。

（3）水泵压力计算：

水泵进口压力

$$p_{b1} = \frac{\sum_{i=1}^{n} p_{b1i}}{n}$$

式中　p_{b1}——水泵进口压力，Pa；

　　　p_{b1i}——第 i 次测量水泵进口压力，Pa；

　　　n——测量次数。

水泵出口压力

$$p_{b2} = \frac{\sum_{i=1}^{n} p_{b2i}}{n}$$

式中　p_{b2}——水泵出口压力，Pa；

　　　p_{b2i}——第 i 次测量水泵出口压力，Pa；

　　　n——测量次数。

水泵压力

$$p_b = p_{b2} - p_{b1} + \frac{\rho}{2}(v_2^2 - v_1^2) + \rho g (H_2 - H_1)$$

$$v_1 = \frac{q_v}{S_1}$$

$$v_2 = \frac{q_v}{S_2}$$

式中　p_b——水泵压力，Pa；

　　　H_2——水泵出口压力表的表位标高，m；

　　　H_1——水泵入口压力表的表位标高，m；

　　　ρ——介质密度，kg/m^3，对于水 $\rho = 1000 kg/m^3$；

　　　v_1——水泵入口压力测点处液体流速，m/s；

　　　v_2——水泵出口压力测点处液体流速，m/s；

　　　g——重力加速度，m/s^2；

　　　S_1——水泵入口压力测点处管道截面积，m^2；

　　　S_2——水泵出口压力测点处管道截面积，m^2。

（4）风机和水泵效率的计算：

风机输出有效功率

$$P_e = \frac{q_v p_{tf}}{1000}$$

水泵输出有效功率

$$P_e = \frac{q_v p_b}{1000}$$

式中　p_{tf}——风机全压，Pa；

　　　p_b——水泵压力，Pa；

　　　q_v——风机或水泵进口流量，m^3/s；

　　　P_e——风机或水泵有效输出功率，kW。

风机或水泵使用效率

$$\eta_{tf} = \frac{P_e}{P_{sh}}100\%$$

$$P_{sh} = \eta_{tr} \eta_d P_1$$

式中　P_e——风机或水泵输出有效功率，kW；

　　　η_{tr}——风机或水泵电动机传动效率，直接传动时 $\eta_{tr}=1$；

　　　P_{sh}——风机或水泵轴功率，kW；

　　　P_1——风机或水泵电动机输入功率，kW；

　　　η_d——风机或水泵电动机使用效率，%，可查设计曲线或计算求得，粗略计算时也可选用
电动机设计效率作为电动机使用效率；

　　　η_{tf}——水泵或风机使用效率，%。

（5）风机或水泵电能利用率的计算。风机或水泵在第 i 种工况下的电能利用率

$$\eta_{dli} = \frac{P_{ei}}{P_{1i}} \times 100\% = \eta_{tfi} \eta_{tr} \eta_{di}$$

式中　P_{ei}——风机或水泵在第 i 种工况下的有效输出功率，kW；

　　　P_{1i}——风机或水泵在第 i 种工况下电动机的输入功率，kW；

　　　η_{tfi}——风机或水泵在第 i 种工况下的使用效率，%；

　　　η_{di}——风机或水泵在第 i 种工况下电动机的使用效率，%；

　　　η_{dli}——风机或水泵在第 i 种工况下的电能利用率，%。

平衡期内风机或水泵电能利用率

$$\eta_{dl} = \frac{\sum_{i=1}^{n} \eta_{dli} t_i P_{1i}}{\sum_{i=1}^{n} t_i P_{1i}}$$

式中　η_{dl}——平衡期内风机或水泵电能利用率，%；

　　　t_i——风机或水泵在第 i 种工况下累计运行时间，h；

　　　P_{1i}——风机或水泵在第 i 种工况下电动机输入功率，kW；

　　　n——工况数。

（6）风机或水泵电能的计算。平衡期风机或水泵有效电能

$$W_{yx} = W_{sr} \eta_{dl}$$

式中　W_{yx}——平衡期风机或水泵有效电能，kWh；

　　　W_{sr}——平衡期电动机输入电能，kWh；

η_{dl}——平衡期风机或水泵电能利用率,%。

对没有装设电能表的转动机械设备有效电能按下式计算

$$W_{yx} = P_N K \eta_{tr} \eta_{tf} t$$

$$K = \sqrt{\frac{I_1^2 - I_{0N}^2}{I_N^2 - I_{0N}^2}}$$

式中　K——电动机负载率,%;

　　I_N——电动机额定线电流,A;

　　I_{0N}——电动机额定电压下的空载线电流,A;

　　I_1——电动机负载平均输入线电流,A;

　　η_{tr}——电动机传动效率;

　　P_N——电动机额定功率,kW;

　　η_{tf}——风机或水泵使用效率,%;

　　t——平衡期转动设备运行时间,h。

平衡期转动设备损耗电能

$$\Delta W = W_{sr}(1 - \eta_{dl})$$

式中　ΔW——平衡期转动设备损耗电能,kWh。

【例 17-3】 一台额定蒸发量 420t/h 锅炉,配有一台电动机额定功率为 560kW 的送风机,电动机效率为 95.5%,直接传动。如果该炉平均每天有 8h 负荷是 400t/h,16h 负荷是 250t/h,求该炉送风机的电能利用率、电动机平均负载率。如果平衡期输入送风机电动机的电能是 200 000kWh,平衡期损耗电能是多少?

经测试,锅炉负荷 400t/h 时,送风机电动机输入功率 340kW,送风机使用效率 82%;锅炉负荷 250t/h 时,送风机电动机输入功率 230kW,送风机使用效率 70%。

解　(1)计算送风机电能利用率。

负荷 400t/h 时风机电能利用率

$$\eta_{dli} = \eta_{tfi} \eta_{tr} \eta_{di} = 0.82 \times 1 \times 0.951 \times 100\% = 78.3\%$$

负荷 250t/h 时风机电能利用率

$$\eta_{dli} = \eta_{tfi} \eta_{tr} \eta_{di} = 0.70 \times 1 \times 0.951 \times 100\% = 66.9\%$$

(2)计算平均电能利用率

$$\eta_{dl} = \frac{\sum_{i=1}^{n} \eta_{dli} t_i P_{1i}}{\sum_{i=1}^{n} t_i P_{1i}} = \frac{\sum_{i=1}^{n} 0.783 \times 8 \times 340 + 0.669 \times 16 \times 230}{\sum_{i=1}^{n} 340 \times 8 + 230 \times 16} \times 100\% = 71.7\%$$

(3)计算电动机负载率。

负荷 400t/h 时负载率　$K_i = 400 \times 0.955/560 \times 100\% = 68.0\%$

负荷 80t/h 时负载率　$K_i = 230 \times 0.955/560 \times 100\% = 39.2\%$

(4)计算电动机平均负载率

$$K = \frac{\sum_{i=1}^{n} t_i K_i}{\sum_{i=1}^{n} t_i} = \frac{\sum_{i=1}^{n} 0.58 \times 8 + 0.392 \times 16}{\sum_{i=1}^{n} 8 + 16} \times 100\% = 45.5\%$$

(5)计算平衡期损耗电能

$$\Delta W = W_{sr}(1 - \eta_e) = 200\,000 \times (1 - 0.717) = 56\,600 \text{kWh}$$

四、照明系统电能利用率的测试方法

1. 各生产照明设备的输入电能的计算

$$W_{zsri} = P_{zi} t_{zi} k_{zi} + \Delta W_z$$
$$\Delta W_z = \Delta P_i \, t_{zi} k_{zi}$$

式中　W_{zsri}——平衡期第 i 种照明设备输入电能，kWh；

　　　P_{zi}——平衡期第 i 种照明设备功率，kW；

　　　t_{zi}——平衡期第 i 种照明设备的使用时间，h；

　　　k_{zi}——平衡期第 i 种照明设备的照明同时系数，一般取 $0.9 \sim 1.0$；

　　　ΔW_z——平衡期第 i 种照明设备镇流器消耗电能，kWh；

　　　ΔP_i——平衡期第 i 种照明设备镇流器消耗功率，kW，对于 $15 \sim 40$W 镇流器每小时耗电约 $7 \sim 8$W，100W 及以上镇流器每小时耗电取额定功率的 10%。

2. 各生产照明设备的有效电能的计算

$$W_{zyi} = W_{zsri} \eta_{zi}$$
$$\eta_{zi} = \eta_{kji} \eta_{tsi}$$

式中　W_{zsri}——平衡期第 i 种照明设备输入电能，kWh；

　　　W_{zyi}——平衡期第 i 种照明设备有效电能，kWh；

　　　η_{zi}——平衡期第 i 种照明设备效率，%；

　　　η_{tsi}——平衡期第 i 种照明设备灯具投射光线效率，%，查产品说明书；

　　　η_{kji}——平衡期第 i 种照明设备的光源可见光率，%，查表 17-8。

表 17-8　　　　　　　　　　　　各种照明设备的光源可见光率

光源名称	普通白炽灯	卤钨灯	荧光灯	荧光高压汞灯	管形氙灯	高压钠灯	金属卤化物灯
光源可见光率（%）	$1 \sim 3$	3	$4 \sim 10$	$4 \sim 7$	$3 \sim 6$	$13 \sim 15$	$9 \sim 12$

3. 平衡期照明设备电能利用率的计算

$$\eta_{zdl} = \frac{\sum\limits_{i=1}^{n} W_{zyi}}{\sum\limits_{i=1}^{n} W_{zsri}}$$

式中　W_{zyi}——平衡期第 i 种照明设备有效电能，kWh；

　　　W_{zsri}——平衡期第 i 种照明设备输入电能，kWh；

　　　η_{zdl}——平衡期照明设备电能利用率，%。

五、各设备损耗电能的计算

1. 电气设备损耗电能的计算

$$\Delta W_{dq} = \Delta W_{by} + \Delta W_{xl} - \Delta W_f$$
$$\Delta W_f = (\Delta W_{by} + \Delta W_{xl})\alpha$$

式中　ΔW_{dq}——平衡期电气设备损耗电能，kWh；

　　　ΔW_{by}——平衡期变压器总损耗电能，kWh；

　　　ΔW_{xl}——平衡期厂用电线路总损耗电能，kWh；

　　　α——平衡期非生产用电量占总电量的百分比，%；

　　　ΔW_f——平衡期非生产用电量通过变压器和厂用电线路时的损耗电能，kWh。

电气设备损耗电能不包括风机、水泵等驱动电动机的损耗，也不包括生产照明设备的损耗。

2. 生产设备损耗电能的计算

$$\Delta W_{ss} = \Delta W_{fj} + \Delta W_b + \Delta W_{qs}$$

式中　ΔW_{ss}——平衡期生产设备损耗电能，kWh；

　　　ΔW_{fj}——平衡期风机损耗电能，kWh；

　　　ΔW_{b}——平衡期水泵损耗电能，kWh；

　　　ΔW_{qs}——平衡期其他生产设备损耗电能，kWh。

其他生产设备不包括风机、水泵，但包括磨煤机、电除尘器、输煤系统、灰水系统等，磨煤机、电除尘器、输煤系统、灰水系统的损耗可以不直接测试，只需统计平衡期内这几种用电设备和系统的输入电能。

3. 生产照明设备的损耗的计算

$$\Delta W_{zm} = \sum_{i=1}^{n} W_{zsri} - \sum_{i=1}^{n} W_{zyi}$$

式中　W_{zsri}——平衡期第 i 种照明设备输入电能，kWh；

　　　W_{zyi}——平衡期第 i 种照明设备有效电能，kWh；

　　　ΔW_{zm}——平衡期照明设备损耗电能，kWh。

4. 机组非计划启、停损耗电能的计算

$$\Delta W_{qt} = P_{sr} t_{qt}$$

式中　ΔW_{qt}——平衡期非计划启、停损耗电能，kWh；

　　　P_{sr}——平衡期非计划启、停时，辅助设备电动机输入功率（可对照采用各厂冷、温、热态不同启、停方式下实测功率值），kW；

　　　t_{qt}——平衡期非计划启、停时，辅助设备运行时间，h。

机组非计划停止时间是指从机组与电网解列开始，至辅助设备停止时止。机组非计划启动时间是指从辅助设备开始运行至机组与电网并列止。

5. 平衡期电厂损耗总电能的计算

$$\sum \Delta W = \Delta W_{dq} + \Delta W_{ss} + \Delta W_{zm} + \Delta W_{qt}$$

式中　$\sum \Delta W$——平衡期电厂损耗总电能，kWh。

六、主要经济技术指标的计算

1. 全厂综合电能利用率的计算

$$\eta_{zh,dl} = \frac{W_{cy} - W_{sc} - W_{dc} - \sum \Delta W}{W_{cy} - W_{sc} - W_{dc}}$$

式中　$\eta_{zh,dl}$——全厂综合电能利用率，%；

　　　W_{cy}——平衡期厂用电量，kWh；

　　　W_{sc}——平衡期水处理系统（包括淡化设备）的输入电量，kWh；

　　　W_{dc}——平衡期电除尘器的输入电量，kWh。

2. 全厂设备电能利用率的计算

$$\eta_{sb,dl} = \frac{W_{cy} - W_{sc} - W_{dc} - \sum \Delta W}{W_{cy} - W_{sc} - W_{dc} - \Delta W_{qt}}$$

式中　$\eta_{sb,dl}$——全厂设备电能利用率，%；

　　　ΔW_{qt}——平衡期非计划启、停损耗电能，kWh。

3. 厂用电率的计算

（1）凝汽式发电厂厂用电率的计算

$$e_d = \frac{W_{cy}}{W_{fd}} \times 100\%$$

式中　W_{cy}——平衡期厂用电量，kWh；

　　　W_{fd}——平衡期电厂发电量，kWh；

　　　e_d——凝汽式发电厂厂用电率，%。

（2）供热电厂供热厂用电率的计算

$$e_r = \frac{W_r}{Q_{gr}} \times 100\%$$

$$W_r = W_{cr} + (W_{cy} - W_{cr} - W_{cd})a_r$$

$$a_r = \frac{Q_r}{Q_d}$$

式中　W_r——平衡期供热耗用的电能，kWh；

　　　W_{cr}——平衡期纯供热耗用的电能（指热网泵、供热站等用电能），kWh；

　　　W_{cd}——平衡期纯发电用的电能（指循环水泵、凝结水泵等用电能），kWh；

　　　a_r——平衡期供热比，%；

　　　Q_d——供热电厂发电用热耗量，GJ；

　　　Q_r——供热电厂供热用热耗量，GJ；

　　　Q_{gr}——平衡期电厂供热量，GJ；

　　　e_r——供热厂用电率，kWh /GJ。

（3）供热电厂发电厂用电率的计算

$$e_d = \frac{W_d}{W_{fd}} \times 100\%$$

$$W_d = W_{cy} - W_r$$

式中　W_d——平衡期发电耗用的电量，kWh；

　　　W_{fd}——平衡期电厂发电量，kWh；

　　　e_d——热电厂发电厂用电率，%。

七、电能平衡不平衡率的计算

电厂进行电能平衡测试时，允许有一定的误差，但其电能不平衡率不允许超过±1%。超出这个误差，说明测试方法或计算结果有问题。电能平衡不平衡率的计算公式为

$$\Delta S = \frac{W - W_{cy} - W_{fs}}{W} \times 100\%$$

式中　ΔS——电能不平衡率，%；

　　　W——平衡期电厂总用电量，kWh；

　　　W_{fs}——平衡期非生产用电量，kWh；

　　　W_{cy}——平衡期厂用电量，kWh。

第四节　电能平衡报告的编写

电能平衡测试报告的编写要求：

（1）写明测试单位、测试负责人、报告编写人和主要测试人员。

（2）电厂概况。

（3）机组概况。列出被测单位发电机、主变压器、厂用变压器、风机、水泵等主要设备的数

量、额定参数及配备电动机功率等。

(4) 测试目的及测点布置情况。

(5) 注明主要测试仪表名称、数量和精度。

(6) 测试概况介绍。

(7) 平衡期内全厂电量分布情况(包括发电量、供电量、购入电量、厂用电量、非生产用电量)。

(8) 计算电能平衡不平衡率。

【例 17-4】 某电厂装机 2×300MW $+2 \times 660$MW,7 月发电量 112 166.31 万 kWh,购入电量为 0,厂用电量表读数为 5376.84 万 kWh,则总用电量为 5376.84 万 kWh;其中生产厂用电量 5078.63 万 kWh,非生产用电量 3.21 万 kWh,主变压器损耗和线损 277.42 万 kWh,求其生产厂用电率和电能平衡不平衡率。

解: 1) 生产厂用电率=5078.63/112 166.31×100 元=4.53%

2) 平衡电量=5376.84-5078.63-3.21-277.42=17.58 万 kWh。

不平衡率=17.58/5376.84×100%=0.33%<±1%

(9) 根据《评价企业合理用电技术导则》(GB/T 3485)进行用电评价。

(10) 分析主要用电设备的电耗和电能利用率,分析全厂设备电能利用率和综合电能利用率情况,提出节电管理建议。例如某电厂提出的节电建议如下:

1) 6kV 分支母线电源大部分没有加装电能表,特别是在一期主要的 6kV 设备上缺少计量表计,无法对用电系统进行全面的平衡测试。建议利用合适的机会在主要 6kV 开关上安装计量表计,准确统计用电量,为节能管理提供依据。

2) 5 号主变压器损耗大,怀疑表计存在误差,建议停机时进行校表。

3) 5 号机组厂用电率为 3.63%,6 号机组厂用电率为 4.38%,5 号机组自引风机变频器投入后厂用电率可下降 0.12 个百分点。

4) 循环水泵是厂用电消耗的大户,为进一步降低厂用电消耗,一是优化循环水泵的运行方式,根据实际情况及时停运一台循环水泵或更改循环水泵电动机高低速方式。二是进行循环水系统改造,实现循环水扩大单元制,在满足脱硫排放环保要求前提下,采用两机三泵方式或开启一期循环水泵以降低循环水泵耗电。

(11) 根据分析,找出节电潜力,为制定节电改造规划提供依据。

(12) 绘制下列图表。

1) 电气接线图(发电机出口至厂用 6kV 用户)。

2) 电能计量点网络图,见图 17-2 和图 17-3。

3) 变压器数据汇总表,见表 17-9。

4) 厂用电线路数据汇总表,见表 17-10。

5) 风机数据汇总表,见表 17-11。

6) 水泵数据汇总表,见表 17-12。

7) 用电设备、系统数据汇总表,见表 17-13。

8) 用电设备、系统电耗数据汇总表,见表 17-14。

9) 提高电能利用率措施表,见表 17-15。

10) 全厂电量平衡表,见表 17-16。

11) 各体系电能平衡表,见表 17-17。

12) 绘制电能平衡方框图,见图 17-4。要特别注意:在图 17-4 的横线上方必须写明输入电能、有效电能和损耗电能数值，不能只画没有数值的框图。

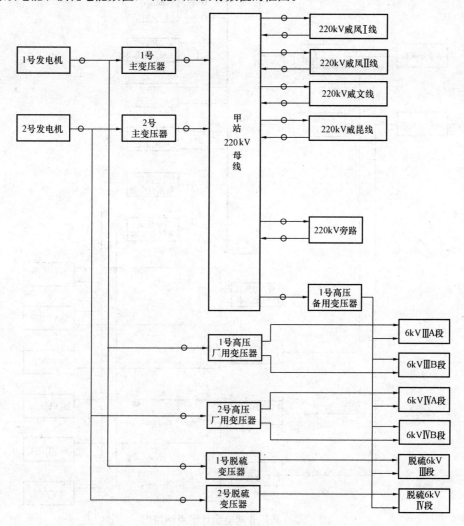

图 17-2 某厂Ⅰ期电能计量点网络图

注：1. 箭头方向标示电能流向。

2. o代表电能表。

3. 220kV 线路电能流向为双向，为同一块电能表。

表 17-9   **变压器数据汇总表**

变压器 名称	规格 型号	额定参数						有功电量 (kWh)	无功电量 (kvarh)	I_{pj} (A)	η_{byi} (%)	n_{byi} (d)	ΔW_{byi} (kWh)
		容量	电压	电流	效率	空载 空耗	短路 损耗						

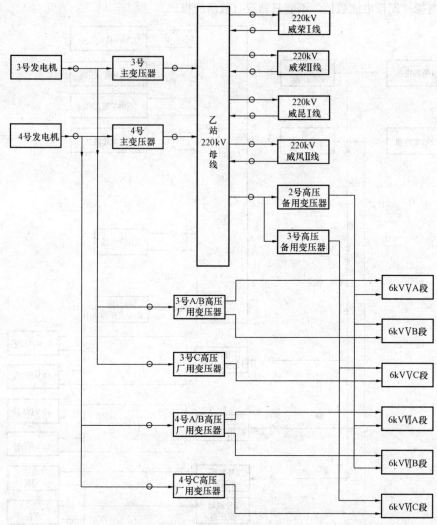

图 17-3 某厂Ⅱ期电能计量点网络图

注：1. 箭头方向标示电能流向。

2. ○代表电能表。

3. 220kV 线路电能流向为双向，为同一块电能表。

表 17-10　　　　　　　　　　　厂用电线路数据汇总表

线路名称 或编号	导线规格 型号	导线材质	导线长度 (m)	R_{20} (Ω/km)	I_{ck} (A)	ρ_{ss} (%)	n_{xl} (d)	ΔW_{xl} (kWh)

表 17-11 风机数据汇总表

序　号	项　　目	风　机　名　称				
1	风机型号					
2	电动机额定功率（kW）					
3	电动机额定电压（V）					
4	电动机输入功率（kW）					
5	电动机负载率（%）					
6	电动机使用效率（%）					
7	风机进口静压（Pa）					
8	风机出口静压（Pa）					
9	风机全压（Pa）					
10	风机流量（m³/s）					
11	有效功率（kW）					
12	使用效率（%）					
13	电能利用率（%）					
14	平衡期输入电能（kWh）					
15	平衡期有效电能（kWh）					
16	平衡期损耗电能（kWh）					

表 17-12 水泵数据汇总表

序　号	项　　目	风　机　名　称				
1	水泵型号					
2	电动机额定功率（kW）					
3	电动机额定电压（V）					
4	电动机输入功率（kW）					
5	电动机负载率（%）					
6	电动机使用效率（%）					
7	水泵进口压力（Pa）					
8	水泵出口压力（Pa）					
9	水泵全压（Pa）					
10	水泵流量（m³/s）					
11	有效功率（kW）					
12	使用效率（%）					
13	电能利用率（%）					
14	平衡期输入电能（kWh）					
15	平衡期有效电能（kWh）					
16	平衡期损耗电能（kWh）					

表 17-13 　　　　　　　　　　　　用电设备、系统数据汇总表

序号	项　目	用电设备、系统名称					备　注
1	总数量（台或条）						
2	测试数量（台或条）						
3	总功率（kW）						
4	平均线损率（%）						
5	平均负载率（%）						
6	平均使用效率（%）						
7	平衡期输入电能（MWh）						
8	平衡期有效电能（MWh）						
9	平衡期损耗电能（MWh）						
10	平均电能利用率（%）						

表 17-14 　　　　　　　　　　　　用电设备、系统电耗数据汇总表

序　号	项　目　名　称	数　据
1	平衡期电厂发电量（MWh）	
2	平衡期锅炉蒸发量（t）	
3	平衡期吸风机输入电能（MWh）	
4	平衡期送风机输入电能（MWh）	
5	平衡期排粉机或一次风机输入电能（MWh）	
6	平衡期磨煤机输入电能（MWh）	
7	平衡期给水泵输入电能（MWh）	
8	平衡期循环水泵输入电能（MWh）	
9	平衡期给水泵（前置泵）输入电能（MWh）	
10	平衡期除尘系统输入电能（MWh）	
11	平衡期除灰系统输入电能（MWh）	
12	平衡期输煤系统输入电能（MWh）	
13	平衡期水处理系统输入电能（MWh）	
14	平衡期照明系统输入电能（MWh）	
15	平衡期脱硫系统输入电能（MWh）	
16	平衡期脱硝系统输入电能（MWh）	
17	吸风机电耗（kWh/t）	
18	送风机电耗（kWh/t）	
19	排粉机或一次风机电耗（kWh/t）	
20	磨煤机电耗（kWh/t）	
21	制粉系统电耗（kWh/t）	
22	给水泵电耗（kWh/t）	
23	照明系统耗电率（%）	

序　号	项　目　名　称	数　据
24	脱硫系统耗电率（％）	
25	脱硝系统耗电率（％）	
26	水处理系统耗电率（％）	
27	输煤系统耗电率（％）	
28	除灰系统耗电率（％）	
29	除尘系统耗电率（％）	
30	凝结水泵耗电率（％）	
31	循环水泵耗电率（％）	
32	给水泵（前置泵）耗电率（％）	
33	磨煤机耗电率（％）	
34	排粉机或一次风机耗电率（％）	
35	送风机耗电率（％）	
36	吸风机耗电率（％）	
37	非生产耗电率（％）	
38	发电厂用电率（％）	
39	供热厂用电率（kWh/GJ）	
40	综合厂用电率（％）	

注 增压风机纳入脱硫系统，不单列。制粉系统包括磨煤机、排粉机或一次风机、给煤机、密封风机等。

表 17-15　　　　　　　　　　　　提高电能利用率措施表

序号	项目及措施	年节约效果		完成时间	投资金额（元）	百元投资效果（kWh /百元）	投资回收年限
		数量（kWh）	金额（元）				

表 17-16　　　　　　　　　　**全厂电量平衡表**　　　　　　　MWh

平衡期：　年　月　日　至　　年　月　日

厂用电能表指示电量	购入电量	总用电量
①	②	③=①+②

支　　出

厂用电量			非生产用电量					不平衡电量
生产设备用电量	生产照明用电量	电气设备损耗电量	机组非计划启停用电量	变压器、线路损耗电量	基建用电量	其他用电量	转供电量	不平衡电量

说明：

表 17-17　　　　　　　　　　**各体系电能平衡表**　　　　　　　MWh

体系名称	输入电能	各项损耗电能				有效电能	电能利用率（%）	备注
		电气设备损耗	生产设备损耗	生产照明损耗	机组非计划启停			
合计								
全厂设备电能利用率（%）：								
全厂综合电能利用率（%）：								

注　本表不包括磨煤机与电除尘器体系。

620

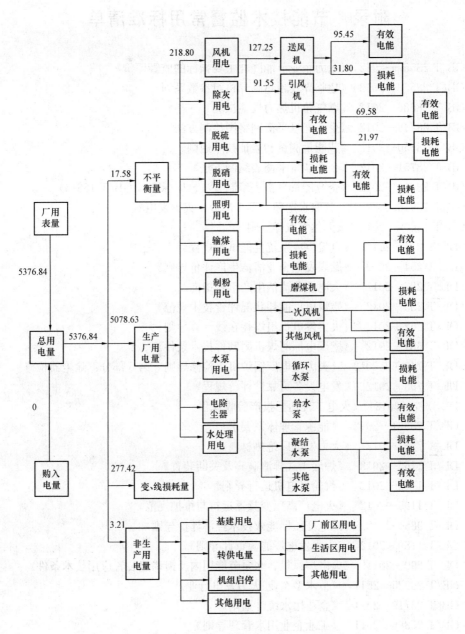

图 17-4 电能平衡方框图（单位：万 kWh）

附录 节能技术监督常用标准清单

1. GB/T 28557—2012 《电力企业节能降耗主要指标的监管评价》
2. GB/T 28558—2012 《超临界及超超临界机组参数系列》
3. GB/T 28686—2012 《燃气轮机热力性能试验》
4. GB/T 28749—2012 《企业能量平衡网络图绘制方法》
5. GB/T 28750—2012 《节能量测量和验证技术通则》
6. GB/T 28751—2012 《企业能量平衡表编制方法》
7. GB/T 28751—2012 《企业能量平衡表编制方法》(原标准号 GB/T 16615)
8. GB/T 18916.1—2012 《取水定额 第1部分：火力发电》
9. GB/T 13609—2012 《天然气取样导则》
10. DL/T 244—2012 《直接空冷系统性能试验规程》
11. DL/T 254—2012 《燃煤发电企业清洁生产评价导则》
12. DL/T 287—2012 《火电企业清洁生产审核指南》
13. DL/T 255—2012 《燃煤电厂能耗状况评价技术规范》
14. DL/T 262—2012 《火力发电机组煤耗在线计算导则》
15. DL/T 681—2012 《燃煤电厂磨煤机耐磨件技术条件》
16. DL/T 748.6—2012 《火力发电厂锅炉机组检修导则 第6部分：除尘器检修》
17. DL/T 793—2012 《发电设备可靠性评价规程》
18. DL 5277—2012 《火电工程达标投产验收规程》
19. GB/T 23331—2012 《能源管理体系要求》
20. DL/T 776—2012 《火力发电厂绝热材料》
21. DL/T 1165—2012 《炉底干式排渣破碎及关断装置》
22. DL/T 1164—2012 《汽轮发电机运行导则》
23. DL/T 1195—2012 《火电厂高压变频器运行与维护规范》
24. DL/T 985—2012 《配电变压器能效技术经济评价导则》
25. DL/T 1189—2012 《火力发电厂能源审计导则》
26. DL/T 299—2011 《火电厂风机、水泵节能用内反馈调速装置应用技术条件》
27. GB/T 26925—2011 《节水型企业 火力发电行业》
28. GB/T 26719—2011 《企业用水统计通则》
29. GB/T 27886—2011 《工业企业用水管理导则》
30. GB 50619—2011 《火力发电厂海水淡化工程设计规范》
31. GB 50660—2011 《大中型火力发电厂设计规范》
32. DL/T 300—2011 《火电厂凝汽器管防腐防垢导则》
33. DL/T 302.1—2011 《火力发电厂设备维修分析技术导则 第1部分：可靠性维修分析》
34. DL/T 302.2—2011 《火力发电厂设备维修分析技术导则 第2部分：风险维修分析》
35. CJJ/T 55—2011 《供热术语标准》

36. CJJ 34—2010 《城镇供热管网设计规范》

37. GB 25960—2010 《动力配煤规范》

38. GB/T 24915-2010 《合同能源管理技术通则》

39. DL/T 332.1—2010 《塔式炉超临界机组运行导则 第1部分：锅炉运行导则》

40. DL/T 332.2—2010 《塔式炉超临界机组运行导则 第1部分：汽轮机运行导则》

41. DL/T 339—2010 《低压变频调速装置技术条件》

42. DL/T 340—2010 《循环流化床锅炉启动调试导则》

43. DL/T 384—2010 《9FA 燃气-蒸汽联合循环机组运行规程》

44. DL/T 572—2010 《电力变压器运行规程》

45. DL/T 581—2010 《凝汽器胶球清洗装置和循环水二次过滤装置》

46. DL/T 712—2010 《发电厂凝汽器及辅机冷却器管选材导则》

47. DL/T 747—2010 《发电用煤机械采样装置性能验收导则》

48. DL/T 1127—2010 《等离子点火系统设计与运行导则》

49. DL/T 5240—2010 《火力发电厂燃烧系统设计计算技术规程》

50. GB/T 2587—2009 《用能设备能量平衡通则》(原名《热设备能量平衡通则》)

51. GB/T 3484—2009 《企业能量平衡通则》

52. GB/T 6422—2009 《用能设备能量测试导则》(原名《企业能耗计量与测试导则》)

53. GB/T 13234—2009 《企业节能量计算办法》

54. GB/T 14100—2009 《燃气轮机验收试验》

55. GB/T 15316—2009 《节能监测技术通则》

56. GB/T 15317—2009 《燃煤工业锅炉节能监测》

57. GB/T 23331—2009 《能源管理体系要求》

58. GB 24789—2009 《用水单位水计量器具配备和管理通则》

59. GB 24790—2009 《电力变压器能效限定值及能效等级》

60. DL/T 606.5—2009 《火力发电厂能量平衡导则 第5部分：水平衡试验》

61. DL/T 1106—2009 《煤粉燃烧结渣特性和燃尽率一维火焰炉测试方法》

62. DL/T 1111—2009 《火力发电厂厂用高压电动机调速节能导则》

63. DL/T 1112—2009 《交、直流仪表检验装置检定规程》

64. DL/T 1141—2009 《火电厂除氧器运行性能试验规程》

65. DL/T 5210.2—2009 《电力建设施工质量验收及评价规程 第2部分：锅炉机组》

66. DL/T 5210.3—2009 《电力建设施工质量验收及评价规程 第3部分：汽轮发电机组》

67. DL/T 5435—2009 《火力发电工程经济评价导则》

68. DL/T 5437—2009 《火力发电建设工程启动试运及验收规程》

69. JGJ 173—2009 《供热计量技术规程》

70. GB/T 212—2008 《煤的工业分析方法》

71. GB/T 213—2008 《煤的发热量测定方法》

72. GB/T 474—2008 《煤样的制备方法》

73. GB/T 475—2008 《商品煤样人工采取方法》

74. GB/T 2589—2008 《综合能耗计算通则》

75. GB/T 8117.1～8117.2—2008 《汽轮机热力性能验收试验规程》

76. GB/T 12145—2008 《火力发电机组及蒸汽动力设备水汽质量》

77. GB/T 12452—2008　《企业水平衡与测试通则》
78. GB/T 13462—2008　《电力变压器经济运行导则》
79. GB/T 13469—2008　《离心泵、混流泵、轴流泵与旋涡泵系统经济运行》
80. GB/T 21369—2008　《火力发电企业能源计量器具配备和管理要求》
81. GB/T 13470—2008　《通风机系统经济运行》
82. GB/T 13471—2008　《节电技术经济效益计算与评价方法》
83. GB/T 21534—2008　《工业用水节水 术语》
84. GB/T 15587—2008　《工业企业能源管理导则》
85. DL/T 455—2008　《锅炉暖风器》
86. DL/T 586—2008　《电力设备监造技术导则》
87. JJF 1033—2008　《计量标准考核规范》
88. JB/T 4358—2008　《电站锅炉离心式通风机》
89. JB/T 8059—2008　《高压锅炉给水泵 技术条件》
90. GB/T 4272—2008　《设备及管道绝热技术通则》
91. GB/T 214—2007　《煤中全硫的测定方法》
92. GB/T 7721—2007　《连续累计自动衡器(电子皮带秤)》
93. GB/T 5578—2007　《固定式发电用汽轮机规范》
94. GB 21258—2007　《常规燃煤发电机组单位产品能源消耗限额》
95. DL/T 520—2007　《火力发电厂入厂煤检测实验室技术导则》
96. DL/T 567.1—2007　《火力发电厂燃料试验方法 第1部分：一般规定》
97. DL/T 569—2007　《汽车、船舶运输煤样人工采取方法》
98. DL/T 1051—2007　《电力技术监督导则》
99. DL/T 1052—2007　《节能技术监督导则》
100. DL/T 1055—2007　《发电厂汽轮机、水轮机技术监督导则》
101. DL/T 1056—2007　《发电厂热工仪表及控制系统技术监督导则》
102. DL/T 1078—2007　《表面式凝汽器运行性能试验规程》
103. DL/T 19762—2007　《清水离心泵能效限定值及节能评价值》
104. GB 17167—2006　《用能单位能源计量器具配备和管理通则》
105. GB/T 12497—2006　《三相异步电动机经济运行》
106. DL/T 246—2006　《化学监督导则》
107. DL/T 606.3—2006　《火力发电厂能量平衡导则 第3部分：热平衡》
108. DL/T 994—2006　《火电厂风机水泵用高压变频器》
109. DL/T 1027—2006　《工业冷却塔测试规程》
110. DL/T 7119—2006　《节水型企业评价导则》
111. DL/T 20052—2006　《三相配电变压器能效限定值及节能评价值》
112. DL/T 926—2005　《自抽式飞灰取样方法》
113. DL/T 932—2005　《凝汽器与真空系统运行维护导则》
114. DL/T 933—2005　《冷却塔淋水填料、除水器、喷溅装置性能试验方法》
115. DL/T 934—2005　《火力发电厂保温工程热态考核测试与评价规程》
116. DL/T 936—2005　《火力发电厂热力设备耐火及保温检修导则》
117. DL/T 958—2005　《电力燃料名词术语》

118. DL/T 964—2005 《循环流化床锅炉性能试验规程》

119. DL/T 939—2005 《火力发电厂锅炉受热面管监督检验技术导则》

120. DL/T 980—2005 《数字多用表检定规程》

121. DL/T 19761—2005 《通风机能效限定值及节能评价值》

122. GB/T 19494.1—2004 《煤炭机械化采样 第1部分：采样方法》

123. GB/T 19494.2—2004 《煤炭机械化采样 第2部分：煤样的制备》

124. GB/T 19494.3—2004 《煤炭机械化采样 第3部分 精密度测定和偏倚试验》

125. DL/T 461—2004 《燃煤电厂电除尘器运行维护导则》

126. DL/T 467—2004 《电站磨煤机及制粉系统性能试验》

127. DL/T 469—2004 《电站锅炉风机现场性能试验》

128. DL/T 774—2004 《火力发电厂热工自动化系统检修运行维护规程》

129. DL/T 851—2004 《联合循环发电机组验收试验》

130. DL/T 892—2004 《电站汽轮机技术条件》

131. DL/T 893—2004 《电站汽轮机名词术语》

132. DL/T 895—2004 《除灰除渣系统运行导则》

133. DL/T 904—2004 《火力发电厂技术经济指标计算方法》

134. JB/T 10462—2004 《水喷射真空泵》

135. ASME PTC 6—2004 《Steam Turbines Performance Test Code》(汽轮机性能试验规程)

136. GB/T 13610—2003 《天然气的组成分析》

137. GB/T 19022—2003 《测量管理体系 测量过程和测量设备的要求》

138. DL/T 838—2003 《发电企业设备检修导则》

139. DL/T 839—2003 《大型锅炉给水泵性能现场试验方法》

140. JJF 1112—2003 《计量检测体系确认规范》

141. GB/T 13931—2002 《电除尘器性能试验方法》

142. GB 18666—2002 《商品煤质量抽查与验收办法》

143. DL/T 5153—2002 《火力发电厂厂用电设计技术规程》

144. DL/T 18613—2002 《中小型三相异步电动机能效限定值及节能评价值》

145. JB/T 10325—2002 《锅炉除氧器技术条件》

146. GB/T 476—2001 《煤的元素分析方法》

147. DL/T 742—2001 《冷却塔塑料部件技术条件》

148. DL/T 747—2001 《发电用煤机械采制样装置性能验收导则》

149. DL/T 748.1—2001 《火力发电厂锅炉机组检修导则 第1部分：总则》

150. DL/T 748.2—2001 《火力发电厂锅炉机组检修导则 第2部分：锅炉本体检修》

151. DL/T 748.3—2001 《火力发电厂锅炉机组检修导则 第3部分：阀门与汽水管道系统检修》

152. DL/T 748.4—2001 《火力发电厂锅炉机组检修导则 第4部分：制粉系统检修》

153. DL/T 748.5—2001 《火力发电厂锅炉机组检修导则 第5部分：烟风系统检修》

154. DL/T 748.7—2001 《火力发电厂锅炉机组检修导则 第7部分：除灰渣系统检修》

155. DL/T 748.8—2001 《火力发电厂锅炉机组检修导则 第8部分：空气预热器的检修》

156. DL/T 748.9—2001 《火力发电厂锅炉机组检修导则 第9部分：干输灰系统检修》

157. DL/T 748.10—2001 《火力发电厂锅炉机组检修导则 第10部分：脱硫装置检修》

158. DL/T 750—2001　《回转式空气预热器运行维护规程》
159. DL/T 776—2001　《火力发电厂保温材料技术条件》
160. DL/T 783—2001　《火力发电厂节水导则》
161. DL/T 5137—2001　《电测量及电能计量装置设计技术规程》
162. DL/T 18603—2001　《天然气计量系统技术要求》
163. JB/T 3596—2001　《射水抽气器　性能试验规程》
164. GB/T 18021—2000　《设备及管道绝热层表面热损失现场测定　表面温度法》
165. GB/T 1884—2000　《原油和石油产品密度实验室测定法》
166. GB/T 2588—2000　《设备热效率计算通则》
167. DL/T 448—2000　《电能计量装置技术管理规程》
168. DL 5000—2000　《火力发电厂设计技术规程》
169. GB/T 11885—1999　《自动轨道衡》
170. DL/T 686—1999　《电力网电能损耗计算导则》
171. JB/T 8184—1999　《汽轮机低压给水加热器：技术条件》
172. JB/T 8190—1999　《高压加热器：技术条件》
173. JB/T 9633—1999　《凝汽器　胶球清洗装置》
174. CJ 40—1999　《工业用水分类及定义》
175. CJ 42—1999　《工业用水考核指标及计算方法》
176. GB/T 4756—1998　《石油液体手工取样法》
177. GB/T 11062—1998　《天然气 发热量、密度、相对密度和沃泊指数的计算方法》
178. ASME PTC 12.2—1998　《表面式凝汽器性能试验规程》
179. GB/T 17166—1997　《企业能源审计技术通则》
180. IAPWS—IF97　《水和水蒸气性质方程》
181. GB/T 3485—1996　《评价企业合理用电技术导则》
182. GB/T 16614—1996　《企业能量平衡统计方法》
183. DL/T 606.1—1996　《火力发电厂能量平衡导则总则》
184. DL/T 606.2—1996　《火力发电厂燃料平衡导则》
185. DL/T 606.4—1996　《火力发电厂电能平衡导则》
186. GB/T 6423—1995　《热电联产系统技术条件》
187. DL/T 552—1995　《火力发电厂空冷塔及空冷凝汽器试验方法》
188. DL/T 567.2—1995　《入炉煤和入炉煤粉样品的采取方法》
189. DL/T 567.3—1995　《飞灰和炉渣样品的采集》
190. DL/T 567.4—1995　《入炉煤、入炉煤粉、飞灰和炉渣样品的制备》
191. DL/T 567.5—1995　《煤粉细度的测定》
192. DL/T 567.6—1995　《飞灰和炉渣可燃物测定方法》
193. DL/T 567.8—1995　《燃油发热量的测定》
194. DL/T 567.9—1995　《燃油元素分析》
195. GB/T 15321—1994　《电厂粉煤灰渣排放与综合利用技术通则》
196. GB/T 3486—1993　《评价企业合理用热技术导则》
197. JB/T 3344—1993　《凝汽器性能试验规程》
198. JB/T 6696—1993　《电站锅炉技术条件》

199. SN/T0187—1993 《进出口商品重量鉴定规程　水尺计重》
200. JB/T 5862—1991 《汽轮机表面式给水加热器性能试验规程》
201. GB 10184—1988 《电站锅炉性能试验规程》

参 考 文 献

[1] 李青，张兴营，徐光照，李晓辉. 发电企业生产经营指标管理手册. 北京：中国电力出版社，2012. 4.

[2] 李青，高山，薛彦廷. 火电厂节能减排手册 节能技术部分. 北京：中国电力出版社，2013.

[3] 中国华电集团公司安全生产部. 发电厂对标管理. 北京：中国水利水电出版社，2006.

[4] 杨善让. 汽轮机凝汽设备及运行管理. 北京：水利电力出版社，1993.

[5] 李晓勇. 凝结水过冷度对机组的影响及对策. 电站辅机，2004. 3：P12-14、16.

[6] 王全胜，刘维红. 670t/h锅炉最佳运行方式的探讨. 四川电力技术，2005. 6：P44-46.

[7] 谢同琪，宝钢股份公司. 再热蒸汽温度偏低的原因分析及改善. 宝钢技术，2002，5：P9-12.

[8] 吴东垠. 一台670t/h锅炉再热蒸汽温度偏低的原因分析. 现代电力，2005. 1：P48-51.

[9] 张滨渭，祁君田，等. 燃煤电厂电除尘器节电技术. 电力设备，2007. 6：42-46.

[10] 中国电力企业联合会标准化中心等. 火力发电厂能量平衡导则(DL/T 606—1996)宣贯教材. 北京，中国电力出版社，2002. 1.

[11] 程雪松. 浅谈如何分析、查找和降低火电机组的补水率. 中国电厂设备，2007. 8：P34-36.

[12] 刘德臣. 火力发电厂能耗诊断方法浅析. 北京电力高等专科学校学报，2011. 12.

[13] 邢秀峰，胡俊峰. 循环流化床锅炉启动能耗大的原因分析及对策. 电力行业节能技术论文集. 中国电力企业联合会，2012. 10. 太原：176-180.

[14] 高峰，赵晓飞. 600MW机组高压加热器水位优化试验结果分析. 全国火电600MWe级机组能效对标及竞赛第十四届年会论文集 2010. 5. 昆明：29-31.

[15] 李岩峰，张海林. 火电厂管道效率的内涵与在线诊断. 电力建设. 2000. 7：18-20，27.

[16] 王文欢，刘祺福. 不同负荷下燃煤电厂管道效率变化特性的研究. 华东电力. 2009. 6：1046-1048.

[17] 刘伟勋，宋大勇. HG—1025/17. 5-HM35型锅炉吹灰对机组的影响. 东北电力技术. 2010. 8：31-34.

[18] 章海峰等. 关口计量误差分析与技改实践. 华电技术. 2010. 9：68-74.

[19] 龚丽华，张国金等. 火电厂入厂煤与入炉煤热值差大的原因分析及对策. 中国电力，2009. 8：32-34.

[20] 中国华能集团公司企业标准. 火力发电厂节能监督技术标准(Q/HB—J—08. L05—2009). 2009. 9.

[21] 中国华能集团公司企业标准. 电力技术监督管理制度(Q/HB—J—08. L12—2009). 2010. 1.

[22] 中国华能集团公司. 燃料管理"标杆电厂"创建方案(华能运函〔2013〕145号). 2013. 3.

[23] 中国大唐集团公司火电机组能耗指标分析指导意见(安生〔2008〕45号). 2008.

[24] 李青，公维平. 火电厂节能减排手册 节能管理部分. 北京：中国电力出版社，2014.